# Reações Químicas e Reatores Químicos

Grupo Editorial Nacional

O GEN | Grupo Editorial Nacional reúne as editoras Guanabara Koogan, Forense, LTC, Santos, Método e LAB, que publicam nas áreas científica, técnica e profissional.

Essas empresas, respeitadas no mercado editorial, construíram catálogos inigualáveis, com obras que têm sido decisivas na formação acadêmica e no aperfeiçoamento de várias gerações de profissionais e de estudantes de Administração, Direito, Enfermagem, Engenharia, Fisioterapia, Medicina, Odontologia e muitas outras ciências, tendo se tornado sinônimo de seriedade e respeito.

Nossa missão é prover o melhor conteúdo científico e distribuí-lo de maneira flexível e conveniente, a preços justos, gerando benefícios e servindo a autores, docentes, livreiros, funcionários, colaboradores e acionistas.

Nosso comportamento ético incondicional e nossa responsabilidade social e ambiental são reforçados pela natureza educacional de nossa atividade, sem comprometer o crescimento contínuo e a rentabilidade do grupo.

# Reações Químicas e Reatores Químicos

**George W. Roberts**
*North Carolina State University*
*Department of Chemical and Biomolecular Engineering*

**Tradução e Revisão Técnica**

**Eduardo Mach Queiroz**
Professor Associado
Departamento de Engenharia Química
Escola de Química – UFRJ

**Fernando Luiz Pellegrini Pessoa**
Professor Associado
Departamento de Engenharia Química
Escola de Química – UFRJ

gen | LTC

Travessa do Ouvidor, 11
Rio de Janeiro, RJ — CEP 20040-040
Tel.: 21-3543-0770 / 11-5080-0770
Fax: 21-3543-0896
ltc@grupogen.com.br
www.ltceditora.com.br

Capa:
Fotografia – ©Taylor Kennedy/NG Image Collection. Reproduzida com a permissão de: John Wiley & Sons, Inc.

Descrição:
O vaga-lume na capa está demonstrando o fenômeno da "bioluminescência", a produção de luz no interior de um organismo (o *reator*) através de uma *reação* química. Além dos vaga-lumes, certos animais marinhos também exibem a bioluminescência.

No vaga-lume, um reagente ou substrato conhecido como "luciferina de vaga-lumes" reage com $O_2$ e trifosfato de adenosina (*adenosine triphosphate* – ATP) na presença de uma enzima catalítica, luciferase, para produzir um intermediário reativo (um per-éster cíclico de quatro membros).

$$\text{Luciferina de vaga-lume} + \text{ATP} + O_2 \xrightarrow{\text{Luciferase}} \text{Intermediário}$$

Por sua vez, o intermediário perde espontaneamente $CO_2$ para formar um intermediário heterocíclico conhecido como "oxiluciferina". Quando formada, a oxiluciferina está em um estado excitado, isto é, há um elétron em um orbital antiligante.

$$\text{Intermediário} \rightarrow \text{Oxiluciferina*} + CO_2$$

Finalmente, a oxiluciferina decai para o seu estado basal com a emissão de luz quando o elétron excitado salta para um orbital ligante.

$$\text{Oxiluciferina*} \rightarrow \text{Oxiluciferina} + h\nu \text{ (luz)}$$

Esta série de reações tem importância prática tanto para vaga-lumes quanto para seres humanos. Há indicações de que a larva de vaga-lume usa a bioluminescência para desencorajar predadores potenciais. Alguns vaga-lumes adultos usam o fenômeno para atrair indivíduos do sexo oposto.

Já para os seres humanos, a reação é usada na dosagem de ATP, uma molécula biológica muito importante. Concentrações de ATP tão baixas quanto $10^{-11}$ M podem ser detectadas pela medida da quantidade de luz emitida. Além disso, médicos pesquisadores implantaram o gene produtor de luz do vaga-lume em células no interior de outros animais e usaram a bioluminescência resultante para rastrear estas células no corpo do animal. Esta técnica pode ser estendida para células cancerígenas, onde a intensidade da bioluminescência pode indicar a efetividade de um tratamento. Finalmente, a energia liberada pelas reações produtoras da bioluminescência é quase toda convertida em luz. Por outro lado, somente cerca de 10% da energia que entra em um bulbo de lâmpada incandescente convencional é convertida em luz.

Editoração Eletrônica: Alsan – Serviço de Editoração

**CIP-BRASIL. CATALOGAÇÃO-NA-FONTE**
**SINDICATO NACIONAL DOS EDITORES DE LIVROS, RJ.**

R549r

Roberts, G. W. (George W.)
Reações químicas e reatores químicos / George W. Roberts ; tradução e revisão técnica Eduardo Mach Queiroz, Fernando Luiz Pellegrini Pessoa. - Rio de Janeiro : LTC, 2010.

Tradução de: Chemical reactions and chemical reactors, 1st ed
Contém exercícios
Inclui índice
ISBN 978-85-216-1733-4

1. Reações químicas. 2. Reatores químicos. I. Título.

09-17032. CDD: 541.39
CDU: 542.9

# Sumário

## 

# Prefácio

## Público-alvo

Este texto cobre os tópicos que são tratados em cursos com foco nas reações químicas para a graduação em um semestre. Internacionalmente, tal curso está presente em quase todos os currículos de engenharia química. Os últimos três capítulos do livro abordam tópicos que também podem ser adequados para cursos de pós-graduação.

## Objetivos

Todo texto de engenharia com utilização prevista para os cursos de graduação deve contemplar dois objetivos. Em primeiro lugar, deve preparar os estudantes para atuarem efetivamente na indústria tendo somente o curso de graduação. Como segundo objetivo, deve preparar quem deseja ingressar em um curso de pós-graduação, no qual haverá cursos avançados de cinética química e análise de reatores. A maioria dos livros disponíveis não consegue atingir um ou ambos os objetivos apresentados. *Reações Químicas e Reatores Químicos* contempla os dois objetivos, em particular:

**Foco nos Fundamentos:** O texto contém muito mais sobre os fundamentos da cinética química do que os livros disponíveis para o mesmo público-alvo, fornecendo uma base importante para cursos avançados em cinética química. Outros textos combinam fundamentos e cinética avançada em um livro, tornando difícil para os estudantes determinar prioridades em seu primeiro curso.

**Ênfase nos Métodos Numéricos:** O livro enfatiza o uso de métodos numéricos para resolver problemas de engenharia de reações. O objetivo é preparar o estudante para cursos de pós-graduação em análise e projeto de reatores, cuja natureza enfatiza a matemática.

**Análise de Dados Cinéticos:** O conteúdo sobre análise de dados cinéticos prepara o estudante para a pesquisa, principal componente de uma pós-graduação. Simultaneamente, prepara os estudantes cujo objetivo profissional é trabalhar em plantas industriais e plantas-piloto para um aspecto muito importante de seus trabalhos. Esses fatores serão discutidos com mais detalhes a seguir.

*Reações Químicas e Reatores Químicos* foi concebido como um texto-base para o ensino, cujo objetivo é ajudar o estudante a dominar o conteúdo apresentado. As seguintes características ajudam a conquistar esse objetivo:

**Estilo de Conversação:** O livro foi escrito em uma linguagem dialógica em vez de seguir o estilo acadêmico formal.

**Ênfase na Solução de Problemas:** Enfatiza-se a solução de problemas, por meio da inclusão de muitos problemas de exemplo, questões para discussão e apêndices. Poucas deduções e demonstrações são solicitadas ao estudante. A solução dos problemas consiste em começar cada novo problema a partir dos fundamentos, sem despender esforço, contudo, em treinar o estudante no uso de gráficos ou diagramas prontos.

**Uso da Química Aplicada:** Muitos problemas e exemplos do livro utilizam a química aplicada na indústria mediante a elaboração de breves introduções sobre o significado prático das reações apresentadas. O objetivo é ensinar um pouco de química industrial, junto com cinética química e análise de reatores químicos, muito embora seja difícil encontrar exemplos reais que ilustrem todos os conceitos importantes. Essa dificuldade é mais intensa nas discussões sobre reatores em cujo interior ocorre apenas uma reação. Há vários princípios importantes que devem ser ilustrados em tal discussão, incluindo como tratar reações com diferentes estequiometrias e como tratar variações na massa específica à medida que a reação ocorre. Não foi eficiente lidar com todas essas variações em exemplos reais, em parte porque as equações de taxa não estão disponíveis na literatura de livre consulta. Por isso, em alguns casos, foi necessário lançar mão de reações generalizadas.

## Motivação e Fatores Diferenciadores

Por que um novo texto é necessário ou desejável? Afinal de contas, o tipo de curso descrito no primeiro parágrafo deste prefácio vem sendo ministrado há décadas e existe uma dúzia ou mais de livros-textos disponíveis que lhe dão suporte. *Reações Químicas e Reatores Químicos* diferencia-se substancialmente em muitos aspectos importantes dos livros que estão atualmente disponíveis. No aspecto conceitual, o texto pode ser considerado uma fusão de (no mínimo para este autor) dois dos mais conceituados livros dos últimos cinquenta anos: o livro de Octave Levenspiel, *Chemical Reaction Engineering,* e o livro de Michel Boudart, *Kinetics of Chemical Processes.* Como sugerido por esses dois títulos, um dos objetivos desta obra é integrar um entendimento fundamental da cinética das reações à aplicação dos princípios de cinética para o projeto e a análise de reatores químicos. Entretanto, este livro supera os dois livros anteriores, cujas primeiras versões foram lançadas há mais de quarenta anos, no início da era do computador.

Este texto difere dos livros de engenharia de reações que estão atualmente disponíveis em um ou mais dos seguintes aspectos:

1. A área da cinética química é tratada com mais profundidade, *de uma forma integrada* cuja ênfase está nas ferramentas fundamentais da análise cinética, e desafia o estudante a aplicar essas ferramentas usuais em problemas de diferentes áreas da química e da bioquímica.
2. O livro inicia pelo estudo da catálise heterogênea, o que permite ao estudante resolver problemas da engenharia de reações envolvendo catálise heterogênea em paralelo com problemas sobre reações homogêneas.
3. Os efeitos de transporte na catálise heterogênea são tratados com uma profundidade significativamente maior.
4. A análise de dados experimentais para desenvolver equações de taxa recebe atenção especial, ocupando um capítulo inteiro.
5. O texto contém muitos problemas e exemplos que requerem o uso de técnicas numéricas.

A seguir, descreve-se a integração desses cinco elementos no texto.

## Organização em Tópicos

O Capítulo 1 inicia com uma revisão da estequiometria das reações químicas, o que leva a uma discussão de várias definições da taxa de reação. São abordados os sistemas homogêneos e heterogêneos. O conteúdo desse capítulo é utilizado em todo o livro, e é particularmente útil no Capítulo 7, que trata de múltiplas reações.

O Capítulo 2 é uma "visão geral" sobre equações de taxa. Nele, a cinética de reações é abordada principalmente a partir de um ponto de vista empírico, com ênfase nas equações de taxa de lei da potência, na relação de Arrhenius e em reações reversíveis (termodinamicamente consistentes). Entretanto, há alguma discussão das teorias de colisões e do estado de transição, para colocar o empirismo em um contexto mais fundamental. O propósito desse capítulo é fornecer informação suficiente sobre equações de taxa que permitam ao estudante entender o desenvolvimento das "equações de projeto" para reatores ideais e resolver alguns problemas de análise e projeto de reatores. Optou-se por tratar de forma mais fundamental a cinética de reações no Capítulo 5. A discussão sobre consistência termodinâmica inclui uma revisão "disfarçada" das partes da termodinâmica química que serão necessárias mais adiante no livro para analisar o comportamento das reações reversíveis.

As definições dos três reatores ideais e os fundamentos do dimensionamento e da análise de reatores ideais são cobertos nos Capítulos 3 e 4. A interpretação gráfica das "equações de projeto" (os "Gráficos de Levenspiel") é utilizada para comparar o comportamento dos dois reatores contínuos ideais, os reatores de escoamento pistonado ou tubulares (PFR – "*Plug-Flow Reactor*") e os de mistura em tanque (CSTR – "*Continuous Stirred-Tank Reactor*"). Isto segue os padrões dos textos anteriores. Contudo, neste livro, a interpretação gráfica é também usada extensivamente na discussão de reatores ideais em série e em paralelo, e o seu uso leva a novas percepções em relação ao comportamento de *sistemas* de reatores.

Na maioria dos textos para graduação sobre engenharia de reações, a derivação das "equações de projeto" para os três reatores ideais e a discussão subsequente sobre o dimensionamento e a análise de reatores ideais baseia-se exclusivamente nas reações *homogêneas.* Isto é muito inoportuno, visto que aproximadamente 90% das reações empregadas industrialmente envolvem *catálise heterogênea.* Em muitos textos, a discussão da catálise heterogênea e de reatores catalíticos heterogêneos é deixada para a parte final do livro em função das complexidades associadas aos efeitos de transporte. Um professor que use tais textos pode concluir um curso sem cobrir a catálise heterogênea ou cobrindo-a muito superficialmente nas últimas aulas.

*Reações Químicas e Reatores Químicos* adota uma abordagem diferente. As equações de projeto são derivadas no Capítulo 3 *tanto* para reações catalíticas *quanto* para não catalíticas. No Capítulo 4, que trata do uso das equações de projeto para dimensionar e analisar reatores ideais, os efeitos de transporte são discutidos qualitativa e conceitualmente. O estudante está habilitado então a dimensionar e analisar reatores catalíticos heterogêneos ideais, *para situações nas quais os efeitos de transporte não são importantes*. Isto contrói uma base conceitual importante para o tratamento detalhado dos efeitos de transporte no Capítulo 9.

Como observado anteriormente, uma característica diferenciadora marcante de *Reações Químicas e Reatores Químicos* é a sua ênfase nos fundamentos da cinética de reações. Como mais e mais estudantes de graduação encontram emprego em áreas "não tradicionais", como a engenharia bioquímica e a de materiais eletrônicos, uma forte compreensão dos fundamentos da cinética de reações torna-se cada vez mais importante. O Capítulo 5 contém um desenvolvimento unificado dos conceitos básicos da análise cinética: reações elementares, aproximação de estado estacionário, aproximação de etapa limitante da taxa e balanço de sítios catalíticos. Essas quatro "ferramentas" são então aplicadas em problemas de várias áreas da ciência e da engenharia: bioquímica, catálise heterogênea, materiais eletrônicos etc. Nos textos existentes, essas ferramentas fundamentais da cinética de reações não são abordadas ou são abordadas superficialmente, ou ainda são cobertas de forma fragmentada organizadas em tópicos. A ênfase em *Reações Químicas e Reatores Químicos* está em ajudar o estudante a entender e aplicar os conceitos *fundamentais* de análise cinética, de forma que ele/ela possa usá-los para resolver problemas de um amplo conjunto de áreas técnicas.

O Capítulo 6 trata da análise de dados cinéticos, outro assunto que recebe pouca atenção na maioria dos textos existentes. Primeiramente, várias técnicas são desenvolvidas para testar a adequação de uma dada equação de taxa. Segue-se então uma discussão de como estimar valores de parâmetros desconhecidos na equação de taxa. Inicialmente, técnicas gráficas são usadas para fornecer uma base visual do processo de análise de dados e para desmistificar o assunto para "aprendizes visuais". Então, usam-se os resultados do procedimento gráfico como um ponto inicial para análise estatística. Da mesma forma, mostra-se o uso de regressão não linear para ajustar dados cinéticos e obter os "melhores" valores dos parâmetros cinéticos desconhecidos. O texto explica como a regressão não linear pode ser utilizada em uma planilha eletrônica.

O Capítulo 7 aborda as reações múltiplas. Inicia-se uma discussão conceitual e qualitativa de sistemas de múltiplas reações, que evolui para uma solução quantitativa de problemas envolvendo o dimensionamento e a análise de reatores isotérmicos dentro dos quais ocorre mais de uma reação. Discute-se e ilustra-se a solução numérica de equações diferenciais ordinárias e sistemas de equações diferenciais ordinárias, bem como a solução de sistemas de equações algébricas não lineares.

O Capítulo 8 é dedicado ao uso do balanço de energia no dimensionameno e análise de reatores. Reatores adiabáticos pistonados e batelada são discutidos primeiramente. Uma vez mais, as técnicas numéricas para resolver equações diferenciais são usadas para obter soluções de problemas envolvendo esses dois reatores. Em seguida, trata-se do reator de mistura em tanque (CSTR) e faz-se a introdução dos conceitos de estabilidade e múltiplos estados estacionários. O capítulo termina com um tratamento de trocadores de calor alimentação/produto, levando a uma discussão adicional de multiplicidade e estabilidade.

O tema efeitos de transporte em catálise é revisitado no Capítulo 9. A estrutura de catalisadores porosos é discutida e as resistências internas e externas às transferências de massa e de calor são quantificadas. Atenção especial é dedicada ao estudante na compreensão da influência dos efeitos de transporte no comportamento global da reação, incluindo seletividade de reação. Métodos experimentais e computacionais para a previsão da presença ou da ausência de efeitos de transporte são discutidos com algum detalhe. O capítulo contém exemplos de dimensionamento e análise de reatores na presença de efeitos de transporte.

O capítulo final, Capítulo 10, é uma discussão básica de reatores não ideais, incluindo técnicas de traçadores, distribuições de tempos de residência e modelos para reatores não ideais. Na maioria dos casos, será um desafio para o professor cobrir esse assunto, mesmo superficialmente, em um curso de um semestre. Todavia, esse capítulo contribui para tornar o texto um importante ponto de partida para estudantes que se defrontam com reatores não ideais após o término do curso.

## Métodos Numéricos

*Reações Químicas e Reatores Químicos* contém problemas e exemplos que requerem a solução de equações diferenciais e algébricas através de métodos numéricos. Presume-se que, ao ingressar em um curso com foco nas reações químicas, a maioria dos estudantes já tenha desenvolvido alguma habilidade no uso de um ou mais pacotes matemáticos comuns, por exemplo, Mathcad, Matlab etc. Este texto não conta com um pacote matemático específico, nem tem como objetivo ensinar ao estudante a usar um pacote específico. Os problemas e os exemplos no livro podem ser resolvidos com qualquer (quaisquer) pacote(s) adequado(s) que os estudantes tenham estudado em cursos anteriores. Esta abordagem pretende liberar o professor de obrigatoriamente dominar e ensinar um novo pacote matemático e de reforçar a habilidade dos estudantes em usar os aplicativos que tenham anteriormente aprendido. Muitas das soluções numéricas apresentadas no texto foram desenvolvidas e resolvidas em um computador pessoal, usando uma planilha eletrônica. Os apêndices são incluídos para ilustrar como a matemática necessária pode ser empregada com uma planilha eletrônica. Esta abordagem fornece aos estudantes uma "ferramenta" de que eles casualmente necessitariam em um ambiente no qual um determinado pacote matemático não estivesse disponível. A abordagem através de planilhas eletrônicas também familiariza os estudantes com parte da matemática que serve de base para resolver equações diferenciais nos pacotes computacionais populares.

## Na Sala de Aula

*Reações Químicas e Reatores Químicos* foi organizado de modo a oferecer ao professor a flexibilidade para escolha da ordem na qual os tópicos serão abordados. Algumas opções incluem:

**Ênfase em Aplicações:** Recentemente, cobrimos os capítulos na ordem, do Capítulo 1 ao Capítulo 9. Esta forma poderia ser chamada de abordagem "misturada", pois ela alterna entre cinética e análise/dimensionamento de reatores. O Capítulo 2 fornece informação suficiente sobre cinética química para permitir ao estudante entender reatores ideais, dimensionar reatores ideais e analisar o comportamento de reatores ideais, nos Capítulos 3 e 4. Os Capítulos 5 e 6 então retornam para cinética, tratando-a com mais detalhes e a partir de um ponto de vista mais fundamental. Usamos esta abordagem porque alguns estudantes não têm paciência para trabalhar do Capítulo 2 ao 5, a não ser que possam ver a aplicação final do material.

**Ênfase em Cinética:** O Capítulo 5 foi escrito de forma que ele pode ser ensinado imediatamente após o Capítulo 2, antes de começar o Capítulo 3. Então a ordem de cobertura do livro seria Capítulos 1, 2, 5, 3, 4, 6, 7, 8 e 9. Poderia ser chamada de abordagem com "ênfase em cinética".

**Ênfase em Reatores:** Uma terceira alternativa é a abordagem com "ênfase em reatores", na qual a ordem dos capítulos poderia ser uma das seguintes: 1, 2, 3, 4, 7, 8, 9, 5, 6 ou 1, 2, 3, 4, 7, 8, 5, 6, 9. Os vários capítulos foram escritos para permitir qualquer uma dessas abordagens. A escolha final é estritamente um assunto de preferência do professor.

Alguns tópicos importantes não são cobertos nesta primeira versão do texto. Dois exemplos são a teoria do estado de transição e os reatores envolvendo duas fases fluidas. Um professor que deseje introduzir algum conteúdo adicional sobre a teoria do estado de transição pode facilmente fazê-lo como uma extensão do Capítulo 2 ou do Capítulo 5. Algum material suplementar sobre reatores multifásicos se adequaria bem ao Capítulo 9.

Com base em nossa experiência pessoal de ensinar com várias versões deste texto, encontramos dificuldades para cobrir os primeiros nove capítulos em uma forma que fosse de fácil entendimento para a maioria dos estudantes. Raramente, se nunca, conseguimos cobrir o Capítulo 10. Um estudante que domine o material dos nove primeiros capítulos estará muito bem preparado para estudar um conteúdo mais avançado "no trabalho" ou para ter um bom desempenho em cursos de pós-graduação em cinética química ou engenharia de reações químicas.

## Comentários e Sugestões

Apesar dos melhores esforços do autor, dos tradutores, do editor e dos revisores, é inevitável que surjam erros no texto. Assim, são bem-vindas as comunicações de usuários sobre correções ou sugestões referentes ao conteúdo ou ao nível pedagógico que auxiliem o aprimoramento de edições futuras. Encorajamos os comentários dos leitores, que podem ser encaminhados à LTC — Livros Técnicos e Científicos Editora S.A., uma editora integrante do GEN | Grupo Editorial Nacional, no endereço: Travessa do Ouvidor, 11 — Rio de Janeiro, RJ — CEP 20040-040 ou ao endereço eletrônico ltc@grupogen.com.br.

## Suplementos para Professores e Estudantes

Encontram-se disponíveis no site da LTC, www.ltceditora.com.br, materiais suplementares. Para baixar esses materiais, na página do livro, clique na aba Suplementos. Você será automaticamente direcionado ao portal de relacionamentos e receberá instruções de como proceder.

# Agradecimentos

Este livro é o auge de uma longa jornada em um assunto que sempre trouxe uma enorme fascinação pessoal. A viagem foi tortuosa, mas nunca solitária. Tivemos a companhia de vários amigos de jornada, que nos ajudaram a entender a complexidade do assunto e a apreciar sua beleza e importância. Alguns foram professores, os quais compartilharam conosco sua sabedoria acumulada e estimularam nosso interesse pelo assunto. Muitos foram colaboradores, industriais e acadêmicos, que trabalharam conosco na solução de uma variedade de problemas interessantes e desafiantes. Mais recentemente, nossos amigos de jornada têm sido estudantes de graduação e de pós-graduação. Eles nos têm desafiado a transmitir nosso conhecimento de uma forma clara e compreensível, tendo forçado-nos a expandir nossa compreensão sobre o assunto. Esperamos poder expressar nossa dívida com todas essas pessoas.

Um período de intercâmbio de verão iniciou nossa jornada pela catálise, cinética de reações e análise e projeto de reatores, antes da expressão “engenharia de reações químicas” cair no uso popular. Por três meses, no que era na época a *California Research Corporation*, trabalhamos com um conjunto muito excitante de problemas em cinética de reações catalíticas. Dois excepcionais práticos industriais, Drs. John Scott e Harry Mason, se interessaram pelo nosso trabalho, nos elucidaram a importância da catálise na prática industrial e tiveram uma grande influência na direção de nossa carreira.

Retornamos à Cornell University e frequentamos nosso primeiro curso em “cinética” coordenado pelo Professor Peter Harriott. Esse curso alimentou nosso crescente interesse em cinética de reações e análise/projeto de reatores e nos propiciou uma sólida formação para o meu trabalho posterior na área.

Na pós-graduação, no Massachusetts Institute of Technology, tivemos o privilégio de estudar catálise com o professor Charles Satterfield, que se tornou o orientador de nossa tese. O professor Satterfield influiu profundamente em nosso interesse e em nosso entendimento em catálise e reatores catalíticos. A convivência com o professor Satterfield no MIT foi um dos pontos altos de nossa jornada.

Iniciamos na carreira profissional na Rohm and Haas Company, trabalhando na área de polimerização. Naquele ambiente, tivemos a oportunidade de interagir com vários químicos de renome mundial, incluindo o Dr. Newman Bortnick. Também tivemos a oportunidade de trabalhar em modelagem matemática de reatores de polimerização com um contemporâneo, Dr. James White. O trabalho recente em polimerização na North Carolina State University é uma extensão do que aprendemos na Rohm and Haas.

A seguir, na Washington University (Saint Louis), tivemos a oportunidade de trabalhar e ensinar com os Drs. Jim Fair e Ken Robinson. Jim Fair encorajou nossos estudos em reatores gás/líquido/sólido e Ken Robinson trouxe-nos algumas valiosas perspectivas sobre catálise para nossos esforços na pesquisa e no ensino.

A próxima parada em nossa jornada foi na então Engelhard Minerals and Chemicals Corporation, onde trabalhamos em um ambiente muito dinâmico voltado para a catálise heterogênea e os processos catalíticos. Quatro dos nossos colaboradores, Drs. John Bonacci, Larry Campbell, Bob Farrauto e Ron Heck, merecem menção especial pelas suas contribuições para nosso apreço e entendimento da catálise. Nós cinco, em várias combinações, empregamos muitas horas excitantes (e às vezes frustantes) discutindo vários projetos nos quais estávamos envolvidos. Compartilhamos o conhecimento e a experiência desse grupo excepcional durante quase quatro décadas de relacionamento. Também temos que mencionar os Drs. Gunther Cohn e Carl Keith, cientistas extremamente criativos e de visão, que nos ajudaram muito e tiveram a paciência de tolerar algumas de nossas fases de ingenuidade.

Trabalhamos mais de uma década na Air Products and Chemicals, Inc. Embora o foco principal de nossas obrigações fosse fora da área da engenharia de reações químicas, existiram algumas exceções marcantes. Essas exceções nos deram a oportunidade de trabalhar com outro grupo de indivíduos talentosos, incluindo os Drs. Denis Brown e Ed Givens.

A última e mais longa parada de nossa jornada é nossa posição atual no Departamento de Engenharia Química (agora Departamento de Engenharia Química e Biomolecular) na North Carolina State University. Essa fase da jornada nos levou a quatro colaborações importantes que estenderam e aprofundaram nossa experiência em engenharia de reações químicas. Beneficiamo-nos grandemente com as estimulantes interações com os professores Eduardo Sáez, agora na University of Arizona, James (Jerry) Spivey, agora na Louisiana State University, Ruben Carbonell e Joseph DeSimone.

Este livro não seria possível sem as contribuições dos professores assistentes que vêm nos ajudando em todos esses anos, em cursos de graduação e de pós-graduação em engenharia de reações químicas. Estes incluem: Collins Appaw, Lisa Barrow, Diane (Bauer) Beaudoin, Chinmay Bhatt, Matt Burke, Kathy Burns, Joan (Biales) Frankel, Nathaniel Cain, "Rusty" Cantrell, Naresh Chennamsetty, Sushil Dhoot, Laura Beth Dong, Kevin Epting, Amit Goyal, Shalini Gupta, Surendra Jain, Concepcion Jimenez, April (Morris) Kloxin, Steve Kozup, Shawn McCutchen, Jared Morris, Jodee Moss, Hung Nguyen, Joan Patterson, Nirupama Ramamurthy, Manish Saraf, George Serad, Fei Shen, Anuraag Singh, Eric Shreiber, Ken Walsh, Dawei Xu e Jian Zhou. Três estudantes de pós-graduação, Tonya Klein, Jorge Pikunic e Angelica Sanchez, trabalharam conosco em programas de apoio financiados pela universidade. Dois estudantes de graduação que contribuíram em partes deste livro, Amanda (Burris) Ashcraft e David Erel, também merecem nossos especiais agradecimentos.

Estamos em débito com os professores David Ollis e Richard Felder, que nos deram conselhos e nos encorajaram nos dias mais difíceis na confecção deste livro. Também somos gratos aos professores David Bruce da Clemson University, Tracy Gardner e Anthony Dean da Colorado School of Mines, Christopher Williams da University of South Carolina e Henry Lamb e Baliji Rao da North Carolina State University pelos comentários pertinentes e por "testarem" várias versões preliminares deste livro em suas aulas. O Professor Robert Kelly, também da North Carolina State University, contribuiu significativamente para a "forma" deste livro.

Gostaríamos de agradecer aos seguintes professores que revisaram versões preliminares do manuscrito, assim como aqueles revisores que desejaram permanecer anônimos:

Pradeep K. Agrawal, Georgia Institute of Technology
Dragomir B. Bukur, Texas A&M University
Lloyd R. Hile, California State University, Long Beach
Thuan K. Nguyen, California State University, Pomona
Jose M. Pinto, Polytechnic University
David A. Rockstraw, New Mexico State University
Walter P. Walawender, Kansas State University

Receamos ter omitido um ou mais companheiros de jornada pela cinética de reações, análise e projeto de reatores e catálise heterogênea. Oferecemos nossas sinceras desculpas para aqueles que mereciam ser mencionados, mas são vítimas da extensa carreira e da aleatoriedade da nossa memória.

**Dedicatória:**
Sou intensamente grato pelo apoio de minha família. Agora compreendo que minha esposa, Mary, e meus filhos, Claire e Bill, foram as vítimas inocentes do tempo e do esforço despendidos na preparação e na redação deste livro. Obrigado Mary, Claire e Bill. Este livro é dedicado a vocês três, coletiva e individualmente.

# Capítulo 1

# Reações e Taxas de Reação

**OBJETIVOS DE APRENDIZAGEM**

Após terminar este capítulo, você deve ser capaz de

1. usar a notação estequiométrica para representar reações químicas e grandezas termodinâmicas;
2. usar o conceito de extensão de reação para verificar a consistência de dados experimentais e para calcular quantidades desconhecidas;
3. formular uma definição de taxa de reação baseada *onde* a reação ocorre.

## 1.1 INTRODUÇÃO

### 1.1.1 O Papel das Reações Químicas

Reações químicas[1] são elementos tecnológicos essenciais em uma grande variedade de indústrias, como, por exemplo, as indústrias de combustíveis, de produtos químicos, de metais, de produtos farmacêuticos, de alimentos, de produtos têxteis, de eletrônicos, de caminhões e carros, e de geração de energia elétrica. Reações químicas podem ser utilizadas para converter matérias-primas de baixo valor comercial em produtos com mais altos valores, como, por exemplo, a produção de ácido sulfúrico a partir de enxofre, ar e água. Reações químicas podem ser usadas para converter uma forma de energia em outra, por exemplo, a oxidação de hidrogênio em uma célula combustível para produzir energia elétrica. Uma série complexa de reações é responsável pela coagulação do sangue e o "endurecimento" do concreto é uma reação de hidratação entre a água e alguns dos outros constituintes inorgânicos da massa do concreto. As reações químicas são também importantes em muitos processos de controle de poluição, indo desde o tratamento de efluentes aquosos para reduzir sua demanda de oxigênio até a remoção de óxidos de nitrogênio dos gases de exaustão em plantas de geração de energia.

A nossa civilização atualmente encara muitos desafios tecnológicos sérios. A concentração de dióxido de carbono na atmosfera terrestre está aumentando rapidamente. Reservas de petróleo e gás natural parecem estar, na melhor das hipóteses, estagnadas, enquanto o consumo destes combustíveis fósseis está aumentando globalmente. Doenças anteriormente não conhecidas ou não identificadas aparecem regularmente. Rejeitos não biodegradáveis, tais como garrafas plásticas de refrigerantes, estão se acumulando nos campos. Obviamente, esta lista de desafios não está completa e os seus itens variarão de pessoa para pessoa e de país para país. Todavia, é difícil imaginar que desafios como estes possam ser enfrentados sem nos armarmos com algumas reações químicas conhecidas, acrescidas de algumas reações que ainda estão por ser desenvolvidas.

A implementação prática e com sucesso de uma reação química não é uma tarefa trivial. A utilização com criatividade de material de um conjunto de áreas técnicas é quase sempre necessária. Condições de operação devem ser escolhidas de forma que a reação ocorra com taxa e extensão aceitáveis. A extensão máxima de uma reação química é determinada pela *estequiometria* e pela área da termodinâmica conhecida como *equilíbrio químico.* Este livro começa com uma pequena discussão dos princípios da estequiometria mais usados nas reações químicas. É presumido um conhecimento sobre equilíbrio químico baseado em disciplinas anteriores de química e/ou de engenharia química. Entretanto, o livro contém problemas e exemplos que ajudarão a sedimentar este conhecimento.

[1]Objetivando concisão, a expressão "reação química" é usada ao longo deste livro no senso mais abrangente possível. A expressão tem a intenção de incluir reações biológicas e bioquímicas, assim como as reações orgânicas e inorgânicas.

### 1.1.2 Cinética Química

A taxa na qual uma reação ocorre é governada pelos princípios da *cinética química*, que é um dos principais tópicos deste livro. A cinética química nos permite entender como as taxas de reação dependem de variáveis, tais como: concentração, temperatura e pressão. A cinética fornece uma base para a manipulação destas variáveis com o objetivo de aumentar a taxa de uma reação desejada e minimizar as taxas das reações indesejadas. Primeiramente, estudaremos cinética de um ponto de vista empírico e mais tarde de um ponto de vista mais fundamental, que cria uma ligação com os detalhes da química da reação. *Catálise* é uma ferramenta extremamente importante no domínio da cinética química. Por exemplo, catalisadores são necessários para assegurar que o coágulo sanguíneo se forme rápido o suficiente para evitar séria perda de sangue. Aproximadamente 90% dos processos químicos que são operados industrialmente envolvem o uso de algum tipo de catalisador a fim de aumentar a(s) taxa(s) da(s) reação(ões) desejada(s). Infelizmente, o comportamento de catalisadores heterogêneos pode ser influenciado de forma significativa e negativa pelas taxas de *transferência de calor e de massa* para e a partir dos "sítios" no catalisador, nos quais a reação ocorre. Inicialmente, iremos abordar as interações entre a cinética catalítica e o transporte de calor e massa de forma conceitual e qualitativa, e as enfrentaremos direta e determinadamente mais adiante no livro.

### 1.1.3 Reatores Químicos

Reações químicas ocorrem em *reatores químicos*. Alguns reatores são facilmente reconhecíveis, por exemplo, um vaso no meio de uma planta química ou a fornalha que queima gás natural ou óleo de aquecimento para aquecer nossa casa. Outros são mais difíceis de serem reconhecidos — um rio, a camada de ozônio ou um monte de adubo. O desenvolvimento de um reator (ou de um sistema de reatores) para realizar uma determinada reação química (ou sistema de reações) pode requerer imaginação e criatividade. Hoje, catalisadores são utilizados em toda refinaria moderna para "craquear" frações pesadas de petróleo em líquidos mais leves que são adequados para a produção de gasolina com alta octanagem. A inovação que levou o "craqueamento catalítico" a ser amplamente utilizado foi o desenvolvimento de reatores de leito fluidizado muito grandes, que permitiram que o catalisador de craqueamento fosse retirado e regenerado continuamente. É muito provável que novos conceitos em reatores terão que ser desenvolvidos para a implementação ótima de novas reações, especialmente novas reações no campo emergente da biotecnologia.

O projeto e a análise de reatores químicos estão baseados em um sólido entendimento da cinética química, mas necessitam, também, do uso de informações de outras áreas. Por exemplo, o comportamento de um reator depende da natureza da *mistura* e do *escoamento do fluido*. Mais ainda, como as reações são endotérmicas ou exotérmicas, a termodinâmica entra novamente em ação, uma vez que os *balanços de energia* são determinantes críticos do comportamento do reator. Como parte do balanço de energia, a *transferência de calor* pode ser um elemento importante do projeto e da análise do reator.

Este livro ajudará na união de todos estes tópicos e os trará para sustentar o estudo de *Reações Químicas* e *Reatores Químicos*. Vamos começar com uma leve revisão sobre estequiometria, do ponto de vista de como podemos usá-la para descrever o comportamento de uma reação química e de sistemas de reações químicas.

## 1.2 NOTAÇÃO ESTEQUIOMÉTRICA

Vamos considerar a reação química

$$Cl_2 + C_3H_6 + 2NaOH \rightarrow C_3H_6O + 2NaCl + H_2O \quad (1\text{-A})$$

A molécula $C_3H_6O$ é o óxido de propileno, uma matéria-prima importante na produção de poliésteres insaturados, tais como os utilizados em cascos de embarcações e na produção de poliuretanos, como a espuma em bancos de automóveis. A Reação (1-A) descreve a estequiometria do processo "cloridrina" para a produção do óxido de propileno. Este processo é utilizado na produção de cerca da metade do óxido de propileno em termos mundiais.

A equação estequiométrica balanceada para qualquer reação química pode ser escrita usando uma forma generalizada da notação estequiométrica

$$\sum_i v_i A_i = 0 \quad (1\text{-}1)$$

Nesta equação, $A_i$ representa uma espécie química. Por exemplo, na Reação (1-A), poderíamos escolher

$$A_1 = Cl_2;\ A_2 = C_3H_6;\ A_3 = NaOH;\ A_4 = C_3H_6O;\ A_5 = NaCl;\ A_6 = H_2O$$

O coeficiente estequiométrico para a espécie química "$i$" é representado por $\nu_i$. A Equação (1-1) envolve uma convenção para escrever os coeficientes estequiométricos. *Os coeficientes dos produtos de uma reação são positivos e os coeficientes dos reagentes são negativos.* Desta forma, para a Reação (1-A):

$$\nu_1 = \nu_{Cl_2} = -1;\ \nu_2 = \nu_{C_3H_6} = -1;\ \nu_3 = \nu_{NaOH} = -2;$$
$$\nu_4 = \nu_{C_3H_6O} = +1;\ \nu_5 = \nu_{NaCl} = +2;\ \nu_6 = \nu_{H_2O} = +1$$

A soma dos coeficientes estequiométricos, $\Delta\nu = \Sigma\nu_i$, mostra se o número total de mols aumenta, diminui ou permanece constante quando a reação ocorre. Se $\Delta\nu > 0$, o número de mols aumenta; se $\Delta\nu < 0$, o número de mols diminui; se $\Delta\nu = 0$, não há mudança no número total de mols. Para a Reação (1-A), $\Delta\nu = 0$. Como veremos no Capítulo 4, uma mudança no número de mols devida à reação pode ter uma influência importante no projeto e na análise de reações que ocorrem na fase gasosa.

Você pode ter utilizado esta notação estequiométrica em cursos anteriores, como o de termodinâmica. Por exemplo, a variação da energia livre de Gibbs padrão de uma reação ($\Delta G_R^0$) e a variação da entalpia-padrão de uma reação ($\Delta H_R^0$) podem ser escritas na forma

$$\Delta G_R^0 = \sum_i \nu_i \Delta G_{f,i}^0 \qquad (1\text{-}2)$$

e

$$\Delta H_R^0 = \sum_i \nu_i \Delta H_{f,i}^0 \qquad (1\text{-}3)$$

Nestas equações, $\Delta G_{f,i}^0$ e $\Delta H_{f,i}^0$, são a energia livre de Gibbs padrão de formação e a entalpia-padrão de formação da espécie $i$, respectivamente. Para muitas reações, os valores de $\Delta G_R^0$ e $\Delta H_R^0$ podem ser calculados a partir de valores tabulados de $\Delta G_{f,i}^0$ e $\Delta H_{f,i}^0$ para os reagentes e os produtos.

## 1.3 EXTENSÃO DA REAÇÃO E LEI DAS PROPORÇÕES DEFINIDAS

Considere um sistema fechado no qual uma reação química ocorre. Sejam

$N_i$ = número de mols da espécie $i$ presente no tempo $t$
$N_{i0}$ = número de mols da espécie $i$ presente em $t = 0$
$\Delta N_i = N_i - N_{i0}$

Alternativamente, considere um sistema aberto em *estado estacionário*, no qual uma reação ocorre. Para este caso, sejam

$N_i$ = número de mols da espécie $i$ que deixa o sistema no intervalo de tempo $\Delta t$
$N_{i0}$ = número de mols da espécie $i$ que entra no sistema no mesmo intervalo de tempo $\Delta t$
$\Delta N_i = N_i - N_{i0}$

Em ambos os casos, a reação é o único acontecimento que causa a diferença entre $N_i$ e $N_{i0}$, isto é, a reação é o único acontecimento que faz com que $\Delta N_i$ seja diferente de zero.

A "extensão da reação", $\xi$ é definida como

Extensão da reação para uma única reação em um sistema fechado

$$\boxed{\xi = \Delta N_i/\nu_i} \qquad (1\text{-}4)$$

A "extensão da reação" é uma medida de quanto a reação progrediu. Como os reagentes desaparecem na medida em que a reação progride, $\Delta N_i$ para todos os reagentes são menores do que zero. Inversamente, produtos são formados, assim os $\Delta N_i$ para todos os produtos são maiores do que zero. Por isso, a convenção de sinal para os coeficientes estequiométricos assegura que o valor de $\xi$ é sempre positivo, contanto que tenhamos identificado os reagentes e produtos corretamente.

Quando a extensão da reação é definida pela Equação (1-4), $\xi$ tem unidade de mols.

O valor máximo de $\xi$ para qualquer reação é obtido quando o reagente limite é totalmente consumido, isto é,

$$\xi_{\text{máx}} = -N_{10}/\nu_1$$

onde o subscrito "1" indica o reagente limite. Na realidade, a extensão da reação fornece uma forma de garantir que o reagente limite foi identificado corretamente. Para cada reagente, calcule $\xi_{i0} = N_{i0}/\nu_i$. Este é o valor de $\xi_{\text{máx}}$ que resultaria se o reagente "$i$" foi consumido completamente. A espécie com o *menor* valor de $\xi_{i0}$ é o reagente limite. Este é o reagente que irá desaparecer primeiro se a reação for até o fim.

Se a reação for reversível, o equilíbrio será alcançado antes que o reagente limite seja consumido completamente. Neste caso, o maior valor *factível* de $\xi$ será menor do que $\xi_{\text{máx}}$.

A equação estequiométrica balanceada para uma reação nos diz que as várias espécies químicas são formadas ou consumidas em proporções fixas. Esta ideia é expressa matematicamente pela *Lei das Proporções Definidas*. Para uma única reação,

Lei das Proporções Definidas para uma única reação em um sistema fechado

$$\boxed{\begin{aligned}\Delta N_1/\nu_1 &= \Delta N_2/\nu_2 = \Delta N_3/\nu_3 = \cdots \\ &= \Delta N_i/\nu_i = \cdots = \xi\end{aligned}} \tag{1-5}$$

De acordo com a Equação (1-5), o valor de $\xi$ não depende da espécie usada no cálculo. Uma reação que obedece a Lei das Proporções Definidas é reportada como uma reação "estequiometricamente simples". Se a síntese de óxido de propileno [Reação (1-A)] fosse estequiometricamente simples, poderíamos escrever

$$\Delta N_{H_2O}/1 = \Delta N_{NaCl}/2 = \Delta N_{C_3H_6O}/1 = \Delta N_{C_3H_6}/-1 = \Delta N_{NaOH}/-2 = \Delta N_{Cl_2}/-1$$

O conceito de extensão da reação pode ser aplicado em sistemas abertos em *estado estacionário*, em uma segunda forma, através da consideração das *vazões* nas quais as várias espécies são alimentadas e retiradas do sistema, em vez de considerar os *números de mols* alimentados e retirados em um intervalo de tempo especificado. Sejam

$F_i$ = *vazão molar* na qual a espécie $i$ escoa para fora do sistema (mol de $i$/tempo)
$F_{i0}$ = *vazão molar* na qual a espécie $i$ escoa para dentro do sistema (mol de $i$/tempo)
$\Delta F_{i0} = F_i - F_{i0}$

A extensão da reação pode agora ser definida como

Extensão da reação para uma única reação em um sistema com escoamento em estado estacionário

$$\boxed{\xi = \Delta F_i/\nu_i} \tag{1-6}$$

Quando a extensão da reação está baseada em *vazões* molares, $F_i$, em vez de mols, $N_i$, $\xi$ tem a unidade de mol/tempo em vez de mol. Para este caso, a Lei das Proporções Definidas é escrita como

Lei das Proporções Definidas para uma única reação em um sistema com escoamento em estado estacionário

$$\boxed{\begin{aligned}\Delta F_1/\nu_1 &= \Delta F_2/\nu_2 = \Delta F_3/\nu_3 = \cdots \\ &= \Delta F_i/\nu_i = \cdots = \xi\end{aligned}} \tag{1-7}$$

Em uma primeira olhada, a Lei das Proporções Definidas e a definição de uma reação estequiometricamente simples podem parecer triviais. Entretanto, as Equações (1-5) e (1-7) podem proporcionar uma "verificação da realidade" ao lidarmos com sistemas reais. Considere o Exemplo 1-1.

**EXEMPLO 1-1** A reação de hidrogenólise do tiofeno

***Hidrogenólise do Tiofeno ($C_4H_4S$)***

$$C_4H_4S + 4H_2 \rightarrow C_4H_{10} + H_2S \qquad \text{(1-B)}$$

ocorre a uma pressão total de aproximadamente 1 atm e a aproximadamente 250°C sobre um catalisador sólido contendo cobalto e molibdênio. Esta reação é usada, algumas vezes, como um modelo para as reações que ocorrem quando enxofre é removido de várias frações de petróleo (por exemplo, nafta, querosene e óleo diesel) através da reação com hidrogênio sobre um catalisador.

Suponha que os seguintes dados foram obtidos em um reator de escoamento contínuo, operando em estado estacionário. O reator é parte de uma planta-piloto para teste de novos catalisadores. Utilize estes dados para determinar se o sistema está se comportando como se uma reação estequiometricamente simples, isto é, Reação (1-B), estivesse ocorrendo.

Dados da planta-piloto para teste do catalisador da hidrogenólise do tiofeno

| Espécies | Grama-mols alimentados durante o terceiro turno, 8 h | Grama-mols no efluente durante o terceiro turno, 8 h |
|---|---|---|
| $C_4H_4S$ | 75,3 | 5,3 |
| $H_2$ | 410,9 | 145,9 |
| $C_4H_{10}$ | 20,1 | 75,1 |
| $H_2S$ | 25,7 | 95,7 |

***ANÁLISE***

Existem dados suficientes na tabela anterior para calcular $\xi$ para cada espécie. Se os dados da planta-piloto forem consistentes com a hipótese de que uma reação estequiometricamente simples (Reação (1-B)) ocorreu, então, pela Lei das Proporções Definidas [Equação (1-5)], o valor de $\xi$ será o mesmo para todas as quatro espécies.

***SOLUÇÃO***

Os dados para o tiofeno na tabela anterior fornecem o seguinte valor da extensão da reação: $\xi = (5{,}3 - 75{,}3)/(-1) = 70$. Os cálculos completos são mostrados na tabela a seguir.

Teste para reação estequiometricamente simples

| Espécies | $\Delta N_i$ | $\nu_i$ | $\xi$ |
|---|---|---|---|
| $C_4H_4S$ | $-70{,}0$ | $-1$ | 70,0 |
| $H_2$ | $145{,}9 - 410{,}9 = -265{,}0$ | $-4$ | 66,25 |
| $C_4H_{10}$ | $75{,}1 - 20{,}1 = 55{,}0$ | $+1$ | 55,0 |
| $H_2S$ | $95{,}7 - 25{,}7 = 70{,}0$ | $+1$ | 70,0 |

As extensões da reação calculadas mostram que o sistema real *não* se comporta como aquele onde somente uma reação estequiometricamente simples ocorre. Claramente, a nossa noção preconcebida sobre a Reação (1-B) não é consistente com os fatos.

O que está acontecendo no Exemplo 1-1? Os dados fornecem algumas pistas. Os cálculos mostram que a quantidade de sulfeto de hidrogênio ($H_2S$) formada e a quantidade de tiofeno consumida estão na proporção exata predita pela estequiometria da Reação (1-B). Entretanto, a quantidade de hidrogênio consumida é menor do que a predita pela equação estequiométrica balanceada para um dado consumo de tiofeno. Além disto, uma quantidade menor de butano ($C_4H_{10}$) é produzida.

Como um aparte. Se verificássemos os balanços por elemento químico para o C, o H e o S, eles mostrariam que os átomos de enxofre fecham o balanço (entrada = saída), porém que átomos de hidrogênio e de carbono entram mais do que saem.

Parece que provavelmente o sistema de análises químicas na planta-piloto falhou na detecção de pelo menos uma espécie de hidrocarboneto. Além disto, a espécie não detectada tem que ter uma razão H/C menor do que o butano, visto que $\xi_{C_4H_{10}} < \xi_{H_2}$. Se o comportamento do sistema real não pode ser descrito por uma reação estequiometricamente simples, talvez mais que uma reação esteja ocorrendo.

Você pode postular um *sistema* de reações que seja consistente com os dados, o qual possa ajudar a identificar o(s) composto(s) ausente(s)?

### 1.3.1 Notação Estequiométrica — Reações Múltiplas

Se mais de uma reação estiver ocorrendo, então uma dada espécie química, digamos $A_i$, pode participar em mais de uma reação. Esta espécie, em geral, terá um coeficiente estequiométrico diferente em cada reação. Ela pode ser um produto de uma reação e um reagente em outra.

Se o índice "*k*" for utilizado para indicar uma reação específica em um sistema de "*R*" reações, a notação estequiométrica generalizada para uma reação torna-se

$$\sum_i \nu_{ki} A_i = 0, \quad k = 1, 2, \ldots, R \tag{1-8}$$

Aqui, *R* é o número total de reações independentes que ocorrem e $\nu_{ki}$ é o coeficiente estequiométrico da espécie *i* na reação *k*.

Cada uma das *R* reações pode contribuir para $\Delta N_i$, que é a variação do número de mols da espécie *i*. Se a extensão da reação "*k*" for representada por $\xi_k$, então a variação *total* no número de mols da espécie *i* é

Variação total nos mols — reações múltiplas em um sistema fechado

$$\Delta N_i = N_i - N_{i0} = \sum_{k=1}^{R} \nu_{ki} \xi_k \tag{1-9}$$

O termo $\nu_{ki}\xi_k$ é a variação no número de mols de "*i*" que é causada pela reação "*k*". A variação *total* dos mols da espécie *i*, $\Delta N_i$, é obtida pela soma destes termos para todas as reações que ocorrem no sistema.

Quando a extensão da reação é definida em termos de vazões molares, a equação equivalente à Equação (1-9) é

Variação total na vazão molar — reações múltiplas em um sistema com escoamento em estado estacionário

$$\Delta F_i = F_i - F_{i0} = \sum_{k=1}^{R} \nu_{ki} \xi_k \tag{1-10}$$

## EXEMPLO 1-2

***Hidrogenólise do Tiofeno — Reações Múltiplas?***

Suponha que as duas reações mostradas a seguir ocorreram na planta-piloto de hidrogenólise de tiofeno do Exemplo 1-1.

$$C_4H_4S + 3H_2 \rightarrow C_4H_8 + H_2S \tag{1-C}$$

$$C_4H_8 + H_2 \rightarrow C_4H_{10} \tag{1-D}$$

Os dados da planta-piloto são estequiometricamente consistentes com estas reações?

***ANÁLISE***

Se as Reações (1-C) e (1-D) forem suficientes para levar em conta o comportamento do sistema real, então *todas* as equações para $\Delta N_i$, uma equação para cada espécie, devem ser satisfeitas por um *único* valor de $\xi_C$, a extensão da Reação (1-C), acompanhado de mais um *único* valor de $\xi_D$, a extensão da Reação (1-D). Há cinco espécies químicas nas Reações (1-C) e (1-D). Entretanto, na tabela do Exemplo 1-1 faltam dados para o buteno ($C_4H_8$), de tal forma que somente quatro equações para $\Delta N_i$ podem ser formuladas com valores para $\Delta N_i$. Duas destas equações serão utilizadas para calcular os valores de $\xi_C$ e $\xi_D$. As duas equações restantes serão utilizadas para checar os valores de $\xi_C$ e $\xi_D$ que foram calculados.

***SOLUÇÃO***

Sejam $\nu_{Ci}$ o coeficiente estequiométrico da espécie "*i*" na Reação (1-C) e $\nu_{Di}$ o coeficiente estequiométrico da espécie "*i*" na Reação (1-D). Para o tiofeno (T), da Equação (1-9),

$$\Delta N_T = \nu_{CT}\zeta_C + \nu_{DT}\zeta_D = -70$$

Como $\nu_{CT} = -1$ e $\nu_{DT} = 0$, $\zeta_C = 70$.

Para o $H_2$ (H),

$$\Delta N_H = \nu_{CH}\xi_C + \nu_{DH}\xi_D = -265$$

Como $\nu_{CH} = -3$ e $\nu_{DH} = -1$,

$$(-3)(70) + (-1)\xi_D = -265; \ \xi_D = 55$$

Estes valores de $\xi_C$ e $\xi_D$ devem agora satisfazer as duas equações restantes para $\Delta N$. Para o $H_2S$ (S),

$$\Delta N_E = \nu_{CS}\xi_C + \nu_{DS}\xi_D = 70$$

$$(+1)(70) + (0)(55) = 70 \text{ OK!}$$

Para o butano (B),

$$\Delta N_B = \nu_{CB}\xi_C + \nu_{DB}\xi_D = 55$$

$$(0)(70) + (1)(55) = 55 \text{ OK!}$$

Estes cálculos mostram que os dados, como estão, *são* consistentes com a hipótese de que as Reações (1-C) e (1-D) são as únicas que ocorrem.

Esta análise não *prova* que estas duas reações estão ocorrendo. Há outras interpretações que poderiam explicar os dados experimentais. Primeiramente, os dados podem ser imprecisos. Talvez somente uma reação ocorra, porém os números de mols de $H_2$ e de $C_4H_{10}$ foram medidos incorretamente. Talvez mais do que duas reações ocorram. Claramente, dados adicionais são necessários. A análise das operações da planta-piloto deve ser melhorada de forma que todos os três balanços das espécies (carbono, hidrogênio e enxofre) possam ser fechados com uma tolerância razoável.

## EXERCÍCIO 1-1

Quais ações específicas você recomendaria para a equipe que está operando a planta-piloto?

## EXEMPLO 1-3

***Hidrogenólise do Tiofeno — Cálculo do Buteno***

O conceito de extensão da reação também pode ser utilizado para calcular a quantidade esperada de espécies que não são medidas diretamente. Considere o exemplo anterior. Suponha que as Reações (1-C) e (1-D) são, de fato, as únicas reações independentes que ocorrem na planta-piloto. Qual quantidade de buteno ($C_4H_8$) deveria ser encontrada no efluente da planta-piloto durante o terceiro turno?

***ANÁLISE***

Considere o subscrito "E" para representar o buteno. A Equação (1-9) pode ser escrita para o buteno, como se segue:

$$\Delta N_E = \nu_{CE}\xi_C + \nu_{DE}\xi_D$$

Como todas as grandezas no lado direito desta equação são conhecidas, o valor de $\Delta N_E$ pode ser calculado diretamente. A quantidade de buteno formada durante o terceiro turno é $\Delta N_E$. Não havendo buteno na alimentação do reator, $\Delta N_E$ também é a quantidade total de buteno que seria coletada do efluente durante o terceiro turno.

**SOLUÇÃO** Do Exemplo 1-2, $\xi_C = 70$ e $\xi_D = 55$. Das Reações (1-C) e (1-D), $\nu_{CE} = +1$ e $\nu_{DE} = -1$. Consequentemente,

$$\Delta N_E = (+1)(70) + (-1)(55) = 15$$

Assim, em não havendo buteno na alimentação do reator, esperaríamos encontrar 15 mol de buteno no efluente que foi coletado durante o terceiro turno.

# 1.4 DEFINIÇÕES DE TAXA DE REAÇÃO

## 1.4.1 Definição Dependente da Espécie

A fim de ser útil no projeto e análise de reatores, a taxa de reação tem que ser uma variável *intensiva*, isto é, uma variável que não dependa do tamanho do sistema. É muito conveniente também definir a taxa de reação de forma que ela se refira explicitamente a uma das espécies químicas que participa da reação. A espécie de referência normalmente é mostrada como parte do símbolo para a taxa de reação e a espécie de referência deve ser especificada nas unidades da taxa de reação.

Considere um sistema no qual uma reação estequiometricamente simples esteja ocorrendo. Vamos definir uma taxa de reação $r_i$ como

$$r_i \equiv \frac{\text{taxa de formação do produto "}i\text{" (mols de "}i\text{" formados/tempo)}}{\text{unidade (alguma coisa)}} \tag{1-11}$$

O subscrito "*i*" se refere à espécie cuja taxa de formação é $r_i$. O denominador do lado direito da Equação (1-11) é que torna a variável $r_i$ uma variável intensiva. Retornaremos a este denominador mais a frente.

Várias coisas são óbvias sobre esta definição de $r_i$. Primeiro, se "*i*" realmente está sendo formado, $r_i$ será positiva. Entretanto, podemos querer que "*i*" seja um reagente, que está sendo consumido (desaparecendo). Neste caso, o valor de $r_i$ deve ser negativo. Uma definição alternativa, matematicamente equivalente, pode ser utilizada quando "*i*" é um reagente:

$$-r_i \equiv \frac{\text{taxa de desaparecimento do reagente "}i\text{" (mols de "}i\text{" consumidos/tempo)}}{\text{unidade (alguma coisa)}} \tag{1-12}$$

Se "*i*" realmente está sendo consumido, então $-r_i$ será positiva, isto é, a taxa de *desaparecimento* será positiva.

A fim de definir propriamente e convenientemente "unidade (alguma coisa)", precisamos conhecer *onde* a reação realmente ocorre. Vamos considerar um pouco dos casos mais importantes.

### 1.4.1.1 Uma Fase Fluida

Uma reação química pode ocorrer *homogeneamente* no seio de uma única fase fluida. A reação pode resultar, por exemplo, de colisões entre moléculas do fluido ou da decomposição espontânea de uma molécula do fluido. Em tais casos, a taxa *global* na qual "*i*" é gerada ou consumida, isto é, o número de moléculas de "*i*" convertido por unidade de tempo em todo o sistema, será proporcional ao volume do fluido. O volume do fluido é a variável apropriada para expressar a taxa de uma reação *homogênea* como uma variável intensiva. Assim,

Taxa de reação — reação homogênea

$$-r_i \equiv \frac{\text{taxa de desaparecimento do reagente "}i\text{" (mols de "}i\text{" consumidos/tempo)}}{\text{unidade de volume do fluido}} \tag{1-13}$$

Neste caso, $r_i$ e $-r_i$ têm dimensão de mol de *i*/(volume.tempo).

#### 1.4.1.2 Múltiplas Fases

Reatores com múltiplas fases estão *muito* mais presentes na prática industrial do que os reatores de uma fase. O comportamento de sistemas multifásicos pode ser muito complexo. Não é sempre simples e direto determinar se a reação ocorre em uma fase, em mais de uma fase ou na interface entre as fases. Entretanto, há um caso muito importante no qual o local da reação é bem entendido.

***Catálise Heterogênea*** Aproximadamente 90% das reações usadas comercialmente em áreas tais como refino de petróleo, produção de produtos químicos e farmacêuticos, e redução de poluição envolvem catalisadores heterogêneos sólidos. A reação ocorre sobre a superfície do catalisador e não na(s) fase(s) fluida(s) vizinha(s). A taxa de reação *global* depende da quantidade de catalisador presente e desta forma a *quantidade de catalisador* tem que ser usada para tornar $r_i$ e $-r_i$ intensivas.

A quantidade de catalisador pode ser representada em várias formas válidas, por exemplo, massa, volume e área superficial. A escolha entre estas medidas de quantidade de catalisador é ditada pela conveniência. Entretanto, massa é frequentemente utilizada nas aplicações em engenharia. Para esta escolha,

Taxa de reação — reação catalítica heterogênea

$$r_i \equiv \frac{\text{taxa de formação do produto "}i\text{" (mols de "}i\text{" formados/tempo)}}{\text{unidade de massa de catalisador}} \tag{1-14}$$

Em pesquisas fundamentais sobre catalisadores, um esforço normalmente é feito para relacionar a taxa de reação com o número de átomos do componente catalítico que está em contato com o fluido. Por exemplo, se a decomposição do peróxido de hidrogênio ($H_2O_2$) for catalisada por paládio metálico, a taxa de desaparecimento de $H_2O_2$ pode ser definida na forma,

$$-r_{H_2O_2} \equiv \frac{\text{taxa de desaparecimento de } H_2O_2 \text{ (moléculas reagidas/tempo)}}{\text{átomos de Pd em contato com o fluido contendo } H_2O_2} \tag{1-15}$$

Representada desta forma, $-r_{H_2O_2}$ tem unidade igual ao inverso do tempo e é chamada uma "frequência de *turnover*" ou "frequência de transição". Fisicamente, ela é o número de eventos de reações moleculares (isto é, decomposições de $H_2O_2$) que ocorrem sobre um único átomo do componente catalítico por unidade de tempo.

Infelizmente, exceto em casos especiais, o símbolo que é usado para indicar taxa de reação não é construído para dizer ao usuário que base foi usada para tornar a taxa de reação intensiva. Esta tarefa normalmente é deixada para as unidades da taxa de reação.

***Outros Casos*** Em alguns casos, uma reação ocorre em uma das fases em um reator multifásico, mas não nas outras. Obviamente, é difícil saber a fase na qual a reação ocorre. Se a definição da taxa de reação estiver baseada no volume *total* do reator, aparecerão sérios problemas quando a razão das fases mudar. A razão das fases geralmente dependerá de variáveis, tais como: as dimensões do reator, a intensidade da agitação mecânica, e as vazões de alimentação e as composições dos vários fluidos. Consequentemente, dificuldades são inevitáveis, especialmente na extrapolação para escalas maiores (*scale-up*), se a taxa de reação não for bem definida.

Em poucos processos industriais, a reação ocorre na interface entre duas fases. A *área interfacial* então é o parâmetro apropriado a ser usado para tornar a taxa de reação uma variável intensiva. A síntese do poli(carbonato de bisfenol A) (policarbonato) a partir do bisfenol A e do fosgênio é um exemplo de uma reação que ocorre na interface entre duas fases fluidas.

De vez em quando, uma reação ocorre em mais de uma fase de um reator multifásico. Um exemplo é a suposta "combustão catalítica". Se a temperatura for alta o suficiente, um combustível formado por hidrocarboneto, tal como o propano, pode ser oxidado cataliticamente sobre a superfície de um catalisador heterogêneo, ao mesmo tempo em que uma reação de oxidação homogênea ocorre na fase gasosa. Esta situação requer duas definições em separado da taxa de reação, uma para a fase gasosa e a outra para o catalisador heterogêneo.

#### 1.4.1.3 Relação entre Taxas de Reação de Várias Espécies (Uma Reação)

Para uma reação estequiometricamente simples, aquela que obedece à Lei das Proporções Definidas, as taxas de reação dos vários reagentes e produtos estão relacionadas através da estequiometria, isto é,

$$r_1/v_1 = r_2/v_2 = r_3/v_3 = ... = r_i/v_i = ... \tag{1-16}$$

Por exemplo, na reação de síntese da amônia

$$N_2 + 3H_2 \rightleftarrows 2NH_3 \tag{1-E}$$

$$r_{N_2}/(-1) = r_{H_2}/(-3) = r_{NH_3}/(2)$$

Em palavras, a taxa molar de formação da amônia é o dobro da taxa molar de desaparecimento do nitrogênio e dois terços da taxa molar de desaparecimento do hidrogênio.

#### 1.4.1.4 Reações Múltiplas

Se mais de uma reação ocorrer, a taxa de cada reação tem que ser conhecida a fim de se calcular a taxa *total* de formação ou de consumo de uma espécie. Desta forma,

Taxa total de formação de "*i*" quando reações múltiplas ocorrem

$$\boxed{r_i = \sum_{k=1}^{R} r_{ki}} \tag{1-17}$$

onde $R$ é o número de reações independentes que ocorrem e "*k*", novamente, indica uma reação específica. Em palavras, a taxa total de formação da espécie $i$ é a soma das taxas nas quais "*i*" é formada em cada uma das reações que está ocorrendo.

### 1.4.2 Definição Independente da Espécie

A definição dependente da espécie da taxa de reação é usada na maioria dos artigos publicados na literatura de engenharia química. A principal desvantagem desta definição é que as taxas de reação das várias espécies em uma reação química são diferentes se os seus coeficientes estequiométricos forem diferentes. A relação entre uma taxa e outra é dada pela Equação (1-16). Esta desvantagem tem levado ao uso ocasional de uma definição alternativa da taxa de reação, independente da espécie.

Na definição independente da espécie, a taxa de reação é referenciada à própria *reação*, em vez de a uma *espécie*. Considere a reação estequiometricamente simples

$$\sum_i \nu_i A_i = 0$$

A Equação (1-16) fornece relações entre as várias $r_i$ para esta reação. Entretanto, podemos definir a taxa desta *reação* como $r \equiv r_i/v_i$, de forma que a Equação (1-16) se torna

$$r = r_1/v_1 = r_2/v_2 = r_3/v_3 = ... = r_i/v_i = ... \tag{1-18}$$

Com esta definição, uma espécie não tem que ser especificada para definir a taxa de reação. Entretanto, *temos* que especificar a forma *exata* na qual a equação estequiométrica balanceada é escrita. Por exemplo, o valor de $r$ não é o mesmo para

$$N_2 + 3H_2 \rightleftarrows 2NH_3 \tag{1-E}$$

como é para

$$1/2N_2 + 3/2H_2 \rightleftarrows NH_3 \tag{1-F}$$

pois os coeficientes estequiométricos não são os mesmos nestas duas equações estequiométricas

## EXERCÍCIO 1-2

Se $r = 0{,}45$ para a Reação (1-E) em um dado conjunto de condições, qual é o valor de $r$ para a Reação (1-F)?

Obviamente, quando se usa a definição independente da espécie da taxa de reação, muito cuidado tem que ser tomado ao escrever a(s) equação(ões) estequiométrica(s) balanceada(s) no começo da análise e para usar *a(s) mesma(s)* equação(ões) estequiométrica(s) em toda a análise.

A definição *dependente* da espécie para a taxa de reação será usada no restante deste texto.

## RESUMO DE CONCEITOS IMPORTANTES

- Convenção de sinais para os coeficientes estequiométricos
  - Produtos: positivo; reagentes: negativo
- Extensão da reação
  - Uma reação
    - Sistema fechado $\xi = \Delta N_i / \nu_i$
    - Sistema aberto em estado estacionário $\xi = \Delta F_i / \nu_i$
  - Reações múltiplas
    - Sistema fechado $\Delta N_i = \sum_{k=1}^{R} \nu_{ki}\xi_k$
    - Sistema aberto em estado estacionário $\Delta F_i = \sum_{k=1}^{R} \nu_{ki}\xi_k$
- Aplicações
  - Verificação da consistência de dados
    Reação única?
    Reações múltiplas? Quais?
  - Cálculo de quantidades desconhecidas
- Ao definir a taxa de reação
  - *Onde* a reação ocorre?

## PROBLEMAS

**Problema 1-1 (Nível 1)** Um grupo de pesquisadores está estudando a cinética da reação do hidrogênio com o tiofeno ($C_4H_4S$). Eles postularam que ocorre somente uma reação estequiometricamente simples, como mostrado a seguir:

$$C_4H_4S + 4H_2 \rightarrow H_2S + C_4H_{10}$$

Em um experimento, a alimentação de um reator contínuo operando em estado estacionário foi

$C_4H_4S$ — 0,65 g·mol/min
$H_2$ — 13,53 g·mol/min
$H_2S$ — 0,59 g·mol/min
$C_4H_{10}$ — 0,20 g·mol/min

As vazões no efluente foram

$C_4H_4S$ — 0,29 g·mol/min
$H_2$ — 12,27 g·mol/min
$H_2S$ — 0,56 g·mol/min
$C_4H_{10}$ — 0,38 g·mol/min

Os dados experimentais são consistentes com a suposição de que ocorre somente uma reação estequiometricamente simples (isto é, a reação proposta)?

**Problema 1-2 (Nível 2)** Um reator contínuo operando em estado estacionário está sendo usado no estudo da formação de metanol ($CH_3OH$) a partir de misturas de $H_2$ e CO segundo a reação

$$CO + 2H_2 \rightleftarrows CH_3OH$$

Alguns dados de um determinado experimento são mostrados a seguir.

| Espécies | Vazão entrando (g·mol/min) | Vazão saindo (g·mol/min) |
|---|---|---|
| CO | 100 | 83 |
| $H_2$ | 72 | 38 |
| $CO_2$ | 9 | 9 |
| $CH_4$ | 19 | 19 |
| $CH_3OH$ | 2 | 13 |

O sistema se comporta como se somente uma reação estequiometricamente simples, a reação apresentada, esteja ocorrendo? Se não, desenvolva uma hipótese que explique quantitativamente qualquer discrepância nos dados. Como esta hipótese poderia ser testada?

**Problema 1-3 (Nível 1)** O correio eletrônico a seguir está em sua caixa de entrada na segunda-feira às 8 horas:

Para: U. R. Loehmann
De: I. M. DeBosse
Assunto: Hidrogenação da Quinolina
U.R.,

Espero que você possa me ajudar no seguinte:

Quando quinolina ($C_9H_7N$) é hidrogenada a aproximadamente 350°C sobre vários catalisadores heterogêneos, as três reações mostradas a seguir ocorrem variando as extensões. Em um experimento em um reator batelada (sistema fechado), a carga inicial no reator foi 100 mol de quinolina e 500 mol de hidrogênio ($H_2$). Após 10 horas, a massa reacional foi analisada, com os seguintes resultados:

Quinolina ($C_9H_7N$) — 40 mol
Hidrogênio ($H_2$) — 290 mol
Deca-hidroquinolina ($C_9H_{17}N$) — 20 mol

Se ocorrem somente as reações mostradas a seguir, quantos mols de tetra-hidroquinolina ($C_9H_{11}N$) e de butilbenzilamina ($C_9H_{13}N$) deveriam estar presentes após 10 horas?

Quinolina ($C_9H_7N$)

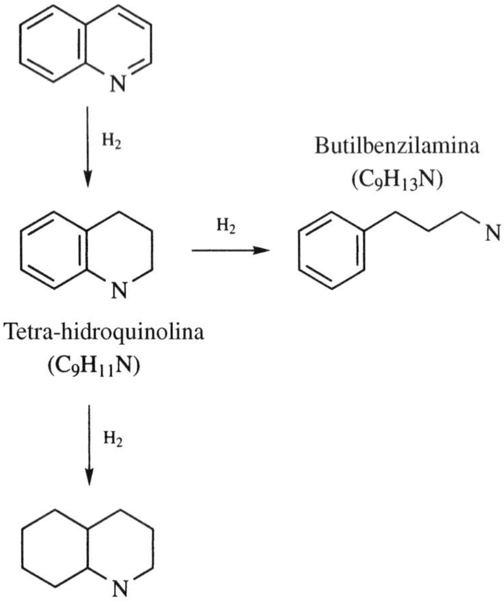


Deca-hidroquinolina ($C_9H_{17}N$)

Por favor, escreva-me um pequeno memorando (não mais do que uma página) contendo os resultados de seus cálculos e explicando o que você fez. Anexe os seus cálculos ao memorando, para o caso de alguém querer rever os detalhes.

Obrigado, I. M.

**Problema 1-4 (Nível 2)** O memorando a seguir encontra-se em sua caixa de entrada na segunda-feira às 8 horas:

Para: U. R. Loehmann
De: I. M. DeBosse
Assunto: Metanação
U.R.,

Espero que você possa me ajudar no seguinte:

A metanação do monóxido de carbono

$$CO + 3H_2 \rightleftarrows CH_4 + H_2O$$

é uma etapa importante na produção de amônia e na produção de gás natural sintético (GNS) a partir de carvão ou de hidrocarbonetos pesados. A reação é muito exotérmica. Especificamente na produção de GNS, uma grande quantidade de calor tem que ser removida do reator de metanação para evitar a desativação do catalisador e para manter um equilíbrio favorável.

Uma empresa de pesquisa pequena, F. A. Stone, Inc., ofereceu a licença de um novo processo de metanação. A reação ocorre em um reator coluna de borbulhamento em lama. Pequenas partículas do catalisador estão suspensas em um hidrocarboneto líquido (uma mistura de parafinas pesadas com fórmula média $C_{18}H_{38}$). Um gás contendo monóxido de carbono (CO) e hidrogênio ($H_2$) é continuamente borbulhado através da lama. O gás que sai pela parte superior do reator contém CO e $H_2$ não reagidos, assim como os produtos $CH_4$ e $H_2O$. O calor de reação é removido por água escoando através de tubos no reator.

Favor rever os dados a seguir, obtidos em uma planta-piloto e fornecidos por F. A. Stone, para termos certeza de que o processo está ocorrendo "como anunciado". Estes dados são de uma corrida com escoamento e em estado estacionário. A F. A. Stone somente fornecerá mais dados após nós efetuarmos o pagamento da primeira parcela da taxa de licença.

| Espécies | Vazão de entrada (lbmol/dia) | Vazão de saída (lbmol/dia) |
|---|---|---|
| CO | 308 | 41 |
| H | 954 | 91 |
| $CH_4$ | 11 | 327 |
| $H_2O$ | 2 | 269 |
| $CO_2$ | 92 | 92 |
| $N_2$ | 11 | 11 |

Você pode considerar que estas vazões são precisas, pelo menos até agora.

Questões específicas

1. O sistema se comporta como se uma reação estequiometricamente simples (a metanação do monóxido de carbono) esteja ocorrendo? Explique a sua resposta.
2. Se a sua resposta for "não", qual(is) explicação(ões) você proporia para explicar o comportamento observado?
3. Com base em suas hipóteses, quais experimentos ou medidas adicionais nós deveríamos solicitar a F. A. Stone antes de fazermos o pagamento da primeira parcela?

Por favor, escreva-me um pequeno memorando (não mais do que uma página) contendo as respostas a estas perguntas e explicando como você chegou às suas conclusões. Anexe os seus cálculos ao memorando, para o caso de alguém querer rever os detalhes.

Obrigado, I. M.

**Problema 1-5 (Nível 2)** Monóxido de carbono (CO) e hidrogênio ($H_2$) são alimentados em um reator catalítico contínuo operando em estado estacionário. Não há outro componente na alimentação. A corrente de saída contém CO e $H_2$ não convertidos juntamente com os produtos metanol ($CH_3OH$), etanol ($C_2H_5OH$), isopropanol ($C_3H_7OH$) e dióxido de carbono ($CO_2$). Não há outras espécies na corrente de produto.

As reações ocorrendo são

$$CO + 2H_2 \rightarrow CH_3OH$$
$$3CO + 3H_2 \rightarrow C_2H_5OH + CO_2$$
$$5CO + 4H_2 \rightarrow C_3H_7OH + 2CO_2$$

As vazões de alimentação no reator de CO e $H_2$ são cada uma de 100 mol/h. As vazões na corrente que deixa o reator (em mol/h) são $H_2$–30; CO–30; $C_2H_5OH$–5. Quais são as *frações molares* de cada espécie na corrente de produto?

**Problema 1-6 (Nível 1)** Acredita-se que a hidrogenação da anilina, a aproximadamente 50°C sobre um catalisador Ru/carbono, envolva as reações[2]:

[2]Cho, H.B. e Park, Y.H. *Korea J. Chem. Eng.* 20(2) 262-267(2003)

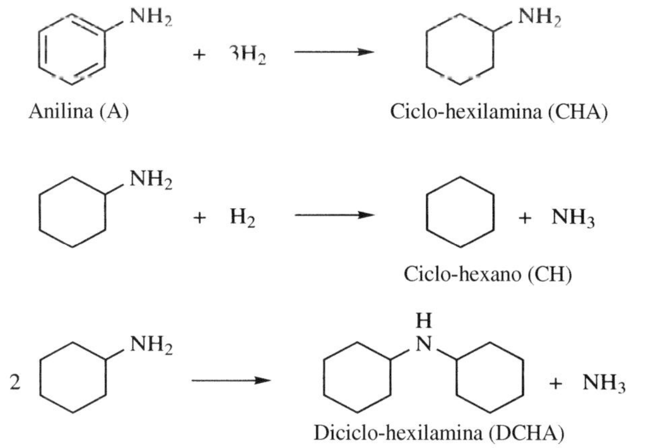


Em um certo experimento, anilina foi hidrogenada em um vaso fechado a 50°C e 50 bar de pressão de $H_2$, por 3 horas. Os dados a seguir foram obtidos:

| Espécies | Mols após 3 h/mol de anilina alimentada |
|---|---|
| A | 0,476 |
| CHA | 0,346 |
| CH | 0,080 |
| DCHA | 0,049 |

As quantidades de amônia formada e de $H_2$ consumido não foram medidas.

1. Os dados experimentais são consistentes com a suposição de que estas três equações são as únicas que ocorrem?
2. Estime a quantidade de $NH_3$ formada (mol/mol de A na alimentação).
3. Estime a quantidade de $H_2$ consumida (mol/mol de A na alimentação).

**Problema 1-7 (Nível 2)** As reações em fase gasosa

$$\text{Isobutanol (B)} \rightarrow \text{Isobuteno (IB)} + H_2O$$
$$(CH_3)_2CHCH_2OH \rightarrow (CH_3)_2C{=}CH_2 + H_2O$$

$$2 \text{ Metanol} \rightarrow \text{Dimetil éter (DME)} + H_2O$$
$$2CH_3OH \rightarrow CH_3OCH_3 + H_2O$$

$$\text{Isobutanol (B)} + \text{Metanol} \rightarrow \text{Metilisobutil éter (MIBE)} + H_2O$$
$$(CH_3)_2CHCH_2OH + CH_3OH \rightarrow (CH_3)_2\ CHCH_2OCH_3 + H_2O$$

$$2 \text{ Isobutanol (B)} \rightarrow \text{Di-isobutil éter (DIBE)} + H_2O$$
$$2(CH_3)_2CHCH_2OH \rightarrow (CH_3)_2CHCH_2OCH_2CH(CH_3)_2 + H_2O$$

ocorrem em um reator contínuo operando em estado estacionário. A alimentação do reator é constituída por $N_2$–10.000 mol/h; isobutanol (B)–8333 mol/h; e metanol (M)–16.667 mol/h. As vazões no efluente são isobuteno (IB)–2923 mol/h; dimetil éter (DME)–3436 mol/h; metilisobutil éter (MIBE)–5038 mol/h; e di-isobutil éter (DIBE)–22 mol/h.

1. Qual é a conversão do isobutanol?
2. Qual é a conversão do metanol?
3. Qual é a fração molar de água deixando o reator?

**Problema 1-8 (K2-1)(Nível 1)** Seja a reação

$$C_2H_3Cl_3 + 3H_2 \rightarrow C_2H_6 + 3HCl$$
(tricloroetano) (etano)

Se a taxa de formação de HCl ($r_{HCl}$) for $25 \times 10^{-6}$ gmol/(g cat min)

1. Qual a taxa de desaparecimento do tricloroetano?
2. Qual a taxa de formação do etano?

**Problema 1-9 (Nível 1)** Observe cuidadosamente a Reação (1-A). Use a literatura como referência quando necessário. Prepare respostas escritas concisas para as seguintes questões:

1. Um processo baseado nesta reação é um bom exemplo de "química verde"?
2. O que pode ser feito com o NaCl produzido?
3. Como átomos de Cl não aparecem no produto final ($C_3H_6O$), qual é o papel que o cloro desempenha nesta reação?

**Problema 1-10 (Nível 1)** Calcule a variação da entalpia-padrão da reação, $\Delta H_R^0$, para a Reação (1-E) a 25°C. Calcule a variação da energia livre de Gibbs padrão da reação, $\Delta G_R^0$, para a Reação (1-E) a 25°C. Quais são as unidades de $\Delta H_R^0$ e de $\Delta G_R^0$?

**Problema 1-11 (Nível 2)** Estireno, o bloco construtivo monomérico para o polímero poliestireno, é produzido pela de-hidrogenação catalítica do etilbenzeno. Por sua vez, o etilbenzeno é produzido pela alquilação do benzeno com etileno, como mostrado pela Reação (A) a seguir. Uma reação paralela comum é a adição de outro grupo alquil ao etilbenzeno para formar dietilbenzeno. Esta reação é mostrada como Reação (B). O segundo grupo alquil pode estar na posição *orto*, *meta* ou *para*.

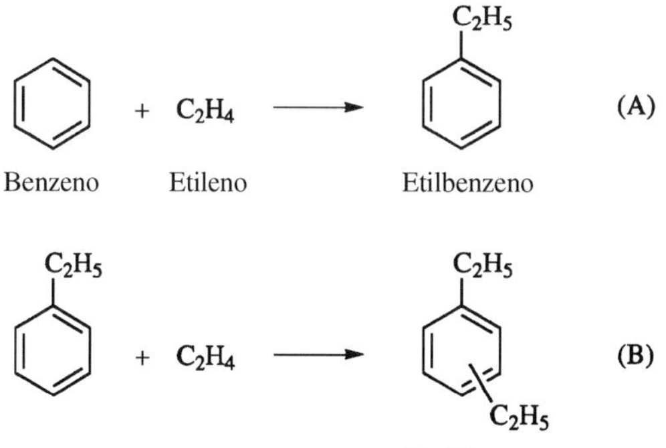


Inicialmente, 100 mol de benzeno e 100 mol de etileno são carregados no reator. Não há fluxo de material para dentro ou para fora do reator após esta carga inicial. Após muito tempo, o conteúdo do reator é analisado, com os seguintes resultados:

| Espécies | Benzeno | Etileno | Etilbenzeno | Dietilbenzeno |
|---|---|---|---|---|
| Número de mols | 35 | 2 | 39 | 19 |

1. Mostre que o comportamento do reator *não* é consistente com a hipótese de que as Reações (A) e (B) são as únicas que ocorrem.
2. Desenvolva uma hipótese alternativa que seja consistente com *todos* os dados e demonstre esta consistência.

**Problema 1-12 (Nível 2)** A reação global para a hidrodecloração catalítica do 1,1,1-tricloroetano (111-TCA) é

$$C_2H_3Cl_3 + 3H_2 \rightarrow C_2H_6 + 3HCl$$

Sobre certo catalisador, a reação global parece ocorrer através da sequência de reações mais simples mostrada a seguir:

$$C_2H_3Cl_3 + H_2 \rightarrow C_2H_4Cl_2 + HCl \quad (1)$$

$$C_2H_4Cl_2 + H_2 \rightarrow C_2H_5Cl + HCl \quad (2)$$

$$C_2H_5Cl + H_2 \rightarrow C_2H_6 + HCl \quad (3)$$

Uma mistura de 111-TCA, $H_2$ e $N_2$ foi alimentada em um reator catalítico contínuo operando a 523 K e 1 atm de pressão total, a uma vazão de 1200 L(STP)/h. A alimentação contém 10 mol% de $H_2$ e 1 mol% de 111-TCA, e o reator opera em estado estacionário.

Não foi possível medir com precisão as concentrações na saída de $H_2$ e HCl. As vazões de $C_2H_3Cl_3$, $C_2H_4Cl_2$, $C_2H_5Cl$ e $C_2H_6$ na saída do reator foram 0,074 mol/h; 0,111 mol/h; 0,050 mol/h e 0,301 mol/h, respectivamente.

1. Estes dados são consistentes com a hipótese de que a reação global ocorre via as Reações (1), (2) e (3) (e *somente* as Reações (1), (2) e (3))? Justifique a sua resposta.
2. Qual é a vazão molar de $H_2$ deixando o reator?
3. Qual é a vazão molar de HCl deixando o reator?

Capítulo 2

# Taxas de Reação — Algumas Generalizações

## OBJETIVOS DE APRENDIZAGEM

Após terminar este capítulo, você deve ser capaz de

1. usar a relação de Arrhenius para calcular como a taxa de reação depende da temperatura;
2. usar o conceito de ordem de reação para expressar a dependência da taxa de reação com as concentrações das espécies individuais;
3. calcular a frequência de colisões bimoleculares e trimoleculares;
4. determinar se as equações de taxa para as taxas direta e inversa de uma reação reversível são termodinamicamente consistentes;
5. calcular calores de reação e constantes de equilíbrio em várias temperaturas (revisão de termodinâmica).

Para projetar um novo reator, ou analisar o comportamento de um existente, nós necessitamos conhecer as taxas de *todas* as reações que ocorrem. Especificamente, nós devemos conhecer como as taxas variam com a temperatura e como elas dependem das concentrações das várias espécies no interior do reator. Este é o campo da cinética química.

Este capítulo apresenta um panorama da cinética química e introduz alguns dos fenômenos moleculares que fornecem uma fundamentação para este campo. É também tratada a relação entre cinética e termodinâmica química. As informações neste capítulo são suficientes para nos permitirem resolver alguns problemas de projeto e análise de reatores, que é o assunto dos Capítulos 3 e 4. No Capítulo 5, retornaremos ao assunto cinética química e o trataremos de forma mais fundamentada e com maior profundidade.

## 2.1 EQUAÇÕES DE TAXA

Uma "equação de taxa" é usada para descrever a taxa de uma reação quantitativamente e para expressar a dependência funcional da taxa com a temperatura e com as concentrações das espécies. Em uma forma simbólica,

$$r_A = r_A(T, \text{toda } C_i)$$

onde $T$ é a temperatura. O termo "toda $C_i$" está presente para nos lembrar que a taxa da reação pode ser afetada pelas concentrações do(s) reagente(s), do(s) produto(s) e de qualquer outro composto que esteja presente, mesmo se ele não participar na reação.

A equação da taxa deve ser desenvolvida a partir de dados experimentais. Infelizmente, não podemos fazer *a priori* previsões precisas da forma da equação da taxa ou das constantes que aparecem nela, pelo menos até o presente.[1] No Capítulo 6, estudaremos como testar equações de taxa com base em dados experimentais e como determinar as constantes desconhecidas em uma equação de taxa.

[1]A palavra-chave nesta frase é "precisa". É possível prever razoavelmente bem taxas em reações simples em fase gasosa via simulações moleculares baseadas na mecânica quântica e fazer previsões de ordem de grandeza em reações mais complexas. Contudo, atualmente, equações de taxa que são precisas o suficiente para o projeto e análise de reatores devem ser desenvolvidas a partir de dados experimentais.

## 2.2 CINCO GENERALIZAÇÕES[2]

Com base em mais de um século de estudos experimentais e teóricos da cinética de muitas reações químicas diferentes, algumas regras práticas sobre a forma das equações de taxa se consolidaram. Há importantes exceções a cada uma destas regras práticas. Todavia, as cinco generalizações a seguir permitem aos engenheiros químicos lidarem com muitos problemas práticos no projeto e na análise de reatores.

*Generalização I*

Em reações elementares *que são essencialmente irreversíveis*, a taxa de desaparecimento do reagente A pode ser representada por

$$-r_A = k(T)F(\text{toda } C_i) \tag{2-1}$$

Esta equação nos indica que as influências da temperatura e da concentração frequentemente podem ser separadas. O termo $k(T)$ não depende de qualquer das concentrações e é chamado de "constante da taxa". O termo $F(\text{toda } C_i)$ depende das concentrações das várias espécies, mas não é função da temperatura.

Há duas importantes teorias da cinética química, teoria da colisão (TC) e teoria do estado de transição (TET). Ambas levam a equações de taxa que obedecem a Generalização I, isto é, as influências da temperatura e da concentração são separáveis. Infelizmente, a TC e a TET se aplicam a uma categoria de reações muito limitada conhecida como reações "elementares". Uma reação "elementar" é aquela que ocorre em uma única etapa *no nível molecular exatamente* como escrito na equação estequiométrica balanceada. As reações com as quais químicos e engenheiros químicos lidam usualmente quase sempre não são elementares. Entretanto, reações elementares fornecem um elo entre a química no nível molecular e a cinética da reação no nível macroscópico. Reações elementares serão discutidas com maior detalhe no Capítulo 5. No momento, devemos olhar para a Equação (2-1) como uma tentativa empírica de extrapolar um resultado-chave da CT e da TET para reações complexas que estão fora do escopo das duas teorias.

Apesar da ausência de uma forte justificativa teórica, a Equação (2-1) é muito útil em termos práticos. Ela frequentemente fornece um ponto de partida razoável para a análise de dados cinéticos experimentais, assim como para a análise e projeto de reatores.

A Equação (2-1) não deve ser aplicada diretamente em uma reação *reversível*, isto é, uma reação que para sem o consumo completo do reagente limite. Equações de taxa para reações reversíveis são o foco da Generalização V.

*Generalização II*

A constante da taxa pode ser escrita na forma

Relação de Arrhenius

$$k(T) = A \exp(-E/RT) \tag{2-2}$$

onde $R$ é a constante dos gases e $T$ a temperatura *absoluta*. Esta relação é chamada de "Relação de Arrhenius" ou "Expressão de Arrhenius". O termo "$A$" é conhecido como *fator pré-exponencial* ou alternativamente como "fator de frequência". Ele não depende da temperatura ou da concentração.

O símbolo "$E$" representa a *energia de ativação* da reação. O valor de $E$ quase sempre é positivo. Consequentemente, a constante da taxa aumenta com a temperatura. Em reações químicas, $E$ normalmente está na faixa de 40–400 kJ/mol (10–100 kcal/mol). Isto significa que a taxa de reação é *muito* sensível em relação à temperatura. Como uma aproximação grosseira, a taxa de uma reação dobra em cada 10 K de aumento de temperatura. Obviamente, a variação exata irá depender dos valores de $E$ e $T$.

A Equação (2-2) fornece uma descrição precisa da influência da temperatura na constante da taxa de um número muito grande de reações químicas. Para uma dada reação, o valor de $E$ normalmente se apresenta constante em uma faixa razoavelmente grande de temperatura. Na realidade, uma variação de $E$ com a temperatura pode indicar uma mudança no mecanismo da reação ou uma mudança nas taxas relativas das várias etapas que formam a reação global.

---

[2]Adaptado de Boudart, M., *Kinetics of Chemical Processes*, Prentice-Hall (1968).

**EXEMPLO 2-1**

***Cálculo da Razão entre Constantes de Taxa em Duas Temperaturas Diferentes***

A energia de ativação de uma certa reação é igual a 50 kJ/mol. Qual é a razão entre as constantes de taxa a 100°C e a 50°C?

***ANÁLISE***

A dependência da constante da taxa com a temperatura é dada pela expressão de Arrhenius, Equação (2-2). O fator pré-exponencial, $A$, é eliminado na razão entre constantes de taxa em duas temperaturas diferentes. Se a energia de ativação for conhecida, a razão depende somente dos valores das duas temperaturas e pode ser calculada.

***SOLUÇÃO***

A partir da Equação (2-2)

$$\frac{k(T_2)}{k(T_1)} = \frac{A\exp(-E/RT_2)}{A\exp(-E/RT_1)} = \exp\left(\frac{-E}{R}\left[\frac{1}{T_2} - \frac{1}{T_1}\right]\right)$$

Para $T_2 = 373$ K (100°C) e $T_1 = 323$ K (50°C),

$$\frac{k(373\,\text{K})}{k(323\,\text{K})} = \exp\left(\frac{-50.000\,(\text{J/mol})}{8{,}314\,(\text{J/mol K})}\left[\frac{1}{373} - \frac{1}{323}\right](1/\text{K})\right) = 12{,}1$$

A relação de Arrhenius foi desenvolvida nos idos dos anos de 1890 com base em argumentações termodinâmicas. Contudo, há uma análise cinética simples que ajuda a explicar a base desta equação. Esta análise está baseada em conceitos elementares vindos da TET.

Para uma reação ocorrer, os reagentes devem ter energia suficiente para ultrapassar uma barreira de energia que separa os reagentes dos produtos, como ilustrado na Figura 2-1. A altura da barreira de energia é $\Delta E_k$, quando a reação avança no sentido direto, isto é, dos reagentes para os produtos. A diferença de energia entre os reagentes e os produtos é $\Delta E_P$. Quando a reação ocorre no sentido inverso, uma barreira de energia $\Delta E_k + \Delta E_P$ deve ser ultrapassada. A unidade destas $\Delta E$s é energia/mol, ou seja, J/mol.

As moléculas individuais em um fluido a uma temperatura, $T$, terão diferentes energias. Algumas terão energia suficiente para ultrapassar a barreira de energia e algumas não. Seja a energia de uma molécula representada por "$e$". Em estruturas moleculares simples, a distribuição de energias em uma grande população de moléculas é dada pela equação de Boltzmann

$$f(e) = \frac{2\sqrt{e}}{\sqrt{\pi}(k_B T)^{3/2}}\exp(-e/k_B T)$$

Nesta equação, $f(e)$ é a *função de distribuição* para as energias moleculares. Em palavras, $f(e)$*d$e$ é a fração de moléculas com energias entre $e$ e $(e + \mathrm{d}e)$. Esta função de distribuição é normalizada de tal forma que $\int_0^\infty f(e)\mathrm{d}e = 1$. Os outros símbolos na equação de Boltzmann são $T$, a temperatura *absoluta* (K), e $k_B$, a constante de Boltzmann ($k_B = 1{,}38 \times 10^{-16}$ erg/(molécula K) $= 1{,}38 \times 10^{-23}$ J/(molécula K) $= 1{,}38 \times 10^{-16}$ g cm²/(s² molécula K).

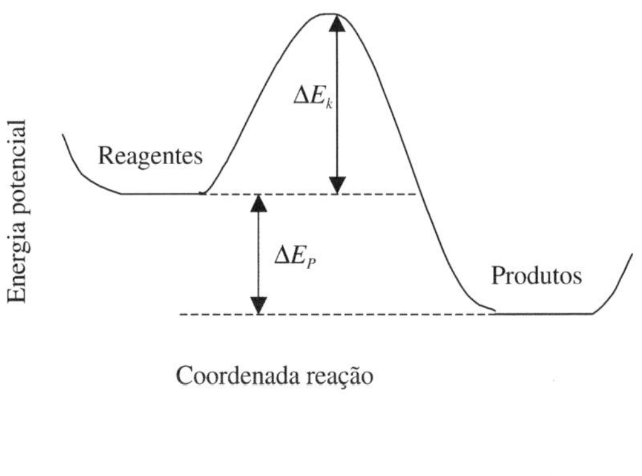


**Figura 2.1** Ilustração da barreira de energia que deve ser ultrapassada para que uma reação aconteça. A "coordenada reação" é uma medida da variação da geometria molecular enquanto a reação progride. "Geometria molecular" pode incluir a distância entre átomos, ângulos de ligações, comprimentos de ligações etc., dependendo da reação.

As funções de distribuição são uma ferramenta estatística importante e são usadas em todo campo da cinética e da análise de reatores. Funções de distribuição reaparecem no Capítulo 9 como um meio de caracterização de catalisadores porosos e no Capítulo 10 como um meio de descrição do escoamento de fluidos em reatores não ideais.

Suponha que uma molécula deva ter uma energia *mínima* para reagir, isto é, ultrapassar a barreira de energia. Esta energia mínima será representada por $e^*$. Para um gás que obedeça a equação de Boltzmann, a fração de moléculas que têm *pelo menos* este valor limite é representada por $F(e > e^*)$ e é dada por

$$F(e > e^*) = \int_{e^*}^{\infty} f(e)\mathrm{d}e = \frac{2}{\sqrt{\pi}(k_B T)^{(3/2)}} \int_{e^*}^{\infty} \sqrt{e}\, \exp(-e/k_B T)\mathrm{d}e$$

Quando $e^* > 3k_B T$, a equação anterior é bem aproximada por

$$F(e > e^*) \cong \frac{2}{\sqrt{\pi}}\left(\frac{e^*}{k_B T}\right)^{(1/2)} \exp(-e^*/k_B T), \quad e^* > 3k_B T$$

De acordo com o conceito de barreira de energia mostrado na Figura 2-1, devemos esperar que a taxa de reação seja proporcional a $F(e > e^*)$, isto é, a fração de moléculas que têm pelo menos a energia mínima, $e^*$, necessária para ultrapassar a barreira de energia.

Com objetivo de comparar a equação anterior para $F(e > e^*)$ com a relação de Arrhenius, temos que transformar $e$ (energia/molécula) em $E$ (energia/mol). Isto é feito pela multiplicação de $e$ e de $k_B$ por $N_{av}$, o número de Avogadro, e reconhecendo que $k_B N_{av} = R$. Então, a equação anterior se transforma em

$$F(E > E^*) \cong \frac{2}{\sqrt{\pi}}\left(\frac{E^*}{RT}\right)^{(1/2)} \exp(-E^*/RT), \quad E^* \geq 3RT, \tag{2-3}$$

Para reações químicas, a restrição $E^* > 3RT$ não é importante. A 500 K, o valor de $3RT$ é de aproximadamente 12 kJ/mol. Energias de ativação típicas para reações químicas são pelo menos três vezes maiores do que este valor.

A Figura 2-2 é uma representação gráfica de $F(E > E^*)$ *versus* $(E^*/RT)$. Em um valor fixo de $E^*$, $E^*/RT$ fica menor na medida em que $T$ aumenta. Consequentemente, de acordo com a Figura 2-2, $F(E > E^*)$ aumenta com o aumento de $T$. Fisicamente, a fração de moléculas com energia suficiente para ultrapassar a barreira de energia aumenta com o aumento da temperatura. Para uma energia de 80 kJ/mol e uma temperatura de 500 K, $E^*/RT \cong 19$. A Figura 2-2 mostra que a fração de moléculas que têm pelo menos esta energia considerável é somente de aproximadamente $2 \times 10^{-8}$.

A dependência com a temperatura de $F(E > E^*)$, como mostrado na Equação (2-3), é muito similar com a dependência com a temperatura de $k$ na relação de Arrhenius. Quando o valor de $E^*$ é alto, o

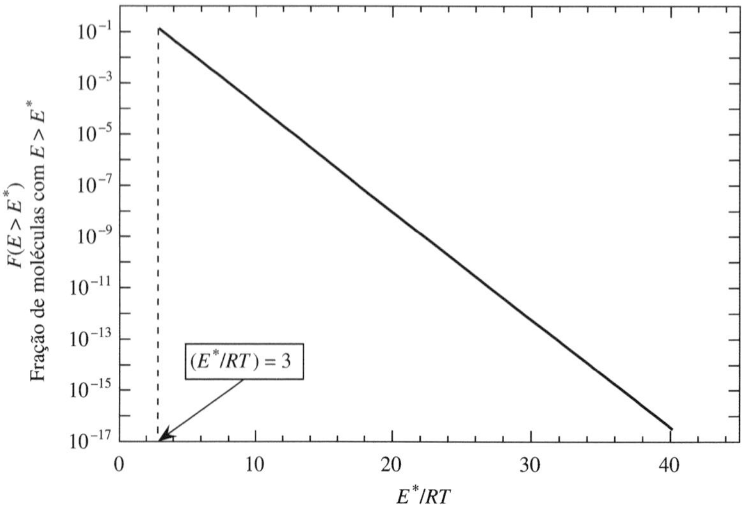


**Figura 2.2** Fração de moléculas com uma energia, $E$, maior do que a energia limite, $E^*$, em um gás que obedece à equação de Boltzmann.

termo $T^{(1/2)}$ no denominador da Equação (2-3) tem muito pouca influência na dependência global da temperatura. Neste caso, as Equaçoes (2-2) e (2-3) predizem que a taxa de reaçao irá aumentar exponencialmente com $(1/T)$.

A comparação das Equações (2-2) e (2-3) sugere que a energia de ativação, $E$, na relação de Arrhenius pode ser interpretada como a energia *mínima* que os reagentes devem possuir para ultrapassarem a barreira de energia e reagirem. Assim, $E = E^* = \Delta E_k$. Este quadro está apoiado nos resultados da análise anterior baseada na equação de Boltzmann e por análises mais sofisticadas fundamentadas na TET.

*Generalização III*

O termo $F$(toda $C_i$) diminui na medida em que as concentrações dos reagentes diminuem. Isto é equivalente a dizer que a taxa de reação diminui na medida em que as concentrações dos reagentes diminuem, se a temperatura se mantiver constante.

Ocasionalmente esta generalização é violada. A oxidação de monóxido de carbono para dióxido de carbono, catalisada por platina metálica,

$$CO + 1/2O_2 \rightarrow CO_2$$

é um exemplo bem conhecido. A oxidação do monóxido de carbono é usada na redução de emissões de CO para a atmosfera a partir de uma variedade de sistemas de combustão, indo dos motores de automóveis até motores de turbina a gás estacionários, que são usados na geração de energia elétrica. Para esta reação, $-r_{CO}$ aumenta com o aumento da concentração de CO quando $C_{CO}$ é muito pequena. Nesta região de "baixa concentração", a Generalização III é obedecida. Contudo, na medida em que a concentração de CO continua crescendo, a taxa passa por um máximo e então passa a declinar com o aumento de $C_{CO}$. Nesta região de "alta concentração", a Generalização III não é obedecida. Este comportamento é ilustrado na Figura 2-3.

Platina é um componente de alguns dos catalisadores que são usados para remover poluentes, como o CO, da exaustão de carros. Consequentemente, a variação incomum da taxa com a concentração de CO é de interesse prático. No Capítulo 5 exploraremos a fonte deste comportamento. Antes disto, no Capítulo 4, veremos que equações de taxa que passam por um máximo na medida em que a concentração dos reagentes é aumentada podem gerar comportamentos não usuais em reatores.

*Generalização IV*

O termo $F$(toda $C_i$) pode ser escrito na forma

Ordens de reação

$$F(\text{toda } C_i) = \prod_i C_i^{\alpha_i} \tag{2-4}$$

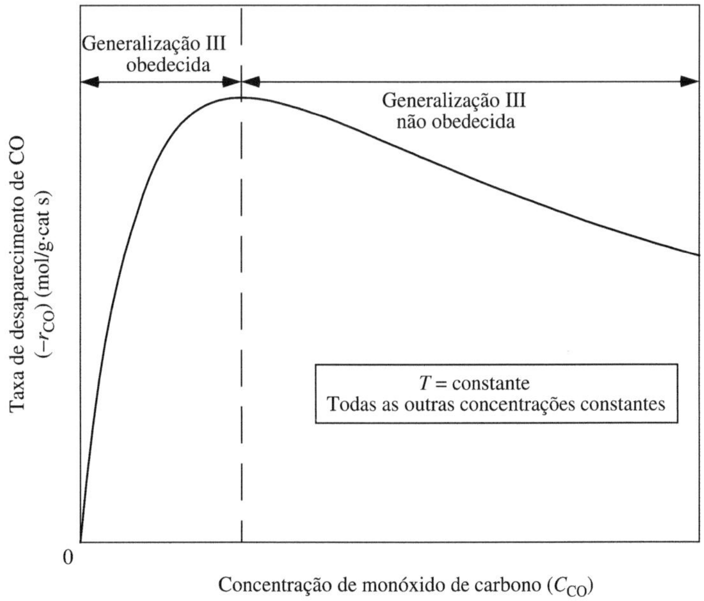


**Figura 2.3** Ilustração esquemática da influência da concentração de CO ($C_{CO}$) na taxa de oxidação do CO ($-r_{CO}$) sobre um catalisador Pt heterogêneo.

O símbolo $\prod_i$ representa o produto sobre todos os valores de $i$. O termo $\alpha_i$ é chamado de *ordem* da reação em relação à espécie "$i$" ou de ordem de reação *individual* em relação a $i$. Os valores de $\alpha_i$ geralmente estão na faixa $-2 \leq \alpha_i \leq 2$, sendo permitidos valores fracionários. O somatório $\sum_i \alpha_i$ é conhecido como a ordem *global* da reação.

A ordem da reação em relação a $i$, $\alpha_i$, reflete a sensibilidade da taxa de reação em relação a uma variação na concentração de $i$. Se $\alpha_i = 0$, a taxa de reação não depende de $C_i$. Se $\alpha_i = 2$, a taxa de reação quadruplica quando $C_i$ é dobrada.

Equações de taxa nas quais os termos dependentes da concentração obedecem à Equação (2-4) são chamadas de equações de taxa da *lei de potência*. Equações de taxa da lei de potência são muito úteis na engenharia química e frequentemente são usadas como um ponto de partida na análise de dados cinéticos.

Considere a reação

$$\nu_A A + \nu_B B + \nu_C C + \nu_D D = 0$$

ou

$$(-\nu_A)A + (-\nu_B)B \rightarrow \nu_C C + \nu_D D$$

Se a Equação (2-4) for obedecida

$$F(\text{toda } C_i) = C_A^{\alpha_A}\ C_B^{\alpha_B}\ C_C^{\alpha_C}\ C_D^{\alpha_D}$$

Outras espécies que não participam na reação teriam que ser incluídas em $F(\text{toda } C_i)$, se as suas concentrações influenciam a taxa de reação.

## EXEMPLO 2-2
***Ordens de Reação***

A equação da taxa para a reação

$$\nu_A A + \nu_B B + \nu_C C + \nu_D D = 0$$

é $-r_A = kC_A C_B^{1/2}$. Quais são as ordens em relação a A, B, C e D? Qual é a ordem global da reação?

***ANÁLISE***

As ordens de reação individuais são as potências as quais as várias concentrações estão elevadas. Elas podem ser determinadas pelo exame da equação da taxa. A ordem global é a soma das ordens individuais.

***SOLUÇÃO***

Ordem em relação a A: 1
Ordem em relação a B: 1/2
Ordem em relação a C: 0
Ordem em relação a D: 0
Ordem global $= \sum_i \alpha_i = 1 + 1/2 = 3/2$

Em geral, as ordens de reação, $\alpha_i$, não podem ser determinadas a partir da estequiometria da reação. Certamente *não podemos* supor que $\alpha_i = -\nu_i$. A ordem da reação em relação ao componente $i$ não é necessariamente igual à "molecularidade" de "$i$" na equação estequiométrica balanceada. Há um infinito número de formas de escrever uma equação estequiométrica balanceada. Consequentemente, há um número infinito de valores possíveis de $\nu_i$. Contudo, a ordem de reação $\alpha_i$ reflete o comportamento *real* da reação e deve ser determinada a partir de dados experimentais. Por exemplo, podemos achar que a taxa de reação aumenta com o quadrado da concentração do reagente A ($\alpha_A = 2$) ou talvez com a raiz quadrada da concentração do reagente A ($\alpha_A = 0{,}5$). Esta dependência de $-r_A$ em relação a $C_A$ não irá mudar simplesmente porque escolhemos escrever a equação estequiométrica de uma forma em vez de outra.

Há uma exceção para a regra que "ordem ≠ molecularidade". Em reações "elementares", que foram mencionadas brevemente na discussão da Generalização I, a ordem da reação em relação ao reagente $i$ é igual ao negativo do coeficiente estequiométrico de "$i$" e a ordem da reação é 0 para cada produto.

Infelizmente, a maioria esmagadora das reações que os engenheiros químicos se defrontam não são elementares. Consequentemente, até que as reações elementares tenham sido discutidas em detalhes no Capítulo 5, nenhuma relação entre estequiometria e ordem de reação deve ser presumida.

Tanto a teoria das colisões quanto a teoria dos estados de transição fornecem algum apoio para o uso de equações de taxa da lei de potência. Embora ambas as teorias se apliquem somente a reações elementares, uma visão molecular útil pode ser obtida ao se examinar alguns resultados da TC.

O postulado central da TC dita que a taxa de uma reação é proporcional à frequência de colisões entre os reagentes. Frequências de colisões podem ser calculadas para misturas de gases ideais, desde que as moléculas sejam esféricas e que suas colisões sejam perfeitamente elásticas.[3] Para colisões binárias entre molécula A e molécula B, o resultado é

Frequência de colisões bimoleculares

$$Z_{AB} = (\underline{r}_A + \underline{r}_B)^2 \left[8\pi k_B T\left(\frac{1}{m_A} + \frac{1}{m_B}\right)\right]^{(1/2)} (C_A N_{av})(C_B N_{av}) \qquad (2\text{-}5)$$

Na Equação (2-5), $\underline{r}_A$ é o raio da molécula "$i$", $k_B$ é a constante de Boltzmann, $T$ é a temperatura absoluta (K), $m_i$ é a massa da molécula "$i$", $C_i$ é a concentração da molécula "$i$" (mols/volume), $N_{av}$ é o número de Avogadro e $Z_{AB}$ é o número de colisões entre A e B por unidade de tempo e por unidade de volume. Note que $m_i = (M_i/N_{av})$, onde $M_i$ é a massa molar de "$i$". Também, $(C_i N_{av})$ é a concentração *molecular* (moléculas/volume) da espécie "$i$".

Em colisões binárias de moléculas similares, como A com A, simplesmente substitua "B" por "A" na Equação (2-5) e divida o lado direito por 2 para eliminar a dupla contagem de colisões.

A teoria das colisões prevê equações de taxa da lei de potência simples para reações que resultam diretamente de colisões binárias entre moléculas. Na realidade, a TC prevê que a taxa de reação será de primeira ordem em relação a cada uma das espécies que colidem. Para uma reação entre A e B,

$$-\underline{r}_A \propto Z_{AB} \propto C_A C_B$$

Para uma reação entre dois As,

$$-\underline{r}_A \propto Z_{AA} \propto C_A C_A \; (\propto C_A^2)$$

## EXEMPLO 2-3

***Frequência de Colisões entre Átomos de Oxigênio***

Calcule um valor numérico para $Z_{OO,}$ a 300 K e 1 atm de pressão total, para colisões de dois átomos de O. Considere a fração molar de átomos de O igual a $10^{-5}$ e o raio do átomo de O igual a 1,1 Å.

***ANÁLISE***

A frequência de colisões de átomos de oxigênio pode ser calculada pela substituição de valores conhecidos na Equação (2-5), após a sua adaptação para a colisão entre espécies idênticas.

***SOLUÇÃO***

Em função das unidades da constante de Boltzmann, é normalmente mais conveniente usar centímetros como unidade de comprimento. A partir da Equação (2-5), após a divisão por 2 e simplificação,

$$Z_{OO} = 8(\underline{r}_O)^2 \left[\frac{\pi k_B T N_{av}}{M_O}\right]^{1/2} N_{av}^2 C_O^2$$

$(\underline{r}_O)^2 = 1{,}21 \times 10^{-16}\ \text{cm}^2$.

$C_O = y_O P/RT = 10^{-5} \times 1(\text{atm})/(300(\text{K}) \times 0{,}0821(\text{l-atm}/(\text{mol-K})) \times 1000(\text{cm}^3/\text{l})) = 4{,}06 \times 10^{-10}\ (\text{mol/cm}^3)$.

$$\left[\frac{\pi k_B T N_{av}}{M_O}\right]^{1/2} = (3{,}14 \times 1{,}38 \times 10^{-16}(\text{g-cm}^2/(\text{s}^2\text{-molécula-K})) \times 300(\text{K}) \times \times 6{,}02 \times 10^{23}(\text{moléculas/mol})/16(\text{g/mol}))^{1/2} = 6{,}99 \times 10^4\ \text{cm/s}.$$

[3]Moelwyn-Hughes, E. A., *Physical Chemistry*, 2.ª edição revisada, Pergamon Press (1961), p. 51.

$$Z_{OO} = 8 \times 1{,}21 \times 10^{-16}(\text{cm}^2) \times 6{,}99 \times 10^4(\text{cm/s}) \times (6{,}02 \times 10^{23})^2(\text{moléculas/mol}) \times (4{,}06 \times 10^{-10})^2(\text{mol/cm}^3)^2 = 4{,}0 \times 10^{18} \text{ colisões/(s-cm}^3).$$

As unidades da $Z_{OO}$ que resultam dos cálculos são (moléculas$^2$/(s cm$^3$)). O termo "colisões" pode ser substituído por "moléculas$^2$", pois o número de colisões é proporcional ao número de *pares* de moléculas.

A frequência de colisões trimoleculares (ternárias) também pode ser estimada para um gás ideal, submetido às restrições mencionadas anteriormente.[4] Para a colisão simultânea de A, B e C, o resultado é

Frequência de colisões trimoleculares

$$Z_{ABC} = 4\pi(\underline{r}_A + \underline{r}_B + \underline{r}_C)^2\Omega(T, \text{A, B, C})(C_A N_{av})(C_B N_{av})(C_C N_{av}) \tag{2-6}$$

A função $\Omega(T, \text{A, B, C})$ depende da temperatura e dos raios e massas das três moléculas. Quando as três moléculas são razoavelmente similares em tamanho e massa,

$$\Omega \cong 24\left(\frac{3k_B T}{2\pi \overline{m}}\right)^{1/2}(\overline{\underline{r}})^3 \tag{2-7}$$

Aqui, $\overline{m} = (m_A + m_B + m_C)/3$ e $\overline{r} = (\underline{r}_A + \underline{r}_B + \underline{r}_C)/3$. Como muitas suposições significativas já estão incorporadas na Equação (2-6), a Equação (2-7) é usualmente uma boa aproximação para cálculos de engenharia.

Para colisões ternárias envolvendo duas moléculas similares (A) e uma diferente (B), substitua C por A na Equação (2-6) e divida o lado direito por 2 para eliminar a contagem dupla de colisões.

## EXERCÍCIO 2-1

Calcule um valor numérico para $Z_{OON_2}$ a 300 K e 1 atm de pressão total, para a reação de dois átomos de O com uma molécula de $N_2$. Considere a fração molar dos átomos de O igual a $10^{-5}$, com $N_2$ completando a mistura gasosa. Use $\underline{r}_O = 1{,}1$ Å e $\underline{r}_{N_2} = 1{,}6$ Å. (Resposta: $1{,}6 \times 10^{16}$ colisões/(s-cm$^3$).)

Neste exemplo, a taxa de colisões ternárias é aproximadamente duas ordens de grandeza menor do que a taxa de colisões binárias. A diferença teria sido muito maior se a concentração da terceira molécula (neste caso o $N_2$) tivesse sido comparável com as concentrações das duas outras espécies (átomos de O, neste caso).

Novamente, a TC prevê equações de taxa da lei de potência simples para reações que resultam diretamente de colisões ternárias. A taxa é de primeira ordem em cada uma das espécies na colisão. Para uma reação entre A, B e C

$$-\underline{r}_A \propto Z_{ABC} \propto C_A C_B C_C$$

enquanto em uma reação entre dois As e um B,

$$-\underline{r}_A \propto Z_{AAB} \propto C_A C_A C_B \ (= C_A^2 C_B)$$

*Generalização V*

Se uma reação é *reversível*, a taxa *líquida* é a *diferença* entre as taxas das reações direta e inversa, isto é,

Taxa líquida de reação reversível

$$-r_A(\text{líquida}) = (-r_{A,di}) - (r_{A,in}) \tag{2-8}$$

[4]Adaptado de Moelwyn-Hughes, E. A., *Physical Chemistry*, 2.ª edição revisada, Pergamon Press (1961), p. 1149.

Aqui, $(-r_{A,di})$ representa a taxa da reação direta, isto é, a taxa na qual o reagente A é consumido na reação direta, $(r_{A,in})$ representa a taxa na qual A é formado pela reação inversa e $-r_A$(líq) é a taxa *líquida* na qual A desaparece como um resultado das duas reações. As generalizações anteriores se aplicam para $(-r_{A,di})$ e $(r_{A,in})$.

Suponha que

$$(-r_{A,di}) = k_{di} \prod_i C_i^{\alpha_{di,i}} \tag{2-9}$$

e

$$(r_{A,in}) = k_{in} \prod_i C_i^{\alpha_{in,i}} \tag{2-10}$$

Aqui, $\alpha_{di,i}$ é a ordem da reação direta em relação à espécie $i$, $\alpha_{in,i}$ é a ordem da reação inversa em relação à espécie $i$, $k_{di}$ é a constante da taxa da reação direta e $k_{in}$ é a constante da taxa da reação inversa. Da Equação (2-8), a equação da taxa para a taxa *líquida* de desaparecimento de A é

$$-r_A(\text{líq}) = (-r_{A,di}) - (r_{A,in}) = k_{di} \prod_i C_i^{\alpha_{di,i}} - k_{in} \prod_i C_i^{\alpha_{in,i}}$$

Quando a reação atinge o *equilíbrio químico*, a taxa líquida de reação, $-r_A$(líq), tem que ser zero. No equilíbrio, da equação anterior,

$$\frac{k_{di}}{k_{in}} = \prod_i C_i^{(\alpha_{in,i} - \alpha_{di,i})} \tag{2-11}$$

Chegamos à Equação (2-11) de forma rigorosa usando os princípios da cinética. Vamos agora deixar temporariamente a cinética e considerar a termodinâmica. A taxa de uma reação não pode ser prevista pela termodinâmica, nem tampouco a forma de uma equação de taxa. Contudo, a termodinâmica *pode* nos dizer até onde uma reação pode ir antes de sua parada, isto é, antes que ela chegue ao equilíbrio. A termodinâmica também pode nos dizer como a posição do equilíbrio depende da temperatura e da composição inicial.

Para a reação

$$\sum_i \nu_i A_i = 0 \tag{1-1}$$

a *expressão do equilíbrio* é

Expressão do equilíbrio (forma geral)

$$K_{eq} = \prod_i a_i^{\nu_i} \tag{2-12}$$

Aqui, $K_{eq}$ é a constante de equilíbrio para a reação, baseada na *atividade*, e $a_i$ é a atividade da espécie $i$. A Equação (2-12) *deve* ser satisfeita quando uma reação atingir o equilíbrio.

O valor de $K_{eq}$ dependerá dos valores dos coeficientes estequiométricos, isto é, de como a equação estequiométrica é escrita. Isto fica evidente na Equação (2-12). Isto também pode ser visto nas equações

$$\Delta G_R^0(T) = \sum_i \nu_i \Delta G_{di,i}^0(T) \tag{1-2}$$

$$\ln K_{eq}(T) = -\Delta G_R^0(T)/RT \tag{2-13}$$

O valor de $\Delta G_R^0(T)$ depende dos valores dos $\nu_i$. Consequentemente, o valor de $K_{eq}$ também tem que depender dos $\nu_i$.

Equações de taxa quase sempre são escritas em termos de concentrações ou de pressões parciais. É raro encontrar uma equação de taxa que seja baseada em atividades. Consequentemente, a Equação (2-12) não é particularmente útil na relação entre a cinética e a termodinâmica. Necessitamos de uma expressão do equilíbrio que seja escrita em termos de concentrações, isto é,

Expressão do equilíbrio (baseada na concentração)

$$K_{eq}^{C} = \prod_i C_i^{\nu_i} \tag{2-14}$$

Aqui, $K_{eq}^{C}$ é a constante de equilíbrio baseada na *concentração*. Em geral, $K_{eq}^{C}$ não terá o mesmo valor de $K_{eq}$. Além disto, $K_{eq}^{C}$ pode depender com alguma intensidade da concentração, enquanto $K_{eq}$ não.

Agora podemos considerar a relação entre cinética e termodinâmica. A forma das equações de taxa para uma reação reversível deve ser *termodinamicamente consistente*. Em outras palavras, *a expressão para a taxa líquida de uma reação reversível tem que se tornar a expressão do equilíbrio quando a reação atinge o equilíbrio, isto é, quando a taxa líquida é zero.*

Neste ponto, podemos estar tentados a comparar as Equações (2-11) e (2-14) e concluir que $K_{eq}^{C} = k_{di}/k_{in}$ e $(\alpha_{in,i} - \alpha_{di,i}) = \nu_i$. Isto é uma possibilidade, mas não é a única.

Nós temos uma enorme flexibilidade para escrever a equação estequiométrica balanceada de uma reação química. Esta flexibilidade pode criar ambiguidade ao se escrever a expressão de equilíbrio. Suponha que os coeficientes estequiométricos na Reação (1-1) sejam todos multiplicados pelo mesmo número, $N$. Seja a realização da seguinte operação:

$$\sum_i N\nu_i A_i = 0 \tag{2-15}$$

A equação estequiométrica continua balanceada e válida.

Seja $K_{eq}^{C}$ o valor da constante de equilíbrio (baseada na concentração) quando $N = 1$, isto é, para o conjunto original de coeficientes estequiométricos. Então, a expressão do equilíbrio para a Reação (2-15) é

$$\prod_i C_i^{N\nu_i} = \left(\prod_i C_i^{\nu_i}\right)^N = (K_{eq}^{C})^N \tag{2-16}$$

Aqui, $(K_{eq}^{C})^N$ é a constante de equilíbrio para a Reação (2-15), isto é, para a reação a qual os coeficientes estequiométricos são $N$ vezes àqueles da Reação (1-1). A constante de equilíbrio para a Reação (2-15) é exatamente a constante de equilíbrio da Reação (1-1) elevada à potência $N$. Agora, quando comparamos as Equações (2-11) e (2-16), obtemos os resultados gerais

$$\frac{k_{di}}{k_{in}} = (K_{eq}^{C})^N \tag{2-17}$$

$$(\alpha_{in,i} - \alpha_{di,i}) = N\nu_i \tag{2-18}$$

A Equação (2-18) fornece uma base para analisar a consistência termodinâmica das equações de taxa para as reações direta e inversa. O uso desta equação é ilustrado no exemplo a seguir.

## EXEMPLO 2-4

***Formulação da Equação da Taxa Inversa — Síntese do Fosgênio***

Considere a reação de monóxido de carbono com cloro para formar fosgênio.

$$CO + Cl_2 \rightleftarrows COCl_2 \tag{2-A}$$

Fosgênio é um intermediário químico muito importante. Ele é usado para produzir monômeros de isocianato que se transformam em produtos como espumas e revestimentos de poliuretano. Ele também é utilizado para produzir polímeros de policarbonatos. Entretanto, ele é extremamente tóxico, tanto que foi usado como arma química durante a Primeira Guerra Mundial.[5]

Suponha que conheçamos com base em experimentos que a equação da taxa para a reação direta seja

$$r_{COCl_2} = k_{di}[Cl_2]^{3/2}[CO]$$

Quais são as ordens das espécies na equação da taxa para a reação inversa?

*ANÁLISE*

Uma equação de taxa da lei de potência será usada para descrever a taxa da reação inversa. Como os valores dos $\alpha_{di,i}$ na Equação (2-18) são conhecidos, os valores dos $\alpha_{in,i}$ podem ser calculados a partir desta equação.

*SOLUÇÃO*

Vamos considerar que a forma da equação de taxa para a reação inversa seja

$$-r_{COCl_2} = k_{in}[Cl_2]^{\beta_1}[CO]^{\beta_2}[COCl_2]^{\beta_3}$$

Seja $N = 1$ correspondente à reação como escrita em (2-A), de forma que $-\nu_{CO} = -\nu_{Cl_2} = \nu_{COCl_2} = 1$. Da Equação (2-18)

$$\beta_1 - (3/2) = -N \qquad (2\text{-}19a)$$
$$\beta_2 - 1 = -N \qquad (2\text{-}19b)$$
$$\beta_3 = N \qquad (2\text{-}19c)$$

Agora podemos gerar conjuntos termodinamicamente consistentes de $\beta_i$s através da seleção de valores de $N$ e do cálculo dos valores correspondentes de $\beta_1$, $\beta_2$ e $\beta_3$ a partir das Equações (2-19). O que estamos fazendo ao selecionar diferentes valores de $N$ é escrever a equação estequiométrica balanceada de diferentes formas, como mostrado pela Equação (2-15). A tabela a seguir ilustra alguns dos resultados.

| $N$ | $\beta_1$ | $\beta_2$ | $\beta_3$ |
|---|---|---|---|
| −1 | 5/2 | 2 | −1 |
| −1/2 | 2 | 1/2 | −1/2 |
| 1/2 | 1 | 1/2 | 1/2 |
| 1 | 1/2 | 0 | 1 |
| 2 | −1/2 | −1 | 2 |
| 5 | −7/2 | −4 | 5 |

Este exercício poderia ser continuado para incluir valores de $N$ maiores e menores, e valores entre os aqueles mostrados. Contudo, a faixa de $N$ entre aproximadamente −1 e +2 provavelmente contenha a maioria dos conjuntos de $\beta$ que são de interesse prático. Quando $N < -1$, os valores de $\beta_1$ e $\beta_2$, isto é, as ordens em relação ao $Cl_2$ e ao CO, respectivamente, ambas excedem a 2, e a ordem em relação ao reagente, $COCl_2$, é $< -1$, uma situação improvável. Para valores de $N > 2$, a ordem em relação ao $COCl_2$ é superior a 2 e as ordens em relação aos reagentes são ambas $< 1$, novamente improvável.

Este exemplo mostra que a forma da equação de taxa inversa não vem automaticamente da forma da equação de taxa direta e vice-versa. Mesmo se a forma da equação da taxa direta seja conhecida, ainda há um número infinito de formas da equação de taxa inversa que são termodinamicamente consistentes com a equação de taxa direta, correspondendo a todos os valores possíveis de $N$.

[5]Para aqueles com estômago forte, uma discussão interessante do uso e do uso potencial de armas químicas durante a Primeira Guerra pode ser achada em Vilensky, J. A. e Sinish, P.R., *Blisters as Weapons of War: The Vesicants of World War I*, Chemical Heritage 24:2 (Verão 2006), PP. 12–17.

# EXERCÍCIO 2-2

**(a)** Por que a tabela no Exemplo 2-4 não tem a linha correspondente a $N = 0$?

**(b)** Como agiremos para determinar qual valor de $N$ está "correto"?

Em cursos anteriores, você deve ter estudado que

$$\frac{k_{\text{di}}}{k_{\text{in}}} = K_{\text{eq}}^{\text{C}} \tag{2-20}$$

Sabemos que o valor de $K_{\text{eq}}^{\text{C}}$ depende de como a equação estequiométrica é escrita, isto é, dos valores dos coeficientes estequiométricos. Entretanto, os valores das constantes de taxa, $k_{\text{di}}$ e $k_{\text{in}}$, têm que ser determinados a partir de experimentos. Estes valores não estão relacionados com a forma na qual a equação estequiométrica balanceada é escrita.

Há somente uma forma de escrever a equação estequiométrica balanceada de modo que a Equação (2-20) seja satisfeita. Suponha que as equações de taxa para as reações direta e inversa sejam conhecidas, isto é, $\alpha_{\text{di},i}$ e $\alpha_{\text{in},i}$ tenham sido determinados experimentalmente para todas as espécies. Suponha ainda que estas equações de taxa sejam termodinamicamente consistentes. Então, a Equação (2-20) somente será válida quando $K_{\text{eq}}^{\text{C}}$ for calculada usando coeficientes estequiométricos que são dados por $\nu_i = \alpha_{\text{in},i} - \alpha_{\text{di},i}$. Isto pode ser visto através da comparação das equações (2-11) e (2-14), como ilustrado no exemplo a seguir.

## EXEMPLO 2-5

***Análise Termodinâmica da Síntese do Fosgênio***

Suponha que a taxa da reação direta para a síntese do fosgênio

$$CO + Cl_2 \rightleftarrows COCl \tag{2-A}$$

seja dada por

$$r_{COCl_2} = k_{\text{di}}[Cl_2]^{3/2}[CO]$$

e que a taxa da reação inversa seja dada por

$$-r_{COCl_2} = k_{\text{in}}[Cl_2][CO]^{1/2}[COCl_2]^{1/2}$$

A. As equações de taxa para as reações direta e inversa são termodinamicamente consistentes?
B. Como a equação estequiométrica balanceada deve ser escrita de modo que a Equação (2-20) seja satisfeita?
C. Qual é o valor de $k_{\text{di}}/k_{\text{in}}$ a 298 K?
D. Qual é o valor de $k_{\text{di}}/k_{\text{in}}$ a 500 K?
E. Fosgênio é produzido com a passagem de uma mistura equimolar gasosa de CO e $Cl_2$ sobre um catalisador de carbono a aproximadamente 1 atm de pressão total e a uma temperatura de algumas centenas de °C. O fosgênio formado é um gás. Qual é a conversão do CO, se a reação atingir o equilíbrio a 1 atm e 500 K?

Ao responder esta questão, você pode considerar que a lei dos gases ideais é válida.

**Partes:**

**Parte A: As equações de taxa para as reações direta e inversa são termodinamicamente consistentes?**

*ANÁLISE*

Há várias formas de verificar a consistência termodinâmica. Se as equações das taxas direta e inversa são expressões do tipo lei de potência, um valor de $N$ pode ser calculado pela Equação (2-18) para *cada* um dos reagentes e dos produtos. Os valores de $\nu_i$ para este cálculo podem vir de qualquer equação estequiométrica balanceada para a reação em questão, por exemplo, a Equação (2-A) para este exemplo. Se *todos* os valores calculados de $N$ forem iguais, as equações de taxa são termodinamicamente consistentes.

A forma mais geral de verificar a consistência termodinâmica é igualar a expressão da taxa direta, $-r_{A,di}$, à expressão da taxa inversa, $-r_{A,in}$, para refletir o fato de que a taxa *líquida* tem que ser nula no equilíbrio. A equação resultante é então rearranjada de modo que a razão $(k_{di}/k_{in})$ fique em um lado da equação e todos os termos restantes estejam no outro lado. Em particular, os termos no lado oposto a $(k_{di}/k_{in})$ devem ser constituídos *somente* por concentrações de reagentes e concentrações de produtos, cada uma elevada a alguma potência. Estas potências têm que estar nas mesmas razões dos coeficientes estequiométricos. Em outras palavras, o valor de $N$ na Equação (2-16) tem que ser o mesmo para cada um dos reagentes e dos produtos. Se este teste é satisfeito, as equações de taxa são termodinamicamente consistentes.

A vantagem do procedimento apresentado no parágrafo anterior é que ele pode ser usado para equações de taxa que não são expressões do tipo lei de potência. Usaremos esta abordagem para analisar a consistência termodinâmica das equações de taxa propostas para a síntese do fosgênio.

***SOLUÇÃO*** Para o presente problema,

$$-r_{A,di} = k_{di}[Cl_2]^{3/2}[CO] = r_{A,in} = k_{in}[Cl_2][CO]^{1/2}[COCl_2]^{1/2}$$

Rearranjando,

$$\frac{k_{di}}{k_{in}} = \frac{[COCl_2]^{1/2}}{[CO]^{1/2}[Cl_2]^{1/2}} \tag{2-21}$$

O lado esquerdo da Equação (2-21) depende de temperatura, mas não da concentração. O oposto é verdade para o lado direito. Os expoentes das espécies no lado direito da equação anterior estão na razão 1:1:1. Esta é a razão requerida pela estequiometria (veja Reação (2-A)). Consequentemente, as duas equações de taxa *são* termodinamicamente consistentes.

Outra forma de olhar para a mesma questão é reconhecer que o lado direito da equação anterior é exatamente o que obteríamos ao escrever a expressão do equilíbrio para a reação

$$(1/2)CO + (1/2)Cl_2 \rightleftarrows (1/2)COCl_2 \tag{2-B}$$
$$K_{eq}^{C} = [COCl_2]^{1/2}/([CO]^{1/2}[Cl_2]^{1/2}) \tag{2-22}$$

Este resultado fornece a base para concluir que as equações de taxa são termodinamicamente consistentes.

**Parte B: Como a equação estequiométrica balanceada deve ser escrita de modo que a Equação (2-20) seja satisfeita?**

***ANÁLISE*** A Equação (2-17) mostra que a razão $(k_{di}/k_{in})$ é igual a $K_{eq}^{C}$ elevada a uma potência $N$. Quando $N = 1$, $(k_{di}/k_{in}) = K_{eq}^{C}$. De acordo com a Equação (2-18), $N$ é igual a 1 quando $\nu_i = (\alpha_{in,i} - \alpha_{di,i})$. Em palavras, a constante de equilíbrio será igual à razão das constantes de taxa quando a equação estequiométrica é escrita de tal forma que o coeficiente estequiométrico da espécie "*i*" é igual à diferença entre a ordem da reação inversa em relação à "*i*" e a ordem da reação direta em relação à "*i*".

***SOLUÇÃO*** Usando a Equação (2-18) com $N$ fixado igual a 1 para o $Cl_2$, CO e $COCl_2$:

$$\begin{aligned} CO&: \quad \nu_{CO} = (1/2) - 1 = -(1/2)\\ Cl_2&: \quad \nu_{Cl_2} = 1 - (3/2) = -(1/2)\\ COCl_2&: \quad \nu_{COCl_2} = (1/2) - 0 = (1/2) \end{aligned}$$

Consequentemente, a equação estequiométrica que irá levar a um valor de $K_{eq}^{C}$ igual a $k_{di}/k_{in}$ é

$$1/2CO + 1/2Cl_2 \rightleftarrows 1/2COCl_2 \tag{2-B}$$

**Parte C: Qual é o valor de $k_{di}/k_{in}$ a 298 K?**

*ANÁLISE*

A constante de equilíbrio baseada na concentração para a Reação (2-B) a 298 K tem que ser calculada, uma vez que mostramos que $K_{eq}^C$ é igual a $k_{di}/k_{in}$ quando a reação é escrita com aquela estequiometria. Para calcular $K_{eq}^C$ a 298 K, $K_{eq}$ deve ser calculado primeiro. A Equação (2-13) pode ser usada para este cálculo, desde que a variação da energia livre de Gibbs padrão da reação a 298 K, $\Delta G_R^0$ (298 K), seja conhecida. A variação da energia livre de Gibbs padrão da reação a 298 K pode ser determinada usando a Equação (1-2), se os dados termoquímicos (isto é, $\Delta G_{f,i}^0$ (298 K)) puderem ser obtidos para o CO, o $Cl_2$ e o $COCl_2$. Este tipo de informação está disponível em muitas fontes. A tabela a seguir contém os dados termoquímicos que são necessários para este cálculo e para as partes seguintes do problema.

Dados termoquímicos para a síntese de fosgênio[6]

| Espécies | $\Delta G_f$(298 K) (kcal/mol) | $\Delta H_f$(298 K) (kcal/mol) | $c_p$ (cal/(mol K)) |
|---|---|---|---|
| CO | −32,8 | −26,4 | 7,0 |
| $Cl_2$ | 0 | 0 | 8,1 |
| $COCl_2$ | −48,9 | −52,3 | 13,8 |

Uma vez que $\Delta G_R^0$ (298 K) foi calculada com a Equação (1-2), $K_{eq}$(298 K) pode ser determinada com a Equação (2-13). Finalmente, o valor de $K_{eq}^C$ pode ser calculado a partir de $K_{eq}$ usando a lei do gás ideal.

*SOLUÇÃO*

$$\Delta G_R^0(298\,K) = \sum_i \nu_i \Delta G_{f,i}(298\,\text{K}) \tag{1-2}$$

$$\Delta G_R^0(298\text{ K}) = (1/2) \times (-48{,}9) + (-1/2) \times (0{,}0) + (-1/2) \times (-32{,}8) = -8{,}1\text{ kcal/mol}$$

Da Equação (2-13),

Relação entre a constante de equilíbrio e a variação da energia livre na reação

$$\ln K_{eq}(T) = -\Delta G_R^0(T)/RT \tag{2-13}$$

$$\ln K_{eq}(298\text{ K}) = 8100(\text{cal/mol})/[1{,}99(\text{cal/(mol K)}) \times 298(\text{K})] = 14$$

$$K_{eq}(298\text{ K}) = 1{,}2 \times 10^6$$

Esta constante de equilíbrio é baseada na *atividade* e não na concentração.[7] Ela agora tem que ser convertida em uma constante de equilíbrio baseada na concentração. Para um gás,

$$a_i = (f_i / f_i^0)$$

onde $f_i$ é a fugacidade da espécie "*i*". Para os dados na tabela anterior, os valores no estado-padrão de $f_i(f_i^0)$ para todos os três compostos são 1 atm a 298 K. Desta forma, a Equação (2-12) se torna

$$K_{eq} = \frac{a_{COCl_2}^{1/2}}{a_{CO}^{1/2} a_{Cl_2}^{1/2}} = \frac{(f_{COCl_2}/f_{COCl_2}^0)^{1/2}}{(f_{CO}/f_{CO}^0)^{1/2} \times (f_{Cl_2}/f_{Cl_2}^0)^{1/2}}$$

[6] Weast, R.C. (ed.), *Handbook of Chemistry and Physics*, 64.ª edição, CRC Press, Boca Raton, FL (1983).

[7] Uma constante de equilíbrio calculada a partir de dados termoquímicos, como mostrado anteriormente, sempre é uma constante de equilíbrio baseada na atividade, como mostrado na Equação (2-12).

A 298 K,

$$\frac{(f_{COCl_2})^{1/2}}{(f_{CO})^{1/2} \times (f_{Cl_2})^{1/2}} = K_{eq}(298\text{ K}) \times \left(\frac{f^0_{COCl_2}}{f^0_{CO} \times f^0_{Cl_2}}\right)^{1/2} = 1{,}2 \times 10^6\text{ atm}^{-1/2}$$

Agora consideraremos que a lei dos gases ideais é obedecida.[8] Para um gás ideal, $f_i = p_i$. Consequentemente,

$$K^P_{eq} = 1{,}2 \times 10^6\text{ atm}^{-1/2} = \frac{(p_{COCl_2})^{1/2}}{(p_{CO})^{1/2} \times (p_{Cl_2})^{1/2}}$$

Aqui, $K^P_{eq}$ é a constante de equilíbrio baseada na pressão. Finalmente, para um gás ideal, $p_i = C_i(RT)$. Substituindo na equação anterior,

$$\frac{C^{1/2}_{COCl_2}}{C^{1/2}_{CO}C^{1/2}_{Cl_2}} = K^P_{eq}(RT)^{1/2} = K^C_{eq} = \frac{k_{di}}{k_{in}}$$

$$\frac{k_{di}}{k_{in}} = 1{,}2 \times 10^6(\text{atm})^{-1/2}\left(0{,}0821\left(\frac{\text{atm-l}}{\text{mol-K}}\right)298(\text{K})\right)^{1/2} = 5{,}9 \times 10^6(\text{l/mol})^{1/2}$$

**Parte D: Qual é o valor de $k_{di}/k_{in}$ a 500 K?**

***ANÁLISE*** Para determinar $k_{di}/k_{in}$ a 500 K, temos que calcular o valor de $K^C_{eq}$ nesta temperatura. A variação de $K_{eq}$ com a temperatura é dada por

Variação da constante de equilíbrio com a temperatura

$$\left(\frac{\partial \ln K_{eq}}{\partial T}\right)_P = \frac{\Delta H^0_R(T)}{RT^2} \tag{2-23}$$

O valor do calor de reação a 298 K ($\Delta H^0_R$ (298 K)) pode ser calculado a partir de

$$\Delta H^0_R(298\text{ K}) = \sum_i \nu_i \Delta H^0_{f,i}(298\text{ K}) \tag{1-3}$$

A variação de $\Delta H^0_R$ com a temperatura é dada por

Variação do calor de reação com a temperatura

$$\left(\frac{\partial \Delta H^0_R}{\partial T}\right)_P = \sum_i \nu_i c_{p,i} \tag{2-24}$$

A Equação (2-24) pode ser integrada de 298 K até uma temperatura arbitrária, $T$, para se obter uma expressão para $\Delta H^0_R$ como uma função de $T$. Esta expressão pode ser substituída na Equação (2-23), que pode então ser integrada de 298 K até 500 K para obter $K_{eq}$ (500 K). Finalmente, $K^C_{eq}$ (500 K) pode ser calculado a partir de $K_{eq}$ (500 K) seguindo o procedimento usado na Parte C deste exemplo.

***SOLUÇÃO*** A substituição dos dados apropriados, retirados da tabela anterior, na Equação (1-3) fornece

$$\Delta H^0_R(298\text{ K}) = -13{,}0\text{ kcal/mol}$$

[8] Esta consideração é razoável, uma vez que as pressões reduzidas das três espécies são muito baixas (< 0,03) nas condições especificadas.

Evidentemente, a síntese do fosgênio é bastante exotérmica a 298 K. Novamente, a substituição de dados vindos da tabela anterior na Equação (2-24) fornece

$$\left(\frac{\partial \Delta H_R^0}{\partial T}\right)_P = -0{,}70 \text{ cal/mol-K}$$

O calor de reação não depende fortemente da temperatura. Esta variação poderia ser desprezada para fins práticos, especialmente em função da faixa de temperatura neste problema não ser grande. Contudo, manteremos este termo para ilustrar o procedimento de cálculo geral.

Integrando a equação anterior de 298 K até $T$, tem-se

$$\Delta H_R^0(T) = -13.000 - 0{,}70T \text{ cal/mol}$$

Substituindo este resultado na Equação (2-23) e integrando de 298 K a 500 K

$$\ln K_{eq}(500 \text{ K}) = 5{,}5$$
$$K_{eq}(500 \text{ K}) = 240$$

A constante de equilíbrio decresce significativamente na medida em que a temperatura aumenta, pois a reação é fortemente exotérmica.

Como a lei do gás ideal é obedecida,

$$K_{eq}(500 \text{ K}) \times \left(\frac{f^0_{COCl_2}}{f^0_{CO} \times f^0_{Cl_2}}\right)^{1/2} = K^P_{eq}(500 \text{ K}) = 240 \text{ atm}^{-1/2}$$

Da Parte C

$$\frac{k_{di}}{k_{in}} = K^C_{eq} = K^P_{eq}(RT)^{1/2} = 240 \times (1{,}99 \times 500)^{1/2} = 7600\,(1/\text{mol})^{1/2}$$

**Parte E: Qual é a conversão do CO se a reação atingir o equilíbrio a 1 atm e 500 K?**

***ANÁLISE***

A conversão no equilíbrio do CO pode ser calculada a partir da expressão do equilíbrio. Talvez o ponto de partida mais conveniente seja

$$K_p = 240 \text{ atm}^{-1/2} = \frac{(p_{COCl_2})^{1/2}}{(p_{CO})^{1/2} \times (p_{Cl_2})^{1/2}}$$

Para um gás ideal, a pressão parcial da espécie "$i$" é dada por $p_i = y_i P$, onde $y_i$ é a fração molar e $P$ é a pressão total. Finalmente, as frações molares de CO, $Cl_2$ e $COCl_2$ podem ser escritas como funções da quantidade de CO que reagiu. Isto permite que a quantidade de CO reagida e, consequentemente, a conversão do CO sejam calculadas a partir da expressão do equilíbrio.

***SOLUÇÃO***

Como a pressão total é 1 atm neste exemplo, a equação anterior pode ser escrita na forma

$$\frac{(y_{COCl_2})^{1/2}}{(y_{CO})^{1/2} \times (y_{Cl_2})^{1/2}} = 240$$

Para relacionar as frações molares à quantidade de CO reagida, definimos uma base igual a 1 mol de CO entrando no reator. Consequentemente, 1 mol de $Cl_2$ também entra, mas não há $COCl_2$ (ou qualquer outra coisa) na alimentação. Seja $\xi_e$ a extensão da reação no equilíbrio, isto é, o número de mols de CO que foram consumidos quando a reação atinge o equilíbrio. Pela estequiometria, os mols de cada espécie na mistura do equilíbrio são

$CO$ : $1 - \xi_e$
$Cl_2$ : $1 - \xi_e$
$COCl_2$ : $\xi_e$
Mols totais : $2 - \xi_e$

As frações molares das três espécies são

$CO$ : $(1 - \xi_e)/(2 - \xi_e)$
$Cl_2$ : $(1 - \xi_e)/(2 - \xi_e)$
$COCl_2$ : $\xi_e/(2 - \xi_e)$

Com estas relações, a expressão do equilíbrio se torna

$$\frac{\xi_e^{1/2}(2 - \xi_e)^{1/2}}{(1 - \xi_e)} = 240$$

O valor de $\xi_e$ que satisfaz esta equação é 0,996.

Como 1 mol de CO foi escolhido inicialmente como uma base, $\xi_e$ é então a conversão no equilíbrio do CO.

## EXERCÍCIO 2-3

Discuta as características de segurança que deveriam ser incorporadas em uma planta que produz fosgênio.

## 2.3 UMA EXCEÇÃO IMPORTANTE

Equações de taxa com a forma

$$-r_A = k(T)C_A/[1 + K_A(T) \times C_A] \qquad \text{(2-25)}$$

descrevem as taxas de muitos tipos de reações catalíticas. No campo da catálise heterogênea, esta forma de equação cinética é conhecida como uma equação de taxa "Langmuir–Hinshelwood". Em bioquímica, uma pequena variação

$$-r_A = v_{máx}(T) \times C_A/[K_m(T) + C_A] \qquad \text{(2-25a)}$$

é conhecida como uma equação de taxa "Michaelis–Menten".

Os parâmetros $k$ e $K_A$ (ou $v_{máx}$ e $K_m$) são funções da temperatura. Consequentemente, os efeitos da concentração e da temperatura não estão separados, violando a Generalização I, (Equação (2-1)). Além disto, a Generalização IV também não se aplica. A temperatura constante, a influência da concentração de A na taxa de reação não é bem representada por $C_A$ elevada a uma potência. Na realidade, um exame das Equações (2-25) e (2-25a) mostra que a ordem de reação aparente em relação a A varia de 1 em pequenas concentrações de A até 0 em altas concentrações.

## EXERCÍCIO 2-4

**(a)** Mostre que $v_{máx}(T)$ na Equação (2-25a) é o valor máximo possível de $-r_A$ a uma dada temperatura.

**(b)** Qual é a interpretação física de $K_m(T)$ na Equação (2-25a)?

A origem das equações de taxa Langmuir–Hinshelwood/Michaelis–Menten será explorada no Capítulo 5. Até lá, usaremos esta forma de equação de taxa no Capítulo 4, quando trabalharemos alguns problemas em dimensionamento e análise de reatores ideais. O próximo capítulo é dedicado à definição de um reator *ideal* e ao fornecimento das ferramentas que são necessárias para o seu dimensionamento e análise.

# RESUMO DE CONCEITOS IMPORTANTES

- Taxas de reação dependem da temperatura e das concentrações das várias espécies.
- Relação de Arrhenius (influência da temperatura na constante da taxa):

$$k(T) = A\exp(-E/RT)$$

- Para uma equação de taxa da lei de potência, a ordem da reação em relação à espécie "*i*" (isto é, a ordem *individual* em relação à espécie "*i*") expressa a dependência da taxa em relação à concentração da espécie "*i*". Quanto maior o valor absoluto da ordem individual, mais forte a dependência da taxa de reação em relação à concentração desta espécie.
- A taxa líquida de uma reação reversível é a diferença entre as taxas das reações direta e inversa:

$$-r_A\,(\text{líquida}) = (-r_{A,di}) - (r_{A,in})$$

- As taxas de reação para as reações direta e inversa têm que ser consistentes com a expressão de equilíbrio, como formulada a partir da termodinâmica.

# PROBLEMAS

**Problema 2-1 (Nível 1)** Ozônio se decompõe para oxigênio de acordo com a equação estequiométrica

$$2O_3 \rightleftarrows 3O_2$$

A equação de taxa para a equação direta é conhecida da forma

$$-r_{O_3} = \frac{k_1 p_{O_3}^2}{p_{O_2} + k_2 p_{O_3}}$$

1. "*A forma da equação de taxa para a reação inversa tem que ser termodinamicamente consistente com a forma da equação de taxa para a reação direta.*" Explique clara e resumidamente o que esta frase significa.
2. Dê duas formas da equação de taxa para a reação *inversa* que são termodinamicamente consistentes com esta equação da taxa direta. Prove que elas são termodinamicamente consistentes.
   Você pode considerar que o $O_2$ e o $O_3$ são gases ideais nas condições nas quais as equações de taxa anteriores se aplicam.

**Problema 2-2 (Nível 1)** A reação A + B → Produtos é de primeira ordem em A, ordem um e meio em B e tem uma energia de ativação de 90 kJ/mol.

Qual é a razão entre a taxa de desaparecimento de A na Condição 2 na tabela a seguir e a taxa de desaparecimento de A na Condição 1?

| Condição 1 | Condição 2 |
|---|---|
| $T = 300°C$ | $T = 350°C$ |
| $C_A = 1{,}5$ mol/l | $C_A = 1{,}0$ mol/l |
| $C_B = 2{,}0$ mol/l | $C_B = 2{,}5$ mol/l |

**Problema 2-3 (Nível 1)** Ciclo-hexano ($C_6H_{12}$) é produzido industrialmente pela hidrogenação de benzeno ($C_6H_6$),

$$C_6H_6 + 3H_2 \rightarrow C_6H_{12}$$

1. Qual é a ordem desta reação em relação ao $C_6H_6$, $H_2$ e ao $C_6H_{12}$?
2. Qual é a ordem global da reação?
3. Suponha que a ordem da reação em relação ao $C_6H_6$ seja conhecida e igual a 1,0. Qual é a ordem em relação ao $H_2$?

   Você NÃO pode considerar que a reação seja elementar.

**Problema 2-4 (Nível 1)** Se a constante da taxa de uma reação homogênea for 1 $s^{-1}$ a 100°C e 10.000 $s^{-1}$ a 200°C:

1. Qual é a energia de ativação da reação?
2. Qual é a ordem global da reação?

**Problema 2-5 (Nível 2)** Hinshelwood e Green[9] estudaram a cinética da reação entre NO e $H_2$.

$$2NO + 2H_2 \rightarrow N_2 + 2H_2O$$

Eles concluíram que a reação era de segunda ordem em relação ao NO e de primeira ordem em relação ao $H_2$. A constante da taxa foi medida em várias temperaturas, com os resultados fornecidos na tabela a seguir.

| Temperatura (°C) | Constante da taxa ($l^2$/molécula$^2$ s) |
|---|---|
| 826 | 476 |
| 788 | 275 |
| 751 | 130 |
| 711 | 59 |
| 683 | 25 |
| 631 | 5,3 |

1. Os dados seguem a relação de Arrhenius? Justifique a sua resposta.
2. Se sim, qual é a energia de ativação da reação?

**Problema 2-6 (Nível 2)** A equação de taxa de Temkin–Pyzhev para a síntese da amônia ($N_2 + 3H_2 \rightleftarrows 2NH_3$) sobre certo catalisador é

$$r_{NH_3} = k_1 p_{N_2}\left(\frac{p_{H_2}^3}{p_{NH_3}^2}\right)^{\alpha} - k_2\left(\frac{p_{NH_3}^2}{p_{H_2}^3}\right)^{\beta}$$

onde $p_i$ é a pressão parcial da espécie "*i*".

Sob quais condições esta equação de taxa é termodinamicamente consistente? Em outras palavras, esta equação se reduz à expressão do equilíbrio quando a reação está no equilíbrio? Se sim, sob quais circunstâncias?

---

[9] Hinshelwood, C. N. and Green, T. E., *Chem. Soc. J.*, 730 (1926).

**Problema 2-7 (Nível 1)** Equações de taxa para reações catalíticas heterogêneas algumas vezes são escritas em termos de pressões parciais no lugar de concentrações. Suponha que as unidades de $-r_A$ são mol/(g s) na equação de taxa,

$$-r_A = \frac{k p_A p_B}{(1 + K_A p_A + K_B p_B)^2}$$

onde $p_i$ é a pressão parcial da espécie "$i$".

Quais são as unidades de $k$, $K_A$ e $K_B$?

**Problema 2-8 (Nível 3)** Ar é composto por aproximadamente 79% molar de $N_2$ e 21% molar de $O_2$. Qual é a frequência de colisões binárias de todo tipo a 300 K e 1 atm de pressão total? O raio do $N_2$ é igual a 1,6 Å e o raio do $O_2$ é de 1,5 Å.

Pense em uma forma *aproximada* e mais simples para calcular a frequência de colisões binárias de todo tipo. Como a sua resposta aproximada se compara com aquela calculada por você inicialmente?

**Problema 2-9 (Nível 1)** A reação irreversível A + B → C obedece à equação de taxa $-r_A = k\, C_A^2$. Qual é a ordem da reação em relação a B?

**Problema 2-10 (Nível 2)** A reação irreversível A + B → C obedece à equação de taxa

$$-r_A = \frac{k C_A C_B}{(1 + K_A C_A)^2}$$

Esboce um gráfico mostrando como a taxa de desaparecimento de A depende da concentração de A, com a concentração de B e a temperatura constantes. Identifique todas as características importantes do gráfico da forma mais quantitativa possível.

**Problema 2-11 (Nível 2)** Considere a reação reversível

$$A + B \rightleftarrows C$$

Esta reação ocorre na presença de um catalisador, D. Os compostos A, B, C e D são completamente solúveis. Sabe-se que a equação de taxa para a reação *direta* é

$$-r_A = k_{di} C_A C_B^2$$

As equações de taxa a seguir para a equação *inversa* são termodinamicamente consistentes com a equação de taxa direta? Explique sua resposta.

**1.** $r_A = k_{in}\, C_A^{-1}$
**2.** $r_A = k_{in}\, C_C$
**3.** $r_A = k_{in}\, C_C^2 C_A^{-1}$
**4.** $r_A = k_{in}\, C_C^2 C_D C_A^{-1}$
**5.** $r_A = k_{in}\, C_C^2 C_A^{-1}/(1 + K_B C_B)^2$

**Problema 2-12 (Nível 1)** Tendo como referência o Problema 1-11. Use os dados fornecidos no enunciado do problema para responder a pergunta a seguir.

Com alguns catalisadores e em algumas condições operacionais, etilbenzeno pode ser formado pela desproporcionalização do benzeno e dietilbenzeno, como mostrado na reação a seguir. Se esta reação atingiu o equilíbrio ao final do experimento dado no Problema 1-11, qual é o valor da constante de equilíbrio (baseada na concentração) para esta reação, nas condições do experimento?

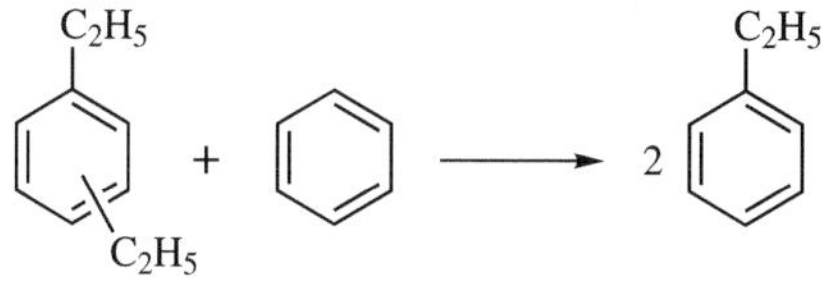


**Problema 2-13 (Nível 2)** Beltrame et al.[10] estudaram a oxidação da glicose a ácido glucônico em solução aquosa com pH = 7, usando Hyderase (um sistema catalítico enzimático comercial que é solúvel no meio reacional). A reação global é

$$C_5H_{10}O_6 + O_2 + H_2O \rightarrow C_5H_{10}O_7 + H_2O_2$$

Acredita-se que a primeira etapa no mecanismo da reação seja a formação de um complexo entre a glicose e a enzima, isto é

$$E + G \xrightarrow{k_1} RL$$

Aqui, E é a enzima livre (não complexada), G é a D-glicose e RL é um complexo entre a enzima reduzida (R) e gluconolactona. Os autores estudaram a taxa desta etapa e determinaram a constante da taxa $k_1$ como uma função da temperatura, conforme mostrado na tabela a seguir:

| Temperatura (K) | Constante da taxa (L/(g h)) |
|---|---|
| 273,2 | 3,425 |
| 283,2 | 7,908 |
| 293,2 | 18,79 |
| 303,2 | 28,10 |

As constantes da taxa na tabela obedecem à relação de Arrhenius? Se sim, qual é o valor da energia de ativação?

[10]Beltrame, P., Comotti, M., Della Pina, C., Rossi, M., Aerobic oxidation of glucose I. Enzymatic catalysis, *J. Catal.*, 228–282, (2004).

# Capítulo 3

# Reatores Ideais

## OBJETIVOS DE APRENDIZAGEM

Após terminar este capítulo, você deve ser capaz de

1. explicar as diferenças entre os três reatores ideais: batelada, de mistura em tanque, e de escoamento pistonado;
2. explicar como as concentrações dos reagentes e dos produtos variam espacialmente em reatores batelada ideais, em reatores de mistura em tanque ideais, e em reatores de escoamento pistonado ideais;
3. deduzir "equações de projeto" para os três reatores ideais, para reações catalíticas homogêneas e heterogêneas através da realização de balanços materiais dos componentes;
4. calcular taxas de reação usando a "equação de projeto" para um reator de mistura em tanque ideal;
5. simplificar as formas mais gerais das "equações de projeto" para a situação de massa específica constante.

Os próximos capítulos irão ilustrar como o comportamento de reatores químicos pode ser previsto e como o tamanho necessário de um reator para um dado "serviço" pode ser determinado. Esses cálculos irão usar os princípios da estequiometria de reações e da cinética de reações, que foram desenvolvidos nos Capítulos 1 e 2.

Há muitos tipos diferentes de reatores. Uma das mais importantes características que diferenciam um tipo de reator do outro é a natureza da mistura em seu interior. A influência da mistura é mais bem compreendida através do(s) balanço(s) de massa no reator. Estes balanços de massa constituem o ponto de partida para a discussão da performance do reator.

## 3.1 BALANÇOS DE MASSA GENERALIZADOS

A taxa de reação $r_i$ é uma variável intensiva. Ela descreve a taxa de formação da espécie "$i$" em qualquer *ponto* em um reator químico. Todavia, como aprendemos no Capítulo 2, a taxa de qualquer reação depende de variáveis como a temperatura e as concentrações das espécies. Se essas variáveis mudarem ponto a ponto no reator, $r_i$ também irá mudar ponto a ponto.

Por enquanto, para enfatizar que $r_i$ depende da temperatura e das concentrações das várias espécies, usaremos a nomenclatura

$$r_i = r_i(T, \text{toda } C_i)$$

O termo "toda $C_i$" nos lembra que a taxa de reação pode ser influenciada pela concentração de toda e qualquer espécie no sistema.

Considere um volume arbitrário ($V$) no qual a temperatura e as concentrações das espécies variam de ponto a ponto, como ilustrado a seguir.

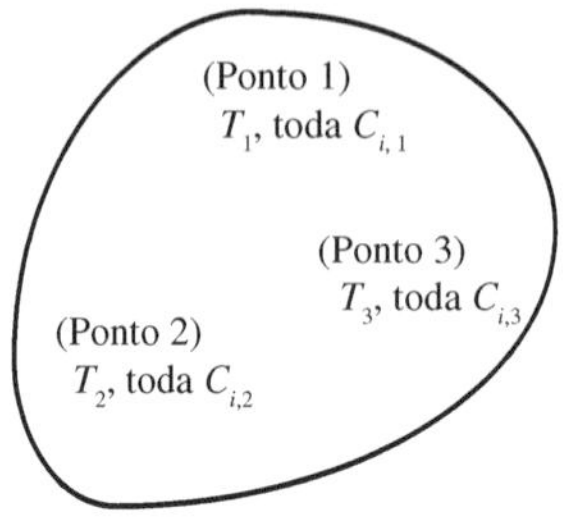

A taxa na qual "$i$" é formada nesse volume de controle por uma reação química, ou várias, é representada por $G_i$, a taxa de geração de "$i$". As unidades $G_i$ são mol/tempo. Para uma reação homogênea, $G_i$ está relacionada a $r_i$ por

Taxa de geração — reação homogênea

$$G_i = \iiint_V r_i \, \mathrm{d}V \tag{3-1}$$

Para uma reação catalítica heterogênea, na qual $r_i$ possui unidades de mol/(tempo massa de catalisador), $G_i$ é dada por

Taxa de geração — reação catalítica heterogênea

$$G_i = \iiint_{\mathrm{m}} r_i \, \mathrm{dm} = \iiint_V r_i \rho_{\mathrm{B}} \, \mathrm{d}V \tag{3-2}$$

Aqui, $\rho_B$ é a massa específica aparente do catalisador (massa/volume do reator). Nas Equações (3-1) e (3-2), $r_i$ é a taxa líquida na qual "$i$" é formada por todas as reações que estejam ocorrendo, como dada pela Equação (1-17).

Embora elas estejam formalmente corretas, as Equações (3-1) e (3-2) não são muito úteis na prática. Isso porque a taxa de reação $r_i$ nunca é conhecida como uma função explícita da posição. Consequentemente, as integrações indicadas não podem ser efetuadas diretamente. Os meios para resolver esse aparente dilema se tornarão evidentes na medida em que tratarmos alguns casos específicos.

*Balanço de massa por componente*

Considere o volume de controle mostrado a seguir, com reações químicas ocorrendo que resultam na formação da espécie "$i$" na taxa $G_i$. A espécie "$i$" escoa para o interior do sistema a uma vazão molar de $F_{i0}$ (mols de $i$/tempo) e sai do sistema a uma vazão molar de $F_i$.

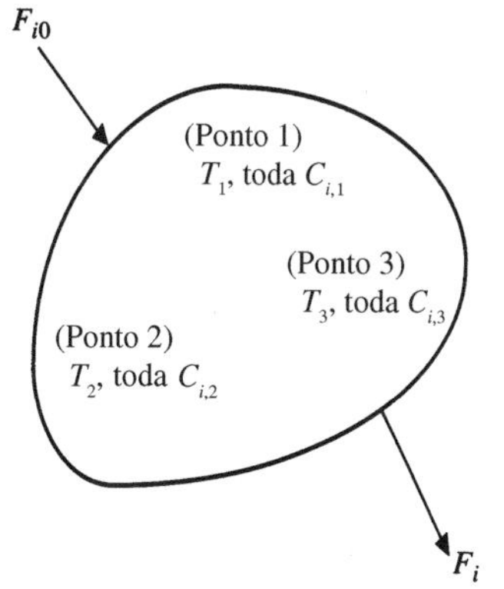


O balanço de massa em base molar para a espécie "$i$" para este volume de controle é

taxa de entrada − taxa de saída + taxa de geração por reações químicas = taxa de acumulação

Balanço de massa generalizado para o componente "$i$"

$$F_{i0} - F_i + G_i = \frac{\mathrm{d}N_i}{\mathrm{d}t} \tag{3-3}$$

Aqui "$t$" é o tempo e $N_i$ é o número de mols de "$i$" no sistema em qualquer tempo.

Agora vamos considerar três casos especiais que têm importância prática e permitem a Equação (3-3) ser simplificada a um ponto que a torna útil.

## 3.2 REATOR BATELADA IDEAL

Um reator batelada é definido como um reator no qual não há escoamento de massa através das fronteiras do sistema, uma vez que os reagentes tenham sido carregados. A reação é considerada iniciar em um instante preciso no tempo, normalmente tomado como $t = 0$. Este tempo pode corresponder, por exemplo, a quando um catalisador ou um iniciador é adicionado à batelada ou ainda a quando o último reagente é adicionado.

Ao longo da reação, o número de mols de cada reagente diminui e o número de mols de cada produto aumenta. Consequentemente, as concentrações das espécies no reator irão variar com o tempo. A temperatura do meio reacional pode também mudar com o tempo. A reação continua até que atinja o equilíbrio químico, ou até quando o reagente limite seja completamente consumido, ou até quando alguma ação seja tomada para parar a reação, por exemplo, resfriamento, remoção do catalisador, adição de um inibidor químico etc.

Reatores batelada são muito usados nas indústrias químicas e farmacêuticas para a manufatura de produtos em uma escala relativamente pequena. Devidamente equipados, estes reatores são bastante flexíveis. Um único reator pode ser usado para produzir vários produtos diferentes.

Reatores batelada frequentemente são agitados mecanicamente para assegurar que o material em seu interior seja bem misturado. A agitação também aumenta o coeficiente de transferência de calor entre o meio reacional e qualquer superfície de transferência de calor no reator. Em reatores multifásicos, a agitação pode também manter um catalisador sólido suspenso ou pode criar área superficial entre duas fases líquidas ou entre uma fase gasosa e uma fase líquida.

Muito poucas reações são termicamente neutras ($\Delta H_R = 0$), de tal forma que frequentemente é necessário fornecer ou remover calor na medida em que a reação progride. A forma mais comum para se transferir calor é circular um fluido quente ou frio, tanto através de uma serpentina imersa no reator, quanto através de uma camisa anexada à parede do reator, ou ambas as opções.

Para um reator batelada, $F_{i0} = F_i = 0$. Consequentemente, para uma reação homogênea, a Equação (3-3) se torna

$$G_i = \iiint_V r_i \, dV = \frac{dN_i}{dt} \tag{3-4}$$

**Figura 3.1a** Visão geral de um reator batelada, 7000 galões nominais, (em uma planta da *Syngenta Crop Protection, Inc.*). Este reator é usado para produzir vários produtos diferentes. O reator tem uma camisa ao seu redor que permite calor ser transferido para dentro ou para fora do meio reacional por meio de um fluido de resfriamento ou de aquecimento que circula através da camisa. (Foto usada com permissão da *Syngenta Crop Protection, Inc.*)

**Figura 3.1b** A parte superior do reator da Figura 3.1a. A porta de visita na frente à esquerda da fotografia permite a observação do conteúdo do reator e pode ser aberta para permitir que sólidos sejam carregados no reator. Um motor que aciona um agitador está localizado na parte superior central da foto, e uma linha de carregamento e uma válvula conectada ao seu acionador estão na esquerda. (Foto usada com permissão da *Syngenta Crop Protection, Inc.*)

*Reator batelada ideal*

Agora, considere um caso limite de comportamento do reator batelada. Suponha que a agitação do meio reacional é vigorosa, por exemplo, a mistura dos elementos fluidos no reator sendo muito intensa. Assim, *a temperatura e as concentrações das espécies serão as mesmas em cada ponto no interior do reator, em cada instante de tempo*. Um reator batelada que satisfaça esta condição é chamado de reator batelada *ideal*. Muitos reatores comerciais e de laboratório podem ser considerados como reatores batelada ideais, pelo menos em uma primeira aproximação.

Para um reator batelada *ideal*, $r_i$ não é uma função de posição. Consequentemente, $\iiint_V r_i \, dV = r_i V$ e a Equação (3-4) se torna

$$r_i V = \frac{dN_i}{dt}$$

Rearranjando

Equação de projeto — reator batelada ideal — reação homogênea (mols)

$$\boxed{\frac{1}{V}\frac{dN_i}{dt} = r_i} \tag{3-5}$$

A Equação (3-5) é chamada de *equação de projeto* para um reator batelada ideal, na forma diferencial. Essa equação é válida não importa quantas reações estejam ocorrendo, desde que a Equação (1-17) seja usada para expressar $r_i$ e que todas as reações sejam homogêneas.

O assunto múltilplas reações é estudado no Capítulo 7. Até lá, estaremos interessados no comportamento de uma reação estequiometricamente simples. Para este caso, $r_i$ na Equação (3-5) é justamente a equação da taxa para a formação da espécie "*i*" na reação em questão.

A variável que descreve a composição na Equação (3-5) é $N_i$, o total de mols da espécie "*i*". Às vezes é mais conveniente trabalhar problemas em termos da extensão da reação $\xi$ ou da conversão *de um reagente*, normalmente o reagente limite. A extensão da reação é bastante conveniente para problemas nos quais ocorra mais de uma reação. A conversão é conveniente em problemas com uma única reação, mas pode ser uma fonte de confusão em problemas que envolvam reações múltiplas. O uso das três variáveis de composição, mols (ou vazões molares), conversão e extensão da reação, será ilustrado neste e no Capítulo 4.

Se "*i*" for um reagente, digamos A, então o número de mols de A no reator em qualquer tempo pode ser escrito em termos da conversão de A.

$$x_A = \frac{N_{A0} - N_A}{N_{A0}}, \quad N_A = N_{A0}(1 - x_A)$$

Em termos da conversão, a Equação (3-5) é

Equação de projeto
— reator batelada ideal
— reação homogênea
(conversão)

$$\boxed{\frac{N_{A0}}{V}\frac{dx_A}{dt} = -r_A} \tag{3-6}$$

Se "A" for o reagente limite, o valor de $x_A$ que se pode obter estequiometricamente ficará entre 0 e 1. Entretanto, como discutido no Capítulo 1, o equilíbrio químico pode limitar o valor de $x_A$ que pode ser na realidade obtido a algum valor menor que 1.

A Equação (3-6) não deve ser usada para um produto. Primeiro, $N_A$ será maior do que $N_{A0}$ se "A" for um produto. Além disso, se $N_{A0} = 0$, $x_A$ é infinita. Entretanto, a Equação (3-5) pode ser usada tanto para produto quanto para reagente.

A equação de projeto pode também ser escrita em termos da extensão da reação. Se somente uma reação estequiometricamente simples estiver ocorrendo

$$\xi = \frac{\Delta N_i}{\nu_i} = \frac{N_i - N_{i0}}{\nu_i} \tag{1-4}$$

Equação de projeto
— reator batelada ideal
— reação homogênea
(extensão da reação)

$$\boxed{\frac{\nu_i}{V}\frac{d\xi}{dt} = r_i} \tag{3-7}$$

As Equações (3-5)–(3-7) são formas alternativas da equação de projeto para um reator batelada ideal com uma reação homogênea ocorrendo. Apesar do nome de certa forma pretensioso, equações de projeto não são nada mais do que balanços materiais de componentes, isto é, balanços molares de "$i$", "A" etc.

O volume $V$ nas Equações (3-5)–(3-7) é aquela porção do volume total do reator na qual a *reação realmente ocorre*. Isso não é necessariamente o volume geométrico total do reator. Por exemplo, considere uma reação que ocorra em um líquido que preenche parcialmente um vaso. Se nenhuma reação ocorre no espaço preenchido por gás acima do líquido, então $V$ é o volume do líquido, e não o volume geométrico do vaso, que inclui o espaço superior ocupado pelo gás.

As Equações (3-5)–(3-7) são aplicadas em reações homogêneas. Para uma reação que é catalisada por um sólido, a equação de projeto que equivale à Equação (3-5) é

Equação de projeto
— reator batelada ideal
— reação catalítica
heterogênea (mols)

$$\boxed{\frac{1}{m}\frac{dN_i}{dt} = r_i} \tag{3-5a}$$

## EXERCÍCIO 3-1

Deduza esta equação.

As equações equivalentes às Equações (3-6) e (3-7) para reações catalisadas heterogenicamente são fornecidas no Apêndice 3, no final deste capítulo, e são identificadas como Equações (3-6a) e (3-7a). Tenha certeza de que você pode deduzi-las.

*Variação da temperatura com o tempo*

Ao desenvolvermos as Equações (3-5)–(3-7), *não* consideramos que a temperatura do meio reacional fosse constante, independente do tempo. Apenas uma suposição foi feita em relação à temperatura, ou seja, não há variações *espaciais* da temperatura em qualquer tempo. Um reator batelada ideal é dito ser *isotérmico* quando a temperatura não varia com o tempo. As equações de projeto para um reator batelada ideal são válidas para operações tanto isotérmicas quanto não isotérmicas.

*Volume constante*

Se $V$ for constante, independente do tempo, a Equação (3-5) pode ser escrita em termos da concentração na forma

$$\boxed{\frac{dC_i}{dt} = r_i} \tag{3-8}$$

onde $C_i$ é a concentração da espécie "$i$". Similarmente, se $V$ for constante, a Equação (3-6) pode ser escrita na forma

$$\boxed{C_{A0}\frac{dx_A}{dt} = -r_A} \tag{3-9}$$

onde $C_{A0}$ é a concentração inicial de A. As Equações (3-8) e (3-9) são formas alternativas das equações de projeto para um reator batelada ideal a *volume constante*, na forma diferencial. As caixas mais claras em torno dessas equações indicam que elas não são tão gerais quanto as Equações (3-5) e (3-6), porque elas contêm a suposição de volume constante.

Se o volume $V$ for constante, então a massa específica do sistema, $\rho$ (massa/volume), tem que ser constante também, visto que a *massa* do material dentro de um reator batelada não muda com o tempo. Poderíamos ter especificado que a massa específica é constante em vez de especificar que o volume do reator é constante. Essas duas afirmações são equivalentes. Entretanto, para um reator batelada, volume constante é provavelmente mais fácil de visualizar do que massa específica constante. Para sistemas com volume constante (massa específica constante), as equações de projeto podem ser escritas diretamente em termos das concentrações, que podem ser facilmente medidas. Para sistemas nos quais a massa específica não é constante, temos que trabalhar com as formas mais gerais das equações de projeto, usando mols, conversão ou extensão da reação.

Para uma reação catalítica heterogênea, a dedução da versão para volume constante da Equação (3-5a) requer um pouco de manipulação.

$$\frac{1}{\mathrm{m}}\frac{dN_i}{dt} = r_i \tag{3-5a}$$

Dividindo pelo volume do reator $V$ e multiplicando por $m$

$$\frac{1}{V}\frac{dN_i}{dt} = \left(\frac{\mathrm{m}}{V}\right)r_i$$

Se $V$ for constante,

Equação de projeto — reator batelada ideal — reação catalítica heterogênea (volume constante)

$$\boxed{\frac{dC_i}{dt} = C_{cat}r_i} \tag{3-8a}$$

A Equação (3-8a) é a equação de projeto para um reator batelada ideal a volume constante, para uma reação que é catalisada por um catalisador sólido. O símbolo $C_{cat}$ representa a concentração *mássica* (massa/volume) do catalisador. A concentração do catalisador não varia com o tempo se $V$ for constante.

A equivalente da Equação (3-9) para uma reação catalítica heterogênea é dada no Apêndice 3.I no final deste capítulo e está identificada por Equação (3-9a).

A suposição de volume constante é válida para a maioria dos reatores batelada industriais. *A massa específica é aproximadamente constante para a grande maioria dos líquidos, mesmo se a temperatura variar moderadamente ao longo da reação. Consequentemente, a suposição de volume constante é razoável para reações em batelada que ocorrem em fase líquida.* Além disso, se um vaso rígido estiver cheio de gás, o volume do gás será constante porque as dimensões do vaso são fixas e não variam com o tempo.

*Volume variável*

Se $V$ variar com o tempo, a Equação (3-5) tem que ser escrita na forma

$$\frac{1}{V}\frac{dN_i}{dt} = \frac{1}{V}\frac{d(C_i V)}{dt} = \frac{dC_i}{dt} + \frac{C_i}{V}\frac{dV}{dt} = r_i$$

Claramente, esta equação é mais complexa, sendo mais difícil de trabalhar com ela em relação à Equação (3-8).

## EXERCÍCIO 3-2

Há alguns reatores bateladas para os quais a suposição de volume constante não é apropriada. Você consegue pensar em algum? *Dica*: Você provavelmente se aproxima cerca de 10 ft deste reator pelo menos uma vez na semana, talvez todos os dias.

*Formas integradas da equação de projeto*

A equação de projeto deve ser integrada com objetivo de resolver problemas em projeto e análise de reatores. A fim de executar efetivamente a integração, a temperatura tem que ser conhecida como uma função do tempo ou da composição. Isto porque a taxa de reação $r_i$ contém uma ou mais constantes que dependem da temperatura.

Como veremos no Capítulo 8, o balanço de energia determina como a temperatura do reator varia ao longo da reação. De forma abrangente, há três possibilidades:

**1.** O balanço de energia é tão complexo que a equação de projeto e o balanço de energia devem ser resolvidos simultaneamente. Deixaremos esse caso para o Capítulo 8.
**2.** O reator pode ser aquecido ou resfriado de modo que a temperatura varie, mas esta variação é conhecida como uma função de tempo. Um exemplo deste caso é tratado no Capítulo 4.
**3.** O reator é adiabático, ou é aquecido ou resfriado de modo que ele seja isotérmico. Se o reator for isotérmico, os parâmetros na equação da taxa são constantes, isto é, eles não dependem do tempo ou da composição. No caso adiabático, a temperatura pode ser expressa como uma função da composição. Consequentemente, os parâmetros na equação da taxa podem também ser escritos como funções da composição. Isso será ilustrado no Capítulo 8.

Para o terceiro caso, isto é, um reator isotérmico ou adiabático, $r_i$ depende somente da concentração. Se $V$ for constante, ou puder ser escrito como uma função da concentração, a Equação (3-5) pode ser simbolicamente integrada de $t = 0$, $N_i = N_{i0}$ a $t = t$, $N_i = N_i$. O resultado é

$$\boxed{\int_{N_{i0}}^{N_i} \frac{1}{V}\frac{dN_i}{r_i} = \int_0^t dt = t} \qquad (3\text{-}10)$$

Quando a temperatura do reator varia com o tempo *de uma forma conhecida*, então $r_i$ depende do tempo assim como da concentração. Neste caso, a Equação (3-5) tem que ser usada como um ponto de partida em vez da Equação (3-10). Isso será ilustrado no próximo capítulo.

As formas integradas das Equações (3-5) a (3-9) para o Caso 3 são dadas no Apêndice 3.I, sendo identificadas como Equações (3-10) a (3-14), respectivamente. No Apêndice 3.I também estão as formas integradas das Equações (3-5a) a (3-9a) para o Caso 3.

Uma vez que as integrações das equações de projeto tenham sido efetuadas, o tempo necessário para atingir uma concentração $C_A$, ou a conversão $x_A$, ou uma extensão da reação $\xi$ pode ser calculada. Inversamente, o valor de $C_A$, $x_A$ ou resultante em um tempo específico de reação pode também ser calculado. O Capítulo 4 mostra a solução de alguns problemas de reatores batelada, nos quais o reator é isotérmico ou a temperatura é conhecida como uma função do tempo. A solução simultânea da equação de projeto e do balanço de energia é considerada no Capítulo 8.

## 3.3 REATORES CONTÍNUOS

Quando a demanda por um produto químico atinge um nível alto, na ordem de grandeza de dezenas de milhões de libras por ano, haverá geralmente um incentivo econômico para a fabricação do produto de forma contínua, utilizando um reator que é dedicado a este produto. O reator pode operar em estado estacionário por um ano ou mais, com paradas planejadas apenas para a manutenção regular, trocas de catalisador etc.

Praticamente todos os reatores em uma refinaria de petróleo operam continuamente devido às enormes taxas de produção anual dos vários combustíveis, lubrificantes e intermediários químicos que são produzidos em uma refinaria. Muitos polímeros conhecidos, como o polietileno e o poliestireno, são também produzidos em reatores contínuos, assim como muitos produtos químicos de produção em larga escala como o estireno, etileno, amônia e metanol.

A Figura 3-3 é um fluxograma simplificado que mostra alguns dos equipamentos auxiliares que podem estar associados a um reator contínuo. Neste exemplo, a corrente de alimentação é aquecida até a temperatura de entrada desejada, primeiro em um trocador de calor produto/alimentação e então em um aquecedor de fogo direto. A corrente que deixa o reator contém o(s) produto(s), os reagentes não convertidos e qualquer componente inerte. Esta corrente é resfriada em um trocador de calor produto/alimentação e então é ainda mais resfriada para que alguns de seus componentes condensem. As fases gasosa e líquida são separadas. A fase líquida é enviada para uma seção de separação (unidade de fracio-

**Figura 3-2** Um reator contínuo, com equipamentos associados, para a isomerização catalítica de parafinas normais pesadas, contendo aproximadamente 35 átomos de carbono, para parafinas ramificadas. O catalisador é composto de platina sobre uma zeólita ácida que possui poros relativamente grandes. A reação produz lubrificantes que têm uma alta viscosidade em altas temperaturas, mas mantém as características de um líquido em baixas temperaturas. Sem a reação de isomerização, o lubrificante se tornaria uma "cera" e não fluiria em baixas temperaturas. Esta unidade está situada na refinaria da ExxonMobil em Fawley, Reino Unido. (Foto, ExxonMobil — Relatório Anual 2003.)

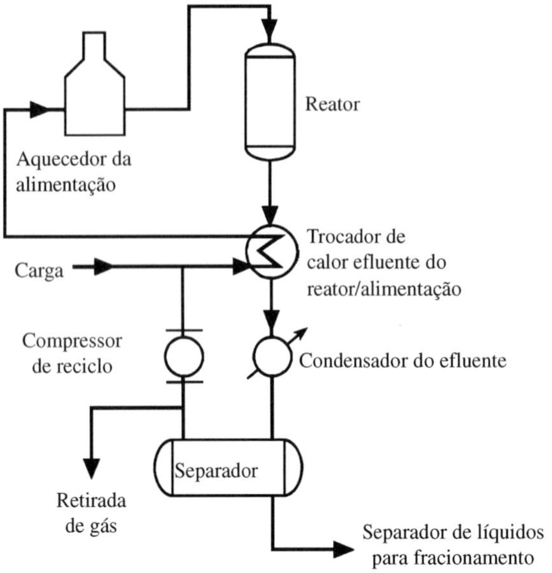


**Figura 3-3** Um fluxograma típico para seção do reator de uma planta contínua.[1] Muitos itens de equipamento de troca de calor, um compressor de reciclo e um separador de fases são necessários para apoiar a operação em estado estacionário do reator. (Copyright da figura: 2004 UOP LLC. Todos os direitos reservados. Usada com permissão.)

namento), onde o produto é recuperado. Uma purga é feita no gás que deixa o separador, em parte para prevenir o acúmulo de impurezas no circuito de reciclo. O restante do gás é reciclado.

A maioria dos reagentes não convertidos em um reator contínuo será reciclada para a corrente de alimentação, a menos que a conversão dos reagentes seja muito alta. Alguns dos produtos e/ou componentes inertes também podem ser reciclados para ajudar no controle da temperatura do reator, por exemplo.

Reatores contínuos normalmente operam em estado estacionário. A vazão e a composição da corrente de alimentação não variam com o tempo, e as condições de operação do reator não variam com o tempo. Consideraremos estado estacionário no desenvolvimento das equações de projeto para os dois reatores contínuos ideais, o reator de mistura em tanque ideal (*Continuous Stirred-Tank Reactor* — CSTR) e o reator de escoamento pistonado ideal (*Plug-Flow Reactor* — PFR).*

## 3.3.1 Reator de Mistura em Tanque Ideal (CSTR)

Como o reator batelada ideal, o CSTR ideal é caracterizado por mistura intensa. A temperatura e as várias concentrações são as mesmas em qualquer ponto no reator. A corrente de alimentação entrando no reator é misturada *instantaneamente* com o conteúdo do reator, destruindo imediatamente a identidade da alimentação. Como a composição e a temperatura são as mesmas em qualquer lugar no CSTR, tem-se que *a corrente do efluente tem que ter exatamente as mesmas composição e temperatura do conteúdo do reator*.

Em uma pequena escala, por exemplo, um reator de laboratório, agitação mecânica é normalmente requerida para se atingir a grande intensidade de mistura necessária. Em uma escala comercial, a mistura requerida às vezes pode ser obtida pela introdução da corrente de alimentação no reator a alta velocidade, de tal forma que a turbulência resultante produza intensa mistura. Um leito de catalisador em pó que é fluidizado por uma corrente de gás ou líquido sendo introduzida, isto é, um reator de leito fluidizado, pode ser tratado como um CSTR, pelo menos como uma primeira aproximação. Outra configuração de reator que pode se aproximar de um CSTR é um *reator de coluna de borbulhamento em leito de lama*, no qual uma corrente de alimentação gasosa é passada através de uma suspensão do catalisador em pó em um líquido. Reatores de coluna de borbulhamento em leito de lama são usados em algumas versões do processo Fischer–Tropsch de conversão de gás de síntese, uma mistura de $H_2$ e CO, em combustíveis líquidos.

O reator de mistura em tanque é também conhecido como um reator de *mistura contínua ou de escoamento misturado*. Em adição aos reatores catalíticos mencionados no parágrafo anterior, os reatores usados para certas polimerizações contínuas, como, por exemplo, a polimerização do monômero estireno em poliestireno, têm comportamento bem próximo ao dos CSTRs.

[1]Stine, M.A., *Petroleum Refining*, apresentado no Encontro do Capítulo dos Estudantes do AIChE na North Carolina State University, 15 de Novembro, 2002.

*Como há uma grande tradição no uso das siglas CSTR e PFR para referenciar os reatores de mistura em tanque e de escoamento pistonado, respectivamente, estas abreviações serão utilizadas na presente tradução. (N.T.)

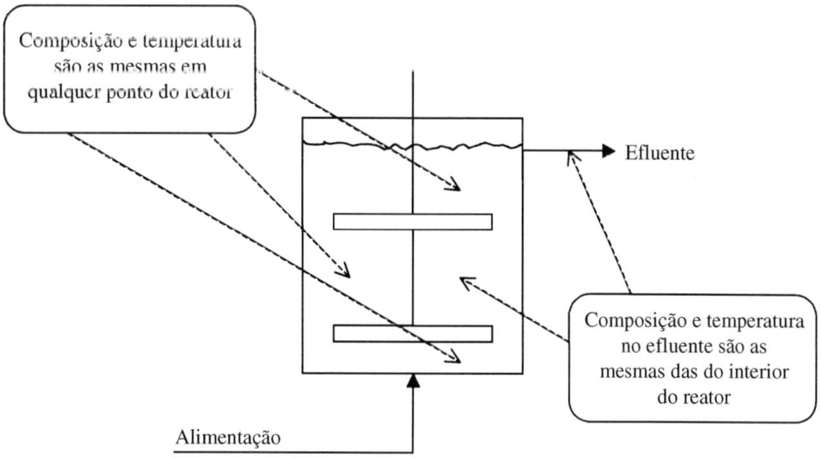
Composição e temperatura
são as mesmas em
qualquer ponto do reator
Efluente
Composição e temperatura
no efluente são as
mesmas das do interior
do reator
Alimentação

Devido à intensa mistura em um CSTR, a temperatura e a concentração são as mesmas em todo ponto do reator. Consequentemente, como no reator batelada ideal, $r_i$ não depende da posição. Para uma reação homogênea, as Equações (3-1) e (3-3) simplificam-se para

$$F_{i0} - F_i + r_i V = \frac{dN_i}{dt} \tag{3-15}$$

A Equação (3-15) descreve o comportamento de *estado transiente* de um CSTR. Esta é a equação que deve ser resolvida para explorar estratégias para a partida do reator, para a sua parada, ou ainda na mudança de um conjunto de condições operacionais para outro.

Em estado estacionário, as concentrações e a temperatura de um CSTR não variam com o tempo. A temperatura exata da operação é determinada pelo balanço de energia, como veremos no Capítulo 8. Em estado estacionário, o lado direito da Equação (3-15) é nulo.

$$F_{i0} - F_i + r_i V = 0$$

Equação de projeto — CSTR ideal — reação homogênea (vazões molares)

$$\boxed{V = \frac{F_{i0} - F_i}{-r_i}} \tag{3-16}$$

A Equação (3-16) é a *equação de projeto* para um CSTR ideal. Ela pode ser usada em um reator no qual mais de uma reação esteja ocorrendo, se a Equação (1-17) for usada para expressar $r_i$.

Para uma única reação, frequentemente é conveniente escrever a Equação (3-16) em termos tanto da extensão da reação ou da conversão de um reagente. Se "*i*" for um reagente, digamos A,

$$F_A = F_{A0}(1 - x_A)$$

e a Equação (3-16) se torna

Equação de projeto — CSTR ideal — reação homogênea (vazões molares)

$$\boxed{\frac{V}{F_{A0}} = \frac{x_A}{-r_A}} \tag{3-17}$$

Alternativamente, se somente uma reação estequiometricamente simples estiver ocorrendo,

$$\xi = \frac{F_i - F_{i0}}{\nu_i}$$

e a Equação (3-16) se torna

Equação de projeto — CSTR ideal — reação homogênea (extensão da reação)

$$V = \frac{\nu_i \xi}{r_i} \tag{3-18}$$

As Equações (3-16)–(3-18) são formas equivalentes da *equação de projeto* para um CSTR ideal. Nessas equações, $-r_A$ (ou $r_i$) é sempre avaliado nas condições da *saída* do reator, isto é, na temperatura e nas concentrações existentes na corrente efluente, e, consequentemente, em todo volume do reator. *Mais uma vez, a equação de projeto é simplesmente um balanço material de componente, em base molar.*

Para uma reação catalítica heterogênea, a forma equivalente da Equação (3-16) é

Equação de projeto — CSTR ideal — reação catalítica heterogênea (vazões molares)

$$\mathrm{m} = \frac{F_{i0} - F_i}{-r_i} \tag{3-16a}$$

## EXERCÍCIO 3-3

Deduza esta equação.

O Apêndice 3.II fornece as formas da equação de projeto para uma reação catalítica heterogênea que são equivalentes às Equações (3-17) e (3-18). Essas equações são identificadas como Equações (3-17a) e (3-18a).

*Tempo espacial e velocidade espacial*

A vazão molar de alimentação, $F_{A0}$, é o produto da concentração de entrada $C_{A0}$ e da vazão volumétrica da alimentação $\upsilon_0$, isto é,

$$F_{A0} = \upsilon_0 C_{A0} \tag{3-19}$$

Para uma reação homogênea, o *tempo espacial nas condições de entrada* $\tau_0$ é definido como

$$\tau_0 \equiv V/\upsilon_0 \tag{3-20}$$

Esta definição de tempo espacial se aplica em qualquer reator contínuo, sendo um CSTR ou não.

Para uma reação homogênea, o tempo espacial tem a dimensão de tempo. Ele está *relacionado* ao tempo médio que o fluido permanece no reator, embora ele não seja necessariamente *exatamente igual* ao tempo médio. Entretanto, o tempo espacial e o tempo de residência médio comportam-se de maneira similar. Se o volume $V$ do reator aumenta e a vazão volumétrica $\upsilon_0$ permanece constante, aumentam tanto o tempo espacial quanto o tempo de residência médio. Ao contrário, se a vazão volumétrica $\upsilon_0$ aumenta e o volume do reator permanece constante, diminuem tanto o tempo espacial quanto o tempo de residência médio.

O tempo espacial influencia o comportamento da reação em um reator contínuo da mesma forma que o tempo real influencia o comportamento da reação em um reator batelada. Em um reator batelada, se o tempo que os reagentes permanecem no reator aumenta, a conversão e a extensão da reação irão aumentar, e as concentrações dos reagentes irão diminuir. O mesmo é verdade para o tempo espacial e um reator contínuo. Se um reator contínuo estiver em estado estacionário, a conversão e a extensão da reação irão aumentar, e as concentrações dos reagentes irão diminuir, quando o tempo espacial é aumentado.

Utilizando as Equações (3-19) e (3-20), a Equação (3-17) pode ser escrita na forma

Equação de projeto — CSTR ideal — reação homogênea (em termos do tempo espacial)

$$\tau_0 = \frac{C_{A0} x_A}{-r_A} \tag{3-21}$$

O conceito de tempo espacial também pode ser aplicado em reações catalisadas heterogeneamente. Neste caso, $\tau_0$ é definido por

$$\tau_0 \equiv m/\upsilon_0 \tag{3-22}$$

Aqui, as unidades de $\tau_0$ são (massa catalisador tempo/volume do fluido). Com esta definição, a Equação (3-21) é usada tanto para reações homogêneas quanto para reações catalisadas por sólidos.

O inverso do tempo espacial é conhecido como *velocidade espacial*. A velocidade espacial é representada de diversas formas, por exemplo, VE, GHSV (*velocidade espacial horária de gás*) e WHSV (*velocidade espacial horária mássica*). A "velocidade espacial" é comumente usada no campo da catálise heterogênea e pode haver ambiguidades consideráveis nas definições que aparecem na literatura. Por exemplo, a GHSV pode ser definida como a vazão volumétrica do gás entrando no leito catalítico dividida pela massa do catalisador. Neste caso, as unidades da velocidade espacial são (volume de fluido/tempo massa catalisador). A vazão volumétrica pode corresponder às condições de entrada ou às STP. Entretanto, não é incomum achar a velocidade espacial definida como vazões volumétricas do gás divididas pelo *volume* do leito catalítico ou pelo volume das partículas do catalisador. Com qualquer uma dessas definições, as unidades da velocidade espacial são o inverso do tempo, mesmo com a reação sendo catalítica.

Quando o termo "velocidade espacial" é mencionado na literatura, é importante prestar muita atenção como este parâmetro é definido! A análise das unidades pode ajudar.

Este livro irá enfatizar o uso do tempo espacial, pois ele é análogo ao tempo real em um reator batelada. A velocidade espacial pode ser um pouco não intuitiva. A conversão aumenta à medida que o tempo espacial aumenta, mas a conversão diminui à medida que a velocidade espacial aumenta.

*Massa Específica do fluido constante*

Se a massa específica (massa/volume) do fluido escoando através do reator for constante, isto é, se for a mesma na alimentação, no efluente e em cada ponto no reator, então o subscrito "0" pode ser retirado de $\tau$ e de $\upsilon$. Neste caso, a Equação (3-21) pode ser escrita na forma

$$\boxed{\tau = \frac{C_{A0}x_A}{-r_A}} \tag{3-23}$$

Quando a massa específica do fluido é constante, então $\tau(=V/\upsilon)$ é o tempo de residência médio que o fluido permanece no reator. Isso é verdade para o CSTR e para qualquer outro reator contínuo operando em estado estacionário.

Se (*e somente se*) a massa específica do fluido for constante,

$$x_A \equiv \frac{F_{A0} - F_A}{F_{A0}} = \frac{\upsilon C_{A0} - \upsilon C_A}{\upsilon C_{A0}} = \frac{C_{A0} - C_A}{C_{A0}}$$

de tal forma que a Equação (3-23) se torna

$$\boxed{\tau = \frac{C_{A0} - C_A}{-r_A}} \tag{3-24}$$

As Equações (3-23) e (3-24) são equações de projeto para um CSTR ideal com um fluido de massa específica constante. A caixa mais clara em torno dessas equações indica que elas não são tão gerais quanto a Equação (3-21), a qual não é restrita a um fluido de massa específica constante. As Equações (3-23) e (3-24) se aplicam tanto para reações catalíticas homogêneas quanto heterogêneas, desde que $\tau$ seja calculado com a equação apropriada, Equação (3-20) ou Equação (3-22).

*Calculando a taxa da reação*

As várias formas da equação de projeto para um CSTR ideal [Equações (3-16) a (3-18), (3-21), (3-23), e (3-24)] podem ser usadas para calcular um valor numérico da taxa da reação, se todos os outros parâmetros na equação forem conhecidos. O exemplo a seguir ilustra este uso da equação de projeto do CSTR.

## EXEMPLO 3-1

***Cálculo da Taxa de Desaparecimento do Tiofeno***

A hidrogenólise catalítica do tiofeno foi realizada em um reator que se comportou como um CSTR ideal. Havia no interior do reator 8,16 g de catalisador "cobalto molibdênio". Em um experimento, a vazão de alimentação do tiofeno no reator foi de 6,53 × $10^{-5}$ mol/min. A conversão do tiofeno no efluente do reator foi medida, sendo igual a 0,71. Calcule o valor da taxa de desaparecimento do tiofeno neste experimento.

*ANÁLISE*

A Equação (3-16a) é a forma mais fundamental da equação de projeto para uma reação catalítica heterogênea em um CSTR ideal.

$$\boxed{m = \frac{F_{i0} - F_i}{-r_i}} \qquad (3\text{-}16a)$$

Usando o subscrito "T" para tiofeno e rearranjando,

$$-r_T = \frac{F_{T0} - F_T}{m}$$

Da definição de conversão, $F_{T0} - F_T = F_{T0} x_T$. Consequentemente, todos os parâmetros no lado direito da equação anterior são conhecidos e $-r_T$ pode ser calculada.

*SOLUÇÃO*

$$-r_T = \frac{F_{T0} x_T}{m} = \frac{6{,}53 \times 10^{-5}(\text{mol/min}) \times 0{,}71}{8{,}16(\text{g})} = 0{,}57 \times 10^{-5}(\text{mol/min g})$$

### 3.3.2 Reator de Escoamento Pistonado Ideal (PFR)

O reator de escoamento pistonado é o terceiro e último dos chamados reatores "ideais". Ele é frequentemente representado como um reator tubular, conforme mostrado a seguir.

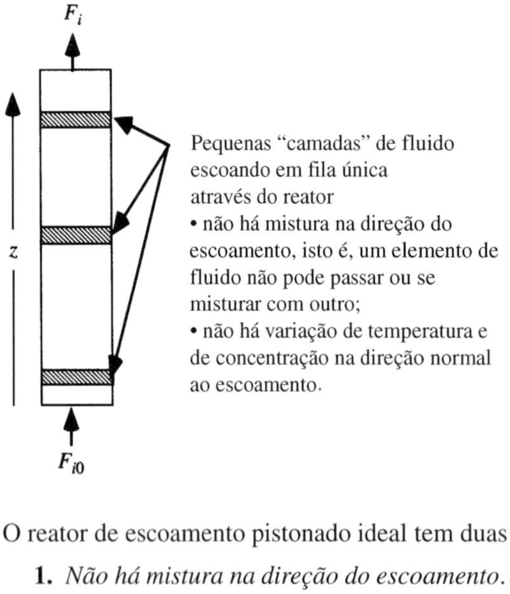
$F_i$
z
Pequenas "camadas" de fluido escoando em fila única através do reator
• não há mistura na direção do escoamento, isto é, um elemento de fluido não pode passar ou se misturar com outro;
• não há variação de temperatura e de concentração na direção normal ao escoamento.
$F_{i0}$

O reator de escoamento pistonado ideal tem duas características que o definem:

**1.** *Não há mistura na direção do escoamento.* Consequentemente, as concentrações dos reagentes diminuem na direção do escoamento, da entrada do reator para a saída do reator. Além disso, a temperatura pode variar na direção do escoamento, dependendo da magnitude do calor de reação e de uma possível transferência de calor através das paredes do reator. Devido à variação da concentração e possivelmente da temperatura, a taxa da reação, $r_i$, varia na direção do escoamento;

**2.** *Não há variação de temperatura ou de concentração na direção normal ao escoamento.* Para um reator tubular, isso significa que não há variação radial ou angular da temperatura ou da concentração de qualquer espécie em uma dada posição axial $z$. Como uma consequência, a taxa de reação $r_i$ não varia na direção normal ao escoamento, em qualquer seção transversal na direção do escoamento.

O reator de escoamento pistonado pode ser pensado como uma série de miniaturas de reatores batelada que escoem através do reator em fila única. Cada miniatura de reator batelada mantém sua integridade na medida em que escoa da entrada do reator para a sua saída. Não há troca de massa ou de energia entre "camadas" adjacentes do fluido.

Para que um reator real se aproxime desta condição ideal, a velocidade do fluido não pode variar na normal à direção do escoamento. Para um reator tubular, isso exige um perfil de velocidades sem variações nas direções radial e angular, como mostrado a seguir.

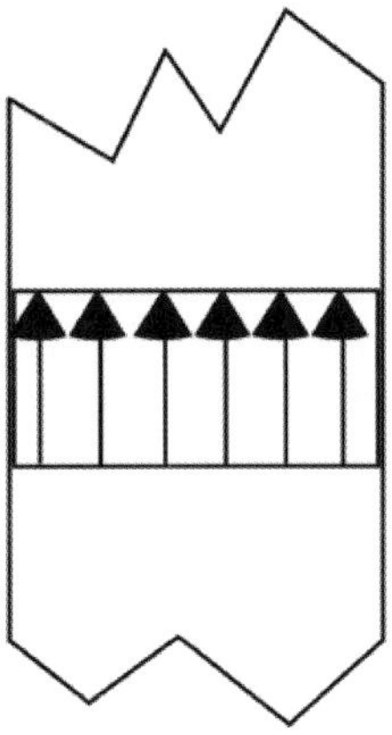

Para o escoamento através de um tubo, este perfil de velocidades plano é aproximado quando o escoamento é altamente turbulento, isto é, com números de Reynolds altos.

Analisemos o comportamento de um reator de escoamento pistonado ideal. Podemos ser tentados a escolher todo o reator como um volume de controle, como fizemos com o reator batelada ideal e com o CSTR ideal, e a usar a Equação (3-3),

$$F_{i0} - F_i + G_i = \frac{dN_i}{dt} \tag{3-3}$$

Considerando uma reação homogênea, colocando o lado direito igual a 0 para refletir o estado estacionário e substituindo a Equação (3-1),

$$F_{i0} - F_i + \iiint_V r_i \, dV = 0 \tag{3-25}$$

Para um PFR, a taxa de reação varia com a posição na direção do escoamento. Consequentemente, $r_i$ é uma função de $V$ e a integral anterior não pode ser efetuada diretamente.

Podemos resolver este problema de duas maneiras, a forma fácil e a forma difícil.

### 3.3.2.1 A Forma Fácil — Escolher um Volume de Controle Diferente

Vamos escolher um volume de controle diferente, no qual escrevemos o balanço material de um componente. Mais especificamente, vamos escolher o volume de controle tal que $r_i$ não dependa de $V$.

Da discussão anterior, deve estar claro que o novo volume de controle tem que ser diferencial na direção do escoamento, visto que $r_i$ varia nesta direção. Entretanto, o volume de controle pode englobar toda a seção transversal do reator, normal ao escoamento, pois não há gradientes de temperatura e de concentração normais ao escoamento. Consequentemente, $r_i$ será constante em qualquer seção transversal.

Para um reator tubular, o volume de controle é uma fatia através do reator, perpendicular ao eixo (direção $z$), com uma espessura diferencial d$z$, como mostrado a seguir.

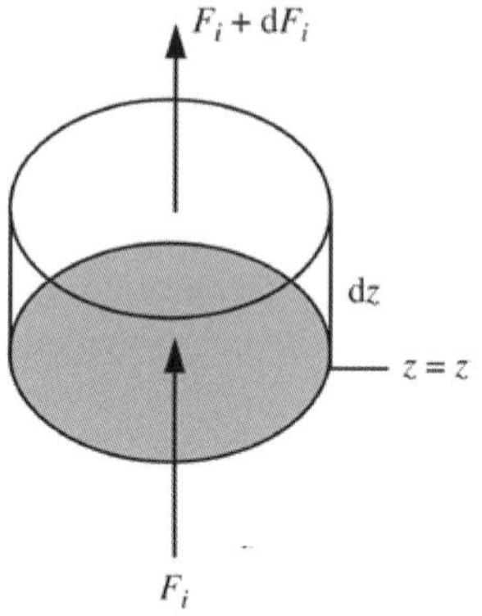


A face de entrada do volume de controle está localizada na posição axial, $z$. A vazão molar de "$i$" para dentro do elemento é $F_i$ e a vazão molar de "$i$" deixando o elemento é $F_i + dF_i$. Para este elemento, o balanço material em estado estacionário para "$i$" é

$$F_i - (F_i + dF_i) + r_i dV = 0$$

Equação de projeto — PFR ideal — reação homogênea (vazão molar)

$$\boxed{dV = \frac{dF_i}{r_i}} \tag{3-26}$$

A Equação (3-26) é a *equação de projeto* para um PFR ideal, na forma diferencial. Esta equação se aplica a um PFR no qual mais de uma reação esteja ocorrendo, desde que $r_i$ seja representada usando a Equação (1-17).

Para uma única reação, pode ser conveniente escrever a Equação (3-26) em termos tanto da extensão da reação quanto da conversão. Se "$i$" for um reagente, digamos A, as vazões molares podem ser escritas em termos da conversão $x_A$, isto é, $F_A = F_{A0}(1 - x_A)$, e $dF_A = -F_{A0}dx_A$. Com estas transformações, a Equação (3-26) se torna

Equação de projeto — PFR ideal — reação homogênea (conversão)

$$\boxed{\frac{dV}{F_{A0}} = \frac{dx_A}{-r_A}} \tag{3-27}$$

Se somente uma reação estequiometricamente simples estiver ocorrendo

$$\xi = \frac{F_i - F_{i0}}{\nu_i}; \quad dF_i = \nu_i d\xi$$

Equação de projeto — PFR ideal — reação homogênea (extensão da reação)

$$\boxed{dV = \frac{\nu_i d\xi}{r_i}} \tag{3-28}$$

As Equações (3-26) – (3-28) são várias formas da *equação de projeto* para uma reação homogênea em um reator de escoamento pistonado ideal, na forma diferencial. As equivalentes das Equações (3-26)–(3-28) para uma reação catalítica heterogênea estão no Apêndice 3.IIIA identificadas por Equações (3-26a), (3-27a) e (3-28a). Tenha certeza de que você possa deduzi-las.

*Variação da temperatura com a posição*

No desenvolvimento das Equações (3-26)–(3-28), consideramos que a temperatura era constante em qualquer seção transversal normal à direção do escoamento. *Não* consideramos que a temperatura era constante na direção do escoamento. Para um PFR, o reator é dito *isotérmico* se a temperatura não variar com a posição na direção do escoamento, por exemplo, com posição axial em um reator tubular. Por outro lado, para operação *não isotérmica*, a temperatura irá variar com a posição axial. Consequentemente, a constante da taxa e talvez outros parâmetros na equação da taxa, tal qual a constante de equilíbrio, também variarão com a posição axial. As equações de projeto para um PFR ideal são válidas tanto para operações isotérmicas quanto para não isotérmicas.

*Tempo espacial e velocidade espacial*

Como observado na discussão sobre o CSTR ideal, o tempo espacial nas condições de entrada, $\tau_0$, é definido por

$$\tau_0 \equiv \frac{V}{\upsilon_0} \tag{3-20}$$

Usando a Equação (3-20), a Equação (3-27) pode ser escrita em termos de $C_{A0}$ e $\tau_0$ na forma

$$\boxed{d\tau_0 = C_{A0}\frac{dx_A}{(-r_A)}} \tag{3-29}$$

Esta equação também é válida para uma reação catalítica heterogênea, se a Equação (3-22) for usada para definir $\tau_0$.

O conceito de "velocidade espacial", discutido em relação ao CSTR ideal, também se aplica aos PFRs ideais.

*Massa específica constante*

Se a massa específica do fluido escoando é a mesma em toda posição do reator, o subscrito "0" pode ser retirado de $\tau$ e de $\upsilon$. Como observado na discussão do CSTR ideal, *para o caso de massa específica constante*, $\tau(= V/\upsilon)$ é o tempo de residência médio do fluido no reator. Isto é verdade para qualquer reator contínuo operando em estado estacionário. Entretanto, para o PFR ideal, $\tau$ possui um significado muito mais exato. No PFR $\tau$ não é somente o tempo de residência médio no reator, ele também é o tempo de residência *exato* que cada e todo elemento do fluido permanece no reator. Para um PFR ideal, não há mistura na direção do escoamento, isto é, elementos de fluido adjacentes não podem se misturar ou ultrapassar o vizinho. Consequentemente, cada elemento do fluido tem que permanecer exatamente o mesmo tempo no reator. Este tempo é $\tau$, quando a massa específica é constante.

Para o caso de massa específica constante, a Equação (3-29) se torna

$$\boxed{d\tau = C_{A0}\frac{dx_A}{(-r_A)}} \tag{3-30}$$

Para massa específica constante, $x_A = (C_{A0} - C_A)/C_{A0}$ e $dx_A = -dC_A/C_{A0}$, de modo que a Equação (3-30) pode ser escrita na forma

$$\boxed{d\tau = \frac{-dC_A}{(-r_A)}} \tag{3-31}$$

As Equações (3-30) e (3-31) também são válidas para um PFR com uma reação catalítica heterogênea ocorrendo, desde que a Equação (3-22) seja usada para definir $\tau$.

*Formas integradas da equação de projeto*

Como no reator batelada, as equações de projeto na forma diferencial para o PFR devem ser integradas para resolver problemas de engenharia. As mesmas três possibilidades que foram discutidas para o reator batelada também existem aqui, exceto que a variável tempo para o reator batelada é substituído pela posição no sentido do escoamento para o PFR ideal. Para o Caso 3, no qual o reator é isotérmico ou adiabático, as Equações (3-26) e (3-27) podem ser integradas simbolicamente, fornecendo

$$\boxed{V = \int_{F_{i0}}^{F_i} \frac{\mathrm{d}F_i}{r_i}} \tag{3-32}$$

$$\boxed{\frac{V}{F_{A0}} = \int_0^{x_A} \frac{\mathrm{d}x_A}{-r_A}} \tag{3-33}$$

As condições iniciais para estas integrações são $V = 0$, $F_i = F_{i0}$, $x_A = 0$.

No Apêndice 3.III estão as equivalentes destas equações em termos de variáveis diferentes (por exemplo, $\xi$ e $\tau$), para reações catalíticas heterogêneas, e para o caso de massa específica constante. A numeração das equações no Apêndice 3.IIIA continua a partir da Equação (3-33).

### 3.3.2.2 A Forma Difícil — Fazer a Integral Tripla

Retornemos à Equação (3-25) e novamente foquemos o reator tubular, com escoamento na direção axial.

$$F_{i0} - F_i + \iiint_V r_i \,\mathrm{d}V = 0 \tag{3-25}$$

A integral tripla pode ser escrita em termos de três coordenadas: $z$ (posição axial), $\theta$ (posição angular) e $R$ (posição radial).

$$F_{i0} - F_i + \int_0^{2\pi}\int_0^{R_0}\int_0^{L} r_i \,\mathrm{d}\theta\, R\,\mathrm{d}R\,\mathrm{d}z = 0 \tag{3-38}$$

Nesta equação, $R_0$ é o raio interno do tubo é $L$ é o seu comprimento. Como não há gradientes de temperatura ou de concentração normais à direção do escoamento, $r_i$ não depende de $\theta$ ou de $R$. Como $\int_0^{2\pi}\int_0^{R_0} \mathrm{d}\theta\, R\,\mathrm{d}R = A$, onde $A$ é a área da seção transversal do tubo ($A = \pi R_0^2$), a Equação (3-38) pode ser escrita na forma

$$F_{i0} - F_i + A\int_0^{L} r_i \,\mathrm{d}z = 0$$

Diferenciando esta equação em relação a $z$, obtém-se $\mathrm{d}F_i/\mathrm{d}z = Ar_i$, que pode ser rearranjada para

$$A\mathrm{d}z = \mathrm{d}V = \frac{\mathrm{d}F_i}{r_i} \tag{3-26}$$

A Equação (3-26) foi recuperada. Consequentemente, todas as equações deduzidas a partir dela podem ser obtidas via a integração tripla na Equação (3-38).

## 3.4 INTERPRETAÇÃO GRÁFICA DAS EQUAÇÕES DE PROJETO

A Figura 3-4 é uma representação gráfica de $(1/-r_A)$, o *inverso* da taxa de desaparecimento do reagente A, *versus* a conversão do reagente A, $(x_A)$. A forma da curva na Figura 3-4 está baseada na suposição que $-r_A$ diminui na medida em que $x_A$ aumenta. Neste caso, $(1/-r_A)$ irá aumentar com o aumento de $x_A$. Chamaremos esta situação de "cinética normal".

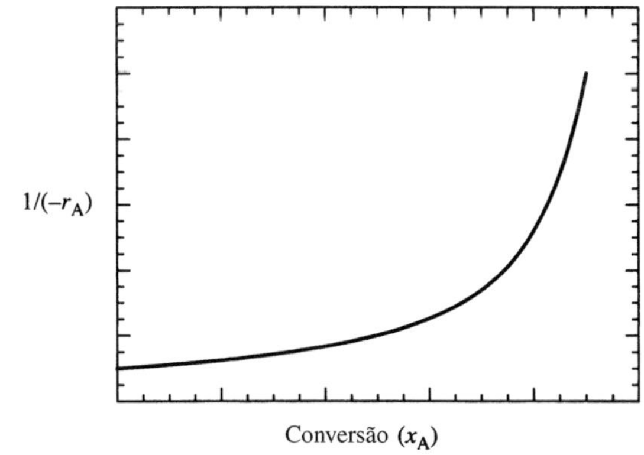


**Figura 3-4** Inverso da taxa de reação (taxa de desaparecimento do reagente A) *versus* conversão de A.

"Cinéticas normais" serão observadas em muitas situações, por exemplo, se o reator for isotérmico e o termo dependente da concentração na equação da taxa obedecer a Generalização III do Capítulo 2. Lembre que a Generalização III afirma que o termo dependente da concentração $F$(toda $C_i$) diminui à medida que as concentrações dos reagentes diminuem, isto é, à medida que os reagentes são consumidos.

Na discussão dos gráficos de $(1/{-r_A})$ *versus* $x_A$, o termo "isotérmico" será usado para significar que a temperatura não varia com a variação de $x_A$. Esta definição é consistente com as definições fornecidas anteriormente para reatores batelada ideais isotérmicos e reatores de escoamento pistonado ideais isotérmicos. Porém, esta definição de "isotérmico" é mais geral e pode ser aplicada a um CSTR ou a uma série de reatores.

"Cinéticas normais" também serão observadas se a Generalização III se aplicar e a temperatura da reação diminuir à medida que $x_A$ aumentar. A temperatura irá diminuir à medida que $x_A$ aumenta, por exemplo, quando uma reação endotérmica é efetuada em um reator adiabático.

A forma da curva de $(-1/r_A)$ *versus* $x_A$ não é sempre "normal". Esta curva pode ser bem diferente se a reação for exotérmica e o reator for adiabático, ou se a equação da taxa não obedecer a Generalização III.

Agora, reexaminemos uma forma da equação de projeto para um CSTR ideal:

$$\frac{V}{F_{A0}} = \frac{x_A}{-r_A} \tag{3-17}$$

A fim de fazer uma diferença entre a variável $x_A$ e a conversão na saída do CSTR, chamemos a última $x_{A,e}$ ("e" para "efluente") e escrevamos a equação de projeto na forma

$$\frac{V}{F_{A0}} = \frac{x_{A,e}}{-r_A(x_{A,e})}$$

Esta equação nos mostra que $(V/F_{A0})$ para um CSTR ideal é o produto da conversão de A na corrente de *saída* do reator $(x_{A,e})$ e do inverso da taxa da reação, *avaliada nas condições de saída* $[1/{-r_A}(x_{A,e})]$. Este produto é mostrado graficamente na Figura 3-5. O comprimento da área sombreada é igual a $x_{A,e}$ e a altura é igual a $1/{-r_A}(x_{A,e})$. De acordo com a equação anterior, a área é igual a $V/F_{A0}$.

Agora, examinemos a equação de projeto comparável para um PFR ideal:

$$\frac{V}{F_{A0}} = \int_0^{x_{A,e}} \frac{dx_A}{-r_A} \tag{3-33}$$

Esta equação nos mostra que $(V/F_{A0})$ para um PFR ideal é a *área sob a curva* de $(1/{-r_A})$ *versus* $x_A$, entre a conversão na entrada ($x_A = 0$) e a conversão na saída $(x_{A,e})$. Esta área é mostrada graficamente na Figura 3-6.

Agora podemos comparar os volumes (ou massas de catalisador) exigidos para atingir uma conversão especificada em cada um dos dois reatores contínuos ideais. Suponha que tenhamos um CSTR ideal e um PFR ideal. A mesma reação ocorre em ambos os reatores. O PFR é isotérmico e opera na mesma

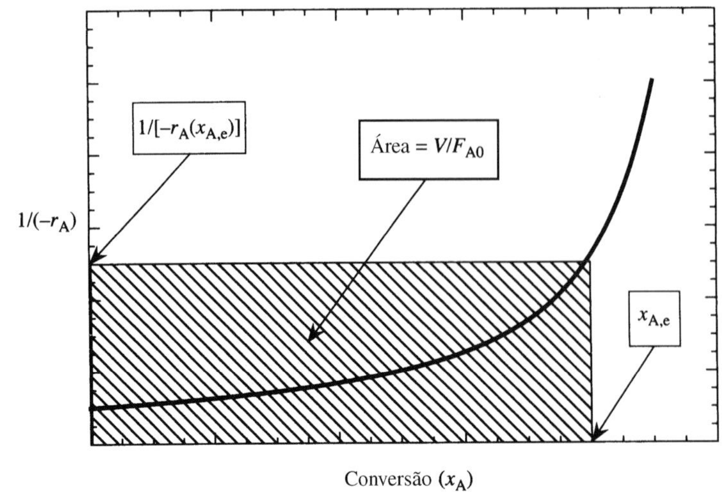


**Figura 3-5** Representação gráfica da equação de projeto para um CSTR ideal.

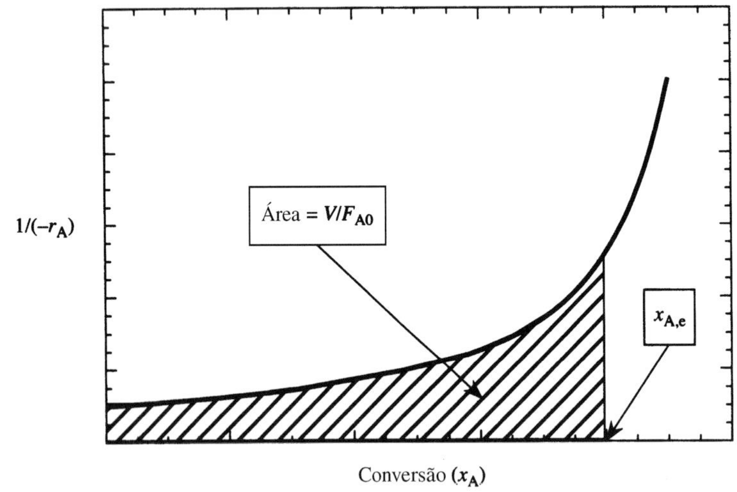


**Figura 3-6** Representação gráfica da equação de projeto para um PFR ideal.

temperatura do CSTR. A vazão molar de alimentação do Reagente A em ambos os reatores é $F_{A0}$. Se as cinéticas forem "normais", qual reator necessitará de um volume menor para produzir uma conversão específica, $x_{A,e}$, na corrente de seu efluente?

A Figura 3-7 mostra a resposta gráfica para esta questão. Para uma dada $F_{A0}$, o volume necessário para um CSTR ideal é proporcional à *toda* a área tracejada (os dois tipos de tracejado). O volume necessário para um PFR ideal é proporcional à área abaixo da curva. Obviamente, o volume necessário para um PFR é significativamente menor do que o necessário para um CSTR ideal.

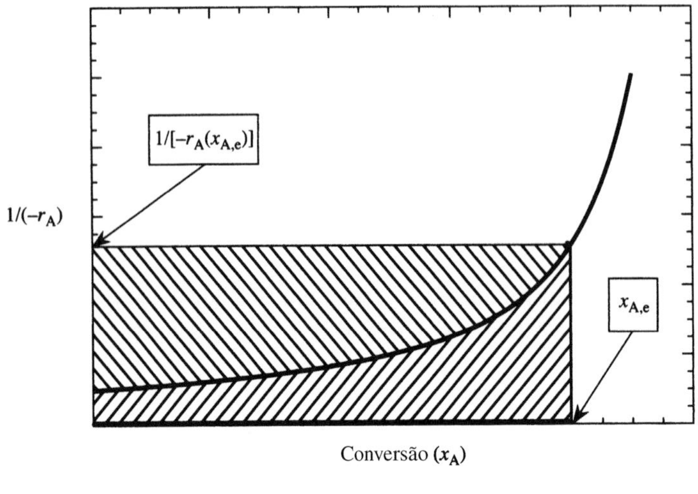


**Figura 3-7** Comparação dos volumes necessários para atingir uma certa conversão em um PFR ideal e em um CSTR ideal, para uma dada vazão de alimentação, $F_{A0}$. O volume necessário para um PFR é proporcional à área abaixo da curva. O volume necessário para um CSTR é proporcional à área do retângulo (a soma das duas áreas tracejadas).

## EXERCÍCIO 3-4

Explique este resultado qualitativamente. O que há na operação de um CSTR ideal com "cinética normal" que causa a sua necessidade de um volume maior do que o de um PFR ideal para atingir uma conversão na saída especificada para uma $F_{A0}$ fixa?

*Dica:* Usando a figura anterior, compare a taxa da reação média no PFR com a taxa no CSTR. Por que essas taxas são diferentes?

A interpretação gráfica das equações de projeto para os dois reatores contínuos ideais foi ilustrada usando a conversão para medir o progresso da reação. A análise poderia ter sido efetuada usando a extensão da reação $\xi$ com as Equações (3-18) e (3-34). Além disso, para um sistema com massa específica constante, a análise poderia ter sido efetuada usando a concentração do reagente A, $C_A$, com as Equações (3-24) e (3-37).

Representações gráficas como as das Figuras 3-5 a 3-7 são frequentemente referenciadas como gráficos de *"Levenspiel"*. Octave Levenspiel, uma figura pioneira no campo da engenharia das reações químicas, popularizou o uso deste tipo de gráficos como uma ferramenta pedagógica há mais de 40 anos.[2] Os "Gráficos de Levenspiel" irão voltar no Capítulo 4, como uma forma de analisar o comportamento de "sistemas" de reatores ideais.

## RESUMO DE CONCEITOS IMPORTANTES

- Equações de projeto nada mais são do que balanço de massa de componente.
- Não há variações espaciais de temperatura ou de concentração em um reator batelada ideal ou em um reator de mistura em tanque ideal (CSTR).
- Não há variações espaciais de temperatura ou de concentração na direção normal ao escoamento em um reator de escoamento pistonado ideal (PFR). Porém, as concentrações, e talvez a temperatura, variam na direção do escoamento.
- Se (e somente se) a massa específica for constante, as equações de projeto podem ser simplificadas e escritas em termos da concentração.

## PROBLEMAS

**Problema 3-1 (Nível 1)** Reatores radiais às vezes são usados em processos catalíticos nos quais a queda pressão através do reator é um parâmetro econômico importante, por exemplo, na síntese da amônia e na reforma de nafta para produzir gasolina de alta octanagem.

A vista superior e um corte mostrando a seção transversal de um reator radial catalítico simplificado são mostrados a seguir.

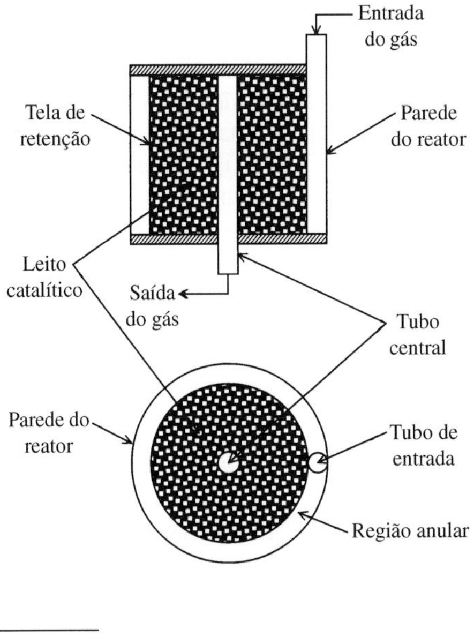


Nesta configuração, a alimentação do reator, um gás, é introduzida em uma região anular externa através de um tubo. O gás se distribui igualmente por toda a região anular, isto é, a pressão total é essencialmente constante em qualquer posição da região anular. Então o gás escoa radialmente para dentro através de um leito catalítico, uniformemente empacotado, na forma de um cilindro oco com raio externo $R_e$ e raio interno $R_i$. A pressão total é constante ao longo do comprimento do tubo central. Não há mistura de fluido na direção radial. Não há gradientes de temperatura ou de concentração nas direções vertical ou angular. O leito catalítico contém um total de $m$ libras de catalisador.

O reagente A é alimentado no reator a uma vazão molar de alimentação $F_{A0}$ (mol A/tempo) e a conversão final média de A na corrente do produto é $x_A$.

Deduza a "equação de projeto", isto é, uma relação entre $F_{A0}$, $x_A$, e $m$, para um reator radial operando em estado estacionário.

Um projeto mais detalhado de um reator de leito fixo radial é mostrado a seguir.[3]

**Problema 3-2 (Nível 2)** Equações de taxa com a forma

$$-r_A = \frac{kC_AC_B}{(1+K_AC_A)^2}$$

são necessárias para descrever as taxas de algumas reações catalíticas heterogêneas. Suponha que a reação, A + B → produtos, ocorra na fase líquida. O reagente B está presente em um excesso expressivo,

[2] Levenspiel, O., *Chemical Reaction Engineering*, 1ª edição, John Wiley & Sons, Inc., Nova York (1962).

[3] Stine, M.A., *Petroleum Refining*, apresentado no Encontro do Capítulo dos Estudantes do AIChE na North Carolina State University, 15 de novembro de 2002.

Reator de escoamento radial convencional

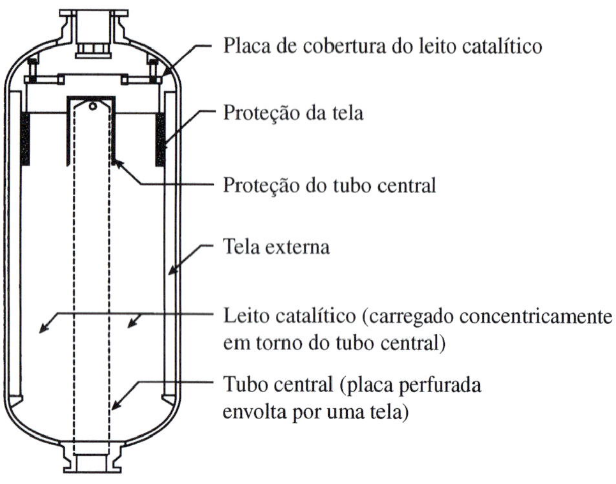




de modo que $C_B$ não varie apreciavelmente enquanto o reagente A é consumido.

1. O valor de $-r_A$ passa por um máximo enquanto $C_A$ aumenta. Em qual valor de $C_A$ este máximo ocorre?
2. A concentração de A na alimentação de um reator contínuo é $C_{A0} = 1{,}5/K_A$. A concentração de A no efluente é de $0{,}50/K_A$. Faça um esboço de $(1/-r_A)$ *versus* $C_A$ que cubra esta faixa de variação de concentrações. Um reator contínuo ideal será usado para realizar esta reação. Ele deverá ser um CSTR ou um PFR? Explique sua resposta.
3. Sua resposta para a Parte b poderia ser diferente se a concentração de entrada fosse $C_{A0} = 1{,}5/K_A$ e a concentração de saída fosse $C_A = 1{,}0\ /K_A$? Explique sua resposta.

**Problema 3-3 (Nível 2)** Em um reator *semibatelada* ideal, alguns dos reagentes são carregados inicialmente. O restante dos reagentes é alimentado, continuamente ou em "porções", ao longo do tempo. O conteúdo do reator é misturado vigorosamente, de modo que não há gradientes de temperatura ou de concentração no reator em qualquer instante do tempo.

Considere uma única reação na fase líquida

$$A + B \rightarrow \text{produtos}$$

ocorrendo em um reator semibatelada ideal. O volume inicial de líquido no interior do reator é $V_0$ e as concentrações iniciais de A e B neste líquido são $C_{A0}$ e $C_{B0}$, respectivamente. Um líquido é continuamente alimentado no reator a uma vazão volumétrica $v$. As concentrações de A e B nesta alimentação são $C_{Af}$ e $C_{Bf}$, respectivamente.

1. Deduza a equação de projeto para este sistema efetuando um balanço de massa de "A". Trabalhe em termos de $C_A$, não em termos de $x_A$ ou $\xi$.
2. Finalmente, gostaríamos de determinar $C_A$ como uma função do tempo. Sob quais condições a equação de projeto que você deduziu é suficiente para fazer isso? Suponha que a equação da taxa para o desaparecimento de A seja conhecida.

**Problema 3-4 (Nível 1)** Represente graficamente $(1/-r_A)$ *versus* $x_A$ para uma reação de ordem zero isotérmica com uma constante de taxa representada por $k$. Se a conversão na saída desejada for $x_A = 0{,}50$, qual dos dois reatores contínuos ideais necessita do volume menor, para um valor fixo de $F_{A0}$?

Qual é a conversão na saída de um PFR quando $V/F_{A0} = 2/k$?

**Problema 3-5 (Nível 1)** Desenvolva uma interpretação gráfica para a equação de projeto de um reator batelada ideal.

**Problema 3-6 (Nível 1)** A cinética da reação catalítica[4]

$$SO_2 + 2H_2S \rightarrow 3S + 2H_2O$$

está sendo estudada em um CSTR ideal. Sulfeto de hidrogênio ($H_2S$) é alimentado no reator a uma vazão de 1000 mol/h. A vazão na qual o $H_2S$ deixa o reator é medida, sendo 115 mol/h. A alimentação do reator é uma mistura de $SO_2$, $H_2S$ e $N_2$, na razão molar de 1/2/7,5. A pressão total e a temperatura no reator são 1,1 atm e 250°C, respectivamente. O reator contém 3,5 kg de catalisador.

Qual é a taxa de desaparecimento do $H_2S$? Quais são as concentrações correspondentes de $H_2S$, $SO_2$, S e $H_2O$?

**Problema 3-7 (Nível 2)** A decomposição homogênea do radical livre iniciador de polimerização peroxidicarbonato de dietila (DEPDC) tem sido estudada em dióxido de carbono supercrítico usando reator de mistura em tanque ideal (CSTR).[5] A concentração de DEPDC na alimentação do CSTR foi de 0,30 mmol. Em função desta baixa concentração, massa específica constante do fluido pode ser considerada. A 70°C e com um tempo espacial de 10 min, a conversão do DEPDC foi de 0,21. A 70°C e com um tempo espacial de 30 min, a conversão do DEPDC foi de 0,44.

Acredita-se que equação da taxa de decomposição do DEPDC tenha a forma

$$-r_{\text{DEPDC}} = k[\text{DEPDC}]^n$$

1. Qual é o valor de $n$ e qual é o valor de $k$, a 70°C?
2. A energia de ativação da reação de decomposição é igual a 132 kJ/mol. Qual é o valor da constante da taxa $k$ a 85°C?

**Problema 3-8 (Nível 1)** Um estudo recente da de-hidrogenação do etilbenzeno para estireno[6] contém os comentários a seguir sobre o comportamento de um catalisador de negro de paládio:

"Um razoável rendimento (de estireno) foi obtido a 400°C. Uma amostra de 12 g de catalisador não produziu um rendimento maior do que a amostra de 8 g. Passando ar com o vapor de etilbenzeno, a de-hidrogenação aconteceu em temperatura ainda menor e água foi produzida."

O catalisador negro de paládio estava contido em um tubo de quartzo e a vazão do etilbenzeno através do tubo foi de 5 cc (líquido) por hora em todos os experimentos. Os rendimentos de estireno medidos (mols de estireno formados/mol de etilbenzeno alimentado) foram em torno de 0,2 com 8 g e com 12 g de catalisador. Para os propósitos deste problema, suponha que "rendimento" de estireno é o mesmo que conversão do etilbenzeno, e considere que a de-hidrogenação do etilbenzeno seja estequiometricamente simples. Suponha também que a reação ocorreu a 1 atm de pressão total. Ao responder as questões a seguir, considere que o reator experimental era um PFR ideal.

[4]Esta reação é a etapa catalítica do conhecido processo Clauss para a conversão do $H_2S$ em efluentes gasosos em enxofre elementar.

[5]Adaptado de Charpentier, P. A., DeSimone, J. M., e Roberts, G. W. Decomposition of polymerization initiators in supercritical $CO_2$: a novel approach to reaction kinetics in a CSTR, *Chem. Eng. Sci.*, 55, 5341-5349 (2000).

[6]Taylor, H. S. e McKinney, P. V., Adsorption and activation of carbon monoxide at palladium surfaces, *J. Am. Chem. Soc.*, 53, 3604 (1931).

1. Com base na equação de projeto para um PFR ideal no qual uma reação catalítica heterogênea esteja ocorrendo, como você esperaria que o rendimento de estireno mudasse, quando a quantidade do catalisador foi aumentada de 8 g para 12 g?
2. Como você explica o fato do rendimento do estireno não ter mudado com o aumento da massa de catalisador de 8 g para 12 g?
3. Como você explica o comportamento da reação, quando ar foi acrescentado à alimentação?

**Problema 3-9 (Nível 1)** A hidrogenólise do tiofeno ($C_4H_4S$) foi estudada a 235–265°C sobre um catalisador cobalto–molibdênio, usando um CSTR com 8,16 g de catalisador. A estequiometria do sistema pode ser representada por

$$C_4H_4S + 3H_2 \rightarrow C_4H_8 + H_2S \qquad \text{Reação 1}$$

$$C_4H_8 + H_2 \rightarrow C_4H_{10} \qquad \text{Reação 2}$$

Todas as espécies são gasosas nas condições da reação.

A alimentação do CSTR foi uma mistura de tiofeno, hidrogênio e sulfeto de hidrogênio. As frações molares do buteno ($C_4H_8$), do butano ($C_4H_{10}$) e do sulfeto de hidrogênio no efluente do reator foram medidas. As frações molares do hidrogênio e do tiofeno não foram medidas.

Os dados de uma determinada corrida experimental são fornecidos a seguir:

Pressão total no reator: 832 mmHg

Vazão de alimentação

- Tiofeno $= 0{,}653 \times 10^{-4}$ g · mol/min
- Hidrogênio $= 4{,}933 \times 10^{-4}$ g · mol/min
- Sulfeto de hidrogênio $= 0$

Frações molares no efluente

- $H_2S = 0{,}0719$
- Butenos (total) $= 0{,}0178$
- Butano $= 0{,}0541$

Calcule $-r_T$ (a taxa de desaparecimento do tiofeno), e as pressões parciais do tiofeno, do hidrogênio, do sulfeto de hidrogênio, dos butenos (totais) e do butano no efluente. Você pode supor que a lei do gás ideal é válida.

**Problema 3-10 (Nível 2)** A hidrólise de ésteres, isto é,

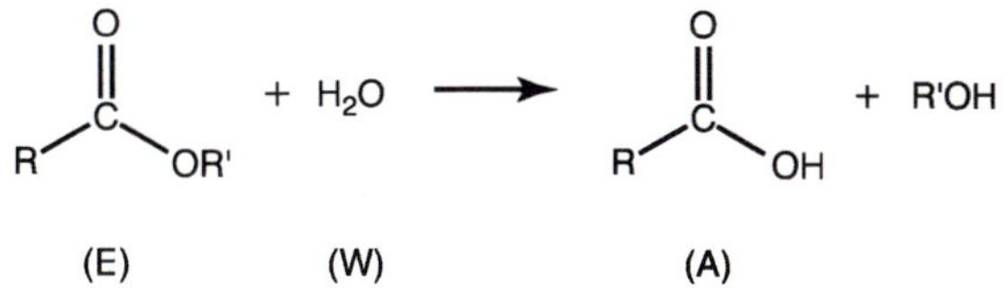


é frequentemente catalisada por ácidos. Na medida em que a reação de hidrólise anterior avança, mais ácido é produzido e a concentração do catalisador aumenta. Este fenômeno, conhecido por "autocatálise", é capturado pela equação de taxa

$$-r_E = (k_0 + k_1[A])[E][H_2O]$$

Aqui, $k_0$ é a constante da taxa na ausência do ácido orgânico que é produzido pela reação.

Para ilustrar o comportamento das reações autocatalíticas, assumimos arbitrariamente os seguintes valores:

$E_0$ (concentração de éster na alimentação) $= 1{,}0$ mol/l
$W_0$ (concentração de água na alimentação) $= 1{,}0$ mol/l
$A_0$ (concentração de ácido na alimentação) $= 0$

A concentração do álcool (R′OH) na alimentação também é zero. As constantes da taxa são:

$k_0 = 0{,}01$ l/(mol h)
$k_1 = 0{,}20$ l$^2$/(mol$^2$ h)

Ao responder as questões a seguir, suponha que a reação ocorra na fase líquida.

1. Calcule os valores de $-r_E$ nas seguintes conversões do éster ($x_E$) = 0; 0,10; 0,20; 0,30; 0,40; 0,50; 0,60 e 0,70.
2. Faça o gráfico $1/-r_E$ *versus* $x_E$.
3. Que tipo de sistema de reatores contínuos você usaria se fosse desejada uma conversão final do éster de 0,60 e se a reação devesse ocorrer isotermicamente. Escolha o reator ou a combinação de reatores que tenha o menor volume. Justifique sua resposta.

**Problema 3-11** Como mencionado no Capítulo 2, cinéticas não são sempre "normais" (por exemplo, veja a Figura 2-3). Considere uma reação em fase líquida que obedeça a equação de taxa: $-r_A = kC_A^{-1}$, em alguma faixa de concentração. Suponha que esta reação devesse ser realizada em um reator isotérmico contínuo, com concentrações na alimentação e na saída dentro da faixa na qual a equação da taxa é válida.

1. Faça um esboço de $(1/-r_A)$ *versus* $C_A$ para a faixa de concentração na qual a equação da taxa é válida.
2. Que tipo de reator contínuo (ou sistema de reatores contínuos) você usaria para esta tarefa, a fim de minimizar o volume necessário? Explique sua resposta.

# APÊNDICE 3 RESUMO DAS EQUAÇÕES DE PROJETO

*Aviso*: O uso sem cuidados das equações neste apêndice pode ser danoso para o trabalho. Em casos extremos, o uso impróprio desse material pode ser academicamente fatal. Sempre efetue uma análise cuidadosa do problema sendo resolvido antes de usar este apêndice.

*Em caso de dúvida*, primeiro, cuidadosamente, escolha o *tipo* de reator para o qual os cálculos devem ser realizados. Em seguida, decida se a reação é homogênea ou heterogênea. Finalmente, comece com a forma mais geral da equação de projeto apropriada e faça as simplificações que são possíveis.

**I. Reator batelada ideal**

| A. Geral — forma diferencial | Equação de projeto | |
|---|---|---|
| **Variável** | **Reação homogênea** | **Reação catalítica heterogênea** |
| Mols da espécie "i", $N_i$ | $\frac{1}{V}\frac{dN_i}{dt} = r_i$ (3-5) | $\frac{1}{m}\frac{dN_i}{dt} = r_i$ (3-5a) |
| Conversão do reagente A, $x_A$ | $\frac{N_{A0}}{V}\frac{dx_A}{dt} = -r_A$ (3-6) | $\frac{N_{A0}}{m}\frac{dx_A}{dt} = -r_A$ (3-6a) |
| Extensão da reação, $\xi$ | $\frac{\nu_i}{V}\frac{d\xi}{dt} = r_i$ (3-7) | $\frac{\nu_i}{m}\frac{d\xi}{dt} = r_i$ (3-7a) |
| **B. Volume constante — forma diferencial** | **Reação homogênea** | **Reação catalítica heterogênea** |
| Concentração da espécie "i", $C_i$ | $\frac{dC_i}{dt} = r_i$ (3-8) | $\frac{dC_i}{dt} = C_{cat}(r_i)$ (3-8a) |
| Conversão do reagente A, $x_A$ | $C_{A0}\frac{dx_A}{dt} = -r_A$ (3-9) | $C_{A0}\frac{dx_A}{dt} = C_{cat}(-r_A)$ (3-9a) |
| **C. Geral — forma integrada (veja Nota 1)** | **Reação homogênea** | **Reação catalítica heterogênea** |
| Mols da espécie "i", $N_i$ | $\int_{N_{i0}}^{N_i} \frac{1}{V}\frac{dN_i}{r_i} = t$ (3-10) | $\frac{1}{m}\int_{N_{i0}}^{N_i} \frac{dN_i}{r_i} = t$ (3-10a) |
| Conversão do reagente A, $x_A$ | $N_{A0}\int \frac{1}{V}\frac{dx_A}{(-r_A)} = t$ (3-11) | $\frac{N_{A0}}{m}\int_0^{x_A} \frac{dx_A}{(-r_A)} = t$ (3-11a) |
| Extensão da reação, $\xi$ | $\nu_i\int_0^{\xi} \frac{1}{V}\frac{d\xi}{r_i} = t$ (3-12) | $\frac{\nu_i}{m}\int_0^{\xi} \frac{d\xi}{r_i} = t$ (3-12a) |
| **D. Volume constante — forma integrada (veja Nota 1)** | **Reação homogênea** | **Reação catalítica heterogênea** |
| Concentração da espécie "i", $C_i$ | $\int_{C_{i0}}^{C_i} \frac{dC_i}{r_i} = t$ (3-13) | $\int_{C_{i0}}^{C_i} \frac{dC_i}{r_i} = C_{cat}t$ (3-13a) |
| Conversão do reagente A, $x_A$ | $C_{A0}\int_0^{x_A} \frac{dx_A}{(-r_A)} = t$ (3-14) | $C_{A0}\int_0^{x_A} \frac{dx_A}{(-r_A)} = C_{cat}t$ (3-14a) |

Nota 1: Para o Caso 3 (ver final da Seção 3.2)

**II. Reator de mistura em tanque ideal (CSTR)**

| A. Geral — em termos de $V$ ou $m$ | Reação homogênea | Reação catalítica heterogênea |
|---|---|---|
| Vazão molar da espécie "i", $F_i$ | $V = \frac{F_{i0} - F_i}{-r_i}$ (3-16) | $m = \frac{F_{i0} - F_i}{-r_i}$ (3-16a) |
| Conversão do reagente A, $x_A$ | $\frac{V}{F_{A0}} = \frac{x_A}{(-r_A)}$ (3-17) | $\frac{m}{F_{A0}} = \frac{x_A}{(-r_A)}$ (3-17a) |
| Extensão da reação, $\xi$ | $V = \frac{\nu_i\xi}{r_i}$ (3-18) | $m = \frac{\nu_i\xi}{r_i}$ (3-18a) |
| **B. Geral — em termos de $\tau_0$ (veja Nota 1)** | **Reação homogênea** | **Reação catalítica heterogênea** |
| Conversão do reagente A, $x_A$ | $\tau_0 = \frac{C_{A0}x_A}{-r_A}$ (3-21) | $\tau_0 = \frac{C_{A0}x_A}{-r_A}$ (3-21) |

| **C. Massa específica constante — em termos de $\tau$ (veja Nota 2)** | **Reação homogênea** | **Reação catalítica heterogênea** |
|---|---|---|
| Conversão do reagente A, $x_A$ | $\tau = \dfrac{C_{A0}x_A}{-r_A}$ (3-23) | $\tau = \dfrac{C_{A0}x_A}{-r_A}$ (3-23) |
| Concentração do reagente A, $C_A$ | $\tau = \dfrac{C_{A0} - C_A}{-r_A}$ (3-24) | $\tau = \dfrac{C_{A0} - C_A}{-r_A}$ (3-24) |

Nota 1:

Para uma reação homogênea: $\tau_0 = V/\upsilon_0 = VC_{A0}/F_{A0}$.

Para uma reação heterogênea: $\tau_0 = \mathrm{m}/\upsilon_0 = \mathrm{m}C_{A0}/F_{A0}$.

Nota 2:

Para uma reação homogênea: $\tau = V/\upsilon = VC_{A0}/F_{A0}$.

Para uma reação heterogênea: $\tau = \mathrm{m}/\upsilon = \mathrm{m}C_{A0}/F_{A0}$.

### III. Reator de escoamento pistonado ideal (PFR)

| **A. Geral — forma diferencial — em termos de $V$ ou $m$** | **Reação homogênea** | **Reação catalítica heterogênea** |
|---|---|---|
| Vazão molar da espécie "$i$", $F_i$ | $dV = \dfrac{dF_i}{r_i}$ (3-26) | $d\mathrm{m} = \dfrac{dF_i}{r_i}$ (3-26a) |
| Conversão do reagente A, $x_A$ | $\dfrac{dV}{F_{A0}} = \dfrac{dx_A}{-r_A}$ (3-27) | $\dfrac{d\mathrm{m}}{F_{A0}} = \dfrac{dx_A}{-r_A}$ (3-27a) |
| Extensão da reação, $\xi$ | $dV = \dfrac{\nu_i d\xi}{r_i}$ (3-28) | $d\mathrm{m} = \dfrac{\nu_i d\xi}{r_i}$ (3-28a) |
| **B. Geral — forma diferencial — em termos de $\tau_0$ (veja Nota 1)** | **Reação homogênea** | **Reação catalítica heterogênea** |
| Conversão do reagente A, $x_A$ | $d\tau_0 = C_{A0}\dfrac{dx_A}{(-r_A)}$ (3-29) | $d\tau_0 = C_{A0}\dfrac{dx_A}{(-r_A)}$ (3-29) |
| **C. Massa específica constante — forma diferencial — em termos de $\tau$ (veja Nota 2)** | **Reação homogênea** | **Reação catalítica heterogênea** |
| Conversão do reagente A, $x_A$ | $d\tau = C_{A0}\dfrac{dx_A}{(-r_A)}$ (3-30) | $d\tau = C_{A0}\dfrac{dx_A}{(-r_A)}$ (3-30) |
| Concentração do reagente A, $C_A$ | $d\tau = \dfrac{-dC_A}{(-r_A)}$ (3-31) | $d\tau = \dfrac{-dC_A}{(-r_A)}$ (3-31) |
| **D. Geral — forma integrada — (veja Nota 3)** | **Reação homogênea** | **Reação catalítica heterogênea** |
| Vazão molar da espécie "$i$", $F_i$ | $V = \displaystyle\int_{F_{i0}}^{F_i} \dfrac{dF_i}{r_i}$ (3-32) | $\mathrm{m} = \displaystyle\int_{F_{i0}}^{F_i} \dfrac{dF_i}{r_i}$ (3-32a) |
| Conversão do reagente A, $x_A$ | $\dfrac{V}{F_{A0}} = \displaystyle\int_0^{x_A} \dfrac{dx_A}{(-r_A)}$ (3-33) | $\dfrac{\mathrm{m}}{F_{A0}} = \displaystyle\int_0^{x_A} \dfrac{dx_A}{(-r_A)}$ (3-33a) |
| Extensão da reação, $\xi$ | $V = \displaystyle\int_0^{\xi} \dfrac{\nu_i d\xi}{r_i}$ (3-34) | $\mathrm{m} = \displaystyle\int_0^{\xi} \dfrac{\nu_i d\xi}{r_i}$ (3-34a) |
| Conversão do reagente A, $x_A$ — em termos de $\tau_0$ (veja Nota 1) | $\tau_0 = C_{A0}\displaystyle\int_0^{x_A} \dfrac{dx_A}{(-r_A)}$ (3-35) | $\tau_0 = C_{A0}\displaystyle\int_0^{x_A} \dfrac{dx_A}{(-r_A)}$ (3-35) |
| **E. Forma integrada — massa específica — em termos de $\tau$ (veja Notas 2 e 3)** | **Reação homogênea** | **Reação catalítica heterogênea** |
| Conversão do reagente A, $x_A$ | $\tau = C_{A0}\displaystyle\int_0^{x_A} \dfrac{dx_A}{(-r_A)}$ (3-36) | $\tau = C_{A0}\displaystyle\int_0^{x_A} \dfrac{dx_A}{(-r_A)}$ (3-36) |

| Concentração do reagente A, $C_A$ | $\tau = -\int_{C_{A0}}^{C_A} \frac{dC_A}{(-r_A)}$ (3-37) | $\tau = -\int_{C_{A0}}^{C_A} \frac{dC_A}{(-r_A)}$ (3-37) |
|---|---|---|

Nota 1:

Para uma reação homogênea: $\tau_0 = V/\upsilon_0 = VC_{A0}/F_{A0}$.

Para uma reação heterogênea: $\tau_0 = m/\upsilon_0 = mC_{A0}/F_{A0}$.

Nota 2:

Para uma reação homogênea: $\tau = V/\upsilon = VC_{A0}/F_{A0}$.

Para uma reação heterogênea: $\tau = m/\upsilon = mC_{A0}/F_{A0}$.

Nota 3:

Para PFR equivalente ao Caso 3 (ver final da Seção 3.2). Veja a discussão no final do item 3.3.2.1.

Capítulo 4

# Dimensionamento e Análise de Reatores Ideais

**OBJETIVOS DE APRENDIZAGEM**

Após terminar este capítulo, você deve ser capaz de

1. usar as equações de projeto para os três reatores ideais: batelada, contínuo de mistura em tanque (CSTR) e de escoamento pistonado (PFR), dimensionar ou analisar o comportamento de um reator;
2. usar as equações de projeto para o CSTR e o PFR para dimensionar e analisar o comportamento de *sistemas* de reatores contínuos;
3. explicar o significado das frases "a reação é controlada pela cinética intrínseca" e "efeitos de transporte são desprezíveis";
4. usar os "gráficos de Levenspiel" para avaliar qualitativamente o comportamento de *sistemas* de reatores.

Este capítulo ilustrará o uso das equações de projeto que foram desenvolvidas no Capítulo 3. Falando amplamente, as equações de projeto podem ser usadas com dois objetivos: prever a performance de um reator existente ou calcular a dimensão de um reator que é necessária para produzir um produto a uma taxa e a uma concentração especificadas.

O dimensionamento é um elemento essencial do projeto de reatores. Contudo, ele é somente um de muitos elementos. O projeto de reatores inclui, por exemplo, o sistema de transferência de calor, o sistema de agitação, os internos dos vasos, isto é, chicanas e distribuidores de fluidos, assim como o material de construção. O projeto de reatores também inclui a garantia da conformidade em relação aos muitos códigos que governam o projeto mecânico de reatores. Todos estes elementos de projeto requerem o uso de ferramentas que vão além das equações de projeto. Por exemplo, a Figura 4-1 mostra algumas das características de projeto que são necessárias para obter uma distribuição uniforme do escoamento em um reator catalítico de fase gasosa.

Neste capítulo, iremos considerar que a equação da taxa, incluindo os valores das constantes, é conhecida. O Capítulo 6 lidará com o uso de reatores ideais para obter os dados necessários para criar equações de taxa.

## 4.1 REAÇÕES HOMOGÊNEAS

### 4.1.1 Reatores Batelada

#### 4.1.1.1 Indo Direto ao Assunto

**EXEMPLO 4-1**
*Produção de Aspirina*

Aspirina (ácido acetilsalicílico) vem sendo usada como um analgésico desde o começo do século XX. Apesar da competição com produtos mais novos, o seu consumo mundial é de aproximadamente 70 milhões de libras por ano.

A última etapa na produção do ácido acetilsalicílico é a reação do ácido salicílico com o anidrido acético:

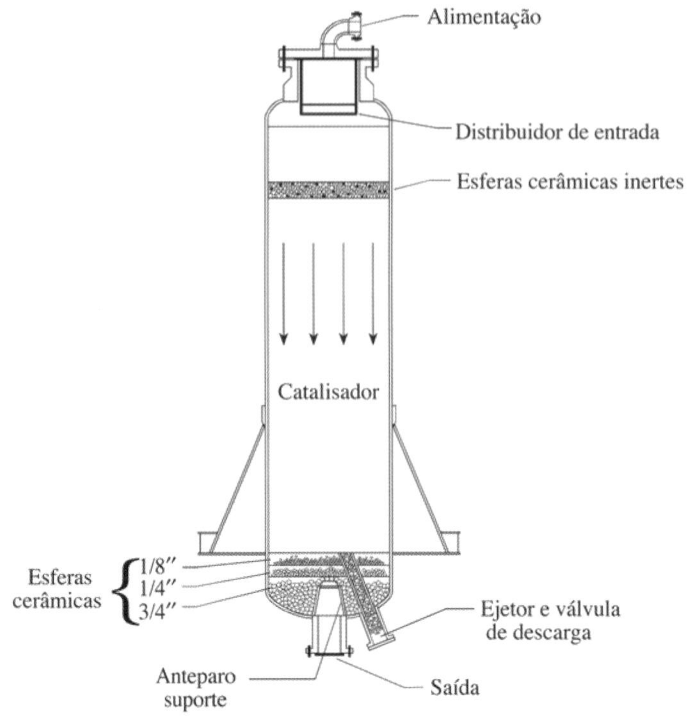


**Figura 4.1** Um reator catalítico de leito fixo com vapor escoando na descendente através de um leito catalítico empacotado.[1] O projeto incorpora dispositivos que promovem a distribuição uniforme do escoamento através do leito catalítico. (Copyright 2004 UOP LLC. Todos os direitos reservados. Usado com permissão.)

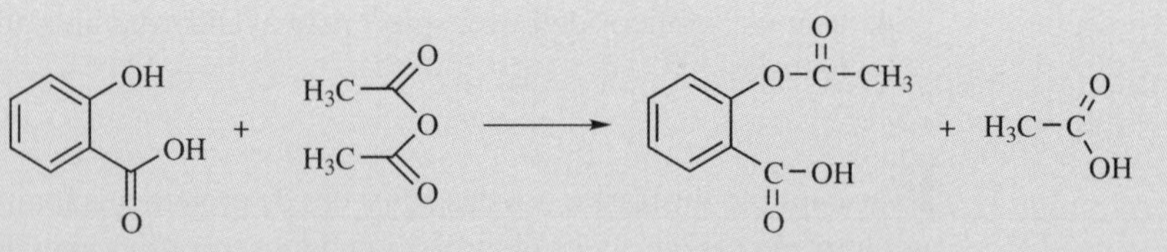


Esta reação é conduzida em reatores batelada a aproximadamente 90°C. No início, ácido salicílico (AS), ácido acético (HAc) e anidrido acético (AA) são colocados no reator. Após 2–3 horas de reação, o conteúdo do reator é descarregado e colocado em um cristalizador para recuperar o ácido acetilsalicílico (AAS).

Se estivéssemos projetando ou operando uma planta de produção de aspirina, seria importante sabermos quanto ácido acetilsalicílico estava no interior do reator no momento em que foi descarregado, alimentando o cristalizador, e quanto ácido salicílico e anidrido acético não convertidos estavam presentes na descarga. Estes valores seriam necessários para projetar e operar o cristalizador e o sistema de reciclo dos reagentes não convertidos. Também poderíamos querer saber quanto tempo seria necessário para reduzir a concentração de ácido salicílico até algum valor específico. Finalmente, poderíamos desejar saber quanto ácido salicílico poderia ser produzido em um reator com volume conhecido, ou alternativamente, qual volume de reator seria necessário para produzir uma quantidade específica de aspirina.

Se a equação de taxa para a reação for conhecida e se o reator comportar-se como um reator batelada ideal, estas grandezas podem ser calculadas através da solução da equação de projeto, como mostrado a seguir.

Suponha que a equação da taxa para o desaparecimento do ácido salicílico seja

$$-r_{AS} = kC_{AS}C_{AA} \tag{4-1}$$

[1]Stine, M. A., *Petroleum Refining*, apresentado no Encontro do Capítulo dos Estudantes do AIChE na North Carolina State University, 15 de novembro, 2002.

Suponha que o reator seja isotérmico, isto é, a temperatura é constante, igual a 90°C, ao longo de todo o curso da reação e que o valor da constante de taxa $k$ seja de 0,30 l/(mol h) a 90°C. As concentrações iniciais de AS, HAc e AA são 2,8; 2,8 e 4,2 mol/l, respectivamente.

Vejamos se podemos responder as seguintes perguntas:

1. Quais serão as concentrações de AS, AA, HAc e AAS após 2 h?
2. Quanto tempo levará para a concentração de AS atingir 0,14 mol/l?
3. Quantas libras de AAS podem ser produzidas em 1 ano em um reator de 10.000 l, se uma conversão do ácido salicílico de 95% é requerida antes da descarga do reator para o cristalizador?

**Parte A: Quais serão as concentrações de AS, AA, HAc e AAS após 2 h?**

***ANÁLISE***

Para uma reação homogênea em um reator batelada ideal, a forma mais básica da equação de projeto é

$$\frac{1}{V}\frac{dN_i}{dt} = r_i \tag{3-5}$$

Se escrevermos a Equação (3-5) para o ácido salicílico e inserirmos na equação da taxa, obtemos

$$-\frac{1}{V}\frac{dN_{AS}}{dt} = -r_{AS} = kC_{AS}C_{AA} \tag{4-2}$$

Esta equação tem que ser integrada em relação ao tempo. Para realizar a integração, $N_{AS}$, $C_{AA}$ e $C_{AS}$ devem ser escritos em função de uma única variável. Mais tarde, usaremos a extensão da reação $\xi$ em vez de $C_{AS}$.

O número de mols de AS no interior do reator a qualquer tempo, $N_{AS}$, é $VC_{AS}$. A concentração de anidrido acético $C_{AA}$ pode ser escrita em termos da concentração de ácido salicílico $C_{AS}$ usando os princípios da estequiometria. Uma vez que $N_{AS}$ e $C_{AA}$ tenham sido escritos como funções de $C_{AS}$, a Equação (4-2) pode ser integrada e as questões colocadas anteriormente podem ser respondidas.

***SOLUÇÃO***

Iniciaremos relacionando $N_{AS}$ e $C_{AA}$ a $C_{AS}$. Isto requer uma pequena "escrituração", na qual utilizaremos uma *tabela estequiométrica*. Para construir a tabela estequiométrica para um reator batelada, listamos *todas* as espécies presentes no interior do reator na coluna mais a esquerda, como mostrado na Tabela 4-1. Os *números de mols* de cada espécie no tempo zero, isto é, no momento no qual a reação inicia, são listados na próxima coluna. Finalmente, na terceira coluna, os *números de mols* de cada espécie em algum tempo arbitrário $t$ são colocados. A *estequiometria* da reação é usada no preenchimento da terceira coluna, isto é, para cada mol de AS que é consumido, um mol de AA é consumido, um mol de ácido acético (HAc) é formado e um mol de ácido acetilsalicílico (AAS) é formado.

A quantidade de AS que está no reator inicialmente é $C_{AS,0} \times V_0$, onde $V_0$ é o volume da solução em $t = 0$ e $C_{AS,0}$ é a concentração inicial de AS (em $t = 0$). A quantidade de AS no reator em $t = t$ é $C_{AS} \times V$, onde $V$ é o volume da solução em $t = t$ e $C_{AS}$ é a concentração de AS em $t = t$. Consequentemente, o número de mols de AS que reage entre $t = 0$ e $t = t$ é $[C_{AS,0} \times V_0 - C_{AS} \times V]$.

A tabela estequiométrica para este problema, com $C_{AS}$ como a variável independente, é dada na Tabela 4-1.

**Tabela 4-1** Tabela Estequiométrica para o Exemplo 4-1 Usando o Reator como um Volume de Controle e Usando $C_{AS}$ como a Variável de Composição

| Espécie | Mols em $t = 0$ | Mols em $t = t$ |
|---|---|---|
| Ácido salicílico (AS) | $C_{AS,0} \times V_0$ | $C_{AS} \times V$ |
| Anidrido acético (AA) | $C_{AA,0} \times V_0$ | $C_{AA,0} \times V_0 - [C_{AS,0} \times V_0 - C_{AS} \times V]$ |
| Ácido acético (HAc) | $C_{HAs,0} \times V_0$ | $C_{HAc,0} \times V_0 + [C_{AS,0} \times V_0 - C_{AS} \times V]$ |
| Ácido acetilsalicílico (AAS) | $C_{AAS,0} \times V_0$ | $C_{AAS,0} \times V_0 + [C_{AS,0} \times V_0 - C_{AS} \times V]$ |

Nesta tabela, $C_{AA,0}$, $C_{HAc,0}$ e $C_{AAS,0}$ são as concentrações iniciais do anidrido acético, do ácido acético e do ácido acetilsalicílico, respectivamente.

*Como esta reação ocorre na fase líquida, massa específica constante, isto é, volume constante* pode ser considerado. Consequentemente, $V_0 = V$ e

$$\frac{1}{V}\frac{dN_{AS}}{dt} = \frac{dC_{AS}}{dt}$$

A partir da tabela estequiométrica, $C_{AA} = (N_{AA}/V) = C_{AA,0} - [C_{AS,0} - C_{AS}]$, pois $V = V_0$. Substituindo estas duas relações na Equação (4-2), obtemos

$$-\frac{dC_{AS}}{dt} = kC_{AS}[C_{AA,0} - (C_{AS,0} - C_{AS})] = kC_{AS}[(C_{AA,0} - C_{AS,0}) + C_{AS}] \quad (4\text{-}3)$$

A Equação (4-3) pode ser rearranjada, fornecendo

$$\frac{dC_{AS}}{C_{AS}[(C_{AA,0} - C_{AS,0}) + C_{AS}]} = -kdt$$

Integrando de $t = 0$ a $t = t$ e de $C_{AS} = C_{AS,0}$ a $C_{AS} = C_{AS}$ (não se esqueça do limite inferior!),

$$\int_{C_{AS}}^{C_{AS}} \frac{dC_{AS}}{C_{AS}[(C_{AA,0} - C_{AS,0}) + C_{AS}]} = -\int_0^t kdt$$

Como a temperatura é constante, $k$ é constante. Esta equação pode então ser integrada, fornecendo

$$\ln\left\{\frac{C_{AS} \times C_{AA,0}}{C_{AS,0}[(C_{AA,0} - C_{AS,0}) + C_{AS}]}\right\} = -(C_{AA,0} - C_{AS,0})kt \quad (4\text{-}4)$$

Substituindo os valores dados de $t$, $k$, $C_{AS,0}$ e $C_{AA,0}$ na Equação (4-4) e determinando $C_{AS}$, obtém-se $C_{AS} = 0{,}57$ mol/l.

Agora as concentrações de AA, HAc e AAS podem ser calculadas a partir da tabela estequiométrica. Os resultados são: $C_{AA} = 1{,}96$ mol/l, $C_{HAc} = 5{,}03$ mol/l e $C_{AAS} = 2{,}23$ mol/l.

*Neste problema*, a tabela estequiométrica poderia ter sido escrita de uma forma mais simples, se a hipótese de massa específica constante tivesse sido feito *antes* da construção da tabela. A Tabela 4-1 está baseada no uso do reator como um volume de controle. Para um sistema de massa específica constante (volume constante), e *somente* para tal sistema, a tabela estequiométrica pode ser escrita em termos de concentrações. Se o volume de controle for considerado ser 1 litro de solução, a tabela estequiométrica se torna como mostrado na Tabela 4-2.

**Tabela 4-2** Tabela Estequiométrica para o Exemplo 4-1 Usando 1 litro de Solução como um Volume de Controle* ($C_{AS}$ É a Variável de Composição)

| Espécie | Mols em $t = 0$ (concentração inicial) | Mols em $t = t$ (concentração em $t = t$) |
|---|---|---|
| Ácido salicílico (AS) | $C_{AS,0}$ | $C_{AS}$ |
| Anidrido acético (AA) | $C_{AA,0}$ | $C_{AA,0} - [C_{AS,0} - C_{AS}]$ |
| Ácido acético (HAc) | $C_{HAc,0}$ | $C_{HAc,0} + [C_{AS,0} - C_{AS}]$ |
| Ácido acetilsalicílico (AAS) | $C_{AAS,0}$ | $C_{AAS,0} + [C_{AS,0} - C_{AS}]$ |

**Esta base pode ser usada somente em problemas de volume constante.*

**Parte B: Quanto tempo levará para a concentração de AS atingir 0,14 mol/l?**

*ANÁLISE*

Uma equação que relaciona $C_{AS}$ com o tempo (Equação (4-4)) foi desenvolvida na Parte A. Os valores conhecidos de $k$, $C_{AS,0}$ e $C_{AA,0}$ e o valor final especificado para $C_{AS}$ (0,14 mol/l) podem ser substituídos nesta equação e o valor do tempo $t$ pode ser calculado.

*SOLUÇÃO* O resultado é $t = 4{,}60$ h. Note que $C_{AS} = 0{,}14$ mol/l corresponde à conversão de 95%.

**Parte C: Quantas libras de AAS podem ser produzidas em 1 ano em um reator de 10.000 l, se uma conversão do ácido salicílico de 95% é requerida antes da descarga do reator para o cristalizador?**

*ANÁLISE* O tempo necessário para atingir 95% de conversão do AS, aproximadamente 4,6 h, foi calculado na Parte B. Entretanto, tempo adicional é necessário para carregar o reator, para aquecer o reator da temperatura ambiente até 90°C (durante este tempo alguma reação ocorrerá), para resfriar o reator até próximo da temperatura ambiente após 4,6 h a 90°C, para descarregar o conteúdo do reator no cristalizador e talvez para limpar o reator antes do início da próxima batelada. Como uma suposição, um ciclo completo poderá necessitar de 16 h (dois turnos). Desta forma, no máximo, aproximadamente 545 bateladas podem ser feitas em um ano inteiro.

O número de mols de AAS no reator ao final da batelada pode ser calculado a partir da estequiometria, pois $C_{AS}$ é conhecido ao final da batelada. O peso de AAS produzido por ano é este número de mols × o número de bateladas por ano (545) × a massa molecular do AAS (180), desde que não haja perda de AAS no cristalizador ou no empacotamento.

*SOLUÇÃO* A partir da tabela estequiométrica (Tabela 4-1), o número de mols de AAS no reator ao final da reação $= C_{AAS,0} \times V_0 + [C_{AS,0} \times V_0 - C_{AS} \times V] = 10.000(1) \times (2{,}80 - 0{,}14)(\text{mol/l}) = 2{,}66 \times 10^4$ mol.

Produção anual de AAS = 545 (bateladas/ano) × 180 (g/mol) × $2{,}66 \times 10^4$ (mol) = $2{,}61 \times 10^9$ g/ano = $5{,}75 \times 10^6$ libras/ano.

Procedimento alternativo para a Parte A (usando a extensão da reação)

Este problema poderia ter sido resolvido usando outra variável no lugar de $C_{AS}$ para acompanhar a composição no reator. Por exemplo, poderíamos ter usado a extensão da reação $\xi$ em vez de $C_{AS}$. Para a reação do ácido salicílico com o anidrido acético

$$\xi = \frac{N_{AS} - N_{AS,0}}{\nu_{AS}} = \frac{N_{AA} - N_{AA,0}}{\nu_{AA}} = \frac{N_{HAc} - N_{HAc,0}}{\nu_{HAc}} = \frac{N_{AAS} - N_{AAS,0}}{\nu_{AAS}}$$

Reconhecendo que $\nu_{AAS} = \nu_{HAc} = -\nu_{AS} = -\nu_{AA} = 1$, a Tabela 4-3, equivalente a Tabela 4-1, pode ser construída.

**Tabela 4-3** Tabela Estequiométrica para o Exemplo 4-1 Usando o Reator como um Volume de Controle e a Extensão da Reação $\xi$ como a Variável de Composição

| Espécie | Mols em $t = 0$ | Mols em $t = t$ |
|---|---|---|
| Ácido salicílico (AS) | $N_{AS,0}$ | $N_{AS,0} - \xi$ |
| Anidrido acético (AA) | $N_{AA,0}$ | $N_{AA,0} - \xi$ |
| Ácido acético (HAc) | $N_{HAc,0}$ | $N_{HAc,0} + \xi$ |
| Ácido acetilsalicílico (AAS) | $N_{AAS,0}(=0)$ | $\xi$ |

Usando estas relações, a Equação (4-2) se torna

$$\frac{d\xi}{dt} = \frac{k}{V}(N_{AS,0} - \xi)(N_{AA,0} - \xi)$$

Como $k$ é constante,

$$\int_0^{\xi} \frac{d\xi}{(N_{AS,0} - \xi)(N_{AA,0} - \xi)} = k\int_0^t dt = kt$$

$$\ln\left\{\frac{N_{AS,0}(N_{AA,0} - \xi)}{N_{AA,0}(N_{AS,0} - \xi)}\right\} = \frac{(N_{AA,0} - N_{AS,0})kt}{V}$$

Finalmente, como o volume é constante

$$\ln\left\{\frac{C_{AS,0}(C_{AA,0}-(\xi/V))}{C_{AA,0}(C_{AS,0}-(\xi/V))}\right\}=(C_{AA,0}-C_{AS,0})kt$$

A substituição dos valores de $C_{AS,0}$, $C_{AA,0}$, $k$ e $t$ nesta equação fornece $(\xi/V) = 2{,}23$. Contudo, como o volume é constante, $C_{AS} = (N_{AS}/V) = (N^0_{AS} - \xi)/V = C^0_{AS} - (\xi/V)$, de tal forma que $C_{AS} = 2{,}8 - 2{,}23 = 0{,}57$ mol/l. Como esperado, esta é a mesma resposta que obtivemos quando o problema foi resolvido usando $C_{AS}$ como a variável de composição.

O Exemplo 4-1 é uma boa ilustração da solução da equação de projeto em um reator batelada ideal. Em particular, o volume foi constante de tal forma que o problema poderia ter sido resolvido diretamente em termos da concentração, *iniciando* com uma forma de volume constante da equação de projeto, por exemplo, a Equação (3-8). Além disto, a estequiometria e a equação de projeto foram relativamente simples.

Agora necessitamos considerar algumas complicações. Na discussão que se segue, analisaremos o uso da equação de projeto para duas reações "fictícias" que incorporam muitas variações das equações de projeto de reatores batelada. Estes exemplos também permitirão uma discussão mais detalhada de alguns dos procedimentos usados no Exemplo 4-1.

#### 4.1.1.2 Discussão Geral: Sistemas com Volume Constante

Como observado anteriormente, a consideração de volume constante é válida para uma grande maioria das reações em fase líquida. Isto ocorre em função da massa específica (massa/volume) da maioria dos líquidos não ser muito sensível em relação à concentração ou à temperatura.

A consideração de volume constante é também válida em certas reações em fase gasosa. Um exemplo óbvio é quando as dimensões do vaso são fixas. Neste caso, a pressão no reator pode subir ou cair na medida em que a reação avança. A variação exata na pressão dependerá da variação no número de mols na reação e na variação da temperatura do sistema enquanto a reação avança.

Considere a reação homogênea irreversível

$$A + 2B \rightarrow 3C + D \tag{4-A}$$

que obedece a equação de taxa

$$-r_A = kC_A^2 C_B C_D^{-1} \tag{4-5}$$

Escrevendo a equação de projeto, Equação (3-5), para o reagente A e substituindo a Equação (4-5), obtém-se

$$-\frac{1}{V}\frac{dN_A}{dt} = kC_A^2 C_B C_D^{-1} \tag{4-6}$$

Para integrar a Equação (4-6), $N_A$ e cada uma das três concentrações no lado direito devem ser expressas como funções de uma única variável que mede o progresso da reação, isto é, que define a composição do conteúdo do reator em qualquer tempo. Além disto, se o volume $V$ não for constante (independentemente do tempo e da composição), necessitaremos expressar $V$ como uma função do tempo ou da composição. Primeiramente, revisitaremos o caso de volume constante. Depois, estenderemos nossa análise para o caso de um reator com volume variável.

***Descrevendo o Avanço de uma Reação*** Há três variáveis que são normalmente usadas para descrever a composição de um sistema reativo, quando uma única reação ocorre. Estas três variáveis são a concentração de uma espécie (usualmente o reagente limite), a conversão de uma espécie (usualmente o reagente limite) e a extensão da reação. A concentração de ácido salicílico e a extensão da reação foram usadas no Exemplo 4-1. A utilização de cada uma destas variáveis na Reação (4-A) é discutida a seguir.

*Concentração*

Vamos considerar que A é o reagente limite e escrever as concentrações de B, C e D como funções de $C_A$. Os números iniciais de mols de cada espécie no reator, isto é, os números de mols em $t = 0$

são $N_{A0}$, $N_{B0}$, $N_{C0}$ e $N_{D0}$. As concentrações iniciais correspondentes são $C_{A0}$, $C_{B0}$, $C_{C0}$ e $C_{D0}$. Sendo A o reagente limite, $N_{A0} < 2N_{B0}$ e $C_{A0} < 2C_{B0}$. O número de mols de A em qualquer tempo $t$ é $N_A$ e a concentração correspondente é $C_A$.

Para uma reação simples estequiometricamente, a Lei das Proporções Definidas é

$$\Delta N_1/v_1 = \Delta N_2/v_2 = \Delta N_3/v_3 = \ldots = \Delta N_i/v_i = \ldots = \xi \tag{1-4}$$

A Equação (1-4) pode ser usada para construir uma tabela estequiométrica mostrando o número de mols de B, C e D em qualquer $t$ em termos do número de mols de A naquele $t$. Por exemplo,

$$\frac{N_A - N_{A0}}{\nu_A} = \frac{N_B - N_{B0}}{\nu_B} = \frac{N_A - N_{A0}}{-1} = \frac{N_B - N_{B0}}{-2}$$

$$N_B = N_{B0} - 2(N_{A0} - N_A)$$

Na Tabela 4-4, os números de mols de B, C e D foram escritos em termos de $N_A$, $N_{B0}$, $N_{C0}$ e $N_{D0}$.

**Tabela 4-4** Tabela Estequiométrica para a Reação (4-A) Usando Todo o Reator Batelada como um Volume de Controle e Usando $N_A$ como a Variável de Composição

| Espécie | Número de mols inicial em $t = 0$ | Número de mols em $t = t$ |
|---|---|---|
| A | $N_{A0}$ | $N_A$ |
| B | $N_{B0}$ | $N_{B0} - 2(N_{A0} - N_A)(=N_B)$ |
| C | $N_{C0}$ | $N_{C0} + 3(N_{A0} - N_A)(=N_C)$ |
| D | $N_{D0}$ | $N_{D0} + (N_{A0} - N_A)(=N_D)$ |

Em geral, é sempre desejável a criação da tabela estequiométrica em termos de mols ou de vazões molares para reatores contínuos. Você pode ser (ou não ser) capaz de facilmente converter mols em concentrações, como ilustrado a seguir.

Se (e somente se) o volume do sistema for constante, cada termo nas segunda e terceira colunas da Tabela 4-4 pode ser dividido por $V$ para obter a Tabela 4-5.

**Tabela 4-5** Tabela Estequiométrica para a Reação (4-A) Usando Todo o Reator Batelada como um Volume de Controle e Usando $C_A$ como a Variável de Composição

| Espécie | Concentração inicial em $t = 0$ | Concentração em $t = t$ |
|---|---|---|
| A | $C_{A0}$ | $C_A$ |
| B | $C_{B0}$ | $C_{B0} - 2(C_{A0} - C_A)(=C_B)$ |
| C | $C_{C0}$ | $C_{C0} + 3(C_{A0} - C_A)(=C_C)$ |
| D | $C_{D0}$ | $C_{D0} + (C_{A0} - C_A)(=C_D)$ |

# EXERCÍCIO 4-1

Explique por que a tabela anterior não é válida quando o volume do sistema não é constante.

Para um sistema a volume constante, $dN_A/dt = VdC_A/dt$, de tal forma que a Equação (4-6) pode ser escrita na forma

$$-\frac{dC_A}{dt} = kC_A^2(C_{B0} - 2C_{A0} + 2C_A)(C_{D0} + C_{A0} - C_A)^{-1} \tag{4-7}$$

A concentração de A, $C_A$, é a única variável de composição nesta equação. A equação pode ser integrada, desde que a constante de taxa $k$ seja conhecida como uma função de $t$ ou de $C_A$, ou seja, constante.

A concentração de uma espécie específica, normalmente o reagente limite, é uma variável muito conveniente para ser usada em sistema com volume constante (massa específica constante). Note que a Equação (4-7) poderia ter sido obtida pela substituição da equação da taxa, Equação (4-5), na equação de projeto para um reator batelada com volume constante, Equação (3-8). Entretanto, a tabela estequiométrica ainda continuaria sendo necessária para relacionar as várias concentrações na equação de taxa.

*Conversão*

A conversão do reagente A é definida como

$$x_A \equiv (N_{A0} - N_A)/N_{A0}$$

Consequentemente, o número de mols de A em qualquer tempo $t$ é dado por

$$N_A = N_{A0}(1 - x_A)$$

O número de mols de A que reagiu até o tempo $t$ é $N_{A0}x_A$.

Os números de mols das outras espécies B, C e D podem ser calculados como funções de $x_A$ usando a Equação (1-4). Os resultados são apresentados na Tabela 4-6.

**Tabela 4-6** Tabela Estequiométrica para a Reação (4-A) Usando Todo o Reator Batelada como um Volume de Controle e Usando a Conversão do Reagente A, $x_A$, como a Variável de Composição

| Espécie | Número de mols inicial em $t = 0$ | Número de mols em $t = t$ |
|---|---|---|
| A | $N_{A0}$ | $N_{A0}(1 - x_A)$ |
| B | $N_{B0}$ | $N_{B0} - 2N_{A0}x_A$ |
| C | $N_{C0}$ | $N_{C0} + 3N_{A0}x_A$ |
| D | $N_{D0}$ | $N_{D0} + N_{A0}x_A$ |

Se cada termo nas segunda e terceira colunas desta tabela forem divididos por $V$, e se $V$ for constante, obtemos os resultados fornecidos na Tabela 4-7.

**Tabela 4-7** Tabela Estequiométrica para a Reação (4-A) Usando Todo o Reator Batelada como um Volume de Controle e Usando a Conversão do Reagente A, $x_A$, como a Variável de Composição, para um Sistema com Volume Constante

| Espécie | Concentração inicial em $t = 0$ | Concentração em $t = t$ |
|---|---|---|
| A | $C_{A0}$ | $C_{A0}(1 - x_A)(=C_A)$ |
| B | $C_{B0}$ | $C_{B0} - 2(C_{A0} - C_A)(=C_B)$ |
| C | $C_{C0}$ | $C_{C0} + 3(C_{A0} - C_A)(=C_C)$ |
| D | $C_{D0}$ | $C_{D0} + (C_{A0} - C_A)(=C_D)$ |

Como $V$ é constante e $C_A = C_{A0}(1 - x_A)$,

$$-\frac{1}{V}\frac{dN_A}{dt} = -\frac{dC_A}{dt} = C_{A0}\frac{dx_A}{dt}$$

Usando esta equação e o lado esquerdo da Tabela 4-7, podemos escrever a Equação 4-6 como a seguir

$$\frac{dx_A}{dt} = kC_{A0}(1 - x_A)^2(\Theta_{BA} - 2x_A)(\Theta_{DA} + x_A)^{-1} \tag{4-8}$$

onde

$$\Theta_{BA} = C_{B0}/C_{A0} \tag{4-8a}$$

$$\Theta_{DA} = C_{D0}/C_{AO} \tag{4-8b}$$

O símbolo $\Theta$ será usado ao longo deste livro para representar a razão de duas concentrações iniciais (ou duas concentrações na alimentação de um reator contínuo). A primeira letra do subscrito se refere à espécie no numerador e a segunda letra à espécie no denominador.

Novamente, a equação de projeto foi escrita em termos de uma única variável de composição, neste caso $x_A$. Isto permite que a equação de projeto seja integrada.

*Extensão da reação*

A extensão da reação $\xi$ também pode ser usada para descrever a composição do sistema, como mostrado na Tabela 4-8.

**Tabela 4-8** Tabela Estequiométrica para a Reação (4-A) Usando Todo o Reator Batelada como um Volume de Controle e Usando a Extensão da Reação $\xi$ como a Variável de Composição

| Espécie | Número de mols inicial em $t = 0$ | Número de mols em $t = t$ |
|---|---|---|
| A | $N_{A0}$ | $N_{A0} - \xi$ |
| B | $N_{B0}$ | $N_{B0} - 2\xi$ |
| C | $N_{C0}$ | $N_{C0} + 3\xi$ |
| D | $N_{D0}$ | $N_{D0} + \xi$ |

A extensão da reação é uma forma conveniente para descrever a composição de um sistema reativo, mesmo quando o volume não é constante. Além disto, ela é provavelmente a forma mais fácil de descrever a composição de um sistema quando mais de uma reação está ocorrendo. Veremos isto no Capítulo 7, que lida com reações múltiplas.

Usando os resultados da última coluna desta tabela, a Equação (4-6) pode ser escrita na forma

$$V\frac{d\xi}{dt} = k(N_{A0} - \xi)^2(N_{B0} - 2\xi)(N_{D0} + \xi)^{-1} \tag{4-9}$$

A Equação (4-9) é válida tanto para sistemas com volume constante quanto com volume variável. Entretanto, se o volume do sistema variar, $V$ tem que ser conhecido como uma função de $t$ ou $\xi$. Se $V$ for constante, a Equação (4-9) pode ser integrada.

***Resolvendo a Equação de Projeto*** As Equações (4-7)–(4-9) são formas equivalentes da equação de projeto para um reator batelada ideal a volume constante. A única diferença entre elas são as três variáveis diferentes, $C_A$, $x_A$ e $\xi$, que foram usadas para descrever a composição do sistema em qualquer tempo.

O tempo e as variáveis de composição são separáveis nas Equações (4-7)–(4-9). Se a constante de taxa $k$ for constante, ou se ela puder ser escrita como uma função do tempo ou da composição, a equação pode ser integrada diretamente.

A integração da equação de projeto será ilustrada trabalhando-se com a Equação (4-7). Entretanto, você deve se convencer de que as mesmas operações podem ser efetuadas partindo-se das Equações (4-8) e (4-9) e de que os mesmos resultados são obtidos.

A Equação (4-7) pode ser rearranjada e integrada simbolicamente fornecendo

$$\int_{C_{A0}}^{C_A} \frac{(\delta - C_A)dC_A}{C_A^2(\beta + 2C_A)} = -\int_0^t k\,dt \tag{4-10}$$

onde

$$\beta = (C_{B0} - 2C_{A0}) \tag{4-10a}$$

$$\delta = (C_{D0} + C_{A0}) \tag{4-10b}$$

O lado esquerdo da Equação (4-10) pode ser integrado usando uma tabela de integrais.

$$\left[\frac{-\delta(C_{A0}-C_A)}{\beta C_A C_{A0}}+\frac{(2\delta+\beta)}{\beta^2}\ln\frac{C_{A0}(\beta+2C_A)}{C_A(\beta+2C_{A0})}\right]=-\int_0^t k\mathrm{d}t \tag{4-11}$$

*Se o reator for isotérmico*, $k$ não varia com o tempo e a Equação (4-11) se torna

$$\left[\frac{-\delta(C_{A0}-C_A)}{\beta C_A C_{A0}}+\frac{(2\delta+\beta)}{\beta^2}\ln\frac{C_{A0}(\beta+2C_A)}{C_A(\beta+2C_{A0})}\right]=-kt \tag{4-12}$$

Os problemas a seguir ilustram o uso das Equações (4-11) e (4-12).

## EXEMPLO 4-2

***Uso da Equação de Projeto para um Reator Batelada Ideal; Reação (4-A) na Fase Líquida***

Considere a Reação (4-A) ocorrendo na fase líquida em um reator batelada ideal. A equação de taxa é dada pela Equação (4-5). A 350 K, o valor da constante de taxa é $k$ = 1,05 l/(mol h). A energia de ativação da reação é de 100 kJ/mol. As concentrações iniciais são $C_{A0}$ = 1,0 gmol/l; $C_{B0}$ = 4,0 gmol/l; $C_{C0}$ = 0 gmol/l e $C_{D0}$ = 1,0 gmol/l. Os valores de $\beta$ e $\delta$ são, com base nas Equações (4-10a) e (4-10b),

$$\beta = (C_{B0} - 2C_{A0}) = 2 \text{ gmol/l};\ \delta = (C_{D0} + C_{A0}) = 2 \text{ gmol/l}$$

Desprezaremos qualquer reação que ocorra enquanto a carga inicial é adicionada no reator, e enquanto o reator e seu conteúdo são aquecidos até a temperatura de reação. Em uma situação real, estas suposições deverão ser examinadas com cuidado.

**Parte A: Quanto tempo é necessário para a concentração de A atingir 0,10 mol/l, com o reator operando isotermicamente a 350 K? Qual é a concentração de *C* neste instante?**

*ANÁLISE*

Estas duas perguntas são independentes. O tempo $t$ necessário para se atingir $C_A$ = 0,10 mol/l é a única incógnita na Equação (4-12) e pode ser calculado com a substituição dos valores conhecidos de $C_{A0}$, $C_A$, $\beta$, $\delta$ e $k$ nesta equação. A concentração de $C$ quando $C_A$ = 0,10 mol/l pode ser obtida a partir da estequiometria, sem a necessidade de se conhecer o valor de $t$. O valor de $C_C$ pode ser calculado com a expressão para $C_C$ na tabela estequiométrica, Tabela 4-5.

*SOLUÇÃO*

A substituição de $C_A$ = 0,10 mol/l na Equação (4-10) fornece $kt$ = 6,5 l/mol. Para $k$ = 1,05 l/(mol h), $t$ = 6,1 h. Da Tabela 4-5, $C_C = C_{C0} + 3(C_{A0} - C_A) = 0 + 3(1{,}0 - 0{,}10)$ (mol/l) = 2,70 mol/l.

**Parte B: O reator será operado isotermicamente a 350 K. A concentração de A no produto final tem que ser menor do que 0,20 mol/l e a massa molecular de *C* é igual a 125. Uma média de 16 h entre bateladas é necessária para esvaziar e limpar o reator, e prepará-lo para a próxima batelada. Qual deve ser o tamanho do reator para uma produção anual de 200.000 kg de *C* (com 8000 h por ano de operação)?**

*ANÁLISE*

O tempo de reação necessário para atingir $C_A$ = 0,20 mol/l pode ser calculado substituindo-se os valores conhecidos na Equação (4-12). O tempo total de batelada é 16 h mais o tempo de reação calculado. Então o número de bateladas por ano pode ser calculado pela divisão do tempo total disponível em um ano (8000 h neste caso) pelo tempo necessário para uma batelada. A concentração de $C$ ao final da reação pode ser calculada com base na estequiometria. Finalmente, o volume do reator necessário pode ser calculado a partir desta concentração, do número de bateladas por ano e da taxa de produção anual.

*SOLUÇÃO*

A substituição de $C_A$ = 0,20 mol/l na Equação (4-12) fornece $kt$ = 5,65 l/(mol h). Para $k$ = 1,05 l/(mol h), $t$ = 5,4 h. Consequentemente, o tempo total de batelada é $t_{tot}$ = 16 + 5,4 = 21,4 h. O número de bateladas por ano é: bateladas/ano = 8000 (h/ano)/21,4(h/batelada) = 374 (bateladas/ano). Seja o volume de trabalho no interior do reator $V$. Da tabela estequiométrica (Tabela 4-5), para $C_A$ = 0,20 mol/l; $C_C$ = 2,40 mol/l. A quantidade de $C$ produzida por batelada = $V$ (l) × 2,40 (mol $C$/l). A produção anual de $C$ = 374 (bateladas/ano) × 2,40 $V$ (gmol/batelada) × 125 (g/gmol) / 1000 (g/kg) = 112 $V$ (kg/ano) = 200.000 (kg/ano). Consequentemente, $V$ = 1780 l.

**Parte C: A produção anual de $C$ tem que ser 200.000 kg e a concentração final de A tem que ser 0,20 mol/l ou menor. O único reator disponível tem um volume de trabalho de 1500 l. Em qual temperatura o reator deve operar, se ele for operado isotermicamente? A energia de ativação da reação é de 100.000 J/mol. Novamente, uma média de 16 h entre bateladas é necessária para esvaziar e limpar o reator, e prepará-lo para a próxima batelada.**

*ANÁLISE*

A concentração de $C$ quando $C_A = 0{,}20$ mol/l pode ser calculada a partir da estequiometria. O tempo total admissível para a batelada ($t_{tot}$) pode ser calculado com base na produção anual. O tempo de *reação* admissível $t_{reação}$ é $t_{tot} - 16$. Um valor de $kt_{reação}$ pode ser calculado com a Equação (4-12), pois o reator é isotérmico e o valor final de $C_A$ (0,20 mol/l) é conhecido. Como $t_{reação}$ é conhecido, o valor necessário de $k$ pode ser calculado. A expressão de Arrhenius pode então ser usada para calcular a temperatura requerida para produzir o valor determinado da constante de taxa $k$.

*SOLUÇÃO*

Da tabela estequiométrica (Tabela 4-5), $C_C = C_{C0} + 3(C_{A0} - C_A) = 0 + 3(1{,}0 - 0{,}20) = 2{,}40$ mol/l. A produção anual de $C$ (mol/ano) = 200.000 (kg/ano) × 1000 (g/kg) / 125 (g/mol) = 1500 (l) × 2,40 (mol/l) × 8000 (h/ano) / $t_{tot}$ (h). Consequentemente, $t_{tot} = 18{,}0$ h. O tempo de reação admissível é $t_{reação} = 18{,}0 - 16{,}0 = 2{,}0$ h. Da Equação (4-12), para $C_A = 0{,}20$ mol/l, $kt = 5{,}65$ l/mol. Consequentemente, $k = 5{,}65$ (l/mol) / 2,0 (h) = 2,83 l/(mol h). De acordo com a relação de Arrhenius,

$$\frac{k(T)}{k(350\,\text{K})} = \exp\left\{-\frac{E}{R}\left(\frac{1}{T} - \frac{1}{350}\right)\right\} = \frac{2{,}83}{1{,}05} = 2{,}69$$

Aplicando o log natural em ambos os lados

$$-\frac{E}{R}\left(\frac{1}{T} - \frac{1}{350}\right) = 0{,}990$$

Para $E = 100.000$ J/mol e $R = 8{,}314$ J/(mol K), $T = 360$ K.

## EXERCÍCIO 4-2

Quais preocupações poderiam estar presentes com a operação do reator a uma temperatura mais elevada?

**Parte D: Qual será a concentração de A se o reator for operado isotermicamente a 350 K por 12 h?**

*ANÁLISE*

Como o reator é isotérmico, a Equação (4-12) ainda é válida. O valor de $k$ é conhecido e o valor de $t$ é especificado. Consequentemente, a Equação (4-12) por ser resolvida para $C_A$.

*SOLUÇÃO*

O valor de $kt$ é 12 (h) × 1,05 (l/(mol h)) = 12, 6 (l/mol). A solução da Equação (4-12) é um problema de "tentativa e erro" que pode ser resolvido de várias formas. Por exemplo, o valor do lado esquerdo da Equação (4-12) pode ser calculado para vários valores de $C_A$ em uma faixa que envolva o valor de −12,6 (l/mol). O valor desejado de $C_A$ pode ser então encontrado por interpolação, gráfica ou numérica. Uma abordagem mais simples é usar a função GOALSEEK, que é uma "Ferramenta" no aplicativo de planilhas Microsoft Excel. GOALSEEK é uma técnica de procura de raízes, isto é, ela encontra o valor de uma variável ($C_A$ neste caso) que torna uma função específica desta variável igual a zero. Neste caso, queremos fazer a função

$$f(C_A) = \left[\frac{-\delta(C_{A0} - C_A)}{\beta C_A C_{A0}} + \frac{(2\delta + \beta)}{\beta^2}\ln\frac{C_{A0}(\beta + 2C_A)}{C_A(\beta + 2C_{A0})}\right] + kt$$

igual a zero. O uso do GOALSEEK para determinar o valor de $C_A$ que torna esta função igual a zero fornece $C_A = 0{,}059$ (mol/l).

**Parte E: A temperatura inicial do reator é de 350 K. Calor é adicionado ao reator de tal forma que sua temperatura aumenta linearmente a uma taxa de 10 K/h. Qual é a concentração de A após 5,0 h de operação?**

***ANÁLISE***

Como o reator não é isotérmico, a Equação (4-12) não é válida. Isto ocorre, pois foi considerada condição isotérmica ($k$ = constante) quando o lado direito da Equação (4-11) foi integrado. Para resolver este problema, integraremos numericamente o lado direito da Equação (4-11), levando em conta a variação de $k$ com a temperatura e, consequentemente, com o tempo. Então usaremos o GOALSEEK para determinar o valor de $C_A$ que torna o lado esquerdo da Equação (4-11) igual ao valor de $\int_0^t k dt$ resultante da integração numérica.

Para calcular os valores da constante de taxa $k$ em vários tempos, temos que primeiramente calcular a temperatura em vários tempos. Isto pode ser feito com a relação entre temperatura e tempo que é dada no enunciado do problema, isto é, $T = 350 + 10t$, com $T$ em Kelvin e $t$ em horas. A relação de Arrhenius então pode ser usada para calcular a constante de taxa em cada tempo.

***SOLUÇÃO***

A integração numérica de $kdt$, de $t = 0$ ($T$ = 350 K) até $t$ = 5 h ($T$ = 400 K), é mostrada na planilha identificada como Tabela 4-9.

**Tabela 4-9** Exemplo 4-2, Parte E — Integração Numérica do Lado Direito da Equação (4-11)

| Tempo (h) | Temperatura (K) | Constante de taxa, $k$ (l/(mol h)) | Fator | Fator × $k$ |
|---|---|---|---|---|
| 0,0 | 350 | 1,050 | 1 | 1,050 |
| 0,5 | 355 | 1,704 | 4 | 6,815 |
| 1,0 | 360 | 2,728 | 2 | 5,455 |
| 1,5 | 365 | 4,311 | 4 | 17,242 |
| 2,0 | 370 | 6,729 | 2 | 13,457 |
| 2,5 | 375 | 10,379 | 4 | 41,517 |
| 3,0 | 380 | 15,829 | 2 | 31,658 |
| 3,5 | 385 | 23,877 | 4 | 95,509 |
| 4,0 | 390 | 35,639 | 2 | 71,279 |
| 4,5 | 395 | 52,659 | 4 | 210,637 |
| 5,0 | 400 | 77,051 | 1 | 77,051 |
| | | | | Soma = 571,670 |

O valor de $\int_0^t k dt$ é obtido por integração numérica, usando a Regra do Um Terço de Simpson. Os "fatores" na Tabela 4-9 são específicos para esta regra. O valor de $\int_0^t k dt$ é dado pela soma da coluna (fator × $k$) multiplicada pelo intervalo de $\Delta t$, isto é, 0,50 h, dividida por 3. Desta forma, $\int_0^t k dt = 572 \times 0{,}50/3 = 95{,}3$. Usando o GOALSEEK para encontrar o valor de $C_A$ que satisfaz a Equação (4-11) para $\int_0^t k dt = 95{,}3$, obtém-se $C_A = 9{,}8 \times 10^{-3}$ mol/l.

*Nota importante*: Ao fazer uma integração numérica, o intervalo (ou tamanho do passo) tem que ser pequeno o suficiente de modo que o valor da integral não dependa do valor do intervalo. Para este exemplo, o valor de $\Delta t$ deve ser pequeno o suficiente para que o valor calculado de $\int_0^t k dt$ seja independente de $\Delta t$.

## EXERCÍCIO 4-3

Seja $\Delta t$ = 0,25 h em vez de 0,50 h. Qual é o valor de $\int_0^t k dt$ para este intervalo menor? O valor da integral na tabela anterior é independente do tamanho do passo?

### 4.1.1.3 Discussão Geral: Sistemas com Volume Variável

Não é comum para um engenheiro químico encontrar um reator batelada com volume variável. Isto requereria que uma reação em fase gasosa fosse conduzida em um vaso cujas dimensões variassem com o tempo. Um exemplo importante de tal sistema é o cilindro de um motor de automóvel. Em um carro com motor de combustão, ar é insuflado no interior do cilindro quando o pistão se move para baixo. O ar é comprimido quando o pistão sobe e combustível é injetado quando o pistão se aproxima do topo do seu curso. Uma vela produz a ignição quando o pistão está próximo ao ponto superior. A reação de combustão então impulsiona o pistão para baixo, produzindo trabalho, que é transferido para o eixo de manivelas. Finalmente, os produtos da combustão são descarregados do cilindro quando o pistão sobe novamente para completar o ciclo. Dependendo da razão de compressão do motor, o volume no qual as reações de combustão ocorrem varia em um fator de aproximadamente 10 quando o cilindro se move do topo do seu curso, quando a vela faz a ignição, até a base do seu curso, onde as reações de combustão estão essencialmente completas.

Um exemplo de um reator batelada com volume variável é tratado a seguir. Este exemplo introduzirá a metodologia que será necessária mais tarde para reatores com escoamento, com massa específica variável.

## EXEMPLO 4-3

Considere a reação de decomposição em fase gasosa,

$$A \rightarrow B + C + 2D \tag{4-B}$$

Esta reação ocorre em reator batelada de volume variável *a pressão total constante*.

Se a pressão é constante, o volume do reator pode variar em função (1) da mudança do número de mols no reator na medida em que a reação avança, e/ou (2) da variação da temperatura com o progresso da reação. Estes dois fenômenos ocorrem no motor de automóvel. Há um aumento do número de mols no cilindro na medida em que o combustível é queimado e a temperatura dos gases de combustão aumenta porque o calor não é removido através das paredes do cilindro tão rapidamente quanto é "produzido" pela combustão.

No presente exemplo, ignoraremos qualquer variação de temperatura e consideraremos que o reator é isotérmico.

A equação de taxa para a Reação (4-B) é

$$-r_A = kC_A/(1 + K_AC_A) \tag{4-13}$$

O volume inicial do reator é $V_0$ e estão presentes inicialmente no reator $N_{A0}$ mols de A, $N_{I0}$ mols de um gás inerte e $N_{D0}$ mols de D. Inicialmente não há B e C no reator, de modo que $N_{B0} = N_{C0} = 0$. A soma de $N_{A0}$, $N_{I0}$ e $N_{D0}$ será representada por $N_{T0}$. Admitiremos que a mistura obedece as leis de gás ideal ao longo de todo curso da reação.

**Parte A: Deduza uma relação entre a composição da mistura gasosa e o tempo.**

***ANÁLISE***

É mais conveniente resolver problemas de volume variável (massa específica variável) em termos da conversão $x_A$ ou da extensão da reação $\xi$. A solução do presente problema é desenvolvida usando a conversão. Tenha certeza de que você possa resolver o problema usando a extensão da reação.

Primeiramente, a tabela estequiométrica será construída para ajudar na "escrituração molecular". Usando a tabela estequiométrica, as variáveis $C_A$, $N_A$ e $V$ podem ser escritas como funções de $x_A$. Finalmente, a equação de projeto para um reator batelada ideal pode ser escrita e integrada para fornecer a relação desejada entre $x_A$ e $t$. Se $x_A$ for conhecida, a composição completa da mistura gasosa pode ser calculada usando as relações da tabela estequiométrica.

***SOLUÇÃO***

A Tabela 4-10 é a tabela estequiométrica para este problema.

**Tabela 4-10** Tabela Estequiométrica para a Reação (4-B) Usando Todo o Reator Batelada como um Volume de Controle e Usando a Conversão do Reagente A, $x_A$, como a Variável de Composição

| Espécie | Número de mols inicial em $t = 0$ | Número de mols em $t = t$ |
|---|---|---|
| A | $N_{A0}$ | $N_{A0}(1 - x_A)$ $(=N_A)$ |
| B | 0 | $N_{A0}x_A$ $(=N_B)$ |
| C | 0 | $N_{A0}x_A$ $(=N_C)$ |
| D | $N_{D0}$ | $N_{D0} + 2N_{A0}x_A$ $(=N_D)$ |
| Inerte (I) | $N_{I0}$ | $N_{I0}$ |
| Total | $N_{A0} + N_{D0} + N_{I0}$ $(=N_{T0})$ | $N_{T0} + 3N_{A0}x_A$ $(=N_T)$ |

Observe que o gás inerte está presente na tabela estequiométrica e que a linha "Total" também foi incluída. A linha "Total" não foi necessária para resolver problemas com volume constante. Contudo, esta linha é essencial em problemas com volume variável (massa específica variável).

Usando a tabela anterior, podemos escrever a fração molar de qualquer espécie e o volume do sistema em qualquer tempo em termos da conversão. Por exemplo, a fração molar de D, $y_D$, é dada pelos mols de D divididos pelo número total de mols, isto é,

$$y_D = \frac{N_D}{N_T} = \frac{N_{D0} + 2N_{A0}x_A}{N_{T0} + 3N_{A0}x_A} = \frac{y_{D0} + 2y_{A0}x_A}{1 + 3y_{A0}x_A}$$

onde $y_{A0}$, a fração molar de A inicial, é igual a $N_{A0}/N_{T0}$, e $y_{D0}$, a fração molar de D inicial, é igual a $N_{D0}/N_{T0}$. Analogamente,

$$y_A = \frac{N_A}{N_T} = \frac{N_{A0}(1 - x_A)}{N_{T0} + 3N_{A0}x_A} = \frac{y_{A0}(1 - x_A)}{1 + 3y_{A0}x_A}$$

Para um gás ideal,[2]

$$C_A = \frac{Py_A}{RT} = \left(\frac{Py_{A0}}{RT}\right)\frac{(1 - x_A)}{(1 + 3y_{A0}x_A)} = C_{A0}\left(\frac{1 - x_A}{1 + 3y_{A0}x_A}\right)$$

Para um gás ideal à temperatura e pressão constantes, $V/V_0 = N_T/N_{T0}$. Consequentemente,

$$V = V_0\frac{(N_{T0} + 3N_{A0}x_A)}{N_{T0}} = V_0(1 + 3y_{A0}x_A) \tag{4-14}$$

A equação de projeto para um reator batelada ideal é

$$\frac{1}{V}\frac{dN_i}{dt} = r_i \tag{3-5}$$

Escrevendo esta equação para o reagente A e substituindo na Equação (4-13), obtém-se

$$-\frac{1}{V}\frac{dN_A}{dt} = \frac{kC_A}{(1 + K_AC_A)}$$

O volume $V$ é escrito em termos de $x_A$ usando a Equação (4-14). A expressão para $N_A$ na tabela estequiométrica pode ser diferenciada fornecendo $dN_A = -N_{A0}dx_A$. A concentração de A para um gás ideal é $C_A = Py_A/RT$, onde $P$ é a pressão total. Estas substituições transformam a equação anterior em

$$\frac{N_{T0}}{V_0}\frac{dx_A}{dt} = \frac{k\left(\frac{P}{RT}\right)(1 - x_A)}{1 + K_A\left(\frac{P}{RT}\right)\left(\frac{y_{A0}(1 - x_A)}{1 + 3y_{A0}x_A}\right)}$$

Rearranjando e usando a relação $N_{T0} = PV_0/(RT)$, obtém-se

$$\frac{dx_A}{(1 - x_A)} + \left(\frac{y_{A0}K_AP}{RT}\right)\frac{dx_A}{(1 + 3y_{A0}x_A)} = kdt$$

[2]As leis do gás ideal serão usadas com frequência ao longo deste texto, principalmente por razões de simplicidade conceitual e algébrica. A suposição de comportamento de gás ideal permite focar maior atenção nos conceitos da engenharia de reações, à custa do comportamento do gás real. A equação do gás ideal, $PV = nRT$ é somente uma das muitas equações de estado. Se a equação do gás ideal não for válida, alguma outra equação de estado (válida) poderia ser usada para expressar a concentração $C_A$. Por exemplo, usando a equação de estado do fator de compressibilidade, $C_A = p_A/(ZRT)$. Nesta equação, $Z$ é o fator de compressibilidade. Se a temperatura, a pressão e a composição de uma mistura não variar significativamente enquanto a reação ocorre, o valor de $Z$ não mudará significativamente. Entretanto, se $Z$ varia, sua variação tem que ser levada em conta, tornando a solução do problema mais complicada do que se a equação do gás ideal fosse válida.

A integração desta expressão de $x_A = 0$ e $t = 0$ até $x_A = x_A$ e $t = t$, para um reator isotérmico, fornece

$$-\ln(1 - x_A) + \left(\frac{K_A P}{3RT}\right)\ln(1 + 3y_{A0}x_A) = kt \qquad (4\text{-}15)$$

Esta é a relação entre composição e tempo que foi solicitada no enunciado do problema.

**Parte B: Suponha que $y_{A0} = 1{,}0$; $(K_A P/(RT)) = 1{,}5$ e $k = 0{,}010\ \text{min}^{-1}$. Quanto tempo é necessário para a conversão de A atingir 50%?**

*ANÁLISE* O tempo necessário para atingir $x_A = 0{,}50$ pode ser calculado com a substituição dos valores conhecidos de $x_A$, $y_{A0}$, $(K_A P/(RT))$ e $k$ na Equação (4-15).

*SOLUÇÃO* A substituição de $x_A = 0{,}50$; $y_{A0} = 1{,}0$; $(K_A P/(RT)) = 1{,}5$ e $k = 0{,}010\ \text{min}^{-1}$ na Equação (4-15) fornece $t = 115$ min.

## EXERCÍCIO 4-4

Suponha que a reação seja A → B em vez da Reação (4-B). Todos os outros parâmetros do problema permanecem os mesmos. Em um dado tempo, a conversão de A será maior, a mesma ou menor para A → B do que para a Reação (4-B)? Primeiramente use argumentos qualitativos e físicos para responder a esta pergunta. Explique com palavras como você chegou a sua resposta. Então, deduza a equação equivalente à Equação (4-15) para A → B. Tome os valores de $(K_A P/(RT))$, $y_{A0}$ e $kt$ que são dados anteriormente. Calcule $x_A$ com a sua nova equação e compare com $x_A = 0{,}50$. Se a sua análise qualitativa não estiver correta, identifique a falha em sua argumentação e reformule a sua resposta.

### 4.1.2 Reatores Contínuos

Como observado no Capítulo 3, reatores contínuos são usados para a produção dos maiores volumes de produtos químicos, combustíveis e polímeros.

Para muitas reações, o número de mols dos produtos é diferente do número de mols dos reagentes. Polimerizações são exemplos extremos de reações com grandes variações no número de mols. Uma única molécula de polímero pode conter uma quantidade tão grande como 10.000 moléculas de monômero. A estequiometria de uma reação de polimerização por adição (poliadição) de cadeia pode ser representada por

$$n\text{M} \rightarrow -(\text{M})_{\overline{n}}$$

onde M é o monômero que está sendo polimerizado e "$n$" é o número de unidades de monômero na molécula do polímero. Por exemplo, M pode representar o monômero etileno ($C_2H_4$), com massa molecular 28. Se a massa molecular média do polímero sendo produzido fosse 200.000, o valor médio de "$n$" seria aproximadamente 7000. Um reator comercial para produzir poliolefinas como o polietileno é mostrado na Figura 4-2.

O dimensionamento e a análise de reatores contínuos podem ser particularmente desafiadores quando há uma variação no número de mols na reação. Para reações em fase gasosa, uma variação no número de mols leva a uma variação na massa específica do sistema. Em outras palavras, o volume ocupado por uma dada massa de gás variará com o progresso da reação se houver uma variação líquida no número de mols com este progresso. O tratamento de reatores contínuos nos quais a massa específica varia é análogo ao tratamento de reatores batelada com volume variável.

Iniciaremos a discussão de reatores contínuos com o CSRT ideal, primeiramente como um exemplo com massa específica constante e depois com um exemplo com massa específica variável. Então o PFR ideal será tratado, para um caso com massa específica constante e depois com um caso de massa específica variável. Para ressaltar as diferenças entre sistemas com massa específica constante e variável, e as diferenças entre como são tratados os diferentes reatores, toda nossa análise será baseada na Reação (4-B) e na equação de taxa dada pela Equação (4-13).

**Figura 4-2** Um reator Unipol® para a produção de poliolefinas como polietileno e polipropileno. Este reator de leito fluidizado opera continuamente em estado estacionário por longos períodos de tempo. A alimentação é uma olefina ou uma mistura de olefinas, um hidrocarboneto inerte e hidrogênio. Um catalisador sólido é usado para aumentar a taxa da reação de polimerização. O catalisador é alimentado continuamente ou semicontinuamente e é removido continuamente em conjunto com o polímero. Olefina não reagida, o hidrocarboneto inerte e hidrogênio são separados do polímero e reciclados. (Foto, The Lamp, Primavera 2002.)

#### 4.1.2.1 Reatores de Mistura em Tanque (CSTRs)

*Sistemas com Massa Específica Constante*

## EXEMPLO 4-4

***Decomposição de A em Fase Líquida em um CSTR***

Suponha que a reação de decomposição irreversível

$$A \rightarrow B + C + 2D \quad \text{(4-B)}$$

esteja ocorrendo na *fase líquida* em um CSTR ideal operando em estado estacionário. Como a reação ocorre em fase líquida, massa específica constante pode ser considerada. No estado estacionário, a vazão mássica da alimentação do reator e a vazão mássica do efluente do reator têm que ser as mesmas. Consequentemente, se a massa específica for constante, a vazão volumétrica na alimentação $v_0$ tem que ser igual a vazão volumétrica na saída $v$. Isto é verdade para *qualquer* reator com escoamento operando em estado estacionário.

A Reação (4-B) obedece à equação de taxa

$$-r_A = kC_A/(1 + K_A C_A) \quad \text{(4-13)}$$

O valor de $k$ é de 8,6 h$^{-1}$ e o valor de $K_A$ de 0,50 l/mol A. A alimentação do CSTR é uma mistura de A e um solvente inerte I. A concentração de A na alimentação ($C_{A0}$) é igual a 0,75 mol/l. Não há B, C ou D na alimentação. A vazão volumétrica na alimentação ($v_0$) é de 1000 l/h.

Qual volume de reator é necessário para que a taxa de produção líquida de D seja no mínimo 1200 mol/h? (A taxa de produção líquida é a taxa na qual o produto deixa o reator menos a taxa na qual ele entra no reator.)

***ANÁLISE***

Primeiramente, a conversão de A no efluente do CSTR será calculada a partir da taxa de produção de D especificada e da estequiometria da reação. Uma tabela estequiométrica será construída para facilitar este cálculo. Em seguida, a equação de projeto para o CSTR será resolvida para determinar o volume requerido, usando a conversão calculada.

*SOLUÇÃO* Em primeiro lugar, construa uma tabela estequiométrica (Tabela 4-11). Em vez de trabalhar *propriamente* com mols, como no caso de reatores batelada, tabelas estequiométricas para reatores com escoamento em estado estacionário devem ser construídas em termos de *vazões molares*. Para um CSTR, a segunda coluna contém as vazoes molares de *entrada* e a terceira coluna contém as vazoes molares no *efluente* do reator.

**Tabela 4-11** Tabela Estequiométrica para a Reação (4-B) em um CSTR Ideal Usando a Conversão do Reagente A, $x_A$, como a Variável de Composição

| Espécie | Vazão molar na alimentação (mol/tempo) | Vazão molar no efluente (mol/tempo) |
|---|---|---|
| A | $F_{A0}$ | $F_{A0}(1 - xA)\ (=F_A)$ |
| B | 0 | $F_{A0}x_A\ (=F_B)$ |
| C | 0 | $F_{A0}x_A\ (=F_C)$ |
| D | 0 | $2F_{A0}x_A\ (=F_D)$ |
| Inerte (I) | $F_{I0}$ | $F_{I0}$ |

A conversão é dada por

$$x_A = (F_{A0} - F_A)/F_{A0}$$

O valor de $F_{A0}$ é $v_0C_{A0}$ = 1000 (l/h) × 0,75 (mol A/l) = 750 mol A/h. A taxa de produção líquida de D ($F_D - F_{D0}$) é de 1200 mol/h. Como $F_{D0} = 0$; $F_D$ = 1200 mol/h. Da tabela estequiométrica, $F_D = 2F_{A0}x_A$. Consequentemente,

$$x_A = \frac{F_D}{2F_{A0}} = \frac{1200}{2 \times 750} = 0{,}80$$

Lembrando do Capítulo 3, a equação de projeto para um CSTR ideal com uma reação homogênea ocorrendo é

$$\frac{V}{F_{A0}} = \frac{x_A}{-r_A} \quad (3\text{-}17)$$

A substituição da expressão para $-r_A$ (Equação (4-13)) fornece

$$\frac{V}{F_{A0}} = \frac{x_A(1 + K_A C_A)}{kC_A} \quad (4\text{-}16)$$

Neste ponto, $x_A$ tem que ser escrita como uma função de $C_A$ ou $C_A$ tem que ser escrita como uma função de $x_A$. Alternativamente, tanto $x_A$ quanto $C_A$ podem ser escritos como funções da extensão da reação $\xi$. Todas as três alternativas funcionam igualmente bem neste problema. Aqui, usaremos $x_A$ para descrever a composição do sistema. Como a massa específica é constante $C_A = F_A/v$ e $C_{A0} = F_{A0}/v$. A partir da tabela estequiométrica, $F_A = F_{A0}(1 - x_A)$. Dividindo os dois lados desta equação por $v$,

$$\frac{F_A}{v} = C_A = \frac{F_{A0}}{v}(1 - x_A) = C_{A0}(1 - x_A)$$

Consequentemente, a Equação (4-16) pode ser escrita na forma

$$\frac{V}{F_{A0}} = \frac{x_A[1 + K_A C_{A0}(1 - x_A)]}{kC_{A0}(1 - x_A)} \quad (4\text{-}17)$$

A substituição de $F_{A0}$ = 750 mol/h; $x_A$ = 0,80; $K_A$ = 0,50; $C_{A0}$ = 0,75 mol/l e $k = 8{,}6\ h^{-1}$ na equação anterior fornece $V$ = 500 l.

Quando a massa específica é constante, à vazão volumétrica na saída do CSTR ($\upsilon$) tem que ser igual à vazão volumétrica entrando no CSTR ($\upsilon_0$), em estado estacionário. A divisão de cada termo nas segunda e terceira colunas da Tabela 4-11 por $\upsilon$ (ou $\upsilon_0$) fornece os resultados mostrados na Tabela 4-12.

**Tabela 4-12** Tabela Estequiométrica para a Reação (4-B) em um CSTR Ideal Usando a Conversão do Reagente A, $x_A$, como a Variável de Composição (Massa Específica Constante)

| Espécie | Concentração na alimentação (mol/volume) | Concentração no efluente (mol/volume) |
|---|---|---|
| A | $C_{A0}$ | $C_A = C_{A0}(1 - x_A)$ |
| B | 0 | $C_B = C_{A0}x_A$ |
| C | 0 | $C_C = C_{A0}x_A$ |
| D | 0 | $C_d = 2C_{A0}x_A$ |
| Inerte (I) | $C_{I0}$ | $C_{I0}$ |

Como observado na discussão de reatores batelada ideais, como a massa específica é constante, poderíamos ter iniciado este problema pela construção de uma tabela estequiométrica baseada na concentração.

### *Sistemas com Massa Específica Variável (Volume Variável)*

## EXEMPLO 4-5

***Decomposição de A em Fase Gasosa em um CSTR***

A mesma reação

$$A \rightarrow B + C + 2D \tag{4-B}$$

está ocorrendo *na fase gasosa* em um CSTR ideal à pressão total constante. A equação da taxa é

$$-r_A = kC_A/(1 + K_AC_A) \tag{4-13}$$

O volume do CSTR é $V$. As vazões molares na entrada do reator são $F_{A0}$, $F_{I0}$ e $F_{D0}$. Não há B nem $C$ na alimentação do reator, isto é, $F_{B0} = F_{C0} = 0$. A soma de $F_{A0}$, $F_{I0}$ e $F_{D0}$ será representada por $F_{T0}$. A mistura gasosa obedece às leis do gás ideal. A alimentação está à temperatura absoluta $T_0$ e à pressão total $P_0$, e as concentrações de entrada de A, I e D, $C_{A0}$, $C_{I0}$ e $C_{D0}$, são conhecidas nestas condições de alimentação. O reator opera a uma temperatura conhecida $T$ e a uma pressão também conhecida $P$.

**Parte A: Deduza uma relação entre a composição da mistura gasosa deixando o reator e o parâmetro ($V/F_{A0}$), para um CSTR ideal.**

***ANÁLISE***

A solução para este problema será desenvolvida usando a conversão $x_A$ como a variável de composição. Esteja seguro que você seja capaz de resolver o problema usando a extensão da reação $\xi$. Em primeiro lugar, uma tabela estequiométrica (Tabela 4-13) será construída para expressar $C_A$ como uma função de $x_A$. Então a equação de projeto será resolvida para obter-se a relação solicitada entre ($V/F_{A0}$) e a composição da corrente deixando o reator.

***SOLUÇÃO***

A Tabela 4-13 é a tabela estequiométrica para este problema.

Observe a linha "Total" na tabela estequiométrica. Usando esta tabela, a fração molar de qualquer espécie no efluente pode ser escrita em termos da conversão. Por exemplo, a fração molar de A no efluente $y_A$ é a vazão molar de A no efluente dividida pela vazão molar *total* no efluente, isto é,

$$y_A = \frac{F_{A0}(1 - x_A)}{F_{T0} + 3F_{A0}x_A} = \frac{y_{A0}(1 - x_A)}{1 + 3y_{A0}x_A}$$

**Tabela 4-13** Tabela Estequiométrica para a Reação (4-B) em um CSTR Ideal Usando a Conversão do Reagente A, $x_A$, como a Variável de Composição (Massa Específica Variável)

| Espécie | Vazão molar na alimentação (mol/volume) | Vazão molar no efluente (mol/volume) |
|---|---|---|
| A | $F_{A0}$ | $F_{A0}(1 - x_A)$ |
| B | 0 | $F_{A0}x_A$ |
| C | 0 | $F_{A0}x_A$ |
| D | $F_{D0}$ | $F_{A0}x_A + 2F_{A0}x_A$ |
| Inerte (I) | $F_{I0}$ | $F_{I0}$ |
| Total | $F_{A0} + F_{D0} + F_{I0} (= F_{T0})$ | $F_{T0} + 3F_{A0}x_A$ |

onde $y_{A0}$ é a fração molar de A na alimentação $F_{A0}/F_{T0}$.

Como aprendemos no Capítulo 3, a composição do efluente de um CSTR ideal é igual à composição no interior do reator. Consequentemente, a expressão anterior para $y_A$ também fornece a fração molar de A *no reator*. Para um gás ideal, $C_A = Py_A/(RT)$ de tal forma que

$$C_A = \left(\frac{P}{RT}\right)\frac{y_{A0}(1 - x_A)}{(1 + 3y_{A0}x_A)}$$

A grandeza $(Py_{A0}/(RT))$ é a concentração de A na alimentação do CSTR, *se a alimentação estiver na temperatura e na pressão do reator*. Consequentemente,

$$C_A = C_{A0}\frac{(1 - x_A)}{(1 + 3y_{A0}x_A)} \tag{4-18}$$

onde $C_{A0} = Py_{A0}/(RT)$, e $P$ e $T$ são a pressão e a temperatura no CSTR.

A Equação (4-18) mostra que *dois* fenômenos contribuem para a diferença entre $C_{A0}$ e $C_A$: (1) consumo de A pela reação, e (2) diluição causada pelo aumento nos mols totais com o progresso da reação. Para a Reação (4-B), *à pressão constante*, a massa específica diminui na medida em que a reação ocorre, isto é, o volume ocupado por uma dada massa aumenta com o progresso da reação, porque o número de mols aumenta com este progresso. Isto dilui o A não reagido, diminuindo a sua concentração e a taxa de reação.

A equação de projeto para um CSTR ideal com uma reação homogênea ocorrendo é

$$\frac{V}{F_{A0}} = \frac{x_A}{-r_A} \tag{3-17}$$

Agora substituímos a Equação (4-18) na equação da taxa, Equação (4-13), e substituindo a expressão resultante na Equação (3-17), obtém-se

$$\frac{V}{F_{A0}} = \frac{x_A}{k}\left[\frac{RT}{y_{A0}P}\left\{\frac{1 + 3y_{A0}x_A}{1 - x_A}\right\} + K_A\right] \tag{4-19}$$

Esta é a relação solicitada pelo enunciado do problema. Compare-a com a Equação (4-17) para o caso de massa específica constante.

Agora suponha que a concentração da alimentação seja especificada em condições diferentes daquelas nas quais o reator opera. Por exemplo, a concentração da alimentação poderia ser dada em uma temperatura $T_0$ e em uma pressão $P_0$ que não são iguais a $T$ e $P$. Para evitar confusão, representaremos a concentração da alimentação nestas condições por $C_{A0}(T_0, P_0)$, enquanto a concentração da alimentação na temperatura e na pressão do CSTR é $C_{A0}$. Se a mistura na alimentação obedece às leis do gás ideal a $T$, $P$ e a $T_0$, $P_0$, então

$$C_{A0} = C_{A0}(T_0, P_0)\frac{P}{P_0}\frac{T_0}{T} \tag{4-20}$$

A substituição desta expressão na Equação (4-19) fornece

$$\frac{V}{F_{A0}} = \frac{x_A}{k}\left[\left(\frac{P_0 T}{P T_0}\right)\left\{\frac{1 + 3y_{A0}x_A}{C_{A0}(T_0, P_0)(1 - x_A)}\right\} + K_A\right]$$

Esta equação pode ser usada no lugar da Equação (4-19) se as concentrações na alimentação forem especificadas em condições diferentes da temperatura e da pressão do CSTR.

**Parte B: A Reação (4-B) está ocorrendo na fase gasosa em um CSTR ideal em estado estacionário. O reator opera a 400 K e 1 atm de pressão total. A alimentação entra no reator a 300 K e 1 atm de pressão total. O volume do reator é de 1000 l e a vazão molar de A na alimentação $F_{A0}$ é de 500 mol A/h. A fração molar de A na corrente de alimentação ($F_{AC}$) é 0,50. A taxa de reação é dada pela Equação (4-13), com $k$ = 45 h$^{-1}$ e $K_A$ = 50 l/mol A a 400 K. Qual é a conversão de A na corrente deixando o CSTR?**

*ANÁLISE*

O valor de $C_{A0}$ pode ser calculado a partir dos valores especificados de $y_{A0}$, $T$ e $P$. Então, a Equação (4-19) pode ser resolvida para determinar $x_A$.

*SOLUÇÃO*

$C_{A0} = (y_{A0}P/(RT))$ = 0,50 × 1,0 (atm)/(0,0821 (atm l/(mol K)) × 400 (K)) = 0,0152 (mol/l). A Equação (4-19) pode ser rearranjada para

$$x_A^2\left(\frac{3y_{A0}}{C_{A0}} - K_A\right) + x_A\left(K_A + \frac{1}{C_{A0}} + \frac{Vk}{F_{A0}}\right) - \frac{Vk}{F_{A0}} = 0$$

$$x_A^2(3\alpha y_{A0} - K_A) + x_A(\alpha + \beta + K_A) - \beta = 0$$

onde

$$\alpha = RT/y_{A0}P = 65{,}7 \text{ l/mol}$$

$$\beta = kV/F_{A0} = 90 \text{ l/mol}$$

Usando a fórmula quadrática

$$x_A = \frac{-(\alpha + \beta + K_A) \pm \sqrt{(\alpha + \beta + K_A)^2 + 4\beta(3\alpha y_{A0} - K_A)}}{2(3\alpha y_{A0} - K_A)}$$

A substituição dos valores de $\alpha$, $\beta$, $K_A$ e $y_{A0}$ fornece $x_A$ = 0,40. Escolhemos a solução com o sinal "+" na frente da raiz quadrada, pois $x_A$ tem que ser positiva.

### 4.1.2.2 Reatores de Escoamento Pistonado (PFRs)

***Sistemas com Massa Específica Constante (Volume Constante)***

## EXEMPLO 4-6

***Decomposição de A em Fase Líquida em um PFR***

Suponha que a Reação (4-B)

$$\text{A} \rightarrow \text{B} + \text{C} + 2\text{D} \tag{4-B}$$

esteja ocorrendo na *fase líquida* em um reator de escoamento pistonado (PFR) isotérmico e ideal, operando em estado estacionário. A reação obedece à equação de taxa

$$-r_A = kC_A/(1 + K_A C_A) \tag{4-13}$$

O valor de $k$ é de 8,6 h$^{-1}$ e o valor de $K_A$ de 0,50 l/mol A na temperatura de operação do reator. A alimentação do PFR é uma mistura de A e um solvente inerte I. A concentração de A na alimentação ($C_{A0}$) é igual a 0,75 mol/l. Não há B, C ou D na alimentação. A vazão volumétrica da alimentação

($v_0$) é de 1000 l/h. Qual volume de reator é necessário para que a taxa de produção líquida de D seja no mínimo 1200 mol/h? (*Nota*: Este problema é exatamente igual ao Exemplo 4-4, exceto pelo fato do reator ser um PFR em vez de um CSTR.)

***ANÁLISE*** Primeiramente, a conversão de A no efluente do PFR será calculada a partir da estequiometria. Então, esta conversão será usada para resolver a equação de projeto do PFR para obter o volume requerido. Novamente, uma tabela estequiométrica será usada para relacionar $C_A$ com $x_A$.

***SOLUÇÃO*** Como as vazões e concentrações de entrada são as mesmas do Exemplo 4-4 e a taxa de produção de D requerida também é a mesma, a conversão de A na corrente deixando o PFR tem também que ser a mesma, isto é, $x_A = 0{,}80$.

Lembrando do Capítulo 3, a equação de projeto para um PFR ideal com uma reação homogênea ocorrendo é, na forma integrada,

$$\frac{V}{F_{A0}} = \int_0^{x_A} \frac{dx_A}{-r_A} \tag{3-33}$$

A substituição da equação da taxa fornece

$$\frac{V}{F_{A0}} = \int_0^{x_{A,e}} \frac{[1 + K_A C_A]dx_A}{kC_A} \tag{4-21}$$

O símbolo $x_{A,e}$ representa a conversão de A no efluente do reator, isto é, $x_{A,e} = 0{,}80$.

Como no Exemplo 4-4, $C_A$ tem que ser escrita como uma função de $x_A$, com a ajuda da tabela estequiométrica (Tabela 4-14). Para um PFR, a última coluna na tabela estequiométrica conterá as vazões molares *em uma posição arbitrária na direção do escoamento*. As entradas resultantes serão válidas em cada ponto ao longo da direção do escoamento, incluindo a saída.

**Tabela 4-14** Tabela Estequiométrica para a Reação (4-B) em um PFR Ideal Usando a Conversão do Reagente A, $x_A$, como a Variável de Composição

| Espécie | Vazão molar na alimentação (mol/tempo) | Vazão molar (qualquer posição na direção do escoamento) (mol/tempo) |
|---|---|---|
| A | $F_{A0}$ | $F_{A0}(1 - x_A)\ (=F_A)$ |
| B | 0 | $F_{A0}x_A\ (=F_B)$ |
| C | 0 | $F_{A0}x_A\ (=F_C)$ |
| D | 0 | $2F_{A0}x_A\ (=F_D)$ |
| Inerte (I) | $F_{I0}$ | $F_{I0}$ |

Como a reação ocorre na fase líquida, a massa específica é constante. Consequentemente, a vazão volumétrica na entrada $v_0$ é igual à vazão volumétrica $v$ em todo ponto ao longo da direção do escoamento. Dividindo cada termo das segunda e terceira colunas da tabela anterior por $v$ obtemos os resultados apresentados na Tabela 4-15.

**Tabela 4-15** Tabela Estequiométrica para a Reação (4-B) em um PFR Ideal Usando a Conversão do Reagente A, $x_A$, como a Variável de Composição (Massa Específica Constante)

| Espécie | Concentração na alimentação (mol/volume) | Concentração (qualquer posição na direção do escoamento) (mol/volume) |
|---|---|---|
| A | $C_{A0}$ | $C_A = C_{A0}(1 - x_A)$ |
| B | 0 | $C_B = C_{A0}x_A$ |
| C | 0 | $C_C = C_{A0}x_A$ |
| D | 0 | $C_D = 2C_{A0}x_A$ |
| Inerte (I) | $C_{I0}$ | $C_{I0}$ |

Como $C_A = C_{A0}(1 - x_A)$, a Equação (4-21) pode ser escrita na forma

$$\frac{V}{F_{A0}} = \int_0^{x_{A,e}} \frac{[1 + K_A C_{A0}(1 - x_A)]dx_A}{kC_{A0}(1 - x_A)}$$

Esta equação pode ser rearranjada para

$$\frac{kC_{A0}V}{F_{A0}} = k\tau_0 = \int_0^{x_{A,e}} \frac{dx_A}{1 - x_A} + K_A C_{A0} \int_0^{x_{A,e}} dx_A$$

Os parâmetros $k$ e $K_A$ foram colocados fora da integral, pois o reator é isotérmico. Esta operação não seria legítima, se a temperatura não fosse a mesma em todo ponto no interior do reator.

Integrando,

$$k\tau = -\ln(1 - x_{A,e}) + K_A C_{A0} x_{A,e} \tag{4-22}$$

Para $C_{A0} = 0{,}75$ mol/l, $k = 8{,}6$ h$^{-1}$ e $K_A = 0{,}50$ l/mol; a solução da Equação (4-22) é $\tau = 0{,}22$ h. Como $\tau = V/v$ e $v = 1000$ l/h, $V = 220$ l. Este valor é significativamente menor em relação aos 500 l que são necessários para alcançar a mesma conversão com um CSTR.

## EXERCÍCIO 4-5

Explique em termos físicos por que a conversão é significativamente menor em um CSTR ($x_A = 0{,}80$) do que em um PFR ($x_A = 0{,}98$), ainda que a mesma reação com a mesma cinética esteja ocorrendo e os dois reatores tenham os mesmos volume, concentrações de entrada e vazões.

### *Sistemas com Massa Específica Variável (Volume Variável)*

## EXEMPLO 4-7

***Decomposição de A em Fase Gasosa em um PFR***

A mesma reação

$$A \rightarrow B + C + 2D \tag{4-B}$$

está ocorrendo *na fase gasosa* em um PFR isotérmico e ideal, à pressão total constante. A temperatura e a pressão do reator são $T$ e $P$, respectivamente. Nestas condições, a mistura gasosa obedece as leis do gás ideal. Novamente, a equação da taxa é

$$-rA = kC_A/(1 + K_A C_A) \tag{4-13}$$

O volume do PFR é $V$. As vazões molares entrando no reator são $F_{A0}$, $F_{I0}$ e $F_{D0}$. Não há B nem C na alimentação do reator, de tal forma que $F_{B0} = F_{C0} = 0$. A soma de $F_{A0}$, $F_{I0}$ e $F_{D0}$ é representada por $F_{T0}$. As concentrações de A, D e I na entrada são $C_{A0}$, $C_{D0}$ e $C_{I0}$, respectivamente.

**Parte A: Deduza uma relação entre a composição da mistura gasosa deixando o reator e ($V/F_{A0}$), para um PFR isotérmico ideal.**

***ANÁLISE***

A solução para este problema será desenvolvida usando a conversão $x_A$ como a variável de composição. Esteja seguro que você seja capaz de resolver o problema usando a extensão da reação $\xi$.

Em primeiro lugar, uma tabela estequiométrica será construída para expressar $C_A$ como uma função de $x_A$. Então a equação de projeto será resolvida para obter-se a relação solicitada entre ($V/F_{A0}$) e a composição da corrente deixando o reator.

*SOLUÇÃO* A tabela estequiométrica para este problema está na Tabela 4-16.

**Tabela 4-16** Tabela Estequiométrica para a Reação (4-B) em um PFR Ideal Usando a Conversão do Reagente A, $x_A$, como a Variável de Composição (Massa Específica Variável)

| Espécie | Vazão molar na alimentação (mol/tempo) | Vazão molar (qualquer posição na direção do escoamento) (mol/tempo) |
|---|---|---|
| A | $F_{A0}$ | $F_{A0}(1 - x_A)$ |
| B | 0 | $F_{A0}x_A$ |
| C | 0 | $F_{A0}x_A$ |
| D | $F_{D0}$ | $F_{A0}x_A + 2F_{A0}x_A$ |
| Inerte (I) | $F_{I0}$ | $F_{I0}$ |
| Total | $F_{A0} + F_{D0} + F_{I0} (=F_{T0})$ | $F_{T0} + 3F_{A0}x_A(=F_T)$ |

A fração molar de A, $y_A$, em qualquer posição no reator é dada pelos mols de A divididos pelo número total de mols, isto é,

$$y_A = \frac{F_{A0}(1 - x_A)}{F_{T0} + 3F_{A0}x_A} = \frac{y_{A0}(1 - x_A)}{1 + 3y_{A0}x_A}$$

onde $y_{A0}$ é a fração molar de A na alimentação $F_{A0}/F_{T0}$.

Para um gás ideal, $C_A = Py_A/(RT)$ e $C_{A0} = P_0 y_{A0}/(RT_0)$. Quando analisamos o CSTR ideal, introduzimos a variável $C_{A0}(T_0, P_0)$ para levar em conta a possibilidade de a alimentação do CSTR poder estar com temperatura e pressão diferentes do conteúdo do reator. Entretanto, a alimentação que entra em um PFR isotérmico tem que estar na temperatura do reator e quase sempre tem que estar na pressão do reator. Em um PFR, não há mistura na direção axial que pudesse levar instantaneamente a alimentação para a temperatura de operação do reator. Consequentemente, para um PFR isotérmico que opera à pressão constante,

$$C_A = C_{A0}\frac{y_A}{y_{A0}}$$

Para o presente problema,

$$C_A = C_{A0}\left\{\frac{1 - x_A}{1 + 3y_{A0}x_A}\right\} \tag{4-23}$$

A equação de projeto para um PFR ideal com uma reação homogênea ocorrendo, na forma integrada, é

$$\frac{V}{F_{A0}} = \int_0^{x_{A,e}} \frac{dx_A}{-r_A} \tag{3-33}$$

A substituição das Equações (4-13) e (4-23) na equação de projeto fornece

$$\frac{V}{F_{A0}} = \int_0^{x_{A,e}} \frac{[(1 + 3y_{A0}x_A) + K_A C_{A0}(1 - x_A)]dx_A}{kC_{A0}(1 - x_A)}$$

Efetuando a integração indicada e substituindo $C_{A0} = Py_{A0}/(RT)$, obtém-se

$$k\tau_0 = -(1 + 3y_{A0})\ln(1 - x_{A,e}) + y_{A0}\left(\frac{K_A P}{RT} - 3\right)x_{A,e} \tag{4-24}$$

Observe a diferença entre esta equação e a Equação (4-22) para o caso da massa específica constante.

**Parte B: O PFR opera a 400 K e 1 atm de pressão total. O volume do reator é de 1000 l e a vazão molar de A na alimentação é de 500 mol A/h. A fração molar de A na corrente de alimentação é 0,50. A 400 K, $k = 45\ h^{-1}$ e $K_A = 50$ l/mol A. Qual é a conversão de A na corrente deixando o PFR?**

*ANÁLISE*

Todos os parâmetros da Equação (4-22) são conhecidos, exceto $x_{A,e}$. O valor de $x_{A,e}$ pode ser obtido resolvendo esta equação.

*SOLUÇÃO*

O valor de $\tau_0$ é

$$\tau_0 = \frac{VC_{A0}}{F_{A0}} = \frac{V}{F_{A0}}\left(\frac{y_{A0}P}{RT}\right) = \frac{1000\,(1) \times 0{,}50 \times 1(\text{atm})}{500\,(\text{mol/h}) \times 0{,}0821\,(1\ \text{atm/(mol K)}) \times 400\,(\text{K})}$$

$$\tau_0 = 0{,}0305\ \text{h}$$

A substituição dos valores de $\tau_0$, $k$, $y_{A0}$, $K_A$, $P$, $R$ e $T$ na Equação (4-24) e a solução com a GOAL-SEEK fornece $x_{A,e} = 0{,}50$.

# EXERCÍCIO 4-6

Reveja os resultados do Exemplo 4-5, Parte B, e 4-7, Parte B. Explique em termos físicos por que a conversão é significativamente menor no CSTR ($x_A = 0{,}40$) do que no PFR ($x_A = 0{,}50$).

# EXERCÍCIO 4-7

O enunciado do problema especificou que a pressão total no reator é constante. Para que isto seja verdade, a queda de pressão no sentido do escoamento, por exemplo, ao longo do comprimento do PFR, tem que ser muito pequena. Retorne pela solução deste problema e ache onde a suposição de pressão constante foi usada. Descreva como você resolveria este problema se a queda de pressão através do reator *não* pudesse ser desprezada.

### 4.1.2.3 Solução Gráfica da Equação de Projeto do CSTR

## EXEMPLO 4-8

***Crescimento de Células em um CSTR***

A equação de Monod, Equação (4-25), fornece frequentemente uma descrição razoável da taxa de crescimento de células, tais como células de leveduras ou o lodo ativado que é formado durante o tratamento de efluentes aquosos.

$$r_C(\text{massa de células/(volume-tempo)}) = \frac{kC_AC_C}{C_A + K_S} \qquad (4\text{-}26)$$

Nesta equação, $C_A$ é a concentração *mássica*[3] do reagente limitante para o crescimento (massa A/volume), $C_C$ é a concentração *mássica* das células (massa C/volume), e $k$ e $K_S$ são constantes. A estequiometria da reação é tal que $Y$(C/A) é a massa de células produzidas por massa de A consumida. Consequentemente,

---

[3]Até este ponto no texto, todas as concentrações foram concentrações molares, com unidades de *mols*/volume. Em algumas reações, um ou mais reagentes e/ou produtos podem ser estruturalmente tão complexos que eles não podem ser caracterizados através de uma simples massa molecular. Em tais casos, concentrações molares são impossíveis de serem calculadas.

Carvão é um bom exemplo. Reações do carvão são muito importantes. O carvão pode ser queimado para gerar calor, como em plantas de geração de energia elétrica. O carvão também pode ser "liquefeito" pela reação com hidrogênio para formar combustíveis líquidos e pode ser "gaseificado" pela reação com vapor d'água e oxigênio para formar vários gases e líquidos leves. Embora as razões dos vários elementos (C, H, O, N, S etc.) no carvão possam ser medidas, o carvão por si só é uma mistura complexa de muitas moléculas diferentes. O carvão não pode ser caracterizado por uma única massa molecular e não podemos calcular o número de mols de carvão que desaparecem quando uma dada massa de carvão reage. Óleo cru e frações de petróleo pesadas, tais como "gasóleo" são exemplos adicionais.

Na "Biomassa", por exemplo, as células formadas são outro exemplo de um material cuja estrutura frequentemente é tão complexa que os conceitos de mols e massa molecular não podem ser empregados. As razões atômicas dos elementos em um tipo específico de célula frequentemente são constantes. Entretanto, células vivas estão crescendo constantemente e se dividindo, assim a massa molecular não é constante de célula para célula.

Todavia, materiais como "carvão" e "biomassa" são importantes na prática e os cientistas e engenheiros têm que lidar com reações envolvendo estes materiais. Nestes casos, concentrações *mássicas* são usadas em vez de concentrações molares. Talvez, o uso de concentrações mássicas em equações de taxa seja menos fundamentado do que o uso de concentrações molares. Isto é porque as teorias, como a teoria das colisões e a do estado de transição, indicam que as taxas de reação dependem das concentrações *molares*. Apesar disto, o uso de concentrações mássicas em problemas envolvendo materiais complexos provou ser uma abordagem prática na solução de tais problemas.

$$(-r_A) = r_C/Y(\text{C/A})$$

Como células são produzidas pela reação, a equação de Monod prevê comportamento *autocatalítico*, isto é, quanto maior a concentração do produto C, mais rápido a reação avança. A equação de Monod também mostra que a taxa de produção de células é zero quando $C_A = 0$ ou $C_C = 0$.

**Parte A: Um CSTR ideal com volume $V$ está operando em estado estacionário. As concentrações mássicas de A e C na alimentação são $C_{A0}$ e $C_{C0}$, respectivamente. A vazão volumétrica da alimentação do reator é $v$ (volume/tempo). Qual é a concentração mássica de A no efluente do reator, para os seguintes valores: $C_{A0} = 10$ g/l; $C_{C0} = 0$ g/l; $V = 1{,}0$ l; $v = 0{,}5$ l/h; $Y(\text{C/A}) = 0{,}50$; $k = 1{,}0$ h$^{-1}$ e $K_S = 0{,}2$ g/l. Qual é a concentração mássica de células no efluente do reator para esta condição? A reação ocorre na fase líquida.**

*ANÁLISE*

A equação de projeto para um CSTR ideal com uma reação em fase líquida ocorrendo será escrita em relação ao reagente limitante para o crescimento A. A equação da taxa para o desaparecimento de A $(-r_A)$ contém a concentração de células $C_C$. Esta concentração pode ser escrita em termos de $C_A$ através do uso da definição de $Y$(C/A). A equação de projeto do CSTR pode então ser resolvida, determinando-se $C_A$, e $C_C$ pode ser calculada a partir da definição de $Y$(C/A).

*SOLUÇÃO*

A equação de projeto para o CSTR, com a equação da taxa (Equação (4-25)) substituída, é

$$\frac{V}{F_{A0}} = \frac{x_A}{-r_A} = \frac{V}{vC_{A0}} = \frac{(C_{A0} - C_A)/C_{A0}}{kC_AC_C/[(C_A + K_S)Y(\text{C/A})]}$$

Como $C_{A0}$ é a concentração mássica de A, $F_{A0}$ é a vazão *mássica* de A (massa/tempo).

Da definição de rendimento, $Y$(C/A),

$$Y(\text{C/A}) = \frac{C_C - C_{C0}}{C_{A0} - C_A}$$

$$C_C = C_{C0} + Y(C_{A0} - C_A) \tag{4-26}$$

Para simplificar, a expressão entre parênteses (C/A) foi retirada de $Y$.

Substituindo a expressão para $C_C$ na equação de projeto, substituindo $\tau = V/v$ e simplificando,

$$k\tau C_A[C_{C0} + Y(C_{A0} - C_A)] = Y(C_{A0} - C_A)(C_A + K_S) \tag{4-27}$$

Para $C_{C0} = 0$, os termos assinalados podem ser cancelados, isto é,

$$k\tau C_A \cancel{Y(C_{A0} - C_A)} = \cancel{Y(C_{A0} - C_A)}(C_A + K_S) \tag{4-28}$$

$$C_A = K_S/(k\tau - 1)$$

Substituindo os valores do enunciado do problema,

$$C_A = 0{,}20\ (\text{g/l})/\{1{,}0\ (\text{h}^{-1}) \times 2{,}0\ (\text{h}) - 1\} = 0{,}20\ \text{g/l}$$

A concentração de células pode ser calculada com a Equação (4-26)

$$C_C = C_{C0} + Y(C_{A0} - C_A) = 0 + 0{,}5(10 - 0{,}20) = 4{,}90\ \text{g/l}$$

Você acredita que estas respostas são a solução completa para o problema? Olhe para a equação de Monod (Equação (4-25)). Suponha que a alimentação, como definida no enunciado do problema, entre em um CSTR que inicialmente não contenha células. A reação nunca será iniciada. A concentração de A deixando o reator será a mesma da concentração entrando, isto é, $C_A = C_{A0}$. Dê uma olhada na Equação (4-27). Ela é satisfeita por $C_A = C_{A0}$, se $C_{C0} = 0$. Entretanto, nós calculamos a solução na Equação (4-28).

Neste problema, o reator pode ter *dois* estados estacionários, isto é, há *duas* soluções para a equação de projeto. Aquela que realmente ocorre depende da concentração inicial de células no reator. Se a concentração inicial for zero, a reação nunca será iniciada e a solução de estado estacionário será $C_A = C_{A0}$. Entretanto, se a concentração inicial de células for alta o suficiente, a solução de estado estacionário será $C_A = 0{,}20$ g/l.

Por que não vimos este "problema" nos exemplos anteriores? Como poderemos evitar ficarmos "confusos" no futuro? O problema apareceu aqui porque a equação de taxa de Monod tem uma característica muito incomum: $-r_A$ passa por um máximo na medida que $C_A$ aumenta. Para a alimentação especificada no enunciado do problema, o produto $C_AC_C$ é igual a $YC_A(C_{A0} - C_A)$. Com a diminuição de $C_A$, $(C_{A0} - C_A)$ aumenta e o produto dos dois passa por um máximo.

A equação de projeto do CSTR tem uma interpretação gráfica que torna a existência de mais de um estado estacionário fácil de ser entendida. Para um sistema com massa específica constante, a equação de projeto pode ser rearranjada para

$$V(-r_A) = \upsilon(C_{A0} - C_A)$$

Taxa de consumo de A no reator = escoamento de A para o interior do reator − escoamento de A para fora do reator

O termo na esquerda é a taxa na qual A é consumido em todo CSTR. O termo na direita é a diferença entre a taxa na qual A entra no reator ($\upsilon C_{A0}$) e a taxa na qual ele escoa para fora do reator ($\upsilon C_A$). No estado estacionário, o lado esquerdo desta equação tem que ser igual ao lado direito.

Se fizermos uma representação gráfica do lado direito da equação anterior ($\upsilon(C_{A0} - C_A)$) *versus* $C_A$, ela será uma linha reta com coeficiente linear $\upsilon C_{A0}$ e inclinação $-\upsilon$. Então podemos acrescentar ao mesmo gráfico $V(-r_A)$. As soluções de estado estacionário da equação de projeto serão os pontos nos quais há a superposição das duas funções (interseção). Estes pontos de interseção são os *únicos* pontos nos quais a equação de projeto é satisfeita.

Ao fazer este tipo de gráfico, é mais usual a divisão de tudo por $V$ e representar $-r_A$ *versus* $(C_{A0} - C_A)/\tau$. A linha reta $(C_{A0} - C_A)/\tau$ tem um coeficiente linear igual a $C_{A0}/\tau$ e uma inclinação de $1/\tau$. Este gráfico é mostrado na Figura 4-3 e foi construído usando os valores dados no enunciado do problema. Há a interseção entre $-r_A$ e a linha reta para $(C_{A0} - C_A)/\tau$ em dois pontos: $C_A = 0{,}20$ e 10 g/l. Estas são as soluções identificadas anteriormente. Usando a Equação (4-26), $C_C = 4{,}90$ g/l para $C_A = 0{,}20$ g/l e $C_C = 0$ para $C_A = 10$ g/l.

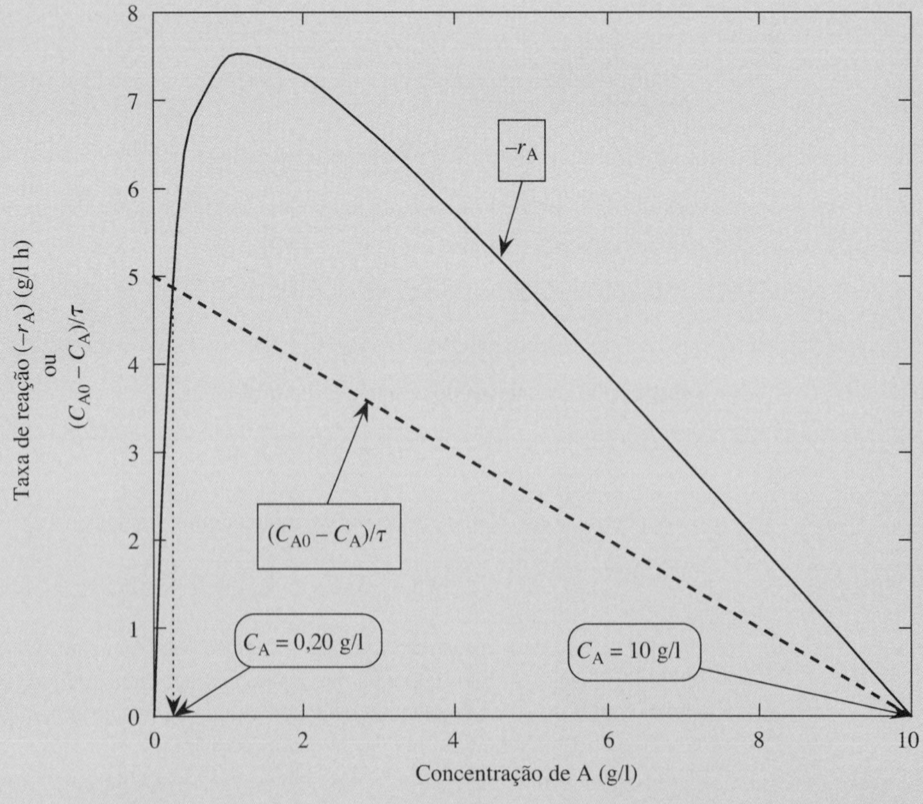


**Figura 4-3** Solução gráfica da equação de projeto de um CSTR ideal para a equação de taxa de Monod e os valores dos parâmetros fornecidos no Exemplo 4-8, Parte A. Duas diferentes concentrações de saída em estado estacionário são possíveis, $C_A = 0{,}20$ e 10 g/l.

**Parte B: Suponha que o reator descrito no exemplo anterior esteja operando no ponto, $C_A = 0{,}20$ g/l, $C_C = 4{,}90$ g/l. A vazão volumétrica na alimentação $v$ é aumentada para 1,5 l/h. Use a técnica gráfica para achar o(s) ponto(s) de operação em estado estacionário para esta nova condição.**

***ANÁLISE*** Para este caso, a curva de $-r_A$ *versus* $C_A$ permanece a mesma. Contudo, o valor de $\tau$ diminui de 2 h para (2/3) h. Isto aumenta o coeficiente linear da linha $(C_{A0} - C_A)/\tau$ *versus* $C_A$ para 15 g/(l h) e aumenta o coeficiente angular desta linha para 1,5 h$^{-1}$. A nova linha $(C_{A0} - C_A)/\tau \times C_A$ será colocada no gráfico. Sua interseção com a curva $-r_A$ *versus* $C_A$ determinará a concentração de saída de A. A concentração de células de saída pode então ser calculada a partir dos valores de $Y$(C/A) e $C_A$.

***SOLUÇÃO*** O gráfico para o novo valor de $\tau$ é mostrado na Figura 4-4.

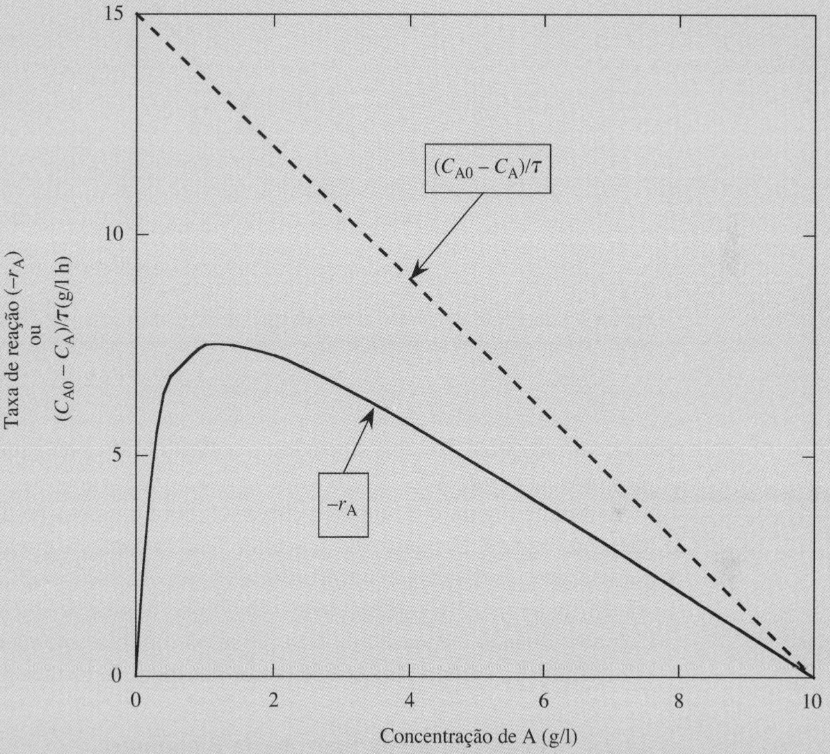


**Figura 4-4** Solução gráfica da equação de projeto de um CSTR ideal para a equação de taxa de Monod e os valores dos parâmetros fornecidos no Exemplo 4-8, Parte B. A única concentração de saída em estado estacionário que é possível é $C_A = 10$ g/l. Não há reação no CSTR.

A *única* interseção da curva de $-r_A$ com a linha $(C_{A0} - C_A)/\tau$ é em $-r_A = 0$, $C_A = 10$ g/l. A concentração de células correspondente é $C_C = 0$. Não ocorre reação no CSTR.

O fenômeno que é mostrado no Exemplo 4-8, Parte B, é conhecido como "lavagem" (situação na qual ocorre um arraste das células do reator). Mesmo se iniciarmos com uma alta concentração de células no reator, células são arrastadas para fora do reator pelo fluido em escoamento mais rapidamente do que são produzidas pela reação. Finalmente, no estado estacionário, nenhuma célula permanece no reator e não ocorre reação.

A única diferença entre a Parte A e a Parte B é a vazão através do reator. Quando a vazão é baixa o suficiente, a taxa na qual as células são arrastadas para fora do reator pode ser compensada pela taxa na qual as células são produzidas no interior do reator. Entretanto, se a vazão for muito alta, a taxa de produção de células no estado estacionário não pode igualar a taxa na qual elas escoam para fora do reator.

Por que não vimos este comportamento bizarro, por exemplo, "lavagem" e múltiplos estados estacionários, anteriormente? A razão é que nossos exemplos anteriores envolveram cinéticas "normais". Em todo o nosso trabalho anterior, a taxa aumentava monotonicamente com o aumento da concen-

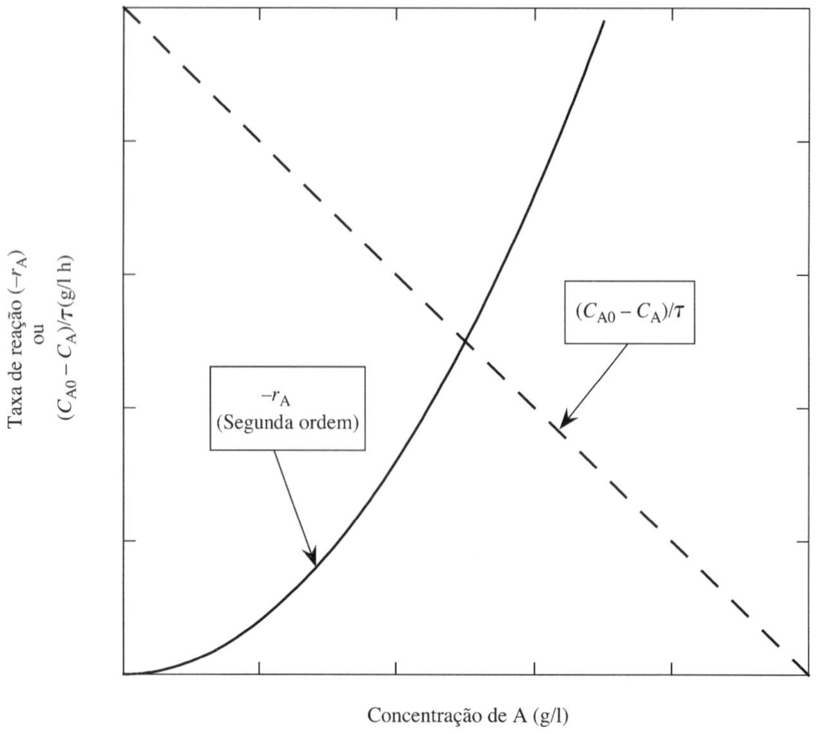


**Figura 4-5** Ilustração da solução gráfica da equação de projeto de um CSTR ideal para uma equação de taxa de segunda ordem. Há somente uma possível interseção entre a curva $-r_A$ e a linha $(C_{A0} - C_A)/\tau$.

tração do reagente. Em tais situações, a solução gráfica da equação de projeto do CSTR tem a forma mostrada na Figura 4-5.

Embora a Figura 4-5 mostre a curva $-r_A$ para uma reação de segunda ordem, o resultado que ela apresenta é geral. *Contanto que a taxa de reação aumente monotonicamente com* $C_A$, *as duas funções que estamos representando graficamente sempre irão se cruzar e somente existirá uma* interseção. Para "cinéticas normais" é perfeitamente satisfatória a solução algébrica da equação de projeto do CSTR. Contudo, quando a equação da taxa passa por um máximo na medida em que $C_A$ aumenta, pode ser útil examinar o comportamento do reator por meio da técnica gráfica.

### 4.1.2.4 Nomenclatura da Engenharia Bioquímica

Como observado anteriormente, nomenclaturas distintas apareceram em diferentes ramos da ciência e da engenharia. Por exemplo, em bioquímica e na engenharia bioquímica, um reagente é designado por "substrato". Reatores contínuos de mistura são usados frequentemente para estudar o crescimento celular e para produzir quantidades comerciais de células. Entretanto, é muito provável que o reator será chamado de um "quimiostato", e não de CSTR.

Vamos escrever a equação de projeto para uma reação ocorrendo em um "quimiostato" (isto é, um CSTR).

$$V = \frac{F_{i0} - F_i}{-r_i} \tag{3-16}$$

Para uma reação em fase líquida, como o crescimento de células em um meio aquoso, $F_{i0} = \upsilon C_{i0}$ e $F_i = \upsilon C_i$. Seja "$i$" as células, então,

$$\frac{V}{\upsilon} = \frac{C_{C0} - C_C}{-r_C} = \frac{C_C - C_{C0}}{r_C}$$

Invertendo e multiplicando por $(C_C - C_{C0})$,

$$\frac{\upsilon}{V}(C_{C0} - C_C) = r_C$$

Anteriormente, no Capítulo 3, chamamos ($v/V$) de "velocidade espacial". Entretanto, na engenharia bioquímica, ($v/V$) é conhecida como "taxa de diluição" e frequentemente é representada por "D". Assim,

$$D(C_C - C_{C0}) = r_C$$

Se não houver células na alimentação do "quimiostato", isto é, se $C_{C0} = 0$, a alimentação é "estéril". Para este caso,

$$DC_C = r_C$$

Agora, a equação de Monod, e outras equações de taxa alternativas que são usadas para descrever o crescimento de células, podem ser escritas na forma

$$r_C = \mu C_C$$

O parâmetro $\mu$ é conhecido como a "taxa específica de crescimento". Para a equação de Monod, $\mu = kC_A/(C_C + K_s)$.

Para uma alimentação estéril,

$$DC_C = \mu C_C = r_C$$

ou

$$D = \mu$$

"diluição" = "taxa específica de crescimento".

Isto é uma forma resumida de dizer que para uma alimentação estéril

$$\left\{\begin{array}{l}\text{taxa na qual as células escoam}\\ \text{para fora do quimiostato (CSTR)}\end{array}\right\} = \left\{\begin{array}{l}\text{taxa na qual as células são}\\ \text{produzidas no quimiostato (CSTR)}\end{array}\right\}$$

## 4.2 REAÇÕES CATALÍTICAS HETEROGÊNEAS (INTRODUÇÃO AOS EFEITOS DE TRANSPORTE)

No mínimo duas fases estão envolvidas quando uma reação catalítica heterogênea ocorre. A reação em si ocorre na superfície de um catalisador sólido. Contudo, os reagentes estão presentes em uma fase fluida (ou fases) que rodeia as partículas catalíticas sólidas. A superfície do catalisador tem que ser abastecida de reagentes vindos da(s) fase(s) fluida(s).

A participação de duas ou mais fases na reação global cria complicações que não estão presentes em reações homogêneas. Talvez a melhor forma de apontar as complexidades da catálise heterogênea é através de um exemplo.

A isomerização reversível do $n$-pentano ($n$-$C_5$) em isopentano ($i$-$C_5$)

$$n\text{-}C_5 \rightleftarrows i\text{-}C_5$$

é frequentemente usada como um modelo para a família das reações de isomerização que estão envolvidas na produção de gasolina automotiva de alta octanagem. Em geral, parafinas ramificadas têm números de octanagem maiores do que os seus correspondentes de cadeia linear. Um catalisador usual para esta reação é a platina depositada em uma partícula porosa de alumina.

Suponha que a reação será conduzida em um reator de leito fluidizado. A temperatura do gás no reator é de 750°F. Com o objetivo de uma análise preliminar, o reator de leito fluidizado será considerado operando como um reator contínuo de mistura (CSTR) ideal. A alimentação do reator será uma mistura de $H_2$/$n$-$C_5$ contendo 4 mol $H_2$/mol $n$-$C_5$. Uma equação de taxa aproximada nesta temperatura é

$$-r_n = k\left(C_n - \frac{C_i}{K_{eq}^C}\right)$$

onde $-r_n$ é a taxa de desaparecimento do $n$-pentano (lbmol/lb cat h), $C_n$ é a concentração de $n$-pentano (lbmol/ft$^3$), $C_i$ é a concentração de isopentano (lbmol/ft$^3$) e $K^C_{eq}$ é a constante de equilíbrio para a reação, baseada na concentração. A 750°F, $k$ = 6,09 ft$^3$/(lb cat h) e $K^C_{eq}$ = 1,63. A pressão total no reator é de 500 psia e a vazão na alimentação de $n$-$C_5$ é 280 lbmol/h. A mistura $H_2$/pentano se comporta como um gás ideal.

Suponha que nos solicitaram estimar a quantidade de catalisador necessária para atingir uma conversão final do $n$-$C_5$ de 55%. Do Capítulo 3, a equação de projeto para um reator contínuo de mistura ideal com uma reação catalítica heterogênea ocorrendo é

$$\frac{m}{F_{A0}} = \frac{x_A}{-r_A} \tag{3-17a}$$

Escrevendo a equação de projeto para o $n$-$C_5$ e substituindo a equação da taxa, obtém-se

$$\frac{m}{F_{n0}} = \frac{x_n}{k(T_{cat})\left(C_n(\text{cat}) - \dfrac{C_i(\text{cat})}{K^C_{eq}}\right)}$$

As concentrações na equação da taxa foram marcadas (cat) para enfatizar um ponto importante. A taxa de reação é determinada pelas concentrações na *vizinhança imediata* do "sítio" sobre o catalisador no qual a reação ocorre. Similarmente, a constante da taxa foi marcada ($k(T_{cat})$) para enfatizar que esta constante tem que ser avaliada na temperatura na *vizinhança imediata* do "sítio" catalítico.

A conversão do $n$-pentano é

$$x_n = \frac{F_{n0} - F_n}{F_{n0}}$$

Como o reator é isotérmico e não há variação no número de mols na reação

$$x_n = \frac{C_{n0} - C_n}{C_{A0}}$$

onde $C_{n0}$ é a concentração de $n$-pentano na alimentação, na temperatura e na pressão do reator. A concentração $C_n$ é a concentração de $n$-pentano no *seio do meio reacional* no CSTR e deixando o CSTR. Para enfatizar este ponto, vamos marcar $C_n$ como $C_n$(seio). Então, a equação de projeto se torna

$$\frac{mC_{n0}}{F_{n0}} = \frac{C_{n0} - C_n(\text{seio})}{k(T_{cat})\left(C_n(\text{cat}) - \dfrac{C_i(\text{cat})}{K^C_{eq}}\right)} \tag{4-29}$$

A reação de isomerização ocorre na superfície do catalisador sólido. Catalisadores típicos são compostos por uma rede de poros finos e interconectados que se espalha através do interior da partícula do catalisador. A maior parte da superfície sobre a qual a reação ocorre está localizada nas paredes destes poros. Consequentemente, a reação ocorre em grande parte no interior da partícula. Muitos catalisadores heterogêneos comerciais têm áreas superficiais na faixa de 100–1000 m$^2$/g. Somente 5–50 g destes catalisadores podem oferecer uma área superficial equivalente a de um campo de futebol. Se tivéssemos uma partícula esférica de catalisador com um diâmetro de 1 mm e uma massa específica de 3 g/cm$^3$, a área externa (geométrica) da partícula seria de somente $10^{-3}$ m$^2$/g. Se este catalisador oferecesse uma área superficial total no local onde estivesse de 100–1000 m$^2$/g, praticamente toda a área estaria no *interior* das partículas, nas paredes dos muitos poros com diâmetro muito pequenos.

Para a reação ocorrer, o reagente ($n$-pentano) tem que ser transportado por difusão convectiva através de uma camada-limite de gás estagnado que circunda a partícula de catalisador. Depois, o $n$-pentano tem que se difundir através dos poros finos, no interior da partícula de catalisador. A camada-limite e o interior dos poros oferecem resistências à transferência de massa. *Uma força motriz é necessária para haver um fluxo do reagente através destas resistências. A força motriz é um gradiente (ou diferença) na concentração do reagente.*

Na figura a seguir, a espécie A é um reagente. A concentração de A diminui ao longo da camada-limite, a partir de um valor no seio da corrente do fluido. A diferença de concentrações ($C_{A,b} - C_{A,s}$)

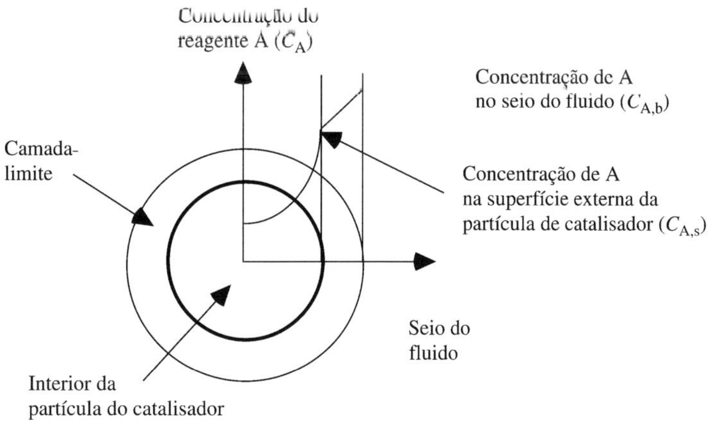


é a força motriz que causa o fluxo de A através da camada-limite. O reagente A então se difunde no interior da partícula do catalisador, onde a reação ocorre. A concentração de A continua a diminuir na medida em que o reagente penetra cada vez mais na partícula.

A dimensão da diminuição da concentração dependerá da taxa de reação e dos coeficientes de transporte, isto é, a difusividade de A nos poros do catalisador e o coeficiente de transferência de massa entre o seio da corrente do fluido e a superfície externa da partícula do catalisador. As diferenças de concentrações serão mais pronunciadas para reações rápidas e baixos coeficientes de transporte.

## EXERCÍCIO 4-8

Esboce o perfil de concentrações de um produto P, partindo do centro da partícula do catalisador e terminando no seio da corrente de fluido.

Em geral, também haverá uma diferença de temperaturas entre o interior da partícula do catalisador e o seio da corrente do fluido. A não ser que a reação seja termicamente neutra, isto é, $\Delta H_R = 0$, calor deverá ser transportado para dentro ou para fora da partícula de catalisador para manter a partícula em estado estacionário. A figura a seguir mostra o perfil de temperaturas para uma reação exotérmica.

Como a reação é exotérmica, calor deve ser conduzido através da partícula do catalisador para a superfície externa e então transportado através da camada-limite. Há necessidade de haver gradientes de temperatura para que estes fluxos existam. A temperatura diminui do interior da partícula, passando pela camada-limite, até a temperatura do seio da corrente do fluido.

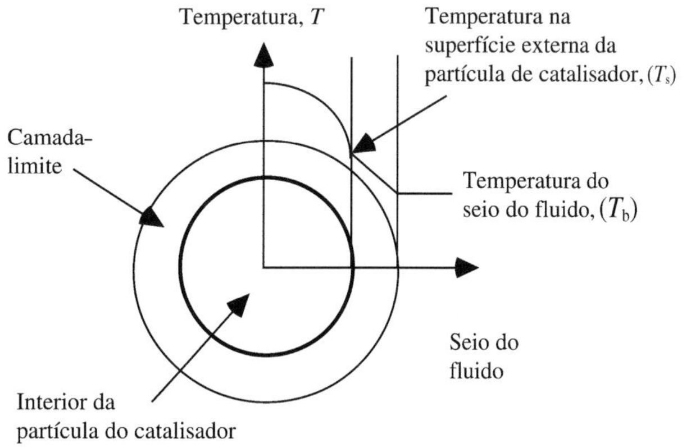


## EXERCÍCIO 4-9

Esboce o perfil de temperaturas entre o interior da partícula do catalisador e o seio da corrente de fluido para uma reação endotérmica.

Sabemos que a taxa de reação depende da temperatura e da concentração. Se as diferenças de temperatura e de concentrações entre o interior das partículas do catalisador e o seio da corrente do fluido forem significativas, então estas diferenças têm que ser levadas em conta na solução da equação de projeto. Em termos concretos, isto requereria a solução simultânea da equação de projeto com as equações que descrevem o transporte de calor, o transporte de massa e a cinética da reação no interior da partícula de catalisador, usando as equações de transporte através da camada-limite como condições de contorno.

Para nos concentrarmos nos princípios do projeto dos reatores catalíticos, temporariamente iremos ignorar a possível presença de diferenças de temperaturas e de concentrações entre o seio do fluido e os "sítios" no interior das partículas do catalisador. Por enquanto, iremos *considerar* que as resistências às transferências de massa e de calor na partícula do catalisador e através da camada-limite são muito pequenas. Como consequência, os gradientes de temperatura e de concentração serão muitos pequenos. Para esse caso, os perfis de temperaturas e de concentrações serão como mostrados a seguir.

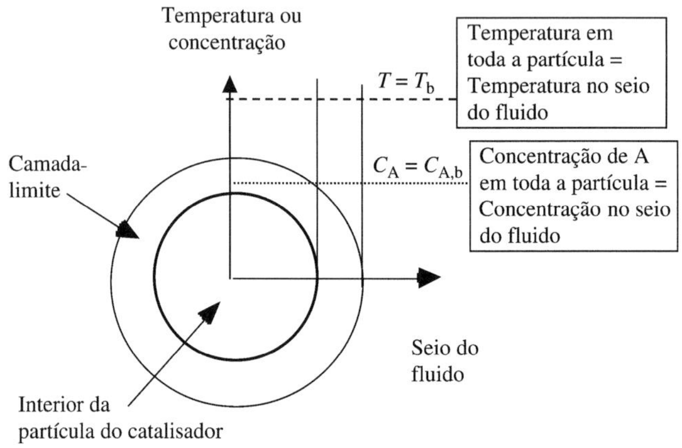


*Quando as concentrações em toda a partícula de catalisador são as mesmas que no seio do fluido e quando a temperatura em toda a partícula é a mesma que aquela no seio do fluido, dizemos que os efeitos do transporte são desprezíveis ou que as resistências ao transporte podem ser desprezadas.* Nessa situação, a taxa de reação é *controlada* pela *cinética intrínseca* da reação.

No Capítulo 9, aprenderemos como estimar se os efeitos de transporte são significativos e como levá-los em conta quando eles o são. Até atingirmos o Capítulo 9, consideraremos que os efeitos de transporte não são significativos. Os resultados dos cálculos baseados nesta consideração são *normalmente* otimistas. Isto é, a massa de catalisador necessária para desempenhar um dado "serviço" será subestimada ou o "serviço" que pode ser realizado por uma dada massa de catalisador será superestimado. Entretanto, há certas situações nas quais o oposto será verdade. Em qualquer evento, a consideração de resistência ao transporte desprezível permite o cálculo de um caso-limite muito importante de comportamento catalítico.

Agora, retornemos ao problema da isomerização do pentano, especificamente à Equação (4-29). Se os efeitos de transporte forem desprezíveis,

$$\frac{\mathrm{m}C_{n0}}{F_{n0}} = \frac{C_{n0} - C_n(\text{seio})}{k(T_{\text{seio}})\left(C_n(\text{seio}) - \dfrac{C_i(\text{seio})}{K_{\text{eq}}^{\text{C}}}\right)}$$

Nesta equação, todas as concentrações são concentrações do seio do fluido e a constante da taxa é avaliada na temperatura do seio do fluido. Consequentemente, não há mais necessidade de manter o identificador "seio".

Neste ponto usamos uma tabela estequiométrica para relacionar $C_n$ e $C_i$ com $x_n$. Como esta reação em fase gasosa ocorre à pressão e à temperatura constantes, sem variação no número de mols, a massa específica é constante. Consequentemente, a tabela estequiométrica (Tabela 4-17) pode ser construída diretamente em termos das concentrações, em vez de partir das vazões molares.

As concentrações de *n*-pentano e *i*-pentano no gás deixando o reator são

$$C_n = C_{n0}(1 - x_n) \quad \text{e} \quad C_i = C_{n0}x_n$$

**Tabela 4-17** Tabela Estequiométrica para a Isomerização de Pentano em um CSTR Ideal Usando a Conversão do $n$-Pentano, $x_A$, como a Variável de Composição (Massa Específica Constante)

| Espécie | Concentração de entrada | Concentração de saída |
|---|---|---|
| $H_2$ | $4C_{n0}$ | $4C_{n0}$ |
| $n$-$C_5$ | $C_{n0}$ | $C_{n0}(1 - x_n)$ |
| $i$-$C_5$ | 0 | $C_{n0}x_n$ |

onde $C_{n0} = y_{n0}\,P/(RT) = 7{,}70 \times 10^{-3}$ lbmol/ft$^3$.

A equação de projeto se torna

$$\frac{kmC_{n0}}{F_{n0}} = \frac{x_n}{\left((1 - x_n) - \dfrac{x_n}{K_{eq}^{C}}\right)}$$

Todos os valores nesta equação são conhecidos, com exceção da massa de catalisador $m$. Para $x_n = 0{,}55$; $m = 30.000$ lb cat.

Agora que uma forma para estimar a performance de reatores catalíticos heterogêneos foi desenvolvida, estamos prontos para explorar algumas aplicações adicionais desta metodologia.

## EXEMPLO 4-9
### *Isomerização do n-Pentano*

A isomerização catalítica do $n$-pentano

$$n\text{-}C_5H_{12} \rightleftarrows i\text{-}C_5H_{12}$$

está sendo realizada em um reator de leito fluidizado usando um catalisador $Pt/Al_2O_3$. O reator pode ser aproximado como um CSTR ideal. A alimentação do reator é uma mistura de $H_2$/$n$-$C_5$; a vazão de alimentação do $n$-$C_5$ é de 280 lbmol/h e a vazão de alimentação do $H_2$ é de 1120 lbmol/h. O reator opera a 750°F. Nesta temperatura, a equação da taxa é

$$-r_n = k\left(C_n - \frac{C_i}{K_{eq}^{C}}\right)$$

A 750°F, $k = 6{,}09$ ft$^3$/(lb cat h) e $K_{eq}^{C} = 1{,}63$. A pressão total no reator é igual a 500 psia e a mistura $H_2$/pentano se comporta como um gás ideal. Suponha que a reação seja controlada pela cinética intrínseca.

**Parte A: Quanto catalisador é necessário em um CSTR ideal para atingir uma conversão de $n$-$C_5$ de 70% no efluente do reator?**

*ANÁLISE* Este problema parece ser uma pequena variação da ilustração anterior, no qual somente a conversão na saída desejada é diferente. Todos os valores na equação de projeto

$$\frac{kmC_{n0}}{F_{n0}} = \frac{x_n}{\left((1 - x_n) - \dfrac{x_n}{K_{eq}^{C}}\right)}$$

são conhecidos, exceto a massa de catalisador, $m$. A equação de projeto pode ser usada para determinar $m$.

*SOLUÇÃO* Para $x_n = 0{,}70$, a equação anterior fornece $m = -32.000$ lb cat. Obviamente, esta resposta não faz sentido, mas por quê?

A conversão de *equilíbrio* do $n$-pentano a 750°F, $x_{eq}$, pode ser calculada com a expressão do equilíbrio:

$$\frac{C_i}{C_n} = K_{eq}^{C} = \frac{C_{n0}x_{eq}}{C_{n0}(1 - x_{eq})} = \frac{x_{eq}}{(1 - x_{eq})}$$

Para $K_{eq}^{C} = 1{,}63$; $x_{eq} = 0{,}62$. Consequentemente, a conversão requerida de 0,70 excede à conversão máxima permitida pela termodinâmica. Matematicamente, uma massa negativa de catalisador é obtida porque a taxa de desaparecimento do *n*-pentano, $-r_n$, é negativa quando $x_n$ é maior que 0,62.

A mensagem aqui é que o equilíbrio da reação deve *sempre* ser entendido *antes* de realizar uma análise baseada na cinética.

**Parte B: Quanto catalisador é necessário em um reator de escoamento pistonado (PFR) ideal para atingir uma conversão de $n$-$C_5$ de 55% no efluente do reator?**

***ANÁLISE***

Da Parte A, sabemos que uma conversão de $n$-$C_5$ de 55% é menor do que a conversão de equilíbrio. Consequentemente, a equação da taxa pode ser substituída na equação de projeto e a expressão resultante pode ser usada para determinar a massa de catalisador solicitada.

***SOLUÇÃO***

A equação de projeto para uma reação catalítica heterogênea em um PFR ideal, na forma integrada, é

$$\frac{m}{F_{n0}} = \int_0^x \frac{dx_n}{-r_n} \tag{3-33a}$$

A substituição da equação da taxa fornece

$$\frac{m}{F_{n0}} = \int_0^x \frac{dx_n}{k\left(C_n - \frac{C_i}{K_{eq}^{C}}\right)} = \int_0^x \frac{dx_n}{kC_{n0}\left((1-x) - \frac{x}{K_{eq}^{C}}\right)}$$

Para um reator isotérmico,

$$\frac{kC_{n0}m}{F_{n0}} = \int_0^{0,55} \frac{dx_n}{\left[1 - \left(1 + \frac{1}{K_{eq}^{C}}\right)x_n\right]}$$

Integrando,

$$-\ln\left[1 - \left(1 + \frac{1}{K_{eq}^{C}}\right)x_n\right]_0^{0,55} = \frac{kC_{n0}m}{F_{n0}}\left(1 + \frac{1}{K_{eq}^{C}}\right)$$

Substituindo os valores de $K_{eq}^{C}$, $k$, $C_{n0}$, $F_{n0}$ e $x_n$, obtemos $m = 8100$ lb.

## EXERCÍCIO 4-10

A quantidade de catalisador necessária para produzir a mesma conversão final é aproximadamente menor por um fator de 4 vezes no PFR em relação a do CSTR. Esta diferença parece razoável? Se sim, explique por que o PFR ideal requer uma quantidade tão menor de catalisador para fazer o mesmo "serviço".

## EXERCÍCIO 4-11

Você pensa que a razão (catalisador necessário no CSTR/catalisador necessário no PFR) dependerá da conversão final? Se sim, como? (A razão aumentará ou diminuirá com o aumento da conversão final?) Explique os seus argumentos.

## 4.3 SISTEMAS DE REATORES CONTÍNUOS

Um único reator não é sempre o projeto ótimo para uma reação que é realizada continuamente. Suponha que você tenha um CSTR, com um volume $V$, que esteja processando $F_{A0}$ mols do reagente A, por unidade de tempo, com uma concentração na alimentação de $C_{A0}$ e uma conversão na saída de $x_A$. Usando *somente* o CSTR original, você poderia dobrar a taxa de produção através da alimentação de $2F_{A0}$ mols, por unidade de tempo, sem mudar a conversão final ou a concentração na alimentação?

Você poderia pensar no aumento da temperatura na qual o reator opera. Isto normalmente aumentará a taxa de reação e permite o aumento da vazão da alimentação. Entretanto, podem haver razões que não permitam o aumento da temperatura do reator. A taxa de uma reação paralela pode ser muito alta na temperatura maior. O catalisador, se um catalisador estiver presente, pode se desativar muito mais rápido. O reator pode não ter sido projetado para operar nesta temperatura mais alta.

## EXERCÍCIO 4-12

Considere uma única reação. Em quais circunstâncias o aumento da temperatura *não* aumenta a taxa de reação?

Se a temperatura do reator não puder ser aumentada, o reator existente não será capaz de satisfazer as novas exigências. Um reator maior será necessário. Entretanto, não faz sentido na prática jogar fora o reator velho e instalar um novo que tenha volume suficiente para satisfazer a taxa de produção maior. A solução mais barata normalmente é manter o primeiro reator no uso e adicionar um segundo reator de modo que a *combinação* dos dois possa satisfazer a nova taxa de produção.

Um novo conjunto de questão surge. O novo reator deve ser um CSTR ou um PFR? Ele deve estar em série ou em paralelo com o reator original? Se em série, o reator novo deve estar antes ou depois do original? As respostas para estas perguntas dependerão da cinética da reação e do fato de o reator original ser um CSTR ou um PFR. Considerações mecânicas podem também influenciar na decisão.

Sistemas de reatores contínuos podem resultar da necessidade do aumento de capacidade, mas eles também podem ser a melhor alternativa em um projeto "inicial". Por exemplo, pode ser desejável por razões termodinâmicas e/ou cinéticas mudar a temperatura do reator na medida em que a conversão aumenta. Quando este é o caso, o projeto mais simples normalmente envolve vários reatores em série, com trocadores de calor entre os reatores para promover as mudanças de temperatura necessárias. Outras razões para usar mais do que um reator podem surgir quando o melhor catalisador em baixas conversões não é o mesmo que o melhor em altas conversões, ou quando uma segunda alimentação ou uma corrente de reciclo tem que ser adicionada na medida em que a reação progride.

A Figura 4-6 mostra um reator comercial que é usado na produção de gasolina de alta octanagem pela de-hidrogenação, de-hidrociclização, isomerização e craqueamento de naftas de petróleo. As reações que ocorrem são endotérmicas. A alimentação é reaquecida em trocadores externos entre reatores e a temperatura da alimentação geralmente é aumentada de reator para reator.

### 4.3.1 Reatores em Série

#### 4.3.1.1 CSTRs em Série

Suponha três CSTRs em série, cada um com o mesmo volume $V$, como mostrado na figura a seguir. A vazão molar do reagente A alimentada no primeiro reator é $F_{A0}$. A conversão de A no efluente do primeiro reator é $x_{A,1}$, a conversão de A no efluente do segundo reator é $x_{A,2}$, e a conversão de A deixando o terceiro reator e o sistema como um todo é $x_{A,3}$.

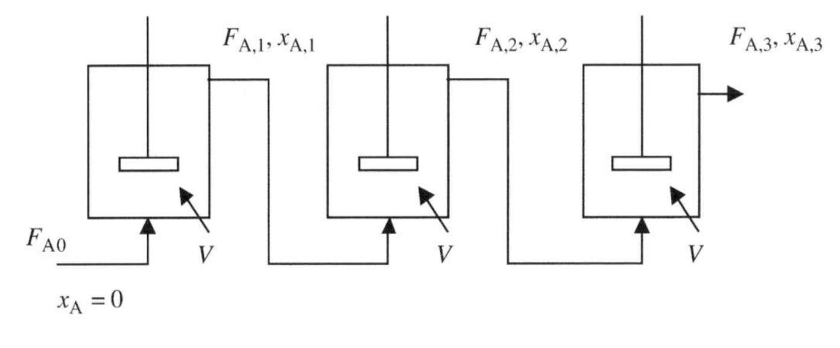

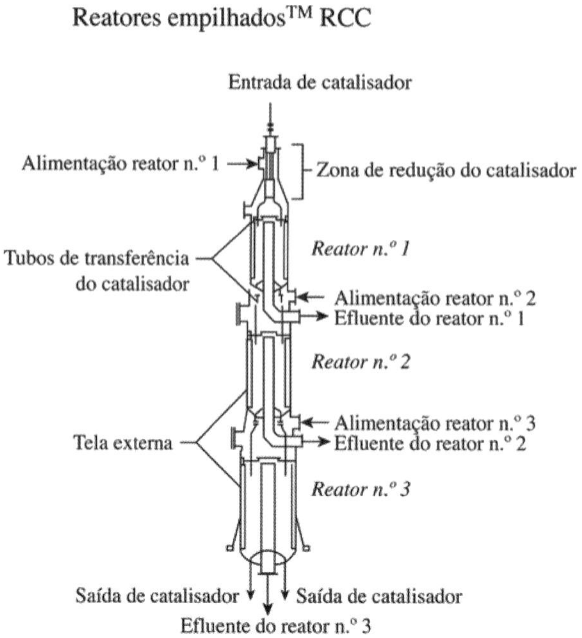


**Figura 4-6** Três reatores catalíticos em série.[4] Estas unidades são parte do processo de propriedade da UOP para a reforma catalítica contínua de naftas de petróleo, um elemento-chave no processo de produção de gasolina para automóveis. O catalisador é composto de platina e outro componente metálico sobre um suporte ácido. O catalisador se move lentamente para baixo através dos reatores e é regenerado após deixar o reator 3 na base da figura. Os reatores são reatores de escoamento radial, como discutido no Capítulo 3. (Copyright 2004 UOP LLC. Todos os direitos reservados. Usado com permissão.)

*É muito importante ser consistente ao definir as conversões em uma série de reatores.* A definição mais fácil, que será seguida neste livro, é basear a conversão na vazão molar alimentada no *primeiro* reator, isto é, $F_{A,0}$. Sejam $F_{A,1}$ a vazão molar de A saindo do primeiro reator, $F_{A,2}$ a vazão molar de A saindo do segundo reator e $F_{A,3}$ a vazão molar de A saindo do terceiro reator. Então

Definição de conversões para reatores em série

$$\begin{aligned} x_{A,1} &= (F_{A0} - F_{A,1})/F_{A0} \\ x_{A,2} &= (F_{A0} - F_{A,2})/F_{A0} \\ x_{A,3} &= (F_{A0} - F_{A,3})/F_{A0} \end{aligned} \tag{4-30}$$

A conversão $x_{A,1}$ é a conversão de A na corrente deixando o primeiro reator. Esta é a mesma definição usada para um reator isolado. A conversão $x_{A,2}$ é a conversão *global* de A na corrente deixando o segundo reator. Em outras palavras, $x_{A,2}$ é a conversão para os *primeiro e segundo reatores em conjunto*. Finalmente, $x_{A,3}$ é a conversão de A na corrente deixando o terceiro (último) reator. Ela é a conversão global para a *série* de três reatores.

Com esta base, a conversão do reagente A na corrente deixando o reator $N + 1$ é sempre maior que a conversão de A na corrente deixando o reator imediatamente a montante, isto é, reator $N$. Além disto, a conversão da corrente entrando no reator $N + 1$ é igual à conversão na corrente deixando o reator $N$.

Outra forma de analisar uma série de reatores é "zerar a contagem" após cada reator. Nesta abordagem, a conversão é zerada em cada corrente que entra em cada reator. Ao mesmo tempo, um novo valor de $F_{A,0}$ é calculado para a corrente que entra no reator. Em outras palavras, o valor de $F_{A,0}$ para o segundo reator é a vazão molar de A deixando o primeiro reator, isto é, $F_{A,1}$ na figura anterior. Frequentemente o uso desta segunda abordagem gera cálculos mais difíceis e requer uma "contabilidade" muito mais cuidadosa. Um erro comum ao usar esta abordagem é zerar $x_A$ sem corrigir o valor de $F_{A,0}$, ou acertar $F_{A,0}$ sem corrigir $x_A$. Em função desta complexidade e da potencial indução ao erro, esta abordagem não será mencionada novamente.

Realizemos um balanço material no *segundo* reator da figura anterior. Este balanço ilustrará como usar a abordagem escolhida para definir conversões e vazões molares. No estado estacionário, o balanço material de A, usando todo o segundo reator como volume de controle, é

$$\begin{aligned} &\text{taxa entrando} - \text{taxa saindo} + \text{taxa de geração} = 0 \\ &\text{taxa entrando} = F_{A,1} = F_{A0}(1 - x_{A,1}) \\ &\text{taxa saindo} = F_{A,2} = F_{A0}(1 - x_{A,2}) \\ &\text{taxa de geração} = r_A(x_{A,2}) \times V_2 \end{aligned}$$

[4]Stine, M.A., *Petroleum Refining*, apresentado no Encontro do Capítulo dos Estudantes do AIChE na North Carolina State University, 15 de novembro, 2002.

As relações entre $F_{A,1}$, $F_{A,2}$, $x_{A,1}$, $x_{A,2}$ e $F_{A0}$ nos termos "taxa entrando" e "taxa saindo" vêm diretamente das Equações (4-30). No termo de "geração", o símbolo $V_2$ indica o volume do segundo reator. Escrevemos $r_A(x_{A,2})$ para enfatizar que a taxa de reação tem que ser avaliada nas condições de saída em um CSTR.

O uso destas relações reduz o balanço de massa a

$$\frac{V_2}{F_{A0}} = \frac{(x_{A,2} - x_{A,1})}{-r_A(x_{A,2})}$$

Esta equação pode ser generalizada para ser usada no $N$-ésimo reator em uma série de CSTRs:

Equação de projeto para o $N$-ésimo CSTR em uma série

$$\boxed{\frac{V_N}{F_{A0}} = \frac{(x_{A,N} - x_{A,N-1})}{-r_A(x_{A,N})}} \tag{4-31}$$

A Equação (4-31) pode ser vista como uma ***equação de projeto*** generalizada para um CSTR em uma série de reatores. Ela fornece a base para o uso da técnica gráfica que foi desenvolvida no Capítulo 3 para analisar uma série de reatores. A Equação (4-31) mostra que $(V/F_{A0})$ para o $N$-ésimo reator é a área do retângulo que tem como base $(x_{A,N} - x_{A,N-1})$ e como altura $[1/-r_A(x_{A,N})]$. Em palavras, $(V/F_{A0})$ para o $N$-ésimo reator é a diferença entre as conversões na saída e na entrada, $x_{A,N} - x_{A,N-1}$, multiplicada pelo inverso da taxa de reação, determinada nas condições de saída do $N$-ésimo reator $[1/-r_A(x_{A,N})]$. Assim, $V_2/F_{A0}$ é igual à área do retângulo identificado com "segundo reator" na Figura 4-7.

Três CSTRs de igual volume em série são comparados com um único PFR na Figura 4-7. As áreas que representam cada um dos três CSTRs são iguais, pois cada reator tem o mesmo volume $V$ e o valor de $F_{A0}$ não varia de reator para reator.

Para os três reatores em série, o volume total (ou massa de catalisador) requerido para um valor especificado de $x_{A,3}$ é proporcional à soma das três áreas identificadas como "primeiro reator", "segundo reator" e "terceiro reator". Para cinéticas "normais", a série de três CSTRs requer menos volume (ou catalisador) para realizar um dado "serviço" do que um único CSTR. Para um CSTR, o volume necessário é proporcional à área $x_{A,3} \times (1/-r_A(x_{A,3}))$. Entretanto, o volume requerido por uma série de três CSTRs ainda é maior do que o necessário para um PFR ideal.

Na medida em que o número de CSTRs ideais em uma série se aproxima de infinito, o volume total necessário se aproxima ao de um PFR ideal. Para cinéticas de primeira ordem, uma aproximação muito boa da performance do escoamento pistonado será obtida quando o número $N$ de CSTRs em série for 10 ou mais.

Em uma situação prática, o custo de capital total é o parâmetro relevante em relação ao volume total de reator. O aumento do número de CSTRs em série tende a reduzir o custo total através da diminuição

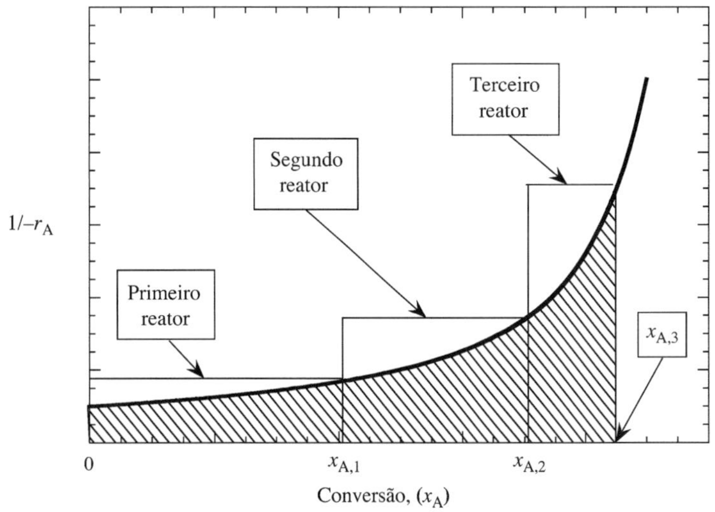


**Figura 4-7** Representação gráfica das equações de projeto de três CSTRs ideais em série e comparação com um PFR (área tracejada).

do volume total requerido. Entretanto, este mesmo acréscimo também implica o aumento do custo, pois serão necessários mais agitadores, válvulas, tubulações, topos de reatores etc. O ótimo econômico usualmente ocorre em um valor de $N$ significativamente menor do que 10, talvez tão pequeno como 2 ou 3, dependendo da pressão de operação dos reatores e da conversão final.

A comparação na Figura 4-7 está baseada na suposição de que a curva $1/-r_A$ *versus* $x_A$ não muda de reator para reator. Isto será verdade se a temperatura em cada reator for a mesma e se a composição da corrente deixando o reator $N$ for idêntica à da corrente entrando no reator $N + 1$. *Estas são restrições importantes.* É comum a operação de reatores em série em diferentes temperaturas. Além disto, não é anormal a adição de uma alimentação ou de uma corrente de reciclo entre reatores, com a consequente modificação da composição da corrente que entra no reator a jusante.

*Cálculos para CSTRs em série*

*Caso 1:* Suponha que foi solicitado para você calcular a performance dos três CSTRs em série. O volume de cada reator, $V_i$, é dado, assim como a vazão molar de entrada no primeiro reator, $F_{A0}$. A equação da taxa para o desaparecimento de A é também especificada. A conversão de A deixando o terceiro (último) reator deve ser calculada.

A conversão final pode ser calculada através de uma "progressão", partindo do primeiro reator, passando pelo segundo e terminando no terceiro. Em cada reator, a equação de projeto é usada para calcular a conversão na saída, que então se torna a conversão de entrada no reator seguinte. Para o reator 1

$$\frac{V_1}{F_{A0}} = \frac{x_{A,1}}{-r_A(x_{A,1})}$$

Como o valor de $V_1/F_{A0}$ é conhecido e todas as constantes na equação da taxa são dadas, o valor de $x_{A,1}$ pode ser calculado.

A equação de projeto para o segundo reator é

$$\frac{V_2}{F_{A0}} = \frac{x_{A,2} - x_{A,1}}{-r_A(x_{A,2})}$$

Como o valor de $x_{A,1}$ foi calculado anteriormente, a única incógnita nesta equação, $x_{A,2}$, pode ser calculada. Posteriormente, o valor de $x_{A,3}$ pode então ser calculado a partir da equação de projeto para o terceiro reator, e o problema está resolvido.

*Caso 2:* Suponha que foi solicitado para você calcular o volume requerido para atingir uma conversão especificada na saída do terceiro (último) reator. Cada um dos três reatores terá o mesmo volume $V$. A equação da taxa para o desaparecimento de A é dada. A vazão molar de entrada no primeiro reator, $F_{A0}$, é especificada.

Logo quando escrevemos a equação de projeto para o primeiro reator, vemos que esta variação de problema é mais desafiadora. Por exemplo, para o reator 1

$$\frac{V}{F_{A0}} = \frac{x_{A,1}}{-r_A(x_{A,1})} \tag{4-32}$$

Esta equação possui duas incógnitas, $V$ e $x_{A,1}$. As equações de projeto para o segundo e o terceiro reatores

$$\frac{V}{F_{A0}} = \frac{x_{A,2} - x_{A,1}}{-r_A(x_{A,2})} \tag{4-33}$$

$$\frac{V}{F_{A0}} = \frac{x_{A,3} - x_{A,2}}{-r_A(x_{A,3})} \tag{4-34}$$

possuem uma incógnita adicional, $x_{A,2}$.

As Equações (4-32)–(4-34) formam um conjunto de três equações algébricas contendo três incógnitas, $V$, $x_{A,1}$ e $x_{A,2}$. Estas equações devem ser resolvidas simultaneamente, usando geralmente uma técnica numérica.

**EXEMPLO 4-10**
***Três CSTRs de Igual Volume em Série***

A reação irreversível, em fase líquida,

$$A + B \rightarrow C + D$$

deve ser realizada em uma série de três CSTRs de igual volume. A temperatura será a mesma em cada reator e o efluente de um reator escoará diretamente para o próximo. A vazão volumétrica na entrada do primeiro reator é igual a 10.000 l/h e as concentrações de A e B nesta alimentação são $C_{A0} = C_{B0} = 1{,}2$ mol/l. A reação obedece à equação de taxa

$$-r_A = kC_AC_B$$

O valor de $k$ é igual a 3,50 l/(mol h) na temperatura de operação dos reatores.

A conversão final tem que ser no mínimo 0,75. Qual volume de reator é necessário?

***ANÁLISE***

As equações de projeto para cada um dos três reatores podem ser escritas. Estas três equações algébricas possuirão três incógnitas, $V$ (o volume de um reator), $x_{A,1}$ e $x_{A,2}$, as conversões após o primeiro e o segundo reatores, respectivamente. As três equações de projeto podem ser resolvidas simultaneamente para determinar as três incógnitas. O volume total necessário dos reatores é $3V$.

***SOLUÇÃO***

A equação de projeto para o primeiro CSTR, com a equação de taxa acima proposta inserida e escrita em termos de $x_A$, é

$$\frac{V}{F_{A0}} = \frac{x_{A,1}}{kC_{A0}^2(1 - x_1)^2}$$

Ela pode ser rearranjada, se tornando

$$kC_{A0}\tau = \frac{x_{A,1}}{(1 - x_{A,1})^2} \qquad (4\text{-}35)$$

onde $\tau = VC_{A0}/F_{A0}$. O valor de $\tau$ não é conhecido, pois $V$ também não é conhecido.

As equações de projeto para o segundo e o terceiro CSTRs são, respectivamente,

$$kC_{A0}\tau = \frac{x_{A,2} - x_{A,1}}{(1 - x_{A,2})^2} \qquad (4\text{-}36)$$

$$kC_{A0}\tau = \frac{x_{A,3} - x_{A,2}}{(1 - x_{A,3})^2} \qquad (4\text{-}37)$$

As Equações (4-35)–(4-37) podem ser resolvidas, determinando as três incógnitas, $x_{A1}$, $x_{A2}$ e $kC_{A0}\tau$. O resultado é

$$x_{A,1} = 0{,}460$$
$$x_{A,2} = 0{,}651$$
$$kC_{A0}\tau = 1{,}577$$

$$3V = 3kC_{A0}\tau \times (v/kC_{A0}) = 3 \times 1{,}577 \times (10.000(\text{l/h})/3{,}5(\text{l/(mol h)}) \times 1{,}2(\text{mol/l})$$
$$3V = 11.3001$$

O procedimento usado para resolver o sistema de equações é baseado no GOALSEEK e é explicado no Apêndice 4 no final deste capítulo.

### 4.3.1.2 PFRs em Série

Suponha que tenhamos dois PFRs em série, como mostrado a seguir.

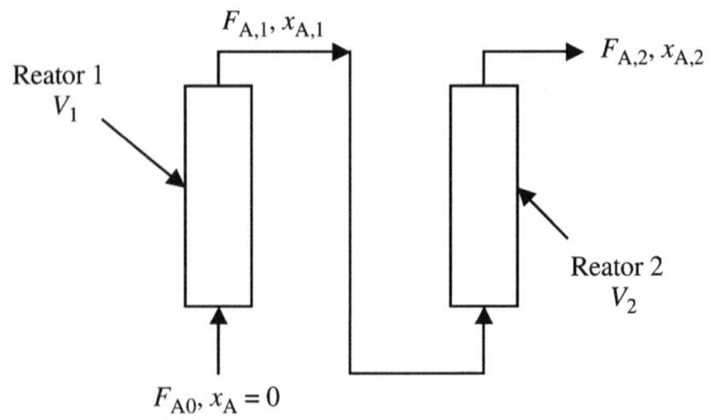


As conversões e as vazões nos PFRs em série são definidas como na seção anterior. Com estas definições, as equações de projeto para os dois PFRs são

$$\text{Primeiro reator:} \quad \frac{V_1}{F_{A0}} = \int_0^{x_{A,1}} \frac{dx}{-r_A(x)}$$

$$\text{Segundo reator:} \quad \frac{V_2}{F_{A0}} = \int_{x_{A,1}}^{x_{A,2}} \frac{dx}{-r_A(x)}$$

Se calor não for adicionado ou removido entre os dois reatores, e se não houver correntes laterais entrando entre os reatores, então os dois PFRs em série podem ser representados graficamente como mostrado na Figura 4-8.

A Figura 4-8 mostra que o volume necessário para atingir uma conversão final de $x_{A,2}$ com dois PFRs em série, é o mesmo do volume necessário para um único PFR. Entretanto, a restrição de não variação da temperatura e não introdução de corrente lateral entre os reatores é importante. Uma das razões mais comuns para dividir um PFR em dois reatores separados é a adição ou remoção de calor entre os reatores. Além disto, não é incomum uma corrente de reciclo ou uma segunda corrente de alimentação ser introduzida entre dois PFRs.

### 4.3.1.3 PFRs e CSTRs em Série

Quando um sistema inovador de reatores está sendo projetado, é incomum (mas não impossível) encontrar uma situação que demande o uso de CSTRs e PFRs em série. Entretanto, se equipamentos disponíveis estiverem sendo empregados para satisfazer uma necessidade temporária, para partir rapidamente uma determinada produção, ou para aumentar a capacidade de uma planta existente, pode haver uma boa razão para considerar tais combinações.

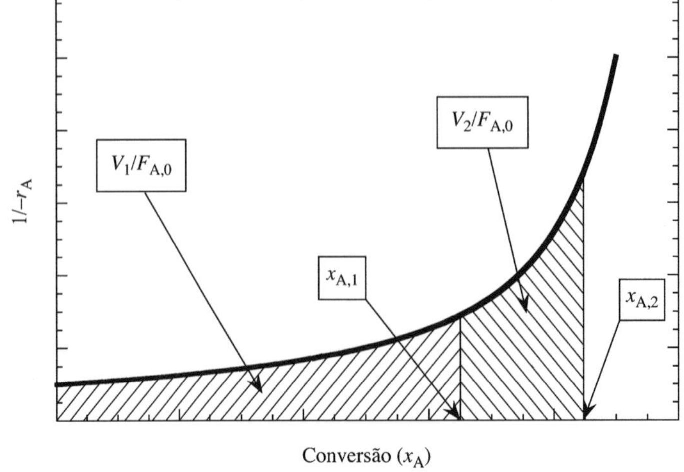


**Figura 4-8** Representação gráfica das equações de projeto de dois PFRs em série.

Se for para usar CSTRs e PFRs em série, uma pergunta óbvia é qual tipo de reator deve ser o primeiro? Para uma dada vazão de alimentação, uma concentração de entrada e uma temperatura de entrada, e para volumes de reatores fixos, a conversão final dependerá de como os reatores são ordenados?

Como CSTRs e PFRs representam os extremos das condições de mistura, a melhor ordem dependerá se é melhor misturar quando as concentrações dos reagentes são maiores ou quando elas são menores. Colocando de forma diferente, é melhor misturar no início da reação (quando a conversão é pequena) ou misturar depois (quando a conversão é alta)? A resposta depende da equação da taxa.

As generalizações que se aplicam são as seguintes:

1. Se a ordem efetiva da reação for maior que 1 ($n > 1$), evite a mistura o mais possível. Mantenha a concentração do reagente a mais alta possível, ao longo do maior espaço possível. Por exemplo, suponha que devamos usar três reatores em série, um CSTR pequeno, um CSTR grande e um PFR. Para $n > 1$, a mistura deve ser atrasada o mais possível. O arranjo ótimo dos reatores é primeiro o PFR, seguido do CSTR pequeno, com o CSTR grande no final.
2. Se a ordem efetiva da reação for menor que 1 ($n < 1$), misture o mais rápido possível. Diminua a concentração do reagente ao menor valor possível, o mais rápido possível. No exemplo anterior, para $n < 1$, o CSTR grande deve ser o primeiro, seguido pelo CSTR pequeno, com o PFR no final.
3. Se a ordem efetiva for exatamente 1 ($n = 1$), então a pressa ou não da mistura não tem influência. A ordem dos reatores não afetará a conversão final.

*Estas generalizações se aplicam a uma situação na qual a "intensidade" de mistura é fixa e a única questão é se a reação deve ser misturada mais cedo ou mais tarde.* As generalizações *não* significam que a mistura é benéfica. Obviamente, baseado *somente* no volume total requerido, a mistura é indesejada em todos os três casos. Deveríamos usar um PFR nas três situações, se isto fosse permitido.

A expressão "ordem efetiva da reação" requer alguma explicação. Para uma única reação, todas as concentrações das espécies podem ser escritas como uma função de uma variável, como a concentração do reagente A ($C_A$). Se fizermos isto para uma dada composição na alimentação, a taxa de reação é uma função somente de $C_A$. Então, suponha que façamos um gráfico de $-r_A$ *versus* $C_A$. Algumas das possibilidades são mostradas na Figura 4-9.[5]

O gráfico da taxa de reação *versus* a concentração do reagente é côncavo para cima quando a ordem efetiva da reação é maior que 1 ($n > 1$). Quando a ordem efetiva da reação é menor que 1 ($n < 1$), a curva é côncava para baixo. A ordem efetiva é exatamente igual a 1 ($n = 1$) quando a curva $-r_A$ *versus* $C_A$ é uma linha reta, passando pela origem. Podemos construir gráficos iguais ao anterior para muitas equações de taxa e determinar qual das três classificações descreve a cinética da reação.

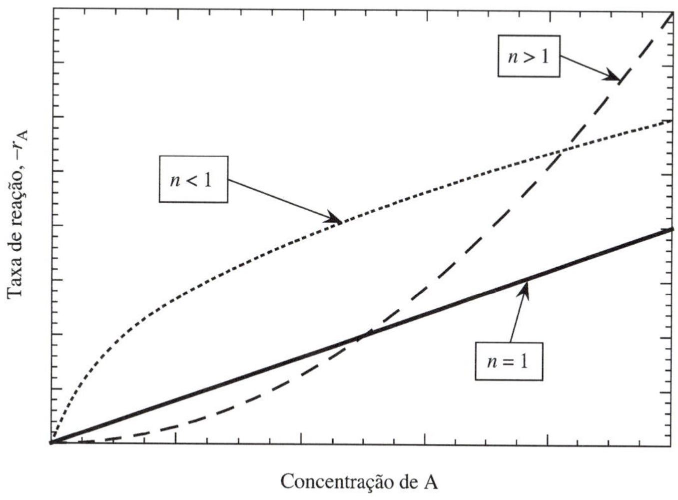


**Figura 4-9** Ilustrações da ordem efetiva da reação.

[5]Obviamente, há outras possibilidades além das três mostradas na Figura 4-9. Por exemplo, se a reação exibisse comportamento de autocatálise, como discutido no Exemplo 4-8 deste capítulo, o gráfico $-r_A$ *versus* $C_A$ passaria por um máximo. Este tipo de comportamento da taxa requereria uma análise em separado e as generalizações a seguir não se aplicariam.

As curvas na Figura 4-9 podem nos ajudar a entender as generalizações enunciadas anteriormente. Usemos a curva $n > 1$ para ilustrar.

Suponha que tenhamos dois elementos de fluido, como mostrado na figura a seguir. Um elemento tem um volume muito grande ($V_l$) e contém uma concentração do reagente A, $C_A$. O segundo elemento tem um volume ($V_p$) muito pequeno e contém uma concentração de A maior, $C_A + \Delta C_A$. No exercício a seguir, assumiremos que $\Delta C_A$ é pequeno em relação a $C_A$.

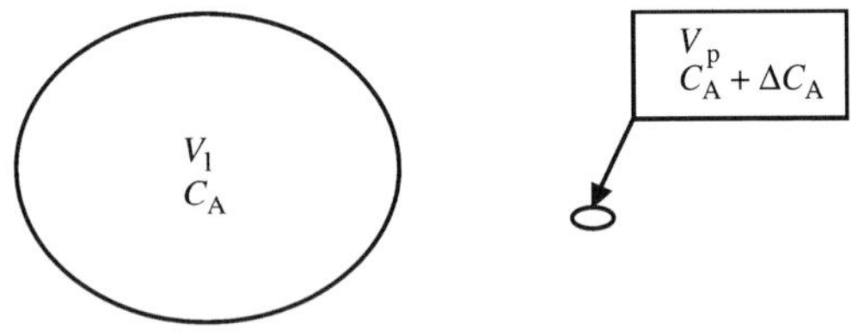


Agora misturamos os dois elementos de fluido, ao mesmo tempo permitindo que ocorra a reação exatamente o suficiente para que a concentração de A nos elementos combinados seja $C_A$. Em outras palavras, permitiremos que um total de $V_p \times \Delta C_A$ mols de A reajam.

Este processo de mistura/reação poderia ser realizado de duas formas diferentes: (1) misturar primeiro e então permitir que a reação ocorra; (2) permitir que a reação ocorra e então misturar. Seja a segunda abordagem. Suponha que a reação ocorra no elemento pequeno até que a concentração de A diminua até $C_A$. O número total de mols de A reagidos será $V_p \times \Delta C_A$, como desejado. Na medida em que a reação ocorre, a taxa diminuirá ao longo da curva $-r_A$ *versus* $C_A$, de $-r_A(C_A + \Delta C_A)$ até $-r_A(C_A)$, como mostrado na Figura 4-10.

Neste ponto, o elemento pequeno é misturado com o elemento grande.

Agora considere a primeira abordagem, na qual os elementos grande e pequeno são misturados *antes* que qualquer reação ocorra e então é permitida a reação de $V_p\,\Delta C_A$ mols de A. Como $V_l >>> V_p$, e $\Delta C_A$ é pequena em comparação com $C_A$, a concentração no sistema misturado é muito próxima a $C_A$ e toda a reação ocorre a uma taxa que corresponde a $C_A$, isto é, $-r_A(C_A)$.

A taxa média para a segunda abordagem (reação, depois mistura) é maior que a taxa média para a primeira abordagem (mistura, depois reação). Na realidade, a diferença entre as taxas é proporcional à área tracejada na figura anterior. Esta área representa a penalidade na taxa de reação que é associada à mistura.

Como esta penalidade pode ser minimizada? Devemos misturar em alta $C_A$ ou em baixa $C_A$? As Figuras 4-9 e 4-10 mostram que a inclinação da curva $-r_A$ *versus* $C_A$ aumenta com o aumento de $C_A$, quando $n > 1$. Isto leva à comparação mostrada nas figuras a seguir. A curva taxa *versus* concentração é mostrada como uma linha reta nestas figuras, pois esta curva é aproximadamente linear se $\Delta C_A$ for suficientemente pequena. Os dois triângulos têm a mesma base, $\Delta C_A$. A altura do triângulo é a diferença

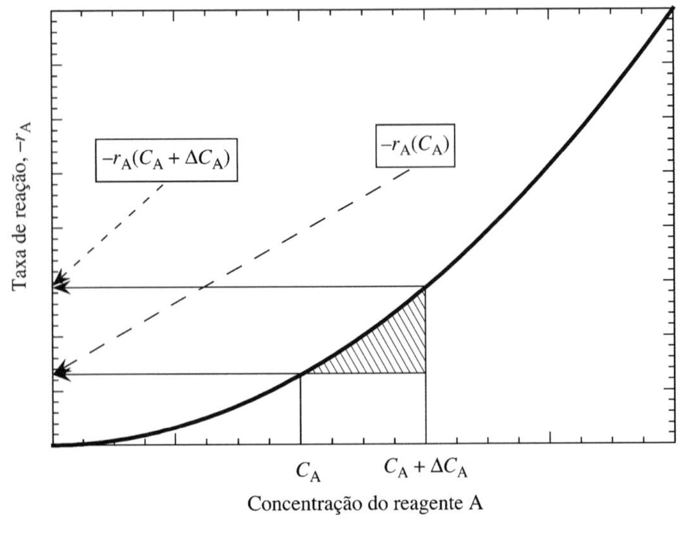


**Figura 4-10** Efeito da mistura para $n > 1$.

entre a taxa de reação a ($C_A + \Delta C_A$) e a taxa de reação a $C_A$. A altura é menor no caso "baixa $C_A$" do que no caso "alta $C_A$", porque a curva $-r_A$ *versus* $C_A$ é mais íngreme a altas $C_A$ quando $n > 1$.

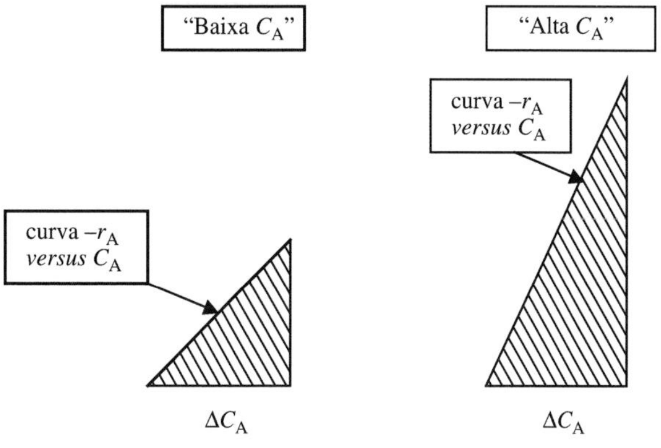


Fica claro que, para $n > 1$, a penalidade da mistura é maior em alta $C_A$ do que em baixa $C_A$. Consequentemente, para $n > 1$, devemos evitar a mistura no início, isto é, devemos misturar mais tarde na reação, na menor $C_A$ possível. Esta lógica é consistente com a primeira das três generalizações anteriores sobre PFRs e CSTRs em série.

A mesma abordagem pode ser usada para analisar o caso $n < 1$. Neste caso, a penalidade da mistura é maior quando $C_A$ é *baixa*. Isto é consistente com a segunda generalização, que nos indica a mistura o mais rápido possível se $n < 1$, isto é, misturar quando a concentração esteja a mais alta possível.

# EXERCÍCIO 4-13

Efetue a análise para $n < 1$ e verifique a afirmativa anterior.

O terceiro caso, $n = 1$, é o mais fácil de ser entendido. A mistura mais cedo ou mais tarde não tem efeito quando a relação entre $-r_A$ e $C_A$ é linear. A inclinação da curva $-r_A$ *versus* $C_A$ não depende de $C_A$. Não tem importância se a mistura ocorre em alta $C_A$ ou em baixa $C_A$.

É importante reconhecer que a técnica gráfica empregada anteriormente não é uma *prova* das três generalizações. Ela é simplesmente uma forma conveniente para lembrar e racionalizar estas regras.

## 4.3.2 Reatores em Paralelo

### 4.3.2.1 CSTRs em Paralelo

Suponha que dois CSTRs estejam operando em paralelo, como mostrado a seguir.

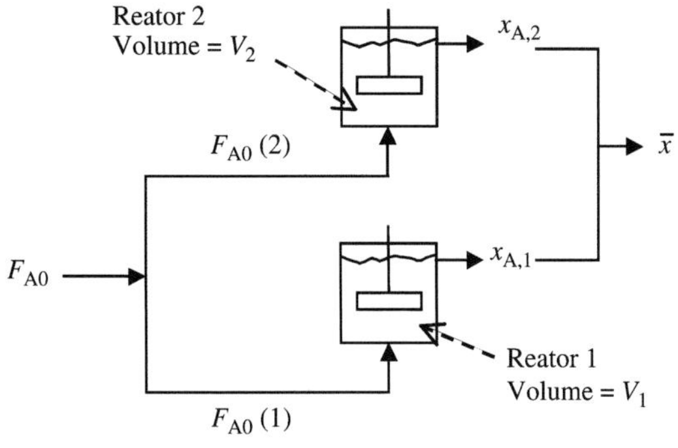


O reator 1 tem um volume $V_1$; $V_2$ é o volume do reator 2. A corrente de alimentação é dividida entre os dois reatores, de tal forma que a vazão molar de A direcionada ao reator 1 é $F_{A0}(1)$ e a vazão molar para o reator 2 é $F_{A0}(2)$. A conversão de A no efluente do reator 1 é $x_{A,1}$ e a conversão de A no efluente do reator 2 é $x_{A,2}$. A conversão média de A no efluente combinado é $\bar{x}$.

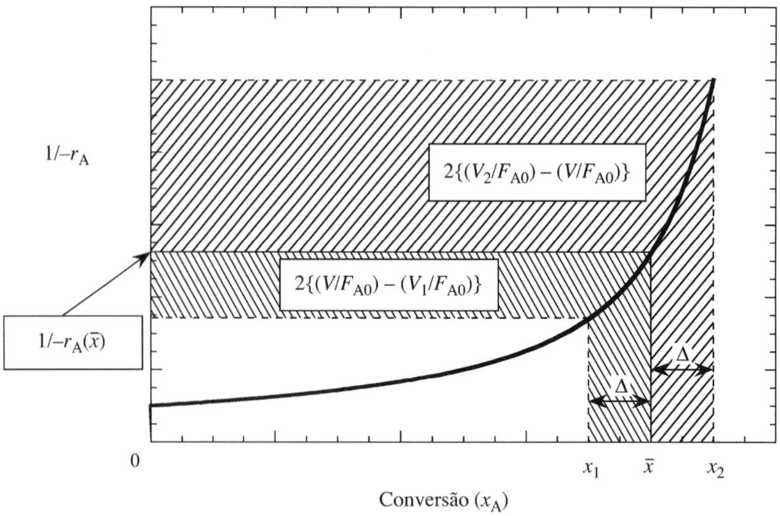


**Figura 4-11** Representação gráfica das equações de projeto de dois CSTRs em paralelo.

Você provavelmente está desconfiado que esta configuração não é muito prática. Já aprendemos que a performance de dois CSTRs em série é melhor do que a performance de um CSTR com o mesmo volume total. Há alguma razão para acreditarmos que dois CSTRs em paralelo terão melhor performance do que um CSTR com o mesmo volume total?

Enfrentemos esta questão através da análise de uma versão simplificada da configuração anterior. Suponha que a alimentação seja dividida em duas correntes iguais, de tal forma que $F_{A0}(1) = F_{A0}(2) = F_{A0}/2$. Considere o caso no qual os dois reatores são operados na mesma temperatura e com as mesmas concentrações na entrada, e a cinética é "normal". Se a conversão média $\bar{x}$ for fixada, o volume de reator total será menor se os dois reatores tiverem o mesmo volume ou se os dois reatores tiverem volumes diferentes?

Seja o reator 1 menor que o reator 2, isto é, $V_1 < V_2$. Como os dois reatores têm a mesma vazão molar de A na entrada $(F_{A0}/2)$, a conversão de A na corrente deixando o reator 1 será menor que a conversão na saída do reator 2, isto é, $x_{A,1} < x_{A,2}$. A conversão de A no efluente combinado é $\bar{x}$ e a vazão molar de A na alimentação de cada reator é a mesma. Consequentemente, se $\Delta = \bar{x} - x_{A,1}$, então $x_{A,2} = \Delta + \bar{x}$.

Uma análise gráfica comparando a performance dos dois reatores de tamanho diferente com a de dois reatores de tamanho igual é mostrada na Figura 4-11.

A área do retângulo limitado por linhas contínuas, isto é, $(1/-r_A(\bar{x})) \times \bar{x}$, tem o valor de $V/(F_{A0}/2)$, onde $V$ é o volume necessário para produzir a conversão $\bar{x}$ quando a vazão molar de A entrando no reator é $F_{A0}/2$. A área da região inferior não sombreada é $V_1/(F_{A0}/2)$. Consequentemente, a área da região tracejada "em forma de L" inferior (tracejado da esquerda superior para a direita inferior) é a diferença entre $V/(F_{A0}/2)$ e $V_1/(F_{A0}/2)$, isto é, $2\{(V/F_{A0}) - (V_1/F_{A0})\}$. Esta área é diretamente proporcional à diferença $(V - V_1)$. Ela é a "economia" de volume associada ao reator menor, operando com uma conversão $x_{A,1}$, comparado com um reator com um volume $V$, operando com a mesma vazão de alimentação $(F_{A0}/2)$, mas com uma conversão maior $\bar{x}$.

A área da região em "forma de L" superior (tracejado da esquerda inferior para a direita superior) é a diferença entre $V_2/(F_{A0}/2)$ e $V/(F_{A0}/2)$, isto é, $2\{(V_2/F_{A0}) - (V/F_{A0})\}$. Esta área é diretamente proporcional a $(V_2 - V)$. Ela é a "penalidade" de volume associada ao reator maior, operando com uma conversão $x_{A,2}$, comparado com um reator com um volume $V$, com a mesma vazão de alimentação $(F_{A0}/2)$, operando com uma conversão menor $\bar{x}$.

Evidentemente, a área "em forma de L" superior é maior do que a área "em forma de L" inferior. Consequentemente,

$$2\left\{\frac{V_2}{F_{A0}} - \frac{V}{F_{A0}}\right\} > 2\left\{\frac{V}{F_{A0}} - \frac{V_1}{F_{A0}}\right\}$$

ou

$$V_1 + V_2 > 2V$$

Para dois CSTRs em paralelo, com a mesma alimentação nos dois reatores, o volume total necessário é *maior* se os CSTRs tiverem volumes diferentes e operarem com diferentes conversões do que se os dois CSTRs tiverem o mesmo volume e operarem com a mesma conversão.

Suponha que tenhamos ajustado $F_{A0}(1)$ e $F_{A0}(2)$ de tal forma que a conversão fosse $\bar{x}$ nas correntes deixando os dois CSTRs. Então, $V_1/F_{A0}(1) = V_2/F_{A0}(2) = \bar{x}/-r_A(\bar{x}) = V/(F_{A0}/2)$. Se $F_{A0}(1) + F_{A0}(2) = F_{A0}$, então $V_1 + V_2 = 2V$. Isto mostra que o *melhor* que pode ser feito com dois CSTRs em paralelo é igualar a performance de um único CSTR com o mesmo volume total que os dois CSTRs em paralelo.

Esta análise confirma que a operação de dois CSTRs em série forneceria uma melhor performance do que a operação dos mesmos reatores em paralelo. Na verdade, é difícil imaginar uma situação na qual alguém deliberadamente escolheria operar dois CSTRs em paralelo.

### 4.3.2.2 PFRs em Paralelo

Agora consideremos dois PFRs em paralelo. Este caso não é tão obvio. Aprendemos anteriormente que a operação de dois PFRs em série fornece a mesma performance de um único PFR operando com o mesmo tempo espacial. Aqui analisaremos o caso no qual os dois PFRs em paralelo têm a mesma vazão de alimentação, composição na alimentação e temperatura. Novamente, cinética "normal" será considerada. A situação é mostrada na figura a seguir.

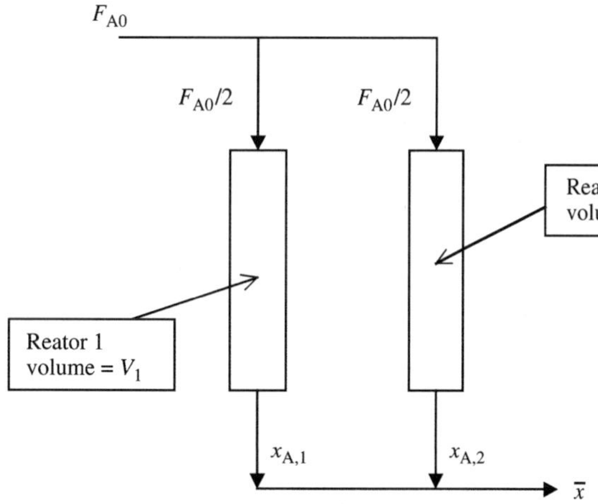


O reator 1 é o menor dos dois, ou seja, $V_1 < V_2$. Como os dois reatores têm a mesma vazão molar de A na alimentação, $F_{A0}/2$, e as mesmas composição na alimentação e temperatura, a conversão de A na corrente deixando o reator 1 será menor do que a conversão na corrente saindo do reator 2, isto é, $x_{A,1} < x_{A,2}$. Entretanto, a conversão de A no efluente combinado tem que ser $\bar{x}$ e a vazão molar de A na alimentação de cada reator é a mesma. Se $\Delta = \bar{x} - x_{A,1}$, então $x_{A,2} = \Delta + \bar{x}$.

Este caso também pode ser analisado usando a técnica gráfica, como mostrado na Figura 4-12.

A área tracejada à esquerda (tracejado da esquerda inferior para a direita superior) é igual a $2\{(V/F_{A0}) - (V_1/F_{A0})\}$. Esta área é proporcional à $(V - V_1)$, a "economia" de volume associada ao reator menor, operando com uma conversão $x_{A,1}$, comparado com um reator com um volume $V$, operando com a mesma vazão de alimentação $(F_{A0}/2)$ e com uma conversão maior $\bar{x}$.

A área à direita da figura (tracejado da esquerda superior para a direita inferior) é igual a $2\{(V_2/F_{A0}) - (V/F_{A0})\}$. Esta área é proporcional a $(V_2 - V)$, a "penalidade" de volume associada ao reator maior, operando com uma conversão $x_{A,2}$, comparado com um reator com um volume $V$, com a mesma vazão de alimentação $(F_{A0}/2)$, operando com uma conversão menor $\bar{x}$.

Evidentemente, a área tracejada à direita é maior do que a área tracejada à esquerda, de modo que,

$$V_1 + V_2 > 2V$$

Para dois PFRs em paralelo, com a mesma alimentação em cada reator, o volume total requerido é maior se os reatores tiverem volumes diferentes e operarem com diferentes conversões do que se eles tiverem o mesmo volume e operarem com a mesma conversão. Para os dois CSTRs em paralelo obtivemos o mesmo resultado.

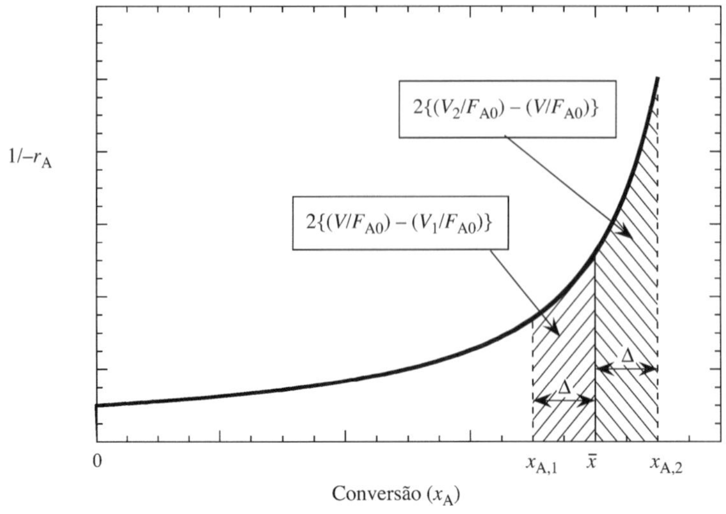


**Figura 4-12** Representação gráfica das equações de projeto de dois PFRs em paralelo.

## EXERCÍCIO 4-14

Suponha que as vazões de alimentação nos dois PFRs em paralelo sejam ajustadas de modo que os dois reatores operem com uma conversão na saída de $\bar{x}$. Mostre que $V_1 + V_2 = 2V$.

### 4.3.3 Generalizações

Os exemplos nas seções anteriores foram bem específicos e foram construídos para facilitar a análise. Com CSTRs ou PFRs em paralelo, foi melhor ter os dois reatores operando com a mesma conversão $\bar{x}$. A performance de reatores em paralelo operando com diferentes conversões, cuja média é $\bar{x}$, foi inferior.

Os resultados destas análises podem ser generalizados:

*Se uma reação ocorre em uma rede de reatores que tem ramos paralelos, a performance ótima resultará quando a conversão for a mesma em quaisquer correntes que se misturem.*

Esta generalização se aplica a qualquer combinação de PFRs e CSTRs em série ou paralelo, para cinética "normal".

A análise anterior também embasa uma segunda generalização:

*Um arranjo em série de reatores é sempre igualmente eficiente ou mais eficiente do que um arranjo em paralelo.*

Esta generalização também se aplica a qualquer combinação de PFRs e CSTRs e para cinética "normal".

Apesar da última generalização, há ocasiões nas quais é necessário ou desejável usar PFRs em paralelo. Por exemplo, reações exotérmicas às vezes são realizadas em reatores que se assemelham aos trocadores de calor casco e tubos. Um único reator pode ter centenas de tubos em paralelo. Os tubos são cheios de pellets de catalisadores e um fluido auxiliar é circulado através do casco. Calor é removido através das paredes dos tubos para manter a temperatura no interior dos tubos abaixo de algum limite predeterminado. O limite pode ser especificado, por exemplo, pela necessidade de evitar reações paralelas que ocorram em altas temperaturas ou pela necessidade de controle da taxa de desativação do catalisador, que geralmente aumenta com o aumento da temperatura.

De acordo com a primeira generalização, a conversão na saída de cada tubo tem que ser a mesma se o reator como um todo deva ter performance ótima. Mesmo se cada tubo individualmente se comporte como um PFR ideal, a performance do reator *como um todo* será menor do que a de um PFR ideal a não ser que cada e todo tubo produza a mesma conversão.

Esta é uma exigência desafiadora! Ela significa, de acordo com a equação de projeto para um PFR ideal, que cada e todo tubo tem que operar na mesma $m/F_{A0}$. Para que isto ocorra, o catalisador deve ser carregado de modo que cada tubo contenha a mesma massa. Além disto, o fluido que escoa através dos tubos tem que ser alimentado de modo que a queda de pressão ao longo de cada tubo seja a mesma. De outra forma, $F_{A0}$ não será a mesma em cada tubo.

Se um tubo contiver uma quantidade de catalisador menor do que a requerida, a resistência ao escoamento do fluido naquele tubo será menor do que a média, em função do volume livre maior naquele tubo. A resistência menor resultará em uma maior $F_{A0}$, de modo que o valor de $m/F_{A0}$ para este tubo poderá ficar significativamente abaixo da média.

Como uma ilustração de reatores em paralelo, avance para o Capítulo 9 e dê uma olhada na Figura 9-5. Esta figura mostra uma forma de catalisador conhecida como *honeycomb* ou "em forma de favo de mel" ou "monólito" (*monolith*). Estes catalisadores são formados por várias centenas de canais paralelos por polegada quadrada de área frontal. Cada canal é um reator independente (embora não necessariamente um PFR ideal), pois não há escoamento de fluido entre os canais. Um dos desafios de usar esta forma de catalisador é garantir que o valor de $m/F_{A0}$ seja o mesmo, ou o mais próximo possível, de canal para canal.

## 4.4 RECICLO

Sob algumas circunstâncias, pode ser desejável reciclar parte da corrente efluente que deixa um reator de volta para a sua entrada. Reciclo pode ser usado para controlar a temperatura no reator e para ajustar a distribuição do produto se mais de uma reação estiver ocorrendo. As discussões sobre múltiplas reações e controle de temperatura são efetuadas nos Capítulos 7 e 8, respectivamente.

Um reator com reciclo é mostrado na figura a seguir.

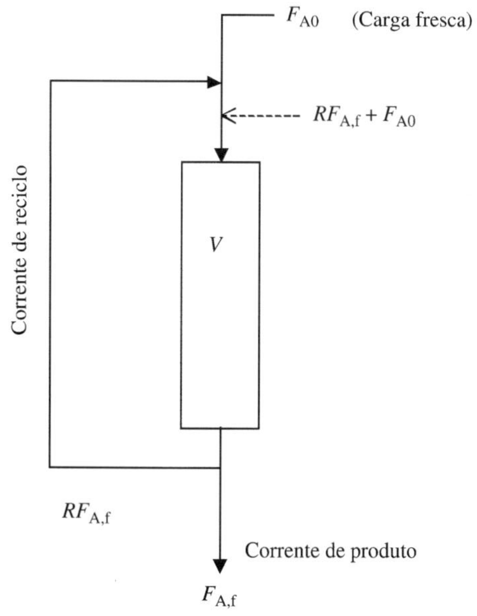


A espécie A é um reagente. O reator é um PFR ideal. A razão molar entre a corrente de reciclo e a corrente de produto é $R$. Esta razão é chamada de "razão de reciclo". Por agora, consideraremos que a composição das correntes de produto e de reciclo são idênticas.

Suponha que desejemos aplicar a equação de projeto de um PFR. Uma forma de fazer isto é reconhecer que a vazão molar total de A na entrada do reator é $RF_{A,f} + F_{A0}$ e estabelecer a conversão de A, $x_A$, igual a zero para a corrente combinada que entra no reator. Nesta base, a equação de projeto se torna

$$\frac{V}{F_{A0} + RF_{A,f}} = \int_0^{x_{sai}} \frac{dx_A}{-r_A} \tag{4-38}$$

onde

$$x_{sai} = [(F_{A0} + RF_{A,f}) - (R+1)F_{A,f}]/(RF_{A,f} + F_{A0})$$
$$x_{sai} = (F_{A0} - F_{A,f})/(RF_{A,f} + F_{A0}) \tag{4-39}$$

Esta conversão $x_{sai}$ é chamada de conversão "por passo". Ela é a fração da alimentação *total* do reagente A que é convertida em um único passo através do reator.

A Equação (4-38) é difícil de ser usada, pois $F_{A,f}$ (ou $x_{sai}$) aparece nos dois lados da equação. Consequentemente, procuramos uma forma mais simples para fundamentar a análise do problema.

Considere o fluxograma a seguir.

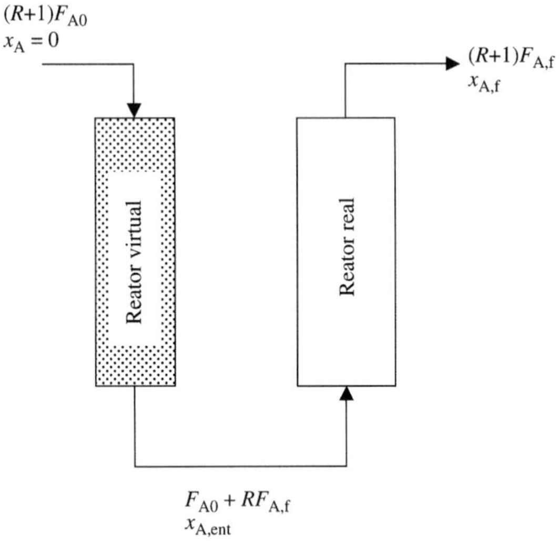


Neste fluxograma, o primeiro reator é um reator "virtual". Ele toma o lugar do ponto de mistura na figura anterior, onde a carga fresca e a corrente de reciclo se misturam para formar a corrente que entra no reator real. A função do reator virtual é gerar uma corrente com as mesmas vazão e composição da corrente que entra no reator real. A vazão molar de A na entrada do reator virtual é $(R + 1)F_{A0}$. Ocorre reação somente o suficiente de modo que a vazão de A deixando o reator virtual seja $F_{A0} + RF_{A,f}$.

Como a conversão de A na alimentação entrando no reator virtual é 0, então a conversão na saída do reator virtual, e na alimentação do reator real, é

$$x_{A,\,ent} = \frac{(R+1)F_{A0} - (RF_{A,f} + F_{A0})}{(R+1)F_{A0}}$$

Esta conversão é baseada na alimentação do primeiro reator (virtual), $(R + 1)F_{A0}$.

Seja $x_{A,f}$ a conversão de A na saída do segundo reator (real). A base para $x_{A,f}$ será a mesma que para $x_{A,ent}$, isto é, as duas conversões são baseadas na alimentação do primeiro reator (virtual). Então, podemos escrever $F_{A,f} = F_{A0}(1 - x_{A,f})$. A substituição desta relação na equação anterior fornece

$$x_{A,\,ent} = \left(\frac{R}{R+1}\right)x_{A,f} \tag{4-40}$$

Agora, a equação de projeto para o reator real pode ser escrita na forma

$$\frac{V}{(R+1)F_{A0}} = \int_{x_{A,ent}}^{x_{A,f}} \frac{dx_A}{-r_A} = \int_{\left(\frac{R}{R+1}\right)x_{A,f}}^{x_{A,f}} \frac{dx_A}{-r_A}$$

ou

Equação de projeto para um reator com reciclo

$$\frac{V}{F_{A0}} = (R+1)\int_{\left(\frac{R}{R+1}\right)x_{A,f}}^{x_{A,f}} \frac{dx_A}{-r_A} \tag{4-41}$$

A Equação (4-41) é a equação de projeto para um reator com reciclo. Esta equação mostra que o comportamento de um reator com reciclo pode ser mudado continuamente entre um PFR ideal ($R =$

0) e um CSTR ideal ($R \to \infty$), através da variação da razão de reciclo. Na medida em que a razão de reciclo aumenta, o reator se comporta de forma mais parecida a um CSTR.

## EXEMPLO 4-11

***Dimensionamento de Reator com Reciclo***

A reação na fase líquida, homogênea e de primeira ordem: A $\to$ produtos, ocorre em um PFR ideal, isotérmico e com reciclo. A razão de reciclo é 1,0. A constante da taxa é $k = 0{,}15\ \text{min}^{-1}$. A concentração de A na carga fresca é igual a 1,5 mol/l e a vazão molar de A é de 100 gmol/min.

Qual volume do reator é requerido para atingir uma conversão final de 0,90? Qual é a conversão "por passo" neste caso?

*ANÁLISE*

O volume requerido pode ser calculado através da resolução da equação de projeto para um reator com reciclo, Equação (4-41), reconhecendo que $-r_A = kC_A = kC_{A0}(1 - x_A)$. A conversão "por passo" pode ser calculada com a Equação (4-39).

*SOLUÇÃO*

Para $R = 1$ e $x_{A,f} = 0{,}90$, a Equação (4-41) se torna

$$\frac{V}{F_{A0}} = (1+1)\int_{\left(\frac{1}{1+1}\right)(0,90)}^{0,90} \frac{dx_A}{kC_{A0}(1-x_A)}$$

$$V = \frac{2F_{A0}}{kC_{A0}}\int_{0,45}^{0,90} \frac{dx_A}{(1-x_A)} = \frac{-2F_{A0}}{kC_{A0}}\ln(1-x_A)\Big|_{0,45}^{0,90}$$

Substituindo os números

$$V = \frac{-2\times 100(\text{mol/min})}{0{,}15(1/\text{min})\times 1{,}0(\text{mol/l})}\{-2{,}303+0{,}598\}$$

$$V = 2273\ \text{l}$$

A conversão "por passo" $x_{sai}$ é dada pela Equação (4-39).

$$x_{sai} = \frac{F_{A0} - F_{A0}(1-x_{A,f})}{F_{A0} + RF_{A0}(1-x_{A,f})} = \frac{x_{A,f}}{1+R(1-x_{A,f})}$$

Substituindo os números, $x_{sai} = 0{,}82$ é obtido.

## EXERCÍCIO 4-15

Para as mesmas $F_{A0}$, $C_{A0}$, $k$ e $x_{A,f}$, qual volume do reator será necessário se não houvesse reciclo e o reator fosse (a) um PFR ideal? (Resposta − 1535 l); (b) um CSTR ideal? (Resposta − 6000 l).

## RESUMO DE CONCEITOS IMPORTANTES

- As equações de projeto para os três reatores ideais podem ser usadas para determinar quantidades desconhecidas tais como: conversão final (na saída), massa de catalisador (ou volume do reator) requerida ou vazão de alimentação de um componente. Somente pode haver uma incógnita na equação de projeto. Todos os outros parâmetros, incluindo a equação da taxa completa, têm que ser conhecidos.
- Uma tabela estequiométrica deve ser usada para expressar todas as concentrações no reator como uma função de uma única variável de composição.
- "Gráficos de Levenspiel" podem ser usados para analisar o comportamento de reatores isolados e de sistemas de reatores. Para cinética "normal".
  - Um PFR sempre requer menos volume (ou massa de catalisador) do que um CSTR para realizar um "serviço" específico.
  - PFRs ou CSTRs em paralelo têm, *na melhor das hipóteses*, a mesma performance que um único CSTR ou PFR, respectivamente.
  - Uma série de PFRs tem a mesma performance que um único PFR.
  - Uma série de CSTRs tem uma melhor performance que um único CSTR.
- Se a concentração e a temperatura em uma partícula de catalisador forem as mesmas das presentes no seio da corrente de fluido que

circunda a partícula, então os efeitos de transporte podem ser ignorados e a reação é controlada pela cinética intrínseca. Quando este é o caso, a equação de projeto pode ser resolvida sem a introdução de equações adicionais para descrever o transporte de massa e de calor. O controle pela cinética intrínseca é um caso-limite importante do comportamento de reatores.
- Sempre entenda o equilíbrio químico de uma reação antes de tentar resolver problemas envolvendo a sua cinética.

# PROBLEMAS

*Problemas com um Reator*

**Problema 4-1 (Nível 3)**[6] Quando a isomerização do *n*-pentano

$$n\text{-}C_5H_{12} \rightleftarrows i\text{-}C_5H_{12}$$

é realizada na presença de hidrogênio a 750°F sobre um catalisador composto de um "metal depositado sobre um suporte refratário", a cinética é descrita adequadamente pela equação de taxa:

$$-r_n\left(\frac{\text{gmol } C_5H_{12}}{\text{g cat h}}\right) = \frac{k\left(p_n - \dfrac{p_i}{K}\right)}{(1 + K_{H_2}p_{H_2} + K_i p_i + K_n p_n)^2}$$

onde o subscrito "*i*" se refere ao isopentano, o "*n*" ao *n*-pentano e "*p*" representa pressão parcial. A 750°F, os valores das constantes na expressão anterior são

$$\begin{aligned} K &= 1{,}632 \\ k &= 2{,}08 \times 10^{-3}\ (\text{gmol/(g cat h psia)}) \\ K_{H_2} &= 2{,}24 \times 10^{-3}\ (\text{psia})^{-1} \\ K_n &= 3{,}50 \times 10^{-4}\ (\text{psia})^{-1} \\ K_i &= 5{,}94 \times 10^{-3}\ (\text{psia})^{-1} \end{aligned}$$

Deseja-se dimensionar um reator, em estado estacionário, que operará isotermicamente a 750°F, com uma pressão total de 500 psia. A conversão do *n*-pentano em isopentano no efluente do reator tem que ser 95% da conversão máxima possível. A alimentação do reator será uma mistura de hidrogênio e *n*-pentano na razão 1,5 mol $H_2$/1,0 mol *n*-pentano. Não há outros compostos presentes na alimentação.

Qual valor do tempo espacial, $\tau = (m\, C_{A0}/F_{A0})$, será necessário se

1. o reator for um reator de escoamento pistonado ideal?
2. o reator for um reator de mistura ideal (CSTR)?

Esteja seguro ao especificar as unidades de $\tau$. A queda de pressão através do reator e os efeitos de transporte podem ser desprezados, e o comportamento de gás ideal pode ser considerado.

**Problema 4-2 (Nível 2)** O correio eletrônico a seguir está em sua caixa de entrada na segunda-feira às 8 horas da manhã:

Para: U. R. Loehmann
De: I. M. DeBosse
Assunto: Dimensionamento de um Reator para LP

A cinética da reação em fase líquida

$$\text{R.M.\#11} \rightarrow \text{L.P.\#7} + \text{W.P.\#31}$$

foi estudada em escala de bancada. (Infelizmente, em função da preocupação com a segurança da rede, eu não posso ser mais específico sobre as substâncias envolvidas. Como você sabe, L.P.#7 é o produto da reação desejado.) A taxa de desaparecimento de R.M.#11 (A) é descrita adequadamente pela equação de taxa de ordem zero

$$-r_A = k$$

O valor de $k$ é igual a 0,035 lbmol A/(galão min) a uma certa temperatura $T$.

Um reator de escoamento pistonado para converter R.M.#11 em L.P.#7 foi dimensionado pelo Cauldron Chemicals' Applied Research Department, mas há alguma controvérsia sobre o resultado. Eu preciso de sua ajuda para analisar a situação.

Está previsto que o reator opere isotermicamente na temperatura $T$. De acordo com o Applied Research Department, o volume do reator será igual a 120 galões, a vazão volumétrica entrando no reator será de 2 galões/min e a concentração de A na alimentação do reator será de 1,0 lbmol A/galão. Qual será a concentração de A no efluente do reator?

Por favor, envie a sua reposta para mim em um pequeno memorando. Anexe os seus cálculos ao memorando para embasar a suas conclusões.

**Problema 4-3 (Nível 2)** A reação irreversível A → B ocorre em um solvente. A cinética da reação foi estudada em concentrações de A de 2,0 gmol/l até 0,25 gmol/l. Nesta faixa, os dados cinéticos são bem correlacionados pela equação de taxa

$$-r_A = kC_A^{0,5}$$

A 25°C, em um reator batelada ideal, a concentração de A cai, em 15 min, de um valor inicial $C_{A0}$ de 2,0 gmol/l para 1,0 gmol/l. A 50°C, são necessários 20 s para ocorrer a mesma mudança.

Qual será a concentração de A em um reator batelada ideal, operando isotermicamente a 40°C, depois de 10 min, se a concentração inicial $C_{A0}$ for de 2,0 gmol/l? Explique a sua resposta com a extensão que achar necessário para fazê-la plausível.

**Problema 4-4 (Nível 1)** A reação irreversível A + B → R, homogênea e em fase gasosa, está ocorrendo isotermicamente em um reator batelada ideal, com volume constante. A temperatura é de 200°C e a pressão total inicial é de 3 atm. A composição inicial é: 40% molar de A, 40% molar de B e 20% molar de $N_2$. As leis do gás ideal são válidas.

A reação obedece à equação de taxa

$$-r_A = kC_AC_B$$

A 100°C, $k$ = 0,0188 l/(mol min). A energia de ativação da reação é de 85 kJ/mol.

1. Qual é o valor da constante da taxa a 200°C?
2. Qual é a conversão de A após 30 min?
3. Qual é a pressão total no reator após 30 min?

**Problema 4-5 (Nível 2)** Um reator deve ser dimensionado para realizar a reação catalítica heterogênea

$$A \rightarrow R + S$$

O reator operará a 200°C e a 1 atm de pressão. Nestas condições, A, R e S são gases ideais. A reação é essencialmente irreversível, o calor de reação é nulo e a taxa de reação intrínseca é dada por

$$\begin{aligned} -r_A(\text{lbmol A/(lb cat h)}) &= kC_A \\ k &= 275(\text{ft}^3\text{/(lb cat h)}) \end{aligned}$$

A alimentação do reator é constituída por A, R e $N_2$ em uma razão molar de 4:1:5. A vazão de gás na alimentação é de $5{,}0 \times 10^6$ ft³/h, a 200°C e 1 atm. O reator deve ser dimensionado para fornecer 95% de conversão de A.

[6] Carr, N. L., *Ind. Eng. Chem.*, 52(5)391–396 (1960).

Um reator de escoamento radial, com leito fixo, como mostrado no Problema 3-1 no final do capítulo 3, será usado. A alimentação entra por um tubo central com orifícios uniformemente espaçados, escoa radialmente para fora através do leito de catalisador e da tela, e entra na região anular, a partir da qual ele escoa para fora do reator. Este sentido do escoamento é oposto àquele mostrado no Problema 3-1. A queda de pressão através do leito de catalisador pode ser desprezada e as resistências ao transporte são desprezíveis.

Com o objetivo de dimensionar o reator, suponha que não há mistura de elementos fluidos na direção do escoamento (direção radial) e que não há gradientes de concentração nas dimensões axial e radial.

1. Calcule a massa de catalisador requerida para atingir, no mínimo, uma conversão de 95% de A.
2. Com o reator colocado em operação, a conversão de A é de somente 83%. A temperatura é medida em várias posições no leito de catalisador e nas correntes de entrada e de saída. As temperaturas medidas são todas iguais a 200°C. Liste quantas razões você puder que possam explicar a baixa conversão.

**Problema 4-6 (Nível 2)** A reação catalítica de craqueamento

$$A \rightarrow B + C + D$$

está ocorrendo em um reator de leito fluidizado. Nas condições da reação, a reação é irreversível e é de segunda ordem em A.

Com o objetivo de uma análise preliminar, o reator pode ser considerado operar como um CSTR ideal. O reator contém 100.000 kg de catalisador. A alimentação do reator é A puro, a uma vazão molar de 200.000 gmol/min. A concentração de A na alimentação do reator é de 15,8 gmol/m$^3$, na temperatura e na pressão do reator.

Quando houve a partida do reator, com o catalisador "novo", a conversão de A foi de 71%. Entretanto, o catalisador se desativou com a continuidade da operação até um declínio da conversão para 47%. Neste ponto, 40% do catalisador original foram removidos do reator e substituídos por igual massa de catalisador "novo".

Você pode considerar que a forma da equação da taxa não muda com a desativação do catalisador, isto é, a diminuição na conversão é resultado somente da diminuição da constante da taxa. Você também pode admitir que as leis do gás ideal se aplicam e que as resistências ao transporte são desprezíveis.

1. Qual era o valor da constante da taxa para o catalisador "novo", quando a conversão era de 71%?
2. Em qual porcentagem a constante da taxa diminuiu com a diminuição da conversão de A de 71 para 47%? Esta resposta parece razoável?
3. Qual conversão de A você esperaria quando o reator atingir o estado estacionário após a substituição de 40% do catalisador original por catalisador "novo"?

**Problema 4-7 (Nível 1)** Hidrodealquilação é uma reação que pode ser usada para converter tolueno ($C_7H_8$) em benzeno ($C_6H_6$), que historicamente tem mais valor que o tolueno. A reação é

$$C_7H_8 + H_2 \rightarrow C_6H_6 + CH_4$$

Zimmerman e York[7] estudaram esta reação entre 700 e 950°C na ausência de catalisador. Eles chegaram a conclusão que a taxa de desaparecimento do tolueno era bem representada por

$$-r_T = k_T[H_2]^{1/2}[C_7H_8]$$
$$k_T = 3{,}5 \times 10^{10} \exp(-E/RT)(\text{l/mol})^{1/2}/\text{s}$$
$$E = 50.900 \text{ cal/mol}$$

A reação é irreversível nas condições do estudo e as leis do gás ideal são válidas.

Considere uma corrente de alimentação que seja constituída por 1 mol de $H_2$ por mol de tolueno. Deve-se projetar um reator que opere à pressão atmosférica e a uma temperatura de 850°C. Qual volume (em litros) do reator é necessário para atingir uma conversão de tolueno de 0,50; com uma vazão de alimentação de tolueno de 1000 mol/h?

Primeiramente, considere que o reator é um reator de escoamento pistonado ideal. Depois repita os cálculos para um CSTR ideal.

**Problema 4-8 (Nível 2)**[8] O correio eletrônico a seguir está em sua caixa de entrada na segunda-feira, às 8 horas:

Para: U. R. Loehmann
De: I. M. DeBosse
Assunto: Análise de Dados de Patente

Como você sabe, uma das iniciativas estratégicas da Cauldron Chemicals' é a fabricação de intermediários farmacêuticos. A primeira etapa na síntese de uma droga cardiovascular de sua propriedade é a reação em fase líquida de 2 mol de 4-cianobenzaldeído (A) com 1 mol de sulfato de hidroxilamina (B), para fornecer 2 mol de 4-cianobenzaldoxima, 1 mol de ácido sulfúrico e 2 mol de água. Nós estamos envolvidos em uma corrida com a Pheelgoode Pharmaceutical para escalonar e otimizar esta reação. Uma patente acaba de ser registrada pela Pheelgoode. Nosso Departamento de Patentes não acredita que a patente da Pheelgoode seja pertinente em relação ao nosso esforço. Entretanto, a patente contém dados que podem nos dizer alguma coisa sobre o que a Pheelgoode está fazendo.

Em primeiro lugar, a patente afirma que a equação da taxa para a reação é $-r_A = kC_AC_B$. Em segundo lugar, a expressão para $k$ é fornecida, sendo $k = 74.900 \exp(-8050/RT)$, onde as unidades da energia de ativação são cal/mol e as unidades da constante da taxa são l/(mol min). Finalmente, a patente contém os seguintes dados, obtidos em um reator batelada isotérmico.

| Temperatura da reação (°C) | Conversão de A | | |
|---|---|---|---|
| | $t$ = 15 min | $t$ = 30 min | $t$ = 120 min |
| 22 | — | 0,788 | 0,964 |
| 40 | 0,966 | — | — |

Infelizmente, as concentrações inicias de A e B ($C_{A0}$ e $C_{B0}$) não são fornecidas na patente. É citado que $C_{A0}$ foi igual nos experimentos a 22 e 40°C. Entretanto, a concentração inicial de B é maior no experimento a 40°C em comparação ao experimento a 22°C.

Por favor, veja se você é capaz de imaginar quais eram as concentrações iniciais de A e de B nos experimentos da Pheelgoode. Descreva para mim os seus resultados em um memorando que não exceda uma página de tamanho. Anexe os seus cálculos, para o caso de alguém querer revê-los.

**Problema 4-9 (Nível 1)** A reação irreversível de trimerização, em fase gasosa,

$$3A \rightarrow B$$

[7]Zimmerman, C. C. e York, R. *I&EC Process Design Dev.*, 3(1), 254–258 (1962).

[8]Adaptado de Chung, J., "Co-op student contribution to chemical process development at DuPont Merck", *Chem. Eng. Educ.*, 31(1),68–72(1992).

está ocorrendo, em estado estacionário, em um CSTR ideal, que tem um volume de 10.000 l. A alimentação do reator é uma mistura 1/1 molar de A e $N_2$, a uma pressão total de 5 atm e a uma temperatura de 50°C. O reator opera a 350°C, com uma pressão total de 5 atm. A vazão volumétrica na alimentação é de 8000 l/h, nas condições da alimentação. A mistura gasosa é ideal em todas as condições.

A reação é homogênea e a taxa de desaparecimento de A é dada por

$$-r_A = kC_A$$

O valor de $k$ é igual a $4{,}0 \times 10^{-5}$ h$^{-1}$ a 100°C e a energia de ativação é de 90,0 kJ/mol.

Qual a conversão de A na corrente que deixa o reator?

**Problema 4-10 (Nível 1)** A reação homogênea em fase líquida

$$A + B \rightarrow C + 2D$$

está ocorrendo em um CSTR ideal. A reação obedece a equação de taxa

$$-r_A = \frac{k\,C_A C_B}{(1 + K_B C_B)^2}$$

A 200 °C,

$$k = 0{,}12 \text{ l/(mol s)}$$
$$K_B = 1{,}01 \text{ l/mol}$$

A alimentação do reator é uma mistura equimolar de A e B, com $C_{A0} = C_{B0} = 2{,}0$ mol/l. O reator opera a 200°C. A vazão molar de alimentação de A, $F_{A0}$, é de 20 mol/s.

Qual tamanho deve ter um reator para que a conversão final de A seja superior a 90%?

**Problema 4-11 (Nível 2)** O ácido orgânico, ACOOH, reage reversivelmente com o álcool, BOH, para formar o éster ACOOB, de acordo com a equação estequiométrica

$$\text{ACOOH} + \text{BOH} \rightleftarrows \text{ACOOB} + H_2O$$

A reação será realizada em um reator batelada ideal e a água será removida rapidamente pela passagem de um gás inerte ao longo da reação. Consequentemente, a equação inversa pode ser desprezada. A equação da taxa para a reação direta é

$$-r_{\text{ACOOH}} = \text{k[ACOOH]}^2\text{[BOH]}$$

O valor da constante da taxa $k$ é de

$$0{,}16 \text{ l}^2\text{/(mol}^2\text{ h)}$$

a 373 K. A energia de ativação é de 63,9 kJ/mol e o calor de reação $\Delta H_R$, a 373 K, é igual a −126,3 kJ/mol.

A reação é realizada em solução em um reator de 2000 l. A concentração inicial de A é de 2,0 mol/l e a concentração inicial de B igual a 3,0 mol/l. O reator deve ser operado isotermicamente a 373 K.

1. Quanto tempo a reação deve correr para se obter uma conversão de A igual a 0,90?
2. Se o reator for operado adiabaticamente, será necessário um tempo maior, igual ou menor para se atingir a conversão de 0,90; sendo a temperatura inicial de 373 K. Explique o seu raciocínio.
3. Suponha que a água não seja removida ao longo da reação. Se a constante de equilíbrio (baseada na concentração) da reação fosse igual a 10, qual seria a conversão de A *máxima* que poderia ser alcançada? Você pode considerar que toda a água que é produzida permanece dissolvida na solução.

**Problema 4-12 (Nível 2)** Um diagrama esquemático de um reator de coluna de borbulhamento é mostrado na figura a seguir. Tanto o líquido quanto o gás são alimentados e retirados do reator continuamente.

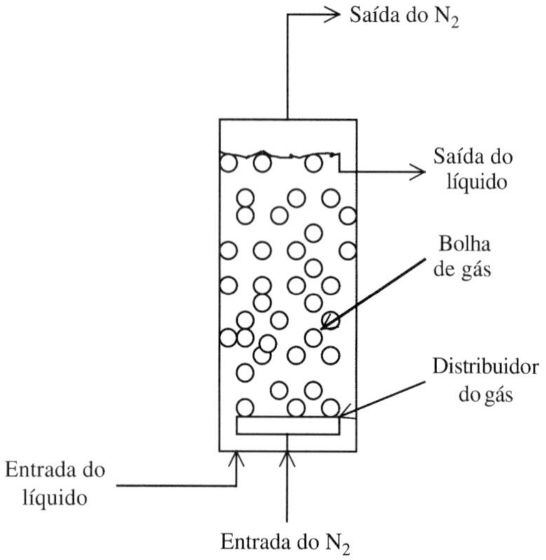


A fração de volume de gás na coluna, $\varepsilon$, é chamada de "*hold up*" do gás (retenção gasosa). Valores para o *hold up* em colunas de borbulhamento podem ser obtidos a partir de correlações da literatura. O *hold up* do gás é uma função da velocidade do líquido, da velocidade do gás ($u_g$) e das propriedades físicas do gás e do líquido. Muitas das correlações disponíveis para o *hold up* mostram que ele é, aproximadamente, proporcional à potência de 0,6 da velocidade superficial do gás.

$$\varepsilon \propto (u_g)^{0{,}60}$$

Considere uma situação na qual a reação irreversível

$$A \rightarrow R$$

esteja ocorrendo no líquido (não ocorre reação no gás). Nitrogênio está sendo borbulhado através do líquido. O líquido na coluna é misturado intensamente pelos jatos de gás no distribuidor e pelas bolhas ascendentes de gás. Consequentemente, o reator se aproxima de um CSTR ideal. A concentração de A no líquido que é alimentado na coluna é $C_{A0}$. A reação é de segunda ordem em relação a A.

Em condições normais de operação, a conversão de A no efluente do reator é 0,80 e o valor do *hold up* é de 0,30. Entretanto, no turno da noite, na noite passada, um dos operadores se descuidou e fixou a vazão de $N_2$ em um valor igual ao triplo do valor normal.

Uma vez que um novo estado estacionário foi atingido, qual foi a conversão de A? Como uma primeira aproximação, suponha que a temperatura do reator não tenha mudado quando a vazão de $N_2$ foi triplicada.

**Problema 4-13 (Nível 1)**

1. A reação de craqueamento

$$A \rightarrow B + C + D$$

está sendo realizada isotermicamente em um reator de escoamento pistonado ideal (PFR), com um leito de catalisador heterogêneo. O reator opera praticamente à pressão atmosférica. Nas condições de operação, as leis do gás ideal são obedecidas. A reação segue a equação de taxa

$$-r_A = kC_A^2$$

Na temperatura de operação do reator, $k = 0,40$ m$^6$/(gmol kg min).

A alimentação do reator é uma mistura de 2 mol de A e 1 mol de vapor d'água. B, C e D não são $H_2O$ (vapor d'água). A vazão molar de A na alimentação é de 100.000 gmol/min e a concentração de A na alimentação é igual a 10,3 gmol/m$^3$.

Supondo que as resistências ao transporte são desprezíveis, qual massa de catalisador é requerida para atingir 85% de conversão de A?

2. Suponha que a mesma reação fosse realizada em um CSTR em vez do PFR, com todas as outras condições mantidas. Qual massa de catalisador seria necessária para atingir 85% de conversão?

**Problema 4-14 (Nível 3)**[9] Tungstênio (W) é usado como interconector na fabricação de circuitos integrados. A deposição química de vapor de tungstênio à baixa pressão pode ser realizada através da reação do hexafluoreto de tungstênio com hidrogênio:

$$WF_6 + 3H_2 \rightarrow W\downarrow + 6HF \qquad (1)$$

Idealmente, esta reação ocorre somente na superfície sólida sobre a qual o W está sendo depositado. $WF_6$, $H_2$ e HF são gases; o tungstênio metálico que é formado permanece sobre a superfície sólida e a espessura da camada de tungstênio aumenta com o tempo.

A taxa de deposição do W é dada por

$$r_W = \frac{1,0 \exp[-8300/T]\, p_{H_2}^{0,5}\, p_{WF_6}}{1 + 450 p_{WF_6}}$$

onde $r_w$ = taxa de deposição do W (mol/(cm$^2$ s)), $p_{WF_6}$ = pressão parcial do $WF_6$ (mmHg); $p_{H_2}$ = pressão parcial do $H_2$ (mmHg); e $T$ = temperatura (K).

Um disco de silicone, com diâmetro de 5,5 cm, é colocado no interior de um reator. A temperatura do disco de silicone é mantida a 673 K. A alimentação do reator é contínua e constituída por uma mistura de $WF_6$, $H_2$ e argônio (Ar), que é inerte. A vazão total do gás é de 660 cm$^3$(padrão)/min. As frações molares na entrada são

$$y_{WF} = 0,045$$
$$y_{H_2} = 0,864$$
$$y_{Ar} = 0,091$$

A pressão absoluta total no reator é 1 mmHg (1 Torr).

Suponha que o W se deposite somente sobre um lado (o lado de cima) da pastilha de silicone. Suponha que a mistura dos gases no interior do reator seja vigorosa, de modo que a composição do gás seja a mesma em qualquer lugar. Suponha ainda que a composição do gás no interior do reator tenha atingido um estado estacionário e que as resistências ao transporte sejam desprezíveis.

1. Deduza expressões para $p_{WF_6}$ e $p_{H_2}$ em função da conversão de $WF_6$ ($x_A$).
2. Represente o $WF_6$ por "A". Mostre que o balanço de massa de $WF_6$ em todo o reator é

$$\frac{A}{F_{A0}} = \frac{x_A}{r_W}$$

onde $A$ é a área exposta da pastilha de silicone ($A = \pi(5,5)^2/4$ cm$^2$).

3. Calcule um valor numérico de $r_w$ para as condições dadas.
4. Calcule a taxa de crescimento linear da camada de tungstênio, em Å/min. (A massa específica do tungstênio metálico é de 19,4 g/cm$^3$.) Compare a sua resposta com a Figura 5 do artigo citado.

**Problema 4-15 (Nível 2)** Altiokka e Çitak[10] estudaram a esterificação do ácido acético (A) com isobutanol (B) para formar acetato de isobutila (E) e água (W). A resina de troca iônica Amberlite IR-120 foi usada como catalisador. A resina de troca iônica, na forma de pequenas partículas sólidas, se manteve suspensa na mistura líquida de reagentes e produtos. A equação da taxa determinada tem a forma

$$-r_A(\text{mol A/g cat h}) = \frac{k[C_A C_B - (C_E C_W/K_{eq})]}{(1 + K_B C_B + K_W C_W)}$$

A 333 K, $k = 0,00384$ (l$^2$/g cat mol h), $K_{eq} = 4$; $K_B = 0,460$ l/mol B; e $K_W = 3,20$ l/mol W.

Se um reator batelada ideal for usado e se os efeitos de transporte forem desprezíveis, qual concentração da resina de troca iônica (g/l) é necessária para atingir uma conversão de ácido acético de 0,50 em 100 h, a 333 K? As concentrações iniciais do ácido acético e do isobutanol são ambas iguais a 1,50 mol/l e no início não há água ou acetato de isobutila.

**Problema 4-16 (Nível 1)** A reação reversível em fase líquida

$$A + B \rightleftarrows C$$

está sendo realizada em um reator batelada ideal, operando isotermicamente a 150°C. As concentrações iniciais de A e B, $C_{A0}$ e $C_{B0}$, são 2,0 e 3,0 gmol/l, respectivamente. A concentração inicial de C é 0.

A equação da taxa é

$$-r_A = k_{di} C_A C_B - k_{in} C_C$$

O valor de $k_{di}$ a 150°C é de 0,20 l/(mol h). O valor da constante de equilíbrio (baseada na concentração) para as reações como escritas é igual a 10 l/mol.

1. Quanto tempo é necessário para a conversão de A atingir 50%?
2. Quanto tempo é necessário para a conversão de A atingir 95%?

**Problema 4-17 (Nível 2)** A Cauldron Chemical Company normalmente fornece um catalisador comercial para a reação de isomerização em fase gasosa

$$A \rightleftarrows R$$

Com o catalisador da Cauldron, a reação direta é de primeira ordem em A e a equação inversa é de primeira ordem em R. Dados termodinâmicos para A e R são fornecidos na tabela a seguir.

| Dados termodinâmicos (a 298 K) | | | |
|---|---|---|---|
| Espécie | $\Delta G_f^0$ (kcal/mol) | $\Delta H_f^0$ (kcal/mol) | $C_p$ (cat/(mol K)) |
| A | −19,130 | −7,380 | 11,18 |
| R | −18,299 | −3,880 | 11,18 |

[9] Park, J. H., *Korean J. Chem. Eng.*, 19(3), 391–399 (2002).

[10] Altiokka, M. L. e Çitak, A., *App. Catal A: General*, 239, 141–148 (2003).

Um conjunto de testes de controle de qualidade é realizado em cada batelada de catalisador. Um destes testes, projetado para medir a atividade do catalisador, é realizado como descrito a seguir. Exatamente 50 g de catalisador são colocadas em um pequeno reator tubular. O reator opera isotermicamente a 300°C e pode ser caracterizado como um reator de escoamento pistonado ideal. Uma mistura de A e $N_2$ é alimentada no reator a 300°C e a 1 atm de pressão total. Nestas condições, a concentração na entrada de A, $C_{A0}$, é de 0,00858 gmol/l e a vazão volumétrica total de alimentação é igual a 500 l/h. As resistências ao transporte são desprezíveis. Para passar no teste de atividade, uma amostra de catalisador tem que produzir uma conversão $x_a$ de 0,50 ± 0,01.

Em função da pressão dos concorrentes, a Cauldron iniciou um programa de pesquisas para desenvolver um catalisador com maior atividade. Um catalisador, EXP-37A, parece promissor. No teste de controle de qualidade, este catalisador tem fornecido de forma reprodutiva uma conversão $x_A = 0{,}68$.

O Departamento de Marketing iniciou o fornecimento de amostras do EXP-37A a potenciais compradores, em conjunto com alguma literatura promocional. Esta literatura afirma que o EXP-37A é 36% [(0,68 − 0,50) × 100/0,50] mais ativo, em uma base mássica, do que o catalisador comercial-padrão da Cauldron.

Comente sobre a validade da afirmação do Departamento de Marketing sobre a melhora da atividade do catalisador. Se você acredita que 36% é uma quantificação precisa da diferença de atividades entre o EXP-37A e o catalisador-padrão, forneça uma justificativa rigorosa para este número. Se você acha que 36% não é uma quantificação precisa da diferença de atividades, gere uma comparação quantitativa para a diferença de atividades. Você pode considerar que as misturas de A, R e $N_2$ obedecem as leis do gás ideal nas condições experimentais.

**Problema 4-18 (Nível 2)** A reação irreversível, homogênea e em fase líquida

$$A + B \rightarrow X + Y$$

está sendo realizada no sistema mostrado a seguir.

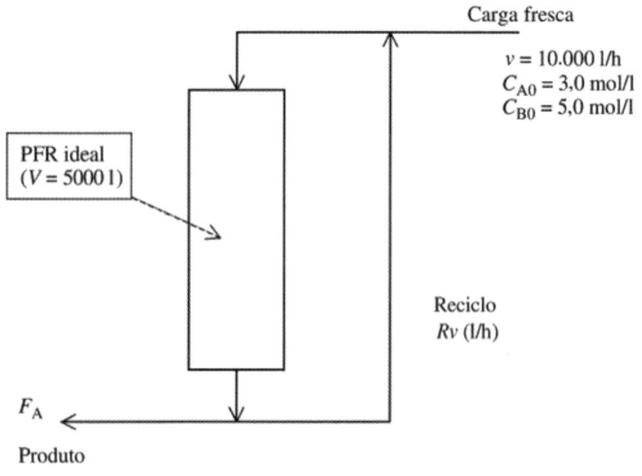


O PFR opera isotermicamente e tem um volume de 5000 l. A vazão volumétrica na carga fresca é $v = 10.000$ l/h e as concentrações de A e de B na alimentação são 3,0 e 5,0 mol/h, respectivamente. A reação é de primeira ordem em A e em B, isto é, $-r_A = kC_AC_B$. Na temperatura de operação, $k = 0{,}60$ l/(mol h).

1. Suponha que o valor de $R$ ($R$ = vazão volumétrica da corrente de reciclo/vazão volumétrica da carga fresca) seja desconhecido.
   - **(a)** Qual é a maior conversão de A possível na corrente de produto?
   - **(b)** Qual é a menor conversão de A possível na corrente de produto?

   Defina "conversão de A" como $(F_{A0} - F_A)/F_{A0}$.
2. Se $R = 2$, qual conversão de A você esperaria na corrente de produto?
3. Suponha que a verdadeira conversão de A no dispositivo real tenha sido significativamente menor do que a que você calculou na parte 2. Liste, pelo menos, três possíveis explicações.

**Problema 4-19 (Nível 1)** Beltrame et al.[11] estudaram a oxidação de glicose a ácido glicônico em solução aquosa com pH 7, usando hyderase (um sistema comercial catalítico de enzimas que é solúvel no meio reacional). A reação global é

$$C_5H_{10}O_6 + O_2 + H_2O \rightarrow C_5H_{10}O_7 + H_2O_2$$

$E^0$ representa a quantidade total de enzima carregada no sistema, G representa a D-glicose e L representa o ácido D-glicônico.

Os autores concluíram que a taxa de formação do ácido glicônico, a 293 K, é bem descrita pela equação de taxa

$$r_L = \frac{k_c C_B C_G}{(k_c/k_1) + C_G}$$

desde que a concentração de $O_2$ dissolvido seja mantida em $1{,}18 \times 10^{-3}$ mol/l. A 293 K, os valores de $k_c$ e $k_1$ foram determinados, sendo iguais a 0,465 mol/(g h) e 18,8 l/(g h), respectivamente.

A reação será realizada em um reator batelada a 293 K, usando uma concentração inicial de enzima de 0,0118 g/l e uma concentração inicial de glicose de 0,025 mol/l. Suponha que a concentração de $O_2$ possa ser mantida a $1{,}18 \times 10^{-3}$ mol/l ao longo de toda a batelada e que ela não varie de ponto a ponto dentro do reator.

1. Quanto tempo é necessário para atingir 95% de conversão de glicose?
2. Um reator disponível tem um volume de trabalho de 1000 l. Qual quantidade de ácido glicônico pode ser produzida anualmente neste reator, se uma conversão final de glicose de 95% for aceitável?

*Problemas com Múltiplos Reatores*

**Problema 4-20 (Nível 3)** Um de seus amigos, um químico que realiza pesquisas extracurriculares em sua garagem, descobriu por acaso um novo catalisador homogêneo que aumenta muito a taxa da reação em fase líquida:

$$\underset{(MM = 95)}{A} + \underset{(MM = 134)}{B} \xrightarrow{\text{catalisador}} \underset{(MM = 229)}{R}$$

A reação é irreversível nas condições experimentais e o catalisador é completamente solúvel na mistura reacional.

Como engenheiro químico, você sabe que R é um produto valioso. Com a ideia de formar uma empresa para produzi-lo, você fez uma consulta ao seu amigo Harry, um especialista em mercado. Harry estima que 10.000.000 de libras por ano de R (base 100%) podem ser vendidos sem perturbar o preço de venda atual. De acordo com uma análise econômica, efetuada por um terceiro amigo, Dick, um economista, isto seria uma operação muito rendosa. Desta forma, nasceu a Embryonic Chemical Company.

---

[11]Beltrame, P., Comotti, M., Della Pina, C., Rossi, M., "Aerobic oxidation of glucose I. Enzymatic catalysis," *J. Catal.*, 228, 282 (2004).

Dick conseguiu negociar o aluguel da propriedade de uma empresa química desativada. No local há somente um CSTR de 100 galões, mas Dick está certo de que este reator será suficiente porque ele "... parece bem ... grande".

Na mesma época, de volta à garagem, o seu amigo químico já tinha estudado a reação em maiores detalhes. Ele descobriu que a reação é "limpa", isto é, não há reações paralelas, desde que a concentração de catalisador, $C_C$, não exceda $1{,}0 \times 10^{-4}$ lbmol/gal. Consequentemente, você escolheu esta concentração para ser usada na planta. Uma mistura estequiométrica de A e B, na temperatura da reação, é formada por 0,035 lbmol/gal de cada componente e tem uma massa específica de 8,00 lb/gal. Ao fazer a pesquisa, a atenção ficou restrita a misturas estequiométricas de A e B, pois Harry determinou que o produto podia ser vendido diretamente como ele sai do reator (sem uma purificação final), se a alimentação fosse estequiométrica e a conversão final 93% ou mais. Isto é uma grande vantagem, pois no local não há equipamentos de separação. Ao analisar os dados cinéticos, você constatou que uma equação de taxa suficiente é

$$-r_A(\text{lbmol/(gal h)}) = \frac{kC_cC_A\,C_B}{1+KC_B}$$

$$k = 1{,}51 \times 10^6 \text{ gal}^2\text{/(lbmol}^2\text{ h)}$$

$$K = 85{,}0 \text{ gal/lbmol}$$

1. Determine se o CSTR de 100 galões existente é suficiente para produzir 10.000.000 lb R/ano. A alimentação será uma mistura estequiométrica de A e B, e a conversão tem que ser no mínimo 93%. Adote 10% de tempo livre, isto é, 7890 horas de operação por ano. Se o reator existente não for suficiente, projete um *sistema* de reatores que desempenhe o serviço requerido. Obviamente, este sistema deve incluir o CSTR existente. A minimização do volume do reator é um critério de projeto suficiente.
2. No momento em que você estava prestes a partir a produção com o sistema de reatores projetado na Parte 1, você recebe um telefonema do Harry. Após 18 buracos e 5 martinis, ele foi persuadido pelo seu maior (e único) cliente de que o produto tem que ter uma conversão final de pelo menos 97%. Em quanto a sua taxa anual de produção será diminuída?
3. Qual é o nome do químico?
4. Qual é a moral da história?

**Problema 4-21 (Nível 2)** A Cauldron Chemical Company acaba de adquirir a Battsears Chemical Company! Executivos das duas companhias elogiaram a transação, dizendo que as duas companhias oferecem um "... grande ajuste estratégico, de longa duração."

A Cauldron tem uma planta em Salem, MA, que produz L.P. #8 com uma reação homogênea, irreversível, em fase líquida, de 1 mol de L.P. #7 para formar 1 mol de L.P. #8:

$$\text{L.P. \#7} \rightarrow \text{L.P. \#8}$$

(A Cauldron é muito preocupada com o sigilo, todos os seus produtos e reagentes têm designações não descritivas.)

A reação anterior é de primeira ordem em relação a L.P. #7. A Cauldron realiza esta reação em um reator de escoamento pistonado, operando isotermicamente a 200°C. O volume do reator é de 2000 l. A alimentação do reator é uma solução contendo L.P. #7, com uma concentração de 3,0 mol/l. A vazão volumétrica da solução é igual a 5000 l/h e a conversão de L.P. #7 é de 0,95.

1. Qual é a constante da taxa para a reação a 200°C?

   L.P. #8 é um intermediário valioso, usado para a produção de L.P. #9. Antes da aquisição, a Battsears estava planejando partir uma nova instalação em Eastwicke, Grã-Bretanha, para produzir L.P. #8, competindo com a Cauldron. A Battsears tinha contratado a compra de um equivalente a 5000 l/h da mesma solução de L.P. #7 que a Cauldron usa como alimentação. A Battsears estava pronta para partir um PFR com um volume de 1000 l. Este reator era para ser operado isotermicamente, também a 200°C.
2. Qual seria a conversão de L.P. #7 na saída do reator da Battsears?
3. Se as plantas da Cauldron e da Battsears operassem como projetadas, qual seria a taxa de produção combinada de L.P. #8 (mol/h)?

   A Cauldron necessita seriamente de mais L.P. #8. Entretanto, o fornecimento da solução de alimentação de L.P. #7 é limitado. No futuro previsível, o máximo que pode ser obtido são 10.000 l/h, isto é, o suprimento combinado da Cauldron e da Battsears.
4. Qual é o máximo de L.P. #8 (mol/h) que pode ser obtido a partir dos dois reatores (Cauldron mais Battsears)? A temperatura de operação e os volumes dos reatores não podem ser mudados.

**Problema 4-22 (Nível 2)** O correio eletrônico a seguir está em sua caixa de entrada na segunda-feira, às 8 horas:

Para: U. R. Loehmann
De: I. M. DeBosse
Assunto: Expansão do L.P. #9

Executivos da Cauldron Chemical Company estão muito satisfeitos com o sucesso de nosso produto, L.P. #9. (A Cauldron é muito preocupada com o sigilo, todos os nossos produtos têm designações não descritivas; por favor, adote esta convenção em todo o seu trabalho.)

Inicialmente, nós produzíamos L.P. #9 em um reator batelada na medida de sua necessidade. Agora, o maior reator batelada que a Cauldron possui está dedicado à produção de L.P. #9. No futuro próximo, será necessário produzir o L.P. #9 continuamente.

A reação é

$$\text{L.P. \#8} \rightarrow \text{L.P. \#9}$$

Ela é uma reação homogênea que ocorre em solução. A reação é de segunda ordem em L.P. #8. A temperatura de operação máxima é de 150°C, em razão do fato de o L.P. #8 se degradar em maiores temperaturas. A constante da taxa a 150°C é igual a 0,133 l/(mol h).

A Cauldron tem dois reatores contínuos que não estão em uso. Um é um reator de 2000 l, agitado, que se comporta como um CSTR. O segundo é um reator tubular de 100 l, que se comporta como um PFR. A Cauldron gostaria de produzir 345 mol de L.P. #9 por hora, a partir de uma alimentação que contém 4,0 mol de L.P. #8 por litro. A conversão de L.P. #8 tem que ser 0,95 ou maior, em função de restrições no sistema de separação a jusante.

Skip Tickle, Gerente de Produção para os produtos L.P., é o responsável por todo o projeto. Ele fez as seguintes perguntas:

1. Como o CSTR e o PFR devem ser configurados? (série ou paralelo? Se em série, qual será o primeiro?)
2. Qual será a conversão final do L.P. #8 para a configuração de reatores da Parte 1, supondo que a taxa de alimentação de L.P. #8 é de 363 mol/h (345 mol L.P. #9/0,95)?

Por favor, informe suas respostas para o Skip em um pequeno memorando. Anexe os seus cálculos ao memorando para embasar suas conclusões.

**Problema 4-23 (Nível 3)** A reação homogênea, reversível, exotérmica e em fase líquida

$$A \rightleftarrows R$$

está sendo realizada em um sistema de reatores constituído por um PFR ideal seguido de um CSTR ideal. O volume do PFR é de 75.000 l e o volume do CSTR é de 150.000 l. O PFR opera a 150°C e o

CSTR opera a 125°C. A vazão volumétrica entrando no PFR é igual a 55.000 l/h, a concentração de A nesta corrente é de 6,5 gmol/l e a concentração de R é zero.

A reação é de primeira ordem em ambos os sentidos. A constante da taxa para a reação direta a 150°C é igual a 1,28 $h^{-1}$ e a constante de equilíbrio baseada na concentração, a 150°C, é igual a 2,3. A constante da taxa a 125°C é igual a 0,280 $h^{-1}$ e a constante de equilíbrio igual a 3,51.

**1.** Qual é a taxa de R deixando o CSTR (gmol/h)?
**2.** A temperatura de operação do CSTR é *menor* daquela do PFR. Isto faz sentido? Explique a sua resposta.
**3.** A vazão entrando no PFR é aumentada de modo que a conversão de A é igual a 0,50 no efluente do CSTR. Todos os outros parâmetros permanecem inalterados. Qual é a nova taxa de produção de R?

**Problema 4-24 (Nível 2)** A reação homogênea, reversível, exotérmica e em fase líquida

$$A \rightleftarrows R$$

está sendo realizada em um sistema de reatores constituído por dois CSTRs ideais em série. Os dois reatores operam a 150°C. A vazão molar de A entrando no primeiro CSTR é igual a 55.000 mol/h, a concentração de A nesta corrente é de 6,5 gmol/l e a concentração de R é zero. A conversão de A na corrente de saída do *segundo* CSTR é igual a 0,75. Esta conversão está baseada na vazão molar entrando no *primeiro* CSTR.

A reação é de primeira ordem em ambos os sentidos. A constante da taxa para a reação direta a 150°C é igual a 1,28 $h^{-1}$ e a constante de equilíbrio baseada na concentração, a 150°C, é igual a 10,0.

Se o volume do segundo CSTR for igual a 10.000 l, qual é o volume necessário para o primeiro CSTR?

**Problema 4-25 (Nível 2)** A reação de isomerização reversível, em fase líquida

$$A \rightleftarrows R$$

é de primeira ordem nos dois sentidos. A constante de equilíbrio baseada na concentração para a reação como escrita é igual a 2,0 na temperatura $T_1$.

Um CSTR ideal, com volume de 1000 l, está sendo operado a $T_1$. A vazão molar de A entrando no CSTR é de 1500 mol/min. A concentração de A na entrada é de 2,5 mol/l; não há R nesta corrente.

**1.** Qual é a *menor* concentração de A *possível* na saída que pode ser obtida a $T_1$, para uma alimentação contendo 2,5 mol/l de A e nenhum R?
**2.** A concentração de A real deixando o CSTR é igual a 1,5 mol/l. Qual é o valor da constante da taxa para reação direta a $T_1$?
**3.** Um segundo CSTR, com volume de 1000 l, é instalado *em série* com o primeiro. A vazão molar de A na alimentação do primeiro reator é aumentada de modo que a concentração de A deixando o *segundo* CSTR é igual a 1,5 mol/l. A composição da alimentação permanece inalterada. Qual é a nova vazão de A na alimentação do primeiro reator?

# APÊNDICE 4 SOLUÇÃO DO EXEMPLO 4-10: TRÊS CSTRs DE IGUAL VOLUME EM SÉRIE

A planilha a seguir ilustra o uso da GOALSEEK, uma "Ferramenta" do MS Excel, para resolver o Exemplo 4-10: Três CSTRs de igual volume em série.

| | A | B | C | D | E | F | G |
|---|---|---|---|---|---|---|---|
| 1 | **Solução do Exemplo 4-10** | | | | | | |
| 2 | | | | | | | |
| 3 | $\upsilon =$ | 10000 | l/h | | | | |
| 4 | $k =$ | 3,5 | l/(mol h) | | | | |
| 5 | $C_{A0} =$ | 1,2 | mol/l | | | | |
| 6 | $x_3 =$ | 0,75 | | | | | |
| 7 | | | | | | | |
| 8 | $V$ (l) | $k{*}C_{A0}{*}tau$ | $x_2$ | $x_1$ | *Diferença* | | |
| 9 | | | | | | | |
| 10 | 3754 | 1,577 | 0,651 | 0,460 | −0,0005124 | | |

Definições:

| | |
|---|---|
| $\upsilon =$ | vazão volumétrica |
| $k =$ | constante da taxa |
| $C_{A0} =$ | concentração de A na alimentação |
| $V =$ | volume de um reator |
| $x_1 =$ | conversão de A deixando o reator 1 |
| $x_2 =$ | conversão de A deixando o reator 2 |
| $x_3 =$ | conversão de A deixando o reator 3 |

Explicação da planilha:

Célula A10 contém o valor de $V$
Célula B10 contém a fórmula "= B4 * B5 * A10/B3" (B10 contém $k * C_{A0} *$ tau)
Célula C10 contém a fórmula "= B6 − B10 * (1 − B6) ^ 2" ($x_2$ é calculado usando a Eq. (4-37))
Célula D10 contém a fórmula "= C10 − B10 * (1 − C10) ^ 2" ($x_1$ é calculado usando a Eq. (4-36))
Célula E10 contém a fórmula "= B10 − (D10/(1 − D10) ^ 2)" (Eq. (4-35))

Entre um valor de $V$ na célula A10. Manualmente, mude o valor de $V$ até que o valor da célula E10 se torne perto de 0. Então use a GOALSEEK para igualar a 0 o valor da célula E10, através do ajuste do valor na célula A10.

# Capítulo 5

# Fundamentos das Taxas de Reação (Cinética Química)

**OBJETIVOS DE APRENDIZAGEM**

Após terminar este capítulo, você deve ser capaz de

1. determinar a probabilidade de uma reação ser "elementar", isto é, de que ela, no nível molecular, ocorra *exatamente* como escrito em uma dada equação estequiométrica balanceada;
2. deduzir a forma da equação da taxa para o desaparecimento de um reagente ou para a formação de um produto, dada a sequência de reações elementares pelas quais uma reação global ocorre;
3. analisar equações da taxa para determinar suas formas limitantes.

No Capítulo 2, o assunto cinética das reações foi abordado a partir de um ponto de vista empírico. As cinco regras práticas que foram desenvolvidas naquele capítulo puderam ser aplicadas "cegamente", sem qualquer conhecimento dos detalhes moleculares da reação ocorrendo. No presente capítulo, daremos uma olhada mais fundamental na cinética das reações e aprenderemos como equações de taxa podem ser deduzidas a partir do conhecimento do *mecanismo da reação*. Esta abordagem pode levar a equações de taxa exibindo comportamento que não pode ser capturado pelas abordagens empíricas do Capítulo 2.

Vamos iniciar discutindo o que é entendido por um "mecanismo de reação".

## 5.1 REAÇÕES ELEMENTARES

### 5.1.1 Significado

Reações elementares representam um alicerce importante na construção da cinética de reações. Elas são o *único* tipo de reação para a qual a *forma* da equação da taxa pode ser escrita *a priori*, por exemplo, sem analisar dados experimentais. Além disso, para algumas das reações elementares mais simples, a constante da taxa de reação pode ser prevista com aproximação de uma ordem de grandeza e a energia de ativação pode ser prevista ainda com mais precisão.

Para uma reação elementar, e *somente* para uma reação elementar, a ordem da reação *direta* em relação à espécie "*i*" é igual ao número de moléculas da espécie "*i*" que participam nesta reação. Se uma espécie não participa na reação direta, sua ordem nesta reação é zero. O mesmo é verdade para a reação inversa.

Esta propriedade das reações elementares às vezes é enunciada de uma forma resumida como "ordem = molecularidade". Ela pode ser deduzida a partir da teoria das colisões ou a partir da teoria do estado de transição.[1]

Se a reação reversível

$$2A \rightleftarrows B$$

---

[1]Limitações de espaço impendem um tratamento sério de ambas as teorias da cinética química. A teoria do estado de transição está se desenvolvendo rapidamente como um resultado da disponibilidade de capacidade computacional barata e é um componente de vários cursos de pós-graduação em cinética química e engenharia das reações químicas. O estudante interessado pode estudar mais sobre as teorias do estado de transição e das colisões em referências como Masel, R.L., *Chemical Kinetics and Catalysis*, Wiley-Interscience (2001), Benson, S.W., *Thermochemical Kinetics*, 2.ª edição, Wiley-Interscience (1976), e Moelwyn-Hughes, E.A., *Physical Chemistry*, 2.ª edição revisada, Pergamon Press (1961).

é elementar como escrita, então a taxa da reação direta é dada por $-r_{A,di} = k_{di}C_A^2$, onde $k_{di}$ é a constante da taxa para a reação direta. Por raciocínio similar, a taxa da reação inversa é dada por $r_{A,in} = k_{in}C_B$, onde $k_{in}$ é a constante da taxa para a reação inversa. Combinando as duas, a equação da taxa para o desaparecimento *líquido* de A é $-r_A = (-r_{A,di}) - (r_{A,in}) = k_{di}C_A^2 - k_{in}C_B$. A constante de equilíbrio, *baseada na concentração*, é $K_{eq}^C = k_{di}/k_{in}$.

Nesta ilustração, ambos $k_{di}$ e $k_{in}$ foram definidos com base na espécie A. As unidades de $k_{di}$ são volume/(mol A tempo), de modo que as unidades do produto $k_{di}C_A^2$ são mol A/(volume tempo). Analogamente, as unidades de $k_{in}$ são mol A/(mol B tempo), de modo que as unidades do produto $k_{in}C_B$ são mol A/(volume tempo), como elas têm que ser. Infelizmente, as unidades de uma constante de taxa de primeira ordem como $k_{in}$ invariavelmente são escritas como tempo$^{-1}$. A parte mol A/mol B da constante da taxa quase nunca é mostrada explicitamente, isto é, mol A é cancelado por mol B.

Suponha que queiramos escrever uma expressão para a taxa de formação líquida de B ($r_B$), *depois* que já tenhamos usado $k_{di}$ e $k_{in}$ no sentido discutido anteriormente. Duas abordagens estão disponíveis. A mais simples é aplicar a Equação (1-16), para obter

$$\frac{r_A}{\nu_A} = \frac{r_B}{\nu_B}; \quad \frac{r_A}{-2} = \frac{r_B}{1}$$
$$r_B = \tfrac{1}{2}(-r_A) = \tfrac{1}{2}(k_{di}C_A^2 - k_{in}C_B)$$

Uma alternativa, que irá produzir o mesmo resultado, é redefinir as constantes de taxa. As unidades de $r_B$ são mol B/(volume tempo), então precisamos das constantes de taxa, $k'_{di}$ e $k'_{in}$, de modo que as unidades de $k'_{di}\, C_A^2$ e $k'_{in}\, C_B$ são mol B/(volume tempo), isto é,

$$r_B = k'_{di}C_A^2 - k'_{in}C_B$$

As unidades de $k'_{di}$ têm que ser (volume mol B)/((mol A)$^2$ tempo). Consequentemente,

$$k'_{di}(\text{volume mol B/(mol A)}^2 \text{ tempo}) = k_{di}(\text{volume/(mol A tempo)})$$
$$\times (\text{mol A/mol B})$$
$$k'_{di} = k_{di}(\nu_B/-\nu_A) = k_{di}/2$$

Por raciocínio similar,

$$k'_{in}(\text{1/tempo}) = k_{in}(\text{mol A/(mol B tempo)))} \times (\text{mol B/Mol A})$$
$$k'_{in} = k_{in}(\nu_B/-\nu_A) = k_{in}/2$$
$$r_B = k'_{di}\, C_A^2 - k'_{in}C_B = \tfrac{1}{2}(k_{di}C_A^2 - k_{in}C_B)$$

## EXEMPLO 5-1

***Equação da Taxa para Reação Elementar Reversível***

Se a reação reversível

$$A + B \rightleftarrows 2R$$

for elementar como escrito, qual é a forma da equação da taxa de desaparecimento de A?

***ANÁLISE***

O princípio "ordem = molecularidade" será aplicado separadamente para as reações direta e inversa. A equação da taxa para a taxa de desaparecimento líquida de A será a diferença entre a taxa na qual A é consumido na reação direta e a taxa na qual A é formado na reação inversa.

***SOLUÇÃO***

Reação direta: $-r_{A,di} = k_{di}C_AC_B$
Reação inversa: $r_{A,in} = k_{in}C_R^2$
Líquida: $-r_A(\text{líquida}) = k_{di}C_AC_B - k_{in}C_R^2$
Aqui, as constantes das taxas foram definidas com base no reagente A.

## EXERCÍCIO 5-1

Usando a expressão para $-r_A$(líquida) do exemplo anterior, escreva uma expressão para a taxa de formação líquida de R.

# EXERCÍCIO 5-2

Se $k_{di}$ for a constante da taxa baseada em A, qual é a relação entre $k_{di}$ e $k'_{di}$, a constante da taxa baseada em R?

A propriedade "ordem = molecularidade" de reações elementares *não* é uma via de mão dupla. Se uma reação é elementar, então a forma da equação da taxa pode ser escrita diretamente, como no exemplo anterior. Todavia, não podemos *concluir* que uma reação é elementar só porque a forma de sua equação da taxa, determinada com base em dados experimentais, é idêntica a forma que resulta da consideração de uma reação ser elementar. Por exemplo, se dados experimentais mostrarem que a equação da taxa para a hidrogenação do etileno

$$C_2H_4 + H_2 \rightarrow C_2H_6$$

é $-r_A = k[C_2H_4][H_2]$, isto não *prova* que a reação é elementar.

## 5.1.2 Definição

Uma reação elementar é uma reação que ocorre em uma *única etapa, em nível molecular, exatamente* como escrito em uma equação estequiométrica balanceada. Considere a equação estequiométrica a seguir para a decomposição do ozônio em oxigênio e um radical livre oxigênio, $O^{\bullet}$

$$O_3 \rightarrow O_2 + O^{\bullet} \quad (5\text{-A})$$

Para esta reação ser elementar, ela tem que ocorrer *em nível molecular exatamente* como escrita. Isto significa que uma molécula de ozônio tem que espontaneamente se decompor em molécula de oxigênio e em um radical livre oxigênio. Se a Reação (5-A) fosse elementar, a equação da taxa para a reação direta seria $-r_{O_3} = k_{di}[O_3]$.

De que forma distinta esta reação poderia ocorrer? Suponha que uma molécula de oxigênio colida com uma molécula de ozônio, transferindo alguma energia para a molécula de ozônio e causando sua decomposição. No nível *molecular*, este processo seria representado na forma

$$O_2 + O_3 \rightarrow O_2 + O_2 + O^{\bullet} \quad (5\text{-B})$$

Se esta reação fosse elementar como escrita, a equação da taxa para a reação direta seria $-r_{O_3} = k_{di}[O_3][O_2]$. De um ponto de vista puramente estequiométrico, uma equação balanceada para este segundo caso poderia ser escrita como

$$O_3 \rightarrow O_2 + O^{\bullet} \quad (5\text{-A})$$

Embora esta equação descrevesse a *estequiometria* corretamente, ela *não* representaria o evento no nível molecular para este segundo caso. Consequentemente, ela não forneceria uma base válida para se escrever a equação da taxa, se a reação realmente ocorresse, em nível molecular, como mostrado na Reação (5-B).

## 5.1.3 Critérios de Investigação

Como é virtualmente impossível observar diretamente eventos em nível molecular, como podemos saber se uma dada reação é elementar? A resposta é que nunca podemos saber com *absoluta certeza*. Entretanto, podemos fazer alguns julgamentos razoáveis baseados em *regras de simplicidade*.

Acima de tudo, um evento em nível molecular em uma única etapa tem que ser simples. Ele tem que envolver um pequeno número de moléculas, preferencialmente somente uma ou duas, e ele tem que envolver o rompimento e/ou a formação de um número relativamente pequeno de ligações, preferencialmente somente uma ou duas. Se muitas moléculas e/ou ligações estiverem envolvidas, então a reação provavelmente irá ocorrer como uma *série* de reações elementares mais simples, em vez de como um único evento em nível molecular.

Reações elementares não podem envolver moléculas fracionárias. Podemos escolher escrever uma equação estequiométrica balanceada de modo que ela contenha moléculas fracionárias, por exemplo,

$$1/2N_2 + 3/2H_2 \rightarrow NH_3$$

Todavia, em nível molecular, não há esta coisa de uma metade de molécula de $N_2$ ou de uma metade de molécula de $H_2$. Consequentemente, a reação anterior, que descreve a estequiometria da síntese comercial da amônia, não pode ser elementar como escrita.

Suponha que esta reação fosse escrita na forma

$$N_2 + 3H_2 \rightarrow 2NH_3$$

É razoável supor que a reação agora é elementar, como escrito? Para responder a esta pergunta, as regras de simplicidade têm que ser aplicadas. A reação como escrita requer uma colisão de quatro corpos, na qual uma molécula de $N_2$ e três de $H_2$ colidem *simultaneamente*. Isto é bastante improvável. Além disto, para que a reação seja elementar como escrita, uma ligação N—N e três H—H teriam que ser quebradas e seis ligações N—H teriam que ser formadas, *simultaneamente*, em um único evento em nível molecular. Isto também é bastante improvável. Ambos os critérios, a molecularidade do evento, isto é, o número de moléculas colidindo, e o número de ligações sendo quebradas e formadas, levam a conclusão de que a reação, como escrita, não é elementar.

Um outro fator, que tem que ser considerado ao se analisar reações, é o princípio da *reversibilidade microscópica*. Este princípio enuncia que uma reação elementar tem que seguir a *mesma* trajetória tanto no sentido direto quanto no inverso. A implicação prática da reversibilidade microscópica é que uma reação tem que passar pelos testes de simplicidade e o teste da molécula fracionária em *ambas as direções*. Uma reação não pode ser elementar em uma direção e não ser na outra. Considere a reação

$$2NOBr \rightleftarrows 2NO + Br_2$$

Na direção direta, esta reação envolve a colisão de duas moléculas de NOBr, um processo bimolecular perfeitamente aceitável. Duas ligações N—Br são quebradas e uma ligação Br—Br é formada. Embora prefiramos que apenas uma ou duas ligações sejam quebradas ou formadas, reações elementares podem envolver a quebra e a formação de mais de duas ligações. Estamos talvez um pouco desconfiados em relação à reação direta, mas é razoável supor que ela seja elementar.

O princípio da reversibilidade microscópica, porém, nos diz que a reação inversa tem que ser elementar se a reação direta for elementar. A reação inversa é trimolecular, isto é, requer uma colisão de três corpos. Além disso, uma ligação Br—Br é quebrada e duas ligações N—Br são formadas. Como discutido no Capítulo 2, uma colisão de três corpos é bem menos provável do que uma colisão de dois corpos. O processo trimolecular na reação inversa reforça nossa desconfiança e torna duvidoso o fato de a reação ser elementar como escrita.

A Tabela 5-1 resume uma metodologia para avaliação se uma dada reação provavelmente é elementar.

Com reações catalíticas heterogêneas, isto é, reações que ocorrem na superfície de um catalisador sólido, uma interpretação mais liberal deste critério é permitida. Isto é especialmente verdade para o critério de molecularidade. Considere o processo a seguir no qual $H_2$ pode se adsorver na superfície de um catalisador sólido:

$$H_2 + 2S^* \rightleftarrows 2H\text{–}S^*$$

O símbolo $S^*$ representa um sítio não ocupado na superfície do catalisador e H—$S^*$ representa um átomo de hidrogênio ligado ao sítio na superfície. Por exemplo, $S^*$ poderia ser um átomo na superfície de uma nanopartícula de Pt. A reação anterior é conhecida como *quimiossorção desassociativa*, pois ela envolve a desassociação da molécula de $H_2$ em dois átomos adsorvidos de H.

Em um primeiro momento, este processo não parece ser simples o bastante para ser elementar. A reação direta requer que uma ligação H—H seja quebrada e duas H—$S^*$ sejam formadas. Mais importante, a reação direta parece ser trimolecular, uma vez que três entidades químicas estão envolvidas, uma molécula $H_2$ e dois sítios não ocupados na superfície do catalisador. Contudo, a probabilidade deste processo de quimiossorção desassociativa é mais alta do que a probabilidade de uma colisão de três corpos em um fluido, uma vez que os dois sítios na superfície são adjacentes e não estão se movendo em relação um ao outro. Consequentemente, ao avaliar a probabilidade de que uma dada reação na superfície de um catalisador ser elementar, podemos ser mais tolerantes em relação aos processos trimoleculares do que seríamos para uma reação homogênea em fase fluida. Todavia, apenas uma das entidades químicas envolvidas em uma reação elementar trimolecular em uma superfície deve ser uma espécie fluida. Por exemplo, é improvável que a reação

**Tabela 5-1 Critérios de Investigação para Reações Elementares**

| Critério | Reacão direta |
|---|---|
| Moléculas fracionárias? | Não permitido |
| Molecularidade (número de moléculas colidindo) | Uma ou duas (unimolecular ou bimolecular) Processos trimoleculares elementares são raros e devem ser tratados com desconfiança[2] |
| Total de ligações quebradas ou formadas | Uma ou duas, preferencialmente. Três são aceitáveis. Algumas reações elementares podem envolver quatro. Todavia, quando o total são três ou mais, procure por caminhos mais simples, isto é, uma sequência de reações mais simples em vez de uma única reação complexa |
| **Critério** | **Reação inversa** |
| Reversibilidade microscópica | Repita as três análises anteriores para a reação inversa, mesmo quando a reação global seja essencialmente irreversível nas condições de interesse |

$$H_2 + C_2H_4 + S^* \rightleftarrows C_2H_6\text{–}S^*$$

seja elementar, uma vez que ela requer a colisão simultânea de duas moléculas gasosas com um único sítio na superfície.

Mesmo com reações envolvendo a superfície de um catalisador heterogêneo, processos envolvendo quatro ou mais espécies, isto é, reações com molecularidades de quatro ou mais, são improváveis de serem elementares.

## EXEMPLO 5-2

***Formação de Monóxido de Carbono a partir do Dióxido de Carbono e Carbono***

É razoável supor que a reação

$$CO_2 + C\text{—}S^* \rightarrow 2CO + S^*$$

seja elementar?

***ANÁLISE***

Os critérios de investigação da Tabela 5-1 serão aplicados, admitindo o fato de que a reação envolve uma superfície sólida.

***SOLUÇÃO***

Analisemos sistematicamente, em primeiro lugar, a reação direta e depois a reação inversa.
**Reação direta:**
Não há moléculas fracionárias — OK
Duas ligações são quebradas (C—O, C—$S^*$), uma ligação é formada (C—O) — Talvez OK
Bimolecular — OK
**Reação inversa:**
Não há moléculas fracionárias — OK
Uma ligação quebrada (C—O), duas ligações formadas (C—O, C—$S^*$) — Talvez OK
Trimolecular, mas duas das moléculas estão na fase gasosa — improvável
Conclusão global — provavelmente não elementar.

---

[2]Algumas reações *somente* podem acontecer através de um mecanismo trimolecular. A recombinação de dois radicais livres hidrogênio em fase gasosa, $H^\bullet + H^\bullet \rightarrow H_2$, não ocorre em nível molecular. Colisões podem ocorrer entre dois radicais livres hidrogênio. Contudo, se uma ligação H—H fosse formada, ele teria que conter uma grande quantidade da energia cinética que os dois radicais livres $H^\bullet$ tinham antes da colisão. Isso tornaria a ligação instável e ela se quebraria assim que se formasse. Acredita-se que reações de recombinação, incluindo a recombinação de dois radicais $H^\bullet$, ocorram de acordo com uma reação trimolecular, por exemplo, $H^\bullet + H^\bullet + M \rightarrow H_2 + M$, onde M é qualquer molécula que pode absorver uma porção substancial da energia cinética original dos dois radicais $H^\bullet$.

Ao contar ligações quebradas e formadas, a ordem das ligações não foi considerada. Por exemplo, na discussão anterior da reação de síntese da amônia, contamos a ligação N—N no $N_2$ como uma ligação, mesmo sendo ela considerada uma ligação tripla. Analogamente, no exemplo anterior contamos a ligação C—O no $CO_2$ como uma ligação, mesmo sendo ela uma ligação dupla.

Ignorar a ordem da ligação é uma aproximação significativa, uma vez que a energia requerida para quebrar um dado tipo de ligação aumenta com o aumento da ordem da ligação. Entretanto, a metodologia de investigação aqui delineada envolve outras aproximações e é mais fácil de ser aplicada se a ordem da ligação e a força da ligação não forem levadas em consideração explicitamente.

## 5.2 SEQUÊNCIAS DE REAÇÕES ELEMENTARES

A maioria das reações estequiometricamente simples ocorrem através de uma *sequência* de reações elementares, que é chamada de *mecanismo da reação*. Por exemplo, a aproximadamente 1100°C, a reação em fase gasosa entre óxido nítrico (NO) e hidrogênio é estequiometricamente simples e obedece à equação estequiométrica

$$2NO + 2H_2 \rightarrow N_2 + 2H_2O \qquad (5\text{-}C)$$

Uma versão catalítica desta reação acontece a temperaturas mais baixas no catalisador da exaustão automotiva e é responsável pela remoção dos óxidos de nitrogênio dos gases de exaustão de veículos. Em termos mais gerais, a redução de óxidos de nitrogênio para $N_2$ é de imensa importância prática no campo do controle da poluição do ar.

O mecanismo da reação em fase gasosa não catalisada tem sido de grande interesse por mais de sete décadas, porque ela segue uma equação de taxa de terceira ordem ($-r_{NO} = k[NO]^2[H_2]$), levando à especulação de que uma colisão trimolecular pode estar envolvida. Entretanto, desde o começo da pesquisa sobre essa reação foi feita a hipótese de que a reação global ocorre em "estágios"[3], isto é, como uma sequência de reações mais simples. Uma das possibilidades consideradas foi

$$\begin{array}{c} 2NO \rightleftarrows N_2O_2 \\ N_2O_2 + H_2 \rightarrow N_2 + H_2O_2 \\ H_2O_2 + H_2 \rightarrow 2H_2O \\ \hline 2NO + 2H_2 \rightarrow N_2 + 2H_2O \end{array}$$

Nenhuma das reações que formam esta sequência pode ser considerada elementar. A primeira provavelmente requer uma colisão com uma molécula "inerte" para ativar a molécula de $N_2O_2$ e para absorver parte da energia associada com a combinação das duas moléculas de NO. A segunda reação envolve a quebra de três ligações e a formação de três, e a terceira envolve a quebra de duas ligações acompanhada pela formação de duas. Cada uma das duas últimas reações provavelmente pode ser quebrada em reações mais simples que venham ao encontro ao critério de simplicidade discutido anteriormente. No entanto, este esquema pode ser usado para ilustrar alguns pontos importantes sobre sequências de reações. Contudo, não o usaremos para deduzir uma equação de taxa.[4]

Como é possível que a Reação (5-C) seja estequiometricamente simples e obedeça à Lei de Proporções Definidas, se o $N_2O_2$ e o peróxido de hidrogênio ($H_2O_2$) são produzidos nas primeira e segunda etapas? Nem o peróxido de hidrogênio nem o $N_2O_2$ aparecem na equação estequiométrica para a reação do NO com o $H_2$. Se alguns átomos de H e O estão ligados no $H_2O_2$ e alguns átomos de N e O são ligados no $N_2O_2$, como pode a Reação (J-C) ser estequiometricamente simples?

A resposta é que tanto o $N_2O_2$ quanto o $H_2O_2$ são *altamente reativos* nas condições do estudo. Consequentemente, suas concentrações são sempre insignificantemente pequenas, tão pequenas que elas não afetam a estequiometria da reação. Para todos os propósitos práticos, todos os átomos H são encontrados nas moléculas $H_2$ ou $H_2O$, todos os átomos O são encontrados nas moléculas NO ou $H_2O$, e todos os átomos N estão nas moléculas NO ou $N_2$.

Espécies como $N_2O_2$ e $H_2O_2$ que aparecem na sequência de etapas que compõem uma reação global, mas são tão reativas que suas concentrações são sempre insignificantemente pequenas, são chamadas

---

[3]Hinshelwood, C.N. e Green, T.F., *J. Chem. Soc,* 730 (1926).

[4]Como um aparte interessante, uma tentativa de entender a cinética e o mecanismo da Reação (5-C) envolveu modelagem computacional, via a teoria do estado de transição, de 38 reações elementares simultâneas. (Diau, E.W., Halbgewachs, M.J., Smith, A.R., e Lin, M.C., Thermal reduction of NO by $H_2$: kinetic measurement and computer modeling of the HNO + NO reaction, *Int. J. Chem. Kinet.,* 27, 867 (1995)).

de *centros ativos*. A presença de centros ativos pode ser ignorada ao se escrever a estequiometria de uma reação global. Entretanto, como veremos em um momento, centros ativos são uma parte crítica da cinética das reações. Uma sequência de etapas elementares pode conter um número qualquer de centros ativos.

### 5.2.1 Sequências Abertas

A sequência de reações mostrada anteriormente é uma sequência "aberta". Uma sequência "aberta" é uma na qual os centros ativos são formados e consumidos no interior da sequência de reações que compreende a reação global. Peróxido de hidrogênio é formado na segunda reação e consumido na terceira, e $N_2O_2$ é formado na primeira e consumido na segunda.

### 5.2.2 Sequências Fechadas

Considere a sequência a seguir de reações elementares:

$$\begin{array}{l} Br^{\bullet} + H_2 \rightarrow HBr + H^{\bullet} \\ \underline{H^{\bullet} + Br_2 \rightarrow HBr + Br^{\bullet}} \\ H_2 + Br_2 \rightarrow 2HBr \end{array}$$

Há dois "centros ativos" nesta sequência, os radicais livres hidrogênio e bromo, $H^{\bullet}$ e $Br^{\bullet}$, respectivamente. A reação global, estequiometricamente simples, é entre $H_2$ e $Br_2$ para dar duas moléculas de HBr.

Uma olhada rápida nesta sequência traz à tona algumas questões inquietantes: de onde vem o $Br^{\bullet}$ no primeiro momento? O que eventualmente acontece com ele? Além disso, a partir de um ponto de vista estritamente estequiométrico, a sequência também poderia ser escrita na forma

$$\begin{array}{l} H^{\bullet} + Br_2 \rightarrow HBr + Br^{\bullet} \\ \underline{Br^{\bullet} + H_2 \rightarrow HBr + H^{\bullet}} \\ H_2 + Br_2 \rightarrow 2HBr \end{array}$$

A estequiometria é a mesma, mas agora perguntamos de onde vem o $H^{\bullet}$ no primeiro momento e o que eventualmente acontece com ele? Nesta reação, de qualquer forma que seja escrita, um dos centros ativos *não* é formado e consumido na sequência de reações elementares que compõe a reação global.

Esta sequência de reações elementares é chamada de sequência "fechada", porque pelo menos um centro ativo é criado e consumido *fora* da sequência de etapas elementares que compõem a reação global. Com uma sequência fechada, reações adicionais são necessárias para explicar de onde os centros ativos vêm no primeiro momento e o que eventualmente acontece com eles.

Para a reação do $H_2$ com o $Br_2$, centros ativos são criados pela decomposição do $Br_2$ em dois $Br^{\bullet}$ e centros ativos são destruídos pelo inverso desta reação. Consequentemente, a sequência completa de etapas elementares que se acredita ser cineticamente importante é

$$\begin{array}{rll} Br_2 & \rightarrow 2Br^{\bullet} & \text{(iniciação)} \\ Br^{\bullet} + H_2 & \rightarrow HBr + H^{\bullet} & \text{(propagação)} \\ H^{\bullet} + Br_2 & \rightarrow HBr + Br^{\bullet} & \text{(propagação)} \\ 2Br^{\bullet} & \rightarrow Br_2 & \text{(terminação)} \end{array}$$

As reações elementares que compõem a sequência fechada que forma a reação global são chamadas reações de *propagação*. A(s) reação(ões) na(s) qual(is) centros ativos são criados é(são) chamada(s) de reação(ões) *de iniciação*, e a(s) reação(ões) na(s) qual(is) centros ativos são consumidos é(são) chamada(s) de reação(ões) de *terminação*. Para que uma reação seja uma reação de iniciação, tem que haver uma criação *líquida* de centros ativos. Similarmente, em uma reação de terminação, tem que haver uma destruição *líquida* de centros ativos.

Obviamente, a reação de terminação neste caso é justamente o inverso da reação de iniciação. Isto nem sempre acontece. Também, as reações de iniciação e de terminação podem não ser elementares como escritas. Como discutido em conexão com a Tabela 5-1, uma molécula "inerte" (M) pode ser necessária para servir como uma fonte ou um sumidouro de energia. Talvez seja mais preciso escrever as reações de iniciação e de terminação na forma

$$M + Br_2 \rightleftarrows 2Br^{\bullet} + M$$

Entretanto, este desfecho não afeta a discussão anterior.

## 5.3 A APROXIMAÇÃO DE ESTADO ESTACIONÁRIO (AEE)

Considere a ocorrência de duas reações de primeira ordem em série, isto é,

$$A \xrightarrow{k_1} B$$

$$B \xrightarrow{k_2} C$$

ou, mais sucintamente,

$$A \xrightarrow{k_1} B \xrightarrow{k_2} C$$

Os parâmetros $k_1$ e $k_2$ são as constantes da taxa de primeira ordem para as reações A → B e B → C, respectivamente.

Suponha que estas reações ocorram em um reator batelada ideal. A concentração inicial de A no tempo, $t = 0$, será representada por $C_{A0}$ e consideraremos que não existe B ou C no reator em $t = 0$.

## EXERCÍCIO 5-3

1. Esboce as concentrações de A, B e C como uma função de tempo.
2. O que acontece com a concentração de B quando $k_2$ aumenta em relação a $k_1$?
3. Use a equação de projeto para um reator batelada ideal isotérmico para mostrar que $C_A = C_{A0}e^{-k_1t}$.
4. Estabeleça o balanço de massa para B em um reator batelada ideal isotérmico e mostre que $C_B = [k_1C_{A0}/(k_2 - k_1)] \times [e^{-k_1t} - e^{-k_2t}]$.
5. Mostre que o tempo exigido para que B atinja sua concentração máxima, $C_{B,máx}$, é dado por $t_{máx} = \ln(k_2 / k_1) / (k_2 - k_1)$.
6. Mostre que o valor máximo de $C_B$ é dado por $C_{B,máx} = C_{A0}(k_1 / k_2)^{(k_2/(k_2 - k_1))}$.

*Sugestão:* Lembre como você respondeu estas questões. Retornaremos a esta sequência de reações no Capítulo 7, quando sistemas de várias reações estequiometricamente simples são considerados.

Agora suponha que B seja um centro ativo, em uma situação na qual A → C tem que ser uma reação estequiometricamente simples. Nesta situação, $C_{B,máx}$ tem que ser uma fração muito pequena de $C_{A0}$. Exijamos arbitrariamente que $(C_{B,máx}/C_{A0})$ seja $10^{-6}$. Praticamente, isso garante que a concentração de B é tão pequena que a reação A → C é estequiometricamente simples.

Manteremos a razão $(C_{B,máx}/C_{A0})$ em ou abaixo de $10^{-6}$ fazendo $k_2$ muito grande em comparação com $k_1$. Fisicamente, um valor alto de $k_2$ relativo a $k_1$ significa que B é muito reativo. Mesmo uma pequena concentração de B será suficiente para manter a taxa da reação B → C essencialmente igual à taxa da reação A → B. Em outras palavras, B irá reagir para formar C essencialmente tão rápido quanto B é formado a partir de A, mesmo quando a concentração de B é muito pequena.

A relação no Exercício 5-3, Parte 6, simplifica-se para $C_{B,máx}/C_{A0} \cong (k_1/k_2)$, quando $k_2 >\!\!>\!\!> k_1$. Consequentemente, a razão $(k_2/k_1)$ tem que ser $10^6$ ou maior, se a razão $C_{B,máx}/C_{A0}$ deve ser $10^{-6}$ ou menor. O alto valor de $k_2$ em relação à $k_1$ é consistente com a ideia de que um centro ativo tem que ser altamente reativo.

A seguir, determinemos a conversão de A quando $C_B = C_{B,máx}$. Do Exercício 5-3, Partes 3 e 5, quando $t = t_{máx}$, o valor de $C_A/C_{A0}$ é dado pela expressão $\exp\{-k_1 \ln(k_2 / k_1)/(k_2 - k_1)\} \cong \exp\{-(k_1 / k_2) \ln(k_2 / k_1)\}$. Para $(k_2/k_1) = 10^6$, $C_A/C_{A0} = (1 - x_A) = 0{,}999986$, de modo que $x_A = 1{,}4 \times 10^{-5}$. Este cálculo mostra que a concentração de B chega ao seu valor máximo *muito cedo* na reação, antes que uma quantidade significativa de A tenha reagido.

Finalmente, examinemos a taxa de formação (ou desaparecimento) de B relativa à taxa de desaparecimento de A em tempos maiores que $t_{máx}$. A taxa de desaparecimento de A é

$$-r_A = k_1C_A = k_1C_{A0}e^{-k_1t}$$

A taxa de formação *líquida* de B é

$$r_B = k_1C_A - k_2C_B = k_1C_{A0}\left[e^{-k_1t} - \frac{k_2}{(k_2 - k_1)}(e^{-k_1t} - e^{-k_2t})\right]$$

Para $k_2 >>> k_1$,

$$\frac{r_B}{-r_A} \cong -\left(\frac{k_1}{k_2}\right) + \exp\{-(t/t_{max}) \times \ln(k_2/k_1)\}$$

## EXERCÍCIO 5-4

Prove a relação anterior.

Valores de $r_B/-r_A$ para vários valores de $t/t_{máx}$ são mostrados na tabela a seguir para $k_2/k_1 = 10^6$ e para $t \geq t_{máx}$.

| Tempo adimensional, $t/t_{máx}$ | Conversão de A ($x_A$) | $(r_B/-r_A)$ |
|---|---|---|
| 1 | $1{,}4 \times 10^{-5}$ | 8 |
| 1,1 | $1{,}5 \times 10^{-5}$ | $-7{,}5 \times 10^{-7}$ |
| 2 | $2{,}8 \times 10^{-5}$ | $-1{,}0 \times 10^{-6}$ |
| 1000 | 0,014 | $-1{,}0 \times 10^{-6}$ |
| 10.000 | 0,13 | $-1{,}0 \times 10^{-6}$ |
| 50.000 | 0,50 | $-1{,}0 \times 10^{-6}$ |
| 100.000 | 0,75 | $-1{,}0 \times 10^{-6}$ |
| 500.000 | 0,999 | $-1{,}0 \times 10^{-6}$ |

Estes cálculos mostram que $r_B$ é *muito* pequeno em relação a $(-r_A)$ quando $t$ é maior que $t_{máx}$ e $k_2 >>> k_1$. Para todos os propósitos práticos, $-r_A = r_C$ quando estas condições estão presentes. Esta é justamente outra forma de dizer que a reação A → C é estequiometricamente simples, apesar da existência do centro ativo, B.

Note que $r_B$ nunca é *exatamente* igual a zero, exceto quando $C_B = C_{B,máx}$ ($t = t_{máx}$). Perceba também que a taxa de formação de B a partir de A, $-r_A$, é *muito* maior que $r_B$. A razão pela qual $r_B$ é tão pequeno em relação a $-r_A$ é que B é tão reativo que reage para formar C logo quando ele é formado a partir de A. Na tabela anterior, a taxa de formação *líquida* do centro ativo, B, sempre é insignificantemente pequena quando comparada à taxa de desaparecimento de A e, consequentemente, em relação à taxa de formação de C.

Esta simples análise leva a uma útil e importante relação conhecida como aproximação de pseudo-estado estacionário, ou aproximação de estado estacionário de Bodenstein, ou simplesmente aproximação de estado estacionário (AEE). Como uma aproximação,

Expressão matemática da AEE

$$\boxed{r\text{ (centro ativo)} = 0} \tag{5-1}$$

O AEE é uma generalização que é apoiada por duas características importantes do comportamento do centro ativo B no exemplo anterior:

1. a concentração de B aumentou e chegou a um valor máximo *muito* rapidamente no início da reação, antes que qualquer quantidade significativa do reagente tenha sido consumida;
2. a taxa de formação *líquida* de B ($r_B$) foi muito pequena em relação à taxa de desaparecimento de A e a taxa de formação de C.

A Equação (5-1) é simplesmente uma expressão matemática do segundo ponto. O primeiro ponto sugere que a Equação (5-1) é válida ao longo da *duração completa* de uma reação, não somente em algum pequeno período de tempo.

A Equação (5-1) se aplica a cada e todo centro ativo em uma sequência de reações elementares. Fisicamente, esta equação significa que "taxa de formação do centro ativo ≅ taxa de desaparecimento do centro ativo". A taxa de formação *líquida* de um centro ativo é muito pequena comparada à taxa na qual aquele centro ativo é formado a partir das outras espécies e à taxa na qual ele desaparece reagindo para formar outras espécies. Na verdade, como ilustrado na próxima seção, *usaremos* a Equação (5-1) somando as taxas de formação e de desaparecimento de um centro ativo e então igualando o resultado a zero.

## 5.4 USO DA APROXIMAÇÃO DE ESTADO ESTACIONÁRIO

Uma vez que uma reação estequiometricamente simples tenha sido dividida em uma sequência de reações elementares, uma expressão de taxa para a reação global pode ser deduzida, pelo menos a princípio, através do uso da aproximação de estado estacionário. Ao lidarmos com uma sequência fechada ou aberta, o procedimento consiste em três etapas:

Procedimento para uso da AEE na dedução de uma equação de taxa

1. *Escolha uma espécie* (reagente ou produto) para a qual a equação da taxa será desenvolvida. Decida se a equação da taxa será para o *desaparecimento* ou para a *produção* dessa espécie.
2. *Escreva uma expressão para a taxa de formação ou de desaparecimento líquida da espécie escolhida através da soma das contribuições de toda reação da sequência na qual a espécie está presente.* A taxa de cada reação elementar na sequência pode ser escrita usando a propriedade das reações elementares "ordem = molecularidade".
   Em geral, esta expressão irá conter as concentrações de alguns ou de todos os centros ativos que aparecem nas várias reações elementares. As concentrações dos centros ativos devem ser tratadas como incógnitas, pois estas concentrações não podem ser relacionadas às concentrações dos reagentes e dos produtos através da estequiometria.
3. *Elimine as concentrações dos centros ativos* da expressão para a taxa de reação líquida escrevendo a aproximação de estado estacionário (Equação (5-1)) para cada centro ativo.

**EXEMPLO 5-3**

***Decomposição do Ozônio***

Considere a decomposição térmica (homogênea) do ozônio em oxigênio, como descrita pela equação estequiométrica balanceada

$$2O_3 \rightarrow 3O_2$$

Suponhamos que esta reação ocorra através de uma sequência aberta

$$O_3 \xrightarrow{k_1} O_2 + O^{\bullet}$$
$$O_2 + O^{\bullet} \xrightarrow{k_2} O_3$$
$$O^{\bullet} + O_3 \xrightarrow{k_3} 2O_2$$

Além disso, consideremos que cada reação é elementar como escrita. Os símbolos $k_1$, $k_2$ e $k_3$ são as constantes das taxas destas reações. Obviamente, a segunda reação é exatamente o inverso da primeira. Deduza a equação de taxa para a decomposição do ozônio.

***ANÁLISE***

Seguiremos as três etapas discutidas anteriormente.

***SOLUÇÃO***

**Etapa 1:** Iremos escrever uma equação de taxa para o desaparecimento do ozônio.

**Etapa 2:** $-r_{O_3} = k_1[O_3] - k_2[O_2][O^{\bullet}] + k_3[O_3][O^{\bullet}]$

O lado direito desta equação é simplesmente a soma das taxas nas quais o ozônio é consumido nas três reações elementares. O sinal da segunda parcela é negativo porque o ozônio é *formado* na segunda reação, enquanto a equação da taxa é para o *desaparecimento* do ozônio.

**Etapa 3:** $-r_{O^\bullet} \cong 0 = k_1[O_3] - k_2[O_2][O^\bullet] - k_3[O_3][O^\bullet]$

As segunda e terceira parcelas são negativas porque $r_{O^\bullet}$ é a taxa de *formação* de $O^\bullet$ e $O^\bullet$ *desaparece* nas segunda e terceira reações. Explicitando $[O^\bullet]$, obtém-se

$$[O^\bullet] = k_1[O_3]//(k_2[O_2] + k_3[O_3])$$

Substituindo esta expressão na equação da taxa da Etapa 2 e simplificando, obtém-se

$$-r_{O_3} = \frac{2k_1k_3[O_3]^2}{(k_2[O_2] + k_3[O_3])}$$

*Somente as concentrações dos reagentes e dos produtos aparecem na equação de taxa final.* As concentrações dos centros ativos foram eliminadas na Etapa 3. Todas as concentrações na equação de taxa final estão relacionadas através da estequiometria. Para uma única reação, cada concentração na equação da taxa pode ser representada em termos de uma variável estequiométrica, por exemplo, extensão da reação, conversão de um reagente, ou a concentração de uma única espécie, por exemplo, a concentração do reagente limite.

Esta equação da taxa contém alguma informação importante. Primeiro, ela nos diz que uma simples equação de taxa de lei de potência não fornecerá uma descrição adequada da cinética da reação em uma ampla faixa de concentrações de oxigênio e de ozônio. As ordens aparentes da reação em relação ao ozônio e ao oxigênio irão variar na medida em que a magnitude relativa das duas parcelas no denominador varia. Se $k_2[O_2] >> k_3[O_3]$, a reação parecerá ser de segunda ordem no ozônio e primeira ordem negativa no oxigênio. Entretanto, se $k_2[O_2] << k_3[O_3]$, a reação parecerá ser de primeira ordem no ozônio e ordem zero no oxigênio. A magnitude relativa das duas parcelas no denominador dependerá das concentrações do ozônio e do oxigênio, e da temperatura da reação, uma vez que a temperatura determina os valores de $k_2$ e $k_3$.

## EXEMPLO 5-4

***Hidrogenação do Etileno***

Considere a hidrogenação do etileno

$$C_2H_4 + H_2 \rightarrow C_2H_6$$

Esta reação não tem interesse comercial uma vez que o etileno é mais valioso do que o etano. Na verdade, uma mistura de etano e propano é a alimentação da maioria dos processos comerciais para a produção do etileno.

A reação global é suposta ocorrer homogeneamente, de acordo com a sequência de reações irreversíveis a seguir, as quais supomos ser elementares:

$$C_2H_4 + H_2 \xrightarrow{k_1} C_2H_5^\bullet + H^\bullet \qquad (5\text{-D})$$

$$H^\bullet + C_2H_4 \xrightarrow{k_2} C_2H_5^\bullet \qquad (5\text{-E})$$

$$C_2H_5^\bullet + H_2 \xrightarrow{k_3} C_2H_6 + H^\bullet \qquad (5\text{-F})$$

$$C_2H_5^\bullet + H^\bullet \xrightarrow{k_4} C_2H_6 \qquad (5\text{-G})$$

As constantes das taxas para estas quatro reações são representadas por $k_1$, $k_2$, $k_3$ e $k_4$, respectivamente. Há dois centros ativos, $C_2H_5^\bullet$ e $H^\bullet$, nesta sequência. Deduza uma equação de taxa para este mecanismo de reação.

***ANÁLISE***

Seguiremos as três etapas para uso da AEE.

***SOLUÇÃO***

**Etapa 1:** Desaparecimento do etileno ($C_2H_4$)

**Etapa 2:** $-r_{C_2H_4} = k_1[C_2H_4][H_2] + k_2[H^\bullet][C_2H_4]$ (5-2)

Esta expressão contém a concentração de radicais livres de hidrogênio, $H^\bullet$, que é uma incógnita. Para expressar esta concentração em termos das concentrações dos reagentes e/ou produto, a aproximação de estado estacionário é usada.

**Etapa 3:** Escreva a aproximação de estado estacionário para o $H^{\bullet}$

$$r_{H^{\bullet}} \cong 0 = k_1[C_2H_4][H_2] - k_2[H^{\bullet}][C_2H_4] + k_3[C_2H_5^{\bullet}][H_2] - k_4[C_2H_5^{\bullet}][H^{\bullet}]$$

Esta equação contém a concentração do segundo centro ativo, o radical etil, $C_2H_5^{\bullet}$. Para eliminar esta concentração, precisamos aplicar a aproximação de estado estacionário uma segunda vez, para o $C_2H_5^{\bullet}$.

$$r_{C_2H_5^{\bullet}} \cong 0 = k_1[C_2H_4][H_2] + k_2[H^{\bullet}][C_2H_4] - k_3[C_2H_5^{\bullet}][H_2] - k_4[C_2H_5^{\bullet}][H^{\bullet}]$$

Estas duas equações podem ser resolvidas simultaneamente, fornecendo

$$[H^{\bullet}] = \sqrt{\frac{k_1k_3}{k_2k_4}}[H_2]$$

que pode ser substituída na Equação (5-2), fornecendo

$$-r_{C_2H_4} = \left(k_1 + k_2\sqrt{\frac{k_1k_3}{k_2k_4}}\right)[C_2H_4][H_2] \quad (5\text{-}3)$$

Uma vez que todas as constantes das taxas são desconhecidas e eventualmente devem ser determinadas a partir de dados experimentais, podemos agrupar a expressão $\left(k_1 + k_2\sqrt{k_1k_3/k_2k_4}\right)$ em uma única constante $k$ e reescrever a equação da taxa como $-r_{C_2H_4} = k[C_2H_4][H_2]$.

Esta é exatamente a forma que resultaria se a reação global fosse elementar. Entretanto, neste exemplo, a reação ocorre através de uma sequência de quatro reações elementares. Isso mostra o perigo de concluir que uma reação é elementar só porque sua equação da taxa tem a forma própria de uma reação elementar.

# EXERCÍCIO 5-5

**(a)** Categorize cada uma dessas quatro reações (Reações (5-D), (5-E), (5-F) e (5-G)) de acordo com as classificações discutidas anteriormente.

**(b)** Analise cada reação para determinar se é razoável presumir que a reação é elementar como escrita.

**(c)** Se a reação global ocorrer a 300°C e a 1 atm de pressão total, e se a composição da mistura inicial for 75 mol% de $H_2$ e 25 mol% de $C_2H_4$, a reação global pode ser tratada como irreversível?

## 5.4.1 Cinética e Mecanismo

Dado o mecanismo das Reações (5-D)–(5-G), a Equação (5-3) é uma expressão muito geral para a taxa de consumo do etileno. A primeira parcela desta equação de taxa ($k_1[C_2H_4][H_2]$) é a taxa na qual o etileno desaparece na Reação (5-D) e a segunda parcela ($k_2\sqrt{k_1k_3/k_2k_4}[C_2H_4][H_2]$) é a taxa na qual o etileno desaparece na Reação (5-E).

Se $k_1 >>> \sqrt{k_1k_3/k_2k_4}$, então a Reação (5-D) contabiliza essencialmente todo o etileno que reage e essencialmente todo o etano é formado pela Reação (5-G). As Reações (5-E) e (5-F) não são cineticamente significativas. Na essência, se $k_1 >>> k_2\sqrt{k_1k_3/k_2k_4}$, a reação global ocorre através da *sequência aberta* dada pelas Reações (5-D) e (5-G).

Ao contrário, se $k_2\sqrt{k_1k_3/k_2k_4} >>> k_1$, então essencialmente todo o etileno que reage é consumido na Reação (5-E); a quantidade consumida na Reação (5-D) não tem importância. Similarmente, essencialmente todo o etano é formado na Reação (5-F). A quantidade formada na Reação (5-G) é desprezível. Falando de forma diferente, se $k_2\sqrt{k_1k_3/k_2k_4} >>> k_1$, a quantidade de etileno consumido na reação de iniciação, Reação (5-D), e a quantidade de etano produzido na reação de terminação, Reação (5-G), são insignificantes comparadas às quantidades *totais* de etileno consumido e de etano formado. A *sequência fechada* das Reações (5-E) e (5-F) contabiliza essencialmente todos os reagentes consumidos e os produtos formados.

Neste exemplo, a *forma* da equação da taxa é a mesma, independentemente se a maioria do etileno é consumida através da sequência aberta:

$$C_2H_4 + H_2 \xrightarrow{k_1} C_2H_5^\bullet + H^\bullet \quad (5\text{-D})$$

$$C_2H_5^\bullet + H^\bullet \xrightarrow{k_4} C_2H_6 \quad (5\text{-G})$$

ou através da sequência fechada:

$$H^\bullet + C_2H_4 \xrightarrow{k_2} C_2H_5^\bullet \quad (5\text{-E})$$

$$C_2H_5^\bullet + H_2 \xrightarrow{k_3} C_2H_6 + H^\bullet \quad (5\text{-F})$$

ou através de uma combinação das duas. Se os dados experimentais mostrassem que a melhor equação de taxa seria $-r_{C_2H_4} = k[C_2H_4][H_2]$, não seríamos capazes de distinguir entre estas três possibilidades. Esta é uma ilustração bem simples do fato de que *um mecanismo de reação não pode ser provado com base somente na forma da equação da taxa global*. Diferentes mecanismos podem levar à mesma equação de taxa.

Se a equação de taxa obtida a partir de dados experimentais *não* coincidisse com a forma que foi deduzida a partir de um mecanismo de reação hipotético, isto seria uma evidência muito forte de que o mecanismo proposto estava errado. Novas sequências de reações elementares teriam que ser propostas e testadas até que um mecanismo fosse descoberto, que levasse à uma equação de taxa que fosse consistente com os dados experimentais.

# EXERCÍCIO 5-6

Suponha que a equação da taxa para a hidrogenação do etileno homogênea fosse determinada como $-r_{C_2H_4} = k[C_2H_4][H_2]^{1/2}$. Encontre uma sequência de reações elementares que leve à esta equação da taxa, usando a AEE.

A ênfase neste texto é em usar um conhecimento dos mecanismos de reação para deduzir equações de taxa que irão capturar o comportamento cinético de uma reação o mais preciso e abrangente quanto possível. O problema complementar de usar equações de taxa obtidas de dados experimentais para explorar mecanismos da reação não é tratado com detalhes. Todavia, a cinética de reações é uma das ferramentas disponíveis mais poderosas para pesquisadores que estão focados em obter um entendimento em nível molecular de uma certa reação.

## 5.4.2 A Aproximação de Cadeia Longa

Quando sabemos (ou estamos inclinados a supor) que as taxas de desaparecimento dos reagentes e de formação de produtos nas reações de iniciação e de terminação são desprezíveis, comparadas às suas contrapartidas nas reações de propagação, podemos evocar o que é chamado de "aproximação de cadeia longa". Isto simplifica de certa forma a álgebra da aproximação de estado estacionário. A simplificação surge, em grande parte, porque o consumo do reagente e a formação do produto nas reações de iniciação e de terminação são ignorados. A aproximação de cadeia longa se aplica apenas para sequências fechadas.

Para aplicar a aproximação de cadeia longa no mecanismo anterior para a hidrogenação do etileno, escrevemos uma expressão de taxa que inclua somente a taxa de consumo do etileno nas etapas de propagação, isto é, nas etapas que transmitem a corrente.

$$-r_{C_2H_4} = k_2[H^\bullet][C_2H_4]$$

Para eliminar as concentrações dos centros ativos, primeiramente aplicamos a aproximação de estado estacionário à *concentração total de todos centros ativos*. Como não há criação ou destruição *líquida* de centros ativos nas etapas de propagação, a equação resultante é

$$r_{AC} \cong 0 = 2k_1[C_2H_4][H_2] - 2k_4[C_2H_5^\bullet][H^\bullet]$$

O fator de valor 2 na frente das duas parcelas nesta equação reflete o fato de que dois centros ativos são criados ou destruídos cada vez que uma dessas reações ocorre. Falando de forma diferente, ao escrever esta equação, foi considerado que a constante da taxa $k_1$ estava baseada no $C_2H_4$ ou no $H_2$ e que a constante da taxa $k_4$ estava baseada no $C_2H_5^\bullet$ ou no $H^\bullet$. Esta expressão para $r_{AC}$ é válida sendo a aproximação de cadeia longa aplicada ou não. Exceto em certos casos "patológicos",[5] a taxa de criação dos centros ativos é contrabalançada pela taxa de destruição de centros ativos. Na verdade, este equilíbrio determina a concentração total de centros ativos, da mesma forma que a AEE em um centro ativo específico determina a concentração daquele centro.

A seguir, reconhecemos que as taxas das duas etapas de propagação têm que ser as mesmas, se a quantidade de etileno consumida deve ser igual a quantidade de hidrogênio consumida e etano produzida.

$$k_2[C_2H_4][H^\bullet] = k_3[C_2H_5^\bullet][H_2]$$

Esta equação é uma consequência direta da aproximação de cadeia longa.

Utilizando as duas últimas equações, as concentrações dos dois centros ativos podem ser eliminadas e a equação de taxa resultante é

$$-r_{C_2H_4} = \left(k_2\sqrt{\frac{k_1k_3}{k_2k_4}}\right)[C_2H_4][H_2]$$

## 5.5 SEQUÊNCIAS FECHADAS COM UM CATALISADOR

Existem diversos tipos de catalisador. Catalisadores *heterogêneos* são materiais sólidos, normalmente com uma alta área superficial específica. Os catalisadores heterogêneos que são usados em vários processos industriais têm áreas superficiais específicas que abrangem uma faixa de aproximadamente 10 a 1000 $m^2/g$. Uma ou mais fases fluidas estão em contato com o catalisador sólido. Moléculas do reagente na fase fluida adsorvem na superfície do catalisador sólido, rearranjam ou reagem com outra molécula adsorvida, e então o(s) produto(s) se dessorvem de volta para o(s) fluido(s). O Capítulo 9 trata do assunto catálise heterogênea com maiores detalhes.

Catalisadores *homogêneos,* por outro lado, são dissolvidos na fase fluida. Todavia, catalisadores homogêneos funcionam praticamente da mesma maneira que os heterogêneos. Uma molécula de reagente se liga ao catalisador homogêneo, rearranja-se ou reage com outra molécula, e o(s) produto(s) retorna(m) ao fluido. Catalisadores *enzima* podem ser tanto homogêneos quanto heterogêneos.

Todos estes tipos de catalisadores podem ser tratados com as mesmas ferramentas cinéticas. Reações catalíticas sempre ocorrem via uma sequência fechada de reações elementares e a aproximação de estado estacionário é o ponto de partida para muitas análises da cinética catalítica. Vamos ilustrar a função de um catalisador usando um exemplo muito simplificado baseado na reação de deslocamento envolvendo a água (*water-gas-shift reaction* — WGS).

$$CO + H_2O \rightleftarrows CO_2 + H_2$$

Esta é uma importante reação industrial que é usada, por exemplo, na produção de hidrogênio, na produção de amônia e na produção de metanol a partir do carvão.

A reação de deslocamento é conduzida industrialmente em condições nas quais ela é reversível. Uma das tarefas importantes no projeto de reatores e de processos de deslocamento é o "gerenciamento" seguro do equilíbrio da reação. Estritamente com propósitos de ilustração, trataremos a reação como se ela fosse irreversível.

Consideraremos que a reação de deslocamento ocorra através de uma sequência *hipotética* de reações elementares mostrada a seguir. Esta sequência é uma grande simplificação do que realmente ocorre em um catalisador comercial de WGS. Entretanto, esta sequência ilustrará os princípios importantes da cinética catalítica, sem exigir muita álgebra.

Nas reações que seguem, o símbolo $S^*$ representa um sítio vazio ou não ocupado na superfície do catalisador, e o símbolo O—$S^*$ representa um átomo de oxigênio ligado a um sítio no catalisador.

$$S^* + H_2O \xrightarrow{k_1} H_2 + O\text{–}S^*$$
$$O\text{–}S^* + CO \xrightarrow{k_2} CO_2 + S^*$$

---

[5]Um dos casos "patológicos" é a "ramificação da cadeia". Reações de ramificação de cadeia são importantes na determinação da região de composição e de temperatura na qual uma mistura combustível pode explodir. Do ponto de vista da segurança, é crítico saber a localização dos limites de explosão de uma mistura combustível *antes* de começar um projeto ou um experimento. Em muitos casos, processos são projetados para operar bem fora desses limites, com objetivo de evitar a possibilidade de uma explosão.

Estas duas reações formam uma sequência fechada com dois centros ativos: $S^*$ e O—$S^*$. Teoricamente, a reação global pode ocorrer um número infinito de vezes com um único sítio não ocupado, $S^*$, uma vez que o sítio original é regenerado no complemento da sequência. Note que ambas as reações são irreversíveis, de modo que a reação *global* é irreversível. Se uma reação global for reversível, então *todas* as reações elementares levando dos reagentes aos produtos têm que ser escritas na forma reversível.

Na primeira destas reações, duas ligações são quebradas e duas são formadas em um único evento em nível molecular. Isto levanta uma questão relativa ao fato de esta reação ser elementar como escrita. Contudo, com o objetivo da ilustração, iremos desconsiderar esta preocupação.

A equação da taxa para o *desaparecimento* do CO será deduzida usando a aproximação de estado estacionário. Monóxido de carbono não participa na primeira reação e é consumido na segunda. Consequentemente,

$$-r_{CO} = k_2[CO][O\text{—}S^*] \quad (5\text{-}4)$$

A grandeza [O—$S^*$] é uma concentração superficial se o catalisador for heterogêneo, com unidades de, por exemplo, mol/$m^2$. A aproximação de estado estacionário tem que agora ser usada para eliminar esta concentração desconhecida da expressão da taxa.

A aproximação de estado estacionário para O—$S^*$ é

$$r_{O\text{—}S} \cong 0 = k_1[S^*][H_2O] - k_2[CO][O\text{—}S^*] \quad (5\text{-}5)$$

Esta expressão contém a concentração do segundo centro ativo, $S^*$. A aproximação de estado estacionário para $S^*$ é

$$r_{S^*} \cong 0 = -k_1[S^*][H_2)] + k_2\,[CO][O\text{—}S^*] \quad (5\text{-}6)$$

Infelizmente, a Equação (5-6) é justamente a Equação (5-5) multiplicada por –1. As duas equações não são independentes; elas não podem ser usadas para explicitar *tanto* [$S^*$] *quanto* [O—$S^*$]. Por que a aproximação de estado estacionário "fracassa" neste caso?

O problema é o seguinte. A concentração total de sítios no catalisador é fixa. Os sítios estão vazios ($S^*$) ou ocupados por uma ligação com o átomo O (O—$S^*$). Novos sítios não são criados na sequência da reação, nem sítios existentes destruídos. A primeira equação AEE (Equação (5-5)) nos diz que a taxa de desaparecimento de $S^*$ é igual à taxa de formação de O—$S^*$. A segunda equação AEE (Equação (5-6)) nos diz que a taxa de desaparecimento de O—$S^*$ é igual à taxa de formação de $S^*$. Isto não é uma informação nova; ela vem diretamente da primeira equação AEE, mais o fato de que o número total de sítios, isto é, o total de $S^*$ e O—$S^*$ é constante.

O fracasso das duas equações para $r_{S^*}$ e $r_{O\text{—}S^*}$ na produção de expressões para as concentrações destas duas espécies pode ser visto a partir de outro ponto de vista. Em aplicações anteriores da AEE, havia uma criação *líquida* de centros ativos em algumas reações (reações de iniciação) e uma destruição *líquida* de centros ativos em outras reações (reações de terminação). Este não é o caso nas duas reações anteriores. Estas reações simplesmente envolvem a transformação de um tipo de centro ativo em um tipo diferente de centro ativo. *Não há nada no mecanismo de reação dado que nos permita calcular a concentração total de centros ativos.*

Resolvemos este dilema escrevendo uma equação de conservação conhecida como *balanço de sítios*, que expressa o fato de que o número de sítios ocupados mais o número de sítios não ocupados é constante. Em outros ramos da catálise, um balanço de sítios é chamado de *balanço no catalisador* ou *balanço na enzima*. Se $S_T^*$ for o número total de sítios no sistema, o balanço de sítios para este exemplo é

Balanço de sítios para a reação WGS

$$[S_T^*] = [S^*] + [O\text{—}S^*]$$

Esta é a segunda equação independente que é necessária para eliminar as concentrações dos centros ativos na equação da taxa. Se [$S^*$] = [$S_T^*$] − [O—$S^*$] for substituída na aproximação de estado estacionário para O—$S^*$ (Equação 5-5) e na equação resultante [O—$S^*$] for explicitada, o resultado é

$$[O\text{–}S^*] = \frac{k_1[S_T^*][H_2O]}{k_1[H_2O] + k_2[CO]}$$

A substituição desta equação na expressão da taxa (Equação (5-4)) fornece

$$-r_{CO} = \frac{k_1 k_2 [S_T^*][CO][H_2O]}{k_1[H_2O] + k_2[CO]}$$

O valor de $[S_T^*]$ pode ou não ser conhecido *a priori*. Com catalisadores homogêneos e catalisadores enzima simples, $[S_T^*]$ é normalmente conhecido, por exemplo, ele é a concentração de catalisador que é carregada inicialmente no reator. Entretanto, com catalisadores sólidos heterogêneos, o número total de sítios por unidade de área superficial que *realmente contribui* para catalisar uma reação é extremamente difícil de ser determinado.

Se desejarmos, a grandeza $k_1 k_2 [S_T^*]$ pode ser "agrupada" em uma única constante $k$.

$$-r_{CO} = \frac{k[CO][H_2O]}{k_1[H_2O] + k_2[CO]} \tag{5-7}$$

Esta forma hiperbólica da equação da taxa é conhecida como equação de taxa do tipo "Langmuir–Hinshelwood" no campo da catálise heterogênea, e como equação de taxa do tipo "Michaelis–Menten" em bioquímica.

É importante reconhecer que esta equação de taxa foi deduzida sem especificar o tipo de catalisador envolvido. O catalisador poderia ter sido heterogêneo ou homogêneo, metálico ou organometálico ou enzima. As ferramentas necessárias para o desenvolvimento da equação da taxa são comuns para todos os tipos de catalisador.

Se as duas parcelas no denominador da Equação (5-7) forem comparáveis em magnitude, esta equação de taxa não está em uma forma simples de lei de potência. Quando a concentração da água é alta, ou mais precisamente, quando $k_1[H_2O] >> k_2[CO]$, então a equação da taxa se simplifica para uma forma na qual a reação é de primeira ordem em relação ao CO e de ordem zero em relação a $H_2O$. Entretanto, quando a concentração de monóxido de carbono é alta, isto é, $k_2[CO] >> k_1[H_2O]$, então a equação da taxa se reduz a uma forma diferente, de modo que a reação é de primeira ordem em relação a $H_2O$ e de ordem zero em relação ao CO.

A equação da taxa que é de ordem fracionária em relação tanto ao CO quanto a $H_2O$ talvez forneça uma descrição adequada da cinética da reação em uma faixa limitada das concentrações de CO e $H_2O$. Entretanto, o uso de equações de taxa com ordem fracionária no projeto de reatores pode ser perigoso.

Em vista da discussão anterior dos "balanços nos catalisadores", a Etapa 3 do procedimento para o uso da aproximação de estado estacionário, início da Seção 5.4, exige a modificação que se segue:

Modificação da Etapa 3 no procedimento para o uso da AEE na dedução de uma equação de taxa

**Etapa 3:** Para uma reação catalítica, elimine as concentrações dos centros ativos da equação para a taxa de reação líquida escrevendo uma combinação das AEEs e de balanços no catalisador.[6] O número destas expressões tem que ser igual ao número de centros ativos.

## 5.6 A APROXIMAÇÃO DA ETAPA LIMITANTE DA TAXA (ELT)

Considere uma reação de isomerização reversível catalisada por uma enzima E. A reação será representada por

$$S \rightleftarrows P$$

Na literatura da bioquímica, um reagente frequentemente é chamado de um "substrato". O símbolo "S" é usado na reação anterior, em referência a esta tradição. Esta reação poderia representar, por exemplo,

[6]Mais de um "balanço no catalisador" serão necessários se houver mais de uma espécie distinta de catalisador no mecanismo da reação. Vários dos problemas no final do capítulo contêm esta extensão.

a isomerização reversível da glicose em frutose, que é central no processo para produção do adoçante conhecido como "xarope de milho com alto teor de frutose". Glicose e frutose contêm aproximadamente o mesmo número de calorias. Entretanto, a frutose é aproximadamente cinco vezes mais doce para o paladar. Consequentemente, o xarope de milho com alto teor de frutose é largamente usado como um adoçante, por exemplo, em bebidas leves.

Consideremos que a reação global ocorra de acordo com a sequência de reações elementares

$$\mathrm{S} + \mathrm{E} \underset{k_{-1}}{\overset{k_1}{\rightleftarrows}} \mathrm{E{-}S} \tag{5-H}$$

$$\mathrm{E{-}S} \underset{k_{-2}}{\overset{k_2}{\rightleftarrows}} \mathrm{E{-}P} \tag{5-I}$$

$$\mathrm{E{-}P} \underset{k_{-3}}{\overset{k_3}{\rightleftarrows}} \mathrm{P} + \mathrm{E} \tag{5-J}$$

Nesta sequência, E representa a enzima livre, E—S representa uma enzima que está ligada à uma molécula do substrato (um complexo enzima–substrato), e E—P representa uma enzima que está ligada à uma molécula do produto (um complexo enzima–produto). As Reações (5-H), (5-I) e (5-J) devem ser escritas como reversíveis porque a reação global é reversível. Se qualquer uma das reações levando dos reagentes aos produtos fosse irreversível, não haveria trajetória levando dos produtos de volta para os reagentes, e a reação global não seria possível ocorrer na direção inversa, isto é, seria irreversível.

A sequência de reações elementares aqui mostrada é fechada e há três centros ativos E, E—S e E—P.

Uma equação da taxa para esta reação pode ser desenvolvida usando a AEE. Entretanto, a álgebra seria tediosa e a expressão final seria complexa. Devido à reversibilidade, a equação da taxa final tem que ter duas parcelas. A AEE teria que ser escrita para E—S e E—P, e cada uma destas equações deveria ter quatro parcelas. Um balanço na enzima (dos sítios) contendo quatro parcelas também seria necessário.

## 5.6.1 Representação com Vetores

Suponha que ambas as taxas direta e inversa da Reação (5-I) fossem conhecidas, sendo *muito* lentas comparadas às taxas direta e inversa das Reações (5-H) e (5-J). Podemos representar esta situação como mostrado na Figura 5-1. Nesta figura, o comprimento de cada vetor é proporcional à taxa da reação, e o sentido do vetor indica se a reação está no sentido direto (seta apontando para a direita) ou no sentido inverso (seta apontando para a esquerda). Os números e as letras à esquerda do vetor mostram quais reações estão sendo representadas, por exemplo, 1D é o componente direto da Reação (5-H) e 2I é o componente inverso da Reação (5-I).

O vetor pequeno localizado à direita e ligeiramente abaixo do vetor para a reação inversa representa a taxa *líquida* da reação *direta*, isto é, a diferença entre as taxas das reações direta e inversa. Esta taxa líquida da reação é idêntica para as Reações (5-H), (5-I) e (5-J) e a taxa *líquida* da reação global S ⇄ P.

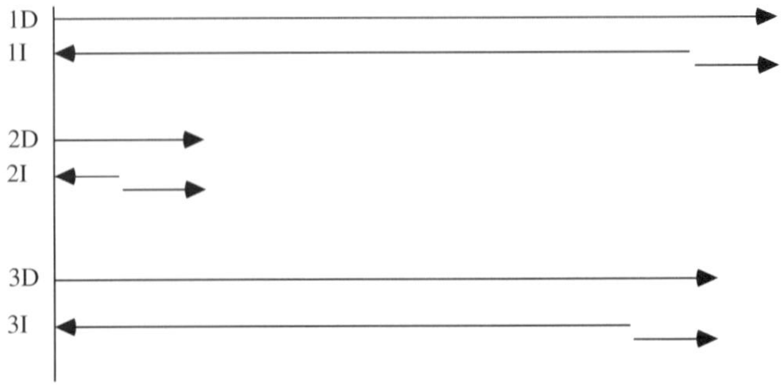


**Figura 5-1** Representação gráfica das taxas das reações elementares para a reação global S ⇄ P. As Reações (5-H), (5-I) e (5-J) são identificadas por 1, 2 e 3, respectivamente. Na figura, "D" representa a reação direta e "I" representa a reação inversa.

A igualdade das três taxas líquidas é uma consequência direta da aproximação de estado estacionário. Se a AEE é válida, estas taxas são necessariamente iguais.

## EXERCÍCIO 5-7

Prove que as taxas líquidas diretas das Reações (5-H), (5-I) e (5-J) são iguais se a AEE for válida.

Este quadro leva a uma ferramenta, chamada de *aproximação da etapa limitante da taxa* (*ELT*), que é bastante útil na cinética química. A figura sugere que as Reações 1 (5-H) e 3 (5-J) estão essencialmente em equilíbrio químico porque as taxas das reações diretas e inversas são *praticamente* iguais. As *expressões de equilíbrio* para estas reações rápidas podem então ser usadas para representar as concentrações dos centros ativos, em vez de usar a mais complicada AEE. A taxa da reação global pode ser escrita em termos da reação lenta, que é chamada de *etapa limitante da taxa* (ou etapa determinante da taxa ou etapa controladora da taxa).

### 5.6.2 Uso da Aproximação da ELT

Vamos ilustrar como a aproximação da ELT pode ser usada através da dedução de uma equação da taxa para o desaparecimento de S, $-r_S$, na reação anterior. Podemos ficar tentados a iniciar escrevendo

$$-r_S = k_1[S][E] - k_{-1}[E\text{–}S]$$

como fizemos quando usamos a AEE. Entretanto, acabaremos considerando que a Reação 1 (5-H) está em equilíbrio, o que levará à $-r_S = 0$ se usarmos a equação anterior. Em vez disto, *a expressão para a taxa da reação global tem que ser escrita em termos da taxa da ELT,* a qual nunca pode estar em equilíbrio.

Ponto de partida para o uso da aproximação da ELT

$$-r_S = (\text{taxa da ELT}) \times (\text{moléculas de S/ELT})$$

$$-r_S = \{k_2[E\text{–}S]\text{–}k_{-1}[E\text{–}P]\}\ (1) \tag{5-8}$$

O termo (1) no lado direito desta equação resulta do fato de que 1 molécula de S é consumida cada vez que a ELT ocorre para a direita, em uma base líquida.

A equação da taxa contém as concentrações de dois centros ativos, E—S e E—P. Estas concentrações têm que ser escritas em termos das concentrações dos reagentes e dos produtos. Para fazer isso, consideramos que as Reações (5-H) e (5-J) estão em equilíbrio e escrevemos as expressões do equilíbrio para estas reações.

Uso da expressão do equilíbrio para relacionar [centros ativos] com [reagentes] e [produtos]

$$\frac{[E\text{–}S]}{[E][S]} = K_1; \quad [E\text{–}S] = K_1[E][S] \tag{5-9}$$

Aqui, $K_1$ é a constante de equilíbrio para a Reação (5-H), baseada na concentração. Como um aparte, $K_1$ é chamada de uma "constante de associação" na nomenclatura da bioquímica. No campo da catálise heterogênea, no qual a Reação (5-H) representaria a adsorção da molécula S sobre a superfície de um catalisador sólido, $K_1$ é chamado de "constante de adsorção". Mais rigorosamente, $K_1$ na Equação (5-8) é a constante de equilíbrio para a formação do complexo enzima/substrato a partir da enzima livre e do substrato.

A expressão do equilíbrio para a Reação (5-J) é

$$\frac{[E][P]}{[E\text{–}P]} = K_3'; \quad [E\text{–}P] = [E][P]/K_3' \tag{5-10}$$

As Equações (5-9) e (5-10) contêm a concentração da enzima *livre* [E], que é desconhecida. Esta concentração é eliminada fazendo-se um *balanço na enzima*, que é exatamente análogo aos balanços de sítios que escrevemos para catalisadores heterogêneos.

Balanço na enzima (catalisador)

$$[E] + [E\text{–}S] + [E\text{–}P] = [E_0] \tag{5-11}$$

Na Equação (5-11), $[E_0]$ é a concentração inicial da enzima carregada no reator, ou contida na alimentação do reator. As Equações (5-9) e (5-10) agora são substituídas na Equação (5-11) para fornecer

$$[E] = \frac{[E_0]}{1 + K_1[S] + \frac{1}{K_3'}[P]} \tag{5-12}$$

Finalmente, a substituição das Equações (5-9), (5-10) e (5-12) na expressão para $-r_S$, Equação (5-8), fornece

$$-r_S = \frac{[E_0]\{k_2K_1[S] - k_{-2}[P]/K_3'\}}{1 + K_1[S] + \frac{1}{K_3'}[P]}$$

O procedimento que foi usado para deduzir a equação da taxa usando a aproximação da ELT pode ser resumida como se segue:

Procedimento para o uso da aproximação da ELT para deduzir uma equação de taxa

1. Decida se a equação de taxa irá descrever o desaparecimento de um reagente ou a formação de um produto.
2. Escreva uma equação da taxa *para a ELT* empregando a propriedade das reações elementares "ordem = molecularidade". Multiplique a taxa da ELT pelo número de moléculas do reagente ou do produto que são formadas ou consumidas cada vez que a ELT ocorre.
3. Elimine as concentrações dos centros ativos da equação da taxa usando *expressões de equilíbrio* para as reações que não são a ELT. Se a reação for catalítica, um ou mais "balanços no catalisador" também serão necessários para eliminar as concentrações dos centros ativos.

### 5.6.3 Interpretação Física da Equação da Taxa

A expressão anterior é aceitável em um senso formal, uma vez que ela contém somente concentrações de reagentes e de produtos, mais a concentração inicial da enzima. Entretanto, ela pode ser colocada em uma forma mais compreensível através da colocação em evidência de $k_2K_1$ no numerador, quando se obtém

$$-r_S = \frac{k_2K_1[E_0]\{[S] - k_{-2}[P]/k_2K_1K_3'\}}{1 + K_1[S] + \frac{1}{K_3'}[P]}$$

Agora, $k_{-2}/(k_2K_1K_3') = 1/(K_1K_2K_3')$ e $K_1K_2K_3' = K_{eq}^C$, onde $K_{eq}^C$ é a constante de equilíbrio (baseada na concentração) para a reação global, S ⇄ P. Usando estas relações, a equação da taxa se torna

$$-r_S = \frac{k_2K_1[E_0][S]}{1 + K_1[S] + \frac{1}{K_3'}[P]}\left\{1 - \frac{[P]/[S]}{K_{eq}^C}\right\} \tag{5-13}$$

O termo $\{1 - ([P]/[S]/K^{C}_{eq}\}$ é uma medida de quão longe a reação está do equilíbrio, isto é, a extensão na qual a taxa da reação inversa influencia a taxa líquida. Este termo tem um valor entre 0 e 1. Se $[P]/[S]/K^{C}_{eq} \lll 1$, o termo entre chaves é bem perto de 1, e a reação inversa não tem influência significativa na taxa global. Por outro lado, se $[P]/[S] = K^{C}_{eq}$, o termo entre chaves é zero, a reação está em equilíbrio e $-r_S = 0$. A influência da reação inversa na taxa líquida se torna mais e mais significativa à medida que o valor do termo entre chaves diminui até zero.

É útil colocar a equação da taxa para *cada* reação reversível em uma forma similar à Equação (5-13). A influência cinética da reação inversa é bem fácil de ser avaliada quando a expressão da taxa está nesta forma.

Note que os equilíbrios das Reações (5-H) e (5-J), levando às Equações (5-9) e (5-10), foram escritos com sentidos opostos. A constante $K_1$ é a constante de equilíbrio para a *formação* do complexo enzima–substrato E—S, a partir do substrato S e da enzima livre E. A constante $K'_3$ é a constante de equilíbrio para a *decomposição* do complexo enzima–produto em E e no produto P. Uma convenção comum na catálise é usar constantes de equilíbrio baseadas na *formação* do complexo. A constante $K_1$ é consistente com esta convenção, porém a $K'_3$ não é. Se a constante de equilíbrio para a *formação* de E—P a partir de E e P for $K_3$, então $K_3 = 1/K'_3$. O uso desta relação na Equação (5-13) leva a

$$-r_S = \frac{k_2 K_1 [E_0][S]}{1 + K_1[S] + K_3[P]} \left\{1 - \frac{[P]/[S]}{K^{C}_{eq}}\right\} \tag{5-14}$$

A formação dos complexos catalisador–substrato e catalisador–produto é normalmente exotérmica. Consequentemente, se as $K$s forem constantes de equilíbrio para a formação dos complexos, os valores de $K$ geralmente irão diminuir com o aumento da temperatura.

A Equação (5-14) merece alguma discussão adicional. A relação $K_3 = 1/K'_3$ pode ser substituída na Equação (5-12), que pode então ser rearranjada para fornecer

$$\frac{[E]}{[E_0]} = \frac{1}{1 + K_1[S] + K_3[P]}$$

A razão $[E]/[E_0]$ é justamente a fração dos sítios de associação *não ocupados*, isto é, a fração dos sítios que *não* estão complexados nem com S nem com P. Claramente, esta fração depende das concentrações de S e de P. Se $(K_1[S] + K_3[P]) \gg 1$, muito poucos dos sítios de associação estarão livres (não ocupados). P ou S, ou ambos estarão ligados à grande maioria dos sítios. Por outro lado, se ambos $K_1[S]$ e $K_3[P] \lll 1$, a fração de sítios não ocupados é perto de 1.

As Equações (5-9) e (5-12) podem ser combinadas para fornecer

$$\frac{[E-S]}{[E_0]} = \frac{K_1[S]}{1 + K_1[S] + K_3[P]} \tag{5-15}$$

A razão $[E–S]/[E_0]$ é a fração dos sítios de associação que estão complexados com o reagente, S. Se $K_1[S] \gg (1 + K_3[P])$, esta fração é próxima a 1. Ao contrário, se $K_1[S] \ll (1 + K_3[P])$, a fração dos sítios com S a eles ligado é bem pequena.

Similarmente, usando $K_3 = 1/K'_3$, as Equações (5-10) e (5-12) podem ser combinadas para fornecer

$$\frac{[E-P]}{[E_0]} = \frac{K_3[P]}{1 + K_1[S] + K_3[P]} \tag{5-16}$$

Dependendo do valor de $K_3[P]$ em relação a $(1 + K_1[S])$, a fração dos sítios complexados com P pode variar de zero a quase 1.

Agora, com o objetivo de ilustração, examinemos a taxa da reação *direta*. Das Equações (5-8) e (5-14),

$$-r_{S,di} = k_2[E\text{–}S] = \frac{k_2 K_1 [E_0][S]}{1 + K_1[S] + K_3[P]} \tag{5-17}$$

A taxa da reação direta aumenta na medida em que [E–S] aumenta. A taxa direta terá o seu maior valor possível quando todos os sítios de asociação disponíveis estiverem ocupados pelo substrato, isto é, quando [E–S] ≅ [$E_0$]. Isto acontece quando $K_1$[S] >> (1 + $K_3$[P]). Quando esta condição é satisfeita, $-r_{S,di} \cong k_2[E_0]$. A reação é de ordem zero em S. Fisicamente, a taxa não é sensível à concentração do reagente, porque [E–S] atingiu o seu valor máximo possível, [$E_0$]. Aumentando a concentração de S não pode mais aumentar [E–S]. A enzima catalisadora está "saturada" com o substrato S.

Quando $K_1$[S] << (1 + $K_3$[P]), a fração dos sítios com S ligado a eles é pequena. Esta fração ([E–S]/[$E_0$]) agora aumenta linearmente com [S], como mostrado pela Equação (5-15). Neste caso, a Equação (5-17) mostra que $-r_{S,di}$ é de primeira ordem em S.

Finalmente, examinemos a parcela $K_3$[P] no denominador da Equação (5-17). Como um resultado desta parcela, a taxa da reação direta irá diminuir na medida em que a concentração do produto aumenta. Este fenômeno é conhecido como "inibição do produto" e ele não é incomum na catálise enzimática e na catálise heterogênea. As Equações (5-15) e (5-16) fornecem a explicação para este comportamento. Na medida em que [P] aumenta, a fração dos sítios ocupados por P aumenta e a fração ocupada por S diminui. Como $-r_{S,di} = k_2$[E–S], a taxa também diminui.

### 5.6.4 Irreversibilidade

Suponha que a Reação (5-J) fosse essencialmente irreversível, isto é,

$$\text{E–P} \rightarrow \text{E} + \text{P}$$

A constante de equilíbrio para esta reação, $K'_3$, então seria essencialmente infinita. Além disto, a constante de equilíbrio da reação global, $K^C_{eq}$, também seria infinita, pois $K^C_{eq} = K_1K_2K'_3$. Nesta situação, as Equações (5-13) e (5-14) se reduzem a

$$-r_S = \frac{k_2K_1[E_0][S]}{1 + K_1[S]} \tag{5-18}$$

Isto ilustra uma forma de deduzir a equação da taxa quando uma ou mais das reações elementares na sequência global é irreversível. Todas as reações podem ser tratadas como se fossem reversíveis e uma equação de taxa pode ser deduzida. A equação da taxa resultante pode então ser simplificada estabelecendo-se que as constantes de equilíbrio para as etapas irreversíveis são iguais a infinito. A vantagem desta abordagem é que ela é mecânica. A desvantagem é que exige mais álgebra e obscurece alguns problemas conceituais relevantes.

Vamos ilustrar uma abordagem mais simples, uma que destaque algumas das implicações de uma etapa limitante da taxa. Começaremos desenhando um quadro de vetores das taxas das reações individuais (5-H), (5-I) e (5-J), considerando que (5-I) é a ELT e que (5-J) é irreversível. Este quadro, que servirá como um guia na dedução de uma equação de taxa, é mostrado na Figura 5-2.

A Reação (5-H) (isto é, 1 na Figura 5-2) parece como era anteriormente na Figura 5-1. Esta reação reversível ainda está essencialmente em equilíbrio porque a taxa *líquida* da reação é muito pequena comparada com as taxas individuais direta e inversa. Entretanto, os vetores para as Reações (5-I) (2 na Figura 5-2) e (5-J) (3 na Figura 5-2) mudaram significativamente em comparação de como eles apareciam na Figura 5-1.

Conceitualmente, temos uma situação na qual a taxa da reação global é determinada pela rapidez de formação do complexo E–P na Reação (5-I). Assim que um desses complexos é formado, ele imediatamente reage para formar E e P na Reação (5-J). A Reação (5-J) não é reversível, de modo que E–P

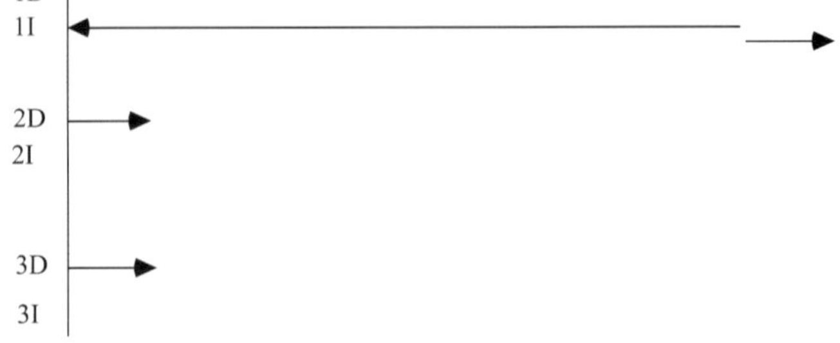


**Figura 5-2** Representação gráfica das taxas das reações elementares para a reação global S → P. A Reação 2 (5-I) é considerada como a limitante da taxa e a Reação 3 (5-J) é irreversível. As Reações (5-H), (5-I) e (5-J) são identificadas por 1, 2 e 3, respectivamente. Nesta figura, "D" representa a reação direta e "I" representa a reação inversa.

não é reformado pela reação do E e do P. A Reação (5-J) "parceeria" ir mais rápida, mas a sua taxa é limitada pela rapidez da formação de E–P na Reação (5-I). A Reação (5-J) *não pode* ser mais rápida do que a taxa na qual E–P é formado. Consequentemente, o comprimento do vetor 3D é exatamente igual à taxa líquida da reação. O comprimento do vetor 3I é 0, pois a Reação (5-J) é irreversível.

O comprimento do vetor 2I também é 0 porque esta reação, a inversa da etapa lenta, limitante da taxa, também é bastante lenta comparada à Reação (5-J). Na essência, todos os complexos E–P que são formados por 2D são consumidos em 3D. Essencialmente, nenhum é transformado de volta em E–S pela inversa da Reação (5-I).

A dedução da equação da taxa começa da mesma maneira que anteriormente

$$-r_S = (\text{taxa da ELT}) \times (\text{moléculas de S/ELT})$$
$$-r_S = k_2[\text{E–S}]\,(1) \qquad (5\text{-}19)$$

Uma parcela para a inversa da Reação (5-I) não é necessária, pois o desenho do quadro de vetores nos convenceu que a taxa de 2I era insignificante comparada à da 2D (e 3D).

A concentração dos centros ativos E–S pode ser eliminada usando a expressão do equilíbrio para a Reação (5-H)

$$\frac{[\text{E–S}]}{[\text{E}][\text{S}]} = K_1; \quad [\text{E–S}] = K_1[\text{E}][\text{S}] \qquad (5\text{-}9)$$

Seguindo o procedimento anterior, usamos o balanço na enzima para eliminar E.

$$[\text{E}] + [\text{E–S}] + [\text{E–P}] = [\text{E}_0] \qquad (5\text{-}11)$$

Contudo, ainda não temos uma equação que possa ser usada para eliminar [E–P]! No exemplo anterior, a expressão do equilíbrio para a Reação (5-J) foi usada com este propósito. Agora, a Reação (5-J) é irreversível.

Ao discutir o quadro de vetores para este caso, reconhecemos que a formação do complexo E–P limitou a taxa da Reação (5-J) e que este complexo desaparecia através da Reação (5-J) essencialmente tão logo era formado pela Reação (5-I). Consequentemente, a concentração de E–P é muito baixa, de modo que

$$[\text{E–P}] \cong 0^{7}$$

A substituição de [E–P] = 0 e da Equação (5-9) na Equação (5-11) reduz o balanço na enzima para

$$[\text{E}] + K_1[\text{S}][\text{E}] = [\text{E}_0]$$

$$[\text{E}] = \frac{[\text{E}_0]}{1 + K_1[\text{S}]}; \quad [\text{E}-\text{S}] = \frac{K_1[\text{E}_0][\text{S}]}{1 + K_1[\text{S}]}$$

A equação da taxa, Equação (5-19), se torna

$$-r_S = \frac{k_2K_1[\text{E}_0][\text{S}]}{1 + K_1[\text{S}]}$$

Esta é exatamente a expressão que foi previamente deduzida (Equação (5-18)) considerando-se que todas as reações elementares eram reversíveis e então especificando que $K'_3$ e $K_{eq} = \infty$.

## 5.7 COMENTÁRIOS FINAIS

Tanto a aproximação de estado estacionário quanto a aproximação da etapa limitante da taxa requerem o uso da propriedade das reações elementares "ordem = molecularidade". Para que estas duas ferramentas sejam úteis, cada reação no mecanismo tem que ser elementar e o mecanismo da reação tem que estar correto. O uso dos critérios de investigação discutidos na Seção 5.1.3 deste capítulo pode evitar o

---

[7]Esta relação também poderia ter sido obtida a partir da Equação (5-10) reconhecendo-se que [E–P] tem que ser zero se $K'_3$ for infinito.

desperdício de tempo e de energia na dedução de uma equação de taxa para um mecanismo proposto que contenha reações não elementares. É importante aplicar estes critérios de investigação em *cada* reação no mecanismo proposto, *antes* que a dedução da equação da taxa tenha iniciado.

Mesmo quando os critérios de investigação são rigorosamente aplicados, *a equação da taxa deduzida tem que ser testada contra dados experimentais.* Afinal de contas, nunca podemos estar certos de que o mecanismo proposto está correto e nunca podemos ter certeza de que cada reação no mecanismo seja elementar como escrita. Além disto, se a aproximação da ELT for usada, podemos ou não ter identificado corretamente a ELT, se realmente uma única ELT existe.

O teste das equações de taxa contra dados é o assunto do próximo capítulo.

# RESUMO DE CONCEITOS IMPORTANTES

- Para uma reação elementar (e somente para uma reação elementar), a forma da equação da taxa pode ser escrita *a priori*, usando o princípio "ordem = molecularidade".
- Reações elementares ocorrem em uma única etapa, no nível molecular, *exatamente* como escrito na equação estequiométrica balanceada.
- Para ser considerada elementar, uma reação precisa ser simples. Ferramentas de investigação, baseadas nos princípios de simplicidade, podem ser usadas para avaliar a probabilidade de que uma dada reação seja elementar.
- A aproximação de estado estacionário, AEE, pode ser usada para deduzir a forma de uma equação de taxa para uma reação cujo mecanismo é constituído por reações elementares.
- A aproximação da etapa limitante da taxa, ELT, também pode ser usada para deduzir a forma da equação da taxa. A aproximação da ELT é baseada na suposição de que uma única ELT existe, e de que ela tenha sido identificada corretamente. A aproximação da ELT contém todas as suposições da aproximação de estado estacionário, AEE, e é menos geral do que a AEE.
- Para reações catalíticas, um ou mais balanços em relação aos catalisadores (sítio, enzima) são necessários na dedução de uma equação de taxa, tanto com a aproximação da ELT quanto com a AEE.

# PROBLEMAS

**Problema 5-1 (Nível 2)** Deduza a equação da taxa para o desaparecimento de A em uma reação catalítica heterogênea, dada a sequência de reações elementares a seguir:

$$A + S_1^* \rightleftarrows A\text{–}S_1^* \quad (1)$$
$$A\text{–}S_1^* + S_2^* \rightleftarrows S_1^* + B\text{–}S_2^* \quad (2)$$
$$B\text{–}S_2^* \rightleftarrows B + S_2^* \quad (3)$$
$$\overline{A \rightleftarrows B}$$

Há dois tipos diferentes de sítio na superfície do catalisador. $S_1^*$ é um sítio vazio "Tipo 1" e A—$S_1^*$ representa A adsorvido em um sítio "Tipo 1". $S_2^*$ é um sítio vazio "Tipo 2" e B—$S_2^*$ representa B adsorvido em um sítio "Tipo 2".

Considere que a Reação (2) seja a etapa limitante da taxa.

**Problema 5-2 (Nível 1)** A reação de síntese do metanol

$$CO + 2H_2 \rightleftarrows CH_3OH$$

é reversível em condições típicas de operação. Com certos catalisadores heterogêneos, pensa-se que a reação ocorra de acordo com a sequência de reações elementares a seguir:

$$CO + S^* \rightleftarrows CO\text{–}S^* \quad (1)$$
$$H_2 + S^* \rightleftarrows H_2\text{–}S^* \quad (2)$$
$$H_2\text{–}S^* + CO\text{–}S^* \rightleftarrows CH_2O\text{–}S^* + S^* \quad (3)$$
$$CH_2O\text{–}S^* + H_2\text{–}S^* \rightleftarrows CH_3OH\text{–}S^* + S^* \quad (4)$$
$$CH_3OH\text{–}S^* \rightleftarrows CH_3OH + S^* \quad (5)$$

onde S* é um sítio vazio na superfície do catalisador e A—S* é a espécie A adsorvida em um sítio.

A Reação (3) é considerada com a etapa limitante da taxa.

1. Se $K_i$ for a constante de equilíbrio para a Reação (*i*), mostre que a constante de equilíbrio para a reação global é

$$K_{eq} = K_1 K_2^2 K_3 K_4 K_5$$

2. Deduza a forma da equação da taxa para a formação de metanol através deste mecanismo.

**Problema 5-3 (Nível 2)** O correio eletrônico a seguir está em sua caixa de entrada na segunda-feira às 8 horas da manhã:

Para: U. R. Loehmann
De: I. M. DeBosse
Assunto: Equação da Taxa para a Síntese do Metanol

O Departamento de Pesquisa Central da Companhia Química Cauldron desenvolveu um novo catalisador heterogêneo para síntese do metanol. A reação é

$$CO + 2H_2 \rightleftarrows CH_3OH$$

A reação global é reversível em condições típicas de operação.

A equipe de pesquisa acredita que a reação global ocorra de acordo com a sequência a seguir de reações elementares:

$$CO + S^* \rightleftarrows CO\text{–}S^* \quad (1)$$
$$H_2 + S^* \rightleftarrows H_2\text{–}S^* \quad (2)$$
$$H_2\text{–}S^* + CO\text{–}S^* \rightleftarrows CH_2O\text{–}S^* + S^* \quad (3)$$
$$CH_2O\text{–}S^* + H_2\text{–}S^* \rightleftarrows CH_3OH\text{–}S^* + S^* \quad (4)$$
$$CH_3OH\text{–}S^* \rightleftarrows CH_3OH + S^* \quad (5)$$

onde S* é um sítio vazio na superfície do catalisador e A—S* é a espécie "A" adsorvida no sítio.

Pensa-se que as Reações (1), (2) e (5) estão no equilíbrio nas condições normais de operação. Acredita-se que as taxas das Reações (3) e (4) são comparáveis, isto é, nenhuma delas pode ser considerada como limitante da taxa.

O Departamento de Pesquisa Central coletou uma quantidade substancial de dados cinéticos deste novo catalisador, mas eles parecem não saber quais equações de taxa devem testar contra os dados. Sua tarefa é deduzir a forma da equação da taxa de formação do metanol. Por favor, reporte os seus resultados para mim em um memorando de uma página, destacando qualquer característica importante da sua equação de taxa. Por favor, anexe a sua dedução ao memorando, caso alguém deseje revisar o seu trabalho.

**Problema 5-4 (Nível 1)** Acredita-se que a oxidação do monóxido de carbono sobre um catalisador heterogêneo contendo platina ocorra de acordo com a sequência de reações elementares

$$CO + S^* \rightleftarrows CO{-}S^* \quad (1)$$

$$O_2 + 2S^* \rightleftarrows 2O{-}S^* \quad (2)$$

$$O{-}S^* + CO{-}S^* \rightarrow CO_2{-}S^* + S^* \quad (3)$$

$$CO_2{-}S^* \rightleftarrows CO_2 + S^* \quad (4)$$

A terceira reação é irreversível e é considerada a etapa limitante da taxa.

**Questões**

1. Deduza uma equação de taxa para o desaparecimento do CO.
2. Destaque as características importantes da equação da taxa, isto é, o que acontece com a taxa à medida que cada uma das pressões parciais é variada?
3. Como a sua resposta para a parte (a) mudaria se a Reação (4) fosse irreversível, mas a Reação (3) continuasse a etapa limitante da taxa?

**Problema 5-5 (Nível 1)** A reação global para a formação de HBr a partir de $H_2$ e $Br_2$, em fase gasosa, é

$$H_2 + Br_2 \rightarrow 2HBr$$

Esta reação pode ocorrer através da seguinte sequência de reações

$$Br_2 \rightleftarrows 2Br^\bullet \quad (1)$$

$$Br^\bullet + H_2 \rightleftarrows HBr + H^\bullet \quad (2)$$

$$H^\bullet + Br_2 \rightarrow HBr + Br^\bullet \quad (3)$$

1. Identifique os centros ativos na sequência anterior.
2. Comente sobre a probabilidade da Reação (1) ser elementar como escrita.
3. Deduza uma equação de taxa para a formação do HBr usando a aproximação de estado estacionário, considerando que todas as reações anteriores são elementares como escritas.

**Problema 5-6 (Nível 1)** A reação global para a formação do éter etílico a partir do etanol é

$$2C_2H_5OH \rightleftarrows (C_2H_5)_2O + H_2O$$

$$(2A \rightleftarrows E + W)$$

Esta reação ocorre na superfície de um catalisador heterogêneo (um copolímero sulfonado de estireno e divinilbenzeno). Suponha que a reação ocorra através da sequência de etapas elementares a seguir:

$$C_2H_5OH + S^* \rightleftarrows C_2H_5OH{-}S^* \quad (1)$$

$$2C_2H_5OH{-}S^* \rightleftarrows (C_2H_5)_2O{-}S^* + H_2O{-}S^* \quad (2)$$

$$(C_2H_5O)_2O{-}S^* \rightleftarrows (C_2H_5)_2O + S^* \quad (3)$$

$$H_2O{-}S^* \rightleftarrows H_2O + S^* \quad (4)$$

Deduza uma equação de taxa para o desaparecimento do etanol considerando que a Reação (2) seja a etapa limitante da taxa.

**Problema 5-7 (Nível 1)** Fosgênio ($COCl_2$) é formado pela reação do monóxido de carbono (CO) com o cloro ($Cl_2$).

$$CO + Cl_2 \rightarrow COCl_2$$

Suponha que esta reação ocorra através da seguinte sequência de reações:

$$Cl_2 \rightleftarrows 2Cl^\bullet \quad (1)$$

$$Cl^\bullet + CO \rightarrow COCl^\bullet \quad (2)$$

$$COCl^\bullet + Cl_2 \rightarrow COCl_2 + Cl^\bullet \quad (3)$$

1. Classifique cada uma dessas *quatro* reações em relação a serem reações de iniciação, propagação ou terminação.
2. Identifique os centros ativos na sequência proposta.
3. A sequência é aberta ou fechada?
4. Comente sobre a probabilidade da Reação (1) ser elementar como escrita.
5. Deduza uma equação de taxa para a formação do fosgênio usando a aproximação de estado estacionário, considerando que todas as reações da sequência são elementares.

**Problema 5-8 (Nível 1)** O iniciador de polimerização I—I se decompõe para dar dois radicais livres, $I^\bullet$, através da reação elementar

$$I{-}I \rightarrow 2I^\bullet \quad (1)$$

O radical livre, $I^\bullet$, se decompõe em outro radical, $R^\bullet$, através da reação elementar

$$I^\bullet \rightarrow R^\bullet + C \quad (2)$$

O radical, $R^\bullet$, pode atacar I—I através da reação elementar

$$R^\bullet + I{-}I \rightarrow R{-}I + I^\bullet \quad (3)$$

e dois radicais $R^\bullet$ podem se combinar através da reação elementar

$$2R^\bullet \rightarrow R{-}R \quad (4)$$

Deduza uma equação de taxa para o desaparecimento de I—I.

**Problema 5-9 (Nível 2)** Em solução aquosa, a reação global

$$A \rightarrow P$$

ocorre via a seguinte sequência de reações elementares:

$$A + H^+ \rightleftarrows AH^+ \quad (1)$$

$$A \rightarrow P \quad (2)$$

A última reação (2) é controladora da taxa. A reação (1) pode ser considerada estar em equilíbrio. Note que a concentração *total* de A, $A_T$, é dada por

$$[A_T] = [A] + [AH^+]$$

Faça um esboço da curva de $r_P$ *versus* $[H^+]$, com $[A_T]$ constante. Tenha certeza de que a curva reflita a correta dependência quantitativa de $r_P$ em relação a $[H^+]$, em "altas" e "baixas" $[H^+]$.

*Sugestão*: Deduza uma equação de taxa para a produção de P. A equação de taxa deve conter $[A_T]$, não [A] e/ou $[AH^+]$. Ela também deve conter $[H^+]$ e $K_1$, a constante de equilíbrio para a Reação (1).

**Problema 5-10 (Nível 3)** A isomerização de 2,5-dihidrofurano (2,5-DHF) para 2,3-dihidrofurano (2,3-DHF) foi estudada sobre um catalisador contendo Pd a cerca de 100°C.[8] Suponha que a reação ocorra através da sequência de reações elementares a seguir:

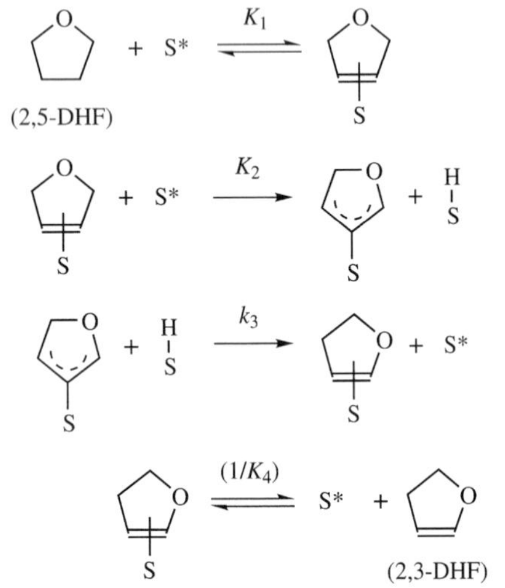


(1)

(2)

(3)

(4)

Suponha que a reação global é irreversível. Suponha ainda que as Etapas 1 e 4 (a adsorção do 2,5 DHF e a dessorção do 2,3-DHF, respectivamente) são muito rápidas e estão essencialmente em equilíbrio. Finalmente, suponha que as Etapas 2 e 3 são irreversíveis.

Seja $K_1$ a constante de equilíbrio da Reação (1) e $K_4$ a constante de equilíbrio da *inversa* da Reação (4), isto é, para a adsorção do 2,3-DHF sobre a superfície do catalisador. Sejam $k_2$ e $k_3$ as constantes das taxas das Reações (2) e (3), respectivamente.

1. Qual é a forma da equação da taxa para o desaparecimento de 2,5-DHF?
2. Se a Etapa 3 for a etapa limitante da taxa, qual é a forma da equação da taxa?
3. O valor da variação da energia livre para a reação global a 100°C é de –8,2 kcal/mol ($\Delta G_R = -8{,}2$ kcal/mol). Considere uma alimentação que é 100% 2,5-DHF. É justificável supor que a reação global é irreversível na faixa de conversões do 2,5-DHF de 0% a 99%?

**Problema 5-11 (Nível 3)** Em solução aquosa, o ácido peroxibenzoico se decompõe em ácido benzoico e oxigênio molecular.[9]

$$\underset{\substack{\text{(ácido peroxibenzoico)}\\ \text{(APB)}}}{C_6H_5CO_3H} \rightarrow \underset{\substack{\text{(ácido benzoico)}\\ \text{(AB)}}}{C_6H_5CO_2H} + 1/2O_2$$

A reação global pode ocorrer de acordo com a sequência de reações elementares a seguir:

$$APB \rightleftarrows APB^- + H^+ \quad (1)$$
$$APB^- + APB \rightarrow (APB)_2^- \quad (2)$$
$$(APB)_2^- \rightarrow AB + APBO^- \quad (3)$$
$$APBO^- \rightarrow AB^- + O_2 \quad (4)$$
$$AB^- + H^+ \rightleftarrows AB \quad (5)$$

1. Suponha que a Reação (2) é a etapa limitante da taxa. Deduza uma equação de taxa para a formação de $O_2$. Na equação de taxa, faça [P] representar a concentração *total* de APB, isto é, $[P] = [APB] + [APB^-] + 2[(APB)_2^-] + [APBO^-]$. Somente [P] e $[H^+]$ devem aparecer na resposta final; [APB], $[APB^-]$, $[(APB)_2^-]$, $[APBO^-]$, [AB] e $[AB^-]$ não devem aparecer.
2. Considere uma situação na qual [P] é constante, mas o pH da solução é variado. Use a sua resposta para a Questão 1 para fazer um esboço de como a taxa da reação (com [P] constante) varia com $[H^+]$.
3. Em qual valor de $[H^+]$ ocorre a taxa máxima, a [P] constante?

**Problema 5-12 (Nível 2)** Em temperaturas muito altas, a acetona ($C_3H_6O$) se decompõe em metano ($CH_4$) e ceteno ($CH_2CO$)

$$C_3H_6O \rightarrow CH_2CO + CH_4$$

Acredita-se que a reação ocorra através da série de reações elementares a seguir:

$$CH_3COCH_3 \xrightarrow{k_1} CH_3^{\bullet} + CH_3CO^{\bullet} \qquad E_a = 84\,\text{kcal/mol}$$
$$CH_3CO^{\bullet} \xrightarrow{k_2} CH_3^{\bullet} + CO \qquad E_a = 10\,\text{kcal/mol}$$
$$CH_3^{\bullet} + CH_3COCH_3 \xrightarrow{k_3} CH_4 + CH_2COCH_3^{\bullet} \qquad E_a = 15\,\text{kcal/mol}$$
$$CH_2COCH_3^{\bullet} \xrightarrow{k_4} CH_3^{\bullet} + CH_2CO \qquad E_a = 48\,\text{kcal/mol}$$
$$CH_3^{\bullet} + CH_2COCH_3^{\bullet} \xrightarrow{k_5} C_2H_5COCH_3 \qquad E_a = 5\,\text{kcal/mol}$$

As quantidades de CO e de metiletilcetona ($C_2H_5COCH_3$) que são formadas são bem pequenas comparadas às quantidades de metano e ceteno.

1. Deduza uma equação de taxa para o desaparecimento da acetona. Na equação de taxa final, despreze qualquer termo que seja muito pequeno.
2. Calcule o valor da energia de ativação que será observada experimentalmente para a reação global. Os valores das energias de ativação para as cinco reações elementares são mostrados à direita de cada reação.

**Problema 5-13 (Nível 3)**[10] Ácido acético (HOAc) é produzido pela carbonilação do metanol (MeOH).

$$CO + \underset{\text{(MeOH)}}{CH_3OH} \rightarrow \underset{\text{(HOAc)}}{C_2H_4O_2}$$

Esta reação ocorre em fase líquida e é catalisada por um composto organometálico solúvel contendo Rh ou Ir. Em conjunto com o composto solúvel de Rh ou Ir, iodeto de metila ($CH_3I$) é usado como um co-catalisador. A carbonilação do metanol é um dos mais importantes processos comerciais que são baseados em um catalisador homogêneo.

A reação catalisada por Rh ocorre de acordo com a seguinte sequência de reações elementares:

[8]Monnier, J.R., Medlin, J.W., e Kuo, Y.-J., Selective isomerization of 2,5-dihydrofuran to 2,3-dihydrofuran using CO-modified, supported PD catalysts, *Appl. Catal. A: Gen.*, 194–195, 463–474 (2000).

[9]Goodman, J.F., Robson, P., e Wilson, E.R., *Trans. Farad. Soc.*, 58, 1846–1851 (1962).

[10]Adaptado de Hjortkjaer, J. e Jensen, V.W., Rhodium complex catalyzed methanol carbonylation. *Ind. Eng. Chem. Prod. Res. Dev.*, 15(1), 46–49 (1976).

$$CH_3OH + HI \rightleftarrows CH_3I + H_2O \qquad (1)$$

$$RhL_m + CH_3I \rightarrow CH_3Rh(I)I_m \qquad (2)$$

$$CH_3Rh(I)L_m + CO \rightleftarrows CH_3Rh(I)(CO)L_m \qquad (3)$$

$$CH_3Rh(I)(CO)L_m \rightleftarrows CH_3CO-Rh(I)L_m \qquad (4)$$

$$CH_3CO-Rh(I)L_m + MeOH \rightleftarrows RhL_m + HOAc + CH_3I \qquad (5)$$

A Reação (2) é a etapa limitante da taxa; sua constante da taxa é representada por $k_2$. As Reações (1), (3), (4) e (5) estão em equilíbrio; suas constantes de equilíbrio são representadas por $K_1$, $K_3$, $K_4$ e $K_5$. $Rh_0$ é a concentração atômica total de Rh no sistema e $I_0$ a concentração atômica total de I no sistema. $RhL_m$ é um composto organometálico de Rh. A Reação (5) provavelmente ocorra através de uma série de etapas mais simples. Entretanto, a sequência exata não é cineticamente importante neste caso, pois a Reação (5) está em equilíbrio.

Deduza uma equação de taxa para a formação do HOAc. Você pode considerar que $I_0 \gg Rh_0$, de modo que a quantidade de I ligado a Rh é muito pequena comparada à quantidade em $CH_3I$ e HI. Você também pode supor que a concentração da água é conhecida, de modo que a sua concentração pode aparecer na equação de taxa final.

1. Suponha que a constante de equilíbrio da Reação (1) é muito grande e que as Reações (3), (4) e (5) são irreversíveis.
2. Deduza uma expressão mais geral sem fazer as suposições da parte (1).

**Problema 5-14 (Nível 1)** Quais das reações químicas a seguir podem ser consideradas razoavelmente como elementares? Explique as suas respostas.

1. $O_3 \rightarrow O_2 + O^\bullet$
2. $C_4H_4S + 3H_2 \rightarrow C_4H_8 + H_2S$
3. $H_2 + \frac{1}{2}O_2 \rightarrow H_2O$
4. $H^\bullet + I_2 \rightarrow HI + I^\bullet$
5. $O_2 + 2S^* \rightarrow 2O-S^*$

($S^*$ = sítio vazio na superfície do catalisador;
$O-S^*$ = átomo de oxigênio adsorvido no sítio)

6. $3H^+ + PO_4^{\equiv} \rightarrow H_3PO_4$
7. $C_6H_{12}$(ciclo-hexano) $\rightarrow C_6H_6 + 3H_2$

8.
$$CH_3-\underset{\underset{CH_3}{|}}{\overset{\overset{CH_3}{|}}{C}}-O-O-\underset{\underset{CH_3}{|}}{\overset{\overset{CH_3}{|}}{C}}-CH_3 \longrightarrow 2\,CH_3-\underset{\underset{CH_3}{|}}{\overset{\overset{CH_3}{|}}{C}}-O^\bullet$$

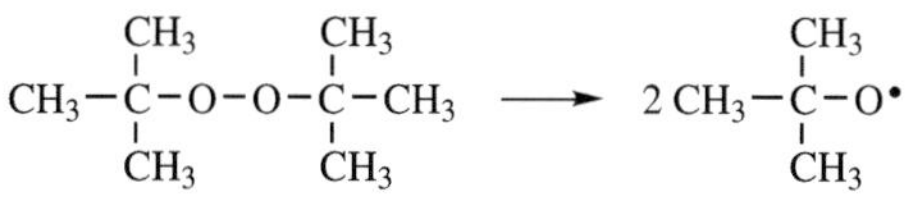

**Problema 5-15 (Nível 2)** Acredita-se que a hidrogenação do buteno para butano sobre certos óxidos catalisadores ocorra de acordo com a sequência de reações elementares:

$$C_4H_8 + S_1 \underset{k_1'}{\overset{k_1}{\rightleftarrows}} C_4H_8S_1 \qquad (1)$$

$$H_2 + S_2 \underset{k_2'}{\overset{k_2}{\rightleftarrows}} H_2-S_2 \qquad (2)$$

$$H_2-S_2 + C_4H_8-S_1 \underset{k_3'}{\overset{k_3}{\rightleftarrows}} C_4H_{10}-S_1 + S_2 \qquad (3)$$

$$C_4H_{10}-S_1 \underset{k_4'}{\overset{k_4}{\rightleftarrows}} C_4H_{10} + S_1 \qquad (4)$$

No mecanismo anterior, $S_1$ e $S_2$ são *dois tipos diferentes* de sítios. Somente $H_2$ é adsorvido em $S_2$; $C_4H_8$ e $C_4H_{10}$ são adsorvidos em $S_1$, porém $H_2$ não é adsorvido em $S_2$.

Suponha que a Etapa 3 é a etapa limitante da taxa. Deduza uma equação de taxa para a taxa de desaparecimento do buteno. Considere a reação global reversível.

**Problema 5-16 (Nível 2)** Ciclopropano (CP) isomeriza para propileno (P) em temperaturas na faixa entre 470 e 520°C e a pressões entre aproximadamente 10 e 700 mm Hg.[11] Inicialmente somente o ciclopropano está presente. A reação global é

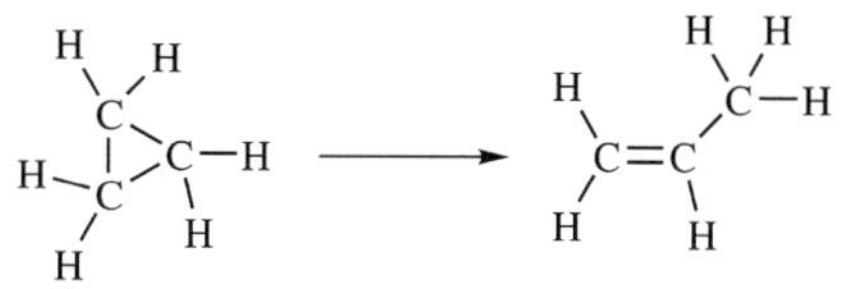

$$(A)$$

Acredita-se que a reação ocorra de acordo com a sequência de reações elementares a seguir:[12]

$$CP + CP \rightleftarrows CP^* + CP \qquad (1)$$

$$P + CP \rightleftarrows CP^* + P \qquad (2)$$

$$CP^* \rightarrow P \qquad (3)$$

Aqui, $CP^*$ é uma molécula ativada (altamente enérgica) de ciclopropano.

1. Comente a probabilidade da Reação (A) ser elementar como escrita.
2. A sequência de Reações (1) $\rightarrow$ (3) é fechada ou aberta? Por quê?
3. Deduza uma equação de taxa para o desaparecimento do CP. Você pode supor que as constantes das taxas diretas para as Reações (1) e (2) são as mesmas e que as constantes das taxas inversas para estas reações também são as mesmas. Você também pode considerar que a reação global é irreversível.
4. Qual é a forma da equação da taxa a pressões totais muito altas? Qual é a forma a pressões totais muito baixas?
5. Os dados termoquímicos a seguir estão disponíveis:[13]

| Espécies | $\Delta H_f(298)$(kcal/mol) | $\Delta G_f(298)$(kcal/mol) |
|---|---|---|
| CP | 12,74 | 24,95 |
| Propileno | 4,88 | 15,02 |

Comente sobre a validade de supor que a reação global é irreversível.

**Problema 5-17 (Nível 2)** Acredita-se que, sob certas condições, a desidrogenação térmica do etano em fase gasosa ocorra de acordo com a sequência de reações:

$$C_2H_6 \xrightarrow{k_1} 2CH_3^\bullet \qquad (1)$$

$$CH_3^\bullet + C_2H_6 \xrightarrow{k_2} CH_4 + C_2H_5^\bullet \qquad (2)$$

---

[11]Chambers, T.S. e Kistiakowsky, G.B., Kinetics of the thermal isomerization of cyclopropane, *J. Am. Chem. Soc.*, 56, 399 (1934).
[12]Este mecanismo frequentemente é chamado de mecanismo de Lindemann.
[13]Dean, J.A., (ed), *Lange's Handbook of Chemistry* (13° edição), Tabela 9-2, 9-70, McGraw-Hill, (1985).

$$C_2H_5^\bullet \xrightarrow{k_3} C_2H_4 + H^\bullet \quad (3)$$

$$H^\bullet + C_2H_6 \xrightarrow{k_4} H_2 + C_2H_5^\bullet \quad (4)$$

$$2\ C_2H_5^\bullet \xrightarrow{k_5} C_4H_{10} \quad (5)$$

$$H^\bullet + C_2H_5^\bullet \xrightarrow{k_6} C_2H_6 \quad (6)$$

A análise da mistura gasosa que deixa o reator de desidrogenação de etano mostra que hidrogênio e etileno são os únicos produtos significativos. As quantidades de metano e butano formados são detectáveis, mas desprezíveis.

1. Há alguma reação na sequência anterior que você suspeite não ser elementar? Justifique sua resposta.
2. Classifique as reações anteriores de acordo com as seguintes categorias: iniciação, terminação e propagação.
3. Usando a aproximação de estado estacionário, deduza uma equação de taxa para o desaparecimento do etano. Simplifique a expressão da taxa o máximo possível, desprezando as taxas de quaisquer etapas que sejam comparativamente insignificantes.

**Problema 5-18 (Nível 3)** Parent et al.[14] estudaram a hidrogenação seletiva de ligações C=C em borracha de nitrila-butadieno (NBR) para produzir borracha de nitrila-butadieno hidrogenada (HNBR), que tem resistência superior em relação às degradações térmica e química. Para obter o produto desejado, a taxa de hidrogenação das ligações C=C tem que ser bem maior do que a taxa na qual o grupo nitrila (—C≡N) é hidrogenado.

Parent et al. usaram monoclorobenzeno como solvente e um complexo de osmium [$OsHCl(CO)(O_2)(P)_2$] como um catalisador homogêneo. Nesta fórmula, P representa um grupo trifenilfosfina Parent et al. estudaram a hidrogenação de NBR em um reator batelada abrangendo faixas de temperaturas (120–140°C), de pressões de $H_2$ (21–80 bar), de concentrações de P livre (0,37–1,38 ns.), de concentrações de catalisador (20–250 μm), e de concentrações de polímero (75–250 mM de nitrila). Baseados em suas pesquisas, os autores especularam que a reação global ocorre de acordo com a sequência de reações elementares a seguir. No que se segue, OsCl(CO) é abreviado como Os, e RCN é o grupo nitrila no polímero.

$$OsH(O_2)P_2 \rightarrow OsHP_2 + O_2 \quad (1)$$

$$OsHP_2 + RCN \rightleftarrows OsH(RCN)P_2 \quad (2)$$

$$OsHP_2 + H_2 \rightleftarrows OsH(H_2)P_2 \quad (3)$$

$$OsH(H_2)P_2 \rightleftarrows OsH(H_2)P + P \quad (4)$$

$$OsH(H_2)P + H_2 \rightleftarrows OsH_3(H_2)P \quad (5)$$

$$OsH_3(H_2)P + C{=}C \rightleftarrows OsH(H_2)(C{-}C)P \quad (6)$$

$$OsH(H_2)(C{-}C)P \rightarrow -C{-}C- + OsH(H_2)P \quad (7)$$

Acredita-se que a Reação (7) seja a etapa limitante da taxa.

1. Deduza uma equação para a taxa de desaparecimento de grupos C=C no polímero.
2. Use a sua equação da taxa para prever como a taxa depende da
   i. Concentração do catalisador
   ii. Pressão de $H_2$
   iii. Concentração de P
   iv. Concentração de RCN
   v. Concentração de C=C

   Faça isso analisando como a taxa varia enquanto a variável especificada é mudada, com todas as outras variáveis mantidas constantes.
3. Cheque as suas previsões contra os resultados no artigo referenciado.

[14]Parent, J.S., McManus, N.T., e Rempel, G.L., $OsHCl(CO)(O_2)(PCy_3)_2$ – catalyzed hydrogenation of acrylonitrile-butadiene copolymers, *Ind. Eng. Chem. Res.*, 37, 4253–4261, (1998).

**Problema 5-19 (Nível 3)** A deposição química de vapor (DQV) é usada para depositar filmes finos de silício policristalino em dispositivos eletrônicos como semicondutores.[15] Uma das reações que pode ser empregada é a decomposição do silano ($SiH_4$). A reação global é

$$SiH_4(g) \rightarrow Si(s) + 2H_2$$

Esta reação pode ocorrer de acordo com a seguinte sequência de etapas elementares:

$$SiH_4 \rightleftarrows SiH_2 + H_2 \quad (1)$$

$$SiH_2 + S \rightleftarrows SiH_2{-}S \quad (2)$$

$$SiH_2{-}S \rightarrow Si + H_2 + S\ \text{(irreversível)} \quad (3)$$

Aqui, S é um sítio na superfície do Si sólido, $SiH_2$ (silileno) é um centro ativo reativo, em fase gasosa, e $SiH_2$—S é um complexo de $SiH_2$ com um sítio na superfície do silício.

Seja $C_i$ = concentração da espécie *i*, $K_j$ = constante de equilíbrio para a Reação *j*, $C_V$ = concentração de sítios vazios e $C_T$ = concentração total de sítios. Adicionalmente, I representa o intermediário $SiH_2$, I—S representa o complexo na superfície $SiH_2$—S, A representa o $SiH_4$, e H representa o $H_2$.

É conhecido que a reação é de primeira ordem no $SiH_4$ em baixas concentrações de $SiH_4$ e de ordem zero em altas concentrações de $SiH_4$.[16] Também é conhecido que a reação é inibida pelo $H_2$.

1. Uma tentativa, apresentada a seguir, foi feita para explicar a cinética observada:
   Suponha que a Reação (1) é limitante da taxa:
   $-r_A = k_1p_A - k_{-1}p_Ip_H$
   Equilíbrio (Etapa 2): $C_{I-S} = K_2p_IC_V$
   Balanço de sítios: $C_T = C_V + C_{I-S}$
   Combinando as duas últimas expressões: $C_V = C_T/(1 + K_2p_I)$
   Suponha que a Etapa 1 está em equilíbrio.
   Equilíbrio (Etapa 1): $p_Hp_I / p_A = K_1$; $p_I = K_1p_A/p_H$
   Retornando à equação da taxa: $-r_A = k_1\,p_A - k_{-1}p_H(K_1p_A/p_H) = k_1p_A - k_1p_A = 0$ (*Note que*: $K_1 = k_1/k_{-1}$)
   *Conclusão:* A cinética desta reação não pode ser analisada usando a aproximação da etapa limitante da taxa.

   Identifique o erro nesta solução. (*Sugestão:* O erro *não* é estritamente matemático. Ele é um erro fundamental na cinética da reação.)
2. Deduza uma equação de taxa para o desaparecimento do silano, considerando que a Reação (1) é a etapa limitante da taxa.
3. Deduza a equação da taxa, considerando que a Reação (2) é a etapa limitante da taxa.
4. Deduza a equação da taxa, considerando que a Reação (3) é a etapa limitante da taxa.
5. Quais das três etapas limitantes da taxa consideradas levam à equação da taxa que melhor descreve as observações experimentais?

[15]Por exemplo, veja Middleman, S. e Hochberg, A.K., *Process Engineering Analysis in Semiconductor Device Fabrication*, McGraw-Hill, Nova Iork (1993) e Lee, H.H., *Fundamentals of Microelectronics Processing*, McGraw-Hill, Nova Iork (1990).

[16]Roenigk, K.F. e Jensen, K.F., Analysis of multicomponent LPCVD processes, *J. Electrochem. Soc.*, 132, 448 (1985).

# Capítulo 6

# Análise e Correlação de Dados Cinéticos

**OBJETIVOS DE APRENDIZAGEM**

Após terminar este capítulo, você deve ser capaz de

1. linearizar equações de taxa, isto é, colocá-las na forma linear;
2. comparar equações de taxa linearizadas contra dados experimentais representados graficamente e obter estimativas preliminares dos parâmetros desconhecidos na equação de taxa;
3. obter os valores dos parâmetros desconhecidos de uma equação de taxa linearizada para "o melhor ajuste", usando o método dos mínimos quadrados linear;
4. obter os valores dos parâmetros de uma equação de taxa não linear para "o melhor ajuste", usando o método dos mínimos quadrados não linear;
5. avaliar visualmente o ajuste global de uma equação de taxa a um conjunto de dados experimentais;
6. verificar erros sistemáticos no ajuste de uma equação de taxa a um conjunto de dados experimentais usando técnicas gráficas.

A forma de uma equação de taxa *sempre* tem que ser testada frente a dados experimentais. Esta afirmativa é fácil de ser entendida se a equação de taxa for postulada arbitrariamente, por exemplo, uma forma da lei de potência, como discutido no Capítulo 2. Entretanto, a forma da equação de taxa tem que ser testada frente a dados, mesmo se a expressão cinética for desenvolvida a partir de uma sequência hipotética de etapas elementares. Primeiro, a hipótese pode ou não ser válida. Segundo, se a aproximação da etapa limitante da taxa for usada, nós podemos ou não ter escolhido a etapa limitante da taxa correta ou pode ocorrer que não haja uma única etapa limitante da taxa.

Se a equação de taxa sendo testada *de fato* se ajusta aos dados experimentais, então as constantes desconhecidas da equação de taxa podem ser estimadas a partir dos dados. Se a equação de taxa não se ajusta, então uma nova expressão para a cinética tem que ser postulada e testada.

Procedimentos para testar equações de taxa contra dados experimentais são discutidos neste capítulo. Entretanto, em primeiro lugar, temos que lidar com a questão de como dados cinéticos úteis podem ser obtidos.

## 6.1 DADOS EXPERIMENTAIS OBTIDOS EM REATORES IDEAIS

Dados cinéticos experimentais *sempre* deveriam ser obtidos em um reator que se comporte como um dos três reatores ideais. É relativamente fácil e direto analisar os dados obtidos em um reator batelada ideal, em um reator de escoamento pistonado (PFR) ideal, ou em um reator de mistura em tanque (CSTR) ideal. Este não é o caso se o reator for não ideal, por exemplo, em algum ponto entre um PFR e um CSTR. A caracterização do comportamento de reatores não ideais é difícil e impreciso, como veremos no Capítulo 10. Isto pode levar a relevantes incertezas na análise de dados obtidos em reatores não ideais.

Muitos estudos cinéticos envolverão catalisadores heterogêneos, uma vez que eles são largamente utilizados comercialmente. *A cinética de reações catalisadas heterogeneamente sempre tem que ser estudada em condições nas quais a reação é controlada pela cinética intrínseca.* Se qualquer um dos transportes externo ou interno influenciar a taxa de uma reação, a forma de sua equação da taxa pode ser distorcida e os parâmetros obtidos a partir da análise dos dados terão pouco ou nenhum significado fundamental. Métodos para eliminar os efeitos do transporte dos estudos cinéticos são discutidos em detalhes no Capítulo 9.

### 6.1.1 Reatores de Mistura em Tanque (CSTRs)

Reatores que se comportam como CSTRs ideais são algumas vezes chamados de reatores "sem gradiente", especialmente quando eles são utilizados para estudos cinéticos. Isto é porque não há variações espaciais de concentração ou de temperatura, e a taxa é a mesma em todo ponto no interior do reator.

A equação de projeto para um CSTR ideal [a Equação (3-17) ou a (3-17a)] pode ser rearranjada para fornecer

$$-r_A = x_A F_{A0}/V \text{ (ou } m) \tag{6-1}$$

Se a reação for homogênea, o volume $V$ é usado na Equação (6-1). Se a reação for uma reação catalítica heterogênea, a massa do catalisador $m$ é usada.

A Equação (6-1) mostra que a taxa da reação pode ser obtida *diretamente* em um CSTR se a conversão $x_A$ for medida, e se a vazão molar $F_{A0}$ e o volume do reator $V$ (ou a massa do catalisador $m$) forem conhecidos. Entretanto, é uma boa prática medir a composição completa da corrente efluente, mesmo que todas as concentrações possam ser calculadas a partir de $x_A$. A medida de todas as concentrações fornece uma forma de verificar a qualidade dos dados e permite que a Lei das Proporções Definidas seja utilizada para assegurar que somente ocorre uma reação nas condições do experimento. A temperatura do reator também tem que ser medida e controlada cuidadosamente.

Com o objetivo de obter dados que irão fornecer um teste rigoroso da equação de taxa admitida, a composição no CSTR tem que ser variada em uma ampla faixa para determinar como a taxa da reação, $-r_A$, responde a variações nas concentrações das várias espécies. Isto pode se feito variando a composição da corrente de entrada do reator e variando o tempo espacial $\tau_0$ (tanto $V/v_0$ quanto $m/v_0$). Por exemplo, suponha que a diferença entre a maior e a menor concentração do reagente A em um dado conjunto de dados seja 10%. Se a reação for de primeira ordem em A, a taxa na maior $C_A$ será 10% maior do que na menor $C_A$. Se a reação for de segunda ordem em A, a diferença nas taxas é de 21%. Com erros normais nos dados experimentais (pequenas flutuações na temperatura, erros analíticos etc.), pode ser difícil discriminar entre estas duas possibilidades. A solução é obter dados em uma maior faixa de concentrações. Se a diferença entre o maior e o menor valor de $C_A$ for um fator igual a 10, a razão entre a taxa na maior concentração e aquela na menor concentração é igual a 10 para $n = 1$ e 100 para $n = 2$.

A estequiometria é outra questão que tem que ser considerada no planejamento de experimentos cinéticos. Suponha que a reação que esteja ocorrendo é A + B → produtos, e é necessário determinar as ordens individuais, $\alpha_A$ e $\alpha_B$, na equação da taxa proposta:

$$-r_A = kC_A^{\alpha_A}C_B^{\alpha_B}$$

Se A e B estiverem sempre na razão estequiométrica, 1/1 neste caso, então $C_A$ será sempre igual a $C_B$ e a equação da taxa pode ser escrita na forma

$$-r_A = kC_A^{(\alpha_A + \alpha_B)}$$

Será possível determinar a ordem *global*, $\alpha_A + \alpha_B$, a partir dos dados experimentais. Entretanto, não há como as ordens *individuais*, $\alpha_A$ e $\alpha_B$, possam ser determinadas. Para obter os valores de $\alpha_A$ e $\alpha_B$, alguns experimentos terão que ser realizados com as razões entre as concentrações de A e B na alimentação do reator CSTR bem diferentes da razão estequiométrica.

Normalmente, um conjunto de dados experimentais é obtido em uma temperatura fixa de forma que uma versão isotérmica da equação da taxa possa ser testada. Dados adicionais são então obtidos em várias temperaturas diferentes para o cálculo da energia de ativação da reação e para a determinação da dependência em relação à temperatura de qualquer outra constante na equação da taxa.

A Tabela 6-1 mostra o tipo de dados que são obtidos em estudos cinéticos realizados em um CSTR ideal.

**Tabela 6-1** Dados Típicos de Experimentos em um CSTR

| Número do experimento | Temperatura | Taxa da reação | Concentraçao na saída | | | etc. |
|---|---|---|---|---|---|---|
| | | | A | B | C | |
| 1 | $T_1$ | $-r_A(1)$ | $C_A(1)$ | $C_B(1)$ | $C_C(1)$ | ... |
| 2 | $T_1$ | $-r_A(2)$ | $C_A(2)$ | $C_B(2)$ | $C_C(2)$ | ... |
| 3 | $T_1$ | $-r_A(3)$ | $C_A(3)$ | $C_B(3)$ | $C_C(3)$ | ... |
| ↓ | ↓ | ↓ | ↓ | ↓ | ↓ | ↓ |
| N | $T_1$ | $-r_A(N)$ | $C_A(N)$ | $C_B(N)$ | $C_C(N)$ | ... |
| $N+1$ | $T_2$ | $-r_A(N+1)$ | $C_A(N+1)$ | $C_B(N+1)$ | $C_C(N+1)$ | ... |
| $N+2$ | $T_2$ | $-r_A(N+2)$ | $C_A(N+2)$ | $C_B(N+2)$ | $C_C(N+2)$ | ... |
| ↓ | ↓ | ↓ | ↓ | ↓ | ↓ | ↓ |

Os primeiros N pontos na Tabela 6-1 foram obtidos a uma temperatura constante $T_1$. A composição na alimentação e/ou o tempo espacial $\tau_0$ foram variados a fim de variar as concentrações na saída. A forma mais conveniente para variar $\tau_0$ é variar $v_0$, no lugar de variar $V$ ou $m$.

Os dados seguintes foram obtidos em uma temperatura diferente, $T_2$. Idealmente, dados adicionais seriam obtidos em muitas outras temperaturas.

A principal vantagem em se utilizar um CSTR para estudar a cinética de uma reação é que os valores das taxas da reação $-r_A$ podem ser obtidos diretamente dos dados via a Equação (6-1). Como logo veremos, isto torna a análise dos dados mais fácil. Uma desvantagem é que é difícil controlar as concentrações de *saída*, que determinam a taxa da reação.

## 6.1.2 Reatores de Escoamento Pistonado

### 6.1.2.1 Reatores de Escoamento Pistonado Diferenciais

Um reator de escoamento pistonado diferencial é um reator de escoamento pistonado, como descrito no Capítulo 3, que é operado em uma conversão muito baixa (diferencial). PFRs diferenciais são amplamente utilizados para estudar a cinética de reações catalíticas heterogêneas.

A conversão de um reagente em um PFR diferencial pode ser mantida baixa (tipicamente menor que 10%) através da operação do reator em um tempo espacial $\tau_0$ muito pequeno. Para um catalisador heterogêneo, pode-se obter um baixo $\tau_0$ $(= m/v_0)$ usando-se uma quantidade muito pequena de catalisador. Isto pode ser uma vantagem quando catalisadores experimentais estão sendo estudados, visto que a quantidade de catalisador disponível pode ser limitada.

A equação de projeto para um PFR ideal na forma diferencial é

$$\frac{\mathrm{d}V(\text{ou } \mathrm{d}m)}{F_{A0}} = \frac{\mathrm{d}x_A}{-r_A} \tag{3-27/27a}$$

Suponha que o PFR seja operado de tal forma que a conversão $x_A$ é muito pequena, na ordem de uma pequena porcentagem, e desta forma o reator é isotérmico. Nestas condições, a taxa da reação não variará substancialmente entre a entrada e a saída do reator. A Equação (3-27/27a) pode então ser integrada considerando-se que $-r_A$ é constante e igual a algum valor médio $-\bar{r}_A$. Assim,

$$\frac{V(\text{ou } m)}{F_{A0}} = \frac{x_A}{-\bar{r}_A}$$
$$-\bar{r}_A = x_A F_{A0}/V(\text{ou } m) \tag{6-2}$$

Um valor da taxa de reação média pode ser calculado a partir da medida da conversão de saída $x_A$ usando a Equação (6-2). As concentrações que estão associadas a este valor de $-\bar{r}_A$ normalmente são tomadas como a média das concentrações de entrada e de saída do reator.

Realizando experimentos em diferentes temperaturas e concentrações de entrada, um PFR diferencial pode ser usado para gerar o tipo de dados mostrado na Tabela 6-1. Na verdade, é mais fácil gerar dados no formato da Tabela 6-1 com um PFR diferencial do que com um CSTR. Com um CSTR, a concentração de *saída* tem que ser controlada. Isto envolve a manipulação da concentração de entrada e/ou do tempo espacial em um procedimento de tentativa e erro, uma vez que a cinética não é conhecida *a priori*. Este tipo de manipulação pode ser especialmente difícil quando uma concentração de saída está sendo variada enquanto as outras estão sendo mantidas constantes. Em um PFR diferencial, há somente a necessidade de se fixar as concentrações de entrada.

### 6.1.2.2 Reatores de Escoamento Pistonado Integrais

Em um PFR *integral*, a conversão do reagente é significativa. Consequentemente, não é válido considerar que a taxa da reação é constante na direção do escoamento. Considere que um reator PFR isotérmico e ideal seja operado com uma alimentação com composição constante em vários diferentes valores de $V/F_{A0}$ (ou $m/F_{A0}$), e que a conversão, $x_A$, seja medida a cada valor de $V/F_{A0}$ (ou $m/F_{A0}$). Os dados resultantes terão a forma mostrada na figura a seguir.

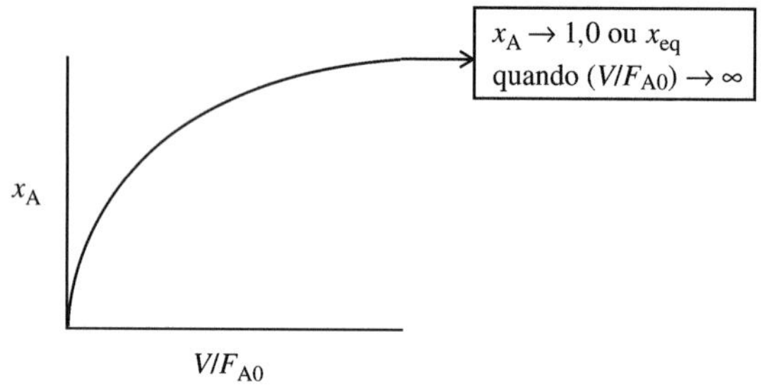


Podemos trabalhar diretamente com este tipo de dados para testar uma equação de taxa postulada. Esta abordagem será discutida adiante, na Seção 6.3 deste capítulo. Entretanto, também é possível calcular valores da taxa de reação $-r_A$ em vários valores de $x_A$ para obter o tipo de dados mostrados na Tabela 6-1.

A forma integral da equação de projeto do PFR

$$\frac{V}{F_{A0}} = \int_0^{x_A} \frac{dx_A}{-r_A} \tag{3-33}$$

pode ser diferenciada para fornecer

$$-r_A = \frac{dx_A}{d(V/F_{A0})}$$

Esta equação mostra que o valor da taxa de reação em qualquer valor de $x_A$ é igual à inclinação da curva na figura anterior, determinada no valor especificado de $x_A$. Esta relação é representada na figura a seguir.

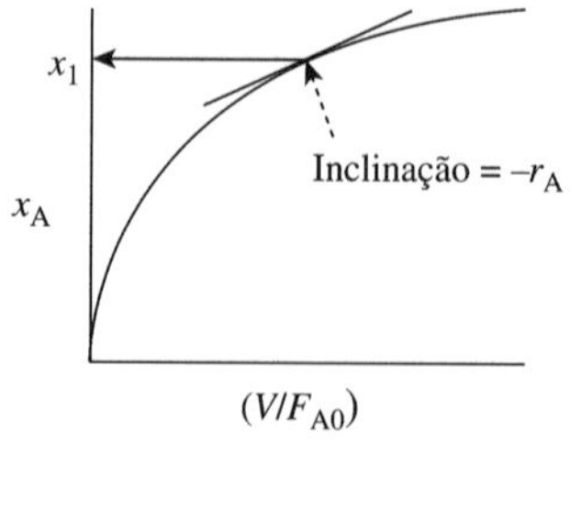


Em outras palavras, um valor da taxa de reação em $x_1$ pode ser obtido determinando a derivada da curva $x_A$ *versus* $V/F_{A0}$ em $x_1$.

Se a curva $x_A$ *versus* $V/F_{A0}$ foi obtida a uma temperatura constante, um subconjunto de dados similares aos dados da primeira parte da Tabela 6-1 pode ser gerado determinando as inclinações em vários valores de $x_A$. Os valores de $C_A$, $C_B$ etc. na Tabela 6-1 podem ser calculados a partir de $x_A$ e da composição da alimentação conhecida.

Se $x_A$ variar em uma larga faixa, então as concentrações dos reagentes e dos produtos variarão de forma significativa e será possível testar a dependência da equação de taxa em relação às concentrações.

Entretanto, um único conjunto de experimentos em uma composição da alimentação, especialmente se a composição da alimentação for estequiométrica, pode não permitir separar os efeitos cinéticos das espécies individuais. Isto é porque todas as concentrações estarão relacionadas através da estequiometria. Desejavelmente, dados como estes mostrados anteriormente deveriam ser obtidos com várias diferentes composições da alimentação na mesma temperatura.

Finalmente, experimentos adicionais deveriam ser realizados em diferentes temperaturas. Isto levará a um conjunto de dados como aquele da Tabela 6-1.

### 6.1.3 Reatores Batelada

Estudos cinéticos em reatores batelada são quase sempre realizados em condições de volume constante. Esta discussão é restrita a este tipo de sistema.

Os dados obtidos durante um experimento em um reator batelada ideal podem ter uma das formas mostradas a seguir.

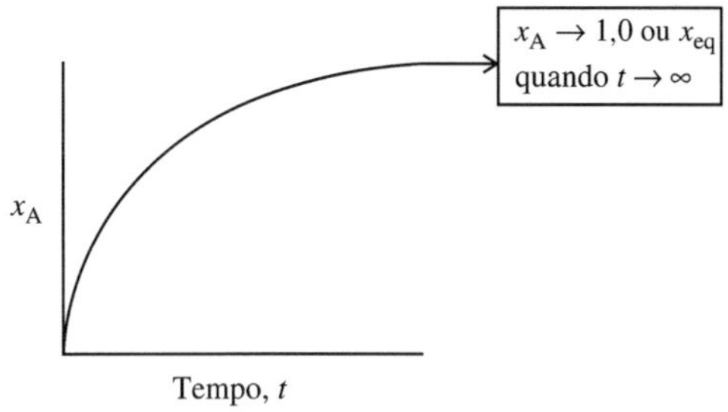


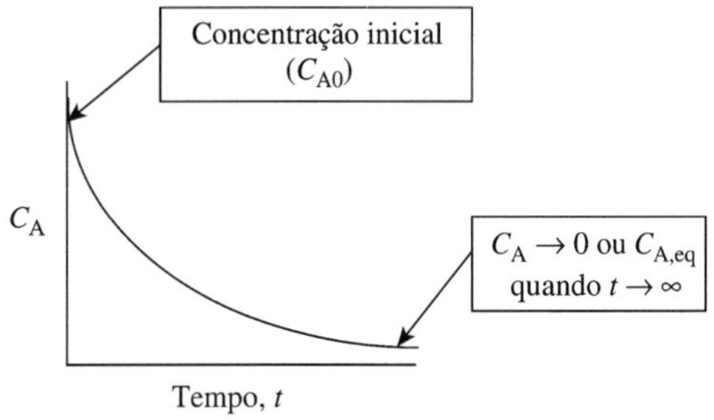


Da mesma maneira que com o PFR, podemos trabalhar diretamente com este tipo de dados, como discutido adiante, na Seção 6.3 deste capítulo. Podemos também obter a taxa de reação em algum valor de $C_A(x_A)$ diferenciando as curvas anteriores. Por exemplo, a Equação (3-8)

$$-r_A = -\frac{dC_A}{dt} \tag{3-8}$$

mostra que a taxa de desaparecimento do reagente A em qualquer valor de $C_A$ é a inclinação do gráfico de $C_A$ *versus* $t$, com sinal negativo, medida no valor especificado de $C_A$. Esta relação está ilustrada a seguir.

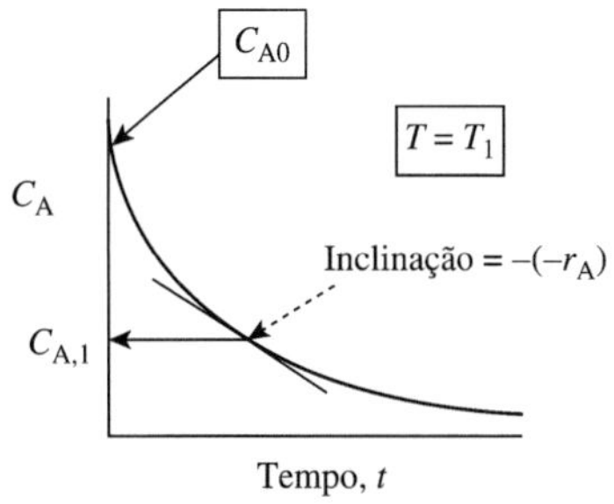


Determinando a inclinação em vários pontos sobre a curva, um subconjunto de dados similar à primeira parte da Tabela 6-1 pode ser gerado. Uma vez mais, é necessário cobrir uma larga faixa de $C_A(x_A)$ e usar misturas iniciais com diferentes estequiometrias para obter dados que permitirão testes rigorosos da equação da taxa. Isto implicará a necessidade de alguns experimentos a mais na mesma temperatura $T_1$.

A Tabela 6-1 pode então ser completada através da realização de experimentos adicionais em diferentes temperaturas, $T_2$, $T_3$ etc.

O "método das taxas iniciais" é outra forma para se obter o tipo de dados mostrados na Tabela 6-1, usando um reator batelada. No método das taxas iniciais, somente é necessário obter a inclinação da curva $C_A$ *versus* tempo em $t = 0$. Este procedimento requer mais experimentos, uma vez que somente um dado é obtido por experimento. As composições iniciais terão que cobrir uma larga faixa das concentrações das espécies. Adicionalmente, o início do experimento ($t = 0$) tem que ser definido precisamente e dados suficientes têm que ser medidos próximos a $t = 0$ para permitir que a taxa inicial seja calculada com precisão. Contudo, os experimentos podem ser mais rápidos e as concentrações iniciais são conhecidas precisamente e estão sob o controle do experimentalista.

### 6.1.4 Diferenciação de Dados: Uma Ilustração

Com o objetivo de analisar os dados obtidos em um reator batelada ou em um reator PFR integral, os dados podem ter que ser diferenciados, como anteriormente mostrado esquematicamente. Várias técnicas podem ser utilizadas para diferenciar dados, mas cada uma introduz algum erro como mostrado a seguir.

Suponha que os dados apresentados na Tabela 6-2 foram obtidos em um reator batelada, a volume constante e isotérmico. Vamos diferenciar estes dados e preparar uma tabela da taxa de reação $-r_A$ como uma função da concentração $C_A$.

**Tabela 6-2** Concentração do Reagente A como uma Função do Tempo em um Reator Batelada Ideal

| Tempo (min) | Concentração de A (mol/l) |
|---|---|
| 0 | 0,850 |
| 2 | 0,606 |
| 4 | 0,471 |
| 6 | 0,385 |
| 12 | 0,249 |
| 18 | 0,184 |
| 24 | 0,146 |
| 30 | 0,121 |
| 36 | 0,103 |
| 42 | 0,0899 |
| 48 | 0,0797 |

Existem vários procedimentos que podem ser usados para diferenciar um conjunto de dados, como o mostrado anteriormente. Um método (muito trabalhoso) é fazer um gráfico dos dados da Tabela 6-2, desenhar manualmente tangentes à curva em vários pontos e medir a inclinação das tangentes. Dois métodos mais simples são ilustrados a seguir.

*Procedimento 1 (Diferenciação numérica):* A taxa de reação média entre dois pontos no tempo, digamos $t_1$ e $t_2$, pode ser aproximada por

$$-\bar{r}_A = \frac{C_A(t_1) - C_A(t_2)}{t_2 - t_1}$$

Esta taxa de reação está associada à concentração média aritmética de A no intervalo de tempo, isto é,

$$\overline{C}_A = \frac{C_A(t_1) + C_A(t_2)}{2}$$

Os resultados destes cálculos para os dados na Tabela 6-2 são mostrados na Tabela 6-2a.

**Tabela 6-2a** Resultados da Diferenciação Numérica dos Dados da Tabela 6-2

| Intervalo de tempo (min) | Taxa de reação média, $-\bar{r}_A$ (mol A/(l min)) | Concentração de A média, $\overline{C}_A$ (mol/l) |
|---|---|---|
| 0–2 | 0,122 | 0,728 |
| 2–4 | 0,0675 | 0,539 |
| 4–6 | 0,0430 | 0,428 |
| 6–12 | 0,0227 | 0,317 |
| 12–18 | 0,0108 | 0,217 |
| 18–24 | 0,00633 | 0,165 |
| 24–30 | 0,00417 | 0,134 |
| 30–36 | 0,00300 | 0,112 |
| 36–42 | 0,00218 | 0,0965 |
| 42–48 | 0,00170 | 0,0848 |

*Procedimento 2 (Ajuste polinomial seguido por diferenciação analítica):* Um polinômio pode ser ajustado aos dados na Tabela 6-2 usando qualquer programa de ajuste-padrão. Para um polinômio de sexta ordem, o resultado é

$$C_A = 0{,}84458 - 0{,}13835t + 1{,}4017 \times 10^{-2}t^2 - 7{,}9311 \times 10^{-4}t^3 + 2{,}4312 \times 10^{-5}t^4 - 3{,}7655 \times 10^{-7}t^5 + 2{,}3042 \times 10^{-9}t^6$$

Este polinômio pode ser diferenciado analiticamente para fornecer

$$\begin{aligned} -r_A &= -dC_A/dt \\ &= 0{,}13835 - 2{,}8034 \times 10^{-2}t + 2{,}3793 \times 10^{-3}t^2 - 9{,}7248 \times 10^{-5}t^3 + 1{,}8828 \times 10^{-6}t^4 - 1{,}3825 \times 10^{-8}t^5 \end{aligned}$$

A equação anterior pode então ser utilizada para calcular valores da taxa de reação em cada um dos tempos na Tabela 6-2. Os resultados são fornecidos na Tabela 6-2b.

**Tabela 6-2b** Cálculo das Taxas de Reação a partir dos Dados da Tabela 6-2 através do Ajuste e Diferenciação de um Polinômio de Sexta Ordem

| Tempo (min) | Taxa de reação, $-r_A$ (mol A/(l min)) | Concentração de A (mol/l)[a] |
|---|---|---|
| 0 | 0,138 | 0,850 |
| 2 | 0,0911 | 0,606 |
| 4 | 0,0585 | 0,471 |
| 6 | 0,0371 | 0,385 |
| 12 | 0,0121 | 0,249 |
| 18 | 0,00901 | 0,184 |
| 24 | 0,00624 | 0,146 |
| 30 | 0,00211 | 0,121 |
| 36 | 0,00188 | 0,103 |
| 42 | 0,00486 | 0,0899 |
| 48 | −0,00845 | 0,0797 |

[a]Da Tabela 6-2.

## EXERCÍCIO 6-1

Ajuste um polinômio de quinta ordem ou de sétima ordem aos dados na Tabela 6-2. Calcule então $-r_A$ e $C_A$ em cada um dos tempos da Tabela 6-2b. Compare as suas taxas de reação com aquelas da Tabela 6-2b. Há uma boa concordância?

A Figura 6-1 compara as taxas obtidas com os dois métodos de diferenciação discutidos anteriormente. Os dados na Tabela 6-2 foram gerados usando uma equação de taxa de segunda ordem: $-r_A = 0{,}2368 \times C_A^2$. Esta equação é mostrada pela linha contínua na Figura 6-1; ela fornece um meio para avaliar a precisão dos dois métodos de diferenciação.

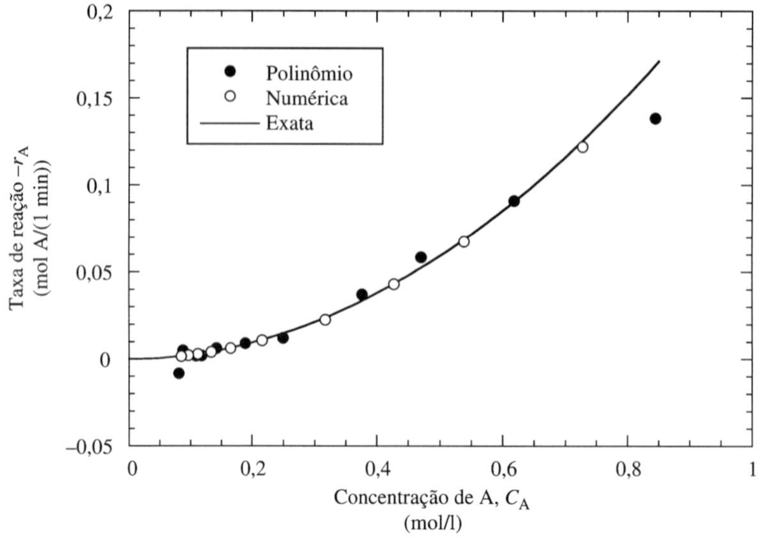


**Figura 6-1** Comparação dos valores da taxa de reação $-r_A$ obtidos por diferentes métodos de diferenciação. Os pontos vazios são os resultados a partir da diferenciação numérica (Procedimento 1). Os pontos cheios são os resultados obtidos com o ajuste de um polinômio aos dados de concentração *versus* tempo da Tabela 6-2 e posterior diferenciação analítica do polinômio (Procedimento 2). A linha contínua é a equação de taxa de segunda ordem: $-r_A = 0{,}2368 \times C_A^2$, que foi usada para gerar os dados da Tabela 6-2.

Para este exemplo, a técnica de diferenciação numérica fornece estimativas mais precisas de $-r_A$ do que a técnica "polinomial". O último procedimento é particularmente impreciso em valores altos e baixos de $C_A$. Na verdade, no menor valor de $C_A$ na Tabela 6-2b, o valor de $-r_A$ é negativo. *Em geral, os valores de $-r_A$ obtidos por diferenciação de dados experimentais conterão erros significativos a menos que os dados sejam bem precisos e as diferenças entre eles sejam bem pequenas.* Os dados neste exemplo são essencialmente livres de erros. Por esta razão, a correspondência próxima entre os resultados exatos e aqueles obtidos pela diferenciação numérica é atípica.

## 6.2 O MÉTODO DIFERENCIAL DE ANÁLISE DE DADOS

O método diferencial de análise pode ser usado quando valores numéricos da taxa de reação foram obtidos em várias concentrações, à temperatura constante. O tipo de dados que são necessários está representado na Tabela 6-1.

### 6.2.1 Equações de Taxa Contendo Somente Uma Concentração

#### 6.2.1.1 Testando uma Equação de Taxa

Vamos ilustrar o método diferencial com um exemplo simples. Suponha que a reação A → B + C + D está sendo estudada e que você está sendo indagado se a equação de taxa

$$-r_A = kC_A^2 \tag{6-3}$$

ajusta os dados que estão na Tabela 6-3.

**Tabela 6-3** Taxa de Desaparecimento de A como uma Função da Concentração do Reagente A

| Número do experimento | Temperatura (K) | Taxa de reação, $-r_A$ (mol/(l s)) | Concentração de A (mol/l) |
|---|---|---|---|
| 1 | 397,8 | 0,034 | 0,050 |
| 2 | 398,1 | 0,046 | 0,100 |
| 3 | 398,0 | 0,060 | 0,150 |
| 4 | 398,0 | 0,075 | 0,250 |
| 5 | 397,9 | 0,099 | 0,500 |
| 6 | 398,1 | 0,150 | 1,00 |

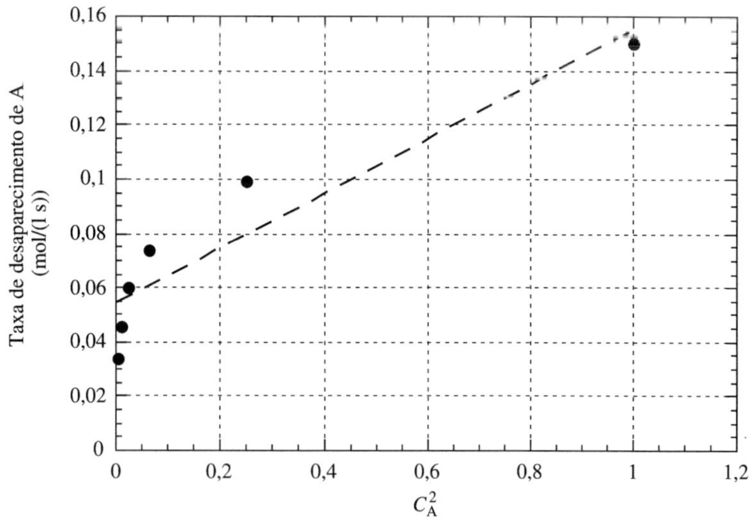


**Figura 6-2** Teste de uma equação de taxa de segunda ordem contra os dados da Tabela 6-3. A linha tracejada é a linha reta do "melhor ajuste", obtida por análise dos mínimos quadrados linear.

A concentração de A nesta tabela varia em um fator de 20, tornando possível distinguir entre várias dependências da taxa de reação em relação a esta concentração. Analisando os dados, a pequena variação de temperatura de experimento para experimento será ignorada e os dados serão tratados como isotérmicos.

Para testar se a reação é de segunda ordem em A, faremos um gráfico de $-r_A$ *versus* $C_A^2$. Se o modelo cinético, isto é, a Equação (6-3), ajusta os dados: (1) os pontos deste gráfico irão formar em uma linha reta *que passa pela origem*, e (2) os pontos representantes dos dados irão se dispersar *randomicamente* em torno da linha reta.

Ao fazer o gráfico a seguir de $-r_A$ *versus* $C_A^2$, o método dos mínimos quadrados linear (regressão linear) foi utilizado para ajustar uma linha reta aos dados. Esta técnica é uma característica-padrão em muitos gráficos e aplicações para análise de dados. O método dos mínimos quadrados linear produz uma linha que minimiza a soma dos quadrados dos desvios entre os dados reais e os seus valores preditos pelo modelo linear. Por isto, esta linha é chamada a linha de "melhor ajuste". A linha tracejada na Figura 6-2 mostra o "melhor ajuste" de uma linha reta aos dados da Tabela 6-3.

Obviamente, os pontos dos dados não caem em uma linha reta. Há uma curvatura pronunciada e a dispersão em torno da linha reta de "melhor ajuste" *não* é randômica. Os pontos dos dados nos dois menores valores de $C_A$ estão abaixo da linha, os três pontos em valores intermediários de $C_A$ estão acima da linha e os pontos nos mais altos valores de $C_A$, novamente, estão abaixo da linha. Os desvios entre os dados e os valores obtidos com o modelo são *sistemáticos*, não randômicos. Finalmente, a linha reta de "melhor ajuste" não está próxima da origem na interseção com o eixo das ordenadas.

Mesmo com a equação de taxa de segunda ordem não se ajustando aos dados, dois pontos importantes devem ser enfatizados sobre o *procedimento* que foi utilizado para realizar a análise.

Procedimento para análise de dados em gráficos usando o método diferencial

1. *Nós linearizamos a equação de taxa.* Em outras palavras, colocamos a equação de taxa em uma forma de linha reta, $y = mx + b$. Neste caso, $y = -r_A$, $m = k$, $x = C_A^2$, $b = 0$. O olho pode reconhecer uma linha reta. Entretanto, o olho não pode decidir entre várias funções que exibem curvatura.
2. *Nós fizemos um gráfico.* Um gráfico nos permite *ver* o ajuste (ou a sua falta) entre os dados e a equação de taxa postulada. A observação visual nos diz muitas coisas que são difíceis de perceber em uma análise puramente estatística. Por exemplo, é fácil ver que os pontos dos dados na Figura 6-2 formam uma curva, não uma linha reta. Também podemos *ver* que a dispersão dos pontos em torno da linha reta não é randômica e que a interseção da linha reta com a ordenada não é próxima do zero.

O coeficiente de correlação para a linha reta com "melhor ajuste" na Figura 6-2 resulta ser igual a 0,936. Parece muito bom, não é? Isto significa que o modelo *se ajusta* aos dados? Uma rápida olhada no gráfico nos indica que o ajuste não é aceitável, apesar do valor do coeficiente de correlação.

Os dados na Figura 6-2 formam uma curva relativamente suave que é côncava para baixo. Isto sugere que a ordem da reação em relação ao reagente A é menor do que 2. A curvatura para baixo indica que $-r_A$ é uma função *mais fraca* de $C_A$ do que a considerada. Se a curvatura dos dados no mesmo gráfico tivesse sido côncava para cima, uma dependência *mais forte* de $-r_A$ em relação a $C_A$ seria sugerida.

Retornando aos dados na Tabela 6-3, nós gostaríamos de encontrar um modelo cinético que forneça um ajuste adequado. Talvez, a equação de taxa da lei de potência

$$-r_A = kC_A^n \tag{6-4}$$

ajustará estes dados, se pudermos encontrar o valor correto para a ordem $n$. Entretanto, mesmo que suspeitemos que $n < 2$, não queremos adotar diferentes valores de $n$ e testá-los individualmente como testamos $n = 2$ anteriormente.

## EXEMPLO 6-1

***Testando uma Equação de Taxa de Enésima Ordem Versus Dados Experimentais***

Testar a equação da taxa $-r_A = kC_A^n$ *versus* os dados da Tabela 6-3. Se esta lei da taxa ajusta os dados, encontre os "melhores" valores de $n$ e $k$.

***ANÁLISE***

*Linearizaremos* a equação da taxa e então *faremos um gráfico*. Se a equação da taxa linearizada ajustar os dados, os valores de $n$ e $k$ serão estimados a partir da inclinação (coeficiente angular) e da interseção da linha reta (coeficiente linear). (Realmente, $n$ e $k$ serão obtidos a partir da inclinação e do coeficiente linear da linha reta de "melhor ajuste" através dos dados.)

***SOLUÇÃO***

Para linearizar uma equação de taxa desta forma, aplicamos o logaritmo em ambos os lados

$$\ln(-r_A) = \ln(k) + n\ln(C_A) \tag{6-5}$$

Se a Equação (6-4) ajusta os dados experimentais, um gráfico de $\ln(-r_A)$ *versus* $\ln(C_A)$ deve ser uma linha reta com uma inclinação "$n$" e um valor do coeficiente linear igual a $\ln(k)$. Este gráfico é mostrado na Figura 6-3.

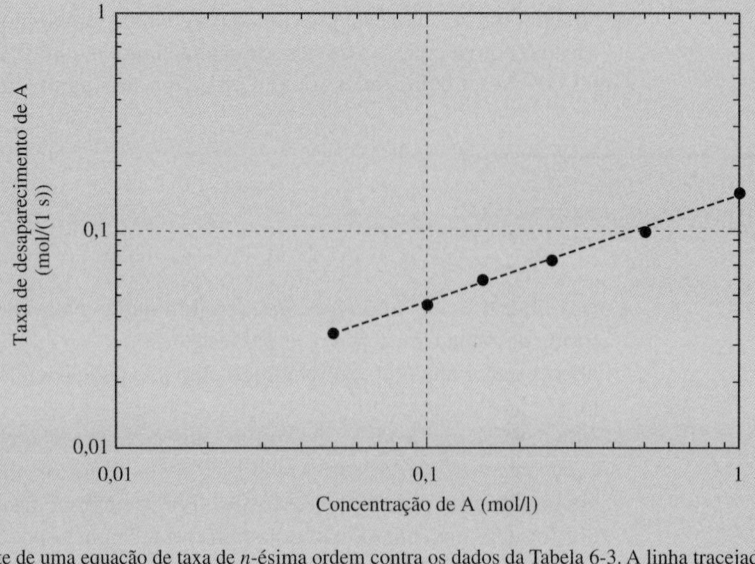


**Figura 6-3** Teste de uma equação de taxa de $n$-ésima ordem contra os dados da Tabela 6-3. A linha tracejada é a linha reta do "melhor ajuste", obtida por análise dos mínimos quadrados linear.

Visualmente, este ajuste parece ser muito melhor do que o da Figura 6-2. Os dados formam uma boa linha reta e a dispersão é randômica. A inclinação da linha é 0,49, que é o valor da ordem "$n$". A ordem de 0,49 é consistente com nossa análise anterior da Figura 6-2, que concluiu que $n = 2$ era muito alto. A "interseção" $k$ é o valor de $-r_A$ quando $\ln(C_A) = 0$, isto é, quando $C_A = 1$. Este valor é $k = 0{,}146\ (\text{mol/L})^{0{,}51}/\text{s}$. Os valores de "$n$" e "$k$" para este exemplo foram determinados a partir da equação para a linha reta de "melhor ajuste", que é mostrada como uma linha tracejada na Figura 6-3.

#### 6.2.1.2 Linearização de Equações de Taxa Langmuir–Hinshelwood/Michaelis–Menten

Ordens fracionárias são algumas vezes observadas quando as equações de taxa da lei da potência são usadas no lugar de formas mais fundamentais, por exemplo, expressões cinéticas Langmuir–Hinshelwood ou Michaelis–Menten. Seja a equação de taxa

$$-r_A = \frac{kC_A}{1 + K_A C_A} \qquad \text{(6-6)}$$

Quando o valor de $K_A C_A$ é pequeno comparado ao valor 1, a reação é aproximadamente de primeira ordem em A. Por outro lado, quando o valor de $K_A C_A$ é grande comparado ao valor 1, a reação é próxima da ordem zero em A. Em concentrações entre estes extremos, a reação pareceria ter uma ordem fracionária, talvez 0,5 ou outra. Entretanto, o uso de equações de taxa com ordem fracionária pode levar a uma dificuldade no projeto e análise do reator. Por isso, vamos testar a Equação (6-6) para determinar se ela fornece um ajuste adequado dos dados da Tabela 6-3.

### EXEMPLO 6-2

***Testando uma Equação de Taxa Langmuir–Hinshelwood ou Michaelis–Menten Versus Dados Experimentais***

Teste a equação de taxa dada pela Equação (6-6) *versus* os dados da Tabela 6-3. Se esta lei de taxa ajustar os dados, determine os "melhores" valores de $k$ e $K_A$.

***ANÁLISE***

Linearizaremos a equação da taxa e então *construiremos um gráfico*. Se a equação da taxa linearizada ajustar os dados, os valores de $k$ e $K_A$ serão estimados a partir da inclinação (coeficiente angular) e do coeficiente linear da linha reta de "melhor ajuste".

***SOLUÇÃO***

Uma forma de linearizar a Equação (6-6) é dividi-la por $C_A$ e inverter os dois lados para obter

$$\frac{C_A}{-r_A} = \frac{1}{k} + \frac{K_A}{k} C_A \qquad \text{(6-7)}$$

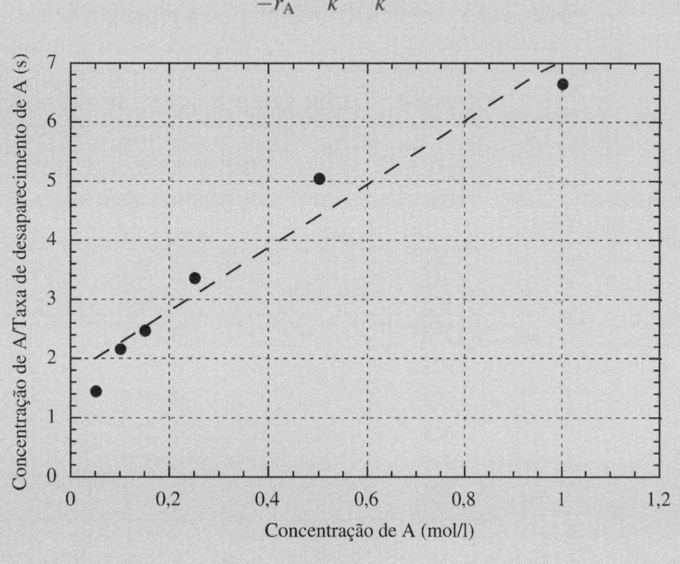


**Figura 6-4** Teste da equação da taxa dada pela Equação (6-6). A linha tracejada é o "melhor ajuste" da Equação (6-7), obtida por análise dos mínimos quadrados linear.

O parâmetro $C_A/(-r_A)$ pode ser colocado em um gráfico *versus* $C_A$. Se o modelo ajustar os dados, o resultado será uma linha reta com dispersão randômica. O coeficiente linear da linha será $1/k$ e a inclinação será $K_A/k$, permitindo que os valores de $k$ e $K_A$ sejam calculados. Este gráfico é mostrado na Figura 6-4.

Este gráfico mostra curvatura diferente e desvios sistemáticos entre os dados e a linha reta de "melhor ajuste". A Equação (6-4), com $n = 0{,}49$ e $k = 0{,}146\ (\text{mol/l})^{0{,}51}/\text{s}$, fornece um melhor ajuste para os dados do que a Equação (6-6).

Para ilustrar os cálculos de $k$ e $K_A$, a interseção da linha com a ordenada da origem (coeficiente angular) na Figura 6-4 é aproximadamente igual a 1,75 s. Como esta interseção é $1/k$, o valor de $k = 0{,}57\ \text{s}^{-1}$. A inclinação da linha é aproximadamente 5,8 s l/mol A. A inclinação é igual a $K_A/k$, de modo que $K_A = 5{,}8\ (\text{s l/mol A}) \times 0{,}57\ \text{s}^{-1} = 3{,}3$ l/mol A.

# EXERCÍCIO 6.2

Linearize a equação de taxa

$$-r_A = \frac{kC_A}{(1 + K_AC_A)^2}$$

Explique como construir um gráfico de um conjunto de dados experimentais, com todos os experimentos na mesma temperatura, para testar esta equação de taxa. Se o modelo ajustar os dados, como os valores de $k$ e $K_A$ podem ser obtidos?

## 6.2.2 Equações de Taxa Contendo Mais do que Uma Concentração

Considere a equação de taxa

$$-r_A = kC_A^{\alpha}C_B^{\beta} \tag{6-8}$$

A taxa da reação depende agora de duas concentrações, aquelas das espécies A e B. Além disto, há três constantes arbitrárias na equação de taxa, $k$, $\alpha$ e $\beta$, que têm que ser determinadas a partir dos dados experimentais. Obviamente, a dependência de $-r_A$ em relação a $C_A$ e $C_B$ não pode ser determinada usando um único gráfico. Mais ainda, não podemos extrair os valores das três incógnitas $k$, $\alpha$ e $\beta$ a partir de dois parâmetros, uma inclinação e uma interseção.

Para testar graficamente equações de taxa contendo mais do que uma concentração, os experimentos que levam aos dados cinéticos têm que ser planejados cuidadosamente, de forma a isolar o efeito individual das concentrações. A análise dos dados cinéticos então tem que ser realizada em estágios, uma concentração de cada vez.

Suponha que os dados na Tabela 6-4 foram obtidos durante um estudo da reação

$$A + B \rightarrow C + D$$

usando um reator de escoamento pistonado diferencial.

**Tabela 6-4** Taxa de Desaparecimento de A como uma Função das Concentrações de A e B

| Temperature (K) | Taxa de desaparecimento de A, $-r_A$ (mol/(l min)) | Concentrações (mol/l) | |
|---|---|---|---|
| | | A | B |
| 373 | 0,0214 | 0,10 | 0,20 |
| 373 | 0,0569 | 0,25 | 0,20 |
| 373 | 0,144 | 0,65 | 0,20 |
| 373 | 0,235 | 1,00 | 0,20 |
| 373 | 0,0618 | 0,40 | 0,10 |
| 373 | 0,228 | 0,90 | 0,25 |
| 373 | 0,211 | 0,55 | 0,60 |
| 373 | 0,0975 | 0,20 | 0,95 |

A equação de taxa da lei de potência dada pela Equação (6-8) ajusta estes dados? Se sim, quais são os valores aproximados de $k$, $\alpha$ e $\beta$?

Quando encaramos um problema no qual a taxa de reação pode depender de mais de uma concentração, os dados devem ser examinados para determinar se há alguns experimentos nos quais todas as concentrações foram mantidas constantes exceto uma delas. Se sim, este subconjunto de dados pode ser usado para determinar o efeito da concentração que varia. No caso presente, os quatro primeiros experimentos na Tabela 6-4 foram realizados com concentrações diferentes de A, mas com uma concentração constante de B.

A equação de taxa pode ser linearizada, como foi feito com a Equação (6-4), aplicando o logaritmo em ambos os lados.

Linearize a equação de taxa

$$\ln(-r_A) = \ln(kC_B^{\beta}) + \alpha \ln C_A$$

Se a Equação (6-8) ajustar o subconjunto de dados contendo os quatros primeiros experimentos na Tabela 6-4, um gráfico log-log de $-r_A$ *versus* $C_A$ fornecerá uma linha reta com uma inclinação igual a $\alpha$. Para cada um destes quatro experimentos, $kC_B^{\beta}$ é constante uma vez que a temperatura e $C_B$ são constantes. Este gráfico é mostrado na Figura 6-5a.

Faça um gráfico com os primeiros quatro dados experimentais

O modelo da Equação (6-8) ajusta este subconjunto de dados muito bem. A partir da equação para a linha de "melhor ajuste", o valor de $\alpha$ é igual a 1,03.

Este valor de $\alpha$ agora pode ser usado para remover o efeito de $C_A$ dos dados, de modo que o efeito de $C_B$ pode ser determinado. Divida ambos os lados da equação de taxa por $C_A^{\alpha}$, obtendo

Use o valor de $\alpha$ para definir uma nova variável

$$\frac{-r_A}{C_A^{\alpha}} = kC_B^{\beta}$$

Um valor numérico do termo do lado esquerdo desta equação pode ser calculado para todos os dados experimentais na Tabela 6-4, se o valor de $\alpha$ for conhecido.

A equação anterior pode ser linearizada aplicando o logaritmo em ambos os lados.

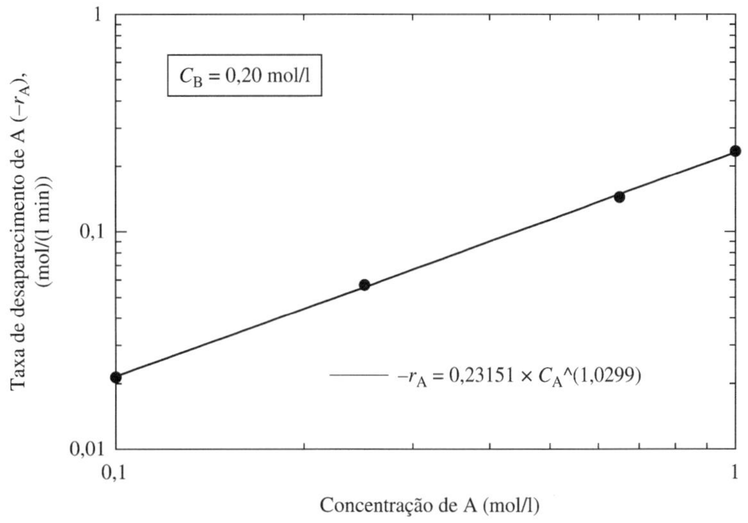


**Figura 6-5a** Teste da equação da taxa dada pela Equação (6-8) para os quatro primeiros dados experimentais na Tabela 6-4. A linha contínua é o "melhor ajuste" dos dados através dos mínimos quadrados linear.

Linearize novamente

$$\ln\left(\frac{-r_A}{C_A^{\alpha}}\right) = \ln k + \beta \ln C_B$$

Se o modelo ajustar os dados, um gráfico de $\ln(-r_A/C_A^{\alpha})$ *versus* $\ln(C_B)$ será uma linha reta com uma inclinação igual a $\beta$ e um coeficiente linear igual a $\ln(k)$.

Faça um gráfico utilizando todos os dados

Este gráfico é mostrado na Figura 6-5b. Todos os oitos pontos experimentais na Tabela 6-4 foram utilizados para construir este gráfico. Quatro pontos são aglomerados em $C_B = 0{,}20$ mol/l. Estes são os quatro pontos que foram utilizados para determinar $\alpha$ na Figura 6-5a.

Estes dados se ajustam ao modelo muito bem. A linha reta com "melhor ajuste" fornece $\beta = 0{,}51$ e $k = 0{,}52$ $(\text{l/mol})^{0{,}54}$/min.

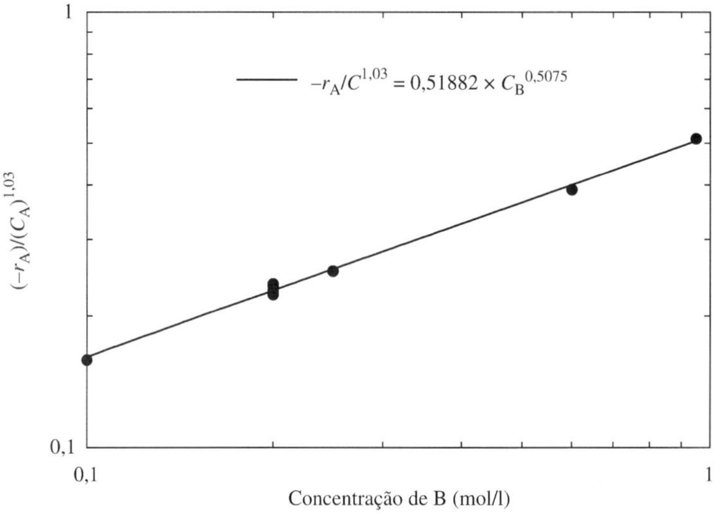


**Figura 6-5b** Teste da equação da taxa (Equação (6-8)) *versus* os dados da Tabela 6-4. A linha contínua é o "melhor ajuste" obtido através da análise dos mínimos quadrados linear.

Quando os dados cinéticos são analisados em etapas sequenciais, como fizemos aqui, erros nas etapas iniciais da análise podem se propagar e distorcer os resultados obtidos nas últimas etapas. Consequentemente, é aconselhável testar a equação de taxa *final*, usando todos os dados. Isto pode ser feito construindo um gráfico para verificar a paridade, como ilustrado adiante na Seção 6.4 deste capítulo. Entretanto, para dados isotérmicos e equação de taxa da lei de potência, a expressão cinética final pode também ser testada construindo um gráfico da taxa de reação medida *versus* o termo dependente das concentrações na equação de taxa. Este método é mostrado na Figura 6-5c, que é um gráfico de $-r_A$ *versus* $C_A^{1,03}C_B^{0,51}$. Se o modelo da Equação (6-8) ajustar os dados, e se os valores de $\alpha$ e $\beta$ forem corretos, os pontos experimentais devem formar uma linha reta *passando pela origem*, com uma inclinação $k$, a constante da taxa.

Teste visual da equação de taxa final

A equação de taxa proposta ajusta os dados experimentais muito bem. A dispersão é randômica, o coeficiente de correlação é alto e o valor da constante da taxa $k$ obtido na Figura 6-5c (isto é, a inclinação $m_1$) está em boa concordância com o valor obtido na Figura 6-5b.

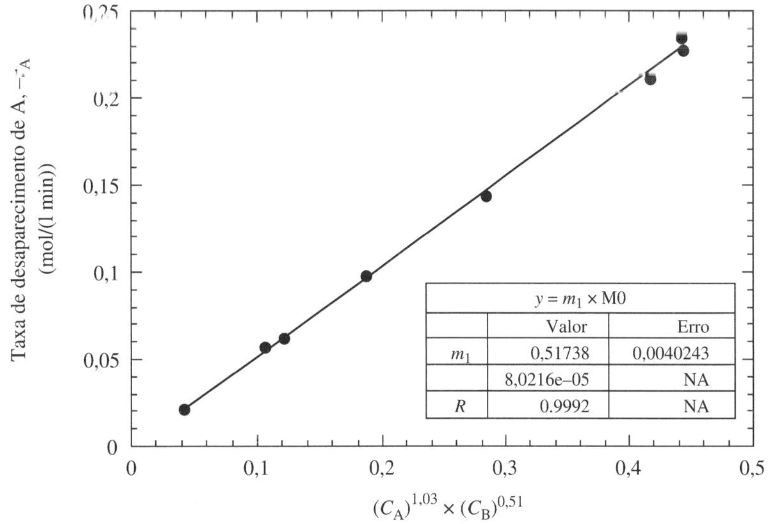


**Figura 6-5c** Teste da equação da taxa final *versus* os dados da Tabela 6-4. A linha contínua é o "melhor ajuste" obtido através da análise dos mínimos quadrados linear.

## 6.2.3 Testando a Relação de Arrhenius

Suponha que a constante da taxa para uma reação tenha sido determinada em várias temperaturas diferentes, usando as técnicas descritas anteriormente. Nós então podemos determinar se a relação de Arrhenius é obedecida. Se ela for, o valor da energia de ativação pode ser obtida a partir dos dados.

Primeiro, a relação de Arrhenius

$$k = A \exp(-E / RT) \tag{2-2}$$

é linearizada

$$\ln k = \ln A - E / RT$$

Se as constantes da taxa medidas obedecerem a relação de Arrhenius, um gráfico de $\ln(k)$ *versus* $1/T$ será uma linha reta. O valor da inclinação será $(-E/R)$ e a energia de ativação, $E$, pode ser calculada a partir da inclinação.

## EXEMPLO 6-3

***Decomposição do AIBN***

O composto 2,2′-azobis(isobutironitrila) (AIBN) comumente é usado para iniciar reações de polimerização, pois se decompõe espontaneamente em dois radicais livres. Cada radical livre pode então reagir com um monômero para começar o crescimento de uma cadeia polimérica. Não surpreendentemente, compostos como a AIBN são chamados de "iniciadores".

O uso do dióxido de carbono supercrítico ($CO_2$sc) como um meio de polimerização tem atraído uma grande atenção porque ele pode eliminar a necessidade de solventes orgânicos e/ou eliminar a necessidade de tratar grandes quantidades de rejeitos aquosos produzidos no reator de polimerização. Por isso, a decomposição da AIBN em $CO_2$sc tem sido estudada com os resultados a seguir.

**Tabela 6-5** Constante da Taxa de Primeira Ordem ($k_D$) para a Decomposição da AIBN como uma Função da Temperatura

| Temperatura (°C) | $k_D$ ($\times 10^5$)($s^{-1}$) |
|---|---|
| 80 | 7,6 |
| 90 | 15 |
| 95 | 52 |
| 100 | 62 |

Determine se a constante da taxa para a decomposição da AIBN obedece à relação de Arrhenius e estime o valor da energia de ativação $E$.

***ANÁLISE*** A expressão de Arrhenius será linearizada. Os dados da Tabela 6-5 serão colocados em um gráfico para testar a equação linearizada. Os valores da energia de ativação $E$ e do fator pré-exponencial $A$ serão obtidos a partir da inclinação e do coeficiente linear do gráfico.

***SOLUÇÃO*** A expressão de Arrhenius, $k = A\exp(-E/RT)$ pode ser linearizada aplicando o logaritmo em ambos os lados, obtendo-se

$$\ln(k) = \ln(A) - (E/R)(1/T)$$

Se a relação de Arrhenius for obedecida, um gráfico de $\ln(k_D)$ *versus* $1/T$ deve ser uma linha reta com uma inclinação igual a $-E/R$ e um coeficiente linear igual a $\ln(A)$. Note que o coeficiente linear neste gráfico está em $T = \infty$. Consequentemente, uma grande interpolação de temperatura é necessária para determinar $A$, de modo que um pequeno erro em $E$ pode ter um grande efeito no valor de $A$. Os valores de $A$ e $E$ serão obtidos a partir da equação da linha reta do "melhor ajuste" aos dados.

***SOLUÇÃO*** Um gráfico de $\ln(k_D)$ *versus* $1/T$ é mostrado na Figura 6-6.

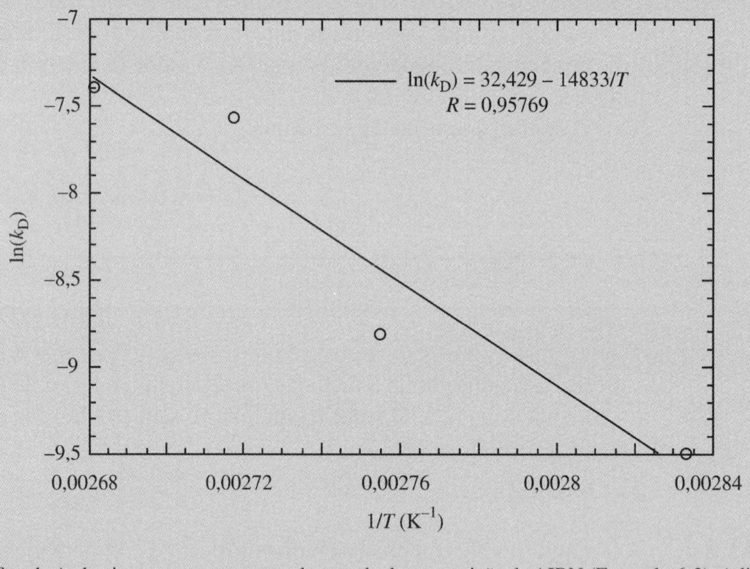


**Figura 6-6** Gráfico de Arrhenius para as constantes da taxa de decomposição da AIBN (Exemplo 6-3). A linha contínua é o "melhor ajuste" obtido através da análise dos mínimos quadrados linear.

Existe dispersão nos dados na Figura 6-6, embora da dispersão pareça ser randômica. O valor da energia de ativação, determinada a partir da inclinação da linha reta com o "melhor ajuste", é $E = 14.833$ (K) $\times$ 0,008314 (kJ/(mol K)) = 123,3 kJ/mol. O valor do fator pré-exponencial é $A = \exp(32{,}429) = 1{,}21 \times 10^{14}\ s^{-1}$.

A Figura 6-6 ilustra a dificuldade em estimar um valor de $E$ a partir de dois pontos, em vez de usar todos os dados. Se $E$ fosse estimada a partir dos dois primeiros pontos da Tabela 6-5 (80 e 90°C), ou dos últimos dois pontos (95 e 100°C), os valores resultantes de $E$ seriam bem menores que 123 kJ/mol. Por outro lado, se $E$ fosse estimada a partir dos pontos centrais (90 e 95°C), o valor calculado de $E$ seria muito maior que 123 kJ/mol.

# EXERCÍCIO 6-3

Qual valor de $E$ é obtido em um cálculo usando somente o primeiro e o último ponto da Tabela 6-5?

### 6.2.4 Regressão Não linear

Em alguns dos exemplos anteriores, a variável independente, $y$, obtida pela linearização da equação da taxa, não foi a taxa de reação $-r_A$. Consequentemente, quando os "melhores" valores da inclinação e do coeficiente linear foram determinados por regressão linear, estávamos minimizando a soma dos quadrados dos desvios entre os valores calculados e os valores experimentais de *algumas variáveis diferentes de* $-r_A$. Por exemplo, na primeira etapa da análise dos dados da Tabela 6-4, o valor de $\alpha$ foi determinado pela minimização da soma dos quadrados dos desvios em $y = \ln(-r_A)$. Na segunda etapa da análise, os valores de $\beta$ e $k$ foram determinados pela minimização da soma dos quadrados dos desvios em $y = \ln(-r_A / C_A^{\alpha})$. Estes valores de $\alpha$, $\beta$ e $k$ não são necessariamente os mesmos daqueles que teriam sido obtidos se tivéssemos minimizado a soma dos quadrados dos desvios em $-r_A$. Um novo conjunto de ferramentas é necessário para encontrar os "melhores" valores dos parâmetros quando $-r_A$ não é linear nas várias concentrações.

Felizmente, atualmente poderosos programas de *regressão não lineares* estão disponíveis. Estes programas nos permitem minimizar a soma dos quadrados dos desvios de qualquer variável que venhamos escolher, linear ou não. Além disto, alguns dos problemas de regressão não linear mais simples podem ser resolvidos com uma simples planilha. Vamos ilustrar o uso de uma planilha para realizar uma regressão não linear através da reanálise dos dados da decomposição da AIBN da Tabela 6-5.

Para começar, a relação de Arrhenius será escrita na forma equivalente

$$k(T) = k(T_0)\exp\left[\frac{-E}{R}\left(\frac{1}{T} - \frac{1}{T_0}\right)\right] \tag{6-9}$$

Esta transformação normalmente melhora a convergência e a estabilidade das técnicas numéricas que são usadas em programas de regressão não lineares. Vamos escolher $T_0$ como o ponto médio na faixa de temperaturas da Tabela 6-5, isto é, $T_0 = 90°\text{C} = 363$ K. Usaremos regressão não linear para encontrar os valores de $k(363)$ e $E$.

Há duas abordagens comuns para determinar valores de parâmetros por regressão não linear. A primeira é minimizar a soma dos quadrados dos desvios *absolutos* na função objetivo, isto é, a constante da taxa, $k$, no presente problema. Isto envolve achar os valores de $k(363)$ e $E$ que produzem um valor mínimo de $\sum_{i=1}^{N}(k_{i,\text{teo}} - k_{i,\text{exp}})^2$, onde $k_{i,\text{exp}}$ é o valor medido (experimental) de $k$ para o $i$-ésimo dado, $k_{i,\text{teo}}$ é o valor de $k$ calculado pela equação de Arrhenius para o $i$-ésimo dado, e $N$ é o número total de pontos.

A segunda abordagem é minimizar o desvio *relativo* em $k$, isto é, minimizar $\sum_{i=1}^{N}\{(k_{i,\text{teo}} - k_{i,\text{exp}}) / k_{i,\text{exp}}\}^2$. A segunda abordagem é uma variação da primeira, na qual um fator peso de $(1/k_{i,\text{exp}})$ é aplicada em cada um dos pontos. Consequentemente, estas duas abordagens não produzirão necessariamente a mesma resposta.

Vamos começar aplicando a segunda abordagem aos dados da decomposição da AIBN na Tabela 6-5. O Apêndice 6-A mostra como o problema pode ser resolvido utilizando uma planilha EXCEL. A sub-rotina "SOLVER" foi utilizada para realizar as operações matemáticas que determinam os valores de $k(363)$ e $E$ que produzem um valor mínimo de $\sum_{i=1}^{N}\{(k_{i,\text{teo}} - k_{i,\text{exp}}) / k_{i,\text{exp}}\}^2$. *Estimativas iniciais de k(363) e E são necessários para iniciar os cálculos. Os valores determinados por regressão linear normalmente fornecem uma boa estimativa inicial para problemas de regressão não linear.* Estes valores foram usados como estimativas iniciais no Apêndice 6-A.

Os valores de $k(363)$ e $E$ determinados por regressão não linear (Abordagem 2) são $k(363) = 1{,}96 \times 10^{-4}\ \text{s}^{-1}$ e $E = 123$ kJ/mol. O valor de $A$ é calculado a partir de $k(363)$ e $E$, sendo $1{,}10 \times 10^{14}\ \text{s}^{-1}$. O valor mínimo de $\sum_{i=1}^{N}\{(k_{i,\text{teo}} - k_{i,\text{exp}}) / k_{i,\text{exp}}\}^2$ é igual a 0,25057.

Em todos os problemas de regressão não linear, é aconselhável verificar a solução final para ter certeza que um mínimo verdadeiro tenha sido atingido. Isto é feito variando os valores de $k(363)$ e de $E$ em uma pequena quantidade, em ambas as direções, em torno dos valores determinados pela regressão não linear. Os resultados no Apêndice 6-A mostram que $\sum_{i=1}^{N}\{(k_{i,\text{teo}} - k_{i,\text{exp}}) / k_{i,\text{exp}}\}^2$ aumenta quando $k(363)$ e $E$ são aumentados ou diminuídos levemente a partir de valores determinados pela regressão não linear. Este é o comportamento que seria esperado se um mínimo em $\sum_{i=1}^{N}\{(k_{i,\text{teo}} - k_{i,\text{exp}}) / k_{i,\text{exp}}\}^2$ tenha, de fato, sido encontrado.

Embora este exercício não *prove* que o SOLVER encontrou um mínimo verdadeiro, ele nos dá alguma confiança. Mesmo se os valores determinados por estes cálculos representem um mínimo verdadeiro, eles não representam necessariamente um mínimo absoluto, em comparação a um mínimo local. A fim de determinar se o ponto $k(363) = 1{,}96 \times 10^{-4}\ \text{s}^{-1}$, $E = 123$ kJ/mol é um mínimo local ou absoluto, seria necessário variar as estimativas iniciais em uma ampla faixa e determinar se o cálculo converge para um valor de $\sum_{i=1}^{N}\{(k_{i,\text{teo}} - k_{i,\text{exp}}) / k_{i,\text{exp}}\}^2$ que seja menor do que 0,25057. Não iremos fazer estes cálculos aqui.

Quando tentamos a primeira abordagem, minimizando o desvio absoluto em $k$, nossas tentativas tiveram muito menos sucesso, como mostrado no Apêndice 6-B1. O problema é que o SOLVER pensa que ele encontrou um valor mínimo de $\sum_{i=1}^{N}(k_{i,\text{teo}} - k_{i,\text{exp}})^2$ e para de trabalhar. Entretanto, quando $E$ tem seu valor reduzido manualmente para verificar o mínimo, o valor de $\sum_{i=1}^{N}(k_{i,\text{teo}} - k_{i,\text{exp}})^2$ diminui, mostrando que o SOLVER não encontrou de fato um mínimo.

Este problema pode surgir quando o valor da quantidade sendo minimizada $\sum_{i=1}^{N}(k_{i,\text{teo}} - k_{i,\text{exp}})^2$ neste problema) é muito pequeno em relação aos parâmetros que estão sendo otimizados ($k(363)$ e $E$ neste problema). Seja $\sum_{i=1}^{N}(k_{i,\text{teo}} - k_{i,\text{exp}})^2$ representada por $\Sigma$. Quando o SOLVER calcula os valores de $\partial\Sigma/\partial E$ e $\partial\Sigma/\partial k(363)$ para determinar se um mínimo foi alcançado, o valor de $\partial\Sigma/\partial E$ é tão pequeno que o programa é "levado erradamente" a pensar que alcançou o mínimo.

Uma forma para resolver este problema é aumentar arbitrariamente $\Sigma$ multiplicando-o por um fator constante. O Apêndice 6-B2 mostra os resultados que são obtidos quando o SOLVER é usado para encontrar os valores de $k(363)$ e $E$ que minimizam o valor de $10^8 \times \Sigma$. Quando o problema é reformulado nesta forma, o SOLVER parece alcançar um mínimo verdadeiro. Os valores resultantes são $k(363) = 2{,}42 \times 10^{-4}\ \text{s}^{-1}$ e $E = 113$ kJ/mol, fornecendo $A = 4{,}05 \times 10^{12}\ \text{s}^{-1}$.

Os resultados das três abordagens para encontrar os "melhores" valores de $A$ e $E$ estão resumidos na Tabela 6-6 e na Figura 6-7.

**Tabela 6-6** Valores de $A$, $E$ e $k_D$ para a Decomposição da AIBN em Dióxido de Carbono Supercrítico

| Técnica | $A$ ($s^{-1}$) | $E$ (kJ/mol) | $k_D$ (363) ($s^{-1}$) |
|---|---|---|---|
| Regressão linear | $1{,}21 \times 10^{14}$ | 123,3 | $2{,}19 \times 10^{-4}$ |
| Regressão não linear (Abordagem 2) | $1{,}10 \times 10^{14}$ | 123,3 | $1{,}98 \times 10^{-4}$ |
| Regressão não linear (Abordagem 1) | $4{,}05 \times 10^{12}$ | 112,7 | $2{,}42 \times 10^{-4}$ |

A Figura 6-7 mostra que não há muita diferença entre os três procedimentos para o ajuste dos dados da Tabela 6-5, no mínimo em relação à dispersão nos dados experimentais. Entretanto, as diferenças entre os três métodos teriam sido muito maior se os dados tivessem coberto uma faixa mais ampla de temperaturas e de valores de $k_D$.

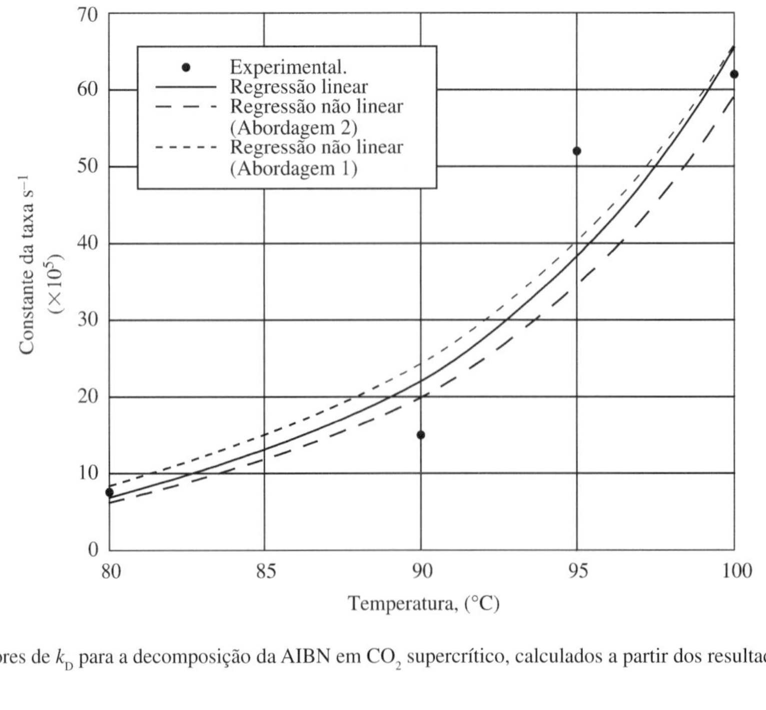


**Figura 6-7** Valores de $k_D$ para a decomposição da AIBN em $CO_2$ supercrítico, calculados a partir dos resultados fornecidos na Tabela 6-6.

## 6.3 O MÉTODO INTEGRAL DE ANÁLISE DE DADOS

### 6.3.1 Usando o Método Integral

O método integral de análise pode ser usado quando os dados disponíveis estão na forma de concentração (ou conversão) *versus* tempo ou tempo espacial (ou $V/F_{A0}$ ou $m/F_{A0}$). Como apontado anteriormente neste capítulo, este tipo de dados é obtido quando um reator batelada ideal ou um reator de escoamento pistonado ideal é usado. Para estes dois reatores, o uso do método integral evita a necessidade de diferenciação numérica ou gráfica.

Procedimento para o método integral

As etapas no método integral são

1. Uma equação de taxa é suposta.
2. A equação de projeto apropriada é integrada para gerar uma relação entre concentração (ou conversão) e tempo (ou tempo espacial).
3. A relação é linearizada.
4. Os dados são colocados em forma gráfica para testar a equação linearizada.
5. Se a equação ajustar os dados, os valores da inclinação e do coeficiente linear são utilizados para estimar os parâmetros desconhecidos na equação de taxa.

Vamos ilustrar este procedimento com um exemplo.

**EXEMPLO 6-4**

***Decomposição de Bromo Aquoso***

Uma pequena quantidade de bromo líquido foi dissolvida em água em um recipiente de vidro. O líquido foi bem misturado e a temperatura manteve-se em 25°C durante todo o experimento. Os seguintes dados foram obtidos:

| Tempo (min) | 0 | 10 | 20 | 30 | 40 | 50 |
|---|---|---|---|---|---|---|
| $[Br_2]$ (μmol/ml) | 2,45 | 1,74 | 1,23 | 0,88 | 0,62 | 0,44 |

Utilize o método integral de análise de dados para testar se a reação é de zero, primeira ou segunda ordem em relação ao $Br_2$. Se um destes modelos cinéticos ajustar os dados, determine o valor da constante da taxa.

***ANÁLISE***

A equação de projeto para um reator batelada será integrada para cada uma das três equações de taxa especificadas. As expressões resultantes serão linearizadas e os dados serão colocados em forma de gráfico para testar a equação linearizada. Se apropriada, a constante da taxa será estimada a partir da inclinação da linha resultante.

***SOLUÇÃO***

Considere que o recipiente se comporte como um reator batelada, isotérmico e ideal. Como a reação ocorre em fase líquida, pode ser considerada massa específica constante (volume constante). O subscrito "A" será utilizado para representar o $Br_2$.

A. Suponha que a reação seja de ordem zero. A equação de projeto para um reator batelada a volume constante, isotérmico e ideal é

$$-dC_A/dt = k_0, \quad C_A > 0$$
$$-dC_A/dt = 0, \quad C_A = 0$$

Integrando de $t = 0$, $C_A = C_{A0}$ até $t = t$, $C_A = C_A$:

$$C_A = C_{A0} - k_0 t, \quad C_A > 0 \; (t < C_{A0}/k_0) \tag{6-10}$$

$$C_A = 0, \quad C_A = 0\ (t \geq C_{A0}/k_0)$$

A Equação (6-10) mostra que $C_A$ deveria ser linear no tempo ($t$) se a reação for de ordem zero. O modelo de ordem zero pode ser testado diretamente com esta equação, pois ela já é linear; nenhuma manipulação adicional é necessária. Nós simplesmente fazemos um gráfico de $C_A$ *versus* tempo, como mostrado na Figura 6-8a.

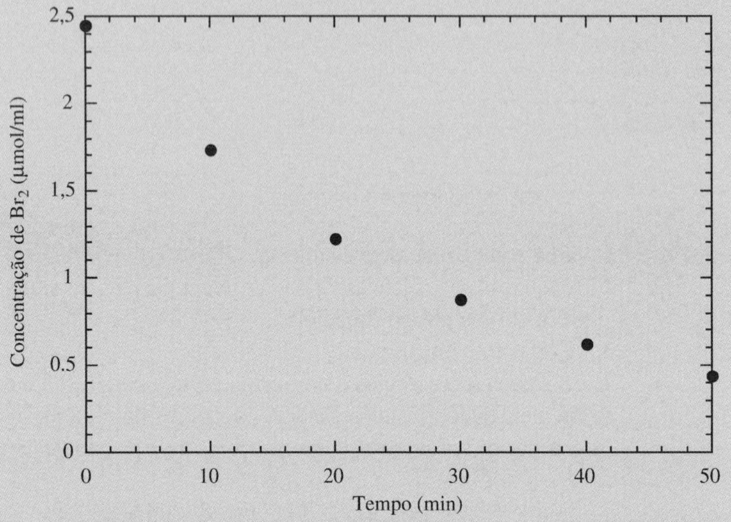


**Figura 6-8a** Teste da equação de taxa de ordem zero para a decomposição do bromo.

Este gráfico tem uma curvatura diferente. A equação de taxa de ordem zero não se ajusta aos dados muito bem. O fato de a curvatura ser voltada para cima sugere que a ordem da reação seja maior do que 0.

B. Suponha que a reação seja de primeira ordem. A equação de projeto é

$$-dC_A/dt = k_1 C_A$$

Integrando de $t = 0$, $C_A = C_{A0}$ até $t = t$, $C_A = C_A$:

$$\ln(C_A / C_{A0}) = -k_1 t \qquad (6\text{-}11)$$

A Equação (6-11) está na forma linear se a variável independente for feita igual a $\ln(C_A/C_{A0})$. Um gráfico de $\ln(C_A/C_{A0})$ *versus* tempo ($t$) deveria ser uma linha reta se a reação fosse de primeira ordem. Um gráfico para teste do modelo de primeira ordem é mostrado na Figura 6-8b.

A forma integrada da equação de taxa de primeira ordem ajusta os dados muito bem. De acordo com a Equação (6-11), a inclinação da linha no gráfico anterior é $-k_1$. Consequentemente, $k_1 = 0{,}0343\ \text{min}^{-1}$.

Neste ponto, a questão da ordem da reação e da constante da taxa parece estar respondida. Entretanto, para estar absolutamente seguro, a equação de taxa de segunda ordem será testada.

C. Suponha que a reação seja de segunda ordem. A equação de projeto é

$$-dC_A/dt = k_2 (C_A)^2$$

Integrando de $t = 0$, $C_A = C_{A0}$ até $t = t$, $C_A = C_A$:

$$(1/C_A) - (1/C_{A0}) = k_2 t \qquad (6\text{-}12)$$

Esta equação está na forma linear $y = mx + b$, onde $y = (1/C_A)$; $b = (1/C_{A0})$, $x = t$ e $m = k_2$. Para testar a forma integrada da equação de taxa de segunda ordem, pode-se fazer um gráfico de $1/C_A$ *versus*

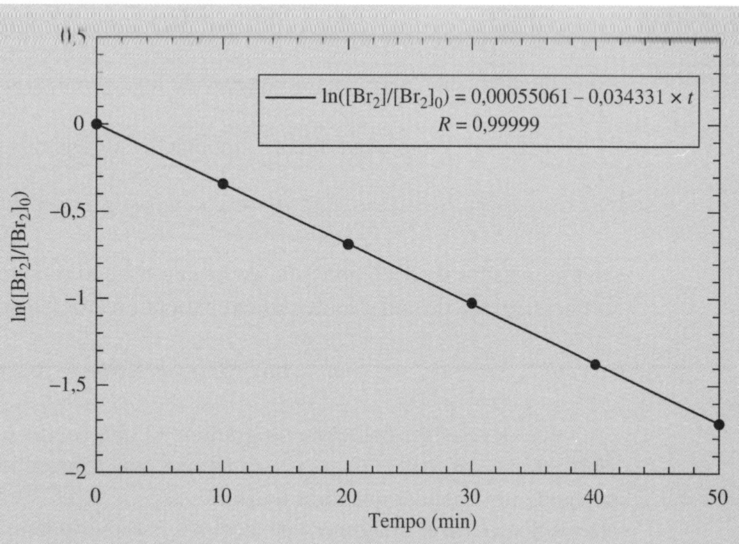


**Figura 6-8b** Teste da equação de taxa de primeira ordem para a decomposição do bromo.

tempo. Se o modelo ajustar os dados, os pontos devem cair sobre uma linha reta com a interseção com o eixo $y$ na origem sendo $1/C_{A0}$ e a inclinação sendo $k_2$. Este gráfico é mostrado na Figura 6-8c.

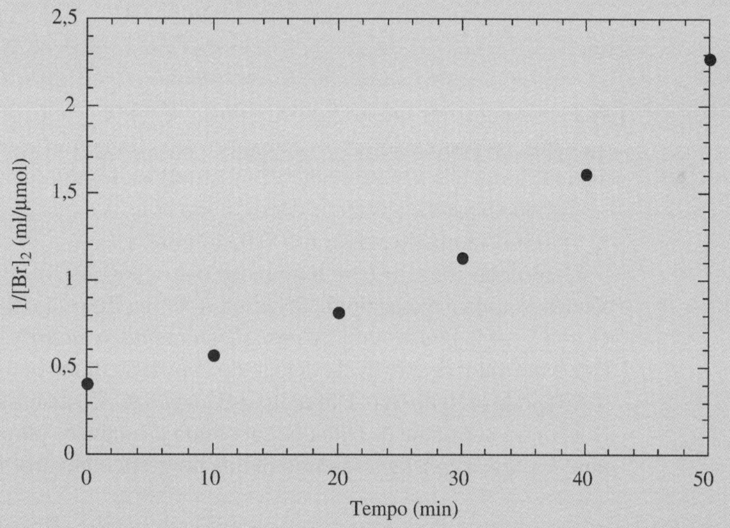


**Figura 6-8c** Teste da equação de taxa de segunda ordem para a decomposição do bromo.

Há uma curvatura diferente no gráfico anterior. Das três equações de taxa testadas, a equação de taxa de primeira ordem fornece a melhor descrição dos dados experimentais.

## EXERCÍCIO 6-4

Suponha que os dados experimentais estivessem na forma de *conversão* do bromo *versus* tempo. Para cada uma das três equações de taxa, resolva a equação de projeto e escreva uma expressão que relacione a conversão com o tempo, e então explique como os dados experimentais devem ser representados graficamente para testar a equação de taxa em análise.

### 6.3.2 Linearização

Com as três equações de taxa no exemplo anterior, foi relativamente fácil identificar como testar a expressão da taxa suposta. Em cada caso, a equação de taxa continha somente um parâmetro desconhecido, a constante da taxa, e a forma integrada da equação de projeto sempre ficou da seguinte forma:

$$f(C_A) = k_n t + \text{constante}$$

Consequentemente, para testar a equação de taxa, tivemos simplesmente que fazer um gráfico de $f(C_A)$ *versus* $t$.

A vida não é sempre tão direta. Suponha que desejemos testar a equação de taxa

$$-r_A = kC_A/(1 + K_A C_A) \quad (6\text{-}13)$$

contra os dados da decomposição do bromo usando o método integral. Para esta equação de taxa, a forma integrada da equação de projeto para um reator batelada, isotérmico e ideal, é

$$\ln(C_A/C_{A0}) + K_A(C_A - C_{A0}) = -kt \quad (6\text{-}14)$$

O que deveria ser colocado no gráfico? O quê *versus* o quê? Não podemos fazer um gráfico de $\{\ln(C_A/C_{A0}) + K_A(C_A - C_{A0})\}$ *versus* tempo, pois não conhecemos o valor de $K_A$. Consequentemente, não podemos calcular um valor de $\{\ln(C_A/C_{A0}) + K_A(C_A - C_{A0})\}$ para todos os dados experimentais. Não podemos fazer um gráfico de $\ln(C_A/C_{A0})$ *versus* tempo, pois $K_A(C_A - C_{A0})$ não é uma constante, uma vez que $C_A$ varia com o tempo.

Claramente, temos que "linearizar" a equação anterior efetuando algumas manipulações algébricas para transformar a equação para a forma $y = mx + b$. Ao fazer isto, temos que nos lembrar que os valores de $x$ e $y$ têm que ser calculados para todos os dados, isto é, $x$ e $y$ não podem conter as incógnitas $k$ e $K_A$. Além disto, $m$ e $b$ têm que ser constantes verdadeiras; elas não podem conter $C_A$ ou $t$.

Há várias formas de linearizar a Equação (6-14). Uma é dividir toda a equação por $(C_A - C_{A0})$ para obter

$$\frac{-\ln(C_A/C_{A0})}{(C_{A0} - C_A)} = \frac{kt}{(C_{A0} - C_A)} - K_A$$

Podemos construir um gráfico de $-\ln(C_A/C_{A0})/(C_A - C_{A0})$ *versus* $t/(C_A - C_{A0})$. Se o modelo ajustar os dados, os pontos deveriam cair sobre uma linha reta com um coeficiente linear igual a $-K_A$ e uma inclinação igual a $k$. Este gráfico é mostrado na Figura 6-8d.

O modelo parece ajustar os dados muito bem. A equação para a linha reta de "melhor ajuste" fornece $K_A = 0{,}00145$ mL/(μmol) e $k = 0{,}0344$ min$^{-1}$.

Como este bom ajuste se harmoniza com a conclusão anterior de que a reação é de primeira ordem? Vamos examinar a magnitude do termo $K_A C_A$ na Equação (6-13). O *maior* valor de $K_A C_A$ ocorre quando $C_A = C_{A0} = 2{,}45$ μmol/mL. Consequentemente, o *maior* valor de $K_A C_A$ é $2{,}45 \times 0{,}00145 = 0{,}00355$. Este é um valor desprezível comparado com 1, de modo que o termo $K_A C_A$ no denominador da Equação (6-13) pode ser ignorado. Isto reduz a Equação (6-13) a uma simples equação de taxa de primeira ordem. Note que a constante da taxa que foi obtida na análise "puramente" de primeira ordem foi $k_1 = 0{,}0343$ min$^{-1}$, e que a constante da taxa obtida no gráfico anterior foi $k = 0{,}0344$ min$^{-1}$.

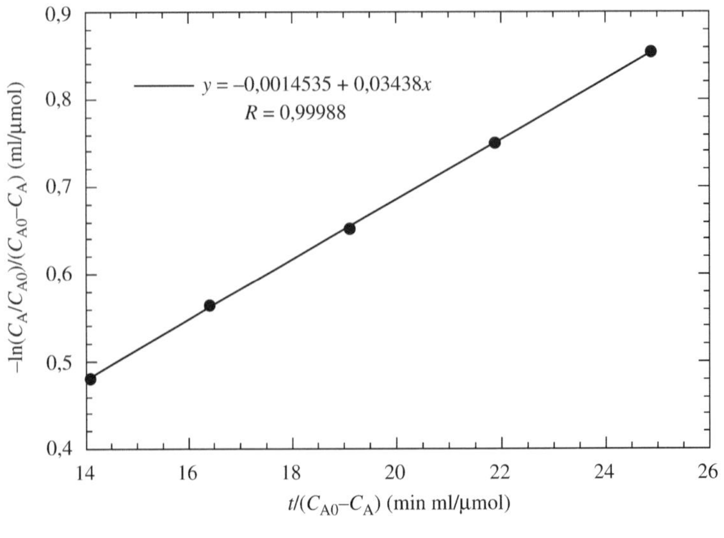


**Figura 6-8d** Teste da equação de taxa hiperbólica (Equação (6-13)) contra os dados da decomposição do bromo.

### 6.3.3 Comparação entre Métodos de Análise de Dados

Dois pontos importantes surgiram das discussões sobre os métodos diferencial e integral de análise de dados:

1. A diferenciação de dados de concentração (ou conversão) *versus* tempo (ou tempo espacial) é inerentemente imprecisa.
2. O método diferencial é de certa forma mais flexível do que o método integral. Por exemplo, no caso da equação de taxa da lei da potência, a(s) ordem(ns) da reação pode ser determinada diretamente a partir dos dados, se o método diferencial for usado. Se o método integral for usado, uma ordem tem que ser suposta, a equação de projeto tem que ser integrada, a equação de projeto integrada tem que ser linearizada, e um gráfico tem que ser construído com os dados. Se o modelo não ajustar os dados, uma nova ordem tem que ser suposta e o processo repetido.

Esta abordagem de "tentativa e erro" não é tão ruim se a análise for limitada a ordens inteiras, como foi no exemplo da decomposição do bromo (Exemplo 6-4). Entretanto, o processo pode ser tedioso se ordens fracionárias tiverem que ser consideradas.

Estes pontos levam à seguinte abordagem:

- Use o método diferencial a não ser que uma diferenciação dos dados experimentais seja necessária para obter os valores numéricos das taxas de reação;
- Use o método integral quando os dados experimentais disponíveis estão na forma de concentração (ou conversão) como uma função do tempo (ou tempo espacial ou $V/F_{A0}$ ou $m/F_{A0}$). Entretanto, se várias "tentativas" da equação de taxa levarem a equações de projeto integradas que não ajustam os dados, então diferencie os dados numericamente e use o método diferencial. Finalmente, teste a equação da taxa que você obteve pelo método diferencial usando o método integral e estime os parâmetros desconhecidos pela análise integral.

O método integral é mais apropriado quando temos uma boa ideia da forma da equação da taxa, mas é necessário testar esta forma em um contexto diferente. Por exemplo, suponha que a análise anterior tenha mostrado que uma certa reação é de segunda ordem em relação a A e de primeira ordem em relação a B, nas temperaturas $T_1$ e $T_2$. Agora, um novo conjunto de dados (digamos $C_A$ *versus* tempo) está disponível em uma terceira temperatura $T_3$. Precisamos confirmar a equação da taxa existente e obter um valor da constante da taxa na nova temperatura. A forma mais direta para fazer isto seria usar o método integral, supondo que a equação da taxa $-r_A = kC_A^2C_B$ permaneça válida.

## 6.4 MÉTODOS ESTATÍSTICOS ELEMENTARES

Em adição às técnicas gráficas que foram ilustradas nas seções anteriores, algumas ferramentas estatísticas básicas poderiam ser empregadas na análise de dados cinéticos. Na verdade, na maioria dos casos, análises gráficas meramente viabilizam o uso *eficiente* da análise estatística. Algumas das ferramentas estatísticas mais úteis são ilustradas no exemplo a seguir.

### 6.4.1 Isomerização da Frutose

Vieille et al.[1] estudaram a atividade da enzima xilose isomerase, vinda do organismo termofílico *T. neapolitana*, para a isomerização da frutose (F) para glicose. Esta é a inversa da reação que é usada para produzir xarope de milho de alto teor de frutose para a indústria de bebidas. A reação inversa foi estudada para ajudar a entender a bioquímica e o comportamento da enzima.

A tabela anterior mostra a taxa de desaparecimento da frutose como uma função de sua concentração.

Um reator batelada isotérmico foi usado a 70°C e pH 7, com uma solução tampão de fosfato de sódio. A concentração inicial de glicose foi zero em todos os casos. As taxas nesta tabela são taxas iniciais, isto é, a taxa a uma conversão da frutose essencialmente igual a zero.

[1]Vieille, C., Hess, J. M., Kelly, R. M., e Zeikus, J. G., *xylA* cloning and sequencing and biochemical characterization of xylose isomerase from thermotoga neapolitana, *Appl. Environ. Microbiol.*, 61(5) 1867–1875 (1995).

| Conversão de frutose em glicose a 70°C | | | |
|---|---|---|---|
| $-r_F$ (μmol/(min mg))[a] | [F] (mmol/l) | $-r_F$ (μmol/(min mg))[a] | [F] (mmol/l) |
| 9,46 | 1000 | 6,21 | 100 |
| 7,95 | 500 | 5,86 | 90 |
| 7,57 | 325 | 5,79 | 80 |
| 7,80 | 250 | 5,37 | 70 |
| 7,87 | 200 | 5,14 | 60 |
| 7,04 | 175 | 4,73 | 50 |
| 7,04 | 160 | 4,12 | 40 |
| 6,82 | 140 | 3,48 | 30 |
| 6,74 | 120 | 2,77 | 20 |
| 6,52 | 110 | 1,60 | 10 |

[a]De enzima.

Como um aparte, a taxa de desaparecimento, $-r_F$, seria normalmente representada por *V* (*velocidade* de reação) na literatura de bioquímica ou engenharia bioquímica. Em adição, o reagente, frutose neste caso, seria chamado de substrato.

### 6.4.1.1 Primeira Hipótese: Equação de Taxa de Primeira Ordem

Para iniciar, vamos determinar se uma equação de taxa de primeira ordem, irreversível, $-r_F = k[F]$, se ajusta aos dados. A 70°C, a isomerização da frutose é quase reversível. Entretanto, neste estudo, as conversões de frutose são próximas de zero e não existe glicose na mistura inicial. Consequentemente, a reação inversa não é cineticamente importante para estes experimentos em particular.

Para testar a equação de taxa de primeira ordem, construímos um gráfico de $-r_F$ *versus* [F], como mostrado na Figura 6-9a.

Se o modelo de primeira ordem se ajusta aos dados, os pontos irão se dispersar *randomicamente* em torno de uma linha reta *que passa pela origem*. A linha reta de "melhor ajuste", passando pela origem, aos presentes dados é mostrada no gráfico. A constante da taxa de primeira ordem, a inclinação desta linha, é igual a 0,0170 (1 μmol)/(mg(enzima) min mmol)).

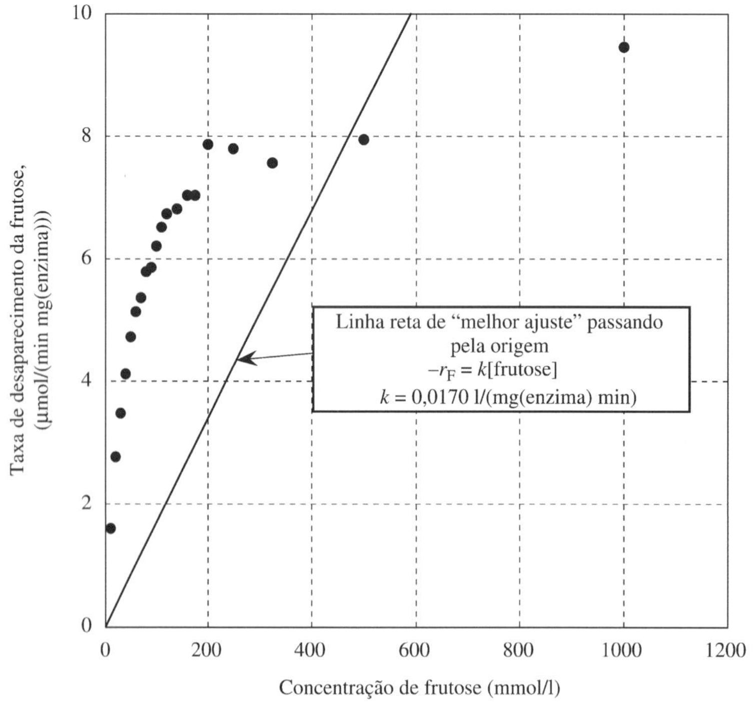


**Figura 6.9a** Teste da equação de taxa de primeira ordem para a isomerização da frutose a 70°C usando xilose isomerase obtida a partir de *T. neapolitana*.

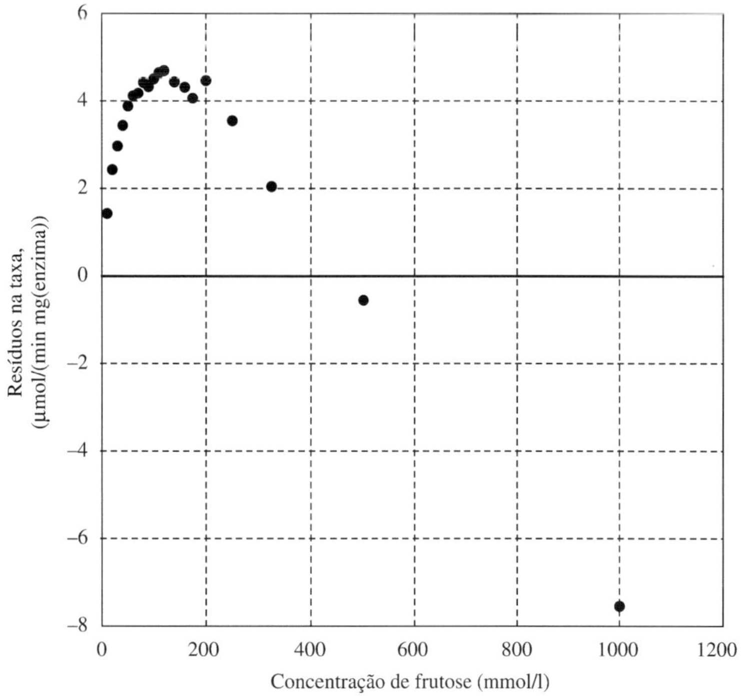


**Figura 6-9b** Gráfico de resíduos para testar a equação de taxa de primeira ordem para a isomerização da frutose usando xilose isomerase obtida a partir de *T. neapolitana*.

Evidentemente, a equação de taxa de primeira ordem fornece um ajuste muito pobre dos dados. Os pontos não estão dispersos randomicamente em torno da linha reta de "melhor ajuste"; o erro é bem sistemático. Na verdade, somente 2 dos 20 pontos estão abaixo da linha de "melhor ajuste". Estes dois pontos têm as taxas e concentrações de frutose mais altas no conjunto de dados.

***Gráficos de Resíduos*** Um procedimento mais formal para testar a "randomicidade" da distribuição de erros é através de um *gráfico de resíduos*. Um "resíduo" é a diferença entre um dado real (um valor experimental de $-r_F$ neste caso) e o valor predito por um modelo. Por exemplo, o resíduo para o dado em $-r_F = 6{,}21$ μmol/(min mg), [F] = 100 mmol/l é $(6{,}21 - 0{,}0170 \times 100) = 4{,}51$ μmol/(min mg). Se um modelo ajustar um conjunto de dados, os resíduos estarão dispersos randomicamente em torno de zero, quando eles são colocados em um gráfico *versus* qualquer variável significativa.

Um gráfico dos resíduos na taxa de reação *versus* a concentração de frutose é mostrado na Figura 6-9b, para a equação de taxa de primeira ordem.

Esta figura mostra que a equação de taxa de primeira ordem não é adequada. Em primeiro lugar, a maioria dos resíduos são muito grandes quando comparados aos valores das taxas experimentais. Em segundo lugar, os resíduos não estão dispersos randomicamente em torno do zero. Os resíduos variam de uma forma bastante sistemática em relação à concentração de frutose. Todos os resíduos positivos ocorrem em concentrações baixas de frutose, $< 500$ mmol/l. Os únicos dois resíduos negativos ocorrem em concentrações de frutose acima deste valor.

Poderíamos construir gráficos de resíduos envolvendo variáveis diferentes da concentração de frutose. Por exemplo, é comum construir um gráfico dos resíduos *versus* os valores medidos da variável dependente, neste caso a taxa de desaparecimento da frutose. Construiremos e discutiremos tal gráfico em breve, quando for testada uma equação de taxa Michaelis–Menten *versus* os dados.

Também poderíamos construir um gráfico dos resíduos *versus* o técnico que realizou cada experimento, para procurar "erros sistemáticos do operador". Outra possibilidade é examinar os resíduos *versus* a fonte de uma matéria-prima-chave, por exemplo, frutose, se o material fosse obtido de mais de uma fonte.

***Gráfico de Paridade*** Um *gráfico de paridade* é usado para apresentar os resultados globais de uma análise visualmente. O gráfico de paridade é especialmente valioso quando um modelo complexo é desenvolvido por uma análise em etapas a partir de vários subconjuntos de dados.

Um gráfico de paridade não é nada mais que um gráfico dos resultados calculados com o modelo (neste caso, a equação de taxa de primeira ordem) *versus* os resultados experimentais. Se o modelo

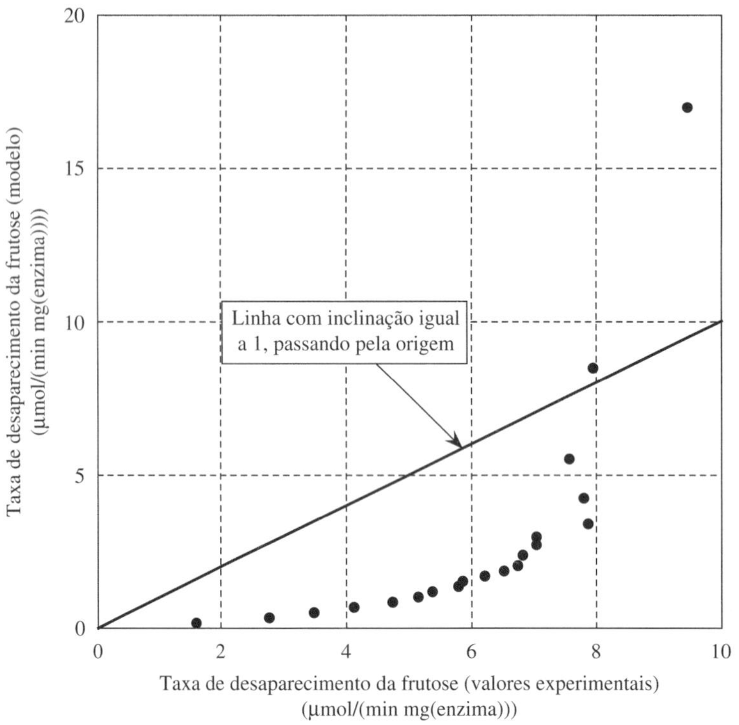


**Figura 6-9c** Gráfico de paridade para testar a equação de taxa de primeira ordem para a isomerização da frutose usando xilose isomerase obtida a partir de *T. neapolitana*.

for perfeito e não existir erro nos dados experimentais, todo ponto em um gráfico de paridade deverá estar sobre uma linha que passa pela origem, com inclinação igual a 1. Na realidade, os dados conterão erros experimentais e irão ter uma dispersão em torno desta linha. Entretanto, se o modelo ajusta os dados, os desvios não serão grandes e a dispersão será randômica.

A Figura 6-9c é um gráfico de paridade para o presente exemplo. Uma vez mais, a deficiência do modelo de primeira ordem é aparente. O modelo estima valores acima dos resultados reais quando as taxas são de baixas a moderadas e valores abaixo dos valores reais quando as taxas são altas. Os desvios entre o modelo e os dados são geralmente grandes, variando sistematicamente e não randomicamente com a concentração da frutose.

### 6.4.1.2 Segunda Hipótese: Equação da Taxa Michaelis–Menten

A equação da taxa Michaelis–Menten

$$V = V_m[S]/(K_m + [S])$$

frequentemente fornece uma boa descrição da cinética de reações enzimáticas simples. Nesta equação, S é a concentração do substrato (reagente), $K_m$ é chamada de constante de Michaelis e $V_m$ é a velocidade máxima da reação. Esta equação de taxa pode ser deduzida a partir de um mecanismo de reação simples e pode fornecer uma compreensão do comportamento da enzima. Para a presente reação, a equação da taxa de Michaelis–Menten pode ser escrita na forma

$$-r_F = k[F]/(K_m + [F])$$

Esta equação de taxa pode ser linearizada de diversas formas. Uma forma é simplesmente inverter ambos os lados, obtendo

$$\frac{1}{-r_F} = \left(\frac{K_m}{k}\right)\left(\frac{1}{[F]}\right) + \frac{1}{k}$$

Se este modelo ajustar os dados, um gráfico de $1/(-r_F)$ *versus* $1/[F]$ será linear, com um coeficiente linear, *I*, igual a $1/k$, e uma inclinação, *S*, igual a $K_m/k$. Em bioquímica, este tipo de gráfico é conhe-

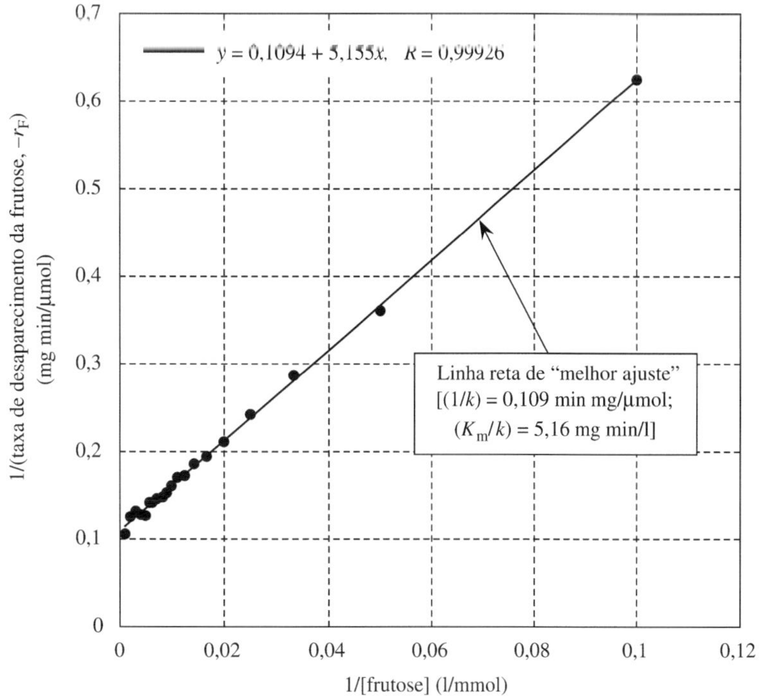


**Figura 6-9d** Teste da equação da taxa Michaelis–Menten para a isomerização da frutose a 70°C usando xilose isomerase obtida a partir de *T. neapolitana*.

cido como gráfico de Lineweaver–Burke. Este gráfico é mostrado na Figura 6-9d para os dados deste exemplo.

O modelo de Michaelis–Menten parece fornecer uma descrição muito melhor dos dados da isomerização da frutose do que o simples modelo de primeira ordem. Os pontos no gráfico da Figura 6-9d estão muito próximos da linha reta de "melhor ajuste" e a dispersão parece ser randômica. Os valores da inclinação e do coeficiente linear são mostrados no gráfico; retornaremos a eles brevemente. Estes valores foram usados para calcular os valores dos resíduos.

A Figura 6-9e é uma forma do gráfico de resíduos para a equação da taxa Michaelis–Menten. Os valores dos resíduos geralmente são muito menores do que foram para a equação de taxa de primeira ordem. Além disto, a dispersão em torno da linha do valor zero é um tanto randômica. Um número igual de pontos está acima e abaixo desta linha.

A Figura 6-9f mostra um gráfico dos resíduos *versus* as taxas de reação medidas. Este tipo de gráfico não foi usado na análise da equação de taxa de primeira ordem. Entretanto, ele aqui possibilita alguma reflexão. Em primeiro lugar, os resíduos parecem estar dispersos randomicamente em torno do zero, sugerindo que não há erros sistemáticos no modelo. Entretanto, os resíduos parecem aumentar quando a taxa aumenta. O gráfico tem como característica uma forma de funil. Isto *não* indica que o modelo é inadequado. Contudo, ele sugere que os erros nos dados são não homogêneos. Uma das considerações na análise dos mínimos quadrados é que os erros são variáveis randômicas, independentes. A Figura 6-9f sugere que esta consideração é questionável para os dados presentes. Infelizmente, gráficos de resíduos que se assemelham ao da Figura 6-9f não são incomuns na análise de dados científicos. Uma discussão mais completa da interpretação de gráficos de resíduos pode ser encontrada em vários livros-texto.[2]

Finalmente, a Figura 6-9g é um gráfico de paridade para a equação da taxa Michaelis–Menten. Esta equação de taxa fornece um ajuste muito melhor dos dados experimentais do que a equação de taxa de primeira ordem. A dispersão no gráfico de paridade é randômica, apesar de a magnitude dos desvios parecerem aumentar quando a taxa aumenta, de forma consistente com as conclusões tiradas da Figura 6-9f. Gráficos de paridade podem ser usados para identificar pontos "fora da curva". Entretanto, não há evidência da presença de tais pontos na Figura 6-9g.

[2]Por exemplo: Hines, W. W., Montgomery, D. C., Goldsman, D. M., e Borror, C. M., *Probability and Statistic in Engineering*, 4.ª edição, John Wiley & Sons, Inc. (2003); Walpole, R. E., Myers, R. H., Myers, S. L., e Ye, K., *Probability and Statistics for Engineers & Scientists*, 7.ª edição, Prentice-Hall, Inc. (2002).

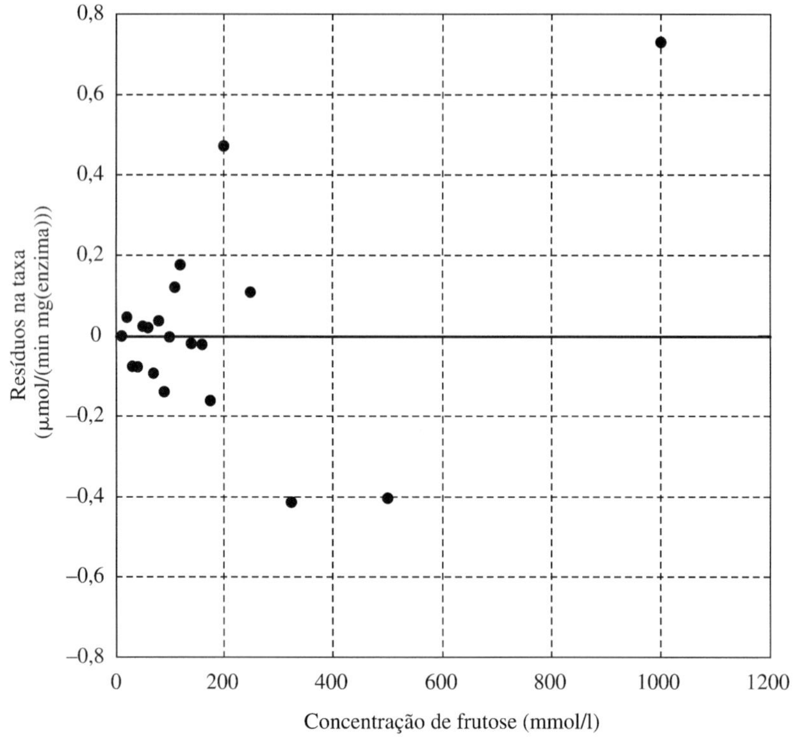


**Figura 6-9e** Uma forma de gráfico de resíduos para testar a equação da taxa Michaelis–Menten para a isomerização da frutose usando xilose isomerase obtida a partir de *T. neapolitana*. Os resíduos na taxa de reação são colocados em um gráfico *versus* a concentração da frutose.

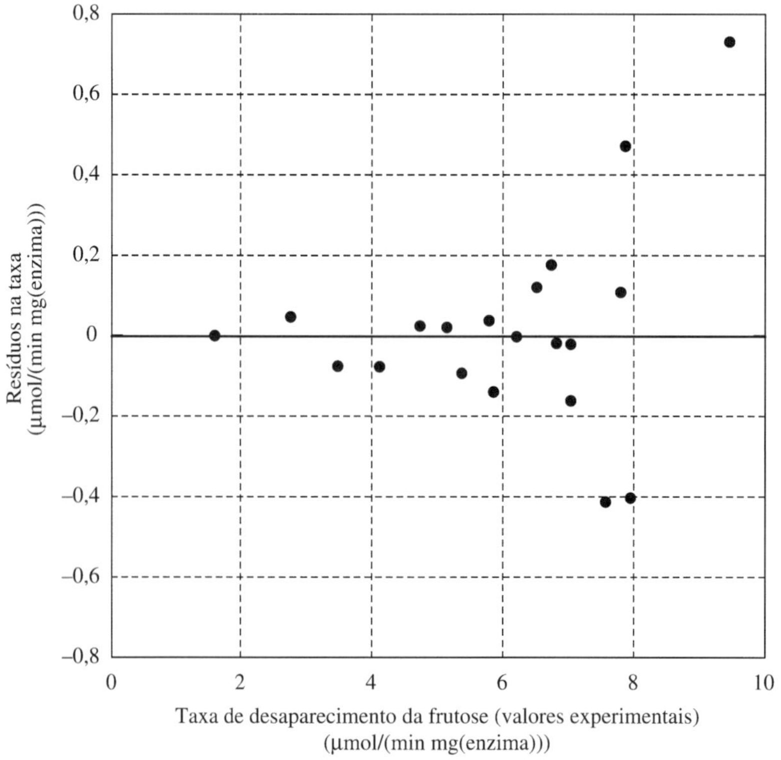


**Figura 6-9f** Outra forma de gráfico de resíduos para testar a equação da taxa Michaelis–Menten para a isomerização da frutose usando xilose isomerase obtida a partir de *T. neapolitana*. Os resíduos na taxa de reação são colocados em um gráfico *versus* os valores experimentais da taxa de reação.

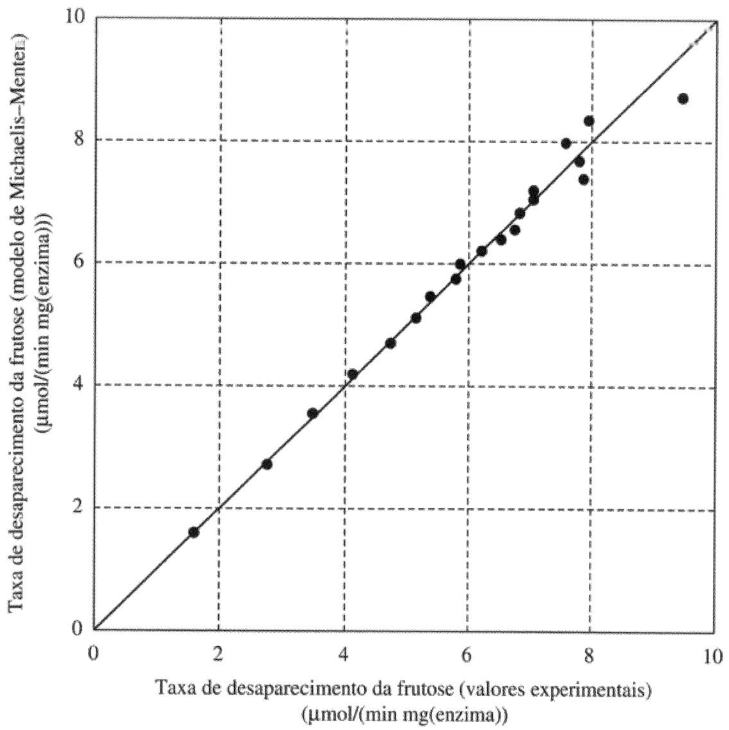


**Figura 6-9g** Gráfico de paridade para testar a equação da taxa Michaelis–Menten para a isomerização da frutose usando xilose isomerase obtida a partir de *T. neapolitana*.

***Constantes na Equação de Taxa: Análise de Erros*** Como mostrado anteriormente, o valor para o "melhor ajuste" do coeficiente linear na Figura 6-9d é de 0,109 mim mg/mol. Como o coeficiente linear corresponde a $1/k$, o valor de $k$ é igual a $1/0{,}109 = 9{,}17$ μmol/(mg min). O valor para o "melhor ajuste" da inclinação é de 5,16 mg min mmol/(μmol l). Como a inclinação da linha é $K_m/k$, o valor de $K_m$ é de 47,3 mol/l.

A incerteza nos valores da inclinação e do coeficiente linear pode ser calculada por técnicas estatísticas-padrão. Estes cálculos são diretos utilizando uma planilha EXCEL. Um exemplo é fornecido no Apêndice 6-C. Na verdade, os cálculos podem ser realizados "automaticamente" com o pacote "Análise de Dados" ("*Data Analysis*") no EXCEL.

Seja $y_i$ um valor medido experimentalmente da variável dependente $y$, e seja $\hat{y}_i$ o valor de $y$ predito pela equação obtida pela análise dos mínimos quadrados linear. A *soma dos quadrados dos erros* ($SS_E$) é dada por

$$SS_E = \sum_{i=1}^{N} (y_i - \widehat{y}_i)^2$$

Neste somatório, $N$ é número de pontos que foi usado para estabelecer a linha reta de "melhor ajuste". O valor de $SS_E$ é facilmente calculado com a planilha, como mostrado no Apêndice 6-C. O erro quadrado médio ($MS_E$) está relacionado diretamente à soma dos quadrados dos erros:

$$MS_E = SS_E/(N - 2)$$

Os valores da inclinação $S$ e do coeficiente linear $I$ que foram estimados utilizando a análise dos mínimos quadrados contêm alguma incerteza em função dos erros nos dados. Seja $\bar{x}$ a média de todos os valores de $x$ e seja $S_{xx}$ definida por

$$S_{xx} = \sum_{i=1}^{N} (x_i - \bar{x})^2$$

A *variância* da inclinação, uma medida da incerteza no valor de $S$ obtido da análise dos mínimos quadrados, é dada por

$$V(S) = MS_E/S_{xx}$$

Para o presente exemplo, o valor de $V(S)$ é de 0,00219 (mg min mmol/(μmol l))$^2$. O cálculo de $V(S)$ é mostrado no Apêndice 6-C.

O *erro-padrão estimado* da inclinação é dado por

$$s_S = \sqrt{V(S)}$$

Para este problema, o valor de $s_S$ é igual a 0,0468 (mg min mmol/(μmol l)).

A variância do coeficiente linear é dada por

$$V(I) = \text{MS}_\text{E}\left[\frac{1}{\text{N}} + \frac{\bar{x}^2}{S_{\text{xx}}}\right]$$

Para este exemplo, o valor de $V(I)$ é de $1{,}73 \times 10^{-6}$ (mg min/μmol)$^2$, como mostrado no Apêndice 6-C. O erro-padrão estimado do coeficiente linear é

$$s_I = \sqrt{V(I)}$$

O valor numérico de $s_I$ para este problema é igual a 0,00132 mg min/μmol.

Todos os parâmetros que foram calculados até este ponto, mais um grupo de parâmetros adicionais, podem ser obtidos diretamente utilizando a ferramenta "Regressão" ("*Regression*"), que está no submenu "Análise de Dados" ("*Data Analysis*") do menu "Ferramentas" ("*Tools*") no EXCEL. Uma impressão da saída da "Análise de Dados" para o presente problema é mostrada no Apêndice 6-C.

Neste exemplo, estamos mais interessados na incerteza de $k$ e $K_m$ do que na incerteza da inclinação e do coeficiente linear. O erro-padrão estimado em $k$ pode ser aproximado através de cálculos simples. Como $k = 1/I$, $|dk| = |dI|/I^2$. Consequentemente,

$$s_k \equiv s_I/I^2 = 0{,}00132/(0{,}109)^2 \ \mu\text{mol/(mg min)} = 0{,}110 \ \mu\text{mol/(mg min)}$$

O erro em $K_m$ pode ser obtido de forma similar. Como $K_m = S/I$, $|dK_m| = \{(|dS| / I) + (S|dI| / I^2)\}$. Consequentemente,

$$s_{K_m} \cong (s_S/I) + (s_I S/I^2) = (0{,}0468)/(0{,}109) + (0{,}00132) = 5{,}16/(0{,}109)^2$$
$$= 1{,}02 \text{ mmol/l}$$

Os erros-padrão estimados em $k$ e $K_m$ são pequenos comparados aos valores destas constantes, resultado consistente com o excelente ajuste da equação da taxa Michaelis–Menten mostrado na Figura 6-9d.

***Mínimos Quadrados Não Linear*** Estimativas similares da acurácia e da precisão dos parâmetros estimados podem ser feitas quando os cálculos são realizados com um programa de regressão não linear. Uma discussão de como desenvolver estas estimativas está além do escopo deste livro. Muitos programas NLLS "prontos" produzem estes resultados automaticamente.

### 6.4.2 Equações de Taxa Contendo Mais do que Uma Concentração (Reprise)

A Seção 6.2.2 deste capítulo tratou da análise gráfica de dados nos quais a taxa é afetada pelas concentrações de mais de uma espécie. Se os experimentos forem planejados de forma apropriada, técnicas gráficas podem ser utilizadas para analisar os dados preliminarmente. Entretanto, em alguns casos, os experimentos podem não ter sido planejados para facilitar a análise gráfica por etapas dos dados, de tal forma que não seja possível isolar os efeitos de cada concentração. Em tal situação, a regressão linear múltipla pode ser usada para começar a análise dos dados.

Considere a reação

$$\text{A} + \text{B} \rightarrow \text{C} + \text{D}$$

que pode (ou não pode) ser descrita pela equação de taxa

$$-r_\text{A} = \frac{kC_\text{A}C_\text{B}}{(1 + K_\text{A}C_\text{A} + K_\text{B}C_\text{B} + K_C C_C + K_\text{D}C_\text{D})^2}$$

Esta equação pode ser linearizada para

$$\left(\frac{C_A C_B}{-r_A}\right)^{1/2} = \frac{1}{\sqrt{k}} + \frac{K_A}{\sqrt{k}} C_A + \frac{K_B}{\sqrt{k}} C_B + \frac{K_C}{\sqrt{k}} C_C + \frac{K_D}{\sqrt{k}} C_D$$

Se um subconjunto de dados estivesse disponível no qual os valores de três concentrações, digamos $C_A$, $C_B$ e $C_C$, fossem constantes, enquanto o valor da quarta concentração $C_D$ variasse então a análise de dados poderia ser iniciada usando a técnica gráfica já descrita. Na ausência deste tipo de dados, um programa de regressão linear múltipla, tal como o presente no pacote "Análise de Dados" ("*Data Analysis*") no EXCEL, pode ser usado para estimar valores para $1/\sqrt{k}$, $K_A/\sqrt{k}$, $K_B/\sqrt{k}$, $K_C/\sqrt{k}$ e $K_D/\sqrt{k}$. Valores de $k$, $K_A$, $K_B$, $K_C$ e $K_D$ podem então ser calculados, juntamente com estimativas de suas precisões. Finalmente, valores de $-r_A$ podem ser calculados a partir do modelo.

Neste ponto, o ajuste do modelo aos dados tem que ser avaliado cuidadosamente, uma vez que não foi possível realizar uma análise gráfica inicial. Gráficos de resíduos devem ser construídos para identificar qualquer erro sistemático entre os dados e o modelo. Para este exemplo, no mínimo quatro gráficos de resíduos são apropriados, isto é, gráficos dos resíduos em $-r_A$ *versus* $C_A$, $C_B$, $C_C$, e $C_D$. Um gráfico de paridade deve também ser preparado para permitir uma comparação visual do modelo e dos dados, e permitir que pontos "fora da curva" sejam identificados. Finalmente, a estimativa dos parâmetros deve ser refinada através de regressão não linear.

Após um modelo ter sido completamente avaliado, alternativas devem ser exploradas, usando o mesmo procedimento. Para o presente exemplo, seria certamente desejável testar a equação de taxa:

$$-r_A = \frac{kC_A C_B}{(1 + K_A C_A + K_B C_B + K_C C_C + K_D C_D)}$$

# RESUMO DE CONCEITOS IMPORTANTES

- Equações de taxa e as formas integradas das equações de taxa podem ser testadas visualmente *versus* dados experimentais. A equação de taxa é primeiramente linearizada e os dados são então colocados em um gráfico que permita a representação de uma linha reta, conforme sugestão da equação de taxa linearizada.
- Análise de mínimos quadrados linear pode ser usada para obter os valores de "melhor ajuste" dos parâmetros desconhecidos em uma equação de taxa linearizada.
- Análise de mínimos quadrados não linear pode ser utilizada para obter os valores de "melhor ajuste" dos parâmetros desconhecidos em um modelo de taxa não linear. Regressões não lineares elementares podem ser realizadas usando a função SOLVER no EXCEL.
- Um gráfico de paridade é uma forma direta para avaliar visualmente o ajuste de um modelo a dados experimentais.
- Gráficos de resíduos podem ser usados para detectar erro sistemático entre um modelo e uma das variáveis independentes no modelo.

# PROBLEMAS

**Problema 6-1 (Nível 1)** Shreiber[3] estudou a dimerização do formaldeído para formiato de metila

$$2CH_2O \rightarrow HCOOCH_3$$

usando um reator de lama contínuo que comportou-se como um CSTR ideal. O catalisador foi cobre Raney. Alguns dos dados, a 325°C, são fornecidos na tabela ao lado.

1. A equação de taxa a seguir foi sugerida;

$$r_{C_2H_4O_2} = k(p_{HCHO})^2$$

onde $r_{C_2H_4O_2}$ é a taxa de formação do formiato de metila. Teste esta equação de taxa *versus* os dados. Discuta o ajuste da equação de taxa aos dados.

2. Considerando que a equação de taxa é aceitável, qual é o valor de $k$?
3. Qual é o erro-padrão estimado para a constante da taxa?

Dados cinéticos selecionados para a formação de formiato de metila a partir de formaldeído ($T$ = 325°C; Cu Raney)

| Pressão parcial de formaldeído ($p_{HCHO}$) (psi) | Taxa de formação de formiato de metila (mol/(g cat h)) |
|---|---|
| 0,1797 | 3,63E-02 |
| 0,2916 | 8,51E-02 |
| 0,2495 | 8,12E-02 |
| 0,4976 | 2,64E-01 |
| 0,5031 | 2,51E-01 |
| 0,4630 | 2,46E-01 |
| 0,4077 | 1,93E-01 |
| 0,3894 | 1,52E-01 |
| 0,4217 | 1,78E-01 |
| 0,0613 | 3,75E-03 |

**Problema 6-1A (Nível 2)** O memorando a seguir está na caixa de entrada de seu correio eletrônico na segunda-feira às 8 horas da manhã:

[3]Shreiber, E. H., "*In situ* formaldehyde generation for environmentally benign chemical synthesis," *Tese de Ph.D.*, North Carolina State University (1999).

Para: U. R. Loehmann
De: I. M. DeBosse
Assunto: Formiato de Metila
U.R.,
Como você sabe, a Cauldron Chemical Company tem um interesse estratégico no formiato de metila. Shreiber[3] estudou a dimerização do formaldeído para formiato de metila:

$$2CH_2O \rightarrow HCOOCH_3$$

usando um reator de lama contínuo que comportou-se como um CSTR ideal. O catalisador foi cobre Raney. Alguns dos dados de Shreiber a 325°C são fornecidos na tabela a seguir:

Dados cinéticos selecionados para a formação de formiato de metila a partir de formaldeído ($T$ = 325°C; Cu Raney)

| Pressão parcial de formaldeído ($p_{HCHO}$) (psi) | Taxa de formação de formiato de metila (mol/(g cat h)) |
|---|---|
| 0,1797 | 3,63E-02 |
| 0,2916 | 8,51E-02 |
| 0,2495 | 8,12E-02 |
| 0,4976 | 2,64E-01 |
| 0,5031 | 2,51E-01 |
| 0,4630 | 2,46E-01 |
| 0,4077 | 1,93E-01 |
| 0,3894 | 1,52E-01 |
| 0,4217 | 1,78E-01 |
| 0,0613 | 3,75E-03 |

Veja se você pode encontrar uma simples equação de taxa de lei da potência que ajuste os dados. Trabalhe em termos de pressões parciais em vez de concentrações. Encontre o valor da constante da taxa.

Por favor, escreva-me um memorando curto (não mais do que uma página) fornecendo os resultados de sua análise. Anexe seus cálculos, gráficos etc. ao memorando, de modo a estarem disponíveis caso alguém queira revisá-los em detalhes.

Obrigado,
I. M.

**Problema 6-2 (Nível 3)**[4] A desidratação na fase vapor de etanol para éter dietílico e água

$$2C_2H_5OH \rightleftarrows (C_2H_5)_2O + H_2O$$

foi realizada a 120°C sobre um catalisador sólido (um copolímero sulfonado de estireno e divinilbenzeno em forma de ácido). A tabela a seguir mostra alguns dados experimentais para a taxa de reação como uma função da composição. Nesta tabela, o subscrito "A" representa o etanol, "E" representa o éter dietílico e "W" a água.

1. Usando uma análise gráfica, mostre que a equação de taxa

$$-r_A = \frac{k[p_A^2 - (p_E p_W / K_{eq})]}{(1 + K_A p_A + K_E p_E + K_W p_W)^2}$$

Dados experimentais para a desidratação do etanol

| Número do experimento | Taxa de reação, $-r_A$ ($\times 10^4$) (mol/(g cat min)) | Pressões parciais (atm) A | E | W |
|---|---|---|---|---|
| 3–1 | 1,347 | 1,000 | 0,000 | 0,000 |
| 3–2 | 1,335 | 0,947 | 0,053 | 0,000 |
| 3–3 | 1,288 | 0,877 | 0,123 | 0,000 |
| 3–4 | 1,360 | 0,781 | 0,219 | 0,000 |
| 3–6 | 0,868 | 0,471 | 0,529 | 0,000 |
| 3–7 | 1,003 | 0,572 | 0,428 | 0,000 |
| 3–8 | 1,035 | 0,704 | 0,296 | 0,000 |
| 3–9 | 1,068 | 0,641 | 0,359 | 0,000 |
| 4–1 | 1,220 | 1,000 | 0,000 | 0,000 |
| 4–2 | 0,571 | 0,755 | 0,000 | 0,245 |
| 4–3 | 0,241 | 0,552 | 0,000 | 0,448 |
| 4–4 | 0,535 | 0,622 | 0,175 | 0,203 |
| 4–7 | 1,162 | 0,689 | 0,000 | 0,000 |

ajusta os dados da tabela razoavelmente bem. O parâmetro $K_{eq}$ é a constante de equilíbrio para a reação a 120°C, baseada em pressão. Calcule o valor de $K_{eq}$ usando dados termodinâmicos.

2. A partir de sua análise gráfica, estime os valores das constantes $k$, $K_A$, $K_E$ e $K_W$.
3. Determine os valores destas quatro constantes usando regressão *linear* múltipla.
4. Determine os valores das quatro constantes usando regressão *não linear.*
5. Compare os valores de $k$, $K_A$, $K_E$ e $K_W$ da Parte 4 com aqueles dados na Tabela 3 do artigo referenciado.
6. O artigo referenciado contém um ponto adicional a 120°C, que foi obtido com um reator de configuração diferente. Para este ponto: $p_A = 0{,}381$ atm; $p_E = 0$; $p_W = 0{,}619$ atm e $-r_A = 0{,}0866 \times 10^{-4}$ mol/(g cat min). A equação de taxa, com as constantes determinadas na Parte 4, descreve bem estes dados?

**Problema 6-3 (Nível 2)** Yadwadkar[5] estudou a cinética da saponificação do acetato de metila:

$$CH_3-\overset{O}{\overset{\|}{C}}-O-CH_3 + NaOH \longrightarrow CH_3-\overset{O}{\overset{\|}{C}}-O^-Na^+ + CH_3OH$$

em um reator PFR isotérmico. A temperatura foi de 25°C, uma mistura acetona–água foi usada como solvente e as concentrações iniciais do acetato de metila e do hidróxido de sódio foram ambas iguais a 0,05 gmol/l. Os dados experimentais são fornecidos na tabela seguinte.

1. Encontre uma equação de taxa que descreva adequadamente os dados apresentados na tabela anterior. Especifique os valores numéricos de todas as constantes desconhecidas na equação de taxa.
2. Usando *somente* a informação fornecida anteriormente, é possível determinar as ordens individuais em relação aos dois reagentes? Se sim, quais são os valores apropriados? Se não, quais experimentos adicionais devem ser realizados para se obter as ordens individuais na reação?

---

[4]Adaptado de Kabel, R. L. e Johanson, L. N., Reaction kinetics and adsorption equilibrium in the vapor-phase dehydrogenation of ethanol, *AIChE J.*, 8(5), 623 (1962).

[5]Yadwadkar, S. R., The influence of shear stress on the kinetics of chemical reactions, Tese de M.S., Washington University (St. Louis) (1972).

Cinética da saponificação de acetato de metila

| Experimento | Tempo espacial, (s) | Conversão do NaOH |
|---|---|---|
| 1 | 34,4 | 0,208 |
| 2 | 69,0 | 0,321 |
| 3 | 139 | 0,498 |
| 4 | 69,5 | 0,342 |
| 5 | 139 | 0,466 |
| 6 | 281 | 0,670 |
| 7 | 94,8 | 0,415 |
| 8 | 189 | 0,580 |

**Problema 6-4**[6] **(Nível 2)** A reação de cloreto de tritila com metanol (MeOH) a 25°C na presença de piridina e fenol é estequiometricamente simples e essencialmente irreversível.

$$(C_6H_5)_3CCl + CH_3OH \rightarrow (C_6H_5)_3COCH_3 + HCl$$

Fenol não reage com cloreto de tritila enquanto ainda exista a presença de algum metanol. Os dados na tabela a seguir foram usados para estudar a cinética da reação. Um reator batelada, isotérmico e ideal, foi usado.

Suponha que a reação é de segunda ordem global e que as concentrações dos produtos não entrem na equação da taxa de reação.

1. Se a reação é de segunda ordem global, quais valores das ordens individuais do cloreto de tritila e do metanol fornecem a melhor descrição da cinética observada? Limite a sua análise a ordens inteiras, isto é: 0, 1 ou 2. Qual é o valor aproximado da constante da taxa no melhor modelo cinético?
2. A equação de taxa $-r_{MeOH} = k[MeOH]^2$[cloreto de tritila] fornece uma melhor descrição dos dados do que a equação de taxa que você encontrou na Parte 1?

Dados para a reação cloreto de tritila/metanol
Temperatura: 25°C
Solvente: benzeno seco
Concentrações iniciais:

| | | |
|---|---|---|
| $CH_3OH$ | - | 0,054 gmol/l |
| $(C_6H_5)_3CCl$ | - | 0,106 gmol/l |
| Fenol | - | 0,056 gmol/l |
| Piridina | - | 0,108 gmol/l |

| Tempo (min) | Conversão do metanol |
|---|---|
| 39 | 0,318 |
| 53 | 0,420 |
| 55 | 0,389 |
| 91 | 0,582 |
| 127 | 0,702 |
| 203 | 0,834 |
| 258 | 0,870 |
| 434 | 0,924 |
| 1460 | 0,976 |

**Problema 6-5 (Nível 1)** Acredita-se que a isomerização de *cis*-2-wolfteno para *trans*-2-wolfteno seja elementar. A cinética da reação foi estudada em um reator batelada ideal, isotérmico e a volume constante. A tabela a seguir mostra os resultados de uma corrida a 30°C, usando *ramsoil* como um solvente. Wofteno forma uma solução ideal em *ramsoil*.

Concentrações de *cis*- e *trans*-2-wolfteno em *ramsoil* como uma função do tempo a 30°C

| Tempo (h) | Concentração (mol/l) | |
|---|---|---|
| | *cis*-2-wolfteno | *trans*-2-wolfteno |
| 0 | 1,00 | 0 |
| 1 | 0,821 | — |
| 2 | 0,700 | — |
| 4 | 0,522 | — |
| 8 | 0,380 | — |
| 96 | 0,310 | — |
| 168 | 0,310 | 0,690 |

Em outro experimento a 50°C, no mesmo sistema com a mesma solução inicial, a concentração de *cis*-2-wolfteno era 0,452 mol/l após 15 min e 0.310 mol/l após 168 h.

1. Os dados a 30°C suportam a hipótese de que a reação é elementar? Mostre como você chegou a sua conclusão.
2. A reação é endotérmica ou exotérmica? Apresente a sua argumentação.
3. Se o valor da constante da taxa direta for 0,200 $h^{-1}$ a 30°C e 4,38 $h^{-1}$ a 50°C, qual é o valor da energia de ativação da reação direta?

**Problema 6-6 (Nível 1)** A reação catalítica em fase gasosa A → B é realizada em um reator de escoamento pistonado ideal, isotérmico, que é preenchido com partículas de catalisador. Alguns dados do desempenho do reator são mostrados na tabela a seguir.

| Tempo espacial h kg(catalisador)/l | Conversão de A ($x_A$) |
|---|---|
| 1 | 0,32 |
| 5 | 0,55 |
| 20 | 0,90 |
| 30 | 0,96 |

Esses dados são consistentes com a hipótese de que a reação é de primeira ordem e irreversível? Mostre a sua análise e explique suas considerações.

**Problema 6-7 (Nível 1)** Os dados a seguir foram obtidos para a reação irreversível, em fase gasosa,

$$A + B \rightarrow R + S$$

usando um reator de escoamento pistonado ideal e isotérmico. A alimentação era formada por uma mistura estequiométrica de A e B em $N_2$. A concentração de A na alimentação foi de 0,005 mol/l.

| Tempo espacial, $\tau$ (min) | Concentração de A na saída, mol/l |
|---|---|
| 200 | 0,00250 |
| 600 | 0,00125 |

Os dados da tabela são consistentes com a suposição de que a reação é de segunda ordem global? Defenda a sua resposta quantitativamente.

[6]Adaptado de Swain, C. G., Kinetic evidence for a termolecular mechanism in displacement reactions of triphenylmethyl halides in benzene solution, *J. Am. Chem. Soc.*, 70, 1119 (1948).

**Problema 6-8 (Nível 1)** Tolueno (T) pode ser produzido através da desidrogenação de metil-ciclo-hexano (M) sobre vários catalisadores com metais de transição:

$$M \rightarrow T + 3H_2$$

Sinfelt e colaboradores[7] estudaram a cinética desta reação sobre catalisador $Pt/Al_2O_3$ em um reator de escoamento pistonado diferencial. Os dados mostrando a taxa de reação ($r_T$) como uma função da pressão parcial de M ($p_M$), a 315°C, estão resumidos na tabela a seguir.

| $p_M$ (atm) | $r_T$ (g(T formado)/(h g(cat)) |
|---|---|
| 0,36 | 0,012 |
| 0,36 | 0,012 |
| 0,07 | 0,0086 |
| 0,24 | 0,011 |
| 0,72 | 0,013 |

Determinou-se que a taxa de formação de T pode ser considerada aproximadamente como independente da pressão parcial de M, em altas pressões. Isto levou à proposta da equação de taxa a seguir:

$$r_T = \frac{kbp_M}{1 + bp_M}$$

onde $k$ e $b$ são constantes, que são funções de temperatura.

1. A equação de taxa proposta se ajusta aos dados experimentais? Mostre como você chegou a sua conclusão.
2. Determine os valores das constantes $k$ e $b$ usando *todos* os dados disponíveis. Uma análise gráfica é suficiente.

**Problema 6-9 (Nível 1)** A cinética da reação irreversível em fase gasosa A → B foi estudada em um CSTR ideal. Em um experimento, o dado a seguir foi obtido em um reator com um volume de 0,50 l, operando a uma temperatura $T_1$ e a uma pressão $P_1$.

| Número do experimento | Vazão volumétrica na entrada a $T_1$ e $P_1$ | Concentrações de entrada, mol/l | | Concentrações de saída, mol/l | |
|---|---|---|---|---|---|
| | | A | B | A | B |
| 4 | 0,25 l/h | 0,020 | 0,0050 | 0,0035 | 0,0215 |

1. Qual foi a taxa de desaparecimento de A (mol/(l h)) no Experimento de número 4?

O conjunto completo de resultados experimentais é mostrado na tabela seguir.

| Número do experimento | Taxa de reação $(-r_A)$(mol/(l h)) | Concentrações de entrada, (mol/l) | | Concentrações de saída, (mol/l) | |
|---|---|---|---|---|---|
| | | A | B | A | B |
| 1 | 0,152 | 0,025 | 0 | 0,015 | 0,010 |
| 2 | 0,0674 | 0,015 | 0,010 | 0,010 | 0,015 |
| 3 | 0,0285 | 0,015 | 0,010 | 0,0065 | 0,0185 |
| 4 | | 0,020 | 0,0050 | 0,0035 | 0,0215 |

2. A equação de taxa $-r_A = kC_A^2$ se ajusta aos dados experimentais? Justifique a sua resposta utilizando uma análise gráfica.

**Problema 6-10 (Nível 1)** A cinética da reação em fase líquida catalisada por enzima

$$A \rightarrow P + Q$$

foi estudada em um reator batelada isotérmico e ideal. Acredita-se que a equação de taxa seja

$$-r_A \text{ (mol/(l s))} = kC_A/(1 + K_PC_P)$$

Em um determinado experimento, as concentrações de A, P e Q foram medidas como uma função do tempo. A concentração inicial de A neste experimento foi $C_{A0}$. Inicialmente não havia a presença de P ou de Q, isto é, $C_{P0} = C_{Q0} = 0$.

1. Demonstre como você usaria o método *integral* de análise de dados para testar (graficamente) esta equação de taxa *versus* os dados experimentais. Faça qualquer operação matemática que seja necessária. Esboce o gráfico que você faria, mostrando o que você escolheria para ordenada e para abscissa.
2. Considerando que esta equação de taxa se ajustou aos dados, como você obteria estimativas para $k$ e $K_P$ a partir do gráfico que você construiu?

**Problema 6-11 (Nível 2)** A reação A + B → C + D foi estudada em um reator de escoamento pistonado diferencial, com os resultados a seguir:

| Temperatura, (K) | Taxa de desaparecimento de A $-r_A$, (mol/(l min)) | Concentrações, (mol/l) | |
|---|---|---|---|
| | | A | B |
| 373 | 0,0214 | 0,10 | 0,20 |
| 373 | 0,0569 | 0,25 | 0,20 |
| 373 | 0,144 | 0,65 | 0,20 |
| 373 | 0,235 | 1,00 | 0,20 |
| 373 | 0,0618 | 0,40 | 0,10 |
| 373 | 0,228 | 0,90 | 0,25 |
| 373 | 0,211 | 0,55 | 0,60 |
| 373 | 0,0975 | 0,20 | 0,95 |

[7] Sinfelt, J. H., et al., *J. Phys. Chem.*, 64, 1559 (1990).

A equação de taxa $r_A = kC_A^{\alpha}C_B^{\beta}$ se ajusta aos dados? Se sim, quais são os valores aproximados de $\alpha$, $\beta$ e $k$?

**Problema 6-12 (Nível 1)** A cinética da reação de brometo de hexametilenotetramina $[(CH_2)_6N_4Br_4]$ (A) com ácido tiomálico $[HOOCCH_2CH(SH)COOH]$ (B) para formar ácido ditiomálico (C) foi estudada por Gangwani e colaboradores.[8] A reação é estequiometricamente simples e pode ser representada por

$$A + 4B \rightarrow 2C + \text{outros produtos}$$

A reação foi realizada em ácido acético glacial a 298 K. Alguns dos dados são fornecidos na tabela a seguir.

| $-r_A \times 10^6$ (mol/(l s)) | $C_A \times 10^3$ (mol/l) | $C_B$ (mol/l) |
|---|---|---|
| 6,64 | 1,0 | 0,10 |
| 10,30 | 1,0 | 0,20 |
| 14,10 | 1,0 | 0,40 |
| 17,40 | 1,0 | 0,80 |
| 19,50 | 1,0 | 1,50 |
| 20,90 | 1,0 | 3,00 |
| 22,00 | 2,0 | 0,20 |
| 40,40 | 4,0 | 0,20 |
| 64,80 | 6,0 | 0,20 |
| 84,80 | 8,0 | 0,20 |

Acredita-se que a reação seja de primeira ordem em A e de primeira ordem em B. Este modelo se ajusta aos dados? Mostre como você chegou a sua conclusão. Se o modelo se ajustar aos dados, qual é o valor da constante da taxa?

**Problema 6-13 (Nível 3)** A desidratação de misturas de metanol e isobutanol para formar éteres e olefinas foi estudada usando um catalisador ácido sulfônico (Nafion H).[9] Em altas pressões, o dimetil-éter (DME) é o produto dominante. A reação do metanol para formar DME é uma reação de desidratação:

$$2CH_3OH \rightleftarrows \underset{\text{(DME)}}{CH_3OCH_3} + H_2O$$

A equação de taxa para a formação do DME é postulada ser

$$r_{DME} = \frac{k_1 K_M^2 p_M^2}{(1 + K_M p_M + K_B p_B)^2} \qquad (6\text{-}1)$$

na qual $p_M$ é a pressão parcial de metanol, $p_B$ é a pressão parcial do isobutanol, e $K_M$ e $K_B$ são as correspondentes constantes de equilíbrio de adsorção.

Para testar a equação de taxa parcialmente, dados cinéticos foram obtidos usando um reator de escoamento pistonado diferencial a 375 K e a uma pressão total de $1{,}34 \times 10^3$ kPa. Para uma alimentação constituída somente de metanol e nitrogênio, os dados a seguir foram obtidos.

| $r_{DME}$ (mol/(kg(cat) h)) | $p_M$ (kPa) |
|---|---|
| 0,155 | 30 |
| 0,156 | 40 |
| 0,200 | 80 |
| 0,217 | 120 |
| 0,219 | 160 |
| 0,220 | 240 |

1. Faça uma análise gráfica para determinar se a equação de taxa postulada se ajusta aos dados da tabela. Determine os "melhores" valores das constantes desconhecidas da taxa e de equilíbrio, $k_1$ e $K_M$, a partir dos resultados da análise gráfica.
2. Faça uma análise com regressão não linear para determinar os "melhores" valores de $k_1$ e $K_M$ para o modelo da Equação 6-1. Compare estes valores com aqueles obtidos na Parte 1.

**Problema 6-14 (Nível 1)** Brometo de hexametilenotetramina $[(CH_2)_6N_4Br_4]$, abreviado por HABR, pode oxidar ácido tioglicólico (ATG), abreviado por RSH, para o dissulfeto correspondente, abreviado por RSSR. A reação global pode ser representada por

$$4RSH + HABR \rightarrow 2RSSR + 4HBr + (CH_2)_6N_4$$

Gangwani et al.[8] estudaram a cinética desta reação a 298 K utilizando ácido acético glacial como um solvente. Experimentos foram realizados em um reator batelada ideal usando um grande excesso de ATG em relação ao HABR.

A taxa da reação inicial foi medida em várias combinações de concentrações iniciais. Os resultados são mostrados na tabela a seguir:

| ATG (mol/l) | HABR (mol/l) | $-r_{HABR} \times 10^6$ (mol/(l s)) |
|---|---|---|
| 0,10 | 0,001 | 2,33 |
| 0,20 | 0,001 | 3,76 |
| 0,40 | 0,001 | 5,41 |
| 0,80 | 0,001 | 6,92 |
| 1,5 | 0,001 | 7,97 |
| 3,0 | 0,001 | 8,72 |
| 0,20 | 0,002 | 6,66 |
| 0,20 | 0,004 | 15,6 |
| 0,20 | 0,006 | 21,4 |
| 0,20 | 0,008 | 24,0 |

Qual a qualidade do ajuste da equação de taxa

$$-r_{HABR} = k[HABR][ATG]/(1 + K[ATG])$$

aos dados? Determine valores de $k$ e $K$ usando a análise gráfica.

**Problema 6-15 (Nível 1)** Xu et al.[10] estudaram a hidrogenação de poliestireno para poli(ciclo-hexiletileno) usando um catalisador $Pd/BaSO_4$ em um reator batelada isotérmico. A reação é como apresentada a seguir.

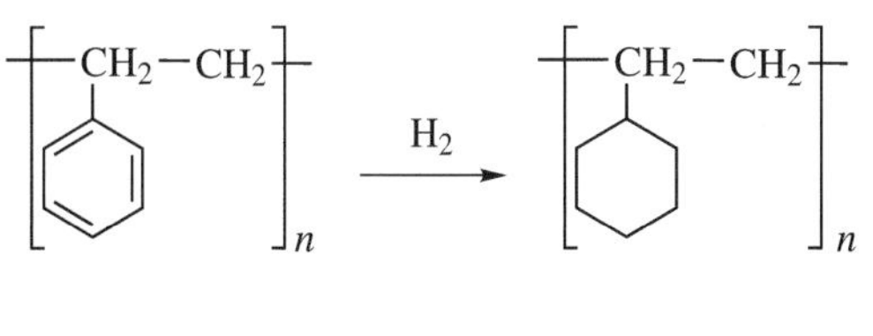


[8]Gangwani, H., Sharma, P. K., e Banerji, K. K., Kinetics and Mechanism of the oxidation of some thioacids by hexamethylenetetramine-bromine, *React. Kinet. Catal. Lett.*, 69(2) 369–374 (2002).

[9]Nunan, J. G., Klier, K. e Herman, R. G., Methanol and 2-methyl-1-propanol (isobutanol) coupling to ethers and dehydration over nafion H: selectivity, kinetics, and mechanism. *J. Catal.* 139, 406–420 (1993).

[10]Xu, D., Carbonell, R. G., Kiserow, D. J., e Roberts, G. W., *Ind. Eng. Chem. Res.*, 42(15), 3509 (2003).

O poliestireno encontra-se dissolvido em um solvente, deca-hidronaftaleno. O catalisador está na forma de pequenas partículas sólidas suspensas na solução de poliestireno.

A fração de anéis aromáticos que foram hidrogenados formando anéis de ciclo-hexano foi medida como uma função do tempo, da concentração do catalisador e da concentração do polímero. A pressão do $H_2$ foi de 750 psig e a temperatura foi igual a 150°C. Nestas condições, a taxa da reação foi independente da pressão de $H_2$. Alguns dos dados experimentais são fornecidos na tabela a seguir.

| Concentração de poliestireno (% mássica) | Tempo de reação (h) | Concentração de catalisador (g/l) | Conversão percentual de anéis aromáticos |
|---|---|---|---|
| 1 | 10 | 9,05 | 40 |
| 2 | 10 | 18,3 | 65 |
| 3 | 10 | 8,13 | 24 |
| 3 | 10 | 45,2 | 89 |
| 3 | 10 | 27,7 | 83 |
| 3 | 10 | 27,7 | 83 |
| 3 | 10 | 27,7 | 80 |
| 3 | 10 | 4,50 | 13 |
| 2 | 10 | 18,3 | 72 |
| 3 | 3,0 | 27,7 | 48 |
| 3 | 6,0 | 27,7 | 69 |
| 3 | 10 | 27,7 | 82 |

1. Determine se a reação é de primeira ordem em relação a concentração de anéis aromáticos. Justifique a sua resposta [*Nota:* Em qualquer instante, a concentração de anéis aromáticos é diretamente proporcional a $C_{PS}(1 - \sigma x_A)$, onde $C_{PS}$ é a concentração inicial do poliestireno, como mostrada na tabela, e $x_A$ é a conversão dos anéis aromáticos, como também mostrado na tabela.]
2. Independentemente de sua resposta na Parte (a), estime um valor para a constante da taxa de primeira ordem.

**Problema 6-16 (Nível 2)** A cinética da polimerização do monômero metacrilato de metila foi estudada a 77°C, usando benzeno como solvente e azobisisobutironitrila (AIBN) como um iniciador de radical livre[11]. A tabela contém alguns dados de um reator batelada ideal, que mostram a taxa de reação inicial como uma função da concentração inicial do monômero M e da concentração inicial do iniciador I.

Dados Cinéticos da Polimerização de Metacrilato de Metila ($T$ = 77°C, Solvente: Benzeno, Iniciador: AIBN)

| Taxa de reação inicial (mol M/(l s)) $\times 10^4$ | Concentração inicial do monômero [M] (mol/l) | Concentração inicial do iniciador [I] (mol/l) |
|---|---|---|
| 1,93 | 9,04 | 0,235 |
| 1,70 | 8,63 | 0,206 |
| 1,65 | 7,19 | 0,255 |
| 1,29 | 6,13 | 0,228 |
| 1,22 | 4,96 | 0,313 |
| 0,94 | 4,75 | 0,192 |
| 0,87 | 4,22 | 0,230 |
| 1,30 | 4,17 | 0,581 |
| 0,72 | 3,26 | 0,245 |
| 0,42 | 2,07 | 0,211 |

[11]Arnett, L. M., *J. Am. Chem. Soc.*, 74, 2027 (1962).

Encontre uma equação de taxa na forma

$$-r_M = k[M]^b[I]^a$$

que se ajuste adequadamente aos dados. Estime os valores das constantes desconhecidas na equação de taxa.

*Problemas de Integração*

**Problema 6-17 (Nível 2)** A reação

$$NaBH_4(aq) + 2H_2O \rightarrow 4H_2 + NaBO_2(aq)$$

tem sido considerada como um meio de geração de $H_2$ para alimentar pequenas células de combustível.[12] A reação é catalisada por Ru suportado em uma resina de troca iônica. Nenhuma reação ocorre na ausência do catalisador.

Em um experimento realizado em um reator batelada ideal isotérmico, 0,25 g de 5%(m/m)Ru/resina IRA-400 foram dispersadas em uma solução aquosa contendo 6 g $NaBH_4$, 3 g NaOH, e 21 g $H_2O$. Os dados a seguir foram obtidos a 25°C.

| Tempo (s) | Quantidade cumulativa de $H_2$ gerado (1 nas condições-padrão de $T$ e $P$) |
|---|---|
| 0 | 0,00 |
| 500 | 0,31 |
| 1000 | 0,62 |
| 1500 | 0,93 |

1. Qual é a conversão de $NaBH_4$ no tempo 1500 segundos?
2. A reação é dita ser de ordem global igual a zero e ordem zero em relação a cada um dos reagentes. Se isto é verdade, qual é o valor da constante da taxa a 25°C?
3. É razoável concluir que a reação é de ordem zero com base somente nos dados da tabela? Explique sua resposta.
4. Um CSTR que opere a 25°C e gere 1 litro de $H_2$/min deve ser projetado. A alimentação será uma solução aquosa de $NaBH_4$ e NaOH, com a mesma razão $NaBH_4/NaOH/H_2O$ apresentada anteriormente. Se a conversão do $NaBH_4$ no efluente for de 75%, qual quantidade de catalisador tem que estar no reator? (Você pode usar a hipótese de ordem zero para este cálculo.)

**Problema 6-18 (Nível 3)** O memorando a seguir está na caixa de entrada de seu correio eletrônico na segunda-feira às 8 horas da manhã:

Para: U. R. Loehmann
De: I. M. DeBosse
Assunto: Projeto Preliminar de Reator

A Pesquisa Corporativa realizou os experimentos mostrados nas Tabelas P6-18a–c para determinar a cinética da reação irreversível, em fase líquida:

$$A + 2B \xrightarrow{\text{solvente}} R + S$$

[12]Adaptado de Amendola, S. C., Sharp-Goodman, S. L., Janjva, M. S., Kelly, M. T., Petillo, P. J., e Binder, M., An ultrasafe hydrogen generator: aqueous, alkaline borohydride solutions and Ru catalyst, *J. Power Sources*, 85, 186–189 (2000).

**Tabela P6-18a**

Reator: Batelada
Temperatura no reator: 25°C (constante)
Concentração inicial de A: 0,50 gmol/l
Concentração inicial de B: 1,00 gmol/l

| Tempo (min) | Conversão de A |
|---|---|
| 0 | 0,00 |
| 2 | 0,17 |
| 4 | 0,28 |
| 6 | 0,38 |
| 8 | 0,43 |
| 10 | 0,50 |
| 15 | 0,60 |
| 20 | 0,68 |
| 25 | 0,71 |
| 30 | 0,75 |
| 50 | 0,85 |
| 70 | 0,87 |
| 100 | 0,91 |
| 200 | 0,95 |
| 600 | 0,98 |
| Noite inteira | ≅ 1,0 |

**Tabela P6-18b**

Reator: CSTR
Temperatura no reator: 25°C

| Número da corrida | Tempo espacial (min) | Concentração na alimentação (gmol/l) A | B | Conversão de A no efluente |
|---|---|---|---|---|
| 1 | 40,0 | 0,50 | 1,00 | 0,61 |
| 2 | 10,0 | 0,50 | 1,00 | 0,38 |
| 3 | 2,5 | 0,50 | 2,00 | 0,17 |
| 4 | 10,0 | 1,00 | 2,50 | 0,50 |
| 5 | 10,0 | 0,25 | 1,00 | 0,27 |

**Tabela P6-18c**

Reator: CSTR
Temperatura no reator: 75°C

| Número da corrida | Tempo espacial (min) | Concentração na alimentação (gmol/l) A | B | Conversão de A no efluente |
|---|---|---|---|---|
| 6 | 0,20 | 0,50 | 1,00 | 0,38 |
| 7 | 1,00 | 0,50 | 1,00 | 0,64 |

Abaixo de 75°C, não ocorrem de forma significativa reações paralelas. Acima desta temperatura, o produto desejado (R), decompõe-se rapidamente para formar subprodutos de baixo valor comercial.

Com base nestes dados, um projeto preliminar para um reator para produzir uma vazão de 50.000.000 libras por ano de R (MM = 130) deve ser elaborado. Por causa das limitações associadas ao projeto do sistema de purificação na corrente de saída do reator, a conversão de A tem que ser no mínimo 0,80.

Você poderia, por favor, fazer o que se segue:

1. Encontre uma equação de taxa que descreva os efeitos da temperatura e das concentrações de A e B na taxa de reação. Avalie todas as constantes arbitrárias nesta equação de taxa.
2. Considerando que as concentrações de A e B na alimentação do reator sejam 0,50 e 1,00 gmol/l, respectivamente:
   i. Qual é o menor CSTR que pode ser usado?
   ii. Qual é o menor PFR isotérmico que pode ser usado?
   iii. Suponha que três CSTRs em série sejam utilizados, cada um com o mesmo volume e operando na mesma temperatura. Qual volume total do reator é necessário?

Por favor, escreva-me um memorando curto (não mais do que uma página), fornecendo os resultados de sua análise. Anexe os seus cálculos, gráficos etc. ao memorando, caso alguém queira revê-los em detalhes.

Obrigado,
I. M.

**Problema 6-19 (Nível 3)** Trimetil gálio ($Me_3Ga$), trietil índio ($Et_3In$) e arsina ($AsH_3$) são gases utilizados no crescimento de filmes de arsenato de gálio índio (GaInAs). Entretanto, a deposição destes filmes é complicada por uma reação entre $Et_3In$ e $AsH_3$ para formar um complexo dos dois compostos:

$$Et_3In + AsH_3 \rightleftarrows (Et_3In)\text{–}(AsH_3)$$

A cinética desta reação foi estudada por Agnello e Ghandi[13], usando um reator de escoamento pistonado ideal, que operou isotermicamente a temperatura ambiente. Alguns de seus dados são fornecidos na tabela a seguir.

Pressões parciais de $Et_3In$, em regime estacionário, como uma função da posição axial

Vazão total: 3 l/min nas condições-padrão
Diâmetro do tubo: 50 mm (diâmetro interno)
Pressões parciais na entrada: $Et_3In$— 0,129 Torr
$AsH_3$—1,15 Torr
$H_2$—152 Torr

*Nota:* 1 Torr = 1 mmHg

| Posição axial (cm) | Pressão parcial do $Et_3In$ (Torr) |
|---|---|
| 0 (entrada) | 0,129 |
| 2 | 0,0667 |
| 3 | 0,0459 |
| 4,5 | 0,0264 |
| 7,0 | 0,0156 |
| 9,5 | 0,0156 |

A lei do gás ideal pode ser usada nestas condições.

1. É razoável considerar que a reação entre $Et_3In$ e $AsH_3$ é elementar como escrita? Responda de forma embasada.
2. Se esta reação for elementar, qual é a forma da equação da taxa de desaparecimento do $Et_3In$?
3. Como você explica os dados nas posições 7,0 e 9,5 cm?
4. Como o $AsH_3$ está presente em grande excesso, a taxa da reação direta deveria ser de pseudoprimeira ordem em relação ao $Et_3In$. Em outras palavras, a concentração de $AsH_3$ varia muito pouco com o decorrer da reação de modo que a concentração de $AsH_3$ pode ser considerada constante e incluída na constante da taxa. Usando esta consideração, simplifique a equação de taxa que você deduziu na Parte 2 e determine se esta equação de taxa se ajusta aos dados. Explique as razões para a sua conclusão.

5. Estime o valor da constante da taxa direta. Você pode continuar considerando a concentração de $AsH_3$ como parte da constante da taxa.

**Problema 6-20 (Nível 2)** A Cauldron Chemical Company estava em ebulição com muitas atividades. A primeira batelada de produção de L.P. #9 foi programada para começar em 10 dias, com base na equação irreversível

$$\text{L.P. \#8} \rightarrow \text{L.P. \#9}$$

(A Cauldron é uma empresa preocupada com o sigilo, de forma que todas as substâncias apresentam designações não descritivas.) Esta é uma reação homogênea que ocorre em solução. A reação será realizada em um reator batelada isotérmico a 150°C. A conversão de L.P. #8 tem que ser no mínimo 95%, iniciando a partir de uma concentração inicial de 4,0 mol L.P. #8/l.

O Departamento de Pesquisa Céu Azul realizou alguns experimentos rápidos para determinar a cinética da reação. Eles reportaram que a taxa inicial (a taxa a 150°C e na concentração de 4,0 mol L.P. #8/l) foi de 2,11 mol/(l h). O Departamento de Engenharia então considerou que a reação era de primeira ordem em L.P. #8 e calculou uma constante da taxa a partir da taxa inicial medida. Em seguida, eles usaram esta constante da taxa para calcular o tempo necessário para alcançar uma conversão de 95%.

1. Qual o valor da constante da taxa calculada pelo Departamento de Engenharia?
2. Qual o valor do tempo necessário para atingir a conversão de 95% calculado pelo Departamento de Engenharia?

   Skip Tickle, Gerente da Área de Produção de Produtos L.P., nunca tinha pedido qualquer coisa para o Departamento de Pesquisa Céu Azul e não estava disposto a apostar a sua carreira em uma estimativa do Departamento de Engenharia para o tempo necessário de reação. Consequentemente, Skip pediu a Mal Ingerer, o químico da planta, para realizar alguns experimentos adicionais para determinar a cinética da reação. As palavras finais de Skip ao deixar o escritório de Mal foram "Aqueles caras na Engenharia acham que todas as reações são de primeira ordem!" Mal, que nunca chegou ao trabalho antes de 8 horas da manhã e nunca deixou o trabalho depois de 5 horas da tarde, produziu os dados que estão na tabela a seguir.

Dados cinéticos para a conversão de L.P. #8 em L.P. #9 ("A" representa o L.P. #8)

| [A] inicial (mol/l) | Tempo (h) | [A] (mol/l) |
|---|---|---|
| 2 | 0 | 2,00 |
| | 2 | 1,31 |
| | 4 | 0,97 |
| | 6 | 0,77 |
| 4 | 0 | 4,00 |
| | 2 | 1,95 |
| | 4 | 1,29 |
| | 6 | 0,96 |
| 6 | 0 | 6,00 |
| | 2 | 2,32 |
| | 4 | 1,44 |
| | 6 | 1,04 |

3. Esta reação é de primeira ordem? Apresente as suas razões.
4. Quanto tempo levará para se atingir uma conversão de 95% em um reator batelada a 150°C com uma concentração inicial de 4,0 mol/l de L.P. #8?

Use o método integral de análise de dados.

# APÊNDICE 6-A REGRESSÃO NÃO LINEAR PARA A DECOMPOSIÇÃO DE AIBN

**Abordagem 2: Minimização do erro relativo**

| | | | |
|---|---|---|---|
| $A =$ | $1{,}21\,E + 14$ | $(s^{-1})$ | *Nota*: A e E são estimativas iniciais vindas da regressão linear |
| $E =$ | 123.3 | (kJ/mol) | |
| $k(363)(\text{inic}) =$ | $2{,}19\,E - 04$ | $(s^{-1})$ | *Nota*: Valor inicial de *k*(363) calculado com A e E |
| $k(363) =$ | $1{,}9759\,E - 04$ | $(s^{-1})$ | *Nota*: SOLVER encontra os valores de *k*(363) e *E* que minimizam a célula Soma abaixo |
| $E =$ | 123,33 | (kJ/mol) | |
| $A =$ | $1{,}10446\,E + 14$ | $(s^{-1})$ | *Nota*: Calculado a partir de *k*(363) e *E* |

*Nota*: A seguir, Del(*k*) = *k*(teo) − *k*(exp).

| Temperatura (K) | *k*(teo) | *k*(exp) | [Del(*k*)/*k*(exp)]^2 | Del(*k*)^2 |
|---|---|---|---|---|
| 353 | 6,2088E−05 | 7,6000E−05 | 3,3510E−02 | 1,9356E−10 |
| 363 | 1,9759E−04 | 1,5000E−04 | 1,0066E−01 | 2,2647E−09 |
| 368 | 3,4427E−04 | 5,2000E−04 | 1,1421E−01 | 3,0882E−08 |
| 373 | 5,9097E−04 | 6,2000E−04 | 2,1925E−03 | 8,4279E−10 |
| | | Soma = | 2,5057E–01 | 3,4183E−08 |

Verificação se mínimo, através da variação dos valores de *k*(363) e *E*:

| | | |
|---|---|---|
| $k(363) =$ | 1,9600E−04 | $(s^{-1})$ |
| $E =$ | 123,33 | (kJ/mol) |

| Temperatura (K) | *k*(teo) | *k*(exp) | [Del(*k*)/*k*(exp)]^2 | Del(*k*)^2 |
|---|---|---|---|---|
| 353 | 6,1588E−05 | 7,6000E−05 | 3,5961E−02 | 2,0771E−10 |
| 363 | 1,9600E−04 | 1,5000E−04 | 9,4044E−02 | 2,1160E−09 |
| 368 | 3,4150E−04 | 5,2000E−04 | 1,1783E−01 | 3,1862E−08 |
| 373 | 5,8622E−04 | 6,2000E−04 | 2,9688E−03 | 1,1412E−09 |
| | | Soma = | 2,5081 E–01 | 3,5327E−08 |

Resultados:

| *k*(363) | *E* | Soma | |
|---|---|---|---|
| 1,9759E−04 | 123,00 | 2,5058E−01 | Parece que o SOLVER convergiu em relação a *k*(363) e a *E* |
| 1,9759E−04 | 123,70 | 2,5058E−01 | |
| 1,9900E−04 | 123,33 | 2,5076E−01 | |
| 1,9600E−04 | 123,33 | 2,5081E−01 | |

# APÊNDICE 6-B1 REGRESSÃO NÃO LINEAR PARA A DECOMPOSIÇÃO DE AIBN

**Abordagem 1: Minimização do erro total**

| | | |
|---|---|---|
| $A =$ | 1,21 E + 14 | ($s^{-1}$) |
| $E =$ | 123,3 | (kJ/mol) |
| $k$(363)(inic) = | 2,1913E−04 | ($s^{-1}$) |
| $k$(363) = | 2,2438E−04 | ($s^{-1}$) |
| $E =$ | 123,3 | (kJ/mol) |
| $A =$ | 1,24204 E + 14 | ($s^{-1}$) |

| Temp (K) | $k$(calc) | $k$(exp) | Del($k$)^2 | [Del($k$)/$k$(exp)]^2 |
|---|---|---|---|---|
| 353 | 7,0525E−05 | 7,6000E−05 | 2,9973E−11 | 5,1892E−03 |
| 363 | 2,2438E−04 | 1,5000E−04 | 5,5323E−09 | 2,4588E−01 |
| 368 | 3,9089E−04 | 5,2000E−04 | 1,6668E−08 | 6,1643E−02 |
| 373 | 6 7092E−04 | 6,2000E−04 | 2,5929E−09 | 6,7453E−03 |
| | | Soma = | 2,4824 E–08 | 3,1946E−01 |

Verificação se mínimo, através da variação dos valores de $k$(363) e $E$

Exemplo: Diminuição de $k$(363)

| | | |
|---|---|---|
| $k$(363) = | 2,2300E−04 | ($s^{-1}$) |
| $E =$ | 123,30 | kJ/mol |

| Temperatura (K) | $k$(teo) | $k$(exp) | Del($k$)^2 | [Del($k$)/$k$(exp)]^2 |
|---|---|---|---|---|
| 353 | 7,0092E−05 | 7,6000E−05 | 3,4909E−11 | 6,0438E−03 |
| 363 | 2,2300E−04 | 1,5000E−04 | 5,3290E−09 | 2,3684E−01 |
| 368 | 3,8849E−04 | 5,2000E−04 | 1,7295E−08 | 6,3960E−02 |
| 373 | 6,6680E−04 | 6,2000E−04 | 2,1898E−09 | 5,6967E−03 |
| | | Soma = | 2,4848 E–08 | 3,1254E−01 |

Resultados:

| $k$(363) | $E$ | Soma | |
|---|---|---|---|
| 2,2438E−04 | 123,40 | 2,4840E−08 | Variando $E$ a $k$(363) constante |
| **2,2438E−04** | **123,30** | **2,4824E−08** | |
| 2,2438E−04 | 123,00 | 2,4779E−08 | |
| 2,2438E−04 | 122,00 | 2,4684E−08 | |
| 2,2438E−04 | 121,00 | 2,4667E−08 | |
| 2,2438E−04 | 120,00 | 2,4728E−08 | |
| 2,2600E−04 | 123,30 | 2,4858E−08 | Variando k(363) a $E$ constante |
| 2,2300E−04 | 123,30 | 2,4848E−08 | |

Os números na coluna identificada por "Soma" mostram que $\sum_{i=1}^{N}(k_{i,\text{teo}} - k_{i,\text{exp}})^2$ aumenta suavemente quando $k$(363) é aumentado e diminuído ligeiramente em relação ao valor de $2{,}2438 \times 10^{-4}$ encontrado pelo SOLVER, quando $E$ está fixo no valor de 123,30 kJ/mol. Também, a "Soma" aumenta suavemente quando $E$ é aumentado ligeiramente acima do valor 123,30 kJ/mol encontrado pelo SOLVER, quando $k$(363) fica fixo em $2{,}2438 \times 10^{-4}$. Entretanto, quando $E$ diminui em relação ao valor de 123,30 kJ/mol, a "Soma" diminui. Isto mostra que o SOLVER não atingiu um mínimo em relação a $E$. Na verdade, a "Soma" continua a diminuir com $E$, com $k$(363) constante, até que $E$ esteja na região de 121–122 kJ/mol.

# APÊNDICE 6-B2 REGRESSÃO NÃO LINEAR PARA A DECOMPOSIÇÃO DE AIBN

**Abordagem 1: Minimização do erro total (escalonado por 10^8)**

| | | |
|---|---|---|
| $A =$ | 1,21 E + 14 | ($s^{-1}$) |
| $E =$ | 123,3 | (kJ/mol) |
| $k(363)$(inic) = | 2,1913E−04 | ($s^{-1}$) |
| $k(363) =$ | 2,4160E−04 | ($s^{-1}$) |
| $E =$ | 112,745256 | kJ/mol |
| $A =$ | 4,0494 E + 12 | ($s^{-1}$) |

| Temp (K) | *k*(calc) | *k*(exp) | Del(*k*)^2 | [Del(*k*)/*k*(exp)]^2 |
|---|---|---|---|---|
| 353 | 8,3846E−05 | 7,6000E−05 | 6,1557E−11 | 1,0657E−02 |
| 363 | 2,4160E−04 | 1,5000E−04 | 8,3902E−09 | 3,7290E−01 |
| 368 | 4,0136E−04 | 5,2000E−04 | 1,4076E−08 | 5,2056E−02 |
| 373 | 6,5775E−04 | 6,2000E−04 | 1,4251E−09 | 3,7073E−03 |
| | | 10 ^ 8 * Soma = | 2,3953 E+00 | 4,3932E−01 |

Soma = 2,3953 E–08

Verificação se mínimo, através da variação dos valores de *k*(363) e *E*

Exemplo: Diminuição de *k*(363) e de *E*

| | | |
|---|---|---|
| $k(363) =$ | 2,4100E-04 | ($s^{-1}$) |
| $E =$ | 111,00 | (kJ/mol) |

| Temperatura (K) | *k*(teo) | *k*(exp) | Del *k* ^ 2 | [Del(*k*)/*k*(exp)^2] |
|---|---|---|---|---|
| 353 | 8,5020E−05 | 7,6000E−05 | 8,1356E−11 | 1,4085E−02 |
| 363 | 2,4100E−04 | 1,5000E−04 | 8,2810E−09 | 3,6804E−01 |
| 368 | 3,9723E−04 | 5,2000E−04 | 1,5072E−08 | 5,5740E−02 |
| 373 | 6,4603E−04 | 6,2000E−04 | 6,7748E−10 | 1,7624E−03 |
| | | Soma = | 2,4112 E–08 | 4,3963E−01 |

Reultados:

| *k*(363) | *E* | Soma | |
|---|---|---|---|
| 2,4160E−04 | 114,00 | 2,4015E−08 | |
| 2,4160E−04 | 1,11,00 | 2,4070E−08 | Parece que o SOLVER convergiu |
| 2,4200E−04 | 1,12,75 | 2,4046E−08 | em relação a *k*(363) e a *E* |
| 2,4100E−04 | 1,12,75 | 2,4112E−08 | |

# APÊNDICE 6-C ANÁLISE DA EQUAÇÃO DE TAXA MICHAELIS–MENTEN VIA GRÁFICO DE LINEWEAVER–BURKE — CÁLCULOS BÁSICOS

| $-r_F$ | [F] | $1/-r_F$ | 1/[F] | $-r_F$(M-M) | Resid.1(MM) | [*x*−*x*(barra)]^2 | [*y*−*y*(chapéu)]^2 |
|---|---|---|---|---|---|---|---|
| 9,46 | 1000 | 0,10570825 | 0,001 | 8,72943128 | 0,73056872 | 0,000263259 | 7,82651E−05 |
| 7,95 | 500 | 0,12578616 | 0,002 | 8,35352101 | −0,403521 | 0,000231808 | 3,69198E−05 |
| 7,57 | 325 | 0,1321004 | 0,00307692 | 7,98329649 | −0,4132965 | 0,000200175 | 4 677E−05 |
| 7,8 | 250 | 0,12820513 | 0,004 | 7,69112444 | 0,10887556 | 0,000174907 | 3,29376E−06 |
| 7,87 | 200 | 0,1270648 | 0,005 | 7,39781764 | 0,47218236 | 0,000149457 | 6,57753E−05 |
| 7,04 | 175 | 0,14204545 | 0,00571429 | 7,20164609 | −0,1616461 | 0,000132502 | 1,01653E−05 |
| 7,04 | 160 | 0,14204545 | 0,00625 | 7,06121188 | −0,0212119 | 0,000120456 | 1,82077E−07 |
| 6,82 | 140 | 0,14662757 | 0,00714286 | 6,83894289 | −0,0189429 | 0,000101655 | 1,64948E−07 |
| 6,74 | 120 | 0,14836795 | 0,00833333 | 6,56347427 | 0,17652573 | 7,90663E−05 | 1,59231E−05 |
| 6,52 | 110 | 0,15337423 | 0,00909091 | 6 3994415 | 0,1205585 | 6,61676E−05 | 8,34865E−06 |
| 6,21 | 100 | 0,1610306 | 0,01 | 6,21310966 | −0,0031097 | 5,22043E−05 | 6,49569E−09 |

## APÊNDICE 6-C (Continuação) ANÁLISE DA EQUAÇÃO DE TAXA MICHAELIS–MENTEN VIA GRÁFICO DE LINEWEAVER–BURKE — CÁLCULOS BÁSICOS

| | | | | | | | |
|---|---|---|---|---|---|---|---|
| 5,86 | 90 | 0,17064846 | 0,01111111 | 5,99960003 | −0,1396 | 3,73828E−05 | 1,57664E−05 |
| 5,79 | 80 | 0,17271157 | 0,0125 | 5,75249874 | 0,03750126 | 2,23281E−05 | 1,26771E−06 |
| 5,37 | 70 | 0,18621974 | 0,01428571 | 5,46320144 | −0 0932014 | 8,64091E−06 | 1,00926E−05 |
| 5,14 | 60 | 0,19455253 | 0,01666667 | 5,11989078 | 0,02010922 | 3,12023E−07 | 5,83906E−07 |
| 4,73 | 50 | 0,21141649 | 0,02 | 4,70588235 | 0,02411765 | 7,6992E−06 | 1,17399E−06 |
| 4,12 | 40 | 0,24271845 | 0,025 | 4,19683139 | −0,0768314 | 6,04466E−05 | 1,97442E−05 |
| 3,48 | 30 | 0,28735632 | 0,03333333 | 3,55576627 | −0,0757663 | 0,00025947 | 3,7491E−05 |
| 2,77 | 20 | 0,36101083 | 0,05 | 2,72368242 | 0,04631758 | 0,001074184 | 3,76894E−05 |
| 1,6 | 10 | 0,625 | 0,1 | 1,60025604 | −0,000256 | 0,006851658 | 1E−08 |

Soma = 0,34450513
$x$(barra) = 0,01722526

$S_{xx}$ = 0,00989378

$SS_E$ = 0,000389634
$MS_E$ = 2,16463E–05

$V(S)$ = 0,002187871
$s(S)$ = 0,046774682
$V(I)$ = 1,73148E–06
$s(I)$ = 0,001315856

**Resultados do uso da ferramenta "Análise de Dados" do EXCEL**

Resumo da saída

| Estatística da regressão | |
|---|---|
| *R* Múltiplo | 0,99925983 |
| *R* quadrado | 0 99852022 |
| *R* quadrado ajustado | 0,99843801 |
| Erro-padrão | 0,00465256 |
| Observações | 20 |

ANOVA

| | df | SS | MS | *F* | Significância *F* |
|---|---|---|---|---|---|
| Regressão | 1 | 0,26291464 | 0,26291464 | 12145,9381 | 6,3146E−27 |
| Resíduo | 18 | 0,00038963 | 2,1646E−05 | | |
| Total | 19 | 0,26330427 | | | |

| | Coeficientes | Erro-padrão | *t* Stat | *P*-valor | 95% inferior | 95% superior |
|---|---|---|---|---|---|---|
| Coeficiente linear | 0,10940382 | 0,00131586 | 83,1427031 | 9,9824E−25 | 0,1066393 | 0,112168328 |
| *X* variável 1 | 5,1549713 | 0,04677467 | 110,208612 | 6,3146E−27 | 5,05670129 | 5,253241308 |

# Capítulo 7

# Múltiplas Reações

## OBJETIVOS DE APRENDIZAGEM

Após terminar este capítulo, você deve ser capaz de

1. definir seletividade e rendimento, e explicar como eles estão relacionados à conversão;
2. classificar *sistemas* de reações;
3. analisar quantitativamente várias opções de projeto para sistemas nos quais ocorre mais de uma reação;
4. calcular a composição completa em um reator batelada como uma função do tempo para um sistema no qual ocorre mais de uma reação;
5. calcular a composição completa no efluente de um CSTR ou PFR como uma função do tempo espacial para um sistema no qual ocorre mais de uma reação;
6. calcular a composição completa de um sistema no qual ocorrem múltiplas reações, dada a concentração de um componente.

## 7.1 INTRODUÇÃO

Nos Capítulos 2–6, analisamos sistemas nos quais ocorria somente uma reação estequiometricamente simples. Entretanto, na maioria das situações reais, várias reações ocorrem simultaneamente. Por exemplo, olefinas leves, como etileno e propileno, são produzidas em reatores de pirólise como o mostrado na Figura 7-1.

A alimentação em um reator de pirólise em refinarias é uma mistura de vapor d'água com GLP (gás liquefeito de petróleo; uma mistura principalmente de etano, propano e butano) ou com uma fração de petróleo mais pesada, como nafta ou gasóleo. Um grande número de reações individuais ocorre. Os hidrocarbonetos alimentados são "craqueados" em moléculas menores e desidrogenados, produzindo olefinas. O reator opera a aproximadamente 850°C e o tempo de residência tipicamente é menor do que 1 s. A pirólise é uma reação homogênea (não catalítica). Os reatores de pirólise produzem monômeros que formam os blocos de construção de polímeros importantes usados em larga escala, como o polietileno e o polipropileno.

Em processos industriais, as reações normalmente podem ser categorizadas como "desejáveis" ou "não desejáveis". Estas duas categorias podem parecer triviais, mas uma valiosa perspectiva pode ser obtida através da especificação de um destes rótulos para cada reação conhecida. Uma reação que leva a formação do produto pretendido certamente deverá ser "desejável". Reações "não desejáveis" normalmente resultam na formação de subprodutos de baixo valor a partir do(s) reagente(s) ou do(s) produto(s) desejado(s).

Como um exemplo, considere a oxidação parcial de metanol ($CH_3OH$) a formaldeído ($CH_2O$), usando ar

$$CH_3OH + \tfrac{1}{2}O_2 \rightarrow CH_2O + H_2O \tag{7-A}$$

O formaldeído é um intermediário químico importante. Ele está aproximadamente em 25º lugar em termos de produção anual entre todos os produtos químicos. A maioria do formaldeído é usado em plásticos, incluindo poliacetais, resinas fenólicas, resinas de uréia e resinas de melanina.

Dois processos comerciais foram desenvolvidos ao redor da Reação (7-A). O primeiro é baseado em um catalisador de prata elementar. Este processo é operado a uma temperatura em torno dos 650°C, à pressão atmosférica e com um grande excesso estequiométrico de metanol. Formaldeído é formado pela desidrogenação do metanol

**Figura 7-1** Reator de pirólise na refinaria da ExxonMobil em Singapura. Este reator é capaz de produzir quase 1 milhão de toneladas por ano de olefinas leves como o etileno e o propileno (Foto, ExxonMobil 2004 Summary Annual Report.)

$$CH_3OH \rightleftarrows CH_2O + H_2 \tag{7-B}$$

Esta reação é "desejável", visto que leva ao produto-alvo, o formaldeído. Um subproduto com valor, $H_2$, também é formado.

A Reação (7-B) é endotérmica e altamente reversível. A conversão do *equilíbrio* de metanol para formaldeído é significativamente menor que 1, mesmo a 650°C. Entretanto, uma segunda reação ocorre sobre o catalisador de prata

$$H_2 + \tfrac{1}{2}O_2 \rightarrow H_2O \tag{7-C}$$

Podemos ser tentados a classificar a Reação (7-C) como "não desejável", porque ela resulta na conversão do valioso $H_2$ em $H_2O$. Contudo, a Reação (7-C) tem dois propósitos úteis. Primeiro, ela desloca o equilíbrio da Reação (7-B) para a direita, aumentando a quantidade de $CH_2O$ produzida. Segundo, ela é exotérmica e isso fornece a maioria do calor que é requerido pela Reação (7-B).

Se o catalisador de prata não catalisar a Reação (7-C) ou se tentarmos operar sem $O_2$, a conversão do $CH_3OH$ seria muito menor e o calor deveria ser adicionado ao reator para manter a alta temperatura necessária. Como veremos no próximo capítulo, o aquecimento ou resfriamento complica o projeto mecânico do reator. Por estas razões, a Reação (7-C) é "desejável", no contexto da produção de formaldeído.

O segundo processo comercial de produção de formaldeído está baseado em um catalisador de molibdato de ferro. Este processo opera a uma temperatura em torno dos 450°C à pressão atmosférica e com um grande excesso estequiométrico de oxigênio. A Reação (7-A) é a principal fonte de $CH_2O$. A temperatura de reação é tão baixa que a Reação (7-B) não é importante.

Um número de reações indesejadas ocorre em ambos os processos comerciais. Um catalisador de oxidação eletivo está presente nos dois casos, a temperatura é alta e também há a presença de $O_2$ (ar). O $CH_2O$ e o $CH_3OH$ são reativos e devemos esperar que eles se oxidem ainda mais através das reações

$$CH_2O + \tfrac{1}{2}O_2 \rightarrow CO + H_2O \tag{7-D}$$

$$CH_2O + O_2 \rightarrow CO_2 + H_2O \tag{7-E}$$

$$CH_3OH + O_2 \rightarrow CO + 2H_2O \tag{7-F}$$

$$CH_3OH + \tfrac{3}{2}O_2 \rightarrow CO_2 + 2H_2O \tag{7-G}$$

Estas reações claramente são "não desejáveis". As Reações (7-D) e (7-E) degradam o produto, $CH_2O$, em outros compostos, $CO$, $CO_2$ e $H_2O$, que têm muito pouco valor. As Reações (7-F) e (7-G) degradam o reagente, $CH_3OH$, para o mesmo conjunto de produtos de baixo valor.

Pequenas quantidades de monóxido de carbono e/ou dióxido de carbono são formadas nos dois processos comerciais. O catalisador, o reator e as condições operacionais do reator têm que ser especificados para minimizar a formação de $CO$ e $CO_2$.

Como um aparte, poderíamos perguntar por que os dois processos comerciais de produção de formaldeído operam com alimentações nas quais a razão ar/metanol está muito afastada da razão estequiométrica. A resposta é segurança, especificamente a necessidade de evitar a possibilidade de uma explosão. Nos dois processos, as composições da alimentação estão fora dos limites de flamabilidade das misturas metanol/ar, de modo que uma explosão não é possível, mesmo na presença de uma fonte de ignição. No processo "catalisado por prata", a razão metanol/ar está acima do limite de flamabilidade superior. No processo "molibdato de ferro", a razão metanol/ar está abaixo do limite de flamabilidade inferior.

## 7.2 CONVERSÃO, SELETIVIDADE E RENDIMENTO

Nos capítulos anteriores, usamos a conversão de um reagente para medir o progresso de uma reação. A conversão de um reagente continua sendo um conceito válido, mesmo quando mais de uma reação ocorre. Entretanto, a conversão de um único reagente não é suficiente para descrever o progresso de mais de uma reação e não é suficiente para definir a composição completa de um sistema no qual ocorre mais de uma reação. Na realidade, o conceito de conversão tem que ser aplicado com algum cuidado quando ocorre mais de uma reação, conforme ilustrado mais adiante neste capítulo.

A capacidade de converter um reagente no produto *desejado*, sem a formação de produtos indesejados, é medida pela *seletividade*. A seletividade é definida como

Definição de seletividade global

$$\text{seletividade do produto D em relação ao reagente A} = S(\mathrm{D/A}) = (-\nu_A) \times \text{mols de D formados}/(\nu_D \times \text{mols de A reagidos}) \tag{7-1}$$

Na Equação (7-1), $\nu_D$ e $\nu_A$ são os coeficientes estequiométricos de D e A, respectivamente, na equação química balanceada para a reação que leva a D. Com esta definição, a seletividade $S$(D/A) será 1,0 (100%) quando *todo* A que reage é convertido no produto desejado, D. Se houver reações que resultem na conversão de A em compostos que não sejam D, ou reações que resultem na conversão de D em outros produtos, então $S$(D/A) será menor que 1,0 (100%). Note que o produto (D) e o reagente (A) são especificados na definição da seletividade.

A definição de seletividade dada pela Equação (7-1) pode ser aplicada em um reator completo através da observação das correntes de entrada e de saída se o reator operar continuamente ou pela observação das composições inicial e final de um reator batelada. A seletividade para um reator como um todo é chamada de seletividade *global*.

Há um segundo tipo de seletividade, a seletividade *pontual* ou *instantânea*. A seletividade instantânea descreve a seletividade em um reator batelada em um determinado instante e a seletividade pontual descreve a seletividade em um ponto, no interior de um reator contínuo, operando em estado estacionário. A seletividade pontual (instantânea) é definida por

Definição de seletividade pontual

$$\text{seletividade pontual (instantânea) do produto D em relação ao reagente A} = s(\text{D/A}) = (-\nu_\text{A}) \times \text{taxa de formação de D} / (\nu_\text{D} \times \text{taxa de consumo de A}) \quad (7\text{-}2)$$

As taxas das reações que ocorrem variarão com o tempo em um reator batelada em virtude da variação da composição e talvez da temperatura com o tempo. Consequentemente, a seletividade *instantânea* para um reator batelada não necessariamente será igual à seletividade *global*. Analogamente, para um PFR, a composição e a temperatura variarão de ponto a ponto, de modo que a seletividade *global* não necessariamente será igual à seletividade *instantânea*. Entretanto, para um CSTR, as seletividades global e pontual *são* as mesmas, pois a composição e a temperatura não variam de ponto a ponto em um CSTR.

Suponha que "*N*" produtos possam ser formados, diretamente ou indiretamente, a partir do reagente A. A soma das seletividades para todos os produtos tem que ser unitária, isto é,

$$\sum_{i=1}^{N} S(i/\text{A}) = 1; \quad \sum_{i=1}^{N} s(i/\text{A}) = 1 \quad (7\text{-}3)$$

Há um terceiro parâmetro, "rendimento", que frequentemente é usado para descrever o comportamento de sistemas nos quais ocorre mais de uma reação. O rendimento global é definido na forma

Definição de rendimento global

$$\text{rendimento de D em relação a A} = Y(\text{D/A}) = (-\nu_\text{A}) \times \text{mols de D formados}/(\nu_\text{D} \times \text{mols de A alimentados}) \quad (7\text{-}4)$$

As definições de rendimento e seletividade são similares. Entretanto, a seletividade é baseada na quantidade de reagente *realmente consumida*, enquanto o rendimento é baseado na quantidade de reagente que é *alimentada*. Estas duas definições não são sempre usadas de forma consistente na literatura. Sempre se certifique de como o "rendimento" e a "seletividade" são definidos quando trabalhar com uma nova fonte, como um artigo da literatura.

A soma de todos os rendimentos de todos os produtos *não* será igual a um enquanto algum A permanecer não convertido.

Rendimento e seletividade estão relacionados através da conversão. Em palavras,

(mols de D formados/mols de A alimentados)
= (mols de A reagidos/mols de A alimentados) × (mols de D formados/mols de A reagidos)

Relação entre seletividade e rendimento

$$Y(\text{D/A}) = x_\text{A} \times S(\text{D/A}) \quad (7\text{-}5)$$

Na Equação (7-5), $x_\text{A}$ é a conversão do reagente A.

## EXEMPLO 7-1

***Oxidação Parcial de Metanol a Formaldeído***

A oxidação parcial de metanol a formaldeído ocorre em um reator batelada. O reator inicialmente contém 100 mol de $CH_3OH$, 28 mol de $O_2$ e 140 mol de $N_2$. Algum tempo depois, no tempo = *t*, o o reator contém 44 mol de $CH_2O$, 6 mol de CO e 140 mol de $N_2$. Uma quantidade significativa de água ($H_2O$) também está presente. Contudo, não há outra espécie química presente em quantidades mensuráveis.

**Questões**

A. Quantos mols de $CH_3OH$, $O_2$ e $H_2O$ estão presentes no tempo = *t*?
B. Qual é a seletividade do $CH_2O$ baseada no $CH_3OH$?

C. Qual é o rendimento do $CH_2O$ baseado no $CH_3OH$?
D. Qual é a conversão do $CH_3OH$?
E. Qual é a seletividade da $H_2O$ baseada no $O_2$?
F. Qual é a conversão do $CH_2O$?

**Parte A: Quantos mols de $CH_3OH$, $O_2$ e $H_2O$ estão presentes no tempo = *t*?**

***ANÁLISE***

Para determinar o número de mols de $CH_3OH$, $O_2$ e $H_2O$ no tempo *t*, temos que efetuar alguns cálculos estequiométricos usando as técnicas do Capítulo 1. Usaremos a "extensão da reação" para descrever o progresso de cada uma das reações que estão ocorrendo. Entretanto, o enunciado do problema não nos informa quais reações a serem consideradas. Na realidade, não fomos nem informados em relação a *quantas* equações devem ser consideradas.

Para iniciar, façamos a pergunta: Qual é o número mínimo de variáveis que são necessárias para descrever completamente a composição de um sistema no qual ocorrem *R* reações independentes? No Capítulo 4 vimos que uma variável, por exemplo, a conversão, a extensão da reação ou a concentração de um composto, é suficiente para descrever a composição de um sistema, quando somente *uma* reação ocorre. Quantas variáveis são necessárias se ocorrerem *R* reações?

Para responder esta pergunta voltamos à Equação (1-9) no Capítulo 1.

$$\Delta N_i = N_i - N_{i0} = \sum_{k=1}^{R} \nu_{ki}\xi_k \tag{1-9}$$

Se a composição inicial do sistema for especificada, isto é, se todos os $N_{i0}$'s forem conhecidos, então todos os $N_i$'s podem ser calculados, desde que a "extensão" de cada reação independente seja conhecida, isto é, se todas as $\xi_k$'s forem conhecidas. *Para definir completamente a composição de um sistema, uma variável é necessária para cada reação independente.*

A próxima pergunta é: Quantas reações *independentes* estequiometricamente ocorrem? Suponha que o sistema contenha "*E*" elementos. Neste exemplo, $E = 4$ (C, H, O, N). Além disto, suponha que o sistema contenha "*S*" espécies químicas *que estão presentes com concentrações suficientes para afetar a estequiometria*. Com base nas observações do Capítulo 5 está claro que os centros ativos *não* devem ser considerados na determinação do valor de *S*. Para este exemplo, $S = 6$ ($CH_3OH$, $CH_2O$, CO, $H_2O$, $O_2$ e $N_2$).

A regra para determinar o número de reações independentes, *R*, é

$$R = S - E \tag{7-6}$$

Neste exemplo, $R = 6 - 4 = 2$.

Podemos escolher quaisquer duas reações desde que estas reações contenham todas as espécies que têm a presença conhecida e que não contenham qualquer espécie que não esteja presente em uma quantidade significativa. Além disto, uma reação não pode ser um múltiplo ou uma combinação linear de outras.

Escolhamos as Reações (7-A) e (7-D) para descrever a estequiometria do sistema deste exemplo.

$$CH_3OH + \tfrac{1}{2}O_2 \rightarrow CH_2O + H_2O \tag{7-A}$$

$$CH_2O + \tfrac{1}{2}O_2 \rightarrow CO + H_2O \tag{7-D}$$

De acordo com o enunciado do problema, não há $CO_2$ presente no tempo *t*. Consequentemente, reações levando ao $CO_2$, como as (7-E) e (7-G), não devem ser consideradas. Além disto, não é necessário incluir o $N_2$ nas reações, em função do $N_2$ ser uma espécie inerte neste exemplo.

***SOLUÇÃO***

A extensão da primeira reação, Reação (7-A), será representada por $\xi_1$ e a extensão da segunda reação, (7-D), será representada por $\xi_2$. Usando estas duas variáveis, construímos a tabela estequiométrica a seguir.

| Espécie | Mols iniciais | Mols no tempo = $t$ |
|---|---|---|
| $CH_3OH$ | 100 | $100 - \xi_1$ |
| $O_2$ | 28 | $28 - 0,5\xi_1 - 0,5\xi_2$ |
| $N_2$ | 140 | 140 |
| $CH_2O$ | 0 | $\xi_1 - \xi_2(=44)$ |
| $CO$ | 0 | $\xi_2(=6)$ |
| $H_2O$ | 0 | $\xi_1 + \xi_2$ |
| Total | 268 | $268 + 0,5\xi_1 + 0,5\xi_2$ |

Os números de mols de $CH_2O$ e CO são conhecidos no tempo $t$, de modo que

$$\xi_2 = 6$$
$$\xi_1 - \xi_2 = 44$$
$$\xi_1 = 50$$

Consequentemente, no tempo $t$,

$$\text{mols } CH_3OH = 100 - \xi_1 = 50$$
$$\text{mols } O_2 = 28 - 0,5\xi_1 - 0,5\xi_2 = 0$$
$$\text{mols } H_2O = \xi_1 + \xi_2 = 56$$

**Parte B: Qual é a seletividade do $CH_2O$ baseada no $CH_3OH$?**

*ANÁLISE* Os valores de $\xi_1$ e $\xi_2$ calculados na Parte A podem ser usados na equação (7-1) para calcular $S(CH_2O/CH_3OH)$.

*SOLUÇÃO* $$S(CH_2O/CH_3OH) = -(-1) \times 44/(1) \times (100 - 50) = 0,88$$

**Parte C: Qual é o rendimento do $CH_2O$ baseado no $CH_3OH$?**

*ANÁLISE* Os valores de $\xi_1$ e $\xi_2$ calculados na Parte A podem ser usados na Equação (7-2) para calcular $Y(CH_2O/CH_3OH)$.

*SOLUÇÃO* $$Y(CH_2O/CH_3OH) = -(-1) \times 44/(1) \times 100 = 0,44$$

**Parte D: Qual é a conversão do $CH_3OH$?**

*ANÁLISE* O valor de $\xi_1$ calculado na Parte A pode ser usado para calcular a conversão do metanol.

*SOLUÇÃO* $x_{CH_3OH} = (100 - \xi_1)/100 = 0,50$. Consequentemente, de acordo com a Equação (7-5), $Y(CH_2O/CH_3OH) = x_{CH_3OH} \times S(CH_2O/CH_3OH) = 0,50 \times 0,88 = 0,44$. Isto confere o resultado para $Y(CH_2O/CH_3OH)$ obtido anteriormente na Parte C.

**Parte E: Qual é a seletividade da $H_2O$ baseada no $O_2$?**

*ANÁLISE* Os valores de $\xi_1$ e $\xi_2$ calculados na Parte A podem ser usados na Equação (7-1) para calcular $S(H_2O/O_2)$. Oxigênio é consumido e $H_2O$ é formada nas duas Reações, (7-A) e (7-D). Entretanto, seus coeficientes estequiométricos são os mesmos nas duas reações.

*SOLUÇÃO* $S(H_2O/O_2) = (1/2) \times (\xi_1 + \xi_2)/[(1) \times [(\xi_1/2) + (\xi_2/2)]] = (56/2)/(56/2) = 1,0$. Se os coeficientes estequiométricos nas duas reações fossem diferentes, teria sido necessário especificar qual reação foi usada para o cálculo.[1]

**Parte F: Qual é a conversão do $CH_2O$?**

*ANÁLISE* Esta pergunta é difícil de entender. A conversão de um *reagente* é definida como

$$x = (\text{mols iniciais} - \text{mols no tempo } t)/(\text{mols iniciais})$$

Usando esta definição, a conversão do $CH_2O$ é infinita e negativa, pois o número inicial de mols é 0 e o número de mols no tempo $t$ é finito. Se algum formaldeído estivesse presente inicialmente, a conversão não seria infinita. Entretanto, na medida em que houver uma *produção líquida* de $CH_2O$, a conversão será negativa, outro resultado não intuitivo.

O problema é que o $CH_2O$ não é um reagente. Ele é um *produto intermediário*, formado na Reação (7-A), mas consumido na Reação (7-D). Para preservar a característica da conversão que aprendemos nos capítulos anteriores, isto é, $0 \leq x \leq 1$, o conceito de conversão não deve ser aplicado para produtos intermediários, como o $CH_2O$ neste exemplo.

## EXERCÍCIO 7-1

Poderíamos ter escolhido duas reações diferentes das (7-A) e (7-D) para descrever a estequiometria do sistema neste exemplo. Suponha que tenhamos escolhido

$$CH_3OH + O_2 \rightarrow CO + 2H_2O \qquad (7\text{-}H)$$
$$CO + CH_3OH \rightarrow 2CH_2O \qquad (7\text{-}I)$$

Mostre que as respostas numéricas das Partes A, B, C, D e E não mudam se os cálculos forem baseados nestas equações em vez das Reações (7-A) e (7-D).

## 7.3 CLASSIFICAÇÃO DAS REAÇÕES

Sistemas de múltiplas reações normalmente caem em uma de quatro categorias. Estas classificações são paralelas, independentes, em série ou em série/paralelo. O reconhecimento da estrutura de um sistema de múltiplas reações frequentemente auxilia na identificação da melhor abordagem de projeto ou de análise.

### 7.3.1 Reações Paralelas

Uma rede de reações em paralelo pode ser representada esquematicamente na forma

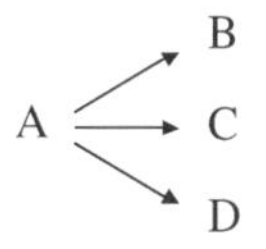


Neste exemplo, três reações, *originadas de um reagente comum, A*, estão ocorrendo.

Qualquer número de reações pode ocorrer em paralelo. Além disto, não é necessário que exista somente um reagente. Por exemplo,

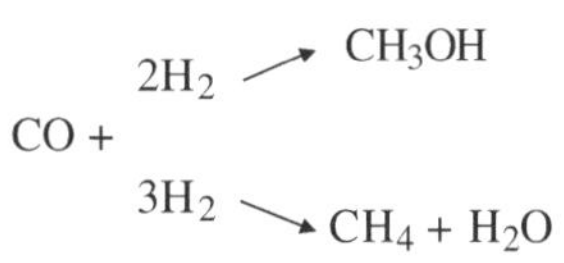


[1]Em casos muito complexos, por exemplo, quando um produto é formado via muitas reações diferentes, a seletividade e o rendimento são mais bem definidos com base em um elemento, em vez de um composto. Por exemplo, na formação do etileno ($C_2H_4$) por pirólise de uma mistura complexa de hidrocarbonetos, a *seletividade do carbono* seria definida como (mols de $C_2H_4$ formados) × 2/(mols de C em todos os produtos das reações).

A primeira reação, entre monóxido de carbono e hidrogênio para formar metanol, é a base para todas as plantas comerciais de síntese de metanol e é "desejável". Esta reação é realizada usando um catalisador heterogêneo contendo óxido de zinco ou cobre e é totalmente reversível nas condições de reação comerciais. A segunda reação, uma reação "não desejável" é chamada de "metanação". Ela é relativamente lenta nos processos de síntese de metanol e nos catalisadores atuais. Entretanto, a metanação pode ser importante se o catalisador se tornar contaminado como elementos como o níquel e o ferro, que catalisam a reação de metanação.

Outro exemplo importante de reações paralelas é a oxidação catalítica seletiva do CO na presença de $H_2$:

$$1/2O_2 + \begin{cases} CO \nearrow CO_2 \\ H_2 \searrow H_2O \end{cases}$$

A primeira reação, é "desejável", uma vez que o objetivo deste processo é oxidar uma relativamente baixa concentração de CO na presença de uma alta concentração de $H_2$, com pequeno ou nenhum consumo de $H_2$. Consequentemente, a segunda reação é "não desejável".

O projeto de um catalisador para a oxidação seletiva do CO na presença de altas concentrações de $H_2$ é um importante desafio científico. Todavia, a oxidação catalítica seletiva do CO tem sido usada para aumentar a taxa de produção das plantas atuais de síntese de amônia. Esta rede de reações também é um elemento crítico na tecnologia em desenvolvimento de células combustível de $H_2$. Neste contexto, o processo é identificado como PROX (*preferential oxidation* — oxidação preferencial).

### 7.3.2 Reações Independentes

Uma rede de reações independentes pode ser representada por

$$A \longrightarrow P_1 + P_2 + \cdots$$

$$B \longrightarrow P_I + P_{II} + \cdots$$

O símbolo $P_i$ representa um produto da reação.

A rede de reações independentes é similar à rede paralela, com uma diferença importante. Os reagentes não são os mesmos. No esquema, os reagentes A e B são compostos diferentes. Pode haver mais de um reagente em cada reação. Entretanto, não há reagentes comuns nas duas reações. Em geral, os produtos das duas reações serão diferentes. Contudo, esta não é uma condição necessária.

Um exemplo importante de reações independentes ocorre em unidades de craqueamento catalítico em leito fluidizado (FCC) que são encontradas em toda grande refinaria de petróleo. A função destes reatores é reduzir a massa molecular média de uma fração pesada de petróleo, produzindo um produto "mais leve" que tem um maior valor. Na essência, hidrocarbonetos de alta massa molecular são "craqueados" em fragmentos menores, usando um catalisador zeólita. Como a alimentação típica de uma unidade de FCC contém literalmente milhares de diferentes moléculas, há literalmente milhares de reações independentes ocorrendo no interior de um reator FCC.

### 7.3.3 Reações em Série (Consecutivas)

A representação comum para esta categoria de reações é

$$A \longrightarrow R \longrightarrow S$$

Redes de reações em série são muito importantes comercialmente. Em muitos casos, o produto intermediário, *R*, é desejado e o produto terminal, *S*, não é desejado.

Redes de reações em série não estão limitadas a duas reações. Butadieno ($C_4H_6$) é um importante monômero que entra em um grande número de produtos elastoméricos, incluindo pneus de automóveis. O butadieno pode ser produzido pela de-hidrogenação do butano ($C_4H_{10}$), como mostrado a seguir.

$$C_4H_{10} \xrightarrow{-H_2} C_4H_8 \xrightarrow{-H_2} C_4H_6 \xrightarrow{-H_2} \text{"Coque"}$$

Primeiramente, o butano é de-hidrogenado formando o buteno ($C_4H_8$), que é novamente de-hidrogenado para o produto desejado, butadieno. Entretanto, as reações não param neste ponto. O butadieno pode ser mais de-hidrogenado para um material carbonado, chamado de "coque", que se deposita sobre o catalisador heterogêneo, causando a sua perda de atividade (isto é, "desativação"). Com o tempo, o coque tem que ser queimado para deixar o catalisador. Processos baseados nesta química já foram uma importante fonte de butadieno. Eles foram substituídos em grande escala pelo butadieno que é produzido, como um subproduto, em plantas de etileno (isto é, reatores de pirólise como o mostrado na Figura 7-1) e nas unidades de craqueamento catalítico em leito fluidizado (unidades FCC) em refinarias.

Outro exemplo de reações em série ocorre na síntese de metanol, que discutimos na Seção 7.3.1. Uma vez formado o $CH_3OH$, ele pode reagir formando éter dimetílico ($CH_3OCH_3$),

$$CO + 2H_2 \rightarrow CH_3OH \xrightarrow{CH_3OH} CH_3OCH_3 + H_2O$$

A segunda reação, a combinação de duas moléculas de metanol para formar éter dimetílico e água, na realidade é usada para a produção comercial do éter dimetílico. Entretanto, esta reação é indesejada quando ela ocorre em uma planta de metanol convencional, pois a presença do éter dimetílico e da água complica o projeto do sistema de separação.

### 7.3.4 Reações em Série e Paralelo

Esta categoria de múltiplas reações é representada por

$$A + B \longrightarrow R$$
$$R + B \longrightarrow S$$

Se focamos o reagente A, as reações parecem estar em série,

$$A \longrightarrow R \longrightarrow S$$

Entretanto, se o foco é o reagente B, as reações parecem estar ocorrendo em paralelo,

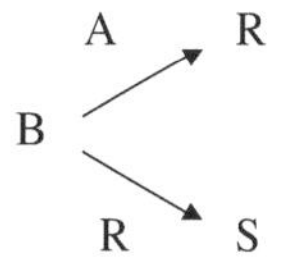


Há muitos exemplos industriais importantes de redes de reações combinadas em série/paralelo. A oxidação parcial do metanol em formaldeído, como discutida anteriormente, é uma. Podemos ver isto nas Reações (7-A) e (7-D):

$$CH_3OH + \tfrac{1}{2}O_2 \rightarrow CH_2O + H_2O \quad (7\text{-A})$$

$$CH_2O + \tfrac{1}{2}O_2 \rightarrow CO + H_2O \quad (7\text{-D})$$

A maioria das reações de oxidação parcial mostra o mesmo tipo de estrutura em série/paralelo.

Adicionalmente, um grande número de clorações, sulfonações, alquilações e nitrações seguem redes série/paralelo. Considere a nitração do benzeno,

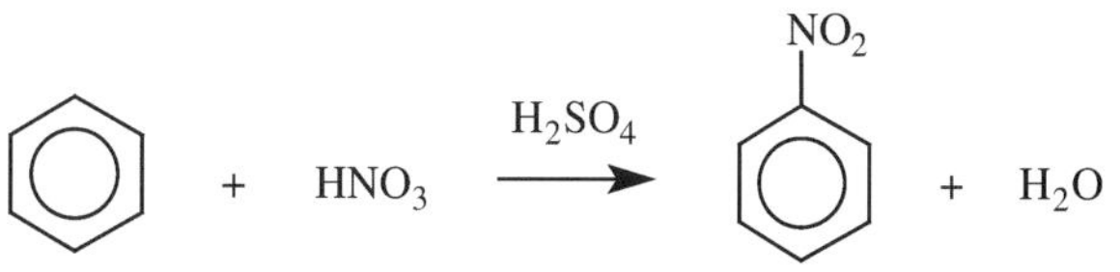


(7-J)

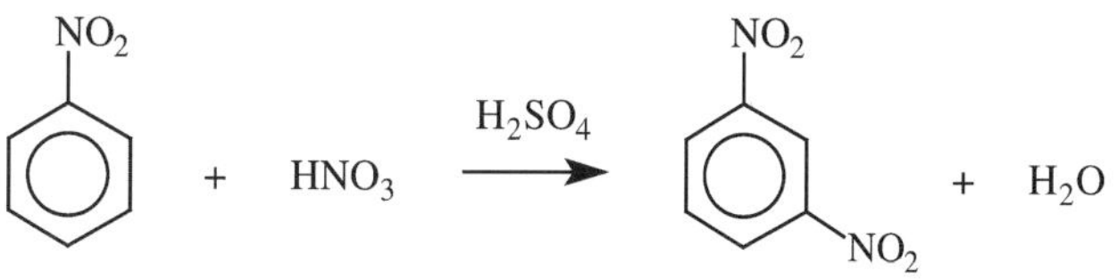


(7-K)

Esta reação é realizada a aproximadamente 50°C. Há duas fases no reator, uma fase orgânica (benzeno e os vários benzenos nitrados) e uma fase aquosa (originalmente uma mistura de ácidos sulfúrico e nítrico, que se torna diluída pela água que é formada na medida em que a reação avança). O mononitrobenzeno é o produto desejado; o *m*-dinitrobenzeno é um subproduto não desejado.

A polimerização de crescimento de cadeia é talvez o exemplo mais importante e complexo de reação em série/paralelo. Por exemplo, poliestireno é formado pela adição de uma molécula de estireno em um instante ao final de uma cadeia polimérica em crescimento.

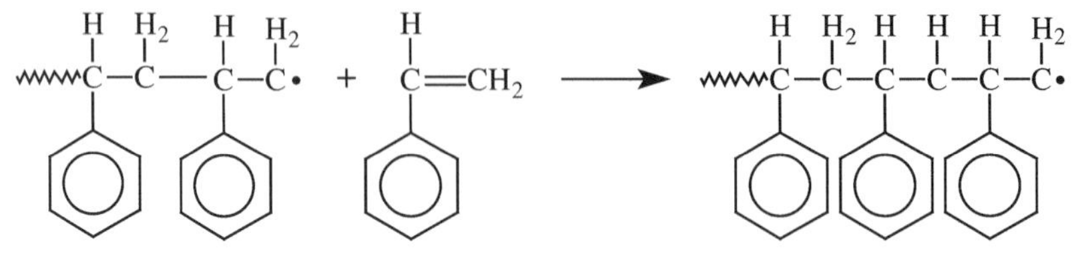

Uma molécula de poliestireno pode conter vários milhares de moléculas de estireno, indicando que vários milhares de reações, como a mostrada anteriormente, ocorreram. As reações são em série a partir do ponto de vista do radical do polímero, mas paralelas no ponto de vista da molécula de estireno.

Na realidade, a polimerização de crescimento de cadeia envolve outras reações. A reação mostrada anteriormente é uma *reação de propagação*, como definida no Capítulo 5. Esta reação é acompanhada por uma reação de *iniciação*, que fornece uma fonte de radicais livres, e por uma reação de *terminação*, que consome radicais livres. Para a polimerização do poliestireno, a reação de terminação é a combinação de dois radicais de polímero "vivo", como os mostrados anteriormente, para formar uma molécula de polímero "morto".

## 7.4 PROJETO E ANÁLISE DE REATORES

### 7.4.1 Visão Geral

Suponha que nos solicitaram o projeto ou a análise de um sistema de reatores, no qual ocorrem múltiplas reações. Em geral, nosso trabalho deverá ter dois objetivos simultâneos:

1. Produzir o produto desejado na taxa de produção especificada usando o menor reator possível (ou a menor quantidade de catalisador possível), isto é, maximizar a taxa de reação.
2. Minimizar a formação de subprodutos de baixo valor, isto é, maximizar a seletividade da reação.

O segundo objetivo torna o problema muito mais difícil que os problemas, envolvendo somente uma reação, resolvidos anteriormente no Capítulo 4. Normalmente, não é possível minimizar o volume do reator *e* maximizar a seletividade da reação *simultaneamente*. Frequentemente, há um compromisso entre a taxa e a seletividade. Em última instância, este compromisso requer uma análise econômica. Entretanto, a análise final frequentemente favorece a seletividade em relação à taxa, pois há uma grande e *contínua* penalização de custo associada à conversão de uma matéria prima valiosa em subprodutos de baixo valor.

Há várias questões importantes que têm que ser consideradas no projeto/análise de sistemas de múltiplos reatores:

1. Qual tipo de reator ou sistema de reatores deve ser usado?
   Retromistura normalmente diminui a taxa global da reação. Isto ajuda ou prejudica a seletividade? Há alguma razão em considerar reatores em série?
2. Qual concentração na alimentação deve ser usada?
   A alimentação deve ser concentrada ou diluída? A mesma resposta se aplica a todos os componentes na alimentação? Um ou mais reagentes devem ser adicionados na medida em que a reação progride, em vez de adicionar inicialmente todos os reagentes?
3. Qual temperatura deve ser usada?
   A temperatura deve ser mudada na medida em que a reação avança? Como?

As respostas as estas questões afetarão a taxa de reação e a seletividade. Há compromissos interessantes envolvidos, como veremos resumidamente.

Quando projetamos ou analisamos um reator com mais de uma reação ocorrendo, precisamos calcular as concentrações de *todas* as espécies no sistema. Em um reator batelada, estas concentrações têm que ser calculadas como funções do tempo. Em um reator contínuo, as concentrações têm que ser calculadas como funções do tempo espacial $\tau$.

Para efetuar estes cálculos, precisamos de mais ferramentas do que as requeridas para uma única reação. Em geral, para múltiplas reações

**(a)** temos que ter uma equação de taxa para *cada* reação independente;
**(b)** temos que escrever um balanço de massa por componente (equação de projeto) para cada reação independente;
**(c)** temos que ter uma variável de composição independente para cada reação independente.

Como veremos, ao realizarmos cálculos em sistemas de múltiplas reações uma escolha cuidadosa das variáveis de composição e dos balanços de massa dos componentes pode diminuir a dificuldade na solução do problema.

Dois tipos de problemas aparecem em sistemas de múltiplas reações. O primeiro é análogo ao tipo de problema associado a reações isoladas. Nesta categoria existem perguntas do tipo: Dado um sistema de reações com cinéticas conhecidas, qual tempo de reação (ou tempo espacial) será necessário para obter uma concentração especificada de um reagente ou produto, e quais concentrações das outras espécies estarão presentes neste tempo? Outro exemplo é o inverso desta pergunta, isto é, quais concentrações de reagente ou produto resultarão para um tempo (ou tempo espacial) especificado de reação?

O segundo tipo de problema não envolve o tempo de reação ou o tempo espacial. A questão aqui é: dado um sistema de reações com cinéticas conhecidas e dada a concentração de um componente em algum tempo (ou tempo espacial) (não especificado), quais são as concentrações das outras espécies neste tempo (ou tempo espacial)? Este tipo de problema é chamado de problema "independente do tempo". Problemas independentes do tempo podem ser resolvidos através da formação de razões de várias taxas de reação para eliminar o tempo (ou tempo espacial) como uma variável explícita. Entretanto, a solução de tais problemas não fornece informação sobre o tempo ou volume do reator necessário para obter uma dada composição.

A solução de vários tipos de problemas envolvendo múltiplas reações é mostrada adiante.

## 7.4.2 Reações em Série (Consecutivas)

### 7.4.2.1 Análise Qualitativa

O exemplo mais simples e mais estudado de reações em série é

$$\mathrm{A} \xrightarrow{k_1} \mathrm{R} \xrightarrow{k_2} \mathrm{S}$$

onde as duas reações são de primeira ordem e irreversíveis. As constantes da taxa destas reações são $k_1$ e $k_2$, respectivamente. Lidamos com esta rede de reações no Capítulo 5, na discussão da aproximação de estado estacionário. Em um reator batelada isotérmico, de volume constante e ideal, com $C_A = C_{A0}$ e $C_R = C_S = 0$ no $t = 0$, mostramos que

$$\begin{aligned} C_A &= C_{A0}e^{-k_1 t} \\ C_R &= C_{A0}\left(\frac{k_1}{k_2 - k_1}\right)(e^{-k_1 t} - e^{-k_2 t}); \quad k_1 \neq k_2 \end{aligned} \tag{7-7}$$

Se $C_A$ e $C_R$ forem conhecidas, $C_S$ pode ser calculada a partir da estequiometria.

# EXERCÍCIO 7-2

Mostre que, quando $k_1 = k_2$, $C_R = k_1 t C_{A0} e^{-k_1 t}$.

A Figura 7-2 é um gráfico das concentrações de A, R e S *versus* o tempo adimensional, $k_1 t$, para $k_1/k_2 = 0{,}5$.

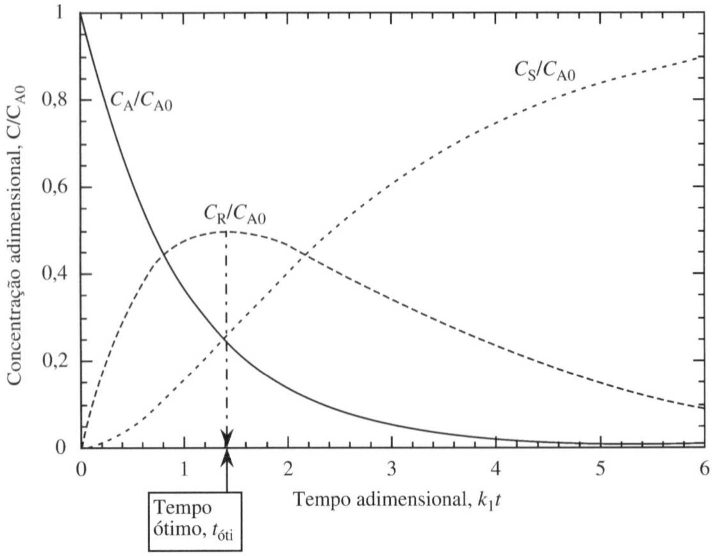


**Figura 7-2** Concentrações adimensionais de A, R e S *versus* o tempo adimensional ($k_1t$) para as reações de primeira ordem, irreversíveis, $A \xrightarrow{k_1} R \xrightarrow{k_2} S$ ocorrendo em um reator batelada de volume constante, isotérmico e ideal. As concentrações iniciais são $C_A = C_{A0}$, $C_R = C_S = 0$; e $k_1/k_2 = 0{,}50$.

A Figura 7-2 ilustra uma característica crítica de redes de reações em série. A concentração do produto intermediário, R neste caso, aumenta rapidamente logo que a reação é iniciada. Posteriormente esta concentração passa por um máximo e declina. O valor do tempo no qual R é máximo foi chamado de "tempo ótimo" ou $t_{óti}$ na figura. Se a reação que consome R for irreversível, $C_R$ irá se aproximar de zero para tempos muito longos.

O comportamento de $C_R$ pode ser entendido em termos da equação da taxa para R. A taxa de formação *líquida* de R é a diferença entre a taxa na qual R é formado a partir de A e a taxa na qual R é convertido em S, isto é,

$$r_R = k_1C_A - k_2C_R$$

Para este exemplo, $C_A$ é grande e $C_R$ muito pequeno em pequenos tempos. A parcela de formação ($k_1C_A$) é maior do que a parcela de consumo ($k_2C_R$), de modo que $r_R > 0$. A concentração de R aumenta rapidamente. Entretanto, na medida em que o tempo aumenta, a concentração de A diminui e a concentração de R aumenta. Em algum instante (tempo), a concentração de A diminuiu e a concentração de R aumentou, levando ao ponto no qual as duas parcelas da equação da taxa são iguais. Neste ponto, a taxa de formação líquida de R ($r_R$) é zero. Isto corresponde ao máximo na curva $C_R/C_{A0}$ na Figura 7-2, que ocorre em $t_{óti}$. Em tempos maiores do que $t_{óti}$, a segunda parcela na equação da taxa é maior do que a primeira, de modo que $r_R < 0$. A taxa de formação líquida de R é negativa, isto é, R é consumido. Isto corresponde à parte da curva $C_R/C_{A0}$ à direita de $t_{óti}$, onde a concentração de R diminui.

Se R for o produto desejado, como frequentemente é o caso, a exata localização do máximo na curva $C_R/C_{A0}$ é crítica. Este ponto corresponde ao maior valor possível do rendimento $Y$(R/A), pois $Y$(R/A) $= C_R/C_{A0}$, quando não há R na alimentação. Se o reator for operado em um tempo que é menor que $t_{óti}$, a concentração final de R será menor do que poderia ser, pois não houve a conversão suficiente de A em R. O rendimento $Y$(R/A) também é menor do que o seu valor máximo possível. Por outro lado, se o reator for operado em um tempo maior do que $t_{óti}$, então a concentração final de R novamente é menor do que poderia ser, agora em função de muito R ter sido convertido em S. O rendimento $Y$(R/A) novamente é menor do que o seu valor no tempo ótimo.

# EXERCÍCIO 7-3

Mostre que o valor do tempo ótimo $t_{óti}$ é dado por

$$t_{óti} = \ln(k_2/k_1)/(k_2 - k_1); \quad k_2 \neq k_1$$
$$t_{óti} = 1/k_1; \quad k_2 = k_1$$

As equações para $k_2 \neq k_1$ mostram que $t_{óti}$ aumenta com a diminuição de $k_2$, se $k_1$ for constante, e que $(C_R/C_{A0})_{máx}$ aumenta com a diminuição de $k_2$, se $k_1$ for constante. Explique estas tendências em termos físicos.

Também mostre que o máximo rendimento de R, isto é, o valor de $C_R/C_{A0}$ em $t_{ótı}$ é dado por

$$\left(\frac{C_R}{C_{A0}}\right)_{máx} = \left(\frac{k_1}{k_2}\right)^{[k_2/(k_2-k_1)]}; \quad k_2 \neq k_1$$
$$\left(\frac{C_R}{C_{A0}}\right)_{máx} = 1/e; \quad k_2 = k_1 \qquad (7\text{-}8)$$

## EXERCÍCIO 7-4

A discussão da Figura 7-2 não fez menção da seletividade, $S(R/A)$. Deduza uma expressão para $S(R/A)$ como uma função do tempo. Faça um gráfico de $S(R/A)$ *versus* $k_1t$ para $k_2/k_1 = 0{,}50$.

## EXERCÍCIO 7-5

H.I. Pschuetter é Gerente da Área de Produção de Óxidos Especiais na Cauldron Chemical Company. "Hip" é conhecido por sua abordagem conservativa em relação a todo e qualquer novo projeto.

Você projetou um pequeno PFR para fabricar um novo produto, cujo nome código é PARTOX. A reação em sequência pode ser representada por $A \rightarrow R \rightarrow S$, na qual o PARTOX é a espécie R.

"Hip" revisou o seu projeto e enviou a você o seguinte correio eletrônico:

Meu rapaz:

Eu examinei os cálculos que você fez para dimensionar o reator. A equipe de P&D fez um grande trabalho (desta vez) no desenvolvimento de boas equações de taxa. Seus cálculos estão corretos, exceto pelo fato do seu esquecimento de incluir um fator de segurança. Ainda que a vazão e a composição da alimentação sejam fixas, você precisa superdimensionar o reator para compensar alguma coisa inesperada. Proponha um reator de 200 galões em vez dos 400 litros que você calculou, e eu aprovarei o projeto.

Hip:

Elabore uma resposta. *Sugestão*: Uma resposta muito curta provavelmente não ajudará a sua carreira.

## EXERCÍCIO 7-6

Examine as inclinações iniciais ($t = 0$) das curvas de $C_R$ e $C_S$ na Figura 7-2. Suponha que você soubesse que os produtos B e C fossem formados do regente A, mas você não tem certeza se são duas reações paralelas, $A \rightarrow B$ e $A \rightarrow C$, ou reações em série, isto é, $A \rightarrow B$ e $B \rightarrow C$. Discuta como você pode usar as inclinações iniciais no auxílio da solução desta questão.

### 7.4.2.2 Análise Independente do Tempo

A variável tempo pode ser eliminada do problema em análise pela divisão da equação de projeto para R pela equação de projeto para A. Assim,

$$\frac{dC_R}{dt} = r_R = k_1C_A - k_2C_R \quad \text{(equação de projeto para R)}$$
$$\frac{dC_A}{dt} = -k_1C_A \quad \text{(equação de projeto para A)}$$
$$\frac{dC_R}{dC_A} = -1 + \left(\frac{k_2}{k_1}\right)\frac{C_R}{C_A} \qquad (7\text{-}9)$$

A Equação (7-9) é uma equação diferencial ordinária, de primeira ordem e linear, que pode ser resolvida adotando o uso do "fator de integração". A solução é

$$\frac{C_R}{C_{A0}} = \frac{1}{[1-(k_2/k_1)]}\left[\left(\frac{C_A}{C_{A0}}\right)^{(k_2/k_1)} - \frac{C_A}{C_{A0}}\right]; \quad k_2 \neq k_1$$
$$\frac{C_R}{C_{A0}} = -\left(\frac{C_A}{C_{A0}}\right)\ln(C_A/C_{A0}); \quad k_2 = k_1$$

As concentrações $C_R$ e $C_S$ podem ser calculadas *como funções de* $C_A$ usando as equações anteriores. Entretanto, nenhuma das concentrações pode ser calculada como função do tempo (ou *tempo espa-*

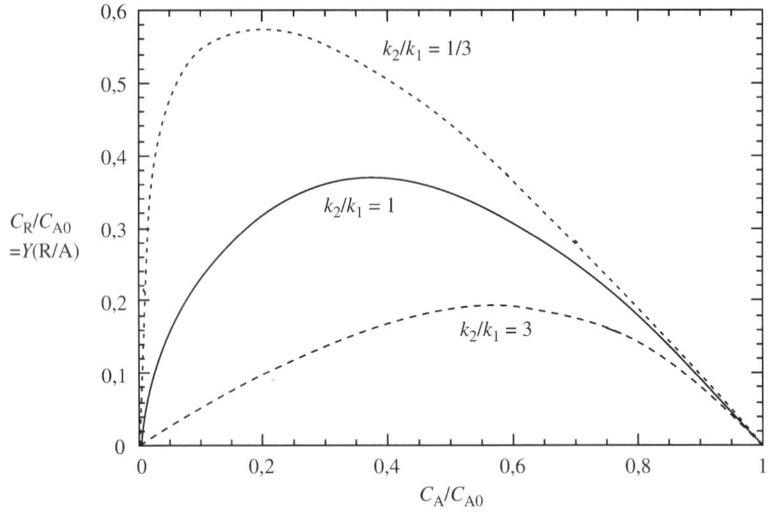


**Figura 7-3** $C_R/C_{A0}$ *versus* $C_A/C_{A0}$ para as reações de primeira ordem A → R e R → S, para vários valores da razão entre as constantes da taxa $k_2/k_1$. $C_{R0} = C_{S0} = 0$.

*cial*) usando estas equações isoladamente. A variável tempo foi removida quando os dois balanços de massa foram divididos.

A Figura 7-3 é um gráfico de $C_R/C_{A0}$ *versus* $C_A/C_{A0}$, gerado a partir das equações anteriores, para vários valores de $k_2/k_1$.

## EXERCÍCIO 7-7

Você realizou as reações em série A → R e R → S em um reator batelada, com volume constante e isotérmico, partindo em $t = 0$ com $C_A = C_{A0}$ e $C_R = C_S = 0$. Quando a conversão de A atingiu 0,50, $C_R/C_{A0} = 0,25$. Estime o valor de $k_2/k_1$.

### 7.4.2.3 Análise Quantitativa

## EXEMPLO 7-2

***Reações em Série***

As duas reações homogêneas e irreversíveis

$$A \rightarrow B$$
$$2B \rightarrow C$$

estão ocorrendo em fase líquida em um reator de escoamento pistonado ideal (PFR), isotérmico. A primeira reação é de primeira ordem em A com uma constante de taxa ($k_1$) igual a 0,50 min$^{-1}$. A segunda reação é de segunda ordem em B com uma constante de taxa ($k_2$) igual a 0,10l/(mol min).

A concentração de A na alimentação do reator, $C_{A0}$, é igual a 1,0 mol/l. A concentração de B na alimentação do reator, $C_{B0}$, é igual a 0,10 mol/l. Não há C na alimentação. O volume do reator é de 400 l e a vazão volumétrica é de 10 l/min, de modo que o tempo espacial $\tau$ é igual a 40 min.

Quais são as concentrações de A, B e C no efluente do reator?

***ANÁLISE***

Há duas reações independentes, A → B e 2B → C. A equação da taxa completa para cada reação é dada. Dois balanços de massa são necessários para, em geral, serem resolvidos simultaneamente. Os balanços de massa necessários nada mais são que as equações de projeto para um PFR ideal, escritas para duas espécies diferentes. Podemos escolher as duas espécies para as quais escreveremos as equações de projeto.

Neste problema, a escolha de A e R simplifica um pouco a matemática. Como veremos, esta escolha permite que as duas equações de projeto sejam resolvidas sequencialmente, em vez de simultaneamente, e a equação de projeto para A pode ser resolvida analiticamente.

O resultado da solução dos dois balanços de massa é o valor das concentrações de A e de B no tempo espacial especificado igual a 40 min. A concentração de C pode então ser calculada a partir da estequiometria.

Em vez de iniciar com as equações de projeto, como desenvolvidas no Capítulo 3, começaremos este problema escrevendo balanços de massa de A e de B em um PFR, para um sistema com massa específica constante. Este procedimento fornece um ponto de partida mais fundamentado, e talvez mais seguro.

*SOLUÇÃO*

Vamos iniciar com o reagente A e fazer um balanço de massa em um elemento diferencial do reator, como mostrado na Figura 7-4. Este é o mesmo volume de controle que usamos para deduzir a equação de projeto para um PFR ideal no Capítulo 3.

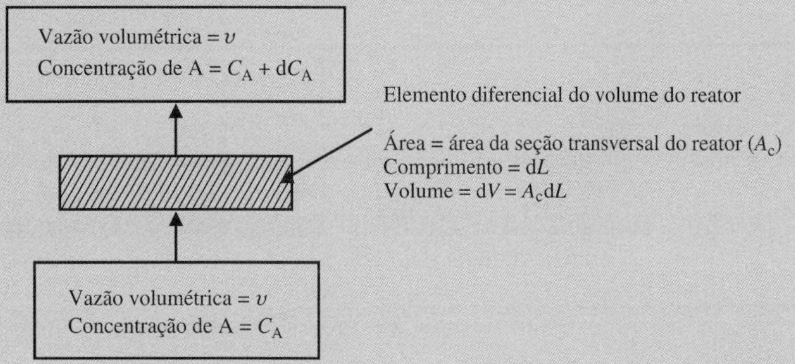


**Figura 7-4** Volume de controle para balanços de massa: Exemplo 7-2.

Como a massa específica constante pode ser considerada em reações em fase líquida, a vazão volumétrica entrando no elemento ($\upsilon$) é igual à vazão volumétrica saindo. Entretanto, a concentração de A deixando o elemento é diferente da concentração na entrada por uma quantidade diferencial, $dC_A$.

Em estado estacionário, um balanço de massa do reagente A fornece

$$\text{taxa de entrada de A} - \text{taxa de saída de A} = \text{taxa de desaparecimento de A}$$

$$(\upsilon C_A) - (\upsilon[C_A + dC_A]) = (-r_A\, dV)$$

$$\boxed{\frac{dV}{\upsilon} = d\tau = -\frac{dC_A}{-r_A}} \qquad (7\text{-}10)$$

A Equação (7-10) é a equação de projeto para um PFR ideal, para um sistema com massa específica constante, na forma diferencial. Ela é igual à Equação (3-31).

Quando $-r_A = k_1 C_A$ é substituída na Equação (7-10) e a equação resultante é integrada de $\tau = 0$ a $\tau = \tau$, obtemos

$$C_A = C_{A0} \exp(-k_1 \tau) \qquad (7\text{-}11)$$

Calculando $C_A$ em $\tau = 40$ min

$$C_A = 1{,}0\ (\text{mol/l}) \exp[(-0{,}5\ \text{min}^{-1}) \times 40(\text{min})] = 2{,}1 \times 10^{-9} (\text{mol/l})$$

Esta é a concentração de A na corrente que deixa o reator. Em termos práticos, A foi completamente convertido.

Agora, seja a espécie B. Em estado estacionário, um balanço de massa de B no elemento diferencial do volume do reator mostrado na Figura 7-4 fornece

$$\text{taxa de entrada de B} - \text{taxa de saída de B} = \text{taxa de desaparecimento de B}$$

$$(\upsilon C_B) - (\upsilon[C_B + dC_B]) = (-r_B\, dV)$$

$$\boxed{\frac{dV}{\upsilon} = d\tau = -\frac{dC_B}{-r_B}}$$

Novamente, esta é a forma diferencial da equação de projeto para a espécie B, em um sistema com massa específica constante.

Temos que ser cuidadosos para equacionar $-r_B$ corretamente. A espécie B participa em duas reações; ela é formada na primeira reação a uma taxa $k_1C_A$, e é consumida na segunda reação a uma taxa $k_2C_B^2$. Consequentemente, a taxa de *desaparecimento líquida* é

$$-r_B = k_2C_B^2 - k_1C_A$$

Substituindo esta expressão no balanço de massa de B, substituindo a Equação (7-11) para $C_A$ e simplificando, obtemos a seguinte equação diferencial

$$\frac{dC_B}{d\tau} = k_1C_A - k_2C_B^2 = k_1C_{A0}\exp(-k_1\tau) - k_2C_B^2 \qquad (7\text{-}12)$$

O desafio agora é resolver esta equação. Não existe uma solução analítica para a Equação (7-12). Entretanto, equações diferenciais como esta podem ser resolvidas numericamente, usando programas como o Mathlab, Maple ou Mathcad. O Apêndice 7-A mostra como resolver a Equação (7-12) usando uma planilha, isto é, o EXCEL. Do Apêndice 7-A, o valor de $C_B$ em $\tau = 40$ min é de 0,22 mol/l.

O valor de $C_C$ pode ser calculado usando a Lei das Proporções Definidas. Como a massa específica é constante,

$$C_A - C_{A0} = \nu_{1,A}\xi_1 = (2{,}1 \times 10^{-9} - 1{,}0) = (-1)\xi_1$$
$$\xi_1 = 1{,}0\,\text{mol/l}$$
$$C_B - C_{B0} = \nu_{1,B}\xi_1 + \nu_{2,B}\xi_2 = (0{,}22 - 0{,}10) = 0{,}12\,\text{mol/l}$$
$$(1)(1) + (-2)\xi_2 = 0{,}12$$
$$\xi_2 = 0{,}44\,\text{mol/l}$$
$$C_C - C_{C0} = \nu_{2,C}\xi_2 = (1)(0{,}44\,\text{mol/l})$$
$$C_C = 0{,}44\,\text{mol/l}$$

Resumindo, há duas reações independentes neste problema: A → B e 2B → C. Uma equação de taxa estava disponível para cada reação. Para resolver o problema, usamos dois balanços de massa, um para a espécie A e outro para a espécie B. As concentrações $C_A$ e $C_B$ foram escolhidas como as variáveis para descrever a composição do sistema. Os balanços de massa (equações de projeto) de A e de B foram resolvidos para determinar $C_A$ e $C_B$ em $\tau = 40$ min. A concentração de C neste tempo espacial foi determinada usando a estequiometria.

# EXERCÍCIO 7-8

Na solução anterior, fizemos balanços de massa de A e de B. Suponha que tenhamos optado fazer alternativamente os balanços de B e de C e usado $C_B$ e $C_C$ para descrever a composição do sistema. Escreva os balanços de massa de B e C, e explique como resolver o problema sendo ele equacionado desta forma. Lembre-se de que $C_B$, $C_C$ e $\tau$ são as únicas variáveis que podem estar presentes nos balanços de massa que serão resolvidos; $C_A$ não pode estar presente.

Antes de deixar este exemplo, olhemos as concentrações de A, B e C *versus* $\tau$. Valores de $C_A$ como uma função do $\tau$ foram calculados com a Equação (7-11). Os valores de $C_B$ foram obtidos na tabela do Apêndice 7-A, e $C_C$ foi calculado a partir de $C_A$ e $C_B$ através da estequiometria. Um gráfico destas concentrações como funções de $\tau$ é apresentado na Figura 7-5.

As tendências na Figura 7-5 são similares àquelas na Figura 7-2. A concentração de A diminui monotonicamente até zero. O produto intermediário B aumenta em pequenos $\tau$, passa por um máximo, e então declina na direção de zero com o aumento de $\tau$. A concentração de C aumenta monotonicamente até uma assíntota em $(C_{A0} + C_{B0})/2$. O fato de a segunda reação ser de segunda ordem em vez de primeira não afeta o comportamento do sistema reacional, a nível qualitativo.

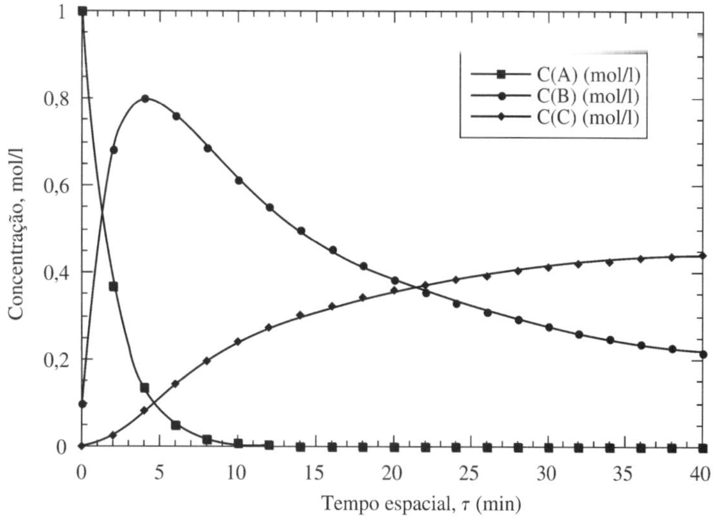


**Figura 7-5** As concentrações de A, B e C como funções do tempo espacial $\tau$ para as reações A → B e 2B → C ocorrendo em fase líquida, em um reator de escoamento pistonado ideal. A reação A → B é de primeira ordem em A com uma constante da taxa, $k_1 = 0{,}50 \text{ min}^{-1}$. A reação 2B → C é de segunda ordem em B com uma constante da taxa, $k_2 = 0{,}10$ l/(mol min). Concentrações na entrada: A = 1,0 mol/l; B = 0,10 mol/l; C = 0.

### 7.4.2.4 Reações em Série em um CSTR

Em um reator batelada ou de escoamento pistonado, todo elemento fluido permanece exatamente o mesmo tempo dentro do reator. Se a reação em série A → R → S estiver ocorrendo, é correto, pelo menos conceitualmente, projetar um reator batelada ou um de escoamento pistonado que irá operar em $t_{\text{óti}}$ (ou $\tau_{\text{óti}}$) e produzir uma concentração de R igual a $C_{R,\text{máx}}$.

O que acontece quando estas reações são realizadas em um CSTR, no qual a mistura é intensa e nem toda a molécula permanece o mesmo tempo no interior do reator? Em um CSTR, a alimentação se mistura instantaneamente ao conteúdo do reator e o efluente é uma amostra randômica do conteúdo do reator. Alguns elementos de fluido permanecem no reator por um curto intervalo de tempo e alguns ficam no reator por um longo período. Muito poucos permanecem no reator por exatamente $\tau_{\text{óti}}$.

Vamos analisar a performance das duas reações:

$$A \xrightarrow{k_1} R \xrightarrow{k_2} S$$

em um CSTR ideal. Cada reação é de primeira ordem e irreversível. Como há duas reações independentes, dois balanços de massa são necessários. Façamos balanços de A e de R, usando $C_A$ e $C_R$ como as variáveis de composição.

***Balanço de Massa de A*** O balanço de massa de A é justamente a equação de projeto do CSTR, escrita para o reagente A. Como o número total de mols não varia com o prosseguimento da reação e como um CSTR é isotérmico por definição, a massa específica do sistema é constante. A forma da equação de projeto para massa específica constante é

$$\tau = \frac{C_{A0} - C_A}{-r_A} \tag{3-24}$$

Como $-r_A = k_1 C_A$,

$$C_A = \frac{C_{A0}}{1 + k_1 \tau} \tag{7-13}$$

***Balanço de Massa de B*** Usando todo o reator como o volume de controle,

taxa de entrada de R − taxa de saída de R + taxa de geração de R = taxa de acúmulo de R

em estado estacionário e no caso de não haver R na alimentação,

$$0 - vC_R + V(k_1C_A - k_2C_R) = 0$$

Novamente, poderíamos ter obtido esta equação partindo da equação de projeto para um CSTR com massa específica constante (Equação (3-24)), aplicando-a para a espécie B e reconhecendo que $r_B = k_1C_A - k_2C_R$.

Substituindo a Equação (7-13) para $C_A$ e rearranjando, obtemos

$$\frac{C_R}{C_{A0}} = \frac{k_1\tau}{(1 + k_1\tau)(1 + k_2\tau)} \tag{7-14}$$

O valor máximo de $C_R$ pode ser encontrado pela diferenciação da equação anterior em relação a $\tau$ e com a expressão resultante sendo então igualada a zero.

$$\frac{dC_R}{d\tau} = 0 = \frac{k_1}{(1 + k_1\tau)(1 + k_2\tau)} - \frac{k_1^2\tau}{(1 + k_2\tau)(1 + k_1\tau)^2} - \frac{k_1k_2\tau}{(1 + k_1\tau)(1 + k_2\tau)^2}$$

$$\tau_{\text{óti}} = \sqrt{1/k_1k_2} \tag{7-15}$$

Substituindo esta relação na Equação (7-14), obtemos

$$\frac{C_{R,\text{máx}}}{C_{A0}} = \frac{1}{(1 + \sqrt{k_2/k_1})^2} \tag{7-16}$$

A Equação (7-16) fornece o rendimento máximo de R baseado em A ($Y$(R/A)) que pode ser obtido em um CSTR, para um valor especificado de $k_2/k_1$. A Equação (7-15) fornece o valor de $\tau$ no qual este máximo é obtido.

A Figura 7-6 mostra uma comparação de $C_{R,\text{máx}}/C_{A0}$ para um CSTR e um PFR, como uma função da razão $k_2/k_1$. Os valores de $C_{R,\text{máx}}/C_{A0}$ para o PFR foram calculados com a Equação (7-8).

O valor de $C_{R,\text{máx}}/C_{A0}$ parte de 1 para $k_2/k_1 = 0$ e diminui monotonicamente até 0 na medida em que a razão das taxas tende ao infinito. Somente a faixa $0 \leq k_2/k_1 \leq 1$ é mostrada na Figura 7-6, pois o rendimento de R é muito baixo quando $k_2/k_1 > 1$. É improvável que um reator industrial seja operado para produzir R na região $k_2/k_1 > 1$. Esta operação somente se justifica pela presença de circunstâncias econômicas especiais (por exemplo, S tem um alto valor e um grande mercado quando comparado com R; A é muito barato e o descarte de S é seguro e barato). Em todas as razões $k_2/k_1$, o rendimento $Y$(R/A) é sempre maior em um PFR do que em um CSTR.

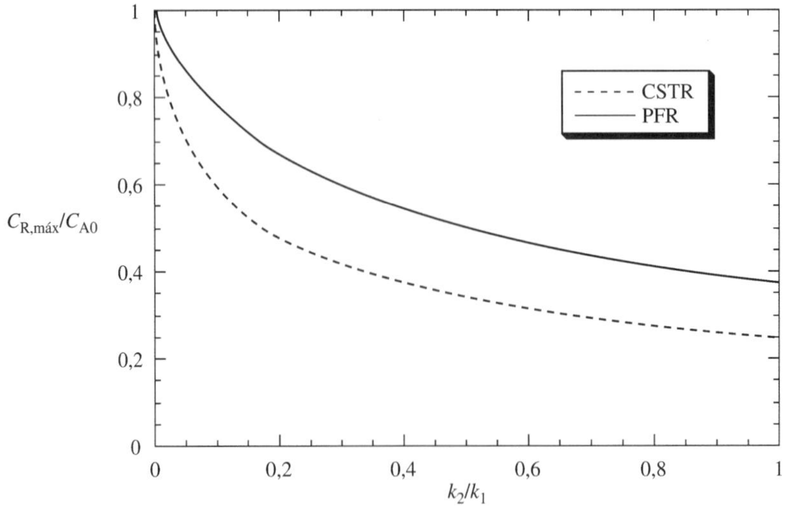


**Figura 7-6** O valor máximo da concentração do produto intermediário, R, nas reações em série A → R → S, como uma função da razão entre as constantes da taxa da segunda reação ($k_2$) e da primeira reação ($k_1$). As duas reações são de primeira ordem e irreversíveis. Não há R na alimentação. Os reatores são isotérmicos. Linha contínua: PFR; linha tracejada: CSTR.

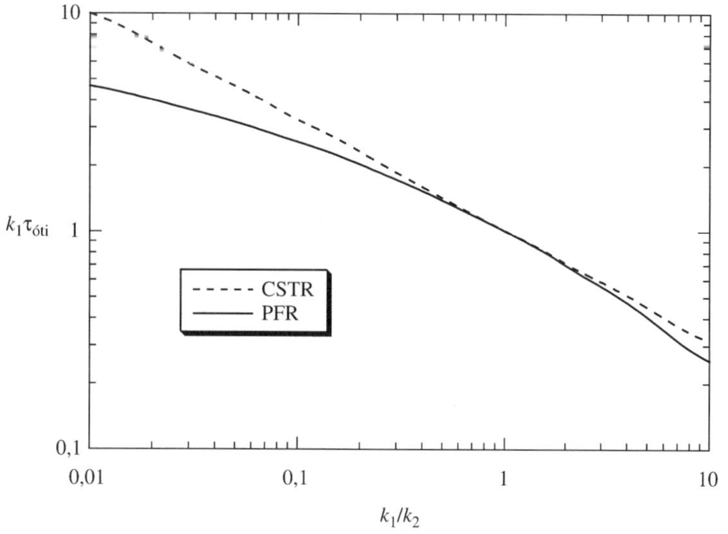


**Figura 7-7** O valor de $k_1\tau_{óti}$ para a série de reações de primeira ordem e irreversíveis, A → R → S, como uma função da razão entre as constantes da taxa da primeira reação ($k_1$) e da segunda reação ($k_2$). O parâmetro $\tau_{óti}$ é o valor de $\tau$ no qual a concentração do produto intermediário, R, tem um valor máximo ($C_{R,máx}$). Não há R na alimentação e os reatores são isotérmicos. Linha contínua: PFR; linha tracejada: CSTR.

A Figura 7-6 compara o desempenho de um PFR com o de um CSTR em condições nas quais os valores de $\tau$ são diferentes nos dois reatores. Em geral, em um PFR o máximo $C_R$ ocorre em um valor de $\tau$ diferente do valor que acontece o $C_R$ máximo em um CSTR.

A Figura 7-7 é gráfico de $k_1\tau_{óti}$ *versus* $k_1/k_2$ para os dois tipos de reator. Quando $k_1/k_2 = 1$, os valores de $k_1\tau_{óti}$ para um PFR e um CSTR são os mesmos. Nas outras razões, $k_1\tau_{óti}$ para um CSTR é maior que o $k_1\tau_{óti}$ para um PFR. Em outras palavras, $C_{R,máx}$ é menor para um CSTR do que para um PFR e ele precisa de um tempo espacial maior para alcançar este valor menor!

Esta discussão mostra que o PFR é a melhor escolha, em relação ao CSTR, para reações em série nas quais o produto desejado é um intermediário, como R neste exemplo, e quando é importante maximizar o rendimento do intermediário.

## 7.4.3 Reações Independentes e Paralelas

### 7.4.3.1 Análise Qualitativa

As equações de taxa são chave na fundamentação do projeto e da operação de todos os sistemas com múltiplas reações. Para ilustrar, vamos considerar o sistema paralelo

$$A + B \begin{cases} \nearrow D \text{ (desejada)} \\ \searrow U \text{ (não desejada)} \end{cases}$$

Suponha que a equação da taxa para a equação desejada seja

$$r_D = k_D C_A^{\alpha_D} C_B^{\beta_D}$$

Nesta equação, $\alpha_D$ é a ordem da reação desejada em relação a A e $\beta_D$ é a ordem da reação desejada em relação a B. A taxa da reação não desejada é

$$r_N = k_N C_A^{\alpha_N} C_B^{\beta_N}$$

A ordem da reação não desejada em relação a A é $\alpha_N$ e $\beta_N$ é a ordem da reação não desejada em relação a B.

Para iniciar a análise, formemos a razão entre as taxas da reação desejada e da reação não desejada

$$\frac{r_D}{r_N} = \left(\frac{k_D}{k_N}\right) C_A^{(\alpha_D-\alpha_N)} C_B^{(\beta_D-\beta_N)} = \left(\frac{A_D}{A_N}\right) e^{-(E_D-E_N)/RT} C_A^{(\alpha_D-\alpha_N)} C_B^{(\beta_D-\beta_N)} \tag{7-17}$$

Nesta equação, foi usada a relação de Arrhenius para representar todas as constantes das taxas e as energias de ativação para a reação desejada e para a reação não desejada foram representadas por $E_D$ e $E_N$, respectivamente.

***Efeito da Temperatura*** Em primeiro lugar, vamos olhar a temperatura. Se $E_D > E_N$, tanto $r_D$ quanto $r_D/r_N$ irão aumentar com o aumento da temperatura. Consequentemente, tanto a *taxa* da reação desejada quanto à *seletividade* para o produto desejado serão maximizadas com a operação na temperatura o mais alta possível. A temperatura mais alta possível pode ser estabelecida, por exemplo, por limitações nos materiais de construção do reator, pelo aparecimento de reações secundárias adicionais e não desejadas ou pelo início da desativação do catalisador.

Por outro lado, se $E_N > E_D$, a situação é mais complicada. Embora a *taxa* da reação desejada ainda cresça com a temperatura, a razão $r_D/r_N$ *diminui*. Se a temperatura da reação for muito alta, a seletividade será baixa.

No final das contas, a questão de qual temperatura a ser usada tem que ser respondida através de uma análise econômica. Como a seletividade normalmente é um requisito dominante na parte econômica, a temperatura ótima frequentemente é "baixa", mas não tão pequena de modo que o volume do reator seja excessivo.

## EXERCÍCIO 7-9

A razão $r_D/r_N$ não é igual à seletividade da reação, $s$(D/A). Usando as equações de taxa fornecidas anteriormente, deduza uma expressão para $s$(D/A).

***Efeito das Concentrações dos Reagentes*** Quais concentrações de A e de B devem ser usadas? Na Equação (7-17), podemos ver que a razão $r_D/r_N$ é diretamente proporcional a $C_A^{(\alpha_D-\alpha_N)}$. Se $\alpha_D > \alpha_N$, a taxa da reação desejada irá aumentar mais rápido do que a taxa da reação não desejada na medida em que $C_A$ é aumentada. Isto causará o aumento de $s$(D/A) com o aumento de $C_A$. Entretanto, se $\alpha_N > \alpha_D$, o aumento de $C_A$ diminuirá a seletividade da reação.

Como podemos empregar este tipo de análise no projeto de reatores e de processos?

- $\boldsymbol{\alpha_D > \alpha_N}$ Se $\alpha_D > \alpha_N$, desejamos operar na concentração de A a mais alta possível em termos práticos. Independentemente do tipo de reator que é usado, a composição da alimentação do reator deve ser ajustada para tornar $C_A$ alta. Por exemplo, se a alimentação for um líquido, a concentração do solvente ou qualquer outro diluente que esteja presente pode ser reduzida. Se a alimentação for um gás, podemos considerar a remoção de diluentes ou a operação em pressões mais altas.

  O ajuste da composição da alimentação pode ter consequências fora da seara da seletividade da reação. Por exemplo, veremos no próximo capítulo que a composição da alimentação pode ter um efeito significativo no balanço de energia no reator. O balanço de energia pode limitar as mudanças que poderiam ser feitas na composição da alimentação.

  ***Processos Contínuos*** Se estivermos analisando um processo contínuo, o maior valor de $C_A$ é obtido com o uso de um reator de escoamento pistonado. Se um CSTR for usado, $C_A$ cairá imediatamente para o valor da concentração da saída, pois a corrente de entrada se mistura instantaneamente no conteúdo do reator.

  Se for necessária agitação, por exemplo, para manter o catalisador suspenso, então uma série de CSTRs poderá ser usada para minimizar a diluição da corrente de entrada.

  ***Processos em Batelada*** Se a reação tiver que ser realizada em um reator batelada, $C_A$ poderá ser mantida alta pelo carregamento de todo A no início da reação.

- $\boldsymbol{\alpha_N > \alpha_D}$ Se $\alpha_N > \alpha_D$, desejamos manter $C_A$ o mais baixo possível. Seguindo a linha de argumentação anterior, $\alpha_N > \alpha_D$ irá favorecer uma alimentação diluída. Esta condição também favorece o uso de um CSTR em vez de um PFR em processos contínuos.

Até agora, esta análise somente incluiu a concentração do reagente A. Entretanto, a concentração do reagente B também aparece na expressão para $r_D/r_N$. A análise da influência de $C_B$ segue a mesma trajetória da análise de $C_A$. Se $\beta_D > \beta_N$, as variáveis de projeto e de processo devem ser manipuladas para manter $C_B$ a mais alta possível. Se $\beta_D < \beta_N$, o inverso é verdadeiro.

Se $\alpha_D > \alpha_N$ *e* $\beta_D > \beta_N$, então *tanto* $C_A$ *quanto* $C_B$ devem ser mantidas as mais altas possíveis, usando uma ou mais técnicas discutidas anteriormente. Entretanto, suponha que $\alpha_D > \alpha_N$, mas $\beta_D < \beta_N$. Nesta situação, desejamos manter $C_A$ a mais alta possível e simultaneamente $C_B$ a mais baixa possível. *Como isto pode ser feito*?

Primeiramente, considere a concentração da alimentação. Um grande excesso estequiométrico de A pode ser usado. Isto mantém $C_A$ alta e o grande excesso de A dilui B, mantendo $C_B$ baixa. Naturalmente, uma grande quantidade de A não reagido deverá ser separado do efluente do reator e reciclado. Isto pode ser um compromisso que vale a pena se o excesso de A tiver um efeito significativamente benéfico na seletividade da reação.

Algumas opções de projeto de reatores também têm que ser consideradas.

***Processos Contínuos*** Podemos manter $C_A$ alta e $C_B$ baixa usando reatores em série com alimentação entre os reatores. Se $\alpha_D > \alpha_N$ e $\beta_N > \beta_D$, todo o A pode ser alimentado no primeiro reator, com algum B. O B remanescente é alimentado entre os reatores. A aplicação desta concepção a uma série de PFRs e a uma série de CSTRs é mostrada nas Figuras 7-8a e 7-8b.

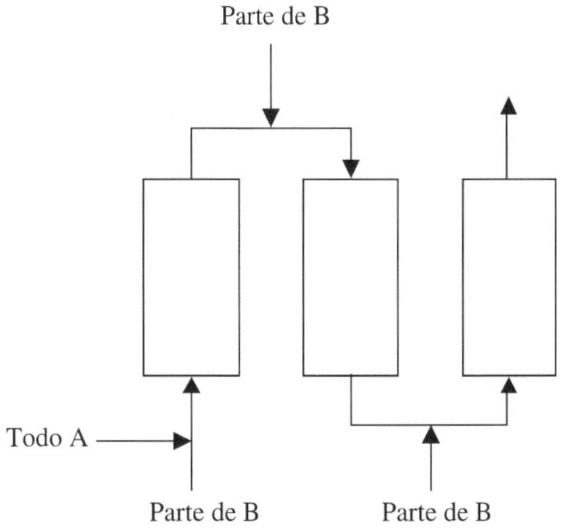


**Figura 7-8a** Uma série de PFRs na qual a concentração de A é mantida alta pela alimentação de todo A no primeiro reator e a concentração de B é mantida baixa através da alimentação de B entre os reatores.

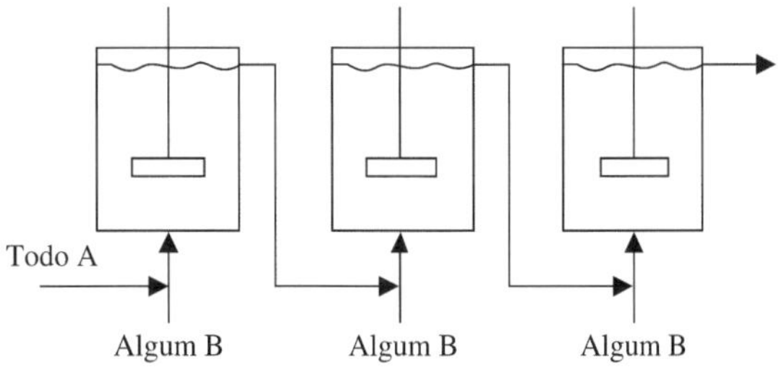


**Figura 7-8b** Uma série de CSTRs na qual a concentração de A é mantida alta pela alimentação de todo A no primeiro reator e a concentração de B é mantida baixa através da alimentação de B entre os reatores.

***Processos em Batelada*** Em um reator batelada ideal, como definido no Capítulo 3, todos os reagentes são carregados no início, depois do qual não há escoamento de massa através das fronteiras do sistema. Com esta definição, B não pode ser adicionado ao longo da reação, como nos exemplos contínuos mostrados anteriormente. Por outro lado, podemos empregar uma modificação do reator batelada, conhecido como reator "semibatelada". Todo A é adicionado no início. O composto B é alimentado vagarosamente na medida em que a reação avança. Esta ideia é representada na Figura 7-9.

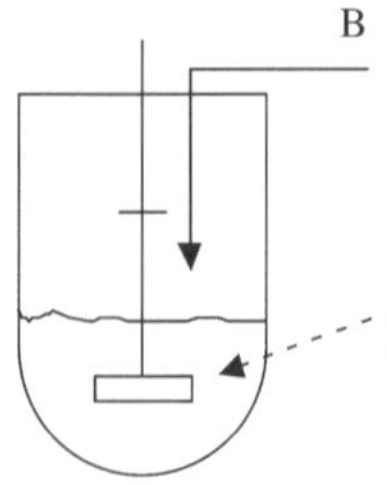

B
Adicione B vagarosamente (continuamente ou em pequenas porções) para manter [B] baixa. B é diluído por A e pelos produtos da reação na medida em que é adicionado.
Adicione todo A no início


**Figura 7-9** Reator "semibatelada" para manter a concentração de A alta e a concentração de B baixa.

O projeto e análise de reatores semibatelada são mais complicados do que o projeto e análise de reatores batelada. O Exemplo 7-5 ilustrará o procedimento de solução de problemas envolvendo reatores semibatelada.

### 7.4.3.2 Análise Quantitativa

## EXEMPLO 7-3

***Hidrogenação de Duas Olefinas***

Uma corrente contendo duas olefinas, A e B, é alimentada em um reator catalítico, de leito fluidizado, que opera a 250°C e a uma pressão total de 1 atm. Como uma primeira aproximação, o reator pode ser tratado como um CSTR ideal e os efeitos de transporte podem ser desprezados. A massa de catalisador no reator, *m*, são 1000 kg. A alimentação do reator contém 1000 kgmol/h de A, 1000 kgmol/h de B e 2000 kgmol/h de $H_2$.

As olefinas são hidrogenadas de acordo com as reações irreversíveis

$$A + H_2 \rightarrow C; \quad -r_A = k_1[A][H_2] \qquad (1)$$
$$B + H_2 \rightarrow D; \quad -r_B = k_2[B][H_2] \qquad (2)$$

A 250°C,

$$k_1 = 4{,}80 \times 10^6 \text{ l}^2/(\text{h kg(cat) kgmol})$$
$$k_2 = 4{,}80 \times 10^5 \text{ l}^2/(\text{h kg(cat) kgmol})$$

A hidrogenação de A é a reação desejada. A hidrogenação de B é a não desejada. As leis do gás ideal são válidas.

**Perguntas:**

A. Como você classificaria esta rede de reações?
B. Quais são as conversões de A e de B nas condições especificadas?
C. Qual é a seletividade global, $S(C/H_2)$?
D. Você tem alguma sugestão que possa aumentar $S(C/H_2)$?

**Parte A: Como você classificaria esta rede de reações?**

*SOLUÇÃO* Esta é uma rede de reações em paralelo. Note que o $H_2$ é um reagente em comum.

**Parte B: Quais são as conversões de A e de B nas condições especificadas?**

*ANÁLISE* Em primeiro lugar, uma tabela estequiométrica será construída para acompanhar as mudanças de composição que estão ocorrendo. Usaremos a "extensão da reação" para caracterizar a composição do sistema e trabalharemos em termos de vazões molares. Estão ocorrendo duas reações independentes, de modo que são necessárias duas variáveis para descrever a composição do sistema. Representaremos a extensão da Reação (1) por $\xi_1$ e a extensão da Reação (2) por $\xi_2$, e usaremos $\xi_1$ e $\xi_2$ para descrever a composição do sistema.

A seguir, as equações de projeto para A e para B serão escritas. Estas equações algébricas conterão as incógnitas $\xi_1$ e $\xi_2$. Finalmente, as duas equações serão resolvidas simultaneamente para determinar $\xi_1$ e $\xi_2$. As conversões de A e de B serão calculadas a partir destas duas extensões de reação.

*SOLUÇÃO*

A tabela estequiométrica é

| Espécie | Vazão molar entrando | Vazão molar saindo |
|---|---|---|
| A | $F_{A0}$ (=1000 kgmol/h) | $F_{A0} - \xi_1 (=F_A)$ |
| B | $F_{B0}$ (=1000 kgmol/h) | $F_{B0} - \xi_2 (=F_B)$ |
| $H_2$ | $F_{H_2,0}$ (=2000 kgmol/h) | $F_{H_2,0} - \xi_1 - \xi_2$ |
| C | 0 | $\xi_1$ |
| D | 0 | $\xi_2$ |
| Total | $F_{A0} + F_{B0} + F_{H_2,0}$ | $F_{A0} + F_{B0} + F_{H_2,0} - \xi_1 - \xi_2$ |

Agora podemos escrever as equações de projeto para A e para B:

$$\frac{m}{F_{A0}} = \frac{x_A}{-r_A} = \frac{(F_{A0} - F_A)/F_{A0}}{k_1 C_A C_{H_2}} \tag{3-17a}$$

$$\frac{m}{F_{B0}} = \frac{x_B}{-r_B} = \frac{(F_{B0} - F_B)/F_{B0}}{k_2 C_B C_{H_2}} \tag{3-17a}$$

Da tabela estequiométrica, $F_A = F_{A0} - \xi_1$ e $F_B = F_{B0} - \xi_2$. As concentrações $C_A$, $C_B$ e $C_{H2}$ podem ser escritas em termos de $\xi_1$ e $\xi_2$ usando a lei do gás ideal e a tabela estequiométrica.

$$C_A = p_A/RT = (P/RT)y_A = (P/RT)[(F_{A0} - \xi_1)/(F_{A0} + F_{B0} + F_{H_2,0} - \xi_1 - \xi_2)]$$

$$C_B = (P/RT)[(F_{B0} - \xi_2)/(F_{A0} + F_{B0} + F_{H_2,0} - \xi_1 - \xi_2)]$$

$$C_{H_2} = (P/RT)[(F_{H_2,0} - \xi_1 - \xi_2)/(F_{A0} + F_{B0} + F_{H_2,0} - \xi_1 - \xi_2)]$$

Substituindo as expressões anteriores para $F_A$, $F_B$, $C_A$, $C_B$ e nas duas equações de projeto obtemos

$$mk_1\left(\frac{P}{RT}\right)^2 = \frac{\xi_1(F_{A0} + F_{B0} + F_{H_2,0} - \xi_1 - \xi_2)^2}{(F_{A0} - \xi_1)(F_{H_2,0} - \xi_1 - \xi_2)} \tag{7-18}$$

$$mk_2\left(\frac{P}{RT}\right)^2 = \frac{\xi_2(F_{A0} + F_{B0} + F_{H_2,0} - \xi_1 - \xi_2)^2}{(F_{B0} - \xi_2)(F_{H_2,0} - \xi_1 - \xi_2)} \tag{7-19}$$

As Equações (7-18) e (7-19) têm duas incógnitas, $\xi_1$ e $\xi_2$. Todos os outros parâmetros nestas equações são conhecidos. Uma forma de resolver o problema é solucionar simultaneamente estas duas equações algébricas não lineares, para obter os valores de $\xi_1$ e $\xi_2$.

Outra forma de resolver o problema é determinar inicialmente uma relação entre $\xi_1$ e $\xi_2$. Isto ilustrará o método "independente do tempo" anteriormente citado. Em primeiro lugar divida a Equação (7-19) pela Equação (7-18) para obter

$$\frac{\xi_2}{\xi_1} = \left(\frac{k_2}{k_1}\right)\left(\frac{F_{B0} - \xi_2}{F_{A0} - \xi_1}\right)$$

Escrevendo $\xi_2$ em termos de $\xi_1$,

$$\xi_2 = \frac{(k_2/k_1)F_{B0}\xi_1}{F_{A0} - \xi_1[1 - (k_2/k_1)]} \tag{7-20}$$

Este tipo de equação pode ser muito útil. Se $F_{A0}$, $F_{B0}$ e $k_2/k_1$ forem conhecidos, como o são neste problema, $\xi_2$ pode ser calculado para qualquer valor de $\xi_1$. Por exemplo, usando *somente* a Equação (7-20), você poderia calcular que a conversão de B é igual a 9,09% quando a conversão de A é de 50%.

Retornemos ao problema como enunciado. As Equações (7-18) e (7-20) podem ser resolvidas usando as rotinas GOALSEEK ou SOLVER em uma planilha EXCEL. Os valores resultantes são $\xi_1 = 516$ kgmol/h e $\xi_2 = 96{,}4$ kgmol/h. A conversão de A, $x_A$, é $\xi_1/F_{A0} = 0{,}516$ e a conversão de B, $x_B$, é $\xi_2/F_{B0} = 0{,}096$.

Para resumir a solução deste problema, tínhamos duas reações independentes: A + $H_2 \rightarrow$ C e B + $H_2 \rightarrow$ D. Uma equação de taxa foi dada para cada reação. Para resolver o problema, introduzimos duas variáveis, $\xi_1$ e $\xi_2$, para descrever a composição do sistema. Então usamos dois balanços de massa, um da espécie A (a equação de projeto de um CSTR ideal baseada em A) e o outro da espécie B (a equação de projeto de um CSTR ideal baseada em B). Os dois balanços de massa foram resolvidos simultaneamente para determinar as duas incógnitas, $\xi_1$ e $\xi_2$. Neste caso, manipulamos os dois balanços de massa para obter uma relação "independente do tempo" entre $\xi_1$ e $\xi_2$ antes de efetuar a solução simultânea.

**Parte C: Qual é a seletividade global, $S(C/H_2)$?**

*ANÁLISE* A seletividade global será calculada a partir da Equação (7-1), usando os valores de $\xi_1$ e $\xi_2$ obtidos na Parte B.

*SOLUÇÃO* De acordo com a Equação (7-1),

$$S(C/H_2) = -(-1)(F_C - F_{C0})/(+1)(F_{H_2} - F_{H_2,0}) = \xi_1/(\xi_1 + \xi_2)$$
$$S(C/H_2) = 516/(516 + 96) = 0{,}84(84\%)$$

**Parte D: Você tem alguma sugestão que possa aumentar $S(C/H_2)$?**

*ANÁLISE* A razão $r_C/-r_{H_2}$ será formada e os efeitos da temperatura e das concentrações serão analisados buscando formas de tornar $r_C/-r_{H_2}$ o maior possível.

*SOLUÇÃO* A razão entre as taxas de formação de C e de consumo de $H_2$ é

$$\frac{r_C}{-r_{H_2}} = \frac{k_1[A][H_2]}{k_1[A][H_2] + k_2[B][H_2]} = \frac{1}{1 + \left(\frac{k_1}{k_2}\right)\left(\frac{[B]}{[A]}\right)}$$

Para melhorar a seletividade global, se possível, reduza a [B] na alimentação e/ou aumente a [A] na alimentação. Opere em um PFR ou em uma série de CSTRs, pois a conversão de B é tão pequena que a [B] na realidade é maior no efluente do único CSTR deste exemplo do que na alimentação. Como A é hidrogenado mais rapidamente do que B, a razão [B]/[A] aumenta na medida em que a reação avança. Examine a viabilidade de operar com uma série de PFRs ou CSTRs com carga fresca alimentada entre os reatores.

A razão $k_1/k_2$ irá influenciar a seletividade. Entretanto, as duas energias de ativação têm que ser conhecidas para se analisar o efeito da temperatura.

## EXEMPLO 7-4

***Oxidação Seletiva do Monóxido de Carbono***

A oxidação seletiva do CO na presença de $H_2$ está sendo realizada em um reator catalítico de escoamento pistonado ideal, a pressão atmosférica e 100°C. Ainda que as reações sejam exotérmicas, consideraremos que o reator é isotérmico com objetivo de desenvolvermos um entendimento preliminar do comportamento da reação. Também desprezaremos a queda de pressão e os efeitos de transporte, e consideraremos que as leis do gás ideal são válidas.

A alimentação do reator contém, em base molar, 1,0% de CO, 30% de $H_2$, "$w$"% de $O_2$ e o complemento de $N_2$. A fração molar de $O_2$ na alimentação terá que ser calculada com base no desempenho que é requerido para o reator. A concentração de CO no efluente do reator tem que ser menor do que 10 ppm. A reação

$$CO + 1/2\,O_2 \rightarrow CO_2$$

obedece à equação de taxa

$$-r_{CO} = k_1\, p_{CO}\, p_{O_2}^{1/2}$$

A reação

$$H_2 + 1/2\,O_2 \rightarrow H_2O$$

obedece à equação de taxa

$$-r_{H_2} = k_2\, p_{H_2}\, p_{O_2}^{1/2}/(1 + K_{CO}\, p_{CO})^2$$

Os valores das constantes são $k_1$ = 155 mol/(g(cat) min atm$^{1,5}$); $k_2$ = 1,95 mol/(g(cat) min atm$^{1,5}$); $K_{CO}$ = 1000 atm$^{-1}$. O símbolo $p_i$ representa a pressão parcial da espécie $i$ em atmosferas.

A. Qual concentração de $O_2$ ($w$) na alimentação é necessária para reduzir a concentração de CO no efluente do reator a 10 ppm ou menos?
B. Qual porcentagem do $H_2$ na alimentação é consumida?
C. Qual tempo espacial ($\tau = V/\upsilon$) é requerido para se atingir uma concentração de CO no efluente de 10 ppm?

**Parte A: Qual concentração de $O_2$ ($w$) na alimentação é necessária para reduzir a concentração de CO no efluente do reator a 10 ppm ou menos?**

***ANÁLISE*** A primeira e a segunda perguntas podem ser respondidas sem o cálculo do tempo espacial. Elas são perguntas "independentes do tempo". Os balanços de massa (equações de projeto) para o CO e para o $H_2$ serão formulados. O balanço para o CO será dividido por aquele para o $H_2$. A equação diferencial resultante será resolvida para se obter a concentração de saída do $H_2$, uma vez que a concentração de saída do CO é conhecida. A concentração de entrada do $O_2$ requerida pode então ser calculada a partir da estequiometria.

***SOLUÇÃO*** Se considerarmos que a fração molar do $O_2$ na entrada ($w$) é pequena, a variação de massa específica na reação pode ser desprezada. Os balanços de massa para o $H_2$ e para o CO no elemento de volume diferencial mostrado na Figura 7-4 são

$$H_2: \quad -\upsilon\, dC_{H_2} = -r_{H_2}\, dV \qquad (7\text{-}21)$$
$$CO: \quad -\upsilon\, dC_{CO} = -r_{CO}\, dV \qquad (7\text{-}22)$$

Estes balanços são idênticos à equação de projeto do PFR para uma reação catalítica com densidade constante (Equação (3-31)). A solução do problema poderia ter iniciado por estas equações de projeto, uma para o CO e outra para o $H_2$.

Dividindo a Equação (7-22) pela Equação (7-23) e usando a lei do gás ideal:

$$\frac{dC_{CO}}{dC_{H_2}} = \frac{d\,p_{CO}}{d\,p_{H_2}} = \frac{-r_{CO}}{-r_{H_2}} = \frac{k_1\, p_{CO}\, p_{O_2}^{1/2}}{k_2\, p_{H_2}\, p_{O_2}^{1/2}/(1 + K_{CO}\, p_{CO})^2}$$

$$\frac{d\,p_{CO}}{d\,p_{H_2}} = \frac{k_1\, p_{CO}(1 + K_{CO}\, p_{CO})^2}{k_2\, p_{H_2}}$$

Esta equação não contém $V$, $\upsilon$ ou o tempo espacial $\tau$.

Separando variáveis e integrando da entrada do reator até a saída,

$$\int_{10^{-2}}^{10^{-5}} \frac{k_2 \mathrm{d}p_{CO}}{p_{CO}(1+K_{CO}p_{CO})^2} = \int_{0,30}^{Y} \frac{k_1 \mathrm{d}p_{H_2}}{p_{H_2}}$$

Os limites de integração na equação anterior têm unidades de atmosfera e o símbolo $Y$ representa a pressão parcial de $H_2$ na saída. Efetuando a integração indicada para um reator isotérmico, obtemos

$$\left[\frac{1}{(1+K_{CO}p_{CO})} - \ln\left(\frac{1+K_{CO}p_{CO}}{p_{CO}}\right)\right]_{10^{-2}}^{10^{-5}} = \left(\frac{k_1}{k_2}\right)[\ln p_{H_2}]_{0,30}^{Y}$$

A substituição dos valores especificados para $K_{CO}$, $k_1$ e $k_2$ fornece $Y = 0{,}2866$ atm. Esta é a pressão parcial do $H_2$ na saída do reator. Um dado extra e significativo está contido no cálculo de $Y$ para a precisão do cálculo da pressão parcial de $O_2$ necessária na entrada, como mostrado a seguir.

Como agora as concentrações na entrada e na saída de $H_2$ e de CO são conhecidas, a concentração de $O_2$ necessária na entrada pode ser calculada a partir da estequiometria. Se a oxidação do CO for chamada de Reação (1), então a extensão desta reação é

$$\xi_1 = (F_{CO}^{ent} - F_{CO}^{sai})/\nu_{1,CO} = \upsilon(p_{CO}^{ent} - p_{CO}^{sai})/\nu_{1,CO}RT$$

e a extensão da Reação (2), oxidação do $H_2$, é

$$\xi_2 = (F_{H_2}^{ent} - F_{H_2}^{sai})/\nu_{1,H_2} = \upsilon(p_{H_2}^{ent} - p_{H_2}^{sai})/\nu_{1,H_2}RT$$

De acordo com a Lei das Proporções Definidas

$$F_{O_2}^{ent} - F_{O_2}^{sai} = \nu_{1,O_2}\xi_1 + \nu_{2,O_2}\xi_2 = \upsilon(p_{O_2}^{ent} - p_{O_2}^{sai})/RT$$

A substituição das expressões para $\xi_1$ e $\xi_2$ nesta equação fornece

$$(p_{O_2}^{ent} - p_{O_2}^{sai}) = \frac{\nu_{1,O_2}}{\nu_{1,CO}}(p_{CO}^{ent} - p_{CO}^{sai}) + \frac{\nu_{2,O_2}}{\nu_{2,H_2}}(p_{H_2}^{ent} - p_{H_2}^{sai}) \qquad (7\text{-}23)$$

Finalmente, a inserção dos valores conhecidos para as pressões parciais na entrada e na saída do CO e do $H_2$, e para a pressão parcial do $O_2$ na saída, bem como dos três coeficientes estequiométricos, fornece

$$p_{O_2}^{ent} = 10^{-4} + (0{,}5/1)(10^{-2} - 10^{-5}) + (0{,}5/1)(0{,}300 - 0{,}2866) = 0{,}0118\,\text{atm}$$

Este cálculo mostra que um pouco mais do que a metade do oxigênio na alimentação do reator é consumido na reação não desejada, a oxidação do $H_2$. Todavia, a seletividade do catalisador (hipotético) deste exemplo é marcante, pois a razão $H_2$/CO na alimentação é igual a 30.

**Parte B: Qual porcentagem do $H_2$ na alimentação é consumida?**

*ANÁLISE*

A pressão parcial de $H_2$ no efluente do reator (0,287 atm) foi calculada na Parte A e a pressão parcial de $H_2$ na alimentação foi especificada igual a 0,3000 atm. A porcentagem do $H_2$ reagida pode ser calculada com estes números.

*SOLUÇÃO*

Como a massa específica é constante, a porcentagem do $H_2$ na entrada que é consumida é (0,300 − 0,287) × 100/0,300 = 4,33%.

**Parte C: Qual tempo espacial ($\tau = V/\upsilon$) é requerido para se atingir uma concentração de CO no efluente de 10 ppm?**

***ANÁLISE*** As duas equações diferenciais ordinárias, Equações (7-21) e (7-22), serão resolvidas simultaneamente, usando as equações de taxas dadas e a lei do gás ideal. As duas equações contêm a pressão parcial do $O_2$, que está relacionada às pressões parciais do CO e do $H_2$ através da Equação (7-23). Devido à complexidade das equações de taxa, a solução simultânea das Equações (7-21) e (7-22) deverá ser efetuada numericamente.

***SOLUÇÃO*** A Equação (7-22) pode ser combinada com a equação da taxa para o desaparecimento de CO e com a lei do gás ideal para fornecer

$$\frac{dC_{CO}}{d\tau} = \frac{1}{RT}\frac{dp_{CO}}{d\tau} = -(-r_{CO}) = -k_1 p_{CO} p_{O_2}^{1/2}$$
$$\frac{dp_{CO}}{d\tau} = -(k_1 RT) p_{CO} p_{O_2}^{1/2} \quad (7\text{-}24)$$

Uma operação similar com a Equação (7-21) resulta na expressão

$$\frac{dp_{H_2}}{d\tau} = -(k_2 RT) p_{H_2} p_{O_2}^{1/2} / (1 + K_{CO} p_{CO})^2 \quad (7\text{-}25)$$

Estas equações diferenciais ordinárias simultâneas, Equações (7-24) e (7-25), têm que ser resolvidas numericamente, submetidas às condições iniciais:

$$\tau = 0;\ p_{O_2} = 0{,}0118\,\text{atm};\ p_{CO} = 0{,}010\,\text{atm}$$

O lado direito das duas equações diferenciais contém a pressão parcial do $O_2$. Isto sugere que uma terceira equação, isto é, um balanço de massa de $O_2$, seja necessário. Entretanto, como há somente duas reações independentes, uma terceira equação diferencial seria redundante. Se as pressões parciais de $H_2$ e de CO foram conhecidas, a pressão parcial de $O_2$ pode ser calculada com base na estequiometria, isto é, a partir da Equação (7-23).

A solução numérica de equações diferenciais ordinárias simultâneas pode ser efetuada usando pacotes matemáticos-padrão. O Apêndice 7-A.2 ilustra o uso de uma planilha para resolver estas equações, através de uma técnica de Runge–Kutta de quarta ordem. O resultado é $\tau = 0{,}0246$ g(cat) min/l.

Em resumo, houve duas reações independentes neste problema. Uma equação de taxa estava disponível para cada reação. Dois balanços de massa foram necessários, um para o CO e outro para o $H_2$. As pressões parciais $p_{CO}$ e $p_{H_2}$ foram usadas como as variáveis independentes para descreverem a composição do sistema. A pressão parcial do $O_2$ não foi uma variável independente. Ela foi calculada com base na estequiometria usando as pressões parciais conhecidas do monóxido de carbono e do hidrogênio.

## EXEMPLO 7-5
***Reator Semibatelada***

A reação de A e B dando C

$$A + B \rightarrow C$$

é acompanhada por uma reação secundária não desejada

$$2B \rightarrow D$$

Estas reações ocorrem em fase líquida, com taxas que são dadas por

$$-r_A = k_1 C_A C_B \quad (7\text{-}26)$$

$$r_D = k_2 C_B^2 \quad (7\text{-}27)$$

Para minimizar a quantidade de D que será formada, um reator semibatelada ideal será usado. O reator será operado isotermicamente em uma temperatura na qual os valores das constantes das taxas são $k_1$ = 0,50 l/(mol h); $k_2$ = 0,25 l/(mol h).

O volume total do reator é de 10.000 l. A carga inicial é de 2.000 l, contendo 2,0 mol/l de A e 0,25 mol/l de B. Na carga inicial não há C ou D. Uma solução contendo 0,50 mol/l de B e nenhum A, C ou D, é alimentada no reator a uma vazão de 1.000 l/h, durante 7,0 h, iniciando imediatamente após a adição da carga inicial.

A. Quais são as concentrações de A, B, C e D no reator após as 7,0 h?
B. Qual é o valor da seletividade $S$(C/B) para o processo global?

**Parte A: Quais são as concentrações de A, B, C e D no reator após as 7,0 h?**

***ANÁLISE***

Há duas reações independentes e uma equação de taxa completa é especificada para cada uma das duas reações. São necessários dois balanços de massa independentes. Escolheremos efetuar os balanços de A e B, e usar as concentrações destes dois compostos para descrever a composição do sistema. As duas equações diferenciais ordinárias que resultam dos balanços serão resolvidas simultaneamente para se obter $C_A$ e $C_B$ após 7 h de reação. Uma vez conhecidas as concentrações de A e B, as concentrações de C e D podem ser calculadas através da estequiometria.

***SOLUÇÃO***

Balanço de A em todo o reator:

$$\text{taxa de entrada} - \text{taxa de saída} + \text{taxa de geração} = \text{taxa de acúmulo}$$

$$0 - 0 + r_A V = \mathrm{d}(VC_A)/\mathrm{d}t$$

Nesta equação, $V$ é o volume de *líquido* no reator, que aumenta com o tempo. O volume em qualquer tempo é dado por

$$V = V_0 + \upsilon t \tag{7-28}$$

onde $V_0$ = 2000 l e $\upsilon$ = 1000 l/h. Da Equação (7-28), $\mathrm{d}V/\mathrm{d}t = \upsilon$.

Retornando ao balanço de A,

$$r_A V = V\frac{\mathrm{d}C_A}{\mathrm{d}t} + C_A\frac{\mathrm{d}V}{\mathrm{d}t} = V\frac{\mathrm{d}C_A}{\mathrm{d}t} + C_A\upsilon$$

Substituindo a equação de taxa para $-r_A$,

$$\frac{\mathrm{d}C_A}{\mathrm{d}t} = -\frac{\upsilon C_A}{V} - k_1 C_A C_B \tag{7-29}$$

Balanço de B:

$$\text{taxa de entrada} - \text{taxa de saída} + \text{taxa de geração} = \text{taxa de acúmulo}$$

$$\upsilon C_{B,f} - 0 + V(r_A - 2r_D) = \mathrm{d}(VC_B)/\mathrm{d}t$$

$$\upsilon C_{B,f} + V(-k_1 C_A C_B - 2k_2 C_B^2) = V\frac{\mathrm{d}C_B}{\mathrm{d}t} + C_B\frac{\mathrm{d}V}{\mathrm{d}t}$$

$$\frac{\mathrm{d}C_B}{\mathrm{d}t} = \frac{\upsilon(C_{B,f} - C_B)}{V} - k_1 C_A C_B - 2k_2 C_B^2 \tag{7-30}$$

Nestas equações, $C_{B,f}$ é a concentração de B na solução que é alimentada no reator durante o período de 7 h, isto é, 0,50 mol/L.

As Equações (7-29) e (7-30) são então resolvidas numericamente, usando a técnica descrita no Exemplo 7-4. As condições iniciais são

$$C_A = 2{,}0 \text{ mol/l}; \quad C_B = 0{,}25 \text{ mol/l}; \quad t = 0$$

Os resultados são

$$C_A = 0{,}238 \text{ mol/l}$$
$$C_B = 0{,}173 \text{ mol/l}$$

As concentrações de C e D podem agora ser calculadas a partir da estequiometria, usando a extensão da reação:

$$\Delta N_A = \nu_{1A}\xi_1 + \nu_{2A}\xi_2$$
$$9000 \times 0{,}238 - 2000 \times 2{,}0 = -1858 = (-1)\xi_1; \quad \xi_1 = 1858$$
$$\Delta N_C = \nu_{1C}\xi_1 + \nu_{2C}\xi_2$$
$$9000C_C - 0 = (1)\xi_1 = 1858; \quad C_C = 0{,}206 \text{ mol/l}$$
$$\Delta N_B = \nu_{1B}\xi_1 + \nu_{2B}\xi_2$$
$$9000 \times 0{,}173 - (2000 \times 0{,}25 + 7000 \times 0{,}50) = (-1)\xi_1 + (-2)\xi_2$$
$$-2443 = -1858 - 2\xi_2; \quad \xi_2 = 293$$
$$\Delta N_D = \nu_{1D}\xi_1 + \nu_{2D}\xi_2$$
$$9000C_D - 0 = \xi_2; \quad C_D = 0{,}033 \text{ mol/l}$$

**Parte B: Qual é o valor da seletividade *S*(C/B) para o processo global?**

***ANÁLISE***

Os valores dos números de mols de C formados e de B reagidos podem ser calculados a partir dos resultados da Parte A. Então estes valores podem ser substituídos na definição de *S*(C/B), isto é, na Equação (7-1).

***SOLUÇÃO***

$$S(\text{C/B}) = \text{mols de C formados/mols de B reagidos}$$
$$S(\text{C/B}) = 9000 \times 0{,}206/(2000 \times 0{,}25 + 7000 \times 0{,}50 - 9000 \times 0{,}173) = 0{,}76$$

## 7.4.4 Reações Série/Paralelo Misturadas

### 7.4.4.1 Análise Qualitativa

Esta classificação cobre reações que combinam as características tanto das reações em série quanto das em paralelo. O produto intermediário que é formado na série terá o mesmo comportamento geral que tem o produto intermediário em uma série isolada. A concentração e o rendimento deste produto intermediário podem passar por um máximo no tempo ou no tempo espacial. Além disto, a cinética das reações paralelas pode ser usada para analisar os efeitos das concentrações e da temperatura na seletividade da reação, como foi feito anteriormente para as reações paralelas.

### 7.4.4.2 Análise Quantitativa

**EXEMPLO 7-6**
***Reações Série/Paralelo em um PFR***

As reações irreversíveis de primeira ordem

$$A \xrightarrow{k_1} R \xrightarrow{k_2} S$$
$$A \xrightarrow{k_3} D$$

estão ocorrendo em um PFR ideal e isotérmico. Na temperatura do reator, $k_1 = k_2 = 1{,}0 \text{ s}^{-1}$ e $k_3 = 2 \text{ s}^{-1}$. A concentração de A na alimentação do reator, $C_{A0}$, é de 2,0 mol/l. Não há R, S ou D na alimentação.

A. Qual é a composição da corrente deixando o reator quando a concentração de A nesta corrente é de 0,40 mol/l?
B. Qual tempo espacial é necessário para se atingir esta composição do efluente?

**Parte A: Qual é a composição da corrente deixando o reator quando a concentração de A nesta corrente é de 0,40 mol/l?**

*ANÁLISE*

Esta é uma pergunta "independente do tempo". Para começar, escreveremos as equações de projeto para A e para R, dividiremos a equação de projeto para R pela equação para A, e então resolveremos a equação diferencial resultante para obter $C_R$ como uma função de $C_A$. Esta equação permitirá o cálculo da concentração de saída de R, uma vez que a concentração de saída de A é dada.

Então, o mesmo será feito para A e D, para obter uma equação que permita o cálculo da concentração de saída de D.

Finalmente, a concentração de saída de S será calculada através da estequiometria.

*SOLUÇÃO*

Como não há variação de mols na reação e como o reator é isotérmico, as equações de projeto para A e R são dadas pela Equação (3-31),

$$d\tau = \frac{-dC_A}{-r_A}; \quad d\tau = \frac{dC_R}{r_R}$$

Dividindo,

$$\frac{-dC_R}{dC_A} = \frac{r_R}{-r_A}$$

Em qualquer ponto do PFR, a taxa *líquida* de formação de R é dada por $k_1C_A - k_2C_R$ e a taxa *total* de consumo de A é dada por $(k_1 + k_3)C_A$. Consequentemente,

$$-\frac{dC_R}{dC_A} = \frac{k_1}{k_1 + k_3} - \frac{k_2}{k_1 + k_3}\left(\frac{C_R}{C_A}\right)$$

Esta equação é similar à Equação (7-9) e também pode ser resolvida usando a abordagem do "fator de integração". A solução é

$$\frac{C_R}{C_{A0}} = \frac{k_1}{k_1 + k_3 - k_2}\left[\left(\frac{C_A}{C_{A0}}\right)^{[k_2/(k_1+k_3)]} - \left(\frac{C_A}{C_{A0}}\right)\right]; \quad k_1 + k_3 \neq k_3 \tag{7-31}$$

Substituindo os valores na Equação (7-31), obtemos $C_R(\text{saída})/C_{A0} = 0{,}192$; $C_R(\text{saída}) = 0{,}385$.

Seguiremos o mesmo procedimento para calcular $C_D(\text{saída})$.

$$-\frac{dC_D}{dC_A} = \frac{r_D}{-r_A} = \frac{k_3C_A}{(k_1 + k_3)C_A} = \frac{k_3}{k_1 + k_3}$$

Integrando,

$$C_D = \left(\frac{k_3}{k_1 + k_3}\right)(C_{A0} - C_A)$$

Substituindo os valores, obtemos $C_D = 1{,}066$ mol/l.

A concentração de S no efluente pode ser calculada usando a estequiometria. O resultado é $C_S = 0{,}149$ mol/l.

A composição da corrente efluente é

$C_A(\text{saída}) = 0{,}40$ mol/l $\quad C_S(\text{saída}) = 0{,}15$ mol/l
$C_R(\text{saída}) = 0{,}39$ mol/l $\quad C_D(\text{saída}) = 1{,}07$ mol/l

**Parte B: Qual tempo espacial é necessário para se atingir esta composição do efluente?**

***ANÁLISE*** Como a conversão de A é conhecida [$x_{Ae} = (C_{A0} - C_{Ae})/C_{A0} = 0{,}80$], esta pergunta pode ser respondida simplesmente pela resolução da equação de projeto.

***SOLUÇÃO***

$$\frac{V}{F_{A0}} = \int_0^{x_{Ae}} \frac{dx_A}{-r_A} = \int_0^{x_{Ae}} \frac{dx_A}{(k_1 + k_3)C_A} = \frac{1}{(k_1 + k_3)C_{A0}} \int_0^{x_{Ae}} \frac{dx_A}{1 - x_A}$$

$$\tau = \frac{-\ln(1 - x_{Ae})}{k_1 + k_3} = \frac{-\ln(1 - 0{,}80)}{(1 + 2)\,\mathrm{s}^{-1}} = 0{,}54\,\mathrm{s}$$

# RESUMO DE CONCEITOS IMPORTANTES

- Em um sistema no qual ocorre mais de uma reação, a distribuição do produto é influenciada pela temperatura, pelas várias concentrações e pela escolha do sistema de reatores.
- Reatores semibatelada são uma extensão dos reatores batelada, que oferecem um maior controle da distribuição do produto.
- Seletividade é uma medida da eficiência com a qual um reagente é convertido em um produto específico. Rendimento é uma medida da quantidade de formação de um produto específico a partir de uma dada quantidade de alimentação.
- Para descrever a composição completa de um sistema no qual ocorrem múltiplas reações, uma variável de composição específica (extensão da reação, concentração de uma espécie etc.) é necessária para *cada* reação independente.
- O método "independente do tempo" pode ser usado para calcular a distribuição completa do produto em um sistema no qual ocorrem múltiplas reações, se uma equação de taxa estiver disponível para cada reação independente. Entretanto, o tempo real ou o tempo espacial necessário para se atingir a distribuição de produto calculada não pode ser obtido pelo método "independente do tempo".
- Para determinar a distribuição completa de um produto como uma função do tempo (ou do tempo espacial) em um sistema de múltiplas reações, uma equação de projeto (balanço de massa por componente) e uma equação de taxa são necessárias para *cada* reação independente. Estas equações de projeto devem ser resolvidas simultaneamente.

# PROBLEMAS

*Problemas Envolvendo um Reator*

**Problema 7-1 (Nível 2)** Um CSTR ideal deve ser dimensionado para a polimerização do monômero de estireno em poliestireno. Monômero de estireno puro contendo uma pequena quantidade de iniciador de radical livre 2-2'-azobisisobutyronitrila (AIBN) será alimentada em um reator como um líquido. A corrente deixando o reator será um líquido contendo polímero dissolvido, monômero não convertido e AIBN não convertida. A seguir, o monômero de estireno será representado por M e a AIBN por I.

O iniciador se decompõe através de uma reação de primeira ordem para formar dois radicais livres

$$\mathrm{I} \rightarrow 2\mathrm{R}^{\bullet}$$

A constante da taxa desta reação (baseada na AIBN) é $k_d$. Cada radical livre inicia uma cadeia de polímero.

A equação da taxa de desaparecimento do monômero de estireno é

$$-r_M = k_p[\mathrm{M}][\mathrm{I}]^{1/2}$$

O reator irá operar a 200°C, com uma concentração na entrada de AIBN igual a 0,010 gmol/l, uma concentração na entrada de monômero de 8,23 gmol/l e uma vazão na alimentação de 1900 l/h. Nesta temperatura,

$$k_d = 9{,}25\ \mathrm{s}^{-1}$$
$$k_p = 0{,}9251\ \mathrm{l}^{1/2}/(\mathrm{mol}^{1/2}\ \mathrm{s})$$

1. Qual volume de reator é necessário para atingir uma conversão do monômero de 60%?
2. Suponha que polímero "morto" seja formado pela combinação de duas cadeias de polímero em crescimento. Em outras palavras, cada cadeia de polímero "morto" possui dois fragmentos de AIBN, um em cada extremidade da cadeia polimérica. Qual é o número *médio* de moléculas de monômero em cada molécula de polímero "morto"?
3. Quais características de projeto, diferentes do tamanho, podem ser importantes para a operação com êxito deste reator?

**Problema 7-2 (Nível 1)** As reações em fase líquida, irreversíveis, $\mathrm{A} \rightarrow \mathrm{B}$ e $2\mathrm{B} \rightarrow \mathrm{C}$ estão ocorrendo em um CSTR ideal a uma temperatura de 150°C. O volume do reator é igual a 1000 l. A vazão volumétrica sendo alimentada no CSTR é de 167 l/min. As concentrações na alimentação são $C_{A0} = 5$ mol/l e $C_{B0} = C_{C0} = 0$.

A 150°C:

$$-r_A(\mathrm{mol/(l\ min)}) = k_1 C_A$$
$$k_1 = 0{,}50\ \mathrm{min}^{-1}$$
$$r_C(\mathrm{mol/(l\ min)}) = k_2(C_B)^2$$
$$k_2 = 1{,}0\mathrm{l/(mol\ min)}$$

Quais são as concentrações de A, B e C na corrente que deixa o reator?

**Problema 7-3 (Nível 3)** As reações em fase gasosa, homogêneas

$$\mathrm{A} \rightarrow \mathrm{B} + \mathrm{C}$$
$$\mathrm{B} \rightarrow \mathrm{D} + \mathrm{E}$$

estão ocorrendo em um reator de escoamento pistonado ideal e isotérmico. A temperatura é de 400 K e a pressão total igual a 0,20 MPa.

A alimentação do reator é uma mistura 4/1 (molar) de $N_2$ e A, e a vazão de alimentação é de 360 l/min nas condições da alimentação. O volume do reator é igual a 450 l e a queda de pressão pode ser desprezada.

A equação da taxa de desaparecimento de A é

$$-r_A = k_1 C_A; \quad k_1 = 4{,}0 \text{ min}^{-1}$$

e a equação da taxa de formação de D é

$$r_D = k_2 C_B; \quad k_2 = 2{,}0 \text{ min}^{-1}$$

1. Qual é a composição da corrente que deixa o reator?
2. Sem variar as condições de operação ou a composição da alimentação, o que pode ser feito para aumentar a taxa de produção de B?

**Problema 7-4 (Nível 1)** As reações em fase gasosa, homogêneas

$$A \rightarrow B + C$$
$$B \rightarrow D + E$$

estão ocorrendo em um reator de mistura em tanque (CSTR) ideal. A temperatura é de 400 K e a pressão total igual a 0,20 MPa. A alimentação do reator é uma mistura 4/1 (molar) de $N_2$ e A, e a vazão de alimentação é de 360 l/min nas condições da alimentação. O volume do reator é igual a 450 l, a queda de pressão pode ser desprezada e as leis do gás ideal são válidas.

A equação da taxa de desaparecimento de A é

$$-r_A = k_1 C_A; \quad k_1 = 4{,}0 \text{ min}^{-1}$$

e a equação da taxa de formação de D é

$$r_D = k_2 C_B; \quad k_2 = 2{,}0 \text{ min}^{-1}$$

1. Qual é a composição da corrente que deixa o reator?
2. Sem variar as condições de operação ou a composição da alimentação, o que pode ser feito para aumentar a taxa de produção de B?

**Problema 7-5 (Nível 2)** As reações em fase gasosa, homogêneas

$$A \rightarrow B + C$$
$$B \rightarrow D + E$$

estão ocorrendo em um reator de mistura em tanque ideal. A temperatura é de 400 K e a pressão total igual a 0,20 MPa. A alimentação do reator é uma mistura 4/1 (molar) de $N_2$ e A, e a vazão de alimentação é de 360 l/min nas condições da alimentação. As leis do gás ideal são válidas.

A equação da taxa de desaparecimento de A é

$$-r_A = k_1 C_A; \quad k_1 = 4{,}0 \text{ min}^{-1}$$

e a equação da taxa de formação de D é

$$r_D = k_2 C_B; \quad k_2 = 2{,}0 \text{ min}^{-1}$$

1. Qual volume do reator é necessário para produzir uma conversão de A igual a 0,75?
2. Qual será a vazão molar de B no efluente (mol/min) quando o volume do reator for igual ao calculado na Parte 1?

**Problema 7-6 (Nível 2)** As reações

$$C_{16}H_{34} \rightarrow C_8H_{18} + C_8H_{16} \qquad (1)$$
$$C_8H_{18} + H_2 \rightarrow C_7H_{16} + CH_4 \qquad (2)$$

estão sendo realizadas em um reator de leito fluidizado, que pode ser aproximado por um reator de mistura em tanque ideal. A temperatura do reator é de 400 K e a pressão total igual a 2,0 atm. Nestas condições, as leis do gás ideal são válidas e as reações são essencialmente irreversíveis. A alimentação do reator é uma mistura 4/1 (molar) de $H_2$ e $C_{16}H_{34}$. A vazão de alimentação é de 360 l/min nas condições da reação. A massa de catalisador no interior do reator é de 200 kg.

A equação da taxa de desaparecimento do $C_{16}H_{34}$ é

$$-r_A = k_1 C_A; \quad k_1 = 4{,}0 \text{ l/(kg min)}$$

e a equação da taxa de formação do $C_7H_{16}$ é

$$r_D = k_2 C_B; \quad k_2 = 2{,}0 \text{ l/(kg min)}$$

1. Qual é a conversão de $C_{16}H_{34}$ na corrente deixando o reator?
2. Qual é a taxa de produção de $C_8H_{18}$, isto é, a vazão molar de $C_8H_{18}$ na saída do reator?
3. Qual é a taxa de produção de $CH_4$?
4. Se $k_2 = 0$, a conversão do $C_{16}H_{34}$ será maior, igual ou menor do que a conversão que você calculou na Pergunta 1? Explique a sua resposta *qualitativamente*. Não são necessários cálculos.

**Problema 7-7 (Nível 1)** Na retrospectiva da história, estava claro que a guerra tinha entrado em sua fase final. O Exército Confederado, sob o comando de Robert E. Lee, e o Exército da União, sob o comando de Ulysses S. Grant, travaram duas batalhas sangrentas na primavera de 1864, a primeira em Wilderness e a segunda em Spotsylvania Court House. Grant rompeu a batalha em Spotsylvania e tentou contornar o flanco direito de Lee. Lee antecipou o movimento e retirou-se para uma posição perto de Hanover Junction, no rio Anna do Norte, aproximadamente 20 milhas ao norte de Richmond, Virginia.

Lee tinha um total de aproximadamente 50.000 homens em Hanover Junction. Os Confederados estavam bem entrincheirados e protegidos por barricadas bem construídas. Homens defendendo tal posição bem protegida são mais efetivos em uma base homem por homem, isto é, eles sofrem menos baixas *per capita* do que as tropas que atacam tal posição.

O exército de Grant se deslocou para Hanover Junction em três alas, uma sob o comando de Winfield Scott Hancock, com aproximadamente 30.000 homens, a segunda sob o comando de Gouverner K. Warren, com aproximadamente 50.000 homens, e a terceira sob o comando de Ambrose E. Burnside com aproximadamente 20.000 homens. A ala de Warren cruzou o Anna do Norte em Jericho Mills e tomou uma posição na esquerda de Lee. A ala de Hancock cruzou o rio pela Ponte Chesterfield e tomou uma posição na direita de Lee. Os homens de Burnside estavam de frente para Lee, na margem norte do rio, efetivamente pressionada pela artilharia de Lee. A situação é mostrada no esboço a seguir.

Hancock e Warren não planejaram um ataque imediato, até que Grant estivesse pessoalmente presente. Entretanto, Lee não tinha intenção de esperar por Grant. Ele podia facilmente deslocar tropas da esquerda para a direita de suas posições (ou vice versa) para se defender de um ataque ou para lançar uma ofensiva. O plano de Lee era deixar homens suficientes em sua esquerda para segurar Warren, isto é, para ter uma batalha igual ou favorável se a ala de Warren atacasse. Ele deslocaria o restante de seus homens para a direita para atacar Hancock. Após dominar a ala de Hancock, ele deslocaria o restante dos homens de volta para a esquerda, juntando-os com os homens que tinham sido deixados na defensiva para esperar um ataque da ala de Warren. Lee estava confiante que Warren acabaria atacando, pois era sabido que Grant favorecia a ofensiva.

Havia várias explicações para o plano de Lee: (1) Ox Ford não tinha proveito para as tropas da União, uma vez que estava coberta de forma eficiente pela artilharia Confederada; (2) Warren e Hancock estavam separados por aproximadamente 1 dia de marcha, de forma que a ala de Warren não poderia reforçar a ala de Hancock facilmente; (3) seria

Batalha de Hanover Junction
Posição dos Exércitos em Luta (24 de maio de 1864)

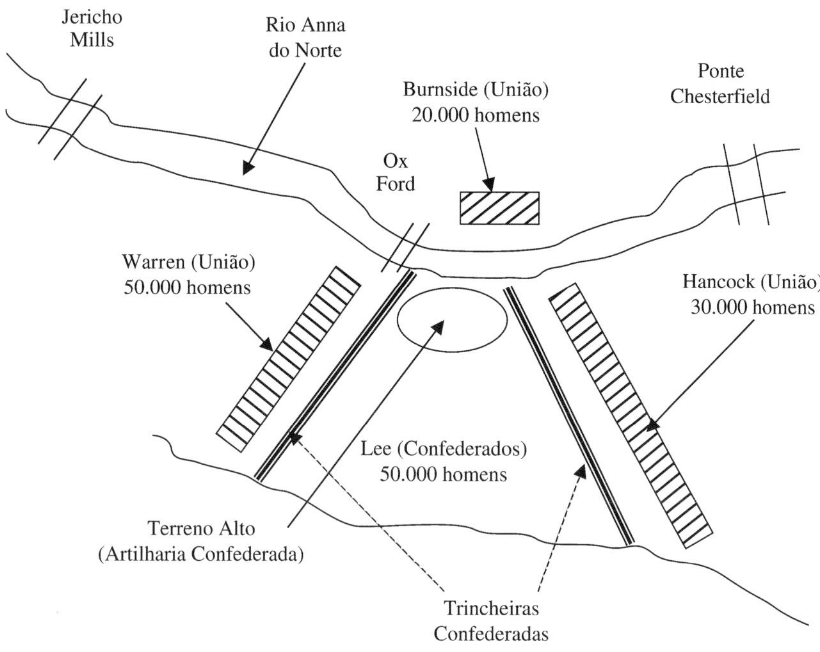


muito difícil para os homens de Hancock recuarem através do rio pela Ponte Chesterfield, se eles estivessem sob ataque dos Confederados; (4) nenhuma das alas da União tinham trincheiras ou construíram barricadas; (5) Burnside estava efetivamente pressionado pela artilharia de Lee. Ele não poderia reforçar tanto Hancock quanto Warren.

Você pode supor que a taxa na qual os soldados de um exército são mortos ou incapacitados é proporcional ao número de soldados no exército *opositor*. Se os dois exércitos estão em campo aberto, as constantes de proporcionalidade são as mesmas, isto é, os soldados Confederados e da União são igualmente efetivos em matarem/incapacitarem o inimigo. (Esta hipótese seria contestada pelos fantasmas dos dois exércitos.) Entretanto, se um exército está lutando em uma posição defensiva estabelecida e o outro exército está atacando, a constante de proporcionalidade para o exército na defensiva é aproximadamente quatro vezes a constante do exército que ataca. Em termos matemáticos,

$$-\frac{dS_{\text{ataque}}}{dt} = 4\,kS_{\text{defesa}}; \quad -\frac{dS_{\text{defesa}}}{dt} = kS_{\text{ataque}}$$

onde $S_{\text{ataque}}$ é o número de soldados atacando e $S_{\text{defesa}}$ é o número de soldados defendendo.

Suponha que Lee tenha deixado 15.000 homens para cuidar de Warren e usado 35.000 homens para atacar Hancock. Além disto, suponha que Burnside tenha ficado em sua posição e não tenha feito tentativas de cruzar Ox Ford ou de outra forma tenha ocupado os homens de Lee.

1. Considere que a ala de Warren não tenha atacado a esquerda de Lee durante a batalha com a ala de Hancock, mas que a ala de Warren somente atacou após o término da batalha entre Lee e a ala de Hancock e após Lee ter trazido todos os seus homens remanescentes para a defesa da esquerda. Preveja o resultado final da batalha.[2]
2. Se a ala de Warren atacasse a esquerda de Lee durante a batalha com Hancock na direita, Lee teria que lutar em duas batalhas independentes, sem transferir tropas em qualquer direção. Preveja o resultado da batalha entre os 50.000 homens de Warren na ofensiva e os 15.000 homens de Lee na defensiva. Suponha que os homens de Lee lutem até o último homem, em vez de se renderem com as baixas chegando aos 50%. Entretanto, suponha que os homens de Warren se retirem se as suas baixam atingirem 50% antes que Lee tenha perdido o seu último soldado.
3. Quantos homens Lee deveria ter deixado em oposição a Warren para garantir um empate ou resultado melhor, caso Warren atacasse? Lee poderia atacar Hancock e vencê-lo se tantos homens tivessem sido mantidos em oposição a Warren?
4. Qual foi o resultado *real* da batalha?

**Problema 7-8 (Nível 2)** As reações irreversíveis de primeira ordem, homogêneas,

$$A \xrightarrow{k_1} R \xrightarrow{k_2} S$$

estão ocorrendo em fase líquida em um PFR ideal e isotérmico. A alimentação contém 1,0 mol/l de A; 0,20 mol/l de R e nenhum S.

A constante da taxa $k_1 = 0{,}025\ \text{min}^{-1}$ e a constante da $k_2$ é igual a $0{,}010\ \text{min}^{-1}$. O tempo espacial $\tau$ no reator é de 100 min.

1. Quais são as concentrações na saída de A, R e S?
2. Quais seriam as concentrações na saída de A, R e S, caso a concentração na entrada de R fosse nula e todo o resto permanecesse igual?
3. Qual valor de $\tau$ produz a concentração máxima de R deixando o reator, para as concentrações de entrada reais?

**Problema 7-9 (Nível 2)** As reações irreversíveis em fase gasosa

$$A \xrightarrow{k_1} B + C$$
$$A \xrightarrow{k_2} D + E$$

[2]Para prever o "resultado final da batalha", suponha que o primeiro exército que perder metade de seus homens se renda para evitar maiores perdas. O "resultado" então significa (1) qual exército se rendeu? e (2) quantos homens permaneceram no exército vitorioso?

estão ocorrendo em um reator de escoamento pistonado ideal e isotérmico. As duas reações são de primeira ordem em relação a A. O valor de $k_1$ é igual a 3,2 × 10³ h⁻¹ e o valor de $k_2$ é igual a 5,1 × 10³ h⁻¹.

A vazão molar de A entrando no reator é de 10.000 mol/h, a concentração de A na alimentação do reator é de $5{,}0 \times 10^{-5}$ mol/cm³, e a alimentação é uma mistura 1/1 molar de A e $N_2$, que é inerte. A queda de pressão ao longo do reator pode ser desprezada.

1. Qual volume do reator é necessário para atingir uma conversão de A, $x_A$, igual a 0,80?
2. Quais são as frações molares de A, B, D e $N_2$ no efluente do reator?

**Problema 7-10 (Nível 1)** Um reator batelada ideal deve ser dimensionado para a polimerização de monômero de estireno em poliestireno. Monômero de estireno puro contendo uma pequena quantidade de iniciador de radical livre 2-2′-azobisisobutyronitrila (AIBN) será alimentada no reator como um líquido. Ao final da polimerização haverá no interior do reator um líquido composto por polímero dissolvido, estireno não convertido e AIBN também não convertido. A seguir, o monômero de estireno será representado por M e a AIBN por I.

O iniciador AIBN se decompõe através de uma reação de primeira ordem para formar dois radicais livres

$$I \rightarrow 2R^{\bullet}$$

A constante da taxa desta reação (baseada na AIBN) é $k_d$. Cada radical livre inicia uma cadeia de polímero.

A equação da taxa de desaparecimento do monômero de estireno é

$$-r_M = k_p[M][I]^{1/2}$$

A concentração inicial da AIBN é igual a 0,010 gmol/l e a concentração inicial de estireno é de 8,23 gmol/l. O reator será operado isotermicamente a 60°C. Nesta temperatura,

$$k_d = 8{,}0 \times 10^{-6}\ s^{-1}$$
$$k_p = 7{,}5 \times 10^{-4}\ l^{1/2}/(mol^{1/2}\ s)$$

1. Quanto tempo é necessário para se atingir uma conversão do monômero de 60%?
2. Qual a concentração do iniciador no instante ao final do tempo calculado na Questão 1?
3. Suponha que polímero "morto" seja formado pela combinação de duas cadeias de polímero em crescimento. Qual é o número *médio* de moléculas de monômero em cada molécula de polímero "morto"?

**Problema 7-11 (Nível 1)** Calcule a conversão da anilina (A), e o rendimento e a seletividade da ciclo-hexilamina (CHA), ciclo-hexano (CH) e diciclo-hexilamina (DCHA) usando os dados do Problema 1-6. Os rendimentos e as seletividades da CHA, CH e DCHA devem ser baseados na anilina.

**Problema 7-12 (Nível 3)** As reações em fase gasosa

$$\text{isobutanol(B)} \rightarrow \text{isobuteno(IB)} + H_2O$$
$$(CH_3)_2CHCH_2OH \rightarrow (CH_3)_2C{=}CH_2 + H_2O$$

$$\text{2 metanol} \rightarrow \text{éter dimetílico (DME)} + H_2O$$
$$2CH_3OH \rightarrow CH_3OCH_3 + H_2O$$

$$\text{isobutanol + metanol} \rightarrow \text{éter metilisobutílico (MIBE)} + H_2O$$
$$(CH_3)_2CHCH_2OH + CH_3OH \rightarrow (CH_3)_2CHCH_2OCH_3 + H_2O$$

$$\text{2isobutanol} \rightarrow \text{éter di-isobutílico (DIBE)} + H_2O$$
$$2(CH_3)_2CHCH_2OH \rightarrow (CH_3)_2CHCH_2OCH_2CH(CH_3)_2 + H_2O$$

ocorre em um reator de leito fluidizado que pode ser tratado como um CSTR ideal. O reator contém 100 g de catalisador Nafion H, opera a uma temperatura de 400 K e a uma pressão total de 1,34 × 10³ kPa. Gás nitrogênio é usado como diluente. A vazão da alimentação de álcool e nitrogênio é igual a 125 mol/h, com uma razão molar de 1:4 álcool/$N_2$. A alimentação de álcool contém 1 mol de isobutanol para cada 2 mol de metanol.

As equações das taxas de formação de IB, DME, MIBE e DIBE são

$$r_{DME} = \frac{k_1 K_M^2 p_M^2}{(1 + K_M p_M + K_B p_B)^2}$$

$$r_{DIBE} = \frac{k_2 K_B^2 p_B^2}{(1 + K_M p_M + K_B p_B)^2}$$

$$r_{IB} = \frac{k_3 K_B p_B}{(1 + K_M p_M + K_B p_B)^2}$$

$$r_{MIBE} = \frac{k_4 K_M p_M K_B p_B}{(1 + K_M p_M + K_B p_B)^2}$$

onde $k_1$ = 0,23 mol/(g(cat) h), $k_2$ = 0,10 mol/(g(cat) h), $k_3$ = 1,10 mol/(g(cat) h), $k_4$ = 2,78 mol/(g(cat) h), $K_B$ = 0,0243 kPa⁻¹ e $K_M$ = 0,0137 kPa⁻¹.[3]

Qual é a composição da corrente que deixa o reator?

**Problema 7-13 (Nível 1)** O éter dimetílico (DME, $CH_3OCH_3$) é fabricado comercialmente pela reação de 2 mol de metanol ($CH_3OH$).

$$2CH_3OH \rightarrow CH_3OCH_3 + H_2O \qquad (1)$$

O metanol é feito pela reação de CO e $H_2$

$$CO + 2H_2 \rightleftarrows CH_3OH \qquad (2)$$

O equilíbrio da Reação (2) é relativamente desfavorável. O reator da síntese de metanol tem que ser operado a pressões relativamente altas para se obter uma conversão razoável do CO e do $H_2$.

Um processo para fabricar DME foi desenvolvido e acopla as Reações (1) e (2) em série em um único reator, isto é,

$$2CO + 4H_2 \rightleftarrows 2CH_3OH \rightarrow CH_3OCH_3 + H_2O$$

Neste processo, a Reação (1) direciona o equilíbrio da Reação (2) para a direita através da remoção do produto, o metanol.

Vamos generalizar este sistema como a seguir:

$$A \rightleftarrows B \rightarrow C$$

Suponha que todas as três reações generalizadas são de primeira ordem. A uma certa temperatura, a constante da taxa ($k_1$) para a reação direta A → B é igual a 100 min⁻¹ e a constante de equilíbrio ($K_1$) para a equação reversível A ⇄ B é igual a 1,0.

1. Suponha que somente a reação reversível A ⇄ B seja realizada em um CSTR ideal. Considere que a reação B → C não ocorra. Não

---

[3]Nunan, J.G., Klier, K., e Herman, R.G., Methanol and 2-methyl-1-propanol (isobutanol) coupling to ethers and dehydration over nafion H: selectivity, kinetics, and mechanism, *J. Catal.*, 139, 406–420 (1993).

há B na alimentação do reator. Qual valor de tempo espacial $\tau$ é necessário se a conversão real de A deixando o CSTR tiver que ser no mínimo 90% da conversão do equilíbrio de A?

2. Um catalisador tem que ser desenvolvido para a reação B $\rightarrow$ C. A constante da taxa para esta reação é representada por $k_2$. Se o reator for operado no tempo espacial que você calculou na Parte (a), e na mesma temperatura, qual valor de $k_2$ é necessário para se atingir uma conversão de A de 75%? Não há B na alimentação do reator.

**Problema 7-14 (Nível 3)** Um estudo foi realizado para investigar a cinética da hidrólise da hemicelulose da espiga de milho, catalisada por ácido sulfúrico diluído, a 98°C.[4] A porção de hemicelulose da parede da célula da planta é formada principalmente pelo polissacarídeo xilano. Durante a hidrólise, o xilano reage com a água para formar xilose, um açúcar simples (monossacarídeo). A xilose então se decompõe em furfural. O furfural é tóxico para muitos micro-organismos e interfere na fermentação subsequente da xilose em xilitol, um substituto do açúcar.

O seguinte modelo foi usado para representar os dados experimentais:

$$\text{xilano} \xrightarrow{k_1} \text{xilose} \xrightarrow{k_2} \text{furfural}$$

As duas reações se mostraram de primeira ordem e irreversíveis. A equação da taxa global para a formação da xilose é

$$r_X = k_1 H - k_2 X$$

Como a estrutura do xilano não é bem definida, a sua taxa de desaparecimento foi escrita em termos de uma concentração *mássica*. As unidades de $r_X$ são [massa de xilose/(volume de solução min)]. As unidades de $k_1$ são [massa de xilose/(massa de xilano min)], "*H*" é a concentração mássica de xilano [massa de xilano/volume de solução] e *X* é a concentração mássica de xilose. As duas constantes da taxa ($k_1$ e $k_2$) foram determinadas experimentalmente como uma função da concentração de ácido a 98°C e foram correlacionadas pela relação a seguir:

$$k_i = a_i[\text{Ac}]^{b_i}\ \text{min}^{-1}$$

Nesta expressão, [Ac] é a concentração de $H_2SO_4$ em g/ml. Os valores de *a*, *i* e *b* são os seguintes:

| *i* | *a* | *b* |
|---|---|---|
| 1 | 5,52 | 1,43 |
| 2 | 0,0113 | 1,38 |

A massa molecular da xilose é igual a 150 e a massa molecular do furfural é igual a 96.

1. Um experimento foi realizado em um reator batelada ideal operando isotermicamente a 98°C. No início do experimento, 8 g de espiga de milho (base seca) foram colocados no reator e 100 ml de solução de $H_2SO_4$ (3,00 g/100 ml) foram adicionados no reator. O conteúdo de xilano no material colocado no reator foi de 42% em massa do material seco. Não havia xilose ou furfural na espiga de milho. (Considere que a espiga de milho se dissolva completamente e que o volume de solução após a dissolução da espiga é igual ao volume do $H_2SO_4$ diluído. Você também terá que considerar que a massa de xilose formada é igual à massa de xilano hidrolisada.) Quanto tempo é necessário para se atingir 90% de conversão do xilano? Quais são as concentrações mássicas de xilose e de furfural neste instante?
2. Se a concentração de furfural não puder exceder 105 μg/ml quando a conversão do xilano for de 95%, qual é a concentração de ácido mínima (g/(100 ml)) que pode ser usada? Nesta concentração, quanto tempo será necessário para se atingir 95% de conversão do xilano em um reator batelada ideal operando a 98°C?

**Problema 7-15 (Nível 3)** Convencionalmente, compostos aromáticos são benzilados pela sua reação com cloreto de benzila. Ácido hidroclórico é um subproduto desta reação e ácidos fortes líquidos são frequentemente usados como catalisadores. Uma alternativa "verde" é usar o álcool benzílico como agente para a benzilação, em conjunto com um catalisador ácido sólido.

O naftaleno reage como o álcool benzílico como mostrado na Reação (1):

$$\begin{aligned}&\text{naftaleno (N)} + \text{álcool benzílico (B)}\\&\qquad \rightarrow \text{benzil naftaleno (M)} + \text{água}\end{aligned} \qquad (1)$$

Benzil naftaleno (monobenzil naftaleno) é o produto desejado. Entretanto, várias reações secundárias ocorrem:

$$\begin{aligned}&\text{benzil naftaleno}\\&\quad + \text{álcool benzílico} \rightarrow \text{dibenzil naftaleno (D)} + \text{água} \qquad (2)\\&\quad 2\ \text{álcool benzílico} \rightarrow \text{éter dibenzílico (BOB)} + \text{água} \qquad (3)\end{aligned}$$

Como parte de um estudo cinético da reação do naftaleno com o álcool benzílico, Beltrame e Zuretti[5] desenvolveram as reações de taxa a seguir para estas reações, usando um catalisador compósito Nafion®/sílica.

$$-r_N = \frac{k_{am} C_B C_N}{(1 + K_B C_B)^2}$$

$$r_{BOB} = \frac{k_{ef} C_B^2}{(1 + K_B C_B)^2}$$

$$r_D = \frac{k_{ad} C_B C_M}{(1 + K_B C_B)^2}$$

As unidades destas taxas são mol/(g(cat) min). A 80°C,

$k_{am} = 0{,}5\ \text{l}^2/(\text{mol min g})$
$k_{ad} = 2{,}3\ \text{l}^2/(\text{mol min g})$
$k_{ef} = 4\ \ \text{l}^2/(\text{mol min g})$
$K_B = 110\ \text{l/mol}$

A vazão de alimentação de naftaleno em um CSTR, operando a 80°C, é igual a 120 mol/h e a vazão de alimentação do álcool benzílico é de 24 mol/h. A alimentação é composta de N e B dissolvidos em ciclo-hexano. As concentrações na alimentação são $C_N^0 = 0{,}30$ mol/l e $C_B^0 = 0{,}06$ mol/l. Há 2,0 g/l de catalisador sólido (o compósito Nafion®/sílica) suspensos no reator, que tem um volume de 1000 l.

1. Qual é a composição da corrente que deixa o reator?
2. Qual é a seletividade do monobenzil naftaleno baseada no álcool benzílico?

---

[4]Eken-Saracoglu, N. e Mutlu, F., Kinetics of dilute acid catalyzed hydrolysis of corn cob hemicellulose a 98°C, *J. Qafqaz University*, 1(1) 92–102 (1997).

[5]Beltrame, P. e Zuretti, G., The reaction of naphthalene with benzyl alcohol over a Nafion-silica composite: a kinetic study, *Appl. Catal. A: Gen.*, 248, 75–83 (2003).

**Problema 7-16 (Nível 2)** Etilenoglicol ($C_2H_6O_2$) é fabricado através da hidrólise do óxido de etileno ($C_2H_4O$)

$$C_2H_4O + H_2O \rightarrow C_2H_6O_2 \quad (1)$$

Entretanto, o etilenoglicol (produto desejado) pode reagir como o óxido de etileno para formar dietilenoglicol ($C_4H_{10}O_3$).

$$C_2H_6O_2 + C_2H_2O \rightarrow C_4H_{10}O_3 \quad (2)$$

Representemos estas reações irreversíveis na forma

$$A + B \rightarrow R \quad (1)$$
$$A + R \rightarrow S \quad (2)$$

onde A = óxido de etileno, B = água, R = etilenoglicol e S = dietilenoglicol.

Em solução aquosa a 120°C, a equação da taxa para a Reação (1) é

$$-r_B = k_1[A][B]$$
$$k_1 = 1 \times 10^{-6} \text{ l/(mol s)}$$

A equação da taxa para a Reação (2) é

$$r_s = k_2[A][R]$$

1. Classifique esta rede de reações.
2. As concentrações de A e de B na alimentação de um CSTR são 5,0 e 40,0 mol/l, respectivamente. Não há R ou S na alimentação. As concentrações de B e de R no efluente do CSTR são 38,0 e 1,90 mol/l, respectivamente. Qual é o valor de $k_2/k_1$?
3. A vazão volumétrica no CSTR é 1,0 l/s. Para as mesmas concentrações na entrada e na saída dadas na Parte 2, qual é o volume do CSTR?
4. Se $k_2/k_1 = 2{,}0$, qual é a concentração de R no efluente de um PFR isotérmico que tem a mesma alimentação do CSTR anterior e tem uma concentração de B no efluente igual a 38,0 mol/l.

**Problema 7-17 (Nível 3⁺)** Éter dimetílico (DME, $CH_3OCH_3$) é fabricado comercialmente pela reação de 2 mol de metanol ($CH_3OH$).

$$2CH_3OH \rightarrow CH_3OCH_3 + H_2O \quad (1)$$

O metanol é feito pela reação de CO e $H_2$.

$$CO + 2H_2 \rightleftarrows CH_3OH \quad (2)$$

O equilíbrio da Reação (2) é relativamente desfavorável. O reator da síntese de metanol tem que ser operado a pressões relativamente altas para se obter uma conversão razoável do CO e do $H_2$.

Um processo para fabricar DME foi desenvolvido que acopla as Reações (1) e (2) em série em um único reator, isto é,

$$2CO + 4H_2 \rightleftarrows 2CH_3OH \rightarrow CH_3OCH_3 + H_2O$$

Neste processo, a Reação (1) direciona o equilíbrio da Reação (2) para a direita através da remoção do produto, o metanol.

Vamos generalizar este sistema como a seguir:

$$A \rightleftarrows B \rightarrow C$$

Suponha que todas as três reações são de primeira ordem. A uma certa temperatura, a constante da taxa ($k_1$) para a reação direta A → B é igual a 100 min$^{-1}$, a constante de equilíbrio ($K_1$) para a equação reversível A ⇄ B é igual a 1,0, e a constante da taxa para a Reação B → C é também igual a 100 min$^{-1}$.

1. Suponha que somente a reação reversível A ⇄ B seja realizada em um PFR ideal e isotérmico. Considere que a reação B → C não ocorra. Não há B na alimentação do reator. Qual valor de tempo espacial $\tau$ é necessário se a conversão real de A deixando o PFR tiver que ser no mínimo 90% da conversão do equilíbrio de A?
2. Agora, considere a situação na qual a reação B → C ocorre. O PFR é operado no mesmo tempo espacial que você calculou na Parte (a), ele permanece isotérmico e não há B ou C na alimentação. Qual é a conversão de A? Quais são os rendimentos globais de B e C com base em A? Quais são as seletividades para B e C, baseadas em A?

**Problema 7-18 (Nível 2)** A transesterificação de óleos vegetais com alcoóis, como o metanol, é uma etapa chave na produção de "biodiesel". Lopez et al.[6] usaram a reação do triglicerídeo triacetina com metanol como uma reação modelo para avaliar a performance de vários catalisadores sólidos de transesterificação.

As reações que ocorrem são

triacetina + $CH_3OH$ → diacetina + acetato de metila (1)
(TA) (MeOH) (DA) (AcMe)

diacetina + $CH_3OH$ → monoacetina + acetato de metila (2)
(MA)

monoacetina + $CH_3OH$ → glicerol + acetato de metila (3)
(G)

Lopez et al. estudaram estas reações em fase líquida usando um catalisador ETS-10(Na,K) a 60°C em um reator batelada ideal. Alguns de seus dados são mostrados na tabela a seguir.

| Tempo (min) | Concentrações (mol/l) | | | | | |
|---|---|---|---|---|---|---|
| | TA | DA | MA | G | AcMe | MeOH |
| 0 | 2,33 | 0,00 | 0,00 | 0,00 | 0,00 | 13,44 |
| 5 | 1,56 | 0,51 | 0,06 | 0,00 | 1,29 | |
| 10 | 1,29 | 0,77 | 0,20 | 0,00 | 1,89 | |
| 15 | 1,10 | 0,90 | 0,37 | 0,04 | 2,29 | |
| 20 | 0,99 | 0,99 | 0,50 | 0,10 | 2,56 | |
| 30 | 0,80 | 0,94 | 0,71 | 0,17 | 2,96 | |
| 40 | 0,67 | 0,86 | 0,83 | 0,24 | 3,26 | |
| 50 | 0,54 | 0,74 | 0,89 | 0,33 | 3,57 | |
| 60 | 0,43 | 0,66 | 0,90 | 0,43 | 3,89 | |

1. Com base na alta razão inicial do metanol em relação à triacetina, pode-se fazer a hipótese que a reação é de pseudo primeira ordem em relação à triacetina. Represente graficamente os dados para testar esta hipótese. Como o modelo se ajusta aos dados?
2. Qual é a razão entre a concentração de metanol após 60 min de reação e a concentração inicial de metanol? Com base em sua resposta, quão razoável é a suposição de pseudo primeira ordem, isto é, de que a concentração de metanol fica praticamente constante nos 60 min iniciais da reação?

[6]Lopez, D.E., Goodwin, James G., Jr., Bruce, D.A., e Lotero, E., Transesterification of triacetin with methanol on solid acid and base catalysts, *Appl. Catal. A: Gen.*, 295, 97–105 (2005).

3. Qual é a seletividade do glicerol com base na triacetina após 60 min de reação? Qual é o rendimento do glicerol com base na triacetina após 60 min?
4. A equação da taxa para o desaparecimento da triacetina pode ser

$$-r_{TA} = k[\text{TA}][\text{MeOH}]$$

Pense em uma forma de testar graficamente esta equação de taxa *versus* os dados anteriores, usando o método integral. Explique *claramente* e *concisamente* o que você faria.

**Problema 7-19 (Nível 1)** As reações em fase líquida

$$A \rightleftarrows B \qquad (1)$$
$$A \rightarrow C \qquad (2)$$

estão ocorrendo em um CSTR ideal. A Reação (1) é reversível e a Reação (2) é irreversível. "B" é o produto desejado. Cada reação é de primeira ordem. O valor da constante da taxa direta na Reação (1), $k_{1di}$, é igual a 100 min$^{-1}$ e o valor da constante da taxa inversa, $k_{1in}$, é igual a 10 min$^{-1}$. O valor da constante da taxa da Reação (2), $k_2$, é igual a 10 min$^{-1}$. O CSTR opera com um tempo espacial de 0,10 min. Não há B ou C na alimentação do reator.

1. Classifique o sistema acima de reações.
2. Qual é o rendimento *máximo* de B que pode ser obtido, ignorando a Reação (2) e deixando o tempo espacial ser muito grande?
3. Agora, considere o caso no qual as duas reações ocorrem. Para os valores dados, calcule:
   (a) a conversão de A;
   (b) a seletividade, $S$(B/A);
   (c) o rendimento, $Y$(B/A).
4. Suponha que o tempo espacial $\tau$ tenha sido aumentado de forma significativa. O que você esperaria que acontecesse com:
   (a) a conversão de A;
   (b) a seletividade, $S$(B/A);
   (c) o rendimento, $Y$(B/A).

A sua resposta para cada questão deve ser: "aumenta", "não varia" ou "diminui". Cálculos não são necessários, mas você deve explicar fisicamente cada uma de suas respostas.

*Problemas Envolvendo Múltiplos Reatores*

**Problema 7-20 (Nível 2)** As reações em fase líquida $A \xrightarrow{k_1} R \xrightarrow{k_2} S$ estão ocorrendo em estado estacionário em um sistema de reatores constituído por um reator de mistura em tanque ideal seguido por um reator de escoamento pistonado ideal. As duas reações são irreversíveis e de primeira ordem, com $k_1 = k_2 = 0{,}50$ min$^{-1}$. O componente R é o produto desejado.

A alimentação do CSTR contém A com uma concentração de 2,0 gmol/l. Não há R ou S na alimentação do CSTR.

O CSTR tem um volume de 200 l e o PFR também tem um volume de 200 l. A vazão molar de A na alimentação do CSTR, $F_{A0}$, é de 200 gmol/min.

1. Quais são as concentrações de A, R e S na corrente que deixa o reator de escoamento pistonado?
2. A taxa de produção de R pode ser aumentada com o uso dos mesmos reatores, com o PFR antes do CSTR? Como esta mudança influenciaria a concentração de A no efluente do último reator?

**Problema 7-21 (Nível 2)** As reações em fase líquida, de primeira ordem e irreversíveis

$$A \xrightarrow{k_1} R \xrightarrow{k_2} S$$

são normalmente realizadas em dois CSTRs ideais em série. O produto desejado é o R. Duas correntes são alimentadas no primeiro reator. Uma é uma solução de A com uma vazão volumétrica de 100 gal/min. A concentração de A nesta corrente é de 75 lbmol/gal. A segunda é uma corrente de solvente puro com uma vazão volumétrica de 200 gal/min. Não há R ou S nestas duas correntes. Os dois reatores operam a 200°C; nesta temperatura $k_1 = k_2 = 0{,}25$ min$^{-1}$. O volume do primeiro reator é igual a 150 gal e o volume do segundo reator é de 1000 gal.

1. Quais são as concentrações de A, R e S no efluente do primeiro reator?
2. Quais são as concentrações de A, R e S no efluente do segundo reator?
3. A concentração de R no efluente do segundo reator iria aumentar, diminuir ou se manter, se a ordem dos dois reatores fosse trocada (reator grande primeiro e reator pequeno por último), com todas as outras condições permanecendo as mesmas?
4. O segundo reator na configuração original deve ser substituído por um reator de escoamento pistonado ideal, operando isotermicamente a 200°C. Qual deveria ser o volume deste reator para maximizar a taxa de produção de R, isto é, a concentração de R no efluente do reator de escoamento pistonado? Quanto a taxa de produção de R irá aumentar em relação à taxa da configuração original?

**Problema 7-22 (Nível 3)** Convencionalmente, compostos aromáticos são benzilados pela sua reação com cloreto de benzila. Ácido hidroclórico é um subproduto desta reação e ácidos fortes líquidos são frequentemente usados como catalisadores. Uma alternativa "verde" é usar o álcool benzílico como agente para a benzilação, em conjunto com um catalisador ácido sólido.

O naftaleno reage como o álcool benzílico como mostrado na Reação (1):

naftaleno (N) + álcool benzílico (B)
$\rightarrow$ benzil naftaleno (M) + água (1)

Benzil naftaleno (monobenzil naftaleno) é o produto desejado. Entretanto, várias reações secundárias ocorrem:

benzil naftaleno
+ álcool benzílco $\rightarrow$ dibenzil naftaleno (D) + água (2)
2 álcool benzílico $\rightarrow$ éter dibenzílico (BOB) + água (3)

Como parte de um estudo cinético da reação do naftaleno com o álcool benzílico, Beltrame e Zuretti[5] desenvolveram as reações de taxa a seguir para estas reações, usando um catalisador compósito Nafion®/sílica.

$$-r_N = \frac{k_m C_B C_N}{(1 + K_B C_S)^2}$$

$$r_{BOB} = \frac{(k_{ai} C_B^2)}{(1 + K_B C_S)^2}$$

$$r_D = \frac{(k_{ad} C_B C_M)}{(1 + K_B C_B)^2}$$

As unidades destas taxas são mol/(g(cat) min). A 80°C,

$k_{am} = 0{,}5$ l$^2$/(mol min g)
$k_{ad} = 2{,}3$ l$^2$/(mol min g)
$k_{ef} = 4$ l$^2$/(mol min g)
$K_B = 110$ l/mol

Considere 2 CSTRs em série, cada um com um volume de 200 l e operando a 80°C. Há 2,0 g/l de catalisador sólido (o compósito Nafion®/sílica) suspensos em cada reator. A vazão de alimentação de naftaleno no primeiro reator é igual a 120 mol/h e a vazão de alimentação do álcool benzílico é de 24 mol/h. A alimentação é composta de N e B dissolvidos em ciclo-hexano. As concentrações na alimentação do primeiro reator são $C_{N,0} = 0{,}30$ mol/l e $C_{B,0} = 0{,}06$ mol/l. A corrente de saída do primeiro reator é alimentada diretamente no segundo reator.

1. Qual é a composição da corrente que deixa o primeiro reator?
2. Qual é a composição da corrente que deixa o segundo reator?
3. Qual é a seletividade do monobenzil naftaleno baseada no álcool benzílico para o sistema completo com os dois reatores?

# APÊNDICE 7-A SOLUÇÃO NUMÉRICA DE EQUAÇÕES DIFERENCIAIS ORDINÁRIAS

## 7-A.1 Uma Equação Diferencial Ordinária de Primeira Ordem

Suponha que tenhamos uma equação diferencial com a forma

$$\frac{dy}{dx} = f(x, y) \tag{7A-1}$$

O valor de y em $x = x_0$ é $y_0$. Estamos interessados em calcular o valor de $y$ em algum valor de $x$, representado por $x_f$, que é maior do que $x_0$.

Inicie dividindo o intervalo entre $x_0$ e $x_f$ em N segmentos iguais, de modo que

$$\frac{x_f - x_0}{N} = \Delta x = h$$

O valor de $h$ é chamado de tamanho do passo. A variação em $y$ correspondente à variação em $x$ dada por $\Delta x = h$ será representada por $\Delta y$.

Agora, vamos aproximar a derivada no lado esquerdo da Equação (7A-1) por

$$\frac{dy}{dx} \cong \frac{\Delta y}{\Delta x} = \frac{\Delta y}{h},$$

Seja $y_n$ o valor de $y$ quando $x = x_n$ e seja $\bar{f}$ o valor *médio* de $f(x,y)$ no intervalo entre $x_n$ e $x_{n+1}$. O valor de $y_{n+1}$, isto é, o valor de $y$ em $x = x_{n+1} = x_n + h$, pode ser calculado usando

$$\Delta y = y_{n+1} - y_n = \bar{f} \times h$$

$$y_{n+1} = y_n + \bar{f} \times h \tag{7A-2}$$

O cálculo do valor preciso de $\bar{f}$ é a parte mais desafiadora da solução numérica de equações diferenciais. Livros-texto sobre análise numérica discutem esta tarefa em detalhes. Para muitos problemas, o método de Runge–Kutta de quarta ordem pode ser usado. Neste método,

$$\bar{f} = \tfrac{1}{6}(f_1 + 2f_2 + 2f_3 + f_4) \tag{7A-3}$$

Os parâmetros $f_1$, $f_2$, $f_3$ e $f_4$ na Equação (7A-3) são várias aproximações para a função $f(x,y)$. O parâmetro $f_1$ é $f(x,y)$ avaliada em $x_n$ e $y_n$, isto é, no início do intervalo entre $x_n$ e $x_{n+1}$.

$$f_1 = f(x_n, y_n) \tag{7A-4a}$$

Uma vez calculado $f_1$, uma melhor aproximação da função $f(x,y)$ pode ser calculada.

$$f_2 = f\left(x_n + \frac{h}{2}, y_n + \frac{hf_1}{2}\right) \tag{7A-4b}$$

Então, o valor de $f_2$ pode ser usado para gerar uma terceira aproximação

$$f_3 = f\left(x_n + \frac{h}{2},\ y_n + \frac{hf_2}{2}\right) \tag{7A-4c}$$

Finalmente, o processo é completado através do cálculo de $f_4$, que é uma aproximação da função em $x_{n+1}$.

$$f_4 = f(x_n + h, y_n + hf_3) \tag{7A-4d}$$

A planilha a seguir mostra como a técnica de Runge–Kutta de quarta ordem pode ser usada para resolver o Exemplo 7-2. Após inserir os valores dos parâmetros conhecidos ($C_{A0}$, $C_{B0}$, $k_1$ e $k_2$) na planilha, um valor de incremento $h = \Delta\tau$ foi especificado. O valor de $h$ foi escolhido arbitrariamente igual a 4 min, de modo que o intervalo entre a entrada do reator ($\tau = 0$) e a saída do reator ($\tau = 40$) foi dividido em 10 intervalos. Os valores correspondentes de $\tau$ foram inseridos na primeira coluna da planilha. A segunda coluna foi definida para conter os valores de $C_B$. O valor inicial de $C_B$ (0,10 mol/l) foi inserido na primeira linha desta coluna. Os outros valores foram calculados como descrito a seguir.

A fórmula para $f(x,y)$ é dada pelo lado direito da Equação (7-12). O valor de $f_1$ em $\tau = 0$ foi calculado com esta fórmula e multiplicado por $h$. Este resultado é a primeira entrada na terceira coluna, identificada por $h \times f_1$. Com o valor de $f_1$ conhecido, os valores de $f_2$, $f_3$ e $f_4$ foram calculados em sequencia. Estes valores, multiplicados por $h$, são mostrados nas quarta, quinta e sexta colunas da planilha.

Com estes cálculos terminados, o valor de $\bar{f} \times h$ para o intervalo entre $\tau = 0$ e $\tau = 4$ min foi calculado através da multiplicação da Equação (7A-3) por $h$. O valor de $C_B$ em $\tau = 4$ min foi então calculado com a Equação (7A-2) e o resultado inserido na planilha na célula correspondente à segunda coluna, segunda linha (coluna $C_B$, linha $\tau = 4$ min).

O mesmo procedimento foi então repetido para os valores de $\tau$ restantes. Os resultados são mostrados na planilha a seguir. O valor de $C_B$ calculado em $\tau = 40$ min é igual a 0,215 mol/l.

**Solução para o Exemplo 7-2**

Solução numérica da Equação (7-11) (usando o método de Runge–Kutta de quarta ordem)

$C_{A0} = 1$ mol/l     A → B (primeira ordem)

$C_{B0} = 0{,}1$ mol/l     2B → C (segunda ordem)

$k_1 = 0{,}5$ min$^{-1}$

$k_2 = 0{,}1$ l/(mol min)  PFR ideal e isotérmico

Primeira tentativa

Delta tau = $h$ = 4 min

| Tau (*x*) (min) | CB (*y*) (mol/l) | $h \times f_1$ | $h \times f_2$ | $h \times f_3$ | $h \times f_4$ |
|---|---|---|---|---|---|
| 0 | 0,1000 | 1,9960 | 0,2535 | 0,7152 | 0,0049 |
| 4 | 0,7564 | 0,0418 | −0,1421 | −0,0883 | −0,1419 |
| 8 | 0,6629 | −0,1391 | −0,1273 | −0,1302 | −0,1086 |
| 12 | 0,5358 | −0,1099 | −0,0907 | −0,0944 | −0,0773 |
| 16 | 0,4429 | −0,0778 | −0,0650 | −0,0671 | −0,0564 |
| 20 | 0,3765 | −0,0566 | −0,0485 | −0,0496 | −0,0427 |
| 24 | 0,3272 | −0,0428 | −0,0374 | −0,0381 | −0,0334 |
| 28 | 0,2894 | −0,0335 | −0,0297 | −0,0301 | −0,0269 |
| 32 | 0,2594 | −0,0269 | −0,0242 | −0,0245 | −0,0221 |
| 36 | 0,2350 | −0,0221 | −0,0201 | −0,0202 | −0,0184 |
| 40 | **0,2148** | | | | |

Em geral, a precisão de qualquer método numérico depende do valor do tamanho do passo, o incremento, $h$. Se $h$ for muito grande, $\Delta y/h$ não será uma aproximação precisa para a derivada, $dy/dx$. Para testar a precisão da solução anterior, o procedimento foi repetido para um valor menor de $h$, 2 min, metade do incremento original. Agora, o intervalo entre $\tau = 0$ e $\tau = 40$ min foi dividido em 20 intervalos em vez dos 10 originais. Os resultados são mostrados na planilha a seguir.

**Solução para o Exemplo 7-2**

Segunda tentativa
Delta tau = $h$ = 2 min

| Tau ($x$) (min) | CB ($y$) (mol/l) | $h \times f_1$ | $h \times f_2$ | $h \times f_3$ | $h \times f_4$ |
|---|---|---|---|---|---|
| 0 | 0,1000 | 0,9980 | 0,5348 | 0,5795 | 0,2755 |
| 2 | 0,6837 | 0,2744 | 0,0884 | 0,1172 | 0,0071 |
| 4 | 0,7991 | 0,0076 | −0,0469 | −0,0383 | −0,0660 |
| 6 | 0,7610 | −0,0660 | −0,0758 | −0,0744 | −0,0760 |
| 8 | 0,6873 | −0,0762 | −0,0732 | −0,0736 | −0,0686 |
| 10 | 0,6142 | −0,0687 | −0,0632 | −0,0638 | −0,0581 |
| 12 | 0,5508 | −0,0582 | −0,0529 | −0,0535 | −0,0485 |
| 14 | 0,4975 | −0,0486 | −0,0442 | −0,0446 | −0,0407 |
| 16 | 0,4530 | −0,0407 | −0,0372 | −0,0375 | −0,0344 |
| 18 | 0,4156 | −0,0344 | −0,0317 | −0,0319 | −0,0294 |
| 20 | 0,3838 | −0,0294 | −0,0272 | −0,0274 | −0,0254 |
| 22 | 0,3564 | −0,0254 | −0,0236 | −0,0237 | −0,0221 |
| 24 | 0,3327 | −0,0221 | −0,0207 | −0,0208 | −0,0195 |
| 26 | 0,3120 | −0,0195 | −0,0183 | −0,0183 | −0,0172 |
| 28 | 0,2936 | −0,0172 | −0,0162 | −0,0163 | −0,0154 |
| 30 | 0,2774 | −0,0154 | −0,0145 | −0,0146 | −0,0138 |
| 32 | 0,2628 | −0,0138 | −0,0131 | −0,0131 | −0,0125 |
| 34 | 0,2497 | −0,0125 | −0,0119 | −0,0119 | −0,0113 |
| 36 | 0,2378 | −0,0113 | −0,0108 | −0,0108 | −0,0103 |
| 38 | 0,2270 | −0,0103 | −0,0098 | −0,0099 | −0,0094 |
| 40 | **0,2171** | | | | |

Ao trocar $h(\Delta\tau)$ = 4 min por $h(\Delta\tau)$ = 2 min, o resultado final para $C_B$ mudou em duas unidades no terceiro algarismo significativo. Entretanto, os valores de $C_B$ em valores menores de $\tau$ são mais sensíveis em relação ao valor de $h$. Por exemplo, o valor de $C_B$ em $\tau$ = 4 min é aproximadamente 5% maior para $h$ = 2 min do que para $h$ = 4 min. Consequentemente, iremos testar um valor ainda menor de h, 1 min. Os resultados são mostrados na planilha a seguir.

**Solução para o Exemplo 7-2**

Terceira tentativa:
Delta tau = $h$ = 1 min

| Tau ($x$) (min) | CB ($y$) (mol/l) | $h \times f_1$ | $h \times f_2$ | $h \times f_3$ | $h \times f_4$ |
|---|---|---|---|---|---|
| 0 | 0,1000 | 0,4990 | 0,3772 | 0,3811 | 0,2801 |
| 1 | 0,4826 | 0,2800 | 0,1974 | 0,2024 | 0,1370 |
| 2 | 0,6854 | 0,1370 | 0,0864 | 0,0902 | 0,0514 |
| 3 | 0,7756 | 0,0514 | 0,0227 | 0,0250 | 0,0036 |
| 4 | 0,8007 | 0,0036 | −0,0117 | −0,0105 | −0,0214 |
| 5 | 0,7903 | −0,0214 | −0,0288 | −0,0282 | −0,0332 |
| 6 | 0,7622 | −0,0332 | −0,0362 | −0,0360 | −0,0376 |
| 7 | 0,7263 | −0,0377 | −0,0383 | −0,0383 | −0,0382 |
| 8 | 0,6882 | −0,0382 | −0,0376 | −0,0377 | −0,0368 |
| 9 | 0,6506 | −0,0368 | −0,0356 | −0,0357 | −0,0344 |
| 10 | 0,6149 | −0,0344 | −0,0331 | −0,0332 | −0,0318 |
| 11 | 0,5818 | −0,0318 | −0,0304 | −0,0305 | −0,0292 |
| 12 | 0,5513 | −0,0292 | −0,0278 | −0,0279 | −0,0266 |
| 13 | 0,5234 | −0,0266 | −0,0254 | −0,0255 | −0,0243 |
| 14 | 0,4980 | −0,0243 | −0,0232 | −0,0233 | −0,0223 |

**Solução para o Exemplo 7-2**

Terceira tentativa - Continuação
Delta tau = $h$ = 1 min

| Tau ($x$) (min) | CB ($y$) (mol/l) | $h \times f_1$ | $h \times f_2$ | $h \times f_3$ | $h \times f_4$ |
|---|---|---|---|---|---|
| 15 | 0,4747 | −0,0223 | −0,0213 | −0,0213 | −0,0204 |
| 16 | 0,4534 | −0,0204 | −0,0195 | −0,0195 | −0,0187 |
| 17 | 0,4338 | −0,0187 | −0,0179 | −0,0180 | −0,0172 |
| 18 | 0,4159 | −0,0172 | −0,0165 | −0,0166 | −0,0159 |
| 19 | 0,3993 | −0,0159 | −0,0153 | −0,0153 | −0,0147 |
| 20 | 0,3840 | −0,0147 | −0,0142 | −0,0142 | −0,0137 |
| 21 | 0,3698 | −0,0137 | −0,0132 | −0,0132 | −0,0127 |
| 22 | 0,3566 | −0,0127 | −0,0123 | −0,0123 | −0,0119 |
| 23 | 0,3444 | −0,0119 | −0,0115 | −0,0115 | −0,0111 |
| 24 | 0,3329 | −0,0111 | −0,0107 | −0,0107 | −0,0104 |
| 25 | 0,3222 | −0,0104 | −0,0100 | −0,0101 | −0,0097 |
| 26 | 0,3121 | −0,0097 | −0,0094 | −0,0094 | −0,0092 |
| 27 | 0,3027 | −0,0092 | −0,0089 | −0,0089 | −0,0086 |
| 28 | 0,2938 | −0,0086 | −0,0084 | −0,0084 | −0,0081 |
| 29 | 0,2854 | −0,0081 | −0,0079 | −0,0079 | −0,0077 |
| 30 | 0,2775 | −0,0077 | −0,0075 | −0,0075 | −0,0073 |
| 31 | 0,2700 | −0,0073 | −0,0071 | −0,0071 | −0,0069 |
| 32 | 0,2629 | −0,0069 | −0,0067 | −0,0067 | −0,0066 |
| 33 | 0,2562 | −0,0066 | −0,0064 | −0,0064 | −0,0062 |
| 34 | 0,2498 | −0,0062 | −0,0061 | −0,0061 | −0,0059 |
| 35 | 0,2437 | −0,0059 | −0,0058 | −0,0058 | −0,0057 |
| 36 | 0,2379 | −0,0057 | −0,0055 | −0,0055 | −0,0054 |
| 37 | 0,2324 | −0,0054 | −0,0053 | −0,0053 | −0,0052 |
| 38 | 0,2271 | −0,0052 | −0,0050 | −0,0050 | −0,0049 |
| 39 | 0,2220 | −0,0049 | −0,0048 | −0,0048 | −0,0047 |
| 40 | **0,2172** | | | | |

Os cálculos para $h$ = 1 min e $h$ = 2 min diferem em no máximo uma unidade no terceiro algoritmo significativo, em todos os valores de $\tau$. Isto confirma a precisão dos cálculos para h = 2 min.

O efeito do tamanho do passo ou do incremento, $h$, no resultado é um tema de discussão em *todos* os métodos numéricos para a solução de equações diferenciais. O incremento tem que ser reduzido até que uma solução independente de $h$ seja obtida.

## 7-A.2 Equações Diferenciais Ordinárias Simultâneas, de Primeira Ordem

Suponha que tenhamos

$$\frac{dy}{dx} = f(x, y, z) \tag{7A-5}$$

$$\frac{dz}{dx} = g(x, y, z) \tag{7A-6}$$

O método de Runge–Kutta pode ser estendido como mostrado a seguir:

$$y_{n+1} = y_n + \bar{f} \times h \tag{7A-2}$$

$$z_{n+1} = z_n + \bar{g} \times h \tag{7A-7}$$

$$\bar{f} = \tfrac{1}{6}(f_1 + 2f_2 + 2f_3 + f_4) \tag{7A-3}$$

$$\bar{g} = \tfrac{1}{6}(g_1 + 2g_2 + 2g_3 + g_4) \tag{7A-8}$$

$$f_1 = f(x_n, y_n, z_n) \tag{7A-9a}$$

$$g_1 = g(x_n, y_n, z_n) \tag{7A-9b}$$

$$f_2 = f\left(x_n + \frac{h}{2}, y_n + \frac{hf_1}{2}, z_n + \frac{hg_1}{2}\right) \tag{7A-9c}$$

$$g_2 = g\left(x_n + \frac{h}{2}, y_n + \frac{hf_1}{2}, z_n + \frac{hg_1}{2}\right) \tag{7A-9d}$$

$$f_3 = f\left(x_n + \frac{h}{2}, y_n + \frac{hf_2}{2}, z_n + \frac{hg_2}{2}\right) \tag{7A-9e}$$

$$g_3 = g\left(x_n + \frac{h}{2}, y_n + \frac{hf_2}{2}, z_n + \frac{hg_2}{2}\right) \tag{7A-9f}$$

$$f_4 = f(x_n + h, y_n + hf_3, z_n + hg_3) \tag{7A-9g}$$

$$g_4 = g(x_n + h, y_n + hf_3, z_n + hg_3) \tag{7A-9h}$$

A planilha a seguir mostra como a técnica de Runge–Kutta para equações diferenciais simultâneas pode ser usada para resolver o Exemplo 7-4.

Primeiramente, observamos que este problema é mais complexo do que o Exemplo 7-2. O valor de $\tau$ era conhecido naquele problema e o único desafio foi achar um valor de $h$ que fosse pequeno o suficiente. Neste problema, o valor de $\tau$ não é conhecido, de modo que não há orientação disponível para a seleção de $h$.

Iniciemos determinando um valor aproximado de $\tau$. Melhor, vamos achar valores de $\tau$ entre os quais está o valor real. A Equação (7-24) pode ser rearranjada e integrada da entrada do reator até a sua saída, fornecendo

$$\int_{10^{-2}}^{10^{-5}} \frac{\mathrm{d}p_{CO}}{p_{CO}} = \ln(10^{-3}) = -6{,}91 = -(k_1RT)\int_0^{\tau} p_{O_2}^{1/2}\mathrm{d}\tau$$

A última integral na equação anterior pode ser calculada através do uso de um valor médio de $p_{O_2}$ e da substituição do valor de $k_1RT$.

$$\tau = \frac{6{,}91}{4743\overline{p}_{O_2}^{1/2}} \text{ g min/l}$$

O valor de $\overline{p}_{O_2}^{1/2}$ tem que estar em algum ponto entre $(10^{-4}\text{ atm})^{1/2}$ e $(0{,}0118\text{ atm})^{1/2}$. Consequentemente, o valor real de $\tau$ deve estar no interior do intervalo

$$0{,}014 \leq \tau \leq 0{,}15 \text{ g min/l}$$

Vamos iniciar a integração numérica com um incremento $h$ de 0,002 g min/l. Com este tamanho de passo, o cálculo anterior sugere que algum valor entre 7 e 75 intervalos serão necessários para atingir a pressão parcial de monóxido de carbono de $10^{-5}$ atm. O resultado deste cálculo é mostrado na tabela a seguir, identificada como "Primeira tentativa". Esta tabela mostra que entre 12 e 13 intervalos são necessários. A interpolação linear entre os valores de $p_{CO}$ a $\tau = 0{,}024$ e $\tau = 0{,}026$ g min/l fornece um valor de $\tau = 0{,}0256$ g min/l para o tempo espacial necessário para atingir uma concentração de CO de 10 ppm.

Agora, o efeito do tamanho do passo $h$ tem que ser investigado. A tabela identificada por "Segunda tentativa" mostra os resultados dos cálculos com $h = 0{,}001$ g min/l. Este cálculo mostra que o valor requerido de $\tau$ está entre 0,024 e 0,025 g min/l. Uma interpolação linear fornece o valor $\tau = 0{,}0247$ g min/l. Este valor é aproximadamente 4% inferior ao valor da "Primeira tentativa".

Para ter certeza, um terceiro cálculo foi efetuado com $\tau = 0{,}0005$ g min/l. O resultado é mostrado na tabela identificada por "Terceira tentativa". Este cálculo fornece um valor final $\tau = 0{,}0246$ g min/l, que será usado como a resposta final para o problema.

**Solução para o Exemplo 7-4**

Solução numérica das Equações (7-23) e (7-24)

| | |
|---|---|
| $p_{H_2}$ (ent) $= 0{,}3000$ atm | $k_1\ (RT) = 4743{,}72075$ 1/(g min atm$^{0,5}$) |
| $p_{CO}$ (ent) $= 0{,}100$ atm | $k_2\ (RT) = 59{,}6790675$ 1/(g min atm$^{0,5}$) |
| $p_{O_2}$ (ent) $= 0{,}0118$ atm | $K_{CO} = 1000$ atm$^{-1}$ |

Primeira tentativa:

Delta tau $= h = 0{,}002$ g min/l

| Tau (g min/l) | $p_{H_2}$ (atm) | $p_{CO}$ (atm) | $p_{O_2}$ (atm) | $h \times f_1$ | $h \times g_1$ | $h \times f_2$ | $h \times g_2$ | $h \times f_3$ | $h \times g_3$ | $h \times f_y$ | $h \times g_4$ |
|---|---|---|---|---|---|---|---|---|---|---|---|
| 0,000 | 0,30000 | 1,0000E−02 | 1,1800E−02 | −1,031E−02 | −3,215E−05 | −4,414E−03 | −1,005E−04 | −7,637E−03 | −4,784E−05 | −1,999E−03 | −2,825E−04 |
| 0,002 | 0,29990 | 3,9318E−03 | 8,7149E−03 | −3,482E−03 | −1,374E−04 | −1,837E−03 | −3,107E−04 | −2,585E−03 | −2,009E−04 | −1,093E−03 | −5,560E−04 |
| 0,004 | 0,29961 | 1,6952E−03 | 7,4536E−03 | −1,389E−03 | −4,250E−04 | −7,945E−04 | −7,468E−04 | −1,035E−03 | −5,687E−04 | −5,106E−04 | −1,057E−03 |
| 0,006 | 0,29893 | 7,6873E−04 | 6,6477E−03 | −5,946E−04 | −9,299E−04 | −3,540E−04 | −1,303E−03 | −4,432E−04 | −1,109E−03 | −2,366E−04 | −1,550E−03 |
| 0,008 | 0,29771 | 3,6442E−04 | 5,8368E−03 | −2,641E−04 | −1,458E−03 | −1,621E−04 | −1,716E−03 | −1,970E−04 | −1,576E−03 | −1,118E−04 | −1,825E−03 |
| 0,010 | 0,29606 | 1,8209E−04 | 4,9234E−03 | −1,212E−04 | −1,774E−03 | −7,688E−05 | −1,869E−03 | −9,078E−05 | −1,794E−03 | −5,466E−05 | −1,861E−03 |
| 0,012 | 0,29424 | 9,6888E−05 | 3,9674E−03 | −5,790E−05 | −1,839E−03 | −3,810E−05 | −1,814E−03 | −4,372E−05 | −1,784E−03 | −2,788E−05 | −1,739E−03 |
| 0,014 | 0,29244 | 5,5321E−05 | 3,0488E−03 | −2,898E−05 | −1,731E−03 | −1,979E−05 | −1,641E−03 | −2,212E−05 | −1,634E−03 | −1,484E−05 | −1,532E−03 |
| 0,016 | 0,29081 | 3,4049E−05 | 2,2204E−03 | −1,522E−05 | −1,530E−03 | −1,074E−05 | −1,407E−03 | −1,175E−05 | −1,413E−03 | −8,214E−06 | −1,283E−03 |
| 0,018 | 0,28940 | 2,2644E−05 | 1,5101E−03 | −8,349E−06 | −1,284E−03 | −6,038E−06 | −1,145E−03 | −6,510E−06 | −1,159E−03 | −4,661E−06 | −1,015E−03 |
| 0,020 | 0,28825 | 1,6294E−05 | 9,3142E−04 | −4,718E−06 | −1,017E−03 | −3,438E−06 | −8,686E−04 | −3,693E−06 | −8,914E−04 | −2,630E−06 | −7,358E−04 |
| 0,022 | 0,28737 | 1,2692E−05 | 4,9025E−04 | −2,666E−06 | −7,405E−04 | −1,880E−06 | −5,844E−04 | −2,067E−06 | −6,206E−04 | −1,348E−06 | −4,483E−04 |
| 0,024 | 0,28677 | 1,0707E−05 | 1,8937E−04 | −1,398E−06 | −4,611E−04 | −8,154E−07 | −2,879E−04 | −1,058E−06 | −3,628E−04 | −2,495E−07 | −9,138E−05 |
| 0,026 | 0,28646 | 9,8082E−06 | 3,4425E−05 | | | | | | | | |

Por interpolação linear, tau = 0,0256 g min/l.

**Solução para o Exemplo 7-4**

Segunda tentativa:
Delta tau $= h = 0{,}001$ (g min/l)

| Tau (g min/l) | $p_{H_2}$ (atm) | $p_{CO}$ (atm) | $p_{O_2}$ (atm) | $h \times f_1$ | $h \times g_1$ | $h \times f_2$ | $h \times g_2$ | $h \times f_3$ | $h \times g_3$ | $h \times f_4$ | $h \times g_4$ |
|---|---|---|---|---|---|---|---|---|---|---|---|
| 0,000 | 0,30000 | 1,0000E−02 | 1,1800E−02 | −5,153E−03 | −1,607E−05 | −3,610E−03 | −2,586E−05 | −4,057E−03 | −2,210E−05 | −2,785E−03 | −3,669E−05 |
| 0,001 | 0,29998 | 6,1214E−03 | 9,8483E−03 | −2,882E−03 | −3,503E−05 | −2,120E−03 | −5,298E−05 | −2,316E−03 | −4,700E−05 | −1,681E−03 | −7,216E−05 |
| 0,002 | 0,29992 | 3,8822E−03 | 8,7031E−03 | −1,718E−03 | −7,005E−05 | −1,303E−03 | −1,005E−04 | −1,401E−03 | −9,138E−05 | −1,050E−03 | −1,317E−04 |
| 0,003 | 0,29983 | 2,5196E−03 | 7,9731E−03 | −1,067E−03 | −1,290E−04 | −8,253E−04 | −1,758E−04 | −8,784E−04 | −1,628E−04 | −6,721E−04 | −2,213E−04 |
| 0,004 | 0,29966 | 1,6619E−03 | 7,4585E−03 | −6,808E−04 | −2,180E−04 | −5,332E−04 | −2,821E−04 | −5,638E−04 | −2,654E−04 | −4,372E−04 | −3,407E−04 |
| 0,005 | 0,29938 | 1,1099E−03 | 7,0447E−03 | −4,419E−04 | −3,369E−04 | −3,490E−04 | −4,142E−04 | −3,673E−04 | −3,946E−04 | −2,875E−04 | −4,797E−04 |
| 0,006 | 0,29897 | 7,4953E−04 | 6,6617E−03 | −2,902E−04 | −4,758E−04 | −2,306E−04 | −5,571E−04 | −2,419E−04 | −5,367E−04 | −1,907E−04 | −6,206E−04 |
| 0,007 | 0,29843 | 5,1186E−04 | 6,2692E−03 | −1,923E−04 | −6,169E−04 | −1,536E−04 | −6,914E−04 | −1,606E−04 | −6,723E−04 | −1,275E−04 | −7,446E−04 |
| 0,008 | 0,29775 | 3,5383E−04 | 5,8495E−03 | −1,284E−04 | −7,415E−04 | −1,031E−04 | −8,008E−04 | −1,075E−04 | −7,847E−04 | −8,589E−05 | −8,387E−04 |
| 0,009 | 0,29695 | 2,4791E−04 | 5,4006E−03 | −8.642E−05 | −8,363E−04 | −6,982E−05 | −8,768E−04 | −7,261E−05 | −8,642E−04 | −5,840E−05 | −8,984E−04 |
| 0,010 | 0,29608 | 1,7629E−04 | 4,9300E−03 | −5,872E−05 | −8,967E−04 | −4,774E−05 | −9,186E−04 | −4,951E−05 | −9,096E−04 | −4,012E−05 | −9,256E−04 |
| 0,011 | 0,29517 | 1,2740E−04 | 4,4490E−03 | −4,031E−05 | −9,244E−04 | −3,300E−05 | −9,306E−04 | −3,413E−05 | −9,245E−04 | −2,788E−05 | −9,257E−04 |
| 0,012 | 0,29424 | 9,3662E−05 | 3,9688E−03 | −2,799E−05 | −9,249E−04 | −2,308E−05 | −9,187E−04 | −2,380E−05 | −9,149E−04 | −1,960E−05 | −9,047E−04 |
| 0,013 | 0,29333 | 7,0101E−05 | 3,4990E−03 | −1,967E−05 | −9,043E−04 | −1,634E−05 | −8,888E−04 | −1,681E−05 | −8,867E−04 | −1,396E−05 | −8,684E−04 |
| 0,014 | 0,29244 | 5,3447E−05 | 3,0470E−03 | −1,400E−05 | −8,681E−04 | −1,171E−05 | −8,461E−04 | −1,202E−05 | −8,452E−04 | −1,006E−05 | −8,210E−04 |
| 0,015 | 0,29160 | 4,1529E−05 | 2,6184E−03 | −1,008E−05 | −8,209E−04 | −8,499E−06 | −7,942E−04 | −8,695E−06 | −7,942E−04 | −7,334E−06 | −7,660E−04 |
| 0,016 | 0,29080 | 3,2895E−05 | 2,2171E−03 | −7,348E−06 | −7,660E−04 | −6,236E−06 | −7,361E−04 | −6,367E−06 | −7,367E−04 | −5,406E−06 | −7,057E−04 |
| 0,017 | 0,29007 | 2,6568E−05 | 1,8459E−03 | −5,415E−06 | −7,057E−04 | −4,623E−06 | −6,736E−04 | −4,711E−06 | −6,748E−04 | −4,024E−06 | −6,419E−04 |
| 0,018 | 0,28939 | 2,1884E−05 | 1,5065E−03 | −4,029E−06 | −6,419E−04 | −3,457E−06 | −6,083E−04 | −3,518E−06 | −6,099E−04 | −3,018E−06 | −5,756E−04 |
| 0,019 | 0,28878 | 1,8385E−05 | 1,2002E−03 | −3,021E−06 | −5,757E−04 | −2,601E−06 | −5,410E−04 | −2,644E−06 | −5,430E−04 | −2,274E−06 | −5,077E−04 |
| 0,020 | 0,28824 | 1,5754E−05 | 9,2798E−04 | −2,277E−06 | −5,079E−04 | −1,962E−06 | −4,723E−04 | −1,944E−06 | −4,749E−04 | −1,714E−06 | −4,388E−04 |
| 0,021 | 0,28777 | 1,3770E−05 | 6,9023E−04 | −1,716E−06 | −4,390E−04 | −1,475E−06 | −4,028E−04 | −1,501E−06 | −4,059E−04 | −1,284E−06 | −3,692E−04 |
| 0,022 | 0,28736 | 1,2278E−05 | 4,8735E−04 | −1,286E−06 | −3,695E−04 | −1,097E−06 | −3,327E−04 | −1,118E−06 | −3,365E−04 | −9,448E−07 | −2,990E−04 |
| 0,023 | 0,28703 | 1,1168E−05 | 3,1955E−04 | −9,471E−07 | −2,995E−04 | −7,932E−07 | −2,620E−04 | −8,141E−07 | −2,670E−04 | −6,692E−07 | −2,284E−04 |
| 0,024 | 0,28676 | 1,0363E−05 | 1,8698E−04 | −6,722E−07 | −2,292E−04 | −5,413E−07 | −1,908E−04 | −5,647E−07 | −1,978E−04 | −4,355E−07 | −1,572E−04 |
| 0,025 | 0,28657 | 9,8099E−06 | 8,9736E−05 | −4,408E−07 | −1,589E−04 | −3,214E−07 | −1,185E−04 | −3,546E−07 | −1,300E−04 | −2,224E−07 | −8,317E−05 |

Por interpolação linear, tau = 0,0247 g min/l.

**Solução para o Exemplo 7-4**

Terceira tentativa:
Delta tau = $h$ = 0,0005 g min/l

| Tau (g min/l) | $p_{H_2}$ (atm) | $p_{CO}$ (atm) | $p_{O_2}$ (atm) | $h \times f_1$ | $h \times g_1$ | $h \times f_2$ | $h \times g_2$ | $h \times f_3$ | $h \times g_3$ | $h \times f_4$ | $h \times g_4$ |
|---|---|---|---|---|---|---|---|---|---|---|---|
| 0,0000 | 0,30000 | 1,0000E−02 | 1,1800E−02 | −2,576E−03 | −8,037E−06 | −2,182E−03 | −1,002E−05 | −2,241E−03 | −9,671E−06 | −1,901E−03 | −1,206E−05 |
| 0,0005 | 0,29999 | 7,7791E−03 | 1,0685E−02 | −1,907E−03 | −1,201E−05 | −1,635E−03 | −1,477E−05 | −1,673E−03 | −1,431E−05 | −1,437E−03 | −1,759E−05 |
| 0,0010 | 0,29998 | 6,1189E−03 | 9,8472E−03 | −1,440E−03 | −1,753E−05 | −1,247E−03 | −2,129E−05 | −1,272E−03 | −2,071E−05 | −1,103E−03 | −2,512E−05 |
| 0,0015 | 0,29995 | 4,8553E−03 | 9,2048E−03 | −1,105E−03 | −2,505E−05 | −9,640E−04 | −3,006E−05 | −9,817E−04 | −2,934E−05 | −8,569E−04 | −3,514E−05 |
| 0,0020 | 0,29992 | 3,8798E−03 | 8,7021E−03 | −8,584E−04 | −3,506E−05 | −7,536E−04 | −4,160E−05 | −7,662E−04 | −4,070E−05 | −6,728E−04 | −4,817E−05 |
| 0,0025 | 0,29988 | 3,1180E−03 | 8,3006E−03 | −6,738E−04 | −4,808E−05 | −5,944E−04 | −5,640E−05 | −6,035E−04 | −5,529E−05 | −5,325E−04 | −6,467E−05 |
| 0,0030 | 0,29983 | 2,5176E−03 | 7,9724E−03 | −5,332E−04 | −6,456E−05 | −4,722E−04 | −7,486E−05 | −4,790E−04 | −7,354E−05 | −4,242E−04 | −8,499E−05 |
| 0,0035 | 0,29975 | 2,0410E−03 | 7,6969E−03 | −4,247E−04 | −8,486E−05 | −3,774E−04 | −9,725E−05 | −3,825E−04 | −9,569E−05 | −3,397E−04 | −1,093E−04 |
| 0,0040 | 0,29966 | 1,6603E−03 | 7,4582E−03 | −3,401E−04 | −1,091E−04 | −3,030E−04 | −1,236E−04 | −3,068E−04 | −1,218E−04 | −2,732E−04 | −1,373E−04 |
| 0,0045 | 0,29953 | 1,3548E−03 | 7,2440E−03 | −2,735E−04 | −1,372E−04 | −2,441E−04 | −1,535E−04 | −2,471E−04 | −1,515E−04 | −2,205E−04 | −1,688E−04 |
| 0,0050 | 0,29938 | 1,1087E−03 | 7,0447E−03 | −2,207E−04 | −1,686E−04 | −1,974E−04 | −1,864E−04 | −1,997E−04 | −1,843E−04 | −1,785E−04 | −2,028E−04 |
| 0,0055 | 0,29920 | 9,0982E−04 | 6,8525E−03 | −1,786E−04 | −2,026E−04 | −1,600E−04 | −2,214E−04 | −1,618E−04 | −2,191E−04 | −1,448E−04 | −2,383E−04 |
| 0,0060 | 0,29897 | 7,4866E−04 | 6,6618E−03 | −1,449E−04 | −2,381E−04 | −1,300E−04 | −2,572E−04 | −1,314E−04 | −2,549E−04 | −1,178E−04 | −2,741E−04 |
| 0,0065 | 0,29872 | 6,1776E−04 | 6,4683E−03 | −1,178E−04 | −2,739E−04 | −1,058E−04 | −2,926E−04 | −1,069E−04 | −2,903E−04 | −9,594E−05 | −3,089E−04 |
| 0,0070 | 0,29843 | 5,1123E−04 | 6,2693E−03 | −9,601E−05 | −3,087E−04 | −8,629E−05 | −3,265E−04 | −8,718E−05 | −3,243E−04 | −7,832E−05 | −3,416E−04 |
| 0,0075 | 0,29810 | 4,2435E−04 | 6,0632E−03 | −7,837E−05 | −3,414E−04 | −7,052E−05 | −3,577E−04 | −7,122E−05 | −3,556E−04 | −6,406E−05 | −3,711E−04 |
| 0,0080 | 0,29775 | 3,5336E−04 | 5,8495E−03 | −6,410E−05 | −3,710E−04 | −5,774E−05 | −3,853E−04 | −5,830E−05 | −3,834E−04 | −5,250E−05 | −3,969E−04 |
| 0,0085 | 0,29736 | 2,9525E−04 | 5,6283E−03 | −5,254E−05 | −3,968E−04 | −4,738E−05 | −4,090E−04 | −4,783E−05 | −4,072E−04 | −4,313E−05 | −4,185E−04 |
| 0,0090 | 0,29695 | 2,4757E−04 | 5,4005E−03 | −4,315E−05 | −4,184E−04 | −3,897E−05 | −4,283E−04 | −3,932E−05 | −4,268E−04 | −3,551E−05 | −4,357E−04 |
| 0,0095 | 0,29653 | 2,0836E−04 | 5,1672E−03 | −3,552E−05 | −4,356E−04 | −3,212E−05 | −4,432E−04 | −3,241E−05 | −4,419E−04 | −2,930E−05 | −4,486E−04 |
| 0,0100 | 0,29608 | 1,7605E−04 | 4,9298E−03 | −2,932E−05 | −4,485E−04 | −2,655E−05 | −4,540E−04 | −2,677E−05 | −4,528E−04 | −2,425E−05 | −4,574E−04 |
| 0,0105 | 0,29563 | 1,4934E−04 | 4,6898E−03 | −2,426E−05 | −4,573E−04 | −2,200E−05 | −4,607E−04 | −2,218E−05 | −4,598E−04 | −2,012E−05 | −4,624E−04 |
| 0,0110 | 0,29517 | 1,2722E−04 | 4,4487E−03 | −2,013E−05 | −4,623E−04 | −1,828E−05 | −4,639E−04 | −1,843E−05 | −4,632E−04 | −1,674E−05 | −4,640E−04 |
| 0,0115 | 0,29471 | 1,0884E−04 | 4,2078E−03 | −1,675E−05 | −4,640E−04 | −1,524E−05 | −4,639E−04 | −1,535E−05 | −4,633E−04 | −1,397E−05 | −4,626E−04 |
| 0,0120 | 0,29424 | 9,3526E−05 | 3,9684E−03 | −1,397E−05 | −4,625E−04 | −1,273E−05 | −4,611E−04 | −1,283E−05 | −4,606E−04 | −1,169E−05 | −4,585E−04 |
| 0,0125 | 0,29378 | 8,0728E−05 | 3,7317E−03 | −1,170E−05 | −4,585E−04 | −1,068E−05 | −4,558E−04 | −1,075E−05 | −4,554E−04 | −9,817E−06 | −4,522E−04 |
| 0,0130 | 0,29333 | 6,9999E−05 | 3,4985E−03 | −9,820E−06 | −4,522E−04 | −8,979E−06 | −4,484E−04 | −9,039E−06 | −4,482E−04 | −8,268E−06 | −4,440E−04 |
| 0,0135 | 0,29288 | 6,0979E−05 | 3,2699E−03 | −8,271E−06 | −4,440E−04 | −7,575E−06 | −4,393E−04 | −7,623E−06 | −4,391E−04 | −6,985E−06 | −4,341E−04 |
| 0,0140 | 0,29244 | 5,3370E−05 | 3,0465E−03 | −6,987E−06 | −4,341E−04 | −6,410E−06 | −4,287E−04 | −6,449E−06 | −4,286E−04 | −5,919E−06 | −4,228E−04 |
| 0,0145 | 0,29201 | 4,6932E−05 | 2,8290E−03 | −5,921E−06 | −4,228E−04 | −5,441E−06 | −4,168E−04 | −5,473E−06 | −4,167E−04 | −5,031E−06 | −4,105E−04 |
| 0,0150 | 0,29159 | 4,1469E−05 | 2,6179E−03 | −5,033E−06 | −4,104E−04 | −4,632E−06 | −4,039E−04 | −4,658E−06 | −4,039E−04 | −4,290E−06 | −3,971E−04 |
| 0,0155 | 0,29119 | 3,6818E−05 | 2,4137E−03 | −4,290E−06 | −3.971E−04 | −3,956E−06 | −3,901E−04 | −3,976E−06 | −3,901E−04 | −3,667E−06 | −3,830E−04 |

**Solução para o Exemplo 7-4**

Terceira tentativa – Continuação
Delta tau = $h$ = 0,0005 g-min/l

| Tau (g min/l) | $p_{H_2}$ (atm) | $p_{CO}$ (atm) | $p_{O_2}$ (atm) | $h \times f_1$ | $h \times g_1$ | $h \times f_2$ | $h \times g_2$ | $h \times f_3$ | $h \times g_3$ | $h \times f_4$ | $h \times g_4$ |
|---|---|---|---|---|---|---|---|---|---|---|---|
| 0,0160 | 0,29080 | 3,2848E−05 | 2,2167E−03 | −3,668E−06 | −3,830E−04 | −3,387E−06 | −3,756E−04 | −3,404E−06 | −3,757E−04 | −3,144E−06 | −3,682E−04 |
| 0,0165 | 0,29042 | 2,9449E−05 | 2,0271E−03 | −3,145E−06 | −3,682E−04 | −2,908E−06 | −3,605E−04 | −2,922E−06 | −3,606E−04 | −2,703E−06 | −3,528E−04 |
| 0,0170 | 0,29006 | 2,6531E−05 | 1,8454E−03 | −2,703E−06 | −3,528E−04 | −2,503E−06 | −3,449E−04 | −2,514E−06 | −3,451E−04 | −2,329E−06 | −3,371E−04 |
| 0,0175 | 0,28972 | 2,4020E−05 | 1,6717E−03 | −2,329E−06 | −3,371E−04 | −2,159E−06 | −3,290E−04 | −2,169E−06 | −3,291E−04 | −2,011E−06 | −3,209E−04 |
| 0,0180 | 0,28939 | 2,1854E−05 | 1,5061E−03 | −2,012E−06 | −3,209E−04 | −1,867E−06 | −3,127E−04 | −1,875E−06 | −3,128E−04 | −1,740E−06 | −3,045E−04 |
| 0,0185 | 0,28908 | 1,9981E−05 | 1,3488E−03 | −1,741E−06 | −3,045E−04 | −1,617E−06 | −2,961E−04 | −1,623E−06 | −2,963E−04 | −1,508E−06 | −2,878E−04 |
| 0,0190 | 0,28878 | 1,8360E−05 | 1,1999E−03 | −1,508E−06 | −2,878E−04 | −1,402E−06 | −2,793E−04 | −1,408E−06 | −2,795E−04 | −1,309E−06 | −2,709E−04 |
| 0,0195 | 0,28850 | 1,6954E−05 | 1,0595E−03 | −1,309E−06 | −2,709E−04 | −1,217E−06 | −2,623E−04 | −1,222E−06 | −2,626E−04 | −1,136E−06 | −2,539E−04 |
| 0,0200 | 0,28824 | 1,5733E−05 | 9,2762E−04 | −1,137E−06 | −2,539E−04 | −1,057E−06 | −2,452E−04 | −1,061E−06 | −2,455E−04 | −9,869E−07 | −2,367E−04 |
| 0,0205 | 0,28799 | 1,4673E−05 | 8,0443E−04 | −9,871E−07 | −2,367E−04 | −9,180E−07 | −2,280E−04 | −9,216E−07 | −2,283E−04 | −8,567E−07 | −2,195E−04 |
| 0,0210 | 0,28777 | 1,3753E−05 | 6,8991E−04 | −8,568E−07 | −2,195E−04 | −7,963E−07 | −2,106E−04 | −7,995E−07 | −2,110E−04 | −7,425E−07 | −2,021E−04 |
| 0,0215 | 0,28756 | 1,2954E−05 | 5,8412E−04 | −7,426E−07 | −2,021E−04 | −6,893E−07 | −1,932E−04 | −6,922E−07 | −1,936E−04 | −6,418E−07 | −1,847E−04 |
| 0,0220 | 0,28736 | 1,2263E−05 | 4,8707E−04 | −6,419E−07 | −1,847E−04 | −5,946E−07 | −1,757E−04 | −5,973E−07 | −1,762E−04 | −5,525E−07 | −1,672E−04 |
| 0,0225 | 0,28719 | 1,1666E−05 | 3,9880E−04 | −5,526E−07 | −1,672E−04 | −5,103E−07 | −1,582E−04 | −5,129E−07 | −1,587E−04 | −4,726E−07 | −1,497E−04 |
| 0,0230 | 0,28703 | 1,1155E−05 | 3,1932E−04 | −4,728E−07 | −1,497E−04 | −4,347E−07 | −1,406E−04 | −4,372E−07 | −1,412E−04 | −4,007E−07 | −1,321E−04 |
| 0,0235 | 0,28689 | 1,0718E−05 | 2,4864E−04 | −4,009E−07 | −1,321E−04 | −3,662E−07 | −1,230E−04 | −3,688E−07 | −1,237E−04 | −3,353E−07 | −1,145E−04 |
| 0,0240 | 0,28676 | 1,0351E−05 | 1,8678E−04 | −3,355E−07 | −1,146E−04 | −3,036E−07 | −1,054E−04 | −3,063E−07 | −1,062E−04 | −2,753E−07 | −9,689E−05 |
| 0,0245 | 0,28666 | 1,0045E−05 | 1,3375E−04 | −2,756E−07 | −9,697E−05 | −2,458E−07 | −8,772E−05 | −2,488E−07 | −8,864E−05 | −2,196E−07 | −7,925E−05 |
| 0,0250 | 0,28657 | 9,7981E−06 | 8,9546E−05 | −2,199E−07 | −7,936E−05 | −1,918E−07 | −6,999E−05 | −1,953E−07 | −7,116E−05 | −1,672E−07 | −6,156E−05 |

Por interpolação linear, tau = 0,0246 g min/l.

Capítulo 8

# Uso do Balanço de Energia no Dimensionamento e na Análise de Reatores

## OBJETIVOS DE APRENDIZAGEM

Após terminar este capítulo, você deve ser capaz de

1. explicar por que o projeto de um PFR ou de um reator batelada isotérmico não tem utilidade prática em uma escala comercial, se a variação da entalpia na reação for significativa;
2. explicar por que a operação adiabática deve sempre ser considerada no dimensionamento e análise de reatores, e discutir os fatores que possam tornar a sua operação adiabática impraticável;
3. dimensionar e analisar reatores de escoamento pistonado e batelada adiabáticos;
4. dimensionar e analisar reatores de mistura em tanque que operam tanto adiabaticamente quanto com aquecimento/resfriamento;
5. analisar o comportamento da combinação de um reator adiabático e um trocador de calor alimentação/produto;
6. usar uma técnica gráfica para prever se um CSTR, ou a combinação de um reator adiabático e um trocador de calor alimentação/produto, pode exibir múltiplos estados estacionários;
7. explicar os fenômenos de "*blowout*" e de histerese na temperatura da alimentação.

## 8.1 INTRODUÇÃO

Quando dimensionamos e analisamos reatores ideais nos Capítulos 4 e 7, fizemos uma suposição de certa forma ingênua. Admitimos que conhecíamos a temperatura na qual o reator operaria. Além disso, quando tratamos PFRs e reatores batelada ideais, compusemos nossa ingenuidade com uma segunda suposição. Em reatores batelada, geralmente admitimos que a temperatura não variava com o tempo. Em PFRs, admitimos que a temperatura não variava com a posição na direção do escoamento. Chamamos esta invariância da temperatura com o tempo e a posição de operação "isotérmica".

Nos Capítulos 4 e 7, não consideramos *como* fazer um reator operar a uma temperatura especificada, ou ainda se era *possível* fazer o reator operar em tal temperatura. Além disso, não perguntamos como fazer PFRs e reatores batelada operarem isotermicamente.

O balanço de energia, em última instância, determina se ou não um reator pode ser operado a uma temperatura especificada, e se um reator batelada ou um PFR pode operar isotermicamente. O dimensionamento e análise detalhados de reatores requerem a solução do balanço de energia *em conjunto com* um ou mais balanços de massa. Nos Capítulos 4 e 7, consideramos somente os balanços de massa. Esse capítulo lida com a complexidade adicional do balanço de energia.

# 8.2 BALANÇOS DE ENERGIA MACROSCÓPICOS

## 8.2.1 Balanço de Energia Macroscópico Generalizado

O balanço de energia é visto em detalhes em cursos introdutórios sobre balanços de massa e de energia, e em cursos posteriores de termodinâmica. O texto a seguir é uma pequena síntese do balanço de energia para sistemas com reações químicas.

Para um reator no qual uma ou mais reações estão ocorrendo,

$$Q - W_s + \dot{H}_{ent} - \dot{H}_{sai} = dU_{sis}/dt \tag{8-1}$$

As parcelas na Equação (8-1) tem os seguintes significados:

- $Q$ é a taxa da transferência de calor *para dentro* do reator, por exemplo, em kJ/s. O valor de $Q$ é positivo se o calor for transferido para dentro do reator e negativo se o calor for removido do reator.
- $W_s$ é a taxa na qual trabalho no eixo é feito *pelo* sistema (o material no interior do reator) na vizinhança. Se trabalho no eixo for feito no material no interior do reator, por exemplo, por um agitador, o valor de $W_s$ é negativo.
- $\dot{H}_{ent}$ é a taxa na qual a entalpia é transportada para dentro do reator.
- $\dot{H}_{sai}$ é a taxa na qual a entalpia é transportada para fora do reator.
- $dU_{sis}/dt$ é a taxa na qual a energia interna total do sistema, $U_{sis}$, varia com o tempo.

Na formulação do balanço de energia na Equação (8-1), as energias cinética e potencial das correntes, de alimentação e de produto, e do material no interior do reator foram desprezadas. Na maioria dos casos, esta é uma suposição válida.

A taxa na qual a entalpia entra no reator é dada por $\sum_{i=0}^{N} F_{i0}\overline{H}_{i0}$. O somatório inclui todas as espécies no sistema, não apenas os compostos que participam nas reações. O símbolo $\overline{H}_{i0}$ representa a entalpia molar parcial da espécie "$i$", nas condições da entrada. Nos capítulos anteriores, usamos a relação $F_{i0} = \upsilon C_{A0}$. Esta relação é válida quando o escoamento global (convecção) é o único mecanismo para o transporte de massa através das fronteiras do sistema, isto é, quando a difusão de espécies químicas através das fronteiras do sistema pode ser desprezada. Esta suposição foi feita no Capítulo 3 durante a dedução das equações de projeto para o CSTR ideal e o PFR ideal. Continuaremos admitindo que a convecção é o único mecanismo para o transporte de entalpia através das fronteiras do sistema. O escoamento de entalpia associado à difusão mássica é desprezado.

A taxa na qual a entalpia deixa o reator é dada por $\sum_{i=1}^{N} F_i\overline{H}_i$, onde $F_i$ é a vazão molar de "$i$" para fora do reator, e $\overline{H}_i$ é a entalpia molar parcial de "$i$" na corrente de saída. Novamente, a difusão de massa e de entalpia através das fronteiras do sistema serão ignoradas.

### 8.2.1.1 Um Reator

As vazões molares de entrada e de saída estão relacionadas através da extensão da reação. Se "R" reações independentes ocorrem, e se as extensões das reações são zero na corrente que entra no reator,

$$F_i - F_{i0} = \sum_{k=1}^{R} \nu_{ki}\xi_k \tag{1-10}$$

Consequentemente,

$$\dot{H}_{ent} - \dot{H}_{sai} = \sum_{i=1}^{N} F_{i0}\dot{H}_{i0} - \sum_{i=1}^{N}\left(F_{i0} + \sum_{k=1}^{R}\nu_{ki}\xi_k\right)\overline{H}_i$$

Consideraremos que as correntes de alimentação e de produto são soluções ideais, de modo que as entalpias molares parciais, $\overline{H}_i$, possam ser substituídas pelas entalpias dos componentes puros, $H_i$. A suposição de solução ideal normalmente é razoavelmente boa para reações em fase gasosa, desde que a pressão não seja muito alta. Além disso, esta suposição pode ser necessária para reações em solução, ao menos para cálculos preliminares, até que uma boa descrição termodinâmica das não idealidades esteja disponível. Assim,

$$\dot{H}_{\text{ent}} - \dot{H}_{\text{sai}} = \sum_{i=1}^{N} F_{i0}(H_{i0} - H_i) - \sum_{k=1}^{R} \xi_k \sum_{i=1}^{N} \nu_{ki} H_i \tag{8-2}$$

O termo $\sum_{i=1}^{N} \nu_{ki} H_i$ é justamente a variação de entalpia na reação, isto é, o calor de reação para a Reação "$k$", avaliado nas condições de saída. Como a temperatura da corrente efluente é $T$, escrevemos

$$\sum_{i=1}^{N} \nu_{ki} H_i = \Delta H_{\mathrm{R},k}(T) \tag{8-3}$$

onde $\Delta H_{\mathrm{R},k}(T)$ é o calor de reação da Reação "$k$", avaliado na temperatura $T$.

Se a diferença de pressão entre as Correntes de alimentação e do produto não for substancial, e se não houver mudanças de fase

$$H_{i0} - H_i = \int_{T}^{T_0} c_{p,i} \mathrm{d}T = \bar{c}_{p,i}(T_0 - T) \tag{8-4}$$

Nesta equação, $T_0$ é a temperatura da Corrente de entrada, $c_{p,i}$ é a capacidade calorífica molar à pressão constante da espécie "$i$", e $\bar{c}_{p,i}$ é a capacidade calorífica molar média à pressão constante no intervalo de temperaturas entre $T_0$ e $T$. A combinação das Equações (8-1) até (8-4) resulta em

Balanço de energia
— reator completo
— reações múltiplas

$$\boxed{Q - W_s - \left(\sum_{i=1}^{N} F_{i0}\bar{c}_{p,i}\right)(T - T_0) - \sum_{k=1}^{R} \xi_k \Delta H_{\mathrm{R},k}(T) = \mathrm{d}U_{\text{sis}}/\mathrm{d}t} \tag{8-5}$$

A diferença de entalpia, $\dot{H}_{\text{ent}} - \dot{H}_{\text{sai}}$, aparece em duas partes na Equação (8-5). A parcela $\left(\sum_{i=1}^{N} F_{i0}\bar{c}_{p,i}\right)(T - T_0)$ é a taxa na qual calor sensível tem que ser adicionado (ou removido) para trazer a alimentação da temperatura de entrada, $T_0$, para a temperatura de saída, $T$. A parcela $\sum_{k=1}^{R} \xi_k \Delta H_{\mathrm{R},k}(T)$ é a taxa de variação de entalpia associada à conversão dos reagentes em produtos. Esta parcela usualmente é chamada de taxa de *geração de calor* (ou consumo). Esta terminologia não é rigorosa em termos da termodinâmica. Contudo, ela pode levar a um melhor entendimento do comportamento do reator, e a usaremos na discussão de balanços de energia em reatores.

Na maioria dos casos, o trabalho no eixo, $W_s$ na Equação (8-5), pode ser desprezado em comparação com os outros termos no balanço de energia. Há algumas poucas exceções, por exemplo, quando um líquido muito viscoso, como uma solução polimérica concentrada, é vigorosamente agitado por um agitador. Entretanto, estas exceções são relativamente raras.

Na Equação (8-5), a parcela do calor sensível $\left(\sum_{i=1}^{N} F_{i0}\bar{c}_{p,i}\right)(T - T_0)$ é escrita em uma base *molar*. Entretanto, em alguns problemas, é mais conveniente escrevê-la em uma base *mássica*. Por exemplo, se a vazão mássica total na alimentação for $\dot{m}$, e se a capacidade calorífica média da corrente de alimentação em uma base *mássica* for $\bar{c}_{p,\mathrm{m}}$, então

$$\left(\sum_{i=1}^{N} F_{i0}\bar{c}_{p,i}\right)(T - T_0) = \dot{m}\int_{T_0}^{T} c_{p,\mathrm{m}} \mathrm{d}T = \dot{m}\bar{c}_{p,\mathrm{m}}(T - T_0)$$

Ao escrever a Equação (8-5), é importante usar os *mesmos* coeficientes estequiométricos, $\nu_{ki}$, que são usados para computar as entalpias de reação na Equação (8-3) e para relacionar os escoamentos molares e as extensões de reação através da Equação (1-10). Uma vez que um conjunto de coeficientes tenha sido considerado, por exemplo, para calcular as $\xi_k$'s a partir das $F_i$'s, os *mesmos* coeficientes tem que ser usados para calcular as $\Delta H_{\mathrm{R}}$'s.

Se somente ocorrer uma reação, a Equação (8-5) pode ser escrita em termos da conversão. Para uma única reação, na qual A é um reagente,

$$\xi = -(F_{A0} - F_A)/\nu_A = -F_{A0}x_A/\nu_A$$

Agora, escolha $\nu_A = -1$, de modo que

$$\xi = F_{A0}x_A$$

A substituição desta relação na Equação (8-5) fornece

Balanço de energia — reator completo — uma reação

$$Q - W_s - \left(\sum_{i=1}^{N} F_{i0}\bar{c}_{p,i}\right)(T - T_0) - F_{A0}x_A\Delta H_R(T) = dU_{sis}/dt \quad (8\text{-}6)$$

Quando escolhemos $\nu_A = -1$, fixamos a base que tem que ser usada para calcular $\Delta H_R$, isto é, $\nu_A = -1$ tem que ser usada para calcular $\Delta H_R$ na Equação (8-3). Isso significa que a base para $\Delta H_R$ é 1 mol de A, isto é, as unidades de $\Delta H_R$ tem que ser energia/mol *de A*.

#### 8.2.1.2 Reatores em Série

Nas Equações (8-5) e (8-6), a conversão, $x_A$, e/ou a extensão da reação, $\xi_k$, na corrente entrando no reator foi considerada igual a zero. Estas equações podem ser aplicadas para um único reator, para o primeiro reator em uma série de reatores, para a primeira porção de um PFR ideal, ou para o primeiro segmento do tempo em um reator batelada. Entretanto, podemos precisar efetuar um balanço de energia em um reator, outro que não seja o primeiro em uma série de reatores. Podemos também precisar executar um balanço de energia em uma seção de um PFR que não inclua a entrada, ou em um reator batelada em um segmento de tempo que não inicie em $t = 0$. Como aprendemos no Capítulo 4, o inventário para estes problemas é mais simples se basearmos a conversão e/ou a extensão da reação na alimentação do *primeiro* reator. Como uma consequência, a conversão e/ou a extensão da reação será diferente de zero na alimentação que entra no reator, ou em um segmento de um reator que não seja o primeiro.

Se a conversão de A na alimentação que entra em um reator contínuo, ou em um segmento de um reator, for $x_A$, e se somente uma reação estiver ocorrendo, então a Equação (8-6) se torna

Balanço de energia — uma reação — reatores em série

$$Q - W_s - \left(\sum_{i=1}^{N} F_{i0}\bar{c}_{p,i}\right)(T_{sai} - T_{ent}) - F_{A0}(x_{A,sai} - x_{A,ent})\Delta H_R(T) = dU_{sis}/dt \quad (8\text{-}7)$$

Se mais de uma reação ocorrer, e se as extensões das reações na alimentação de um reator ou de um segmento de reator forem representadas por $\xi_k^0$, então a Equação (8-5) se torna

Balanço de energia — múltiplas reações — reatores em série

$$Q - W_s - \left(\sum_{i=1}^{N} F_{i0}\bar{c}_{p,i}\right)(T_{sai} - T_{ent}) - \sum_{k=1}^{R}(\xi_k - \xi_k^0)\Delta H_{R,k}(T) = dU_{sis}/dt \quad (8\text{-}8)$$

Nas Equações (8-7) e (8-8), $Q$ é a taxa na qual calor é transferido para dentro da seção em análise do reator, isto é, na qual a temperatura de entrada é $T_{ent}$ e a temperatura de saída é $T_{sai}$.

Finalmente, para usar os balanços de energia deduzidos anteriormente, os valores dos vários calores de reação, $\Delta H_{R,k}(T)$, precisam ser conhecidos. Como observado no Capítulo 1, entalpias de formação ($\Delta H_{f,i}^0$) são conhecidas e estão disponíveis para um grande número de compostos orgânicos e inogânicos, em condições-padrão ou com referência a um conjunto de condições. A temperatura de referência ($T_{ref}$) é quase sempre 298 K. O calor da reação nas condições de referência é calculado por

$$\Delta H_R^0 = \sum_i \nu_i \Delta H_{f,i}^0 \qquad (1\text{-}3)$$

onde o sobrescrito "0" representa as condições de referência.

Exceto em casos não usuais, por exemplo, reações em condições supercríticas, uma correção da temperatura é a única coisa que é necessária para calcular o valor de $\Delta H_{R,k}(T)$ a partir de $\Delta H_R^0$. A relação é

$$\Delta H_{R,k}(T) = \Delta H_R^0 + \int_{T_{ref}}^{T} \nu_i c_{p,i} dT \qquad (8\text{-}9)$$

A Equação (8-9) é baseada na suposição de que não há mudança de fase entre $T_{ref}$ e $T$.

### 8.2.2 Balanço de Energia Macroscópico em Reatores com Escoamento (PFRs e CSTRs)

Para um CSTR ou PFR ideal operando *em estado estacionário*, $dU_{sis}/dt = 0$. Os balanços de energia deduzidos anteriormente (Equações (8-5) – (8-8)) podem ser aplicados diretamente fixando o lado direito igual a zero. Para um PFR, o trabalho no eixo será zero e para um CSTR o trabalho no eixo normalmente pode ser desprezado.

### 8.2.3 Balanço de Energia Macroscópico em Reatores Batelada

Para um reator batelada, não há escoamento através das fronteiras do sistema, nem transporte de entalpia através das fronteiras do sistema. Da Equação (8-1),

$$Q - W_s = dU_{sis}/dt$$

Desprezando o trabalho no eixo,

$$Q = dU_{sis}/dt$$

A energia interna total do sistema, isto é, o conteúdo do reator, está relacionada à entalpia total do sistema, $H_{sis}$, por

$$U_{sis} = H_{sis} - PV$$

na qual $P$ é a pressão total e $V$ é o volume do conteúdo do reator. Na maioria dos casos, mudanças em $PV$ são pequenas e a aproximação $dU_{sis}/dt = dH_{sis}/dt$ é razoável. Assim,

$$Q = dH_{sis}/dt$$

A entalpia total do sistema, $H_{sis}$, pode ser escrita na forma

$$H_{sis} = \sum_{i=1}^{N} N_i \overline{H}_i$$

na qual $N_i$ é o número de mols do composto "$i$" presente a qualquer tempo e $\overline{H}_i$ é a entalpia molar parcial do componente "$i$". Para uma solução ideal, a entalpia molar parcial é igual à entalpia do componente puro, $H_i$. Com esta consideração, o balanço de energia para o reator batelada ideal se torna

$$Q = d\left(\sum_{i=1}^{N} N_i H_i\right)/dt = \sum_{i=1}^{N} N_i (dH_i/dt) + \sum_{i=1}^{N} H_i (dN_i/dt) \qquad (8\text{-}10)$$

Se a variação na pressão for pequena, a entalpia dependerá somente da temperatura, de modo que

$$\sum_{i=1}^{N} N_i \frac{dH_i}{dt} = \left(\sum_{i=1}^{N} N_i c_{p,i}\right) \frac{dT}{dt} \qquad (8\text{-}11)$$

Se "$R$" reações estão ocorrendo,

$$\frac{dN_i}{dt} = \sum_{k=1}^{R} \nu_{ki} \frac{d\xi_k}{dt}$$

de modo que

$$\sum_{i=1}^{N} H_i \frac{dN_i}{dt} = \sum_{i=1}^{N} H_i \sum_{k=1}^{R} \nu_{ki} \frac{d\xi_k}{dt} = \sum_{k=1}^{R} \Delta H_R(T) \frac{d\xi_k}{dt} \tag{8-12}$$

A combinação das Equações (8-10) – (8-12) resulta em

Balanço de energia — reator batelada — múltiplas reações

$$\boxed{Q = \left(\sum_{i=1}^{N} N_i c_{p,i}\right) \frac{dT}{dt} + \sum_{k=1}^{R} \Delta H_{R,k}(T) \frac{d\xi_k}{dt}} \tag{8-13}$$

Para uma única reação,

$$\frac{d\xi}{dt} = \frac{1}{\nu_A} \frac{dN_A}{dt}$$

Fixando $\nu_A = -1$,

$$\frac{d\xi}{dt} = -\frac{dN_A}{dt} = N_{A0} \frac{dx_A}{dt}$$

Consequentemente, para uma única reação, a Equação (8-13) se torna

Balanço de energia — reator batelada — uma reação

$$\boxed{Q = \left(\sum_{i=1}^{N} N_i c_{p,i}\right) \frac{dT}{dt} + \Delta H_R(T) N_{A0} \frac{dx_A}{dt}} \tag{8-14}$$

Como esta equação é baseada em $\nu_A = -1$, o calor de reação, $\Delta H_R$, tem que ser baseado nos mesmos coeficientes estequiométricos.

A equação de projeto para um reator batelada ideal é

$$\frac{N_{A0}}{V} \frac{dx_A}{dt} = -r_A \tag{3-6}$$

de modo que uma forma equivalente da Equação (8-14) é

$$\boxed{Q = \left(\sum_{i=1}^{N} N_i c_{p,i}\right) \frac{dT}{dt} + (-r_A)[\Delta H_R(T)]V} \tag{8-15}$$

## 8.3 REATORES ISOTÉRMICOS

Para ilustrar o uso do balanço de energia macroscópico e para confrontar o desafio de projetar um reator batelada ou de escoamento pistonado isotérmico, considere o problema a seguir.

## EXEMPLO 8-1

*Reator Isotérmico?*

A reação irreversível, em fase líquida, A → R deve ser realizada em um PFR ideal. A concentração de entrada de A, $C_{A0}$, é de 2500 mol/m$^3$, a vazão volumétrica é 1,0 m$^3$/h, e a temperatura na alimentação é de 150°C. A conversão de A no efluente do reator tem que ser pelo menos 0,95. O reator será um tubo com diâmetro interno de 0,025 m. O reator irá operar isotermicamente a 150°C.

A reação é de segunda ordem em A. A constante da taxa a 150°C é igual a 1,40 × 10$^{-4}$ m$^3$/(mol A s). A 150°C, $\Delta H_R = -165$ kJ/mol. Você pode considerar que as propriedades físicas do líquido que escoa através do reator são as mesmas daquelas da água à temperatura ambiente.

A. Calcule o comprimento do tubo necessário para uma conversão de 95%.
B. Calcule a taxa (kJ/min) na qual o calor tem que ser removido de todo o reator e a fração do calor total que tem que ser removida em cada quarto do reator.
C. Calcule um valor aproximado do coeficiente global de transferência de calor, considerando que a resistência dominante está na transferência de calor para a parede do tubo a partir do fluido que escoa através do tubo.
D. Uma camisa independente será instalada em cada quarto do reator com o objetivo de remover o calor gerado em cada respectiva parcela do reator. Considere o primeiro (de entrada) quarto. Um fluido de resfriamento com uma capacidade calorífica média ($\overline{c}_{p,m}$) igual a 4,20 J/(g K) está disponível a uma temperatura de 60°C. O fluido de resfriamento irá escoar através da camisa *em paralelo* ao fluido que escoa através do reator. Qual tem que ser a vazão do fluido de resfriamento para ele remover o calor na taxa exigida?
E. Este sistema de transferência de calor manterá o primeiro quarto do reator *exatamente* isotérmico?
F. Discuta a viabilidade de se operar um PFR isotermicamente. Suponha que o reator fosse um reator batelada ideal ao invés de um PFR. A operação isotérmica seria mais fácil de se atingir?

**Parte A: Calcule o comprimento do tubo necessário para uma conversão de 95%.**

*ANÁLISE*

A equação de projeto para um PFR ideal e isotérmico será usada para calcular o volume do reator requerido. O comprimento do tubo requerido pode então ser calculado, já que o diâmetro interno do tubo é fornecido.

*SOLUÇÃO*

A área da seção transversal do tubo é $A_{tr} = \pi D^2/4 = 4{,}91 \times 10^{-4}$ m$^2$. Sendo $L$ o comprimento do tubo e usando a equação de projeto para um PFR ideal, tem-se

$$\tau = \frac{V}{\upsilon} = \frac{A_{tr}L}{\upsilon} = C_{A0}\int_0^{x_{A,sai}} \frac{dx}{kC_{A0}^2(1-x_A)^2}$$

$$L = \frac{\upsilon}{A_{tr}kC_{A0}}\left[\frac{1}{1-x_A}\right]_0^{0,95}$$

$$L = \frac{1(\text{m}^3/\text{h}) \times (1/3600)(\text{h/s}) \times (20-1)}{1{,}40 \times 10^{-4}(\text{m}^3/(\text{mol s})) \times 2500(\text{mol/m}^3) \times 4{,}91 \times 10^{-4}(\text{m}^2)} = 30{,}7\ \text{m}$$

**Parte B: Calcule a taxa (kJ/min) na qual o calor tem que ser removido de todo o reator e a fração do calor total que tem que ser removida em cada quarto do reator.**

*ANÁLISE*

O balanço de energia global para uma única reação ocorrendo em um reator, Equação (8-6), será usado para calcular a taxa de retirada de calor exigida para o reator como um todo. O balanço de energia para um reator em uma série de reatores, Equação (8-7), então será usado para calcular a fração do calor removido em cada quarto do reator.

*SOLUÇÃO*

Para um reator isotérmico, Equação (8-6), com $dU_{sis}/dt = 0$ e $W_s = 0$ tem-se

$$Q - F_{A0}x_A\Delta H_R(T) = 0$$

Para uma operação isotérmica, a taxa da transferência de calor é exatamente igual à taxa na qual o calor é "gerado" (ou consumido) pela reação.

A vazão molar da alimentação de A ($F_{A0}$) = $\upsilon C_{A0}$ = 41,7 (mol/min). Para todo o reator, $x_A$ = 0,95, de modo que

$$Q = 41{,}7\,(\text{mol/min}) \times 0{,}95 \times (-165)(\text{kJ/mol}) = -6530\,(\text{kJ/min})$$

O valor de $Q$ é negativo porque o calor é removido do reator.

A Equação (8-7), com $dU_{sis}/dt = 0$ e $W_s = 0$, pode ser aplicada ao $n$-ésimo quarto do reator isotérmico.

$$Q(n) = F_{A0}[x_{A,sai} - x_{A,ent}]\Delta H_R$$

O símbolo $Q(n)$ representa a taxa da retirada de calor no $n$-ésimo quarto, e $x_{A,sai}$ e $x_{A,ent}$ são as conversões deixando e entrando no $n$-ésimo quarto, respectivamente.

A fração do calor total que é removida no $n$-ésimo quarto do reator é dada por

$$\frac{Q(n)}{Q} = \frac{F_{A0}(x_{A,sai} - x_{A,ent})\Delta H_R}{F_{A0}x_{A,tot}\Delta H_R} = \frac{x_{A,sai} - x_{A,ent}}{x_{A,tot}} \quad (8\text{-}16)$$

O problema agora foi reduzido ao cálculo da conversão nos 1/4, 1/2 e 3/4 do comprimento total do reator.

A equação de projeto pode ser integrada para fornecer

$$x_A = \frac{kC_{A0}\tau}{1 + kC_{A0}\tau}$$

Com esta equação pode ser calculada $x_A$ quando $\tau = \tau_{tot}/4$, $\tau_{tot}/2$ e $3\tau_{tot}/4$. O valor de $\tau_{tot} = A_{tr}L/\upsilon$ = 54,3 s. Estas conversões podem então ser usadas na Equação (8-16) para calcular a fração do calor total que tem que ser removida em cada quarto do reator. Os resultados são

| Quarto do reator | Conversão de A na saída do quarto do reator | Fração do calor total removida no quarto do reator |
|---|---|---|
| Primeiro | 0,826 | 0,869 |
| Segundo | 0,905 | 0,083 |
| Terceiro | 0,935 | 0,032 |
| Quarto | 0,950 | 0,016 |

A maioria do calor é gerado e tem que ser removido no primeiro quarto do reator porque a maior parcela da reação ocorre nesta região.

**Parte C: Calcule um valor aproximado do coeficiente global de transferência de calor, considerando que a resistência dominante está na transferência de calor para a parede do tubo a partir do fluido que escoa através do tubo.**

*ANÁLISE* Primeiro, o número de Reynolds será calculado para determinar se o escoamento no tubo é laminar ou turbulento. Então uma correlação aproximada será usada para calcular um valor do coeficiente de transferência de calor.

*SOLUÇÃO* O número de Reynolds (Re) para o reator é dado por

$$\text{Re} = D_{in}v\rho/\mu = D_{in}(\upsilon/A_{tr})/\nu$$

onde $v$ é a velocidade média do fluido, $D_{in}$ é o diâmetro interno do tubo e $\nu$ é a viscosidade cinemática. Para a água à temperatura ambiente, a viscosidade cinemática é aproximadamente $1 \times 10^{-6}$ $m^2/s$. Consequentemente,

$$\text{Re} = 0{,}025(\text{m}) \times 1(\text{m}^3/\text{h})/[4{,}91 \times 10^{-4}(\text{m}^2) \times 10^{-6}(\text{m}^2/\text{s}) \times 3600(\text{s/h})] = 14.100$$

O escoamento no tubo é turbulento, consistente com a suposição de um PFR ideal. Para o escoamento turbulento em tubos, o coeficiente de transferência de calor interno, $h_{in}$, pode ser aproximado por

$$\text{Nu} = 0{,}023\text{Re}^{0{,}80}\text{Pr}^{0{,}30}$$

onde Nu é o número de Nusselt para a transferência de calor ($h_{in}D_{in}/k_t$) e Pr é o número de Prandtl. Para a água à temperatura ambiente, a condutividade térmica, $k_t$, é aproximadamente 0,65 J/(s m K) e o número de Prandtl é aproximadamente 7,0. Consequentemente,

$$\text{Nu} = 0{,}023(14.100)^{0{,}80}(7{,}0)^{0{,}30} = 86$$

$$h_{in} = 86 \times 0{,}65(\text{J/(s m K)}) \times 60(\text{s/min})/(0{,}025(\text{m}) \times 1000(\text{J/kJ})) = 134\,\text{kJ/(min m}^2\text{ K)}$$

Como a resistência entre o fluido escoando e a parede do tubo é a resistência dominante, o coeficiente global de transferência de calor, $U$, é aproximadamente igual ao coeficiente individual, $h_{in}$.

**Parte D: Uma camisa independente será instalada em cada quarto do reator com o objetivo de remover o calor gerado em cada respectiva parcela do reator. Considere o primeiro (de entrada) quarto. Um fluido de resfriamento com uma capacidade calorífica média ($\bar{c}_{p,m}$) igual a 4,20 J/(g K) está disponível a uma temperatura de 60°C. O fluido de resfriamento irá escoar através da camisa em paralelo ao fluido que escoa através do reator. Qual tem que ser a vazão do fluido de resfriamento para ele remover o calor na taxa exigida?**

***ANÁLISE***

A taxa de transferência de calor no primeiro quarto do PFR pode ser calculada a partir dos resultados da Parte B. A diferença da temperatura requerida entre o fluido no reator e o fluido de resfriamento pode ser calculada pela lei da taxa para a transferência de calor, $Q = UA_{tc}\Delta T$. Como a diferença de temperaturas irá variar ao longo do comprimento do reator, $\Delta T_{ml}$ (a média log das diferenças de temperaturas) tem que ser usada nesta equação. O valor de $U$ foi calculado na parte C e as dimensões do reator são conhecidas, permitindo que $A_{tc}$ seja calculada. Uma vez que $\Delta T_{ml}$ e a temperatura do fluido de resfriamento, $T_{ent}$, são conhecidas, a temperatura de saída do fluido de resfriamento pode ser calculada. Finalmente, a vazão do fluido de resfriamento requerida pode ser calculada a partir de um balanço de energia no fluido de resfriamento.

***SOLUÇÃO***

A lei da taxa para a transferência de calor é

$$Q = UA_{tc}\Delta T_{ml}$$

Na qual $\Delta T_{ml}$ é a média log das diferenças de temperaturas,

$$\Delta T_{ml} = (\Delta T_2 - \Delta T_1)/\ln(\Delta T_2/\Delta T_1)$$

Nesta equação, $\Delta T_2$ é a diferença de temperaturas entre a corrente do reator e a corrente do fluido de resfriamento na extremidade de entrada do reator e $\Delta T_1$ é a diferença de temperaturas na extremidade de saída. Da Parte B, a taxa de transferência de calor no primeiro quarto do reator é $Q = 0{,}869 \times (6530) = 5675$ kJ/min. A área de transferência de calor no primeiro quarto do reator é $A_{tc} = \pi \times 30{,}7(\text{m}) \times 0{,}025(\text{m})/4 = 0{,}602\text{ m}^2$, de modo que

$$\Delta T_{ml} = Q/UA_{tc} = 5675\,(\text{kJ/min})/(134\,(\text{kJ/(min m}^2\text{ K)}) \times 0{,}602\,(\text{m}^2)) = 70{,}4\,\text{K}$$

Sejam $T_{ent}$ a temperatura de entrada do fluido de resfriamento e $T_{sai}$ a sua temperatura de saída, ambas em °C. Como o reator é suposto ser isotérmico, a temperatura do fluido escoando através do reator é tomada igual a 150°C ao longo de todo o comprimento, então

$$\Delta T_{ml} = 70{,}4 = [(150 - T_{ent}) - (150 - T_{sai})]/\ln[(150 - T_{ent})/(150 - T_{sai})]$$

Agora, $T_{ent} = 60°C$,

$$70{,}4 = [(150 - 60) - (150 - T_{sai})]/\ln[(150 - 60)/(150 - T_{sai})]$$

Esta equação pode ser resolvida fornecendo $T_{sai} = 95°C$.

A vazão de fluido de resfriamento requerida ($\dot{M}$) pode ser calculada por

$$Q = \dot{M}\bar{c}_{p,m}(T_{sai} - T_{ent})$$
$$\dot{M} = Q/\bar{c}_{p,m}(T_{sai} - T_{ent}) = 5675 \times 10^3(\text{J/min})/(4{,}2(\text{J/(g K)} \times (95 - 60)(\text{K}))$$
$$\dot{M} = 38.600\ \text{g/min}$$

**Parte E: Este sistema de transferência de calor manterá o primeiro quarto do reator *exatamente* isotérmico?**

***ANÁLISE*** O balanço de energia será examinado em diversos pontos ao longo do comprimento do primeiro quarto do reator para determinar se este balanço é *exatamente* satisfeito.

***SOLUÇÃO*** Considere um elemento diferencial de volume em algum ponto ao longo do comprimento do reator, no qual $dV = A_{tr}dL$ e $A_{tr} = \pi D_{in}^2/4$. A taxa na qual o calor é "gerado" neste elemento pela reação química exotérmica é

$$\text{taxa de "geração" de calor} = (-r_A)(-\Delta H_R)A_{tr}dL = kC_{A0}^2(1 - x_A)^2(-\Delta H_R)\pi D_{in}^2 dL/4$$

A taxa de remoção de calor é

$$\text{Taxa de remoção de calor} = U\pi D_{in}(T_R - T_f)dL$$

Nesta expressão, $T_R$ é a temperatura do fluido que escoa através do reator e $T_f$ é a temperatura do fluido de resfriamento, ambas na *mesma posição* ao longo do comprimento do reator. Igualando as taxas de geração e de remoção, e explicitando $T_R - T_f$,

$$T_R - T_f = (1 - x_A)^2[kC_{A0}^2(-\Delta H_R)D/4U] \tag{8-17}$$

Esta é uma relação muito interessante! O termo entre colchetes no lado direito não varia com a posição ao longo do comprimento do tubo. Consequentemente, a Equação (8-17) nos indica que $T_R - T_f$ tem que ser diretamente proporcional a $(1 - x_A)^2$ em *todo* ponto ao longo do comprimento do reator, para que o reator seja isotérmico! Em termos mais gerais, a diferença de temperaturas precisa seguir *exatamente* a cinética da reação.

Vamos ver se a Equação (8-17) é obedecida na entrada e na saída do primeiro quarto do reator. Para este problema, o termo entre colchetes tem o valor de 404 K. Na entrada do reator

$$T_R - T_f = (150 - 60)\,\text{K} = 90\,\text{K} \neq 404 \times (1 - 0)^2 = 404\,\text{K}$$

Esta desigualdade mostra que a taxa de geração de calor na entrada do reator é mais do que quatro vezes maior do que a taxa que o sistema de transferência de calor é capaz de trocar na entrada do reator. Consequentemente, a temperatura do fluido escoando através do reator começará a aumentar ficando acima de 150°C a partir da entrada.

Na saída do reator,

$$T_R - T_f = (150 - 95)\text{K} = 55\,\text{K} \neq 404 \times (1 - 0{,}826)^2 = 12\,\text{K}$$

De acordo com este cálculo, a taxa de remoção de calor exatamente na saída do primeiro quarto do reator seria mais do que quatro vezes maior do que o necessário.

**Parte F: Discuta a viabilidade de se operar um PFR isotermicamente. Suponha que o reator fosse um reator batelada ideal ao invés de um PFR. A operação isotérmica seria mais fácil de se atingir?**

**SOLUÇÃO** Estes cálculos mostram que a operação isotérmica de um PFR é uma idealização. A condição de operação isotérmica é muito difícil de ser atingida na prática, especialmente com reações que possuam uma significativa variação de entalpia. No presente problema, o número de segmentos com camisas no reator poderia ser aumentado. Entretanto, um número muito grande de segmentos seria necessário para se atingir, aproximadamente, uma operação isotérmica e cada segmento teria que possuir uma vazão diferente de fluido de resfriamento e/ou uma temperatura de entrada deste fluido.

O problema de operação isotérmica é somente um pouco menos complicado para um reator batelada. No reator batelada, a vazão e/ou a temperatura do fluido de resfriamento deveria ser ajustada continuamente com o tempo de modo a "igualar" a taxa de remoção de calor à taxa de geração de calor.

Operação isotérmica pode ser aproximadamente alcançada em reatores experimentais de pequena escala, nos quais questões práticas e econômicas não são a principal preocupação. Ao projetar um PFR experimental para operar isotermicamente, diversos "truques" podem ser empregados, que não são normalmente viáveis em uma escala maior. O objetivo desses "truques" é aumentar o valor de $UA$ ao ponto no qual o valor exigido de $\Delta T$ é muito pequeno. Neste caso, a temperatura do conteúdo do reator se aproxima da temperatura do fluido de serviço térmico. A temperatura do fluido de serviço térmico é mantida quase constante, por exemplo, através do emprego de uma alta vazão.

Os dispositivos que estão disponíveis para aumentar $UA$ incluem a escolha do menor diâmetro do tubo possível, com o objetivo de criar uma alta área superficial para a transferência de calor por unidade de volume do reator. Também, o reator pode ser preenchido com um recheio inerte que ocupe volume dentro do tubo, aumentando o comprimento do tubo que é necessário para atingir uma determinada conversão. Isto também ajuda no aumento do coeficiente de transferência de calor interno. Finalmente, em um reator catalítico, a razão recheio inerte/catalisador pode ser mudada ao longo do comprimento do reator de modo que A seja aproximadamente proporcional a $Q$.

Apesar da dificuldade de se atingir a operação isotérmica, este é um importante caso limitante da análise de reatores. Ela fornece um limite fácil de ser calculado. Por exemplo, suponha uma reação irreversível e exotérmica realizada adiabaticamente, com uma temperatura inicial ou de entrada de $T_0$. Como a temperatura irá aumentar na medida em que a reação ocorra, a constante da taxa também aumentará. Um cálculo baseado na operação isotérmica a $T_0$ irá fornecer um limite inferior para a conversão que pode ser atingida em um dado volume, e ele irá fornecer um limite superior para o volume necessário para alcançar uma conversão especificada.

## 8.4 REATORES ADIABÁTICOS

O modo mais simples e mais barato de projeto e operação de reatores é o modo adiabático. Se calor for adicionado ou retirado do reator durante a ocorrência de uma reação, uma superfície de troca de calor tem que ser projetada *para dentro* do reator. Isto aumenta substancialmente o custo de capital. Além disto, a operação de um reator ao qual calor é adicionado ou retirado pode ser complexa e pode exigir um sistema de controle relativamente sofisticado. A construção de um reator adiabático é relativamente simples e o custo de capital é relativamente baixo. Na realidade, as vantagens dos reatores adiabáticos são tão significativas que a operação adiabática tem que ser tratada como o modo *default*. Um projeto adiabático sempre deve ser considerado, e um projeto mais complexo deve ser usado somente quando há fortes razões para a sua adoção.

### 8.4.1 Reações Exotérmicas

Se uma reação exotérmica for realizada adiabaticamente, a temperatura irá aumentar com o tempo em um reator batelada, ou na direção do escoamento em reator de escoamento pistonado, em estado estacionário. Em um CSTR, a temperatura do reator pode ser substancialmente maior do que a temperatura na alimentação. Em geral, a temperatura aumenta à medida que a conversão aumenta. Se o calor de reação é alto, podem resultar temperaturas muito altas.

Altas temperaturas podem causar problemas significativos, que podem ser severos o bastante para evitar uma operação adiabática. Algumas das mais comuns desvantagens da operação adiabática com reações exotérmicas incluem

- potencial para condições não seguras em função de temperaturas excessivas, por exemplo,
  - → aumento rápido de pressão devido à vaporização de reagentes, produtos ou solvente líquidos;
  - → reações laterais de fuga, por exemplo, explosões ou polimerizações;
  - → danos aos materiais do reator levando à ruptura do vaso.
- perda da seletividade da reação a altas temperaturas;
- danos em catalisadores sensíveis à temperatura;
- equilíbrio desfavorável a altas temperaturas.

O último ponto merece alguma discussão, uma vez que há vários exemplos importantes deste fenômeno. Para uma reação exotérmica, a constante de equilíbrio diminui com o aumento da temperatura. Consequentemente, a conversão de equilíbrio do reagente limite, $x_{eq}$, diminui à medida que a temperatura aumenta. Se a temperatura em um reator adiabático aumentar muito, a conversão do equilíbrio pode ser atingida e a reação irá parar, talvez bem perto da conversão desejada.

Esta situação é abordada em dois importantes processos comerciais, a síntese do metanol e a oxidação de dióxido de enxofre ($SO_2$) para trióxido de enxofre ($SO_3$). A última reação é uma etapa-chave na fabricação de ácido sulfúrico. A reação é

$$SO_2 + 1/2O_2 \rightleftarrows SO_3$$

A reação é realizada sobre um catalisador de "pentóxido de vanádio" à pressão atmosférica. A temperatura da alimentação tem que ser aproximadamente 400°C, pois a reação é bastante lenta abaixo desta temperatura. Não há reações laterais que possam complicar a operação adiabática e o catalisador pode tolerar temperaturas muito altas. Entretanto, se o reator for adiabático e a alimentação entrar a 400°C, a reação atingirá o equilíbrio a uma temperatura aproximada de 600°C e com uma conversão do $SO_2$ de aproximadamente 75%. Uma conversão bem próxima de 99% é comercialmente exigida.

Uma solução para este problema é usar uma série de reatores adiabáticos com resfriamento interestágios, como mostrado na figura a seguir.

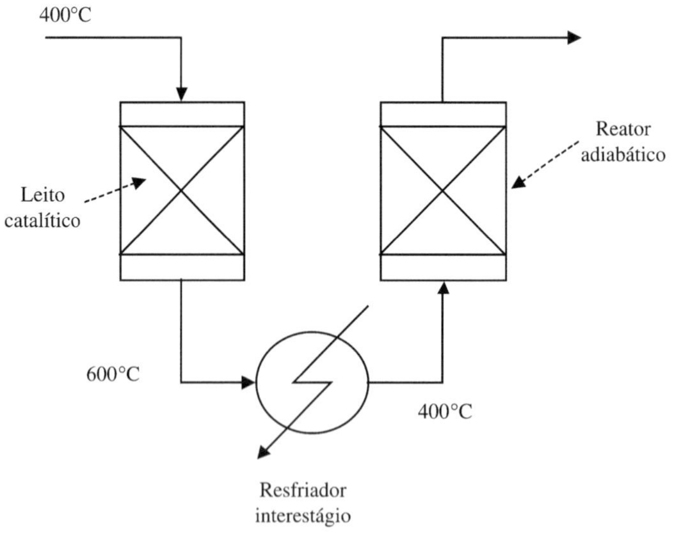


Esta figura mostra dois reatores adiabáticos, com um resfriador interestágio entre eles. Em uma planta de ácido sulfúrico, há normalmente quatro ou mais reatores em série, com resfriadores interestágios entre eles.

## 8.4.2 Reações Endotérmicas

Se uma reação endotérmica for realizada adiabaticamente, a temperatura irá diminuir à medida que a reação avança. A temperatura irá diminuir com o tempo em um reator batelada e com posição axial em um reator de escoamento pistonado.

Normalmente, a diminuição da temperatura não leva a danos no catalisador ou perda de seletividade. Contudo, a conversão de equilíbrio diminui na medida em que a temperatura diminui, o mesmo ocorrendo com a taxa da reação. Devido à diminuição da taxa com a temperatura, a reação pode se "auto-extinguir" à medida que a cinética se torna cada vez mais lenta com a diminuição da temperatura.

Um importante exemplo comercial de uma reação endotérmica que é realizada adiabaticamente é a reforma catalítica de nafta de petróleo para produzir gasolina de alta octanagem. Neste processo, a nafta é misturada com hidrogênio e passada sobre um catalisador heterogêneo que contém platina, e talvez outros metais como rênio ou estanho, sobre um suporte cerâmico como alumina. A temperatura fica na região de 800–900°F.

A nafta é uma mistura complexa de compostos, principalmente parafinas, naftênicos e aromáticos, geralmente contendo 6–10 átomos de carbono. Diversos tipos diferentes de reação ocorrem no processo de reforma. Duas das mais importantes classes de reações são desidrogenação e desidrociclização, exemplos das quais são fornecidos pelas reações a seguir.

Desidrogenação

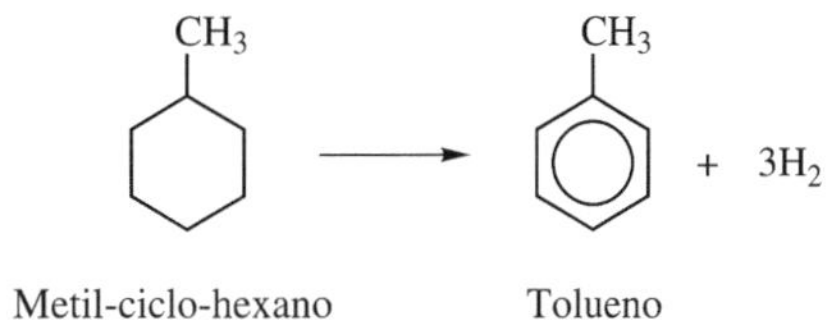


Desidrociclização

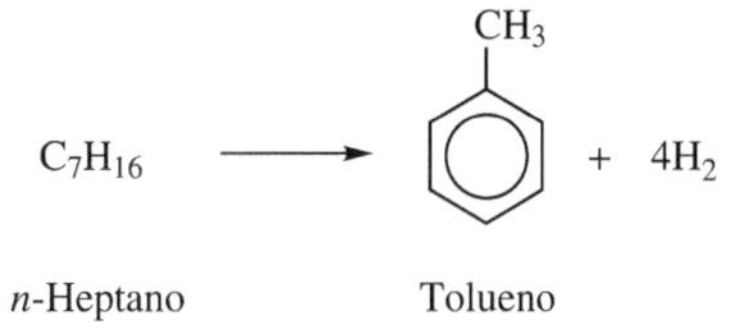


A desidrogenação e a desidrociclização são endotérmicas. Se a reforma da nafta for realizada adiabaticamente, a temperatura irá diminuir à medida que a reação avança. Quase todos os processos comerciais de reforma de naftas empregam uma série de reatores adiabáticos com aquecimento interestágios, como ilustrado a seguir.

Normalmente, há de três a cinco reatores em série, com um aquecedor interestágio entre cada par de reatores.

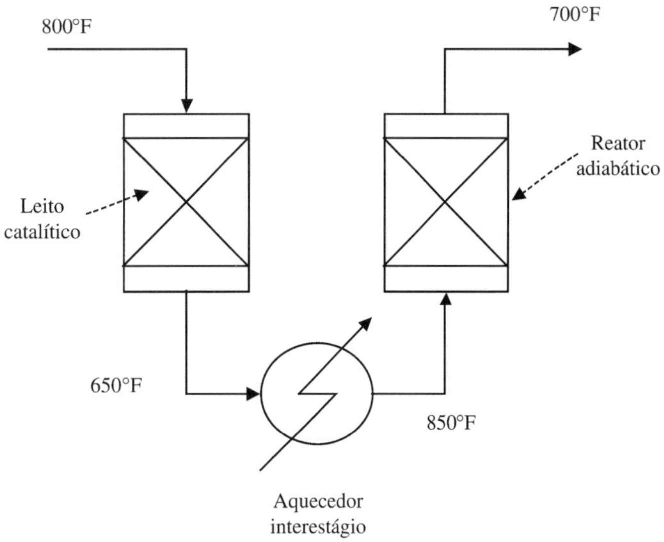


### 8.4.3 Variação de Temperatura Adiabática

*Quando um reator é operado adiabaticamente e quando somente uma reação ocorre, há uma relação simples entre a temperatura e a conversão.*

Para um reator adiabático de escoamento, operando em estado estacionário sem trabalho no eixo, a Equação (8-6) simplifica-se para

$$-\left(\sum_{i=1}^{N} F_{i0}\bar{c}_{p,i}\right)(T - T_0) - F_{A0}x_A\Delta H_R(T) = 0$$

Rearranjando,

$$T = T_0 + \left(\frac{F_{A0}(-\Delta H_R(T))}{\sum_{i=1}^{N} F_{i0}\bar{c}_{p,i}}\right)x_A \tag{8-18a}$$

A Equação (8-18a) mostra que a temperatura, $T$, é proporcional à conversão $x_A$, em um reator adiabático de escoamento, em estado estacionário. Se a conversão for conhecida, a temperatura correspondente pode ser calculada. Obviamente, os dados termoquímicos necessários para calcular $\Delta H_R$ e todos os $\bar{c}_{p,i}$, como funções de $T$, tem que estar disponíveis.

Seja $T_{ad}$ a temperatura que corresponde à conversão completa, isto é, $x_A = 1$. Quando o grupo $\left(F_{A0}(-\Delta H_R(T))/\sum_{i=1}^{N} F_{i0}\bar{c}_{p,i}\right)$ for avaliado a $T_{ad}$, ele é conhecido como a *variação de temperatura adiabática*, representada por $\Delta T_{ad}$. Fisicamente, a variação de temperatura adiabática é a quantidade na qual a temperatura irá aumentar ou diminuir quando a reação atingir a conversão total sob condições adiabáticas. Para uma reação exotérmica, esta quantidade é chamada de *aumento da temperatura adiabática.*

$$\Delta T_{ad} = \left(\frac{F_{A0}(-\Delta H_R(T_{ad}))}{\sum_{i=1}^{N} F_{i0}\bar{c}_{p,i}(T_0 \to T_{ad})}\right) \tag{8-19a}$$

O símbolo $\bar{c}_{p,i}(T_0 \to T_{ad})$ indica que as capacidades caloríficas médias, isto é, os $\bar{c}_{p,i}$, são médias *na faixa de temperaturas de* $T_0$ *a* $T_{ad}$. Se $\Delta H_R$ e os $\bar{c}_{p,i}$ forem funções fortes da temperatura, uma solução por tentativa e erro da Equação (8-19a) é necessária para se obter um valor de $T_{ad}$.

Felizmente, em diversos sistemas, $\left(F_{A0}(-\Delta H_R(T))/\sum_{i=1}^{N} F_{i0}\bar{c}_{p,i}\right)$ não é uma função forte da temperatura e pode ser admitido como constante. Se assim for, a Equação (8-18a) pode ser escrita na forma

$$\boxed{T = T_0 + (\overline{\Delta T}_{ad})x_A} \tag{8-20}$$

Neste caso, a temperatura da reação, $T$, é uma função linear da conversão, $x_A$.

Para um reator batelada ideal adiabático, ($Q = 0$), com uma reação ocorrendo, o tempo pode ser eliminado da Equação (8-14), fornecendo

$$\left(\sum_{i=1}^{N} N_i c_{p,i}\right)\mathrm{d}T + \Delta H_R(T)N_{A0}\mathrm{d}x_A = 0$$

Quando somente uma reação ocorre, $N_i = N_{i0} + N_{A0}\nu_i x_A$, de modo que

$$\left(\sum_{i=1}^{N} N_{i0}c_{p,i} + N_{A0}x_A\sum_{i=1}^{N}\nu_i c_{p,i}\right)\mathrm{d}T + \Delta H_R(T)N_{A0}\mathrm{d}x_A = 0$$

Da termodinâmica,

$$\sum_{i=1}^{N}\nu_i c_{p,i} = \left(\frac{\partial\Delta H_R(T)}{\partial T}\right)_P \cong \frac{\mathrm{d}\Delta H_R(T)}{\mathrm{d}T}$$

de modo que

$$\left(\sum_{i=1}^{N} N_{i0}c_{p,i}\right)\mathrm{d}T + N_{A0}x_A\frac{\mathrm{d}\Delta H_R(T)}{\mathrm{d}T}\mathrm{d}T + \Delta H_R(T)N_{A0}\mathrm{d}x_A = 0$$

$$\left(\sum_{i=1}^{N} N_{i0}c_{p,i}\right)\mathrm{d}T + N_{A0}\mathrm{d}[\Delta H_R(T)x_A] = 0$$

Integrando de $T_0$, $x_A = 0$, a $T$, $x_A$,

$$\left(\sum_{i=1}^{N} N_{i0}\bar{c}_{p,i}\right)(T - T_0) + N_{A0}\Delta H_R(T)x_A = 0$$

Rearranjando,

$$T = T_0 + \left(\frac{N_{A0}[-\Delta H_R(T)]}{\sum_{i=1}^{N} N_{i0}\bar{c}_{p,i}}\right)x_A \tag{8-18b}$$

As Equações (8-18a) e (8-18b) são idênticas, uma vez que

$$\frac{N_{i0}}{N_{A0}} = \frac{y_{i0}}{y_{A0}} = \frac{F_{i0}}{F_{A0}}$$

onde $y_i$ é a fração molar do componente "$i$". Estas equações podem ser escritas na forma

$$T = T_0 + \left(\frac{y_{A0}[-\Delta H_R(T)]}{\sum_{i=1}^{N} y_{i0}\bar{c}_{p,i}}\right)x_A \tag{8-18c}$$

A Equação (8-18a) está baseada em vazões molares e se aplica aos reatores de escoamento. A Equação (8-18b) se aplica aos reatores batelada. A Equação (8-18c) pode ser usada no lugar de ambas, dependendo da conveniência.

Mais uma vez, se $\left(N_{A0}[-\Delta H_R(T)]/\sum_{i=1}^{N} N_{i0}\bar{c}_{p,i}\right)$ for constante, independentemente da temperatura, então as Equações (8-18b) e (8-18c) podem ser escritas na forma

$$\boxed{T = T_0 + (\overline{\Delta T}_{ad})x_A} \tag{8-20}$$

onde $\overline{\Delta T}_{ad}$ é calculada pelas Equações (8-21a), (8-21b), ou (8-21c), quando apropriado e conveniente.

$$\Delta T_{ad} = F_{A0}(-\overline{\Delta H}_R)/\sum_{i=1}^{N} F_{i0}\bar{c}_{p,i} \tag{8-21a}$$

$$\Delta T_{ad} = N_{A0}(-\overline{\Delta H}_R)/\sum_{i=1}^{N} N_{i0}\bar{c}_{p,i} \tag{8-21b}$$

$$\Delta T_{ad} = y_{A0}(-\overline{\Delta H}_R)/\sum_{i=1}^{N} y_{i0}\bar{c}_{p,i} \tag{8-21c}$$

As sobrebarras em $\Delta H_R$ e $c_{p,i}$ indicam que estas grandezas são médias na faixa de $T_0$ a $T_{ad}$.

As Equações (8-18a)–(8-18c) não são nada mais do que balanços de energia para reatores *adiabáticos*, e a Equação (8-20) é uma versão simplificada destes balanços, válida quando $\Delta T_{ad}$ é constante. Estas equações mostram a relação entre a temperatura, $T$, a conversão, $x_A$, e a temperatura inicial, $T_0$,

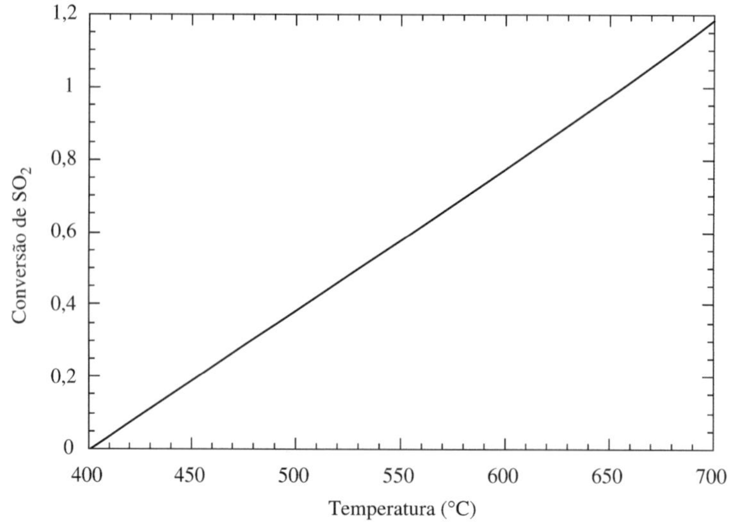


**Figura 8-1** Representação gráfica do balanço de energia em um reator adiabático de oxidação de $SO_2$: temperatura de entrada: 400°C; frações molares na entrada: $SO_2$ = 0,090; $O_2$ = 0,13; $N_2$ = 0,78; pressão atmosférica.

para um reator adiabático. Estes balanços de energia podem ser representados por um gráfico de $x_A$ *versus* $T$. Se a Equação (8-20) for obedecida, o resultado é uma linha reta.

A Figura 8-1 mostra o balanço de energia em um reator adiabático de oxidação de $SO_2$, operando em condições que são típicas do primeiro reator em uma planta de ácido sulfúrico. A reação é

$$SO_2 + 1/2O_2 \rightleftarrows SO_3$$

Na preparação da Figura 8-1, o calor de reação e as capacidades caloríficas médias do $N_2$, $O_2$ e $SO_2$ foram calculados rigorosamente, como funções da temperatura. Para todos os propósitos práticos, a temperatura é linear em relação à conversão de $SO_2$.

O ponto de operação de um CSTR adiabático, em estado estacionário, *tem que* estar em algum ponto sobre a linha que representa o balanço de energia adiabático. Para um PFR adiabático, em estado estacionário, ou para um reator batelada adiabático, a linha do balanço de energia descreve a *trajetória* da reação, incluindo a condição de saída para um PFR e a condição final para um reator batelada. Para qualquer tipo de reator batelada, se um dado ponto ($x$, $T$) não estiver sobre a linha, o balanço de energia não é satisfeito.

## 8.4.4 Análise Gráfica de Reatores Adiabáticos Limitados pelo Equilíbrio

Suponha que tenhamos sido solicitados a analisar o comportamento de uma única reação, ocorrendo em um reator adiabático. Uma das questões que gostaríamos de responder é: "Qual é a conversão *máxima* que pode ser atingida?" Obviamente, a conversão máxima é obtida quando a reação atinge o equilíbrio químico.

A linha formada por pontos-traços na Figura 8-2 mostra a conversão de $SO_2$ de *equilíbrio* como uma função da temperatura, para condições que são típicas do primeiro reator de oxidação de $SO_2$ em uma planta de ácido sulfúrico. A linha cheia mostra o balanço de energia para operação adiabática. Esta é a mesma linha que está apresentada na Figura 8-1. As duas linhas se interceptam em um ponto: $x_{SO_2}$ = 0,74; $T$ = 593°C. Nesta condição, o balanço de energia *e* a relação de equilíbrio são satisfeitos simultaneamente. A interseção das duas linhas é o *único* lugar no qual esta exigência é satisfeita.

Se houver uma grande quantidade de catalisador no reator, e se o catalisador for muito ativo, a reação pode estar próxima do equilíbrio nas condições do efluente do reator. A suposição de que o equilíbrio é atingido fornece um limite superior para a conversão, e um limite superior ou inferior para a temperatura, dependendo se a reação é exotérmica ou endotérmica. Neste exemplo, a composição de saída irá corresponder a uma conversão de $SO_2$ de 0,74 e a uma temperatura de saída será 593°C, *caso* o equilíbrio tenha sido atingido nas condições de saída do reator.

A análise que está ilustrada na Figura 8-2 pode ser realizada para *qualquer* tipo de reator. As únicas exigências são que o reator seja adiabático e que a reação esteja em equilíbrio químico na condição de saída de um reator contínuo, ou na condição final de um reator batelada.

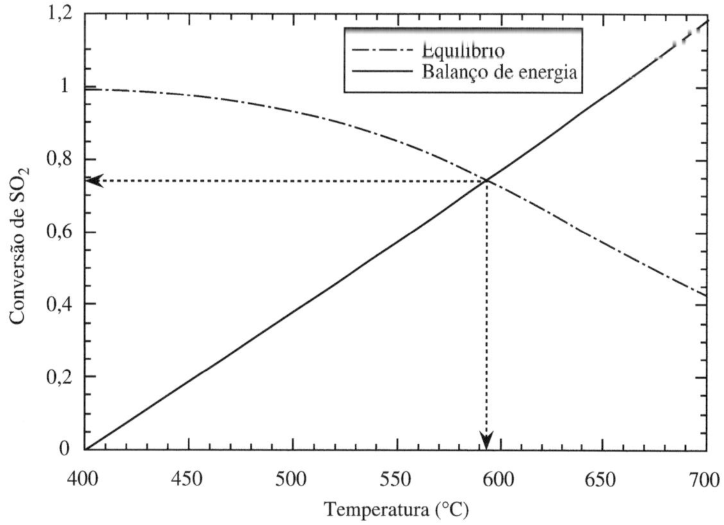


**Figura 8-2** Representação gráfica da composição do equilíbrio e do balanço de energia para um reator adiabático de oxidação de $SO_2$: temperatura de entrada: 400°C; frações molares na entrada: $SO_2$ = 0,090; $O_2$ = 0,13; $N_2$ = 0,78; pressão atmosférica.

A linha com pontos-traços na Figura 8-2 foi calculada usando cinco relações da termodinâmica:

$$\Delta G_R(T_{ref}) = \sum_i \nu_i \Delta G_{f,i}(T_{ref})$$

$$\ln K_{eq}(T_{ref}) = -\Delta G_R(T_{ref})/RT_{ref}$$

$$\left(\frac{\partial \ln K_{eq}}{\partial T}\right)_P = \frac{\Delta H_R(T)}{RT^2}$$

$$\Delta H_R(T_{ref}) = \sum_i \nu_i \Delta H_{f,i}(T_{ref})$$

$$\left(\frac{\partial \Delta H_R(T)}{\partial T}\right)_P = \sum_i \nu_i c_{p,i}(T)$$

Estas cinco equações, que foram apresentadas no Capítulo 2, permitem que a constante de equilíbrio, $K_{eq}$, seja calculada a qualquer temperatura. A conversão do equilíbrio, $x_{eq}$, pode então ser calculada usando a expressão de equilíbrio:

$$K_{eq} = \sum_i a_i^{\nu_i}$$

na qual $a_i$ é a atividade da espécie "$i$". A atividade, $a_i$, pode ser relacionada à fração molar da espécie "$i$". Para este exemplo, as leis dos gases ideais são válidas, de modo que $a_i = p_i = Py_i$. Aqui, $p_i$ é a pressão parcial da espécie "$i$", $y_i$ é a sua fração molar e $P$ é a pressão total. Uma tabela estequiométrica é usada para expressar as $y_i$'s como funções de $x_{SO_2}$, que então é calculada com a expressão de equilíbrio.

## 8.4.5 Reatores Adiabáticos Limitados pela Cinética (Batelada e Escoamento Pistonado)

Um volume de reator infinito, ou uma massa de catalisador infinita, é necessário para levar o efluente de um reator ao equilíbrio químico *exato*. A composição e a temperatura do efluente de qualquer reator real serão determinadas pela cinética da reação. Todavia, o tipo de análise do equilíbrio ilustrado na seção anterior pode ser valioso como um meio de entendimento de um importante caso limite do comportamento de reatores.

Com o objetivo de dimensionar ou analisar um reator não-isotérmico, o(s) balanço(s) de massa e o balanço de energia tem que ser resolvidos simultaneamente. Esta solução é relativamente direta se o reator for adiabático, de modo que é neste ponto que nossa discussão começa. Para um reator adiabático, com uma única reação ocorrendo, a temperatura está diretamente relacionada à conversão, como mostrado na Seção 8.4.3. Consideremos uma situação na qual o balanço de energia se reduz a uma relação linear entre a temperatura e a conversão, isto é, na qual a Equação (8-20) é válida.

$$\boxed{T = T_0 + (\overline{\Delta T}_{ad})x_A} \quad (8\text{-}20)$$

As análises de um reator batelada ideal e de um PFR ideal são idênticas, então vamos usar um PFR para ilustrá-las. A equação de projeto de um PFR ideal na forma diferencial é

$$\frac{dV}{F_{A0}} = \frac{dx_A}{-r_A(x_A, T)} \quad (3\text{-}27)$$

A dependência de $-r_A$ em relação a $x_A$ e $T$ é mostrada explicitamente nesta equação para nos lembrar que, em geral, a taxa de reação depende tanto da temperatura quanto das concentrações das várias espécies. A taxa de reação depende da temperatura porque as constantes que aparecem na taxa da equação, por exemplo, a constante da taxa, a constante de equilíbrio e as constantes de adsorção/ligação, geralmente dependem da temperatura.

Na operação adiabática há uma relação direta entre $T$ e $x_A$. A relação pode nem sempre ser linear, como fornecida pela Equação (8-20). Entretanto, se $T$ ou $x_A$ for conhecida, a outra pode ser calculada. Isso permite que $x_A$ ou $T$ sejam eliminados da equação de projeto. Por exemplo, se a Equação (8-20) for válida, a constante da taxa

$$k = Ae^{-E/RT}$$

pode ser escrita como uma função de $x_A$ pela substituição da Equação (8-20) para $T$, resultando em

$$k = Ae^{-E/R[T_0+(\overline{\Delta T}_{ad})x_A]}$$

Se todas as constantes dependentes da temperatura na equação da taxa forem transformadas desta maneira, a equação de projeto pode ser escrita na forma

$$dV = \frac{F_{A0}dx_A}{-r_A(x_A)}$$

A dependência de $-r_A$ em relação a $T$ foi eliminada através da representação de $T$ como uma função de $x_A$.

Se a composição e a vazão molar da alimentação forem fixas, o volume do reator, $V$, que é necessário para atingir uma conversão final especificada, $x_{A,f}$, pode ser calculado através da integração numérica

$$V = F_{A0}\int_0^{x_{A,f}} \frac{dx_A}{-r_A(x_A)}$$

Alternativamente, pode ser mais conveniente resolver a equação diferencial

$$\frac{dx_A}{d\left(\frac{VC_{A0}}{F_{A0}}\right)} = \frac{dx_A}{d\tau} = [-r_A(x_A)]/C_{A0} \quad (8\text{-}22)$$

numericamente, usando as técnicas descritas no Capítulo 7. Considere o exemplo a seguir.

## EXEMPLO 8-2

***Reação Reversível em um Reator Batelada Adiabático***

A reação reversível, em fase líquida,

$$A + B \rightleftarrows R + S$$

está sendo realizada em um reator *batelada* ideal *adiabático*. A reação obedece à equação de taxa

$$-r_A = k\left(C_A C_B - \frac{C_R C_S}{K_{eq}}\right)$$

O valor da constante da taxa, $k$, é igual a 0,050 l/(mol h) a 100°C e a energia de ativação é de 80 kJ/mol. O valor da constante de equilíbrio, $K_{eq}$, é de 500 a 100°C e o calor de reação, $\Delta H_R$, é igual a −60 kJ/mol, independentemente da temperatura.

Inicialmente, o reator está a uma temperatura de 100°C e as concentrações iniciais são $C_{A0} = C_{B0} = 4{,}0$ mol/l; $C_{R0} = C_{S0} = 0$. A capacidade calorífica média do material no interior do reator é igual a 3,4 J/(g K) e a massa específica é de 800 g/l.

A. Qual é a conversão de A após de 1,5 h?
B. Qual é a temperatura do reator após 1,5 h?

**Parte A: Qual é a conversão de A após de 1,5 h?**

***ANÁLISE*** A equação de projeto para um reator batelada ideal será resolvida numericamente, usando a relação $T = T_0 + (\overline{\Delta T}_{ad})x_A$ para expressar $T$ como uma função de $x_A$. Um valor numérico de $\overline{\Delta T}_{ad}$ pode ser calculado com os valores fornecidos de $C_{A0}$, $-\Delta H_R$, $\rho$ e $\bar{c}_{p,m}$.

***SOLUÇÃO*** Como a reação ocorre em fase líquida, a massa específica do sistema é constante. A equação da taxa pode ser escrita em termos da conversão na forma

$$-r_A = k[C_{A0}^2(1 - x_A)^2 - \{C_{A0}^2 x_A^2/K_{eq}^C\}] = kC_{A0}^2[(1 - x_A)^2 - \{x_A^2/K_{eq}^C\}]$$

A equação de projeto para um reator batelada ideal, a massa específica constante, é

$$C_{A0}\frac{dx_A}{dt} = -r_A \tag{3-9}$$

Substituindo a expressão para $-r_A$ e eliminando um $C_{A0}$:

$$\frac{dx_A}{dt} = kC_{A0}[(1 - x_A)^2 - \{x_A^2/K_{eq}^C\}] \tag{8-23}$$

As constantes $k$ e $K_{eq}$ dependem da temperatura. A constante da taxa, $k$, é dada pela relação Arrhenius, que pode ser escrita na forma

$$k(T) = k(T_0)e^{-(E/R)[(1/T)-(1/T_0)]} \tag{8-24}$$

Nesta equação, $T_0$ é uma temperatura de referência. Como as constantes da taxa e de equilíbrio são conhecidas a 100°C (373 K), e como a temperatura inicial do reator é igual a 100°C, é conveniente tomar $T_0 = 100$°C neste problema. Quando o calor de reação, $\Delta H_R$, é constante, a variação da constante de equilíbrio, $K_{eq}^C$, com a temperatura é dada pela relação de van't Hoff, que pode ser escrita na forma

$$K_{eq}^C(T) = K_{eq}^C(T_0)e^{-(\Delta H_R/R)[(1/T)-(1/T_0)]} \tag{8-25}$$

Para um reator adiabático com massa específica, capacidade calorífica e $\Delta H_R$ constantes, $x_A$ e $T$ estão relacionadas por

$$T = T_0 + (\overline{\Delta T}_{ad})x_A \tag{8-20}$$

Substituindo a Equação (8-20) nas Equações (8-24) e (8-25), e então substituindo as equações resultantes na Equação (8-23), tem-se

$$\frac{dx_A}{dt} = C_{A0}k(T_0)e^{-(E/R)[(1/(T_0+\Delta T_{ad}x_A)-(1/T_0)]}[(1 - x_A)^2 - \{x_A^2/K_{eq}^C(T_0)e^{-(\Delta H_R/R)[(1/(T_0+\Delta T_{ad}x_A))-(1/T_0)]}\}] \tag{8-26}$$

Para calcular o valor de $\overline{\Delta T}_{ad}$, escolha 1 litro de solução como uma base. Então,

$$\overline{\Delta T}_{ad} = C_{A0}(-\Delta H_R)/\rho \bar{c}_{p,m} = 4(\text{mol/l})(+60.000)(\text{J/mol})/(800(\text{g/l})(3,4)(\text{J/(g K)})) = 88,2\text{ K}$$

A Equação (8-26) agora pode ser resolvida numericamente. Ela poderia ser resolvida diretamente como uma equação diferencial, usando qualquer programa disponível, incluindo as técnicas descritas no Capítulo 7. O uso da técnica de Runge–Kutta de quarta-ordem no EXCEL para resolver a Equação (8-26) é ilustrado no Apêndice 8-A. A solução numérica fornece $x_{A,f} = 0,70$, quando $t = 1,5$ h. A solução direta da equação diferencial é não iterativa porque o valor final da variável independente, o tempo, é conhecido.

**Parte B: Qual é a temperatura do reator após 1,5 h?**

*ANÁLISE* O valor de $T$ quando $x_{A,f} = 0,70$ (a conversão quando $t = 1,5$ h) será calculado usando a Equação (8-20).

*SOLUÇÃO*

$$T = T_0 + (\overline{\Delta T}_{ad})x_A$$

$$T = 373\text{ K} + (88,2) \times (0,70)\text{ K} = 435\text{ K}$$

A Equação (8-26) também poderia ter sido resolvida por integração numérica. Se o lado direito desta equação for representado por $f(x_A)$, então a equação pode ser colocada na forma

$$\int_0^{x_{A,f}} \frac{dx_A}{f(x_A)} = \int_0^{1,5\text{ h}} dt = 1,5\text{ h}$$

Se um valor de $x_{A,f}$ for admitido, o lado esquerdo desta equação pode ser integrado numericamente. O valor correto de $x_{A,f}$ é aquele que faz o valor do lado esquerdo igual a 1,5 h. Obviamente, esta técnica exigiria tentativa e erro e/ou interpolação.

Este problema poderia ter sido colocado de forma diferente através da especificação da conversão final, $x_{A,f}$, e perguntando qual o tempo necessário para atingir aquela conversão. Para esta variação, uma integração numérica-padrão seria mais conveniente do que uma solução numérica da Equação (8-26).

## 8.5 REATORES DE MISTURA EM TANQUE CONTÍNUO (TRATAMENTO GERAL)

O uso do balanço de energia para analisar ou dimensionar um CSTR ideal não é matematicamente tão complexo quanto para um reator batelada ideal ou para um PFR ideal. Consequentemente, nesta seção, não nos limitaremos a um CSTR adiabático. O caso adiabático será coberto como parte de um tratamento mais geral.

Considere o CSTR ideal mostrado na Figura 8-3.

Calor é adicionado ou removido do reator através de uma camisa, que está em contato direto com as paredes do reator. Um fluido de transferência de calor (de serviço) escoa através da camisa. Dependendo da temperatura do reator e se o reator está sendo aquecido ou resfriado, o fluido de serviço pode ser água de resfriamento, salmoura refrigerada, solução de glicol refrigerada, óleo quente, ou algum outro fluido. Também é possível usar um fluido que mude de fase, por exemplo, água em ebulição ou vapor d'água em condensação. O fluido é uma fonte (ou um sumidouro) do calor que é transferido através da parede do reator.

A vazão *mássica* do fluido de serviço é $\dot{M}$. A temperatura deste fluido em um ponto na camisa é $T_{fr}$. O fluido entra na camisa a $T_{fr,ent}$ e a deixa a $T_{fr,sai}$. A alimentação entra no reator a uma temperatura, $T_0$. As vazões molares dos vários componentes da alimentação são representadas por $F_{i0}$ e as concentrações correspondentes são representadas por $C_{i0}$. O reator opera a uma temperatura, $T$, que é a temperatura da corrente que deixa o reator. As vazões molares na corrente efluente são representadas por $F_i$ e as concentrações correspondentes são $C_i$. Na análise a seguir, consideraremos que o reator está operando em estado estacionário.

Uma camisa não é o único dispositivo que pode ser usado para transferir calor em um reator de mistura em tanque ou em um reator batelada. Também é comum usar uma serpentina de tubo que é inserida dentro do reator através de sua tampa superior. Na verdade, não é incomum usar uma camisa

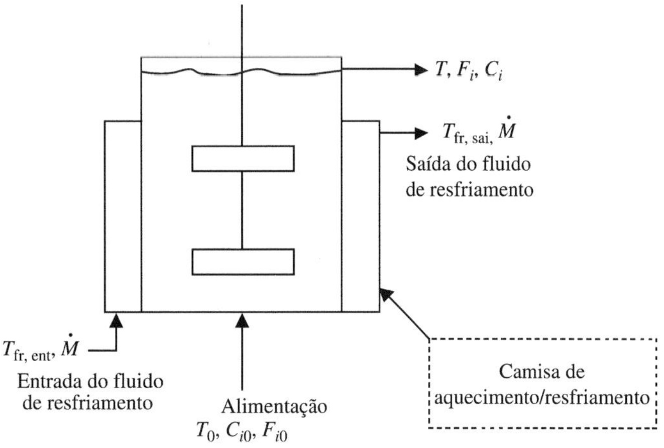


**Figura 8-3** Diagrama esquemático de um CSTR ideal com transferência de calor através de uma camisa de aquecimento/resfriamento.

e uma serpentina. Uma terceira possibilidade é circular o conteúdo do reator através de um trocador de calor externo, embora esta alternativa seja menos comum. A análise de todas estas três técnicas de transferências de calor é parecida.

Outra opção para a retirada de calor de um CSTR ou de um reator batelada é vaporizar parte do conteúdo do reator, condensar parte ou todo o vapor em um condensador externo, e retornar o líquido condensado para o reator. Esta técnica é possível quando o reator pode ser operado a uma temperatura na qual a taxa de vaporização é grande o suficiente para permitir uma taxa de retirada de calor significativa. Analisar a retirada de calor por vaporização/condensação é mais complexo do que analisar a transferência de calor em uma camisa ou em uma serpentina interna. O desenvolvimento a seguir é baseado nos últimos dispositivos de transferência de calor.

### 8.5.1 Solução Simultânea da Equação de Projeto e do Balanço de Energia

Se uma única reação ocorrer em um CSTR, o balanço de energia no reator como um todo é dado por

$$Q - W_s - \left(\sum_{i=1}^{N} F_{i0}\bar{c}_{p,i}\right)(T - T_0) - F_{A0}x_A\Delta H_R(T) = dU_{sis}/dt \tag{8-6}$$

Em estado estacionário, $dU_{sis}/dt = 0$. Em muitas situações, o trabalho no eixo $W_s$ é desprezível comparado as outras parcelas no balanço de energia. Faremos esta suposição e simplificaremos o balanço de energia para

$$Q - \left(\sum_{i=1}^{N} F_{i0}\bar{c}_{p,i}\right)(T - T_0) - F_{A0}x_A\Delta H_R(T) = 0 \tag{8-27}$$

Se calor for trocado através de uma camisa, de uma serpentina, ou de um trocador externo, a lei da taxa de transferência de calor é

$$q = U\Delta T = U(T_{rf} - T) \tag{8-28}$$

Nesta equação, $q$ é o *fluxo* térmico para dentro do reator (unidades, J/(m$^2$ h)), $U$ é o coeficiente global de transferência de calor (unidades, J/(m$^2$ h °C), $T$ é a temperatura do conteúdo do reator (unidade, °C), e $T_{rf}$ é a temperatura do fluido de serviço (de transferência de calor) em algum ponto do trocador. Se $T < T_{rf}$, calor é transferido para dentro do reator, e $q > 0$. A taxa total de transferência de calor, $Q$, é obtida pela integração do fluxo, $q$, ao longo de toda a área do trocador.

Há dois casos limites de comportamento do fluido de serviço. Primeiro, em uma serpentina ou em um trocador de um passe, quando há pouca ou nenhuma mistura do fluido de serviço na direção do escoamento. Em outras palavras, o fluido de serviço escoa através do dispositivo de transferência de calor essencialmente em escoamento pistonado. Se todo o calor transferido vai para o aumento do calor sensível do fluido de serviço, então a integração da Equação (8-28) resulta em

$$Q = UA_{tc}\Delta T_{ml} \quad (8\text{-}29)$$

onde $A_{tc}$ é a área total do dispositivo de transferência de calor e a média logarítmica das diferenças de temperaturas é dada por

$$\Delta T_{ml} \equiv [(T_{fr,ent} - T) - (T_{fr,sai} - T)]/\ln[(T_{fr,sai} - T)/(T_{fr,sai} - T)]$$

Esta situação também poderia estar presente em uma camisa, se ela fosse projetada para minimizar a mistura do fluido do serviço na direção do escoamento.

No segundo caso limite, a temperatura do fluido é a mesma em todos os pontos do trocador. Para este caso, a Equação (8-28) integrada fornece

$$Q = UA_{tc}(\overline{T}_{fr} - T)$$

onde $\overline{T}_{fr}$ é a temperatura constante do fluido de serviço. A temperatura do fluido de serviço pode ser constante, por exemplo, (a) na transferência de calor com ebulição/condensação, se a pressão for constante, ou (b) quando todo o calor transferido vai para o aumento do calor sensível do fluido de serviço, mas o fluido de serviço encontra-se completamente misturado, por exemplo, em uma camisa. Em ambos os casos, $\overline{T}_{fr}$ é igual a temperatura de saída $T_{fr,sai}$.

Considere outra situação na qual todo o calor transferido vai para o aumento do calor sensível do fluido de serviço. Se a vazão do fluido for alta, a diferença entre as temperaturas de entrada e de saída será pequena. Nesta situação, a taxa total da transferência de calor é dada por

$$Q = UA_{tc}(T_{fr,ent} - T) \quad (8\text{-}30)$$

A Equação (8-30) leva a uma interpretação gráfica simples do comportamento de um CSTR. Substituindo a Equação (8-30) na Equação (8-27) e rearranjando, obtém-se

$$[-\Delta H_R(T)]F_{A0}x_A = UA_{tc}(T - T_{fr}) + \left(\sum_{i=1}^{N} F_{i0}\overline{c}_{p,i}\right)(T_{fr} - T_0) \quad (8\text{-}31)$$

O subscrito "ent" foi retirado de $T_{fr,ent}$ por simplicidade, visto que $T_{fr}$ é a temperatura constante do fluido de serviço.

Para entender o significado físico das parcelas na Equação (8-31), considere uma reação exotérmica. A parcela $[\Delta H_R(T)]F_{A0}x_A$ é a parte da variação global da entalpia resultante da mudança na composição entre a corrente de saída e a de entrada, isto é, resultante da reação. A parcela $UA_{tc}(T - T_{fr})$ é a taxa na qual calor é transferido para fora do CSTR. Finalmente, a parcela $\left(\sum_{i=1}^{N} F_{i0}\overline{c}_{p,i}\right)(T - T_0)$ é o aumento no calor sensível *da alimentação* quando ela muda de temperatura de $T_0$, a temperatura de entrada do reator, para $T$. Termodinamicamente, a soma das primeira e terceira parcelas é a variação global de entalpia quando a corrente de alimentação, à temperatura $T_0$, reage para resultar na corrente de produto à temperatura $T$.

Conceitualmente, a parcela $[-\Delta H_R(T)]F_{A0}x_A$ pode ser vista como uma taxa de "geração de calor". Para uma reação exotérmica, esta parcela será $> 0$. Representaremos esta parcela por $G(T)$. A *"T"* entre parênteses é uma lembrança de que $x_A$ será uma função forte da temperatura, e que, em geral, $\Delta H_R$ também depende da temperatura.

Em estado estacionário, este termo de geração tem que ser exatamente compensado por um termo de "remoção", que é a soma das duas parcelas no lado direito da Equação (8-31). Representaremos esta soma $R(T)$, a taxa total de "remoção" de calor. A parcela $UA_{tc}(T - T_{fr,0})$ é a taxa na qual calor é removido por transferência de calor. A parcela $\left(\sum_{i=1}^{N} F_{i0}\overline{c}_{p,i}\right)(T - T_0)$ é a taxa na qual calor é "absorvido" pelo aquecimento da corrente de alimentação da temperatura de entrada, $T_0$, até a temperatura de saída, $T$.

Deste modo, a Equação (8-31), o balanço de energia global em um CSTR ideal, se torna

Balanço de energia simplificado — CSTR ideal

$$\boxed{G(T) = R(T)} \quad (8\text{-}32)$$

no qual

Definição de $G(T)$

$$G(T) = [-\Delta H_R(T)]F_{A0}x_A \tag{8-33}$$

e

$$R(T) = UA_{tc}(T - T_{fr}) + \left(\sum_{i=1}^{N} F_{i0}\bar{c}_{p,i}\right)(T - T_0) \tag{8-34}$$

Definição de $R(T)$

$$R(T) = \left[UA_{tc} + \left(\sum_{i=1}^{N} F_{i0}\bar{c}_{p,i}\right)\right]T - \left[UA_{tc}T_{fr} + \left(\sum_{i=1}^{N} F_{i0}\bar{c}_{p,i}\right)T_0\right] \tag{8-34a}$$

O termo $G(T)$ depende diretamente de $x_A$. O termo $R(T)$ não depende de $x_A$, mas varia diretamente com $T$, como mostrado pela Equação (8-34a). Os valores de $x_A$ e $T$ *tem que* ser tais que $G(T) = R(T)$, visto que o balanço de energia não é satisfeito se estes dois termos não forem iguais. Se $G(T) \neq R(T)$, o CSTR *não* está em estado estacionário.

Suponha que estivéssemos analisando o comportamento de uma reação exotérmica e irreversível em um CSTR ideal. O volume, $V$, e a vazão molar de $A$ na entrada, $F_{A,0}$ são fixas. Considere que $\Delta H_R$ não é uma função de temperatura. Para esta situação, um gráfico de $G(T)$ *versus* a temperatura do reator, $T$, teria as características ilustradas no gráfico a seguir.

O formato da curva na Figura 8-4 é fácil de entender. Quando a temperatura do reator é baixa, a constante da taxa será pequena e a reação será lenta. Da equação de projeto, a conversão, $x_A$, será próximo de zero. À medida que a temperatura aumenta, a constante da taxa aumenta exponencialmente. A taxa da reação aumenta rapidamente, dando lugar a um rápido aumento em $x_A$. Quando a conversão se aproxima de 1, a taxa de variação de $x_A$ se torna lenta. A temperaturas muito altas, $x_A$ é próximo de 1, se a reação for irreversível.

Suponha que a equação da taxa para uma dada reação é

$$-r_A = kC_A/(1 + K_AC_A)$$

Além disto, suponha que as constantes $k$ e $K_A$ sejam conhecidas como funções da temperatura. Se esta reação for realizada em um CSTR ideal com um volume $V$ e uma vazão molar de $A$ na entrada, $F_{A0}$,

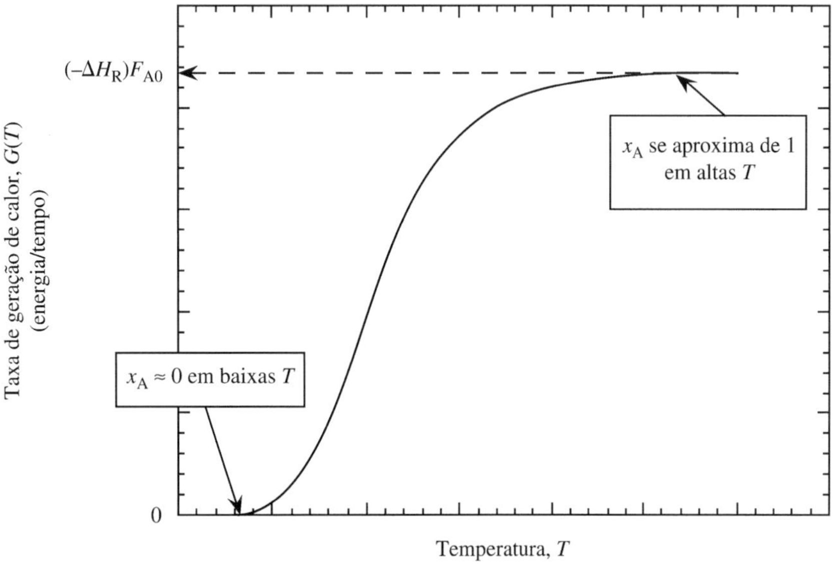


**Figura 8-4** Taxa de "geração" de calor, $G(T)$, *versus* a temperatura do reator, $T$, para uma reação exotérmica e irreversível em um CSTR ideal.

então a curva de $G(T)$ *versus* $T$ pode ser construída de uma forma direta. Construa uma tabela como ilustrado a seguir.

| Temperatura (K) | Constante da taxa, $k$ | Constante de adsorção, $K_A$ | Conversão, $x_A$ | $G(T) = -x_A \times F_{A0} \times \Delta H_R$ |
|---|---|---|---|---|
| $T_1$ | $k(T_1)$ | $K_A(T_1)$ | $x_A(T_1)$ | $G(T_1)$ |
| $T_2$ | $k(T_2)$ | $K_A(T_2)$ | $x_A(T_2)$ | $G(T_2)$ |
| $T_3$ | — | — | — | — |

Escolha uma temperatura, digamos $T_1$. Calcule o valor da constante da taxa, $k$, a $T_1$ usando a equação de Arrhenius. Calcule o valor da constante $K_A$ a $T_1$ usando uma equação que expresse $K_A$ como uma função da temperatura, por exemplo, a equação van't Hoff. Então use a equação de projeto para um CSTR ideal para calcular a conversão de saída, $x_A$, a $T_1$. Finalmente, calcule $G(T_1)$ usando $G(T) = -x_A \times F_{A0} \times \Delta H_R$. Agora, utilize outro valor de $T$, digamos $T_2$, e repita o processo. Continue escolhendo novas $T$'s e repetindo os cálculos até que a curva $G(T)$ *versus* $T$ tenha detalhes suficientes.

A figura a seguir resume o algoritmo para a geração da curva de $G(T)$.

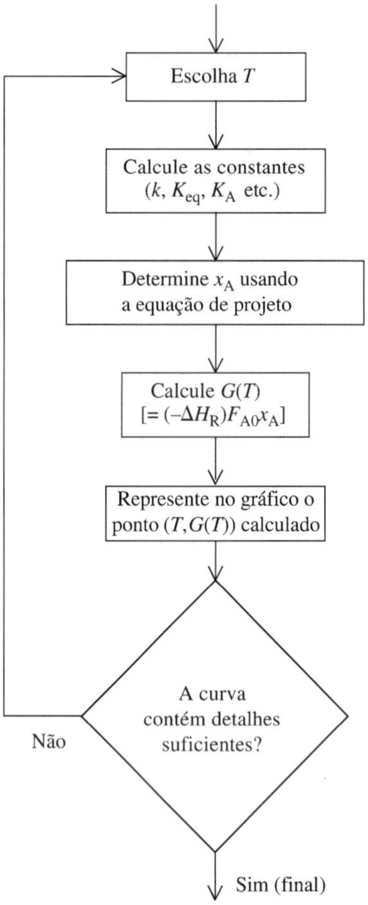


É importante reconhecer que a equação de projeto está "contida" em $G(T)$, uma vez que a equação de projeto tem que ser usada para calcular $x_A$.

Agora, consideremos $R(T)$. Se $U$ e $\left(\sum_{i=1}^{N} F_{i0}\bar{c}_{p,i}\right)$ são independentes da temperatura, então $R(T)$ é linear em relação a $T$. Para esta situação, a Equação (8-34a) mostra que um gráfico de $R(T)$ *versus* $T$ será uma linha reta com uma inclinação (coeficiente angular) igual a $\left[UA_{tc} + \left(\sum_{i=1}^{N} F_{i0}\bar{c}_{p,i}\right)\right]$ e um coeficiente linear igual a $\left[UA_{tc}T_{fr} + \left(\sum_{i=1}^{N} F_{i0}\bar{c}_{p,i}\right)T_0\right]$. Vamos representar $R(T)$ no mesmo gráfico que $G(T)$, como mostrado na Figura 8-5.

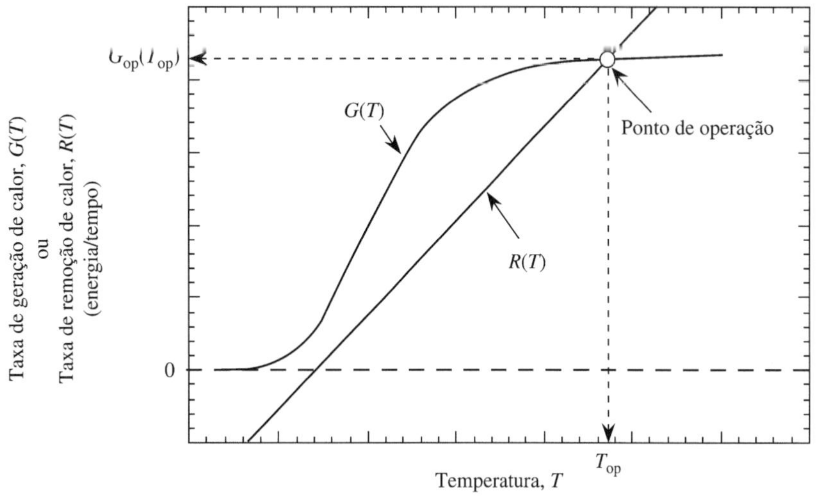


**Figura 8-5** Taxa de "geração" de calor, $G(T)$, e taxa de "remoção" de calor, $R(T)$, *versus* a temperatura do reator, $T$, para uma reação irreversível e exotérmica em um CSTR ideal.

A interseção das curvas $G(T)$ e $R(T)$ é o "ponto de operação" do reator. A coordenada $x$ deste ponto é a temperatura no CSTR, $T_{op}$. A coordenada $y$ é a taxa de geração de calor, $G_{op}(T_{op})$, *e* a taxa de remoção de calor, $R(T)$, no reator. A conversão de A, $x_A$, no efluente do reator no "ponto de operação" pode ser calculada por

$$G_{op}(T_{op}) = (-\Delta H_R)F_{A0}x_{A,op}$$

$$x_{A,op} = G_{op}(T_{op})/(-\Delta H_R)F_{A0}$$

A Figura 8-5 é uma solução *gráfica* para a equação de projeto e o balanço de energia no CSTR. Poderíamos ter resolvido estas duas equações algébricas simultâneas por outros meios, por exemplo, com o GOALSEEK, para encontrar $x_{A,op}$ e $T_{op}$. A vantagem do método gráfico é que obtemos uma visualização da situação e podemos facilmente avaliar o impacto de mudanças na inclinação e/ou no coeficiente linear da linha $R(T)$.

## 8.5.2 Múltiplos Estados Estacionários

Consideremos algumas mudanças na situação mostrada na Figura 8-5. Suponha que a temperatura da alimentação, $T_0$, ou a temperatura do fluido de resfriamento, $T_{fr}$, seja reduzida. O efeito dessa mudança será a elevação do coeficiente linear da linha $R(T)$ no eixo $y$, sem mudar a sua inclinação. Isso pode ser visto pelo exame da Equação (8-34a). A curva $R(T)$ se desloca para a esquerda, paralela à curva original. Se a diminuição em $T_0$ e/ou $T_{fr}$ for suficiente, a situação ilustrada na Figura 8-6 pode ocorrer.

Para este caso, há três possíveis combinações de $x_A$ e $T$ que *simultaneamente* satisfazem a equação de projeto e o balanço de energia. Elas são mostradas pelos três "pontos de operação" circulados na Figura 8-6. Esta situação é conhecida como "múltiplos estados estacionários" ou "multiplicidade".

Examinemos este resultado com mais cuidado. Com o objetivo de fixar as posições de $G(T)$ e $R(T)$, especificamos todas as seguintes variáveis: o volume do CSTR, $V$; todas as vazões molares de entrada, $F_{i0}$; a equação da taxa, todas as constantes na equação da taxa como funções da temperatura, a temperatura de entrada, $T_0$; a temperatura do fluido de resfriamento, $T_{fr}$; e o produto da área de troca térmica pelo coeficiente global de transferência de calor, $UA$. Apesar de todos estes parâmetros estarem fixos, a análise gráfica mostra que, no estado estacionário, o CSTR pode operar em qualquer uma das três combinações de $x_A$ e $T$. Memorável!

A Figura 8-6 ilustra por que é desejável realizar uma análise gráfica completa ao dimensionar ou analisar um CSTR. As equações algébricas que descrevem este problema, isto é, o balanço de energia e a equação de projeto para A, poderiam ter sido resolvidas simultaneamente por técnicas numéricas para encontrar *uma* das três soluções possíveis, dependendo da estimativa inicial de $T$ ou $x_A$. Entretanto, a menos que tivéssemos deliberativamente procurado pelas segunda e terceira soluções, elas poderiam nunca ter sido descobertas. A análise gráfica automaticamente identifica todas as três soluções em estado estacionário.

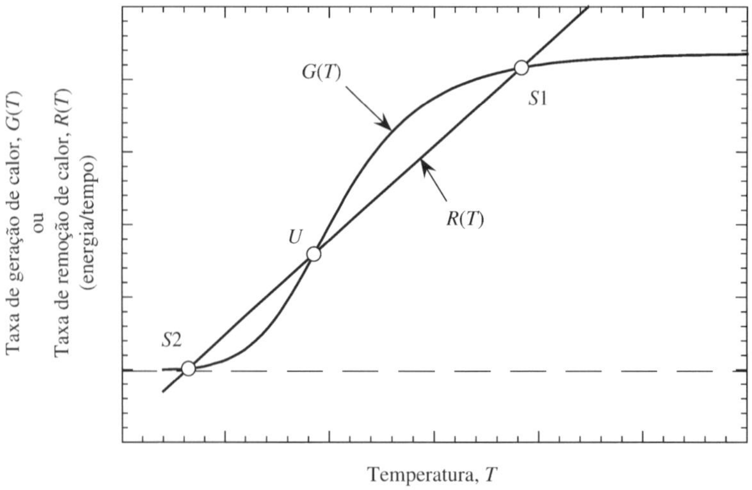


**Figura 8-6** Taxa de "geração" de calor, $G(T)$, e taxa de "remoção" de calor, $R(T)$, *versus* temperatura do reator, $T$, para uma reação irreversível e exotérmica em um CSTR ideal. Três pontos de operação em estado estacionário são possíveis.

### 8.5.3 Estabilidade do Reator

Em qual dos três pontos na Figura 8-6 o CSTR irá *realmente* operar?

Primeiramente, considere o ponto intermediário, identificado por "U". A Figura 8-7 mostra uma ampliação da região em torno deste ponto. Suponha que um CSTR, que seja operado no ponto "U", passe por uma pequena e positiva flutuação de temperatura, $\delta T$. A perturbação da temperatura causa um aumento de $\delta R$ na taxa de remoção de calor, $R(T)$. Ela também causa um aumento de $\delta G$ na taxa de geração de calor, $G(T)$. Entretanto, $\delta G > \delta R$.

O reator não está mais em estado estacionário e a taxa de geração de calor é maior do que a taxa de remoção de calor. Como resultado, a temperatura do reator tem que aumentar. O aumento continua até que o ponto "S1" na Figura 8-6 seja atingido, no qual um novo estado estacionário é estabelecido.

## EXERCÍCIO 8-1

Suponha que a flutuação da temperatura, $\delta T$, estivesse no sentido oposto, de modo que a temperatura do reator diminuísse. Analise a estabilidade do ponto de operação "U" em relação a esta mudança. Ao final, qual ponto de operação seria atingido?

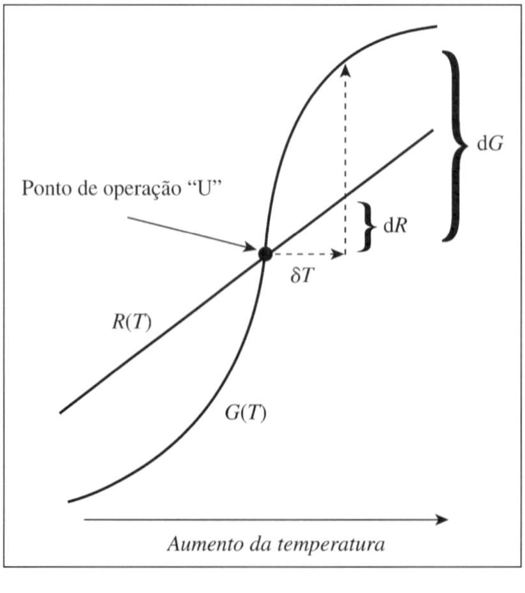


**Figura 8-7** Visão ampliada da região em torno do ponto "U" da Figura 8-6, mostrando a resposta a uma pequena e positiva flutuação na temperatura do reator.

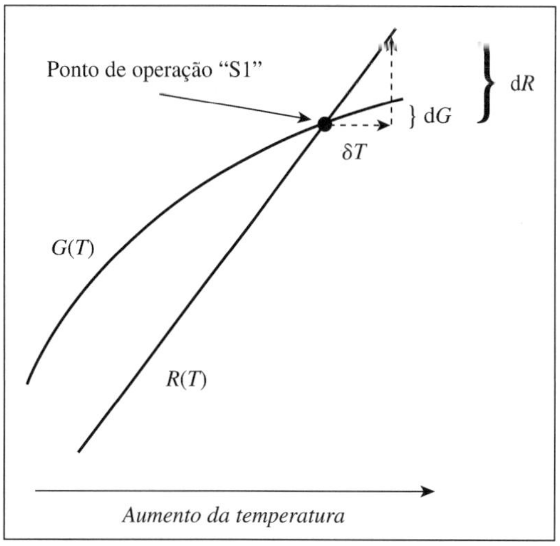


**Figura 8-8** Visão ampliada da região em torno do ponto "S1" da Figura 8-6 mostrando a resposta a uma pequena e positiva flutuação na temperatura do reator.

Por causa deste comportamento, dizemos que o ponto "U" é "intrinsecamente instável". Uma flutuação bem pequena na temperatura (ou composição) irá causar que o reator se afaste de um ponto de operação intrinsecamente instável até que ele atinja algum outro ponto de operação em estado estacionário.

Agora considere um ponto de operação como o "S1" na Figura 8-6. Uma ampliação deste ponto é mostrada na Figura 8-8.

Analisemos a resposta a uma mudança pequena e positiva na temperatura, $\delta T$, como fizemos com o ponto "U" na Figura 8-7. $G(T)$ e $R(T)$ aumentam. Entretanto, o aumento em $G(T)$, $\delta G$, agora é *menor* do que o aumento em $R(T)$, $\delta R$. Consequentemente, $R(T)$ é maior do que $G(T)$, e o balanço de energia não estacionário exige que a temperatura diminua no sentido da temperatura do ponto de operação original, S1.

## EXERCÍCIO 8-2

Suponha que a flutuação da temperatura, $\delta T$, estivesse no sentido oposto, de modo que a temperatura do reator diminuísse. Analise a estabilidade do ponto de operação "S1" em relação a esta mudança.

## EXERCÍCIO 8-3

Analise o comportamento do ponto de operação S2 na Figura 8-6.

Tanto S1 quanto S2 são pontos de operação "intrinsecamente estáveis".

A questão se o reator opera em S1 ou S2 depende de como é feita a sua partida. De modo a determinar o efeito das condições de partida, os balanços de energia e de massa em *estado não estacionário* tem que ser resolvidos simultaneamente. Esta tarefa está além do escopo deste capítulo.

O tipo de análise de estabilidade efetuada anteriormente não é matematicamente rigoroso. Contudo, é um meio muito útil para entender o conceito de pontos de operação estáveis ou instáveis. Em termos matemáticos, a análise anterior mostrou que um ponto de operação em estado estacionário será instável se

$$\left[\frac{\partial G(T)}{\partial T}\right]_{\text{ponto de operação}} > \left[\frac{\partial R(T)}{\partial T}\right]_{\text{ponto de operação}}$$

e será estável se

$$\left[\frac{\partial G(T)}{\partial T}\right]_{\text{ponto de operação}} < \left[\frac{\partial R(T)}{\partial T}\right]_{\text{ponto de operação}}$$

Uma análise mais rigorosa[1] mostraria que a primeira desigualdade é um critério suficiente para *instabilidade*. Se esta desigualdade for satisfeita, o ponto de operação será intrinsecamente instável. A análise rigorosa também mostra que o segundo critério é um critério suficiente para *estabilidade*, desde que o CSTR seja adiabático. Se o reator não for adiabático, a segunda condição é necessária, mas não suficiente.

## 8.5.4 *Blowout* e Histerese

A existência de múltiplos estados estacionários para um CSTR traz a possibilidade de diversos fenômenos interessantes e importantes, dois dos quais são conhecidos como "*blowout*" e histerese na temperatura de alimentação.

### 8.5.4.1 *Blowout*

Considere um CSTR que está operando em estado estacionário no ponto 1 na Figura 8-9a. A temperatura do reator é de aproximadamente 453 K e a conversão de A é aproximadamente 84%. A curva $G(T)$ nesta figura foi calculada para uma reação irreversível ($A \rightarrow B$) de segunda ordem, ocorrendo em fase líquida em um CSTR com um volume de 0,40 $m^3$. A concentração de entrada de A é igual a 16 kmol/$m^3$, e a vazão volumétrica de alimentação do reator é de 1,3 $m^3$/ks. O calor de reação é igual a $-21$ kJ/(mol A), independentemente da temperatura. A constante da taxa é igual a $3{,}20 \times 10^9$ $\exp(-12.185/T)$ ($m^3$/((mol A) ks)), onde $T$ está em K.

O CSTR está operando adiabaticamente com uma temperatura de alimentação de 312 K. A capacidade calorífica da corrente de alimentação é igual a 2,0 J/($cm^3$ K), independentemente da temperatura. A linha $R(T)$ na Figura 8-9a foi construída usando estes valores.

## EXERCÍCIO 8-4

Verifique que a curva $G(T)$ na Figura 8-9a está correta, calculando o valor de $G(T)$ para uma temperatura do reator de 450 K.

## EXERCÍCIO 8-5

Verifique que a curva $R(T)$ na Figura 8-9a está correta, calculando o valor de $R(T)$ para uma temperatura do reator de 450 K.

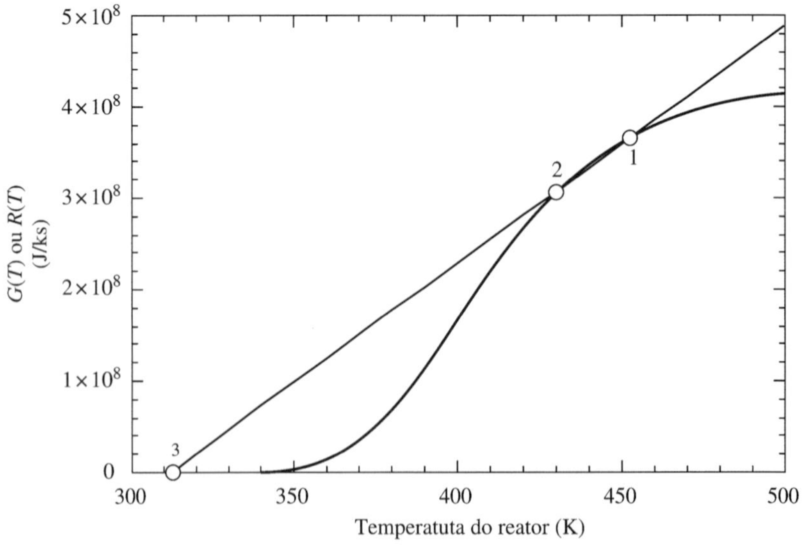


**Figura 8-9a** Curvas $G(T)$ e $R(T)$ para uma reação exotérmica e irreversível, de segunda ordem: caso base.

[1]Veja, por exemplo, Froment, G. F. e Bischoff, K. B., *Chemical Reactor Analysis and Design,* 2.ª edição, John Wiley & Sons, Inc., Nova York (1990), pp. 376–381.

Há três possíveis pontos de operação em estado estacionário, identificados por 1, 2 e 3. O ponto 1, no qual o CSTR está operando, é intrinsecamente estável. O ponto 3 também é intrinsecamente estável, e o ponto 2, localizado perto do ponto 1, é intrinsecamente instável. As curvas $G(T)$ e $R(T)$ mal se interceptam na região de alta temperatura (alta conversão). Claramente, é arriscado operar no ponto 1. Um pequeno deslocamento na curva $G(T)$ ou na curva $R(T)$ pode acabar com a interseção na região de alta conversão, desta forma eliminando o ponto de operação em alta conversão e deixando apenas um ponto com conversão essencialmente nula.

## EXEMPLO 8-3

*"Blowout" de um CSTR*

Suponha que a vazão volumétrica alimentando o reator descrito anteriormente seja elevada em 20%, sem mudanças nas concentrações de alimentação. Então, há permissão para o estabelecimento de um novo estado estacionário. Neste novo estado estacionário, em quais temperatura e conversão o CSTR operará?

### *ANÁLISE*

O tempo de residência médio, $\tau$, diminuiu como um resultado do aumento na vazão volumétrica na alimentação. Consequentemente, a conversão de A, $x_A$, irá diminuir a uma temperatura fixa, levando a uma nova curva $G(T)$. A localização desta curva será calculada e $G_{nov}(T)$ será colocada em um gráfico *versus T*.

Mesmo que a temperatura de alimentação ($T_0$) continue constante, o aumento da vazão na alimentação irá causar uma mudança na posição da linha $R(T)$, pois $\left(\sum_{i=1}^{N} F_{i0}\bar{c}_{p,i}\right)$ muda. Neste exemplo, no qual o reator é adiabático, a inclinação de $R(T)$ aumenta em 20% e o coeficiente linear diminui em 20%. Isto porque tanto a inclinação quanto o coeficiente linear da linha $R(T)$ dependem da vazão de alimentação, como mostrado na Equação (8-34a). A curva $R_{nov}(T)$ será calculada e colocada no mesmo gráfico que foi usado para $G_{nov}(T)$.

O(s) novo(s) ponto(s) de operação estará(ão) na(s) interseção(ões) entre $G_{nov}$ e $R_{nov}$.

### *SOLUÇÃO*

Os cálculos de $G_{nov}(T)$ e $R_{nov}(T)$ são mostrados no Apêndice 8-B. As linhas $G_{nov}(T)$ e $R_{nov}(T)$ são mostradas na Figura 8-9b, juntamente com as curvas originais de $G(T)$ e $R(T)$. As curvas $G_{nov}(T)$ e $R_{nov}(T)$ se interceptam em apenas um ponto, no qual a temperatura, $T$, é aproximadamente 312 K e $x_A$ é aproximadamente 0.

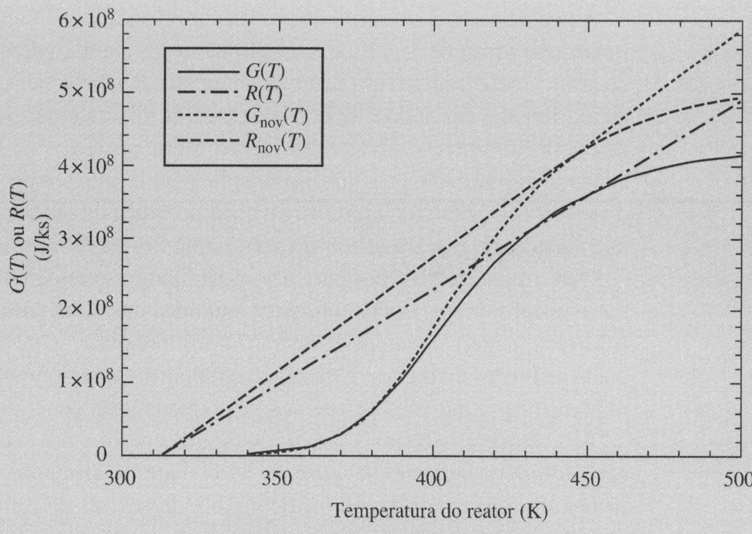


**Figura 8-9b** Curvas $G(T)$ e $R(T)$ para uma reação exotérmica e irreversível, de segunda ordem. Caso base [$G(T)$ e $R(T)$] e para um aumento de 20% na vazão de alimentação no reator [$G_{nov}(T)$ e $R_{nov}(T)$].

A Figura 8-9c é uma ampliação das linhas $G(T)$ e $R(T)$ na região de alta conversão, na vizinhança do ponto de operação original. É claro que $G_{nov}$ e $R_{nov}$ não se interceptam nesta região.

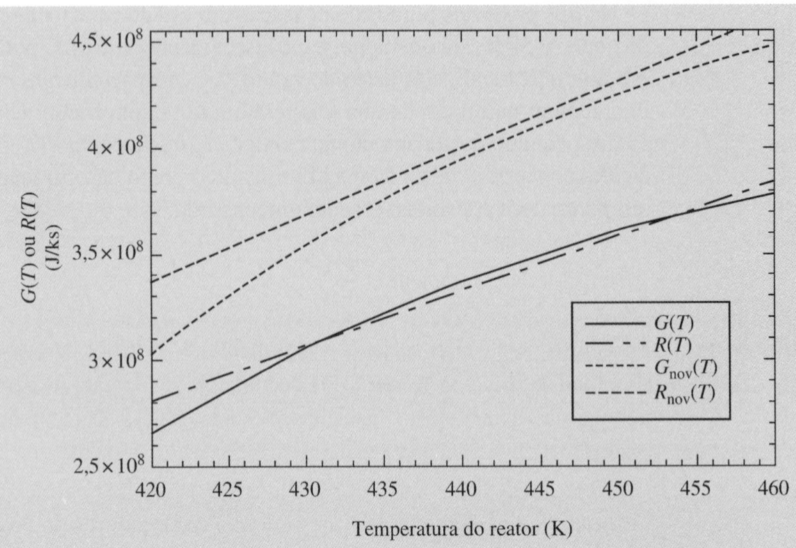


**Figura 8-9c** Visão ampliada da região de alta conversão da Figura 8-9b.

O aumento de 20% na vazão de alimentação efetivamente paralisou ou extinguiu a reação. A conversão de A caiu de aproximadamente 84% para quase 0, e a temperatura do reator caiu de aproximadamente 453 K para aproximadamente 312 K.

***Extensão*** O chefe do turno do dia chega pela manhã e encontra o reator operando em estado estacionário na nova condição, isto é, com uma vazão de alimentação de 1,56 $m^3$/ks, uma temperatura de 312 K (a temperatura da alimentação) e uma conversão igual a zero. O chefe de turno decide reduzir a vazão de alimentação ao seu valor original, na esperança de retornar o reator ao seu ponto de operação original ($x_A = 0{,}84$, $T = 453$ K). O que acha que irá acontecer?

***Discussão*** Para responder esta pergunta com total confiança, será necessário resolver simultaneamente os balanços de energia e de massa no reator em estado não estacionário. Contudo, uma análise qualitativa pode dar uma ideia da situação.

Antes de o chefe do turno do dia baixar a vazão de alimentação, o reator está a uma baixa temperatura (em torno de 312 K) e a reação não está quase "gerando" calor ($x_A \cong 0$). A redução da vazão de alimentação causará um pequeno aumento da conversão porque o tempo de residência médio será maior. Por sua vez, a taxa de geração de calor irá aumentar ligeiramente. Entretanto, os únicos pontos de operação estáveis são aqueles identificados por 1 e 3 na Figura 8-9a. A taxa de geração de calor aumentada provavelmente não é suficiente para levar a temperatura do reator para 453 K, a temperatura do ponto 1. O resultado mais provável da proposta de mudança do chefe de turno na vazão de alimentação é que o reator irá operar no ponto 3 da Figura 8-9a, e a reação continuará extinta.

Outra maneira de olhar para a resposta para a redução na vazão de alimentação, que o chefe de turno propôs, ou para qualquer outra mudança nas condições de operação com aquele objetivo, é que o sistema tenderá do ponto de operação original para o ponto de operação estável *mais próximo* associado às novas condições. Esta *não* é uma generalização universalmente válida. Entretanto, quando a mudança nas condições de operação é pequena, esta generalização frequentemente se aplica.

Parece que passos mais drásticos são necessários para restaurar a operação original. Uma opção seria temporariamente pré-aquecer a corrente de alimentação. Novamente, a estratégia exata para restaurar a operação deveria ser desenvolvida através da solução dos balanços de energia e de massa em estado não estacionário.

### 8.5.4.2 Histerese na Temperatura de Alimentação

Considere um CSTR que está operando no ponto A na Figura 8-10. A temperatura da alimentação ($T_0$) é $T_{0,A}$. A conversão é muito pequena, de modo que a temperatura de alimentação é elevada para aumentar a temperatura do reator. A Equação (8-34a) mostra que mudando a temperatura de alimentação o coeficiente linear da linha $R(T)$ muda, mas a sua inclinação não muda. Na medida em que $T_0$

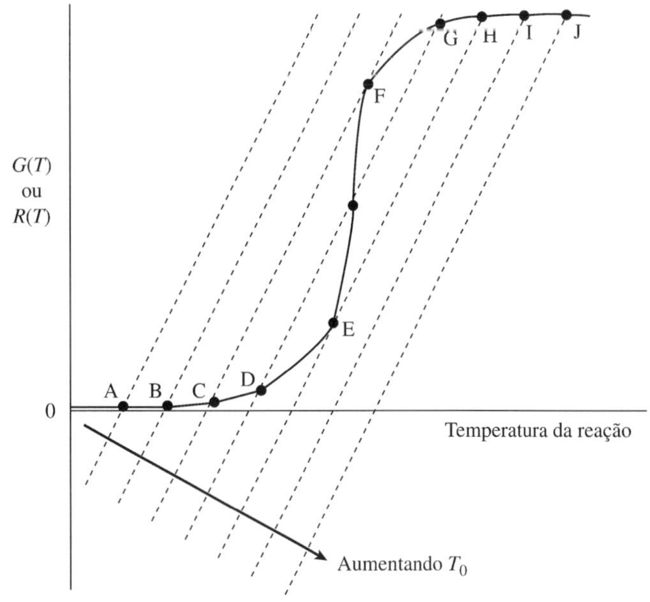


**Figura 8-10** Pontos de operação para um CSTR com diferentes temperatura de alimentação.

aumenta, o coeficiente linear se torna mais negativo. A curva $R(T)$ se desloca para a direita e permanece paralela a linha original, com mostrado a seguir na Figura 8-10.

Admita que a mudança em $T_0$ seja pequena, de modo que o novo ponto de operação em estado estacionário seja B na Figura 8-10. A temperatura da alimentação neste ponto é $T_{0,B}$. A Figura 8-10 mostra que a conversão $x_A$ continua sendo muito baixa. Consequentemente, a temperatura da alimentação é ligeiramente aumentada, de modo que a linha $R(T)$ agora intercepta a curva $G(T)$ no ponto C e é tangente a $G(T)$ no ponto F. A temperatura da alimentação para este ponto é $T_{0,CF}$. Se a mudança na temperatura da alimentação for pequena, esperamos que o reator opere no ponto C ao invés de no ponto F.

Agora suponha que a temperatura da alimentação seja novamente aumentada, por um pequeno intervalo, para $T_{0,DG}$, de modo que os possíveis pontos de operação *estáveis* sejam D e G. Para uma pequena mudança na temperatura da alimentação, o ponto de operação esperado seria o D. A temperatura da alimentação é elevada outra vez, para um valor $T_{0,EH}$ no qual os pontos de operação estáveis são E, no qual a linha $R(T)$ é exatamente tangente à curva $G(T)$, e H. Se a elevação na temperatura da alimentação fosse pequena o suficiente, o reator iria operar no ponto E, ainda com uma conversão relativamente baixa.

Neste ponto, a situação muda! Qualquer elevação adicional na temperatura da alimentação, mesmo pequena, causa um aumento substancial na conversão, por exemplo, para o ponto I e então para o ponto J. As temperaturas de alimentação correspondentes são $T_{0,I}$ e $T_{0,J}$.

O comportamento do CSTR até agora é resumido na Figura 8-11, um gráfico da conversão de A *versus* a temperatura da alimentação do CSTR. A discussão anterior começou com o ponto A e se

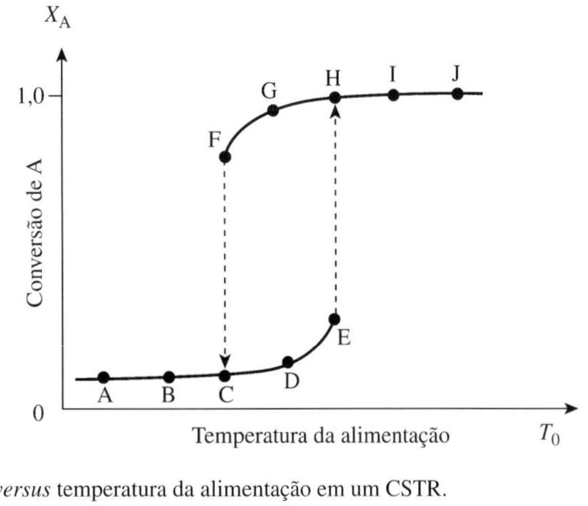


**Figura 8-11** Conversão de A *versus* temperatura da alimentação em um CSTR.

deslocou A → B → C → D → E → H → I → J. A conversão era baixa até o ponto E ($T_{0,EH}$) ser atingido. Uma elevação adicional na temperatura da alimentação, para $T_{0,J}$, causou uma elevação significativa da conversão, para essencialmente 100%.

Agora considere o que irá acontecer com a diminuição da temperatura, começando pelo ponto J ($T_{0,J}$). Quando a temperatura da alimentação é $T_{0,I}$, a conversão em estado estacionário é ainda alta. Se a diferença entre $T_{0,I}$ e $T_{0,EH}$ for pequena, a redução para $T_{0,EH}$ deveria causar a operação do reator no ponto H na Figura 8-11, ao invés de no ponto E. Similarmente, quando a temperatura da alimentação é reduzida para $T_{0,DG}$, o reator deveria operar no ponto G, e quando a temperatura é reduzida para $T_{0,CF}$, o reator deveria operar no F. Entretanto, uma redução adicional abaixo de $T_{0,CF}$ irá causar uma queda drástica da conversão.

A Figura 8-11 mostra *histerese*. Em uma determinada região de temperaturas da alimentação, a conversão não é a mesma quando a temperatura da alimentação está sendo elevada em relação a quando a temperatura da alimentação está sendo diminuída, mesmo que a temperatura da alimentação verdadeira seja a mesma nos dois casos.

A repentina elevação na conversão quando a temperatura da alimentação está sendo elevada de um valor inicial baixo é conhecida como "*light-off*" e a temperatura da alimentação na qual este rápido salto é observado, $T_{0,EH}$ neste exemplo, é chamada de "*temperatura de light-off*". O repentino declínio na conversão que é observado quando a temperatura da alimentação está sendo diminuída de um valor alto é chamado de "extinção", e a temperatura da alimentação na qual isso ocorre, $T_{0,CF}$ neste exemplo, é chamada de "temperatura de extinção". Quando ocorre histerese, as temperaturas de extinção e de *light-off* serão diferentes.

## 8.6 REATORES BATELADA E DE ESCOAMENTO PISTONADO, NÃO ADIABÁTICOS E NÃO ISOTÉRMICOS

### 8.6.1 Comentários Gerais

Apesar da simplicidade dos reatores adiabáticos, existem diversas situações nas quais a operação adiabática não é viável ou prática. O controle cuidadoso da temperatura pode ser necessário para evitar a desativação de um catalisador pelo seu superaquecimento, ou para controlar a seletividade de uma reação. Isso pode exigir que calor seja fornecido ou retirado através da parede do reator na medida em que a reação ocorre.

Para um reator batelada bem misturado, calor pode ser retirado ou fornecido através de uma camisa no reator, ou através de serpentinas imersas no reator, sem violar a suposição de que a temperatura é a mesma em qualquer lugar no reator, a qualquer momento. Embora existam gradientes de temperatura próximos às superfícies de transferência de calor, o volume do reator no qual estes gradientes estão presentes é pequeno comparado ao volume total do reator. Sendo a temperatura em um reator batelada não adiabático e não isotérmico espacialmente uniforme, o reator ainda é *ideal*, e a equação de projeto e do balanço de energia são os mesmos que os formulados anteriormente.

A situação não é tão simples e direta para um reator tubular contínuo. Quando calor é removido ou fornecido através das paredes do tubo, gradientes de temperatura são estabelecidos na direção radial. Estes gradientes podem causar a violação da suposição de escoamento pistonado *ideal*. O modelo de escoamento pistonado ideal é um modelo *unidimensional*, no qual todas as variações de temperatura, de concentração e de taxa de reação estão confinadas a uma única dimensão, a direção do escoamento. Para quase todos os reatores tubulares não adiabáticos, um modelo *bidimensional* é requerido. O modelo bidimensional permite que a temperatura, a concentração e a taxa de reação variem na direção do escoamento (isto é, na dimensão axial em um reator tubular) *e* em uma direção normal ao escoamento (isto é, a dimensão radial em um reator tubular). Em resumo, as equações de projeto do PFR formuladas no Capítulo 3 não são válidas quando há gradientes radiais. A maioria dos reatores tubulares com transferência de calor através das paredes não pode ser considerada como reatores de escoamento pistonado. Tanto o(s) balanço(s) de massa como o balanço de energia tem que ser (re)formulados para incluírem os gradientes radial e axial.

O uso de modelos bidimensionais para dimensionar e analisar reatores tubulares está além do escopo deste texto. Froment e Bischoff[2] discutem tais modelos com mais detalhes.

[2]Froment, G. F. e Bischoff, K. B., *Chemical Reactor Analysis and Design*, 2.ª edição, John Wiley & Sons, 1990, Capítulo 11.

### 8.6.2 Reatores Batelada Não Adiabáticos

O dimensionamento e a análise de um reator batelada não adiabático, com uma única reação homogênea ocorrendo, requer a solução simultânea de um balanço de massa e o balanço de energia macroscópico.

Balanço de massa (equação de projeto)

$$\frac{-1}{V}\frac{dN_A}{dt} = -r_A \tag{3-5}$$

Balanço de energia macroscópico

$$Q = \left(\sum_{i=1}^{N} N_i c_{p,i}\right)\frac{dT}{dt} + (-r_A)[\Delta H_R(T)]V \tag{8-15}$$

Substituindo $Q = UA_{tc}\Delta T$ e rearranjando,

$$\frac{dT}{dt} = \frac{-(-r_A)[\Delta H_R(T)]V}{\left(\sum_{i=1}^{N} N_i c_{p,i}\right)} + \frac{UA_{tc}\Delta T}{\left(\sum_{i=1}^{N} N_i c_{p,i}\right)} \tag{8-35}$$

O último passo é expressar $\Delta T$ em termos da temperatura do conteúdo do reator a qualquer momento. Se a vazão do fluido de resfriamento através da camisa ou da serpentina for relativamente alta, sua temperatura não mudará significativamente entre a entrada e a saída. Então

$$\Delta T = T_{fr}(t) - T(t) \tag{8-36}$$

Aqui, $T_{fr}(t)$ é a temperatura do fluido de resfriamento e $T(t)$ é a temperatura do conteúdo do reator. Em geral, as duas temperaturas, a do reator e a do fluido de resfriamento, irão depender do tempo. A variação de $T_{fr}$ com o tempo será especificada como parte do projeto. Isto permite a substituição da Equação (8-36) na Equação (8-35).

Para este caso, as Equações (3-5) e (8-35) são um par de equações diferenciais ordinárias simultâneas, de primeira ordem. Elas estão sujeitas às condições iniciais: $T = T_0$, $N_A = N_{A0}$, $t = 0$. Estas equações podem ser resolvidas determinando $T$ e $x_A$ como funções do tempo, usando as técnicas numéricas discutidas no Capítulo 7, Seção 7.4.3.2 e no Apêndice 7-A.2.

Se a vazão do fluido de resfriamento for relativamente baixa, então a sua temperatura irá variar na sua passagem através da camisa ou da serpentina. Se o fluido de resfriamento estiver em escoamento pistonado,

$$\Delta T = \Delta T_{ml}$$

onde $\Delta T_{ml}$ é a média logarítmica das diferenças de temperaturas, como discutido na Seção 8.3 deste capítulo. Em geral, $\Delta T_{ml}$ irá depender do tempo. Neste caso, três equações diferenciais ordinárias tem que ser resolvidas simultaneamente. A terceira equação, em adição às Equações (3-5) e (8-35), é

$$\frac{dT_{fr}}{dA_{tc}} = \frac{U(T_{fr} - T)}{\dot{m}c_{p,m}}$$

Aqui, $A_{tc}$ é a área da superfície de troca de calor, $\dot{m}$ é a vazão mássica do fluido de resfriamento e $c_{p,m}$ é a capacidade calorífica mássica do fluido de resfriamento.

## 8.7 TROCADORES DE CALOR ALIMENTAÇÃO/PRODUTO (A/P)

### 8.7.1 Considerações Qualitativas

O desempenho de um reator é muito sensível à temperatura da corrente de entrada. Isso é especialmente verdadeiro para reatores de escoamento pistonado e para reatores que operam adiabaticamente.

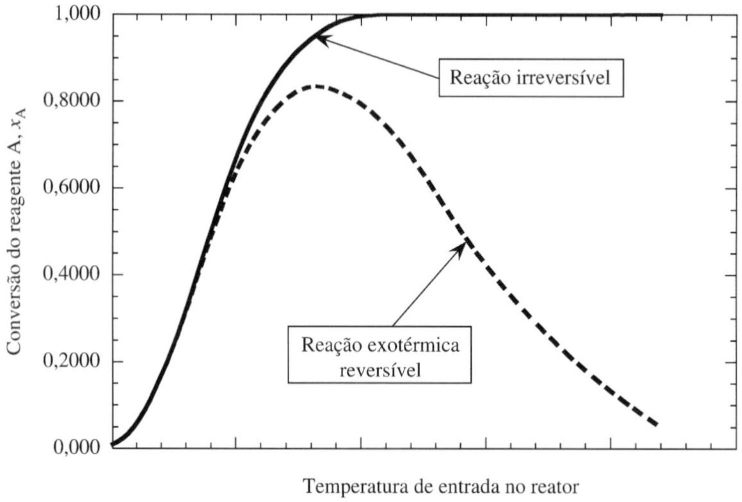


**Figura 8-12** Efeito da temperatura da alimentação na conversão do reagente A, com tempo espacial e composição da alimentação constantes.

Considere um reator no qual uma única reação exotérmica ocorra. A Figura 8-12 mostra como a conversão do reagente A muda quando a temperatura da corrente de alimentação é variada, mantidos constantes o tempo espacial e a composição da alimentação.

A conversão do reagente A no efluente do reator ($x_A$) será próxima de zero quando a temperatura da alimentação for muito baixa. À medida que a temperatura da alimentação aumenta, a conversão na saída aumenta rapidamente. Para um tempo espacial e composição da alimentação fixos, a taxa na qual $x_A$ aumenta com a temperatura da alimentação dependerá da energia de ativação. Quanto maior a energia de ativação, maior a inclinação da curva de $x_A$ *versus* a temperatura da alimentação. Se a reação for irreversível na faixa de temperaturas de interesse, a conversão de saída se aproxima de 1 na medida em que a temperatura da alimentação continua aumentando.

Se a reação for exotérmica e *reversível*, a curva conversão *versus* temperatura da alimentação a baixas temperaturas é similar àquela de uma reação irreversível. Entretanto, na medida em que a temperatura aumenta, a reação inversa se torna cada vez mais importante. A conversão de saída acaba passando por um máximo à medida que o equilíbrio se torna cada vez mais desfavorável. Em temperaturas muito altas, a reação é limitada pelo equilíbrio químico e a conversão de saída diminui com a temperatura da alimentação.

## EXERCÍCIO 8-6

Esboce a curva $x_A$ *versus* temperatura da alimentação para uma reação *endotérmica* reversível.

Para qualquer reação, a conversão é muito pequena se a temperatura da alimentação for bem baixa. Por exemplo, a alimentação do reator pode vir de tanques de estocagem praticamente à temperatura ambiente. A menos que a reação seja muito rápida à temperatura ambiente, a alimentação terá que ser em alguma extensão preaquecida com o objetivo de obter uma taxa de reação razoável.

Quando a reação é exotérmica, uma abordagem usual para preaquecer a corrente de alimentação é usar um trocador de calor alimentação/produto (A/P). Este arranjo é mostrado esquematicamente na Figura 8-13. A alimentação é aquecida trocando calor com a corrente mais quente que deixa o reator. O escoamento das duas correntes é contracorrente.

O sistema constituído pelo reator e o trocador de calor A/P é dito ser *autotérmico*, se a conversão na saída desejada pode ser atingida sem adição de calor a partir de uma fonte "externa". Em outras palavras, o sistema é autotérmico se a corrente deixando o reator for quente o suficiente para aquecer a corrente de alimentação até a temperatura que é necessária para atingir a conversão desejada, em estado estacionário.

### 8.7.2 Análise Quantitativa

Consideremos uma reação *reversível* exotérmica, como a oxidação do dióxido de enxofre ou a síntese de metanol, ocorrendo em um PFR ideal adiabático. Um trocador de calor alimentação/produto é usado

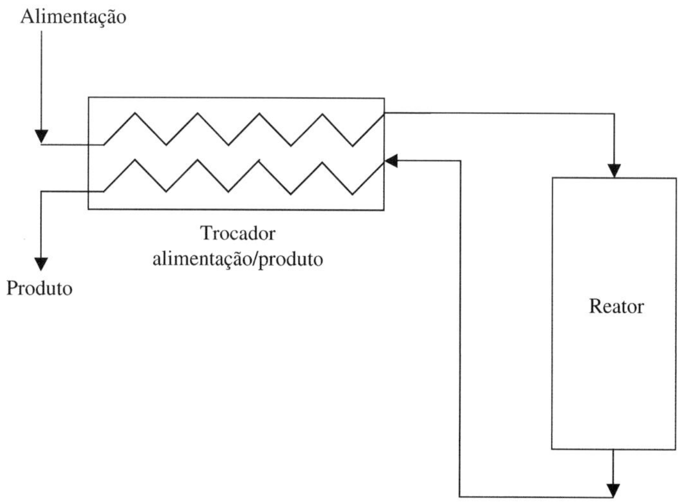


**Figura 8-13** Diagrama esquemático do reator e do trocador de calor alimentação/produto.

para preaquecer a alimentação e resfriar o produto. A Figura 8-14 é um esboço dos dois equipamentos e dos perfis das temperaturas e da conversão do reagente A em cada um deles.

A Corrente "fria" (alimentação), que entra no trocador de calor A/P e depois passa dentro do reator, é identificada como Corrente 1. A Corrente 2 é a corrente de produto, isto é, a Corrente "quente". Designemos a dimensão axial do trocador A/P por $z'$. A Corrente 1 entra no trocador A/P em $z' = 0$, com uma temperatura $T_{ent}$, a qual é considerada conhecida. A Corrente 1 deixa o trocador em $z' = Z'$ com uma temperatura $T_1(Z')$. Esta temperatura dependerá da quantidade de calor transferida no trocador A/P, e não é conhecida neste ponto da análise.

A Corrente 2, que vem do reator, entra no trocador A/P em $z' = Z'$ com uma temperatura $T_2(Z')$. Ela sai em $z' = 0$ com uma temperatura $T_2(0)$.

A dimensão axial do reator é designada por $z$. A alimentação preaquecida entra no reator em $z = 0$ com uma temperatura $T_0$. A Corrente 1 não perde calor entre o trocador A/P e o reator. Consequentemente,

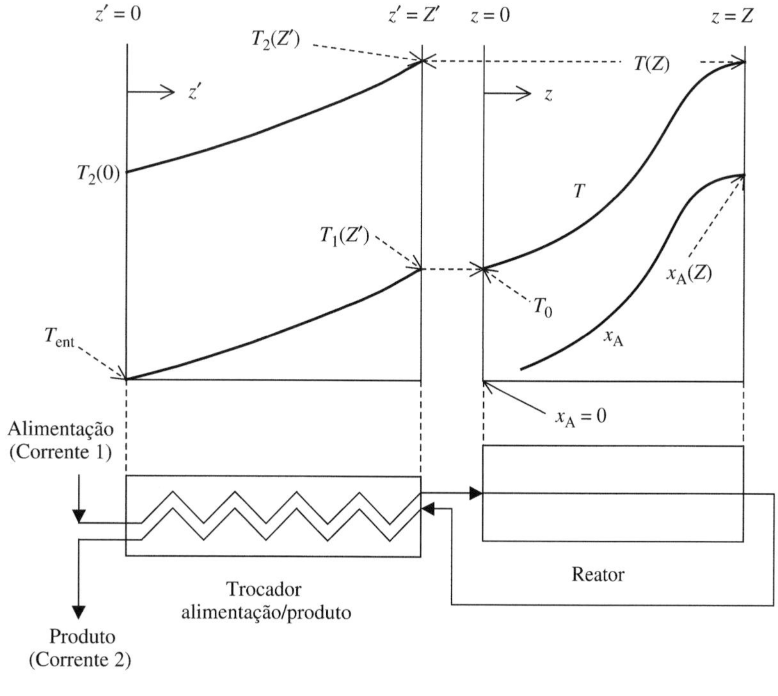


**Figura 8-14** Diagrama da combinação do reator e do trocador de calor alimentação/produto, mostrando os perfis de temperaturas nos dois equipamentos e o perfil da conversão do reagente A no reator.

$$T_1(Z') = T_0 \tag{8-37}$$

A Corrente de produto deixa o reator em $z = Z$, com uma temperatura $T(Z)$. Pela mesma lógica, a temperatura na qual a Corrente 2 entra no trocador de calor A/P tem que ser a mesma temperatura na qual ela deixa o reator. Consequentemente,

$$T(Z) = T_2(Z') \tag{8-38}$$

A única temperatura que é conhecida neste ponto é $T_{ent}$. A temperatura de entrada do reator, $T_0$, não é conhecida. Consequentemente, a equação de projeto não pode ser integrada para determinar a composição e a temperatura do efluente do reator.

Com o objetivo de analisar o comportamento da combinação reator/trocador, três "ferramentas" são necessárias: um balanço de energia no reator, um balanço de energia no trocador A/P e a equação de projeto para o reator. Estas equações terão que ser resolvidas simultaneamente. Nós as resolveremos graficamente em função da valiosa visualização que tal solução pode nos oferecer.

### 8.7.2.1 Balanço de Energia — Reator

O balanço de energia em um reator adiabático de escoamento em estado estacionário foi desenvolvido na Seção 8.4.3 deste capítulo. Se $F_{A0}(-\Delta H_R(T))/\sum_{i=1}^{N} F_{i0}\bar{c}_{p,i}$ for constante, então a temperatura, $T$, em qualquer ponto ao longo do comprimento do reator e a conversão, $x_A$, naquele ponto estão relacionadas por

$$T = T_0 + (\overline{\Delta T}_{ad})x_A \tag{8-20}$$

Rearranjando e fazendo $\lambda = 1/\overline{\Delta T}_{ad}$

$$x_A = \lambda[T - T_0]$$

Na presente nomenclatura,

$$x_A(z) = \lambda[T(z) - T_0] \tag{8-39}$$

Aplicando esta equação para todo o reator, obtém-se uma relação entre a temperatura de entrada do reator, $T_0$, a temperatura de saída do reator, $T(Z)$, e a conversão global, $x_A(Z)$,

$$x_A(Z) = \lambda[T(Z) - T_0] \tag{8-40}$$

### 8.7.2.2 Equação de Projeto

A solução da equação de projeto para um reator de escoamento pistonado adiabático foi discutida na Seção 8.4.5 deste capítulo. A equação de projeto para um PFR ideal pode ser escrita na forma

$$\frac{dx_A}{d\tau'} = [-r_A(x_A, T)]/C_{A0} \tag{8-41}$$

Quando o reator for adiabático, $T$ e $x_A$ estão relacionados através da Equação (8-39).

Se o tempo espacial, $\tau$, para todo o PFR for fixo, então a conversão na saída, $x_A(Z)$, e a temperatura da corrente deixando o reator, $T(Z)$, dependem somente da temperatura da alimentação, $T_0$. Os valores de $x_A(Z)$ e $T(Z)$ podem ser determinados pela integração da Equação (8-41), em conjunto com a Equação (8-39), de $\tau' = 0$ até $\tau' = \tau$, usando as condições iniciais $x_A = 0$ e $T = T_0$ em $\tau' = 0$. Um exemplo deste tipo de cálculo foi dado na Seção 8.4.5 deste capítulo, para o caso de um reator batelada adiabático ideal.

Um gráfico de $x_A(Z)$ *versus* $T(Z)$ pode ser gerado admitindo-se diferentes valores de $T_0$ e repetindo a integração da Equação (8-41). Uma ilustração do resultado de tais cálculos, para uma reação reversível, é dada pela curva na Figura 8-15. Esta curva "contém" tanto a equação de projeto quanto o balanço de energia no reator.

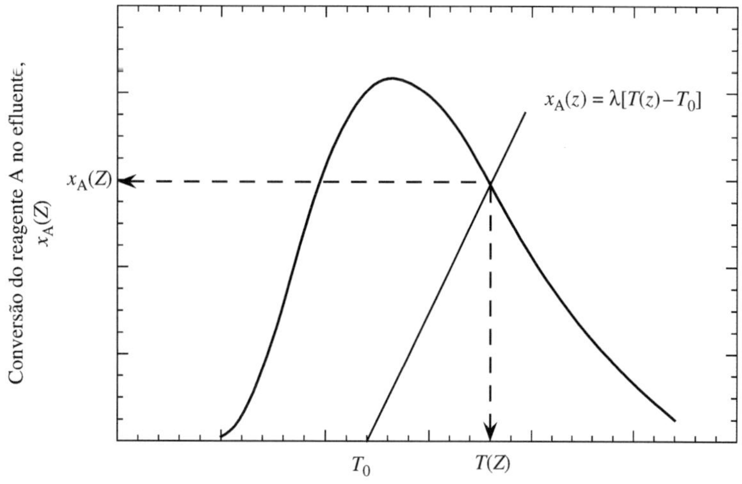


**Figura 8-15** Representação da solução simultânea da equação de projeto e do balanço de energia em um PFR adiabático. Cada ponto sobre a curva corresponde a um valor diferente da temperatura de entrada, $T_0$. A linha reta é o balanço de energia global no reator e pode ser usada para localizar a $T_0$ correspondente a um dado ponto sobre a curva.

A linha reta na Figura 8-15 é o balanço de energia global no reator, Equação (8-40). Esta equação serve para localizar o valor de $T_0$ que corresponde a uma dada condição de saída, ($x_A(Z)$, $T(Z)$).

### 8.7.2.3 Balanço de Energia — Trocador de Calor A/P

Escreveremos um balanço de energia em uma fatia diferencial do trocador A/P, normal à direção do escoamento. Este volume de controle é mostrado na figura a seguir.

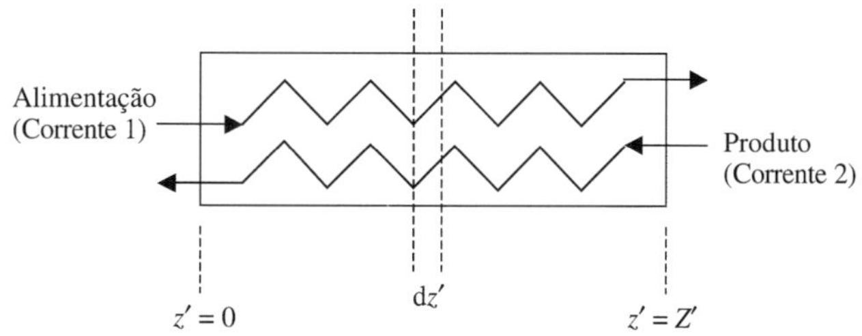


Para a Corrente 1, o balanço de energia é

$$\left(\sum_{i=1}^{N} F_i \bar{c}_{p,i}\right)_1 dT_1 = Ua_{tc}(T_2(z') - T_1(z'))dz' \tag{8-42}$$

Aqui, $U$ é o coeficiente global de transferência de calor entre as correntes quente e fria, $a_{tc}$ é a área de troca de calor por unidade de comprimento do trocador (unidades, $m^2/m$), $dz'$ é o comprimento do trocador no qual o balanço de energia é feito, $T_2(z')$ é a temperatura da Corrente quente (produto) em $z'$ e $T_1(z')$ é a temperatura da Corrente fria (alimentação) em $z'$. Enunciado de forma simples, a taxa na qual o calor sensível da Corrente 1 aumenta é igual a taxa na qual calor é transferido entre as Correntes.

O mesmo balanço para a Corrente 2 é

$$\left(\sum_{i=1}^{N} F_i \bar{c}_{p,i}\right)_2 dT_2 = Ua_{tc}(T_2(z') - T_1(z'))dz' \tag{8-43}$$

Eliminando $Ua_{tc}(T_2(z') - T_1(z'))dz$ entre as Equações (8-42) e (8-43), obtém-se

$$\left(\sum_{i=1}^{N} F_i \bar{c}_{p,i}\right)_1 dT_1 = \left(\sum_{i=1}^{N} F_i \bar{c}_{p,i}\right)_2 dT_2$$

Neste ponto, consideraremos que $\left(\sum_{i=1}^{N} F_i\bar{c}_{p,i}\right)_1 = \left(\sum_{i=1}^{N} F_i\bar{c}_{p,i}\right)_2$, isto é, que as taxas de capacidades caloríficas totais das duas Correntes são as mesmas. Isso frequentemente é uma boa suposição para o primeiro passo e simplifica a análise consideravelmente. Integrando $dT_1 = dT_2$ entre uma posição arbitrária, $z'$, e $Z'$, resulta em

$$T_2(z') - T_1(z') = T_2(Z') - T_1(Z') = \text{constante} = \Delta T_{\text{tr}}$$

Esta equação mostra que a diferença de temperaturas entre as Correntes 1 e 2 é constante, independentemente da posição ao longo do comprimento do trocador. Essa diferença de temperaturas constante foi identificada por $\Delta T_{\text{tr}}$. Da Figura 8-14, $[T_2(Z') - T_1(Z')] = \Delta T_{\text{tr}} = [T(Z) - T_0]$. Entretanto, da Equação (8-40), $T(Z) - T_0 = x_A(Z)/\lambda$. Consequentemente, $\Delta T_{\text{tr}} = x_A(Z)/\lambda$.

Retornando agora para a Equação (8-42),

$$\frac{dT_1}{dz'} = \frac{Ua_{\text{tc}}\Delta T_{\text{tr}}}{\left(\sum_i F_1\bar{c}_{p,i}\right)}$$

Integrando de $z' = 0$, $T_1 = T_{\text{ent}}$ até $z' = Z'$, $T_1 = T_1(Z')$, e reconhecendo que $a_{\text{tc}}Z' = A_{\text{tc}}$, a área total de transferência de calor do trocador A/P,

$$T_1(Z') - T_{\text{ent}} = \frac{UA_{\text{tc}}\Delta T_{\text{tr}}}{\left(\sum_i F_i\bar{c}_{p,i}\right)}$$

Adicionando $T(Z) - T_0 = x_A(Z)/\lambda$ (veja Equação (8-40)) nos dois lados da equação anterior e reconhecendo que $T_1(Z') = T_0$ e que $\Delta T_{\text{tr}} = x_A(Z)/\lambda$, tem-se

$$T(Z) - T_{\text{ent}} = \frac{x_A(Z)}{\lambda}\left(1 + \frac{UA_{\text{tc}}}{\sum_{i=1}^{N} F_i\bar{c}_{p,i}}\right)$$

Isso pode ser rearranjado para

$$x_A(Z) = \frac{\lambda}{\left(1 + \frac{UA_{\text{tc}}}{\sum_{i=1}^{N} F_i\bar{c}_{p,i}}\right)}(T(Z) - T_{\text{ent}}) \tag{8-44}$$

A Equação (8-44) é uma linha reta em um gráfico de $x_A(Z)$ *versus* $T(Z)$, como na Figura 8-15. A linha tem um coeficiente linear igual a $T_{\text{ent}}$ no eixo da temperatura e uma inclinação de $\lambda/\left[1 + UA_{\text{tc}}/\sum_{i=1}^{N} F_i\bar{c}_{p,i}\right]$. Como $UA_{\text{tc}}/\sum_{i=1}^{N} F_i\bar{c}_{p,i} > 0$, a inclinação desta linha é menor do que $\lambda$, isto é, a inclinação é menor do que aquela na Equação (8-40).

### 8.7.2.4 Solução Global

A Figura 8-16 é uma extensão da Figura 8-15, com a adição da Equação (8-44).

A interseção da curva e da linha reta é o *único* ponto no qual o balanço de energia do reator, a equação de projeto e o balanço de energia no trocador A/P são satisfeitos *simultaneamente*. O ponto de interseção fornece os valores de $x_A(Z)$ e $T(Z)$ que resultam de um valor especificado de $T_{\text{ent}}$.

### 8.7.2.5 Ajustando a Conversão na Saída

A Figura 8-16, como construída, mostra uma conversão de A que está bem abaixo do valor máximo possível. A temperatura de saída do reator, $T(Z)$, é muito alta, de modo que o reator opera a uma temperatura na qual o equilíbrio é relativamente desfavorável.

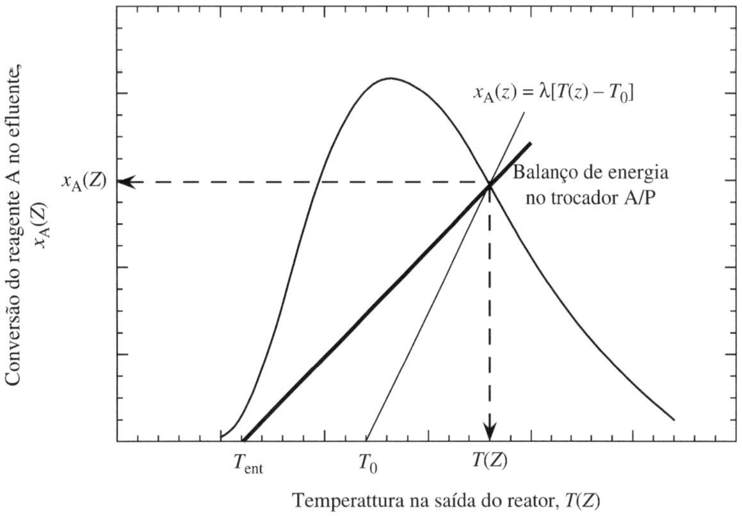


**Figura 8-16** Representação da solução simultânea da equação de projeto e do balanço de energia em um PFR adiabático, mais o balanço de energia em um trocador de calor alimentação/produto.

O projeto do trocador A/P pode ser mudado para reduzir a temperatura de saída do reator, $T(Z)$, e desse modo aumentar a conversão, $x_A$. Se $T_{ent}$ for fixa, a inclinação do balanço de energia A/P pode ser aumentada, como mostrado na Figura 8-17.

A inclinação do balanço de energia A/P pode ser aumentada pela redução da área global, $A_{tc}$, do trocador A/P. Isso pode ser visto na Equação (8-43). A redução da área de troca térmica diminui a quantidade de calor transferido para a corrente de alimentação entrando no reator. Como uma consequência, $T_0$, a temperatura de entrada no reator, é reduzida.

Em uma planta existente, com o trocador A/P já no lugar, ainda é possível mudar a inclinação do balanço de energia A/P. A quantidade de calor transferido para a corrente de alimentação pode ser diminuída permitindo apenas que uma fração da corrente de alimentação passe através do trocador A/P. O restante da alimentação passa por um *bypass* em torno do trocador. Esta configuração é mostrada na Figura 8-18.[3]

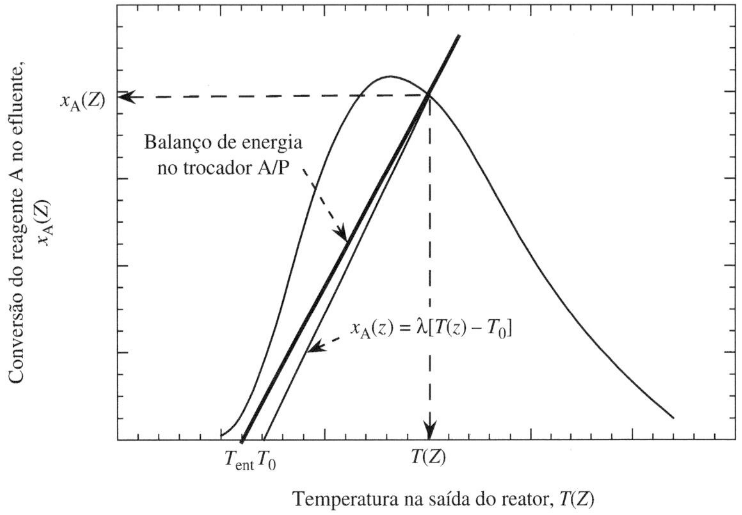


**Figura 8-17** Solução da equação de projeto e do balanço de energia em um PFR adiabático, mais o balanço de energia em um trocador de calor alimentação/produto. A área do trocador A/P é menor do que a área do trocador da Figura 8-16.

[3]A utilidade de passar uma fração da alimentação por um *bypass* no trocador A/P é discutida com maiores detalhes em Froment, G. F. e Bischoff, K. B., *Chemical Reactor Analysis and Design,* 2.ª edição, John Wiley & Sons (1990), Capítulo 11, Seção 5.5, pp. 423–437.

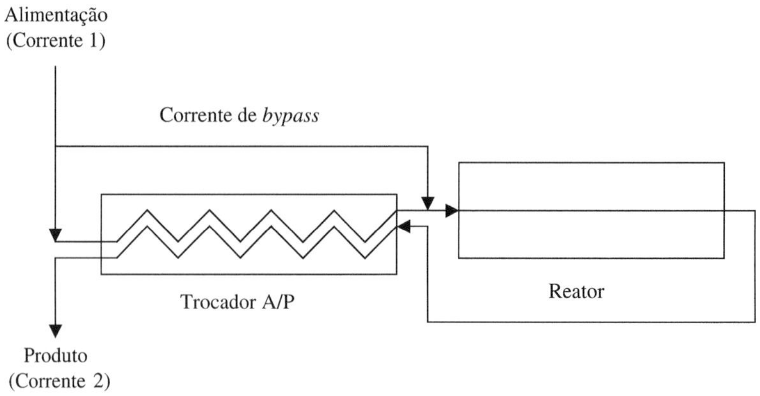


**Figura 8-18** Trocador de calor Alimentação/Produto com *bypass* parcial da corrente de alimentação.

### 8.7.2.6 Múltiplos Estados Estacionários

Retornemos à Figura 8-16 e consideremos outra possibilidade. A posição da linha cheia mais grossa representando o balanço de energia no trocador A/P é determinada pelos valores de $T_{ent}$, $\lambda$, $UA_{tc}$ e $\sum_{i=1}^{N} F_i\bar{c}_{p,i}$. Dependendo desses valores, a linha do balanço de energia pode estar em uma posição diferente em relação à curva para o reator adiabático, como mostrado na Figura 8-19.

Esta figura mostra três pontos de interseção entre o balanço de energia no trocador A/P e a equação de projeto para um PFR adiabático, isto é, existem três possíveis estados estacionários para a combinação reator–trocador A/P. O *sistema* exibe multiplicidade, como discutido na Seção 8.5.2 deste capítulo. O ponto 1 é uma solução com conversão baixa e temperatura baixa. É o ponto de operação que seria atingido se uma corrente de alimentação a $T_{ent}$ fosse passada através de um sistema "frio", que estivesse a uma temperatura na região de $T_{ent}$. Praticamente, este ponto nos diz que o sistema não pode ser partido simplesmente fazendo-se a alimentação de uma corrente fria em um trocador A/P e um reator frios.

Os pontos 2 e 3 tem conversões e temperaturas mais altas, e merecem mais análise. Uma interpretação física da Figura 8-19 pode ser desenvolvida pelo, em primeiro lugar, reconhecimento de que a *combinação* do reator adiabático e do trocador de calor A/P é adiabática. Consequentemente, a mudança de entalpia associada à diferença de composições entre as correntes deixando e entrando no reator tem que igualar a diferença de calores sensíveis entre o fluido deixando o trocador A/P a $T_2(0)$ e o fluido entrando a $T_{ent}$.

$$F_{A0}(-\Delta H_R)x_A(Z) = \left(\sum_{i=1}^{N} F_i\bar{c}_{p,i}\right)(T_2(0) - T_{ent}) \qquad (8\text{-}45)$$

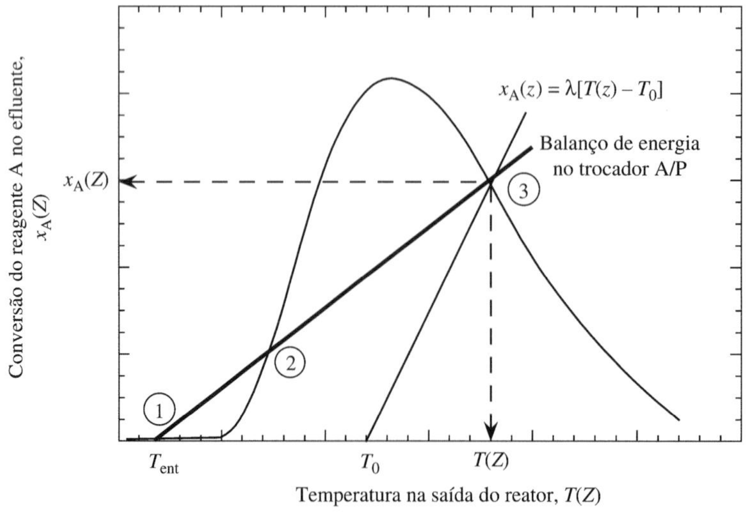


**Figura 8-19** Múltiplos estados estacionários em sistema constituído por reator e trocador de calor alimentação/produto.

Seguindo a lógica da Seção 8.5.1 deste capítulo, chamemos o lado direito desta equação de $R(T)$,

$$R(T) = \left(\sum_{i=1}^{N} F_i \bar{c}_{p,i}\right)(T_2(0) - T_{\text{ent}}) \tag{8-46}$$

e chamemos o lado esquerdo de $G(T)$.

$$G(T) = F_{A0}(-\Delta H_R)x_A(Z) \tag{8-47}$$

Fisicamente, $R(T)$ é a diferença no calor sensível entre a Corrente de alimentação entrando no trocador a $T_{\text{ent}}$ e a Corrente de produto deixando o trocador a $T_2(0)$. Ela é uma parte da mudança de entalpia global para o sistema reator–trocador A/P. Analogamente, $G(T)$ é a porção da mudança de entalpia que resulta da diferença na composição entre as correntes de entrada e de saída, isto é, em função da reação. Assim como no CSTR isolado que foi tratado anteriormente neste capítulo, é conveniente nos referirmos em relação a $G(T)$ como a taxa de "geração de calor" e nos referirmos em relação a $R(T)$ como a taxa de "retirada de calor". Combinando as Equações (8-45)–(8-47),

$$G(T) = R(T)$$

Agora, o calor transferido no trocador A/P tem que ser igual à mudança no calor sensível da Corrente quente.

$$UA_{\text{tc}}\Delta T_{\text{tr}} = UA_{\text{tc}}(T_2(0) - T_{\text{ent}}) = \left(\sum_{i=1}^{N} F_i \bar{c}_{p,i}\right)(T(Z') - T_2(0))$$

$$T_2(Z') - T_2(0) = \frac{UA_{\text{tc}}}{\sum_{i=1}^{N} F_i \bar{c}_{p,i}}(T_2(0) - T_{\text{ent}})$$

Somando $[T_2(0) - T_{\text{ent}}]$ nos dois lados desta equação e rearranjando, tem-se

$$T_2(0) - T_{\text{ent}} = \frac{(T_2(Z') - T_{\text{ent}})}{\left[1 + \left(UA_{\text{tc}} \Big/ \sum_{i=1}^{N} F_i \bar{c}_{p,i}\right)\right]} \tag{8-34}$$

A substituição desta expressão na Equação (8-46) e a divisão dos dois lados por $F_{A0}(-\Delta H_R)$ resulta em

$$\frac{R(T)}{F_{A0}(-\Delta H_R)} = \frac{\lambda(T_2(Z') - T_{\text{ent}})}{\left[1 + \left(UA_{\text{tc}} \Big/ \sum_{i=1}^{N} F_i \bar{c}_{p,i}\right)\right]}$$

O lado direito desta equação é a equação para a linha reta 1–3 na Figura 8-19. Esta linha reta é justamente $R(T)$ dividido por uma constante $(F_{A0}(-\Delta H_R))$.

A Equação (8-47) mostra que a curva na Figura 8-19 é $G(T)/(F_{A0}(-\Delta H_R))$. Consequentemente, os pontos de interseção na Figura 8-19 podem ser analisados usando a mesma abordagem empregada para o CSTR na Seção 8.5.3 deste capítulo. Esta análise aproximada mostra que os pontos 1 e 3 são intrinsecamente estáveis porque uma pequena variação na temperatura irá causar uma mudança maior em $R$ do que em $G$. Isto causa uma variação da temperatura no sentido *oposto* ao da perturbação original. O ponto 2 é intrinsecamente instável, pois a variação em $G$, para uma dada flutuação de temperatura, é maior do que a variação em $R$. Isso causa que a temperatura continue variando no sentido da variação original.

## 8.8 COMENTÁRIOS CONCLUSIVOS

Neste capítulo, vimos que múltiplos estados estacionários podem ocorrer quando uma reação exotérmica ocorre em um CSTR ideal, e quando um trocador de calor alimentação/produto é usado em conjunto

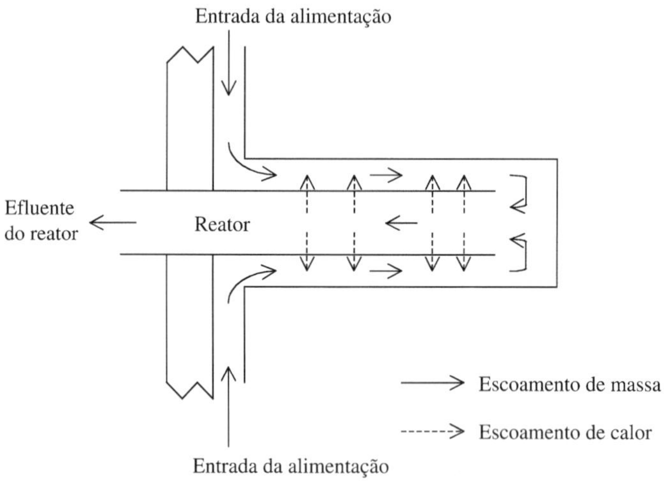


**Figura 8-20a** Transferência de calor direta entre um reator e o fluido entrando no reator.

com um PFR adiabático. Poderíamos perguntar se esta multiplicidade é coincidência, ou se há uma ligação entre estes dois exemplos.

Esta questão foi tratada em um agora trabalho clássico escrito por van Heerden[4]. A resposta é que múltiplos estados estacionários e fenômenos associados como a histerese podem aparecer em situações nas quais energia é transferida de um estágio posterior da reação para um estágio anterior. No caso de um CSTR ideal com uma reação exotérmica ocorrendo, a mistura do fluido é o mecanismo de retroalimentação de energia. No caso da combinação trocador A/P–PFR, calor é transferido da Corrente de produto (estágio posterior da reação) para a Corrente de alimentação (estágio anterior da reação) através do trocador A/P.

Há outras configurações que podem resultar na transferência de energia de um estágio posterior da reação para um anterior. Exemplos de tais configurações de processos e de reatores são

1. reatores de escoamento com *alguma* mistura na direção do escoamento (a mistura não tem que ser completa como em um CSTR);
2. chamas, nas quais calor pode ser transferido "para trás" por condução e/ou radiação;
3. transferência de calor direta entre o reator e a corrente de entrada, como ilustrado na Figura 8-20a;
4. condução de calor "para trás", como pode ocorrer quando uma reação exotérmica ocorre em um suporte catalítico monolítico, como ilustrado na Figura 8-20b (suportes catalíticos monolíticos são discutidos no Capítulo 9).

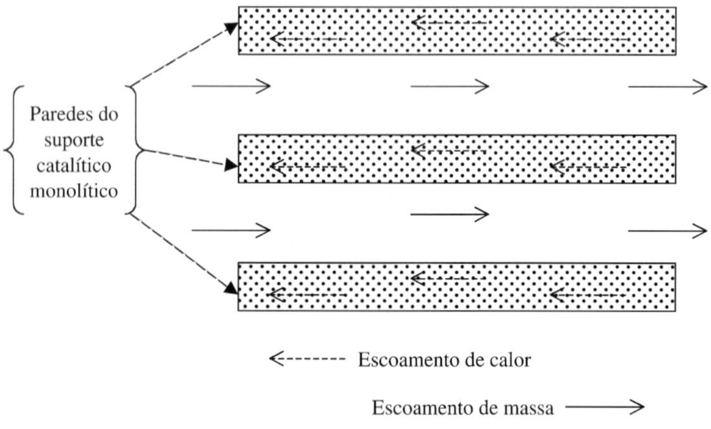


**Figura 8-20b** Condução de calor "para trás" ao longo das paredes de um suporte catalítico monolítico, no qual uma reação exotérmica está ocorrendo. A reação ocorre na superfície das paredes do suporte.

[4]van Heerden, C., The character of the stationary state of exothermic processes, *Chem. Eng. Sci.*, 8, 133–145 (1958).

Embora configurações de processos e/ou de equipamentos como as discutidas anteriormente *possam* levar a múltiplos estados estacionários, a simples existência de transferência de energia de um estágio posterior da reação para um anterior não *garante* multiplicidade. Como no CSTR e na combinação PFR adiabático/trocador de calor A/P, os parâmetros do problema irão determinar se múltiplos estados estacionários ocorrerão ou não. Todavia, um escoamento de energia de um estágio posterior para um estágio anterior da reação pode servir como um sinal vermelho para nos deixar atentos para a necessidade de procurar por multiplicidade através da realização de uma análise mais profunda e completa do problema.

## RESUMO DE CONCEITOS IMPORTANTES

- Operação isotérmica de um reator batelada ou de um reator de escoamento pistonado é um importante caso limite para o dimensionamento e a análise de reatores. Entretanto, é difícil e custosa uma operação que seja próxima ou exatamente isotérmica em uma escala comercial.
- Operação adiabática de um reator usualmente é o modo de operação mais simples e com maior custo-benefício, e deve sempre ser considerada. Entretanto, há restrições práticas que podem impedir a operação adiabática.
- Para dimensionar e analisar reatores não isotérmicos, a(s) equação(ões) de projeto e o balanço de energia tem que ser resolvidos simultaneamente.
- Há uma relação simples entre a conversão e a temperatura em reatores adiabáticos com uma única reação ocorrendo ($T = T_0 + (\overline{\Delta T}_{ad})x_A$). Esta relação simplifica a solução simultânea do balanço de energia e da equação de projeto para reatores adiabáticos.
- Para qualquer CSTR, uma técnica gráfica pode ser usada para resolver simultaneamente o balanço de energia e a(s) equação(ões) de projeto.
- CSTRs e combinações de um reator adiabático e um trocador de calor alimentação/produto podem exibir múltiplos estados estacionários e fenômenos associados, tais como histerese na temperatura da alimentação e "*blowout*".

## PROBLEMAS

**Problema 8-1 (Nível 1)** A reação

$$\underset{(\text{MM} = 95)}{\text{A}} + \underset{(\text{MM} = 134)}{\text{B}} \rightarrow \underset{(\text{MM} = 229)}{\text{R}}$$

é irreversível em todas as condições de interesse. Uma mistura estequiométrica de A e B (sem diluente) contém 0,035 lb·mol/gal de cada componente e tem uma massa específica de 8,00 lb/gal. As capacidades caloríficas de A e de B são iguais a 68 cal/(gmol °C) e são independentes da temperatura. O calor de reação, $\Delta H_R$, é igual a −65 kcal/gmol e também é independente da temperatura.

Recentemente, você foi colocado no comando de uma planta que produz R. A planta opera 7890 h/ano. A reação é realizada em um único CSTR ideal com um volume de 1000 gal. O reator opera a 550°F. A alimentação é uma mistura estequiométrica de A e B a 100°F. Calor é retirado através de uma serpentina de resfriamento no interior do reator. A conversão de A, $x_A$, no efluente do reator é de 0,95.

A equação da taxa para a reação a 550°F é

$$-r_A(\text{lbmol/h gal}) = \frac{kC_A}{1 + KC_A}$$
$$k = 1{,}82\,\text{h}^{-1}$$
$$K = 85{,}0\,\text{gal/lbmol}$$

1. Qual é a taxa de produção anual de R (base 100%) em libras por ano no reator existente?
2. Qual é a taxa necessária de retirada de calor (BTU/h) através da serpentina de resfriamento no reator existente?
3. A capacidade da planta deve ser aumentada para 10.000.000 lb/ano, com a mesma conversão de A. Proponha um sistema de reatores que fará o trabalho e especifique o volume de quaisquer reatores adicionais que você adicionaria. O sistema deve incluir o CSTR existente. A minimização do volume do reator adicional é um critério de projeto suficiente. Admita que o novo sistema de reatores irá operar isotermicamente a 550°F.
4. Qual é a taxa necessária de retirada de calor através da serpentina de resfriamento no CSTR existente, com ele operando na planta expandida? A alimentação do CSTR irá permanecer a 100°F.
5. Os resultados das Questões 2 e 4 sugerem um problema potencial? Qual problema?

**Problema 8-2 (Nível 2)** O Departamento de Marketing da Divisão de Catálise da Cauldron Chemical Company persuadiu um potencial cliente a construir uma pequena planta-piloto para testar o catalisador experimental EXP-37A para a isomerização em fase gasosa:

$$\text{A} \rightleftarrows \text{R}$$

O cliente da Cauldron está operando um reator de leito fluidizado. Para uma análise preliminar, admita que este reator se comporte como um CSTR ideal. Não há dispositivo para a remoção de calor do reator. As condições de operação da planta-piloto são

Temperatura do reator, $T$ = 300°C
Pressão total, $P$ = 1 atm absoluta
Vazão total na alimentação = 50.000 l/h (a 1 atm, 300°C)
Composição da alimentação: A = 40 mol%; $H_2$ = 60 mol%
Massa de catalisador = 10 kg

Alguns problemas aconteceram na planta-piloto, que o cliente está responsabilizando o catalisador e que o Departamento de Marketing está responsabilizando a "operação descuidada" do cliente. Você foi solicitado a "revisar" o projeto do cliente. Especificamente,

- Qual conversão de A você esperaria para as condições especificadas?
- Qual temperatura da alimentação é requerida para operar em estado estacionário nas condições especificadas?

As informações seguintes estão disponíveis:

Lei do gás ideal é válida
Constante de equilíbrio (baseada na pressão), $K_P = 4{,}19$ a 300°C
Calor de reação, $\Delta H_R = +3{,}500$ kcal/mol (independente de $T$)
Capacidades caloríficas

$$C_{p,H_2} = 7{,}00 \text{ cal/(mol °C) (independente de } T)$$
$$C_{p,A} = C_{p,R} = 17{,}5 \text{ cal/(mol °C) (independente de } T)$$

Cinética

$$-r_A = k_f\left(C_A - \frac{C_R}{K_P}\right)$$
$$k_f = 14{,}9 \text{ l/((g cat) h) a } 300\,°\text{C}$$

**Problema 8-3 (Nível 1)** Ácido wolftênico é feito pela reação de ácido lobônico e formaldeído em solução aquosa, usando um catalisador homogêneo:

$$\text{ácido lobônico} + \text{formaldeído} \rightleftarrows \text{ácido wolftênico} + \text{água}$$

A reação é reversível nas condições da reação. A reação direta é de primeira ordem em relação ao ácido lobônico e de primeira ordem em relação ao formaldeído. A reação inversa é de primeira ordem em relação ao ácido wolftênico e de primeira ordem em relação à água. Não há reações laterais. Algumas informações sobre as constantes da taxa e de equilíbrio para esta reação são dadas na tabela a seguir:

| Temperatura (°C) | Constante da taxa — reação direta (l/(mol h)) | Constante de equilíbrio, $K_c$ |
|---|---|---|
| 60 | 0,00900 | 60 |
| 90 | 0,110 | 20 |

O ácido wolftênico está sendo produzido em um CSTR ideal com um volume de 10.000 l. A composição da alimentação do reator é

| | |
|---|---|
| Ácido lobônico | 10 mol/l |
| Formaldeído | 5 mol/l |
| Ácido wolftênico | 0 mol/l |
| Água | 5 mol/l |
| Solvente | 25 mol/l |

A vazão molar da alimentação de formaldeído no CSTR ($F_{F0}$) é de 2000 mol/h. A temperatura da alimentação do reator é de 32°C. Como uma primeira aproximação grosseira, você pode admitir que a capacidade calorífica molar é a mesma para todas as espécies, igual a 15 cal/(mol °C). Todas as soluções são ideais.

O reator tem uma serpentina para remover calor. A área de transferência de calor da serpentina é igual a 2,0 m$^2$. O coeficiente global de transferência de calor entre a serpentina e o conteúdo do reator é igual a 200.000 cal/(m$^2$ h °C). A vazão de fluido de resfriamento através da serpentina é muito alta; o fluido de resfriamento entra e sai a 32°C.

A seguir, há um gráfico do *produto* da variação da entalpia na reação, da conversão de formaldeído ($x_F$) e da vazão molar de alimentação de formaldeído ($-\Delta H_R\, x_F\, F_{F0}$), como uma função da temperatura.

"Geração de calor" *versus* temperatura

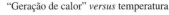

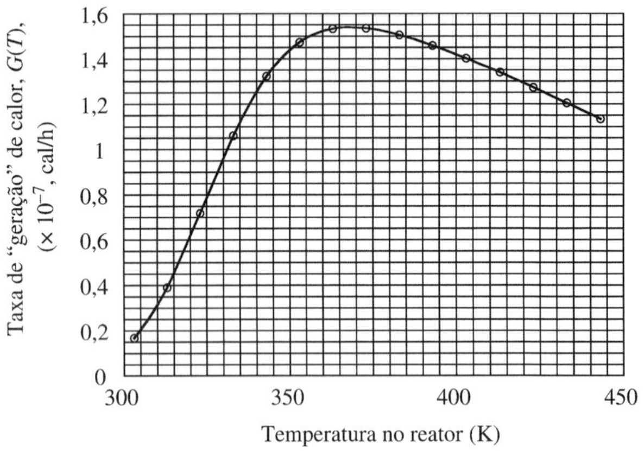


1. Verifique a curva anterior calculando o valor de $G(T)$ $(= -\Delta H_R\, x_F\, F_{F0})$ a 100°C.
2. Qual é a conversão aproximada de formaldeído no efluente do CSTR?
3. Qual é a temperatura aproximada do efluente do reator?
4. Qual é a melhor ação que poderia ser tomada para aumentar a conversão até o valor máximo? (Você *não* pode mudar $F_{F0}$, $V$ ou a composição da alimentação.)
5. A reação é exotérmica ou endotérmica?

**Problema 8-4 (Nível 3)** Uma planta-piloto está sendo operada para testar um novo catalisador para a oxidação parcial de naftaleno a anidrido ftálico. A química deste processo pode ser aproximada por duas reações de primeira ordem em série:

$$\text{naftaleno} \xrightarrow{k_1} \text{anidrido ftálico} \xrightarrow{k_2} CO_2$$

Esta reação é realizada em um reator de leito fluidizado à pressão atmosférica, que pode ser tratado como um CSTR ideal em uma análise preliminar. A alimentação do reator é uma mistura naftaleno/ar a 150°C, com uma concentração de naftaleno de 1,0 mol%. Há no interior do reator 100 kg de catalisador. A vazão molar de naftaleno na alimentação do reator é de 0,12 gmol/s.

Dados

$$\Delta H_R \text{ (Reação 1)} = -1881 \times 10^6 \text{ J/kmol(naftaleno)}$$
$$\Delta H_R \text{ (Reação 2)} = -3282 \times 10^6 \text{ J/kmol(anidrido ftálico)}$$
$$c_{P,m} \text{ (alimentação)} = 1040 \text{ J/(kg °C)}$$
$$k_1 = 1{,}61 \times 10^{33} \exp(-E_1/(RT)) \text{ l/(s kg}_{cat})$$
$$E_1 = 3{,}50 \times 10^5 \text{ J/mol}$$
$$k_2 = 5{,}14 \times 10^{13} \exp(-E_2/(RT)) \text{ l/(s kg}_{cat})$$
$$E_2 = 1{,}65 \times 10^5 \text{ J/mol}$$

Nas expressões para $k_1$ e $k_2$, $T$ é a temperatura absoluta. As entalpias de reação e a capacidade calorífica podem ser supostas constantes, independentes da temperatura.

1. Comente sobre a viabilidade de operar o reator adiabaticamente.
2. Qual é a conversão do naftaleno e a seletividade para o anidrido ftálico se o reator operar a 600 K?
3. Suponha que uma vazão ilimitada de fluido de resfriamento esteja disponível, a uma temperatura de 310 K, e que um trocador de calor tenha sido instalado no interior do leito fluidizado. Qual valor de $UA$ seria necessário para operar o reator a 600 K?
4. Comente sobre a viabilidade deste projeto.
5. Especifique o que você acha ser o melhor projeto de sistema de resfriamento, se o reator tem que operar a 600 K. ($UA$ = ?; temperatura do fluido de resfriamento = ?)

**Problema 8-5 (Nível 1)** Hidrodealquilação é uma reação que pode ser usada para converter tolueno em benzeno, que normalmente é mais valioso do que o tolueno. A reação é

$$\underset{\text{(tolueno)}}{C_7H_8} + H_2 \rightarrow \underset{\text{(benzeno)}}{C_6H_6} + CH_4$$

Zimmerman e York[5] estudaram esta reação em temperaturas entre 700 e 950°C, na ausência de qualquer catalisador. Eles acharam que a taxa de desaparecimento do tolueno foi bem correlacionada por

$$-r_T = k_T[H_2]^{1/2}[C_7H_8]$$
$$k_T = 3{,}5 \times 10^{10} \exp(-E/(RT)) \text{ (l/mol)}^{1/2} \text{ s}^{-1}$$
$$E = 50.900 \text{ cal/mol}$$

A reação é irreversível nas condições do estudo e a lei do gás ideal são válidas. Você pode admitir que o calor de reação é de $-12{,}9$ kcal/mol, independente da temperatura. Você também pode admitir que a capacidade calorífica de uma mistura de $C_7H_8$, $H_2$, $C_6H_6$ e $CH_4$ é igual a 36 cal/(K (mol da mistura)), independentemente da temperatura e da composição exata da mistura.[6]

A alimentação do reator é constituída por 1 mol de $H_2$ por mol de tolueno e a vazão de alimentação do tolueno é de 1000 mol/h. Deve-se projetar um reator que opere à pressão atmosférica e com uma temperatura de entrada de 850°C. Admita que o reator é um reator de escoamento pistonado ideal.

1. Um volume de reator de 133 l é requerido para atingir uma conversão de tolueno de 0,50, se o reator for operado isotermicamente a 850°C, com condições de alimentação exatamente iguais. Se este reator for bem isolado termicamente, de modo que opere adiabaticamente ao invés de isotermicamente, a conversão do tolueno irá aumentar, ficar estável ou diminuir? Admita que todas as outras condições continuem as mesmas e que a alimentação entra no reator adiabático a 850°C. Explique a sua resposta. Não há necessidade de cálculos.
2. Se a reação for realizada adiabaticamente, qual será a temperatura do gás quando a conversão do tolueno for de 0,30?
3. Qual volume de reator é requerido para atingir uma conversão do tolueno de 0,50 se o reator for operado adiabaticamente?

**Problema 8-6 (Nível 2)** Metil-ciclo-hexano (MCH) está sendo desidrogenado para formar tolueno (T) em um reator catalítico de leito fluidizado. A alimentação do reator é uma mistura 2/1 (molar) da mistura de $H_2$ e MCH a uma temperatura de 500°C e à pressão atmosférica. A vazão de alimentação de MCH é igual a 2,0 lbmol/s. Há no reator 20,0 lb de catalisador e ele opera adiabaticamente. Para o propósito desta análise, admita que o reator é um CSTR ideal.

A tabela a seguir contém alguns dados cinéticos e termodinâmicos relacionados à reação.

Dados cinéticos e termodinâmicos para a desidrogenação do metil-ciclo-hexano

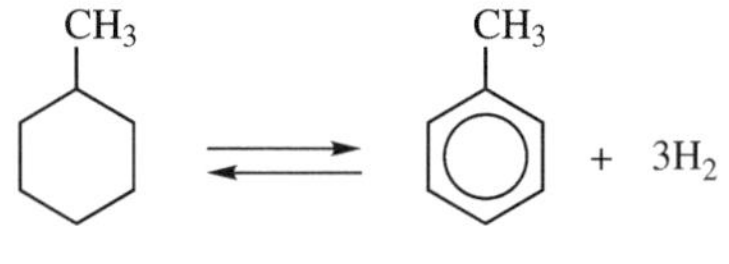


Metil-ciclo-hexano Tolueno

Calor de reação ≅ +54,3 kcal/mol (você pode admitir que $\Delta H_R$ é constante mesmo que $\Sigma_i \nu_i c_{p,i} \neq 0$)

Constante de equilíbrio (baseada na pressão)

$$\ln(K_{eq}) \cong 53{,}47 \quad (27.330/T) \text{ atm}^3, \text{ onde } T \text{ está em K}$$

Capacidades caloríficas (cal/(mol K))

| | |
|---|---|
| $H_2$ | 6,89 |
| MCH | 32,3 |
| Tolueno | 24,3 |

Equação da taxa

$$-r_{MCH} = kC_{MCH}\left(1 - \frac{p_T p_{H_2}^3}{p_{MCH} K_{eq}}\right)$$

$p_i$ representa a pressão parcial da espécie "$i$" e $C_{MCH}$ é a concentração de MCH.

$$k = 3{,}35 \times 10^{24}\left(\frac{\text{ft}^3}{(\text{s (lb cat)})}\right)e^{-E/RT}$$

$$E = 70{,}0 \text{ kcal/mol}$$

A lei do gás ideal é válida.

1. Em quais temperatura e conversão de MCH o reator opera?
2. Baseado somente nas inclinações das curvas de $G(T)$ e de $R(T)$, o ponto de operação é estável ou instável?

**Problema 8-7 (Nível 1)** Metil-ciclo-hexano (MCH) está sendo desidrogenado para formar tolueno (T) em um reator catalítico de leito fluidizado. A alimentação do reator é uma mistura 2/1 (molar) da mistura de $H_2$ e MCH a uma temperatura de 500°C e à pressão atmosférica. A vazão de alimentação de MCH é igual a 2,0 lb mol/s. Há no reator 20,0 lb de catalisador. Para o propósito desta análise, admita que o reator é um CSTR ideal.

Há uma serpentina de aquecimento no reator através da qual escoam gases de exaustão quentes. O coeficiente global de transferência de calor entre a serpentina e o conteúdo do reator é igual a 25 BTU/(h ft² °F). Os gases de exaustão entram na serpentina a 600°C e a deixam a 550°C.

A tabela a seguir contém alguns dados cinéticos e termodinâmicos relacionados à reação. A figura a seguir é um gráfico da taxa na qual calor é gerado no reator, $G(T)$, como uma função da temperatura, para as condições enunciadas. $\{(G(T) = X_A(-\Delta H_R)F_{A0}\}$

Se a conversão do MCH for igual a 0,50, quanta área de transferência de calor (ft²) é requerida?

Dados cinéticos e termodinâmicos para a desidrogenação do metil-ciclo-hexano

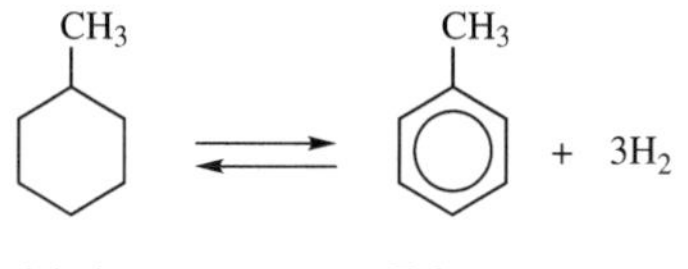


Metil-ciclo-hexano Tolueno

Calor de reação ≅ +54,3 kcal/mol

Constante de equilíbrio (baseada na pressão)

$$\ln(K_{eq}) \cong 53{,}47 - (27.330/T) \text{ atm}^3, \text{ onde } T \text{ está em K}$$

Capacidades caloríficas (cal/(mol K))

| | |
|---|---|
| $H_2$ | 6,89 |
| MCH | 32,3 |
| Tolueno | 24,3 |

Equação da taxa

$$-r_{MCH} = kC_{MCH}\left(1 - \frac{p_T p_{H_2}^3}{p_{MCH} K_{eq}}\right)$$

[5] Zimmerman, C. C. e York, R., I&EC Process Design Dev. 3(1), 254–258 (1962).

[6] Desde que a mistura resulte de uma composição inicial de 1 mol de tolueno e 1 mol de $H_2$.

Aqui, $p_i$ representa a pressão parcial da espécie "$i$" e $C_{MCH}$ é a concentração de MCH.

$$k = 3{,}35 \times 10^{24}\left(\frac{\text{ft}^3}{(\text{s (lb cat)})}\right)e^{-E/RT}$$

$E = 70{,}0$ kcal/mol

A lei do gás ideal é válida.

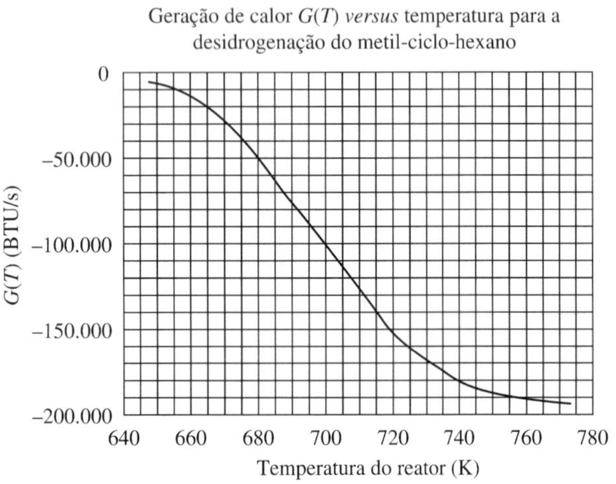


**Problema 8-8 (Nível 1)** A reação homogênea de A com B ocorre em uma solução orgânica. Um CSTR ideal com um volume de 10.000 l está sendo usado. A vazão molar de alimentação de A no CSTR ($F_{A0}$) é igual a 2000 mol/h e a fração molar de A na alimentação é 0,20. A temperatura da alimentação do reator é de 50°C. Como uma primeira aproximação, você pode admitir que a capacidade calorífica molar de todas as espécies é igual a 60 J/(mol °C). A variação da entalpia na reação ($\Delta H_R$) é aproximadamente constante e igual a $-37$ kJ/(mol A).

O reator tem uma serpentina de resfriamento para remover calor. A área de transferência de calor da serpentina é igual a 1,0 m$^2$. O coeficiente global de transferência de calor entre a serpentina e o conteúdo do reator é de 800 kJ/(m$^2$ h °C). A vazão do fluido de resfriamento através da serpentina é muito alta; o fluido de resfriamento entra e deixa a serpentina a 30°C.

Um gráfico do *produto* da variação da entalpia na reação, da conversão de A ($x_A$) e da vazão molar de alimentação de A ($-\Delta H_R\, x_A\, F_{A0}$) como uma função da temperatura encontra-se a seguir.

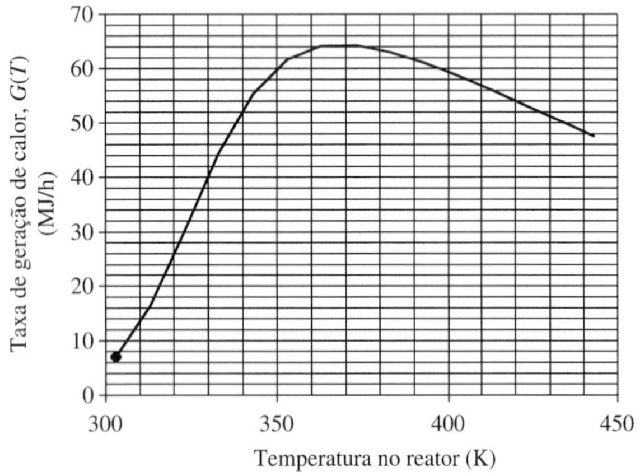


1. O que pode causar que a curva da figura passe por um máximo ao se variar a temperatura?
2. Qual é a conversão aproximada de A no efluente do reator?
3. Qual é a temperatura aproximada do efluente do reator?
4. O ponto de operação é intrinsecamente estável?

**Problema 8-9 (Nível 1)** A reação em fase líquida

$$A \longrightarrow R$$

está ocorrendo em um reator batelada ideal. A reação é homogênea e irreversível, e a taxa da equação para o desaparecimento de A é

$$-r_A = kC_A^2$$

A 150°C, o valor de $k$ é de 7,60 l/(mol h). A variação da entalpia na reação, $\Delta H_R$, é igual a $-37{,}5$ kcal/(mol A), a 150°C. A concentração inicial de A é igual a 0,65 mol/l.

1. Se o reator for operado isotermicamente a 150°C, quanto tempo é necessário para atingir uma conversão de A igual a $x_A = 0{,}95$?
2. Se o reator for operado isotermicamente a 150°C, qual *porcentagem* do calor total será transferido no primeiro quarto do tempo total, isto é, do tempo que você calculou na Parte 1? E no segundo quarto? E no terceiro quarto? E no último quarto?
3. O reator deve ser mantido isotérmico a 150°C ao longo de todo curso da reação. Água de resfriamento está disponível a 30°C a uma vazão de 6000 kg/h. Se o volume do reator for 1000 l e o coeficiente global de transferência de calor for igual a 500 kcal/(m$^2$ h °C), quanta área de transferência de calor tem que ser instalada no reator?
4. Se o reator for operado *adiabaticamente* e a temperatura inicial for 150°C, o tempo necessário para atingir $x_A = 0{,}95$ será maior, o mesmo, ou menor do que aquele que você calculou na Parte 1? Explique as suas considerações.

**Problema 8-10 (Nível 2)** A reação reversível em fase líquida

$$A + B \rightleftarrows R + S$$

está sendo realizada em um reator contínuo de mistura em tanque ideal, adiabático. A reação obedece à equação da taxa

$$-r_A = k\left(C_A C_B - \frac{C_R C_S}{K_{eq}}\right)$$

O valor da constante da taxa, $k$, é de 0,050 l/(mol h), a 100°C, e a constante da taxa tem uma energia de ativação de 80 kJ/mol. O valor da constante de equilíbrio, $K_{eq}$, é igual a 500, a 100°C. O valor do calor de reação, $\Delta H_R$, é igual a $-60$ kJ/mol e é constante.

O reator opera com um tempo espacial ($\tau$) de 2 h. As concentrações de entrada são $C_{A0} = C_{B0} = 4{,}0$ mol/l; $C_{R0} = C_{S0} = 0$. A vazão molar de alimentação de A ($F_{A0}$) é igual a 2000 mol/h. A capacidade calorífica média da alimentação do reator é de 3,4 J/(g K) e a vazão mássica de alimentação é de 211.000 g/h. A temperatura da alimentação é igual a 50°C.

1. Quais são os possíveis pontos de operação ($x_A$, $T$) em estado estacionário?
2. Há algum ponto instável entre os possíveis pontos de operação? Qual(is)? Explique o seu raciocínio.

**Problema 8-11 (Nível 1)** A reação reversível, em fase líquida

$$A + B \rightleftarrows R + S$$

está sendo realizada em um reator contínuo de mistura em tanque ideal. A reação obedece à equação da taxa

$$-r_A = k\left(C_A C_B - \frac{C_R C_S}{K_{eq}}\right)$$

O valor da constante da taxa, $k$, é de 0,050 l/(mol h), a 100°C, e a constante da taxa tem uma energia de ativação de 80 kJ/mol. O valor da constante de equilíbrio, $K_{eq}$, é igual a 500, a 100°C. O valor do calor de reação, $\Delta H_R$, é igual a $-60$ kJ/mol e é constante.

O reator opera com um tempo espacial, $\tau$, de 2 h. As concentrações de entrada são $C_{A0} = C_{B0} = 4{,}0$ mol/l; $C_{R0} = C_{S0} = 0$. A vazão molar de alimentação de A ($F_{A0}$) é igual a 2000 mol/h. A capacidade calorífica média da alimentação do reator é de 3,4 J/(g K) e a vazão mássica de alimentação é de 211.000 g/h. A temperatura da alimentação é igual a 400 K.

Uma serpentina de resfriamento no interior do reator é usada para retirar calor. Um fluido de resfriamento entra na serpentina com uma temperatura de entrada de 400 K. A vazão do fluido de resfriamento é tão alta que a temperatura do fluido de resfriamento que deixa a serpentina é essencialmente igual a 400 K.

O gráfico a seguir mostra o valor de $F_{A0}x_A(-\Delta H_R)$ como uma função da temperatura no reator para este problema.

1. Verifique que o gráfico em anexo está correto calculando o valor de $F_{A0}x_A(-\Delta H_R)$ a 450 K, usando as informações fornecidas anteriormente.
2. Deseja-se operar o reator a 450 K. Qual valor do produto da área da serpentina, $A$, e o coeficiente global de transferência de calor, $U$, é requerido?

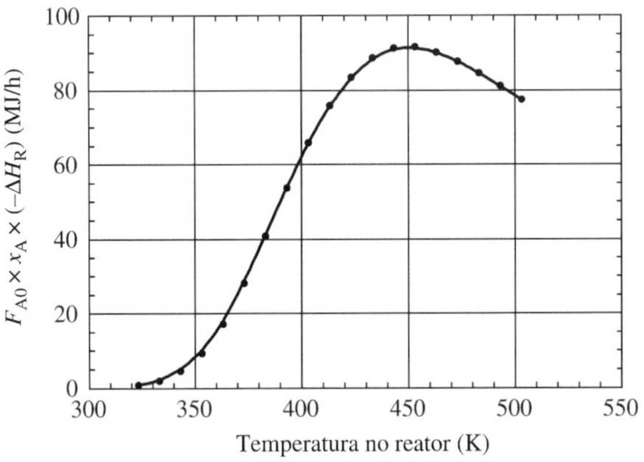


**Problema 8-12 (Nível 2)** Metil-ciclo-hexano (MCH) está sendo desidrogenado para formar tolueno (T) em um reator de escoamento pistonado ideal recheado com partículas de um catalisador. A alimentação do reator é uma mistura 20/1 (molar) da mistura de $H_2$ e MCH a uma temperatura de 500°C e à pressão atmosférica. A vazão de alimentação de MCH é igual a 1000 g mol/s.

A tabela a seguir contém alguns dados cinéticos e termodinâmicos relacionados à reação.

Dados cinéticos e termodinâmicos para a desidrogenação do metil-ciclo-hexano

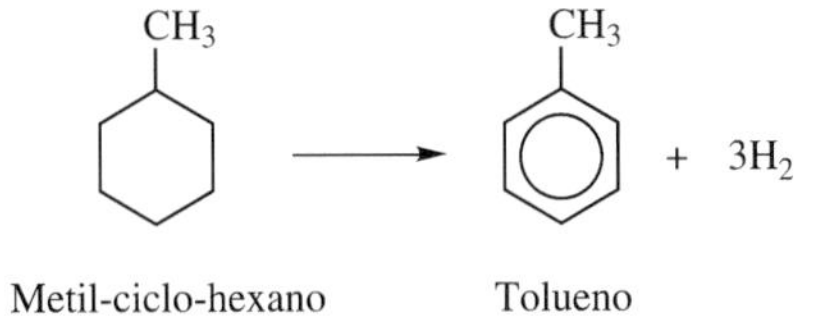


Calor de reação $\cong +54{,}3$ kcal/mol (admita independente da temperatura)

Constante de equilíbrio (baseada na pressão)
$\ln(K_{eq}) \cong 53{,}47 - (27.330/T)$ atm$^3$, onde $T$ está em K
Capacidades caloríficas (cal/(mol K))

| | |
|---|---|
| $H_2$ | 6,89 |
| MCH | 32,3 |
| Tolueno | 24,3 |

Equação da taxa

$$-r_{MCH} = kC_{MCH}\left(1 - \frac{p_T p_{H_2}^3}{p_{MCH} K_{eq}}\right)$$

Nesta equação, $p_i$ é a pressão parcial da espécie "$i$" e $C_{MCH}$ é a concentração de MCH.

$$k = 2{,}09 \times 10^{23} e^{-E/RT}\left(\frac{1}{(\text{s (g cat)})}\right); \quad E = 70{,}0 \text{ kcal/mol}$$

A lei do gás ideal é válida.

1. Qual é a variação de temperatura adiabática da reação?
2. O PRF opera isotermicamente a 500°C. A conversão na saída do MCH é de 50%. Qual é o *maior* valor do termo $(p_T p_{H_2}^3/p_{MCH}K_{eq})$ que ocorre em qualquer lugar ao longo do comprimento do reator?
3. Baseado na sua resposta para a Questão 2, simplifique a equação da taxa. Então calcule a massa de catalisador que é requerida para se obter uma conversão na saída do MCH de 50%, se o reator for operado isotermicamente a 500°C? Você pode admitir que efeitos de transporte não são importantes e você pode desprezar a queda de pressão ao longo do reator.
4. Qual massa do catalisador é necessária para se obter uma conversão na saída do MCH de 50%, se o reator for operado adiabaticamente com uma temperatura de entrada de 500°C? Você pode admitir que efeitos de transporte não são importantes e você pode desprezar a queda de pressão ao longo do reator.

**Problema 8-13 (Nível 1)**

1. A reação irreversível, em fase gasosa

$$A \rightarrow 2B + C$$

está sendo realizada em um reator de escoamento pistonado adiabático. A queda de pressão no reator pode ser desprezada. A alimentação do reator é constituída por A e $H_2O$ em uma razão molar 1/1. Nenhuma outra espécie está presente na alimentação. A água é um diluente inerte; ela não é um reagente ou um produto. A lei do gás ideal é válida.

Escreva uma expressão para a concentração de A ($C_A$) em qualquer ponto no reator como uma função da conversão de A ($x_A$). Esta expressão pode incluir a temperatura de entrada ($T_0$) e a variação de temperatura adiabática ($\Delta T_{ad}$). Entretanto, ela *não* deve ter qualquer outra temperatura.

2. As reações irreversíveis em fase líquida

$$A \rightarrow B + C$$

$$D \rightarrow E + F$$

estão ocorrendo em um reator de escoamento pistonado adiabático. A alimentação do reator é constituída por uma mistura equimolar de A e D. A temperatura de entrada é $T_0$. A variação da entalpia na reação para a Reação (1) é $\Delta H_{R,1}$ e a variação da entalpia na Reação (2) é $\Delta H_{R,2}$. A extensão da Reação (1) é $\xi_1$ e a extensão da Reação (2) é $\xi_2$.

Escreva uma expressão para a concentração de A ($C_A$) em termos de $\xi_1$, $\xi_2$, $\Delta H_{R,1}$, $\Delta H_{R,2}$ e $T_0$.

# APÊNDICE 8-A SOLUÇÃO NUMÉRICA DA EQUAÇÃO (8-26)

$k(373\text{ K}) = 0{,}05$ l/(mol h) $\quad C_{A0} = 4$ mol/l

$K_{eq}(373\text{ K}) = 500 \quad -\Delta H_R = 60.000$ J/mol

$\rho \times C_p = 2720$ J/(mol K)

$E_a = 80.000$ J/mol $\quad \Delta T_{ad} = 88{,}24$

$R = 8{,}314$ J/(mol K)

Primeira tentativa

$\Delta t = h = 0{,}1$ h

| Tempo (h) | $x$ | $T$ (K) | $h \times f_1$ | $h \times f_2$ | $h \times f_3$ | $h \times f_4$ |
|---|---|---|---|---|---|---|
| 0 | 0 | 373 | 0,02 | 0,02083245 | 0,02086762 | 0,02176434 |
| 0,1 | 0,02086075 | 374,840654 | 0,02176374 | 0,02272531 | 0,02276845 | 0,02380828 |
| 0,2 | 0,04362067 | 376,848883 | 0,02380749 | 0,02492609 | 0,02497948 | 0,02619396 |
| 0,3 | 0,06858944 | 379,052009 | 0,0261929 | 0,02750348 | 0,02757012 | 0,02899869 |
| 0,4 | 0,0961459 | 381,483462 | 0,02899726 | 0,03054334 | 0,03062711 | 0,03231853 |
| 0,5 | 0,12675535 | 384,184296 | 0,03231655 | 0,03415123 | 0,03425703 | 0,03626972 |
| 0,6 | 0,16098915 | 387,204925 | 0,03626696 | 0,03845212 | 0,03858567 | 0,04098481 |
| 0,7 | 0,19954371 | 390,606798 | 0,0409809 | 0,04358109 | 0,04374793 | 0,04659369 |
| 0,8 | 0,24324915 | 394,46316 | 0,04658814 | 0,04965102 | 0,04985342 | 0,05316803 |
| 0,9 | 0,29304333 | 398,856764 | 0,05316018 | 0,05666596 | 0,05689552 | 0,06058412 |
| 1 | 0,34985454 | 403,869518 | 0,06057342 | 0,06432098 | 0,06454518 | 0,06823338 |
| 1,1 | 0,41427773 | 409,553917 | 0,06822025 | 0,07161419 | 0,07176665 | 0,07454917 |
| 1,2 | 0,48586624 | 415,870551 | 0,07453771 | 0,07632988 | 0,07635666 | 0,07665787 |
| 1,3 | 0,56196102 | 422,584796 | 0,07666185 | 0,07504805 | 0,07510493 | 0,07126043 |
| 1,4 | 0,63666573 | 429,176388 | 0,07131507 | 0,06514148 | 0,06578588 | 0,05763765 |
| 1,5 | 0,7018003 | 434,923556 | 0,05782436 | 0,04839633 | 0,05009839 | 0,03989195 |

A sensibilidade da solução em relação ao tamanho do passo tem que ser explorada. Escolha um tamanho do passo que seja a metade do original, isto é, adote $h = 0{,}05$ h e repita os cálculos.

Segunda tentativa

$\Delta t = h = 0{,}05$ h

| Tempo (h) | $x$ | $T$ (K) | $h \times f_1$ | $h \times f_2$ | $h \times f_3$ | $h \times f_4$ |
|---|---|---|---|---|---|---|
| 0 | 0 | 373 | 0,01 | 0,01020662 | 0,01021092 | 0,01042513 |
| 0,05 | 0,01021003 | 373,900885 | 0,0104251 | 0,01064694 | 0,0106517 | 0,01088191 |
| 0,1 | 0,02086075 | 374,840654 | 0,01088187 | 0,01112048 | 0,01112575 | 0,01137359 |
| 0,15 | 0,0319854 | 375,822241 | 0,01137355 | 0,01163064 | 0,0116365 | 0,0119038 |
| 0,2 | 0,04362067 | 376,848883 | 0,01190375 | 0,01218127 | 0,01218779 | 0,0124766 |
| 0,25 | 0,05580708 | 377,924154 | 0,01247653 | 0,01277664 | 0,01278391 | 0,01309653 |
| 0,3 | 0,06858944 | 379,05201 | 0,01309645 | 0,01342156 | 0,0134297 | 0,01376868 |
| 0,35 | 0,08201739 | 380,236828 | 0,01376859 | 0,01412141 | 0,01413052 | 0,01449873 |
| 0,4 | 0,09614592 | 381,483463 | 0,01449863 | 0,01488216 | 0,01489239 | 0,015293 |
| 0,45 | 0,11103604 | 382,797298 | 0,01529287 | 0,01571044 | 0,01572193 | 0,01615842 |
| 0,5 | 0,12675538 | 384,184298 | 0,01615828 | 0,01661351 | 0,01662643 | 0,0171026 |
| 0,55 | 0,14337884 | 385,651074 | 0,01710243 | 0,01759925 | 0,01761379 | 0,01813369 |
| 0,6 | 0,1609892 | 387,20493 | 0,01813348 | 0,01867602 | 0,01869237 | 0,01926021 |
| 0,65 | 0,17967762 | 388,853907 | 0,01925997 | 0,01985244 | 0,01987079 | 0,02049075 |
| 0,7 | 0,19954381 | 390,606807 | 0,02049046 | 0,02113692 | 0,02115743 | 0,02183334 |
| 0,75 | 0,22069589 | 392,473167 | 0,02183299 | 0,0225369 | 0,02255971 | 0,02329449 |
| 0,8 | 0,24324934 | 394,463177 | 0,02329408 | 0,02405766 | 0,02408277 | 0,02487764 |
| 0,85 | 0,26732477 | 396,587479 | 0,02487715 | 0,0257003 | 0,02572757 | 0,02658069 |
| 0,9 | 0,2930437 | 398,856797 | 0,02658012 | 0,02745889 | 0,02748788 | 0,02839246 |
| 0,95 | 0,32052138 | 401,281298 | 0,0283918 | 0,02931605 | 0,02934594 | 0,03028752 |
| 1 | 0,34985526 | 403,869582 | 0,03028675 | 0,03123702 | 0,03126643 | 0,03221921 |
| 1,05 | 0,38110741 | 406,627124 | 0,03221836 | 0,03316172 | 0,03318868 | 0,03411111 |

| | | | | | | |
|---|---|---|---|---|---|---|
| 1,1 | 0,41427912 | 409,55404 | 0,0341102 | 0,03499568 | 0,03501773 | 0,03584804 |
| 1,15 | 0,44927663 | 412,642056 | 0,03584713 | 0,03660163 | 0,03661637 | 0,03726972 |
| 1,2 | 0,48586877 | 415,870774 | 0,03726894 | 0,03779617 | 0,03780254 | 0,038173 |
| 1,25 | 0,523642 | 419,203706 | 0,03817257 | 0,0383588 | 0,03835921 | 0,03833062 |
| 1,3 | 0,5619652 | 422,585165 | 0,03833089 | 0,03806173 | 0,03806452 | 0,03753332 |
| 1,35 | 0,59998465 | 425,939822 | 0,03753492 | 0,03672444 | 0,03674516 | 0,03565317 |
| 1,4 | 0,63667254 | 429,176989 | 0,03565707 | 0,03428332 | 0,03434235 | 0,03270865 |
| 1,45 | 0,67094205 | 432,200769 | 0,03271627 | 0,0308472 | 0,03096273 | 0,02889724 |
| 1,5 | 0,70181428 | 434,924789 | 0,02891018 | 0,02670186 | 0,02688079 | 0,02456646 |

O valor de $x_A$ em $t$ = 1,5 h variou no quinto algarismo significativo quando o tamanho do passo foi mudado de 0,10 para 0,050 h. A solução numérica não depende do tamanho do passo.

# APÊNDICE 8-B CÁLCULO DE *G*(*T*) E *R*(*T*) PARA O EXEMPLO DE "*BLOWOUT*"

**Cálculos para a Figura 8-9**

A → B; segunda ordem em A, fase líquida

$[A]_{ent}$ = 16 kmol/m$^3$

$V$ = 0,40 m$^3$

$\Delta H_R$ @ 300 K = −21 kJ/mol A

Capacidade calorífica do líquido = 2,0 J/(cm$^3$ K)

$k = 3,20 \times 10^9 \exp(-12.185/T)$(m$^3$/((mol A) ks))

**Caso Base:**

Vazão volumétrica de entrada = 1,3 m$^3$/ks

Tau(base) = 0,3077 ks

$[A]_{ent}$ × Tau(base) = 4923 mol ks/m$^3$

**Caso com +20% de vazão de entrada:**

Vazão volumétrica de entrada = 1,56 m$^3$/ks

Tau(+20%) = 0,2564 ks

$[A]_{ent}$ × Tau(+20%) = 4103 mol ks/m$^3$

**Solução da Equação de Projeto:**

$\alpha(T) = k(T) \times [A]_{ent} \times \text{Tau}$

$x_A$ = (((2 × $\alpha(T)$+1)−sqrt(4×$\alpha(T)$+1))/(2 × $\alpha(T)$))

| | | Caso Base | | | | +20% na Vazão de Alimentação | | | |
|---|---|---|---|---|---|---|---|---|---|
| Temperatura no reator, $T$(K) | Constante da taxa, $k(T)$ (m$^3$/((mol M) ks)) | $\alpha(T)$ | Conversão, ($x_A$) | "Geração" de calor, $G(T)$(J/ks) | Remoção de calor, $R(T)$ (J/ks) | $\alpha(T)$ | Conversão, ($x_A$) | "Geração" de calor, $G(T)$(J/ks) | Remoção de calor, $R(T)$ (J/ks) |
| 312 | 3,50E–08 | 1,72E–04 | 0,0017 | 7,52E+04 | 0,00E+00 | 1,44E–04 | 0,00014 | 7,53E+04 | 0,00E+00 |
| 315 | 5,08E–08 | 2,50E–04 | 0,00025 | 1,09E+05 | 7,80E+06 | 2,08E–04 | 0,00021 | 1,09E+05 | 9,36E+06 |
| 320 | 9,29E–08 | 4,57E–04 | 0,00046 | 2,00E+05 | 2,08E+07 | 3,81E–04 | 0,00038 | 2,00E+05 | 2,50E+07 |
| 340 | 8,73E–07 | 4,29E–03 | 0,00426 | 1,86E+06 | 7,28E+07 | 3,58E–03 | 0,00355 | 1,86E+06 | 8,74E+07 |
| 360 | 6,39E–06 | 3,14E–02 | 0,02960 | 1,29E+07 | 1,25E+08 | 2,62E–02 | 0,02493 | 1,31E+07 | 1,50E+08 |
| 370 | 1,60E–05 | 7,85E–02 | 0,06815 | 2,98E+07 | 1,51E+08 | 6,54E–02 | 0,05807 | 3,04E+07 | 1,81E+08 |
| 380 | 3,79E–05 | 1,87E–01 | 0,13854 | 6,05E+07 | 1,77E+08 | 1,56E–01 | 0,12044 | 6,32E+07 | 2,12E+08 |
| 390 | 8,63E–05 | 4,25E–01 | 0,24327 | 1,06E+08 | 2,03E+08 | 3,54E–01 | 0,21713 | 1,14E+08 | 2,43E+08 |
| 400 | 1,89E–04 | 9,28E–01 | 0,36918 | 1,61E+08 | 2,29E+08 | 7,74E–01 | 0,33852 | 1,78E+08 | 2,75E+08 |
| 410 | 3,96E–04 | 1,95E+00 | 0,49580 | 2,17E+08 | 2,55E+08 | 1,63E+00 | 0,46519 | 2,44E+08 | 3,06E+08 |
| 420 | 8,04E–04 | 3,96E+00 | 0,60803 | 2,66E+08 | 2,81E+08 | 3,30E+00 | 0,58057 | 3,04E+08 | 3,37E+08 |
| 430 | 1,58E–03 | 7,77E+00 | 0,69988 | 3,06E+08 | 3,07E+08 | 6,48E+00 | 0,67681 | 3,55E+08 | 3,68E+08 |
| 440 | 3,01E–03 | 1,48E+01 | 0,77163 | 3,37E+08 | 3,33E+08 | 1,23E+01 | 0,75296 | 3,95E+08 | 3,99E+08 |
| 450 | 5,56E–03 | 2,74E+01 | 0,82627 | 3,61E+08 | 3,59E+08 | 2,28E+01 | 0,81147 | 4,26E+08 | 4,31E+08 |
| 460 | 1,00E–02 | 4,93E+01 | 0,86739 | 3,79E+08 | 3,85E+08 | 4,11E+01 | 0,85576 | 4,49E+08 | 4,62E+08 |
| 470 | 1,76E–02 | 8,67E+01 | 0,89819 | 3,93E+08 | 4,11E+08 | 7,23E+01 | 0,88908 | 4,66E+08 | 4,93E+08 |
| 480 | 3,02E–02 | 1,49E+02 | 0,92129 | 4,03E+08 | 4,37E+08 | 1,24E+02 | 0,91415 | 4,79E+08 | 5,24E+08 |
| 500 | 8,34E–02 | 4,11E+02 | 0,95185 | 4,16E+08 | 4,89E+08 | 3,42E+02 | 0,94740 | 4,97E+08 | 5,87E+08 |
| 520 | 2,13E–01 | 1,05E+03 | 0,96959 | 4,24E+08 | 5,41E+08 | 8,74E+02 | 0,96674 | 5,07E+08 | 6,49E+08 |
| 540 | 5,07E–01 | 2,50E+03 | 0,98019 | 4,28E+08 | 5,93E+08 | 2,08E+03 | 0,97832 | 5,13E+08 | 7,11E+08 |
| 560 | 1,14E+00 | 5,59E+03 | 0,98671 | 4,31E+08 | 6,45E+08 | 4,66E+03 | 0,98546 | 5,17E+08 | 7,74E+08 |
| 580 | 2,41E+00 | 1,18E+04 | 0,99085 | 4,33E+08 | 6,97E+08 | 9,87E+03 | 0,98998 | 5,19E+08 | 8,36E+08 |
| 600 | 4,85E+00 | 2,38E+04 | 0,99354 | 4,34E+08 | 7,49E+08 | 1,99E+04 | 0,99293 | 5,12E+08 | 8,99E+08 |

Adaptado de Hill, C. G., Jr., *An Introduction to Chemical Engineering Kinetics and Reactor Design*, John Wiley & Sons (1977), Problema 10-14.

# Capítulo 9

# Nova Visita à Catálise Heterogênea

## OBJETIVOS DE APRENDIZAGEM

Após terminar este capítulo, você deve ser capaz de

1. estimar quantitativamente os efeitos dos gradientes de concentração no interior de uma partícula de catalisador porosa na taxa de reação;
2. estimar quantitativamente o valor do coeficiente de difusão de um composto no interior da estrutura porosa de uma partícula de catalisador;
3. calcular a massa de catalisador necessária para se atingir uma conversão especificada em um reator isotérmico, quando gradientes de concentração estão presentes no interior das partículas de catalisador;
4. explicar por que energias de ativação e ordens de reação verdadeiras não são observadas quando a performance de catalisadores é estudada sob condições nas quais as resistências ao transporte são significativas;
5. explicar como as limitações aos transportes interno e externo podem afetar a seletividade observada de um catalisador;
6. determinar se a performance de um catalisador é afetada por uma resistência ao transporte externo;
7. estimar a taxa de reação de uma reação que é controlada pelo transporte de massa externo.

## 9.1 INTRODUÇÃO

As interações na catálise heterogênea entre transferência de calor, transferência de massa e reação química foram discutidas no Capítulo 4, a partir de um ponto de vista *qualitativo*. Em todos os nossos cálculos até agora, ignoramos quaisquer diferenças de temperatura e de concentração entre o seio da corrente do fluido e o interior da partícula do catalisador, onde realmente a reação ocorre. Para resolver problemas de dimensionamento e análise de reatores envolvendo catalisadores sólidos, consideramos que as concentrações e a temperatura ao longo da partícula de catalisador eram idênticas àquelas no seio do fluido.

No presente capítulo, visitamos novamente o assunto interações reação/transporte na catálise heterogênea, agora com um ponto de vista quantitativo. O tópico deve ser examinado a partir de duas perspectivas. Primeira, um(a) pesquisador(a) que está estudando a cinética de uma reação catalítica (ou reações) tem que garantir que os seus experimentos estão livres dos efeitos de transporte. Em outras palavras, os experimentos têm que ser conduzidos sob condições nas quais a cinética química intrínseca determina a(s) taxa(s) de reação. O(A) pesquisador(a) pode ter que fazer cálculos para estimar a intensidade da influência das transferências de calor e de massa. Ele ou ela podem também fazer experimentos "diagnósticos" para definir uma região de operação na qual o transporte não afeta a taxa de reação e a seletividade.

Segunda, o reator comercial ótimo pode operar em condições nas quais o transporte influencia o comportamento da(s) reação(ões) em alguma extensão. Isto é especialmente verdade com reações isoladas, nas quais a seletividade não é um problema. Consequentemente, o engenheiro que está projetando um reator tem que ser capaz de levar em conta os efeitos de transporte ao calcular a quantidade necessária de catalisador e ao calcular o desempenho esperado do reator catalítico.

No Capítulo 4, dois diferentes regimes de transporte foram identificados: transporte no interior das partículas e transporte entre o seio do fluido e a superfície das partículas do catalisador. O transporte no interior das partículas do catalisador é conhecido como transporte interno ou intrapartícula, ou como difusão nos poros. O transporte entre a corrente no seio do fluido e a superfície externa das partículas do catalisador é conhecido como transporte externo ou interpartículas. Os mecanismos de transporte são diferentes nestas duas regiões e as taxas de transporte são influenciadas por variáveis diferentes. O transporte interno será tratado em primeiro lugar, sendo depois seguido pelo transporte externo. Estas discussões serão precedidas por uma rápida visão geral da natureza física dos catalisadores heterogêneos.

## 9.2 A ESTRUTURA DOS CATALISADORES HETEROGÊNEOS

### 9.2.1 Visão Geral

Muitos catalisadores heterogêneos são constituídos por um material cerâmico ou metálico que contém uma rede de poros irregulares interconectados, como mostrado na Figura 9-1. A estrutura dos poros pode variar consideravelmente de um tipo de catalisador para outro.

Em alguns casos, o material cerâmico ou metálico, do qual a maior parte do catalisador é constituído, na realidade catalisa a reação. Por exemplo, γ-alumina ($\gamma\text{-}Al_2O_3$) catalisa a formação de éter metílico a partir de metanol.

$$2CH_3OH \rightarrow CH_3OCH_3 + H_2O$$

A reação ocorre em "sítios" ácidos nas paredes dos poros na alumina. A natureza exata destes sítios é relativamente sem importância no estágio atual da discussão. Entretanto, os sítios geralmente estarão distribuídos mais ou menos uniformemente ao longo das paredes dos poros.

Em outros casos, o material que compõe grande parte do catalisador não catalisa a reação. Por exemplo, a hidrogenação do benzeno para ciclo-hexano

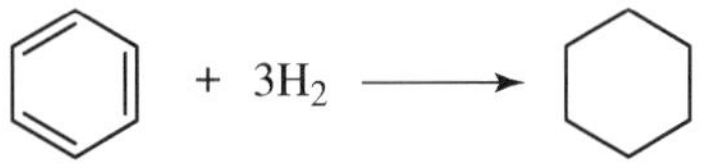

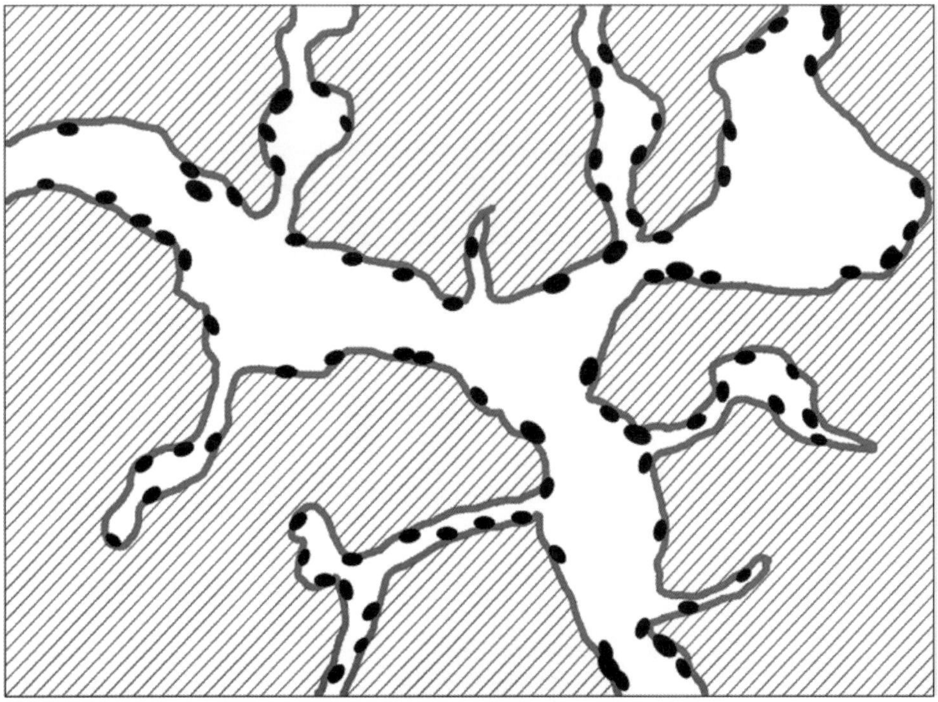

**Figura 9-1** Os poros em um catalisador. A área sombreada é material sólido. A área não sombreada são os poros, no interior dos quais há um gás ou um líquido. As áreas pretas representam "ilhas" ou "clusters" de um "componente ativo" ligados às paredes dos poros.

seria muito lenta a 200°C sobre um catalisador composto somente por alumina. Entretanto, se Pt ou Ni for adicionado na forma de pequenas "ilhas" ou "clusters" de metal que estejam ligados às paredes dos poros, a hidrogenação pode ocorrer a uma taxa que é satisfatória para a produção comercial do ciclo-hexano. A presença de pequenas ilhas metálicas (nanopartículas) sobre a parede dos poros do catalisador está ilustrada na Figura 9-1.

Neste exemplo, o metal (por exemplo, Pt ou Ni) é chamado de "componente ativo". A alumina é chamada de "suporte". Sua função é fornecer a superfície na qual o "componente ativo" é ancorado, assim como a resistência mecânica que é requerida para o uso do catalisador em um reator. Desejavelmente, os clusters metálicos devem ser muito pequenos para tornar efetivo o uso de um metal caro como a Pt. É comum achar nanopartículas de metal nos catalisadores heterogêneos com dimensões tão pequenas quanto poucos nanômetros.

Catalisadores podem ser formulados com componentes ativos que não sejam metais. Sais metálicos são os componentes ativos em alguns catalisadores. Além disto, uma enzima pode ser ligada às paredes dos poros de um suporte inorgânico para formar uma "enzima (catalisador) suportada". A vantagem desta estrutura é que a enzima pode ser usada em um processo contínuo, por exemplo, em um reator de leito fixo, ou pode ser recuperada e reciclada se o catalisador for usado em um processo em batelada. Contudo, o processo de ligação da enzima ao suporte inorgânico pode causar uma perda parcial ou total de sua atividade.

Na maioria dos casos, o catalisador em um reator está na forma de partículas. A Figura 9-2 mostra alguns tipos diferentes de partículas de catalisadores heterogêneos.

As partículas de catalisador em um reator de leito fluidizado ou em um reator de lama são relativamente pequenas. Elas são de forma aproximadamente esférica e têm diâmetros na faixa de 1–100 μm. A agitação mantém as partículas pequenas em suspensão no fluido no interior do reator e pode ser provida tanto mecanicamente, por exemplo, por um agitador, quanto pela turbulência que é criada pela corrente de fluido entrando no reator.

As partículas de catalisador que são usadas em reatores de leito fixo são maiores, em diâmetro na região de 1–10 mm. Catalisadores para leito fixo têm uma variedade de formas, como mostrado na Figura 9-3. As razões de escolher uma forma em detrimento da outra é difícil de entender completamente neste estágio inicial da discussão. Um ponto importante a ser reconhecido é que as formas diferentes irão se empacotar distintamente no interior do reator. Por exemplo, anéis cilíndricos terão uma maior fração de vazios, isto é, um volume intersticial maior, $\varepsilon_i$, no reator do que cilindros sólidos

**Figura 9-2** Partículas de catalisador estão disponíveis em uma ampla faixa de tamanhos, para uso em diferentes tipos de reatores. (*Fonte*: BASF Catalysts, LLC.)

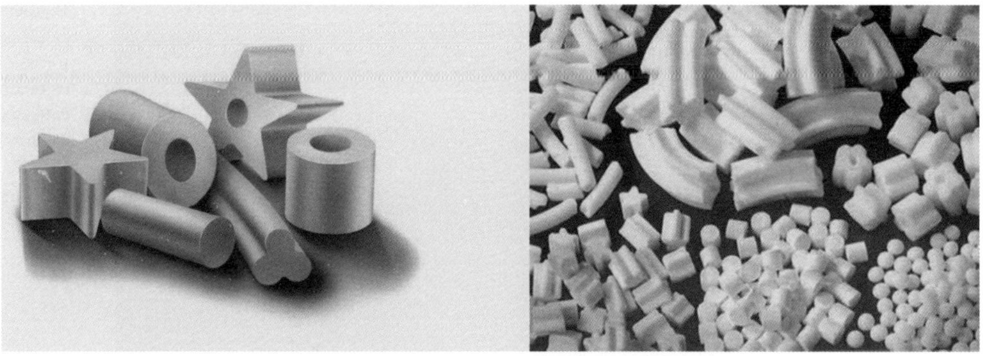

**Figura 9-3** Catalisadores para leito fixo são fabricados em muitas diferentes formas para contemplar diferentes projetos de reatores e características de reações. (*Fonte*: BASF Catalysts, LLC.)

com o mesmo comprimento e o mesmo diâmetro externo. Este volume intersticial maior levará a uma queda de pressão menor por unidade de comprimento do reator, para uma dada velocidade superficial do fluido. Anéis também terão uma maior área superficial externa por unidade de volume do reator do que cilindros sólidos com os mesmos comprimento e diâmetro externo. Contudo, os anéis terão menos volume real de catalisador por unidade de volume do reator.

Algumas formas, por exemplo, os extrusados com "três ressaltos mostrados na porção esquerda da Figura 9-3, são projetados para aumentar a quantidade de área externa do catalisador que é molhada por um líquido em escoamento. O corte em forma aproximada de v na direção paralela ao comprimento do extrusado fornece uma região na qual a capilaridade mantém o líquido em contato com a partícula de catalisador. Extrusados com "três ressaltos" são, algumas vezes, usados nos chamados reatores "*trickle-bed*", nos quais um gás e um líquido escoam na mesma direção, no sentido descendente, através de um leito fixo de catalisador. Neste tipo de reator, é muito importante um bom e controlado contato entre o líquido e o sólido.

É comum formar um catalisador a partir de pequenas partículas primárias, como mostrado na Figura 9-4. As partículas primárias são porosas. Elas normalmente contêm a maioria da área superficial e a reação ocorre em grande parte nestas partículas. Os poros maiores, que conectam as partículas primárias, são chamados de poros "alimentadores".

No presente capítulo, consideraremos que o componente ativo está distribuído uniformemente ao longo da partícula do catalisador, a não ser que seja informado o contrário. Entretanto, não é comum que catalisadores sejam projetados com uma distribuição não uniforme. Catalisadores com a maioria do componente ativo depositado próximo à superfície geométrica da partícula (superfície externa) são conhecidos como catalisadores "casca de ovo" (*"eggshell" catalysts*) e aqueles com o componente ativo concentrado no interior são conhecidos como catalisadores "gema de ovo" (*"egg yolk" catalysts*).

Outra forma de catalisador é o chamado catalisador "monolítico" ou "favo de mel", mostrado na Figura 9-5.

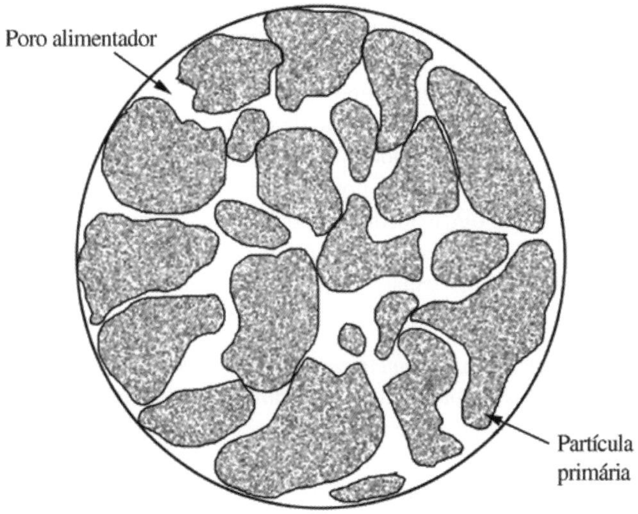


**Figura 9-4** Uma partícula esférica de catalisador constituída por partículas "primárias" menores.

**Figura 9-5** Suportes cerâmicos de catalisadores monolíticos. Os canais, de forma quadrada, atravessam em linha reta os blocos cerâmicos. Uma camada de catalisador é depositada sobre as paredes dos canais. (Foto: Advanced Catalyst Systems, Inc.)

Monólitos podem ser feitos completamente com um material catalítico ou eles podem ser constituídos por um material inerte com uma camada de material catalítico aplicada nas paredes dos canais.

Catalisadores monolíticos são usados como catalisadores de exaustão em carros e em muitas outras aplicações envolvendo o controle de poluição. Por exemplo, um catalisador monolítico é para a redução seletiva do $NO_x$ pela amônia. A química deste processo é

$$6NO_2 + 8NH_3 \rightarrow 7N_2 + 12H_2O$$
$$6NO + 4NH_3 \rightarrow 5N_2 + 6H_2O$$

A redução catalítica seletiva é usada em algumas plantas de geração de potência para reduzir a concentração de $NO_x$ descarregada para a atmosfera, idealmente para 10 ppm ou menos.

Comparados com os suportes na forma de partículas como os mostrados na Figura 9-4, suportes monolíticos contêm maior área superficial externa por unidade de volume do reator, isto é, a área das paredes dos canais é maior por unidade de volume do reator do que a área externa das partículas. Isto pode ser uma vantagem importante para certas reações. Inversamente, a quantidade de material catalítico por unidade de volume do reator é menor para o monólito do que para as partículas.

## 9.2.2 Caracterização da Estrutura do Catalisador

### 9.2.2.1 Definições Básicas

As paredes dos poros em um catalisador industrial típico contêm uma área superficial muito grande. Por exemplo, podem existir de 10 a 1000 m$^2$ de área superficial no interior de um único grama de partículas de catalisador. A área superficial interna de catalisadores porosos pode ser medida pela absorção de $N_2$ sobre as paredes dos poros e determinação da quantidade de $N_2$ necessária para cobrir exatamente a superfície. A área superficial medida desta forma é chamada de área superficial BET (Brunauer/Emmett/Teller) e convencionalmente é apresentada como m$^2$/g de catalisador. O símbolo $S_p$ será usado para representar a área superficial BET.

Outro parâmetro importante é o volume de poros por grama de catalisador, representado por $V_p$. Unidades típicas são m$^3$/g de catalisador. O volume de poros pode ser determinado por várias maneiras. Uma maneira é medir a quantidade de líquido que é sugada para o interior dos poros por capilaridade, isto é, o volume de líquido que é absorvido por uma massa conhecida de catalisador.

Três diferentes massas específicas são usadas na caracterização de catalisadores heterogêneos. A primeira é a massa específica da partícula, $\rho_p$. A massa específica da *partícula* é definida como a massa do catalisador por unidade de volume *geométrico* da partícula. Se a partícula de catalisador fosse perfeitamente esférica, com um raio $R$, o seu volume *geométrico* seria $\frac{4\pi R^3}{3}$. A segunda é a massa específica *estrutural* $\rho_e$ (*skeletal density*), que é a massa específica do *material sólido* do qual a partícula de catalisador é composta. A massa específica da partícula pode ser medida através do deslocamento de mercúrio, isto é, através da determinação de quanto o Hg é deslocado por uma massa conhecida de catalisador. O mercúrio é um líquido não molhante e não entrará nos poros do catalisador, a não ser que esteja sob alta pressão. A massa específica estrutural pode ser medida pelo deslocamento de hélio. Com materiais comuns, por exemplo, alumina, a massa específica estrutural pode também ser consultada em referências comuns. A terceira massa específica é a massa específica global $\rho_G$ (*bulk density*), que é definida como a massa de catalisador por unidade do *volume geométrico do reator*.

O volume de poros, a massa específica estrutural e a massa específica da partícula estão relacionadas:

$$V_p\left(\frac{\text{volume de poros}}{\text{massa de catalisador}}\right)+\frac{1}{\rho_e}\left(\frac{\text{volume de sólido}}{\text{massa de catalisador}}\right)=\frac{1}{\rho_p}\left(\frac{\text{volume do catalisador}}{\text{massa de catalisador}}\right)$$

$$V_p=\frac{1}{\rho_p}-\frac{1}{\rho_e}$$

A *porosidade* do catalisador $\varepsilon$ é definida como o volume dos poros dividido pelo volume geométrico da partícula de catalisador:

$$\varepsilon \equiv \text{volume dos poros/volume geométrico da partícula}$$

Por exemplo, se uma partícula esférica de catalisador com um raio de 1 mm contiver 1,89 mm$^3$ de poros, sua porosidade seria de 0,45 ou 45%. A porosidade está relacionada ao volume de poros e às massas específicas da partícula e estrutural:

$$\varepsilon = V_p\rho_p = 1-(\rho_p/\rho_e)$$

A massa específica global está relacionada à massa específica da partícula e ao *volume intersticial* do leito catalítico. O volume intersticial $\varepsilon_i$ é definido como

$$\varepsilon_i=\frac{\text{volume do “espaço livre” entre as partículas de catalisador no interior de um vaso}}{\text{volume geométrico do vaso}}$$

Esta definição leva a

$$\rho_G=\rho_p(1-\varepsilon_i)$$

O volume do “espaço livre” entre as partículas do catalisador *não* inclui o volume dos poros.

#### 9.2.2.2 Modelo de Estrutura do Catalisador

Considere que cada grama de catalisador contenha “$n_p$” poros redondos e em linha reta, de raio $\bar{r}$ e comprimento $L_p$. Como $V_p$ é o volume dos poros por grama de catalisador,

$$V_p=n_p(\pi\bar{r}^2L_p)$$

A área superficial dos poros, por grama de catalisador, é dada por

$$A_p=n_p(2\pi\bar{r}L_p)$$

de modo que

$$\bar{r}=2V_p/A_p \tag{9-1}$$

Valores da área superficial BET ($A_p$) e do volume de poros por grama ($V_p$) estão disponíveis (ou são facilmente mensuráveis) para a maioria dos catalisadores heterogêneos. Consequentemente, um valor de $\bar{r}$ pode ser estimado sem muita dificuldade.

A *distribuição* dos tamanhos dos poros pode ser medida por porosimetria com mercúrio. Nesta técnica, Hg, um líquido não molhante, é forçado para o interior dos poros do catalisador através da aplicação de pressão. A pressão requerida depende do raio do poro, com os poros menores requerendo as maiores pressões. A quantidade acumulativa de Hg que entrou na partícula é medida como uma função da pressão aplicada. Os dados podem ser processados para obter a *função distribuição* dos raios dos poros $f(r)$, que é frequentemente chamada de distribuição de tamanho dos poros. Esta função distribuição é definida como

$$f(r)\mathrm{d}r = \text{fração do volume de poros total nos poros com raios entre } r \text{ e } r + \mathrm{d}r$$

Pela definição de uma função distribuição,

$$\bar{r} = \int_0^\infty rf(r)\mathrm{d}r$$

Se o modelo de poro paralelo for válido,

$$\int_0^\infty rf(r)\mathrm{d}r = 2V_\mathrm{p}/A_\mathrm{p}$$

## 9.3 TRANSPORTE INTERNO

### 9.3.1 Abordagem Geral — Reação Única

Gradientes de concentração e de temperatura no interior da partícula de catalisador podem influenciar a taxa de reação, isto é, a atividade aparente do catalisador. Eles podem também influenciar a distribuição de produtos, isto é, a seletividade aparente do catalisador. Em primeiro lugar vamos tratar da taxa de reação.

Considere uma partícula esférica de catalisador com raio $R$, na qual uma reação exotérmica está ocorrendo em estado estacionário. A concentração do reagente A na superfície externa da partícula é $C_{\mathrm{A,s}}$ e a temperatura na superfície externa é $T_\mathrm{s}$. Se a reação é rápida, o perfil de concentrações do reagente A no interior da partícula e o perfil de temperaturas no interior da partícula podem parecer aqueles mostrados na Figura 9-6.

A abordagem mais comum para quantificar os efeitos dos gradientes internos de concentração e de temperatura na taxa de reação é usar um fator de correção.

$$\begin{Bmatrix}\text{taxa de reação}\\ \text{real}\end{Bmatrix} = \eta \times \begin{Bmatrix}\text{taxa sem gradientes}\\ \text{internos}\end{Bmatrix} \tag{9-2}$$

Nesta equação, a "taxa de reação real" é a taxa que *é* observada, isto é, medida, em uma partícula de catalisador na qual os gradientes estão presentes. A "taxa sem gradientes" é a taxa que *seria* observada se as concentrações e a temperatura ao longo da partícula fossem iguais aos seus respectivos valores na superfície externa. Estas duas taxas são variáveis intensivas, isto é, taxa por unidade de massa ou por unidade de volume de catalisador. Por exemplo, se a reação fosse irreversível e de primeira ordem em A, a "taxa sem gradientes internos" seria $k(T_\mathrm{s})C_{\mathrm{A,s}} = A_{\mathrm{exp}}(-E/RT_\mathrm{s})C_{\mathrm{A,s}}$.

O parâmetro $\eta$ é o "fator de correção" que leva em conta o efeito do transporte interno na taxa de reação. Este parâmetro é conhecido como o "fator de efetividade interno", ou simplesmente "fator de

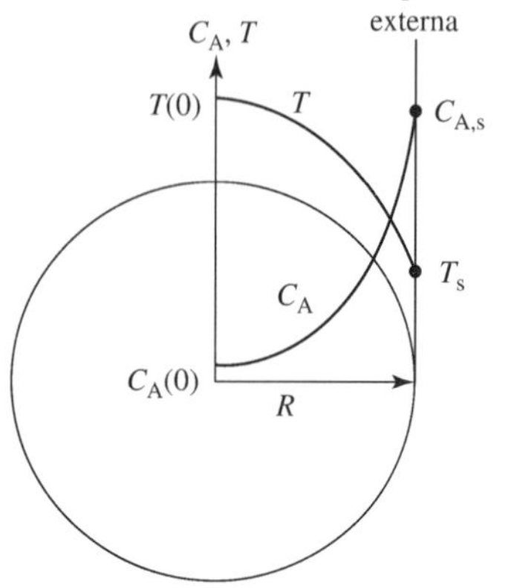


**Figura 9-6** Perfis de concentrações do reagente A ($C_\mathrm{A}$) e de temperaturas ($T$) no interior de uma partícula de catalisador esférica e porosa, na qual uma reação exotérmica está ocorrendo em estado estacionário. $T(0)$ é a temperatura no centro da partícula ($r = 0$) e $C_\mathrm{A}(0)$ é a concentração no centro da partícula.

efetividade". De acordo com a Equação (9-2), a taxa de reação real pode ser obtida pela multiplicação da "taxa sem gradientes internos" por $\eta$. O problema de considerar os gradientes internos de temperatura e de concentração então se concentra na predição do valor de $\eta$.

O fator de efetividade pode ser relacionado aos parâmetros do sistema através da solução das equações diferenciais que descrevem os transportes de massa e de energia no interior da partícula do catalisador. Para ilustrar, considere o volume de controle constituído por uma casca esférica de espessura d$r$ no interior de uma partícula esférica de catalisador, como mostrado a seguir.

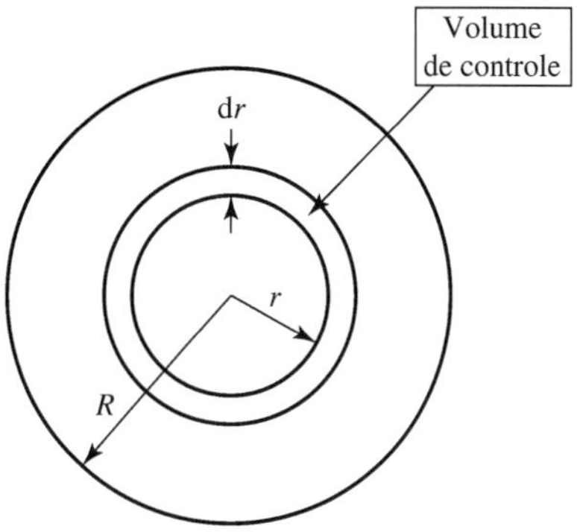


Consideraremos que o fluxo molar de A na direção radial ($\vec{N}_{A,r}$), através da superfície de controle em $r = r$, é somente difusivo e dado por

$$\vec{N}_{A,r} = -D_{A,ef} \left. \frac{\partial C_A}{\partial r} \right|_r \tag{9-3}$$

O parâmetro $D_{A,ef}$ é o coeficiente de difusão "efetivo" de A no interior da partícula e é baseado na área *geométrica* da superfície de controle. Neste caso, a área geométrica é $4\pi r^2$. O valor de $D_{A,ef}$ depende dos raios dos poros na partícula do catalisador, da porosidade da partícula e de outras características da estrutura da partícula. Procedimentos para estimar um valor de $D_{A,ef}$ são discutidos em detalhes na Seção 9.3.4.

O balanço de massa de A em estado estacionário para este volume de controle é

$$\frac{\partial}{\partial r}\left( r^2 D_{A,ef} \frac{\partial C_A}{\partial r} \right) = r^2(-R_{A,v}) \tag{9-4}$$

O termo no lado esquerdo desta equação é o fluxo *líquido* de A para dentro do volume de controle. O termo no lado direito é a taxa de desaparecimento de A devido à reação química.

O parâmetro $-R_{A,v}$ é a taxa de desaparecimento de A por unidade de volume *geométrico* de catalisador, isto é, mols de A/((tempo)(volume geométrico unitário da partícula)). Até este ponto, sempre expressamos a taxa de uma reação catalítica $(-r_A)$ em uma base mássica. A relação entre estas duas taxas é $-R_{A,v} = \rho_p(-r_A)$, onde $\rho_p$ é a massa específica da partícula.

As condições de contorno para a Equação (9-4) são

$$\frac{\partial C_A}{\partial r} = 0; \quad r = 0 \tag{9-4a}$$

$$C_A = C_{A,s}; \quad r = R \tag{9-4b}$$

A primeira condição de contorno (9-4a) resulta do fato de que o fluxo difusivo líquido no centro exato da partícula do catalisador tem que ser zero. A segunda condição de contorno é baseada na suposição de que as concentrações na superfície externa da partícula são conhecidas. Se a resistência à transferência de massa na superfície externa for desprezível, então a concentração na superfície $C_{A,s}$ será igual à concentração de A no seio do fluido $C_{A,F}$. Entretanto, se a resistência à transferência de massa na superfície externa for importante, $C_{A,s}$ será menor que $C_{A,F}$, e o valor exato de $C_{A,s}$ será determinado em parte pela resistência ao transporte externo.

Se a condução for o único mecanismo significativo de transferência de calor no interior da partícula do catalisador, o balanço de energia em estado estacionário no mesmo volume de controle é

$$\frac{\partial}{\partial r}\left(r^2 k_{ef}\frac{\partial T}{\partial r}\right) + r^2(-\Delta H_R)(-R_{A,v}) = 0 \tag{9-5}$$

A primeira parcela na Equação (9-5) é a taxa líquida de condução térmica para dentro do volume de controle. A segunda parcela é a taxa na qual calor é "consumido" pela reação. Na Equação (9-5), $k_{ef}$ é a condutividade térmica "efetiva" da partícula do catalisador, baseada na área *geométrica*, e $\Delta H_R$ é a variação de entalpia na reação.

As condições de contorno para a Equação (9-5) são

$$\frac{\partial T}{\partial r} = 0; \quad r = 0 \tag{9-5a}$$

$$T = T_s; \quad r = R \tag{9-5b}$$

Se a equação de taxa em uma base volumétrica $(-R_{A,v})$ for conhecida, juntamente com $D_{A,ef}$ e $k_{ef}$, as Equações (9-4) e (9-5) podem ser resolvidas simultaneamente, pelo menos a princípio, para fornecer os perfis de concentrações e de temperaturas no interior da partícula do catalisador. Uma vez conhecidos estes perfis, valores do fator de efetividade podem ser calculados.

### 9.3.2 Uma Ilustração: Reação Irreversível de Primeira Ordem em uma Partícula de Catalisador Esférica e Isotérmica

Para ilustrar como o fator de efetividade é obtido e para identificar algumas das variáveis que determinam o seu valor, vamos usar um exemplo simples. Suponha que uma reação irreversível de primeira ordem esteja ocorrendo em uma partícula esférica de catalisador. Além disto, considere que a diferença de temperaturas $(T(0) - T_s)$ é muito pequena, de modo que a partícula de catalisador seja essencialmente isotérmica, com a temperatura em toda ela igual a $T_s$. Se a partícula for isotérmica e sua temperatura for $T_s$, não há necessidade de resolver o balanço de energia, Equação (9-5). O fator de efetividade é determinado somente pelos gradientes de concentração.

Neste caso, o fator de efetividade pode ser obtido simplesmente através da solução da Equação (9-4), submetida às condições de contorno descritas pelas Equações (9-4a) e (9-4b). Para uma reação de primeira ordem, $-R_{A,v} = k_v C_A$. Aqui, $k_v$ é a constante da taxa baseada no volume *geométrico* do catalisador. Esta constante da taxa está relacionada com aquela que usamos anteriormente, $k$ (mols/(tempo)(massa de catalisador)), por $k_v = k\rho_p$.

Se a difusividade efetiva for constante, isto é, independentemente da concentração e da posição, a Equação (9-4) se torna

$$\frac{d^2 C_A}{dr^2} + \frac{2}{r}\frac{dC_A}{dr} = \frac{k_v C_A}{D_{A,ef}} \tag{9-4c}$$

Suponha que a constante da taxa $k_v$ seja independente de posição, por exemplo, o catalisador não tem um projeto "casca de ovo" nem um "gema de ovo". Então a solução desta equação diferencial ordinária, submetida às condições de contorno das Equações (9-4a) e (9-4b), é

$$C_A(r) = \frac{C_{A,s} R \sinh(\phi_{s,1} r/R)}{r \sinh(\phi_{s,1})} \tag{9-6}$$

Os detalhes da solução da Equação (9-4c) são dados no Apêndice 9-A.

Nesta equação, $\phi_{s,1}$ é um grupo adimensional conhecido como módulo de Thiele. (Opa, é o mesmo Thiele!) Para uma partícula de catalisador esférica e para uma reação irreversível de primeira ordem, o módulo de Thiele é definido como

$$\phi_{s,1} \equiv R\sqrt{\frac{k_v}{D_{A,ef}}} \tag{9-7}$$

O módulo de Thiele tem um subscrito para indicar que a definição da Equação (9-7) se aplica somente para uma reação irreversível de *primeira ordem* em uma partícula de catalisador *esférica*.

## EXERCÍCIO 9-1

Usando a Equação (9-6), represente graficamente $C_A/C_{A,s}$ *versus* $r/R$ para $\phi_{s,1}$ = 0,01; 1 e 10. Com base nestes gráficos, qual destes três valores de $\phi_{s,1}$ você esperaria ter o menor valor de $\eta$?

Para completar a análise, a Equação (9-6) tem que ser usada na derivação de uma expressão para o fator de efetividade. Da Equação (9-2)

Definição do fator de efetividade

$$\eta = \frac{\text{taxa de reação real}}{\text{taxa sem gradientes internos}} \tag{9-8}$$

Para este exemplo, a "taxa sem gradientes internos" é $4\pi R^3 k_v C_{A,s}/3$.

Há duas possíveis abordagens para calcular a "taxa de reação real". Na primeira, podemos integrar a equação de taxa em todo o volume da partícula de catalisador, usando a Equação (9-6) para expressar a dependência de $C_A$ com a posição radial.

$$\text{taxa de reação real} = 4\pi \int_0^R r^2 k_v C_A(r) dr$$

A segunda abordagem é geralmente um pouco mais fácil matematicamente. *Em estado estacionário*, a taxa de reação em toda a partícula tem que ser igual à taxa na qual A se difunde para dentro da partícula através da superfície externa, em $r = R$. Consequentemente,

$$\text{taxa de reação real} = 4\pi R^2 D_{A,ef} \left(\frac{dC_A}{dr}\right)\bigg|_{r=R}$$

As duas abordagens fornecem

$$\eta = \frac{3}{\phi_{s,1}} \left[\frac{1}{\tanh(\phi_{s,1})} - \frac{1}{\phi_{s,1}}\right] \tag{9-9}$$

Para uma reação irreversível de primeira ordem ocorrendo em uma partícula de catalisador esférica isotérmica, o fator de efetividade depende de uma *única* variável adimensional, o módulo de Thiele, $\phi_{s,1}$. Usando a Equação (9-9), pode ser mostrado que $\eta \to 1$ quando $\phi_{s,1} \to 0$. Pode também ser mostrado que $\eta \to 3/\phi_{s,1}$ quando $\phi_{s,1} \to \infty$.

## EXERCÍCIO 9-2

Prove que $\eta \to 1$ quando $\phi_{s,1} \to 0$. Prove que $\eta \to 3/\phi_{s,1}$ quando $\phi_{s,1} \to \infty$.

### 9.3.3 Extensão para Outras Ordens de Reação e Geometrias de Partículas

Expressões para o fator de efetividade, similares à Equação (9-9), podem ser deduzidas para outras formas de partículas, outras ordens de reação e para reações reversíveis assim como para irreversíveis. Felizmente, se o módulo de Thiele for redefinido adequadamente, todas estas soluções podem ser aproximadas por uma única curva de $\eta$ *versus* $\phi$.

Primeiramente, a *dimensão característica* $l_c$ de uma partícula de catalisador é

Definição de dimensão característica

$$l_c = \frac{\text{volume geométrico da partícula}}{\text{área superficial geométrica da partícula}} = \frac{V_G}{A_G} \tag{9-10}$$

A área superficial geométrica ($A_G$) é a área externa da partícula de catalisador, isto é, a área que está em contato com o fluido. Por exemplo, a dimensão característica de uma esfera é $l_c = (4/3)\pi R^3/(4\pi R^2) = R/3$.

## EXEMPLO 9-1

*Cálculo da Dimensão Característica*

Calcule o valor numérico de $l_c$ para um anel que tem 1,0 cm de comprimento ($L$), com um diâmetro externo ($D_e$) de 1,0 cm e um diâmetro interno ($D_i$) de 0,50 cm.

*ANÁLISE*

As dimensões fornecidas da partícula do catalisador serão usadas para calcular o volume geométrico $V_G$ e a área geométrica $A_G$. Então $l_c$ será calculado usando a Equação (9-10).

*SOLUÇÃO*

O volume geométrico ($V_G$) da partícula é

$$V_G = \pi(D_e/2)^2L - \pi(D_i/2)^2L = \pi(1,0)[(1,0/2)^2 - (0,50/2)^2] = 0,59\ \text{cm}^3.$$

A área geométrica ($A_G$) da partícula é

$$A_G = 2\pi(D_e/2)L + 2\pi(D_i/2)\text{L} + 2\pi[(D_e/2)^2 - (D_i/2)^2]$$
$$A_G = 2\pi[(1,0)(1,0/2) + (1,0)(0,50/2) + \{(1,0/2)^2 - (0,50/2)^2\}] = 5,9\ \text{cm}^3.$$

Note que foram levadas em conta no cálculo de $A_G$ a área externa, a área interna e as áreas das extremidades do anel. Da Equação (9-10),

$$l_c = V_G/A_G = 0,59\ \text{cm}^3/5,9\ \text{cm}^2 = 0,10\ \text{cm}$$

Agora, definamos um módulo de Thiele que não esteja ligado a uma geometria particular ou ordem de reação e que se aplique a reações tanto reversíveis quanto irreversíveis. Considere a reação reversível

$$\text{A} \rightleftarrows \text{B}$$

que é de ordem $n$ nas duas direções. A constante de equilíbrio baseada na concentração é $K^C_{eq}$ e a constante da taxa direta baseada no volume geométrico do catalisador é $k_v$. Seja $\alpha_s$ a razão entre as concentrações de B e de A na superfície externa,

$$\alpha_s = C_{B,s}/C_{A,s} \tag{9-11}$$

e seja $\beta$ a razão entre o coeficiente de difusão efetivo de B e o de A,

$$\beta = D_{B,ef}/D_{A,ef} \tag{9-12}$$

O novo módulo de Thiele é definido por

Módulo de Thiele generalizado

$$\phi = l_c\left(\frac{(n+1)k_v C^{n-1}_{A,s}}{2D_{A,ef}}\right)^{1/2}\Psi \tag{9-13}$$

$$\Psi = \left[\frac{(K^C_{eq} - \alpha^n_s)(1 + \beta\sqrt[n]{K^C_{eq}})^{(n+1)/2}}{K^C_{eq}\{(1+\beta\sqrt[n]{K^C_{eq}})^{n+1}(1 + (\beta\alpha^{n+1}_s/K^C_{eq})) - (1+\beta\alpha_s)^{n+1}(1+\beta\sqrt[n]{K^C_{eq}})\}^{1/2}}\right] \tag{9-13a}$$

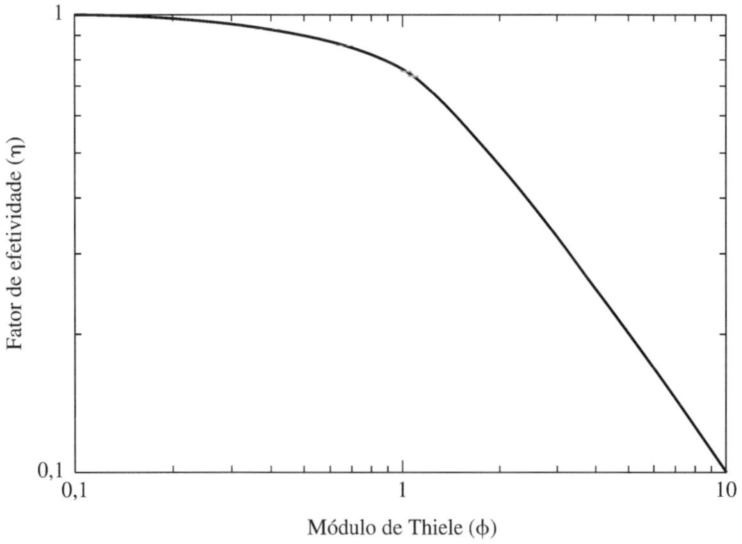


**Figura 9-7** Fator de efetividade ($\eta$) *versus* módulo de Thiele ($\phi$) para uma reação de ordem $n$ em uma partícula de catalisador isotérmica. O módulo é definido pela Equação (9-13), que se aplica tanto para reações reversíveis quanto irreversíveis. Para $\phi < 0{,}10$, $\eta \cong 1$. Para $\phi > 10$, $\eta \cong 1/\phi$.

Esta versão do módulo de Thiele parece complicada, principalmente em função da necessidade de três novos parâmetros ($\alpha_s$, $\beta$ e $K_{eq}^{C}$) para levar em conta a reversibilidade. Se a reação for essencialmente irreversível ($K_{eq}^{C} \rightarrow \infty$), então $\Psi = 1$ e a Equação (9-13) se reduz a

Módulo de Thiele generalizado — reação irreversível

$$\phi = l_c \left( \frac{(n+1)k_v C_{A,s}^{n-1}}{2D_{A,ef}} \right)^{1/2} \tag{9-14}$$

Quando as Equações (9-13) e (9-13a) são usadas para definir o módulo de Thiele, o fator de efetividade para uma partícula de catalisador isotérmica é *quase* independente da geometria da partícula e da ordem da reação. A relação entre $\eta$ e $\phi$ é mostrada na Figura 9-7, que cobre uma faixa de $\phi$ de 0,1 a 10. Quando $\phi$ é menor que 0,1, o fator de efetividade é essencialmente igual a 1. Quando $\phi$ é maior que 10, $\eta$ é aproximadamente igual a $1/\phi$. A Figura 9-7 mostra que $\eta \rightarrow 1$ quando $\phi$ se torna muito pequeno e que $\eta \rightarrow 1/\phi$ quando $\phi$ se torna muito grande.

A equação para a linha na Figura 9-7 é

Relação entre o fator de efetividade e o Módulo de Thiele generalizado

$$\eta = \tanh(\phi)/\phi \tag{9-15}$$

A relação *exata* entre $\eta$ e $\phi$ depende em pequena proporção da geometria da partícula e da ordem da reação. Entretanto, as diferenças entre a Equação (9-15) e as soluções exatas não são significativas, diante das incertezas normais em $k_v$ e $D_{A,ef}$.

## EXEMPLO 9-2

***Calculando o Fator de Efetividade para uma Reação Irreversível***

Uma reação irreversível de segunda ordem (A → B) está ocorrendo em uma partícula de catalisador isotérmica na forma de um anel que tem 1,0 cm de comprimento ($L$), com um diâmetro externo ($D_e$) de 1,0 cm e um diâmetro interno ($D_i$) de 0,50 cm. O valor da constante da taxa $k_v$ é de 46 cm³/(mol s), o valor da difusividade efetiva do reagente A é igual a $5 \times 10^{-4}$ cm²/s e a concentração de A na superfície externa das partículas é de $1{,}1 \times 10^{-4}$ mol/cm³. Estime o valor do fator de efetividade.

*ANÁLISE*

Em primeiro lugar, o valor de $\phi$ será calculado usando a Equação (9-14). O valor da dimensão característica $l_c$ foi calculado no exemplo anterior, sendo igual a 0,10 cm. Todos os outros parâmetros da Equação (9-14) são conhecidos. Então a Figura 9-7 será usada para se obter o valor de $\eta$.

*SOLUÇÃO*

Usando os valores fornecidos para $l_c$, $k_v$, $D_{A,ef}$ e $C_{A,s}$ na Equação (9-14), obtém-se

$$\phi = 0{,}10(\text{cm})\sqrt{\frac{3 \times 46(\text{cm}^3/(\text{mol s})) \times 1{,}1 \times 10^{-4}(\text{mol/cm}^3)}{2 \times 5 \times 10^{-4}(\text{cm}^2/\text{s})}} = 0{,}40$$

Na Figura 9-7 (ou na Equação (9-15)), o valor do fator de efetividade é de aproximadamente 0,95.

## EXEMPLO 9-3

***Calculando o Fator de Efetividade para uma Reação Reversível***

Suponha que a reação do exemplo anterior seja *reversível*, com uma constante de equilíbrio igual a 1,0 e uma concentração na superfície de B, $C_{B,s}$, de $5{,}5 \times 10^{-5}$ mol/cm³. Estime o fator de efetividade para o caso no qual $D_{A,ef} = D_{B,ef}$.

*ANÁLISE*

No Exemplo 9-2, a Equação (9-14) foi usada para calcular o valor de $\phi$. Quando a reação é reversível, o valor de $\phi$ é dado pela Equação (9-13), que é exatamente o lado direito da Equação (9-14) multiplicado pelo valor do parâmetro $\Psi$, dado pela Equação (9-13a). Então, a Figura 9-7 ou a Equação (9-15) pode ser usada para determinar $\eta$.

*SOLUÇÃO*

Para o presente exemplo, $n = 2$, $\alpha_s = C_{B,s}/C_{A,s} = 0{,}50$ e $\beta = D_{B,ef}/D_{A,ef} = 1$. Consequentemente,

$$\Psi = \left[\frac{[1 - (0{,}50)^2](1+1)^{3/2}}{1\{(1+1)^3(1 + (1 \times 0{,}50)^3/1)) - (1 + 1 \times 0{,}50)^3(1+1)\}^{1/2}}\right] = 1{,}4$$

O valor do módulo de Thiele é $\phi = 0{,}40 \times 1{,}4 = 0{,}56$. A Figura 9-7 ou a Equação (9-15) fornece $\eta = 0{,}91$.

A Figura 9-7 pode ser usada para estimar o fator de efetividade para uma ampla gama de situações, desde que a partícula do catalisador esteja essencialmente isotérmica. Por exemplo, apesar de a definição de $\phi$ estar baseada em uma reação de ordem $n$, o comportamento de muitas equações de taxa do tipo Langmuir–Hinshelwood e Michaelis–Menten podem ser limitados por dois valores de $n$, a saber 0 e 1 ou 0 e 2. Este tipo de equação de taxa pode ser tratado através do uso de uma ordem intermediária, como 1/2, nas Equações (9-13) e (9-13a), ou na Equação (9-14).

Há situações nas quais a Figura 9-7, em conjunto com a definição de $\phi$ dada pela Equação (9-13), *não* deve ser usada. Estes casos são relativamente raros, mas merecem ser ressaltados. Primeiro, a Figura 9-7 mais as Equações (9-13) e (9-13a) não se aplicam se a ordem efetiva da reação for menor que zero. Como observado no Capítulo 5, certas equações de taxa de Langmuir–Hinshelwood podem se comportar como se a ordem da reação fosse negativa em relação a um dos reagentes, pelo menos em alguma faixa de concentração. Segundo, a Figura 9-7 mais as Equações (9-13) e (9-13a) não se aplicam se a ordem efetiva da reação exceder aproximadamente 3. Algumas equações de taxa do tipo Langmuir–Hinshelwood e Michaelis–Menten contêm um termo de inibição de produto. Tal parcela pode ocasionar ordens de reação aparentes muito altas. Equações de taxa contendo inibição de produto significativa não devem ser analisadas usando a Figura 9-7. Terceiro, a Figura 9-7 não deve ser usada se o coeficiente de difusão efetivo não for aproximadamente constante. A difusividade efetiva é tratada na próxima seção.

A questão de quando a partícula de catalisador pode ser tratada como isotérmica é discutida em mais detalhes na Seção 9.3.7.

## 9.3.4 O Coeficiente de Difusão Efetivo

### 9.3.4.1 Visão Geral

A estimativa do coeficiente de difusão efetivo $D_{A,ef}$ inicia com a equação

Ponto de partida — estimativa da difusividade efetiva

$$D_{A,ef} = D_{A,p}(r)\varepsilon/\tau_p \tag{9-16}$$

Aqui, $D_{A,p}(r)$ é o coeficiente de difusão de A em um conjunto de poros redondos e em linha reta que tem a mesma distribuição de tamanhos de poros que o catalisador para o qual $D_{A,ef}$ está sendo calculado. A difusividade $D_{A,p}(r)$ é baseada na seção transversal dos *poros* e não na área geométrica da partícula do catalisador. O parâmetro $\varepsilon$ é a porosidade da partícula do catalisador, como antes definida neste capítulo. A presença de $\varepsilon$ na Equação (9-16) corrige o coeficiente de difusão de uma base de "área dos poros" para uma base na área geométrica.

O parâmetro $\tau_p$ é chamado de "tortuosidade" da partícula de catalisador. Originalmente, $\tau_p$ tinha por objetivo corrigir o fato de os poros no catalisador não estarem em linha reta e nem todos paralelos à direção da difusão. Como um resultado, as moléculas em difusão tinham que seguir uma trajetória tortuosa e assim tinham que percorrer uma distância mais longa do que a de uma linha reta no sentido do fluxo difusivo líquido. Na realidade, $\tau_p$ corrige muitas outras não idealidades, tal como a variação na seção transversal ao longo do comprimento de um poro.

Para muitos catalisadores comerciais, o valor de $\tau_p$ está na região

Faixa de valores da tortuosidade

$$2 \leq \tau_p \leq 10$$

Idealmente, o valor de $\tau_p$ deveria ser obtido a partir de medidas de difusão no catalisador em questão. Na ausência de dados experimentais, um valor aproximado de $\tau_p$ pode ser usado. Obviamente, isto limita a precisão na qual tanto $D_{A,ef}$ quanto $\eta$ podem ser previstos. A incerteza em $\tau_p$ também justifica o uso de certas aproximações no cálculo de $D_{A,p}(r)$, como será discutido a seguir. Satterfield[1] recomenda o uso de um fator de tortuosidade na faixa de 2–6. Um valor de $\tau_p = 4$ pode oferecer um ponto de partida aceitável para muitos problemas.

### 9.3.4.2 Mecanismos de Difusão[2]

A predição de $D_{A,p}(r)$ na Equação (9-16) requer algum entendimento de como uma molécula difunde em um material poroso. A natureza da difusão dependerá do tamanho dos poros. Considere um poro redondo e em linha reta de raio $r$ como mostrado a seguir. No poro há moléculas de um fluido que estão difundindo ao longo da coordenada axial (dimensão $z$) do poro.

Há três possíveis modos de difusão neste poro.

***Difusão Configuracional (Restrita)*** Em alguns catalisadores, o diâmetro da molécula em difusão pode ser próximo ao diâmetro do poro, como mostrado a seguir.

[1] Satterfield, C. N., *Mass Transfer in Heterogeneous Catalysis*, MIT Press, Cambridge, MA, (1970), p. 157.

[2] Para uma discussão mais detalhada da difusão em meios porosos, veja Krishna, R., A unified approach to the modeling of intraparticle diffusion in adsorption processes, *Gas Separat. Purificat.*, 7(2), 91–104 (1993).

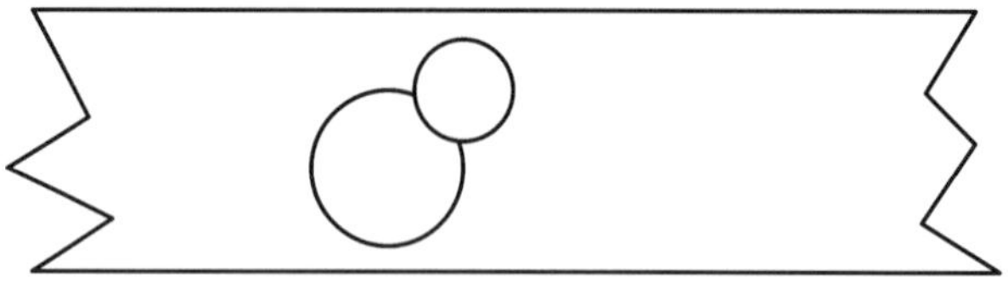

Zeólitas ou também chamados de catalisadores de "peneira molecular" são uma classe importante de materiais para os quais este tipo de difusão é predominante. Catalisadores zeólitas são amplamente usados em refinarias no craqueamento catalítico de naftas de petróleo.

Coeficientes de difusão no regime configuracional podem ser muito pequenos ($10^{-14}$ a $10^{-16}$ $cm^2/s$) e dependem do tamanho do poro, do tamanho das moléculas em difusão e das forças intermoleculares entre as moléculas em difusão e as paredes dos poros. No presente, não há teoria disponível para prever coeficientes de difusão no regime configuracional. Dados experimentais são necessários para iniciar o processo de estimativa do coeficiente de difusão efetivo.

***Difusão de Knudsen (Gases)*** Suponha que um *gás* esteja difundindo em um poro redondo e em linha reta, com raio $r$, que é muito maior do que as dimensões das moléculas. As moléculas no poro estarão em movimento térmico randômico e irão colidir com outras moléculas do gás e com as paredes do poro. O livre percurso médio é definido como a distância média que uma molécula se desloca antes que ela colida com outras moléculas. O livre percurso médio pode ser previsto aproximadamente a partir da teoria cinética, para um gás puro.

$$\lambda_m = 1/\sqrt{2}\pi d^2 C_A N_a \tag{9-17}$$

Na Equação (9-17), $\lambda_m$ é o livre percurso médio, $d$ é o diâmetro equivalente da molécula, $N_a$ é o número de Avogadro e $C_A$ é a concentração molar do gás puro. O produto $C_A N_a$ é a massa específica molecular ou numérica (moléculas/volume) do gás. Para a maioria dos gases em condições atmosféricas, $\lambda_m$ está entre 10 e 100 nm (100 Å $\leq \lambda \leq$ 1000 Å).

Se $\lambda_m \gg r$, colisões das moléculas com as paredes do poro serão muito mais frequentes que as colisões com outras moléculas. A difusão ocorrerá através de interações molécula–parede em vez de interações molécula–molécula, como mostrado a seguir.

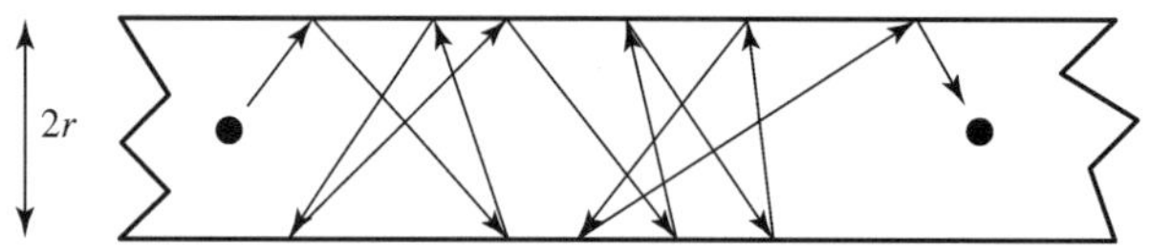


Este tipo de difusão é conhecido como difusão de Knudsen. No regime de difusão de Knudsen, a equação para o fluxo é

$$\vec{N}_{A,z} = -D_{A,k}\frac{dC_A}{dz}$$

Nesta equação, $\vec{N}_{A,z}$ é o fluxo de A na direção $z$, isto é, ao longo do comprimento do poro. No regime de Knudsen, o fluxo de qualquer componente é puramente difusivo, exatamente como suposto na Equação (9-3).

O coeficiente de difusão de Knudsen da espécie A, $D_{A,k}$, é dado por

Coeficiente de difusão de Knudsen

$$D_{A,k} = \frac{4r}{3}\sqrt{\frac{2RT}{\pi M_A}} \tag{9-18}$$

Aqui, $r$ é o raio do poro, $R$ é a constante dos gases, $T$ é a temperatura absoluta e $M_A$ é a massa molar da espécie A. O coeficiente de difusão de Knudsen aumenta linearmente com o raio do poro. Ele também aumenta com a raiz quadrada da temperatura absoluta. Ele *não* depende da composição do gás, da pressão total ou dos fluxos dos outros compostos.

***Difusão Molecular ("Bulk")*** A difusão molecular ou "*bulk*" é o modo predominante de difusão em poros grandes. Para um gás, a difusão molecular ocorre quando $r \gg \lambda_m$. Para líquidos, a difusão molecular ocorre quando $r$ é muito maior do que o raio das moléculas em difusão. No regime de difusão molecular, colisões entre moléculas são muito mais frequentes do que colisões entre moléculas e as paredes do poro. A difusão ocorre através de interações molécula–molécula.

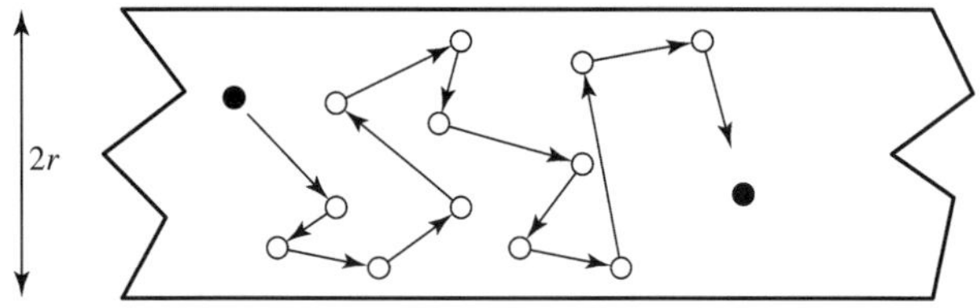


A equação para o fluxo do componente A é mais complexa para a difusão molecular do que para a difusão de Knudsen. Na difusão molecular, o fluxo de A na direção $z$ é dado por

Equação do fluxo — difusão molecular

$$\vec{N}_{A,z} = -D_{A,m}\frac{dC_A}{dz} + y_A \sum_{i=1}^{N} \vec{N}_{i,z} \tag{9-19}$$

Nesta equação, $\vec{N}_{i,z}$ é o fluxo do componente "$i$" na direção $z$, $D_{A,m}$ é a difusividade de A na mistura, $y_A$ é a fração molar de A, e "$N$" é o número de componentes na mistura. A primeira parcela do lado direito da Equação (9-19) é o fluxo difusivo de A e a segunda parcela é o fluxo de A devido ao escoamento global. O fluxo total $\vec{N}_{i,z}$ é um vetor que está direcionado para fora do poro, se "$i$" for um produto, ou para dentro do poro, se "$i$" for um reagente. Se "$i$" for um composto que não participa da reação, $\vec{N}_{i,z} = 0$ em estado estacionário.

Para uma única reação ocorrendo em uma partícula de catalisador *em estado estacionário*, os fluxos molares estão relacionados através da estequiometria, isto é,

$$\vec{N}_{i,z}/\vec{N}_{A,z} = \nu_i/\nu_A; \quad \vec{N}_{i,z} = (\vec{N}_{A,z}/\nu_A)\,\nu_i$$

Com a substituição desta relação na Equação (9-19) e posterior rearranjo, obtém-se

$$\vec{N}_{A,z} = -\left(\frac{D_{A,m}}{1-(y_A\Delta\nu/\nu_A)}\right)\frac{dC_A}{dz} \tag{9-20}$$

Aqui, $\Delta\nu$ é a variação no número de mols na reação, isto é, $\Delta\nu = \sum_{i=1}^{N} \nu_i$.

Para usar a Equação (9-20), um valor de $D_{A,m}$ tem que estar disponível. Uma variação das equações de Stefan–Maxwell pode ser usada para prever a difusividade da mistura.[3] Para uma única reação ocorrendo em estado estacionário:

Coeficiente de difusão — regime molecular

$$D_{A,m} = \frac{1-(y_A\Delta\nu/\nu_A)}{\sum_{i=1}^{N}\frac{1}{D_{Ai}}[y_i-(y_A\nu_i/\nu_A)]} \tag{9-21}$$

Se uma mistura gasosa ou líquida for ideal, então $D_{Ai}$ é a difusividade molecular binária de A na espécie "$i$". Difusividades moleculares binárias são quase independentes da concentração em sistemas ideais gasosos e líquidos. Valores de $D_{ij}$ para muitos pares binários comuns estão tabulados em manuais e métodos para a previsão de difusividades binárias como funções da temperatura e da pressão estão bem estabelecidos. Se a mistura não for ideal, a forma da Equação (9-21) é válida, mas os $D_{ij}$'s não

[3]Veja, por exemplo, Bird, R. B., Stewart, W. E. e Lightfoot, E. N., *Transport Phenomena*, Wiley, Nova York (1960), p. 571.

são coeficientes de difusão molecular binária. Dados experimentais para os $D_{ij}$'s são necessários no uso da Equação (9-21) para misturas não ideais.

A Equação (9-21) pode ser difícil de ser usada quando o numerador for pequeno, isto é, quando $y_A \Delta\nu/\nu_A$ é próximo de 1. Neste caso, o denominador também será pequeno e valores muito precisos de $D_{Ai}$ são requeridos para se obter um valor preciso de $D_{A,m}$.

Vamos olhar algumas ilustrações. Primeiro, considere uma mistura binária ideal de A e B, com a reação de isomerização A → B ocorrendo. Neste caso, $\nu_B = -\nu_A = 1$, $\Delta\nu = 0$, e $y_A + y_B = 1$. A partir da Equação (9-21), a difusividade de A na mistura é

$$D_{A,m} = \frac{1 - y_A \times (0/-1)}{\dfrac{1}{D_{AA}}\left[y_A - y_A\left(\dfrac{-1}{-1}\right)\right] + \dfrac{1}{D_{AB}}\left[y_B - y_A\left(\dfrac{1}{-1}\right)\right]} = D_{AB}$$

Da Equação (9-20),

$$N_{A,z} = -D_{A,m}\frac{dC_A}{dz} = -D_{AB}\frac{dC_A}{dz}$$

Neste caso de contradifusão equimolar binária, a difusividade de A na mistura ($D_{A,m}$) é exatamente a difusividade molecular binária de A em B ($D_{AB}$). Além disto, o fluxo $\vec{N}_{A,z}$ é somente difusivo. A parcela do escoamento global na Equação (9-19) é zero, pois $\sum_{i=1}^{N} \vec{N}_{i,z} = (\vec{N}_{A,z}/\nu_A)\Delta\nu$ e $\Delta\nu = 0$ neste exemplo.

Agora considere a mesma situação, exceto pelo fato de que um inerte *I* está presente. Novamente, $\nu_B = -\nu_A = 1$, $\Delta\nu = 0$. Também $\nu_I = 0$. Entretanto, $y_A + y_B \neq 1$, pois o inerte está presente. Da equação (9-21), a difusividade de A na mistura é

$$D_{A,m} = \frac{1 - y_A \times (0/-1)}{\dfrac{0}{D_{AA}} + \dfrac{y_A + y_B}{D_{AB}} + \dfrac{y_I}{D_{AI}}} = \frac{1}{\dfrac{y_A + y_B}{D_{AB}} + \dfrac{y_I}{D_{AI}}}$$

A presença do gás inerte influencia no valor de $D_{A,m}$. Se $D_{AI}$ for maior do que $D_{AB}$, então o valor de $D_{A,m}$ para o sistema ternário é maior do que o valor de $D_{A,m}$ para o sistema binário. O oposto é verdade se $D_{AI}$ for menor que $D_{AB}$. Além disto, o valor de $D_{A,m}$ depende da composição do sistema a não ser que $D_{AI} = D_{AB}$.

Da Equação (9-20),

$$\vec{N}_{A,z} = -D_{A,m}\frac{dC_A}{dz}$$

Entretanto, o valor de $D_{A,m}$ variará ao longo do comprimento do poro, se $y_A$, $y_B$ e $y_I$ variarem.

Para uma ilustração final, considere a reação A → $\nu$B ocorrendo em um sistema binário ideal. Da estequiometria, $\nu_A = -1$, $\nu_B = \nu$, e $\Delta\nu = (\nu - 1)$. Como o sistema contém somente A e B, $y_A + y_B = 1$.

Neste caso, a parcela do escoamento global na Equação (9-19) não é zero, pois $\sum_{i=1}^{N} \vec{N}_{i,z} = (\vec{N}_{A,z}/\nu_A)\Delta\nu = -(\vec{N}_{A,z})(\nu - 1)$. Se $\nu > 1$, o fluxo líquido $\sum_{i=1}^{N} \vec{N}_{i,z}$ e o fluxo de A, $N_A$, têm sentidos opostos, isto é, $N_A$ está direcionado para dentro do poro e o fluxo líquido está direcionado para fora do poro. Se $\nu > 1$, o número de mols de produto deixando o poro, em estado estacionário, é maior do que o número de mols do reagente A que entra no poro. Se $\nu < 1$, o oposto é verdade; o fluxo líquido é no mesmo sentido de $N_A$, para dentro do poro.

A partir da Equação (9-21), o valor de $D_{A,m}$ é

$$D_{A,m} = D_{AB}$$

e a Equação (9-20) se torna

$$\vec{N}_{A,z} = -\left\{\frac{D_{AB}}{1 + y_A(\nu - 1)}\right\}\frac{dC_A}{dz}$$

Neste exemplo, o fluxo ($\vec{N}_{A,z}$) depende da composição do sistema e da estequiometria da reação. Se a variação dos mols na reação, $\Delta\nu = (\nu - 1)$, for grande e positiva, o fluxo de A será muito menor do que na situação na qual $\Delta\nu = 0$ ($\nu = 1$). O valor de $D_{A,m}$ variará ao longo do comprimento do poro se $y_A$ variar.

***A Região de Transição*** Para certos tamanhos de poros, a difusão não será somente molecular ou somente Knudsen. Os dois tipos de difusão contribuirão para o fluxo total. A teoria para esta "região de transição" é complexa. Uma abordagem trabalhável é supor que os dois tipos de difusão ocorrem em paralelo. Isto leva a

Coeficiente de difusão — regime de transição

$$\vec{N}_{A,z} = D_{A,t}\frac{dC_A}{dz}$$
$$\frac{1}{D_{A,t}} = \frac{1}{D_{A,k}} + \sum_{i=1}^{N}\frac{1}{D_{Ai}}[y_i - (y_A\nu_i/\nu_A)] \tag{9-22}$$

O coeficiente de difusão na região de transição, $D_{A,t}$, pode depender da composição, como um resultado da segunda parcela no lado direito da Equação (9-22), isto é, a resistência à difusão molecular. O coeficiente de difusão no regime de transição também depende do raio do poro, pois $D_{A,k}$ depende do raio do poro.

***Dependência da Concentração*** Uma conclusão importante a partir da discussão anterior é que a difusividade tanto no regime molecular quanto no de transição provavelmente dependerá da composição da mistura. Entretanto, o método que desenvolvemos para calcular o fator de efetividade é baseado na hipótese de uma difusividade efetiva constante, independentemente da posição e/ou da concentração. Poderíamos pensar (bem resumidamente!) em resolver as equações diferenciais básicas, que levam ao fator de efetividade, considerando um coeficiente de difusão dependente da concentração. Contudo, isto criaria uma considerável complexidade adicional. Além disto, para muitas misturas não ideais, as relações necessárias entre as difusividades e a concentração não estão facilmente disponíveis. Consequentemente, para um primeiro passo, um procedimento aceitável é usar um coeficiente de difusão médio, calculado na faixa relevante de concentrações. Tal cálculo é ilustrado a seguir.

*Ilustração: Dependência da composição do coeficiente de difusão*

A reação de craqueamento irreversível $C_3H_8 \rightarrow C_2H_4 + CH_4$ está ocorrendo nas paredes de um poro de raio *r*, na presença de vapor d´água, um gás inerte. O sistema é mostrado na figura a seguir.

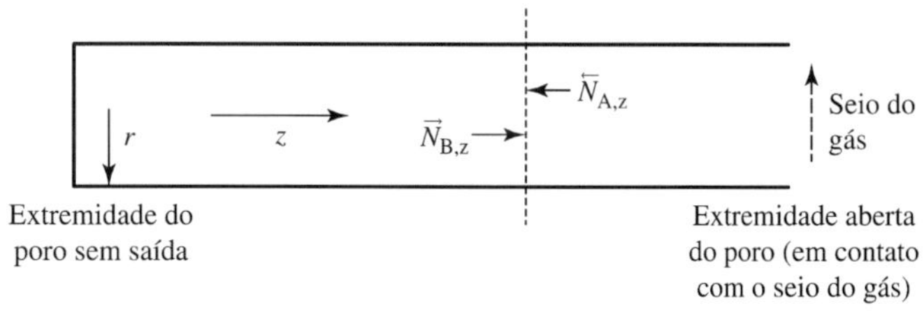


Vamos representar o propano ($C_3H_8$) por A, o etileno ($C_2H_4$) por B, o metano ($CH_4$) por C e o vapor d´água por I. As frações molares destes componentes no seio da corrente gasosa, isto é, na superfície da partícula do catalisador, são fornecidas na tabela a seguir, juntamente com os valores das difusividades binárias. Os valores de *r*, *T* e $M_A$ são tais que $D_{A,k}$ = 0,22 cm²/s. Deseja-se um valor "médio" para $D_{A,t}$.

| Espécie | Fração molar no seio do gás | Difusividade molecular $D_{Ai}$ (cm²/s) |
|---|---|---|
| A ($C_3H_8$) | 0,30 | — |
| B ($C_2H_4$) | 0,05 | 0,37 |
| C ($CH_4$) | 0,05 | 0,86 |
| I ($H_2O$) | 0,60 | 0,75 |

Para este problema, $\nu_A = -1$, $\nu_B = 1$, $\nu_C = 1$ e $\nu_I = 0$. Estes coeficientes estequiométricos, juntamente com as concentrações e as difusividades binárias na tabela anterior, acrescidos do valor fornecido para

$D_{A,k}$, podem ser usados para prever um valor de $D_{A,t}$ na extremidade aberta do poro (isto é, na superfície da partícula do catalisador) usando a Equação (9-22). O resultado é $D_{A,t}$ (superfície) = 0,15 cm²/s.

No próximo passo, necessitamos calcular um valor de $D_{A,t}$ na extremidade sem saída (fechada) do poro, que corresponde ao centro da partícula do catalisador. Para fazer este cálculo, valores de $y_i$ nesta extremidade sem saída são necessários. Entretanto, estes valores dependem do fator de efetividade. Se $\eta$ for próximo a 1, as frações molares na entrada do poro e na sua extremidade sem saída serão similares. Se $\eta \ll 1$, a fração molar do reagente A irá aproximar-se de 0 na extremidade fechada do poro, sendo a reação irreversível.

Infelizmente, o valor do fator de efetividade não é conhecido. Na verdade, a razão para calcular o valor de $D_{A,t}$ é permitir estimar $\eta$. Todavia, duas estimativas limites do valor médio de $D_{A,t}$ podem ser feitas. Se $\eta \cong 1$, a concentração não variará significativamente ao longo do comprimento do poro e nem a difusividade. Para este caso, $D_{A,t}$ (médio) = $D_{A,t}$ (superfície) = $D_{A,t}$ (extremidade fechada) = 0,15 cm²/s.

O segundo limite é quando $\eta \ll 1$, de modo que $y_A \cong 0$ na extremidade fechada do poro. Este caso fornece a maior variação possível de composição ao longo do comprimento do poro. Valores de $y_B$, $y_C$ e $y_I$ na extremidade fechada do poro são necessários para calcular $D_{A,t}$ (extremidade fechada). Para obter estes valores, considere um plano arbitrário que intercepte o poro normal a direção $z$, como mostrado na figura anterior. Em estado estacionário, pela estequiometria, o fluxo de A através do plano tem que ser igual ao fluxo de B atravessando o plano, porém os dois fluxos têm que estar em sentidos opostos (reagente A se movendo para dentro do poro e produto B se movendo para fora). Matematicamente,

$$-D_{A,t}(dC_A/dz) = D_{B,t}(dC_B/dz)$$

Integremos esta expressão da extremidade fechada do poro até a superfície, desprezando qualquer variação de $D_{A,t}$ e $D_{B,t}$ com a posição. Como nós somente estamos tentando *estimar* a composição na extremidade fechada do poro, esta suposição é razoável. Após integrar e dividir pela concentração total, o resultado é

$$y_B(0) = y_B(s) + \left(\frac{D_{A,t}}{D_{B,t}}\right)[y_A(s) - y_A(0)]$$

Aqui (0) representa a extremidade fechada do poro e (s) representa a extremidade aberta do poro. Para $y_A(0) = 0$,

$$y_B(0) = y_B(s) + \left(\frac{D_{A,t}}{D_{B,t}}\right)y_A(s)$$

Agora nós supomos que $D_{A,t}/D_{B,t} = (M_B/M_A)^{1/2} = (28/44)^{1/2} = 0,80$. Isto será verdade se a difusão estiver predominantemente no regime de Knudsen e será aproximadamente verdadeiro se a difusão molecular predominar.

Substituindo $y_B(s) = 0,05$; $y_A(s) = 0,30$ e $D_{A,t}/D_{B,t} = 0,80$ na equação anterior, obtemos $y_B(0) = 0,29$. Um cálculo similar fornece $y_C(0) = 0,23$. Tomamos o valor de $y_I(0)$ como $y_I(0) = 1 - y_A(0) + y_B(0) + y_C(0) = 0,48$. Este procedimento não é rigorosamente válido para uma reação em fase gasosa se a pressão total variar ao longo do comprimento do poro. Entretanto, esta abordagem é normalmente razoável.

A substituição destes valores de $y_i(0)$, em conjunto com os dados da tabela anterior, dos coeficientes estequiométricos e do valor de $D_{A,k}$ na Equação (9-22) resulta em $D_{A,t}$ (extremidade fechada) = 0,16 cm²/s. Fazendo a média $D_{A,t}$ (médio) = [$D_{A,t}$ (superfície) + $D_{A,t}$ (extremidade fechada)]/2 obtém-se $D_{A,t}$ (médio) = 0,16 cm²/s. Para este exemplo, não há praticamente diferença entre o coeficiente de difusão na superfície e no centro da partícula. Isto ocorre principalmente porque aproximadamente 70% da resistência à difusão vem do regime de Knudsen, no qual o coeficiente de difusão é independente da composição do fluido.

## EXERCÍCIO 9-3

Repita os cálculos de $D_{A,t}$ (superfície) e $D_{A,t}$ (extremidade fechada) supondo que $r$, $T$ e $M_A$ são tais que $D_{A,k}$ = 2,0 cm²/s.

*Respostas:* $D_{A,t}$ (superfície) = 0,38 cm²/s, $D_{A,t}$ (extremidade fechada) = 0,46 cm²/s e $D_{A,t}$ (médio) = 0,42 cm²/s. Neste caso, somente aproximadamente 20% da resistência à difusão vem do regime de Knudsen e os coeficientes de difusão refletem uma forte dependência da concentração. Entretanto, os valores das difusividades são suficientemente próximos de modo que a obtenção da média aritmética dos dois, para utilização no cálculo do módulo de Thiele, é razoável.

#### 9.3.4.3 O Efeito do Tamanho do Poro

Até este ponto, a atenção foi focalizada no cálculo de coeficientes de difusão em poros redondos e em linha reta. O desafio final é usar esta experiência acumulada para calcular $D_{A,p}(r)$ na Equação (9-16). Recorde que $D_{A,p}(r)$ é o coeficiente de difusão de A em um *conjunto* de poros redondos e em linha reta que tem a mesma distribuição de tamanhos de poros que o catalisador. Para fazer este cálculo, alguma coisa tem que ser conhecida sobre a distribuição dos tamanhos dos poros $f(r)$.

***Distribuição dos Tamanhos dos Poros Concentrada*** Em muitos casos, a distribuição dos tamanhos dos poros exata não está disponível. Todavia, um cálculo aproximado do fator de efetividade pode ser necessário. Tal cálculo pode ser feito se supusermos que $D_{A,p}(r)$ é igual a $D_{A,p}(\bar{r})$, onde $\bar{r}$ é o raio médio dos poros do catalisador. Em palavras, nós supomos que o coeficiente de difusão médio é igual ao coeficiente de difusão em um poro com raio $\bar{r}$, o raio médio dos poros do catalisador. Um valor de $\bar{r}$ pode ser calculado como descrito na seção 9.2.2.2.

Uma vez determinado o valor de $\bar{r}$, $D_A(\bar{r})$ pode ser calculada usando a Equação (9-22), levando em consideração a dependência da concentração do coeficiente de difusão, se necessário. A difusividade efetiva $D_{A,ef}$ é então obtida pela multiplicação de $D_A(\bar{r})$ por $\varepsilon/\tau_p$, isto é,

$$D_{A,ef} = \varepsilon D_A(\bar{r})/\tau_p$$

Esta abordagem para calcular a difusividade efetiva funciona relativamente bem se o catalisador tiver uma distribuição dos raios dos poros estreita ou concentrada. Entretanto, uma abordagem mais rigorosa é necessária se a distribuição dos tamanhos dos poros for abrangente ou larga, por exemplo, bimodal.

***Distribuição dos Tamanhos dos Poros Abrangente*** Muitos modelos foram desenvolvidos para estimar a difusividade efetiva em catalisadores com distribuição dos tamanhos dos poros abrangentes.[4] Um dos mais simples é o modelo de poros paralelos de Johnson e Stewart.[5] Na abordagem deles, o valor de $D_{A,p}(r)$ é calculado fazendo-se uma média abrangendo a variação total dos tamanhos dos poros:

$$D_{A,p}(r) = \int_{r=0}^{\infty} D_{A,t}(r) f(r) \mathrm{d}r$$

Para valores de $r$ nos quais a difusão está no regime de Knudsen, $D_{A,t}(r)$ não depende da composição. Entretanto, se $r$ for tal que a difusão molecular seja importante, um valor médio em relação à concentração de $D_{A,t}(r)$ deve ser calculado para cada $r$ antes que a integração seja efetuada.

### 9.3.5 Uso do Fator de Efetividade no Projeto e Análise de Reatores

O fator de efetividade pode ser usado para levar em consideração os efeitos do transporte interno no dimensionamento e análise de reatores catalíticos heterogêneos. Neste ponto, não é mais necessário supor que os gradientes internos de concentração são desprezíveis.

A forma diferencial da equação de projeto para um reator de escoamento pistonado ideal no qual uma reação catalítica heterogênea ocorre é

$$\frac{\mathrm{d}m}{F_{A0}} = \frac{\mathrm{d}x_A}{-r_A} \qquad (3\text{-}27a)$$

[4]Froment, G. B. e Bischoff, K. B., *Chemical Reactor Analysis and Design*, 2.ª edição, John Wiley & Sons, (1990), pp. 145–157.
[5]Johnson, M. F. L. e Stewart, W. E., *J. Catal.* 4, 248 (1965).

A taxa de reação $-r_A$ agora pode ser escrita como $\eta \times (-r_A^{sup})$, onde $-r_A^{sup}$ é uma abreviação para a taxa que deveria existir se não houvesse gradientes no interior da partícula do catalisador.

$$\frac{dm}{F_{A0}} = \frac{dx_A}{\eta \times (-r_A^{sup})} \tag{9-23}$$

*Se as resistências ao transporte externo forem desprezíveis*, as condições na superfície da partícula de catalisador serão as mesmas das presentes no seio da corrente do fluido. Em outras palavras, $T_s = T_F$, $C_{A,s} = C_{A,F}$ etc. Então, a Equação (9-23) pode ser escrita na forma

$$\frac{dm}{F_{A0}} = \frac{dx_A}{\eta \times (-r_A^{seio})} \tag{9-24}$$

Aqui, $-r_A^{seio}$ é a taxa que existiria se a temperatura e as concentrações em toda a partícula fossem as mesmas daquelas no seio do fluido. Por exemplo, se a reação fosse de primeira ordem em A e irreversível, a equação anterior se tornaria

$$\frac{dm}{F_{A0}} = \frac{dx_A}{\eta k(T_F) C_{A,F}}$$

Para resolver a equação de projeto, temos que saber como $\eta$ e $r_A^{sup}$ dependem da temperatura e da composição. Para uma reação de ordem $n$, o fator de efetividade é uma função de uma única variável adimensional, o módulo de Thiele, como fornecido pelas Equações (9-13) e (9-13a). O módulo de Thiele depende da temperatura, pois a sua equação de definição contém $k_v$, $K_{eq}$, $D_{A,ef}$ e $\beta$, todos dependentes da temperatura. O módulo de Thiele pode também depender das concentrações no seio da corrente do fluido, pois as Equações (9-13) e (9-13a) contêm os parâmetros $C_{A,s}$, $D_{A,ef}$, $\alpha_s$ e $\beta$. Entretanto, o fator de efetividade para *uma reação de primeira ordem irreversível* pode não ser muito sensível à concentração, porque, para este caso, o módulo de Thiele não contém $C_{A,s}$, $\alpha_s$ e $\beta$. Para uma reação de primeira ordem irreversível, a única sensibilidade em relação à concentração está presente através do coeficiente de difusão efetivo.

Para um reator de escoamento pistonado, a concentração de A (e todas as outras espécies) no seio do fluido e na superfície da partícula do catalisador dependerá de onde a partícula de catalisador está localizada no reator. Se as resistências externas ao transporte forem desprezíveis, as concentrações superficiais são iguais às concentrações no seio do fluido em todo ponto. Além disto, as concentrações no seio do fluido podem ser escritas como funções de $x_A$, como feito no Capítulo 4. Por exemplo, para uma reação que ocorre à massa específica constante,

$$C_{A,s} = C_{A,F} = C_{A0}(1 - x_A)$$

Para equações de taxa mais complexas, e para situações nas quais a massa específica do fluido não é constante, a abordagem da tabela estequiométrica, como desenvolvida no Capítulo 4, pode ser usada para relacionar a $x_A$ as várias concentrações no seio do fluido.

O exemplo a seguir ilustra como a equação de projeto pode ser resolvida para um reator isotérmico quando as resistências ao transporte externo são desprezíveis e as resistências ao transporte interno são significativas.

## EXEMPLO 9-4

***Cálculo da Massa de Catalisador Requerida quando $\eta < 1$***

A reação irreversível em fase gasosa A → R está sendo realizada, em estado estacionário, em um reator catalítico de leito fixo que opera como um reator de escoamento pistonado (PFR) ideal. A reação é de segunda ordem em A, isto é, $-r_A = kC_A^2$, e o valor da constante da taxa é igual a 2,5 × $10^{-4}$ m$^6$/(mol (kg cat) s). O reator é isotérmico.

A concentração de A na alimentação do reator é de 12 mol/m$^3$ e a vazão volumétrica é de 0,50 m$^3$/s. A pressão total é 1 atm e a queda de pressão ao longo do reator pode ser desprezada. Suponha que as resistências ao transporte externo sejam desprezíveis e que as partículas do catalisador sejam isotérmicas.

As partículas de catalisador são esféricas, com raio ($R$) igual a 0,3 cm. A massa específica da partícula ($\rho_p$) é igual a 3000 kg/m$^3$ e a difusividade efetiva de A na partícula do catalisador é de $10^{-2}$ cm$^2$/s.

A. Estime os valores dos fatores de efetividade na entrada e na saída do leito.
B. Qual massa de catalisador é requerida para se atingir a conversão de 90%?

**Parte A: Estime os valores dos fatores de efetividade na entrada e na saída do leito.**

*ANÁLISE* O valor do módulo de Thiele generalizado $\phi$ será calculado na entrada do leito e na saída usando a Equação (9-14). A dimensão característica será calculada com a Equação (9-10) e a constante da taxa será convertida de uma base de massa de catalisador para uma base de volume de catalisador, usando a massa específica da partícula fornecida. A Equação (9-15) ou a Figura 9-7 pode então ser usada para estimar o fator de efetividade em cada posição.

*SOLUÇÃO* A dimensão característica da partícula de catalisador é

$$l_c = V_G/A_G = (4/3)\pi R^3/4\pi R^2 = R/3 = 0{,}1 \text{ cm} = 0{,}001 \text{ m}$$

A constante da taxa baseada no *volume* do catalisador é

$$k_v\ (\text{m}^3/(\text{mol s})) = k\text{m}^6/(\text{mol ((kg cat)) s})\rho_p(\text{kg/m}^3)$$
$$k_v = 2{,}5 \times 10^{-4} \times 3000 = 0{,}75\ (\text{m}^3/(\text{mol s}))$$

Para uma reação irreversível de segunda ordem, a Equação (9-14) se torna

$$\phi = l_c\left(\frac{3k_v C_{A,s}}{2D_{A,ef}}\right)^{1/2}$$

Se a resistência ao transporte externo não for significativa, a concentração de A na superfície da partícula do catalisador em todo ponto no leito catalítico é igual à concentração no seio da corrente do gás, isto é, $C_{A,s} = C_{A0}(1 - x_A)$. Na entrada do leito, onde $x_A = 0$, $C_{A,s} = C_{A0} = 12$ mol/m$^3$.

$$\phi = 0{,}001(\text{m})[3 \times 0{,}75(\text{m}^3/(\text{mol s})) \times 12\,(\text{mol/m}^3)/2 \times 10^{-2}\,(\text{cm}^2/\text{s}) \times 10^{-4}\,(\text{m}^2/\text{cm}^2)]^{1/2}$$
$$\phi = 3{,}67$$

Da Equação (9-15),

$$\eta = \tanh(\phi)/\phi = \tanh(3{,}67)/3{,}67 = 0{,}27$$

Na saída do leito, onde $x_A = 0{,}90$; de modo que $C_{A,s} = 1{,}2$ mol/m$^3$.

$$\phi = 0{,}001(\text{m})[3 \times 0{,}75\,(\text{m}^3/(\text{mol s})) \times 1{,}2\,(\text{mol/m}^3)/2 \times 10^{-2}(\text{cm}^2/\text{s}) \times 10^{-4}\,(\text{m}^2/\text{cm}^2)]^{1/2}$$
$$\phi = 1{,}16$$

Novamente, da Equação (9-15),

$$\eta = \tanh(\phi)/\phi = \tanh(1{,}16)/1{,}16 = 0{,}71$$

Para esta reação de segunda ordem, o fator de efetividade varia substancialmente da entrada do leito catalítico até a saída, pois o módulo de Thiele depende da concentração de A na superfície externa da partícula do catalisador $C_{A,s}$.

**Parte B: Qual massa de catalisador é requerida para se atingir a conversão de 90%?**

*ANÁLISE* A equação de projeto, como dada pela Equação (9-24), será resolvida para calcular a massa de catalisador *m*. Como $\eta$ é uma função de $C_A$, $\eta$ será calculado para vários valores de $C_A$ entre 12 e 1,2 mol/m$^3$, e a equação de projeto será integrada numericamente.

*SOLUÇÃO* Para este problema, a Equação (9-24) se torna

$$\frac{dm}{F_{A0}} = \frac{dx_A}{\eta(x_A)kC_{A0}^2(1-x_A)^2}$$

O parêntese ($x_A$) após $\eta$ é uma recordação de que o fator de efetividade depende da concentração, como mostrado pelos cálculos na Parte A. Integrando a equação anterior de $m = 0$, $x_A = 0$ até $m = m$, $x_A = 0{,}90$,

$$m = (F_{A0}/kC_{A0}^2)\int_0^{0,90} \frac{dx_A}{\eta(x_A)(1-x_A)^2} \quad (9\text{-}25)$$

O valor do módulo de Thiele em qualquer ponto ao longo do comprimento do leito catalítico é dado por

$$\phi(x_A) = l_c\left(\frac{3k_v C_{A0}(1-x_A)}{2D_{A,ef}}\right)^{1/2}$$

O valor de $\eta(x_A)$ foi calculado a partir de $\phi(x_A)$ com a Equação (9-15). Finalmente, o valor da integral na Equação (9-25) foi obtido por integração numérica e foi multiplicado por $F_{A0}/(kC_{A0}^2)$. Os valores de $k$ e de $C_{A0}$ são dados. O valor de $F_{A0}$ foi calculado a partir de $F_{A0} = vC_{A0}$, visto que $v$ foi dada. O resultado final é $m = 2850$ kg.

## 9.3.6 Diagnosticando Limitações do Transporte Interno em Estudos Experimentais

### 9.3.6.1 Cinética Mascarada

Se um estudo cinético for realizado sob condições nas quais a resistência ao transporte interno é alta, os dados experimentais serão muito enganadores.

Quando $\phi$ é maior do que aproximadamente 10, $\eta \cong 1/\phi$. Substituindo esta relação na Equação (9-2), obtém-se

$$\left\{\begin{array}{c}\text{taxa de}\\\text{reação real}\end{array}\right\} = \frac{1}{\phi}\times\left\{\begin{array}{c}\text{taxa sem}\\\text{gradientes internos}\end{array}\right\}$$

A "taxa de reação real" é a taxa que é medida experimentalmente em laboratório.

Vamos considerar uma reação irreversível de ordem $n$. O módulo de Thiele é dado por

$$\phi = l_c\left(\frac{(n+1)k_v C_{A,s}^{n-1}}{2D_{A,ef}}\right)^{1/2} \quad (9\text{-}14)$$

Em uma base volumétrica, a "taxa sem gradientes internos" é $k_v C_{A,s}^n$. A combinação destas relações fornece

$$\left\{\begin{array}{c}\text{taxa de}\\\text{reação real}\end{array}\right\} = \frac{(k_v D_{A,ef})^{1/2} C_{A,s}^{(n+1)/2}}{l_c[(n+1)/2]^{1/2}}$$

Agora, suponha que a resistência ao transporte externo seja desprezível, de modo que $C_{A,s} = C_{A,F}$. A equação anterior se torna

$$\left\{\begin{array}{c}\text{taxa de}\\\text{reação real}\end{array}\right\} = \frac{(k_v D_{A,ef})^{1/2} C_{A,F}^{(n+1)/2}}{l_c[(n+1)/2]^{1/2}} \quad (9\text{-}26)$$

A Equação (9-26) mostra o comportamento que será medido experimentalmente se o catalisador operar no regime de forte influência da difusão nos poros e se as resistências ao transporte externo forem desprezíveis.

Vamos usar a Equação (9-26) para examinar três aspectos do desempenho de catalisadores: (1) o efeito da concentração; (2) o efeito da temperatura; e (3) o efeito da mudança do tamanho da partícula de catalisador.

***Efeito da Concentração*** A Equação (9-26) mostra que a taxa observada é proporcional a $C_{A,F}$ *elevada a potência* $(n + 1)/2$, na região de forte influência da difusão nos poros. Em outras palavras, a ordem *observada* em relação a A será $(n + 1)/2$, enquanto a ordem *verdadeira* ou *intrínseca* é $n$. Por exemplo, se a ordem verdadeira for 2, uma ordem 2/3 será observada experimentalmente quando $\phi$ for grande. Este fenômeno é chamado de cinética *mascarada* ou *falsificada* (ordem de reação *mascarada* ou *falsificada*). No regime de forte influência da difusão nos poros, os dados experimentais mostrarão a dependência correta (verdadeira ou intrínseca) da concentração somente quando a reação for de primeira ordem ($n = 1$). De outro modo, a ordem será *falsificada*.

***Efeito da Temperatura*** A constante da taxa $k_v$ e o coeficiente de difusão efetivo $D_{A,ef}$ são os únicos parâmetros na Equação (9-26) que são sensíveis a temperatura. Seja $E_{cin}$ a energia de ativação verdadeira (intrínseca) para $k_v$. Em geral, a difusividade efetiva não seguirá uma relação tipo de Arrhenius em uma ampla faixa de temperatura. Entretanto, a dependência em relação à temperatura de $D_{A,ef}$ pode ser aproximada com uma exponencial em $1/T$, pelo menos em uma pequena faixa de temperatura. Seja $E_{dif}$ a energia de ativação para $D_{A,ef}$ na faixa de temperatura em análise.

A Equação (9-26) mostra que a energia de ativação *aparente* da reação, isto é, a energia de ativação que seria medida experimentalmente, é

$$E_{ap} = (E_{cin} + E_{dif})/2$$

O valor de $D_{A,ef}$ geralmente não é muito sensível em relação à temperatura. Se a difusão estiver principalmente nos regimes molecular ou de Knudsen, $E_{dif}$ está na faixa de aproximadamente 5–20 kJ/mol. Por outro lado, as energias de ativação para reações químicas são muito maiores, na ordem de 50–300 kJ/mol. Se $E_{cin} > E_{dif}$,

$$E_{ap} \cong E_{cin}/2$$

desde que o módulo de Thiele seja grande ($\phi > 10$) e que a resistência ao transporte externo seja desprezível.

Se a constante da taxa para uma reação catalítica heterogênea fosse medida em uma ampla faixa de temperatura, usando partículas de catalisador de um tamanho fixo, um gráfico do tipo Arrhenius poderia ter as características mostradas na Figura 9-8.

Em temperaturas muito pequenas, $k_v$ tem um valor baixo e o valor de $\phi$ é baixo. A difusão nos poros não é uma resistência significativa e o fator de efetividade é essencialmente igual a 1. A cinética intrínseca (verdadeira) é observada. A energia de ativação medida é $E_{cin}$.

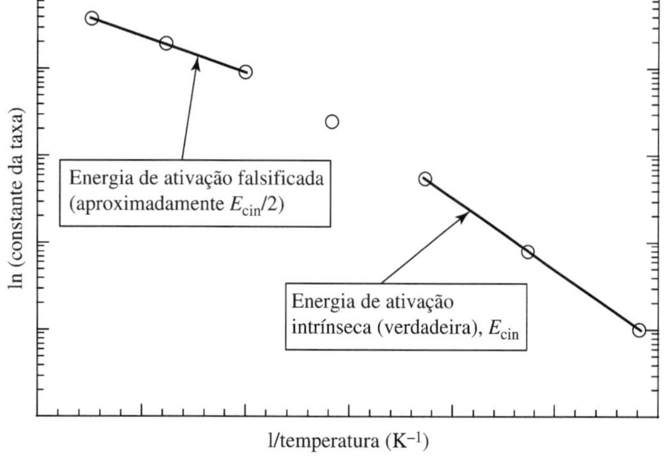


**Figura 9-8** Gráfico do tipo Arrhenius para uma reação catalítica heterogênea, mostrando a transição do regime cinético intrínseco, em baixas temperaturas, para o regime de forte influência da difusão nos poros, em altas temperaturas.

Na medida em que a temperatura é aumentada, o valor de $k_v$ aumenta mais rapidamente do que o valor de $D_{A,ef}$, pois a energia de ativação de $k_v$ é muito maior do que a de $D_{A,ef}$. Consequentemente, $\phi$ aumenta. O efeito da difusão nos poros se torna mais importante e o fator de efetividade cai ficando menor do que 1. Estas tendências continuam até que o valor de $\phi$ seja grande e a taxa de reação medida seja dada pela Equação (9-26). Neste ponto, a energia de ativação medida é aproximadamente $E_{cin}/2$, isto é, a energia de ativação aparente é somente aproximadamente a metade da energia de ativação verdadeira.

***Efeito do Tamanho da Partícula*** Quando $\eta = 1$, a taxa por unidade de massa de catalisador (ou a taxa por unidade de volume de catalisador) não depende do tamanho da partícula do catalisador. Entretanto, quando o fator de efetividade é baixo, a Equação (9-26) mostra que a "taxa de reação real" é inversamente proporcional a $l_c$, a dimensão característica da partícula. Consequentemente, a taxa de reação real (mols/(volume tempo) ou mols/(massa tempo)) pode ser aumentada com o uso de partículas menores. Na região de forte influência da difusão nos poros ($\phi > 10$), a taxa de reação real pode ser duplicada pela redução de $l_c$ por um fator igual a 2.

### 9.3.6.2 O Módulo de Weisz

Suponha que um experimento tenha sido realizado para medir a taxa de reação para um catalisador heterogêneo em algum conjunto específico de condições experimentais. Nós poderíamos querer efetuar um cálculo para determinar se o transporte interno teve um impacto significativo na taxa que foi medida. Entretanto, o catalisador sendo testado é um catalisador experimental novo e o valor de $k_v$ não é conhecido. Na verdade, o objetivo do experimento pode ter sido medir $k_v$. De qualquer forma, *a priori* o módulo de Thiele não pode ser calculado e a Figura 9-7 não é prontamente utilizável.

O problema de avaliar a influência da difusão no poro em um resultado experimental pode ser simplificado através de algumas transformações nas equações anteriores. Suponha que uma taxa de reação tenha sido medida em algum tipo de reator experimental, preferencialmente um CSTR ideal ou um PFR ideal. A partir dos dados experimentais, uma taxa de reação por unidade de volume geométrico do catalisador, representada por $-R_{A,v}$, pode ser calculada. O subscrito "v" indica que esta é uma taxa de reação *volumétrica*. A taxa medida ($-R_{A,v}$) não é necessariamente igual à taxa intrínseca, representada em uma base volumétrica por ($-r_{A,v}$). A taxa medida pode refletir efeitos do transporte interno, enquanto a taxa intrínseca não.

A taxa medida pode ser representada em termos do fator de efetividade.

$$\frac{\text{taxa medida}}{\text{volume geométrico de catalisador}} = -R_{A,v} = \eta \times \{\text{ taxa sem gradientes internos}\}$$

Para uma reação reversível, A $\rightleftarrows$ B, que é de ordem $n$ nos dois sentidos,

$$-R_{A,v} = \eta k_v \left[C_{A,s}^n - \frac{C_{B,s}^n}{K_{eq}^C}\right] = \eta k_v C_{A,s}^n \left[1 - \frac{\alpha_s^n}{K_{eq}^C}\right]$$

onde $\alpha_s$ é definido pela Equação (9-11). Multiplicando os dois lados por $(n + 1)\, l_c^2\, \Psi^2/(2D_{A,ef}C_{A,s})$, onde $\Psi$ é definido pela Equação (9-13a),

$$\frac{(n+1)l_c^2(-R_{A,v})\Psi^2}{2D_{A,ef}C_{A,s}} = \eta l_c^2 \left(\frac{(n+1)k_v C_{A,s}^{n-1}}{2D_{A,ef}}\right)\left[\frac{K_{eq}^C - \alpha^n}{K_{eq}^C}\right]\Psi^2 \tag{9-27}$$

Da Equação (9-13),

$$\phi^2 = l_c^2\left(\frac{(n+1)k_v C_{A,s}^{n-1}}{2D_{A,ef}}\right)\Psi^2 \tag{9-28}$$

A combinação das Equações (9-27) e (9-28) fornece

$$\frac{(n+1)l_c^2(-R_{A,v})}{2D_{A,ef}C_{A,s}}\Psi^2 = \eta\phi^2\left(\frac{K_{eq}^C - \alpha^n}{K_{eq}^C}\right) \tag{9-29}$$

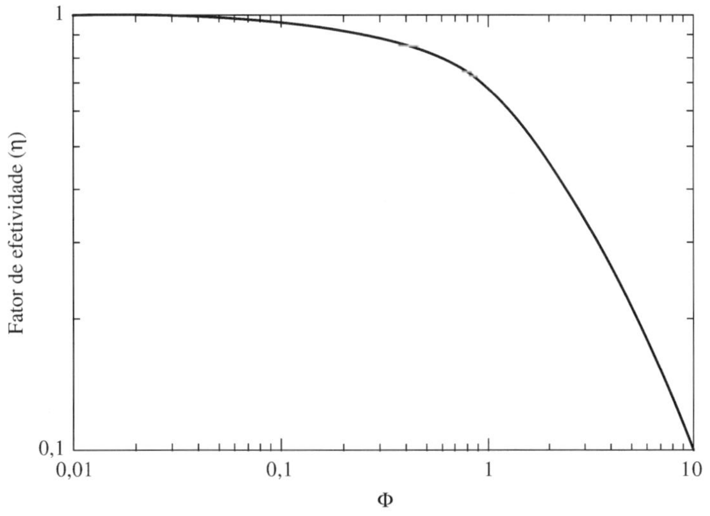


**Figura 9-9** O fator de efetividade $\eta$ como uma função do módulo de Weisz generalizado $\Phi$. Quando $\Phi > 10$, $\eta = 1/\Phi$.

Vamos definir o módulo de Weisz generalizado $\Phi$ por

Definição do módulo de Weisz

$$\Phi \equiv \frac{(n+1)l_c^2(-R_{A,v})}{2D_{A,ef}C_{A,s}}\left(\frac{K_{eq}^C}{K_{eq}^C - \alpha^n}\right)\Psi^2 \tag{9-30}$$

Então a Equação (9-29) se torna

$$\Phi = \eta\phi^2$$

Um gráfico de $\eta$ *versus* $\Phi$ pode agora ser construído, como a seguir: admite-se um valor de $\phi$, $\eta$ é calculado usando a Equação (9-15) e $\Phi$ é calculado com $\Phi = \eta\phi^2$. O processo é repetido até que a relação $\eta$ *versus* $\Phi$ tenha sido definida em uma faixa de $\Phi$. Um gráfico de $\eta$ *versus* $\Phi$ é mostrado na Figura 9-9. Para valores de $\Phi$ maiores que 10, $\eta \cong 1/\Phi$.

Como $-R_{A,v}$ é a taxa de reação *medida*, o valor de $\Phi$ pode ser calculado diretamente a partir dos dados experimentais, desde que os outros parâmetros na Equação (9-30) sejam conhecidos ou possam ser estimados. Não é necessário conhecer o valor da constante da taxa intrínseca $k_v$ para calcular $\Phi$.

O uso do módulo de Weisz para estimar diretamente o fator de efetividade a partir de dados experimentais é ilustrado no exemplo a seguir.

## EXEMPLO 9-5

***Uso do Módulo de Weisz***

Satterfield et al.[6] estudaram a hidrogenação, em fase líquida, de $\alpha$-metil estireno a cumeno sobre um catalisador Pd/alumina 1% em massa. O catalisador era esférico, com um diâmetro de 0,825 cm e uma porosidade $\varepsilon$ de 0,50. A tortuosidade $\tau_p$ foi medida, sendo igual a aproximadamente 8.

A 50°C e 1 atm de pressão de $H_2$, a taxa de desaparecimento do $\alpha$-metil estireno medida foi de $3{,}4 \times 10^{-7}$ gmol/(s cm$^3$(partícula)). A solubilidade do $H_2$ no $\alpha$-metil estireno nestas condições é igual a $3{,}5 \times 10^{-6}$ mol/cm$^3$ e a difusividade do $H_2$ no $\alpha$-metil estireno igual a $1{,}7 \times 10^{-4}$ cm$^2$/s. A reação é irreversível, de primeira ordem em $H_2$ e de ordem zero em relação ao $\alpha$-metil estireno.

Se as resistências ao transporte externo foram desprezíveis, qual é o valor aproximado do fator de efetividade?

[6] Satterfield, C. N., Pelossof, A. A., e Sherwood, T. K. *AIChE J.*, 15(2), 226–234 (1969).

*ANÁLISE* Como a constante da taxa intrínseca não é conhecida, o fator de efetividade será estimado via o módulo de Weisz. Um valor de $\Psi$ será calculado com a Equação (9-30) e a Figura 9-9 será usada para estimar $\eta$.

*SOLUÇÃO* A reação é irreversível de modo que $[K^C_{eq}/(K^C_{eq} - \alpha^n_s)]\Psi^2 = 1$. Como a resistência ao transporte externo é desprezível, a concentração de $H_2$ na superfície externa da partícula do catalisador é igual à solubilidade do $H_2$ no $\alpha$-metil estireno, isto é, $C_{H_2,s} = 3{,}5 \times 10^{-6}$ mol/cm³. Na hidrogenação do $\alpha$-metil estireno a cumeno, 1 mol de $H_2$ reage com 1 mol de $\alpha$-metil estireno. Consequentemente, o valor de $(-R_{H_2,v})$ é igual a $3{,}4 \times 10^{-7}$ mol/(s cm³(partícula)). O valor da difusividade efetiva do $H_2$ é

$$D_{H_2,ef} = \frac{\varepsilon D_{H_2/\alpha MS}}{\tau} = \frac{0{,}50 \times 1{,}7 \times 10^{-4}}{8} = 1{,}1 \times 10^{-5}\ \text{cm}^2/\text{s}$$

Finalmente, a dimensão característica $l_c$ é $(0{,}825/2)/3 = 0{,}14$ cm.

O valor de $\Phi$ é

$$\Phi = (1+1) \times (0{,}14)^2 \times 3{,}4 \times 10^{-7}/(2 \times 1{,}1 \times 10^{-5} \times 3{,}5 \times 10^{-6}) = 170$$

Este valor está na região assintótica da Figura 9-9, onde $\eta \cong 1/\Phi$. O valor de $\eta$ é aproximadamente $1/170 = 0{,}0059$.

### 9.3.6.3 Experimentos Diagnósticos

Suponha que você estivesse estudando o comportamento de um catalisador no laboratório e suspeitasse que o transporte interno estivesse influenciando a taxa de reação observada. Quais *experimentos* você poderia realizar para testar se a difusão nos poros é uma resistência importante?

A Figura 9-7 contém a resposta. Se $\eta \cong 1$, a taxa de reação por unidade de volume do catalisador (ou por unidade de massa do catalisador) não é sensível em relação a $\phi$. Entretanto, se $\eta < 1$, a taxa dependerá do valor de $\phi$. Consequentemente, necessitamos variar $\phi$ e verificar se a taxas medidas variam.

Infelizmente, a vida não é tão simples. O módulo de Thiele contém algumas variáveis que influenciam a taxa, mesmo se $\eta = 1$. Lembre da definição de $\phi$ que se aplica às reações irreversíveis.

$$\phi = l_c \left( \frac{(n+1)k_v C_{A,s}^{(n-1)}}{2D_{A,ef}} \right)^{1/2} \tag{9-14}$$

Se $k_v$ ou $C_{A,s}$ forem mudadas, a taxa medida irá mudar, mesmo que $\eta = 1$, pois a "taxa sem gradientes internos" depende de $k_v$ e $C_{A,s}$. Entretanto, se o valor de $\phi$ for mudado através da variação de $D_{A,ef}$ ou $l_c$, a "taxa sem gradientes internos" não seria afetada. Desta forma, se a taxa de reação medida fosse sensível a $l_c$ ou a $D_{A,ef}$, isto indicaria que o fator de efetividade era menor que 1.

Em termos práticos, é difícil variar $D_{A,ef}$ sem mudar a constante da taxa $k_v$. A estrutura do poro da partícula de catalisador poderia ser modificada ao longo da síntese do catalisador. Contudo, no processo de criação de mais e/ou maiores poros, a área superficial BET poderia ser modificada de uma forma que mudasse a área superficial do componente ativo do catalisador, por exemplo, o metal que foi depositado sobre as paredes dos poros. Uma segunda consideração é que o valor de $\phi$ depende da raiz quadrada de $D_{A,ef}$, de modo que uma variação relativamente grande de $D_{A,ef}$ é necessária para causar uma mudança relativamente modesta em $\phi$.

O experimento diagnóstico clássico para testar a presença de resistência à difusão nos poros significativa, na ausência de uma resistência externa, é variar o tamanho da partícula de catalisador $l_c$. O exemplo a seguir ilustra esta abordagem.

## EXEMPLO 9-6

***Estimando Fatores de Efetividade a partir de Dados Experimentais***

Weisz e Swegler[7] estudaram a de-hidrogenação de ciclo-hexano a ciclo-hexeno e a benzeno usando um catalisador cromo–alumina na forma de partículas aproximadamente esféricas. A temperatura foi de 479°C, a pressão total foi a atmosférica e a fração molar de ciclo-hexano foi de aproximadamente 0,31.

[7]Weisz, P. B. e Swegler, E. W., *J. Phys. Chem.*, 59, 823–826 (1955).

A taxa de desaparecimento do ciclo-hexano foi medida com três diferentes tamanhos de partícula do catalisador, com os resultados obtidos fornecidos na tabela a seguir. Note que estas taxas são por unidade de massa do catalisador.

| Raio da partícula do catalisador (cm) | Taxa de desaparecimento do ciclo-hexano (mol/(min g)) |
|---|---|
| 0,050 | $8{,}8 \times 10^{-5}$ |
| 0,184 | $5{,}7 \times 10^{-5}$ |
| 0,310 | $4{,}2 \times 10^{-5}$ |

Estime o valor do fator de efetividade para cada tamanho de partícula, supondo que a resistência ao transporte externo manteve-se desprezível nestes experimentos.

*ANÁLISE*

Como o raio da partícula do catalisador foi a única variável nestes experimentos, a diminuição na taxa de reação com o aumento do tamanho da partícula pode ser atribuída à presença de uma resistência ao transporte interno significativa. Podemos concluir que o fator de efetividade foi significativamente menor do que 1, pelo menos para os dois catalisadores com os maiores raios.

Valores do fator de efetividade e do módulo de Thiele para cada tamanho de partícula podem ser estimados com os dados anteriores, desde que *todos os três* experimentos não estejam na região assintótica, na qual $\eta = 1/\phi$. Em primeiro lugar verificaremos se os três pontos experimentais estão ou não no regime assintótico, testando se as taxas medidas são todas proporcionais a $1/\phi$. Então determinaremos $\eta$ e $\phi$ para cada tamanho de partícula usando um procedimento iterativo, iniciando pela hipótese de que $\eta = 1$ para a menor partícula. Os valores de $\eta$ para os dois tamanhos de partículas maiores serão então calculados a partir dos dados experimentais e valores de $\phi$ para estes dois tamanhos de partícula serão calculados a partir dos valores de $\eta$, usando a Figura 9-7 ou a Equação (9-15). O valor de $\phi$ para a menor partícula será então calculado e usado para verificar a hipótese anterior de $\eta = 1$ para a menor partícula. Se necessário, um novo valor de $\eta$ para a menor partícula será suposto e o processo descrito será repetido.

*SOLUÇÃO*

Sendo o raio da partícula de catalisador representado por $R$, tem-se

$$\text{taxa } (R) = \eta(R) \times \text{taxa na ausência de gradientes}$$

Para o experimento no qual $R = 0{,}310$ cm,

$$4{,}2 \times 10^{-5} = \eta(0{,}310) \times \text{taxa na ausência de gradientes}$$

Para o experimento no qual $R = 0{,}050$ cm,

$$8{,}8 \times 10^{-5} = \eta(0{,}050) \times \text{taxa na ausência de gradientes}$$

Como os experimentos foram realizados sob condições nas quais a "taxa na ausência de gradientes" foi a mesma para os três tamanhos de partícula,

$$\frac{\eta(0{,}310)}{\eta(0{,}050)} = \frac{4{,}2 \times 10^{-5}}{8{,}8 \times 10^{-5}} = 0{,}48$$

Se os dois experimentos estivessem na região assintótica, na qual $\eta \cong 1/\phi$,

$$\frac{\eta(0{,}310)}{\eta(0{,}050)} = \frac{l_c(0{,}050)}{l_c(0{,}310)} = \frac{0{,}050}{0{,}310} = 0{,}16$$

A razão real entre os fatores de efetividade é muito maior do que a razão prevista pela hipótese de que os dois catalisadores operem no regime assintótico. Consequentemente, no mínimo o menor destes dois catalisadores necessariamente operou fora da região assintótica.

Para estimar os fatores de efetividade reais nos experimentos anteriores, suponha que $\eta = 1$ para a menor partícula ($R = 0{,}050$ cm). Então,

$$\eta(R) = \eta(0{,}050) \times \frac{\text{taxa}\,(R)}{\text{taxa}\,(0{,}050)} = (1{,}0)\frac{\text{taxa}(R)}{\text{taxa}\,(0{,}050)}$$

Os fatores de efetividade para as duas partículas maiores podem ser calculados com esta relação, usando os dados experimentais. Então os módulos de Thiele para estes dois tamanhos de partícula podem ser calculados com a Equação (9-15) ou usando a Figura 9-7. Os resultados são

$$\eta(0{,}184) = 0{,}65; \quad \phi = 1{,}35$$
$$\eta(0{,}310) = 0{,}48; \quad \phi = 2{,}02$$

O módulo de Thiele para a menor partícula pode agora ser estimado, uma vez que a dimensão característica $l_c$ é o único parâmetro no módulo de Thiele que varia na medida em que o tamanho da partícula é mudado.

$$\phi(0{,}050) = \phi(0{,}184) \times l_c(0{,}050)/l_c(0{,}184) = 0{,}37$$
$$\phi(0{,}050) = \phi(0{,}310) \times l_c(0{,}050)/l_c(0{,}310) = 0{,}33$$

Finalmente, usando estes valores de $\phi(0{,}050)$, o valor de $\eta(0{,}050)$ pode ser calculado, usando a Equação (9-15), e comparado com a hipótese original de que $\eta(0{,}050) = 1$. Para $\phi = 0{,}37$, $\eta = 0{,}96$ e para $\phi = 0{,}33$, $\eta = 0{,}97$.

Embora estes valores estejam provavelmente próximos o suficiente para objetivos práticos, uma segunda iteração foi efetuada, supondo que $\eta = 0{,}96$ para a menor partícula. O resultado é

| Raio da partícula (cm) | Módulo de Thiele ($\phi$) | Fator de efetividade ($\eta$) |
|---|---|---|
| 0,050 | 0,36 | 0,96 |
| 0,184 | 1,43 | 0,62 |
| 0,310 | 2,12 | 0,46 |

O cálculo convergiu para os valores apresentados na tabela anterior.

### 9.3.7 Gradientes Internos de Temperatura

Como observado anteriormente, gradientes de temperatura podem estar presentes no interior de partículas porosas de catalisadores. A magnitude destes gradientes está relacionada à magnitude dos gradientes de concentração no interior da partícula, uma vez que ambos são proporcionais à taxa da reação que está ocorrendo.

Explicitando $(-r_{A,v})$ nas Equações (9-4) e (9-5) e igualando o resultado, tem-se

$$\frac{1}{r^2}\frac{\partial}{\partial r}\left(r^2 D_{A,ef}\frac{\partial C_A}{\partial r}\right) = -r_{A,v} = \frac{-1}{r^2(-\Delta H_R)}\frac{\partial}{\partial r}\left(r^2 k_{ef}\frac{\partial T}{\partial r}\right)$$

Integrando de $r = 0$ a $r = r$, usando as condições de contorno dadas pelas Equações (9-4a) e (9-5a), e simplificando

$$-k_{ef}\frac{\partial T}{\partial r} = (-\Delta H_R)D_{A,ef}\frac{\partial C_A}{\partial r}$$

Supondo que $k_{ef}$, $D_{A,ef}$ e $\Delta H_R$ são constantes, esta expressão pode ser integrada de $r = 0$ até $r = R$, usando as condições de contorno nas Equações (9-4b) e (9-5b).

$$T(0) - T_s = \left[\frac{(-\Delta H_R)D_{A,ef}}{k_{ef}}\right](C_{A,s} - C_A(0))$$

Nesta expressão, $T(0)$ é a temperatura no centro da partícula de catalisador, $r = 0$ e $T_s$ é a temperatura na superfície externa, $r = R$. Analogamente, $C_A(0)$ é a concentração de A em $r = 0$ e $C_{A,s}$ é a concentração em $r = R$. Embora esta equação tenha sido deduzida para uma partícula esférica, ela é válida para qualquer partícula simétrica.

Se a reação for exotérmica, a temperatura no centro da partícula do catalisador é maior do que na superfície, isto é, $T(0) > T_s$. Se a reação for endotérmica, o oposto é verdadeiro, isto é, $T(0) < T_s$. Nos dois casos, $T(0) - T_s$ é proporcional a $C_{A,s} - C_A(0)$. Na medida em que o fator de efetividade diminui, $C_A(0)$ diminui e $(T(0) - T_s)$ aumenta.

O maior valor absoluto de $T(0) - T_s$ ocorre quando $C_A(0) \cong 0$, isto é, quando o fator de efetividade é muito pequeno. Este valor é dado por

$$(T(0) - T_s)_{\text{máx}} = \left[\frac{(-\Delta H_R)D_{A,ef}C_{A,s}}{k_{ef}}\right]$$

O subscrito "máx" representa o maior valor absoluto da diferença de temperaturas.

Se a resistência à transferência de massa externa for desprezível ($C_{A,s} \cong C_{A,F}$)

$\Delta T$ máximo em uma partícula de catalisador

$$(T(0) - T_s)_{\text{máx}} = \left[\frac{(-\Delta H_R)D_{A,ef}C_{A,F}}{k_{ef}}\right] \tag{9-31}$$

A Equação (9-31) pode ser usada para estimar o valor máximo (ou mínimo) de $T(0)$, se valores de $D_{A,ef}$ e $k_{ef}$ estiverem disponíveis. A estimativa de $D_{A,ef}$ foi discutida na Seção 9.3.4. A teoria para estimar $k_{ef}$ não está tão desenvolvida. Na ausência de dados para o catalisador de interesse, um valor de $k_{ef} \cong 5 \times 10^{-4}$ cal/(s cm K) pode fornecer um ponto de partida razoável para muitos catalisadores que envolvem um suporte cerâmico.

Sendo $\rho$ a massa específica do fluido nos poros do catalisador e $c_{p,m}$ a capacidade calorífica mássica (calor específico) deste fluido, $(\rho c_{p,m})_f$ é a capacidade calorífica volumétrica do fluido. A Equação (9-31) pode então ser escrita na forma

$$(T(0) - T_s)_{\text{máx}} = \left[\frac{(-\Delta H_R)C_{A,F}}{(\rho c_{p,m})_f}\right] \Big/ \left[\frac{k_{ef}}{D_{A,ef}(\rho c_{p,m})_f}\right]$$

O numerador $(-\Delta H_R)C_{A,F}/(\rho c_{p,m})_f$ é a variação de temperatura adiabática do fluido ($\Delta T_{ad}$) como discutido na Seção 8.4.3.

Agora, multiplique o denominador da expressão anterior por $(k_{t,f}/k_{t,f})$ e por $(D_{A,m}/D_{A,m})$, onde $k_{tf}$ é a condutividade térmica *do fluido nos poros do catalisador* e $D_{A,m}$ é a difusividade *molecular* de A na mistura de fluidos, como discutido na seção "Difusão Molecular" na Seção 9.3.4.2.

$$(T(0) - T_s)_{\text{máx}} = \frac{\Delta T_{ad}}{\left(\frac{k_{ef}}{k_{t,f}}\right)\left(\frac{D_{A,m}}{D_{A,ef}}\right)\left(\frac{k_{t,f}}{D_{A,m}(\rho c_{p,m})_f}\right)} \tag{9-32}$$

Nesta equação, $k_{t,f}/(D_{A,m}(\rho c_{p,m})_f)$ é o número de Lewis[8] do fluido nos poros. O número de Lewis (Le) é definido por

$$\text{Le} = \text{Sc}/\text{Pr} = (k_{t,f}/\rho c_{p,m})_f/D_{A,m}$$

Aqui, Pr é o número de Prandtl e Sc é o número de Schmidt do fluido nos poros. Fisicamente, Le é a razão entre a difusividade térmica $(k_{t,f}/(\rho c_{p,m})_f)$ e a difusividade molecular $(D_{A,m})$. Para gases puros, Le é da ordem da unidade. Para líquidos puros, Le está na ordem de 100–1000.

[8]Veja em Bird, R. B., Stewart, W. E., e Lightfoot, E. N., *Transport Phenomena*, 2.ª edição, John Wiley & Sons, Inc. (2002), p. 516.

A condutividade térmica efetiva da partícula de catalisador ($k_{ef}$) é geralmente maior do que a condutividade térmica do fluido ($k_{t,f}$). Uma fração significativa da condução térmica ocorre através da fase sólida da partícula de catalisador, em vez de através do fluido no interior dos poros. Como observado anteriormente, $k_{ef} \cong 5 \times 10^{-4}$ cal/(s cm K) para muitos catalisadores heterogêneos. A condutividade térmica de muitos gases leves e puros é aproximadamente 10% deste valor ($5 \times 10^{-5}$ cal/(s cm K)) em condições-padrão. A condutividade térmica de muitos líquidos orgânicos é aproximadamente 50% do valor típico de $k_{ef}$, ou seja, $3 \times 10^{-4}$ cal/(s cm K). Desta forma, como uma aproximação grosseira,

$$k_{ef}/k_{t,f} \cong 10 \text{ (gases)}; \quad k_{ef}/k_{t,f} \cong 2 \text{ (líquidos)}$$

A difusividade efetiva é dada por

$$D_{A,ef} = D_{A,p}\varepsilon/\tau_p \tag{9-16}$$

Se a difusividade estiver no regime molecular em todo o catalisador, $D_{A,p} = D_{A,m}$. De acordo com a Equação (9-16), a razão ($D_{A,m}/D_{A,ef}$) será $\tau_p/\varepsilon$, que é da ordem de 10. Para líquidos, $D_{A,m}/D_{A,ef} \cong 10$ é uma estimativa razoável, desde que a difusão não seja configuracional.

Para gases, se os poros forem grandes e a difusão estiver completamente no regime molecular, então $D_{A,p} = D_{A,m}$ e $D_{A,m}/D_{A,ef} \cong 10$. Entretanto, se os poros forem pequenos e a difusão estiver no regime de transição ou no de Knudsen, então $D_{A,m}/D_{A,ef}$ pode ser significativamente maior do que 10. Valores de 100 ou mesmo maiores são possíveis.

A inserção desta informação na Equação (9-32) fornece

$$\begin{aligned} (T(0) - T_s)_{máx}(\text{líquidos}) &\cong \Delta T_{ad}/[(2) \times (10) \times (100 \text{ a } 1000)] \cong \Delta T_{ad}/(2000 \text{ a } 20{,}000) \\ (T(0) - T_s)_{máx}(\text{gases}) &\cong \Delta T_{ad}/[(1) \times (10) \times (10 \text{ a } 100)] \cong \Delta T_{ad}/(100 \text{ a } 1000) \end{aligned} \tag{9-33}$$

Se o fluido nos poros do catalisador for um líquido, a diferença entre a temperatura no centro da partícula de catalisador ($T(0)$) e a temperatura na superfície externa ($T_s$) nunca será maior de que uns poucos graus. Com interesses práticos, a partícula de catalisador é isotérmica para reações em fase líquida, como foi anteriormente considerado.

Para reações em fase gasosa, $(T(0) - T_s)_{máx}$ pode ser significativa quando $\Delta T_{ad}$ for grande e $D_{A,ef}$ alta. Se a reação for endotérmica, a temperatura ao longo do interior da partícula será menor do que $T_s$. Isto fará com que o fator de efetividade real seja *menor* do que o fator para uma partícula de catalisador que seja isotérmica a $T_s$. Nesta situação, a suposição de partícula isotérmica leva a uma estimativa para cima de $\eta$, isto é, $\eta$ (real) $<$ $\eta$ (isotérmica). Quando a reação é endotérmica, o comportamento geral da relação $\eta$ *versus* $\phi$ é similar àquele para o caso isotérmico. O fator de efetividade é 1 em valores muito baixos de $\phi$ e diminui monotonicamente na medida em que o módulo de Thiele aumenta.

Para uma reação exotérmica em fase gasosa, a temperatura no interior da partícula de catalisador é maior do que $T_s$, como discutido no Capítulo 4 e mostrado na Figura 9-6. Isto causa um fator de efetividade real *maior* do que o fator para uma partícula isotérmica. A hipótese de temperatura constante leva a uma estimativa para baixo do fator de efetividade neste caso.

Além disto, há vários aspectos singulares no comportamento do fator de efetividade envolvendo reações altamente exotérmicas e fase gasosa. Primeiro, $\eta$ pode ser maior do que a unidade. Em algumas circunstâncias, o aumento na taxa de reação devido à maior temperatura no interior da partícula de catalisador pode mais do que compensar a diminuição na taxa de reação causada pela menor concentração dos reagentes. Quando isto ocorre, a "taxa de reação real" é maior do que a "taxa na ausência de gradientes" levando a $\eta > 1$.

Segundo, uma partícula de catalisador pode exibir múltiplos estados estacionários quando a partícula não for isotérmica, isto é, $\eta$ pode não ser unicamente determinado pelo valor do módulo de Thiele e dos outros parâmetros que são importantes. Uma discussão destes efeitos está além do escopo deste capítulo. Há muitas excelentes fontes com mais informações.[9]

Em resumo, a hipótese de partícula de catalisador isotérmica é válida para muitas situações, por exemplo, a maioria das reações em fase líquida e aquelas reações em fase gasosa nas quais $\Delta T_{ad}$ não é muito grande e $D_{A,ef}$ é relativamente baixa ($D_{A,m}/D_{A,ef} >> 10$). Se a reação for endotérmica, o

---

[9]Satterfield, C. N., *Mass Transfer in Heterogeneous Catalysis*, MIT Press (1970), Capítulo 4, p. 164; Aris, R., *The Mathematical Theory of Diffusion and Reaction in Permeable Catalysts. Volume I – The Theory of the Steady State*, Clarendon Press – *Oxford*, (1975), Capítulo 4, p. 240.

modelo isotérmico pode ser usado para estimar um valor *máximo* do fator de efetividade, mesmo quando $\Delta T_{ad}$ for grande.

O modelo isotérmico perde considerável utilidade em uma reação exotérmica em fase gasosa, com uma $\Delta T_{ad}$ grande e $D_{A,ef}$ alta (baixo $D_{A,m}/D_{A,ef}$). Neste caso, o modelo isotérmico prevê valores inferiores para o fator de efetividade e pode falhar na captura de várias características importantes do comportamento de catalisadores. O exemplo a seguir fornece um procedimento mais quantitativo para testar se a hipótese de partícula isotérmica é apropriada.

## EXEMPLO 9-7

***Estimativa da Temperatura no Centro de uma Partícula de Catalisador***

A hidrogenólise do tiofeno ($C_4H_4S$), em fase gasosa, formando *n*-butano (*n*-$C_4H_{10}$) e sulfeto de hidrogênio ($H_2S$) ocorre a 250°C e 1 atm de pressão total, sobre um catalisador de cobalto molibdênio.

$$C_4H_4S + 4H_2 \rightarrow n\text{-}C_4H_{10} + H_2S$$

As frações molares destes compostos no seio do fluido são mostradas na tabela a seguir, juntamente com alguns dados termodinâmicos. A difusividade efetiva é aproximadamente 0,020 cm²/s. Como uma primeira aproximação, suponha que as leis do gás ideal se aplicam.

| Espécie | Fração molar ($y_i$) | $\Delta H_{f,i}$ (298 K) (kcal/mol) | $c_{p,i}$ (298 K)[10] (cal/(mol K)) |
|---|---|---|---|
| $C_4H_4S$ | 0,068 | 27,66 | 17,42 |
| $H_2$ | 0,788 | 0,00 | 6,89 |
| $C_4H_{10}$ | 0,072 | −30,15 | 23,29 |
| $H_2S$ | 0,072 | −4,82 | 8,17 |

Estime a diferença máxima possível entre a temperatura no centro da partícula de catalisador e a temperatura em sua superfície externa.

***ANÁLISE***

Primeiro, a Equação (9-31) será usada diretamente para estimar $(T(0) - T_s)_{máx}$. A condutividade térmica efetiva aproximada, $k_{ef} \cong 5 \times 10^{-4}$ cal/(s cm K), será usada neste cálculo. Então, como uma verificação, a Equação (9-33) será usada. Como este cálculo é aproximado, variações das capacidades caloríficas ($c_{p,i}$) com a temperatura serão desprezadas.

As duas abordagens requerem que o valor de $\Delta T_{ad}$ seja conhecido. Para calcular este parâmetro, o valor de $\Delta H_R$ será calculado a 523 K usando relações termodinâmicas, o valor de $C_A$ será calculado usando a lei do gás ideal e a capacidade calorífica volumétrica $\rho c_{p,m}$ será calculada usando os dados da tabela anterior.

***SOLUÇÃO***

$$\Delta H_R\ (298\ \text{K}) = \sum_i \nu_i \Delta H_{f,i} = -62{,}63\ \text{kcal/mol}$$

$$\left(\frac{\partial H_R}{\partial T}\right)_P = \sum_i \nu_i c_{p,i} = -13{,}52\ \text{cal/(mol K)}$$

$$\Delta H_R\ (523\ \text{K}) = \Delta H_R\ (298\ \text{K}) + [\sum_i \nu_i c_{p,i}](523 - 298) = -62.630 + (-13{,}52)(225)$$

$$\Delta H_R\ (523\ \text{K}) = -65.672\ \text{cal/mol}$$

Desprezando qualquer resistência externa ao transporte e representando o tiofeno por "A",

$$C_{A,F} = (P/RT)y_A = 1{,}58 \times 10^{-3}\ \text{mol/l}$$

A capacidade calorífica volumétrica $\rho c_{p,m}$ é dada por

[10]Dean, J. A. (ed.), *Lange's Handbook of Chemistry*, 13ª edição, McGraw-Hill, Inc. (1985), Seção 9.

$$\rho c_{p,\mathrm{m}} = \sum_i c_{p,i} C_{i,\mathrm{F}} = \frac{P}{RT} \sum_i y_i c_{p,i} = 0{,}207 \text{ cal/(l K)}$$

Finalmente,

$$\Delta T_{\mathrm{ad}} = (-\Delta H_{\mathrm{R}}) C_{\mathrm{A,F}} / (\rho c_{\mathrm{p,m}})_{\mathrm{f}} = 502 \text{ K}$$

Da Equação (9-31),

$$(T(0) - T_{\mathrm{s}})_{\text{máx}} = (65.630)(\text{cal/mol})(0{,}02)(\text{cm}^2/\text{s})(1{,}58 \times 10^{-6})(\text{mol/cm}^3)/ \\ 5 \times 10^{-4}(\text{cal/(s cm K)})$$

$$(T(0) - T_{\mathrm{s}})_{\text{máx}} \cong 4 \text{ K}$$

Agora, da Equação (9-33),

$$(T(0) - T_{\mathrm{s}}) \cong \Delta T_{\mathrm{ad}} / (100 \text{ a } 1000)$$

$$(T(0) - T_{\mathrm{s}}) \cong 502 \text{ K}/(100 \text{ a } 1000) \cong 5 \text{ a } 0{,}5 \text{ K}$$

A análise aproximada com base na Equação (9-33) está em razoável concordância com a análise baseada na Equação (9-31).

Neste exemplo, a temperatura no centro da partícula de catalisador ($T(0)$) está no máximo aproximadamente 5 K acima da temperatura na superfície ($T_s$). Para esta pequena diferença de temperaturas, podemos esperar que o modelo isotérmico forneça uma aproximação razoável para o comportamento real do catalisador. Entretanto, $\Delta T_{\text{máx}}$ não é trivialmente pequeno, se a energia de ativação for alta o suficiente, o efeito do gradiente de temperatura no interior da partícula pode ser apreciável.

Para uma reação de primeira ordem, pode ser mostrado que o fator de efetividade isotérmico estará afastado no máximo de 5% do fator de efetividade real (não isotérmico) se[11]

$$\left| \frac{E(-\Delta H_{\mathrm{R}}) D_{\mathrm{A,ef}} C_{\mathrm{A,s}}}{R T_{\mathrm{s}}^2 k_{\mathrm{ef}}} \right| < 0{,}30$$

Este critério poderia ser válido e mesmo mais conservativo, para uma reação de ordem maior. Entretanto, ele não pode ser aplicado diretamente em reações com ordens efetivas menores do que 1.

Suponha que $n = 1$ e $E = 30$ kcal/mol neste exemplo. Então,

$$\left| \frac{E(-\Delta H_{\mathrm{R}}) D_{\mathrm{A,ef}} C_{\mathrm{A,s}}}{R T_{\mathrm{s}}^2 k_{\mathrm{ef}}} \right| \\ = \left| \frac{3{,}0 \times 10^4(\text{cal/mol}) \times -6{,}6 \times 10^4(\text{cal/mol}) \times 0{,}020(\text{cm}^2/\text{s}) \times 1{,}6 \times 10^{-6}(\text{mol/cm}^3)}{1{,}987(\text{cal/(mol K)}) \times 523^2(\text{K})^2 \times 5 \times 10^{-4}(\text{cal/(s cm K)})} \right| \\ = 0{,}23$$

Neste exemplo, a hipótese de "partícula isotérmica" teria uma precisão de 5%.

### 9.3.8 Seletividade de Reação

No Capítulo 7 vimos como a seletividade de sistemas de múltiplas reações poderia ser afetada pela temperatura e pelas concentrações das espécies. Consequentemente, não há surpresa no fato de as resistências internas ao transporte poderem também afetar a seletividade. Na medida em que o módulo de Thiele varia, também variam os perfis de temperatura e de concentração no interior das partículas de catalisador. Estas variações, por sua vez, afetam as taxas *relativas* das reações ocorrendo.

[11]Peterson, E. E., *Chemical Reaction Analysis*, Prentice-Hall, Inc., Englewood Cliffs, NJ, (1965), p. 79.

Talvez a forma mais fácil de entender a influência da difusão nos poros na seletividade é examinar o comportamento de três das redes de reações que foram discutidas no Capítulo 7. O tratamento a seguir está restrito às partículas isotérmicas. Mesmo assim, a matemática requerida para uma análise quantitativa completa pode ser apreciável. Consequentemente, a discussão a seguir é principalmente qualitativa.

### 9.3.8.1 Reações Paralelas

Considere as reações paralelas irreversíveis

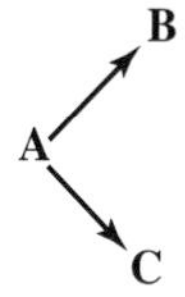


Suponha que a taxa de formação de B seja dada por $r_B = k_B C_A^{\beta}$ e que a taxa de formação de C seja dada por $r_C = k_C C_A^{\chi}$. Se o módulo de Thiele for grande, o perfil de concentrações de A no interior da partícula pode ser parecido com o mostrado na figura a seguir.

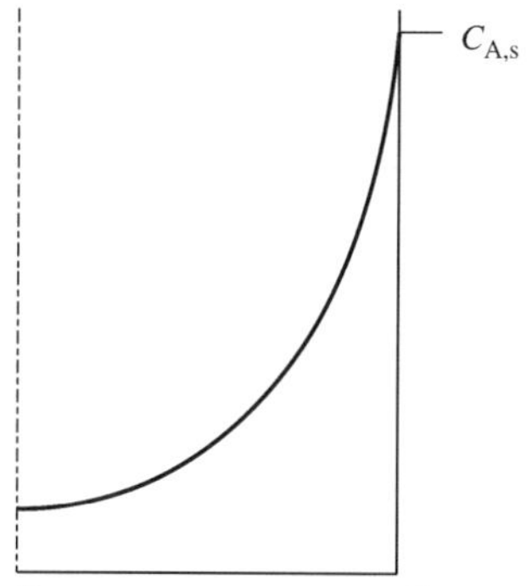


Qual efeito este gradiente de concentração tem na seletividade da reação? Obviamente, a resposta está nas equações das taxas. Para o presente exemplo

$$\frac{r_B}{r_C} = \left(\frac{k_B}{k_C}\right) C_A^{(\beta - \chi)}$$

Se $\beta = \chi$, a difusão nos poros não influenciará a seletividade em uma partícula de catalisador isotérmica, uma vez que $r_B/r_C$ não depende da concentração.

Por outro lado, se $\beta > \chi$, $r_B/r_C$ irá diminuir na medida em que $C_A$ diminua. Como $C_A$ é menor que $C_{A,s}$ em toda partícula do catalisador, uma limitação ao transporte interno irá causar que $r_B/r_C$ seja menor do que o seu valor intrínseco. O valor intrínseco de $r_B/r_C$ é o seu valor quando todas as concentrações que influenciam $r_B$ e $r_C$ são iguais às suas respectivas concentrações na superfície. Se B for o produto desejado e $\phi$ for razoavelmente grande, a perda de seletividade associada a uma limitação por difusão nos poros significativa pode não ser tolerável. Uma partícula de catalisador menor deve ser considerada. Outra opção seria um catalisador "casca de ovo", no qual o componente ativo é depositado em uma fina camada próxima à superfície da partícula de catalisador.

Se $\beta < \chi$, $r_B/r_C$ irá aumentar na medida em que $C_A$ diminua. Uma limitação ao transporte interno irá causar que $r_B/r_C$ seja maior do que o seu valor a $C_{A,s}$. Se B for o produto desejado uma partícula maior deve ser considerada. Alternativamente, um catalisador "gema de ovo", no qual o componente ativo é depositado no interior da partícula e é circundado por uma camada inerte, possa dar melhores resultados.

Para resumir, para reações paralelas, a seletividade para o produto que é produzido em uma reação de ordem maior irá diminuir com o aumento do módulo de Thiele, isto é, com a diminuição do fator de efetividade. Se o produto desejado for produzido na reação de maior ordem, o uso de uma partícula de catalisador que seja muito grande irá aumentar a quantidade de catalisador necessária e simultaneamente reduzir a seletividade para o produto desejado. Entretanto, se o produto desejado for produzido na reação de menor ordem, pode ser benéfico operar com um fator de efetividade que seja menor do que 1. Isto é porque a seletividade para o produto desejado será melhorada se $\eta < 1$. Contudo, haverá um compromisso econômico entre a melhora da seletividade e a exigência de catalisadores maiores.

## EXEMPLO 9-8

***Efeito dos Gradientes Internos de Concentração na Seletividade de Reações Paralelas***

Considere as reações paralelas

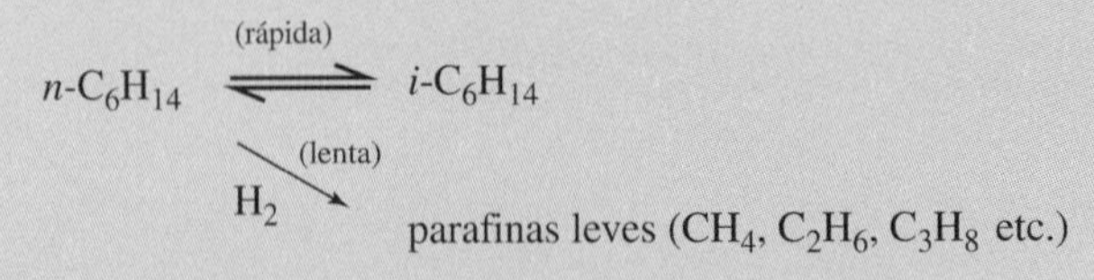


A reação mais rápida é a isomerização estrutural reversível do $n$-hexano para iso-hexano. Reações de isomerização são um módulo construtivo importante na produção de gasolina de alta octanagem, uma vez que os números de octano de parafinas ramificadas são significativamente maiores do que aqueles de parafinas normais com o mesmo número de átomos de carbono. A reação lenta é a hidrogenólise (hidrocraqueamento) do $n$-hexano para formar parafinas menores como o metano. Esta reação é indesejada, uma vez que estas parafinas leves têm um valor econômico menor.

Suponha que a reação direta de isomerização seja de primeira ordem em $n$-$C_6H_{14}$ e que a reação inversa de isomerização seja de primeira ordem em $i$-$C_6H_{14}$. Suponha ainda que a reação de hidrogenólise seja de primeira ordem em $n$-$C_6H_{14}$. Se o módulo de Thiele for grande, a seletividade real para o $i$-$C_6H_{14}$ será maior, igual ou menor do que a seletividade intrínseca?

***ANÁLISE***

A única diferença entre este exemplo e a discussão prévia é a reversibilidade da reação de isomerização rápida. A taxa de formação *líquida* de $i$-$C_6H_{14}$ é a diferença entre as taxas das reações de isomerizações direta e inversa. Esta taxa líquida dependerá das concentrações do $n$-$C_6H_{14}$ e do $i$-$C_6H_{14}$. Iremos examinar os perfis de concentrações dos dois isômeros e determinar qualitativamente o efeito de uma limitação de difusão nos poros na seletividade da reação. Por simplicidade, o $n$-$C_6H_{14}$ será representado por "N" e o $i$-$C_6H_{14}$ por "I".

***SOLUÇÃO***

Para uma situação na qual o módulo de Thiele é razoavelmente alto, os perfis de concentrações podem parecer como mostrados a seguir.

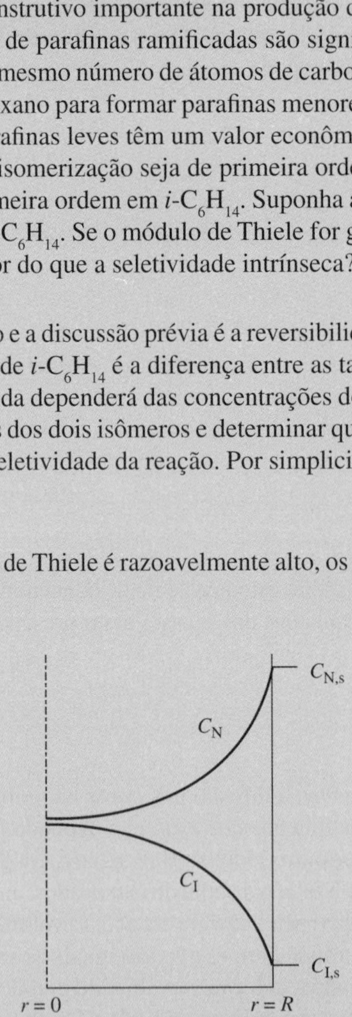


Como $C_N$ é menor que $C_{N,s}$ em todos os lugares no interior da partícula de catalisador, as taxas da reação de hidrogenólise e da reação de isomerização *direta* serão menores do que se $C_N = C_{N,s}$. Como estas duas reações são de primeira ordem em relação ao $n$-hexano, as duas taxas diminuem no mesmo valor percentual, não importando quais sejam as formas exatas dos perfis de concentrações.

A taxa da reação de isomerização *inversa* não é afetada por $C_N$, mas é afetada por $C_I$. Quando o módulo de Thiele é alto, a concentração de $i$-$C_6H_{14}$ é maior do que $C_{I,s}$ em toda posição no interior da partícula de catalisador. Consequentemente, a taxa de reação de isomerização *inversa* é *mais rápida* quando o módulo de Thiele é alto ($\eta < 1$) do que quando o módulo de Thiele é baixo.

Na presença de uma limitação ao transporte interno, a taxa *líquida* de formação de $i$-$C_6H_{14}$ é reduzida porque $C_N$ no interior da partícula de catalisador é menor que $C_{N,s}$, e ela é ainda mais reduzida porque $C_I$ no interior da partícula é maior do que $C_{I,s}$. Consequentemente, a taxa direta *líquida* da reação de isomerização é mais reduzida do que a taxa da reação de hidrogenólise, que é reduzida proporcionalmente a $C_N$. A seletividade real para o $i$-$C_6H_{14}$ deve ser menor do que a seletividade intrínseca quando o módulo de Thiele é alto.

### 9.3.8.2 Reações Independentes

Considere as reações independentes e irreversíveis

$$A \rightarrow P_1 + P_2 + \cdots$$
$$B \rightarrow P_I + P_{II} + \cdots$$

Suponha que a equação de taxa para a primeira reação seja $-r_A = k_A C_A^\alpha$ e que a equação de taxa para a segunda reação seja $-r_B = k_B C_B^\beta$. Para uma única partícula de catalisador isotérmica,

$$\frac{\text{taxa de desaparecimento de A (real)}}{\text{taxa de desaparecimento de B (real)}} \equiv \Lambda = \frac{\eta_A k_A C_{A,s}^\alpha}{\eta_B k_B C_{A,s}^\beta}$$

Nesta equação, $\eta_A$ é o fator de efetividade para a primeira reação e $\eta_B$ é o fator de efetividade para a segunda. O símbolo $\Lambda^\circ$ representa a razão *intrínseca* das duas taxas de reação, isto é, a razão quando as limitações ao transporte interno são desprezíveis e os dois fatores de efetividade são iguais a 1. No exemplo presente,

$$\Lambda^\circ = k_A C_{A,s}^\alpha / k_B C_{B,s}^\beta$$

Consequentemente,

$$\Lambda = \Lambda^\circ \eta_A / \eta_B \tag{9-34}$$

Suponha que a primeira reação, o desaparecimento de A, é rápida quando comparada com a segunda. Neste caso, $\Lambda^\circ \gg 1$. Como $\phi = l_c\sqrt{(n+1)k_v C_{A,s}^{(n-1)}/2D_{A,ef}}$ para uma reação de enésima ordem irreversível, o fato de a primeira reação ser rápida em relação à segunda implica que $\phi_A \gg \phi_B$, a menos que $D_{B,ef} \ll D_{A,ef}$. Entretanto, não é provável que $D_{B,ef} \ll D_{A,ef}$ a menos que a massa molecular de B seja muito maior do que a de A e/ou a difusão esteja no regime configuracional. Consequentemente, ignoraremos esta possibilidade.

Considere uma situação na qual a dimensão característica da partícula de catalisador, $l_c$, seja muito pequena, de modo que tanto $\phi_A$ quanto $\phi_B$ sejam significativamente menores do que 1. Neste caso, tanto $\eta_A$ quanto $\eta_B$ serão iguais a 1 e $\Lambda \cong \Lambda^\circ$ de acordo com a Equação (9-34).

Agora vamos aumentar o tamanho da partícula. Como $\phi_A \gg \phi_B$, o fator de efetividade da reação rápida, $\eta_A$, irá começar a diminuir ficando menor do que 1, enquanto $\eta_B$ permanece essencialmente igual a 1. Na medida em que o tamanho da partícula continua a ser aumentado, $\eta_A$ continua a diminuir e $\eta_B$ acaba iniciando a sua queda para valores inferiores a 1.

Finalmente, quando a dimensão característica da partícula de catalisador se torna muito grande de modo que os *dois* fatores de efetividade estejam na região assintótica,

$$\eta_A \cong \frac{1}{\phi_A} = \frac{1}{l_c}\sqrt{\frac{2D_{A,ef}}{(\alpha+1)k_A C_{A,s}^{\alpha-1}}}$$

$$\eta_B \cong \frac{1}{\phi_B} = \frac{1}{l_c}\sqrt{\frac{2D_{B,ef}}{(\beta+1)k_B C_{B,s}^{\beta-1}}}$$

$$\Lambda \cong \Lambda^\circ \frac{\sqrt{D_{A,ef}/(\alpha+1)k_A C_{A,s}^{(\alpha-1)}}}{\sqrt{D_{B,ef}/(\beta+1)k_B C_{B,s}^{(\beta-1)}}} = \sqrt{\Lambda^\circ}\sqrt{\frac{D_{A,ef}C_{A,s}/(\alpha+1)}{D_{B,ef}C_{B,s}/(\beta+1)}} \tag{9-35}$$

Com a dimensão característica se tornando tão grande de modo que a Equação (9-35) seja válida, $\Lambda$ não mais depende de $l_c$. Consequentemente, a Equação (9-35) fornece o *menor valor possível* de $\Lambda$ para um dado conjunto de reações independentes.

*Para reações independentes, uma resistência ao transporte interno desacelera a reação mais rápida mais do que a reação mais lenta.* Consequentemente, a seletividade para o produto formado na reação mais rápida é diminuída. Se a reação rápida for a desejada e a reação lenta for a não desejada (como esperaríamos), $\Lambda < \Lambda°$ é um resultado indesejado. Nesta situação, a resistência ao transporte interno deve ser mantida baixa o suficiente para $\eta_A \cong 1$.

## EXEMPLO 9-9
***Hidrogenação Seletiva de Acetileno***

Pequenas quantidades de acetileno ($C_2H_2$) têm que ser removidas do etileno ($C_2H_4$) antes que este último seja usado para fazer polietileno. A retirada do acetileno usualmente é efetuada por hidrogenação catalítica seletiva:

$$C_2H_2 + H_2 \rightarrow C_2H_4 \qquad \text{(rápida)}$$
$$C_2H_4 + H_2 \rightarrow C_2H_6 \qquad \text{(lenta)}$$

A concentração do acetileno na corrente é pequena comparada à concentração do etileno e nós ignoraremos qualquer efeito do reagente comum, $H_2$, na cinética de cada reação. Consequentemente, este par de reações pode ser tratado como uma sequência independente, em vez de como uma sequência interligada.

Considere uma situação na qual a alimentação do reator de hidrogenação contenha 50 mol% de $C_2H_4$ e 1000 ppm de $C_2H_2$. Os coeficientes de difusão efetivos do $C_2H_2$ e do $C_2H_4$ são aproximadamente iguais. Sendo o $C_2H_2$ representado por "A" e o $C_2H_4$ representado por "B", o valor de $\Lambda°$ é da ordem de 100. A hidrogenação do $C_2H_2$ é de ordem zero em relação ao $C_2H_2$ e a hidrogenação do $C_2H_4$ é de primeira ordem em relação ao $C_2H_4$.

Se o tamanho da partícula for tão grande que os dois fatores de efetividade estejam na região assintótica, qual é o valor de $\Lambda$?

***ANÁLISE***

O valor de $\Lambda$ será calculado diretamente com a Equação (9-35), usando a informação fornecida.

***SOLUÇÃO***

Da Equação (9-35),

$$\Lambda = \sqrt{100} \times \sqrt{1000 \times 2/500.000} = 0{,}63$$

Neste exemplo, uma perda significativa de seletividade resulta do uso de uma partícula de catalisador que seja tão grande que os dois fatores de efetividade estejam na região assintótica. O valor de $\Lambda$ no regime assintótico é mais do que duas ordens de grandeza menor do que o seu valor intrínseco ($\Lambda°$).

### 9.3.8.3 Reações em Série

Finalmente, vamos retornar à série de duas reações que analisamos no Capítulo 7.

$$A \xrightarrow{k_1} R \xrightarrow{k_2} S$$

Suponha que as duas reações sejam irreversíveis e de primeira ordem, com as constantes da taxa mostradas na equação.

*Se não houver gradientes na partícula de catalisador*, a razão da taxa de formação de R para a taxa de desaparecimento de A para a partícula inteira é dada por

$$\frac{r_R}{-r_A} = s\left(\frac{R}{A}\right) = \frac{k_1 C_{A,s} - k_2 C_{R,s}}{k_1 C_{A,s}} = 1 - \left(\frac{k_1}{k_2}\right)\left(\frac{C_{R,s}}{C_{A,s}}\right)$$

Esta razão de taxas de reação é a seletividade para R baseada em A, como definido no Capítulo 7. O símbolo para a seletividade instantânea ou pontual é usado aqui porque a seletividade para a partícula como um todo corresponde à seletividade em um ponto do reator.

Quando uma resistência ao transporte interno está presente, as concentrações de A, R e S variam com a posição no interior da partícula de catalisador. Consequentemente, a seletividade também variará com a posição. Todavia, o símbolo $s(R/A)$ será usado para representar a seletividade de uma *partícula inteira*. Entretanto, quando uma resistência ao transporte interno está presente, as equações que descrevem a reação e o transporte no interior da partícula de catalisador têm que ser resolvidas para obter $s(R/A)$.

Se $C_{R,s} = 0$ e se não houver gradientes internos, a taxa da segunda reação será zero em toda a partícula de catalisador. Então, a equação anterior se torna

$$s(R/A) = 1; \quad C_{R,s} = 0$$

Agora considere uma situação na qual a resistência ao transporte interno seja significativa e que existem gradientes internos. O perfil de concentrações de A no interior da partícula de catalisador será o mesmo que para uma única reação de primeira ordem e será similar aqueles mostrados nas figuras anteriores. Entretanto, o perfil de R pode ter uma forma complexa. Na situação na qual $C_{R,s} = 0$, os perfis de A e de R podem parecer os mostrados a seguir.

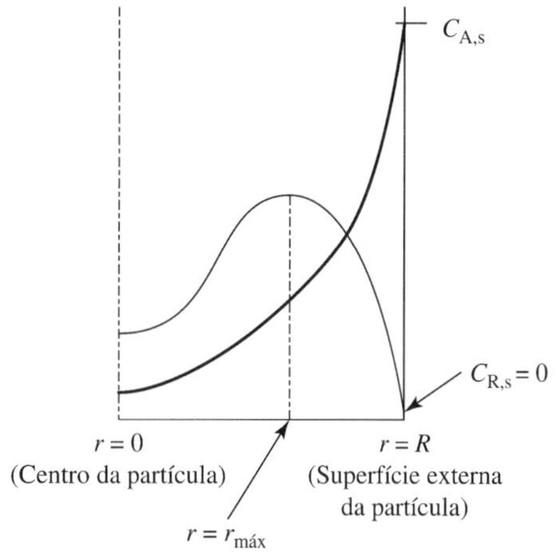


Próximo à superfície externa, o perfil de $C_R$ parece "normal", similar àquele para um produto, como mostrado nas figuras anteriores. Entretanto, em qualquer posição no interior da partícula, em $r = r_{máx}$, $C_R$ tem um valor máximo. Na região entre $r = 0$ e $r = r_{máx}$, todo o "R" que é formado a partir de "A" é convertido em "S". Nada dele se difunde de volta para a superfície externa e para o seio do fluido. Entre $r = r_{máx}$ e $r = R$, algum "R" que é formado a partir de "A" atinge a superfície externa, embora algum também reaja para formar "S".

# EXERCÍCIO 9-4

Esboce o perfil de concentrações de S nesta situação.

Qualitativamente, uma resistência ao transporte interno causa que o R intermediário fique "retido" nos poros do catalisador, aumentando a probabilidade de que ele reaja para a forma "S". A figura anterior mostra que o valor de $C_R$ no interior da partícula de catalisador é sempre maior do que o valor de $C_{R,s}$, que é 0 neste exemplo. Consequentemente, a reação $R \rightarrow S$ acontece com uma taxa diferente de zero. Isto causa que $s(R/A)$ seja $< 1$, comparada com $s(R/A) = 1$ para $C_{R,s} = 0$ e sem resistência ao transporte interno.

As equações que descrevem a difusão e a reação de A e R no interior de uma partícula de catalisador isotérmica têm uma solução simples quando as duas reações são de primeira ordem e quando a resistência ao transporte interno é grande para A e para R. Se $C_R(0) \cong 0$ e $C_A(0) \cong 0$.[12]

[12]Froment, G. F. e Bischoff, K. B., *Chemical Reactor Analysis and Design*, 2.ª edição, John Wiley & Sons, (1990), p. 177.

$$\frac{r_R}{-r_A} = s(R/A) = \frac{1}{1 + \sqrt{\dfrac{k_2 D_{A,ef}}{k_1 D_{B,ef}}}} \qquad (9\text{-}36)$$

Este resultado confirma a análise qualitativa efetuada anteriormente, pois ele mostra que $s(R/A) < 1$ quando a resistência ao transporte interno é significativa, mesmo quando $C_{R,s} = 0$. A equação anterior também mostra que a perda de seletividade se torna progressivamente maior na medida em que $k_2/k_1$ aumenta.

## 9.4 TRANSPORTE EXTERNO

### 9.4.1 Análise Geral — Uma Reação

Gradientes de concentração entre o seio do fluido no reator e a superfície externa de uma partícula de catalisador podem também influenciar a taxa de reação, isto é, a atividade aparente do catalisador; e a distribuição do produto, isto é, a seletividade aparente do catalisador. Em primeiro lugar vamos lidar com a taxa de reação.

Considere uma partícula de catalisador esférica de raio $R$. Há uma resistência tanto a transferência de massa quanto a transferência de calor que está concentrada na interface entre o fluido e a superfície externa da partícula de catalisador. Representamos esta resistência como um filme de fluido, isto é, uma camada-limite na superfície da partícula. A concentração do reagente A no seio do fluido em qualquer ponto do reator é $C_{A,F}$ e a concentração de A na superfície externa da partícula é $C_{A,s}$. Há uma diferença de concentrações através da camada-limite $(C_{A,F} - C_{A,s})$. Esta diferença de concentrações é a força motriz para a transferência de massa do seio do fluido para a superfície externa da partícula. A temperatura do seio do fluido é $T_F$ e a temperatura na superfície externa da partícula é $T_s$. A diferença de temperaturas através da camada-limite é $(T_F - T_s)$ e esta diferença de temperaturas fornece a força motriz para a transferência de calor. Se estiver ocorrendo uma única reação exotérmica em regime estacionário e se a reação for rápida, o perfil de concentrações do reagente A e o perfil de temperaturas através da camada-limite podem ser parecidos com os mostrados na Figura 9-10.

O tamanho das resistências às transferências de calor e de massa através da camada-limite, isto é, a espessura da camada-limite, depende da velocidade do fluido *em relação à partícula de catalisador*. Com o aumento desta velocidade, o coeficiente de transferência de calor entre o seio do fluido e a superfície da partícula de catalisador aumenta e o coeficiente de transferência de massa entre o seio do fluido e a superfície do catalisador aumenta. Consequentemente, a magnitude das diferenças de

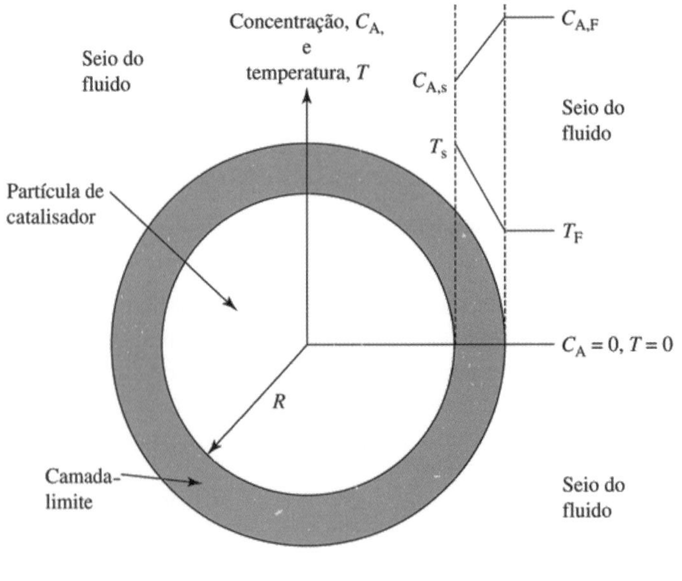


**Figura 9-10** Perfis de temperaturas ($T$) e de concentrações do reagente A ($C_A$) através da camada-limite que circunda uma partícula de catalisador na qual está ocorrendo uma reação exotérmica em regime estacionário. A espessura da camada-limite está exagerada em relação ao tamanho da partícula de catalisador. Os perfis de $C_A$ e de $T$ são mostrados lineares porque a espessura real da camada-limite é pequena em relação ao raio da partícula.

concentrações e de temperaturas entre o seio do fluido e a superfície da partícula dependerá da velocidade relativa, assim como das propriedades do fluido.

### 9.4.1.1 Descrições Quantitativas dos Transportes de Massa e de Calor

***Transferência de Massa*** Seja $\vec{N}$ o fluxo (mol A/(tempo área)) de A a partir do seio do fluido através da camada-limite para a superfície da partícula de catalisador. Seja $k_c$ o coeficiente de transferência de massa, baseado na concentração, entre o seio do fluido e a superfície externa da partícula de catalisador. As dimensões de $k_c$ são comprimento/tempo e $k_c$ dependerá da velocidade do fluido em relação à partícula de catalisador. O fluxo de A chegando na superfície externa da partícula de catalisador é dado por

Fluxo de "A" para a superfície externa da partícula de catalisador

$$\vec{N}_A = k_c(C_{A,F} - C_{A,s}) \tag{9-37}$$

A taxa na qual A atinge a superfície externa de toda partícula de catalisador é

$$\vec{N}_A A_G = A_G k_c(C_{A,F} - C_{A,s})$$

Nesta expressão, $A_G$ é a área superficial *externa* (geométrica) da partícula de catalisador. Se a partícula de catalisador for uma esfera com raio $R$, $A_G = 4\pi R^2$. Se A for um reagente, $C_{A,F} > C_A$ e o fluxo de A é direcionado do seio do fluido para a partícula, isto é, no sentido oposto da direção radial.

Em estado estacionário, não há acúmulo de A no interior da partícula de catalisador. Consequentemente, a taxa na qual A atinge a superfície da partícula após passar pela camada-limite tem que ser igual à taxa na qual A é consumido pela reação em toda a partícula de catalisador. Seja $R_{A,P}$ a taxa na qual A reage em toda a partícula de catalisador. Então,

$$R_{A,P} = \vec{N}_A A_G = A_G k_c(C_{A,F} - C_{A,s})$$

Rearranjando,

$$C_{A,F} - C_{A,s} = R_{A,P}/k_c A_G \tag{9-38}$$

Esta equação mostra que a diferença de concentrações entre o seio do fluido e a superfície da partícula é diretamente proporcional à taxa na qual A é consumido na partícula de catalisador. Quanto mais rápida a reação, maior será a diferença de concentrações.

Para uma dada taxa de reação, isto é, um valor fixo de $R_{A,P}$, a diferença de concentrações dependerá da velocidade do fluido em relação à partícula de catalisador, uma vez que o valor de $k_c$ depende da velocidade relativa. Quanto maior a velocidade relativa, maior o valor de $k_c$ e menor o valor de $C_{A,F} - C_{A,s}$, para um dado valor de $R_{A,P}$.

***Transferência de Calor*** Seja $q$ o fluxo térmico a partir do seio do fluido para a superfície da partícula de catalisador (energia/(área tempo)) e seja $h$ o coeficiente de transferência de calor (energia/(área tempo temperatura)) entre o seio do fluido e a superfície externa. O fluxo de energia chegando na superfície externa da partícula de catalisador é dado por

Fluxo térmico para a superfície externa da partícula de catalisador

$$q = h(T_F - T_s)$$

e a taxa total de transferência de calor para a partícula é

$$qA_G = hA_G(T_F - T_s)$$

Se $T_F > T_s$, o fluxo térmico é direcionado do seio do fluido para dentro da partícula, isto é, no sentido oposto da direção radial.

Em estado estacionário, não pode haver acúmulo de energia na partícula de catalisador. A taxa de "consumo" ou de "geração" de energia resultante da reação na partícula de catalisador é $R_{A,P}\Delta H_R$. Esta energia tem que ser suprida ou removida pela transferência de calor através da camada-limite. Consequentemente,

$$R_{A,P}\Delta H_R = hA_G(T_F - T_s) \tag{9-39}$$

Se a reação for endotérmica, $\Delta H_R > 0$ e $T_B > T_s$. Calor é transferido do seio da corrente de fluido para a partícula de catalisador e é "consumido" pela reação endotérmica.

Se a reação for exotérmica, a equação anterior pode ser escrita em uma forma um pouco mais conveniente pela multiplicação dos dois lados por $-1$:

$$R_{A,P}(-\Delta H_R) = hA_G(T_s - T_F)$$

Para uma reação exotérmica, $(-\Delta H_R) > 0$ e $T_s > T_F$. O calor que é "gerado" pela reação tem que ser transferido da partícula para o seio da corrente de fluido para manter o catalisador em estado estacionário.

A equação anterior pode ser rearranjada fornecendo

$$T_s - T_F = R_{A,P}(-\Delta H_R)/hA_G \tag{9-40}$$

Esta equação mostra que a diferença de temperaturas entre o seio do fluido e a superfície da partícula de catalisador é diretamente proporcional a $R_{A,P}$, a taxa na qual A é consumido na partícula de catalisador. Quanto mais rápida a reação, maior é a diferença entre $T_F$ e $T_s$. Para uma dada taxa de reação, a diferença de temperaturas dependerá da velocidade do fluido em relação à partícula de catalisador, uma vez que o valor de $h$ depende desta velocidade. Quanto maior a velocidade, menor o valor de $T_F - T_s$ para um dado valor de $R_{A,P}$.

### 9.4.1.2 Reação de Primeira Ordem em uma Partícula de Catalisador Isotérmica — O Conceito de uma Etapa Controladora

Para ilustrar o uso da Equação (9-37) e para expor algumas características do comportamento de catalisadores na presença de uma resistência a transferência de massa externa, consideremos a reação A $\rightarrow$ B. A complicação adicional da transferência de calor será eliminada (pelo menos temporariamente) pela suposição de que $\Delta H_R = 0$. Para $\Delta H_R = 0$, nenhuma energia é "consumida" ou "liberada" pela reação. Consequentemente, nenhum calor é transferido entre a partícula e o seio do fluido, de modo que $T_s = T_F$. Além disto, quando $\Delta H_R = 0$, a partícula de catalisador é isotérmica.

Façamos um balanço de massa da espécie A, usando toda a partícula de catalisador como o volume de controle.

$$\left\{\begin{matrix}\text{taxa de transferência de A do seio do}\\ \text{fluido para a superfície do catalisador}\end{matrix}\right\} = \left\{\begin{matrix}\text{taxa de desaparecimento de A devido à}\\ \text{reação na partícula de catalisador}\end{matrix}\right\}$$

$$A_G k_c(C_{A,F} - C_{A,s}) = R_{A,P} = V_G\eta(-r_{A,v})$$

Nesta equação, $V_G$ é o volume geométrico da partícula de catalisador, $\eta$ é o fator de efetividade interno e $-r_{A,v}$ é a taxa de reação sem gradientes internos, em uma base volumétrica.

Suponha que a reação seja de primeira ordem em A e irreversível. Então,

$$-r_{A,v} = k_v C_{A,s}$$

Esta suposição simplificará a álgebra requerida para analisar o comportamento da reação. Entretanto, os conceitos importantes que resultarão da análise a seguir não dependem da forma da equação de taxa.

Para uma reação irreversível de primeira ordem, $\eta$ não depende de $C_{A,s}$ de modo que $C_{A,s}$ pode ser explicitado na equação anterior. O resultado é

$$C_{A,s} = \frac{C_{A,F}}{1 + (\eta k_v V_G / k_c A_G)} = \frac{C_{A,F}}{1 + (\eta k_v l_c / k_c)} \tag{9-41}$$

onde $l_c$ ($= V_G/A_G$) é a dimensão característica da partícula de catalisador.

A taxa de reação em uma única partícula pode agora ser representada em termos da concentração de A no seio do fluido ($C_{A,F}$). Como $R_{A,P} = V_G\eta(-r_{A,v}) = V_G\eta k_v C_{A,s}$,

$$R_{A,P} = V_G \eta k_v C_{A,F} / [1 + (\eta k_v l_c / k_c)] \tag{9-42}$$

Como um aparte, para ser usado mais adiante nesta discussão, vamos converter $R_{A,P}$ em uma taxa por unidade de massa de catalisador ($-r_A$). Isto é feito pela divisão dos dois lados da Equação (9-42) pela massa da partícula de catalisador, $\rho_p V_G$, e reconhecendo que $k_v = \rho_p k$, onde $k$ é a constante da taxa baseada na massa de catalisador.

$$-r_A = \eta k C_{A,F} / [1 + (\eta \rho k l_c / k_c)] \tag{9-43}$$

A Equação (9-43) mostra que a taxa *por unidade de massa de catalisador* dependerá de $k_c$, se a segunda parcela do denominador da Equação (9-43) for significativa quando comparada com 1. Neste caso, $-r_A$ dependerá da velocidade do fluido em relação à partícula de catalisador, uma vez que $k_c$ depende desta velocidade.

Falando rigorosamente, a Equação (9-43) se aplica somente para uma reação de primeira ordem irreversível em uma partícula de catalisador isotérmica. Entretanto, a conclusão a que chegamos a partir desta equação pode ser generalizada. No presente exemplo, a parcela $\eta \rho k l_G / k_c$ é a razão entre a taxa de reação *máxima* no interior da partícula de catalisador, permitindo uma resistência interna que pode causar que $\eta$ seja menor do que 1, e a taxa de transferência de massa *máxima* através da camada-limite para a superfície externa da partícula.

## EXERCÍCIO 9-5

Prove esta afirmação.

Para qualquer equação de taxa, se a razão (taxa de reação máxima no interior da partícula de catalisador/taxa de transferência de massa máxima para a superfície externa) for significativa quando comparada a 1, a taxa de reação real por unidade de massa de catalisador dependerá da velocidade relativa.

## EXERCÍCIO 9-6

Escreva uma expressão para a razão (taxa de reação máxima no interior da partícula de catalisador/taxa de transferência de massa máxima para a superfície externa) para uma reação de segunda ordem.

Agora vamos examinar os extremos do comportamento do catalisador usando as Equações (9-41) e (9-42).

$\boldsymbol{\eta k_v l_c / k_c << 1}$ Se $\eta k_v l_c / k_c$ for muito pequeno, a taxa de reação *máxima* no interior da partícula de catalisador é muito menor do que a taxa de transferência de massa *máxima* através da camada-limite. Conceitualmente, a reação na partícula de catalisador é lenta e somente uma diferença de concentrações muito pequena através da camada-limite é requerida para fornecer o reagente na taxa na qual ele é consumido na partícula. Neste caso, a transferência de massa externa não tem efeito significativo na taxa de reação.

Quando $\eta k_v l_c / k_c << 1$, esta parcela pode ser desprezada nos denominadores das Equações (9-41) e (9-42). Então estas equações se reduzem a

$$C_{A,s} = C_{A,F}$$

$$R_{A,P} = V_G \eta k_v C_{A,F} \tag{9-44}$$

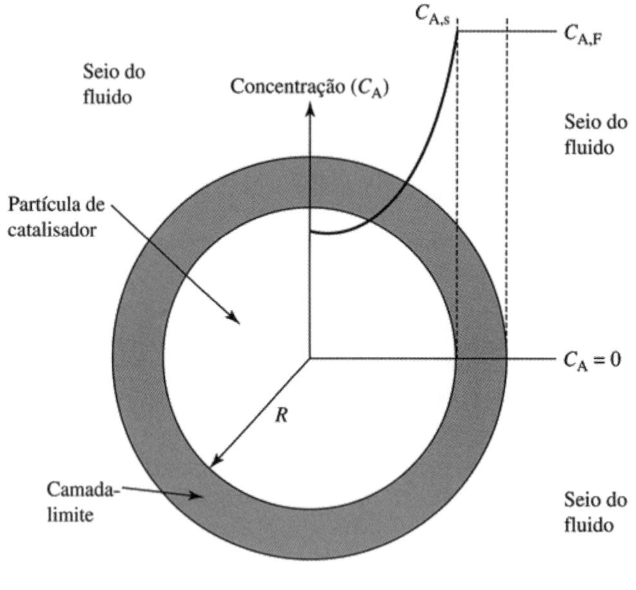


**Figura 9-11** Perfil de concentrações do reagente A ($C_A$) através da camada-limite e dentro de uma partícula de catalisador quando $\eta k_v l_c / k_c << 1$. A resistência à transferência de massa externa é muito pequena quando comparada com a resistência à reação no interior da partícula. Como uma consequência, $C_{A,s} \cong C_{A,F}$. A concentração de A diminui no interior da partícula de catalisador se $\eta < 1$.

O perfil de concentrações do reagente A neste caso é mostrado na Figura 9-11. A diminuição da concentração no interior da partícula de catalisador que é mostrada na Figura 9-11 ocorre quando o fator de efetividade é menor do que 1.

Quando $\eta k_v l_c / k_c << 1$ *e* o fator de efetividade é próximo da unidade ($\eta \cong 1$), a taxa de reação na partícula de catalisador é $R_{A,P} = k_v V_G C_{A,F}$. O perfil de concentrações do reagente A é mostrado na Figura 9-12. As resistências aos transportes interno e externo não têm qualquer influência na taxa de reação e no coeficiente de transporte ($k_c$ ou $D_{A,ef}$) aparece na expressão para a taxa de reação. Neste caso, a reação é dita ser *controlada pela cinética intrínseca*. Enunciando de forma diferente, a cinética intrínseca é a *resistência controladora*.

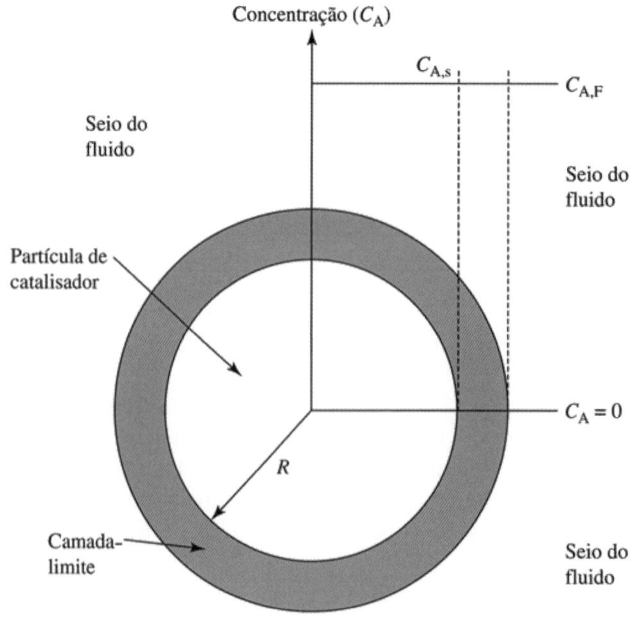


**Figura 9-12** Perfil de concentrações do reagente A ($C_A$) através da camada-limite e dentro de uma partícula de catalisador quando $\eta k_v l_c / k_c << 1$ *e* $\eta \cong 1$. As resistências às transferências de massa externa e interna são muito pequenas quando comparadas com a resistência à reação no interior da partícula. Como uma consequência, $C_A \cong C_{A,F}$ em toda a partícula. A reação é *controlada* pela cinética intrínseca.

A palavra *controle* é usada *somente* quando a taxa de reação observada é *completamente* determinada por uma única etapa ou resistência. *Nenhuma* das outras etapas ou resistências tem qualquer efeito na taxa de reação.

**$\eta k_v l_c / k_c >> 1$** Se a quantidade $\eta k_v l_c / k_c$ for 1, a taxa de reação máxima no interior da partícula de catalisador é muito maior do que a taxa de transferência de massa máxima através da camada-limite. Consequentemente, a reação na partícula de catalisador tem o *potencial* de ser muito rápida em relação à taxa de transferência de massa externa máxima. Uma grande diferença de concentrações será requerida através da camada-limite para fornecer reagente na taxa que ele é consumido na partícula. Neste caso, a resistência à transferência de massa externa terá um efeito bem significativo no comportamento da reação.

Quando $\eta k_v l_c / k_c >> 1$, as Equações (9-41) e (9-42) se reduzem a

$$C_{A,s} \cong 0$$

$$R_{A,P} = k_c A_G C_{A,F} \qquad (9\text{-}45)$$

A concentração do reagente A na superfície externa da partícula de catalisador é bem próxima de zero. Além disto, a Equação (9-45) mostra que a taxa de reação não depende da constante da taxa ($k_v$), nem do coeficiente de difusão efetivo ($D_{A,ef}$). O *único* parâmetro de taxa ou de transporte que influencia a taxa de reação é o coeficiente de transferência de massa externo, $k_c$. Nesta situação, a reação é dita *controlada pela transferência de massa externa*. O perfil de concentrações do reagente A é mostrado na Figura 9-13.

Neste caso, a *única* forma de aumentar a taxa de reação é aumentar o valor de $k_c$. Isto pode ser feito com o aumento da velocidade do fluido em relação à partícula de catalisador. O aumento da velocidade relativa reduz a espessura da camada-limite, levando a um aumento em $k_c$.

A Equação (9-45) mostra que a taxa de reação para a partícula de catalisador inteira é proporcional à área da superfície externa ($A_G$) e não ao volume da partícula ($V_G$). A taxa de reação *por unidade de volume* de catalisador ($R_{A,P}/V_G = k_c C_{A,F}(A_G/V_G)$) é proporcional à razão superfície/volume da partícula de catalisador. Como a dimensão característica da partícula de catalisador, $l_c$, é ($A_G/V_G$), a taxa por unidade de volume ou de massa de catalisador é inversamente proporcional à dimensão característica, quando a reação é controlada pela transferência de massa externa.

*O controle pela transferência de massa externa é um caso limite importante do desempenho de catalisadores.* Em condições fluidodinâmicas fixas, isto é, um valor fixo de $k_c$, a reação não pode ocorrer mais rápido do que este limite. Se a quantidade de catalisador necessária para atingir uma conversão especificada a uma dada vazão de alimentação e concentração de alimentação fosse calculada admitindo

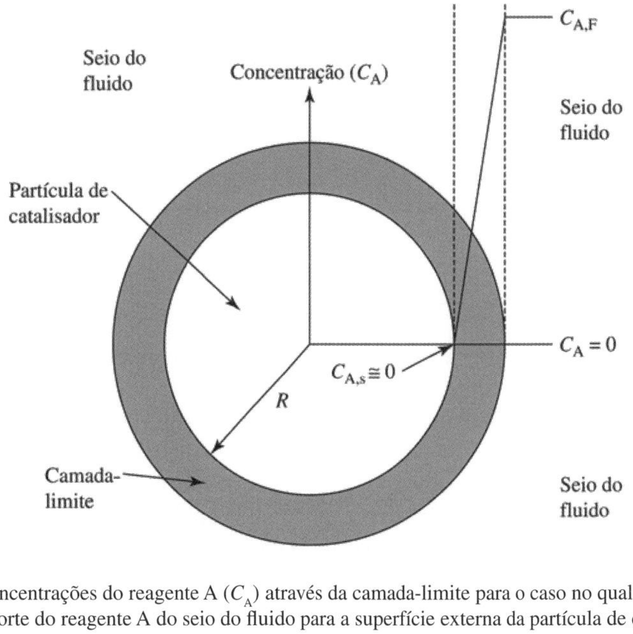


**Figura 9-13** Perfil de concentrações do reagente A ($C_A$) através da camada-limite para o caso no qual $\eta k_v l_c / k_c >> 1$. A reação é *controlada* pelo transporte do reagente A do seio do fluido para a superfície externa da partícula de catalisador, isto é, pela transferência de massa externa.

controle pela transferência de massa externa, esta seria a *menor* quantidade de catalisador possível que poderia fazer o trabalho especificado.

*Questão para discussão:* Considere a situação mostrada na Figura 9-11, na qual $\eta k_v l_c / k_c << 1$ e $\eta < 1$. É legítimo dizer que a reação é *controlada* pelo transporte interno, isto é, pela difusão nos poros, para este caso?

*Discussão:* Quando a resistência ao transporte externo é desprezível, o que é o caso da Figura 9-11, a taxa por partícula, $R_{S,P}$, é dada por

$$R_{A,P} = V_G \eta k_v C_{A,F}$$

Considere um caso no qual a resistência à difusão interna seja muito grande e, consequentemente, o gradiente de concentração no interior da partícula de catalisador seja muito grande. Nesta situação,

$$\eta \cong 1/\phi = (D_{A,ef}/k_v)^{1/2}/l_c$$

Consequentemente,

$$R_{A,P} = A_G (D_{A,ef} k_v)^{1/2} C_{A,F}$$

Um parâmetro cinético ($k_v$) e um parâmetro de transporte ($D_{A,ef}$) aparecem na expressão para a taxa global. O aumento de $k_v$ ou de $D_{A,ef}$ causa aumento na taxa por partícula e na taxa por unidade de massa ou por unidade de volume de catalisador. Dada esta situação, não podemos dizer que a taxa é *controlada* pelo transporte interno. A difusão nos poros *e* a cinética intrínseca da reação afetam a taxa de reação. Na situação mostrada na Figura 9-11, é mais apropriado dizer que a reação é *influenciada* tanto pela difusão nos poros quanto pela cinética intrínseca.

## EXERCÍCIO 9-7

Como demonstrado anteriormente, se $n = 1$, a difusão nos poros e a cinética intrínseca afetam a taxa de reação, para os perfis de concentrações mostrados na Figura 9-11. Mostre que esta conclusão é válida para ordens diferentes de 1.

Esta análise foi realizada para uma reação de primeira ordem irreversível com um fator de efetividade muito baixo. Entretanto, na situação mostrada na Figura 9-11, a taxa por partícula (ou por unidade de massa ou por unidade de volume) sempre depende da constante da taxa intrínseca *e* da difusividade efetiva, não importando qual equação de taxa é obedecida e não importando o quanto inclinado possam ser os gradientes de concentração.

## EXERCÍCIO 9-8

Explique por que $k_v$ e $D_{A,ef}$ influenciam a taxa de reação em uma reação de $n$-ésima ordem, desde que $\eta < 1$, mesmo se $\eta \neq 1/\phi$.

### 9.4.1.3 Efeito da Temperatura

Anteriormente na Seção 9.3.6.1, foi constatado que $k_v$ é mais sensível à temperatura do que $D_{A,ef}$. O coeficiente de transferência de massa $k_c$ é também menos sensível à temperatura do que $k_v$. Em uma faixa de temperatura limitada, a sensibilidade em relação à temperatura de $k_c$ usualmente pode ser aproximada por uma relação de Arrhenius com uma energia de ativação na região de 5–20 kJ/mol. A energia de ativação para $k_v$ tipicamente está entre 50 e 300 kJ/mol. Como uma consequência, $k_v$ aumenta mais rápido do que $k_c$ na medida em que a temperatura é aumentada.

Vamos ilustrar o efeito da temperatura usando as relações que foram deduzidas na seção anterior para uma reação de primeira ordem irreversível em uma partícula de catalisador isotérmica. Se a temperatura for suficientemente baixa, $k_v$ será bem menor do que $k_c$ e a Equação (9-42) ficará com a seguinte forma mais simples

$$R_{A,P} = V_G \eta k_v C_{A,F}$$

Além disto, a temperaturas muito baixas $k_v$ será tão pequeno que $\eta \neq 1$.

$$R_{A,P} = V_G k_v C_{A,F}$$

Consequentemente, quando a temperatura for suficientemente baixa, a reação será *controlada pela cinética intrínseca*. Se a constante da taxa for medida como uma função da temperatura *nesta região*, a energia de ativação verdadeira (cinética) da reação será observada.

Na medida em que a temperatura aumenta, $k_v$ aumenta mais rápido do que $k_c$ e do que $D_{A,ef}$. Em muitas circunstâncias, o fator de efetividade fica abaixo de 1 antes do que o termo $\eta k_v l_c / k_c$ se torne significativo quando comparado a 1. Se o valor de $\eta$ for suficientemente baixo, o valor observado da energia de ativação irá se aproximar da metade do valor verdadeiro, como discutido em relação à Figura 9-8.

Na medida em que a temperatura é aumentada mais um pouco, o termo $\eta k_v l_c / k_c$ acaba ficando muito maior do que 1, de modo que o 1 pode ser desprezado no denominador da Equação (9-42). A reação agora é *controlada* pela transferência de massa externa. A taxa por partícula é dada por

$$R_{A,P} = k_c A_G C_{A,F} \tag{9-45}$$

Se a taxa de reação for medida *neste regime*, a energia de ativação que é observada experimentalmente refletirá a dependência com a temperatura de $k_c$, isto é, a energia de ativação medida será da ordem de 10 kJ/mol.

A Figura 9-14 resume a discussão anterior e mostra os regimes que podem ser observados na medida em que a temperatura, na qual reações catalíticas heterogêneas ocorrem, é modificada. Esta figura é uma extensão da Figura 9-8, na qual é incluído o regime de controle pela transferência de massa externa.

Energias de ativação medidas abaixo de 30 kJ/mol devem ser vistas como um **SINAL VERMELHO**. Valores tão pequenos usualmente aparecem porque a partícula de catalisador está operando em um regime no qual a reação é influenciada ou controlada pela transferência de massa interna ou externa (ou possivelmente por ambas).

A análise que levou à Figura 9-14 foi baseada no comportamento de uma reação de primeira ordem irreversível em uma partícula de catalisador isotérmica. Entretanto, os resultados são bem gerais. A Equação (9-45) será obedecida por qualquer reação *irreversível* que for controlada pela transferência de massa externa. Isto é verdade para qualquer forma da equação de taxa, independentemente de a partícula de catalisador ser isotérmica e independentemente de haver uma diferença de temperaturas entre a superfície do catalisador e o seio do fluido. A energia de ativação aparente refletirá a sensibilidade em relação à temperatura de $k_c$, e será da ordem de 10 kJ/mol.

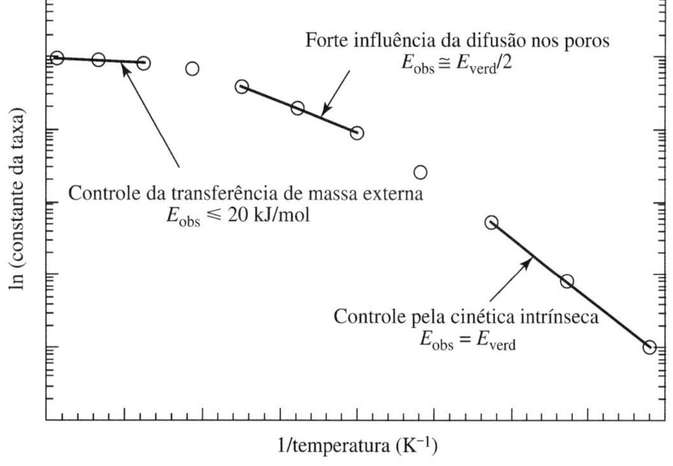


**Figura 9-14** Gráfico do tipo Arrhenius para uma reação catalítica heterogênea, mostrando o comportamento da energia de ativação aparente em três regimes de operação: controle pela cinética intrínseca, forte influência da difusão interna (nos poros) e controle pela transferência de massa externa.

Quando a temperatura é suficientemente baixa, a reação será controlada pela cinética intrínseca. Consequentemente, sempre haverá um regime de temperaturas baixas no qual a energia de ativação verdadeira é observada.

A forma do gráfico de Arrhenius em temperaturas intermediárias pode variar de caso para caso. Se o fator de efetividade se tornar muito pequeno antes de a resistência ao transporte externo se tornar apreciável, o gráfico de Arrhenius exibirá uma região intermediária linear, na qual a energia de ativação aparente é aproximadamente a metade da energia de ativação verdadeira. Este é o comportamento mostrado nas Figuras 9-8 e 9-14. Entretanto, se a resistência ao transporte externo se tornar apreciável antes de o fator de efetividade atingir o seu comportamento assintótico, então a porção distinta linear do gráfico na faixa intermediária de temperaturas pode ser obscurecida.

### 9.4.1.4 Diferença de Temperaturas entre o Seio do Fluido e a Superfície do Catalisador

As Equações (9-38) e (9-39) podem ser escritas para $R_{A,P}$ e os resultados igualados, fornecendo

$$k_c A_G (C_{A,F} - C_{A,s}) = R_{A,P} = (hA_G/\Delta H_R)(T_F - T_s) \tag{9-46}$$

Os coeficientes de transferência de massa e de calor $k_c$ e $h$ podem ser escritos em termos dos fatores $j$ de Colburn para as transferências de massa e de calor, $j_M$ e $j_C$, respectivamente:

$$j_M \equiv k_c^0 \rho \mathrm{Sc}^{2/3}/G$$
$$j_C \equiv h \mathrm{Pr}^{2/3}/(c_{p,m}G)$$

Nestas expressões, Sc é o número de Schmidt, Pr é o número de Prandtl, $c_{p,m}$ é a capacidade térmica mássica (energia/(massa temperatura)), $G$ é a velocidade mássica superficial (massa/(área tempo)) e $k_c^0$ é o coeficiente de transferência de massa quando o fluxo molar líquido é zero. A diferença entre $k_c$ e $k_c^0$ será discutida em mais detalhes adiante nesta seção. Temporariamente, ignoraremos a diferença e admitiremos que $k_c$ e $k_c^0$.

O uso destas definições na Equação (9-46) leva a

$$T_s - T_F = \left(\frac{j_M}{j_C}\right)\left(\frac{\mathrm{Pr}}{\mathrm{Sc}}\right)^{2/3}\left(\frac{(-\Delta H_R)C_{A,F}}{\rho c_{p,m}}\right)\left[\frac{C_{A,F} - C_{A,s}}{C_{A,F}}\right]$$

A razão Sc/Pr é o número de Lewis (Le), apresentado na Seção 9.3.7. A quantidade $(-\Delta H_R)C_{A,F}/(\rho c_{p,m})$ é a variação de temperatura adiabática ($\Delta T_{ad}$). Para muitos tipos de reatores e regimes de escoamento, a analogia de Chilton–Colburn entre as transferências de massa e de calor[13] leva a $j_C/j_M \cong 1$. A introdução destas simplificações reduz a equação anterior a

$$T_s - T_F \cong \left(\frac{\Delta T_{ad}}{\mathrm{Le}^{2/3}}\right)\left(\frac{C_{A,F} - C_{A,s}}{C_{A,F}}\right) \tag{9-47}$$

A Equação (9-47) mostra que a diferença de temperaturas entre o seio do fluido e a superfície da partícula de catalisador é diretamente proporcional à diferença de concentrações entre estes pontos. Na medida em que $C_{A,F} - C_{A,s}$ se torna grande, o mesmo acontece em relação a $T_s - T_F$.

Suponha que a reação seja *controlada* pela transferência de massa externa, de modo que $C_{A,s} \cong 0$. Nesta situação, a Equação (9-47) se torna

$$T_s \cong T_F + \Delta T_{ad}/\mathrm{Le}^{2/3} \tag{9-48}$$

Para gases, nos quais Le $\cong$ 1, a Equação (9-48) mostra que a superfície do catalisador pode estar muito quente (ou fria) quando a reação é controlada pela transferência de massa externa. Na verdade, a temperatura na superfície da partícula de catalisador pode se aproximar da temperatura de reação adiabática, $T_F + \Delta T_{ad}$. Isto é especialmente embaraçoso para reações exotérmicas nas quais $\Delta T_{ad}$ é alta.

---

[13]Veja Bird, R. B., Stewart, W. E., Lightfoot, E. N., *Transport Phenomena*, 2.ª edição, John Wiley & Sons, Inc. (2002), p. 682.

Quando a partícula de catalisador está substancialmente mais quente do que o seio do fluido, muitos efeitos negativos podem ocorrer. Primeiro, a seletividade da reação frequentemente será muito menor em altas temperaturas. Um exemplo é a oxidação parcial em fase gasosa de etileno ($C_2H_4$) a óxido de etileno ($C_2H_4O$), que é acompanhada pela oxidação adicional do etileno e do óxido de etileno a CO, $CO_2$ e $H_2O$.

$$C_2H_4 + 1/2O_2 \rightarrow C_2H_4O$$
$$C_2H_4O + 3/2O_2 \rightarrow 2CO + 2H_2O$$
$$C_2H_4 + 2O_2 \rightarrow 2CO + 2H_2O$$
$$CO + 1/2O_2 \rightarrow CO_2$$

As energias de ativação das segunda, terceira e quarta reações são maiores do que a energia de ativação da oxidação parcial do etileno a óxido de etileno. Consequentemente, se uma limitação de transporte causar que a superfície do catalisador fique mais quente do que o seio do fluido, a seletividade para o óxido de etileno será menor do que a esperada, baseada na temperatura do seio do fluido.

Em adição à perda de seletividade, altas temperaturas podem causar a desativação do catalisador, devido a fenômenos como o colapso da estrutura dos poros e o crescimento de partículas do componente ativo. O crescimento de partículas pode ser particularmente embaraçoso quando o componente ativo são nanopartículas metálicas que crescem por sinterização térmica, levando a uma perda significativa da área de superfície metálica. Por exemplo, "coque" pode se acumular sobre certos catalisadores contendo metais durante o seu uso, causando a perda de atividade do catalisador neste tempo. Em algum instante, o reator tem que ser parado de modo que o catalisador seja regenerado pela queima do coque.

$$\text{``coque''} + O_2 \rightarrow CO_2 + H_2O$$

A variação de temperatura adiabática para esta reação é muito alta. Se ar for usado, $\Delta T_{ad}$ pode ser da ordem de grandeza de vários milhares de graus Celsius, dependendo das condições e da composição do coque. Se a reação de combustão do coque for controlada ou significativamente influenciada pela transferência de massa externa, a superfície do catalisador ficará muito quente. As nanopartículas de metal podem se aglomerar, levando à perda de área superficial metálica e talvez a uma perda de área superficial do próprio suporte. Uma forma de controlar a temperatura da superfície do catalisador é reduzir a concentração de $O_2$ no gás de regeneração a baixos percentuais, assim reduzindo a $\Delta T_{ad}$. Esta é uma técnica muito comum, especialmente no início da regeneração. É também importante conduzir a regeneração na maior velocidade possível do gás, de modo que os valores de $h$ e $k_c$ sejam os maiores possíveis.

Vamos examinar a importância da Equação (9-47) por meio de um exemplo numérico. Suponha que uma reação em fase gasosa com $\Delta T_{ad} = 100$ K esteja ocorrendo na superfície externa de uma partícula de catalisador não porosa. Admitimos uma partícula não porosa para isolar o efeito da transferência de massa externa e evitar termos que analisar o efeito de mudanças em $T_s$ e $C_{A,s}$ no fator de efetividade. Catalisadores que são essencialmente não porosos são usados em vários processos comerciais. Por exemplo, uma tela metálica de Pt/Rh é usada na oxidação de amônia para óxido nítrico e na reação de $NH_3$, $O_2$ e $CH_4$ para produzir HCN, e Ag estendida sobre $\alpha$-$Al_2O_3$ é usada em muitas plantas de óxido de etileno.

Suponha que a diferença entre as concentrações do reagente A no seio do fluido e na superfície do catalisador seja relativamente pequena, por exemplo, $C_{A,s} = 0{,}90\ C_{A,F}$. Se Le = 1, a Equação (9-47) prevê que $T_s - T_F = 100[(C_{A,F} - 0{,}90C_{A,F})/C_{A,F}] = 10$ K. A diminuição da concentração e o aumento da temperatura terão efeitos opostos na taxa de reação. Dependendo da ordem da reação, uma diferença de concentrações de 10% pode causar que a taxa de reação na superfície seja 10–20% menor do que seria se a concentração na superfície fosse $C_{A,F}$. Entretanto, se a superfície do catalisador estiver 10 K mais quente do que o seio do fluido, a taxa real na superfície pode ser maior, por um fator de aproximadamente 2, do que se a superfície estivesse na temperatura do seio do fluido.

Este exemplo simples mostra que o efeito da temperatura é normalmente mais importante do que o efeito da concentração quando $(C_{A,F} - C_{A,s})/C_{A,F}$ é relativamente pequeno. Um modesto grau de influência da transferência de massa externa pode causar que a taxa de uma reação exotérmica seja maior do que seria se a superfície externa estivesse nas condições do seio do fluido. Entretanto, na medida em que a resistência à transferência de massa externa se torne mais severa, o efeito da concentração se torna mais e mais importante, até que finalmente a reação se torne controlada pela transferência de massa. Este comportamento será ilustrado na próxima seção.

## 9.4.2 Experimentos Diagnósticos

Se uma reação catalítica heterogênea for influenciada ou controlada pelo transporte externo, a taxa de reação real dependerá dos coeficientes de transporte, $h$ e $k_c$. Estes coeficientes dependem da velocidade do fluido *em relação à partícula de catalisador*, que será representada por $\vec{v}$.

Experimentos diagnósticos podem ser realizados para determinar se uma reação catalítica heterogênea está sendo afetada pelo transporte externo. Estes experimentos estão baseados em um conceito muito simples. Se uma reação catalítica heterogênea for controlada pela cinética intrínseca ou influenciada *somente* pela cinética intrínseca e pelo transporte interno, então a taxa de reação real não dependerá de $\vec{v}$. Em qualquer circunstância, a conversão na saída de um reator contínuo ou a conversão final em um reator em batelada não dependerá de $\vec{v}$, desde que todas as outras condições operacionais permaneçam inalteradas. Por outro lado, se o desempenho do reator *depender* de $\vec{v}$, com outras condições idênticas, o transporte externo provavelmente influencia ou controla a reação.

### 9.4.2.1 Reator de Leito Fixo

Para ilustrar esta ideia, considere um reator recheado com partículas de catalisador. Um fluido contendo o(s) reagente(s) escoa através do leito fixo de partículas. O reator pode ser um reator diferencial, como descrito no Capítulo 6, ou pode ser um reator de escoamento pistonado ideal, integral. Vamos considerar o PFR. A equação de projeto é

$$\tau_0 = C_{A0} \int_0^{x_A(\text{sai})} \frac{dx_A}{-r_A} \tag{3-35a}$$

Sabemos que a taxa $-r_A$ dependerá da temperatura e da concentração. Se a reação for controlada ou influenciada pelo transporte externo, $-r_A$ também dependerá de $\vec{v}$.

Suponha que realizemos dois experimentos em um PFR ideal exatamente no mesmo valor de $\tau_0$, exatamente nas mesmas condições de entrada e exatamente nas mesmas condições de temperatura, mas com valores diferentes de $\vec{v}$. Se as conversões na saída forem *diferentes* nestes dois experimentos, o transporte externo tem que controlar ou influenciar a taxa de reação.

Experimentos diagnósticos podem ser projetados para determinar se uma reação catalítica heterogênea é controlada ou influenciada pelo transporte externo, com base na ideia anteriormente apresentada. Considere um reator tubular com diâmetro interno $D_i$ carregado com uma massa $m$ de catalisador. A altura do catalisador no interior do reator é $L$. Um experimento é realizado com uma vazão volumétrica na entrada de $v_0$. As concentrações dos componentes da corrente de alimentação são $C_{i0}$, a temperatura na entrada é $T_0$ e o reator é operado isotérmica ou adiabaticamente. A conversão de A deixando o reator $x_A$ é medida. Esta situação é mostrada esquematicamente na Figura 9-15 e corresponde ao caso base, que é identificado como $n_v = 1$. O tempo espacial nas condições de entrada $\tau_0$ é $m/v_0$. A velocidade linear superficial na entrada é $\vec{v} = 4v_0/(\pi D_i^2)$.

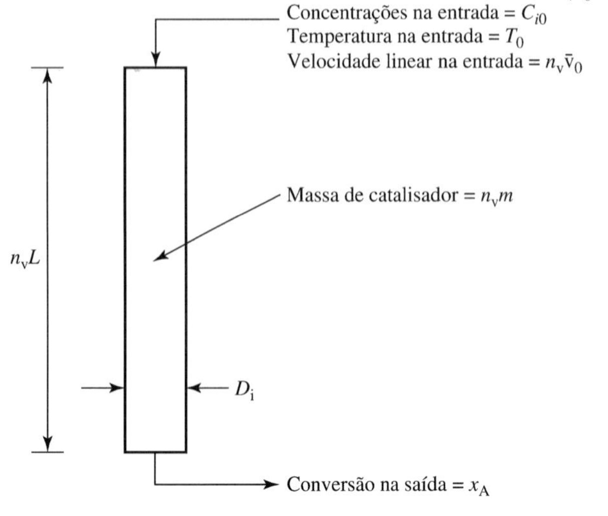


**Figura 9-15** Ilustração esquemática de experimentos diagnósticos para o controle/influência do transporte externo em um reator de leito fixo. A velocidade linear através do leito de catalisador por ser variada, sem modificar o tempo espacial, através da mudança da massa de catalisador no reator e da vazão volumétrica na entrada do reator na mesma proporção, deixando o diâmetro interno do reator inalterado.

Neste ponto, haveria a possibilidade de estarmos tentados a simplesmente aumentar a vazão volumétrica na entrada do reator, deixando a quantidade de catalisador no interior do reator constante. Isto certamente aumentaria a velocidade linear através do leito de catalisador. Entretanto, isto também reduziria o tempo espacial e a equação de projeto nos indica que a mudança do tempo especial irá modificar a conversão na saída.

Em vez disto, um segundo experimento é realizado no mesmo tubo com uma quantidade diferente de catalisador, digamos $2m$. A altura do leito de catalisador será $2L$, uma vez que o diâmetro interno do reator permaneceu inalterado. A vazão na entrada é aumentada para $2v_0$, de modo que o tempo espacial não muda ($\tau_0 = 2m/(2v_0) = m/v_0$). Entretanto, a velocidade linear superficial na entrada $\vec{v}_0$ dobrou para $8v_0/(\pi D_i^2)$. Os dois experimentos têm o mesmo tempo espacial, mas a velocidade linear no segundo experimento é o dobro da do primeiro. Experimentos adicionais são então realizados, cada um com um valor diferente de $n_v$ ($\vec{v}$), até que uma faixa de velocidades lineares tenha sido coberta.

Qual extensão da faixa de velocidades lineares tem que ser estudada? A tabela a seguir mostra os resultados de um cálculo do efeito da velocidade linear na conversão em um PFR ideal. A reação considerada é A $\rightarrow$ R, que foi suposta irreversível e de primeira ordem em A, com $\Delta H_R = 0$. O reator foi considerado isotérmico. O coeficiente de transferência de massa foi considerado proporcional à raiz quadrada da velocidade linear, uma relação que é tipicamente aceita para o escoamento através de leitos empacotados.[14] Finalmente, para fornecer um ponto de partida para o cálculo, $\eta k_v l_c/k_c$ foi tomado igual a 1,0 quando a conversão de A na saída foi 0,50. Quando $\eta k_v l_c/k_c = 1$, a resistência ao transporte externo é igual à resistência à reação no interior da partícula de catalisador. Nesta condição, "$n_v$" recebeu o valor igual a 1 arbitrariamente.

Na medida em que a velocidade linear é aumentada ($n_v$ aumenta), $\eta k_v l_c/k_c$ diminui e a resistência ao transporte externo se torna uma pequena fração da resistência global, como mostrado na Tabela 9-1.

Estes cálculos mostram que a conversão na saída é sensível à velocidade linear quando a resistência à transferência de massa externa é uma fração significativa da resistência total. Entretanto, quando a fração da resistência global devido à resistência externa for abaixo de 0,40, a duplicação da velocidade linear produz uma variação tão pequena na conversão que a diferença entre as duas conversões pode estar dentro do erro experimental.

Os resultados na Tabela 9-1 sugerem que uma razoável ampla faixa de velocidades lineares, por exemplo, definida por um fator de pelo menos 4, tem que ser usada em um conjunto bem projetado de experimentos diagnósticos. Uma ampla faixa de velocidades é necessária para garantir que mudanças na conversão de saída sejam grandes o suficiente para estarem bem fora da amplitude dos erros experimentais.

Alguns resultados possíveis a partir de tais experimentos diagnósticos são apresentados nos dois exemplos a seguir:

*Exemplo A* ($\Delta H_R = 0$)

Se o calor de reação for nulo, não há necessidade de transferência de calor para e da partícula de catalisador para que a reação ocorra em estado estacionário. Não haverá gradientes de temperatura, dentro

**Tabela 9-1** Conversão do Reagente A Calculada como uma Função da Velocidade Linear (Tempo espacial = Constante; $\Delta H_R = 0$, Reator Isotérmico)

| $n_v$ (= velocidade linear relativa) | Fração da resistência devida ao transporte externo | Conversão de A na saída, $x_A$ |
|---|---|---|
| 0,0625 | 0,80 | 0,24 |
| 0,125 | 0,74 | 0,30 |
| 0,25 | 0,67 | 0,37 |
| 0,50 | 0,59 | 0,44 |
| 1,0 | 0,50 | 0,50 |
| 2,0 | 0,41 | 0,56 |
| 4,0 | 0,33 | 0,60 |
| 8,0 | 0,26 | 0,64 |
| 16,0 | 0,20 | 0,67 |
| $\infty$ | 0 | 0,75 |

[14]Geankopolis, C. J., *Transport Processes and Unit Operations*, 2.ª edição, Allyn and Bacon, (1983), p. 436–437.

da partícula ou através da camada-limite. Consequentemente, a única contribuição do transporte externo que afeta a taxa de reação é a transferência de massa através da camada-limite.

Vamos analisar este caso e prever a forma de um gráfico da conversão na saída *versus* a velocidade linear. Primeiro, em uma velocidade linear na entrada muito alta, $k_c$ será grande e o valor *máximo* da taxa de reação no interior da partícula de catalisador será muito menor do que o valor *máximo* da taxa de transferência de massa através da camada-limite, isto é, $\eta k_v l_c C^{n-1}_{A,F}/k_c << 1$. Nesta desigualdade, $n$ é a ordem verdadeira da reação. Não haverá diferença de concentrações através da camada-limite e o perfil de concentrações parecerá com aqueles mostrados na Figura 9-11 ou 9-12. A taxa de reação medida não será sensível em relação a $\vec{v}_0$. Nesta situação,

$$\tau_0 = C_{A0} \int_0^{x_A(\text{sai})} \frac{dx_A}{\eta k C^n_{A,F}}$$

Somente a cinética intrínseca ($kC^n_{A,F}$) e o fator de efetividade ($\eta$) são requeridos para calcular a conversão na saída, garantindo que $\vec{v}_0$ seja suficientemente alta de modo que $C_{A,s} \cong C_{A,F}$ em todo o comprimento do reator.

Na medida em que a velocidade linear é diminuída, o valor de $k_c$ diminuirá. Como um resultado, a diferença de concentrações ($C_{A,F} - C_{A,s}$) se tornará maior e $C_{A,s}$ diminuirá. Se $n$ for maior do que zero, a diminuição em $C_{A,s}$ causará a diminuição da taxa de reação. Em algum ponto, a conversão na saída medida se tornará sensível em relação ao valor de $k_c$ e ao valor de $\vec{v}_0$.

Com $\vec{v}_0$ sendo mais diminuída, o valor de $k_c$ continua a diminuir. A taxa medida diminui monotonicamente com $\vec{v}_0$. Finalmente, $k_c$ se torna tão pequeno que a reação é *controlada* pelo transporte de massa externo. Neste ponto, a conversão na saída é mais sensível a variações em $\vec{v}_0$.

A Figura 9-16 é um gráfico da conversão na saída do reagente A em um reator de escoamento pistonado, com o tempo espacial, $\tau_0$, constante, *versus* a velocidade linear ou mássica no leito catalítico. Esta figura é derivada dos mesmos cálculos que foram usados para desenvolver a Tabela 9-1. A fração da resistência total devida ao transporte de massa externo é também mostrada na Figura 9-16, como uma função da velocidade.

O comportamento mostrado na Figura 9-16 é consistente com a análise anterior. Em altas velocidades, a conversão não é muito sensível em relação à velocidade. A sensibilidade aumenta e a conversão diminui na medida em que a velocidade linear diminui. Em velocidades muito baixas, a conversão cai muito rápido com a reação se aproximando da condição de controle pela transferência de massa.

Neste exemplo, a conversão é de 0,75 quando a resistência à transferência de massa externa é desprezível ($k_c \rightarrow \infty$). Entretanto, o gráfico da conversão *versus* a velocidade se torna muito plano antes que esta assíntota seja atingida.

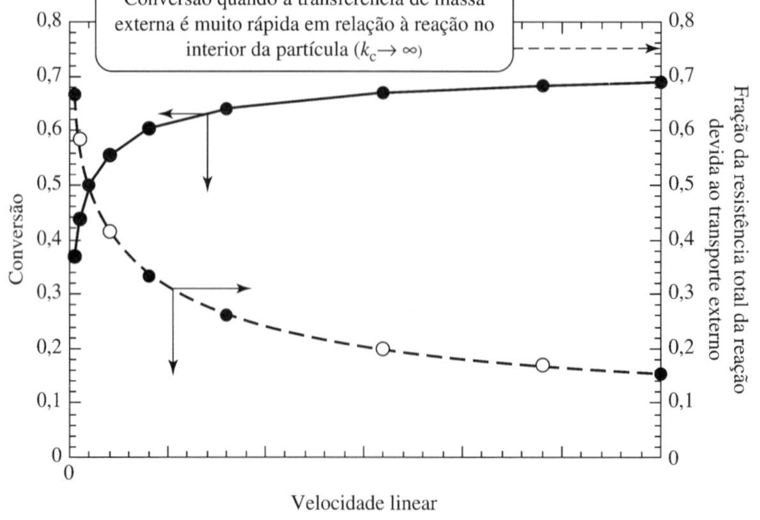


**Figura 9-16** Conversão na saída *versus* velocidade linear, com o tempo espacial constante, para a reação de primeira ordem $A \rightarrow B$ em um reator de escoamento pistonado isotérmico ($\Delta H_R = 0$).

Ao avaliar os resultados de experimentos diagnósticos, é seguro concluir que a resistência à transferência de massa externa é significativa quando a conversão, com um tempo espacial constante, varia com a velocidade. Entretanto, o inverso não é verdadeiro. O fato de a conversão não *parecer* depender da velocidade não significa que a resistência ao transporte externo de massa tenha sido *totalmente* eliminada. Os quatro pontos mais à direita da curva da conversão na Figura 9-16 poderiam estar facilmente dentro dos erros experimentais e parecer serem planos. Todavia, a resistência ao transporte externo é aproximadamente 20% da resistência total nesta região e as conversões na saída estão 5–10% abaixo do valor assintótico.

## EXERCÍCIO 9-9

Suponha que a reação para a qual a Figura 9-16 foi desenvolvida fosse endotérmica, isto é, $\Delta H_R > 0$, em vez de termicamente neutra. Como seria a forma de um gráfico da conversão na saída *versus* a velocidade linear?

*Exemplo B* ($\Delta H_R < 0$)
Com uma reação exotérmica, a superfície do catalisador será mais *quente* do que o seio do fluido se a resistência ao transporte através da camada-limite for significativa. Além disto, como foi chamada a atenção em relação à Equação (9-47), a temperatura da superfície do catalisador aumenta na medida em que a concentração do reagente na superfície diminui. A taxa de reação será aumentada pela temperatura maior, mas diminuída pela concentração do reagente menor. Sob algumas circunstâncias, especialmente quando as resistências ao transporte externo passam a se tornar significativas, o efeito da temperatura na taxa de reação será mais importante do que o efeito da concentração.

Considere a situação na qual o reator na Figura 9-15 está operando em uma velocidade linear alta de modo que a resistência ao transporte externo é desprezível. Nesta região, a conversão na saída medida não depende de $\vec{v}_0$, como mostrado pela porção plana da linha no lado direito da Figura 9-17. Na medida em que a velocidade linear é reduzida, a concentração na superfície $C_{A,s}$ começa a cair e a temperatura da superfície $T_s$ começa a aumentar. Se a energia de ativação for razoavelmente alta, o aumento na taxa devido à temperatura na superfície mais alta será maior do que a diminuição na taxa devida à concentração na superfície menor. Isto irá causar um aumento na taxa real e um aumento na conversão na saída, como mostrado na Figura 9-17.

Na medida em que a velocidade é mais reduzida, a concentração na superfície da partícula de catalisador acaba se tornando tão baixa que a taxa de reação real começa a cair, apesar da alta temperatura da superfície. A conversão na saída cai com a taxa decrescente. Esta diminuição na conversão continua até que $\vec{v}_0$ seja reduzida a valores muito baixos.

A Figura 9-17 ilustra um possível resultado de uma série de experimentos diagnósticos em um PFR isotérmico no qual ocorre uma reação exotérmica. A forma verdadeira de um gráfico da conversão na

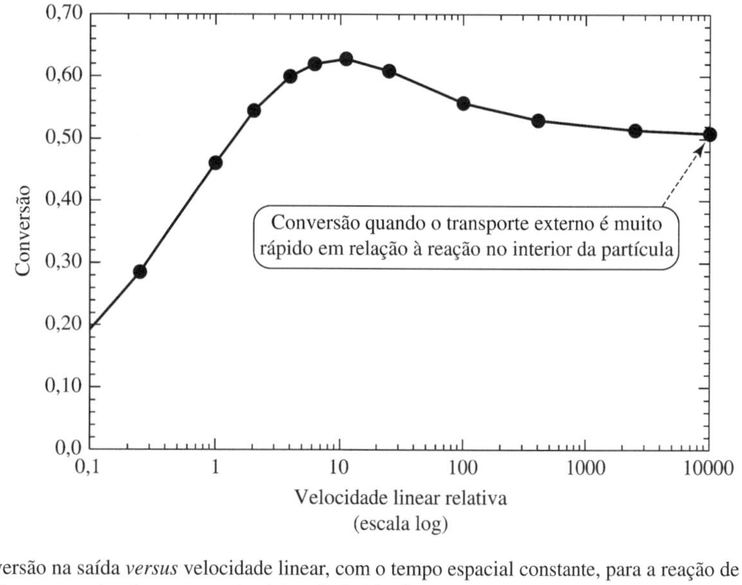


**Figura 9-17** Conversão na saída *versus* velocidade linear, com o tempo espacial constante, para a reação de primeira ordem exotérmica A → B em um reator de escoamento pistonado isotérmico.

saída *versus* a velocidade linear ou mássica através de um PFR dependerá de um número de fatores, principalmente dos valores do calor de reação e da energia de ativação. Se qualquer destes valores for muito pequeno, o máximo na curva pode não aparecer e o gráfico pode parecer a Figura 9-16. Entretanto, se $\Delta H_R$ ou $E$ for alto, partículas de catalisador individuais no reator podem ter múltiplos estados estacionários. Neste caso, um gráfico da conversão na saída *versus* velocidade linear pode exibir descontinuidades e dependerá de como os experimentos são conduzidos.

Nesta discussão, o projeto de experimentos diagnósticos e a análise dos dados resultantes foram ilustrados para um PFR ideal operando com conversões relativamente altas. Entretanto, os conceitos discutidos se aplicam igualmente bem a um reator de leito fixo operando no modo diferencial.

#### 9.4.2.2 Outros Reatores

Experimentos diagnósticos como aqueles descritos anteriormente podem ser realizados de uma forma direta quando a velocidade do fluido em relação ao catalisador pode ser controlada pelo experimentador e pode ser variada sem mudar quaisquer outros parâmetros que afetam a taxa de reação. Infelizmente, este não é sempre o caso.

Considere um reator em batelada no qual pequenas partículas de um catalisador sólido estão suspensas em um líquido e mantidas em suspensão por agitação mecânica. A reação ocorre entre componentes do líquido e os produtos são solúveis no líquido. Qual é a velocidade do líquido em relação às partículas de catalisador e como ela pode ser variada de uma forma sistemática?

Poderíamos estar induzidos a dizer que a velocidade do líquido em relação às partículas estivesse relacionada ao projeto e à velocidade de rotação do agitador, e que a velocidade relativa poderia ser modificada pela mudança da velocidade de rotação do agitador. Infelizmente, esta abordagem não é efetiva. Para partículas pequenas (1–100 μm) e para viscosidades típicas dos líquidos, as partículas se movem com o líquido. A mudança da velocidade de rotação do agitador modifica a velocidade do líquido, mas afeta muito pouco a velocidade *relativa* entre o líquido e as partículas de catalisador.

Neste caso, a tendência por deposição gravitacional é a principal causa da velocidade relativa entre o líquido e as partículas de catalisador. A velocidade terminal pode ser calculada, pelo menos aproximadamente. Entretanto, ela não pode ser mudada sem a modificação de propriedades físicas do catalisador e/ou do líquido. É impossível efetuar o tipo de experimentos diagnósticos descritos na seção anterior com este tipo de reator.

Para avaliar a influência do transporte externo em um reator que tenha em seu interior uma lama de catalisador é necessário efetuar um cálculo. Esta abordagem será descrita nas seções a seguir.

### 9.4.3 Cálculo do Transporte Externo

Em muitos casos, é necessário *estimar* a taxa na qual uma reação catalítica heterogênea irá ocorrer, se ela for controlada pela transferência de massa externa. Alternativamente, pode ser necessário estimar a diferença de concentrações ($C_{A,F} - C_{A,s}$) e a diferença de temperaturas ($T_F - T_s$) que são requeridas para manter uma taxa de reação conhecida ou medida. Cálculos de ($C_{A,F} - C_{A,s}$) e ($T_F - T_s$) são a única forma de avaliar a influência do transporte externo quando experimentos diagnósticos decisivos não são viáveis. Cálculos como estes podem ser efetuados usando as Equações (9-38) e (9-40), desde que os coeficientes de transporte $k_c$ e $h$ sejam conhecidos ou possam ser obtidos usando correlações.

A literatura disponibiliza correlações para os coeficientes de transferência de massa e de calor para muitos tipos importantes de reatores, por exemplo, leitos fixos, leitos fluidizados, reatores de lama e monólitos de canais retos. Isto torna possível o uso das Equações (9-38) e (9-40) em muitos diferentes contextos.

#### 9.4.3.1 Coeficientes de Transferência de Massa

Considere um catalisador no qual a reação

$$\sum_i \nu_i A_i = 0$$

esteja ocorrendo *em estado estacionário*. Visualize um pequeno segmento da superfície do catalisador, como mostrado a seguir. Se houver uma velocidade relativa entre o fluido e o catalisador, uma camada-limite se estabelecerá adjacente à superfície externa do catalisador. Como uma aproximação, consideraremos que esta camada-limite seja um filme de fluido estagnado com uma espessura $\delta$.

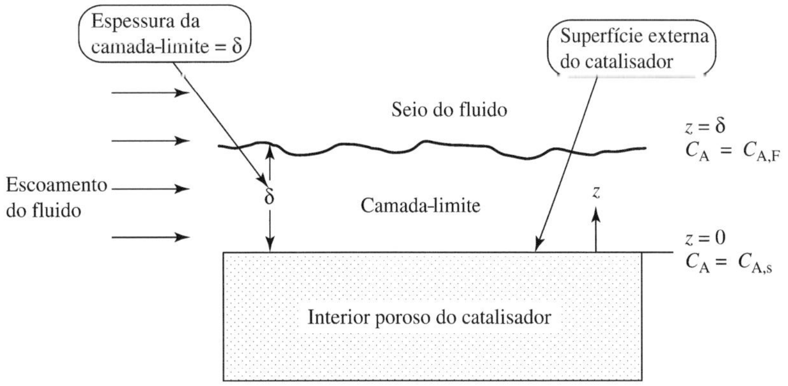


Da seção "Difusão Molecular ("Bulk")" (Seção 9.3.4.2), o fluxo do reagente A através da camada-limite, na direção $z$, é dado por

$$\vec{N}_{A,z} = y_A \sum_{i=1}^{N} \vec{N}_{i,z} - D_{A,m} \frac{dC_A}{dz} \tag{9-19}$$

onde $D_{A,m}$ é a difusividade de A na mistura (área/tempo), $y_A$ é a fração molar de A e $\vec{N}_{i,z}$ é o fluxo molar da espécie "$i$" na direção $z$ (mol/(área tempo)).

O fluxo $\vec{N}_{i,z}$ é positivo quando ele está direcionado no sentido positivo de $z$. Quando "$i$" é um reagente, $\vec{N}_{i,z}$ é negativo, e quando "$i$" é um produto, $\vec{N}_{i,z}$ é positivo. A análise a seguir está restrita somente ao transporte normal à superfície do catalisador, isto é, na direção $z$. Para simplificar, vamos tirar o subscrito "$z$".

Em função da estequiometria da reação, $\vec{N}_i / \nu_i = \vec{N}_A / \nu_A$ no estado estacionário. Consequentemente,

$$\sum_{i=1}^{N} \vec{N}_i = \left( \sum_{i=1}^{N} \nu_i \vec{N}_A / \nu_A \right) = \left( \frac{\vec{N}_A}{\nu_A} \right) \sum_{i=1}^{N} \nu_i = \Delta\nu \left( \frac{\vec{N}_A}{\nu_A} \right)$$

onde $\Delta\nu = \sum_{i=1}^{N} \nu_i$. No estado estacionário, $\sum_{i=1}^{N} \vec{N}_i > 0$ quando $\Delta\nu > 0$. Em outras palavras, haverá um fluxo líquido direcionado *para fora* da superfície do catalisador, para o seio do fluido, quando o número de mols dos produtos é maior do que o número de mols dos reagentes. Similarmente, $\sum_{i=1}^{N} \vec{N}_i = 0$ quando $\Delta\nu = 0$ e $\sum_{i=1}^{N} \vec{N}_i < 0$ quando $\Delta\nu < 0$. O fluxo molar *líquido* é zero se não houver mudança do número de mols na reação, e ele é direcionado *no sentido da* superfície do catalisador, se o número de mols diminui na reação.

Substituindo a expressão para $\sum_{i=1}^{N} \vec{N}_i$ na Equação (9-19) e rearranjando

$$\frac{dC_A}{dz} - \left( \frac{\Delta\nu \vec{N}_A}{D_{A,m} C \nu_A} \right) C_A = -\frac{\vec{N}_A}{D_{A,m}} \tag{9-49}$$

Nesta equação, $C$ é a concentração molar total da mistura (mol/volume), de modo que $y_i = C_i/C$. Esta equação diferencial está sujeita às condições de contorno:

$$C_A = C_{A,s}; \quad z = 0$$
$$C_A = C_{A,F}; \quad z = \delta$$

Para uma partícula de catalisador em estado estacionário, $\vec{N}_A$ é constante, isto é, $\vec{N}_A \neq f(z)$. A pressão total na camada-limite é essencialmente constante, de modo que $CD_{A,m}$ é aproximadamente constante. Nesta situação, a solução da Equação (9-49) é

$$\ln\left(\frac{C + \gamma C_{A,F}}{C + \gamma C_{A,s}}\right) = -\left(\frac{\gamma \vec{N}_A}{CD_{A,m}}\right)\delta \tag{9-50}$$

onde $\gamma = \Delta\nu/[-\nu_A]$.

## EXERCÍCIO 9-10

Prove a Equação (9-50).

Agora façamos $k_c^0 \equiv D_{A,m}/\delta$. Note que o valor de $k_c^0$ depende da espécie, pois $D_{A,m}$ é o coeficiente de difusão *da espécie* A na mistura. Substituindo esta relação na Equação (9-50) e rearranjando, tem-se

$$-\vec{N}_A = \frac{k_c^0(C_{A,F} - C_{A,s})}{\dfrac{(1 + \gamma y_{A,F}) - (1 + \gamma y_{A,s})}{\ln\left(\dfrac{1 + \gamma y_{A,F}}{1 + \gamma y_{A,s}}\right)}} \tag{9-51}$$

Vamos representar o denominador da Equação (9-51) por $y_{fA}$, que é chamado de *fator de filme baseado na fração molar*, ou fator de filme da fração molar.

$$y_{fA} = \frac{(1 + \gamma y_{A,F}) - (1 + \gamma y_{A,s})}{\ln\left(\dfrac{1 + \gamma y_{A,F}}{1 + \gamma y_{A,s}}\right)} \tag{9-52}$$

O parâmetro $y_{fA}$ é o valor da média logarítmica da grandeza $(1 + \gamma y_A)$ e é adimensional.

Se não houver mudança no número de mols na reação, $\sum_{i=1}^{N} N_i = \Delta\nu = 0$ e $\gamma = 0$. Nesta situação, $y_{fA} = 1$. Se $\Delta\nu > 0$, há uma criação líquida de mols quando a reação ocorre $(\sum_{i=1}^{N} \vec{N}_i > 0)$. Então, $\gamma > 0$ e $y_{fA} < 1$. Inversamente, se $\gamma < 0$, há uma redução líquida de mols quando a reação ocorre: $\sum_{i=1}^{N} \vec{N}_i < 0$ e $y_{fA} > 1$.

A Equação (9-51) pode ser simplificada para

$$-\vec{N}_A = \left(\frac{k_c^0}{y_{fA}}\right)(C_{A,F} - C_{A,s}) \tag{9-53}$$

Seja $k_c$, o coeficiente de transferência de massa de A baseado na concentração, definido por

Coeficiente de transferência de massa com o fluxo líquido $\neq 0$

$$\boxed{k_c \equiv (k_c^0/y_{fA})} \tag{9-54}$$

As Equações (9-53) e (9-54) podem ser combinadas para fornecer

$$-\vec{N}_A = k_c(C_{A,F} - C_{A,s}) \tag{9-55}$$

Esta é a Equação (9-37), embora a convenção de sinal para $\vec{N}_A$ não esteja presente na Equação (9-37).

Nas Equações (9-52) e (9-54) fica claro que *o valor do coeficiente de transferência de massa depende da estequiometria da reação*, isto é, do valor de $y_{fA}$, que por sua vez depende de $\gamma$. Quando $\gamma = 0$ e $y_{fA} = 1$, o coeficiente de transferência de massa $k_c$ é igual a $k_c^0$. Lembrando a definição $k_c^0 \equiv D_{A,m}/\delta$, podemos interpretar que $k_c^0$ como o coeficiente de transferência de massa quando o transporte através da camada limite é puramente difusivo, isto é, quando não há fluxo molar convectivo *líquido* $(\sum_{i=1}^{N} \vec{N}_i = 0)$.

*Quando há um fluxo molar líquido no sentido da superfície do catalisador ou se afastando da superfície do catalisador, o valor do coeficiente de transferência de massa dependerá da magnitude e do sinal do fluxo.* Por exemplo, quando há uma criação líquida de mols quando a reação ocorre, $\sum_{i=1}^{N} \vec{N}_i > 0$, $\Delta\nu > 0, \gamma > 0$ e $\gamma_{fA} > 1$. Consequentemente, da Equação (9-54), $k_c < k_c^0$. Fisicamente, a espécie A tem que se difundir no sentido da superfície do catalisador *contra* o fluxo convectivo líquido no sentido oposto. Se A for um reagente, algum A é arrastado se afastando da superfície do catalisador como um resultado do fluxo convectivo. O fluxo difusivo de A no sentido da superfície do catalisador tem que ser maior para compensar. O efeito do fluxo convectivo contrário é reduzir o coeficiente de transferência de massa aparente $k_c$.

Quando há consumo líquido de mols na reação, $\sum_{i=1}^{N} \vec{N}_i < 0$, $\Delta\nu < 0$, $\gamma < 0$, e $\gamma_{fA} < 1$. Nesta situação, $k_c > k_c^0$. O fluxo difusivo e o fluxo convectivo líquido estão no mesmo sentido; parte do reagente é transportado para a superfície do catalisador por difusão e parte por convecção. Consequentemente, o coeficiente de transferência de massa aparente $k_c$ é maior do que seria na ausência do fluxo.

### 9.4.3.2 Definições Diferentes do Coeficiente de Transferência de Massa

Toda a discussão até agora envolveu $k_c$, o coeficiente de transferência de massa baseado na concentração como forma motriz. Entretanto, o coeficiente de transferência de massa pode ser baseado em outras forças motrizes, como a fração molar e a pressão parcial ($p$). Assim, podemos escrever

$$-\vec{N}_A = k_c(C_{A,F} - C_{A,s})$$
$$-\vec{N}_A = k_y(y_{A,F} - y_{A,s})$$
$$-\vec{N}_A = k_p(p_{A,F} - p_{A,s})$$

As unidades dos vários $k$'s são

$$k_c = \text{volume/(área tempo)} = \text{comprimento/tempo}$$
$$k_y = \text{mol/(área tempo)}$$
$$k_p = \text{mol/(área tempo pressão)}$$

Relações entre os vários coeficientes de transferência de massa podem ser deduzidas igualando os fluxos. Por exemplo,

$$\vec{N}_A = k_y(y_{A,F} - y_{A,s}) = k_c(C_{A,F} - C_{A,s})$$

Se diferenças de temperaturas e de pressões totais através da camada-limite forem ignoradas, então a concentração *total* da mistura $C$ é a mesma na superfície do catalisador e no seio do fluido, e $C$ pode dividir os dois lados da equação anterior.

$$\left(\frac{k_y}{C}\right)(y_{A,F} - y_{A,s}) = k_c\left(\frac{C_{A,F}}{C} - \frac{C_{A,s}}{C}\right) = k_c(y_{A,F} - y_{A,s})$$
$$k_y = k_c C$$

Usando a relação $k_c = k_c^0/y_{fA}$, podemos escrever

$$k_y = C\left(\frac{k_c^0}{y_{fA}}\right) = \frac{k_y^0}{y_{fA}}$$

onde $k_y^0 = Ck_c^0 = CD_{A,m}/\delta$.

Para um gás ideal, um procedimento equivalente pode ser usado para relacionar o coeficiente de transferência de massa baseado na pressão parcial àqueles baseados na fração molar e na concentração. Se $P$ for a pressão total

$$k_p = \left(\frac{k_y}{P}\right) = \left(\frac{k_y^0}{Py_{fA}}\right) = \left(\frac{k_p^0}{y_{fA}}\right)$$

$$k_p = \left(\frac{k_c}{RT}\right) = \left(\frac{k_c^0}{y_{fA}RT}\right) = \left(\frac{k_p^0}{y_{fA}}\right)$$

onde $k_p^0 = k_c^0/(RT) = D_{A,m}/(\delta RT)$.

#### 9.4.3.3 Uso de Correlações

A maioria das correlações do coeficiente de transferência de massa envolve um de dois grupos adimensionais, o fator *j* da transferência de massa, $j_M$, ou o número de Sherwood, *Sh*. O fator *j* da transferência de massa ($j_M$) é definido como

$$j_M \equiv \frac{k_c^0 CM_m}{G} Sc^{2/3} = \frac{k_c^0 \rho}{G} Sc^{2/3}$$

Uma expressão alternativa para $j_M$ é

$$j_M \equiv \frac{k_c^0 C}{G/M_m} Sc^{2/3} = \frac{k_c^0 C}{G_M} Sc^{2/3}$$

O número de Sherwood é definido como

$$Sh \equiv \frac{k_c^0 d_p}{D_{A,m}}$$

O fator *j* e o número de Sherwood são relacionados por

$$j_M = \frac{Sh}{ReSc^{1/3}}$$

onde *Re* é o número de Reynolds (baseado no diâmetro da partícula), *G* é a velocidade mássica superficial (massa/(área tempo)), $G_M$ é a velocidade molar superficial (mol/(área tempo)), $M_m$ é a massa molar da mistura, $d_p$ é o diâmetro da partícula (comprimento), *Sc* é o número de Schmidt = $\mu/(\rho D_{A,m})$, $\mu$ é a viscosidade da mistura (massa/(comprimento tempo)), e $\rho$ é a massa específica da mistura (massa/volume).

Correlações válidas para o fator *j* e para o número de Sherwood são *sempre* baseadas em $k_c^0$. Este ponto é especialmente importante quando a analogia entre as transferências de massa e de calor, isto é, $j_M = j_C$, é usada. Para calcular o coeficiente de transferência de massa *real* com uma correlação para o fator *j* ou para Sh, temos que calcular $k_c^0$ (ou $k_y^0$ ou $k_p^0$) com a correlação, então usar a Equação (9-52) para calcular $y_{fA}$, e finalmente usar a Equação (9-54) para calcular $k_c$ (ou $k_y$ ou $k_p$).

Finalmente, quando estamos interessados somente na magnitude absoluta de $N_A$, a convenção do sinal na Equação (9-55) pode ser retirada, fornecendo

$$\vec{N}_A = k_c(C_{A,F} - C_{A,s}) \tag{9-37}$$

Entretanto, a convenção do sinal é crítica para calcular corretamente $\sum_{i=1}^{N} \vec{N}_i$, $\gamma$ e $y_{fA}$, e não pode ser retirada quando estes parâmetros são calculados.

## EXEMPLO 9-12

***Estimação da Taxa de Reação Quando Há Controle pela Transferência de Massa***

A hidrogenação de nitrobenzeno para anilina em uma solução diluída de etanol foi estudada, a 30°C e a uma pressão de $H_2$ de 775 mmHg, usando um catalisador 3%(p) Pd/carbono.[15] O diâmetro médio do catalisador foi de 16 μm, a massa específica da partícula $\rho_p$ aproximadamente 0,95 g/cm³ e a porosidade ε foi de aproximadamente 0,50. Em um experimento, uma taxa de reação de 0,034 mol $H_2$/(min g(cat)) foi medida. Nas condições do experimento, a solubilidade do $H_2$ no etanol foi de $3{,}5 \times 10^{-7}$ mol/cm³, a viscosidade do etanol foi por volta de 0,01 g/(cm s), a massa específica relativa do etanol igual a 0,78 e o coeficiente de difusão do $H_2$ no etanol igual a $5 \times 10^{-5}$ cm²/s.

Estime a taxa de consumo de $H_2$ se a reação foi controlada pelo transporte de $H_2$ da fase líquida para a superfície externa das partículas de catalisador. Esta etapa é uma resistência importante sob as condições reais?

***ANÁLISE***

Se a reação for controlada pela transferência de massa de $H_2$ do seio do fluido para as partículas de catalisador, então $-r_{H_2}$ (mol $H_2$/(min g(cat)) = $k_c C_{H_2,F} A_G/(\rho V_G)$. Todas estas variáveis estão especificadas no enunciado do problema, exceto $k_c$. Este parâmetro será estimado com uma correlação e o valor de $-r_{H_2}$ será calculado. Finalmente, o valor experimental de $-r_{H_2}$ será comparado com o valor previsto.

***SOLUÇÃO***

O coeficiente de transferência de massa pode ser estimado com uma correlação que vem do trabalho original de Brian e Hales:[16]

$$Sh^2 = 16 + 4{,}84\text{Pe}^{2/3}$$

Nesta equação, Pe é o número de Peclet, definido como Pe $= d_p\vec{v}/D_{A,m}$. Como mencionado anteriormente, $\vec{v}$ é a velocidade do fluido *em relação à partícula de catalisador*. Esta velocidade é aproximadamente igual à velocidade terminal da partícula no fluido, de modo que,

$$\vec{v} = g d_p^2(\rho_a - \rho_l)/18\mu$$

Aqui, $g$ é a aceleração devido à gravidade, $\rho_a$ é a massa específica aparente da partícula de catalisador, $\rho_l$ é a massa específica do líquido, $d_p$ é o diâmetro da partícula de catalisador e $\mu$ é a viscosidade do líquido. Combinando estas relações, tem-se

$$Sh^2 = 16 + 4{,}84\left(\frac{g d_p^3(\rho_a - \rho_l)}{18\mu D_{A,m}}\right)^{2/3} \tag{9-56}$$

A massa específica aparente da partícula de catalisador é a massa específica da partícula, levando em conta a massa específica do líquido nos poros do catalisador. Neste caso, a masa específica aparente é $0{,}95 + 0{,}5 \times 0{,}78 = 1{,}34$ g/cm³. O coeficiente de transferência de massa do hidrogênio, para um fluxo líquido zero, é obtido pela substituição dos valores nesta equação.

$$\left(\frac{k_c^0 \times 16 \times 10^{-4}}{5 \times 10^{-5}}\right)^2 = 16 + 4{,}84\left(\frac{981 \times 16^3 \times 10^{-12}(1{,}34 - 0{,}78)}{18 \times 0{,}01 \times 5 \times 10^{-5}}\right)^{2/3}$$

$$k_c^0 = 0{,}132 \text{ cm/s}$$

Façamos que "A" represente o $H_2$. Na hidrogenação do nitrobenzeno para anilina, $\gamma = \Delta\nu/[-\nu_A] = (3 - 4)/[-3] = -0{,}33$. Se a reação é controlada pela transferência de massa externa do hidrogênio, $y_{A,s} = 0$. Se o líquido for etanol puro e a concentração de $H_2$ no líquido for de $3{,}5 \times 10^{-7}$ mol/cm³, então $y_{A,F} \cong 2{,}0 \times 10^{-5}$. Da Equação (9-52), o valor de $y_{fA}$ é muito próximo de 1,0, de modo que $k_c = 0{,}13$ cm/s. De acordo com a Equação (9-37),

$$N_A = k_c(C_{A,F} - C_{A,s}) \tag{9-37}$$

Entretanto, se a reação é controlada pelo transporte do $H_2$ do seio do fluido para a superfície externa da partícula de catalisador,

$$N_A = k_c C_{A,F}$$

---

[15] Roberts, G. W. The influence of mass and heat transfer on the performance of heterogeneous catalysts in gas/liquid/solid systems, *Catalysis in Organic Synthesis*, Academic Press, (1976), pp. 1–44.

[16] Brian, P. L. T. e Hales, H. B., *AIChE J.*, 15, 419 (1969).

Se $C_{A,F}$ for tomado igual a 3,5 × $10^{-7}$ mol/cm$^3$, a solubilidade de equilíbrio do $H_2$ no etanol, então $N_A$ = 0,46 ×$10^{-7}$ mol/(cm$^2$ s). Para comparar este valor com a taxa medida, a taxa calculada tem que ter unidades de mol $H_2$/(min g(cat)). Assim,

$$(-r_{H_2})_{calc}\ (\text{mol } H_2/(\text{min g(cat)}) = N_A[360/d_p\rho_p]$$

onde $d_p$ é o diâmetro da partícula de catalisador, 16 μm. Substituindo os valores de $d_p$ e $\rho_p$, obtemos $(-r_{H_2})_{calc}$ = 0,011 mol $H_2$/(min g(cat)).

O valor da taxa de consumo de $H_2$ calculada considerando que a reação seja controlada pelo transporte externo de $H_2$ é por volta de 3 vezes *menor* do que a taxa de reação medida. Isto é uma impossibilidade física, uma vez que a taxa real nunca pode exceder a taxa que existiria se a reação fosse controlada pelo transporte externo. Todavia, a comparação sugere que o transporte externo do $H_2$ é uma resistência muito importante e que esta etapa pode realmente controlar a reação global. Algumas das aproximações no cálculo podem explicar o fato de a taxa medida ser maior do que a taxa calculada. Por exemplo, correlações para os coeficientes de transporte nunca são perfeitas, e pode ser que o valor de $k_c$ tenha sido previsto para baixo. Outra fonte possível de erro é o uso de um diâmetro "médio" de partícula esférica para descrever o que provavelmente é uma distribuição de tamanhos de partículas com formas irregulares. Isto pode ter levado a uma previsão para baixo da área superficial externa por grama de catalisador.

### 9.4.4 Seletividade da Reação

Uma resistência ao transporte *externo* afetará a seletividade aparente de um sistema de múltiplas reações, da mesma forma que a resistência interna. O efeito da difusão nos poros na seletividade é discutido na Seção 9.3.8 e o efeito do transporte externo pode ser entendido qualitativamente a partir daquela discussão.

Em geral, para reações paralelas e independentes a seletividade para os produtos que são formados nas reações lentas será aumentada em relação aos produtos formados nas reações rápidas, se uma resistência ao transporte externo estiver presente. Para reações em série, a seletividade para o produto intermediário normalmente será diminuída se uma resistência ao transporte externo estiver presente.

A análise da seletividade de reações na presença de uma resistência ao transporte externo é complicada pelo fato de as diferenças de concentrações através da camada-limite serem normalmente acompanhadas por diferenças de temperaturas. Consequentemente, variações na temperatura superficial do catalisador têm que ser consideradas, juntamente com as variações nas concentrações na superfície.

## 9.5 PROJETO DE CATALISADORES — ALGUNS PENSAMENTOS FINAIS

No início deste capítulo foi observado que os catalisadores têm uma ampla variedade de formas. Também foi apresentado que o componente catalítico ativo, por exemplo, um metal como a Pt, pode estar depositado em uma partícula de modo que o componente ativo esteja concentrado próximo à superfície externa, em uma configuração "casca de ovo". Alternativamente, o componente ativo pode estar depositado no centro interior da partícula, em uma configuração "gema de ovo". Durante a discussão do efeito da difusão nos poros sobre a seletividade do catalisador, na Seção 9.3.8, aplicações potenciais de catalisadores "casca de ovo" e "gema de ovo" foram sugeridas.

Nos tratamentos dos transportes interno e externo, encontramos situações nas quais a taxa de uma reação catalítica é proporcional à área externa (geométrica) da partícula de catalisador, em vez de seu volume. Isto ocorre, por exemplo, quando uma reação é controlada pelo transporte externo ou quando o fator de efetividade é muito baixo, isto é, no regime assintótico. Em tais casos, o uso de catalisadores "casca de ovo" pode evitar o desperdício de um componente ativo caro que esteja localizado no interior de uma partícula, onde a concentração do reagente é muita baixa e a taxa é pequena. A opção mais desejável é aumentar a área da superfície externa por unidade de volume de reator. Obviamente, o uso de partículas de catalisador menores pode proporcionar isto. A desvantagem de partículas menores é que a queda de pressão por unidade de comprimento do reator aumenta na medida em que o tamanho da partícula diminui. Dependendo do número de Reynolds baseado na partícula, a queda de pressão por unidade de comprimento do reator aumenta na medida em que a dimensão característica da partícula é diminuída, com uma dependência em algum ponto entre $1/l_c$ e $1/l_c^2$.

Muitas das formas mostradas na Figura 9-3, assim como o suporte monolítico mostrado na Figura 9-5, são projetadas para propiciar maiores áreas superficiais externas por unidade de volume do reator, sem aumentar a queda de pressão. As estrelas e anéis na Figura 9-3 são exemplos fáceis de serem visualizados. A área externa por unidade de volume na estrutura monolítica é também muito alta e as características de queda de pressão são excelentes, em função da ausência do atrito de forma. Entretanto, monólitos são substancialmente mais caros do que suportes particulados típicos.

# RESUMO DE CONCEITOS IMPORTANTES

- A maioria dos catalisadores heterogêneos é muito porosa e a(s) reação(ões) sendo catalisada(s) ocorre(m) predominantemente sobre as paredes dos poros, no interior da partícula do catalisador.
- Para uma reação catalítica ocorrer, reagentes têm que ser transportados do seio do fluido para a superfície das partículas e então para dentro da partícula porosa. Produtos têm que ser transportados no sentido oposto. Estas etapas de transferência de massa requerem uma força motriz, que é uma diferença ou um gradiente de concentração.
- Transferência de calor entre o seio do fluido e as partículas de catalisador ocorrerá se a(s) reação(ões) for(em) exotérmica(s) ou endotérmica(s). Para que calor seja transportado através da partícula de catalisador e da camada-limite, uma diferença ou um gradiente de temperatura é necessário.
- O fator de efetividade $\eta$ pode ser usado para estimar a taxa de reação real, incluindo o efeito dos gradientes de concentração internos. Para a maioria das reações de $n$-ésima ordem, $\eta$ pode ser estimado pelo cálculo do módulo de Thiele generalizado $\phi$.
- Experimentos "diagnósticos" cuidadosamente planejados podem ser usados para avaliar o efeito dos transportes interno e externo no desempenho do catalisador.
- Estudos cinéticos em um catalisador heterogêneo devem sempre ser realizados sob condições nas quais a reação é *controlada* pela cinética intrínseca. De outra forma, os resultados do estudo refletirão parâmetros de transporte e distorcerão a descrição do desempenho do catalisador.

# PROBLEMAS

*Transporte Interno*

**Problema 9-1 (Nível 1)** A reação $A \rightleftarrows B$ está ocorrendo em estado estacionário em uma partícula de catalisador que pode ser representada por uma placa plana infinita de espessura $2L$. Gradientes internos de temperatura são desprezíveis. As difusividades efetivas de A e B são iguais. As concentrações de A e de B na superfície do pellet são $C_{A,S}$ e $C_{B,S}$, respectivamente. A taxa de reação é fortemente influenciada pela difusão nos poros, de modo que $\phi$ é grande.

Esboce os gradientes de concentrações ($C_A$ e $C_B$) como funções de $z$ (distância do plano central da placa) para os casos a seguir:

1. reação irreversível;
2. reação moderadamente reversível ($K_{eq} = 1$);
3. reação altamente reversível ($K_{eq} = 0{,}10$).

Faça um esboço separado para cada caso. Esteja seguro de que as suas curvas contenham todas as características qualitativas e quantitativas importantes dos perfis de concentrações.

**Problema 9-2 (Nível 2)** Tiofeno ($C_4H_4S$) foi usado como um componente modelo para estudar a hidrodessulfurização de nafta de petróleo. Estime a difusividade efetiva do tiofeno em condições típicas da hidrodessulfurização, 660 K e 30 atm. A reação ocorrendo é $C_4H_4S + 3H_2 \rightarrow C_4H_8 + H_2S$. A mistura gasosa contém um grande excesso de $H_2$.

O catalisador de hidrodessulfurização tem uma área superficial BET ($S_p$) de 180 m²/g, uma porosidade ($\varepsilon$) de 0,40 e uma massa específica do pellet ($\rho_p$) de 1,40 g/cm³.

**Problema 9-3 (Nível 2)** A reação irreversível em fase gasosa $A \rightarrow R$ está sendo realizada em um reator catalítico de leito fixo que opera como um PFR ideal. A reação é de segunda ordem em relação a A, isto é, $-r_A = kC_A^2$. O reator opera isotermicamente. O valor da constante da taxa é de $2{,}5 \times 10^{-3}$ m⁶/(mol kg(cat) s). A concentração de A na alimentação do reator é igual a 12 mol/m³ e a vazão volumétrica é igual a 0,50 m³/s. A pressão total é 1 atm e a queda de pressão através do reator pode ser desprezada.

1. Se a reação for controlada pela cinética intrínseca, qual massa de catalisador é requerida para atingir uma conversão de A de 0,90?
2. As partículas de catalisador têm a forma de anéis. O diâmetro externo é igual a 2 cm, o diâmetro interno é igual a 1 cm, e o comprimento são 2 cm. A massa específica da partícula de catalisador ($\rho_p$) é de 3000 kg/m³ e a difusividade efetiva de A na partícula de catalisador é de $10^{-7}$ m²/s. Estime o valor do fator de efetividade bem no início do leito. Estime o valor do fator de efetividade bem no final do leito. Você pode supor que as resistências ao transporte externo são desprezíveis e que as partículas de catalisador são isotérmicas.
3. Se as resistências ao transporte externo forem desprezíveis, qual massa de catalisador é requerida para atingir uma conversão de A de 0,90, com as resistências ao transporte interno sendo levadas em consideração?

**Problema 9-4 (Nível 3)**
1. A síntese reversível do metanol (MeOH)

$$CO + 2H_2 \rightleftarrows CH_3OH$$

está ocorrendo em um catalisador heterogêneo poroso a 523 K e 5,3 MPa. Nestas condições, a constante de equilíbrio baseada na pressão é de 0,156 MPa$^{-2}$. O catalisador tem uma área superficial BET de 100 m²/g, um volume de poros de 0,34 cm³/g e uma massa específica estrutural de 5,73 g/cm³. A composição do gás adjacente às partículas de catalisador é $H_2$ − 55 mol%; CO − 26 mol%; $CH_4$ − 2 mol%; $N_2$ − 17 mol%. Calcule a difusividade efetiva do monóxido de carbono na partícula de catalisador.

2. A taxa líquida de síntese do metanol é dada por

$$r_{MeOH} = k_f\, p_{CO}\, p_{H_2}^2 - k_r\, p_{MeOH}$$

onde $p_i$ é a pressão parcial da espécie "$i$". O coeficiente de difusão efetivo do $H_2$ no interior das partículas de catalisador é muito maior do que o do monóxido de carbono. Consequentemente, como uma aproximação, a pressão parcial do $H_2$ no interior da partícula de catalisador é constante. Com esta aproximação, mostre que

$$r_{\text{MeOH}} = k' p_{\text{CO}}\left(1 - \frac{p_{\text{MeOH}}/p_{\text{CO}}}{K'_{\text{eq}}}\right)$$

onde $k' = k_f p_{H2}^2$. Calcule o valor de $K'_{eq}$.

3. Se a taxa de reação medida nas condições dadas na Parte 1 for de $8{,}0 \times 10^{-6}$ mol CO/(cm³(volume geométrico do catalisador) s), qual é o valor do fator de efetividade? Você pode supor que $D_{\text{MeOH,ef}} \cong D_{\text{CO,ef}}$. O catalisador é um cilindro finito com 1 cm de diâmetro e 1 cm de altura.
4. Suponha que a fração molar do MeOH na superfície do catalisador tenha um valor de 0,05 e que a fração molar do $N_2$ seja 0,12. Todas as outras condições são as mesmas. Estime o valor do fator de efetividade. Você pode supor que a difusividade efetiva do CO não é modificada significativamente por esta mudança de composição.

Você pode considerar em todo este problema que a lei do gás ideal é válida.

**Problema 9-5 (Nível 1)** As reações

$$A \xrightarrow{k_1} B$$
$$R \xrightarrow{k_2} S$$

estão ocorrendo em uma partícula de catalisador porosa que pode ser representada como uma placa plana infinita de espessura $2L$. As duas reações são de primeira ordem e irreversíveis. A constante da taxa $k_1$ é alta e $k_2$ é baixa. As difusividades efetivas de A e R na partícula de catalisador são aproximadamente as mesmas. As concentrações de A e de R na superfície da partícula são iguais.

1. Esboce os perfis de concentrações de A e de R na partícula em uma situação na qual o fator de efetividade para a reação A → B é aproximadamente 0,5.
2. Se S for um produto secundário indesejado, é desejável ou não haver uma resistência à difusão nos poros significativa? Explique a sua resposta.

**Problema 9-6 (Nível 2)** Vários catalisadores estão sendo testados em um reator diferencial para uma reação irreversível de primeira ordem:

$$A \rightarrow \text{produtos}$$

As partículas de catalisador são esféricas e essencialmente isotérmicas. A difusividade efetiva $D_{A,ef}$ é constante no interior de cada partícula.

O efeito do tamanho da partícula foi investigado para um catalisador, com os seguintes resultados:

| Raio da partícula (mm) | Taxa de reação medida (mol A/(L (cat) s)) |
|---|---|
| 2 | 2,5 |
| 0,5 | 8,9 |
| 0,15 | 20,1 |

Qual é o valor do fator de efetividade em cada tamanho de partícula? Você pode supor que a constante da taxa e a difusividade efetiva não dependem do tamanho da partícula. Você pode também supor que as resistências ao transporte externo são desprezíveis.

**Problema 9-7 (Nível 1)** A reação irreversível de primeira ordem A → produtos ocorre sobre o catalisador X, que é um sólido poroso. A constante da taxa intrínseca (baseada no volume geométrico do catalisador) é igual a 1500 s⁻¹. A difusividade efetiva de A é igual a $2 \times 10^{-3}$ cm²/s.

A versão comercial do catalisador X terá a forma esférica. Qual é o maior raio que pode ser usado se o fator de efetividade tiver que ser 0,90 ou maior?

**Problema 9-8 (Nível 1)** A hidrogenólise em fase gasosa do tiofeno

$$C_4H_4S + 4H_2 \rightarrow C_4H_{10} + H_2S$$

foi estudada a 523 K e 1 atm de pressão total usando um catalisador "molibdato de cobalto". Em todos os experimentos, $H_2$ esteve em grande excesso em relação ao tiofeno. A área superficial BET ($S_p$) do catalisador foi de 343 m²/g, o volume dos poros por grama ($V_p$) foi de 0,470 cm³/g e a massa específica da partícula ($\rho_p$) foi de 1,17 g/cm³. A difusividade molecular binária do par $C_4H_4S/H_2$ nas condições da reação é 1,01 cm²/s.

O reator usado foi um CSTR. Em um experimento, em estado estacionário, uma taxa de reação de $6{,}13 \times 10^{-6}$ mol $C_4H_4S$/(g(cat) min) foi medida. A concentração de tiofeno no seio do gás neste experimento foi de $1{,}73 \times 10^{-6}$ mol/cm³. As partículas de catalisador eram cilindros com comprimento de 1,27 cm e diâmetro de 0,277 cm.

1. Estime o raio médio dos poros no catalisador.
2. Qual é o coeficiente de difusão de Knudsen do tiofeno em um poro com o raio que você calculou no item anterior?
3. Supondo que a difusão esteja na região de transição, qual é o coeficiente de difusão *efetivo* do tiofeno no catalisador?
4. Se a reação for de primeira ordem em relação ao tiofeno e se não houver uma resistência ao transporte externo significativa, qual é o valor do fator de efetividade?

*Transporte Externo*

**Problema 9-9 (Nível 1)** Ar contendo 1,0 mol% de um composto orgânico oxidável (A) está sendo passado através de um catalisador monolítico (favo de mel) para oxidar o composto orgânico antes de descarregar a corrente de ar na atmosfera. Cada duto no monólito é quadrado e o comprimento do lado é de 0,12 cm. Cada duto tem um comprimento de 2,0 cm. A vazão molar na entrada de A em cada duto é igual a 0,0020 mol A/h. A mistura gasosa entra no catalisador com uma pressão total de 1,1 atm e a uma temperatura de 350 K.

Para determinar um limite do desempenho do catalisador, a conversão de A será calculada para uma situação na qual a reação é *controlada* pela transferência de massa externa de A do seio da corrente gasosa para a parede do duto, em todo o comprimento do duto. Como o cálculo é aproximado, suponha que

1. o gás escoando através do canal esteja em escoamento pistonado;
2. o sistema seja isotérmico;
3. a variação no volume na reação pode ser desprezada;
4. a queda de pressão através do canal pode ser desprezada;
5. a lei do gás ideal seja válida;
6. a taxa de transferência de massa de A do seio da corrente do gás para a parede do duto seja dada por

$$-r_A\left(\frac{\text{mol A}}{\text{área tempo}}\right) = k_c\left(\frac{\text{comprimento}}{\text{tempo}}\right)(C_{A,p} - C_{A,F}) \times \left(\frac{\text{mol A}}{\text{volume}}\right)$$

onde $k_c$ é o coeficiente de transferência de massa baseado na concentração, $C_{A,F}$ é a concentração de A no seio da corrente gasosa em qualquer posição ao longo do comprimento do duto, e $C_{A,p}$ é a concentração de A na parede em qualquer posição ao longo do comprimento do duto.

1. Se a reação for *controlada* pela transferência de massa de A do seio da corrente gasosa para a parede do duto ao longo de todo comprimento do canal, qual é o valor de $C_{A,p}$ em todo ponto na parede do duto?
2. Na situação descrita anteriormente, mostre que a equação de projeto pode ser escrita na forma

$$\frac{A}{F_{A0}} = \int_0^{x_A} \frac{dx}{-r_A}$$

onde A é a área total das paredes do duto e $x_A$ é a conversão de A no gás deixando o duto.

3. Mostre que

$$-\ln(1 - x_A) = \frac{k_c C_{A0} A}{F_{A0}}$$

desde que $k_c$ não dependa da composição e da temperatura.

4. Se $k_c = 0{,}25 \times 10^5$ cm/h, qual é o valor de $x_A$ na corrente deixando o catalisador?
5. O valor de $x_A$ que você calculou é um valor máximo ou mínimo, isto é, a conversão verdadeira será maior ou menor quando a cinética intrínseca da reação for levada em conta? Explique a sua argumentação.

**Problema 9-10 (Nível 1)** A oxidação de pequenas concentrações de monóxido de carbono (CO) na presença de altas concentrações de hidrogênio ($H_2$) é uma reação importante na preparação de $H_2$ de alta pureza para ser usado como alimentação em células combustíveis. O gráfico a seguir mostra alguns resultados de testes de uma nova forma de catalisador heterogêneo para esta reação. O catalisador era composto de uma fina camada de Pt/Fe/$Al_2O_3$ depositada nas paredes de um suporte na forma de espuma metálica. O gás escoou através da espuma e a reação ocorreu nas paredes com o catalisador. Dois diferentes comprimentos de catalisador foram testados. O diâmetro do catalisador foi de 1 in, nos dois comprimentos de catalisador. O reator operou adiabaticamente e as condições experimentais foram as mesmas em todos os experimentos: temperatura na entrada = 80°C; pressão total = 2 atm; composição da alimentação: 1% CO; 0,50% $O_2$; 42% $H_2$; 9% $CO_2$; 12% $H_2O$; complemento $N_2$.

O gráfico a seguir mostra a conversão de CO em duas velocidades especiais diferentes. Com a velocidade espacial constante, a conversão do CO foi muito maior no comprimento de catalisador de 6 in do que no de 2 in. Proponha uma explicação para este comportamento.

**Problema 9-11 (Nível 2)** A reação *reversível*

$$A \rightleftarrows B$$

ocorre em estado estacionário em uma partícula de catalisador porosa que está imersa em um fluido em escoamento. A constante de equilíbrio para a reação é $K_{eq}^C$. As concentrações de "A" e de "B" no fluido são $C_{A,F}$ e $C_{B,F}$, respectivamente.

Deduza uma expressão para a taxa de reação em uma partícula de raio R se a reação for *controlada* pelo transporte de "A" do seio do fluido para a superfície externa da partícula de catalisador. Suponha que os coeficientes de transferência de massa para A e B sejam idênticos.

**Problema 9-12 (Nível 2)** Formaldeído é fabricado pela oxidação parcial de metanol em um reator catalítico de leito fixo, em estado estacionário. Em um processo, uma mistura 50 mol% de metanol em ar é passado sobre um catalisador de prata não poroso a 600°C e pressão atmosférica. Qual é o valor aproximado de $T_s$ (a temperatura na superfície do catalisador), se a reação for *controlada* pela transferência de massa externa?

Se o catalisador realmente operar na temperatura que você calculou no item anterior, qual(is) reação(ões) você pensa que ocorrerá(ão)?

*Dica*: Você terá que procurar alguns dados para responder esta questão. Como algumas aproximações são necessárias para calcular $T_s$, não faça qualquer correção nos dados que seja trabalhosa.

**Problema 9-13 (Nível 1)** A reação $C_6H_6 + 3H_2 \rightarrow C_6H_{12}$ está ocorrendo em uma partícula de catalisador esférica. Inicialmente, a reação é *controlada* pela transferência de massa externa. A fração molar do benzeno no seio da corrente gasosa que circunda a partícula é 0,10.

Em algum tempo posterior, o catalisador se desativou a um ponto que a fração molar de benzeno na *superfície externa* do catalisador é 0,050. Qual é a razão entre a taxa nestas condições e a taxa inicial?

Você pode supor que a composição e a temperatura no seio da corrente gasosa não mudam com o tempo, e você pode desprezar qualquer efeito da composição e da temperatura nas propriedades físicas do sistema.

**Problema 9-14 (Nível 2)** Satterfield e Cortez[17] estudaram as características da transferência de massa em catalisadores de telas de fios trançados. Este tipo de catalisador é usado na oxidação de $NH_3$ para

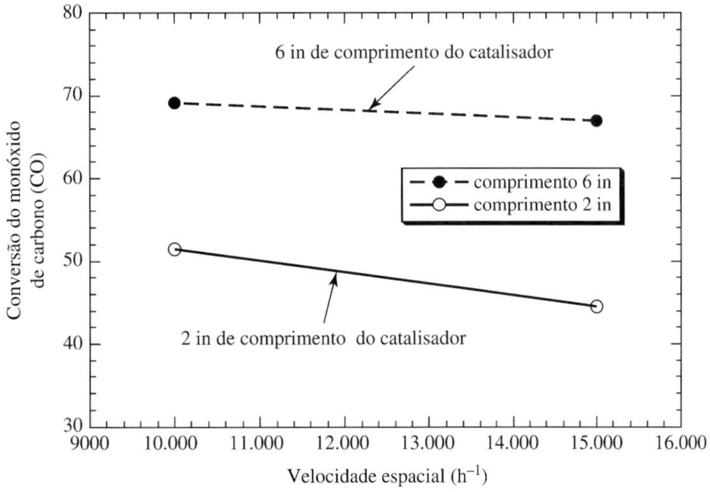

NO no processo de fabricação de ácido nítrico e na reação da amônia, do oxigênio e do metano para fabricar cianeto de hidrogênio. Um fio de Pt/Rh normalmente é usado nestas reações.

A configuração do catalisador é mostrada na figura a seguir. Os fios metálicos *não* são porosos. A direção do escoamento do gás é normal à tela (isto é, para dentro da página).

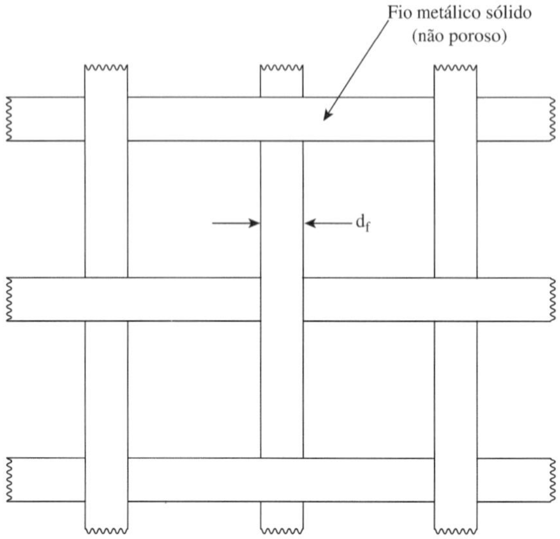


A figura a seguir mostra os dados da oxidação catalítica de 1-hexeno em três diferentes vazões do gás, usando uma única tela. Em uma vazão fixa, a conversão do hexeno aumenta rapidamente com a temperatura do gás alimentado quando a temperatura é baixa. Entretanto, em temperaturas superiores a aproximadamente 420°C, a conversão é virtualmente independente da temperatura.

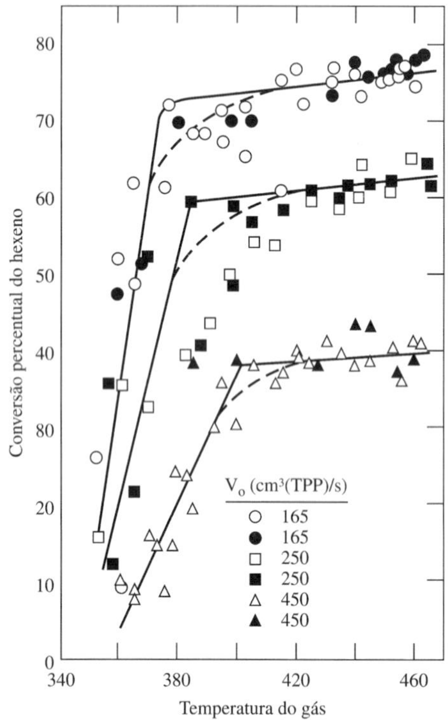


Reimpresso com permissão da *Ind. Eng. Chem. Fundamen.*, 9, 613–620, (1970). Copyright 1970 American Chemical Society.

1. Explique o comportamento mostrado na figura, isto é, para uma dada vazão, por que a conversão do hexeno é muito sensível à temperatura do gás na alimentação quando esta temperatura é baixa, e praticamente independente da temperatura quando a temperatura é alta?
2. Os dados na figura anexada foram obtidos com um gás de alimentação composto de 0,133 mol% de 1-hexeno em ar. Estime a temperatura *máxima possível* do fio quando a temperatura do gás de alimentação for de 450°C. (*Simplificação* — se você precisar estimar qualquer propriedade física, pode desprezar a presença do 1-hexeno e dos produtos da reação ($CO_2$, $H_2O$ etc.). Em outras palavras, você pode considerar que o gás é ar puro.) O calor de combustão de 1 mol de 1-hexeno é igual a −900 kcal/mol, independentemente da temperatura. Você pode supor que a capacidade calorífica do ar é igual a 7,62 cal/(mol K), independentemente da temperatura.

Satterfield e Cortez acharam que o coeficiente de transferência de massa para telas de fios poderia ser correlacionado por

$$j_M = 0{,}94\,(N_{Re})^{0{,}717}, \quad j_M \equiv \left(\frac{k_c^0 \rho}{G_i}\right)(N_{Sc})^{2/3}$$

onde, $N_{Re}$ é o número de Reynolds ($d_f\, G_i/\mu$), $d_f$ é o diâmetro do fio (cm), $G_i$ é a velocidade mássica baseada na área aberta da tela (g/(cm$^2$ s)), $\mu$ é a viscosidade do gás (g/(cm s)), $k_c^0$ é o coeficiente de transferência de massa baseado na concentração (cm/s), $\rho$ é a massa específica do gás, $N_{Sc}$ é o número de Schmidt ($\mu/(\rho D)$), e $D$ é a difusividade (cm$^2$/s).

O número de Schmidt para o 1-hexeno no ar é 0,58; independentemente da temperatura, a 1 atm de pressão total.

3. Suponha que a taxa de oxidação do 1-hexeno seja *controlada* pela transferência de massa externa, isto é, pela transferência de massa do hexeno do seio da corrente gasosa para a superfície do fio. Calcule o valor da taxa de reação (mol hexeno/(s cm$^2$(área externa do fio))) para $G_i$ = 0,0710 g/(cm$^2$ s), uma temperatura do gás na alimentação de 450°C, uma concentração na entrada de hexeno de 0,133 mol%, e um diâmetro do fio de 0,010 cm. Suponha que a concentração do hexeno no seio do gás seja constante, isto é, esta concentração não muda durante o escoamento do gás através da tela de catalisador. A pressão total é 1 atm.
4. Com base em sua resposta à Questão 3, você pensa que a suposição de concentração do 1-hexeno constante é razoável? Justifique a sua resposta. A área superficial externa total dos fios é de 1,55 cm$^2$/cm$^2$ de área aberta na tela.

**Problema 9-15 (Nível 1)** Kabel e Johanson[18] estudaram a desidratação catalítica de etanol para éter dietílico e água usando um catalisador sólido, um copolímero sulfonado de estireno e divinilbenzeno na forma ácida. A reação é

$$2C_2H_5OH \rightleftarrows (C_2H_5)_2O + H_2O$$

Os experimentos a seguir foram realizados a 120°C em um reator de escoamento pistonado ideal com uma alimentação constituída de etanol puro a 1,0 atm. O mesmo reator foi utilizado em todos os experimentos.

[17]Satterfield, C. N. e Cortez, D. H., Mass transfer characteristics of woven-wire screen catalysts, *Ind. Eng. Chem. Fundam.*, 9(4), 613–620 (1970).

[18]Adaptado de Kabel, R. L. e Johanson, L. N., Reaction kinetics and adsorption equilibrium in the vapor-phase dehydrogenation of ethanol, *AIChE J.*, 8(5), 623 (2004).

| | | Conversão do etanol a | |
|---|---|---|---|
| Corrida | Massa de catalisador, $m$ (g) | $m/F_{A0} = 1000$ (g(cat) min/ (mol etanol)) | $m/F_{A0} = 3000$ (g(cat) min/ (mol etanol)) |
| 3–1 | 14,3 | 0,118 | 0,270 |
| 4–1 | 22,6 | 0,112 | 0,281 |

1. Qual foi o provável propósito destes experimentos? Como você interpreta os resultados?
2. Comente sobre o projeto dos experimentos. Eles fornecem uma resposta definitiva para a questão que eles foram previstos explorar?

**Problema 9-16 (Nível 1)** A reação A $\rightarrow \nu$B ocorre na superfície externa de uma partícula de catalisador, não porosa e esférica. A reação é *controlada* pela transferência de massa de A do seio da corrente de fluido para a superfície do catalisador. A fração molar de A no seio da corrente é igual a 0,50.

Considere dois casos, $\nu = 10$ e $\nu = 1/10$. Qual é a razão das taxas de reação para estes dois casos? Tudo, exceto os coeficientes estequiométricos, tem o mesmo valor para estes dois casos, por exemplo, tamanho da partícula, velocidade do fluido e propriedades do fluido.

*Problemas de Integração*

**Problema 9-17 (Nível 1)** Shingu (U. S. Patent #2.985.668) estudou a oxidação parcial catalítica de propileno para óxido de propileno em um reator contínuo de aspersão. A reação é

$$C_3H_6 + 1/2O_2 \rightarrow C_3H_6O$$

Uma mistura gasosa de propileno e oxigênio foi alimentada em um reator que continha um catalisador sólido Ag/$SiO_2$ na forma de um pó muito fino. O catalisador estava suspenso em dibutil ftalato líquido. O oxigênio e o propileno não convertidos, assim como o produto óxido de propileno e os subprodutos como dióxido de carbono e água, deixaram o reator como um gás. O catalisador e o líquido permaneceram no interior do reator. O reator permaneceu isotérmico. A patente contém a seguinte descrição do reator:

> Usando um reator vertical no qual a fase reativa líquida, contendo o solvente líquido de alto ponto de ebulição e o pó do catalisador finamente dividido, foi mantida em um estado de suspensão por uma agitação eficiente obtida pela introdução da mistura gasosa reagente com uma alta velocidade através de um jato posicionado na base do reator, uma série de corridas contínuas foi realizada ...

A reação foi estudada em quatro temperaturas diferentes, usando as mesmas pressão total (1 atm), composição da alimentação (21 mol% $O_2$, 79 mol% $C_3H_6$), e velocidade espacial (35 cm$^3$(gas)/(g(cat) h)). Alguns dos dados são mostrados na tabela a seguir.

| Temperatura do reator (°C) | Conversão do propileno (%) |
|---|---|
| 160 | 16 |
| 180 | 30 |
| 200 | 40 |
| 230 | 44 |

Suponha que a reação seja de primeira ordem em relação ao propileno, ordem zero em relação ao oxigênio e irreversível. Você pode também desprezar mudança de volume devida à reação, embora esta suposição não seja estritamente justificada.

1. Qual dos três reatores ideais melhor coincide com o reator real descrito anteriormente? Explique a sua resposta.
2. Usando a sua resposta para a Questão 1, calcule o valor da constante da taxa em cada uma das quatro temperaturas na tabela anterior.
3. Qual é a energia de ativação média:
   **(a)** entre 160 e 180°C?
   **(b)** entre 180 e 200°C?
   **(c)** entre 200 e 230°C?
4. Explique o comportamento da energia de ativação.

**Problema 9-18 (Nível 3)** A oxidação de silício elementar (Si) a dióxido de silício ($SiO_2$) com oxigênio ($O_2$) é uma etapa importante na formação de dispositivos microeletrônicos. Para a oxidação ocorrer, $O_2$ tem que (a) ser transportado do seio do gás para a superfície do $SiO_2$; (b) difundir-se através da camada de $SiO_2$ até a interface $SiO_2$/Si; e (c) reagir com Si na interface $SiO_2$/Si.

Suponha que

- o sistema é plano;
- a concentração de $O_2$ na camada de $SiO_2$ é muito pequena;
- a cinética da oxidação do Si é de primeira ordem;
- a escala de tempo para a difusão através da camada de $SiO_2$ é pequena quando comparada à escala de tempo para o crescimento da camada de $SiO_2$.

Use a seguinte nomenclatura:

$T$ = espessura da camada de $SiO_2$
$T_0$ = espessura inicial ($t$ = 0) da camada de $SiO_2$
$k$ = constante da taxa da reação $O_2$/Si (comprimento-tempo)
$k_c$ = coeficiente de transferência de massa (baseado na concetração) entre o seio do gás e a superfície do $SiO_2$ (comprimento/tempo)
$D_0$ = coeficiente de difusão do $O_2$ no $SiO_2$
$C_0$ = concentração do $O_2$ no seio do gás
$C_s$ = concentração do $O_2$ no gás na interface gás/$SiO_2$
$C_e$ = concentração do $O_2$ no $SiO_2$ na interface gás/$SiO_2$ ($C_e = HC_s$)
$C_i$ = concentração do $O_2$ no $SiO_2$ na interface $SiO_2$/Si
$H$ = constante da lei de Henry para o $O_2$ no $SiO_2$
$N_1$ = mols de $O_2$ no $SiO_2$/volume de $SiO_2$

1. Quais simplificações resultam das suposições 2 e 4?
2. Mostre que

$$T(t) = A\left\{\left[1 + \frac{B}{A^2}(t+\tau)\right]^{1/2} - 1\right\}$$

onde

$$A = D_0\left(\frac{1}{k} + \frac{H}{k_c}\right)$$
$$B = 2HC_0D_0/N_1$$
$$\tau = (T_0^2 + 2AT_0)/B$$

3. Simplifique a expressão anterior para uma fase gasosa que seja $O_2$ puro.

**Problema 9-19 (Nível 1)** Dois engenheiros estão discutindo sobre como testar a presença de resistência à transferência de massa *externa* em um reator catalítico, de leito fixo e adiabático, que se comporta como um PFR ideal. Os engenheiros concordam que a variação da velocidade *linear* através do leito, mantendo constante a velocidade espacial, permitirá um teste definitivo. Em outras palavras, eles concordam que se a velocidade linear for variada em uma ampla faixa e a conversão na saída mudar, a transferência de massa externa tem que controlar ou influenciar a taxa de reação.

O engenheiro A defende que há uma segunda forma de testar a presença ou ausência da resistência à transferência de massa externa. O engenheiro A propõe operar o reator com velocidade espacial constante *e* velocidade linear constante, mas variando o tamanho da partícula de catalisador. O coeficiente de transferência de massa e a área superficial externa por unidade de massa de catalisador dependem do tamanho da partícula. Consequentemente, se a conversão na saída mudar na medida em que o tamanho da partícula for variado, é seguro concluir que o transporte externo controla ou influencia a taxa de reação. O engenheiro B não concorda.

1. Qual engenheiro está correto? Por quê?
2. Em qual escola o engenheiro A se graduou? E o engenheiro B?

**Problema 9-20 (Nível 2)** Os dados a seguir foram obtidos em um reator PFR ideal, isotérmico e preenchido com partículas de catalisador esféricas. O diâmetro das partículas é igual a 0,39 cm. A reação ocorrendo é

$$A \rightarrow R$$

Esta reação é irreversível nas condições dos experimentos e $\Delta H_R \cong 0$. A concentração na entrada de A foi igual a $1{,}1 \times 10^{-4}$ mol/cm$^3$ em todos os experimentos. Experimentos de 1 a 4 foram realizados a 400°C.

| Experimento n.º | Tempo espacial (g s/cm$^3$) | Conversão de A | Velocidade mássica superficial (g s/cm$^2$) |
|---|---|---|---|
| 1 | 0,18 | 0,50 | 0,19 |
| 2 | 0,36 | 0,75 | 0,19 |
| 3 | 0,72 | 0,94 | 0,19 |
| 4 | 1,08 | 0,98 | 0,19 |

1. Considerando *somente* os quatro experimentos anteriores, uma equação de taxa de primeira ordem se ajusta aos dados? *Justifique sua resposta.* Se sim, qual é o valor da constante da taxa aparente?
2. Dois experimentos adicionais foram realizados a 400°C:

| Experimento n.º | Tempo espacial (g s/cm$^3$) | Conversão de A | Velocidade mássica superficial (g s/cm$^2$) |
|---|---|---|---|
| 5 | 0,18 | 0,75 | 0,57 |
| 6 | 0,36 | 0,94 | 0,57 |

Com base nestes seis experimentos, o processo de transferência de massa *externa* tem alguma influência no desempenho do catalisador? Explique os seus argumentos.

3. Um experimento adicional foi realizado a 425°C:

| Experimento n.º | Tempo espacial (g s/cm$^3$) | Conversão de A | Velocidade mássica superficial (g s/cm$^2$) |
|---|---|---|---|
| 7 | 0,18 | 0,54 | 0,19 |

Este resultado é consistente com a sua resposta para a Parte 2? Explique os seus argumentos. Seja o mais quantitativo possível.

**Problema 9-21 (Nível 1)** A reação irreversível

$$A \rightarrow B$$

ocorre em estado estacionário em uma partícula de catalisador porosa imersa em um fluido em escoamento que contém "A". A cinética intrínseca da reação é de segunda ordem em A.

Esboce um gráfico da ordem da reação *aparente versus* temperatura.

# APÊNDICE 9-A SOLUÇÃO DA EQUAÇÃO (9-4c)

$$\frac{d^2C_A}{dr^2} + \frac{2}{r}\frac{dC_A}{dr} = \frac{k_V C_A}{D_{A,ef}} \qquad \text{(9-4c)}$$

Condições de contorno

$$\frac{dC_A}{dr} = 0; \quad r = 0 \qquad \text{(9-4a)}$$

$$C_A = C_{A,s}; \quad r = R \qquad \text{(9-4b)}$$

Estas equações são tornadas adimensionais pela introdução das variáveis

$$\chi = C_A/C_{A,s}; \quad \rho = r/R$$

Usando estas novas variáveis, a Equação (9-4c) se torna

$$\frac{d^2\chi}{d\rho^2}+\frac{2}{\rho}\frac{d\chi}{d\rho}=\phi_{s,1}^2\chi \tag{9A-1}$$

Nesta equação, $\phi_{s,1}^2 = R^2(k_v/D_{A,ef})$ e $\phi_{s,1}$ é o módulo de Thiele para uma reação irreversível de primeira ordem em uma esfera. Introduzindo as novas variáveis nas condições de contorno, tem-se

$$\frac{d\chi}{d\rho}=0;\quad \rho=0 \tag{9A-2}$$

$$\chi=1;\quad \rho=1 \tag{9A-3}$$

A Equação (9A-1) é uma forma da equação de Bessel e pode ser resolvida pela comparação de seus termos com os correspondentes na solução da equação de Bessel generalizada.

Outra abordagem para a solução da Equação (9A-1) é empregar a transformação de variáveis $\chi = \Gamma/\rho$. Com esta substituição, a Equação (9A-1) se torna uma equação diferencial ordinária de segunda ordem *com coeficientes constantes.*

$$\frac{d^2\Gamma}{d\rho^2}-\phi_{s,1}^2\Gamma=0 \tag{9A-4}$$

$$\Gamma=0;\quad \rho=0 \tag{9A-5}$$

$$\Gamma=1;\quad \rho=1 \tag{9A-6}$$

Agora a solução continua, com Γ' representando $d\Gamma/d\rho$. Então a Equação (9A-1) pode ser escrita na forma

$$(\Gamma'-\phi_{s,1})(\Gamma'+\phi_{s,1})=0 \tag{9A-7}$$

A solução desta equação é

$$\Gamma=C_1\exp(-\phi_{s,1}\rho)+C_2\exp(+\phi_{s,1}\rho) \tag{9A-8}$$

Aqui $C_1$ e $C_2$ são constantes de integração que serão determinadas a partir das condições de contorno. Aplicando a condição de contorno (9A-5),

$$0=C_1+C_2;\quad C_2=-C_1$$

Aplicando a condição de contorno (9A-6),

$$1=C_1\exp(-\phi_{s,1})+C_2\exp(+\phi_{s,1})=C_1\exp(-\phi_{s,1})-C_1\exp(+\phi_{s,1})$$
$$C_1=1/[\exp(-\phi_{s,1})\}-\exp(+\phi_{s,1})]=-1/2\sinh(\phi_{s,1})=-C_2$$

Substituindo as expressões para $C_1$ e $C_2$ na Equação (9A-8),

$$\Gamma=[\exp(\phi_{s,1}\rho)-\exp(-\phi_{s,1}\rho)]/2\sinh(\phi_{s,1})=\sinh(\phi_{s,1}\rho)/\sinh(\phi_{s,1})=\chi\rho$$

Lembrando as definições de $\chi$ e $\rho$,

$$\frac{C_A(r)}{C_{A,s}}=\frac{R\sinh(\phi_{s,1}r/R)}{r\sinh(\phi_{s,1})} \tag{9-6}$$

# Capítulo 10

# Reatores Não Ideais

**OBJETIVOS DE APRENDIZAGEM**

Após terminar este capítulo, você deve ser capaz de

1. explicar como técnicas de injeção de marcadores podem ser usadas para caracterizar a mistura em um recipiente;
2. verificar a qualidade dos dados do marcador através de um balanço de massa;
3. calcular a distribuição de tempos nos quais o fluido escoando através de um recipiente, em estado estacionário, permanece no recipiente, usando a concentração medida de um marcador na saída do recipiente;
4. deduzir expressões matemáticas para a distribuição de tempos que o fluido permanece em um CSTR e em um PFR, ambos operando em estado estacionário;
5. estimar a performance de um reator não ideal a partir da concentração medida de um marcador na saída do recipiente como uma função do tempo;
6. usar o modelo de Dispersão e modelos de CSTRs em série para estimar a performance de um reator não ideal;
7. construir vários modelos de compartimentos e usá-los para estimar a performance de um reator não ideal.

## 10.1 O QUE PODE TORNAR UM REATOR "NÃO IDEAL"?

### 10.1.1 O que Torna PFRs e CSTRs "Ideais"?

No Capítulo 4, definimos as características de dois reatores contínuos *ideais*, o reator de escoamento pistonado (PFR) ideal e o reator de mistura em tanque (CSTR) contínuo e ideal. Usamos o termo *ideal* para estes reatores porque as condições de mistura e de escoamento do fluido em seu interior são definidas com muita precisão. Recapitulando:

- No CSTR, a mistura é tão intensa que as concentrações das espécies e a temperatura são as mesmas em qualquer ponto do reator. Além disso, a mistura é completa até em um nível molecular. Toda molécula que entra no reator é imediatamente misturada com as moléculas que lá estão por longos períodos de tempo. Não há tendência para moléculas que tenham entrado no reator no mesmo momento de se manterem associadas.
- No PFR, não há mistura na direção do escoamento. Todas as moléculas que entram no reator ao mesmo tempo permanecem juntas na medida em que escoam através do reator e todas elas deixam o reator ao mesmo tempo. Mais ainda, não há gradientes de concentração ou de temperatura normais à direção do escoamento.

Poderíamos ser tentados a explicar a ausência de gradientes normais ao escoamento em um PFR invocando intensa mistura normal ao escoamento. Entretanto, é difícil visualizar um mecanismo que crie uma mistura intensa *normal* ao escoamento, *sem* mistura na direção do escoamento. Em vez disso, a ausência de gradientes normais ao escoamento é mais fácil de imaginar quando não existem forças motrizes para a criação destes gradientes. Por exemplo, se não existir transferência de calor normal à direção do escoamento, então não deve haver gradientes de temperatura nesta direção. O tema gradientes de temperatura normais ao escoamento foi discutido brevemente no Capítulo 8, Seção 8.6.1. Se existirem gradientes de temperatura normais ao escoamento, gradientes de concentração provavelmente também estarão presentes, como um resultado do efeito da temperatura na cinética da reação. Na

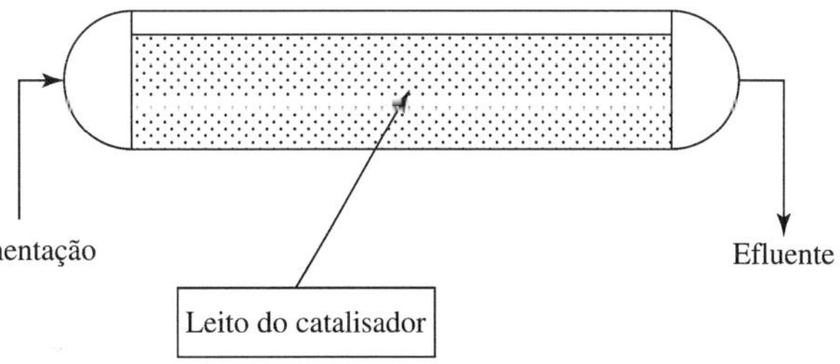


**Figura 10-1** Reator tubular de leito empacotado com espaço vazio acima da região na qual está o catalisador.

ausência de gradientes de temperatura normais ao escoamento, não há mecanismo para criar gradientes de concentração normais ao escoamento, desde que a velocidade do fluido na direção do escoamento seja a mesma em todos os pontos em um plano normal ao escoamento.

Os dois reatores contínuos ideais representam *casos-limites* da mistura de fluidos. O comportamento de um reator real frequentemente se aproximará de um ou de outro destes reatores ideais. Entretanto, este não é sempre o caso.

## 10.1.2 Reatores Não Ideais: Alguns Exemplos

### 10.1.2.1 Reator Tubular com Bypass

Algumas vezes, condições existirão que causam o desvio da performance de um reator contínuo de ambos os casos ideais. Por exemplo, considere o reator catalítico mostrado na Figura 10-1.

## EXERCÍCIO 10-1

Como você providenciaria a criação *e a manutenção* de uma seção transversal completa ao longo de todo comprimento de um reator de leito empacotado, orientado horizontalmente?

O leito do catalisador ocupa somente uma porção da seção transversal normal ao escoamento. Uma parte do fluido escoa através do leito do catalisador, mas outra parte "bypassa" o leito, escoando através do espaço vazio no topo do reator. Mesmo se o volume não recheado no topo do reator for relativamente pequeno, uma porção significativa do escoamento pode "bypassar" o leito catalítico porque a resistência devido à fricção é muito maior na região na qual está o catalisador do que na região vazia.

Como um aparte, a situação antes descrita fornece uma razão convincente para *nunca* montar um reator de leito empacotado em posição horizontal. Mesmo se o reator inicialmente estiver perfeitamente empacotado, o leito catalítico pode assentar ao longo do tempo e criar um curto-circuito tal como o aqui mostrado. Além disso, se o reator tiver tamanho razoável, isto é, um reator de planta-piloto ou comercial, a obtenção inicial de um empacotamento perfeito é mais fácil de ser falada do que efetivada.

Nem o modelo PFR, tão pouco o modelo CSTR, fornecerão uma descrição razoável do reator na Figura 10-1. Na essência, há dois "reatores" em paralelo, um dos quais não produz reação em função da ausência de catalisador.

### 10.1.2.2 Reator Agitado com Mistura Incompleta

Vamos considerar o reator mostrado na Figura 10-2. A razão comprimento/diâmetro deste reator agitado é relativamente alta. O sistema de agitação é tal que a região do fundo, onde a alimentação líquida entra, está intensamente misturada. Não há agitação mecânica no topo do reator. A seção inferior se comporta como um CSTR. Entretanto, o escoamento e a mistura na seção superior são essencialmente não caracterizados. O líquido tem que escoar através da região acima do agitador superior porque o fluido que entra no fundo do reator tem que deixá-lo pela saída próxima ao topo. Entretanto, a natureza do escoamento e da mistura acima do agitador superior é difícil de caracterizar. Na ausência de agitação mecânica, não há razão para supor que a região superior é bem misturada. Além disso, não há razão para supor que a região acima do agitador superior seja um PFR ideal. Na realidade, um cálculo do número de Reynolds poderia sugerir que a região superior estava em regime laminar.

À primeira vista, este exemplo poderia ser visto um pouco mais tarde. Um bom engenheiro projetaria um reator com toda a agitação voltada para o fundo do reator e nenhuma agitação no topo? Provavel-

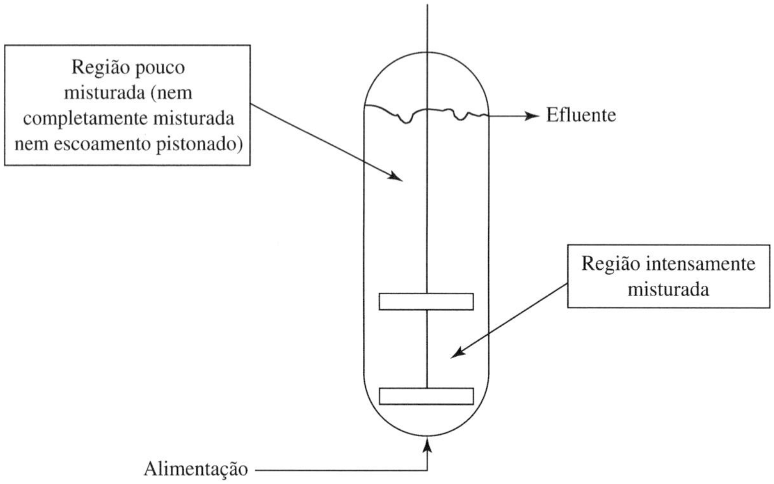


**Figura 10-2** Reator agitado com regiões completamente misturadas e parcialmente misturadas.

mente não. Entretanto, os internos de um reator podem mudar de posição ao longo do tempo, algumas vezes muito rapidamente na partida ou na parada do reator, e as condições operacionais são ajustadas. Pode ser que o agitador superior estivesse em uma posição correta no dia 1, mas gradualmente (ou repentinamente) tenha se deslocado para baixo no eixo, para um ponto no qual ele não seja mais efetivo na agitação da região superior do reator.

### 10.1.2.3 Reator Tubular de Escoamento Laminar (RTEL)

Os dois exemplos anteriores envolveram reatores nos quais os afastamentos da idealidade foram causados por falhas no projeto e/ou na construção. Como um exemplo final, vamos considerar um caso no qual o afastamento do comportamento ideal é uma consequência inevitável da natureza do escoamento através do reator.

Imagine um fluido escoando através de um tubo cilíndrico e reagindo em seu interior. Se o número de Reynolds for muito alto, o escoamento será altamente turbulento e o comportamento do reator se aproximaria ao de um PFR ideal, a menos que existam significativos gradientes radiais de temperatura e de concentração resultantes, por exemplo, da transferência de calor através da parede do reator. Entretanto, o fluido escoando através do reator pode ter uma alta viscosidade, ou a vazão pode ser muito baixa, ou o diâmetro do tubo pode ser muito pequeno. A última condição ocorre inevitavelmente nos reatores conhecidos como reatores microfluidicos. Quando o número de Reynolds é calculado para estes casos, pode ser que o escoamento esteja no regime laminar.

No escoamento laminar, o perfil de velocidades ao longo do diâmetro do tubo não é plano. Se o fluido for newtoniano e não houver variações radiais na temperatura ou na concentração, o perfil de velocidades será parabólico. No escoamento laminar, haverá gradientes radiais de concentração em qualquer ponto ao longo do eixo do tubo, uma vez que a velocidade do fluido se aproxima de zero próximo da parede, enquanto a velocidade no centro do tubo está em seu valor máximo. O fluido próximo à parede do tubo permanece um longo tempo no reator. Consequentemente, a concentração do reagente é relativamente baixa nesta região. O fluido no eixo central do tubo tem a maior velocidade, de tal forma que a concentração do reagente é relativamente alta nesta posição.

De uma maneira similar, a temperatura pode variar com a posição radial, mesmo se o reator for adiabático. Se a reação for exotérmica, a temperatura próxima da parede será relativamente alta, uma vez que a conversão do reagente é alta nesta região. Inversamente, a temperatura será relativamente baixa no centro do tubo, onde o tempo de residência e a conversão do reagente serão os menores. A situação é mostrada esquematicamente na Figura 10-3.

A forma exata destes perfis dependerá de um número de fatores, por exemplo, a taxa de reação, a variação de entalpia na reação, e da dependência da viscosidade do fluido com a temperatura. Entretanto, o comportamento de um RTEL é muito diferente do comportamento de um reator de escoamento pistonado ideal.

Espera-se que a discussão anterior tenha provado que todo reator contínuo não é um CSTR ou um PFR. A próxima tarefa que temos é determinar como *dizer* se um dado reator é um PFR ou um CSTR, ou alguma coisa entre os dois, ou alguma coisa pior que eles.

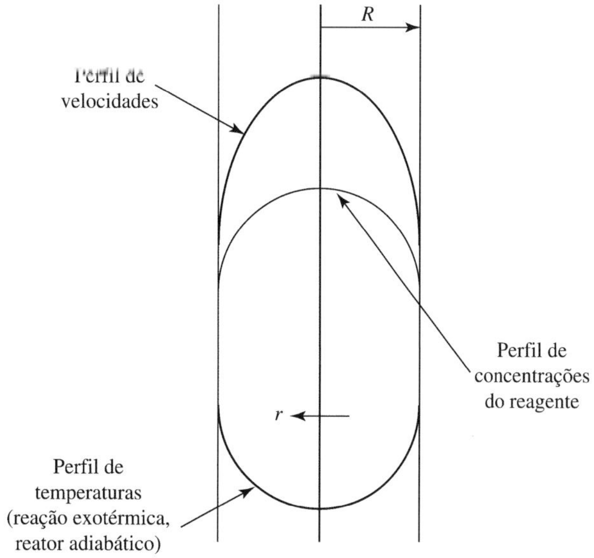


**Figura 10-3** Reator tubular de escoamento laminar.

# 10.2 DIAGNOSTICANDO E CARACTERIZANDO O ESCOAMENTO NÃO IDEAL

## 10.2.1 Técnicas de Resposta de Marcadores

Suponha que estivéssemos observando um recipiente com um fluido escoando através dele em estado estacionário. Suponha ainda que não houvesse variação de massa específica na medida em que o fluido escoasse através do recipiente. Como você se sairia ao tentar responder a questão "Quanto tempo cada molécula do fluido permanece no reator?" Que experimento(s) poderia(m) ser realizado(s) para responder a questão?

Para começar, você deve reconhecer que toda molécula pode não permanecer *exatamente* o mesmo tempo no recipiente. Se houvesse mistura na direção do escoamento, algumas moléculas que entraram no recipiente no instante $t = 0$, poderiam "alcançar" as moléculas que entraram em um instante anterior, digamos $t = -\delta$. Similarmente, algumas das moléculas que entraram em $t = 0$ poderiam ser ultrapassadas por outras que entraram em um instante posterior, digamos $t = \delta$. Em geral, moléculas individuais gastarão diferentes quantidades de tempo no recipiente.

A *distribuição* de tempos nos quais elementos individuais do fluido permanecem no recipiente pode ser medida através de *técnicas de injeção de marcadores*. Considere a situação mostrada na Figura 10-4. Um recipiente com um volume $V$ está em estado estacionário, com uma vazão volumétrica, $v$, entrando e a mesma vazão volumétrica saindo.

Suponha que injetemos uma pequena quantidade de um material na corrente de entrada, bem na fronteira do recipiente. O material se comporta *exatamente* como o fluido que está escoando através do recipiente e é chamado *marcador*. O marcador tem que ser escolhido de forma que sua concentração no efluente do recipiente possa ser medida por um detector localizado bem no ponto no qual o fluido deixa o recipiente.

O uso de um marcador para estudar o escoamento de um fluido através de um recipiente é chamado de técnica de *resposta do marcador*. Uma quantidade conhecida do marcador é injetada seguindo um

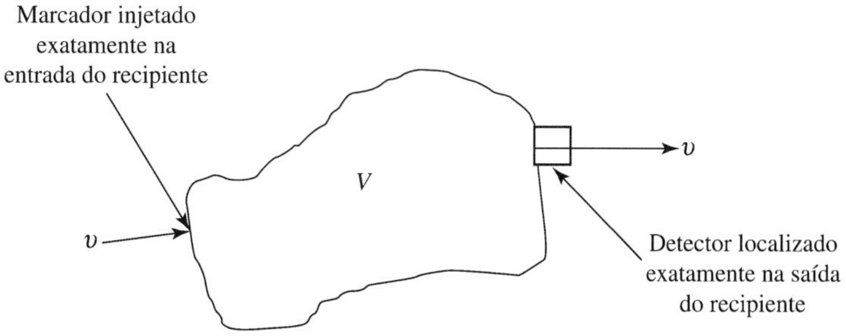


**Figura 10-4** Diagrama esquemático de um experimento de injeção de marcador ideal.

determinado padrão (como, por exemplo, um pulso instantâneo) e a *resposta* do marcador em relação às condições de escoamento que existem no recipiente é medida. O uso de técnicas de resposta de marcadores é comum na medicina, bem como na engenharia química.

A seleção de um marcador adequado pode ser uma tarefa desafiadora. Como o marcador tem que se deslocar através do recipiente *exatamente* como o fluido como um todo, o marcador não pode

- depositar;
- separar-se em fases;
- reagir;
- adsorver-se nas paredes do recipiente, ou em qualquer componente interno como em um agitador ou em uma chicana, ou em um catalisador sólido, se um deles estiver presente no recipiente;
- difundir-se em relação ao fluido;
- influenciar o escoamento do fluido de qualquer forma.

O marcador também tem que ser fácil de medir. Algumas técnicas de medida normalmente utilizadas são: radioatividade, condutividade elétrica, absortividade (por exemplo, na região do visível, do infravermelho ou do ultravioleta) e índice de refração. O marcador também tem que ser injetado de tal forma que ele represente uniformemente cada elemento do fluido na entrada.[1]

O sinal no detector pareceria alguma coisa como mostrado a seguir.

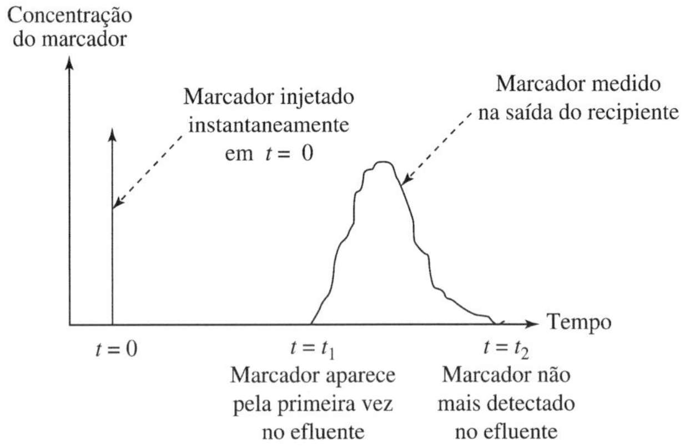


Neste exemplo, o marcador é injetado como um pulso ideal, isto é, todo o marcador entra no recipiente ao mesmo tempo. Entretanto, o marcador deixa o recipiente em uma *faixa* de tempos. Isto indica que ocorre mistura de fluido no interior do recipiente. O marcador começa a aparecer na corrente de efluente cerca de $t_1$ depois da sua injeção. O marcador não pode ser detectado após aproximadamente $t_2$. Parte do marcador é relativamente rápida ao atravessar o recipiente e emerge em um tempo próximo a $t_1$. Entretanto, algum marcador se mistura aos elementos do fluido que entram no recipiente após a injeção do marcador. Estas porções do marcador emergem em tempos superiores.

Antes de discutir a análise matemática dos dados de marcadores, vamos ver se podemos estabelecer como seriam as formas das respostas do marcador em alguns dos reatores que discutimos anteriormente.

## 10.2.2 Curvas de Resposta do Marcador para Reatores Ideais (Discussão Qualitativa)

Seja um recipiente com um fluido de massa específica constante escoando através dele em estado estacionário. Em $t = 0$, um pulso exato de marcador é injetado na corrente que entra no recipiente. Vamos usar o que conhecemos sobre os dois reatores ideais para construir suas curvas de resposta do marcador, pelo menos qualitativamente. Iremos quantificar estas curvas mais adiante neste capítulo, após o desenvolvimento das ferramentas matemáticas necessárias.

---

[1]Para uma discussão mais completa da seleção, injeção e medida de um marcador, veja Levenspiel, O., Lai, B. W., e Chatlynne, C. Y., Tracer curves and the residence time distribution, *Chem. Eng. Sci.*, 25, 1611–1613 (1970); Levenspiel, O. e Turner, J. C. R., The interpretation of residence-time experiments, *Chem. Eng. Sci.*, 25, 1605–1609 (1970).

### 10.2.2.1 Reator de Escoamento Pistonado Ideal

Em um PFR ideal, elementos de fluido passam através do reator em fila única. *Não* há mistura de fluido na direção do escoamento. Cada elemento do fluido gasta *exatamente* o mesmo tempo no recipiente. Consequentemente, toda molécula de um marcador ideal gastará *exatamente* aquele tempo no recipiente. O detector na saída do recipiente detectará toda a quantidade de marcador injetada no mesmo tempo.

A curva de resposta do marcador será parecida com a mostrada a seguir.

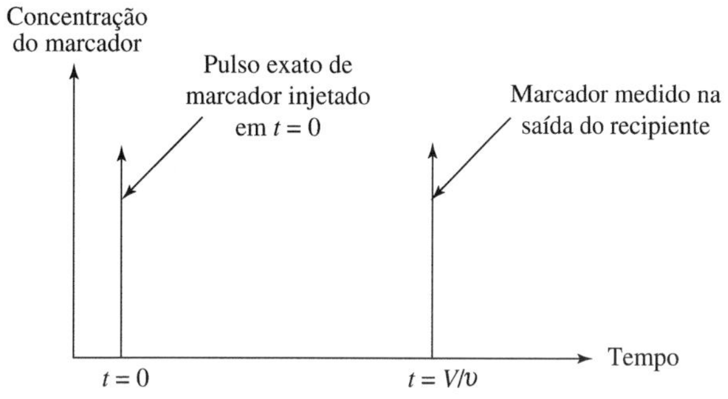


O tempo que o marcador gasta em um PFR ideal é $t = \tau = V/\upsilon$. Isto é fácil de ver se o reator tiver uma seção transversal $A$ constante na direção do escoamento. Neste caso, a velocidade do fluido na direção do escoamento é $\upsilon/A$ em todo ponto do reator. Se o comprimento do recipiente na direção do escoamento for $L$, o tempo necessário para atravessar o recipiente é $L/(\upsilon/A) = V/\upsilon$.

## EXERCÍCIO 10-2

Considere um reator de escoamento radial (ver Problema 3.1) que se comporte como um PFR ideal. Mostre que o tempo necessário para um pulso exato de marcador sair do reator é $V/\upsilon$.

Se houvesse uma pequena quantidade de mistura na direção do escoamento, todo o marcador não sairia *exatamente* no mesmo tempo. Uma pequena quantidade se misturaria com elementos do fluido injetados um pouco antes e uma pequena quantidade com elementos injetados mais tarde. Esta mistura causaria "espalhamento" da curva de resposta do marcador, como mostrado a seguir.

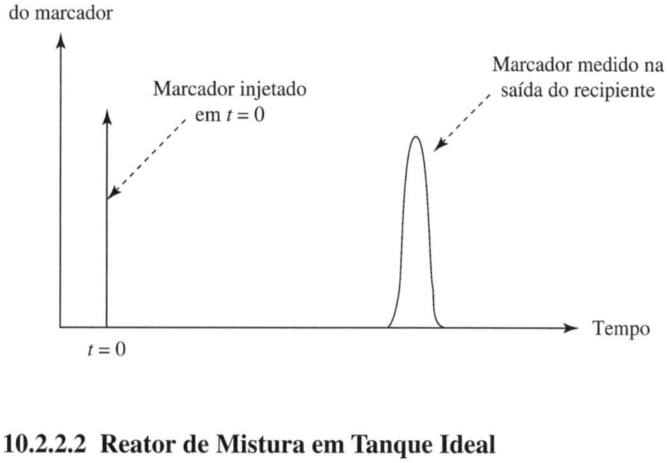


### 10.2.2.2 Reator de Mistura em Tanque Ideal

Em um CSTR ideal, a alimentação se mistura *instantaneamente* no conteúdo do reator e a composição da corrente efluente é *exatamente* a mesma que a composição do fluido dentro do reator. Se um pulso do marcador for injetado em $t = 0$, ele se misturará instantaneamente com o fluido presente no interior do reator. A concentração do marcador no reator em $t = 0$ é alta, atingindo o maior valor possível. Isto ocorre porque o fluido que entra no reator em tempos posteriores não contém qualquer marcador e porque o marcador começa a deixar o reator tão logo ele é injetado, uma vez que a composição da corrente efluente é a mesma que a composição do fluido no interior do reator.

A concentração do marcador na corrente deixando o CSTR tem um máximo em $t = 0$ e diminui continuamente ao longo do tempo. A curva de resposta do marcador para um CSTR ideal será parecida com a mostrada a seguir.

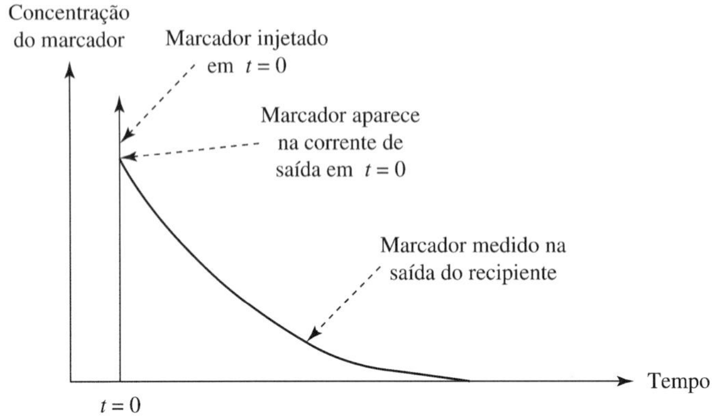


Neste ponto, não podemos determinar, com base somente em argumentos qualitativos, a forma exata da curva de resposta do marcador. Isto será desenvolvido mais adiante neste capítulo.

## 10.2.3 Curvas de Resposta do Marcador para Reatores Não Ideais

Discutimos três reatores não ideais na Seção 10.1.2. Vamos tentar esboçar o comportamento qualitativo das curvas de resposta do marcador para estes reatores.

### 10.2.3.1 Reator Tubular de Escoamento Laminar

O reator mostrado na Figura 10-3 é talvez o mais fácil de ser entendido entre os três reatores não ideais. Isso ocorre porque o escoamento é muito bem caracterizado, isto é, a velocidade é conhecida como uma função do raio. A velocidade é máxima em $r = 0$, o centro do reator. Se o fluido for newtoniano, a velocidade em $r = 0$ é o dobro da velocidade média, a velocidade na parede é zero e o perfil de velocidades é parabólico.

Se o marcador for injetado em $t = 0$, não haverá nenhum marcador na saída até que o marcador injetado exatamente na linha central do reator ($r = 0$) apareça na saída. Isto requererá um tempo finito, digamos $t_0$. A concentração do marcador que emerge em $t_0$ será alta porque a velocidade do fluido é a maior em $r = 0$. O marcador que foi injetado em raios progressivamente maiores sairá em tempos maiores do que $t_0$. Contudo, a concentração do marcador diminuirá com o tempo porque a velocidade do fluido é progressivamente menor quando o raio aumenta.

A curva de resposta do marcador para um reator de escoamento laminar terá a forma parecida com a mostrada a seguir.

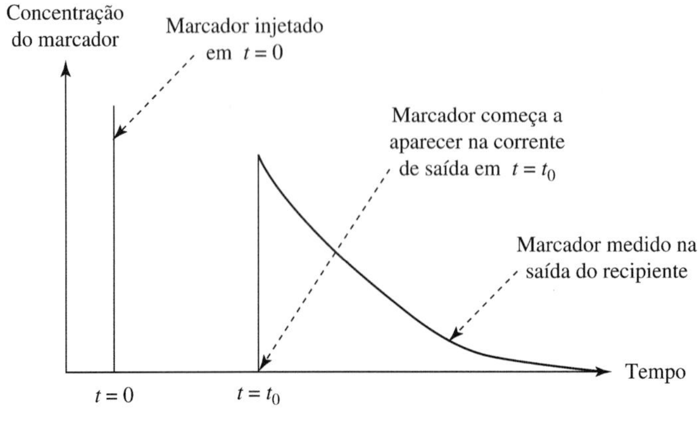

### 10.2.3.2 Reator Tubular com *Bypass*

A curva do marcador para o reator mostrado na Figura 10-1 é mais difícil de esboçar do que aquela para o RTEL porque o escoamento não é tão bem caracterizado. A maior porção do fluido escoando provavelmente passará por cima do topo do leito catalítico, isto é, "bypassa" o leito. Isto ocorre porque a resistência ao escoamento é muito maior na região empacotada do que na região não empacotada. Como um resultado, uma maior porção do *marcador* também "bypassará" o leito. Na realidade, como o marcador se comporta exatamente da mesma forma que o fluido, a fração do marcador que "bypassa" o leito tem que ser igual à fração do fluido que "bypassa" o leito. Certamente, a distribuição *exata* do escoamento dependerá de parâmetros tal como o tamanho e a forma das partículas do catalisador, e a fração da área da seção transversal que é ocupada pelo catalisador.

Em função da diferença na resistência devida ao atrito entre as duas regiões do leito, a velocidade do fluido na região superior (não empacotada) será maior do que na região empacotada. Consequentemente, o tempo necessário para o marcador que "bypassa" o leito emergir do recipiente será significativamente menor do que o tempo requerido para o marcador que passa através do leito emergir.

Se o fluido que "bypassa" o leito do catalisador e o fluido que atravessa o leito estiverem em escoamento pistonado, e se não houver troca de fluido entre as duas regiões, a curva de resposta do marcador pareceria a mostrada a seguir.

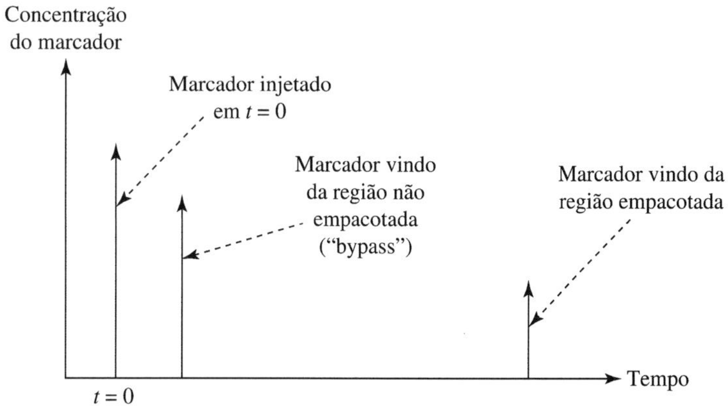


A resposta do marcador que "bypassa" o leito é maior que a resposta do marcador que atravessa a seção empacotada, uma vez que a maioria do marcador "bypassa" o leito. Além disso, o marcador da região não empacotada sai muito mais cedo porque a velocidade do fluido é muito maior na região não empacotada.

Se o escoamento através das duas regiões não for exatamente um escoamento pistonado ideal, ou se houver uma pequena quantidade de troca de fluido entre as duas regiões, a curva de resposta do marcador teria uma forma como a mostrada a seguir.

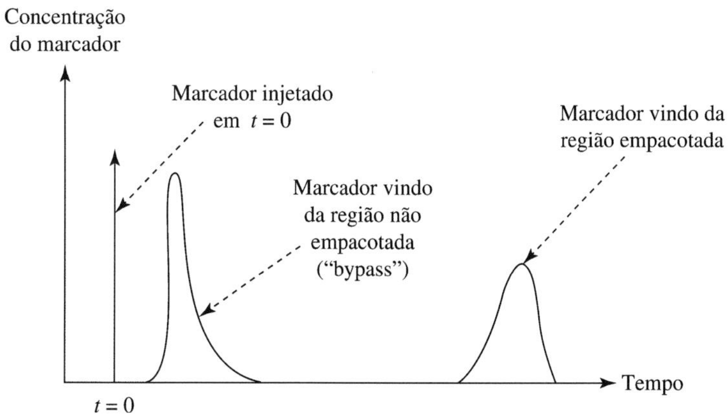

Mistura na direção do escoamento causa certo alargamento nos dois picos. Troca de fluidos entre as regiões causa uma "cauda" no pico relacionado à região não empacotada e estende a parte frontal do pico da região empacotada.

#### 10.2.3.3 Reator Agitado com Mistura Incompleta

A natureza do escoamento através do reator mostrado na Figura 10-2 é difícil de analisar. No fundo do reator, haveria uma zona (ou possivelmente duas zonas em série) que é bem misturada. Entretanto, a natureza do escoamento através da porção superior não agitada do recipiente é mal definida. A extensão da mistura na seção superior dependerá do número de Reynolds nesta região, isto é, se o escoamento é laminar ou turbulento. Dadas estas incertezas, não é possível fazer um esboço razoável da curva de resposta do marcador.

Nesta seção, vimos que técnicas de resposta do marcador podem ser uma ferramenta de diagnóstico bastante poderosa que podem ajudar a descobrir a(s) razão(ões) para performances não previstas de reatores. A discussão anterior focalizou o uso de técnicas de marcador em um escopo conceitual e qualitativo. Entretanto, curvas de resposta do marcador podem também ser usadas para fornecer uma descrição quantitativa do escoamento através de um reator e podem fornecer uma base para estimar a performance de reatores. Iremos explorar este lado quantitativo das técnicas de resposta do marcador na próxima seção.

## 10.3 DISTRIBUIÇÕES DE TEMPOS DE RESIDÊNCIA

Na seção anterior, aprendemos que nem todos os elementos do fluido gastam *exatamente* o mesmo tempo em um reator, exceto no caso especial de um reator de escoamento pistonado ideal. As funções de *distribuição de tempos de residência* fornecem uma forma quantitativa para descrever quanto tempo um fluido escoando permanece em um reator. Funções de distribuições de tempos de residência podem ser obtidas a partir de curvas de resposta do marcador.

### 10.3.1 A Função de Distribuição de Tempos de Residência na Saída, $E(t)$

Considere um recipiente com fluido de massa específica constante escoando através dele, *em estado estacionário*. Fluido cruza a fronteira do recipiente *somente* por convecção; não há difusão através da fronteira do sistema.

Chamaremos este tipo de recipiente de um recipiente "fechado", reconhecendo que este uso da palavra "fechado" é contrário ao seu uso na termodinâmica clássica. Na termodinâmica, a palavra "fechado" significa que não há escoamento de massa ou energia através da fronteira do sistema. Aqui, a palavra "fechado" é usada para significar que massa não pode entrar ou deixar o recipiente por difusão.

A função de distribuição *de tempos de residência na saída*, $E(t)$, é definida como

$E(t)\mathrm{d}t \equiv$ fração do fluido deixando o recipiente no tempo $t$ que esteve no recipiente por um tempo entre $t$ e $t + \mathrm{d}t$

Existem várias outras formas de dizer a mesma coisa:

$E(t)\mathrm{d}t \equiv$ fração do fluido deixando o recipiente no tempo $t$ que teve um *tempo de residência* no recipiente entre $t$ e $t + \mathrm{d}t$

$E(t)\mathrm{d}t \equiv$ fração do fluido deixando o recipiente no tempo $t$ que tem um tempo de *saída* entre $t$ e $t + \mathrm{d}t$

A função de distribuição de tempos de residência na saída é também conhecida como função de distribuição *de tempos de residência externa.* Ela é, algumas vezes, simplesmente chamada de função de distribuição de *tempos de residência*. Entretanto, isto pode causar alguma confusão. Como veremos resumidamente, a função de distribuição de tempos de residência na saída não é a única função usada para caracterizar a distribuição de tempos de residência.

A função $E(t)$ é representada graficamente na figura a seguir.

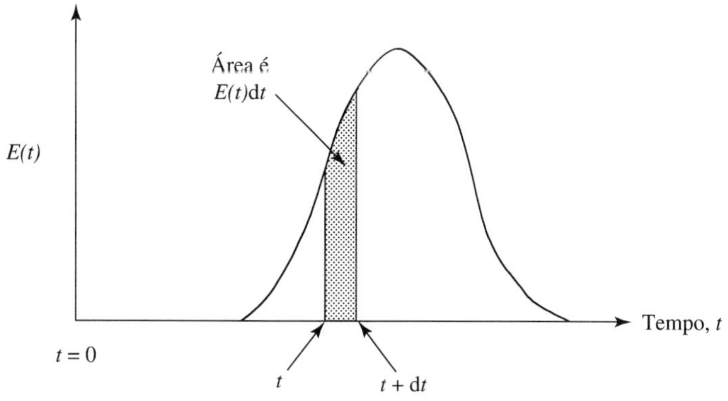


Como $E(t)$d$t$ é uma *fração*, a unidade de $E(t)$ tem que ser o inverso do tempo, (tempo)$^{-1}$. Além disto, a fração do fluido que deixa o recipiente em todo o tempo, isto é, entre $t = 0$ e $t = \infty$, tem que ser 1. Consequentemente,

$$\int_0^\infty E(t)\mathrm{d}t = 1$$

A fração do fluido *na corrente efluente* que esteve *no recipiente* por um tempo entre $t = 0$ e $t = t$ é dada por

$$\int_0^t E(t)\mathrm{d}t = \begin{Bmatrix} \text{fração do fluido na corrente de saída que esteve} \\ \text{no recipiente por um tempo menor do que } t \end{Bmatrix} \tag{10-1}$$

Outra forma de dizer a mesma coisa é que $\int_0^t E(t)\mathrm{d}t$ é a fração do fluido na corrente de saída com um *tempo de saída* menor que $t$. Esta fração pode ser representada graficamente como mostrado a seguir.

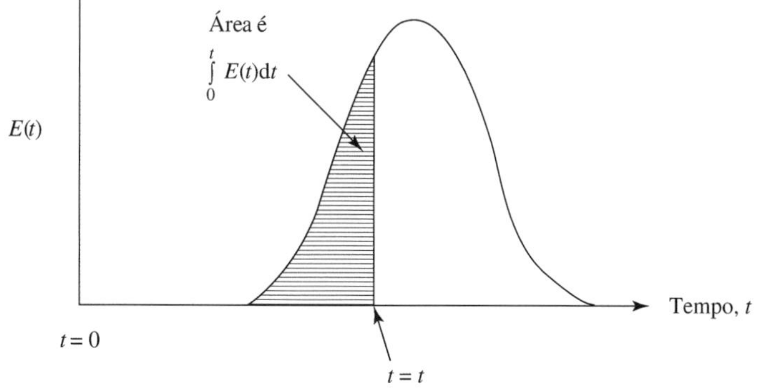


Similarmente, a fração do fluido no efluente do recipiente que esteve no recipiente por um tempo igual a $t$ ou maior é dada por

$$\int_t^\infty E(t)\mathrm{d}t = \begin{Bmatrix} \text{fração do fluido na corrente de saída que esteve no} \\ \text{recipiente por um tempo maior do que } t \end{Bmatrix}$$

Em outras palavras, $\int_t^{\infty} E(t)\mathrm{d}t$ é a fração do fluido na corrente deixando o recipiente com tempos de saída iguais a $t$ ou maiores. Esta fração pode ser representada graficamente como mostrado a seguir.

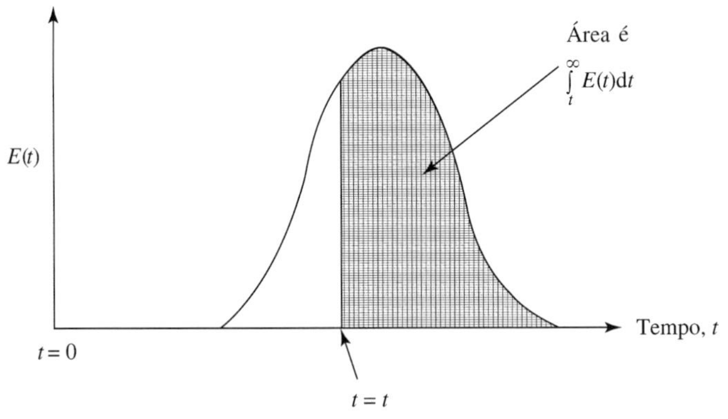


Com a definição de $E(t)$ em mãos, o próximo desafio é conectar esta função de distribuição às curvas de resposta do marcador.

### 10.3.2 Obtendo a Distribuição de Tempos de Residência na Saída a partir das Curvas de Resposta do Marcador

Considere um experimento no qual um pulso exato do marcador é injetado na entrada de um recipiente fechado, em um tempo designado como $t = 0$. O pulso contém $M_0$ unidades do marcador. Como discutido anteriormente, o marcador tem que se comportar *exatamente* como o fluido e tem que ser injetado de tal forma que marque cada elemento do fluido proporcionalmente.

O pulso do marcador que foi injetado pode ser descrito pela função delta de Dirac, $\delta(t)$. As propriedades da função delta são

$$\delta(t_0) = \infty, \; t = t_0$$
$$\delta(t_0) = 0, \; t \neq t_0$$

A função delta de Dirac fornece uma descrição matemática do pulso exato do marcador que foi mostrado nas figuras anteriores.

A função delta de Dirac é normalizada, isto é,

$$\int_0^{\infty} \delta(t)\mathrm{d}t = 1$$

Consequentemente, um pulso do marcador que contém $M_0$ unidades de marcador e é injetado em $t = 0$ está descrito por

$$M(t) = M_0\delta(0)$$

Aqui, $M(t)$ é a quantidade de marcador injetada em qualquer tempo $t$.

Suponha que $C(t)$ seja a concentração do marcador na corrente *deixando o recipiente* em qualquer tempo $t$. Esta é a concentração que seria medida em um experimento tal como o mostrado esquematicamente na Figura 10-4. Um balanço de massa em relação ao marcador em todo o tempo é

$$\text{marcador que entra} = \int_0^{\infty} M(t)\mathrm{d}t = \int_0^{\infty} M_0\delta(0)\mathrm{d}t = M_0 = \text{marcador que sai} = \upsilon\int_0^{\infty} C(t)\mathrm{d}t$$

Como usual, $v$ é a vazão volumétrica através do recipiente. O balanço de massa do marcador

Balanço de massa do marcador

$$M_0 = v\int_0^{\infty} C(t)\mathrm{d}t \tag{10-2}$$

fornece uma verificação útil da qualidade dos dados. Se a quantidade *medida* do marcador deixando o recipiente em todo o tempo, $v\int_0^{\infty} C(t)\mathrm{d}t$, não for igual à quantidade injetada, alguma coisa está errada. Uma investigação cuidadosa da técnica experimental e/ou uma análise dos dados é(são) necessária(s).

## EXEMPLO 10-1

Um fluido de massa específica constante está escoando através de um reator experimental em estado estacionário. A vazão volumétrica é de 165 $cm^3$/min. Em $t = 0$, um pulso do marcador é injetado no fluido entrando no reator. O pulso contém 30 mmol de marcador. A tabela a seguir mostra a concentração do marcador medida no efluente. Comente sobre a qualidade dos dados. Quais são as possíveis fontes de erros?

Concentração do marcador no efluente em vários instantes de tempo

| Tempo (min) | Concentração do marcador ($\mu$mol/$cm^3$) | Tempo (min) | Concentração do marcador ($\mu$mol/$cm^3$) |
|---|---|---|---|
| 0 | 0 | 9 | 13 |
| 1 | 0 | 10 | 9 |
| 2 | 0 | 11 | 5 |
| 3 | 1 | 12 | 3 |
| 4 | 10 | 13 | 1 |
| 5 | 19 | 14 | 0 |
| 6 | 26 | 15 | 0 |
| 7 | 24 | 16 | 0 |
| 8 | 19 | 17 | 0 |

***ANÁLISE*** O "balanço do marcador" será verificado utilizando a Equação (10-2). Este balanço tem que ser satisfeito se os dados forem de alta qualidade. Os valores de $M_0$ e $v$ são dados. O valor de $\int_0^{\infty} C(t)\mathrm{d}t$ será avaliado por integração numérica dos dados da tabela.

***SOLUÇÃO*** O resultado da integração numérica é $\int_0^{\infty} C(t)\mathrm{d}t = 131$ $\mu$mol min/$cm^3$.[2] Multiplicando pela vazão volumétrica, $v(= 165\ cm^3/min)$, obtém-se $v\int_0^{\infty} C(t)\mathrm{d}t = 21{,}6$ mmol.

A quantidade medida de marcador na saída do recipiente é cerca de 30% menor do que a quantidade de marcador injetada. Algumas possíveis razões para a discrepância são

1. Um segundo pico poderia emergir em tempos posteriores; não foi permitido que o experimento durasse o tempo suficiente.

[2] Pela Regra de Simpson do 1/3: valor da integral = (1 min/3)×[1 + 4 × 10 + 2 × 19 + 4 × 26 + 2 × 24 + 4 × 19 + 2 × 13 + 4 × 9 + 2 × 5 + 4 × 3 + 1] ($\mu$mol/$cm^3$) = 131 mmol min/$cm^3$.

2. O instrumento usado para medir a concentração do marcador precisa ser novamente calibrado; as leituras estão muito baixas.
3. A vazão volumétrica é maior do que a informada.
4. O pulso que foi injetado contém menos do que 30 mmol de marcador.

A dedução da Equação (10-2) foi efetuada para ilustrar o uso e propriedades da função delta de Dirac. Obviamente, a Equação (10-2) é válida para *qualquer* tipo de injeção de marcador na qual a quantidade injetada é $M_0$. O marcador não tem que ser injetado como um pulso exato, isto é, uma função delta de Dirac. A quantidade de marcador que deixa o recipiente ao longo de todo o tempo tem que ser igual à quantidade injetada, independentemente da forma da função de entrada.

Vamos retornar à questão de como a distribuição de tempos de residência na saída pode ser obtida da curva de resposta do marcador. Uma vez que o marcador identifica exatamente o fluido

$$\left\{\begin{matrix}\text{fração de marcador no efluente do recipiente que esteve}\\ \text{no interior do recipiente por um tempo entre } t \text{ e } t+\mathrm{d}t\end{matrix}\right\}$$
$$=\left\{\begin{matrix}\text{fração de fluido no efluente do recipiente que esteve no}\\ \text{interior do recipiente por um tempo entre } t \text{ e } t+\mathrm{d}t\end{matrix}\right\}=E(t)\mathrm{d}t$$

A fração do fluido que esteve no recipiente por um tempo entre $t$ e $(t + \mathrm{d}t)$ é exatamente $E(t)\mathrm{d}t$. Como todo o marcador foi injetado exatamente em $t = 0$, a fração do marcador que esteve no recipiente por um tempo entre $t$ e $t + \mathrm{d}t$ é

$$\left\{\begin{matrix}\text{fração de marcador no efluente do recipiente que esteve no}\\ \text{interior do recipiente por um tempo entre } t \text{ e } t+\mathrm{d}t\end{matrix}\right\}=\frac{\upsilon C(t)\mathrm{d}t}{\upsilon\displaystyle\int_0^\infty C(t)\mathrm{d}t}$$

Isto leva a

Cálculo da distribuição de tempos de residência na saída a partir da resposta medida para um pulso de marcador na entrada

$$\boxed{E(t)=\frac{C(t)}{\displaystyle\int_0^\infty C(t)\mathrm{d}t}} \tag{10-3}$$

A Equação (10-3) permite o cálculo da função de distribuição de tempos de residência na saída, $E(t)$, a partir da curva de resposta do marcador que é medida após a injeção de um *pulso* do marcador.

## 10.3.3 Outras Funções de Distribuição de Tempos de Residência

### 10.3.3.1 Função de Distribuição de Tempos de Residência na Saída *Cumulativa, F(t)*

Algumas vezes não é conveniente, ou mesmo possível, injetar um pulso exato do marcador exatamente na entrada de uma recipiente. Uma forma alternativa é usar uma entrada do marcador do tipo *degrau*. Por exemplo, considere um recipiente com um fluido com massa específica constante escoando através dele em estado estacionário. Não há marcador no fluido entrando no recipiente. Então, em algum instante identificado por $t = 0$, a concentração do marcador na alimentação é bruscamente modificada para um valor $C_0$ e é mantida nesta concentração.

A concentração do marcador na corrente *efluente* é medida continuamente. Se esperarmos um tempo suficiente, a concentração do marcador no efluente será $C_0$. Entretanto, uma boa quantidade de informação pode ser obtida a partir da medida da concentração do marcador durante o período entre $t = 0$ e o tempo necessário para a concentração do marcador no efluente se aproximar de $C_0$. Este tipo de experimento com *entrada do tipo degrau* é ilustrado na figura a seguir.

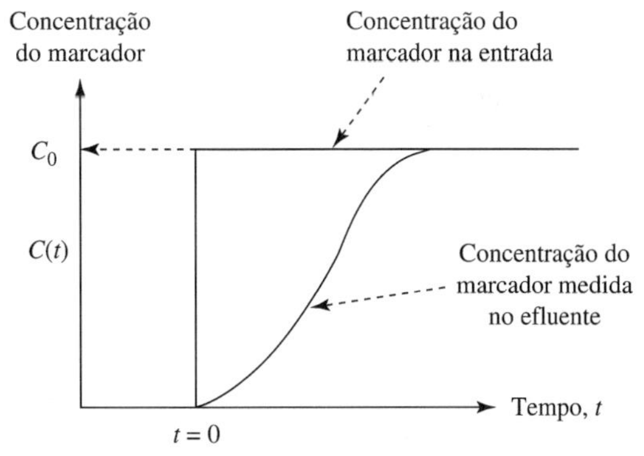


A função de distribuição de tempos de residência na saída *cumulativa*, $F(t)$, é definida como a fração de fluido no *efluente do recipiente* que esteve no recipiente por um tempo *menor do que t*. Falando de forma diferente, $F(t)$ é a fração do fluido deixando o recipiente que tem um tempo de saída menor do que $t$.

$$F(t) \equiv \left\{ \begin{array}{c} \text{fração do fluido na corrente de saída que esteve no interior do} \\ \text{recipiente por um tempo menor do que } t \text{, isto é, entre 0 e } t \end{array} \right\} \quad (10\text{-}4)$$

A função de distribuição de tempos de residência na saída cumulativa pode ser obtida a partir da curva da concentração do marcador *versus* tempo que foi mostrada anteriormente. Suponha que a concentração do marcador na alimentação do recipiente foi variada de 0 para $C_0$ *exatamente* em $t = 0$. Se a concentração do marcador no efluente do recipiente for $C(t)$ em qualquer tempo $t$, então a fração do fluido que esteve no recipiente por um tempo menor do que $t$ é simplesmente $C(t)/C_0$. Consequentemente,

Cálculo da função de distribuição de tempos de residência na saída cumulativa a partir da resposta para uma entrada do marcador do tipo degrau

$$\boxed{F(t) = C(t)/C_0} \quad (10\text{-}5)$$

Na Equação (10-5), $C(t)$ é a concentração do marcador na corrente efluente após uma mudança degrau exata, de 0 para $C_0$, na concentração do marcador na entrada em $t = 0$.

### 10.3.3.2 Relação entre $F(t)$ e $E(t)$

Da Equação (10-1),

$$\int_0^t E(t)\mathrm{d}t = \left\{ \begin{array}{c} \text{fração do fluido na corrente de saída que esteve no} \\ \text{interior do recipiente por um tempo menor do que } t \end{array} \right\}$$

Entretanto, o lado direito dessa equação é a definição de $F(t)$. Consequentemente,

$$F(t) = \int_0^t E(t)\mathrm{d}t \quad (10\text{-}6)$$

Derivando,

$$E(t) = \mathrm{d}F(t)/\mathrm{d}t \quad (10\text{-}7)$$

A Equação (10-7) mostra que $E(t)$ é a inclinação da curva $F(t)$ em qualquer ponto no tempo.

#### 10.3.3.3 Função de Distribuição de Tempos de Residência Interna, $I(t)$

A função de distribuição de tempos de residência interna $I(t)$ não é tão importante como $E(t)$ e $F(t)$ na caracterização de reatores químicos. Entretanto, ela é muito importante na medicina, onde técnicas de respostas de marcadores são utilizadas para uma variedade de propósitos, tais como a medida de vazões de sangue e a caracterização do comportamento de órgãos internos. A função de distribuição de tempos de residência interna é discutida aqui superficialmente com o objetivo de completar o assunto.

A definição de $I(t)$ é

$$I(t)\mathrm{d}t \equiv \left\{\begin{array}{c}\text{fração do fluido dentro do recipiente que fica dentro do}\\ \text{recipiente por um tempo entre } t \text{ e } t = \mathrm{d}t\end{array}\right\} \tag{10-8}$$

Note a diferença entre $I(t)$ de um lado, e $F(t)$ e $E(t)$ do outro. A função de distribuição $I(t)$ está baseada no fluido *dentro do recipiente*. Ao contrário, $F(t)$ e $E(t)$ estão baseadas no fluido *na corrente deixando o recipiente*.

Da definição de $I(t)$,

$$\int_0^t I(t)\mathrm{d}t = \left\{\begin{array}{c}\text{fração do fluido dentro do recipiente}\\ \text{que lá fica entre 0 e } t\end{array}\right\} \tag{10-9}$$

Para relacionar $I(t)$ a $F(t)$ e $E(t)$, considere um recipiente com um fluido de massa específica constante escoando através dele em estado estacionário. O volume do recipiente é $V$ e a vazão volumétrica através do recipiente é $\upsilon$. Vamos fazer um balanço nas moléculas do fluido que estavam no recipiente por um tempo entre 0 e $t$:

$$\text{taxa entrando} - \text{taxa saindo} = \text{taxa de acúmulo}$$

$$\text{taxa entrando} = \upsilon$$

$$\text{taxa saindo} = \upsilon \int_0^t E(t)\mathrm{d}t$$

$$\text{taxa de acúmulo} = V\frac{\mathrm{d}}{\mathrm{d}t}\left[\int_0^t I(t)\mathrm{d}t\right]$$

$$VI(t) = \upsilon[1 - F(t)]$$

$$I(t) = \frac{1}{\tau}[1 - F(t)] \tag{10-10}$$

Nesta equação, $\tau$ é o tempo espacial, $V/\upsilon$.

Se $I(t)$ for avaliado em $t = 0$,

$$I(0) = 1/\tau \tag{10-11}$$

A Equação (10-11) é um resultado geral. Ela é válida para qualquer recipiente fechado.

Finalmente, combinando as Equações (10-6) e (10-10),

$$I(t) = \frac{1}{\tau}\left[1 - \int_0^\infty E(t)\mathrm{d}t\right] = \frac{1}{\tau}\int_t^\infty E(t)\mathrm{d}t \tag{10-12}$$

A função de distribuição de tempos de residência interna pode ser obtida a partir de $F(t)$ via Equação (10-10) ou a partir de $E(t)$ via Equação (10-12).

### 10.3.4 Distribuição de Tempos de Residência em Reatores Ideais

#### 10.3.4.1 Reator de Escoamento Pistonado Ideal

Considere um PFR ideal na forma de um tubo com área de seção transversal $A_{tr}$ constante e um comprimento $L$. Um detector está localizado na posição $L$. O balanço de massa do marcador atravessando o reator leva à seguinte equação diferencial parcial:

$$A_{\text{tr}}\frac{\partial C}{\partial t} = -\upsilon\frac{\partial C}{\partial z} \tag{10-13}$$

Aqui, $C$ é a concentração do marcador e $z$ é a distância na direção axial. O volume de controle para este balanço é uma fatia diferencial do reator normal à direção do escoamento, como mostrado na Figura 7-4.

A concentração do marcador em todo o reator em $t = 0$ é tomada como 0, de modo que a condição inicial para a Equação (10-13) é

$$C = 0,\ t = 0,\ \text{todo } z \tag{10-13a}$$

O marcador é injetado como um pulso exato contendo $M_0$ unidades, exatamente na entrada do reator ($z = 0$). Consequentemente, a Equação (10-13) está sujeita à condição de contorno

$$C = M_0\delta(0);\quad z = 0 \tag{10-13b}$$

Fazendo a transformada de Laplace da Equação (10-13) em relação ao tempo, obtém-se

$$A_{\text{tr}}\, s\overline{C} - A_{\text{tr}}C(z,0) = \upsilon\frac{\text{d}\overline{C}}{\text{d}z}$$

Nesta equação, $\overline{C}$ é a transformada de Laplace de $C$ e $s$ é o parâmetro de Laplace. Como $C = 0$ em $t = 0$,

$$s\overline{C} = -\frac{\upsilon}{A_{\text{tr}}}\frac{\text{d}\overline{C}}{\text{d}z}$$

Integrando de $z = 0$ até $z = L$

$$\ln \overline{C}|_0^L = -\frac{sA_{\text{tr}}L}{\upsilon}$$

Aplicando a exponencial nos dois lados, rearranjando e reconhecendo que $A_{tr}L = V$, o volume do reator, e que $V/\upsilon = \tau$

$$\overline{C}(L) = \overline{C}(0)\text{e}^{-s\tau}$$

Da Equação (10-13b) e da definição da transformada de Laplace,

$$\overline{C}(0) = \int_0^{\infty} \text{e}^{-st}M_0\delta(0)\text{d}t = M_0$$

de modo que

$$\overline{C}(L) = M_0\text{e}^{-s\tau} \tag{10-14}$$

Como o detector está localizado em $L$, a concentração do marcador na saída do reator é dada pela transformada inversa da Equação (10-14).

$$C(t, L) = M_0\delta(\tau) \tag{10-15}$$

Esta é a concentração do marcador *na saída do reator* que resulta de um pulso exato de marcador exatamente na entrada do reator.

A função de distribuição de tempos de residência na saída para um PFR ideal pode ser obtida pela substituição da Equação (10-15) na Equação (10-3),

$$E(t) = \frac{C(t)}{\int_0^\infty C(t)dt} = \frac{M_0\delta(\tau)}{\int_0^\infty M_0\delta(\tau)dt}$$

$E(t)$ para um PFR ideal

$$\boxed{E(t) = \delta(\tau)} \tag{10-16}$$

Este resultado concorda com a análise qualitativa que foi realizada na Seção 10.2.2.1. Ela poderia ter sido deduzida sem passar pela formalidade da solução da Equação (10-13). Em um PFR, todo elemento do fluido gasta exatamente o mesmo tempo no reator. Para um fluido com massa específica constante, este tempo é $V/v = \tau$. Consequentemente, se injetarmos uma função delta de Dirac de marcador em $t = 0$, uma função delta de Dirac irá emergir em $t = \tau$. Esta é uma consequência necessária pelo fato de não existir mistura na direção do escoamento em um PFR e de não existirem gradientes na direção normal ao escoamento.

Da Equação (10-6),

$$F(t) = \int_0^t E(t)dt = \int_0^t \delta(\tau)dt$$

$$F(t) = 0,\ 0 < t < \tau$$

$$F(t) = 1,\ \tau \leq t$$

A função de distribuição de tempos de residência cumulativa para um PFR pode também ser escrita como

$$\boxed{F(t) = U(\tau)} \tag{10-17}$$

A função degrau unitária $U(t_1)$ é definida tal que $U = 0, t < t_1, U = 1, t \geq t_1$.

Finalmente, a função de distribuição de tempos de residência interna $I(t)$ para um PFR pode ser obtida da Equação (10-10).

$$\boxed{I(t) = \frac{1}{\tau}\Big[1 - F(t)\Big] = \frac{1}{\tau}\Big[1 - U(\tau)\Big]}$$

Para um PFR ideal, $I(t) = 1/\tau$ para $t < \tau$, e $= 0$ para $t \geq \tau$.

### 10.3.4.2 Reator de Mistura em Tanque Ideal

As várias funções de distribuição de tempos de residência para o CSTR podem também ser deduzidas a partir de um balanço de massa do marcador que atravessa o reator. Inicialmente, não há marcador no reator e o marcador é injetado como um pulso exato em $t = 0$.

Para o CSTR inteiro,

$$\text{taxa entrando} - \text{taxa saindo} = \text{taxa de acúmulo}$$

Para uma injeção do tipo pulso de $M_0$ unidades de marcador em $t = 0$,

$$M_0\delta(0) - \upsilon C = V\frac{\mathrm{d}C}{\mathrm{d}t} \tag{10-18}$$

onde $C$ é a concentração do marcador no recipiente, e no efluente, em qualquer tempo $t$. Esta equação diferencial pode ser resolvida via a abordagem do fator de integração. O resultado é

$$C(t) = \left(\frac{M_0}{V}\right)\mathrm{e}^{-t/\tau} \tag{10-19}$$

Esta expressão concorda com a análise qualitativa que realizamos na Seção 10.2.2.2. A concentração do marcador no efluente é a maior em $t = 0$, e então diminui monotonicamente com o tempo. O novo aspecto que foi obtido da análise quantitativa é que a diminuição é exponencial no tempo.

As várias funções de tempos de residência para um CSTR ideal podem ser deduzidas da Equação (10-19). Da Equação (10-3)

$$E(t) = \frac{C(t)}{\int_0^\infty C(t)\mathrm{d}t} = \frac{(M_0/V)\mathrm{e}^{-t/\tau}}{\int_0^\infty (M_0/V)\mathrm{e}^{-t/\tau}\mathrm{d}t}$$

$E(t)$ para um CSTR ideal

$$\boxed{E(t) = \frac{1}{\tau}\mathrm{e}^{-t/\tau}} \tag{10-20}$$

Da Equação (10-6),

$$F(t) = \int_0^t E(t)\mathrm{d}t = \int_0^t \frac{1}{\tau}\mathrm{e}^{-t/\tau}\mathrm{d}t = 1 - \mathrm{e}^{-t/\tau}$$

$$\boxed{F(t) = 1 - \mathrm{e}^{-t/\tau}} \tag{10-21}$$

Finalmente, da Equação (10-10),

$$I(t) = \frac{1}{\tau}\Big[1 - F(t)\Big] = \frac{1}{\tau}\Big[1 - (1 - \mathrm{e}^{-t/\tau})\Big]$$

$$\boxed{I(t) = \frac{1}{\tau}\mathrm{e}^{-t/\tau}} \tag{10-22}$$

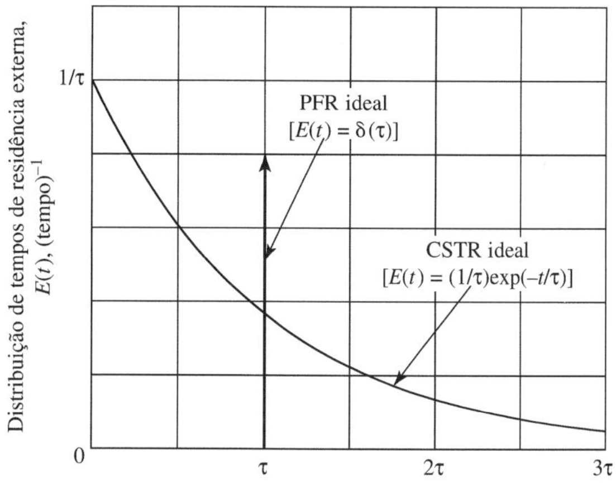


**Figura 10-5** Funções de distribuição de tempos de residência externa, $E(t)$, para os dois reatores contínuos ideais.

As Equações (10-20) e (10-22) mostram que $E(t) = I(t)$ para um CSTR. Por causa da intensa mistura no recipiente, o efluente de um CSTR ideal é uma amostra randômica do fluido no recipiente. A probabilidade de encontrar uma molécula com um tempo de residência na saída de $t_1$ no efluente é a mesma probabilidade de encontrar uma molécula com um tempo de residência interno de $t_1$ no interior do reator.

A Figura (10-5) mostra a distribuição de tempos de residência externa $E(t)$ para os dois reatores contínuos ideais.

## EXEMPLO 10-2

***Distribuição de Tempos de Residência Externa para um PFR e um CSTR em Série***

A. Qual é a distribuição de tempos de residência externa para um PFR com $V/v = \tau$, seguido por um CSTR com o mesmo tempo de residência?

B. Qual é a distribuição de tempos de residência externa para o mesmo CSTR seguido pelo mesmo PFR?

**Parte A: Qual é a distribuição de tempos de residência externa para um PFR com $V/v = \tau$, seguido por um CSTR com o mesmo tempo de residência?**

*ANÁLISE*

Este problema será abordado conceitualmente. A resposta será desenvolvida usando as funções conhecidas $E(t)$ para um CSTR ideal e um PFR ideal.

*SOLUÇÃO*

Suponha que um pulso de marcador entre no primeiro reator (o PFR) como uma função delta de Dirac em $t = 0$. O marcador emergirá do PFR e entrará no CSTR como uma função delta em $t = \tau$. O marcador não irá aparecer no efluente do CSTR até $t = \tau$, uma vez que não há marcador no CSTR durante o período de tempo $0 \leq t \leq \tau$. Durante este período, todo o marcador está no PFR.

Para tempos maiores do que $\tau$, a concentração do marcador no efluente do CSTR (e do sistema como um todo) será a mesma que aquela para um CSTR ideal, com um pulso do marcador injetado em $t = \tau$, em vez de $t = 0$. A distribuição de tempos de residência na saída para o sistema de um PFR com $V/v = \tau$, seguido por um CSTR com $V/v = \tau$, vem desta análise:

$$E(t) = 0; \quad 0 \leq t < \tau$$

$$E(t) = \frac{1}{\tau}e^{-(t-\tau)/\tau}; \quad t \geq \tau$$

A distribuição de tempos de residência na saída global para o sistema de dois reatores é mostrada na figura a seguir.

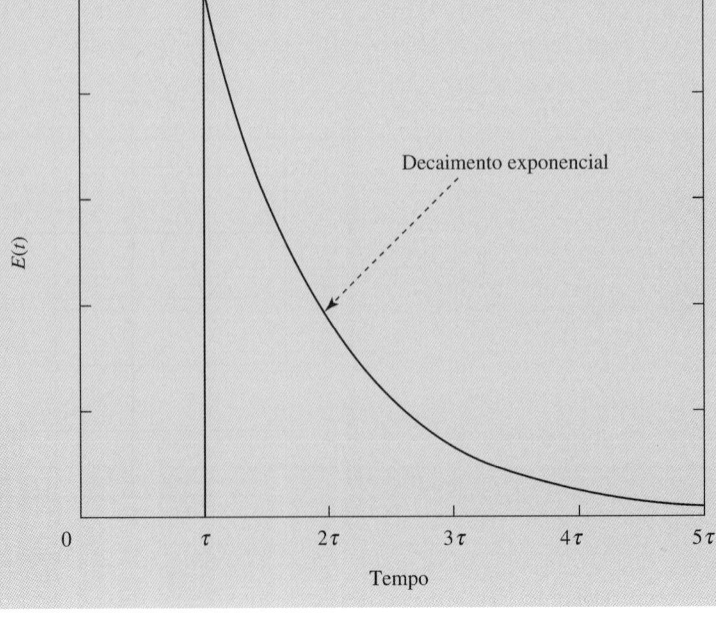

**Parte B: Qual é a distribuição de tempo de residência externa para o mesmo CSTR seguido pelo mesmo PFR?**

*ANÁLISE* A abordagem conceitual usada na Parte A também será usada aqui.

*SOLUÇÃO* Quando o CSTR está localizado na frente do PFR e um pulso do marcador é injetado em $t = 0$, o marcador emergirá do CSTR com uma distribuição de tempos de residência na saída igual à de um CSTR ideal. O marcador entrará no PFR imediatamente após emergir do CSTR. Cada elemento do marcador emergirá do PFR *exatamente* $\tau$ unidades de tempo após a sua entrada. O efeito do PFR é deslocar a distribuição de tempos de residência na saída do CSTR para tempos posteriores por uma quantidade $\tau$. A distribuição de tempos de residência na saída será exatamente a mesma para as duas configurações.

Os ensinamentos deste exemplo simples podem ser estendidos para qualquer número de recipientes em série. Em geral, *$E(t)$ para uma série de recipientes independentes não dependerá da ordem dos recipientes*. Entretanto, no Capítulo 4, aprendemos que a conversão final de dois reatores diferentes em série pode depender da ordem dos dois reatores. Embora o conhecimento da distribuição de tempos de residência na saída seja necessário para calcular a performance de um reator não ideal, $E(t)$ sozinha nem sempre é *suficiente* para este propósito.

## 10.4 ESTIMANDO A PERFORMANCE DE REATORES A PARTIR DA DISTRIBUIÇÃO DE TEMPOS DE RESIDÊNCIA NA SAÍDA — O MODELO DE MACROFLUIDO

### 10.4.1 O Modelo de Macrofluido

Suponha que o fluido escoe através de um recipiente sem ocorrer mistura entre os elementos de fluido adjacentes. A alimentação entra no reator como pequenos "pacotes" de fluido. Estes pacotes retêm suas identidades quando atravessam o recipiente; não há troca de massa entre pacotes individuais. Entretanto, os pacotes podem se misturar no reator. Os pacotes que entram em algum tempo, $t$, não sairão todos ao mesmo tempo.

Cada "pacote" pode ser tratado como um pequeno reator batelada ideal. A reação ou reações ocorrem na medida em que o pequeno pacote atravessa o recipiente. A composição de cada pacote muda quando ele escoa através do recipiente e a composição de um pacote deixando o recipiente dependerá de quanto tempo o pacote esteve no recipiente, isto é, do seu tempo de residência.

Após deixar o reator, os pacotes de fluido são misturados em um nível molecular e a composição do fluido misturado é medida. Esta situação é representada na figura a seguir.

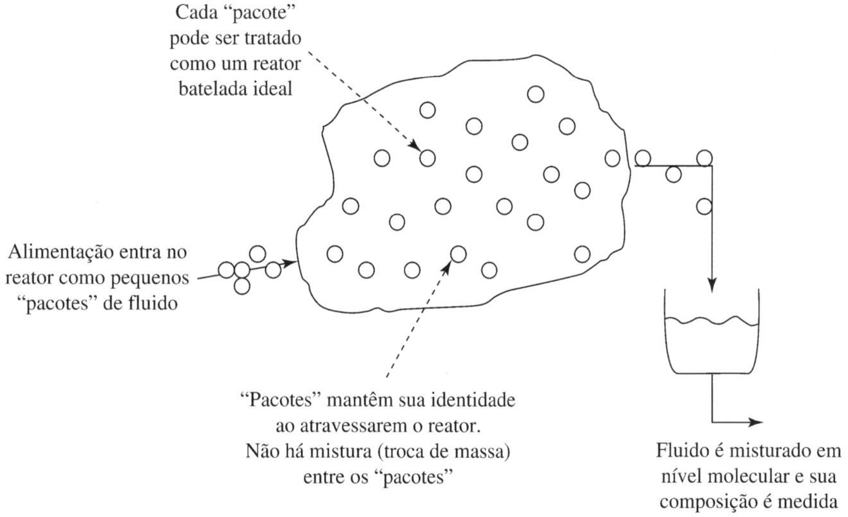


Este quadro de escoamento do fluido é chamado de modelo de "*escoamento segregado*" ou "*macrofluido*". Ele é uma idealização, isto é, um caso-limite, quando aplicado a um gás ou a um líquido de baixa viscosidade, porque é difícil imaginar que *não* haverá troca de massa entre os elementos do fluido. Entretanto, ele pode ser um modelo bem realístico quando usado em algumas situações envolvendo escoamento bifásico. Por exemplo, se os "pacotes" forem partículas sólidas e a reação ocorrer somente na fase sólida, o modelo de macrofluido se adequará muito bem.

*O modelo de macrofluido é importante porque ele permite que o comportamento do reator seja estimado diretamente a partir da distribuição de tempos de residência na saída, E(t), a da cinética da reação.* Nenhuma outra informação é necessária. Se todas as reações ocorrendo forem de primeira ordem, o modelo de macrofluido fornece um resultado exato. Se as reações não forem de primeira ordem, o modelo de macrofluido fornece um *limite* do comportamento do reator. Trataremos destas questões um pouco mais adiante, após aprender como usar o modelo de macrofluido.

## 10.4.2 Prevendo o Comportamento do Reator com o Modelo de Macrofluido

Considere um reator contínuo em estado estacionário. Uma única reação A → produtos está ocorrendo. A distribuição de tempos de residência na saída $E(t)$ do reator é conhecida e esta função de distribuição descreve o comportamento dos "pacotes" de fluido, assim como o comportamento do fluido como um todo.

A concentração do reagente A em um pacote que esteve no reator por um tempo "$t$" é $C_A(t)$. Esta concentração pode ser calculada pela solução da equação de projeto para um reator batelada ideal, se uma única reação estiver ocorrendo, ou pela solução do conjunto apropriado de balanços de massa (equações de projeto), se reações múltiplas estiverem ocorrendo.

A concentração média de A (ou qualquer outra espécie) no efluente do reator é obtida fazendo a média ponderada de $C_A(t)$ sobre a faixa de tempos que os elementos de fluido permanecem no reator. A função de ponderação é $E(t)$.

$$\left\{\begin{matrix}\text{Concentração média de A}\\ \text{no fluido deixando o reator}\end{matrix}\right\} = \overline{C}_A =$$

$$\int_0^\infty \left\{\begin{matrix}\text{concentração de A em um pacote}\\ \text{que esteve no reator por um tempo } t\end{matrix}\right\} \times \left\{\begin{matrix}\text{fração de pacotes que estivessem no}\\ \text{reator por um tempo entre } t \text{ e } t + \mathrm{d}t\end{matrix}\right\}$$

A "concentração de A em um pacote que esteve no reator por um tempo $t$" é exatamente $C_A(t)$. A "fração de pacotes que estiveram no reator por um tempo entre $t$ e $t + \mathrm{d}t$" é exatamente $E(t)\mathrm{d}t$. Consequentemente,

Modelo de macrofluido

$$\overline{C}_A = \int_0^\infty C_A(t)E(t)\mathrm{d}t \qquad (10\text{-}23)$$

**EXEMPLO 10-3**

***Uso do Modelo de Macrofluido — Reações em Série***

Um reator tem uma distribuição de tempos de residência externa mostrada na Figura 10-6. Este tipo de distribuição poderia ser encontrado em um reator que tenha um grande número de tubos em paralelo, se as pressões no distribuidor do fluido (sistema de entrada) e no coletor do fluido (sistema de saída) não forem espacialmente uniformes.

As reações em fase líquida A → R → S ocorrem isotermicamente neste reator. A reação A → B é irreversível e de primeira ordem em A, com uma constante da taxa igual a 0,10 $\text{min}^{-1}$. A reação R → S é irreversível e de primeira ordem em R, com uma constante da taxa igual a 0,30 $\text{min}^{-1}$. Não há R na alimentação.

A. Prever a conversão na saída de A e o rendimento global de R baseado em A ($Y(R/A)$).
B. Prever a conversão de A e o rendimento global de R baseado em A para um PFR ideal com um tempo espacial de 10 min.

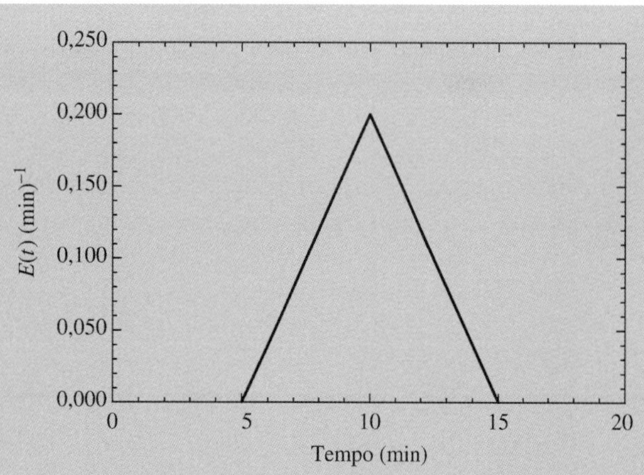


**Figura 10-6** Função de distribuição de tempos de residência externa para o Exemplo 10-3.

**Parte A: Prever a conversão na saída de A e o rendimento global de R baseado em A.**

*ANÁLISE*

A conversão de A será prevista com o modelo de macrofluido, Equação (10-23). A fim de prever *Y(R/A)*, a concentração de R no efluente do reator tem que ser conhecida. Esta concentração será também prevista com o modelo de macrofluido. As concentrações $C_A(t)$ e $C_R(t)$ que são necessárias para o uso do modelo de macrofluido serão obtidas pela solução das equações de projeto para um reator batelada ideal.

*SOLUÇÃO*

Da figura mostrando $E(t)$ para este exemplo (Figura 10-6)

$$E(t) = 0; \quad t < 5\,\text{min}$$
$$E(t) = 0{,}04 \times (t-5) = 0{,}04t - 0{,}20\,(\text{min})^{-1}; \quad 5 \geq t \leq 10\,\text{min}$$
$$E(t) = 0{,}20 - 0{,}04 \times (t-10) = 0{,}60 - 0{,}04t\,(\text{min})^{-1}; \quad 10 \leq t \leq 15\,\text{min}$$
$$E(t) = 0, \quad t > 15\,\text{min}$$

A concentração do reagente A em um pacote de fluido pode ser calculada usando a equação de projeto para um reator batelada ideal a volume constante

$$-\frac{dC_A}{dt} = kC_A$$

Integrando de $t = 0$, $C_A = C_{A0}$ até $t = t$, $C_A = C_A$.

$$C_A(t) = C_{A0}e^{-k_1 t}$$

Da Equação (10-23),

$$\overline{C}_A = \int_0^\infty C_A(t)E(t)dt = \int_5^{10} C_{A0}e^{-k_1 t}[0{,}04t - 0{,}20]dt + \int_{10}^{15} C_{A0}e^{-k_1 t}[0{,}60 - 0{,}04t]dt$$

$$\frac{\overline{C}_A}{C_{A0}} = \left[0{,}04\frac{e^{-k_1 t}}{(-k_1)^2}(-k_1 t - 1) - \frac{0{,}20e^{-k_1 t}}{-k_1}\right]_5^{10} + \left[\frac{0{,}60e^{-k_1 t}}{-k_1} - \frac{0{,}04e^{-k_1 t}}{(-k_1)^2}(-k_1 t - 1)\right]_{10}^{15}$$

Substituindo os valores

$$\frac{\overline{C}_A}{C_{A0}} = 0{,}375 = 1 - x_A$$
$$x_A = 0{,}625$$

A concentração média de *R* no efluente pode também ser encontrada fazendo a média na distribuição de tempos de residência externa

$$\overline{C}_R = \int_0^\infty C_R(t)E(t)dt$$

Para duas reações irreversíveis, de primeira ordem, em série, sem intermediários (R) na alimentação

$$\frac{C_R(t)}{C_{A0}} = \left(\frac{k_1}{k_2 - k_1}\right)(e^{-k_1 t} - e^{-k_2 t}) \tag{7-7}$$

$$Y(R/A) = \frac{\overline{C}_R}{C_{A0}} = \int_0^\infty \frac{C_R(t)}{C_{A0}} E(t)dt$$

$$= \left(\frac{k_1}{k_2 - k_1}\right)\left\{\int_5^{10} (e^{-k_1 t} - e^{-k_2 t})[0{,}04t - 0{,}20]dt + \int_{10}^{15} (e^{-k_1 t} - e^{-k_2 t})[0{,}60 - 0{,}04t]dt\right\}$$

Integrando,

$$\frac{\overline{C}_R}{C_{A0}} = \left\{\begin{array}{l} \left[0{,}04\dfrac{e^{-k_1 t}}{(-k_1)^2}(-k_1 t - 1) - 0{,}20\dfrac{e^{-k_1 t}}{-k_1} - 0{,}04\dfrac{e^{-k_2 t}}{(-k_2)^2}(-k_2 t - 1) + 0{,}20\dfrac{e^{-k_2 t}}{-k_2}\right]_5^{10} \\ + \left[0{,}60\dfrac{e^{-k_1 t}}{-k_1} - 0{,}04\dfrac{e^{-k_1 t}}{(-k_1)^2}(-k_1 t - 1) - 0{,}60\dfrac{e^{-k_2 t}}{-k_2} + 0{,}04\dfrac{e^{-k_2 t}}{(-k_2)^2}(-k_2 t - 1)\right]_{10}^{15} \end{array}\right\}$$

Substituindo os valores,

$$Y(R/A) = \frac{\overline{C}_R}{C_{A0}} = 0{,}159$$

**Parte B: Prever a conversão de A e o rendimento global de R baseado em A para um PFR ideal com um tempo espacial de 10 min.**

*ANÁLISE* As equações de projeto para um PFR ideal, com massa específica constante, serão resolvidas.

*SOLUÇÃO* Para um PFR ideal,

$$\frac{C_A}{C_{A0}} = e^{-k_1\tau} = e^{-(0{,}10)(\text{min})^{-1}(10)(\text{min})} = 0{,}368 = 1 - x_A$$

$$x_A = 0{,}632$$

A conversão de A em um reator não ideal é menor do que em um PFR ideal, como esperado. Entretanto, a diferença não é grande. A mistura associada à distribuição de tempos de residência larga mostrada na Figura 10-6 não é suficiente para causar uma diferença significativa de conversão entre o reator não ideal e o PFR ideal.

Agora considere o rendimento no PFR. Para duas reações irreversíveis de primeira ordem, em fase líquida, sem intermediários (R) na alimentação, da Equação (7-7):

$$\frac{C_R}{C_{A0}} = \frac{k_1}{k_2 - k_1}(e^{-k_1\tau} - e^{-k_2\tau})$$

Substituindo os valores

$$\frac{\overline{C}_R}{C_{A0}} = Y(R/A) = 0{,}159$$

O rendimento de R baseado em A é essencialmente o mesmo para os dois reatores. Para os valores usados neste exemplo, o rendimento não depende de forma importante do tempo de residência, como mostrado na Figura 7-2. Consequentemente, o resultado é compreensível.

## EXEMPLO 10-4

***Micromistura* Versus *Macromistura***

Uma reação de segunda ordem em fase líquida $2A \rightarrow R$ será realizada em um reator contínuo agitado, que tem a mesma distribuição de tempos de residência de um CSTR ideal. Nas condições operacionais do reator, $kC_{A0}\tau = 2{,}0$, onde $k$ é a constante da taxa de segunda ordem na temperatura do reator, $C_{A0}$ é a concentração na entrada de A e $\tau$ é o tempo espacial.

A. Se o conteúdo do reator estiver misturado em um nível molecular (micromisturado), qual a conversão na saída de A?
B. Se o reator obedecer ao modelo de macrofluido, qual será a conversão na saída de A?

**Parte A: Se o conteúdo do reator estiver misturado em um nível molecular (micromisturado), qual a conversão na saída de A?**

*ANÁLISE* Se o conteúdo do reator estiver micromisturado, isto é, misturado em um nível molecular, o reator comporta-se como um CSTR ideal. A equação de projeto para um CSTR ideal pode ser resolvida para $x_A$.

*SOLUÇÃO* A equação de projeto é

$$\frac{V}{F_{A0}} = \frac{x_A}{-r_A} = \frac{x_A}{kC_{A0}(1 - x_A)^2}$$

$$\frac{x_A}{(1 - x_A)^2} = \frac{kC_{A0}^2 V}{F_{A0}} = kC_{A0}\tau = 2$$

Resolvendo esta equação quadrática em relação a $x$, obtém-se

$$\boxed{x_A(\text{micromisturado}) = 0{,}50}$$

**Parte B: Se o reator obedecer ao modelo de macrofluido, qual será a conversão na saída de A?**

*ANÁLISE* O modelo de macrofluido (Equação (10-23)) será resolvido para $x_A$, usando $E(t)$ para um CSTR ideal.

*SOLUÇÃO* Como o fluido que atravessa o reator é um macrofluido

$$\overline{C}_A = \int_0^{\infty} C_A(t)E(t)\mathrm{d}t \qquad (10\text{-}23)$$

Para uma reação de segunda ordem, em fase líquida, em um reator batelada, $C_A(t) = C_{A0}/(1 + kC_{A0}t)$, e para um CSTR ideal, $E(t) = e^{-t/\tau}/\tau$. Substituindo estas expressões na Equação (10-23),

$$\overline{C}_A = \frac{C_{A0}}{\tau} \int_0^{\infty} \frac{e^{-t/\tau}\mathrm{d}t}{1 + kC_{A0}t}$$

Deveríamos tentar calcular esta integral através de integração numérica. Entretanto, o limite superior de $\infty$ poderia causar um problema. No mínimo, teríamos que ser bem cuidadosos integrando até um valor de "$t$" que seja grande o suficiente para assegurar que o valor de $\overline{C}_A$ não dependa de "$t$".

Uma alternativa melhor é rearranjar a equação anterior de forma que a integral possa ser avaliada analiticamente.

Seja $y = 1/(kC_{A0}\tau)$. Para este problema, $y$ é uma constante igual a 0,50. Seja $z = y + (t/\tau)$. Isto converte a equação anterior em

$$\frac{\overline{C}_A}{C_{A0}} = ye^y \int_y^\infty \frac{e^{-z}dz}{z}$$

A integral na equação anterior é uma forma da integral exponencial, uma função tabelada,[3] usualmente identificada por Ei, $E_1$, ou ei. Desta forma,

$$\frac{\overline{C}_A}{C_{A0}} = ye^y\text{Ei}(y)$$

Substituindo os valores,

$$\frac{\overline{C}_A}{C_{A0}} = 0{,}50e^{0{,}50}\text{Ei}(0{,}50) = 0{,}50 \times 1{,}65 \times 0{,}560 = 0{,}461$$

Consequentemente,

$$\boxed{x_A(\text{macrofluido}) = 0{,}539}$$

Para este exemplo, no qual a ordem aparente da reação é maior do que 1, a conversão é maior para um macrofluido do que o é quando o fluido é misturado em nível molecular.

## EXERCÍCIO 10-3

Baseado na discussão de mistura e ordem de reação no Capítulo 4, é razoável o $x_A$ (macrofluido) > $x_A$ (micromisturado) para o Exemplo 10-4?

### 10.4.3 Usando o Modelo de Macrofluido para Calcular Limites de Performance

No Capítulo 4, aprendemos que a performance de uma série de reatores pode depender da forma como os reatores são ordenados. Explicamos este comportamento através do conceito de precocidade ou demora de mistura. Para uma reação com uma ordem efetiva menor do que 1, a conversão é maximizada quando os reatores são ordenados de modo que a mistura ocorra o mais cedo possível durante o curso da reação. Para uma reação com uma ordem efetiva maior do que 1, os reatores seriam ordenados de forma que a mistura é atrasada o mais possível a fim de maximizar a conversão. Quando a reação é de primeira ordem, a precocidade ou a demora da mistura não afeta a conversão.

Todas as análises no Capítulo 4 foram focadas na melhor ordenação dos CSTRs e PFRs de diferentes tamanhos em série. Naquela altura não reconhecemos que a distribuição de tempos de residência externa para um dado número, tamanho e tipo de reatores é a mesma, não importando como eles estão ordenados. Vimos uma ilustração simples disto no Exemplo 10-2.

Embora não tenha sido enunciado explicitamente, a questão que nós realmente trabalhamos no Capítulo 4 foi: *Se a distribuição de tempos de residência externa estiver fixa, a mistura deve ocorrer mais cedo na reação ou mais tarde na reação, a fim de maximizar a conversão?* A resposta foi

[3]Veja, por exemplo, Spiegel, M. R. e Liu, J., *Mathematical Handbook of Formulas and Tables*, 2nd edition, Schaum's Outline Series, McGraw-Hill (1999); Gautschi, W. e Cahill, W. F., "Exponencial Integral and related functions", in: Abramowitz, M. and Stegun, I. E. (eds.), *Handbook of Mathematical Functions With Formulas, Graphs, and Mathematical Tables*, Applied Mathematics Series 55 U.S. Department of Commerce, National Bureau of Standards, (1964).

- o mais tarde possível se a ordem efetiva da reação for maior do que 1;
- o mais cedo possível se a ordem efetiva da reação for menor do que 1;
- isto não importa se $n = 1$.

Em um sistema de primeira ordem, a mistura mais cedo ou mais tarde não afeta a performance do reator, *para uma dada distribuição de tempos de residência*. Consequentemente, quando a distribuição de tempos de residência é conhecida, a performance *exata* de um sistema de reações de primeira ordem pode ser calculada usando o modelo de macrofluido.

O modelo de macrofluido representa a mistura *mais tardia* possível *para uma dada distribuição de tempos de residência*. Não há mistura entre os elementos do fluido até que a reação acabe, isto é, até que o fluido tenha deixado o reator. Para uma reação com uma ordem efetiva maior do que 1, o modelo de macrofluido representa a *melhor* situação possível. Ele fornece um *limite superior* para a conversão. Se alguma mistura ocorrer antes que o fluido tenha deixado o reator, a conversão real será menor do que a prevista pelo modelo de macrofluido.

Inversamente, para uma reação com uma ordem efetiva menor do que 1, o modelo de macrofluido representa a *pior* situação possível. Ele fornece um *limite inferior* para a conversão. Para $n < 1$, se ocorrer alguma mistura antes de o fluido ter deixado o reator, a conversão real será maior do que a prevista pelo modelo de macrofluido.

Esta informação está resumida na tabela seguir.

| Ordem efetiva da reação | Modelo de macrofluido (escoamento segregado) fornece |
|---|---|
| >1 | Limite superior da conversão |
| =1 | Resultado exato |
| <1 | Limite inferior da conversão |

## 10.5 OUTROS MODELOS PARA REATORES NÃO IDEAIS

### 10.5.1 Momentos de Distribuições de Tempos de Residência

#### 10.5.1.1 Definições

O enésimo momento de uma função, $f(x)$, em torno da origem, é representado por $\mu_n$ e é definido como

$$\mu_n = \int_0^\infty x^n f(x)\mathrm{d}x \tag{10-24}$$

A função $f(x)$ é uma função de distribuição, justamente como $E(t)$ ou $f(r)$.

Anteriormente neste capítulo, encontramos o momento zero da função $C(t)$, onde $C(t)$ é a concentração do marcador no efluente do reator em qualquer tempo $t$. A Equação (10-2) é um balanço de massa do marcador.

$$M_0 = \upsilon \int_0^\infty C(t)\mathrm{d}t \tag{10-2}$$

Dividindo ambos os lados pela vazão volumétrica $\upsilon$ obtém-se uma expressão para o momento zero de $C(t)$ em torno da origem.

$$M_0/\upsilon = \int_0^\infty C(t)\mathrm{d}t = \int_0^\infty t^0 C(t)\mathrm{d}t = \mu_0$$

Uma função de distribuição $C(t)$ é um pouco não usual, pois ela não é normalizada. Quando uma função de distribuição é normalizada, o valor do momento zero tem que ser 1. Vimos isto mais cedo com a função de distribuição de tempos de residência, $E(t)$, para a qual $\int_0^\infty E(t)\mathrm{d}t = 1$. Sempre que uma função de distribuição $f(x)$ é definida de modo que $f(x)\mathrm{d}x$ é a *fração* dos valores de $x$ que caem entre $x$ e $x + \mathrm{d}x$, o valor do momento zero desta função de distribuição tem que ser 1.

Também encontramos momentos no Capítulo 9, Seção 9.2.2.2, onde o raio médio dos poros em uma partícula do catalisador foi definido como

$$\bar{r} = \int_0^\infty r f(r)\mathrm{d}r \tag{9-2}$$

O lado direito da Equação (9-2) é simplesmente o *primeiro momento* em torno da origem da função de distribuição dos raios dos poros $f(r)$. Como $f(r)\mathrm{d}r$ é a *fração* do volume total de poros que está nos poros com raios entre $r$ e $r + \mathrm{d}r$, a função de distribuição $f(r)$ é normalizada.

**EXEMPLO 10-5**
***Cálculo de Momentos***

Calcule o momento zero e os primeiro e segundo momentos em torno da origem da função de distribuição de tempos de residência externa mostrada na Figura 10-6.

***ANÁLISE***

Do Exemplo 10-3, $E(t)$ é dada por

$$E(t) = 0; \quad t < 5\,\text{min}$$
$$E(t) = (0{,}04t - 0{,}20)\,\text{min}^{-1}; \quad 5 \le t \le 10\,\text{min}$$
$$E(t) = (0{,}60 - 0{,}04t)\,\text{min}^{-1}; \quad 10 \le t \le 15\,\text{min}$$
$$E(t) = 0; \quad t > 15\,\text{min}$$

Esta função será usada na Equação (10-24) para calcular $\mu_n$ para $n = 0$, 1 e 2.

***SOLUÇÃO***

Momento zero

$$\mu_0 = \int_0^\infty t^0 E(t)\mathrm{d}t = \int_0^\infty E(t)\mathrm{d}t = \int_5^{10} (0{,}04t - 0{,}20)\mathrm{d}t + \int_{10}^{15} (0{,}60 - 0{,}04t)\mathrm{d}t = 1$$

Este cálculo simplesmente confirma que $E(t)$ é normalizada.

Primeiro momento

$$\mu_1 = \int_0^\infty t^1 E(t)\mathrm{d}t = \int_0^\infty tE(t)\mathrm{d}t = \int_5^{10} t(0{,}04t - 0{,}20)\mathrm{d}t + \int_{10}^{15} t(0{,}60 - 0{,}04t)\mathrm{d}t = 10\,\text{min}$$

O significado de $\mu_1$ será discutido na próxima seção deste capítulo.

Segundo momento

$$\mu_2 = \int_0^\infty t^2 E(t)\mathrm{d}t = \int_5^{10} t^2(0{,}04t - 0{,}20)\mathrm{d}t + \int_{10}^{15} t^2(0{,}60 - 0{,}04t)\mathrm{d}t = 104\,\text{min}^2$$

O significado físico do segundo momento será também discutido mais adiante, após termos lidado com o primeiro momento.

Neste exemplo, as integrações necessárias para calcular os momentos foram realizadas analiticamente, uma vez que uma expressão analítica simples estava disponível para $E(t)$. Entretanto, estas integrações poderiam ter sido efetuadas numericamente se somente valores discretos de $E(t)$ (ou $C(t)$) *versus* tempo estivessem disponíveis.

### 10.5.1.2 O Primeiro Momento de $E(t)$ — O Tempo de Residência Médio

***Tempo de Residência Médio*** Considere o primeiro momento de $E(t)$ em torno da origem

$$\mu_1 = \int_0^\infty tE(t)\mathrm{d}t$$

e lembre que $E(t)$ é justamente a fração dos elementos do fluido que ficam no reator por um tempo entre $t$ e $t + \mathrm{d}t$. Consequentemente, o integrando da equação anterior é o tempo que um elemento do fluido permanece no reator ($t$), ponderado pela fração de moléculas com este tempo de residência ($E(t)\mathrm{d}t$). A integração abrangendo todos os possíveis tempos de residência fornece o tempo *médio* que um elemento do fluido permanece no reator. Vamos representar este tempo de residência médio por $\bar{t}$, de modo que

$$\bar{t} = \int_0^\infty tE(t)\mathrm{d}t = \mu_1 \tag{10-25}$$

Suponha que o fluido entre e deixe o reator *somente* por convecção. Um recipiente que satisfaz este critério é conhecido como um recipiente "fechado". Para este caso, pode ser mostrado que[4]

$$\bar{t} = V/\upsilon = \tau \tag{10-26}$$

Nesta equação, $V$ e $\upsilon$ são, como usual, o volume do reator e a vazão volumétrica através do reator, respectivamente.

***Diagnóstico do Reator*** A Equação (10-26) pode propiciar uma verificação útil de dados operacionais. No laboratório, em uma planta-piloto, ou em planta de grande escala, normalmente é razoavelmente fácil especificar e/ou medir a vazão volumétrica. Entretanto, o volume do reator que é realmente preenchido pelo fluido não é sempre tão fácil de determinar. Desenhos mecânicos que podem ser utilizados para determinar um valor de $V$ quando o reator foi instalado podem (ou não) estar disponíveis. Além disso, as coisas podem mudar ao longo do tempo. Considere o exemplo a seguir.

## EXEMPLO 10-6

***Medida de Volume do Reator***

Um reator de polimerização contínuo, pequeno, está em serviço por aproximadamente cinco anos. Durante este período houve frequentemente partidas e paradas deste reator, algumas vezes seguindo um procedimento estabelecido e outras não. Os desenhos originais mostram que o volume do reator é de 500 galões.

A performance do reator parece ter se deteriorado ao longo do tempo. Existe alguma preocupação de que um polímero sólido se formou e permaneceu no reator, reduzindo o volume no qual a reação de polimerização ocorre. Consequentemente, um teste com marcador foi realizado, como descrito a seguir.

Água foi passada continuamente através do reator na vazão de 1000 galões por hora. (Água não é um solvente para qualquer polímero que possa ter se acumulado.) Quando o escoamento da água estava em estado estacionário, um pulso exato de um marcador foi injetado direto no ponto onde a água entra no reator. A quantidade total de marcador injetada foi de 100.000 unidades. A concentração do marcador foi medida no ponto onde a corrente aquosa deixa o reator. Os resultados estão mostrados na tabela a seguir.

[4] A prova desta relação relativamente simples e intuitiva é razoavelmente complicada. Veja, por exemplo, Spalding, D. B., A note on mean residence times in steady flows of arbitrary complexity, *Chem. Eng. Sci.*, 9, 74 (1958); Danckwerts, P. V., *Chem. Eng. Sci.*, 2, 1 (1957).

| Tempo após a injeção (min) | Concentração do marcador no efluente (unid/gal) | Tempo após a injeção (min) | Concentração do marcador no efluente (unid/gal) |
|---|---|---|---|
| 0 | 0 | 25 | 92 |
| 1 | 205 | 30 | 76 |
| 2 | 225 | 40 | 53 |
| 3 | 222 | 50 | 35 |
| 4 | 215 | 60 | 24 |
| 5 | 205 | 70 | 16 |
| 10 | 165 | 80 | 10 |
| 15 | 138 | 90 | 4 |
| 20 | 111 | 100 | 0 |

Calcule o volume de fluido no reator e estime a quantidade de polímero que se encontra acumulada no interior do reator.

*ANÁLISE*

Um valor de $\bar{t}$ será calculado a partir dos dados da tabela. O volume de fluido no reator será calculado a partir da Equação (10-26). A diferença entre 500 galões e o volume calculado fornece uma estimativa da quantidade de polímero no reator.

*SOLUÇÃO*

Primeiro, vamos verificar a qualidade dos dados usando a Equação (10-2).

$$M_0 = v \int_0^{\infty} C(t)\mathrm{d}t \tag{10-2}$$

Para este experimento, $M_0$ = 100.000 unidades e $v$ = 1000 gal/h ou 16,7 gal/min. A integral na Equação (10-2) tem que ser avaliada numericamente. Uma vez que o intervalo de tempo entre os pontos não é constante, a forma mais simples de efetuar a integração é usar a regra do trapézio.[5] O resultado é igual a 6002 unidades min/gal. Multiplicando por $v$ (16,67 gal/min), obtém-se $M_0$ = 100.050. Esta é uma verificação quase perfeita. A qualidade dos dados parece ser aceitável.

O valor de $\bar{t}$ é calculado a partir da Equação (10-2). Para uma injeção do tipo pulso do marcador

$$E(t) = C(t) \bigg/ \int_0^{\infty} C(t)\mathrm{d}t \tag{10-3}$$

de forma que, a partir da Equação (10-25)

$$\bar{t} = \int_0^{\infty} tE(t)\mathrm{d}t = \int_0^{\infty} tC(t)\mathrm{d}t \bigg/ \int_0^{\infty} C(t)\mathrm{d}t$$

A integral no numerador do lado direito desta equação novamente é efetuada usando a regra do trapézio;[6] o valor resultante é igual a 139.500 unidades min²/gal. A divisão deste valor por 6002,

[5] $\int_0^{\infty} C(t)\mathrm{d}t \cong \sum_{t_1=0}^{t_1=90\,\mathrm{min}} (C(t_2) + C(t_1)) \times (t_2 - t_1)/2.$

[6] $\int_0^{\infty} tC(t)\mathrm{d}t \cong \sum_{t_1=0}^{t_1=90\,\mathrm{min}} (t_2C(t_2) + t_1C(t_1)) \times (t_2 - t_1)/2.$

o valor de $\int_0^\infty C(t)\mathrm{d}t$, fornece $\bar{t} = 23{,}2$ min. Consequentemente, $V = \bar{t}v = 23{,}2(\text{min}) \times 16{,}7\ (\text{gal/min}) = 387$ gal. Parece que $500 - 387 = 113$ galões de polímero sólido encontram-se acumulados no interior do reator.

### 10.5.1.3 O Segundo Momento de $E(t)$ — Mistura

A Figura 10-5 mostra as curvas de $E(t)$ para os dois reatores contínuos e ideais, o PFR e o CSTR. Claramente, a curva para o CSTR é muito larga; $E(t)$ tem valores diferentes de zero em toda faixa de tempos de zero a infinito. Esta largura resulta da mistura intensa que ocorre no reator. Inversamente, a curva $E(t)$ para o PFR é muito estreita. A distribuição de tempos de residência externa tem valores diferentes de zero somente quando $t = \bar{t} = \tau = V/v$. Esta distribuição estreita reflete o fato de que não há mistura na direção do escoamento em um PFR.

Vamos calcular o segundo momento para estes dois reatores. Para o CSTR,

$$\mu_2 = \int_0^\infty t^2 E(t)\mathrm{d}t = \int_0^\infty t^2 \frac{1}{\tau} \mathrm{e}^{-t/\tau}\mathrm{d}t = 2\tau^2$$

Para o PFR,

$$\mu_2 = \int_0^\infty t^2 E(t)\mathrm{d}t = \int_0^\infty t^2 \delta(\tau)\mathrm{d}t = \tau^2$$

Para um dado valor do tempo de residência médio $\tau$, o segundo momento em torno da origem para o CSTR é duas vezes maior que aquele para o PFR. Entretanto, esta diferença não reflete a diferença na largura que é visualmente evidente na Figura 10-5, nem reflete o fato de que *não* há mistura na direção do escoamento em um PFR e mistura *completa* no CSTR.

O segundo momento *em torno da média* é um indicador muito melhor da mistura do que o segundo momento *em torno da origem*. O segundo momento em torno da média, também conhecido como a *variância*, é definido como

$$\sigma^2 = \int_0^\infty (t - \bar{t})^2 E(t)\mathrm{d}t = \mu_2 - \tau^2 \qquad (10\text{-}27)$$

Para um CSTR, $\bar{t} = \tau$ e $\sigma^2 = \tau^2$. Para um PFR, $\bar{t} = \tau$ e $\sigma^2 = 0$. Estes valores de $\sigma^2$ refletem claramente a importante diferença na mistura entre os dois reatores contínuos, ideais.

## EXERCÍCIO 10-4

Prove que $\int_0^\infty (t - \tau)^2 E(t)\mathrm{d}t = \mu_2 - \tau^2$.

## EXEMPLO 10-7

***Cálculo da Variância de E(t)***

Calcule o valor de $\sigma^2$ para a distribuição de tempos de residência externa da Figura 10-6.

***ANÁLISE***

Do Exemplo 10-3,

$$E(t) = 0; \quad t < 5\,\text{min}$$
$$E(t) = (0{,}04t - 0{,}20)\,\text{min}^{-1}; \quad 5 \le t \le 10\,\text{min}$$
$$E(t) = (0{,}60 - 0{,}04t)\,\text{min}^{-1}; \quad 10 \le t \le 15\,\text{min}$$
$$E(t) = 0; \quad t > 15\,\text{min}$$

Os valores de $\mu_1$ e $\mu_2$ para esta função de distribuição foram encontrados, sendo iguais a 10 min e 104 min², respectivamente, no Exemplo 10-5. Além disto, $\mu_1 = \bar{t} = \tau$. A variância será calculada com a Equação (10-27).

*SOLUÇÃO* A partir da Equação (10-27),

$$\sigma^2 = \mu_2 - \tau^2 = [104 - (10)^2] = 4\,\text{min}^2$$
$$\sigma = 2\,\text{min}$$

O valor de $\sigma$ é proporcional à largura da curva $E(t)$. Para um CSTR ideal, $\sigma/\tau = 1$, enquanto para um PFR ideal, $\sigma/\tau = 0$. Para este exemplo, $\sigma/\tau = 0{,}20$. A distribuição de tempos de residência não é muito larga comparada com o tempo de residência médio.

Para a distribuição mostrada na Figura 10-6, a fração de fluido com um tempo de residência na saída entre $\tau - \sigma$ e $\tau + \sigma$ (isto é, entre 8 e 12 min) é

$$\text{fração } (\tau - \sigma \le t \le \tau + \sigma) = \int_{\tau-\sigma}^{\tau+\sigma} E(t)\text{d}t$$

$$\text{fração } (8\,\text{min} \le t \le 12\,\text{min}) = \int_{8\,\text{min}}^{10\,\text{min}} (0{,}04t - 0{,}20)\text{d}t + \int_{10\,\text{min}}^{12\,\text{min}} (0{,}60 - 0{,}04t)\text{d}t = 0{,}64$$

Este cálculo ajuda a explicar alguns dos resultados obtidos no Exemplo 10-3. Em particular, a conversão $x_A$ e o rendimento $Y(R/A)$ foram essencialmente os mesmos para o reator real e para um PFR ideal. Isto não é uma surpresa em vista do fato de que os tempos de residência na saída de 64% do fluido caem em ±20% do tempo de residência médio do fluido.

### 10.5.1.4 Momentos para Recipientes em Série

Considere dois recipientes independentes em série, como mostrados na figura a seguir.

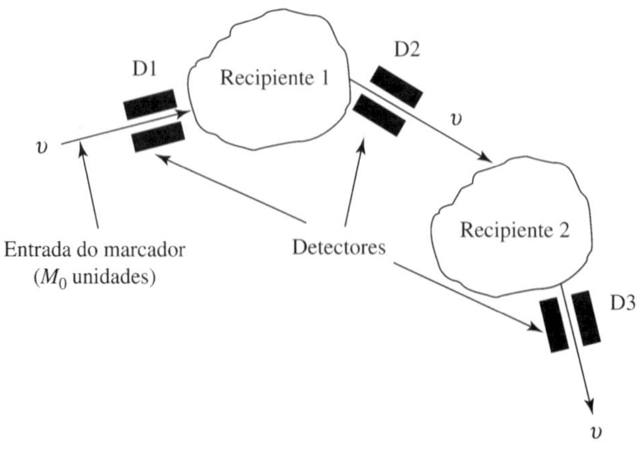


"Independente" significa que o tempo de residência de um elemento do fluido em um recipiente a jusante, por exemplo, o recipiente 2 no esboço anterior, não depende de seu tempo de residência no recipiente a montante. O escoamento através do sistema está em estado estacionário e a vazão volumétrica é $\upsilon$.

Uma quantidade de marcador $M_0$ é injetada a montante do recipiente 1 e a forma do pulso é medida pelo primeiro detector (D1), localizado bem na entrada deste recipiente. O segundo detector (D2) mede a forma do pulso quando ele deixa o primeiro recipiente e o terceiro detector mede a forma do pulso quando ele deixa o segundo recipiente. Iremos considerar que o pulso entrando no segundo recipiente é o mesmo pulso que deixa o primeiro recipiente, isto é, não há atraso ou distorção do marcador na linha que conecta os dois recipientes. Se o marcador for injetado a montante do detector 1, os sinais a partir dos três detectores poderiam parecer alguma coisa como o mostrado na figura a seguir.

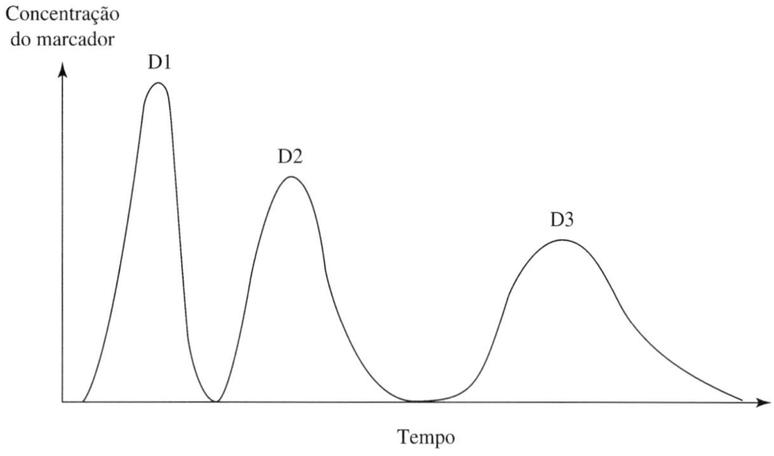


Em primeiro lugar, considere a *combinação* do recipiente 1 e do recipiente 2. A distribuição de tempos de residência externa desta *combinação* pode ser calculada se a distribuição de tempos de residência externa dos dois recipientes for conhecida. Suponha que um elemento de fluido na corrente deixando o recipiente 2 gaste um tempo *total* $t$ no escoamento através dos *dois* recipientes, e que este elemento gaste um tempo $t'$ no primeiro recipiente, com $t'$ menor que $t$. Consequentemente, aquele elemento de fluido gastou um tempo $t - t'$ no segundo recipiente. A fração do fluido *no efluente do segundo recipiente* que gastou $t'$ no primeiro recipiente e $t - t'$ no segundo é

$$E(t - t')\mathrm{d}t = E_1(t')\mathrm{d}t' x E_2(t - t')\mathrm{d}t \tag{10-28}$$

Nesta expressão, $E_1$ é a função de distribuição de tempos de residência externa para o recipiente 1, $E_2$ é a função de distribuição de tempos de residência externa para o recipiente 2, e $E$ é a função de distribuição de tempos de residência externa para a *combinação* dos dois recipientes. Esta equação enuncia simplesmente que a probabilidade de um evento sendo seguido por um segundo evento é exatamente a probabilidade do primeiro evento multiplicada pela probabilidade do segundo evento. Isto é verdadeiro tanto quanto os eventos sejam *independentes*, isto é, a probabilidade do segundo não dependa da probabilidade do primeiro.

A fim de calcular $E(t)$ para a *combinação* dos recipientes 1 e 2, temos que levar em conta o fato de que $t'$ pode ter qualquer valor entre 0 e $t$. Para fazer isto, a Equação (10-28) tem que ser integrada ao longo da faixa permitida para $t'$.

$$E(t) = \int_0^t E_1(t - t')E_2(t')\mathrm{d}t' \tag{10-29}$$

A integral na Equação (10-29) é conhecida como integral de "convolução". É relativamente fácil usar esta equação para calcular $E$ para a combinação de dois recipientes, desde que $E_1$ e $E_2$ sejam conhecidas. O inverso, o cálculo de uma função desconhecida, digamos $E_1$, a partir de funções conhecidas $E$ e $E_2$, é conhecido como "deconvolução" e é mais difícil matematicamente. Felizmente, em alguns casos, a "deconvolução" pode ser evitada.

Suponha que conhecêssemos $E$ e $E_1$, e que estivéssemos desejando estabelecer os *momentos* de $E_2$.[7] Vamos aplicar a transformada de Laplace na Equação (10-29), cujo resultado pode ser encontrado na maioria das tabelas de transformadas de Laplace.

$$\overline{E} = \overline{E}_1 \times \overline{E}_2 \tag{10-30}$$

Aqui, a barra superior novamente indica a transformada de Laplace.

Relembrando a definição da transformada de Laplace, esta equação pode ser escrita na forma

$$\int_0^\infty e^{-st} E(t) = \int_0^\infty e^{-st} E_1(t) \times \int_0^\infty e^{-st} E_2(t)$$

Tomando o limite desta expressão quando $s \to 0$,

$$\int_0^\infty E(t) = \int_0^\infty E_1(t) \times \int_0^\infty E_2(t)$$

$$\mu_{0,E} = \mu_{0,E_1} \times \mu_{0,E_2}$$

Se $E_1$ e $E_2$ forem normalizadas, $\mu_{0,E1} = \mu_{0,E2} = 1$. Consequentemente, $\mu_{0,E}$ tem que também ser normalizado, isto é, $\mu_{0,E} = 1$.

Nestas manipulações, mostramos que

$$\lim \overline{E}_i \underset{s \to 0}{\longrightarrow} \mu_{0,E_i}$$

Aqui, o subscrito "$i$" indica qualquer recipiente ou combinação de recipientes.

Agora, vamos fazer a derivada *em relação a s* da Equação (10-30)

$$\frac{d\overline{E}}{ds} = \overline{E}_1 \times \frac{d\overline{E}_2}{ds} + \frac{d\overline{E}_1}{ds} \times \overline{E}_2 \tag{10-31}$$

O próximo passo é fazer o limite da expressão anterior quando $s \to 0$. Vamos primeiro avaliar a derivada de $\overline{E}$ em relação a $s$ e então fazer o seu limite

$$\frac{d\overline{E}_i}{ds} = \frac{d}{ds}\int_0^\infty e^{-st} E_i dt = -\int_0^\infty t\, e^{-st} E_i dt$$

$$\lim \frac{d\overline{E}_i}{ds} \underset{s \to 0}{\longrightarrow} -\int_0^\infty t E_i dt = -\mu_{1,E_i} = -\bar{t}_i$$

Como o $\lim \overline{E}_i \underset{s \to 0}{\longrightarrow} \mu_{0,E_i}$, fazendo o limite da Equação (10-31) para $s \to 0$ temos

$$\mu_{1,E} = \mu_{0,E_1}\mu_{1,E_2} + \mu_{0,E_2}\mu_{1,E_1}$$

Como $\mu_0 = 1$,

$$\mu_{1,E} = \bar{t} = \mu_{1,E_2} + \mu_{1,E_1} = \bar{t}_1 + \bar{t}_2$$

[7]A propriedade de geração de momentos da transformada de Laplace será usada no desenvolvimento a seguir. Uma aplicação excelente desta técnica na análise de mistura pode ser encontrada em van der Laan, E. T., Notes on the diffusion-type model for the longitudinal mixing in flow, *Chem. Eng. Sci.*, 187 (1958).

Esta equação mostra que o tempo de residência médio para a combinação dos recipientes 1 e 2 é exatamente a soma dos tempos de residência para cada recipiente. Se dois dos três tempos de residência médios nesta equação forem conhecidos, o desconhecido pode ser calculado.

Agora, a Equação (10-31) é diferenciada em relação a $s$ e é feito o limite quando $s \longrightarrow 0$. O resultado é

$$\sigma_E^2 = \sigma_{E_1}^2 + \sigma_{E_2}^2 \tag{10-32}$$

Esta equação mostra que a variância para os dois recipientes em série é a soma das variâncias dos recipientes individuais.

## EXERCÍCIO 10-5

Primeiro, mostre que $\lim \mathrm{d}^2\overline{E}_i/\mathrm{d}s^2 \underset{s\to 0}{\longrightarrow} \mu_{2,E_i}$. Então prove a Equação (10-32).

Agora vamos voltar a nossa atenção para os sinais nos detectores 1 e 2 , isto é, para o comportamento da combinação do marcador e do primeiro recipiente. Considere $C_0(t)$ como a concentração do marcador que é medida pelo detector 1, justamente quando o marcador está entrando no recipiente 1. A distribuição de tempos de residência normalizada do marcador entrando no recipiente 1 é

$$E_0^*(t) = C_0(t) \Big/ \int_0^\infty C_0(t)\mathrm{d}t = \upsilon C_0(t)/M_0$$

A distribuição de tempos de residência do marcador entrando no recipiente é identificada por $E^*$ para diferenciá-la da distribuição de tempos de residência na saída "verdadeira" do recipiente. A função $E^*$ dependerá da extensão da mistura nas linhas entre o ponto de injeção e o detector 1. Ela também dependerá da forma na qual o marcador é injetado, por exemplo, de quanto tempo a injeção leva, se a taxa de injeção varia com o tempo etc. Esta última característica é particular para $E^*$; as funções de distribuição de tempos de residência na saída para recipientes *per si* não dependem da forma que o marcador é injetado.

O tempo de residência médio e a variância do marcador entrando no recipiente 1 podem ser calculados a partir da curva de $C_0(t)$ *versus* tempo que é medida no detector 1. Assim,

$$\bar{t}_0 = \mu_{1,0} = \int_0^\infty tE_0^*(t)\mathrm{d}t$$

$$\sigma_0^2 = \mu_{2,0} - (\bar{t}_0)^2 = \int_0^\infty t^2E_0^*(t)\mathrm{d}t - (\bar{t}_0)^2$$

Os resultados obtidos anteriormente podem agora ser generalizados. Suponha que existam $N$ recipientes independentes em série, com uma entrada arbitrária de marcador no primeiro recipiente. Então,

$$\bar{t}_{\text{todos}} = \bar{t}_0 + \bar{t}_1 + \bar{t}_2 + \cdots + \bar{t}_N = \bar{t}_0 + \sum_{i=1}^{N} \bar{t}_i \tag{10-33}$$

$$\sigma_{\text{todos}}^2 = \sigma_0^2 + \sigma_1^2 + \sigma_2^2 + \cdots \sigma_N^2 = \sigma_0^2 + \sum_{i=1}^{N} \sigma_i^2 \tag{10-34}$$

Nestas equações, o subscrito "todos" denota a combinação de todos os recipientes *mais* o sistema de injeção. Em outras palavras, $\bar{t}_{\text{todos}}$ e $\sigma_{\text{todos}}^2$ são o tempo de residência médio e a variância que seria calculada a partir do sinal do detector na corrente deixando o último (enésimo) recipiente.

Na próxima seção, alguns modelos de escoamento não ideal através de reatores serão apresentados. Cada modelo conterá um parâmetro (ou parâmetros) que pode ter que ser determinado a partir de experimentos de resposta do marcador. Para um dado modelo, os parâmetros desconhecidos normalmente podem ser determinados a partir dos momentos da curva do marcador.

## 10.5.2 O Modelo de Dispersão

### 10.5.2.1 Visão Geral

O modelo de Dispersão, ou modelo de escoamento pistonado disperso, é uma extensão do modelo de escoamento pistonado ideal que permite alguma mistura na direção do escoamento. O modelo de Dispersão é unidimensional. Como o modelo de escoamento pistonado ideal, todos os gradientes de concentração e de temperatura estão na direção do escoamento. Não há gradientes de concentração e de temperatura normais à direção do escoamento.

Considere um reator tubular com área de seção transversal $A_{tr}$ e comprimento $L$, tal como o mostrado na Figura 7-4. Há recheio no interior do reator (esferas, cilindros, celas etc.). Fluido escoa através dos interstícios entre as partículas e a fração do volume total representada pelo volume intersticial, $\varepsilon_i$, é definida como

$$\varepsilon_i \equiv \frac{\text{volume dos interstícios entre as partículas do recheio}}{\text{volume total do reator}}$$

Se o recheio for poroso, por exemplo, partículas de catalisador porosas, o volume dos poros *não* está incluído em $\varepsilon_i$.

A fração do reator que é ocupada pelo recheio é $1 - \varepsilon_i$. Em outras palavras, $1 - \varepsilon_i$ é o volume *geométrico* do recheio por unidade do volume geométrico do reator.

Consideraremos que o leito seja isotrópico. Consequentemente, a fração da *área da seção transversal* ocupada pelos interstícios é também $\varepsilon_i$, e a área da seção transversal através da qual o fluido *realmente escoa* é $\varepsilon_i A_{tr}$. Da mesma forma, o volume do reator através do qual o fluido *realmente escoa* é $\varepsilon_i A_{tr} L (= \varepsilon_i V)$.

Se o reator fosse um PFR ideal, o balanço de massa do reagente A em uma fatia diferencial do reator, tal como a mostrada na Figura 7-4, seria

$$\upsilon \mathrm{d}C_A + (-r'_A) A_{tr} \mathrm{d}z = 0$$

Nesta equação, $z$ é a dimensão na direção do escoamento, isto é, a direção axial em um reator tubular. Como usual, $\upsilon$ é a vazão volumétrica. Consideraremos que a massa específica do fluido escoando através do reator é constante, de modo que $\upsilon$ seja a mesma em toda seção transversal ao longo do comprimento do reator. Finalmente, $-r'_A$ é a taxa de desaparecimento de A por unidade de volume *geométrico* do reator.

Rearranjando a equação anterior,

$$\left(\frac{\upsilon}{A_{tr}}\right) \frac{\mathrm{d}C_A}{\mathrm{d}z} - r'_A = 0 \tag{10-35}$$

Para o escoamento pistonado em um reator no qual não há recheio, $u = \upsilon/A_{tr}$ é a velocidade real em todo ponto no reator. Se há recheio no reator, então $\upsilon/A_{tr}$ é a velocidade *superficial* e a velocidade real é $\upsilon/(\varepsilon_i A_{tr})$.

Para formar o modelo de escoamento pistonado disperso, o termo $-D(\mathrm{d}^2 C_A/\mathrm{d}z^2)$ é adicionado à Equação (10-35) para descrever a mistura na direção do escoamento.

$$-D \frac{\mathrm{d}^2 C_A}{\mathrm{d}z^2} + u \frac{\mathrm{d}C_A}{\mathrm{d}z} - r'_A = 0 \tag{10-36}$$

O modelo da Equação (10-36) está baseado na consideração de que a mistura da espécie A na direção do escoamento (direção $z$) é proporcional ao gradiente de concentração ($\mathrm{d}C_A/\mathrm{d}z$), isto é, a mistura por natureza segue a lei de Fick. O parâmetro $D$ é conhecido como coeficiente de *dispersão* axial. Em geral, $D$ não é igual ao coeficiente de difusão molecular $D_{A,m}$. Exceto em casos raros, $D$ é muito maior do que o coeficiente de difusão molecular, porque $D$ inclui os efeitos das flutuações de velocidade temporais e radiais, em adição à difusão molecular.

A Equação (10-36) pode se tornar parcialmente adimensional pela introdução das variáveis $Z = z/L$ e $\tau^* = V/v = L/u$, sendo $u = v/A_{tr}$.

$$\left(\frac{D}{uL}\right)\frac{d^2C_A}{dZ^2}+\frac{dC_A}{dZ}+(\tau^*)(-r'_A)=0 \tag{10-37}$$

O parâmetro $\tau^*$ é o tempo de residência médio do fluido *em um reator vazio*, isto é, *um que não contenha recheio*. Se houver recheio no reator, então o tempo de residência médio, como medido por técnicas de marcador, será menor do que $\tau^*$ porque parte do volume total do reator estará ocupada pelo material sólido do recheio, causando o fato de a velocidade real do fluido ser maior do que $u$.

O grupo adimensional $(D/(uL))$ é conhecido como o *número de Dispersão*. Ele pode ter valores entre 0 e $\infty$. Se $D/(uL)$ for 0, não há retromistura e o reator é um PFR ideal. Na medida em que $D/(uL)$ se aproxima de $\infty$, o reator tende ao comportamento de um CSTR ideal. O inverso do número de Dispersão é chamado de número de Peclet axial, $Pe_a = uL/D$.

Da Equação (10-37) surgem duas questões:

**1.** Como conseguir os valores de $D/(uL)$?
**2.** Como o termo que descreve a taxa de desaparecimento de A, $-r'_A$, pode ser formulado?

Vamos lidar primeiro com a segunda questão.

### 10.5.2.2 O Termo da Taxa de Reação

A Equação (10-37) tem uma solução analítica somente para uma reação de primeira ordem, embora estejam disponíveis soluções numéricas e/ou aproximadas para outras equações de taxa.[8] A presente discussão será focada no caso da primeira ordem, com atenção especial para as questões de reversibilidade e se a reação é homogênea ou heterogênea.

***Reação Homogênea*** Considere uma reação reversível $A \rightleftarrows B$, que ocorra somente em fase fluida. Nesta discussão de reações homogêneas, consideraremos que qualquer recheio no reator não é poroso. A reação reversível obedece a equação da taxa

$$-r_A = k_{di}C_A - k_{in}C_B$$

As unidades de $-r_A$ são mols A/(volume do *fluido* · tempo), e as unidades de $k_{di}$ e $k_{in}$ são tempo$^{-1}$. A taxa por unidade de volume do *reator*, $-r'_A$, é dada por $-r'_A = \varepsilon_i(-r_A)$. Como $k_{in} = k_{di}/K^C_{eq}$ e $C_B = (C_{A0} + C_{B0}) - C_A$,

$$-r_A = \frac{k_{di}(1+K^C_{eq})}{K^C_{eq}}C_A - \frac{k_{di}(C_{A0}+C_{B0})}{K^C_{eq}}$$

Sejam $\alpha = k_{di}(1 + K^C_{eq})/K^C_{eq}$ e $\beta = k_{di}(C_{A0} + C_{B0})/K^C_{eq}$. Então,

$$-r_A = \alpha C_A - \beta$$

e

$$-r'_A = \varepsilon_i(\alpha C_A - \beta) \tag{10-38}$$

Se a reação for essencialmente irreversível, $K^C_{eq} \rightarrow \infty$, $\alpha \rightarrow k_{di}$ e $\beta \rightarrow 0$, de modo que $-r'_A = \varepsilon_i k_{di} C_A$. O termo $\alpha/\beta$ é a concentração de A quando a reação está em equilíbrio e $-r'_A = 0$, isto é, $C_{A,eq} = \alpha/\beta$.

Substituindo a Equação (10-38) na Equação (10-37),

---

[8]Levenspiel, O., *The Chemical Reactor Omnibook*, Oregon State University Bookstores, Corvallis, O. R. (1989), 64–21, 22; Westerterp, K. R., van Swaaij, W. P. M., e Beenackers, A. A. C. M., *Chemical Reactor Design and Operation*, John Wiley & Sons, (1984), p. 199–202.

$$-\left(\frac{D}{uL}\right)\frac{d^2C_A}{dZ^2}+\frac{dC_A}{dZ}+(\varepsilon_i\tau^*)(\alpha C_A-\beta)=0$$

Seja $\Psi_A = (C_A/C_{A0}) - (\beta/(\alpha C_{A0})$. Esta transformação torna a equação anterior completamente adimensional

$$-\left(\frac{D}{uL}\right)\frac{d^2\Psi_A}{dZ^2}+\frac{d\Psi_A}{dZ}+(\varepsilon_i\tau^*)\alpha\Psi_A=0 \tag{10-39}$$

Como $\beta/\alpha$ é a concentração de A no equilíbrio, o parâmetro $\Psi_A$ pode ser interpretado como a diferença entre a concentração adimensional de A em qualquer ponto do reator ($C_A/C_{A0}$) e a concentração adimensional de A *no equilíbrio* ($\beta/(\alpha C_{A0})$). O parâmetro $1 - \beta/(\alpha C_{A0})$ é a variação *máxima* possível na concentração adimensional de A, isto é, a diferença entre as concentrações adimensionais na alimentação e no equilíbrio.

Note que $\varepsilon_i\tau^*$ ($= \varepsilon_i V/v$) é o tempo espacial *real* para o reator, isto é, o volume do reator que *não* é ocupado pelo recheio dividido pela vazão volumétrica.

As condições de contorno para a Equação (10-39) têm sido um assunto de considerável discussão.[9] As chamadas "condições de contorno de Danckwerts" são talvez as mais comumente utilizadas. Estas condições se aplicam a um recipiente fechado, isto é, um no qual não há difusão através das fronteiras do sistema.

$$C_{A0}=C_A(0^+)-\frac{D}{u}\frac{dC_A}{dz}(0^+)$$

$$1-\frac{\beta}{\alpha C_{A0}}=\Psi_A(0^+)-\frac{D}{uL}\frac{d\Psi_A(0^+)}{dZ} \tag{10-39a}$$

$$\frac{dC_A}{dz}(L^-)=0$$

$$\frac{d\Psi_A}{dZ}(1^-)=0 \tag{10-39b}$$

A solução para as Equações (10-39), (10-39a) e (10-39b) será desenvolvida após as suas equivalentes terem sido formuladas para uma reação catalítica heterogênea.

***Reação Catalítica Heterogênea*** Considere a mesma reação reversível A ⇄ B que agora ocorre em um catalisador heterogêneo. A equação obedece a equação da taxa

$$-r_A = k_{di}C_A - k_{in}C_B$$

As unidades de $-r_A$ agora são mols/(*massa de catalisador* · tempo), e as unidades de $k_{di}$ e $k_{in}$ são volume do fluido/(*massa de catalisador* · tempo). As taxas $-r'_A$ e $-r_A$ estão relacionadas por

$$-r'_A=\rho_G(-r_A)$$

Aqui $\rho_G$ é a massa específica global do catalisador (massa do catalisador/volume geométrico do reator).

A equivalente da Equação (10-39) para uma reação catalítica heterogênea é

$$-\left(\frac{D}{uL}\right)\frac{d^2\Psi_A}{dZ^2}+\frac{d\Psi_A}{dZ}+(\rho_G\tau^*)\alpha\Psi_A=0 \tag{10-40}$$

---

[9]Veja, por exemplo, Froment, G. F. e Bischoff, K. B., *Chemical Reactor Analysis and Design*, 2nd edition, John Wiley & Sons, New York (1990), p. 535.

O termo $\rho_G\tau^*$ é justamente o tempo espacial $\tau$ para uma reação catalítica heterogênea, isto é, $\tau = \rho_G\tau^* = m/\upsilon$.

### 10.5.2.3 Soluções para o Modelo de Dispersão

***Rigorosa*** As Equações (10-39) e (10-40) têm exatamente a mesma forma e estão sujeitas às mesmas condições de contorno, Equações (10-39a) e (10-39b). Considere que o número de Dispersão seja representado por $\Delta$.

$$\Delta = D/uL \tag{10-41a}$$

Adicionalmente, considere que um parâmetro adimensional "$a$" seja definido por

$$\begin{aligned} a &\equiv \sqrt{1 + (4\Delta\varepsilon_i\tau^*\alpha)} \quad \text{(homogênea)} \\ a &\equiv \sqrt{1 + (4\Delta\rho_G\tau^*\alpha)} \quad \text{(heterogênea)} \end{aligned} \tag{10-41b}$$

As Equações (10-39) e (10-40) podem agora ser resolvidas para o valor de $\Psi_A$ no efluente de um reator isotérmico:

$$\frac{\Psi_A}{1 - (\beta/\alpha C_{A0})} = \frac{4a\exp(1/2\Delta)}{(1 + a)^2\exp(a/2\Delta) - (1 - a)^2\exp(-a/2\Delta)} \tag{10-42}$$

Se a reação for irreversível, $\Psi_A = C_A/C_{A0}$ e $\beta = 0$, de modo que

$$\frac{C_A}{C_{A0}} = \frac{4a\exp(1/2\Delta)}{(1 + a)^2\exp(a/2\Delta) - (1 - a)^2\exp(-a/2\Delta)} \tag{10-43}$$

## EXEMPLO 10-8

***Uso do Modelo de Dispersão***

A reação catalítica reversível A $\rightleftarrows$ B ocorre isotermicamente em um reator tubular com recheio. A constante de equilíbrio da reação, baseada na concentração, é 1,0; e a constante da taxa da reação direta $k_{di}$ é igual a 10 l/(g cat min). A concentração de A na alimentação do reator é 1 mol/l e não existe B na alimentação. O número de Dispersão para o reator é 0,20; e o tempo espacial, $\tau (= m/\upsilon)$, é igual a 0,10 (g min/l).

A. Qual é o valor de $C_A$ na corrente deixando o reator?
B. Qual valor de $C_A$ seria esperado para um PFR ideal operando no mesmo valor de $\tau$?
C. Se o número de Dispersão permanecesse constante,[10] qual valor de $\tau$ seria necessário para que o reator com escoamento pistonado disperso produza a mesma concentração de saída de A do que o PFR?

**Parte A: Qual é o valor de $C_A$ na corrente deixando o reator?**

***ANÁLISE*** As unidades de $k_{di}$ mostram que a reação é heterogênea. Os valores de $\alpha$, $\beta$ e $a$ serão calculados a partir da informação fornecida no enunciado do problema. O valor de $\Delta$ é dado. O valor de $C_A$ na corrente deixando o reator será calculado usando a Equação (10-43).

***SOLUÇÃO*** Primeiro, calcular os valores de $\alpha$, $\beta$, $\beta/(\alpha C_{A0})$ e $a$.

$$\alpha = k_f(1 + K_{eq}^C)/K_{eq}^C = 10(\text{l/(g min)}) \times (1 + 1)/1 = 20\,\text{l/(g min)}$$

$$\beta = k_f(C_{A0} + C_{B0})/K_{eq}^C = 10(\text{l/(g min)}) \times (1 + 0)(\text{mol/l})/1 = 10\,\text{mol/(g min)}$$

$$\beta/\alpha C_{A0} = 10(\text{mol/(g min)})/[20(\text{l/(g min)}) \times 1(\text{mol/l})] = 0{,}50$$

$$a = \sqrt{1 + (4 \times [D/uL] \times \tau \times \alpha}$$

$$a = \sqrt{1 + (4 \times [0{,}20]) \times 0{,}10(\text{g min/l}) \times 20(\text{l/(g min)})} = 1{,}61$$

Substituindo estes valores na Equação (10-42) obtém-se $\Psi_A = 0{,}102$. Como $\Psi_A = (C_A/C_{A0}) - (\beta/(\alpha C_{A0})$,

$$C_A(\text{saída}) = 0{,}602 \text{ mol/l}.$$

Como uma perspectiva, a concentração de A no equilíbrio $(\beta/\alpha)$ é $C_{A,eq} = 0{,}50$ mol/l.

**Parte B: Qual valor de $C_A$ seria esperado para um PFR ideal operando no mesmo valor de $\tau$?**

*ANÁLISE* Esta questão poderia ser respondida começando pela equação de projeto para uma reação catalítica heterogênea ocorrendo em um reator PFR ideal com um fluido de massa específica constante passando através dele, isto é, a Equação (3-31). Uma abordagem alternativa é reconhecer que o comportamento de um PFR ideal sem dispersão axial é descrito pela Equação (10-40), com o primeiro termo do lado esquerdo (o termo da dispersão axial) retirado. Esta questão será respondida adotando a última alternativa.

*SOLUÇÃO* A remoção do termo da dispersão axial da Equação (10-40) fornece

$$\frac{d\Psi_A}{dZ} + (\rho_B\tau^*)\alpha\Psi_A = 0; \quad \frac{d\Psi_A}{\Psi_A} = \rho_B\tau^*\alpha dZ = \alpha\tau dZ$$

A integração desta equação de $Z = 0$ e $\Psi_A = [1 - (\beta/(\alpha C_{A0})]$ até $Z = 1$ e $\Psi_A = \Psi_A(\text{saída})$ fornece

$$\Psi_A(\text{saída}) = [1 - (\beta/\alpha C_{A0})]\exp(-\alpha\tau)$$

Substituindo os valores,

$$\Psi_A(\text{saída}) = [0{,}50]\exp(-2{,}0) = 0{,}0677; \; C_A(\text{saída}) = 0{,}568 \text{ (mol/l)}$$

Como esperado, a concentração na saída do PFR é menor do que a concentração na saída do reator de escoamento pistonado disperso e é mais próxima da concentração do equilíbrio.

**Parte C: Se o número de Dispersão permanecesse constante,[10] qual valor de $\tau$ seria necessário para que o reator com escoamento pistonado disperso produza a mesma concentração de saída de A do que o PFR?**

*ANÁLISE* O valor de $\tau$ que fornece um valor de $\Psi_A$ de 0,0677 tem que ser encontrado para o reator de escoamento pistonado disperso. Para fazer isto, o valor de $\Psi_A$ na Equação (10-42) será considerado igual a 0,0677 e esta equação será resolvida para "*a*". O valor de $\tau$ então será calculado a partir de "*a*".

*SOLUÇÃO* Uma planilha EXCEL foi preparada para fazer este cálculo. GOALSEEK foi usada para encontrar o valor de "*a*" que fornece o valor desejado de $\Psi_A$. O resultado é

$$a = 1{,}77; \quad \tau = (a^2 - 1)/4\alpha(D/uL) = 0{,}133$$

Cerca de 33% de catalisador a mais é necessário no reator de escoamento pistonado disperso para atingir a mesma concentração do reagente na saída de um PFR ideal, para este exemplo particular. Esta quantidade extra de catalisador necessária resulta da mistura axial (retromistura) que ocorre no reator.

***Aproximada (Pequenos Valores de D/(uL))*** Para pequenos desvios do escoamento pistonado, isto é, para pequenos valores de $D/(uL)$, as exponenciais na Equação (10-42) podem ser expandidas e os

[10] Geralmente, o número de dispersão *não* permanecerá constante quando mais catalisador for adicionado a um reator existente. Este comportamento será discutido com mais detalhe neste capítulo.

termos de ordens superiores podem ser desprezados. Este procedimento fornece alguns resultados aproximados que podem ser úteis na análise do comportamento de reatores. Por exemplo,

$$\frac{\Psi_A}{\Psi_A(\text{PFR})} = 1 + \left(\frac{D}{uL}\right)(\alpha\tau)^2 \tag{10-44}$$

Esta equação mostra que a conversão em um PFR ideal será sempre maior do que em um reator de escoamento pistonado disperso operando no mesmo $\tau$.

Outra possibilidade oferecida pelos resultados para pequenos valores de $D/(uL)$ é comparar os volumes (ou massas do catalisador) dos reatores necessários para atingir uma concentração de saída especificada. Para uma reação homogênea,

$$\frac{V}{V_{\text{PFR}}} = 1 + \left(\frac{D}{uL}\right)\ln\left(\frac{1-(\beta/\alpha C_{A0})}{\Psi_A}\right) \tag{10-45a}$$

Para uma reação catalítica heterogênea,

$$\frac{m}{m_{\text{PFR}}} = 1 + \left(\frac{D}{uL}\right)\ln\left(\frac{1-(\beta/\alpha C_{A0})}{\Psi_A}\right) \tag{10-45b}$$

Não surpreendentemente, estas equações mostram que o volume do reator ou a massa do catalisador necessário é maior para um reator de escoamento pistonado disperso do que para um PFR ideal.

#### 10.5.2.4 O Número de Dispersão

Os valores de $D/(uL)$ para uma dada configuração de reatores e condições operacionais podem ser medidos usando técnicas de resposta do marcador. Esta abordagem é discutida em mais detalhes mais adiante nesta seção. Entretanto, um dos fatores mais importante do modelo de Dispersão é a disponibilidade de correlações que podem ser utilizadas para estimar valores de $D/(uL)$. Ao longo de anos, o modelo de Dispersão vem sendo usado para analisar o comportamento de marcadores em um conjunto de geometrias de reatores, por exemplo, tubos sem recheio e com recheio, e em uma ampla variedade de condições operacionais. Estes estudos levaram ao desenvolvimento de correlações para situações comuns. Começaremos discutindo estas correlações.

***Estimando D/(uL) a partir de Correlações***

*Leitos recheados*

A Figura 10-7 é uma correlação para a dispersão em reatores tubulares recheados.[11]

O parâmetro $D\varepsilon_i/(ul_c)$ representado na ordenada do gráfico (eixo $y$) é conhecido como "intensidade de dispersão" ou número de Dispersão "local". Para a situação mostrada na Figura 10-7, a intensidade de dispersão depende do número de Reynolds da partícula, Re $(= l_c u\rho/\mu)$. Para gases, $D\varepsilon_i/(ul_c)$ também depende do número de Schmidt, $\mu/(\rho D_{A,m})$.

Neste gráfico, $l_c$ é a dimensão característica da partícula do catalisador ou do recheio, como definida previamente pela Equação (9-10).

$$l_c = \text{dimensão característica} = \frac{\text{volume geométrico da partícula}}{\text{área superficial geométrica da partícula}} \tag{9-10}$$

Ainda que as correlações na Figura 10-7 sejam mostradas como linhas, há uma dispersão considerável nos dados originais nos quais estas correlações estão baseadas. A visualização das incertezas nas correlações pode ser efetuada nas referências a partir das quais esta figura foi desenvolvida.

[11]Adaptada de Wen, C. Y. e Fan, L. T., *Models for Flow Systems and Chemical Reactors*, Marcel Dekker, Inc. (1975), p. 171 (para gases) e de Levenspiel, O., *Chemical Reaction Engineering*, 3rd edition, John Wiley & Sons (1999), p. 311 (para líquidos).

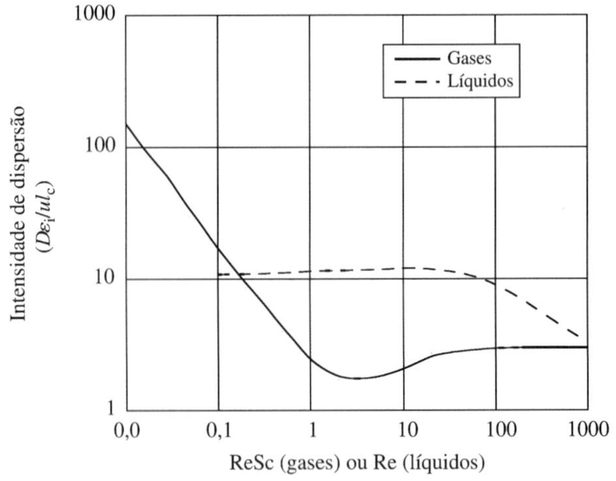


**Figura 10-7** Intensidade de dispersão para líquidos e gases escoando através de leitos recheados.

O número de Dispersão para o reator é o produto entre a "intensidade de dispersão" e um fator geométrico, $l_c/(\varepsilon_i L)$, isto é,

$$D/uL = (D\varepsilon_i/ul_c) \times (l_c/\varepsilon_i L)$$

A "intensidade de dispersão" depende de condições locais, por exemplo, tamanho da partícula e velocidade superficial. Entretanto, o fator geométrico é inversamente proporcional ao comprimento do reator $L$. Consequentemente, para condições *locais* fixas, o número de Dispersão diminui quando o reator se torna mais comprido.

Em muitas correlações mais antigas, a "intensidade de dispersão" foi representada em termos do diâmetro equivalente de uma partícula esférica. Na realidade, partículas esféricas foram utilizadas em muitos dos estudos nos quais a Figura 10-7 está baseada. Neste capítulo, por consistência, as correlações foram convertidas para a mesma "dimensão característica" que foi usada no Capítulo 9.

*Tubos sem recheio — escoamento turbulento*

Uma correlação para escoamento turbulento em tubulações sem recheio é mostrada na Figura 10-8. A estrutura desta correlação é a mesma da mostrada anteriormente, isto é, uma "intensidade de dispersão" é correlacionada em relação a um número de Reynolds local. Neste caso, a dimensão característica usada em ambos os parâmetros é o diâmetro interno do tubo sem recheio, $D_i$.

Wen e Fan[12] apresentam um gráfico mostrando os dados nos quais a Figura 10-8 está baseada. Novamente, há uma dispersão considerável nos dados originais. Na faixa de Re coberta pelo gráfico anterior, os dados são bem correlacionados por

$$D/uD_i = \frac{3{,}0 \times 10^7}{(\text{Re})^{2,1}} + \frac{1{,}35}{(\text{Re})^{1/8}}$$

*Reatores tubulares de escoamento laminar*

Em algumas circunstâncias, o modelo de Dispersão pode ser aplicado em reatores tubulares de escoamento laminar. Se $4Dt/(D_i)^2 \geq 0{,}80$ ou $D/(uD_i) \leq 1$,[13] o número de Dispersão para o escoamento laminar em tubos sem recheio e longos é dado por

$$D/uL = (1/\text{Re} \times \text{Sc}) + (\text{Re} \times \text{Sc}/192)$$

e valores de $D/(uL)$ calculados com esta equação podem ser usados no modelo de Dispersão para calcular a performance do reator.

[12]Wen, C. Y. e Fan, L. T., *Models for Flow Systems and Chemical Reactors*, Marcel Dekker, Inc. (1975), p. 146.

[13]Esta combinação de critérios é de certa forma conservativa. Veja Wen, C. Y. e Fan, L. T., *Models for Flow Systems and Chemical Reactors*, Marcel Dekker, Inc. (1975), p. 106.

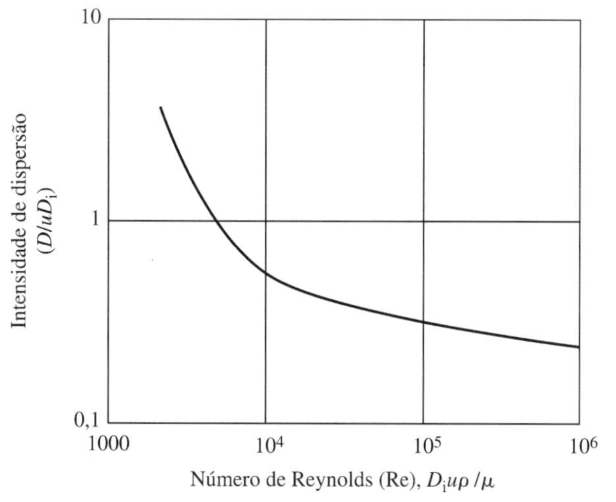


**Figura 10-8** Intensidade de dispersão para fluidos escoando através de tubos sem recheio em escoamento turbulento.

Finalmente, o modelo de Dispersão tem sido aplicado em reatores catalíticos nos quais as partículas estão em movimento, por exemplo, reatores de leito fluidizado e reatores de coluna de borbulhamento em leito de lama. Estas situações podem ser complicadas porque o modelo de Dispersão pode ter que ser aplicado em ambas as fases, fluida e sólida, separadamente. A análise de tais reatores está além do escopo deste texto, mas detalhes adicionais podem ser encontrados na literatura.[14]

***Critério para Dispersão Desprezível*** Ao analisar o comportamento de um reator, podemos desejar saber se o efeito da dispersão axial precisa ser de fato levado em conta. A partir da discussão anterior, está claro que o valor de $D/(uL)$ será pequeno o suficiente para ser desprezado quando o reator for suficientemente longo. Neste caso, o modelo do PFR ideal será suficiente.

Suponha que $\delta_{err}$ seja o erro relativo permitido em $V$ (ou $m$). Então, para uma reação de primeira ordem, o efeito da dispersão axial pode ser desprezado se[15]

$$\frac{L}{l_c} > \frac{1}{\delta_{err}}\left(\frac{D}{ul_c}\right)\ln\left(\frac{1-(\beta/\alpha C_{A0})}{\Psi_A}\right) \tag{10-46}$$

## EXEMPLO 10-9

***Teste para Dispersão Desprezível***

Um tubo circular é recheado com partículas de catalisador esféricas que têm um diâmetro de 1 mm. O volume intersticial fracionário $\varepsilon_i$ é igual a 0,35. O número de Reynolds da partícula no tubo é igual a 200. O fluido escoando no tubo é um líquido.

A reação reversível de primeira ordem A ⇄ B será realizada no reator, que tem que ser dimensionado de tal forma que a reação esteja no mínimo a 99% da trajetória para o equilíbrio na saída. As concentrações de A e de B na alimentação do reator são 2,0 e 0,10 mol/l, respectivamente, e o valor da constante de equilíbrio $K_{eq}^C$ é igual a 2,0. O reator operará isotermicamente.

Qual comprimento o reator deve ter de modo que a dispersão axial possa ser desprezada, se um erro de 1% no cálculo do catalisador necessário for aceitável?

***ANÁLISE***

O valor de $L$ será calculado a partir da Equação (10-46). O valor de $\Psi_A$ será calculado a partir da afirmação de que a reação tem que estar a, no mínimo, 99% da trajetória para o equilíbrio, e o valor de $D/uL$ será estimado via a correlação na Figura 10-7. Todos os outros valores necessários são fornecidos ou podem ser calculados diretamente a partir dos valores dados.

***SOLUÇÃO***

O valor de $\delta_{err}$ é 0,01. Da Figura 10-7, o valor de $\varepsilon_i D/(ul_c)$ é cerca de 6 para um líquido escoando com o número de Reynolds da partícula de 200. Consequentemente, $D/(ul_c) = 6/0{,}35 = 17$. A

[14] Veja, por exemplo, Wen, C. Y. e Fan, L. T., *Models for Flow Systems and Chemical Reactors*, Marcel Dekker, Inc. (1975), p. 150–167, 175–181.

[15] Adaptado de Mears, D. E., *Ind. Eng. Chem. Fundam.*, 15, 20 (1976).

concentração de equilíbrio de A, $\beta/\alpha$, é $C_{A,eq} = (C_{A0} + C_{B0})/(1 + K^C_{eq}) = 0{,}70$ mol/l. O valor do termo $1 - (\beta/(\alpha C_{A0}))$ é $1 - (0{,}70/2) = 0{,}65$. A concentração de A deixando o reator tem que ser tal que $C_{A0} - C_A(\text{sai}) = 0{,}99 \times [C_{A0} - (\beta/\alpha)]$. Usando a definição de $\Psi_A$, isto pode ser rearranjado para

$$\Psi_A(\text{saída}) = 0{,}01[1 - (\beta/\alpha C_{A0})] = 0{,}0065$$

Substituindo valores na Equação (10-46),

$$L/l_c > (1/0{,}01)(17)\ln(0{,}65/0{,}0065) = 7800$$

O valor de $l_c$ é 0,10/6 = 0,0167 mm. Consequentemente, o efeito da dispersão axial pode ser desprezado se o leito recheado tiver, no mínimo, 130 mm (0,13 m) de comprimento.

***Medida de D/(uL)*** As correlações discutidas previamente cobrem uma ampla faixa de importantes condições e configurações. Todavia, pode ser encontrada uma configuração de reator que não tenha sido estudada anteriormente e para a qual as correlações não estejam disponíveis. Neste evento, $D/(uL)$ tem que ser medido usando técnicas de resposta do marcador.

O balanço de massa em *estado não estacionário* para um marcador não adsorvente e não reativo, que obedeça ao modelo de Dispersão, é

$$-D\frac{\partial^2 C}{\partial z^2} + u\frac{\partial C}{\partial z} = \varepsilon_i \frac{\partial C}{\partial t} \tag{10-47}$$

desde que o recheio não seja poroso. A solução desta equação diferencial parcial depende das condições de contorno. Felizmente, para pequenos valores de $D/(uL)$, a solução não é muito sensível à escolha das condições de contorno.

A Figura 10-9 mostra a distribuição de tempos de residência na saída adimensional que é obtida pela solução da Equação (10-47) para um recipiente "aberto".

Esta figura mostra o comportamento da função de distribuição de tempos de residência na saída *adimensional* como uma função do tempo adimensional, $\Theta = t/\tau$.

A distribuição de tempos de residência na saída adimensional depende somente do número de Dispersão. Em valores muitos baixos de $D/(uL)$, a forma da distribuição se aproxima daquela de um PFR ideal. Entretanto, a distribuição se torna mais larga na medida em que o valor de $D/(uL)$ aumenta. Em altos valores de $D/(uL)$, a distribuição de tempos de residência na saída se aproxima da de um CSTR ideal.

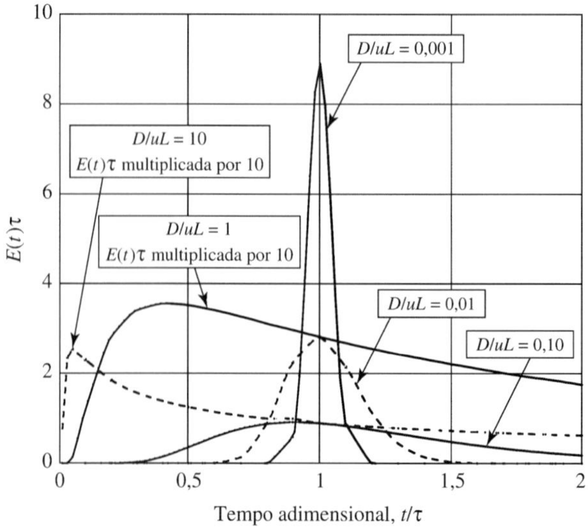


**Figura 10-9** Distribuição de tempos de residência na saída adimensional ($\tau E(t)$) para o modelo de escoamento pistonado disperso como uma função do tempo adimensional, $t/\tau$, para vários valores do número de dispersão, $D/(uL)$. Condições de contorno de recipiente "aberto".

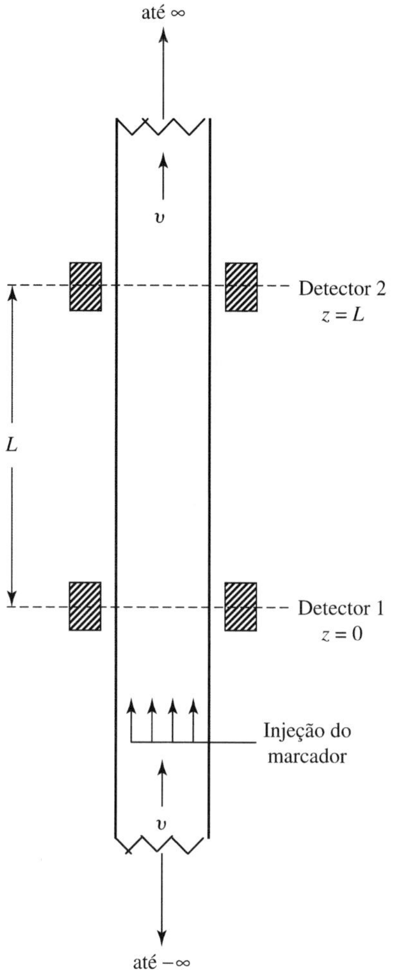


**Figura 10-10** Diagrama de sistema de leito recheado "infinito" para medida do coeficiente de dispersão.

Uma configuração de recipiente "aberto" é conveniente para usar na medida da dispersão de um marcador em um tubo recheado ou sem recheio. Um esquema de um equipamento experimental idealizado é mostrado na Figura 10-10.

Se os dois detectores estiverem localizados a uma distância $L$ um do outro, e se o marcador for injetado a montante do primeiro detector, o tempo de residência médio do marcador entre os dois detectores é dado por

$$\bar{t} = \tau + 2(D/uL)$$

*Note que $\bar{t} \neq \tau$ porque o sistema sendo estudado, isso é, a seção do leito entre os dois detectores, não é "fechado"*. O marcador pode se difundir através das fronteiras do sistema, isto é, dos planos nos quais os detectores estão localizados.

A diferença na variância entre os dois detectores é dada por

$$\Delta\sigma^2 = 2(D/uL) + 8(D/uL)^2$$

Para pequenos valores de $D/(uL)$, a diferença entre $\bar{t}$ e $\tau$ não pode ser grande o suficiente para permitir uma estimativa acurada de $D/(uL)$. A diferença da variância medida permite um cálculo mais preciso. Note que a segunda parcela na expressão para a diferença da variância é pequena comparada à primeira, se $D/(uL)$ for pequeno.

Se o uso de uma configuração "aberta" não for viável ou prática, outras opções podem ser consideradas. Van der Laan[16] fornece relações entre $D/(uL)$, $\bar{t}$ e $\sigma^2$ para configurações diferentes, que envolvem

[16]Van der Laan, E. Th., *Chem. Eng. Sci.*, 7, 187 (1957).

condições de contorno diferentes. Em todos os casos, quando $D/(uL)$ é pequeno, a diferença da variância é independente das condições de contorno específicas e é bem aproximada por

$$\Delta\sigma^2 \cong 2(D/uL)$$

#### 10.5.2.5 O Modelo de Dispersão — Alguns Comentários Finais

O modelo de Dispersão vem sendo bastante utilizado, especialmente para a descrição de desvios relativamente pequenos do escoamento pistonado em leitos recheados e tubos sem recheio. A disponibilidade de correlações que podem ser utilizadas para estimar $D/(uL)$ para configurações de reatores comuns tornam este modelo especialmente conveniente. Todavia, existem muitas situações, principalmente altos valores de $D/(uL)$, para os quais o modelo de Dispersão não é apropriado. Duas abordagens alternativas para descrever reatores não ideais são consideradas nas seções finais deste capítulo.

### 10.5.3 Modelo de CSTRs em Série (CES)

#### 10.5.3.1 Visão Geral

No Capítulo 4 aprendemos que a desvantagem na taxa de reação associada a um único CSTR pode ser reduzida colocando-se vários CSTRs em série. Na verdade, se o número de CSTR for suficientemente grande, o comportamento da série de reatores se aproxima bastante do escoamento pistonado. O modelo CES, também chamado de modelo de "tanques em série", é construído com base nesta observação.

O modelo CES é muito simples conceitualmente. Um número "$N$" de CSTRs é colocado em série. Cada reator tem o mesmo volume $V$ ou contém a mesma massa de catalisador $m$. Esta configuração é mostrada esquematicamente na figura a seguir.

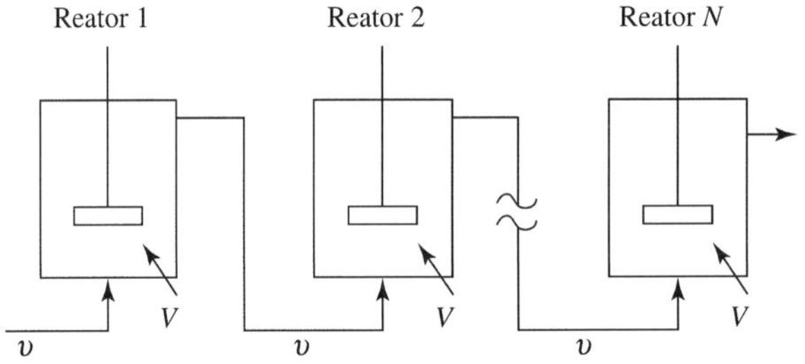


O modelo CES é muito flexível. Ele pode descrever o comportamento de retromistura que vai da mistura completa, isto é, um único CSTR ($N = 1$), até uma situação que se aproxima de um escoamento pistonado ideal ($N \to \infty$). O número de CSTRs em série ($N$) é a única variável do modelo CES; "$N$" tem que ser ajustado para igualar o comportamento da mistura no reator real. Se o recipiente real se aproximar muito do escoamento pistonado, $N$ será relativamente grande. Se houver uma mistura considerável na direção do escoamento, $N$ será pequeno.

O modelo CES e o modelo de Dispersão são chamados de modelos de "um parâmetro", uma vez que somente um único parâmetro, $D/(uL)$ ou $N$, é usado para caracterizar a mistura. Quando há muito pouca mistura na direção do escoamento, isto é, quando $N$ é grande ou $D/(uL)$ é pequeno, a base física do modelo de Dispersão é mais forte do que a do modelo CES. Além disto, quando o número de CSTRs em série é grande, pode ser tedioso calcular a performance de uma série de reatores. Por outro lado, é relativamente direto o uso de equações de taxa mais complexas no modelo CES. Não é necessário restringir a análise a equações de taxa de primeira ordem.

Uma desvantagem do modelo CES é que não existem correlações que permitam que $N$ seja *previsto* para configurações de reatores e condições de escoamento dadas. Com propósitos práticos, "$N$" tem que ser determinado experimentalmente, via técnicas de resposta do marcador, para cada situação.

#### 10.5.3.2 Determinando o Valor de "$N$"

O volume *total* dos "$N$" CSTRs ($N \times V$) deveria ser igual ao volume total do reator não ideal que está sendo descrito. O volume total pode ser verificado via técnicas de resposta do marcador. Se o tempo de residência médio $\bar{t}$ no recipiente for medido e se o recipiente for "fechado",

$$NV = \upsilon \bar{t}$$

O número de CSTRs em série, $N$, tem que ser determinado via técnicas de resposta do marcador. O número de CSTRs está relacionado com a diferença na *variância* da distribuição de tempos de residência na saída entre a entrada do reator e a saída do reator.

$$\Delta\sigma^2 = \bar{t}^2/N \tag{10-48}$$

Claramente, quanto maior a variância da distribuição de tempos de residência na saída, menor será o valor de $N$.

**EXEMPLO 10-10**

***Cálculo do Número de CSTRs em Série a partir de E(t)***

Calcular o valor de "$N$" no modelo CES para a distribuição de tempos de residência externa mostrada na Figura 10-6.

***ANÁLISE***

O valor de $\mu_1(= \bar{t})$ foi calculado, igual a 10 min, no Exemplo 10-5. O valor de $\sigma^2$, igual a 4 min$^2$, no Exemplo 10-7. Consequentemente, $N$ será calculado diretamente na Equação (10-48).

***SOLUÇÃO***

Da Equação (10-48),

$$N = t^2/\sigma^2 = (10)^2\,\text{min}^2/4\,\text{min}^2 = 25$$

Baseado neste grande valor de $N$, o comportamento de um reator com a distribuição de tempos de residência na saída mostrado na Figura 10-6 deve ser bem próximo ao comportamento de um PFR ideal. Isto é consistente com os resultados que foram obtidos no Exemplo 10-3.

### 10.5.3.3 Calculando a Performance do Reator

Procedimentos para o cálculo da performance de uma série de CSTRs foram desenvolvidos no Capítulo 4. Entretanto, há três questões que podem surgir ao se usar o modelo CES:

- O que deve ser feito quando $N$, obtido a partir de experimentos de marcadores, não é um inteiro?
- O fluido escoando através da série de CSTRs deve ser tratado como um macrofluido ou um microfluido?
- Ocorre mistura na linha conectando os CSTRs no caso de um macrofluido?

Estas questões podem ser exploradas realizando cálculos para os vários casos-limites. Entretanto, antes de considerar um exemplo, vamos falar sobre a última questão. Suponha que o fluido escoando através de cada CSTR seja um macrofluido. Se o fluido que deixa o primeiro CSTR torna-se misturado *em nível molecular* antes de entrar no segundo reator, então a composição da alimentação do segundo reator será uniforme, e será igual à composição média de mistura da corrente deixando o primeiro reator. Neste caso, a performance do segundo reator pode ser calculada aplicando o modelo de macrofluido com uma corrente de alimentação que tenha a composição média da corrente deixando o primeiro reator.

Entretanto, o fluido deixando o primeiro CSTR pode não se tornar misturado em nível molecular antes de entrar no segundo reator. No limite, os elementos do fluido nesta corrente podem permanecer completamente segregados entre os dois reatores. Nesta situação, o procedimento descrito no parágrafo anterior não é apropriado porque a corrente entrando no segundo CSTR não é uniforme em nível molecular. Ao contrário, a alimentação para o segundo reator consiste em pacotes de fluido com diferentes composições. Neste caso, o modelo de macrofluido tem que ser usado, com a distribuição de tempos de residência (DTR) medida para o reator como *um todo*, isto é, o reator que está sendo modelado como uma série de CSTRs de volumes iguais. No caso de um fluido que permanece como um macrofluido, não há necessidade de ajustar o modelo CES a DTR medida. O modelo de macrofluido tem que ser aplicado diretamente.

**EXEMPLO 10-11**
***Casos-Limites do Modelo CES***

Uma reação de segunda ordem, em fase líquida, 2A → B ocorre em um reator não ideal, isotérmico, com um volume total de 1000 litros. A vazão volumétrica através do reator é de 100 l/min e a concentração de A na alimentação, $C_{A0}$, é igual a 4,0 mol/l. A constante da taxa na temperatura de operação é igual a 0,25 l/(mol min).

Testes com marcador foram realizados para determinar a natureza da mistura no reator. Estes testes mostraram que $\bar{t} = 10$ min e que $\Delta\sigma^2 = 40$ min².

Use o modelo CES para estimar a conversão de A na corrente deixando o reator. Considere que o fluido se torne micromisturado entre os reatores.

***ANÁLISE***

O número de CSTRs em série será calculado a partir dos valores de $\bar{t}$ e $\Delta\sigma^2$. Os modelos de microfluido e de macrofluido serão então utilizados para estabelecer limites do comportamento do reator. Se o número de CSTRs em série, calculado a partir de $\bar{t}$ e $\Delta\sigma^2$, não for inteiro, cálculos serão realizados para números inteiros de reatores adjacentes ao valor calculado de $N$.

***SOLUÇÃO***

O número de CSTRs em série é

$$N = \bar{t}^2/\Delta\sigma^2 = (10)^2\,\text{min}^2/40\,\text{min}^2 = 2{,}5$$

Os quatros cálculos mostrados na tabela a seguir serão realizados para explorar a importância de $N$ e da escala de mistura:

| | $N = 2$ | $N = 3$ |
|---|---|---|
| Microfluido | | |
| Macrofluido | | |

*Modelo de microfluido*
$N = 2$:
Como o volume total do reator é de 1000 l e a vazão volumétrica é de 100 l/min, cada reator terá um volume de 500 l e o tempo espacial $\tau$ de 5 min. Sendo $x_{A,1}$ a conversão de A na corrente deixando o primeiro reator, e $x_{A,2}$ a conversão de A na corrente deixando o segundo reator e a conversão final do reator não ideal como um todo.

Equação de projeto — primeiro reator:

$$\frac{V}{F_{A0}} = \frac{x_{A,1}}{-r_A(x_{A,1})} \Rightarrow kC_{A0}\tau = \frac{x_{A,1}}{(1-x_{A,1})^2} = 0{,}25\left(\frac{1}{\text{mol min}}\right)4{,}0\left(\frac{\text{mol}}{1}\right)5(\text{min}) = 5$$

$$x_{A,1} = 0{,}642$$

Equação de projeto — segundo reator:

$$\frac{V}{F_{A0}} = \frac{x_{A,2} - x_{A,1}}{-r_A(x_{A,2})} \Rightarrow kC_{A0}\tau = \frac{x_{A,2} - 0{,}642}{(1-x_A)^2} = 5$$

$$x_{A,2} = 0{,}814$$

Nestas equações, $-r_A(x_{A,i})$ indica que a taxa da reação é avaliada nas concentrações na corrente deixando o "$i$-ésimo" reator, isto é, em $x_{A,i}$.

$N = 3$:
Cada reator agora terá um volume de 333 l e um tempo espacial $\tau$ de 3,33 min. Aplicando o procedimento mostrado anteriormente obtém-se $x_{A,1} = 0{,}582$, $x_{A,2} = 0{,}765$ e $x_{A,3} = 0{,}845$.

*Modelo de macrofluido*
$N = 2$:
Cada reator terá um volume de 500 l e um tempo espacial $\tau$ de 5 min.

Primeiro reator

Para um macrofluido,

$$\overline{C}_A = \int_0^{\infty} C_A(t)E(t)dt \tag{10-23}$$

Seja $\overline{C}_{A,1}$ a concentração de A deixando o primeiro reator e entrando no segundo reator. Seja $\overline{C}_{A,2}$ a concentração de A deixando o segundo reator. Para um CSTR ideal, $E(t) = (1/\tau)\exp(-t/\tau)$ e para uma reação de segunda ordem, $C(t) = C_{A0}/(1 + kC_{A0}t)$. Então, como mostrado no Exemplo 10-4,

$$\overline{C}_{A,1} = \frac{C_{A0}}{\tau}\int_0^{\infty} \frac{e^{-t/\tau}dt}{1 + kC_{A0}t}$$

$$\frac{\overline{C}_{A,1}}{C_{A0}} = y_1 e^{y_1} \text{Ei}(y_1)$$

Aqui, $y_1 = 1/(kC_{A0}\tau) = 1/[0{,}25\ (\text{l}/(\text{mol min})) \times 4{,}0\ (\text{mol/l}) \times 5\ (\text{min})] = 0{,}20$. Consequentemente,

$$\frac{\overline{C}_{A,1}}{C_{A0}} = (0{,}20)e^{0{,}20}\text{Ei}(0{,}20) = 0{,}20 \times 1{,}22 \times 1{,}22 = 0{,}298$$

$$\overline{C}_{A,1} = 0{,}298 \times 4{,}0 = 1{,}19$$

A conversão de A na corrente deixando o primeiro reator é

$$x_{A,1} = (C_{A0} - \overline{C}_{A,1})/C_{A0} = (4{,}0 - 1{,}19)/4{,}0 = 0{,}702.$$

A concentração de A no efluente do segundo CSTR é dada por

$$\overline{C}_{A,2} = \frac{\overline{C}_{A,1}}{\tau}\int_0^{\infty} \frac{e^{-t/\tau}dt}{1 + kC_{A,1}t}$$

Com $y_2 = 1/(kC_{A,1}\tau) = 0{,}671$;

$$\frac{\overline{C}_{A,2}}{\overline{C}_{A,1}} = (y_2)e^{y_2}\text{Ei}(y_2) = 0{,}671 \times 1{,}956 \times 0{,}395 = 0{,}518$$

$$\overline{C}_{A,2} = 0{,}518 \times 1{,}19 = 0{,}616$$

A conversão final é $x_{A,2} = (C_{A0} - \overline{C}_{A,2})/C_{A0} = (4{,}0 - 0{,}616)/4{,}0 = 0{,}846$.

$N = 3$:

Cada reator terá um volume de 333 l e um tempo espacial $\tau$ de 3,33 min. O uso do procedimento mostrado anteriormente fornece $x_{A,1} = 0{,}633$, $x_{A,2} = 0{,}795$ e $x_{A,3} = 0{,}864$.

Os resultados destes quatro cálculos são resumidos a seguir.

| | $N = 2$ | $N = 3$ |
|---|---|---|
| Microfluido | $x_A = 0{,}81$ | $x_A = 0{,}85$ |
| Macrofluido | $x_A = 0{,}85$ | $x_A = 0{,}86$ |

Como a ordem efetiva da reação para este exemplo é maior do que 1, deveríamos saber *a priori* que o modelo de macrofluido preveria uma conversão mais alta do que o modelo de microfluido. Além disto, com base em nossa discussão sobre CSTRs em série no Capítulo 4, deveríamos saber que $N = 3$ daria uma conversão mais alta do que $N = 2$. Consequentemente, poderíamos ter limitado os resultados anteriores com dois cálculos: $N = 2$/microfluido (conversão mais baixa) e $N = 3$/macrofluido (conversão mais alta).

## 10.5.4 Modelos de Compartimentos

### 10.5.4.1 Visão Geral

A última forma de caracterizar reatores não ideais é usar modelos de *compartimentos*. Esta metodologia está baseada na ideia de que o reator real pode ser descrito como um arranjo de recipientes no qual o escoamento é bem caracterizado. Os tipos de recipientes usados para construir modelos de compartimentos são CSTRs, PFRs, zonas estagnadas bem-misturadas (ZEBM).

Novamente, o uso de experimentos de resposta do marcador é um elemento crítico no desenvolvimento de modelos de compartimentos. Como nos modelos CES e de Dispersão, os parâmetros de um modelo de compartimentos podem ter que ser calculados a partir dos momentos da função de distribuição de tempos de residência externa. Além disto, as formas da curva $E(t)$ têm que ser usadas para ajudar a escolher os tipos e arranjos dos compartimentos que irão formar o modelo. A fim de conceber um modelo de compartimentos a partir da curva de $E(t)$ medida na saída do reator, é importante injetar o marcador como pulso exato, tão próximo da entrada do reator quanto possível. Se o marcador que entrar no reator for muito disperso, a forma da curva do marcador que deixa o reator não refletirá o seu comportamento com detalhes suficientes para formular um modelo preciso.

Modelos de compartimentos são modelos "multiparamétricos", nos quais mais de um parâmetro é necessário para caracterizar o escoamento e a mistura. O número exato de parâmetros depende do número de compartimentos no modelo.

Neste ponto, nosso entendimento sobre CSTRs e PFRs está bem desenvolvido, de modo que a discussão sobre modelos de compartimentos pode começar com combinações destes dois elementos.

### 10.5.4.2 Modelos de Compartimentos Baseados em CSTRs e PFRs

***Reatores em Paralelo*** Para dois recipientes *de qualquer tipo* em paralelo,

$$E(t) = f_1E_1(t) + f_2E_2(t) \tag{10-49}$$

Nesta equação, $E_1(t)$ e $E_2(t)$ são as distribuições de tempos de residência na saída dos dois recipientes, e $f_1$ e $f_2$ são as frações do escoamento total $\upsilon$ que atravessam cada recipiente. Se $\upsilon_1$ for a vazão através do recipiente 1, então $f_1 = \upsilon_1/\upsilon$. Somente dois recipientes serão considerados aqui, assim $f_2 = 1 - f_1$.

Se os dois recipientes em paralelo forem "fechados", então $\bar{t}_1 = \tau_1 = V_1/\upsilon_1$ e $\bar{t}_2 = \tau_2 = V_2/\upsilon_2$. Adicionalmente, como $\upsilon = \upsilon_1 + \upsilon_2$ e $V = V_1 + V_2$,

$$f_1 = (\tau_2\upsilon - V)/(\tau_2 - \tau_1) \tag{10-50}$$

$$V_1 = \tau_1(\tau_2\upsilon - V)/(\tau_2 - \tau_1) \tag{10-51}$$

Suponha que o tempo de residência médio em cada recipiente ($\bar{t}_1 = \tau_1$ e $\bar{t}_2 = \tau_2$) possa ser determinado a partir de experimentos de resposta do marcador. Então, se o valor do volume total $V$ for conhecido, e se a vazão volumétrica total $\upsilon$ for conhecida, a fração do escoamento atravessando cada recipiente e o volume de cada recipiente podem ser calculados com as Equações (10-50) e (10-51). As Equações (10-50) e (10-51) são válidas para *qualquer* tipo de recipiente em paralelo, desde que eles sejam "fechados".

## EXERCÍCIO 10-6

Demonstre as Equações (10-50) e (10-51).

A Figura 10-11 mostra a forma das curvas $E(t)$ resultantes de várias combinações de CSTRs e PFRs em paralelo. Os comentários ao lado de cada figura indicam como os valores de $\tau_1$ e $\tau_2$, que são necessários para quantificar o modelo e para calcular a performance do reator, podem ser extraídos das curvas $E(t)$.

***Reatores em Série*** O modelo CES é um exemplo desta classe de modelos de compartimentos. No modelo CES, todos os CSTRs são do mesmo tamanho e qualquer número de reatores pode ser colocado em série. A discussão a seguir é limitada a apenas dois reatores em série. Entretanto, os volumes dos recipientes não são necessariamente os mesmos.

**(a)** Dois PFRs em paralelo

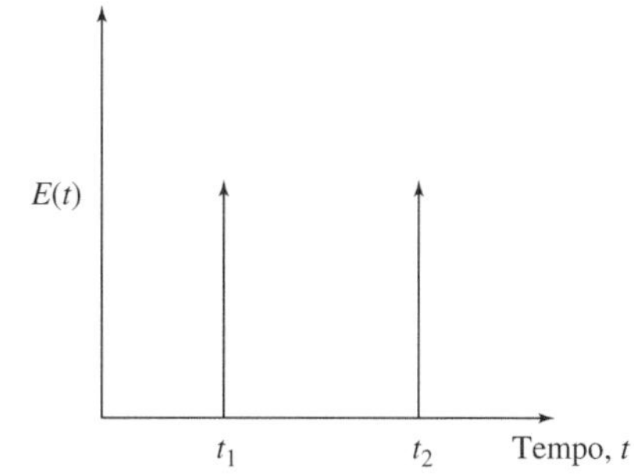


Para dois PFRs ideais em paralelo, a Equação (10-49) se torna

$$E(t) = f_1\delta(t_1) + f_2\delta(t_2)$$

Os valores de $\tau_1(=t_1)$ e $\tau_2(=t_2)$ são obtidos a partir das posições dos dois "picos" (funções delta).

**(b)** Dois CSTRs em paralelo (com diferentes valores de

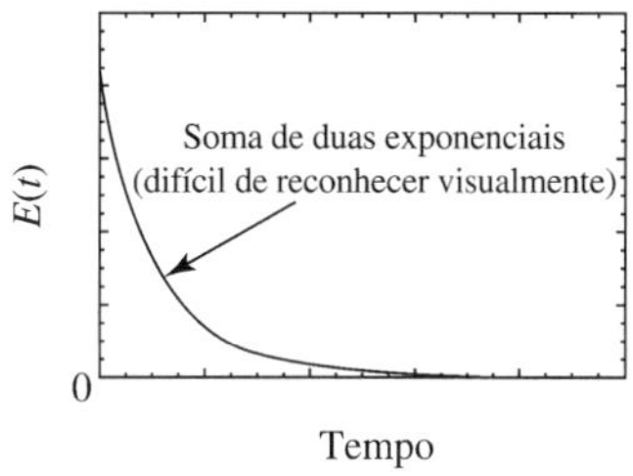


Da Equação (10-49)

$$E(t) = (f_1/\tau_1) \times \exp(-t/\tau_1) + (f_2/\tau_2) \times \exp(-t/\tau_2).$$

A curva $E(t)$ *versus* $t$ é a soma destas duas exponenciais.

A existência de dois CSTRs em paralelo é mais fácil de detectar e a análise dos dados $E(t)$ é mais fácil, se $\ln[E(t)]$ for representado graficamente como função do tempo. Se os valores de $\tau$ para os dois reatores forem suficientemente diferentes, o valor de $(f/\tau) \times E(t)$ para o reator com o menor valor de $\tau$ será muito maior do que $(f/\tau) \times E(t)$ para o reator com o maior valor, em tempos pequenos. O inverso será verdadeiro para tempos longos.

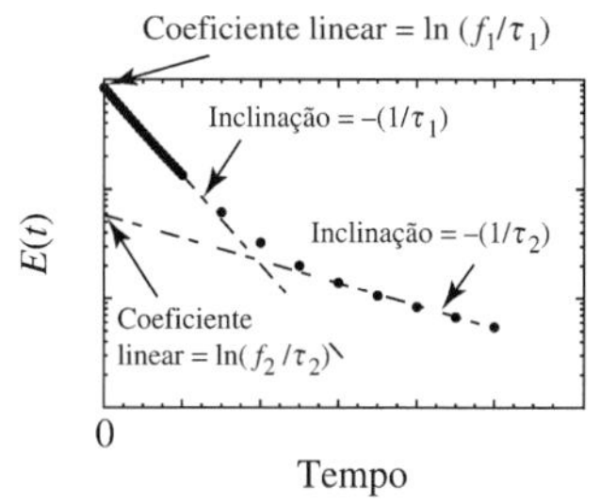


Os valores de $\tau_1$ e $\tau_2$ podem ser obtidos a partir das inclinações dos ajustes, para tempos curtos e tempos longos, a um gráfico semilog de $E(t)$ *versus* $t$. Os valores dos coeficientes lineares podem ser utilizados para verificar os valores de $f_1$ e $f_2$ calculados com a Equação (10-50).

Se $\tau_1$ e $\tau_2$ não forem suficientemente diferentes para permitir uma análise precisa do gráfico semilog, uma regressão não linear pode ser usada para determinar $\tau_1$ e $\tau_2$.

**(c)** PFR e CSTR em papralelo

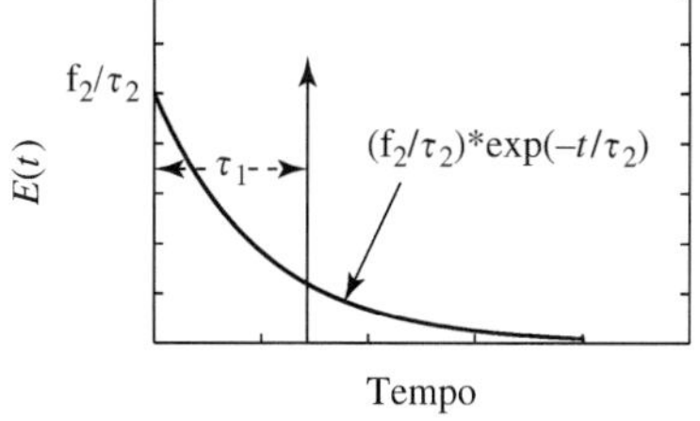


Da Equação (10-49), para recipientes fechados,

$$E(t) = f_1\delta(\tau_1) + (f_2/\tau_2)\exp(-t/\tau_2)$$

O valor de $\tau_1$ é obtido a partir da posição do pico exato associado ao PFR. O valor de $\tau_2$ é obtido da inclinação de um gráfico semilog de $f_2E(t)$ *versus* $t$. A inclinação no gráfico semilog é $-1/\tau_2$. O coeficiente linear no gráfico semilog é $f_2/\tau_2$ e pode ser usado para verificar o valor de $f_1$ calculado com a Equação (10-50).

**Figura 10-11** Distribuição de tempos de residência na saída para várias combinações de CSTRs e PFRs em paralelo.

Quando dois recipientes independentes são colocados em série, a distribuição de tempos de residência externa para a combinação dos recipientes é dada pela Equação (10-29).

$$E(t) = \int_0^t E_1(t - t')E_2(t')\mathrm{d}t' \tag{10-29}$$

(a) Dois CSTRs com volumes diferentes em série

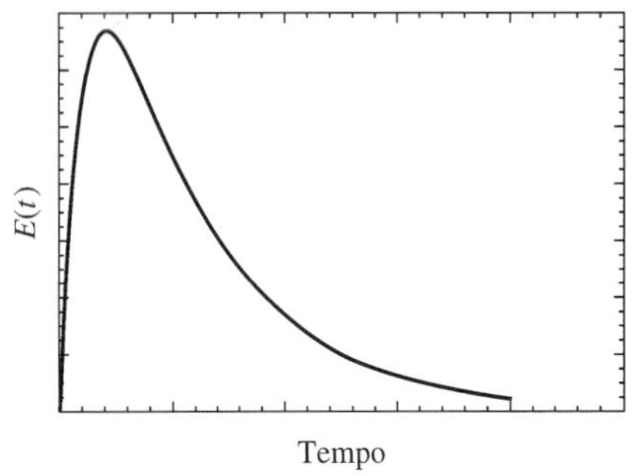


Como a vazão total $v$ é conhecida e como o escoamento total passa através de cada reator, as incógnitas são $\tau_1$ e $\tau_2$ (ou $V_1$ e $V_2$). A função de distribuição de tempos de residência externa para o *sistema* de reatores é

$$E(t) = [\exp(-t/\tau_1) - \exp(-t/\tau_2)]/(\tau_1 - \tau_2)$$

Os valores de $\tau_1$ e $\tau_2$ podem ser obtidos a partir da inclinação de $E(t)$ em $t = 0$ e da posição do valor máximo de $E(t)$.

$$dE(t)/dt(t = 0) = 1/\tau_1\tau_2$$
$$t_{\text{máx}} = [\tau_1\tau_2/(\tau_1 - \tau_2)] \times \ln(\tau_2/\tau_1)$$

(b) PFR e CSTR em série

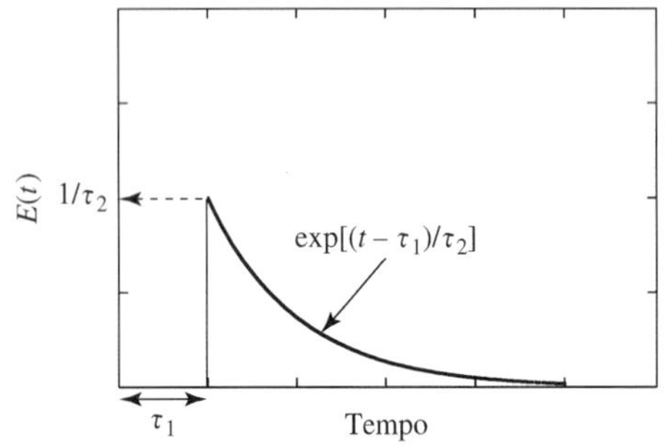


O tempo espacial para o PFR é $\tau_1$. O tempo espacial para o CSTR, $\tau_2$, pode ser determinado a partir do valor de $E(t)$ quando $t = \tau_1$ ou da inclinação de um gráfico semilog da porção CSTR da curva do marcador.

**Figura 10-12** Distribuição de tempos de residência na saída para várias combinações de PFRs e CSTRs em série.

Como nos modelos de reatores em paralelo, iremos presumir que a vazão volumétrica $v$ e o volume total do reator $V$ são conhecidos. Os dois tempos espaciais $\tau_1$ e $\tau_2$ são os parâmetros que têm que ser determinados a partir da distribuição de tempos de residência externa medida. Uma relação é

$$\bar{t} = \tau = \tau_1 + \tau_2$$

A Figura 10-12 mostra a forma das curvas $E(t)$ para várias combinações de CSTRs e PFRs em série. Os comentários ao lado de cada figura mostram como as informações necessárias para quantificar o modelo e para calcular a performance do reator podem ser extraídas.

## EXEMPLO 10-12

*CSTRs em Paralelo*

A informação na tabela a seguir foi obtida para um recipiente com um fluido de massa específica constante escoando através dele em estado estacionário. Foi sugerido que o recipiente pode ser modelado como dois CSTRs em paralelo, cada um com tempo espacial diferente. Determine os "melhores" valores dos parâmetros desconhecidos neste modelo e compare as previsões do modelo com os valores da tabela.

| Tempo (min) | $E(t)$ (min$^{-1}$) | Tempo (min) | $E(t)$ (min$^{-1}$) |
|---|---|---|---|
| 1 | 0,076 | 16 | 0,019 |
| 2 | 0,069 | 20 | 0,0134 |
| 3 | 0,063 | 30 | 0,0062 |
| 4 | 0,057 | 40 | 0,0033 |
| 5 | 0,052 | 60 | 0,0014 |
| 6 | 0,047 | 80 | 0,00083 |
| 8 | 0,039 | 100 | 0,00054 |
| 10 | 0,033 | 120 | 0,00036 |
| 12 | 0,027 | | |

***ANÁLISE*** Um gráfico semilog de $E(t)$ *versus* $t$ será construído. Linhas retas serão ajustadas para as porções de "tempos curtos" e "tempos longos" dos dados. Os valores de $\tau_1$ e $\tau_2$ serão estimados a partir das inclinações das linhas de "tempos curtos" e de "tempos longos". O valor de $f_1$ será estimado a partir dos coeficientes lineares das linhas de "tempos curtos" e de "tempos longos". Finalmente, regressão não linear será usada para refinar as estimativas de $\tau_1$, $\tau_2$ e $f_1$ pela minimização da soma dos quadrados dos desvios entre os dados experimentais e $E(t) = (f_1/\tau_1)\exp(t/\tau_1) + ((1 - f_1)/\tau_2)\exp(-t/\tau_2)$.

***SOLUÇÃO*** A figura a seguir é um gráfico semilog dos dados da tabela anterior, como sugerido pela discussão na Figura 10-11b.

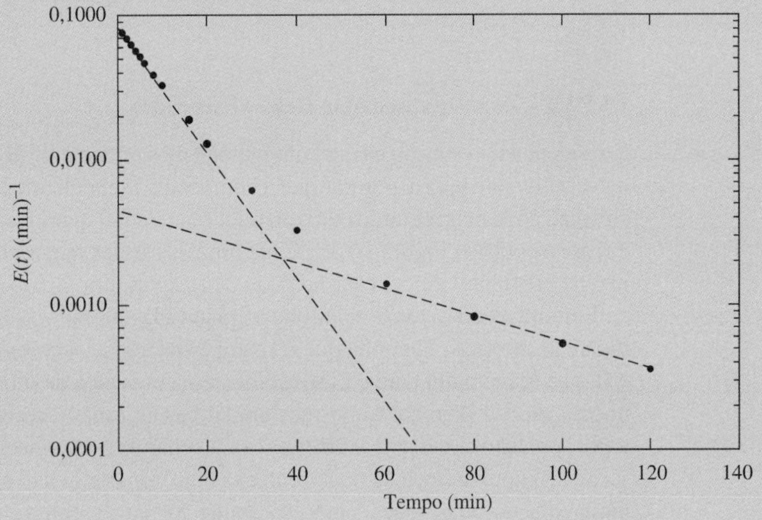


As linhas retas foram ajustadas "no olho" para as porções de "tempos curtos" e de "tempos longos" dos dados. A inclinação da linha de "tempos curtos" é igual a $-0{,}098\ \text{min}^{-1}$ e o coeficiente linear é ln(0,083). A inclinação da linha de "tempos longos" é igual a $-0{,}021\ \text{min}^{-1}$ e o coeficiente linear é ln(0,0045). A Figura 10-11b mostra que o tempo espacial de cada CSTR é o negativo do inverso de sua inclinação. Os valores estimados dos tempos espaciais são $\tau_1 =$ 10 min ($\tau_1$ é tempo espacial para "tempos curtos") e $\tau_2 = 48$ min ($\tau_2$ é tempo espacial para "tempos longos").

A Figura 10-11b mostra que $f_1$ é o coeficiente linear da linha de "tempos curtos" multiplicado por $\tau_1$, e que $f_2$ $(= 1 - f_1)$ é o coeficiente linear da linha de "tempos longos" multiplicado por $\tau_2$. Os valores estimados de $f_1$ a partir dos dois coeficientes lineares são 0,83 e 0,78, respectivamente.

Uma regressão não linear foi então efetuada em uma planilha EXCEL utilizando o SOLVER, iniciando com estas estimativas.[17] Os valores obtidos para $\tau_1$, $\tau_2$ e $f_1$ foram 10 min, 49 min e 0,80. Estes valores foram então usados para calcular $E(t)$. Uma comparação dos dados de $E(t)$ da tabela anterior com os valores calculados de $E(t)$ a partir do modelo de compartimentos de CSTRs em paralelo é mostrada na tabela a seguir. O ajuste do modelo aos dados é excelente.

| Tempo (min) | $E(t)$ ($\text{min}^{-1}$) (medida) | $E(t)$ ($\text{min}^{-1}$) (modelo) |
|---|---|---|
| 1 | 0,076 | 0,076 |
| 2 | 0,069 | 0,069 |
| 3 | 0,063 | 0,063 |
| 4 | 0,057 | 0,057 |
| 5 | 0,052 | 0,052 |

[17]Como os valores de $E(t)$ cobrem uma faixa de mais de duas ordens de grandeza, a soma dos quadrados dos desvios *percentuais* foi minimizada.

| | | |
|---|---|---|
| 6 | 0,047 | 0,047 |
| 8 | 0,039 | 0,039 |
| 10 | 0,033 | 0,033 |
| 12 | 0,027 | 0,027 |
| 16 | 0,019 | 0,019 |
| 20 | 0,013 | 0,013 |
| 30 | 0,0062 | 0,0062 |
| 40 | 0,0033 | 0,0033 |
| 60 | 0,0014 | 0,0014 |
| 80 | 0,00083 | 0,00083 |
| 100 | 0,00054 | 0,00054 |
| 120 | 0,00036 | 0,00036 |

### 10.5.4.3 Zonas Estagnadas Bem-Misturadas

Considere uma situação na qual um reator é mecanicamente agitado, mas a mistura do topo para o fundo não é suficiente para assegurar que a composição seja idêntica em todo ponto no interior do reator. Esta situação pode ocorrer tanto com um reator batelada[18] quanto em um reator contínuo agitado. A situação é representada na Figura 10-13. Cada uma das zonas mostradas no recipiente é bem-misturada, isto é, não há gradientes de concentração ou de temperatura *dentro de cada zona.*

Embora as duas zonas sejam bem-misturadas, as composições das duas zonas não são necessariamente as mesmas. Suponha que o reator batelada seja carregado inicialmente com uma mistura de A e B, que reagem um com o outro somente na presença de um catalisador solúvel C. As concentrações iniciais de A e B serão as mesmas em ambas as zonas. Agora, o catalisador é adicionado na zona do topo. A reação começa a ocorrer na zona superior e as concentrações de A e B começam a declinar.

Se não houver troca de fluido entre as duas zonas e se não houver difusão através da fronteira imaginária entre as duas zonas, então o catalisador nunca entrará na zona do fundo e nenhuma reação irá ocorrer nesta parte do reator. Isto nos leva a chamar a zona do fundo como *estagnada.*

Na realidade, haverá *alguma* troca de fluido entre as duas zonas. A Figura 10-13 mostra uma vazão $v_z$ deixando a zona do topo e entrando na zona do fundo, e uma vazão idêntica deixando a zona do fundo e entrando na zona do topo. Esta troca de fluido reduzirá as diferenças de concentrações entre

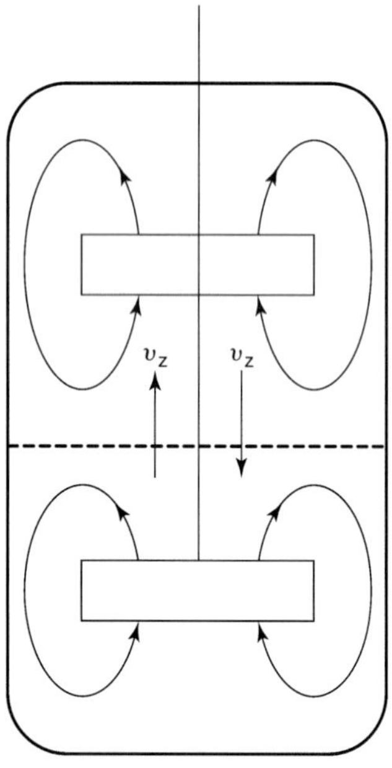


**Figura 10-13** Diagrama esquemático de reator batelada com duas zonas bem-misturadas.

[18]Até este ponto, a discussão de reatores não ideais tratou exclusivamente de reatores contínuos. Entretanto, tanto reatores batelada quanto semibatelada podem também ser não ideais se a concentração e a temperatura não forem espacialmente uniformes em todo o tempo.

as duas zonas. Entretanto, a taxa de troca pode ser ineficiente para *eliminar* as diferenças de concentrações entre as duas seções do reator. Se a reação for rápida e a taxa de troca de fluido for lenta, as diferenças de concentrações serão bem significativas.

## EXEMPLO 10-13

***Uso de Técnicas de Marcadores para Caracterizar ZEBM***

Considere um reator batelada, tal como o mostrado na Figura 10-13. É proposto modelar este reator como duas ZEBMs com uma vazão volumétrica $\upsilon_z$ entre elas. Como o modelo pode ser testado, e como se pode determinar a fração do volume total em cada zona e o valor do escoamento entre as zonas, $\upsilon_z$, utilizando as técnicas de marcadores?

***ANÁLISE***

Uma quantidade conhecida do marcador será injetada na zona do topo do reator e a concentração do marcador nesta zona será medida como uma função do tempo. Balanços de massa serão escritos para o marcador em *cada* zona. Estes balanços serão resolvidos para a concentração do marcador na zona do topo como uma função do tempo. A equação resultante será testada contra os dados. Se o modelo ajustar os dados, o volume das duas zonas e a vazão entre elas serão extraídos dos dados.

***SOLUÇÃO***

Considere que $C_t$ e $C_f$ sejam as concentrações do marcador nas zonas do topo e do fundo, respectivamente. Considere que $\upsilon_z$ seja a vazão entre as zonas, e que $V_t$ e $V_f$ sejam os volumes das zonas do topo e do fundo, respectivamente. O balanço de massa para o marcador na zona do topo é

$$\upsilon_z C_f - \upsilon_z C_t = V_t \frac{dC_t}{dt} \tag{10-52}$$

O balanço de massa para o marcador na zona do fundo é

$$\upsilon_z C_f - \upsilon_z C_t = -V_f \frac{dC_f}{dt}$$

A divisão da primeira equação pela segunda (o método independente do tempo!) fornece

$$\frac{dC_f}{dC_t} = -\frac{V_t}{V_f}$$

Suponha que $M_0$ mols do marcador sejam injetados instantaneamente na zona do topo em $t$ = 0. Então $C_t$ em $t = 0$ será $M_0/V_t$, enquanto $C_f$ em $t = 0$ será 0. A integração da equação anterior de $t = 0$ até $t = t$ fornece

$$C_f = \frac{M_0}{V_f} - \left(\frac{V_t}{V_f}\right) C_t$$

Substituindo esta expressão para $C_f$ na Equação (10-52)

$$\upsilon_z \left[\frac{M_0}{V_f} - \left(\frac{V_t}{V_f}\right) C_t\right] - \upsilon_z C_t = V_t \frac{dC_t}{dt}$$

Seja $\alpha = \upsilon_z(V_{tot}/(V_f V_t))$ e seja $\beta = \upsilon_z(M_0/(V_f V_t))$, onde $V_{tot}$ é o volume total do reator preenchido, isto é, $V_{tot} = V_t + V_f$. Com estas definições, a equação anterior se torna

$$\frac{dC_t}{dt} + \alpha C_t = \beta$$

Esta equação diferencial pode ser resolvida via o método do "fator de integração". A solução é

$$C_t = \frac{M_0}{V_{tot}} + M_0 \left(\frac{V_f}{V_t V_{tot}}\right) e^{-\alpha t}$$

Rearranjando e aplicando o log nos dois lados

$$\ln\left(\frac{C_t V_{tot}}{M_0} - 1\right) = \ln\left(\frac{V_f}{V_t}\right) - \alpha t$$

Se este modelo ajustar os dados, um gráfico de

$$\ln\left(\frac{C_t V_{tot}}{M_0} - 1\right)$$

*versus* tempo será uma linha reta. O coeficiente linear será $\ln(V_f/V_t)$ e a inclinação será $-\alpha$. Os valores de $V_f$ e $V_t$ podem ser calculados a partir do coeficiente linear mais o valor conhecido de $V_{tot}$ ($= V_t + V_f$). Como $\alpha = \upsilon_z(V_{tot}/(V_f V_t))$, o valor de $\upsilon_z$ pode também ser calculado.

Como um aparte, teria sido melhor medir a concentração do marcador em *ambas* as zonas como uma função do tempo. Isto permitiria o uso de um balanço de massa para testar a qualidade dos dados.

## EXEMPLO 10-14

***Performance de um Reator Contínuo Constituído por Duas ZEBMs***

Um reator *contínuo* é dividido em duas zonas, como mostrado na Figura 10-13. A alimentação entra na zona do topo com uma vazão $\upsilon$ de 500 l/min e o efluente sai da zona do topo. O volume total do reator é 1000 litros e o volume da zona do fundo igual a 300 litros. A taxa de troca de fluido entre as zonas $\upsilon_z$ é de 50 l/min. A reação irreversível de primeira ordem, em fase líquida, A → B ocorre isotermicamente no reator. A constante da taxa é igual a 0,80 min$^{-1}$. Em estado estacionário, qual é a conversão de A na corrente deixando o reator? Qual seria a conversão de A se o reator como um todo se comportasse como um CSTR ideal?

***ANÁLISE***

Balanços de massa serão escritos para o reagente A nas duas zonas. Estes balanços serão resolvidos simultaneamente para obter a concentração de A na zona do topo, isto é, a concentração de A deixando o reator. A equação de projeto para um CSTR ideal será resolvido para comparar a performance dos dois reatores.

***SOLUÇÃO***

Sejam $C_{A,f}$ a concentração de A na zona do fundo, $C_{A,t}$ a concentração de A na zona do topo, $V_f$ o volume da zona do fundo e $V_t$ o volume da zona do topo. O balanço de massa para o reagente A na zona do fundo é

$$\upsilon_z C_{A,t} - \upsilon_z C_{A,f} = V_f k C_{A,f}$$

$$C_{A,f} = [\upsilon_z/(V_f k + \upsilon_z)]C_{A,t}$$

$$C_{A,f} = [50\,(\text{l/min})/\{300(\text{l}) \times 0{,}80\,(\text{min}^{-1}) + 50\,(\text{l/min})\}]C_{A,t} = 0{,}17 C_{A,t}$$

A concentração de A na zona do fundo é substancialmente menor do que na zona do topo. Consequentemente, a taxa de reação na zona do fundo será substancialmente mais baixa do que na zona do topo.

O balanço de massa para A na zona do topo é

$$\upsilon C_{A0} + \upsilon_z C_{A,f} - \upsilon C_{A,t} - \upsilon_z C_{A,t} = V_t k C_{A,t}$$

Aqui, $C_{A0}$ é a concentração de A na alimentação do reator. Substituindo a expressão para $C_{A,f}$ e rearranjando

$$C_{A,t}\{kV_t + (\upsilon + \upsilon_z) - \upsilon_z^2/(kV_f + \upsilon_z)\} = \upsilon C_{A0}$$

Como $x_A = [1 - (C_{A,t}/C_{A0})]$,

$$x_A = 1 - \frac{\upsilon}{kV_t + (\upsilon + \upsilon_z) - [\upsilon_z^2/(kV_f + \upsilon_z)]}$$

Substituindo os valores

$$x_A = 1 - \frac{500(\text{l/min})}{700\,(\text{l}) \times 0{,}80\,(\text{min}^{-1}) + (500 + 50)(\text{l/min}) - \dfrac{(50)^2(\text{l/min})^2}{(300\,(\text{l}) \times 0{,}80\,(\text{min}^{-1}) + 50\,(\text{l/min})}}$$

$$x_A = 0{,}55$$

Para um CSTR ideal com um volume de 1000 l,

$$x_A = \frac{k\tau}{1 + k\tau} = \frac{0{,}80\,(\text{min}^{-1}) \times [(1000(\text{l})/500\,(\text{l/min})]}{1 + 0{,}80\,(\text{min}^{-1}) \times [(1000(\text{l})/500\,(\text{l/min})]} = 0{,}62$$

A conversão do reagente no reator real é mais baixa do que no CSTR ideal.

## 10.6 COMENTÁRIOS CONCLUSIVOS

Nem todos os reatores são "ideais" no senso de que a mistura se ajuste a um dos casos-limites representados pelo CSTR ideal, pelo PFR ideal e pelo reator batelada ideal. Para caracterizar completamente a mistura, três tipos de informações são necessários:

- a distribuição de tempos de residência (DTR) ou de tempos de residência na saída;
- a escala de mistura (macrofluido? microfluido? alguma coisa entre eles?);
- o "adiantamento" ou "atraso" da mistura.

A performance de um reator geralmente depende de cada uma destas variáveis.[19] Infelizmente, para um reator existente, ou para um em estágio de projeto, informações suficientes podem não estar disponíveis em cada uma destas áreas.

O objetivo deste capítulo foi desenvolver algumas abordagens relativamente simples para estimar a performance de reatores não ideais. Em muitos casos, uma ou mais destas abordagens podem fornecer uma aproximação razoável para o comportamento do reator real.

O modelo de Dispersão pode ser usado para prever a performance de um reator não ideal na ausência de uma DTR medida. Entretanto, os parâmetros geométricos e as condições do escoamento do reator não ideal têm que estar na faixa de abrangência das correlações existentes para a "intensidade de dispersão".

Se o modelo de Dispersão não puder ser utilizado, ou não for fisicamente apropriado, a função de distribuição de tempos de residência externa $E(t)$ tem que ser medida usando técnicas de respostas do marcador. Uma vez que $E(t)$ esteja disponível, o modelo de macrofluido pode ser usado para estabelecer limites para a performance do reator. Além disto, a forma da função de distribuição de tempos de residência externa pode sugerir vários modelos de "compartimentos", incluindo o modelo de CSTRs em série, que podem ser utilizados para investigar a performance de reatores.

## RESUMO DE CONCEITOS IMPORTANTES

- Nem todos os reatores são "ideais".
- Experimentos de resposta do marcador podem ser utilizados para diagnosticar problemas, tais como "bypass" e sólidos acumulados, associados ao escoamento e a mistura no interior do reator.
- A distribuição de tempos de residência externa $E(t)$ de um reator pode ser medida usando técnicas de resposta de marcadores.
- A performance de um reator não ideal pode ser estimada a partir da distribuição de tempos de residência externa, tanto diretamente via o modelo de macrofluido, quanto indiretamente via o modelo de Dispersão, o modelo de CSTRs em série ou um modelo de compartimentos.
- O modelo de Dispersão pode ser usado para estimar a performance de um reator não ideal, sem primeiro medir $E(t)$. Entretanto, a geometria e as condições operacionais do reator têm que estar na faixa das correlações de "intensidade de dispersão".

[19] Para reações de primeira ordem, a performance depende somente da distribuição de tempos de residência. A escala de mistura e o "adiantamento" ou "atraso" da mistura não afetam a conversão ou a distribuição do produto, se *todas* as reações forem de primeira ordem.

## PROBLEMAS

*Questões Conceituais*

1. O modelo de Dispersão pode ser usado para a análise ou o projeto de reatores de leito fixo, com escoamento radial, com base nas correlações existentes para a "intensidade de dispersão"?
2. Explique qualitativamente por que $E(t)$ e $I(t)$ devem ser as mesmas para um CSTR ideal.
3. Uma reação com ordem efetiva de 0,5 está ocorrendo em uma série de três CSTRs de igual volume. O fluido em cada reator é um macrofluido. A conversão final será maior se o fluido permanecer segregado entre os reatores ou se o fluido for misturado em um nível molecular entre os reatores?

**Problema 10-1 (Nível 1)** A reação irreversível A → B obedece a equação da taxa: $-r_A = kC_A/(1 + KC_B)$. A 50°C, $k = 4{,}08$ min$^{-1}$ e $K = 10$ l/mol.

Um líquido viscoso contendo A com uma concentração $C_{A0}$ de 1,0 mol/l e nenhum B é alimentado em um reator tubular com um volume de 200 l, a uma vazão volumétrica $\upsilon$ de 20 l/min.

1. Se o reator se comportar como um reator de escoamento pistonado ideal e operar isotermicamente a 50°C, qual é a conversão de A?
2. Suponha que o escoamento no reator seja laminar e que o fluido seja um macrofluido. Se o reator operar isotermicamente a 50°C, qual é a conversão de A no efluente?
3. A conversão que você calculou na Parte 2 é um limite superior ou inferior?

*Nota*: A função de distribuição de tempos de residência externa para um reator tubular com escoamento laminar, sem difusão radial ou axial, é

$$E(t) = 0; \quad t < \tau/2;$$
$$E(t) = \tau^2/2t^3; \quad t \geq \tau/2.$$

**Problema 10-2 (Nível 2)** Um marcador não adsorvente foi injetado como um pulso exato na entrada de um recipiente tubular cheio com um recheio experimental, não poroso, projetado para promover mistura radial. A vazão volumétrica através do recipiente durante o teste foi de 150 l/min. A concentração do marcador no efluente do recipiente é dada na tabela a seguir.

| Tempo após a injeção (min) | Concentração do marcador (mmol/l) | Tempo após a injeção (min) | Concentração do marcador (mmol/l) |
|---|---|---|---|
| 0 | 0 | 16 | 22 |
| 2 | 0 | 18 | 16 |
| 4 | 0 | 20 | 11 |
| 6 | 2,0 | 22 | 7,0 |
| 8 | 12 | 24 | 5,0 |
| 10 | 37 | 26 | 3,8 |
| 12 | 35 | 28 | 2,7 |
| 14 | 28 | 30 | 2,0 |

1. Quanto marcador (em mols) foi injetado no reator?
2. Qual foi o volume de fluido no reator durante o teste do marcador?

O mesmo recipiente com o mesmo recheio será usado para realizar uma reação irreversível de primeira ordem, não catalítica, em fase líquida, com uma constante da taxa de $k = 0{,}040$ min$^{-1}$. A vazão volumétrica através do reator será de 50 l/min.

3. Suponha que o reator obedeça ao modelo de Dispersão. Estime a conversão que será observada.
4. Se o reator fosse para se comportar como um PFR ideal e fosse para operar na conversão calculada na Parte 3, quanto menor ele deveria ser em comparação ao reator real?

**Problema 10-3 (Nível 2)** O resumo a seguir sobre o comportamento de reatores tubulares de escoamento laminar foi retirado diretamente de uma revista técnica bem conceituada.

"Ao expressar o tempo de residência de elementos anulares do fluido em um reator de escoamento laminar como uma função do comprimento do reator e da posição radial é possível relacionar a conversão do reagente a grupos adimensionais contendo a constante da taxa, concentrações de entrada, volume do reator e vazão. A dependência funcional irá variar com a ordem da expressão cinética relacionando a taxa de desaparecimento do reagente à concentração. Para ordens cinéticas diferentes de zero, a conversão obtida no reator de escoamento laminar será menor do que a calculada pela suposição de escoamento pistonado. Esta análise estende os tratamentos anteriores incluindo a expressão geral da taxa de enésima ordem e expressões de taxa de reações de primeira ordem consecutivas."

Este resumo sugere um problema na análise? Qual problema?

**Problema 10-4 (Nível 1)** Dois reatores tubulares isotérmicos idênticos são posicionados em paralelo, como mostrado na figura a seguir.

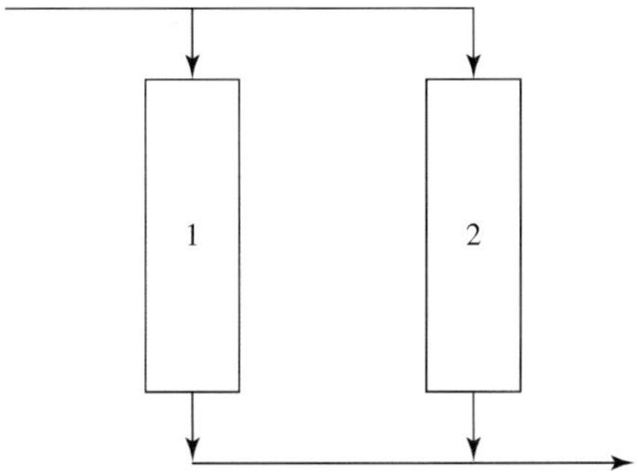


As reações em fase gasosa $A \xrightarrow{k_1} B \xrightarrow{k_2} C$ ocorrem nos reatores. As duas reações são de primeira ordem. Os valores das constantes da taxa são $k_1 = 0{,}10$ min$^{-1}$ e $k_2 = 0{,}050$ min$^{-1}$. A concentração de A na alimentação é igual a 0,030 mol/l. Não há B na alimentação.

Um teste de marcador foi efetuado no sistema de reatores, com os resultados mostrados a seguir.

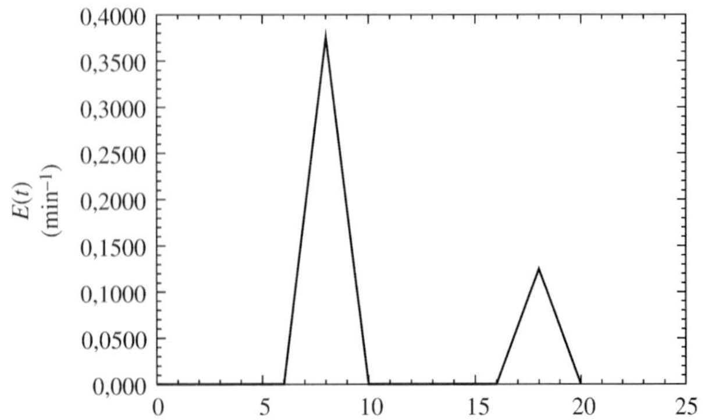


1. Qual é o tempo de residência médio no *sistema* de reatores?
2. Qual concentração de A você esperaria na saída de um reator de escoamento pistonado ideal operando neste tempo de residência?

3. Qual concentração de B você esperaria na saída de um reator de escoamento pistonado ideal operando neste tempo de residência?
4. Qual é a concentração de A no efluente combinado dos dois reatores?
5. Qual é a concentração de B no efluente combinado dos dois reatores?
6. Qual reator, 1 ou 2, gera o primeiro pico (o centrado em 8 min) no gráfico de $E(t)$? Explique o seu raciocínio.

**Problema 10-5 (Nível 2)** Estireno está sendo polimerizado, em estado estacionário, em um reator contínuo de 1000 litros que pode ser modelado como duas regiões perfeitamente misturadas, como ilustrado na figura a seguir. Uma solução de monômero de estireno e o iniciador 2-2'-azobisisobutironitrila (AIBN) em tolueno é alimentada na região maior.

A vazão da alimentação é de 1500 l/h, a concentração de estireno na alimentação é de 4,0 mol/l e a concentração do iniciador é de 0,010 mol/l. A temperatura das duas zonas do reator é de 200°C.

O iniciador decompõe-se em um processo de primeira ordem, com uma constante da taxa a 200°C de 9,25 $s^{-1}$. A equação da taxa para o desaparecimento do estireno é

$$-r_p(\text{mol/(l s)}) = k[\text{E}][\text{I}]^{1/2}$$

onde [E] é a concentração do estireno, [I] é a concentração do iniciador não decomposto e $k = 0{,}925\,\text{l}^{1/2}/(\text{mol}^{1/2}\,\text{s})$ a 200°C.

1. Quais são as concentrações do iniciador não decomposto em $V_1$ e $V_2$?
2. Qual é a conversão do estireno no efluente do reator?
3. Cada molécula do iniciador se decompõe em dois radicais livres. Cada radical livre inicia uma corrente polimérica e o processo de terminação da corrente é tal que há um fragmento de iniciador em cada molécula do polímero que deixa o reator. Qual é o número médio de unidades de monômero em cada molécula do polímero?

Esquema do reator

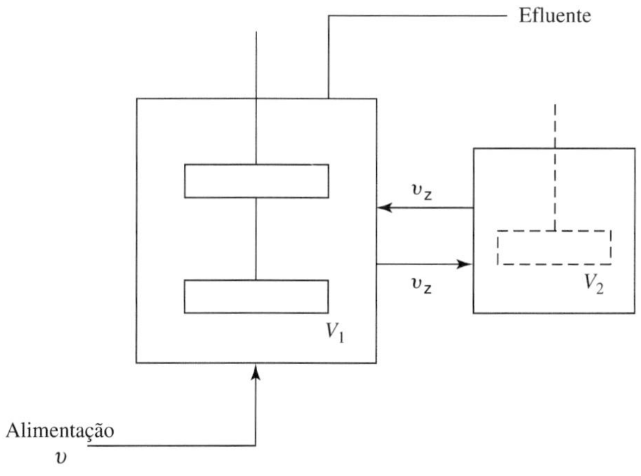


| Valores | Concentrações na entrada |
|---|---|
| $V_1 = 700\,\text{l}$ | Estireno: 4,0 mol/l |
| $V_2 = 300\,\text{l}$ | AIBN: 0,010 mol/l |
| $v = 1500\,\text{l/h}$ | |
| $v_z = 100\,\text{l/h}$ | |

**Problema 10-6 (Nível 2)** Uma reação homogênea, em fase líquida, A → produtos, ocorre em um reator tubular isotérmico recheado com esferas de diâmetro uniforme $d_p$. O reator segue o modelo de Dispersão. A conversão de A no efluente do reator é igual a 99%. Nestas condições, o número de Dispersão é de 0,0625.

Suponha que o diâmetro das partículas no tubo seja aumentado por um fator de 4, e que a fração de vazios $\varepsilon_i$ do leito de partículas não muda com o aumento das partículas. O diâmetro do tubo permanece constante, assim como a vazão volumétrica na alimentação e a composição da alimentação.

Se a conversão de A deve ser mantida em 99%, o comprimento do tubo recheado tem que ser aumentado ou diminuído? Por quê?

Se a reação for de primeira ordem e irreversível, qual mudança de percentual no comprimento do reator é exigida para manter a conversão de A em 99%?

**Problema 10-6a (Nível 2)** O correio eletrônico a seguir está em sua caixa de entrada na segunda-feira às 8 horas da manhã:

Para: U. R. Loehmann
De: I. M. DeBosse
Assunto: Economia de Custos/Possibilidade de Desgargalamento

Um dos produtos mais rentáveis da Companhia Cauldron Chemical é feito através de uma reação irreversível homogênea, em fase líquida, A → produtos, usando um reator tubular isotérmico recheado com esferas, não catalíticas e não porosas, de diâmetro uniforme $d_p$. Espera-se que as esferas promovam mistura radial e transferência de calor. A conversão de A no efluente do reator atual é de 99%.

As esferas inertes no reator sempre são substituídas durante a parada anual, pois é sabido que há uma pequena quantidade de desgaste destas esferas. A empresa que fornece as esferas sugeriu que usássemos uma partícula com maior diâmetro na próxima troca. O fornecedor tem esferas com diâmetro 4 vezes maior do que as esferas atuais. As esferas maiores são significativamente mais baratas e o fornecedor garante que elas são mais resistentes ao desgaste, de modo que poderemos não ter que repor as esferas todos os anos. O fornecedor também sugeriu que as esferas maiores irão permitir a elevação da taxa de produção, sem diminuição na conversão. Este último fato é particularmente importante, uma vez que o produto que fazemos neste reator está sempre em pequena quantidade no estoque e temos que ocasionalmente enviar o produto para alguns clientes.

Por favor, analise o efeito da substituição para esferas maiores. Considere que a fração de vazios $\varepsilon_i$ no leito das partículas não muda como resultado da substituição e que o modelo de Dispersão é obedecido. O diâmetro do tubo e o comprimento do tubo irão permanecer constantes, assim como a composição da alimentação e a temperatura. Nas condições de operação de hoje, com as esferas atuais, o número de Dispersão é de 0,0625 e o número de Reynolds da partícula é aproximadamente 10.

Na mesma vazão volumétrica que temos usado, quanto se elevará a conversão de A sobre os atuais 99%, se as esferas existentes forem substituídas pelas maiores?

Se a conversão for mantida a 99% pelo aumento da vazão de alimentação, por qual percentagem a taxa de produção irá aumentar?

Por favor, envie a sua reposta para mim em um memorando de uma página. Anexe os seus cálculos para o caso de alguém querer revê-los.

**Problema 10-7 (Nível 1)** Um *degrau* na entrada de marcador é iniciado em um recipiente em $t$ (tempo) = 0. A concentração do marcador na alimentação era inicialmente zero; em $t = 0$ a concentração de entrada do marcador foi mudada para $C_0$. A concentração do marcador na saída do recipiente é mostrada na figura a seguir.

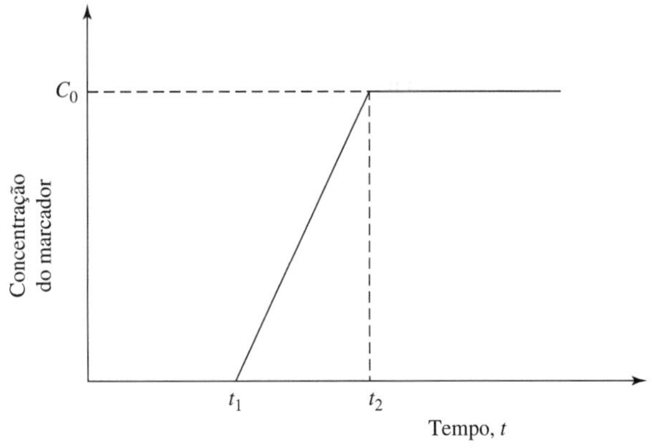


1. Deduza uma expressão para a distribuição de tempos de residência externa $E(t)$ do recipiente. Faça um gráfico de $E(t)$ *versus* tempo.
2. Qual tipo de uma condição recipiente/escoamento pode levar a uma distribuição de tempos de residência externa que pareça com a que você esboçou.

**Problema 10-8 (Nível 2)** Um fluido newtoniano está escoando em um escoamento laminar completamente desenvolvido e isotérmico através de um tubo de raio $R$ e comprimento $L$. A vazão volumétrica é $\upsilon$. A distribuição de velocidades no tubo é

$$u(r) = 2\left(\frac{\upsilon}{\pi R^2}\right)\left(1 - \left(\frac{r}{R}\right)^2\right)$$

1. Mostre que a distribuição de tempos de residência externa $E(t)$ é dada por

$$E(t) = 0; \quad t < \pi R^2 L/2\upsilon$$
$$E(t) = (\pi R^2 L/\upsilon)^2/2t^3; \quad t \geq \pi R^2 L/2\upsilon$$

2. Prove que o tempo de residência médio do fluido no tubo é $\bar{t} = \pi R^2 L/\upsilon$. *Não* comece pela relação $\bar{t} = \tau$.
3. Deduza uma expressão para $\sigma^2$, o segundo momento da distribuição de tempos de residência externa em torno do tempo de residência médio $\bar{t}$.
4. Uma reação de segunda ordem está ocorrendo no tubo. Deduza uma expressão para a conversão do Reagente A como uma função do tempo espacial, $\tau$ ($\tau = \pi R^2 L/\upsilon$), considerando que o fluido que escoa no tubo é um macrofluido.

**Problema 10-9 (Nível 1)** Um fluido está escoando através de um recipiente em estado estacionário. A vazão é de 0,10 l/min. A resposta a um pulso de entrada do marcador em $t = 0$ é dada na tabela a seguir.

| Tempo (min) | Concentração de saída do marcador (mmol/l) | Tempo (min) | Concentração de saída do marcador (mmol/l) |
|---|---|---|---|
| 0 | 0 | 10 | 16 |
| 1 | 0 | 11 | 13 |
| 2 | 0 | 12 | 10 |
| 3 | 1 | 13 | 7 |
| 4 | 2 | 14 | 5 |
| 5 | 8 | 15 | 3 |
| 6 | 18 | 16 | 2 |
| 7 | 25 | 17 | 1 |
| 8 | 22 | 18 | 0 |
| 9 | 19 | 19 | 0 |

1. Qual quantidade de marcador (mmols) foi injetada?
2. Qual é o volume do recipiente?
3. Qual é a variância da distribuição de tempos de residência externa?

**Problema 10-10 (Nível 1)** Um catalisador experimental está sendo testado em um microrreator, projetado como ilustrado a seguir.

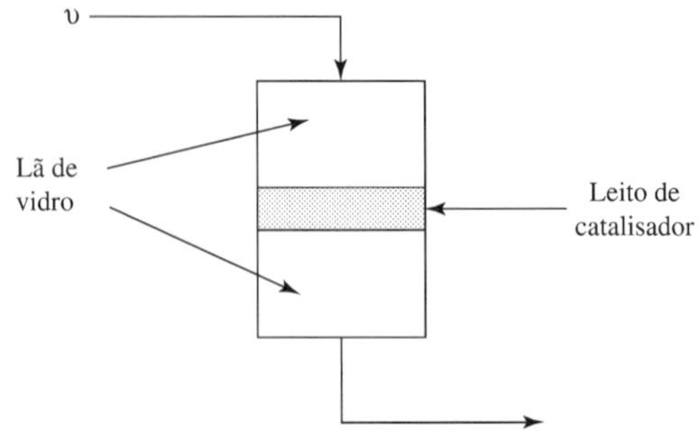


A vazão volumétrica $\upsilon$ é igual a 350 $cm^3$/min e o diâmetro interno do tubo é de 7,7 cm. O diâmetro médio das partículas esféricas do catalisador no leito é igual a 0,20 mm. O gás escoando através do reator tem uma massa específica de $2{,}0 \times 10^{-4}$ g/$cm^3$ e uma viscosidade de $3{,}0 \times 10^{-4}$ g/(cm s). O número de Schmidt da mistura gasosa é aproximadamente 0,70.

O leito contém 0,20 g de catalisador. A massa específica global (g cat/($cm^3$ de *volume do reator*)) do catalisador é igual a 1,5 g/$cm^3$ e a fração do volume do leito representada pelo volume intersticial é 0,40.

Com o objetivo de analisar os dados para o catalisador experimental, é necessário saber a quantidade de mistura axial ocorrendo no leito catalítico. Pode o leito catalítico ser tratado como um reator de escoamento pistonado ideal? Justifique a sua resposta quantitativamente.

Se este reator operar em um modo diferencial (conversão do reagente na saída $\leq 0{,}05$), a mistura axial terá um efeito significativo no valor da constante da taxa calculada a partir da conversão medida na saída? Justifique sua resposta calculando a razão $k$(CSTR)/$k$(PFR) para uma reação irreversível de primeira ordem e uma conversão na saída de 0,05. Nesta razão, $k$(PFR) é a constante da taxa calculada usando o modelo de PFR e $k$(CSTR) é a constante da taxa usando o modelo de CSTR.

Suponha que este reator opere em modo integral (por exemplo, com uma conversão na saída de $\cong 0{,}09$), e que uma reação irreversível de primeira ordem esteja ocorrendo. Uma constante da taxa pode ser calculada a partir da conversão na saída considerando-se tanto escoamento pistonado, como retromistura completa (isto é, que o reator é um CSTR ideal), ou o modelo de escoamento pistonado disperso (EPD). Calcule os valores das razões $k$(CSTR)/$k$(PFR) e $k$(EPD)/$k$(PFR) para uma conversão na saída medida de 0,90.

**Problema 10-11 (Nível 2)** A distribuição de tempos de residência na saída de um reator não ideal é mostrada na tabela a seguir.

| Tempo (min) | $E(t)$ (min)$^{-1}$ | Tempo (min) | $E(t)$ (min)$^{-1}$ |
|---|---|---|---|
| 0 | 0 | 40 | 0,0108 |
| 2 | 0,0036 | 50 | 0,0090 |
| 4 | 0,0063 | 60 | 0,0075 |
| 6 | 0,0085 | 70 | 0,0061 |
| 8 | 0,0101 | 80 | 0,0050 |
| 10 | 0,0113 | 90 | 0,0041 |
| 12 | 0,0121 | 100 | 0,0034 |
| 14 | 0,0127 | 110 | 0,0028 |
| 16 | 0,0131 | 120 | 0,0023 |
| 18 | 0,0133 | 130 | 0,0019 |

| | | | |
|---|---|---|---|
| 20 | 0,0134 | 140 | 0,0015 |
| 22 | 0,0133 | 150 | 0,0012 |
| 24 | 0,0132 | 160 | 0,0010 |
| 26 | 0,0130 | 170 | 0,00083 |
| 28 | 0,0128 | 180 | 0,00068 |
| 30 | 0,0125 | 190 | 0,00056 |
| | | 200 | 0,00046 |

**1.** O reator pode ser modelado como dois CSTRs, com diferentes volumes, em série? Se sim, quais são os valores dos tempos espaciais para os dois CSTRs?

**2.** A reação irreversível, em fase líquida, A + B → C + D será realizada neste reator. A reação obedece à equação da taxa: $-r_A = kC_A^2C_B$; $k = 10.000$ gal²/(lbmol² h). As concentrações de A e de B na alimentação do reator são 0,025 lbmol/gal. Estime a conversão de A, se a vazão através do reator for a mesma de quando a distribuição de tempos de residência na saída foi medida. Suponha que os dois reatores sejam misturados em nível molecular.

**Problema 10-12 (Nível 1)** Um pulso de entrada ideal de um marcador radioativo é injetado na corrente que entra em um reator fechado em $t = 0$. A quantidade *total* de radioatividade *no interior do reator* é então monitorada como função do tempo. Um exemplo de alguns dados não tratados é fornecido na tabela a seguir:

*Experimento número 4*

$Q = 15$ gal/min

Radioatividade total no pulso (unidades arbitrárias) = 300

| Tempo (min) | Radioatividade no reator (unidades arbitrárias) |
|---|---|
| 5 | 250 |
| 10 | 208 |
| 15 | 174 |
| 20 | 147 |
| 30 | 104 |
| 40 | 75 |
| 50 | 55 |
| 60 | 40 |
| 80 | 23 |
| 100 | 13 |

**1.** *Explique* como a distribuição de tempos de residência externa $E(t)$ pode ser obtida a partir de dados como os anteriores. O método que você propuser deve ser geral e não deve estar baseado em nenhuma característica especial dos dados na tabela.

**2.** Quais são as vantagens e as desvantagens desta técnica para medir $E(t)$, comparada com a técnica "padrão" envolvendo a injeção de um pulso do marcador na corrente de entrada e medição da concentração do marcador na *saída*?

# Notação

## Letras Inglesas

| | |
|---|---|
| $a_{tc}$ | área de troca de calor por unidade de comprimento do trocador (comprimento) |
| $a_i$ | atividade da espécie "i" |
| $A$ | fator pré-exponencial (ou de frequência) na constante da taxa (mesmas unidades da constante da taxa) |
| $A_{tr}$ | área da seção transversal (comprimento$^2$) |
| $A_{tc}$ | área total através da qual calor é transferido (comprimento$^2$) |
| $A_i$ | espécie química ou componente |
| $A_G$ | área externa geométrica da partícula do catalisador (comprimento$^2$) |
| $c_{p,i}$ | capacidade calorífica da espécie "i" à pressão constante (energia/(mol grau)) |
| $c_{p,m}$ | capacidade calorífica mássica (energia/(massa grau)) |
| $\overline{c}_{p,m}$ | capacidade calorífica mássica média (energia/(massa grau)) |
| $C$ | concentração molar total (mols/volume) |
| $C_i$ | concentração da espécie "i" (mols/volume ou (raramente) massa/volume) |
| $C_{cat}$ | concentração do catalisador, em base mássica (massa de catalisador/volume) |
| $d$ | diâmetro molecular equivalente (comprimento) |
| $d_p$ | diâmetro da partícula (comprimento) |
| $D$ | coeficiente de dispersão (somente no Capítulo 10) (comprimento$^2$/tempo) |
| $D$ | taxa de diluição ou diluição (somente no Capítulo 4) (tempo$^{-1}$) |
| $D_i$ | diâmetro interno (comprimento) |
| $D_e$ | diâmetro externo (comprimento) |
| $D_{ij}$ | coeficiente de difusão molecular binária da espécie "i" na espécie "j" (comprimento$^2$/tempo) |
| $D_{i,k}$ | coeficiente de difusão de Knudsen da espécie "i" (comprimento$^2$/tempo) |
| $D_{i,t}$ | coeficiente de difusão da espécie "i" no regime de transição (comprimento$^2$/tempo) |
| $D_{A,m}$ | difusividade de A na mistura (comprimento$^2$/tempo) |
| $D_{i,ef}$ | difusividade efetiva da espécie "i" no interior da partícula do catalisador (comprimento$^2$/tempo) |
| $D_{i,p}(r)$ | coeficiente de difusão da espécie "i" em um conjunto de poros redondos e retos com raios $r$ variando (comprimento$^2$/tempo) |
| $e$ | energia/molécula (energia/molécula) |
| $e^*$ | energia mínima requerida para uma molécula ultrapassar a barreira de energia da reação (energia/molécula) |
| $E$ | energia de ativação (energia/mol) |
| $E_{ap}$ | energia de ativação aparente (energia/mol) |
| $E_{dif}$ | energia de ativação para $D_{A,ef}$ (energia/mol) |
| $E_{el}$ | número de elementos em um sistema |
| $E_{cin}$ | energia de ativação verdadeira ou intrínseca (energia/mol) |
| $E^*$ | $e^*N_{av}$ (energia/mol) |
| $E(t)$ | função de distribuição de tempos de residência dimensional (tempo$^{-1}$) |
| $f_i$ | fugacidade da espécie "i" (pressão) |
| $f_i$ | fração do escoamento total passando através do recipiente "i" (somente no Capítulo 10) |
| $f_i^0$ | fugacidade da espécie "i" no estado-padrão (pressão) |
| $\mathrm{f}(e)$ | função de distribuição de energias moleculares (moléculas/energia) |
| $\mathrm{f}(r)$ | função de distribuição dos raios dos poros (comprimento$^{-1}$) |
| $F_i$ | vazão molar da espécie "i" (mols/tempo) |
| $\mathrm{F}(t)$ | função de distribuição de tempos de residência cumulativa |
| $F(\text{toda } C_i)$ | termo dependente da concentração na equação da taxa (unidades dependem do local da reação, por exemplo, mols/volume ou mols/(massa do catalisador)) |
| $F(e > e^*)$ | fração de moléculas com energia $e$, maior do que $e^*$ |
| $F(E > E^*)$ | fração de moléculas com energia $E$, maior do que $E^*$ |
| $g$ | aceleração devida à gravidade (comprimento/tempo$^2$) |
| $G$ | velocidade mássica superficial (massa/(comprimento$^2$ tempo)) |

| | |
|---|---|
| $G_i$ | taxa de geração da espécie "i" (mols/tempo) |
| $G_M$ | velocidade molar superficial (mols/(comprimento² tempo)) |
| $h$ | coeficiente de transferência de calor (energia/(comprimento² tempo grau)) |
| $h_i$ | coeficiente de transferência de calor interno (energia/(comprimento² tempo grau)) |
| H | entalpia (energia) |
| $\bar{H}$ | entalpia molar parcial (energia/mol) |
| $\dot{H}$ | taxa de transporte de entalpia (energia/tempo) |
| $I$ | coeficiente linear |
| $I(t)$ | função de distribuição de tempos de residência interna, dimensional ($tempo^{-1}$) |
| $j_M$ | fator *j* de Colburn para as transferências de massa |
| $j_C$ | fator *j* de Colburn para as transferências de calor |
| $k$ | constante da taxa (unidades dependem da dependência com a concentração da taxa de reação e do local da reação) |
| $k_B$ | constante de Boltzmann (energia/(molécula temperatura absoluta) |
| $k_c$ | coeficiente de transferência de massa baseado na concentração (comprimento/tempo) |
| $k_c^0$ | coeficiente de transferência de massa baseado na concentração quando o fluxo molar líquido = 0 (comprimento/tempo) |
| $k_{ef}$ | condutividade térmica efetiva da partícula do catalisador (energia/(tempo comprimento grau)) |
| $k_{di}$ | constante da taxa da reação direta |
| $k_p$ | coeficiente de transferência de massa baseado na pressão parcial (mols/(área tempo pressão)) |
| $k_{in}$ | constante da taxa da reação inversa |
| $k_v$ | constante da taxa com base no volume do catalisador |
| $k_y$ | coeficiente de transferência de massa baseado na fração molar (mols/(comprimento² tempo)) |
| $k_t$ | condutividade térmica (energia/(tempo comprimento grau)) |
| $K_A$ | parâmetro na Equação (2-25) (volume/mol) e no denominador de outras equações de taxa, por exemplo, Equação (4-13) |
| $K_s$ | constante na equação de Monod (massa/volume) |
| $K_{eq}$ | constante de equilíbrio baseada na atividade |
| $K_{eq}^C$ | constante de equilíbrio baseada na concentração $(mols/volume)^{\delta v}$ |
| $K_{eq}^P$ | constante de equilíbrio baseada na pressão $(pressão^{\delta v})$ |
| $K_m$ | constante de Michaelis (parâmetro na Equação (2-25a)) (volume/mol) |
| $l_c$ | comprimento característico da partícula do catalisador (comprimento) |
| $L$ | comprimento (comprimento) |
| Le | número de Lewis |
| $L_p$ | comprimento do poro (comprimento) |
| $m$ | massa do catalisador (massa) |
| $\dot{m}$ | vazão mássica (massa/tempo) |
| $m_i$ | massa da molécula "i" (massa) |
| $\bar{m}$ | massa média numérica de moléculas colidindo (massa) |
| $M(t)$ | quantidade de marcador injetada no tempo *t* (massa ou mols) |
| $M_i$ | massa molar da espécie "i" (massa/mol) |
| $M_m$ | massa molar da mistura (massa/mol) |
| $MS_E$ | erro quadrado médio |
| $\dot{M}$ | vazão mássica (massa/tempo) |
| $n$ | ordem da reação |
| $n_p$ | número de poros por grama de catalisador ($massa^{-1}$) |
| $n_v$ | velocidade linear relativa |
| $N$ | número de espécies |
| $N$ | número de pontos em um conjunto de dados (Capítulo 6) |
| $N_{av}$ | número de Avogadro (moléculas/mol) |
| $N_i$ | número de mols da espécie "i" |
| $Nu$ | número de Nusselt para a transferência de calor |
| $\vec{N}_i$ | fluxo molar da espécie "i" (mols/(comprimento² tempo)) |
| $p_i$ | pressão parcial da espécie "i" (força/comprimento²) |
| $P$ | pressão total (força/comprimento²) |
| Pe | número de Peclet |
| $Pe_a$ | número de Peclet axial |
| Pr | número de Prandtl |
| $q$ | fluxo térmico (energia/(comprimento² tempo)) |
| $Q$ | taxa de transferência de calor (energia/tempo) |

| | |
|---|---|
| $r$ | raio do poro (comprimento) |
| $r$ | coordenada radial nos sistemas de coordenadas cilíndrico ou esférico (comprimento) |
| $r$ | taxa de reação independente da espécie (somente no Capítulo 1) (por exemplo, mols/(tempo volume[1])) |
| $\bar{r}$ | raio médio numérico de moléculas colidindo (Capítulo 2) (comprimento) |
| $\bar{r}$ | raio médio dos poros do catalisador (Capítulo 9) (comprimento) |
| $r_{A,in}$ | taxa de formação de A na reação inversa |
| $r_i$ | taxa de formação da espécie "i" (uma reação) (por exemplo, mols/(tempo volume[1])) |
| $r_i$ | raio da molécula "i" (comprimento) |
| $r_{ki}$ | taxa de formação da espécie "i" na Reação "k" (por exemplo, mols/(tempo volume[1])) |
| $-r_{A,di}$ | taxa de desaparecimento de A na reação direta (por exemplo, mols/(tempo volume[1])) |
| $r_{A,in}$ | taxa de formação de A na reação inversa (por exemplo, mols/(tempo volume[1])) |
| $-r_A$(líq) | taxa líquida de desaparecimento de A em uma reação reversível (por exemplo, mols/(tempo volume[1])) |
| $-r_i^{seio}$ | taxa de reação sem gradientes no interior da partícula do catalisador ou através da camada limite, isto é, taxa de reação avaliada na temperatura e concentrações no seio do fluido (mols de "i"/(massa tempo)) |
| $-r_i^{sup}$ | taxa de reação sem gradientes no interior da partícula do catalisador, isto é, taxa de reação avaliada na temperatura e concentrações na superfície externa da partícula do catalisador (mols de "i"/(massa tempo)) |
| R | constante dos gases (energia/(mol temperatura absoluta)) |
| $R$ | raio (comprimento) |
| $R$ | razão de reciclo (Capítulo 4) |
| $R$ | número de reações independentes |
| $R_0$ | raio interno (comprimento) |
| Re | Número de Reynolds |
| $-R_{A,v}$ | taxa de desaparecimento da espécie A por unidade de volume geométrico do catalisador (mols A/(tempo comprimento$^3$)) |
| $-R_{A,P}$ | taxa de desaparecimento da espécie A em uma partícula de catalisador inteira (mols A/tempo) |
| $s$ | parâmetro de Laplace (somente no Capítulo 10) (tempo$^{-1}$) |
| $s_I$ | erro-padrão estimado (coeficiente linear) |
| $s_s$ | erro-padrão estimado (inclinação) |
| $s$(I/J) | seletividade instantânea ou pontual para a espécie "I" com base na espécie "J" |
| $S$ | inclinação |
| $S_{cc}$ | número de compostos químicos em um sistema |
| $S_p$ | área superficial BET do catalisador (comprimento$^2$/massa) |
| *Sc* | número de Schmidt |
| *Sh* | número de Sherwood |
| *S(I/J)* | seletividade global para a espécie "I" com base na espécie "J" |
| $SS_E$ | soma dos quadrados dos erros |
| $t$ | tempo (tempo) |
| $\bar{t}$ | tempo de residência médio (tempo) |
| $T$ | temperatura (grau) |
| $U$ | coeficiente global de transferência de calor (energia/(comprimento$^2$ tempo grau)) |
| $U(t)$ | função degrau unitário em $t$ |
| $v$ | velocidade linear (comprimento/tempo) |
| $\vec{v}$ | velocidade do fluido em relação à partícula do catalisador (comprimento/tempo) |
| $V$ | volume (comprimento$^3$) |
| $V_p$ | volume de poros específico do catalisador (comprimento$^3$/massa) |
| $V_G$ | volume geométrico da partícula do catalisador (comprimento$^3$) |
| $V$(I) | variância do coeficiente linear |
| $V$(S) | variância da inclinação |
| $V_m$ | taxa de reação máxima (mesmas dimensões da taxa de reação) |
| $V_{máx}$ | taxa de reação máxima (mesmas dimensões da taxa de reação) |
| $W_s$ | trabalho no eixo (energia/tempo) |
| $x_i$ | conversão do Reagente "i" |
| $y_i$ | fração molar da espécie "i" |
| $y_{f,A}$ | fator de filme da espécie "A" baseado na fração molar |

[1]veja as páginas 8 e 9 para uma definição mais completa das unidades de $r_i$.

| | |
|---|---|
| $Y(\mathrm{I/J})$ | rendimento da espécie "I" baseado no consumo da espécie "J" |
| $z$ | comprimento (comprimento) |
| $Z_{AB}$ | frequência de colisões entre moléculas de A e B (tempo$^{-1}$, volume$^{-1}$) |

## Letras Gregas

| | |
|---|---|
| $\alpha_i$ | ordem da reação em relação à espécie "i" |
| $\alpha_s$ | razão entre a concentração da espécie "B" na superfície da partícula do catalisador e a concentração da espécie "A" na superfície da partícula do catalisador, isto é, $C_{B,s}/C_{A,s}$ (Capítulo 9) |
| $\alpha_{di,i}$ | ordem da reação direta em relação à espécie "i" |
| $\alpha_{in,i}$ | ordem da reação inversa em relação à espécie "i" |
| $\beta$ | razão entre a difusividade efetiva da espécie "B" e a difusividade efetiva da espécie "A", isto é, $D_{B,ef}/D_{A,ef}$ (Capítulo 9) |
| $\beta_i$ | ordem da reação inversa em relação à espécie "i" (Exemplo 2-4) |
| $\gamma$ | $\Delta v/[-v_A]$ |
| $\delta$ | espessura da camada limite (comprimento) |
| $\delta(t)$ | função delta de Dirac (tempo$^{-1}$) |
| $\Delta$ | número de dispersão |
| $\Delta E_k$ | altura da barreira de energia (energia/mol) |
| $\Delta E_p$ | diferença de energia entre reagentes e produtos (energia/mol) |
| $\Delta G^0_{f,i}$ | energia livre de Gibbs padrão de formação da espécie "i" (energia/mol) |
| $\Delta G^0_R$ | variação da energia livre de Gibbs padrão em uma reação (energia/mol) |
| $\Delta H_R$ | variação da entalpia de uma reação (energia/mol) |
| $\Delta H^0_{f,i}$ | entalpia-padrão de formação da espécie "i" (energia/mol) |
| $\Delta H^0_R$ | variação da entalpia-padrão de uma reação (energia/mol) |
| $\Delta T_{ad}$ | variação de temperatura adiabática (graus) |
| $\Delta T_{tr}$ | diferença de temperaturas entre as correntes quente e fria em um trocador de calor (graus) |
| $\Delta v$ | soma dos coeficientes estequiométricos de todas as espécies em uma reação ($= \Sigma v_i$) |
| $\varepsilon$ | porosidade de uma partícula do catalisador |
| $\varepsilon_i$ | volume intersticial do leito do catalisador |
| $\eta$ | fator de efetividade |
| $\Theta$ | coordenada angular em coordenadas cilíndricas (comprimento) |
| $\Theta$ | tempo adimensional $t/\tau$ (somente no Capítulo 10) |
| $\Theta_{ij}$ | $C_{i0}/C_{j0}$ |
| $\lambda$ | inverso da variação de temperatura adiabática (somente no Capítulo 8) ($= 1/\Delta T_{ad}$) (graus$^{-1}$) |
| $\lambda_m$ | livre percurso médio de uma molécula de gás (comprimento) |
| $\Lambda$ | razão entre taxas de desaparecimento de reagentes em duas reações independentes |
| $\Lambda^0$ | razão entre taxas de desaparecimento de reagentes em duas reações independentes, avaliada nas condições da superfície da partícula do catalisador |
| $\mu$ | taxa específica de crescimento das células (somente no Capítulo 4) |
| $\mu$ | viscosidade (massa/(comprimento tempo)) |
| $\mu_i$ | enésimo momento de uma função de distribuição (unidades dependem das unidades da função de distribuição) |
| $v$ | viscosidade cinemática (comprimento$^2$/tempo) |
| $v_i$ | coeficiente estequiométrico da espécie "i" (uma reação) |
| $v_{ki}$ | coeficiente estequiométrico da espécie "i" na Reação "k" |
| $\rho$ | massa específica (massa/volume) |
| $\rho_a$ | massa específica (massa/comprimento$^3$) |
| $\rho_G$ | massa específica global (*bulk density*) do catalisador (massa/volume do reator) (massa/comprimento$^3$) |
| $\rho_l$ | massa específica do líquido (massa/comprimento$^3$) |
| $\rho_p$ | massa específica da partícula do catalisador (massa/comprimento$^3$) |
| $\rho_e$ | massa específica estrutural (*skeletal density*) da partícula de catalisador (massa/comprimento$^3$) |
| $\sigma^2$ | variância de $E(t)$ (tempo$^2$) |
| $\tau$ | tempo espacial (tempo (para reação homogênea); (tempo massa do catalisador)/(volume de fluido (para reação heterogênea))) |
| $\tau_p$ | tortuosidade da partícula do catalisador |
| $\phi$ | módulo de Thiele generalizado |
| $\phi_{s,1}$ | módulo de Thiele para uma reação irreversível de primeira ordem em uma esfera |

| | |
|---|---|
| $\Phi$ | módulo de Weisz generalizado |
| $\xi$ | extensão da reação (uma reação) (mols ou mols/tempo) |
| $\xi_k$ | extensão da Reação "k" (múltiplas reações) (mols ou mols/tempo) |
| $\xi_{máx}$ | valor máximo de $\xi$ em uma reação (mols ou mols/tempo) |
| $\xi_e$ | extensão da reação no equilíbrio (mols ou mols/tempo) |
| $\upsilon$ | vazão volumétrica (volume/tempo) |
| $\Psi$ | parâmetro no módulo de Thiele para uma reação reversível; definido pela Equação (9-13a) |
| $\Psi_i$ | diferença entre a concentração adimensional da espécie "i" e a concentração de equilíbrio adimensional da espécie "i" |
| $\Omega$(T, A, B, C) | função na Equação (2-6), definida aproximadamente pela Equação (2-7) (comprimento$^2$ tempo$^{-1}$) |

## Subscritos

| | |
|---|---|
| ad | adiabático |
| D | desejado |
| ent | entrada ou alimentação |
| eq | equilíbrio |
| f | final ou saída |
| F | seio do fluido |
| fr | referente ao fluido de resfriamento (ou de aquecimento) |
| i | índice indicando a espécie "i" |
| k | índice indicando a Reação "k" |
| ml | média log |
| ref | referência |
| s | superfície externa da partícula do catalisador |
| sai | efluente ou saída |
| U | não desejada |
| 0 | inicial ou alimentação |

## Sobrescritos

| | |
|---|---|
| 0 | condições de referência |
| $\bar{C}$ | (barra superior) valor médio da variável *C* (Capítulos 1 a 9) |
| $\bar{C}$ | (barra superior) transformada de Laplace da variável *C* (somente no Capítulo 10) |

# Índice

## S



## T



## V

## W



## Z

FSC
Fontes Mistas
Grupo de produto proveniente de florestas bem manejadas e outras fontes controladas
Cód. SW - COC - 1662
www.fsc.org
©1996 Forest Stewardship Council

A marca FSC é a garantia de que a madeira utilizada na fabricação do papel com o qual este livro foi impresso provém de florestas gerenciadas, observando-se rigorosos critérios sociais e ambientais e de sustentabilidade.

Serviços de impressão e acabamento
executados, a partir de arquivos digitais fornecidos,
nas oficinas gráficas da EDITORA SANTUÁRIO
Fone: (0XX12) 3104-2000 - Fax (0XX12) 3104-2016
http://www.editorasantuario.com.br - Aparecida-SP

## PESOS E NÚMEROS ATÔMICOS

**Pesos atômicos se aplicam às composições isotópicas de ocorrência natural e são baseados na massa atômica do $^{12}C = 12$**

| Elemento | Símbolo | Número atômico | Peso atômico | Elemento | Símbolo | Número atômico | Peso atômico |
|---|---|---|---|---|---|---|---|
| Actínio | Ac | 89 | — | Germânio | Ge | 32 | 72,59 |
| Alumínio | Al | 13 | 26,9815 | Háfnio | Hf | 72 | 178,49 |
| Amerício | Am | 95 | — | Hélio | He | 2 | 4,0026 |
| Antimônio | Sb | 51 | 121,75 | Hidrogênio | H | 1 | 1,00797 |
| Argônio | Ar | 18 | 39,948 | Hólmio | Ho | 67 | 164,930 |
| Arsênio | As | 33 | 74,9216 | Índio | In | 49 | 114,82 |
| Astato | At | 85 | — | Iodo | I | 53 | 126,9044 |
| Bário | Ba | 56 | 137,34 | Irídio | Ir | 77 | 192,2 |
| Berílio | Be | 4 | 9,0122 | Itérbio | Yb | 70 | 173,04 |
| Berquélio | Bk | 97 | — | Ítrio | Y | 39 | 88,905 |
| Bismuto | Bi | 83 | 208,980 | Lantânio | La | 57 | 138,91 |
| Boro | B | 5 | 10,811 | Laurêncio | Lr | 103 | — |
| Bromo | Br | 35 | 79,904 | Lítio | Li | 3 | 6,939 |
| Cádmio | Cd | 48 | 112,40 | Lutécio | Lu | 71 | 174,97 |
| Cálcio | Ca | 20 | 40,08 | Magnésio | Mg | 12 | 24,312 |
| Califórnio | Cf | 98 | — | Manganês | Mn | 25 | 54,9380 |
| Carbono | C | 6 | 12,01115 | Mendelévio | Md | 101 | — |
| Cério | Ce | 58 | 140,12 | Mercúrio | Hg | 80 | 200,59 |
| Césio | Cs | 55 | 132,905 | Molibdênio | Mo | 42 | 95,94 |
| Chumbo | Pb | 82 | 207,19 | Neodímio | Nd | 60 | 144,24 |
| Cloro | Cl | 17 | 35,453 | Neônio | Ne | 10 | 20,183 |
| Cobalto | Co | 27 | 58,9332 | Netúnio | Np | 93 | — |
| Cobre | Cu | 29 | 63,546 | Nióbio | Nb | 41 | 92,906 |
| Criptônio | Kr | 36 | 83,80 | Níquel | Ni | 28 | 58,71 |
| Cromo | Cr | 24 | 51,996 | Nitrogênio | N | 7 | 14,0067 |
| Cúrio | Cm | 96 | — | Nobélio | No | 102 | — |
| Disprósio | Dy | 66 | 162,50 | Ósmio | Os | 76 | 190,2 |
| Einstêinio | Es | 99 | — | Ouro | Au | 79 | 196,967 |
| Enxofre | S | 16 | 32,064 | Oxigênio | O | 8 | 15,9994 |
| Érbio | Er | 68 | 167,26 | Paládio | Pd | 46 | 106,4 |
| Escândio | Sc | 21 | 44,956 | Platina | Pt | 78 | 195,09 |
| Estanho | Sn | 50 | 118,69 | Plutônio | Pu | 94 | — |
| Estrôncio | Sr | 38 | 87,62 | Polônio | Po | 84 | — |
| Európio | Eu | 63 | 151,96 | Potássio | K | 19 | 39,102 |
| Férmio | Fm | 100 | — | Praseodímio | Pr | 59 | 140,907 |
| Ferro | Fe | 26 | 55,847 | Prata | Ag | 47 | 107,868 |
| Flúor | F | 9 | 18,9984 | Promécio | Pm | 61 | — |
| Fósforo | P | 15 | 30,9738 | Protactínio | Pa | 91 | — |
| Frâncio | Fr | 87 | — | Rádio | Ra | 88 | — |
| Gadolínio | Gd | 64 | 157,25 | Radônio | Rn | 86 | — |
| Gálio | Ga | 31 | 69,72 | Rênio | Re | 75 | 186,2 |